ナノ光工学
ハンドブック

大津　元一

河田　聡

堀　裕和

［編集］

朝倉書店

編　集　者

大　津　元　一　　東京工業大学大学院総合理工学研究科

河　田　　　聡　　大阪大学大学院工学研究科／阪大フロンティア研究機構

堀　　　裕　和　　山梨大学工学部電気電子システム工学科

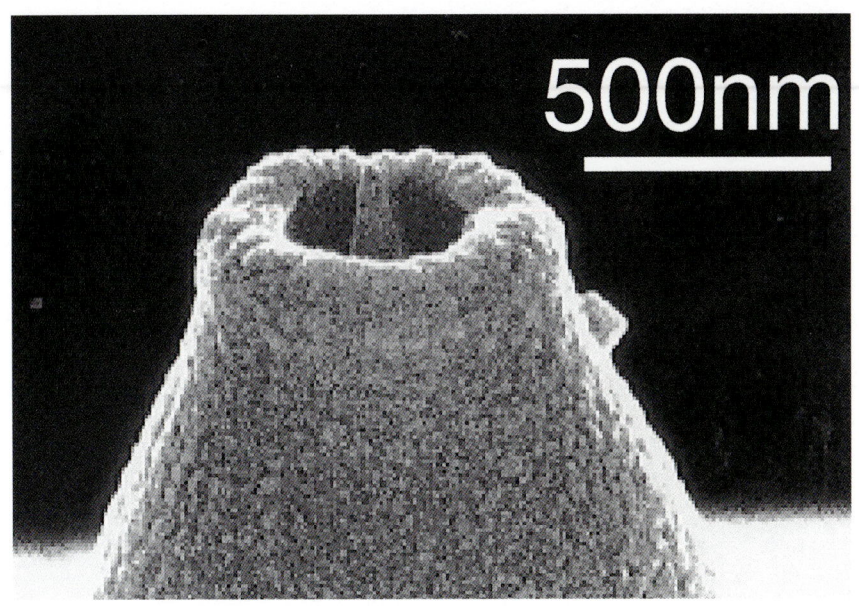

口絵1 先鋭化したコア先端を金属膜（素材は金）で覆ったファイバプローブの電子顕微鏡写真（本文・図3.11(b)）

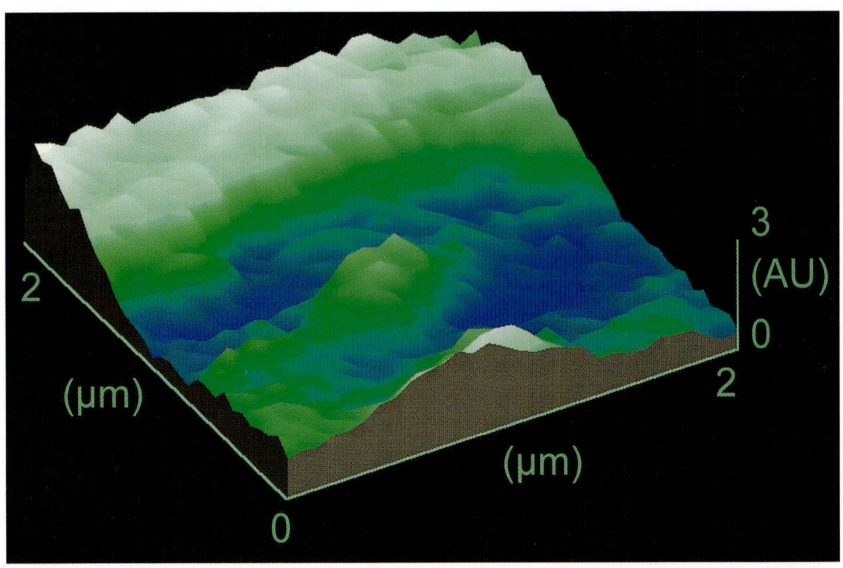

口絵2 ポリジアセチレンのマッピング測定の表面形状（本文・図3.147(a)を改訂）

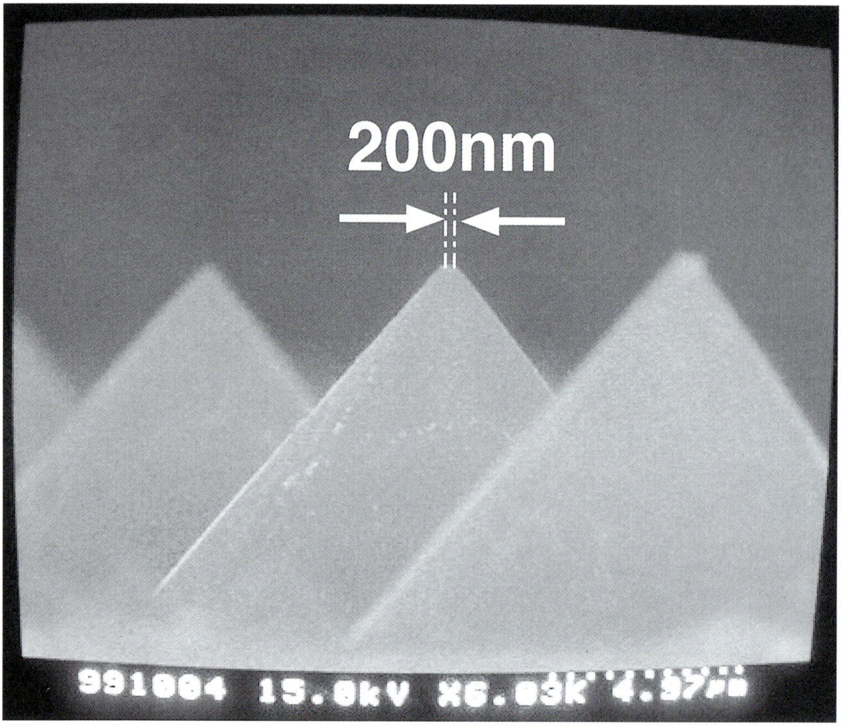

口絵3　突起型シリコンプローブアレイの電子顕微鏡写真（本文・図4.10(e)）

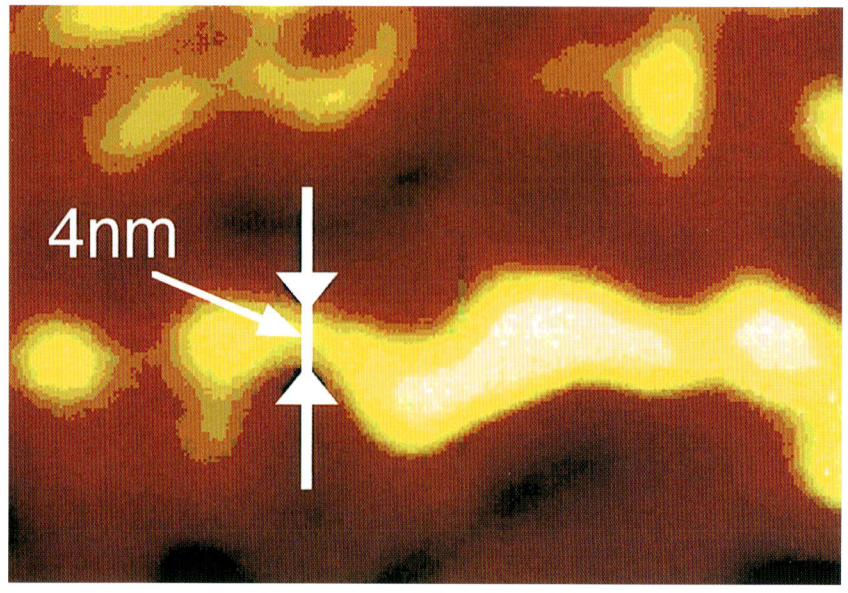

口絵4　DNAの近接場光学顕微鏡像（本文・図5.6）

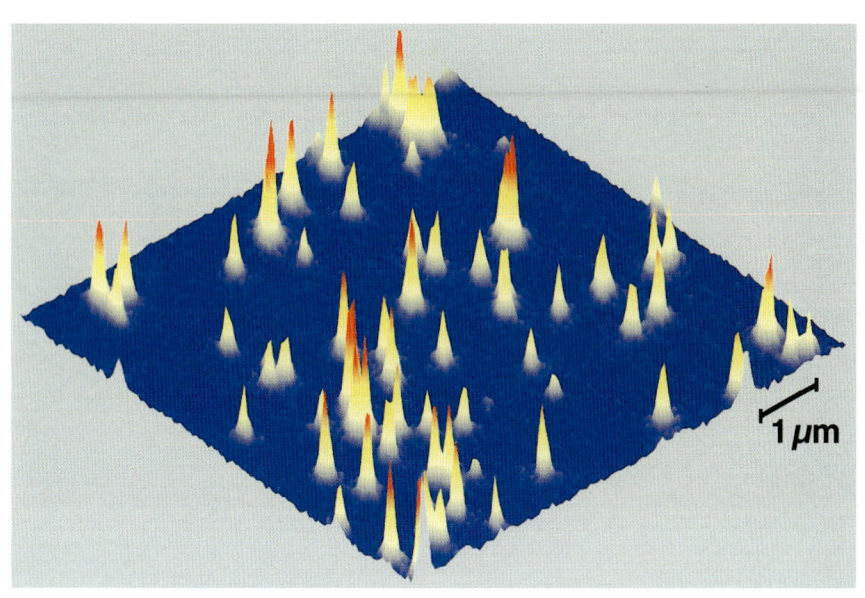

口絵5 単一量子ドットからの室温発光画像(本文・図6.6(a))
山の高さが発光の明るさに対応する.

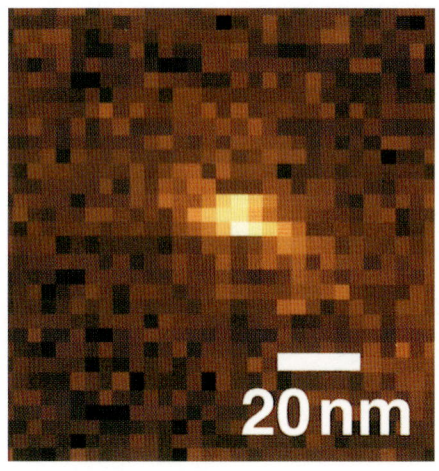

口絵6 20 nmの開口による超高分解能単一分子蛍光イメージング
(本文・図7.6(c)を改訂)

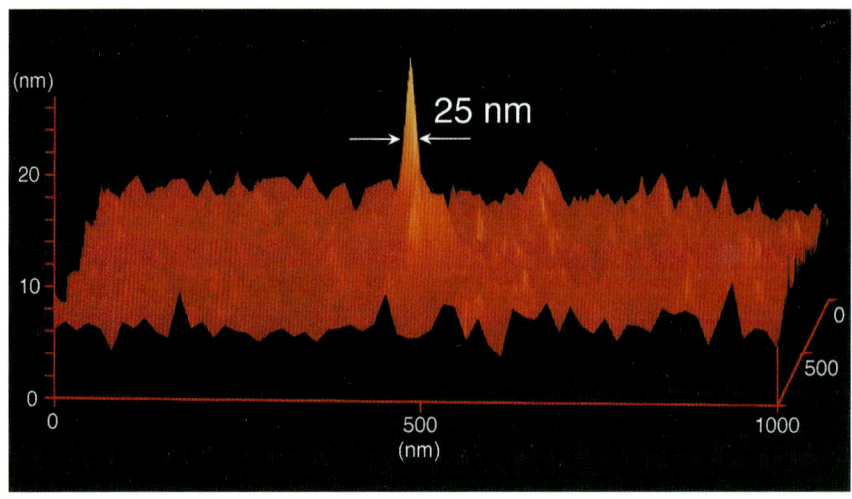

口絵7　ガラス基板上に堆積した亜鉛のドット状微粒子のせん断応力顕微鏡像（本文・図9.3を改訂）

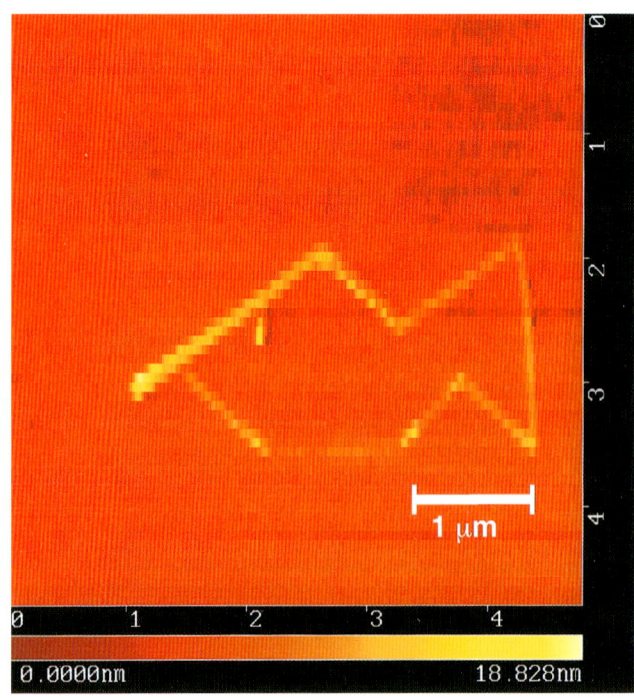

口絵8　アントラセンモノレゾルシン薄膜上における光ナノパターニング（試料提供：京都大学青山研究室／本文・図9.22左）

近接場光学顕微鏡を用いて波長390 mmの光を照射し，20 nm/sのスピードで試料を走査した．光照射により隆起した部分の線幅は約100 mm，高さは数nmである．

まえがき

　光科学技術の歴史は長く，ニュートンが光の粒子説を唱えたのは17世紀にさかのぼる．20世紀初頭には光の量子論が生まれ，それを基礎として1960年にはレーザが発明された．人工的に制御可能な光を発するレーザを使うことにより光工学のパラダイムシフトがもたらされたといってよい．1980年代には光情報通信，光情報記録をはじめとする各種の光産業が大きく発展して現在に至っており，21世紀は光の時代ともいわれている．今後の光工学，光産業の発展のためには光の特性をさらに向上させることが必要であり，レーザ光に関してはこれまでにエネルギー，コヒーレンス，周波数，パルス幅などの性能が著しく向上している．

　しかし，このような一連の向上の中で唯一の例外は「光の小型化」，すなわち光エネルギーの集中する空間の小寸法化であった．光情報通信，光情報記録などにおけるシステムの大容量化，高速化の要求に伴い，光工学が扱う物質の小型化，高集積化が望まれている．これに対応する「光の小型化」が必須でありながら，その研究はこれまで未着手であったのは光波の性質の一つである回折に起因している．すなわち，光エネルギーが集中する空間の寸法を波長程度以下にすることは原理的に不可能であるとされてきた．このことは既存の光工学が最近流行のナノテクノロジーに参入できないことを意味している．しかし近接場光とよばれる非伝搬光を用いれば回折限界を打破することが可能になり，光のナノテクノロジーが実現する．本書ではこの近接場光を使った新しい光工学をナノ光工学と称し，その概要を解説する．

　ナノ光工学で主役を演ずる近接場光は，ナノテクノロジーが盛んになり始めたごく最近までは注目されていなかったため，大学の講義，教科書，参考書などでは取り上げられてこなかった．本書の第Ⅰ編前半ではこれを補うために近接場光にかかわる理論的基礎を概説する．実際に近接場光を使ってナノ光工学を展開するにはナノテクノロジーの手法が必要となるので，第Ⅰ編後半ではナノテクノロジーにかかわる実験技術を解説する．第Ⅱ編ではナノ光工学の一分野である計測について解説する．

　近接場光を使ったナノ光工学の特長の一つが光技術のナノメートル寸法化を実現することであることはいうまでもない．しかし，実はそれは副次的な成果にすぎない．最も本質的な特長は，巨視的な物質・電磁場系(熱浴)に囲まれた

ナノ寸法系としてのナノ物質と近接場光の共鳴相互作用を巧みに制御して利用し，従来の巨視的な光工学では実現しなかった固有の光機能を発現させ，用いることである．この特長を引き出して使うことにより，ナノ光工学は光の時代の担い手となる．この点については第III編で解説する．

近接場光を用いるナノ光工学についての体系的なハンドブックは，国内外を通して例をみない．本書が光のナノテクノロジーを発展させる将来方向を示す教科書，参考書，技術解説書として，技術者，研究者のみでなく学生の方々をはじめとし，広い読者層に利用していただければ幸いである．

本書は多数の著者の方々に編集の主旨をご理解の上，ご多忙の中ご執筆いただいた．また，朝倉書店編集部の方々には企画から出版に至るまで忍耐強くお世話いただいた．この場を借りて，深くお礼申し上げます．

2002 年 9 月

大　津　元　一
河　田　　　聡
堀　　　裕　和

● 執筆者 (執筆順)

大津　元一	東京工業大学	辰巳　仁史	名古屋大学
小林　　潔	科学技術振興事業団	飯野　亮太	科学技術振興事業団
髙橋　信行	公立はこだて未来大学	太田-飯野里子	東京工業大学
堀　裕和	山梨大学	楠見　明弘	名古屋大学
林　真至	神戸大学	戸田　泰則	北海道大学
菅原　康弘	大阪大学	福田　浩章	リコー
伊藤　治彦	東京工業大学	二川　　清	日本電気
塚田　　捷	東京大学	伊藤　　正	大阪大学
岩渕　修一	奈良女子大学	藤平　正道	東京工業大学
森田　清三	大阪大学	郭　　廣柱	東京工業大学
斎木　敏治	慶應義塾大学	入江　正浩	九州大学
八井　　崇	科学技術振興事業団	高原　　淳	九州大学
興梠　元伸	東京工業大学	伊藤紳三郎	京都大学
河田　　聡	大阪大学	青木　裕之	京都大学
井上　康志	大阪大学	腰原　伸也	東京工業大学
芦野　　慎	University of Hamburg	宗片比呂夫	東京工業大学
栗原　一嘉	神奈川科学技術アカデミー	中島　邦雄	セイコーインスツルメンツ
上柳　喜一	富士ゼロックス	増原　　宏	大阪大学
納谷　昌之	富士写真フィルム	吉川　裕之	大阪大学
ウマ・マヘスワリ	理化学研究所	後藤　顕也	東海大学
橋詰　富博	日立製作所	阿刀田伸史	新エネルギー・産業技術総合開発機構
松田　一成	神奈川科学技術アカデミー	杉浦　忠男	奈良先端科学技術大学院大学
梅田　倫弘	東京農工大学	藤原　敬宏	科学技術振興事業団
中村　　収	大阪大学	ケン・リッチー	名古屋大学
成田　貴人	日本分光	山下　英俊	ドラゴン・ジェノミクス
村下　　達	日本電信電話	根城　　均	物質・材料研究機構ナノマテリアル研究所
物部　秀二	神奈川科学技術アカデミー/科学技術振興事業団	勝山　俊夫	日立製作所
羽根　一博	東北大学	髙原　淳一	大阪大学
小野　崇人	東北大学	小林　哲郎	大阪大学
福澤　健二	名古屋大学	浅田　雅洋	東京工業大学
民谷　栄一	北陸先端科学技術大学院大学	古川　祐光	産業技術総合研究所

目　　次

I．基　礎　編

1. 概　　要 ……………………………………………………………[大津元一]…3
   - 1.1 光工学における微小化の必要性 …………………………………………3
   - 1.2 回折限界を打破する方法 …………………………………………………8
   - 1.3 ナノ光工学の進展 …………………………………………………………13
2. 理論的基礎 ……………………………………………………………………15
   - 2.1 近接場光の理論の分類 …………………………………[小林　潔]…15
     - 2.1.1 局所分極と自己無撞着場 ………………………………………16
       - a. 光の波動方程式とグリーン（伝搬）関数 ……………………16
       - b. 相互作用する電気双極子 ………………………………………18
       - c. 半古典論による物質系の近接場光応答 ………………………19
   - 2.2 電磁場理論 …………………………………………[髙橋信行]…21
     - 2.2.1 マックスウェル方程式 ……………………………………………21
     - 2.2.2 等方性媒質に対する波動方程式 …………………………………22
     - 2.2.3 境界条件 ……………………………………………………………24
     - 2.2.4 ベクトル波動関数 …………………………………………………25
     - 2.2.5 円筒波動関数 ………………………………………………………26
       - a. 円柱外部の電磁場 I ………………………………………………27
       - b. 円柱外部の電磁場 II ……………………………………………27
     - 2.2.6 平面波電磁場の円筒波展開 ………………………………………27
       - a. TE 波 ………………………………………………………………28
       - b. TM 波 ………………………………………………………………28
       - c. 円筒波電磁場の平面波展開 ……………………………………28
     - 2.2.7 無限長完全導体円柱による電磁波の散乱・回折 ………………28
       - a. TE 円筒波入射の散乱電磁場 ……………………………………28
       - b. TM 円筒波入射の散乱電磁場 ……………………………………29
       - c. TE 平面波入射の散乱電磁場 ……………………………………30

d. TM平面波入射の散乱電磁場 ……………………………………32
　　　e. 一般的な散乱電磁場 ……………………………………………33
　2.3 微小領域の電磁気学 ………………………………………[堀　裕和]…34
　　2.3.1 微小領域の電磁気学と光学の特徴 ………………………………34
　　　a. 光学測定と近接場光 ……………………………………………34
　　　b. 物質の光学応答と相互作用 ……………………………………35
　　　c. 光学計測と部分系 ………………………………………………35
　　2.3.2 光と物質の結合モード ……………………………………………36
　　　a. 平均場とミクロな電磁相互作用 ………………………………36
　　　b. 物質の光学応答と相互作用 ……………………………………37
　　　c. 近接場条件と近接場近似 ………………………………………37
　　　d. 近接場近似と磁流コイルモデル ………………………………38
　　2.3.3 散乱問題とアンギュラスペクトル ………………………………39
　　　a. ヘルムホルツ方程式とグリーン関数 …………………………39
　　　b. 散乱場のアンギュラスペクトル展開 …………………………40
　　　c. 遠視野領域での散乱場の観測 …………………………………41
　　　d. 近接場領域での散乱場の観測 …………………………………41
　　　e. ベクトル場のアンギュラスペクトル表現 ……………………42
　　　f. プローブ顕微鏡の仕組み ………………………………………43
　　2.3.4 多重極展開と近接場光 ……………………………………………43
　　　a. 電磁場のベクトル性とヘリシティー表現 ……………………43
　　　b. 平坦誘電体境界のエバネッセント波とトリプレットモード …45
　　2.3.5 散乱問題と自己無撞着場 …………………………………………46
　　　a. グリーンダイアディックと自己無撞着場 ……………………46
　　　b. システム感受率と自己無撞着な場 ……………………………47
　2.4 量子論的近接場光学 …………………………………………[小林　潔]…48
　　2.4.1 基本的な考え方と質量をもつ仮想光子モデル ……………………48
　　2.4.2 射影演算子法 ………………………………………………………50
　　　a. 射影演算子の定義 ………………………………………………50
　　　b. 射影演算子の性質 ………………………………………………50
　　2.4.3 有効演算子と有効相互作用 ………………………………………51
　　　a. 演算子$\hat{f}$の満たす方程式とその近似解 …………………………52
　　　b. 有効相互作用演算子$\hat{V}_{\text{eff}}$の近似式 ………………………………54
　　2.4.4 光と物質の相互作用：多重極ハミルトニアンとミニマル結合ハミルト
　　　　　ニアン …………………………………………………………………54
　　　a. ミニマル結合ハミルトニアン …………………………………54
　　　b. 多重極ハミルトニアン …………………………………………56

- 2.4.5 素励起モードと電子分極 …………………………59
- 2.4.6 近接場光相互作用：湯川ポテンシャル …………62
    - a. ミクロとマクロの結合 ……………………………62
    - b. P 空間と Q 空間 ……………………………………63
    - c. ナノメートル寸法の試料とプローブに働く相互作用 ……63
    - d. 励起子ポラリトンの有効質量近似と湯川ポテンシャル ……64
- 2.4.7 応用例：近接場光プローブによる単一原子操作 ……66
    - a. これまでの研究例 …………………………………66
    - b. 具体的な系に対する湯川ポテンシャル …………66
    - c. 光近接場プローブによる原子偏向 ………………67
- 2.4.8 展 望 …………………………………………………69
- 2.5 電子・物質との相互作用 ……………………[堀 裕和]…71
  - 2.5.1 微小領域の電磁相互作用 ………………………71
    - a. 状態と相互作用の物質形状依存性 ………………71
    - b. 観測のスケールと物質電子系のスケール ………72
    - c. 環境系と注目する部分系 …………………………73
    - d. 近接場光における系の疎視化と相互作用の特徴 ……73
  - 2.5.2 物質の光学応答と平均場 ………………………74
    - a. 物質系の励起とモード ……………………………74
    - b. 局所応答と非局所応答 ……………………………75
  - 2.5.3 光子と電子の近接場光相互作用 …………………75
    - a. 分散関係と相互作用 ………………………………76
    - b. 制動放射と近接場光相互作用 ……………………76
    - c. 電子系の光アシスト遷移過程 ……………………77
  - 2.5.4 近接場光相互作用における準保存則と力学作用 ……78
  - 2.5.5 近接場光の量子電気力学 ………………………79
    - a. 近接場光の量子化 …………………………………79
    - b. 環境系との相互作用による放射の制御 …………80
    - c. エバネッセント波を含む電磁場の第 2 量子化 ……80
    - d. 多重極子と表面との相互作用 ……………………81
    - e. 平坦誘電体境界をもつ空間における検出器モード ……82
    - f. 検出器モードの第 2 量子化 ………………………83
    - g. 検出器モードと放射の制御 ………………………84
- 2.6 表面プラズモンの基礎 ………………………[林 真至]…86
  - 2.6.1 表面プラズモンとは ………………………………86
  - 2.6.2 伝搬型の表面プラズモン …………………………87
    - a. 自由電子金属のプラズマ振動と誘電関数 ………87

         b. 表面プラズモンの分散関係 ……………………………87
         c. 全反射減衰法による表面プラズモンの励起 …………89
         d. 周期構造および表面粗さによる表面プラズモンの励起 …93
         e. 薄膜の表面プラズモン ……………………………94
      2.6.3 局在型の表面プラズモン ……………………………95
         a. 球形微粒子の表面ポラリトン ……………………95
         b. ミー散乱との関連性 ……………………………97
         c. 小さい球の表面モード ……………………………97
      2.6.4 金属微粒子-金属表面系のギャップモード ………100
   2.7 近接場光の力学的作用……………………………[菅原康弘]…101
   2.8 原子への力学的作用………………………………[伊藤治彦]…104
      2.8.1 光ブロッホ方程式 ……………………………104
         a. 2準位系 ……………………………………104
         b. 電気双極子相互作用 ……………………………104
         c. 密度行列 ……………………………………105
         d. 2準位原子の光ブロッホ方程式 ……………………106
         e. 定常解 ……………………………………106
      2.8.2 原子に作用する力 ……………………………107
         a. エーレンフェストの定理 ……………………107
         b. 静止原子に作用する力 ……………………………107
         c. 双極子力ポテンシャル ……………………………108
         d. 進行波が及ぼす力 ……………………………108
         e. 定在波が及ぼす力 ……………………………109
         f. 運動する原子に作用する力 ……………………109
         g. エバネッセント波が及ぼす力 ……………………109
      2.8.3 光シフト ……………………………………110
         a. ドレス原子 ……………………………………110
         b. ドレス状態 ……………………………………110
         c. 2準位原子の光シフト ……………………………111
      2.8.4 近接場光による原子の冷却 ……………………111
         a. 3準位ドレス原子 ……………………………111
         b. 3準位ドレス状態 ……………………………112
         c. 3準位原子の光シフト ……………………………113
         d. シシュフォス冷却 ……………………………113
   2.9 微小領域の電子系の振舞い…………………………………114
      2.9.1 ナノ光工学における電子系と電磁場のかかわり…………[堀　裕和]…114
      2.9.2 走査型トンネル顕微鏡における発光現象……………[塚田　捷]…115

2.9.3　空隙領域での電子波干渉 ……………………………………117
　　2.9.4　クーロンブロッケードの物理………………………[岩渕修一]…119
　　　a.　クーロンブロッケードと単一電子トンネリング ……………119
　　　b.　クーロンブロッケードと電磁場環境効果 ……………………121
　　　c.　クーロンブロッケードの微視的理論 …………………………123
　　　d.　より一般的な状況への拡張 ……………………………………131
　2.10　原子間力の基礎 …………………………………………[森田清三]…136
　　2.10.1　自然界における力 ………………………………………………136
　　2.10.2　分極の効果 ………………………………………………………137
　　2.10.3　ファンデルワールス力 …………………………………………138
　　2.10.4　レナード-ジョーンズポテンシャル …………………………139
　　2.10.5　固体表面の構造 …………………………………………………139
　　2.10.6　マクロな相互作用：物体の大きさの影響 ……………………140
　　2.10.7　共有結合力１：ダングリングボンド間の原子間力 …………144
　　2.10.8　共有結合力２：ダングリングボンドと空軌道間の原子間力 …………147

3. 要素の原理と方法 …………………………………………………………150

　3.1　プローブ ……………………………………………………………………150
　　3.1.1　プローブの原理………………………………[大津元一・斎木敏治]…150
　　3.1.2　各種プローブの原理 ……………………………………………159
　　　a.　微小開口付きファイバープローブ１ ………………[斎木敏治]…159
　　　b.　微小開口付きファイバープローブ２
　　　　　………………………………[八井　崇・興梠元伸・大津元一]…166
　　　c.　散乱型 ………………………………………[河田　聡・井上康志]…180
　　　d.　プラズモン共鳴型 ……………………………………[芦野　慎]…193
　　　e.　発光型 …………………………………………………[栗原一嘉]…200
　　　f.　平面型 ………………………………[八井　崇・興梠元伸・大津元一]…206
　　　g.　関連する光検出素子 …………………………………[上柳喜一]…209
　　3.1.3　プローブの位置制御の原理と効果 …[納谷昌之・ウマ・マヘスワリ]…217
　　　a.　制御モードと画像 ……………………………………………217
　　　b.　制御の方法 ……………………………………………………221
　　3.1.4　原子間力顕微鏡におけるプローブと位置制御…………[菅原康弘]…226
　　3.1.5　走査型トンネル顕微鏡におけるプローブと位置制御……[橋詰富博]…228
　　　a.　走査型トンネル顕微鏡と走査型トンネル分光法 ……………228
　　　b.　走査型トンネル顕微鏡のプローブ：トンネル電流 …………230
　　　c.　走査型トンネル分光法による局所電子状態密度プローブ …232
　　　d.　走査型トンネル顕微鏡/分光法における空間分解能 ………233

e. 走査型トンネル顕微鏡/分光法におけるプローブ位置制御 ……………235
　　　f. 走査型トンネル顕微鏡による原子観察と原子操作 …………………237
　　　g. 走査型トンネル顕微鏡におけるその他のプローブ例 ………………239
3.2　環境技術 …………………………………………………………………………242
　3.2.1　防　振……………………………………………………………[菅原康弘]…242
　3.2.2　真　空……………………………………………………………[菅原康弘]…244
　3.2.3　低　温………………………………………………[松田一成・斎木敏治]…246
　　　a. 低温測定の利点 ……………………………………………………………246
　　　b. 冷却方法 ……………………………………………………………………247
　　　c. 低温動作の近接場光学顕微鏡装置 ………………………………………248
3.3　光計測技術 ………………………………………………………………………252
　3.3.1　複屈折, 吸収, 透過, 反射 ……………………………………[梅田倫弘]…252
　　　a. 近接場光学顕微鏡の構成 …………………………………………………252
　　　b. 反射強度の観測 ……………………………………………………………253
　　　c. 複屈折分布の観測 …………………………………………………………256
　3.3.2　発光分光 …………………………………………………………[斎木敏治]…259
　　　a. 測定モードの使い分け方 …………………………………………………260
　　　b. 近接場光学顕微鏡による発光計測の発展型 ……………………………262
　3.3.3　多光子過程の利用 ……………………………………[中村　収・河田　聡]…266
　　　a. 2光子励起レーザ走査型顕微鏡 …………………………………………266
　　　b. 3次元マイクロ光造形 ……………………………………………………270
　3.3.4　ラマン分光 ………………………………………………………[成田貴人]…272
　　　a. ラマン分光法の概要 ………………………………………………………272
　　　b. ラマン分光法に近接場光学を利用する利点 ……………………………273
　　　c. ラマン分光法に近接場光学を導入する際に特有な問題点 ……………274
　　　d. 近接場光によるラマン分光の光収支 ……………………………………276
　　　e. システム構築の例 …………………………………………………………277
　　　f. 測定例 ………………………………………………………………………277
　3.3.5　赤外分光 ……………………………………………………[河田　聡・井上康志]…279
　　　a. プローブ ……………………………………………………………………279
　　　b. 赤外光源 ……………………………………………………………………280
　　　c. 実施例 ………………………………………………………………………282
3.4　電子, 力との融合計測 …………………………………………………………286
　3.4.1　走査型トンネル顕微鏡発光計測 ………………………………[村下　達]…286
　　　a. 走査型トンネル顕微鏡発光の特徴と発光過程 …………………………286
　　　b. 装置構成 ……………………………………………………………………287
　　　c. 計測例 ………………………………………………………………………289

  3.4.2　原子間力による近接場光の計測……………………[菅原康弘]…291
   a.　探針に働く力の高感度検出の原理 …………………………………292
   b.　エバネッセント光の高分解能測定 …………………………………293
4.　プローブ作製技術 ………………………………………………………………296
 4.1　エッチング技術……………………………………………[物部秀二]…296
  4.1.1　溶融延伸と真空蒸着 …………………………………………………296
  4.1.2　メニスカスエッチング ………………………………………………298
  4.1.3　光ファイバの選択エッチングとファイバガラスの溶解速度 ………299
 4.2　高効率・高分解能プローブ作製技術…[八井　崇・興梠元伸・大津元一]…302
  4.2.1　ドライプロセス ………………………………………………………302
   a.　3段テーパプローブ作製技術 ………………………………………302
   b.　エッジ付きプローブ作製技術 ………………………………………304
  4.2.2　ウェットプロセス ……………………………………………………305
   a.　シリコン異方性エッチング …………………………………………305
   b.　近接場光記録再生用ヘッドの作製 …………………………………306
 4.3　シリコン技術・マイクロマシン技術……………[羽根一博・小野崇人]…308
  4.3.1　小型・集積化のための要素技術 ……………………………………308
  4.3.2　マイクロマシンニングによるプローブ作製方法 …………………310
 4.4　プローブ作製技術…………………………………………[福澤健二]…315
  4.4.1　集積型プローブ：フォトカンチレバー ……………………………316
  4.4.2　フォトカンチレバーによる近接場光学/原子間力同時観測装置 ………320

II．計 測 編

5.　生　　体 …………………………………………………………………………327
 5.1　生物試料計測の可能性 …………………[納谷昌之・ウマ・マヘスワリ]…327
  5.1.1　生物試料観測における近接場光学顕微鏡の意義 …………………328
  5.1.2　観測例 …………………………………………………………………328
  5.1.3　生物試料観測の課題 …………………………………………………331
 5.2　細胞および染色体の表層構造・機能の画像計測………………[民谷栄一]…332
  5.2.1　近接場光学/原子間力顕微鏡によるGFP遺伝子組替え大腸菌細胞の
    解析 …………………………………………………………………335
  5.2.2　染色体解析への応用 …………………………………………………337
  5.2.3　肥満細胞の開口放出の解析 …………………………………………338
  5.2.4　神経細胞機能の解析 …………………………………………………340

5.3　近接場光による細胞膜のダイナミクスと接着形成の研究……[辰巳仁史]…342
　　5.3.1　生命科学における近接場光を用いることの重要性　………………342
　　5.3.2　近接場光による細胞内分子の観察　………………………………342
　　5.3.3　細胞の膜のダイナミックな位置の変化の研究　…………………345
　　5.3.4　細胞の接着構造の形成の研究への応用　…………………………347
　　5.3.5　走査型の近接場光学顕微鏡　………………………………………349
　5.4　細胞骨格・細胞内での蛍光計測
　　　　　………………………………[飯野亮太・太田-飯野里子・楠見明弘]…350
　　5.4.1　走査型の近接場光学顕微鏡による生細胞アクチン骨格の蛍光観察　…351
　　5.4.3　TIRFMによる生細胞内での1分子蛍光観察　……………………353

6. 固　　体 ……………………………………………………………………359

　6.1　半導体デバイス ……………………………………………………………359
　　6.1.1　量子デバイス………………………………[戸田泰則・斎木敏治]…359
　　　a.　量子井戸・細線構造の観察例　……………………………………360
　　　b.　量子ドットの観察例　………………………………………………362
　　6.1.2　バルク…………………………………………[斎木敏治・福田浩章]…367
　　　a.　開口エバネッセント光と高屈折率媒質との相互作用　……………367
　　　b.　横方向pn接合の光電流観察　………………………………………368
　　　c.　シリコンデバイスの観察　…………………………………………371
　6.2　光導波路……………………………………………………[戸田泰則]…374
　　6.2.1　測定系　…………………………………………………………………374
　　6.2.2　測定例　…………………………………………………………………375
　　　a.　導波モードの測定例　………………………………………………375
　　　b.　局所屈折率変化の測定例　…………………………………………377
　　　c.　導波散乱の測定例　…………………………………………………379
　　　d.　位相の測定例　………………………………………………………379
　　　e.　機能性導波路の測定例　……………………………………………380
　6.3　LSIチップ上配線……………………………………………[二川　清]…380
　　6.3.1　実験構成　………………………………………………………………381
　　6.3.2　空間分解能の向上　……………………………………………………382
　　6.3.3　OBICの非発生と高空間分解能OBIRCHの実現　…………………383
　　6.3.4　異常箇所の物理的解析結果と考察　…………………………………385
　6.4　フォトニック結晶……………………………………………[伊藤　正]…386
　　6.4.1　フォトニックバンド　…………………………………………………386
　　6.4.2　近接場光とフォトニック結晶　………………………………………388
　　6.4.3　微小球2次元配列結晶　………………………………………………389

6.4.4　面内伝搬光の分散関係の決定 ………………………………………390
　　　6.4.5　微粒子間隙の変化が与える影響 ……………………………………393
　　　6.4.6　近接場光学顕微鏡による透過光励起像の観察 …………………394
　　　　　a.　非共鳴波長における近接場透過像 …………………………………394
　　　　　b.　共鳴時における近接場透過像 ………………………………………396
　　　　　c.　理論的考察 ……………………………………………………………396
　　　6.4.7　近接場光学顕微鏡による蛍光励起像の観察 ………………………397

7. 有機材料 ………………………………………………………………400

　7.1　単一分子・エネルギー移動 ……………………………[斎木敏治]…400
　　　7.1.1　単一分子検出に必要な条件 ……………………………………………401
　　　7.1.2　単一分子観察の具体的方法 ……………………………………………401
　　　7.1.3　近接場光学顕微鏡による単一分子計測技術 ………………………403
　　　7.1.4　近接場光学顕微鏡による単一分子観察例 …………………………404
　　　7.1.5　今後の展望 ………………………………………………………………406
　　　　　a.　高分解能化へ向けて …………………………………………………406
　　　　　b.　単一分子ラマン散乱分光 ……………………………………………407
　7.2　薄膜・EL ………………………………………[藤平正道・郭　廣柱]…409
　　　7.2.1　有機EL薄膜 ……………………………………………………………409
　　　7.2.2　LB膜 ……………………………………………………………………412
　7.3　フォトクロミック材料 ……………………………………[入江正浩]…417
　　　7.3.1　ジアリールエテン ………………………………………………………417
　　　7.3.2　ペリナフトチオインジゴ ………………………………………………420
　7.4　高分子結晶 …………………………………………………[高原　淳]…422
　　　7.4.1　高分子固体の凝集構造 …………………………………………………422
　　　7.4.2　単結晶 ……………………………………………………………………423
　　　7.4.3　球晶 ………………………………………………………………………425
　　　7.4.4　繊維構造 …………………………………………………………………427
　7.5　光化学への応用 ……………………………[伊藤紳三郎・青木裕之]…429
　　　7.5.1　光励起と光プロセスの観測 ……………………………………………429
　　　7.5.2　近接場光学顕微鏡による局所光プロセス …………………………431
　　　　　a.　光化学反応 ……………………………………………………………431
　　　　　b.　光物理プロセス ………………………………………………………431
　　　7.5.3　局所場分子情報 …………………………………………………………433
　　　　　a.　時間分解測定による局所濃度，分子間距離の測定 ………………433
　　　　　b.　分光測定 ………………………………………………………………434
　　　　　c.　蛍光偏光性による異方的分子配向の測定 …………………………434

8. 新材料と極限 ……………………………………………………… 437

8.1 磁 性 …………………………………………… [腰原伸也・宗片比呂夫] … 437
8.1.1 微小領域磁気光学, 磁場検出法の最近の進展 ……………… 439
  a. 偏光測定用の近接場光学顕微鏡の開発 ……………………… 439
  b. 走査型マイクロホール素子顕微鏡の開発 …………………… 440
8.1.2 光-磁気-伝導複合物性開拓の現状 …………………………… 440

8.2 原子分光学 ………………………………………………… [堀 裕和] … 443
8.2.1 原子と近接場光相互作用の特徴 ……………………………… 443
  a. しみ込み深さと相互作用時間 ………………………………… 443
  b. エバネッセント波と原子の相互作用 ………………………… 445
  c. 近接場光の力学効果と準保存測 ……………………………… 445
  d. 近接場光の量子電気力学効果と放射寿命の制御 …………… 446
  e. 光共振器と原子の近接場光結合 ……………………………… 446
8.2.2 近接場原子分光法 ……………………………………………… 447
  a. 反射分光 ………………………………………………………… 447
  b. 周波数変調による近接場分光の感度向上 …………………… 447
  c. レーザ誘起近接場蛍光分光 …………………………………… 448
  d. 近接場光によるレーザイオン化分光 ………………………… 448
  e. 近接場ポンプ-プローブ分光 ………………………………… 448
  f. エバネッセント波原子反射鏡 ………………………………… 449

III. 加工・機能・操作編

9. 微細加工技術 …………………………………………………………… 453

9.1 光化学気相堆積 …………………………………………… [大津元一] … 453
9.2 リソグラフィー ………………………………………… [中島邦雄] … 458
9.2.1 露光方式 ………………………………………………………… 458
  a. プローブ走査方式 ……………………………………………… 458
  b. 微細マスクによる一括露光方式 ……………………………… 459
  c. 全反射条件を用いた方式 ……………………………………… 460
  d. スーパレンズ方式 ……………………………………………… 461
9.2.2 実用化への課題 ………………………………………………… 463
  a. 各露光方式の課題 ……………………………………………… 463
  b. 光源およびフォトレジスト …………………………………… 464

9.3 アブレーション ……………………………………………[中島邦雄]…465
  9.3.1 アブレーション機構 …………………………………………465
    a. 光化学的機構 ………………………………………………465
    b. 熱的機構 ……………………………………………………466
    c. 弾道機構 ……………………………………………………466
  9.3.2 アブレーション機構の解明例 ………………………………466
  9.3.3 アブレーション加工例 ………………………………………468
9.4 分子ファブリケーション ………………………[増原 宏・吉川裕之]…469
  9.4.1 分子光物理・光化学過程 ……………………………………469
  9.4.2 光熱的ファブリケーション …………………………………472
  9.4.3 光化学的ファブリケーション ………………………………473

10. 光メモリー ………………………………………………………………477

10.1 状 況 ……………………………………………………[大津元一]…477
  10.1.1 近接場光による光メモリーの必要性 ………………………477
  10.1.2 各種要素技術の課題 …………………………………………477
10.2 受動デバイスによる取組み ………………………[八井 崇・大津元一]…481
10.3 能動デバイスによる取組み ……………………………[後藤顕也]…484
  10.3.1 能動デバイスとして表面発光半導体レーザに取り組む理由 ………485
  10.3.2 VCSEL アレイの実際 …………………………………………486
  10.3.3 VCSEL 2 次元アレイを用いた高効率プローブ ……………487
  10.3.4 コンタクト光ヘッドとエバネッセント波/表面プラズモンポラリトン
　　　　………………………………………………………………488
  10.3.5 超高密度/超高速データ転送速度の光ディスクシステム ……489
  10.3.6 PPP 試作プロセスと表面プラズモン発生用金属コート/開口穿孔技術
　　　　………………………………………………………………491
10.4 非線形現象による取組み ………………………………[阿刀田伸史]…492
  10.4.1 スーパレンズの原理と特徴 …………………………………492
    a. 開口型スーパレンズ ………………………………………493
    b. 光散乱型スーパレンズ ……………………………………493
  10.4.2 スーパレンズの動作機構 ……………………………………495
  10.4.3 課題解決に向けた取組み ……………………………………495
    a. 安定性の向上 ………………………………………………495
    b. CNR の向上 ………………………………………………496
  10.4.4 今後の展望 ……………………………………………………497

11. 操作技術 ……499

11.1 原子操作 ……[伊藤治彦]…499
- 11.1.1 原子の反射 ……499
- 11.1.2 原子の誘導 ……499
  - a. 中空ファイバを用いた原子誘導路 ……499
  - b. 2段階光イオン化実験 ……500
  - c. 原子誘導路の応用 ……501
- 11.1.3 ファイバプローブを用いた原子の制御 ……501
  - a. 原子の偏向 ……501
  - b. 原子のトラップ ……502
- 11.1.4 原子ファネル ……502

11.2 ミー粒子操作 ……[杉浦忠男・河田 聡]…504
- 11.2.1 放射圧の発生 ……504
- 11.2.2 レーザトラッピングによる粒子操作 ……506
- 11.2.3 粒子が小さい場合のトラッピング ……508
- 11.2.4 トラップしたミー粒子による計測 ……510

11.3 タンパク質分子 …[藤原敬宏・ケン・リッチー・山下英俊・楠見明弘]…510
- 11.3.1 光ピンセット法の基礎 ……511
  - a. 光ピンセットの原理 ……511
  - b. タンパク質分子に把手をつけてつかむ ……512
  - c. 光ピンセットは柔らかいばね秤である ……513
- 11.3.2 光ピンセット装置 ……514
- 11.3.3 ナノ計測技術 ……515
- 11.3.4 細胞膜研究への応用 ……515
  - a. 上手に標識してやれば1分子の応答がみえる ……515
  - b. 光ピンセットを使って,細胞と綱引きをする ……515
  - c. 膜タンパク質をプローブとして細胞膜上を2次元走査し,膜骨格の分布を可視化する ……518

12. ナノ光デバイス ……520

12.1 概要・原理 ……[大津元一・小林 潔]…520
- 12.1.1 利用すべき現象 ……520
- 12.1.2 利用すべき材料 ……521
- 12.1.3 利用すべきデバイス作製法 ……521
- 12.1.4 必要とされる性能など ……521
  - a. ナノ光スイッチの原理と性能 ……521

  b. ナノ光スイッチの実証実験 …………………………………… 523
12.2 ナノコヒーレントデバイス ……………………[根城　均・堀　裕和]… 524
 12.2.1 電磁場の存在する空間の寸法 ………………………………… 524
 12.2.2 電子の分散関係とフォトンの分散関係 ……………………… 524
 12.2.3 分子の周辺での電磁場の検出 ………………………………… 526
 12.2.4 クーロンブロッケード ………………………………………… 526
 12.2.5 コヒーレント電子による干渉 ………………………………… 527
 12.2.6 近接した分子による位相効果 ………………………………… 527
12.3 ポラリトン導波路デバイス ……………………………[勝山俊夫]… 530
 12.3.1 励起子ポラリトンの性質 ……………………………………… 530
 12.3.2 導波路を伝搬する励起子ポラリトン ………………………… 531
  a. 量子井戸中の励起子ポラリトン ……………………………… 531
  b. 電界による位相変調 …………………………………………… 532
  c. 共振器型導波路ポラリトン …………………………………… 532
 12.3.3 ポラリトン変調器・スイッチ ………………………………… 533
  a. マッハ-ツェンダー型素子 …………………………………… 533
  b. 方向性結合器型素子 …………………………………………… 534
  c. ナノメートル寸法のスイッチ ………………………………… 535
 12.3.4 その他の材料の励起子ポラリトンと素子応用 ……………… 535
  a. ペロブスカイト系材料 ………………………………………… 535
  b. 有機半導体材料 ………………………………………………… 536
12.4 金属導波路 ……………………………………[髙原淳一・小林哲郎]… 537
 12.4.1 概　要 …………………………………………………………… 537
 12.4.2 光デバイスの微細化の限界 …………………………………… 537
 12.4.3 低次元光波 ……………………………………………………… 538
  a. 光波における次元の定義と低次元光波 ……………………… 538
  b. 3次元光波と低次元光波の例 ………………………………… 538
  c. 低次元光波伝送路 ……………………………………………… 539
 12.4.4 表面プラズモンポラリトン …………………………………… 540
  a. 負誘電体 ………………………………………………………… 540
  b. 1界面のSPP …………………………………………………… 540
 12.4.5 2次元光波伝送路の性質 ……………………………………… 541
  a. 負誘電体ギャップとフィルム ………………………………… 541
  b. ステップ型コアをもつ2次元光波伝送路 …………………… 542
 12.4.6 1次元光波伝送路の性質 ……………………………………… 543
  a. 負誘電体針 ……………………………………………………… 543
  b. 負誘電体孔 ……………………………………………………… 544

    c. 負誘電体チューブ ··· 545
    d. 有損失系 ··· 547
  12.4.7 応 用 ·· 547
    a. ナノ光伝送路とナノ光デバイス ······································ 547
    b. 実験の現状 ·· 547
 12.5 光アシストデバイス ··[浅田雅洋]··· 549
  12.5.1 光アシストトンネル ··· 549
  12.5.2 テラヘルツ光アシストトンネルの観測 ··························· 550
  12.5.3 光アシストトンネルを利用したテラヘルツ3端子素子 ········ 552

付録：数値計算ソフトの概要 ·················[河田 聡・古川祐光]··· 557

1. 近接場における電磁場計算 ··· 557
2. 相互作用を考慮した電磁場計算法の比較 ······························ 557
3. さまざまなシミュレーション技術 ·· 559
 3.1 有限差分時間領域法 ·· 559
  3.1.1 吸収境界条件について ·· 561
  3.1.2 PML境界条件 ·· 561
  3.1.3 TF/SF法 ·· 563
  3.1.4 モデル化 ··· 565
 3.2 双極子法 ··· 565
 3.3 境界要素法 ·· 566
 3.4 多重多極子法 ·· 567

索 引 ·· 571

I. 基 礎 編

　本編はナノ光工学の基本的概念と基礎技術を概説する．まず1章では光科学技術の発展にとって光工学のナノメートル寸法化，すなわち光のナノテクノロジーが必要であることを指摘し，次にそれを実現する際の理論的限界を与える回折現象について述べる．さらにその限界を打破するために本書が扱う近接場光について，そしてその発生と検出の過程について概説し，本書の導入とする．

　2章では近接場光に関する理論的基礎を概説する．電磁場と物質とを記述する理論が必要であるが，その記述方法は取り扱う対象に応じて選択する必要がある．本章ではまず選択すべき理論を分類し，次にマックスウェル方程式に基づく電磁界理論と，それを微小領域用に修正して見通しよくした理論を概説する．さらには近接場光と物質との共鳴相互作用を扱うための量子力学的理論を提示する．このほか，近接場光が原子に及ぼす力学的作用にも言及する．以上に関連する事柄として，原子間力，電子のトンネル効果などの現象についても記述する．

　3章では近接場光を発生させて使うための要素技術について概説する．まず近接場光の発生，検出の基本素子であるプローブの原理を説明した後，各種プローブの特性について記す．次にプローブ位置の制御方法，測定環境整備技術について述べる．さらにこれらを用いて可能となる形状計測，分光分析などへの応用を紹介する．

　4章ではプローブを作製する技術を解説する．エッチングなどに代表されるウェットプロセスのほか，ドライプロセス，さらにはマイクロマシン技術について紹介し，さらに集積化技術についても述べる．

1. 概　　要

1.1　光工学における微小化の必要性

　ナノ光工学とはナノメートル寸法の物質を対象としてその計測，加工，操作などを行う光技術を意味する．これは従来の光を使っていたのでは不可能で，光自身もナノメートル寸法である必要がある．すなわち，ナノメートル寸法の領域にエネルギーが集中した微小な光をつくり，使わなくてはならない．従来はそのような微小な光をつくることは原理的に不可能と考えられてきたが，最近それが実現した．そのような微小な光は近接場光と呼ばれている．本書では近接場光とそれによって実現したナノ光工学の現状を記述するが，まず本節ではナノ光工学が必要とされるに至った経緯と，それを実現する際の問題点について記す．
　図1.1に示すように光学の長い歴史の中で1960年にレーザが発明され，人類は人工的に制御可能なレーザ光を手に入れることができた．これは光学を工学・工業の道具として使う転機となった．これらの光応用技術は光工学，または光エレクトロニクス，フォトニクスなどと呼ばれているが，その中で産業市場規模の大きな分野は表示，光メモリー，光通信である．
　実験室レベルでの光学実験には，実験台の上に光源，光学素子，分光装置，光検出器などの個別の装置を並べて使えば十分であるが，産業応用になると，実験装置および各部品の機械的強度の向上，小型可搬化，消費電力の低減などの必要性が生ずる．この要請に応える試みとして1969年に光集積回路が提案され[1]，開発が進み，実用化に至っている．これは半導体レーザ，光学素子，光検出器など，さらにはこれらを動作させるための駆動回路や増幅器などを1つの基板の上につくりつけたデバイスである[2]．光集積回路の集積度を向上させるために，レン

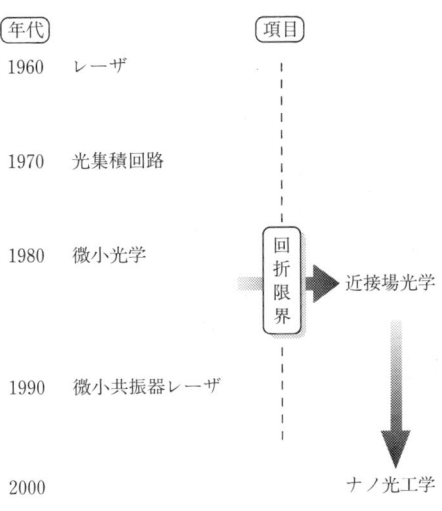

図 1.1　光工学に関連する技術の進歩

ズなどの受動素子を微小化する技術として微小光学技術が進展している[3]．微小化の技術としてはまた，半導体レーザの共振器長を光波長程度まで小さくした微小共振器レーザが開発され，自然放出光の制御など，量子効果を人工的に制御することも試みられている[4]．このような光デバイスの微小化技術は光ファイバ通信システムの性能向上の一翼を担った．それ以外にも光メモリーをはじめとする民生機器にも利用され，その性能を向上させるとともに市場規模を拡大させた．今やわが国の光応用技術関連の産業規模は電子工業産業の約2割，すなわち約5兆円に達している．しかし，今後の微小化技術の発展には原理的な限界がある．なぜなら光の回折のために，光を使うとその波長より小さい物質を扱うことが原理的に不可能だからである．

ここで光の回折に関して略説しておこう．光源から出た光は空間を伝搬するが，その際最も簡単な場合として，光の平面波を考えることにする．この光が図1.2(a)に示すように板に開けられた小さな穴を通り抜けると，もはや平面波ではなく，その穴をあたかも点光源とするように，穴を中心とする球面状の波面となって広がる．このように光の波が穴を通り抜けた後に広がったり，障害物の裏側に回り込んで進む現象は回折と呼ばれている．図1.2(a)において，穴が円形の場合を考えよう．このとき，穴を通り抜けた光が回折により広がる角度（発散角とも呼ばれる）は，ほぼλ/a（単位：rad）である．ここでλは光の波長，aは穴の半径である．すなわち，波長の増加とともに，また穴が小さくなるとともに発散角は増加し，回折が顕著になる．

このように回折があるので，図1.2(b)に示すように光を凸レンズを用いて焦点距離の位置にあるスクリーン（焦点面と呼ばれる）上に結像する場合，その面上では光は点にならない．これは結像のボケと呼ばれている．凸レンズは光を集束させる役割を担いながら，凸レンズの寸法が有限のために，図1.2(a)の小さな穴の役割も兼ねてしまい，回折のためにわずかに光を発散させるのである．そのボケの寸法はλ/NA程度である．ここでNAは開口数と呼ばれる量で，レンズが光を集めうる性能を表す尺度である．$\mathrm{NA}=n\sin\theta$と表される．nは凸レンズの屈折率，θは焦点からみ

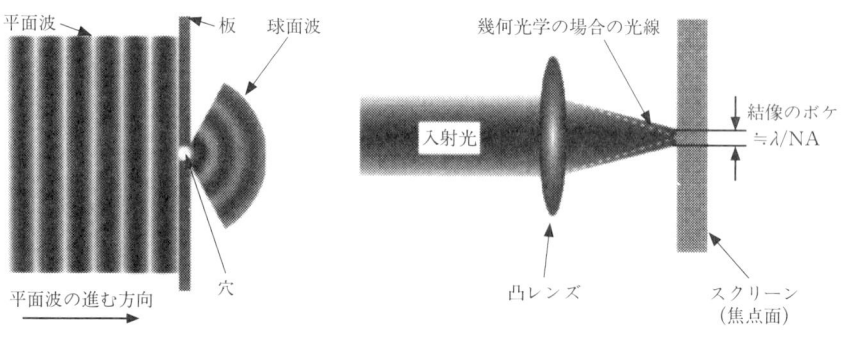

(a) 穴を通った後の光の回折　　(b) 凸レンズで集められる光の結像のボケ

図1.2　回折と回折限界の説明

た凸レンズの大きさを表す広がり角である．普通の凸レンズでは NA は 1 以下の値をとる．

したがって，仮に 2 つの光源の距離が λ/NA 以内となるように接近して置かれたとしても，その像は焦点面上では 2 つに分離されないので，観測者は光源が 1 つなのか 2 つなのかを判別することができない．このことは凸レンズを組み合わせてつくられる光学顕微鏡の場合にもいえる．光学顕微鏡では測定試料に光を照射し，試料で透過，散乱される光を凸レンズで結像させる．このとき焦点面上の像のボケは λ/NA 程度である．複数の物体を分解して判別することができる最小寸法は分解能と呼ばれているが，光学顕微鏡の場合，以上の議論によるとその分解能の限界は λ/NA であることがわかる．一方，加工の場合には光を凸レンズで集め，光エネルギーを集中させるが，その場合にもこの像のボケのために，λ/NA 以下の寸法のパターンを加工することができない．以上のように回折によって測定，加工における寸法の下限が制限されることは，回折限界と呼ばれている．

科学技術の進歩とともに光学顕微鏡にはより高い分解能(いい替えると，より高い倍率)が要求されている．光の波長を短くすれば回折限界による分解能の値 λ/NA は小さくなるので，赤色より青色，さらに紫外線などの光が使われる．その極限の例として電子顕微鏡がある．電子が波動として振る舞うことは量子力学の教えるところである．その場合電子波の波長(ドブロイ波長と呼ばれる)は光の波長よりずっと小さいので，電子ビームを試料に照射し，結像して像を得る．これが電子顕微鏡の原理である．これにより光学顕微鏡よりずっと高い分解能が実現するようになった．しかし，電子顕微鏡で測定できる試料は真空中にある導電体に限られるので，絶縁体，生物試料などを生きたまま測定することができない．なお，この電子顕微鏡の分解能も電子波の回折によって決まっている．

一方，回折のために光をその波長程度以下の寸法をもつ領域に閉じ込めることはできない．したがって，半導体レーザや光導波路など，半導体や誘電体物質中に光を閉じ込めるデバイスの寸法を光の波長以下にすることは不可能である．

回折限界のために図 1.3 に示すように数百 nm 以下の寸法の光技術，光技術のナノ

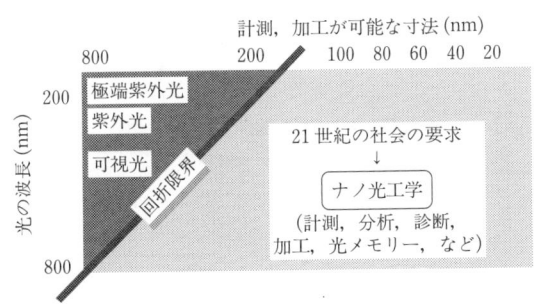

図 1.3　既存の光技術およびナノ光工学と光源の波長との関係

寸法化は原理的に不可能である．しかしながら 21 世紀の社会はそれを必要としている．以下ではその必要性の具体例を記す．

(1) 光通信システムと光デバイス： 「光テクノロジーロードマップ」(情報通信分野)[5]によると，光通信システムでは長距離国際統合網において 2010 年には 10 Tb/s (伝送距離 10000 km に対して) の通信容量が必要とされる．この要求に対しては既存のデバイス技術の高度化により対応可能と考えられているが，2020 年代になると，急増するインターネット情報などの授受のために小型で高効率の新しいデバイス (多数の入出力端子を有する光スイッチングアレイ，数 mV で駆動可能な低電圧光変調器，低駆動電力の光源など) の開発が必要となる．たとえば光スイッチングアレイでは，入出力端子数が各々 1000〜数千必要と見込まれているので，必要な個数の光スイッチ用デバイスを基板上に集積化しようとすると，各デバイスの寸法は光の波長以下にしなくてはならない可能性がある．しかしこれは回折限界のために現状の技術で実現することは不可能である．

(2) 光メモリー： 光の工学応用として大きな市場をもつ光メモリーは記録媒体表面に光を絞って照射し，ディジタル信号を記録再生，さらには消去する民生機器である．光メモリーの記録密度は図 1.4 に示すように急速な進歩を遂げてきたが，それもやはり回折限界との戦いであった．すなわち凸レンズで光ディスク面に光を絞ったときのスポット径の最小値を小さくするために光源の短波長化が図られてきた．CD では近赤外光，DVD では赤色光が使われ，次世代 DVD では青色レーザを使うべく技術開発が行われている．しかし，光の回折限界による記録の高密度化の限界は 20〜30 Gb/in^2 とされている．一方，光メモリー技術の将来動向予測をまとめた「光テクノロジーロードマップ報告書」(情報記録分野)[6]によると，今後は社会的背景の変化，生活スタイルの変化に応えるため情報需要量が一層増大すると予測されている．たとえば 2010 年には各家庭で必要となる光メモリーの記録密度は 1 Tb/in^2 (再生速度としては 1 Gb/s) と見積もられている．この値は回折限界より数十倍大きく，このことは 1 bit の情報を記録するための加工の寸法として 25 nm 程度まで小さくし

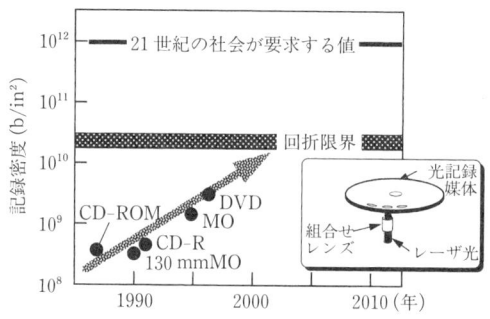

図 1.4 光メモリー技術の進歩の様子

なくてはならないことを意味している．したがって従来の光メモリー技術では原理的に実現不可能な値である．ただしこの値が実現すれば2010年における光メモリーと磁気ディスクメモリーを合わせたメモリー産業市場は世界全体で30兆円以上の大きな規模になるとともに，新たな周辺産業を形成すると期待される．

(3) 微細加工： 光を用いた微細加工の代表例であるリソグラフィーは被加工物に所望の光学像を縮小投影し，その像を被加工物に転写して集積回路をつくる技術であり，これは1980年代からの一貫したDRAMの高集積化に牽引されて発展してきた．加工寸法の最小値は回折限界のために光の波長程度に制限されるので，これまでの微細加工技術は主に加工用の光源の短波長化によって進展してきた．そしてわが国の産業界では共同・統合化，国家予算の導入による共同研究を積極的に進め，1 GbのDRAM製造の研究以降，ArFエキシマレーザ，F_2レーザや極端紫外光源を用いたリソグラフィー技術を開発している．しかしながら，これらの短波長化は光源をはじめとして多くの周辺装置の更新を余儀なくされ，結果として膨大な設備投資を必要としている．一方，大きな規模を堅持する市場の獲得競争は激化の一途をたどったため過当競争となり，高水準の利益を生み出しにくい状況を生じてきている．さらにわが国の産業界では予想をはるかに上回るDRAMの価格低下による業績不振のために，CPUなどの高付加価値半導体に支えられたアメリカ，通貨と人件費の点で有利な韓国・台湾に対抗しうるだけの投資力が薄れつつある．この状況を打破するためには，従来技術路線にない安価な量産加工技術の登場が待望される．

以上の(1)～(3)の3つの例をもとに考えると，21世紀の社会は数十nmの寸法の微小な光を発生し，それを用いた微小な技術を要求していることがわかる．しかし従来用いられている光を使う限り，回折限界のためにこの要求には応えられない．すなわち，上記3つの例に示される要求は回折限界のかなたにある．したがってこの限界を打破する技術の開発が急務である．

さて，以上の工学分野と対比して，科学分野でも微小化に関する必要性が増大している．科学分野への光の応用の代表例は各種材料，生物試料などの形状を観測する顕微鏡，さらにはそれらの構造を分析する分光分析器である．金属，半導体，絶縁体などの各種材料研究に関しては，最近の微細加工技術にも助けられ，ナノ構造の材料を作製し，その物性を評価することが活発に行われるようになった．たとえば半導体の量子ドットではその寸法は30 nmまたはそれ以下であるので，その形状を通常の光学顕微鏡でみることは回折限界のために不可能である．したがってその発光分光特性を評価することもできない．電子顕微鏡や走査型トンネル顕微鏡などで形状を計測することはできるが，その際に電子を注入するので，試料汚染などの問題を生ずる．したがって，やはり回折限界をこえた観測，分析法の開発が必要となる．

生物試料については最近ではたとえばDNAの塩基配列を直接読み，解析することに興味が集まっている．なぜならこれにより高速な遺伝子センサが開発可能になり，さらに医療の現場では個体差を反映するDNA情報からより適切な投薬，治療が可能

になるからである.しかし,ひも状のDNA分子の直径は2 nm程度であり,光学顕微鏡での観察は回折限界のために不可能である.一方,医療,環境の分野では2010年ごろにはバイオテクノロジー技術を利用して,タンパク質を生きたままで,そのタンパク質相互作用の観察評価を行ったり,タンパク質の分子構造を評価する必要性が高まるとされている.この場合には50 nm以下の分解能をもつ計測が必要となる.形状計測であれば電子顕微鏡でも可能であるが,生物試料の形状のみでなく「機能を生きたまま,直接」観測する手段は,現在では光による以外にはなく,この点からも回折限界をこえた観測,分析法の開発が必要となる.

1.2　回折限界を打破する方法

前節に記したように光の回折限界はほぼ λ/NA なので,この値を小さくするには光の波長を短くするか,対象とする物質の屈折率 n を大きくすればよい.このように回折限界の枠組みの中で回折限界の値を小さくするためには使う光の波長を短くすればよいが,これは光源に対する設備投資が膨大になること,また短波長領域での物質の光吸収損失の増大などの理由により,限界がみえている.またナノ寸法に達することもできない.そこでもう1つの試みとして最近ではプラズモン,ポラリトンなどの波動を用いて,実質的に物質の屈折率を高める方法が考案されている.たとえばポラリトンの波動を用いた干渉計型スイッチングデバイス[7],さらには金属導波路[8]などが提案されている.これらに対し,異なる発想により回折限界とは無縁で,かつ回折限界をこえた微小化の方法が開発されている.これが前節冒頭に記した近接場光を用いる方法である.本節では近接場光の発生と測定について略説する.

従来の光技術に使われている光は光源から発し,その後は光源とは独立に空間(空気中,真空中,物質中をさす)を伝搬する.それは時間的にも空間的にも振動する電界と磁界からなる波である.そのような波の基本的性質として,前節に示した回折がある.回折は光の波の基本的性質なので,光学の長い歴史の中で,回折に起因する回折限界は到底打破できないと考えられてきた.しかし,上記と反対の性質をもつ光,すなわち光源とは独立でなく,空間を伝搬しない光を発生させれば,これは回折の性質を示さないので,この光を使うことにより回折限界をこえて光技術の微小化を実現することができるはずである.そのような光は「近接場光」と呼ばれている.

光は非常に高い周波数(可視光の場合,数百THz:$T=10^{12}$)で振動する電磁場であり,その特性は電界ベクトルと磁界ベクトルの大きさとその向き,波としての電磁場の波面(位相が等しい点の集合からなる面)とそれが進む方向,エネルギーの大きさとその流れの方向,などの物理量によって表される.近接場光も高い周波数で振動する電磁場にほかならないので,その説明もこれらの物理量を用いて説明することができる.

近接場光の発生と検出のより詳しい説明は専門書[9]および次章以下に譲り,ここでは現象論的に説明する.図1.5に示すように,半径 a の球に光が照射された場合を

考える．ここで a は入射光の波長に比べ
ずっと小さい．このとき，入射光の多くは透
過，反射，散乱して伝搬していく．しかし，
これらの伝搬光と同時に，近接場光が発生し
ている．そのエネルギーは球表面に沿っての
み伝搬し，したがって球表面から遠ざかる方
向には伝搬しない．また，そのエネルギーの
値は球面から遠ざかるに従い急激に減少す
る．すなわち，球表面に近接したところにエ
ネルギーが集中した光なので近接場光と呼ば
れている．この近接場光は球表面に沿って進
む表面波といえる．エネルギーは球面から遠

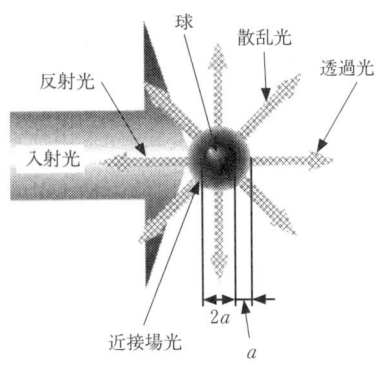

図 1.5　近接場光の発生の様子

ざかるに従い急激に減少するが，表面におけるエネルギー値の e^{-2} ($e=2.71$ なので
e^{-2} は約 0.14 を意味する) になる位置は表面からほぼ球の半径 a 離れた位置である．
すなわち，近接場光とは球の半径程度の厚みをもつ非常に薄い光の膜ということがで
きる．

散乱光も近接場光も，入射光が球に当たったとき，球内部に誘起される電気双極子
モーメント (時間的には入射光と同じ周波数で振動する) が源となって発生する電磁
場である．したがって半径 a の球自体がこれらの光の光源であるといえる．特に近
接場光について考えると，そのエネルギーは球の表面に沿って流れている．つまり近
接場光は本節冒頭に記したように，光源とは独立でなく，空間を (球から遠ざかる方
向に) 伝搬しない光である．

さて，このように球から遠ざかる方向にエネルギーが伝搬しない光なので，球の遠
方に光検出器を置いても，これらに近接場光のエネルギーは流れ込まず，したがって
測定することができない．そこで，測定するためには図 1.6 に示す第 2 の球を近接場
光のエネルギーが集中している領域 (すなわちそれは第 1 の球の表面から a 程度以内
の距離でなくてはならない) に置き，第 2 の球により近接場光を散乱させる．散乱し
た光は四方八方に伝搬し，そのエネルギーの一部は光検出器に入射するので測定する
ことができる．その測定値は第 2 の球の位置における近接場光のエネルギーの値に比
例する．したがって，第 2 の球を第 1 の球表面に沿って動かしながら (このように動
かすことは，走査と呼ばれている)，測定された散乱光エネルギー値を第 2 の球の位
置の関数として図示すれば，その図は近接場光のエネルギーの空間的分布を表す「地
図」となっているので，近接場光を測定したことになる．なお，測定の際の空間的精
度 (分解能と呼ばれている) は第 2 の球の大きさによって決まる．すなわち，第 2 の
球が小さければそれだけ高い分解能で近接場光のエネルギーの空間的分布を測定する
ことができる．しかし，実際には第 2 の球で散乱するときの散乱効率は 2 つの球の半
径が等しいときに最高になることがわかっている (このことは近接場光を介した相互

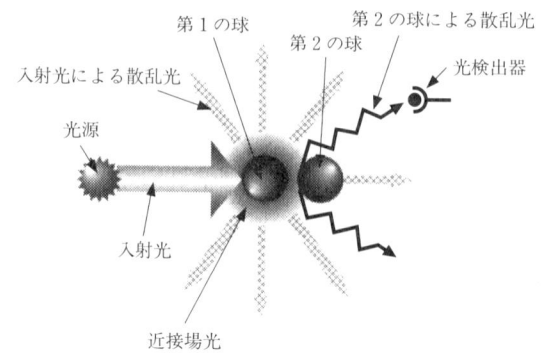

図1.6　近接場光の測定の方法(集光モード)

作用で第2の球につくられる電気双極子モーメントがいかに有効に伝搬光を放射する大きなアンテナをつくることができるかを考えれば容易に理解できる).

　近接場光は第1の球表面にできた光の薄い膜なので，そのエネルギーの空間分布は第1の球の形を反映している．したがって，上記のように第2の球を走査しながら測定した近接場光のエネルギーの空間分布は，第2の球の形を表している．このことを利用すると，第1の球の形を観察する光学顕微鏡ができる．これは近接場光学顕微鏡と呼ばれている．第1の球は測定対象としての「試料」，第2の球は測定のための「プローブ」(probe：探針)と呼ばれている．顕微鏡の分解能は第2の球の半径によって決まるから，入射光の波長の値とは無関係である．すなわちこれは回折限界とは無関係である．したがって，入射光の波長より小さな球をプローブとして使えば，従来の光学顕微鏡よりもずっと小さなものをみることができる．つまり，回折限界をこえた測定ができるのである．

　ここで，近接場光を測定する際の留意事項を，今までに記した内容をもとにまとめると，次の2点である．

① 近接場光のエネルギーの空間分布の厚みは第1の球の半径程度である．
② 測定の効率は2つの球の半径が等しいときに最大となる．

　したがって，たとえば第1の球の直径が1nmであったとき，この球を観察するためには，半径が1nmである第2の球を用意すること(②により)，さらにそれを第1の球に対し1nm以内まで近づけること(①により)が必要である．このことは，プローブとしての微小な第2の球をいかに精密につくるか，さらに第2の球をいかに精密に第1の球まで近づけて走査するか(ただし第1の球にぶつけることなく)が必須であることがわかる．すなわち，近接場光の測定はナノメートル寸法の微細加工と精密自動制御に立脚する技術であるといえる．

　ところで，図1.6において，光源と光検出器の位置を取り替えてみると，図1.7に示すようにプローブとしての第2の球の表面に近接場光が発生し，これを試料として

1. 概　　要

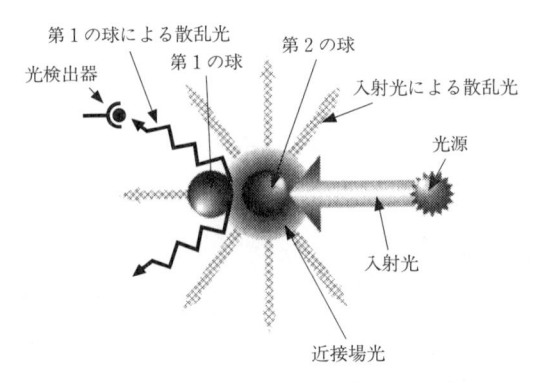

図 1.7　近接場光の測定の方法（照明モード）

の第1の球が散乱させていることがわかる．したがって，この配置でも第2の球を走査すれば第1の球の形を測定できる．図1.6の測定法はプローブ（第2の球）により近接場光を散乱させ，散乱光を集めて検出するので「集光モード」(collection mode：Cモード) と呼ばれている．図1.7の測定法はプローブの表面に発生した近接場光を試料（第1の球）に照射するので「照明モード」(illumination mode：Iモード) と呼ばれている．

　近接場光の利用は，上記のような顕微鏡としての形状計測から始まった．その際に試料の特性に応じて集光モード，照明モードが使い分けられていた．その後，近接場光は光メモリー，加工などへと応用されるようになっている．その場合は照明モードが使われている．すなわち，プローブ表面に発生する近接場光を試料に照射し，近接場光のエネルギーにより試料表面を変形したり，その構造を変化させる．この際，プローブの寸法が入射光の波長より小さければ，その分解能は回折限界をこえる．このようにして近接場光は光メモリー，加工などに使われるようになった段階で，前節に記した光技術の微小化の要求に応えることができるようになった．すなわちナノ光工学が実現した．なお，このような近接場光の発生と利用のために必須の要素はプローブであることがわかる．すなわち，このプローブをいかに小さく，かつ近接場光検出，発生効率の高いものをつくるかが重要である．この製作の代表例は光ファイバを素材とするものであるが，近接場光の利用技術はこのようなプローブを製作する技術の進歩によって実現した．

　なお，本節の最後に近接場光とエバネッセント光との違いについて述べておく．従来の光学の文献には「平面境界で光が全反射するときエバネッセント光が発生し，その厚みは波長程度である」と記述されている．このエバネッセント光の特徴は図1.5の近接場光の特徴とよく似ているが，近接場光の厚みは第1の球の半径程度である．両者の違いは物質中およびその表面付近に発生する電気双極子モーメントの空間分布の違いに起因する．すなわち，平面の場合には図1.8に示すように無限に広い表面に

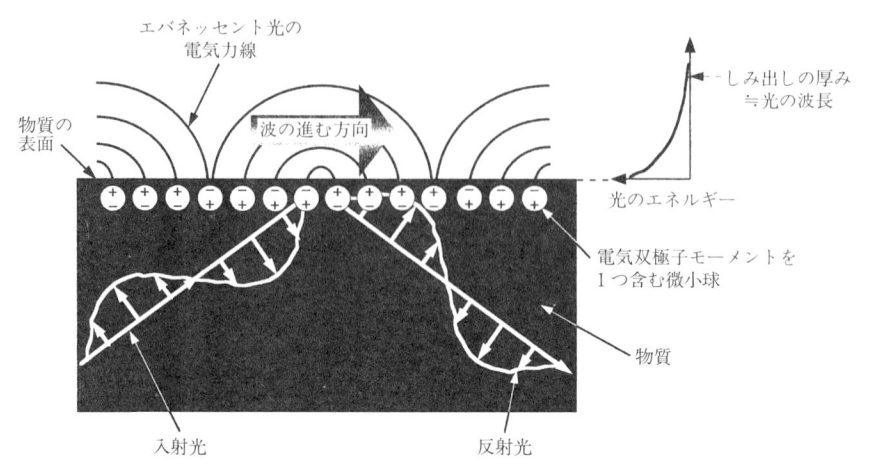

図1.8 物質の平面表面上のエバネッセント光の発生の様子

　入射光，反射光の位相に応じた向きの極性をもった電気双極子モーメントが多数誘起される．その結果，電気双極子モーメント間の電気的な相互作用を表す電気力線は面内の広い範囲に及び，しかもそれらが完全な位相関係をもっていて，平面境界の外側に全く伝搬光を生じない．これらの電気力線の総和としてのエバネッセント光のしみ出しの厚みは入射角で決まり，通常は光の波長程度となる．一方，図1.5の球の場合，半径aが光源の波長に比べずっと小さいので入射光の位相は球の内部ではほとんど一定である．したがって，球内部に誘起される電気双極子モーメントの配列は入射光の位相を反映することはできない．すなわち極性の揃った電気双極子モーメントが誘起されることになる．これは全体としては大きなアンテナとなり伝搬光を生ずる．また，その範囲は球内部のみであり，電気双極子モーメントを球の表面形状に合わせて配列させるための電気双極子モーメント間の電気的な相互作用はごく近隣に限られる．この部分が微小球の場合の近接場光であり，その電気力線が球表面にしみ出す範囲は小さく，その厚みはa程度となる．平面の場合がむしろ非常に特殊な場合なのである．

　以上のように，近接場光は物質表面に誘起される電気双極子モーメントの間の電気的相互作用に起因するので，その空間分布はそれらの電気双極子モーメントの空間的分布に依存する．したがって近接場光のしみ出しの厚みは物質寸法に依存し，光源の光の波長には依存しない．これに対し，平面上のエバネッセント光はこの特徴をもたず，入射光振幅の空間的な位相変化の周期である波長の情報を担っているので，この点において依然として従来の回折によって律則される光学の枠組み内にとどまっている．つまり図1.5の近接場光は平面上のエバネッセント光とは一線を画されるべきである．

1.3 ナノ光工学の進展

 前節のように,光の回折限界をこえたナノ寸法化によるナノ光工学は近接場光によって実現したので,次章以下では近接場光についての記述がほとんどを占めることになる.

 近接場光の発生と顕微鏡への応用の提案は 1928 年にイギリスの Synge によってなされた[10]. これは微小な開口とその周辺の光を利用すると回折限界をこえる分解能をもつ顕微鏡が実現可能であることを示唆したものであり,実験には結びついていない. その後, 1940~1950 年代には開口とその周辺の光の場の性質を記述するための解析がなされ[11,12], さらに 1970 年代にはマイクロ波を使った実験が試みられた[13].

 そして Synge の提案から半世紀以上を経た 1980 年代になり,可視光を用いて,世界のいくつかの研究機関でほぼ同時期に実験が始まった. すなわち, 1982 年には光ファイバを素材としたプローブ製作が日本で開始され[14-16], 1984 年にはスイス[17]とアメリカ[18]において近接場光学顕微鏡の実験が報告された. なお,このころトンネル電流を利用した走査型トンネル顕微鏡 (STM: scanning tunneling microscope), 原子間力を利用した原子間力顕微鏡 (AFM: atomic force microscope) などの,針状のプローブを走査することにより画像を得る各種の走査型プローブ顕微鏡 (SPM: scanning probe microscope) が相次いで発明されたが[19,20], これらの顕微鏡の開発のために培われたナノテクノロジーにも助けられ近接場光学顕微鏡の技術が進展した.

 なお,近接場光学顕微鏡に関しては初期の研究を行った機関での特許権の主張などにも関連して,初期にはさまざまな英語の呼称が与えられていた. たとえばアメリカでは NSOM (near-field scanning optical microscope), ヨーロッパでは SNOM (scanning near-field optical microscope), さらには PSTM (photon scanning tunneling microscope) などである[21]. これらは近接場光学顕微鏡が上記の SPM の 1 種であることを意識した呼称になっているが,学術的に確固たる根拠に基づいたものではないので,いまだに統一的な呼称とはなっておらず,正式な名前でもない. 近接場光学顕微鏡はナノ光工学のうちの計測分野における装置であり,したがって全体からみるとその市場規模は必ずしも大きくないので,今後は光メモリー,加工などがナノ光工学の主流になるにつれ,統一的な呼称の必要性も失われていくであろう.

 1990 年代に入るとプローブの性能の向上に伴い,溶液中などの特殊環境化で近接場光学顕微鏡による生物試料の観測や発光などの分光分析への応用が進んだ. そして光メモリー,加工などナノ光工学を支える応用が開始された. 最近では光メモリー,加工については実用化を目指した研究開発が展開している. その一方では,極限技術として近接場光による原子操作なども行われるようになった[22].

 近接場光に関する理論は,現在のところ,局所的な電磁気学の枠組みの中で展開されている. ただし,実験結果と定量的に比較するためにはコンピュータを用いた数値計算に頼っている. このような数値計算を行っている限り,理論を駆使する際に物理

的な直感に訴えることができず,非常に見通しが悪い.しかしながら,最近になって射影演算子を用いた量子光学的な手法を使った微視的理論が現れ[23],巨視的な系の中での微小な光と物質との相互作用を理解するための見通しのよい指針が得られるようになった.今後はこれらの新しい理論が中心となり,ナノ光工学のシステムの設計手法を目指して進展すると期待される. （大津元一）

文 献

1) S. E. Miller : *Bell Sys. Tech. J.*, **48**-9 (1969), 2059-2069.
2) 小林功郎：光集積デバイス (共立出版, 1999).
3) 応用物理学会日本光学会編：微小光学ハンドブック (朝倉書店, 1995).
4) 大津元一ほか編：量子工学ハンドブック (朝倉書店, 1999), 3.5節.
5) 光産業技術振興協会編：光テクノロジーロードマップ報告書 ― 情報通信分野 ― (光産業技術振興協会, 1998), 34.
6) 光産業技術振興協会編：光テクノロジーロードマップ報告書 ― 情報記録分野 ― (光産業技術振興協会, 1998), 18.
7) T. Katsuyama and K. Owaga : *J. Appl. Phys.*, **75**-12 (1994), 7607-7625.
8) J. Takahara *et al.* : *Opt. Lett.*, **22**-7 (1997), 475-477.
9) M. Ohtsu and H. Hori : Near-Field Nano-Optics (Kluwer Academic/Plenum Publishers, 1999).
10) E. A. Synge : *Phil. Mag.*, **6** (1928), 356-362.
11) H. A. Bethe : *Phys. Rev.*, **66**, (1944), 163-182.
12) C. J. Bowkamp : *Rep. Prog. Phys.*, **17** (1954), 35-100.
13) E. A. Ash and G. Nichols : *Nature*, **237** (1972), 510-512.
14) 大津元一：ナノ・フォトニクス (米田出版, 1999).
15) 大津元一：精密工学, **66**-5 (2000), 661-666.
16) X. Zhu and M. Ohtsu : Near-Field Optics : Principles and Applications (World Scientific, 2000), 1-8.
17) D. W. Pohl *et al.* : *Appl. Phys. Lett.*, **44**-7 (1984), 651-653.
18) A. Lewis *et al.* : *Ultramicroscopy*, **13** (1984), 227-231.
19) 水谷 亘：大津元一ほか編, 量子工学ハンドブック (朝倉書店, 1999), 799.
20) 西川 治編著：走査型プローブ顕微鏡 (丸善, 1998).
21) D. W. Pohl and D. Courjon (eds.) : Near Field Optics (Kluwer Academic Publishers, 1992).
22) M. Ohtsu : Near-Field Nano/Atom Optics and Technology (Springer-Verlag, 1998).
23) K. Kobayashi and M. Ohtsu : *J. Microsc.*, **194**-2/3 (1999), 249-254.

2. 理論的基礎

2.1 近接場光の理論の分類

　非伝搬性，あるいは局在性という特徴をもつ近接場光の問題を取り扱うためにいくつかの方法が提案されている．それは近接場光システムをどうとらえるか，どこに重点を置くかという観点の違いの表れといってもよい．たとえば，マクロな電磁現象を説明するマックスウェル(Maxwell)方程式に基づく古典論を援用し，ミクロな領域の現象を記述しようという伝統的な方法論がその1つである．その場合，試料などの物質系の振舞いは，マクロな屈折率あるいは誘電率で代表させ，物質の内外で境界条件を満たすように電磁場を決定することにより求めたい近接場光の空間分布を得る．いかに所望の電磁場を得るかという問題に関しては，これまで，解析的，数値的両面からいろいろと検討されている．ここではこのようなアプローチを巨視的マックスウェル方程式に基づく古典論と呼ぶ．2.2節および2.3節では巨視的マックスウェル方程式に基づく古典論に沿って近接場光の問題が議論される．

　物質系(構成要素)の寸法が電磁波(光)の波長より小さくなるにつれて，あるいは考慮する空間分解能が上がるにつれて，試料のエネルギーなどの内部状態への依存性が観測量に現れてくる．この点に着目して，電磁場はマックスウェル方程式に従う古典量として扱うが，物質系の応答はシュレディンガー(Schrödinger)方程式に基づく量子論によって決定しようというアプローチが提案されている．このようなアプローチを半古典論と呼ぶ．半古典論では，物質系の電子状態に応じて物質内のある場所での感受率が求まり，その場所での局所電磁場との積から物質系に誘起される分極が定まる．この誘起分極が源となって巨視的な電磁場がマックスウェル方程式の解として求まる．誘起分極と巨視的な電磁場との間に互いに矛盾がないものが最終的な解となる．ここで注意する必要があるのは，物質の感受率は非局所的であるので，ある場所での分極にはその場所以外の場所での局所電磁場も影響してくる．物質系の電子相関距離と，微視的な電磁場を空間的に平均化して巨視的電磁場を得る際の空間平均距離に関係して，近接場光システムでは，特にこのような非局所性が重要になる場合がある[1,2]．

　原子，分子あるいはナノメートル寸法の量子ドットと近接場光プローブからなるような系を考える場合，光と物質励起を同等に考えて議論することによってシステムの特徴を抽出できる場合がある．2.4節では量子論的な枠組みから出発して，ミクロな

系とマクロな系の結合系をうまく繰り込むことによって,ミクロな系に近接場光による湯川ポテンシャルで表される有効相互作用が働くということが示される.

2.5~2.10節では見方を変えて,近接場光システムで取り扱われる対象そのもの(金属伝導電子のプラズモン,原子,分子,微小領域の電子系など),あるいはその相互作用という観点から議論が展開される.それぞれの対象系特有の現象,および近接場光固有の現象に関して基礎的な事項が詳述される.

2.1.1 局所分極と自己無撞着場

本項では上で述べた分類の古典論と半古典論に対応する方法で,物質の局所光応答,光多重散乱という観点から展開する近接場光理論を概観する[3-5].

a. 光の波動方程式とグリーン(伝搬)関数: まず,巨視的マックスウェル方程式から,以下の議論の基礎となる光電場の満たす波動方程式を導く.さらに,その解を求めるための1つの手法である伝搬関数を用いる方法について述べる.その際,近接場光システムのもつ特質,すなわち光の波長よりずっと小さいプローブと測定対象物を用い,両者の距離を波長よりずっと近づけて観測するという点に注意する必要がある.

外部電荷および電流がなく,また電磁場も誘起分極も $\exp(-i\omega t)$ という単一な時間依存性をもつ場合,マックスウェル方程式は次のように書ける.

$$\nabla \cdot [\varepsilon_0 \vec{E}(\vec{r},\omega) + \vec{P}(\vec{r},\omega)] = 0 \tag{2.1}$$

$$\nabla \cdot [\mu_0 \vec{H}(\vec{r},\omega)] = 0 \tag{2.2}$$

$$\nabla \times \vec{E}(\vec{r},\omega) = i\omega\mu_0 \vec{H}(\vec{r},\omega) \tag{2.3}$$

$$\nabla \times \vec{H}(\vec{r},\omega) = -i\omega[\varepsilon_0 \vec{E}(\vec{r},\omega) + \vec{P}(\vec{r},\omega)] \tag{2.4}$$

式(2.3)の回転($\nabla\times$)をとり式(2.4)を代入すると,光電場 $\vec{E}(\vec{r},\omega)$ に対する波動方程式として

$$\left. \begin{array}{l} \nabla\times\nabla\times\vec{E}(\vec{r},\omega) - k^2\vec{E}(\vec{r},\omega) = \mu_0\omega^2\vec{P}(\vec{r},\omega) \\ k \equiv \dfrac{\omega}{c} \end{array} \right\} \tag{2.5}$$

が得られる.ここで c は真空中の光速である.式(2.5)は,右辺すなわち誘起分極を源として発生する光電場を表している.一方 $\vec{P}(\vec{r},\omega)$ は光電場 $\vec{E}(\vec{r},\omega)$ によって物質中に生じる誘起分極であるから,物質の電気感受率 $\chi(\vec{r},\vec{r}',\omega)$ を用いて

$$\vec{P}(\vec{r},\omega) = \int \chi(\vec{r},\vec{r}',\omega)\delta(\vec{r}-\vec{r}')\vec{E}(\vec{r}',\omega)d^3r' = \chi(\vec{r},\omega)\vec{E}(\vec{r},\omega) \tag{2.6}$$

と表される.ここでは局所的な分極のみを考えるとしてデルタ関数 $\delta(\vec{r}-\vec{r}')$ が積分の中に入っている.また,局所的な電気感受率を $\chi(\vec{r},\omega)$ とおいた.式(2.5)と式(2.6)を連立して,$\vec{P}(\vec{r},\omega)$ と $\vec{E}(\vec{r},\omega)$ が相互に矛盾しないように解く必要がある.このような相互無矛盾な解を得る方法を自己無撞着法という.

式(2.5)を解くために,次のような自由空間での伝搬関数(テンソル)

$$\overleftrightarrow{T}(\vec{r}, \vec{r}', \omega) = (k^2 \overleftrightarrow{I} + \nabla\nabla) G(\vec{r}, \vec{r}') \tag{2.7a}$$

を考える．ただし $\overleftrightarrow{I}$ は単位行列であり，$G(\vec{r}, \vec{r}')$ は

$$(\nabla^2 + k^2) G(\vec{r}, \vec{r}') = -\frac{1}{\varepsilon_0} \delta(\vec{r} - \vec{r}') \tag{2.7b}$$

を満たす伝搬関数（スカラ）で

$$G(\vec{r}, \vec{r}') = \frac{1}{4\pi\varepsilon_0} \frac{\exp(ik|\vec{r}-\vec{r}'|)}{|\vec{r}-\vec{r}'|} \tag{2.7c}$$

で与えられる．簡単な計算からこの伝搬関数が

$$\nabla \times \nabla \times \overleftrightarrow{T}(\vec{r}, \vec{r}', \omega) - k^2 \overleftrightarrow{T}(\vec{r}, \vec{r}', \omega) = \mu_0 \omega^2 \delta(\vec{r} - \vec{r}') \tag{2.7d}$$

を満たすことがわかり，これを用いると式 (2.5) の解は

$$\vec{E}(\vec{r}, \omega) = \vec{E}_0(\vec{r}, \omega) + \int \overleftrightarrow{T}(\vec{r}, \vec{r}', \omega) \vec{P}(\vec{r}', \omega) d^3 r' \tag{2.8}$$

と求まる．ただし，$\vec{E}_0(\vec{r}, \omega)$ は式 (2.5) の右辺を 0 とおいた斉次方程式の解である．

伝搬関数 $\overleftrightarrow{T}(\vec{r}, \vec{r}', \omega)$ の具体形は，式 (2.7c) を式 (2.7a) の右辺に代入し微分を実行することにより，次のように求まる．

$$\overleftrightarrow{T}_{\text{direct}}(\vec{r}, \vec{r}', \omega) = [\overleftrightarrow{T}_1(\vec{r}, \vec{r}') + \overleftrightarrow{T}_2(\vec{r}, \vec{r}') + \overleftrightarrow{T}_3(\vec{r}, \vec{r}')] \exp[ikR] \tag{2.9a}$$

$$\overleftrightarrow{T}_1(\vec{r}, \vec{r}') = \frac{1}{4\pi\varepsilon_0} [\overleftrightarrow{I} - \vec{n}\vec{n}] \left(\frac{k^2}{R}\right) \tag{2.9b}$$

$$\overleftrightarrow{T}_2(\vec{r}, \vec{r}') = -\frac{1}{4\pi\varepsilon_0} [3\vec{n}\vec{n} - \overleftrightarrow{I}] \left(\frac{ik}{R^2}\right) \tag{2.9c}$$

$$\overleftrightarrow{T}_3(\vec{r}, \vec{r}') = \frac{1}{4\pi\varepsilon_0} [3\vec{n}\vec{n} - \overleftrightarrow{I}] \left(\frac{1}{R^3}\right) \tag{2.9d}$$

ここで，$\vec{R} = \vec{r} - \vec{r}'$, $R = |\vec{R}|$ であり，$\vec{n}$ はベクトル $\vec{R}$ の方向の単位ベクトル $\vec{R}/R$ である．さらに自由空間の任意の場所 $\vec{r}'$ に置かれた単位分極から直接 $\vec{r}$ の位置に発生する電場を記述する伝搬関数という意味で添字 direct をつけた．また $\overleftrightarrow{T}_3(\vec{r}, \vec{r}')$ は R^{-3} に比例するので，$kR \ll 1$ の場合，その絶対値は $\overleftrightarrow{T}_2(\vec{r}, \vec{r}')$, $\overleftrightarrow{T}_1(\vec{r}, \vec{r}')$ に比べてそれぞれ $(kR)^{-1}$, $(kR)^{-2}$ 倍大きくなっており，近接場において主要な成分であることがわかる．

次に，誘電率 ε の基板があるような場合の伝搬関数 $\overleftrightarrow{T}_{\text{indirect}}(\vec{r}, \vec{r}', \omega)$ を考える（図 2.1）．詳しい解析から遅延効果を無視できる場合には（$c \to \infty$ の極限），単位電気双極子が存在する任意の場所 $\vec{r}' = (x', y', z')$ とその近傍にある ($kR \ll 1$) 基板表面に関して対称な位置 $\vec{r}_M' = (x', y', -z')$ に存在する鏡像の電気双極子から発生する電場を考えればよいことがわかっている[3,5]．具体的には式 (2.9d) の $\overleftrightarrow{T}_3(\vec{r}, \vec{r}')$ を用いて

$$\overleftrightarrow{T}_{\text{indirect}}(\vec{r}, \vec{r}', \omega) = \frac{\varepsilon - 1}{\varepsilon + 1} \overleftrightarrow{T}_3(\vec{r}, \vec{r}_M) M \tag{2.10a}$$

と書ける．ここで係数 $(\varepsilon-1)/(\varepsilon+1)$ は誘電率 ε の基板中における鏡像の電気双極子の大きさを表す係数であり（基板と真空との境界での電磁場の連続性から決まる），M は座標の反転を表す行列で

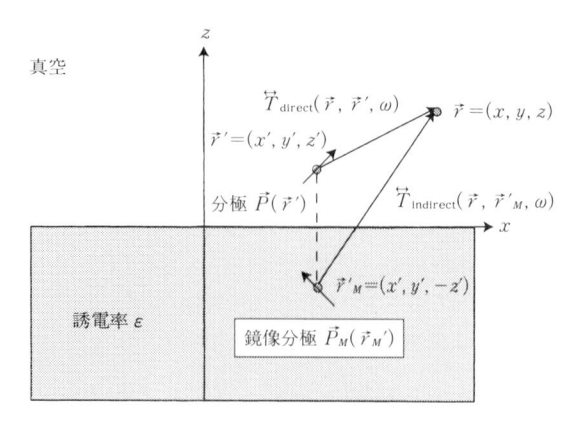

図2.1 電気双極子の近接に誘電率 ε の基板がある場合の伝搬関数

$$M = \begin{bmatrix} -1 & 0 & 0 \\ 0 & -1 & 0 \\ 0 & 0 & 1 \end{bmatrix} \quad (2.10\mathrm{b})$$

である．

b. 相互作用する電気双極子： 上で述べた方法を近接場光システムに適用することを考える．プローブおよび試料がそれぞれ分極率 $\alpha_i(\omega)$ をもっているとして，電気感受率を

$$\chi(\vec{r}, \omega) = \sum_{i=\mathrm{probe}}^{\mathrm{sample}} \alpha_i(\omega) \delta(\vec{r} - \vec{r}_i) \quad (2.11)$$

とおくと，観測点 $\vec{r}$ における光電場 $\vec{E}(\vec{r}, \omega)$ は式 (2.6) と式 (2.8) から

$$\vec{E}(\vec{r}, \omega) = \vec{E}_0(\vec{r}, \omega) + \sum_{i=\mathrm{probe}}^{\mathrm{sample}} \overleftrightarrow{T}(\vec{r}, \vec{r}_i, \omega) \vec{P}(\vec{r}_i, \omega) \quad (2.12\mathrm{a})$$

$$\vec{P}(\vec{r}, \omega) = \chi(\vec{r}, \omega) \vec{E}(\vec{r}, \omega) = \sum_{i=\mathrm{probe}}^{\mathrm{sample}} \alpha_i(\omega) \vec{E}(\vec{r}, \omega) \delta(\vec{r} - \vec{r}_i) \quad (2.12\mathrm{b})$$

と求まる．ここで，伝搬関数 $\overleftrightarrow{T}(\vec{r}, \vec{r}', \omega)$ は基板の影響を含めるために式 (2.9a) と式 (2.10a) の和 $\overleftrightarrow{T}(\vec{r}, \vec{r}', \omega) = \overleftrightarrow{T}_{\mathrm{direct}}(\vec{r}, \vec{r}', \omega) + \overleftrightarrow{T}_{\mathrm{indirect}}(\vec{r}, \vec{r}', \omega)$ とする．誘起分極 $\vec{P}(\vec{r}, \omega)$ を電気双極子で代表するならば式 (2.12a) の第2項はプローブおよび試料内の各点に誘起された電気双極子 $\vec{P}(\vec{r}_i, \omega)$ が伝搬関数を通して観測点 $\vec{r}$ につくる光電場を表している．

今，$\vec{E}_0(\vec{r}, \omega)$ が近接場光システムに入射したとする．式 (2.12b) において $\vec{E}(\vec{r}, \omega)$ として $\vec{E}_0(\vec{r}, \omega)$ を代入することにより，プローブと試料内に電気双極子 $\vec{P}_0(\vec{r}_i, \omega)$ が誘起される．式 (2.12a) で $\vec{P}(\vec{r}_i, \omega) = \vec{P}_0(\vec{r}_i, \omega)$ とおくことにより，この誘起電気双極子によって任意の場所における光電場は入射の $\vec{E}_0(\vec{r}, \omega)$ とは異なった値（正確にはベクトル）$\vec{E}_1(\vec{r}, \omega)$ となる．するとこの $\vec{E}_1(\vec{r}, \omega)$ に応答してプローブと試料内に式 (2.12b) から新たな誘起電気双極子 $\vec{P}_1(\vec{r}_i, \omega)$ が発生する．この $\vec{P}_1(\vec{r}_i, \omega)$ に

よって式 (2.12a) から $\vec{E}_1(\vec{r}, \omega)$ とは異なる新しい光電場 $\vec{E}_2(\vec{r}, \omega)$ が生ずる．このような過程を繰り返して $\vec{P}_n(\vec{r}_i, \omega)$ と $\vec{E}_n(\vec{r}, \omega)$ が互いに矛盾がなくなったときが求める解になっている．いい替えれば，プローブと試料内に誘起された互いに相互作用する多くの電気双極子による電磁場（光）の多重散乱を考察した結果が求める解に対応していることになる．

数学的には式 (2.12b) を式 (2.12a) に代入した

$$\vec{E}(\vec{r}, \omega) = \vec{E}_0(\vec{r}, \omega) + \sum_{i=\text{probe}}^{\text{sample}} \overleftrightarrow{T}(\vec{r}, \vec{r}_i, \omega) \alpha_i(\omega) \vec{E}(\vec{r}_i, \omega) \tag{2.13}$$

において，$\vec{r}$ を $\vec{r}_j (j=1, 2, 3, \cdots, N)$ で置き換えると形式的に行列の形で

$$AE = E_0 \tag{2.14a}$$

$$E^t = (\vec{E}(\vec{r}_1, \omega), \vec{E}(\vec{r}_2, \omega), \cdots, \vec{E}(\vec{r}_N, \omega)) \tag{2.14b}$$

$$E_0^{\,t} = (\vec{E}_0(\vec{r}_1, \omega), \vec{E}_0(\vec{r}_2, \omega), \cdots, \vec{E}_0(\vec{r}_N, \omega)) \tag{2.14c}$$

$$A_{jj} = \delta_{jj},\ A_{ji} = -\overleftrightarrow{T}(\vec{r}_j, \vec{r}_i, \omega)\alpha_i(\omega)\ (j \neq i) \tag{2.14d}$$

と書ける．したがって求める解は形式的に

$$E = A^{-1} E_0 \tag{2.15}$$

と書ける．

この式 (2.15) に基づいて，近接場光学顕微鏡像に関するさまざまな具体的な数値計算が行われている．

c. 半古典論による物質系の近接場光応答： ここでは量子力学に基づいて物質の電気感受率を導出し，通常の古典論で用いられている分極率との関係に触れる．

線形応答理論に基づき，外場としての光場 $\vec{E}(\vec{r}, t)$ が電子多体系に照射される場合を考える．電子の電荷，質量，運動量，ポテンシャルをそれぞれ $e, M, \vec{p}, U(r)$ とすると，この系を記述するハミルトニアンは 2.4 節で述べられているように

$$H = H_0 + H_1 \tag{2.16a}$$

$$H_0 = \frac{\vec{p}^{\,2}}{2M} + U(r), \qquad H_1 = -\frac{e}{2M}(\vec{p}\cdot\vec{A} + \vec{A}\cdot\vec{p}) \tag{2.16b}$$

で与えられる．ここで外場 $\vec{E}(\vec{r}, t)$ とベクトルポテンシャル $\vec{A}(\vec{r}, t)$ のフーリエ (Fourier) 変換を行うと

$$\vec{E}(\vec{r}, t) = \vec{E}(\vec{r}) \int_{-\infty}^{\infty} d\omega\, \widetilde{E}(\omega) \exp(-i\omega t) \tag{2.17a}$$

$$\vec{A}(\vec{r}, t) = -\int_{-\infty}^{t} dt'\, \vec{E}(\vec{r}, t') = \vec{E}(\vec{r}) \int_{-\infty}^{\infty} d\omega\, \widetilde{E}(\omega) \left(\frac{-i}{\omega + i\eta} \right) \exp(-i\omega t) \tag{2.17b}$$

となり，H_1 のフーリエ変換が次のように求まる．

$$\widetilde{H}_1(\vec{r}, \omega) = \frac{ie\hbar}{2M}(\nabla \cdot \vec{E}(\vec{r}) + \vec{E}(\vec{r}) \cdot \nabla)\widetilde{E}(\omega)\left(\frac{-i}{\omega + i\eta} \right) \tag{2.18}$$

ただし，η は正の微小量であるとしている．

密度行列演算子 $\rho(t)$ を用いると，任意の観測量に対応する一体の演算子 O_1 の期待

値 $\langle O_1 \rangle$ は $\mathrm{Tr}\{\rho(t)O_1\}$ で与えられるので，電子の密度 $n(\vec{r})$ と速度 $\vec{v}$ で定義される電流

$$\vec{j}(\vec{r},t) = \frac{e(n(\vec{r})\vec{v} + \vec{v}n(\vec{r}))}{2} \tag{2.19}$$

の期待値は $\mathrm{Tr}\{\rho(t)\vec{j}(\vec{r},t)\}$ から計算できる．電流 $\vec{j}(\vec{r},t)$ が

$$\begin{aligned}
\vec{j}(\vec{r},t) &= \frac{e}{2M}\{n(\vec{r})[\vec{p}-e\vec{A}(\vec{r},t)] + [\vec{p}-e\vec{A}(\vec{r},t)]n(\vec{r})\} \\
&= \frac{e}{2M}[n(\vec{r})\vec{p} + \vec{p}n(\vec{r})] - \frac{e^2}{M}\vec{A}(\vec{r},t)n(\vec{r}) \\
&= \vec{j}_0(\vec{r}) + \vec{j}_1(\vec{r},t)
\end{aligned} \tag{2.20}$$

のように 2 つの部分 $\vec{j}_0(\vec{r})$ と $\vec{j}_1(\vec{r},t)$ に分けられることに注意し，外場の大きさに関して 1 次の項までを残すと

$$\langle \vec{j}(\vec{r},t) \rangle = \mathrm{Tr}[\rho_0 \vec{j}_1(\vec{r},t)] + \mathrm{Tr}[\rho_1(t)\vec{j}_0(\vec{r})] \tag{2.21}$$

のように電流の期待値が求まる．ここで密度行列演算子を H_1 に関して

$$\rho(t) = \rho_0 + \rho_1(t) \tag{2.22}$$

のように 1 次の項まで考えると，リュウヴィル (Liouville) 方程式

$$i\hbar \frac{d\rho(t)}{dt} = [H, \rho(t)] = H\rho(t) - \rho(t)H \tag{2.23}$$

は次のようにフーリエ変換することができる．

$$\hbar\omega \tilde{\rho}_1 = [H_0, \tilde{\rho}_1] + [\tilde{H}_1, \rho_0] \tag{2.24}$$

そこで H_0 の固有関数 $\{\psi_\alpha\}$ (固有値 ε_α) を基底に選び，フェルミ (Fermi) エネルギーを ε_F，階段関数を $\theta(x)$ とすると，

$$\rho_0 = \sum_\alpha f(\varepsilon_\alpha)|\alpha\rangle\langle\alpha|, \quad f(\varepsilon_\alpha) \simeq \theta(\varepsilon_F - \varepsilon_\alpha) \tag{2.25}$$

となる．さらに $\langle\alpha|$ と $|\beta\rangle$ で式 (2.24) の両辺の行列要素をとると

$$\langle\alpha|\tilde{\rho}_1|\beta\rangle = \frac{f(\varepsilon_\beta) - f(\varepsilon_\alpha)}{\varepsilon_{\beta\alpha} + \hbar\omega + i\eta}\langle\alpha|\tilde{H}_1|\beta\rangle, \quad \varepsilon_{\beta\alpha} \equiv \varepsilon_\beta - \varepsilon_\alpha \tag{2.26}$$

が得られる．こうして式 (2.21) の第 1 項は

$$\begin{aligned}
\mathrm{Tr}[\rho_0 \vec{j}_1(\vec{r},t)] &= -\frac{e^2}{M}\vec{A}(\vec{r},\omega)\sum_\alpha f(\varepsilon_\alpha)|\psi_\alpha(\vec{r})|^2 \\
&= -\frac{e^2}{M}\vec{A}(\vec{r},\omega)n(\vec{r})
\end{aligned} \tag{2.27}$$

と書き替えることができる．さらに $\vec{E} = i\omega\vec{A}$, $\vec{j} = -i\omega\vec{P} = -i\omega\chi\vec{E}$ であることに注意すると局所的な電気感受率

$$\chi(\vec{r},\vec{r}',\omega) = -\frac{e^2}{M\omega^2}n(\vec{r})\delta(\vec{r}-\vec{r}')\overleftrightarrow{I} \tag{2.28}$$

が得られる．一方，式 (2.21) の第 2 項から式 (2.26) を用いると

$$\mathrm{Tr}[\tilde{\rho}_1 \vec{j}_0] = \sum_{\alpha,\beta} \frac{f(\varepsilon_\beta) - f(\varepsilon_\alpha)}{\varepsilon_{\beta\alpha} + \hbar\omega + i\eta}\left(\frac{i}{\omega}\right)\left[\int d^3r' \langle\alpha|\vec{j}_0(\vec{r}')\cdot\vec{E}(\vec{r}')|\beta\rangle\right]\langle\beta|\vec{j}_0(\vec{r})|\alpha\rangle \tag{2.29}$$

が得られる．そこで電気双極子が $\vec{\mu}(\vec{r},\omega)=(i/\omega)\vec{j}_0(\vec{r})$ であることを用いると，非局所的電気感受率

$$\chi(\vec{r},\vec{r}',\omega)=\sum_{\alpha,\beta}\frac{f(\varepsilon_\beta)-f(\varepsilon_\alpha)}{\varepsilon_{\beta\alpha}+\hbar\omega+i\eta}\langle\alpha|\vec{\mu}(\vec{r}')|\beta\rangle\langle\beta|\vec{\mu}(\vec{r})|\alpha\rangle \qquad (2.30)$$

が求まる．この電気感受率を式 (2.6) に代入することにより，前項で述べた古典論と同様に，半古典論による物質系の近接場光応答を議論することができる．

上で得られた電気感受率と通常古典論で用いられる電気感受率と分極率の関係について簡単に触れる．今考えている領域が波長に比べて十分小さく，外場に対する物質の応答が空間的に一様であると仮定し，非局所的な電気感受率 $\chi(\vec{r},\vec{r}',\omega)$ を局所的で空間的にも一様な電気感受率 $\chi(\omega)$ で近似する．するとマクロな誘電関数 $\varepsilon(\omega)$ を用いて，

$$\chi(\omega)=3\varepsilon_0\frac{\varepsilon(\omega)-1}{\varepsilon(\omega)+2} \qquad (2.31)$$

と関係づけられる（これにはローレンツ-ローレンス (Lorentz-Lorenz) 効果[6]が含まれている）．あるいは，半径 r の球の分極率 $\alpha(\omega)$ と関係づけて

$$\alpha(\omega)=\frac{4\pi}{3}r^3\chi(\omega)=4\pi\varepsilon_0\left[\frac{\varepsilon(\omega)-1}{\varepsilon(\omega)+2}\right]r^3 \qquad (2.32)$$

のように書くこともできる．通常の古典論的取扱いではマクロで一様な誘電率 $\varepsilon=\varepsilon_0+\chi$ あるいは屈折率 $n^2=\varepsilon$ を用いるか，式 (2.31) あるいは式 (2.32) が使われる．

（小林　潔）

文　献

1) H. Ishihara and K. Cho : *Phys. Rev.*, **B48** (1993), 7960-7974.
2) Y. Ohfuti and K. Cho : *Phys. Rev.*, **B51** (1995), 14379-14394.
3) K. Kobayashi and M. Ohtsu : M. Ohtsu (ed.), Near-Field Nano/Atom Optics and Technology (Springer-Verlag, 1998), 267-293.
4) M. Ohtsu and H. Hori : Near-Field Nano-Optics (Kluwer Academic/Plenum Publishers, 1999).
5) 大津元一，河田　聡編：近接場ナノフォトニクス（オプトロニクス社，2000), 23-52.
6) J. D. Jackson : Classical Electrodynamics, 3rd ed. (John Wiley & Sons, 1999).

2.2　電磁場理論

本節では，光を電磁波としてとらえた場合の振舞いを規定するマックスウェル (Maxwell) 方程式の扱いを通じて，電磁波としての光の性質を述べる．

2.2.1　マックスウェル方程式

光の振舞いを理論的に取り扱う方法には多くの種類があるが，波としての性質に注目した場合，周波数の高い電磁波として解析されるのが一般的である．電磁波の性質は周波数に無関係にマックスウェル方程式で記述されるため，光もマックスウェル方

程式で解析できる．ベクトル解析の表記法を用いれば，マックスウェル方程式は

$$\nabla \times \boldsymbol{E}(\boldsymbol{r}, t) = -\frac{\partial \boldsymbol{B}(\boldsymbol{r}, t)}{\partial t} \tag{2.33}$$

$$\nabla \times \boldsymbol{H}(\boldsymbol{r}, t) = \frac{\partial \boldsymbol{D}(\boldsymbol{r}, t)}{\partial t} + \boldsymbol{J}(\boldsymbol{r}, t) \tag{2.34}$$

$$\nabla \cdot \boldsymbol{D}(\boldsymbol{r}, t) = \rho \tag{2.35}$$

$$\nabla \cdot \boldsymbol{B}(\boldsymbol{r}, t) = 0 \tag{2.36}$$

と書ける．ただし，$\boldsymbol{E}(\boldsymbol{r}, t)$，$\boldsymbol{H}(\boldsymbol{r}, t)$，$\boldsymbol{D}(\boldsymbol{r}, t)$，$\boldsymbol{B}(\boldsymbol{r}, t)$，$\boldsymbol{J}(\boldsymbol{r}, t)$ は，それぞれ電磁波の電場，磁場，電束密度，磁束密度，電流密度を表すベクトル量であり，ρ は電荷密度，$\boldsymbol{r}$ は位置ベクトル，t は時間を表す．式(2.33)～(2.36)のマックスウェル方程式には媒質の特性，すなわち，電磁波が伝搬する媒質中での電場と電束密度，磁場と磁束密度，電場と電流密度の関係を表す式が不足している．これらの関係を表す方程式は，媒質の誘電率 ε，透磁率 μ，導電率 σ を通じて

$$\boldsymbol{D}(\boldsymbol{r}, t) = \varepsilon(\boldsymbol{r}, t)\boldsymbol{E}(\boldsymbol{r}, t) \tag{2.37}$$

$$\boldsymbol{B}(\boldsymbol{r}, t) = \mu(\boldsymbol{r}, t)\boldsymbol{H}(\boldsymbol{r}, t) \tag{2.38}$$

$$\boldsymbol{J}(\boldsymbol{r}, t) = \sigma(\boldsymbol{r}, t)\boldsymbol{E}(\boldsymbol{r}, t) + \boldsymbol{J}_0(\boldsymbol{r}, t) \tag{2.39}$$

と書くことができ，媒質方程式と呼ばれている．ただし，式(2.39)の $\boldsymbol{J}_0(\boldsymbol{r}, t)$ は媒質外から注入される電流密度を表す．これらの3つの方程式と先に示した4つのマックスウェル方程式を合わせた7つの方程式で，媒質中の電磁波の振舞いが記述できる．これらの方程式では，誘電率や透磁率が $\boldsymbol{E}(\boldsymbol{r}, t)$ あるいは $\boldsymbol{H}(\boldsymbol{r}, t)$ の大きさに依存しない場合は線形な媒質の振舞いが，一方，$\boldsymbol{E}(\boldsymbol{r}, t)$ あるいは $\boldsymbol{H}(\boldsymbol{r}, t)$ の大きさに依存する場合は非線形な媒質の振舞いが記述できる．さらに，これらの量がスカラ量である場合は等方な媒質中の振舞いが，テンソル量である場合は異方性の媒質中の振舞いが記述できる．また，原子や電子などの物質内部の微視的な電磁場を扱う場合も，誘電率，透磁率，電荷密度などを位置と時間の関数とすることでミクロな電磁気現象が記述できるが，ここで示したマックスウェル方程式，媒質方程式(2.33)～(2.39)の表記は，巨視的な電磁場を扱う場合の表記である．

2.2.2　等方性媒質に対する波動方程式

マックスウェル方程式による光の取扱いの概要を知るために，最も単純な場合である媒質が線形であり，さらに電荷や電流が存在しない等方性媒質に対する巨視的な電磁波の振舞いを考えてみる．これらの条件は，誘電率や透磁率が場所や時間によらず一定である媒質，たとえばガラス中での光の巨視的な振舞いを調べることになり，$\boldsymbol{D}(\boldsymbol{r}, t) = \varepsilon \boldsymbol{E}(\boldsymbol{r}, t)$，$\boldsymbol{B}(\boldsymbol{r}, t) = \mu \boldsymbol{H}(\boldsymbol{r}, t)$ とすることができる．さらに，巨視的な電磁場現象を考えているので光の周波数帯域では外部注入電力は0としてもよい[1]．したがって，この場合のマックスウェル方程式は，$\boldsymbol{E}$ と $\boldsymbol{H}$ を用いて

$$\nabla \times \boldsymbol{E}(\boldsymbol{r}, t) = -\mu \frac{\partial \boldsymbol{H}(\boldsymbol{r}, t)}{\partial t} \tag{2.40}$$

$$\nabla \times H(r, t) = \varepsilon \frac{\partial E(r, t)}{\partial t} \tag{2.41}$$

$$\nabla \cdot E(r, t) = 0 \tag{2.42}$$

$$\nabla \cdot H(r, t) = 0 \tag{2.43}$$

の形に書き直すことができる．さらに，式 (2.41) の両辺を時間で微分し，式 (2.40) を代入すれば

$$\nabla \times \nabla \times E(r, t) + \varepsilon\mu \frac{\partial^2 E(r, t)}{\partial t^2} = 0 \tag{2.44}$$

を得る．ここで，式 (2.42) から $\nabla\nabla \cdot E = 0$ であり，空間座標系を直交座標系とするならば

$$\nabla \times \nabla \times E = \nabla\nabla \cdot E - \nabla^2 E = -\nabla^2 E \tag{2.45}$$

の関係が成り立ち，式 (2.44) は

$$\nabla^2 E(r, t) - \varepsilon\mu \frac{\partial^2 E(r, t)}{\partial t^2} = 0 \tag{2.46}$$

のように電場のみの方程式にすることができる．磁場に関しても同様な操作により，

$$\nabla^2 H(r, t) - \varepsilon\mu \frac{\partial^2 H(r, t)}{\partial t^2} = 0 \tag{2.47}$$

が得られる．式 (2.46), (2.47) の形の偏微分方程式は波動方程式と呼ばれ，媒質中での電磁場の振舞いを電場，磁場に分離した形で記述している．

　一般に電場，磁場は位置と時間に依存したベクトル量であるが，電磁場の時間的な変化が定常的，すなわち，対象とする電磁場が定常過程と見なせる場合は，角周波数 ω で振動する電磁場の線形和の形で表せる．したがって，定常的な電磁場を扱う場合，電場 E と磁場 H を

$$E(r, t) = E(r)e^{-i\omega t} \tag{2.48}$$

$$H(r, t) = H(r)e^{-i\omega t} \tag{2.49}$$

の形に仮定することができる．式 (2.48) を式 (2.46) に，式 (2.49) を式 (2.47) に代入すれば，定常過程を仮定した電磁場の波動方程式

$$\nabla^2 E(r) + \omega^2 \varepsilon\mu E(r) = \nabla^2 E(r) + k^2 E(r) = 0 \tag{2.50}$$

$$\nabla^2 H(r) + \omega^2 \varepsilon\mu H(r) = \nabla^2 H(r) + k^2 H(r) = 0 \tag{2.51}$$

を得る．ただし，k は角周波数 ω に対応した波数と呼ばれるものであり，$k^2 \equiv \omega^2 \varepsilon\mu$ の関係がある．この形式の波動方程式をヘルムホルツ (Helmholtz) 方程式という．

　波動方程式，ヘルムホルツ方程式とも，一見，電場と磁場を独立に決定できるようにみえるが，決して電場と磁場を独立に指定できるわけではない．すなわち，$E_0(r)$ が式 (2.50) を満たすとき，式 (2.40) を用いれば，

$$-\mu \frac{\partial H_0(r)e^{-i\omega t}}{\partial t} = \nabla \times E_0(r)e^{-i\omega t} \tag{2.52}$$

$$H_0(r) = \frac{i}{\mu\omega} \nabla \times E_0(r) \tag{2.53}$$

として，E_0 に対応した磁場 H_0 を求めることができる．ヘルムホルツ方程式の意味は，このようにして求めた H_0 が自動的に式 (2.51) を満たすことを保証しているだけであり，決して，式 (2.50) を満たす電場と式 (2.51) を満たす磁場を任意に組み合わせて1つの電磁場がつくれることを保証していない．しかし，ヘルムホルツ方程式では，形式的に電場を先に決めた電磁場と磁場を先に決めた電磁場を独立に決めることはできる．さらに，これら両者の和もまた，ヘルムホルツ方程式を満たすことから，両者の線形和も電磁場となる．電場から決定される電磁場と磁場から決定される電磁場があることは媒質が線形であったり，電流や電荷がないことに起因するのではなく，電磁場に一般にいえることである．ここで，先に電場を指定するとして述べた電磁場は，一般には，電気形ヘルツ (Hertz) ベクトルから決定される電磁場[2,3]，水平偏波，TE 波 (transverse electric wave)，s (senkrecht) 偏光などと呼ばれ，他方，磁場を先に決定したタイプは，磁気形ヘルツベクトル[2,3]から決定される電磁場，垂直偏波，TM 波 (transverse magnetic wave)，p (parallel) 偏光などと呼ばれる[5]．

2.2.3 境界条件

媒質中の電磁場を確定するには，ヘルムホルツ方程式を満足する解を求めるだけでは不十分である．ヘルムホルツ方程式は，電磁場に対する2階偏微分方程式であるため，互いに独立な電気型ヘルツベクトル，磁気型ヘルツベクトルがこの方程式の解となりうるばかりでなく，ヘルツベクトルの線形和もまたヘルムホルツ方程式の解となり，電磁場を一意に特定することができない．すなわち，ヘルムホルツ方程式のみでは電磁波を確定するには条件が不足している．したがって，電磁場を一意に決定するには何らかの形で，不足している条件を補う必要がある．この不足した条件を補う方法の1つは，特定の場所における電磁場の形状を指定することであり，多くの場合，媒質の境界面上における電磁場の状態が指定される．一般に，境界面上の電磁場の状態を指定するための条件は境界条件と呼ばれ，境界面上での電磁場パターン，すなわち，表面の各位置における電場，磁場の各成分を指定することが多い．しかし，自由空間のように明確な境界が存在しない場合には，無限遠方で電磁場が0となるなどの放射条件を課す必要がある．

ここでは簡単化のため，媒質が金属を理想化した完全導体と境界を接している場合を考える．よく知られているように，媒質と完全導体の境界の媒質側面では，電磁場の電場成分は境界面に直交し，磁場成分は境界面に対して平行とならなければならない．したがって，媒質側境界面 S に対する外向き法線ベクトル (図 2.2 に示すように境界面から媒質方向を正とする) を $n(r)$ と定義すれば，電磁場の境界条件は

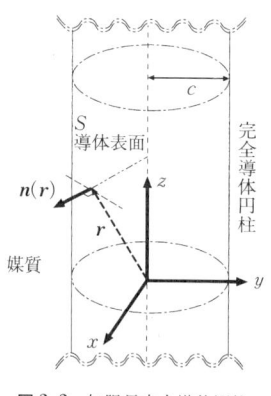

図 2.2　無限長完全導体円柱

$$n(r) \times E(r) = 0 \quad (r \in S) \tag{2.54}$$
$$n(r) \cdot H(r) = 0 \quad (r \in S) \tag{2.55}$$

で表される．したがって，媒質のヘルムホルツ方程式を満足する電磁場のうちで，式(2.54)，(2.55)の境界条件を満たすものが，完全導体に接する媒質中の電磁場となる．しかし，媒質と完全導体が境界を接する場合であっても，境界面が任意形状ならば，電磁場を解析的に求めることは容易ではなく，数値計算的な手法でヘルムホルツ方程式を解き，電磁場を求めることがしばしば行われる[4]．

ここでは，任意形状の境界面を考えるのではなく，図2.2に示すような半径 c で z 方向に長さが無限である完全導体円柱が媒質中にある場合の電磁場を考える．

2.2.4 ベクトル波動関数

電磁場理論による解析では，座標系のとり方は任意であるが，一般には境界条件の表現が容易となるように座標系を決める．ここでは，境界面が円柱表面，すなわち円筒面である場合を問題としているので，座標系を円筒座標系とし，円筒座標単位ベクトルを a_r, a_θ, a_z で表すことにする．また，解析に用いる他の基本ベクトル，記号を以下のように定める（図2.3参照）．

位置ベクトル $\quad r = (r_t, z) \equiv (r, \theta, z)_{\text{cyl}} = r a_r + z a_z \tag{2.56}$

波数ベクトル $\quad k = (k_t, \beta) \equiv (\lambda, \varphi, \beta)_{\text{cyl}} = \lambda a_r + \beta a_z,$

$$\lambda \equiv k_t(\beta) \equiv \sqrt{k^2 - \beta^2} \tag{2.57}$$

水平偏波ベクトル $\quad a_H(k) \equiv \dfrac{k_t}{\lambda} \times a_z = -a_\theta \tag{2.58}$

垂直偏波ベクトル $\quad a_V(k) \equiv \dfrac{k}{k} \times a_H(k) = \dfrac{\beta}{k} \dfrac{k_t}{\lambda} - \dfrac{\lambda}{k} a_z \tag{2.59}$

円筒座標系でベクトル場の波動問題を扱うにはベクトルベッセル関数が必要となる．ここでは，ベッセル関数と第1種ハンケル関数を $J_m(\lambda r)$ と $H_m^{(1)}(\lambda r)$ で表し，ベクトルベッセル関数を次のように定義することにする．

$$\left. \begin{array}{l} j_m^1(\lambda r) \\ h_m^1(\lambda r) \end{array} \right\} \equiv \zeta_m(\lambda r) a_r + \eta_m(\lambda r) a_\theta \tag{2.60}$$

$$\left. \begin{array}{l} j_m^2(\lambda r) \\ h_m^2(\lambda r) \end{array} \right\} \equiv \eta_m(\lambda r) a_r - \zeta_m(\lambda r) a_\theta + \psi_m(\lambda r) a_z \tag{2.61}$$

$$\left. \begin{array}{l} \psi_m(\lambda r) \equiv \dfrac{\lambda}{k} \phi_m(\lambda r) \\[4pt] \zeta_m(\lambda r) \equiv \dfrac{\beta}{k} \dfrac{m}{\lambda r} \phi_m(\lambda r) = \dfrac{\beta}{2k}[\phi_{m-1}(\lambda r) + \phi_{m+1}(\lambda r)] \\[4pt] \eta_m(\lambda r) \equiv \dfrac{i\beta}{k} \dot{\phi}_m(\lambda r) = \dfrac{i\beta}{2k}[\phi_{m-1}(\lambda r) - \phi_{m+1}(\lambda r)] \end{array} \right\} \tag{2.62}$$

$$\psi_{-m} = (-1)^m \psi_m, \quad \zeta_{-m} = (-1)^{m+1} \zeta_m,$$
$$\eta_{-m} = (-1)^m \eta_m, \quad m = 0, \pm 1, \pm 2, \cdots \tag{2.63}$$

ここで，ベッセル関数 ϕ_m が

$$\phi_m(\lambda r) = \begin{cases} J_m(\lambda r) \\ H_m^{(1)}(\lambda r) \end{cases}, \qquad \dot{\phi}_m(\lambda) = \frac{d\phi_m(\lambda)}{d\lambda} = \begin{cases} \dot{J}_m(\lambda r) \\ \dot{H}_m^{(1)}(\lambda r) \end{cases} \tag{2.64}$$

であるのに応じて，ベクトルベッセル関数は $\boldsymbol{j}_m$, $\boldsymbol{h}_m$ の記号を用いるものとする．

また，$\lambda = i\tau$, $\tau = \sqrt{\beta^2 - k^2}$ の場合は

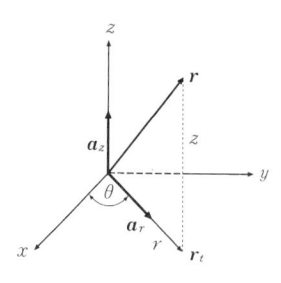

図2.3 円筒座標

$$\boldsymbol{k}_m^\nu(\tau r) \equiv \frac{\pi i}{2} i^m \boldsymbol{h}_m^\nu(i\tau r), \qquad \nu = 1, 2 \tag{2.65}$$

で表す．すなわち

$$\left.\begin{array}{l} \boldsymbol{k}_m^1(\tau r) \equiv \zeta'_m(\tau r)\boldsymbol{a}_r + \eta'_m(\tau r)\boldsymbol{a}_\theta \\ \boldsymbol{k}_m^2(\tau r) = \eta'_m(\tau r)\boldsymbol{a}_r - \zeta'_m(\tau r)\boldsymbol{a}_\theta + \psi'_m(\tau r)\boldsymbol{a}_z \end{array}\right\} \tag{2.66}$$

$$\left.\begin{array}{l} \psi'_m(\tau r) = \dfrac{\tau}{k} K_m(\tau r) \\[4pt] \zeta'_m(\tau r) = -\dfrac{\beta}{k} \dfrac{m}{\tau r} K_m(\tau r) = \dfrac{\beta}{2k}[K_{m-1}(\tau r) - K_{m+1}(\tau r)] \\[4pt] \eta'_m(\tau r) = -\dfrac{i\beta}{k} \dot{K}_m(\tau r) = \dfrac{i\beta}{2k}[K_{m-1}(\tau r) + K_{m+1}(\tau r)] \end{array}\right\} \tag{2.67}$$

$$\psi'_{-m} = \psi'_m, \qquad \zeta'_{-m} = -\zeta'_m, \qquad \eta'_{-m} = \eta'_m \tag{2.68}$$

ここで，$K_m(z)$ は第2種の変形ベッセル関数である．

$$K_m(\tau r) \equiv \frac{\pi i}{2} i^m H_m^{(1)}(i\tau r) \tag{2.69}$$

円筒座標系でベクトル場を表現するには，動径方向の電磁場の変化を表すベクトルベッセル関数に周 (θ) 方向と z 軸方向の要素を付加する必要がある．ここでは，ベクトルベッセル関数に角度因子 $e^{im\theta}$ を付加したもの

$$\left.\begin{array}{l} \boldsymbol{j}_m^1(\lambda r) e^{im\theta} \\ \boldsymbol{j}_m^2(\lambda r) e^{im\theta} \end{array}\right\}, \qquad m = 0, \pm 1, \pm 2, \cdots \tag{2.70}$$

をベクトル円筒関数と名づける．$\boldsymbol{h}_m^\nu(\lambda r)$, $\boldsymbol{k}_m^\nu(\lambda r)$ の場合も同様である．

2.2.5 円筒波動関数

ベクトル円筒関数と z 軸方向の因子 $e^{i\beta z}$ の積として $\psi_m(r, \theta, z)$ を

$$\psi_m(r, \theta, z) = \boldsymbol{j}_m^\nu(\lambda r) e^{im\theta + i\beta z} \tag{2.71}$$

$$= \boldsymbol{h}_m^\nu(\lambda r) e^{im\theta + i\beta z} \tag{2.72}$$

$$= \boldsymbol{k}_m^\nu(\mu r) e^{im\theta + i\beta z}, \qquad \nu = 1, 2 \tag{2.73}$$

と定義する．$\psi_m(r, \theta, z)$ は，ヘルムホルツ方程式 (2.50), (2.51) を円筒座標系で表現した

$$(\nabla^2 + k^2)\psi_m(r, \theta, z) = \left(\frac{1}{r}\frac{\partial}{\partial r}\left(r\frac{\partial}{\partial r}\right) + \frac{1}{r^2}\frac{\partial^2}{\partial \theta^2} + \frac{\partial^2}{\partial z^2} + k^2\right)\psi_m(r, \theta, z) = 0 \tag{2.74}$$

を満たし，媒質中の電磁場の表現を与える．ここでは，$\psi_m(r,\theta,z)$ を円筒波動関数と呼ぶことにする．

a. 円柱外部の電磁場 I (TE 波, s 波, 水平偏波)： 円柱外部の電磁場は，円柱表面からの無限遠方へ向かって放射される電磁波と無限遠方から円柱に向かって収束してくる電磁場の線形和で表される．円筒座標系での動径方向への放射・収束するスカラ波は，ハンケル関数で表現できる[6,7)]．同様に，このような電磁場のベクトル波表現は，動径方向の変化にハンケル関数をもつ式 (2.72) の円筒波動関数を用いて表現できる[8,9)]．ただし，電磁場が TE 波である場合には電場の方向が式 (2.60) に示すベクトルベッセル関数の方向となる必要がある．さらに，円柱表面以外に媒質が境界をもたない場合は，円柱外部の電磁場は放射条件を満たす必要があるため，電場成分 $\boldsymbol{E}_m^{\mathrm{TE}}(\boldsymbol{r})$ は $\boldsymbol{h}_m^1(\lambda r)$ で表さなければならない．一方，磁場成分は電場と直交するため $\boldsymbol{h}_m^1(\lambda r)$ と直交する式 (2.61) の $\boldsymbol{h}_m^2(\lambda r)$ で表現する必要がある．したがって，円柱外部の TE 電磁場は円筒波動関数を用いれば

$$\boldsymbol{E}_m^{\mathrm{TE}}(\boldsymbol{r}) = \boldsymbol{h}_m^1(\lambda r) e^{im\theta+i\beta z} \tag{2.75}$$

$$\boldsymbol{H}_m^{\mathrm{TE}}(\boldsymbol{r}) = -\frac{1}{Z_{\mathrm{TE}}} \boldsymbol{h}_m^2(\lambda r) e^{im\theta+i\beta z} \tag{2.76}$$

$$Z_{\mathrm{TE}} \equiv Z_{\mathrm{TE}}(\beta) = \frac{k}{\beta}\zeta, \quad \zeta = \sqrt{\mu/\varepsilon} \tag{2.77}$$

となる．ただし，収束電磁場の場合には，円筒波動関数のハンケル関数に関して，複素共役をとればよい．また，媒質に円柱表面以外の境界がある場合には，放射条件を満たす必要がなくなり，$\boldsymbol{h}_m^\nu \to \boldsymbol{j}_m^\nu$ に置き換えたものも電磁場として存在しうる．さらに，λ が純虚数になるような近接場，エバネッセント波の場合は，それぞれベクトルベッセル関数を $\boldsymbol{h}_m^\nu \to \boldsymbol{k}_m^\nu$ に置き換えればよい．

この円筒波動関数による TE 電磁場の表現は，スカラ波の場合と全く同形の表現であり，ベッセル関数をベクトルベッセル関数に置き換えた表現となっている．

b. 円柱外部の電磁場 II (TM 波, p 波, 垂直偏波)： TE 波と同様な議論により，円柱外部の TM 電磁場は円筒波動関数により次式で書ける．

$$\boldsymbol{E}_m^{\mathrm{TM}}(\boldsymbol{r}) = \boldsymbol{h}_m^2(\lambda r) e^{im\theta+i\beta z} \tag{2.78}$$

$$\boldsymbol{H}_m^{\mathrm{TM}}(\boldsymbol{r}) = \frac{1}{Z_{\mathrm{TM}}} \boldsymbol{h}_m^1(\lambda r) e^{im\theta+i\beta z} \tag{2.79}$$

$$Z_{\mathrm{TM}} \equiv Z_{\mathrm{TM}}(\beta) = \frac{\beta}{k}\zeta \tag{2.80}$$

2.2.6 平面波電磁場の円筒波展開

任意のスカラ波がベッセル関数で展開できるように，円筒波動関数系も 2 乗可積分な関数に対して完備な直交系をなすため，任意のベクトル電磁場を円筒波動関数を用いて展開することができる．ここでは平面波電磁場の円筒波電磁場による展開を示すが，この展開はスカラ波の展開形でベッセル関数をベクトルベッセル関数に置き換え

た形となっている．

a. TE波(s波，水平偏波)： 入射電力が$\zeta/2$であるTE平面波は，式(2.58)で定義した水平偏波ベクトル$\boldsymbol{a}_H(\boldsymbol{k})$と式(2.59)の垂直偏波ベクトル$\boldsymbol{a}_V(\boldsymbol{k})$を用いて，電場は式(2.81)，磁場は式(2.83)のように書ける．さらに，スカラ波でのベッセル関数による直交展開と同様の操作で，平面波電磁場は円筒波動関数で展開できる．

$$\boldsymbol{E}^{\mathrm{TE}}(\boldsymbol{r}) = \zeta \boldsymbol{a}_H(\boldsymbol{k}) e^{i\boldsymbol{k}\cdot\boldsymbol{r}} \tag{2.81}$$

$$= Z_{\mathrm{TE}} \sum_{m=-\infty}^{\infty} i^m \boldsymbol{j}_m^1(\lambda r) e^{im(\theta-\varphi)+i\beta z} \tag{2.82}$$

$$\boldsymbol{H}^{\mathrm{TE}}(\boldsymbol{r}) = \boldsymbol{a}_V(\boldsymbol{k}) e^{i\boldsymbol{k}\cdot\boldsymbol{r}} \tag{2.83}$$

$$= -\sum_{m=-\infty}^{\infty} i^m \boldsymbol{j}_m^2(\lambda r) e^{im(\theta-\varphi)+i\beta z} \tag{2.84}$$

b. TM波(p波，垂直偏波)： 入射電力が$\zeta/2$であるTM平面波もTE平面波と同様に水平，垂直偏波ベクトルを用いて書け，平面波電磁場は円筒波動関数で展開できる．

$$\boldsymbol{E}^{\mathrm{TM}}(\boldsymbol{r}) = \zeta \boldsymbol{a}_V(\boldsymbol{k}) e^{i\boldsymbol{k}\cdot\boldsymbol{r}} \tag{2.85}$$

$$= -\zeta \sum_{m=-\infty}^{\infty} i^m \boldsymbol{j}_m^2(\lambda r) e^{im(\theta-\varphi)+i\beta z} \tag{2.86}$$

$$\boldsymbol{H}^{\mathrm{TM}}(\boldsymbol{r}) = -\boldsymbol{a}_H(\boldsymbol{k}) e^{i\boldsymbol{k}\cdot\boldsymbol{r}} \tag{2.87}$$

$$= -\frac{\zeta}{Z_{\mathrm{TM}}} \sum_{m=-\infty}^{\infty} i^m \boldsymbol{j}_m^1(\lambda r) e^{im(\theta-\varphi)+i\beta z} \tag{2.88}$$

c. 円筒波電磁場の平面波展開： 平面波電磁場を円筒波動関数で展開できることを示したが，逆に円筒波電磁場を平面波電磁場で展開することも可能である．以下に円筒波電磁場$\boldsymbol{j}_m^1$, $\boldsymbol{j}_m^2$の水平偏波，垂直偏波平面波での展開式を示す．

$$\text{TE 波} \quad \frac{k}{\beta} i^m \boldsymbol{j}_m^1(\lambda r) e^{im\theta+i\beta z} = \frac{1}{2\pi} \int_0^{2\pi} \boldsymbol{a}_H(\boldsymbol{k}) e^{i\boldsymbol{k}\cdot\boldsymbol{r}} e^{im\varphi} d\varphi \tag{2.89}$$

$$\text{TM 波} \quad -i^m \boldsymbol{j}_m^2(\lambda r) e^{im\theta+i\beta z} = \frac{1}{2\pi} \int_0^{2\pi} \boldsymbol{a}_V(\boldsymbol{k}) e^{i\boldsymbol{k}\cdot\boldsymbol{r}} e^{im\varphi} d\varphi \tag{2.90}$$

ここまでは展開する電磁場を通常の平面波，円筒波としたが，エバネッセント波でも同様に展開することができる．

2.2.7 無限長完全導体円柱による電磁波の散乱・回折

平面波電磁場が，半径cの無限長完全導体円柱に入射した場合の散乱・回折現象を電磁場理論により解析する．先に示したように，平面波電磁場は，TE波，TM波に無関係に円筒波電磁場に展開できる．したがって，TE円筒波とTM円筒波入射による散乱電磁場が求まれば，平面波電磁場入射による散乱波を求めることができる．

a. TE円筒波入射の散乱電磁場： m-TE波入射の場合の全電磁場を

$$\boldsymbol{E}_m^{\mathrm{TE}}(\boldsymbol{r}) = [\boldsymbol{j}_m^1(\boldsymbol{r}) + \alpha_m^{\mathrm{TE}} \boldsymbol{h}_m^1(\boldsymbol{r}) + \gamma_m^{\mathrm{TE}} \boldsymbol{h}_m^2(\boldsymbol{r})] e^{im\theta+i\beta z} \tag{2.91}$$

$$\boldsymbol{H}_m^{\mathrm{TE}}(\boldsymbol{r}) = \left\{ -\frac{1}{Z_{\mathrm{TE}}} [\boldsymbol{j}_m^2(\boldsymbol{r}) + \alpha_m^{\mathrm{TE}} \boldsymbol{h}_m^2(\boldsymbol{r})] + \frac{\gamma_m^{\mathrm{TE}}}{Z_{\mathrm{TM}}} \boldsymbol{h}_m^1(\boldsymbol{r}) \right\} e^{im\theta+i\beta z} \tag{2.92}$$

と仮定する．第1項が入射 m-TE 円筒波であり，第2項が TE 散乱電磁場，a_m^{TE} は境界条件により決まる TE 散乱係数，第3項が TM 散乱電磁場，γ_m^{TE} は TM 散乱係数である．今，完全導体円柱による散乱を考えているので，境界条件 (2.54) より

$$\boldsymbol{n}(\boldsymbol{r})\times\boldsymbol{E}_m^{\text{TE}}(\boldsymbol{r})|_{r=c}=\boldsymbol{E}_m^{\text{TE}}(\boldsymbol{r})\cdot\boldsymbol{a}_\theta|_{r=c}-\boldsymbol{E}_m^{\text{TE}}(\boldsymbol{r})\cdot\boldsymbol{a}_z|_{r=c}=0 \qquad (2.93)$$

となる．また，境界条件 (2.55) より

$$\boldsymbol{n}(\boldsymbol{r})\cdot\boldsymbol{H}_m^{\text{TE}}(\boldsymbol{r})|_{r=c}=\boldsymbol{a}_r\cdot\boldsymbol{H}_m^{\text{TE}}(\boldsymbol{r})|_{r=c}=0 \qquad (2.94)$$

となる．式 (2.93) と式 (2.94) を同時に満たすためには

$$j_m(\lambda c)+a_m^{\text{TE}}H_m^{(1)}(\lambda c)=0, \qquad \gamma_m^{\text{TE}}=0 \qquad (2.95)$$

が成り立てばよい．したがって，式 (2.95) で a_m^{TE} を決定すれば，式 (2.91)，(2.92) により，m-TE 波入射の場合の全電磁場が決定される．

図 2.4 に，完全導体円柱の半径 c に対する散乱係数の大きさ $|a_m^{\text{TE}}|$ の1例を示す．ここでは，半径は入射 TE 円筒波の波長で規格化した．図が示すように，$|a_m^{\text{TE}}|$ は，円柱の半径に依存したあるしきい値を境にして，m の増加に対して急激に減少する．このことから，θ 方向の高次モード電磁場の中で，円柱の半径に依存したあるモードまでが，散乱に大きく関与していることがわかる．また，完全導体円柱による電磁場の散乱現象は，入射電磁場の波長と円柱半径で決まる電磁場のモードが，入射電磁場により完全導体円柱に励振されて，励振された電磁場により，円柱外部へ向かって電磁場が放射されている現象であるとも見なせる．

b. TM 円筒波入射の散乱電磁場： m-TM 波入射の場合の全電磁場を

$$\boldsymbol{E}_m^{\text{TM}}(\boldsymbol{r})=[j_m^2(\boldsymbol{r})+a_m^{\text{TM}}h_m^2(\boldsymbol{r})+\gamma_m^{\text{TM}}h_m^1(\boldsymbol{r})]e^{im\theta+i\beta z} \qquad (2.96)$$

$$\boldsymbol{H}_m^{\text{TM}}(\boldsymbol{r})=\left\{\frac{1}{Z_{\text{TM}}}[j_m^1(\boldsymbol{r})+a_m^{\text{TM}}h_m^1(\boldsymbol{r})]-\frac{\gamma_m^{\text{TM}}}{Z_{\text{TE}}}h_m^2(\boldsymbol{r})\right\}e^{im\theta+i\beta z} \qquad (2.97)$$

と仮定する．第1項が入射 m-TM 円筒波であり，第2項が TM 散乱電磁場，a_m^{TM} は境界条件により決まる TM 散乱係数，第3項が TE 散乱電磁場，γ_m^{TM} は TE 散乱係数である．今，完全導体円柱による散乱を考えているので，境界条件 (2.54)，(2.55) より

$$\boldsymbol{a}_r\times\boldsymbol{E}_m^{\text{TM}}(\boldsymbol{r})|_{r=c}=\boldsymbol{E}_m^{\text{TM}}(\boldsymbol{r})\cdot\boldsymbol{a}_\theta|_{r=c}$$
$$-\boldsymbol{E}_m^{\text{TM}}(\boldsymbol{r})\cdot\boldsymbol{a}_z|_{r=c}=0 \qquad (2.98)$$

$$\boldsymbol{a}_r\cdot\boldsymbol{H}_m^{\text{TM}}(\boldsymbol{r})|_{r=c}=0 \qquad (2.99)$$

となり，これを同時に満たすためには

$$J_m(\lambda c)+a_m^{\text{TM}}H_m^{(1)}(\lambda c)=0,$$
$$\gamma_m^{\text{TM}}=0 \qquad (2.100)$$

が成り立てばよい．したがって，式 (2.100) で a_m^{TM} を決定すれば，式 (2.96)，(2.97) により，m-TM 波入射の場合の全電磁場が決定される．

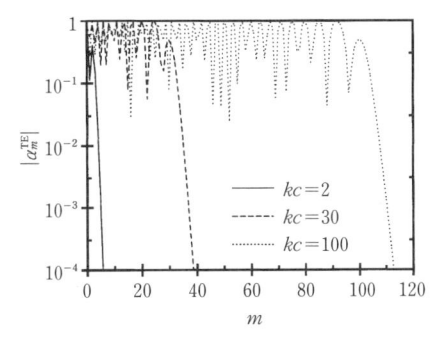

図 2.4 完全導体円柱へ TE 円筒波が入射したときの散乱係数 a_m^{TE}

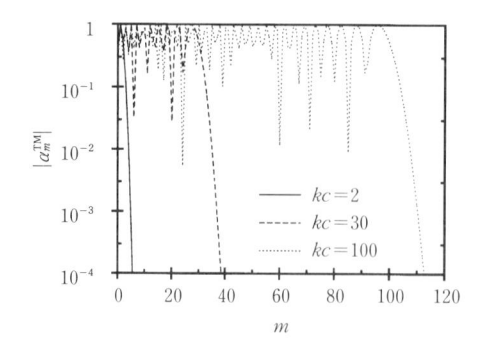

図 2.5 完全導体円柱へ TM 円筒波が入射したときの散乱係数 a_m^{TM}

図 2.5 に，完全導体円柱の半径 c に対する散乱係数の大きさ $|a_m^{TM}|$ の 1 例を示す．図 2.5 も図 2.4 と同様の傾向を示し，TM 波の場合でも θ 方向の高次モード電磁場の中で，円柱の半径に依存したあるモードまでが，散乱に大きく関与していることがわかる．すなわち，完全導体円柱による散乱現象は，TE 波，TM 波とも定性的には同じように説明できる．

c. TE 平面波入射の散乱電磁場：

入射波数ベクトル $\boldsymbol{k}=(\lambda, \varphi, \beta)$ の水平偏波 (TE) 平面波が完全導体円柱に入射した場合の全電磁場は，式 (2.82)，(2.84) により式 (2.91)，(2.92) の m-TE 円筒波入射の散乱電磁場の線形和で与えられる．

$$\boldsymbol{E}^{TE}(\boldsymbol{r}) = Z_{TE} \sum_{m=-\infty}^{\infty} i^m \boldsymbol{E}_m^{TE}(\lambda r) e^{im(\theta-\varphi)+i\beta z} \tag{2.101}$$

$$\boldsymbol{H}^{TE}(\boldsymbol{r}) = -\sum_{m=-\infty}^{\infty} i^m \boldsymbol{H}_m^{TE}(\lambda r) e^{im(\theta-\varphi)+i\beta z} \tag{2.102}$$

また，入射平面波を除いた散乱波は

$$\boldsymbol{E}_s^{TE}(\boldsymbol{r}) = Z_{TE} \sum_{m=-\infty}^{\infty} i^m a_m^{TE} \boldsymbol{h}_m^1(\lambda r) e^{im(\theta-\varphi)+i\beta z} \tag{2.103}$$

$$= Z_{TE} \sum_{m=-\infty}^{\infty} i^m a_m^{TE} \left(\frac{\beta m}{k\lambda r} H_m^{(1)}(\lambda r) \boldsymbol{a}_r + \frac{i\beta}{k} \dot{H}_m^{(1)}(\lambda r) \boldsymbol{a}_\theta \right) e^{im(\theta-\varphi)+i\beta z} \tag{2.104}$$

$$\boldsymbol{H}_s^{TE}(\boldsymbol{r}) = -\frac{1}{Z_{TE}} \sum_{m=-\infty}^{\infty} i^m a_m^{TE} \boldsymbol{h}_m^2(\lambda r) e^{im(\theta-\varphi)+i\beta z} \tag{2.105}$$

$$= -\frac{1}{Z_{TE}} \sum_{m=-\infty}^{\infty} i^m a_m^{TE} \left(\frac{i\beta}{k} \dot{H}_m^{(1)}(\lambda r) \boldsymbol{a}_r - \frac{\beta m}{k\lambda r} H_m^{(1)}(\lambda r) \boldsymbol{a}_\theta \right.$$
$$\left. + \frac{\lambda}{k} H_m^{(1)}(\lambda r) \boldsymbol{a}_z \right) e^{im(\theta-\varphi)+i\beta z} \tag{2.106}$$

となる．ここで，ハンケル関数の $r \to \infty$ の漸近形 $H_m^{(1)}(r) \sim \sqrt{\frac{2}{\pi r}} e^{i(r-(2m+1)\pi/4)}$ を用いれば，$\lambda r \gg 1$ での散乱電磁場の漸近形は

$$\boldsymbol{E}_s^{TE}(\boldsymbol{r}) \sim -Z_{TE} \frac{e^{i\lambda r}}{\sqrt{\lambda r}} e^{i\beta z} \sqrt{\frac{2}{\pi i}} \frac{\beta}{k} \sum_{m=-\infty}^{\infty} a_m^{TE} e^{im(\theta-\varphi)} \boldsymbol{a}_\theta, \quad \lambda r \gg 1 \tag{2.107}$$

$$\boldsymbol{H}_s^{TE}(\boldsymbol{r}) \sim \frac{1}{Z_{TE}} \frac{e^{i\lambda r}}{\sqrt{\lambda r}} e^{i\beta z} \sqrt{\frac{2}{\pi i}} \sum_{m=-\infty}^{\infty} a_m^{TE} \left(\frac{\beta}{k} \boldsymbol{a}_r - \frac{\lambda}{k} \boldsymbol{a}_z \right) e^{im(\theta-\varphi)}, \quad \lambda r \gg 1 \tag{2.108}$$

となる．したがって，ポインティングベクトルを用いて，散乱電磁場の円柱単位長さあたりの電力流の時間平均は

$$\langle \boldsymbol{P}^{TE}(\boldsymbol{r}) \rangle = \frac{1}{2} \mathrm{Re} \left(\boldsymbol{E}_s^{TE} \times \overline{\boldsymbol{H}_s^{TE}} \right) \tag{2.109}$$

2. 理論的基礎

$$= \frac{1}{2}\text{Re}\Bigl(\sum_{m=-\infty}^{\infty}\sum_{m'=-\infty}^{\infty} i^{m-m'} a_m^{\text{TE}} \overline{a_{m'}^{\text{TE}}} \, \boldsymbol{h}_m^1(\lambda r) \times \overline{\boldsymbol{h}_{m'}^2(\lambda r)} \, e^{i(m-m')(\theta-\varphi)} \Bigr) \quad (2.110)$$

$$= \frac{\beta}{2k^2}\Bigl\{ \lambda \boldsymbol{a}_r \text{Re}\Bigl(\sum_m \sum_{m'} i^{m-m'-1} a_m^{\text{TE}} \overline{a_{m'}^{\text{TE}}} \dot{H}_m^{(1)}(\lambda r) \overline{H_{m'}^{(1)}(\lambda r)} e^{i(m-m')(\theta-\varphi)} \Bigr)$$

$$+ \frac{1}{r}\boldsymbol{a}_\theta \text{Re}\Bigl(\sum_m \sum_{m'} i^{m-m'} a_m^{\text{TE}} \overline{a_{m'}^{\text{TE}}} m H_m^{(1)}(\lambda r) \overline{H_{m'}^{(1)}(\lambda r)} e^{i(m-m')(\theta-\varphi)} \Bigr)$$

$$+ \beta \boldsymbol{a}_z \Bigl(\Bigl|\sum_m i^m a_m^{\text{TE}} \dot{H}_m^{(1)}(\lambda r) e^{im(\theta-\varphi)}\Bigr|^2 + \frac{1}{\lambda^2 r^2} \Bigl|\sum_m i^m a_m^{\text{TE}} m H_m^{(1)}(\lambda r) e^{im(\theta-\varphi)}\Bigr|^2 \Bigr) \Bigr\}$$

$$(2.111)$$

$$\sim \frac{\beta}{\lambda r k^2 \pi} (\lambda \boldsymbol{a}_r + \beta \boldsymbol{a}_z) \Bigl|\sum_{m=-\infty}^{\infty} a_m^{\text{TE}} e^{im(\theta-\varphi)}\Bigr|^2, \qquad \lambda r \gg 1 \quad (2.112)$$

と表せる．ただし，‾ は複素共役を表す．

　円柱で散乱される電磁場は，式(2.111)からわかるように，r, θ, z の各方向へ散乱される．円柱による散乱の場合，θ 方向への散乱は回折を表している．この θ 方向と z 方向へ散乱される電磁場の一部は，r に対する減衰が速いため，遠方へは伝搬せず，円柱近傍に局在する電磁場である．したがって，式(2.112)の $r \to \infty$ における平均電力流の漸近形には，これらに相当する項は現れない．

　図2.6に，TE平面波が入射角 $\phi=45°$ で入射した場合の $1/r$ の依存性を除いた r 方向への散乱電磁場の平均電力流の角度依存性（散乱角度分布）$\langle r \boldsymbol{P}^{\text{TE}}(\boldsymbol{r})\cdot\boldsymbol{a}_r\rangle$ を示す．ただし，$\varphi=0$ とし，入射角 ϕ は $k\cos\phi=\boldsymbol{k}\cdot\boldsymbol{a}_z$ とした．図2.6が示すように，平面波が入射した $\theta=0°$ 方向（$\varphi=0°$ であるので）への鏡面反射のみならず，回折により入射方向とは反対方向（$\theta=180°$）を含めた他の方向への散乱も生じている．また，図2.6(a), (b)ともに，円柱表面近傍では円柱の半径に無関係に，散乱角度分布は，$\theta=0°, 180°$ 方向に散乱のピークをもつが，$\theta=90°$,

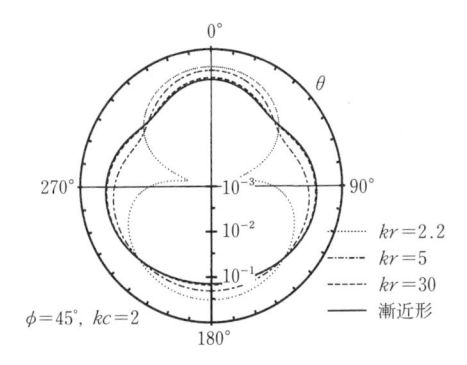

(a) 円柱の半径が $kc=2$ の場合

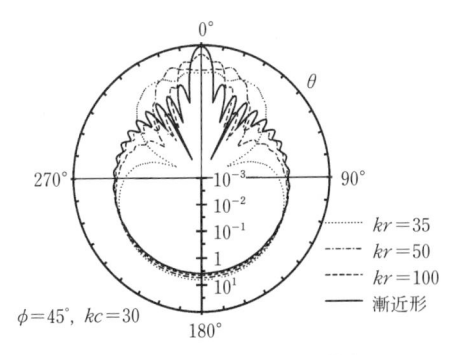

(b) 円柱の半径が $kc=30$ の場合

図2.6 完全導体円柱へ入射角 $\phi=45°$ で TE 平面波が入射したときの散乱角度分布

270°方向にはあまり散乱されない.この特性は,入射電磁場により円柱表面に励起された電磁場のモードのうち,表面近傍では,m の値が大きな高次モードの影響は各点で互いに平均化されて打ち消されるのに対し,m の値が小さい低次モードの影響は打ち消されることがないことに起因する.そのため,円柱の半径に無関係に低次モードの特性が散乱角度分布に現れる.TE 平面波入射の場合,入射波偏波面が水平であるため,円柱には $\theta=90°, 270°$ 方向に電気双極子があるような電磁場が誘起される.したがって,散乱電磁場の散乱角度分布は,誘起された電気双極子からの放射場で近似される形となる.実際,図 2.6 の表面近傍の散乱角度分布は,電気双極子放射場に近い形である.しかし,円柱から十分離れた場所の散乱角度分布では,円柱の半径に依存した散乱パターンを示す.円柱の半径が入射電磁場の波長に近い場合は,円柱各表面から散乱されてくる散乱波の位相差が観測点では小さいため,干渉が少なく,角度依存性が生じないほぼ均一な散乱パターンを示す.一方,円柱の半径が電磁場の波長に対して大きな場合は,観測点では散乱波間の位相差が大きくなり,干渉が起こり,干渉パターンが生じる.

d. TM 平面波入射の散乱電磁場: 入射波数ベクトル $\boldsymbol{k}=(\lambda, \varphi, \beta)$ の垂直偏波 (TM) 平面波が完全導体円柱に入射した場合の全電磁場は,式 (2.86),(2.88) により式 (2.96),(2.97) の m-TM 円筒波入射の散乱電磁場の線形和で与えられる.

$$\boldsymbol{E}^{\text{TM}}(\boldsymbol{r}) = -\zeta \sum_{m=-\infty}^{\infty} i^m \boldsymbol{E}_m^{\text{TM}}(\lambda r) e^{im(\theta-\varphi)+i\beta z} \tag{2.113}$$

$$\boldsymbol{H}^{\text{TM}}(\boldsymbol{r}) = -\frac{\zeta}{Z_{\text{TM}}} \sum_{m=-\infty}^{\infty} i^m \boldsymbol{H}_m^{\text{TM}}(\lambda r) e^{im(\theta-\varphi)+i\beta z} \tag{2.114}$$

また,入射平面波を除いた散乱波は

$$\boldsymbol{E}_s^{\text{TM}}(\boldsymbol{r}) = -\zeta \sum_{m=-\infty}^{\infty} i^m a_m^{\text{TM}} \boldsymbol{h}_m^2(\lambda r) e^{im(\theta-\varphi)+i\beta z} \tag{2.115}$$

$$= -\zeta \sum_{m=-\infty}^{\infty} i^m a_m^{\text{TM}} \Big(\frac{i\beta}{k} \dot{H}_m^{(1)}(\lambda r) \boldsymbol{a}_r - \frac{\beta m}{k\lambda r} H_m^{(1)}(\lambda r) \boldsymbol{a}_\theta$$
$$+ \frac{\lambda}{k} H_m^{(1)}(\lambda r) \boldsymbol{a}_z \Big) e^{im(\theta-\varphi)+i\beta z} \tag{2.116}$$

$$\sim \zeta \frac{e^{i\lambda r}}{\sqrt{\lambda r}} e^{i\beta z} \sqrt{\frac{2}{\pi i}} \sum_{m=-\infty}^{\infty} a_m^{\text{TM}} \Big(\frac{\beta}{k} \boldsymbol{a}_r - \frac{\lambda}{k} \boldsymbol{a}_z \Big) e^{im(\theta-\varphi)}, \quad \lambda r \gg 1 \tag{2.117}$$

$$\boldsymbol{H}_s^{\text{TM}}(\boldsymbol{r}) = -\frac{\zeta}{Z_{\text{TM}}^2} \sum_{m=-\infty}^{\infty} i^m a_m^{\text{TM}} \boldsymbol{h}_m^1(\lambda r) e^{im(\theta-\varphi)+i\beta z} \tag{2.118}$$

$$= -\frac{\zeta}{Z_{\text{TM}}^2} \sum_{m=-\infty}^{\infty} i^m a_m^{\text{TM}} \Big(\frac{\beta m}{k\lambda r} H_m^{(1)}(\lambda r) \boldsymbol{a}_r + \frac{i\beta}{k} \dot{H}_m^{(1)}(\lambda r) \boldsymbol{a}_\theta \Big) e^{im(\theta-\varphi)+i\beta z} \tag{2.119}$$

$$\sim \frac{\zeta}{Z_{\text{TM}}^2} \frac{e^{i\lambda r}}{\sqrt{\lambda r}} e^{i\beta z} \sqrt{\frac{2}{\pi i}} \frac{\beta}{k} \sum_{m=-\infty}^{\infty} a_m^{\text{TM}} e^{im(\theta-\varphi)} \boldsymbol{a}_\theta, \quad \lambda r \gg 1 \tag{2.120}$$

となる.したがって,散乱電磁場の円柱単位長さあたりの電力流の時間平均は

$$\langle \boldsymbol{P}^{\text{TM}}(\boldsymbol{r}) \rangle = \frac{1}{2} \text{Re}(\boldsymbol{E}_s^{\text{TM}} \times \overline{\boldsymbol{H}_s^{\text{TM}}}) \tag{2.121}$$

$$= \frac{1}{2}\mathrm{Re}\Big(\frac{\zeta^2}{Z_{\mathrm{TM}}^2}\sum_{m=-\infty}^{\infty}\sum_{m'=-\infty}^{\infty}i^{m-m'}\alpha_m^{\mathrm{TM}}\overline{\alpha_{m'}^{\mathrm{TM}}}\boldsymbol{h}_m^2(\lambda r)\times\overline{\boldsymbol{h}_{m'}^1(\lambda r)}e^{i(m-m')(\theta-\varphi)}\Big)$$
(2.122)

$$=\frac{\beta\zeta^2}{2k^2Z_{\mathrm{TM}}^2}\Big\{\lambda\boldsymbol{a}_r\mathrm{Re}\Big(\sum_m\sum_{m'}i^{m-m'+1}\alpha_m^{\mathrm{TM}}\overline{\alpha_{m'}^{\mathrm{TM}}}H_m^{(1)}(\lambda r)\overline{\dot{H}_{m'}^{(1)}(\lambda r)}e^{i(m-m')(\theta-\varphi)}\Big)$$
$$+\frac{1}{r}\boldsymbol{a}_\theta\mathrm{Re}\Big(\sum_m\sum_{m'}i^{m-m'}\alpha_m^{\mathrm{TM}}\overline{\alpha_{m'}^{\mathrm{TM}}}m'H_m^{(1)}(\lambda r)\overline{H_{m'}^{(1)}(\lambda r)}e^{i(m-m')(\theta-\varphi)}\Big)$$
$$+\beta\boldsymbol{a}_z\Big(\Big|\sum_m i^m\alpha_m^{\mathrm{TM}}\dot{H}_m^{(1)}(\lambda r)e^{im(\theta-\varphi)}\Big|^2+\frac{1}{\lambda^2 r^2}\Big|\sum_m i^m\alpha_m^{\mathrm{TM}}mH_m^{(1)}(\lambda r)e^{im(\theta-\varphi)}\Big|^2\Big)\Big\}$$
(2.123)

$$\sim\frac{1}{\lambda r\beta\pi}(\lambda\boldsymbol{a}_r+\beta\boldsymbol{a}_z)\Big|\sum_{m=-\infty}^{\infty}\alpha_m^{\mathrm{TM}}e^{im(\theta-\varphi)}\Big|^2,\qquad\lambda r\gg 1 \qquad(2.124)$$

となる．

式(2.123)からわかるように，TE平面波入射と同様にTM平面波入射の場合でも，電磁場は，r,θ,zの各方向へ散乱され，θ方向への散乱が回折を表す．

図2.7に，TE平面波が入射角$\phi=45°$で入射した場合の散乱角度分布$\langle r\boldsymbol{P}^{\mathrm{TM}}(\boldsymbol{r})\cdot\boldsymbol{a}_r\rangle$を示す．図2.7からわかるように，定性的な散乱特性は，TE平面入射の場合と同じである．

e. 一般的な散乱電磁場： 完全導体円柱による電磁場散乱では，TE入射波の場合，式(2.95)が示すようにTM散乱波は発生しない．同様に，式(2.100)が示すようにTM入射波の散乱においても，TE散乱波は発生しない．したがって，入射平面波がTE波とTM波を同時に含んでいる場合でも，偏波（偏光）が相互に入れ替わるような散乱が起こらないため，全電磁場は，式(2.101)，(2.102)のTE平面波入射の散乱電磁場と式(2.113)，(2.114)のTM平面波入射の散乱電磁場の線形結合で表現できる．さらに，入射電磁場が平面波以外の場合であっても，入射電磁場を円筒波電磁場で展開すれば，全電磁場は，

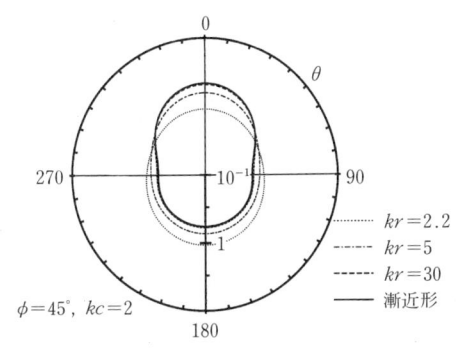

(a) 円柱の半径が$kc=2$の場合

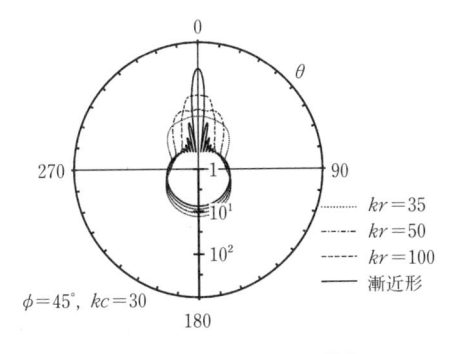

(b) 円柱の半径が$kc=30$の場合

図2.7 完全導体円柱へ入射角$\phi=45°$でTM平面波が入射したときの散乱角度分布

式 (2.91), (2.92), (2.96), (2.97) により求めることができる．ただし，完全導体円柱であっても導体表面に何らかの構造を有する場合，たとえば，表面が完全な鏡面ではなく，微小な不規則な構造を有する場合では，偏波（偏光）が相互に入れ替わるような散乱が生じるため，散乱波には，入射波と異なる偏波成分が発生する[7-11]．しかし，基本的には，円筒波入射における散乱電磁場を求めることができれば，その散乱電磁場を合成することで，所望の全電磁場を求めることができる． 〔髙橋信行〕

文　献

1) 宮城光信：光伝送の基礎 (昭晃堂, 1991).
2) 飯島泰蔵監修：電磁場の近代解析法 (電子情報通信学会, 1991).
3) L. B. Felsen and N. Marcuvitz : Radiation and Scattering of Waves, IEEE PRESS Series on Electromagnetic Waves (IEEE Press, 1994).
4) E. K. Miler *et al.* : Computational Electromagnetics Frequency-Domain Method of Moments (IEEE Press, 1991).
5) 三好旦六：光・電磁波論 (培風館, 1987).
6) 寺沢寛一編：自然科学者のための数学概論―応用編 (培風館, 1990).
7) H. Ogura *et al.* : *WAVE MOTION*, **14**-3 (1991), 273-295.
8) 小倉久直ほか：電磁場理論研究会資料, **EMT-90-37** (1990).
9) 小倉久直ほか：輻射科学研究会資料, **RS-90-12** (1990).
10) H. Ogura and N. Takahashi : *J. Math. Phys.*, **31**-1 (1990), 61-75.
11) 大塚洋司：光・電波解析の基礎 (コロナ社, 1995).

2.3 微小領域の電磁気学

2.3.1 微小領域の電磁気学と光学の特徴

　光と物質の相互作用を光波長よりも小さい寸法の空間領域で見直すと，従来の光学過程では得られなかった光と物質の相互作用の多様な側面を利用できる．注目する空間的サイズや電子系の性質に応じて，電磁場的性質と電子的な性質の現れ方も異なる．近接場光の現象は，マクロな空間の電磁場を含む全体系の中で際立った特徴を示す，部分系の現象である．全系の応答を決定づけるような局所的な電磁場に注目し，部分系を抽出することが重要である．近接場光では，電磁場の遅延効果あるいは波動的効果を無視でき，準静的描像と近似が成り立つ[1,2]．

　a. 光学測定と近接場光： 物質の電気応答を光（電磁波）を使って測定する系が，光学測定系である．電磁波は，角周波数 ω，波数ベクトル $\boldsymbol{k}$，速度 c の波としての分散関係，

$$\frac{\omega^2}{c^2}-|\boldsymbol{k}|^2=0 \tag{2.125}$$

を満たす．波数 $\boldsymbol{k}$ が実数の範囲で分散関係を満たすものは，遠方まで伝わる伝搬波の性質をもち，波数 $\boldsymbol{k}$ が虚数成分を含む波は，虚数成分に対応する方向に減衰する波となり遠方まで伝わらない[3]．波数に対する制約は，空間的変化に関する遠方からの測定限界を決め，これを回折限界という．電磁波源の位置は，遠方からの観測で

は，波長程度の精度でしか決められない．しかし，散乱体の近傍には波として遠方まで伝わらない電磁場，近接場光が存在し，近くにプローブを置けば観測できる[4,5]．

b. 物質の光学応答と相互作用： 誘電体に誘起された分極 $\boldsymbol{P}$ は，連続性が切れる表面で分極電荷 $\rho_P = -\nabla \cdot \boldsymbol{P}$ としてあらわになる．物体全体は中性で，反対符号の電荷も表面に現れるので，誘電体内部からみたとき，印加電場を減らすような減極電場を生ずる．誘起分極は，その位置での電場の強さに応じて生ずるので，

$$\text{分極をつくる局所場} = \text{外場（入射場）} + \text{周囲の分極から生ずる場} \qquad (2.126)$$

のように，場は分極から，分極は場から決まり，物質系の誘起分極は局所的応答と他の部分からの寄与との調和（内部相互作用）から決まる．誘起分極と電場分布が矛盾しない場を自己無撞着場と呼び，実際の物質系の応答に対応する[6,7]．

物質系を部分PとSに切り離して考えると，光学応答は，部分Pの応答，部分Sの応答，SとPの相互作用によって表現できる（図2.8）．SとPは，それぞれの形状や大きさに応じた自己無撞着場を生じ，SとPの相互作用は，S+P全系の自己無撞着場をつくる補正に相当する．部分系Pをプローブとして，SとPの相対位置を変化させながら，Sのみ，Pのみ，S+Pのそれぞれに対し遠方の散乱光を観測し，これを解析してSの近接場光を再構成するのが，近接場光学顕微鏡である．本節ではこれに対応した電磁気学的取扱いを考察する[2,5]．

c. 光学計測と部分系： 近接場光プローブに用いる微小構造の性質とともに，マクロな場の伝達を遮断し，同時に近接場からの散乱光を遠方に伝える機能が重要である．物体Sの散乱場をさらに散乱体Pを用いて散乱し，その結果を観測するプローブ顕微鏡の光学系を考える．電磁相互作用の厳密な理論は同じでも，観測者が現象を理解するのに都合のよいモデルと近似法は異なる．

部分系への分割可能性が第1の問題であり，物体S,Pの間に切込みを入れ，光源によってSが励起されているモードと，Pが励起されてその結果として検出器に光が散乱されるモードに切り分け，散乱過程をモード間の相互作用として記述することが妥当ならば，SとPの相互作用の過程が，1方向の信号の流れと因果関係のもとに記述できる．相互作用が強い場合には，多重散乱を考慮するより，一体のモードで扱うことが有利である．また，光源とP，検出器とSが直接相互作用するモードが実験的に除かれているときに部分系に分けることがよい描像となる．

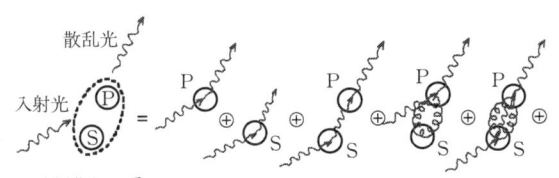

図2.8 疎視化した系の光学応答と微視的な相互作用

S, Pを部分系に切り分けたとき現れるモードの性質は，波数kが実数の範囲で分散関係を満たし遠方まで伝わる波の場合，空間分解能は回折限界をもち，波数kが虚数成分を含み減衰するエバネッセント波が相互作用の主要部分となれば，測定の空間分解能の上限はS-P間の距離にのみ依存し，回折限界をこえる測定が可能になる．

近接場光学系は，光波長よりも小さい空間サイズで特徴的に変化する電磁場を含むので，マクロな全系を1つの取扱いで記述するのは実際不可能であるため，マクロな光伝搬が問題となる光波長よりはるかに大きい領域，近接場光相互作用が問題となる光波長よりはるかに小さい領域，近接場光と伝搬光の接続が問題となる光波長程度のサイズの領域，の3つの主要部分に分けて考察するのがよい[2]．それぞれの系の空間的スケールが異なるとき，部分系への分割がよい近似となる．

2.3.2　光と物質の結合モード

a.　平均場とミクロな電磁相互作用： 近接場光学における光の本質を明らかにするために，電磁場と物質の電子系の相互作用のミクロとマクロな取扱いを，古典電磁気学の範囲で考察する．

ミクロな電磁場の振舞いはマックスウェル方程式

$$\nabla \cdot \boldsymbol{E} = \frac{\rho}{\varepsilon_0}, \qquad \nabla \cdot \boldsymbol{B} = 0 \tag{2.127}$$

$$\nabla \times \boldsymbol{E} = -\frac{\partial \boldsymbol{B}}{\partial t}, \qquad c^2 \nabla \times \boldsymbol{B} = \frac{\boldsymbol{j}}{\varepsilon_0} + \frac{\partial \boldsymbol{E}}{\partial t} \tag{2.128}$$

で記述され（c：光速，$4\pi\varepsilon_0 c^2 = 4\pi\mu_0^{-1} = 10^7$），電荷密度$\rho$と電流密度$\boldsymbol{j}$の連続の式

$$\frac{\partial \rho}{\partial t} + \nabla \cdot \boldsymbol{j} = 0 \tag{2.129}$$

を含意している．電場$\boldsymbol{E}$，磁場$\boldsymbol{B}$は，電荷q，速度$\boldsymbol{v}$に及ぼすローレンツ(Lorentz)力として定義され

$$\boldsymbol{F} = q(\boldsymbol{E} + \boldsymbol{v} \times \boldsymbol{B}) \tag{2.130}$$

これらの基本方程式は，電磁場と電荷の振舞いが互いに矛盾なく決定されることを示す[7]．

物質系の電磁気学的振舞いを考察する場合には，個々の電荷の瞬時のミクロな振舞いではなく，計測過程に依存する時間・空間スケールにわたる平均場が対象となる．これは，注目するスケールでの電磁現象に関与する部分を分離するために，無意味な部分を平均し消去することを意味する．注目する現象に特有の空間スケールで平均化された電荷分布$\langle\rho\rangle_V$を，注目する時間・空間スケールにおける物質の電子系の応答を表す電気双極子密度$\boldsymbol{d}$，電気4重極子密度$\boldsymbol{Q}$などにより，多重極展開した表現が有用である．

$$\langle\rho\rangle_V = \rho_{\text{net}} - \nabla \cdot \boldsymbol{P}_{\text{Multipole}} = \rho_{\text{net}} - \nabla \cdot \boldsymbol{d} + \nabla \cdot (\nabla \cdot \boldsymbol{Q}) - \cdots \tag{2.131}$$

多くの問題では，注目する電子系の空間的相関距離よりも大きなスケールで電磁

現象を取り扱い，物質の電子系の応答は局所的であると見なすことができる(局所応答近似)．場の強度が小さい場合には，線形応答として取り扱うことができ，分極率テンソル α と誘電率テンソル ε によって，平均化された電気分極と電束密度場 D を

$$P=\alpha E, \qquad D=\varepsilon E=\varepsilon_0 E+(d-\nabla\cdot Q+\cdots) \qquad (2.132)$$

のように定義できる．一方，物質の電子系の空間的な相関距離よりも小さい領域で電磁場との相互作用を考察する場合には非局所応答系として取り扱う必要があり，電気分極も平均場も積分方程式を通じて記述される．一般に，物質の電子系の応答 $\rho(r)$, $j(r)$ および平均場としての電束密度場 D と磁場 H は，ミクロな電磁場 $E(r')$ と $B(r')$ の汎関数 $\mathcal{F}[E(r'), B(r')]$ として表現され，これらは構成方程式と呼ばれる[7]．マックスウェル方程式と構成方程式とを満たす解が，場と応答の矛盾のない分布を決定するが，一般的にそれを見つけることは困難であり，与えられた系の対称性など固有の性質に着目して解析を行う．

b. 物質の光学応答と相互作用： 非磁性の誘電体中およびその境界面では，分極がつくる電荷と電流は

$$\rho_{\text{pol}}=-\nabla\cdot P, \qquad j_{\text{pol}}=\frac{\partial P}{\partial t} \qquad (2.133)$$

と表されるので，

$$D=\varepsilon_0 E+P, \qquad H=\varepsilon_0 c^2 B \qquad (2.134)$$

のようにマクロな場を定義し，$j_M=\nabla\times P$ を仮想的に磁流密度と考えると

$$\nabla\cdot D=0, \qquad \nabla\cdot H=0 \qquad (2.135)$$

$$\nabla\times D=j_M-\frac{1}{c^2}\frac{\partial H}{\partial t}, \qquad \nabla\times H=\frac{\partial D}{\partial t} \qquad (2.136)$$

のように，

$$D\leftrightarrow B, \qquad -H\leftrightarrow E, \qquad \varepsilon_0 c^2 j_M\leftrightarrow j_E \qquad (2.137)$$

の置き換えによって相対となる誘電媒質中のマクロな電磁場の方程式を得る[8,9]．

孤立電荷と伝導電流のない非磁性の誘電体では，D は発散のない場 $(\nabla\cdot D=0)$ であり，ベクトルポテンシャル C を

$$D=\nabla\times C, \qquad H=\frac{\partial C}{\partial t}, \qquad \nabla\cdot C=0 \qquad (2.138)$$

ととることができ，磁流を源とする波動方程式を得る．

$$\nabla\times\nabla\times C+\frac{1}{c^2}\frac{\partial^2 C}{\partial t^2}=j_M \qquad (2.139)$$

また，分極ポテンシャル(ヘルツベクトル：Hertz vector) Π_E を用いる表現もある[3]．

$$\frac{1}{c^2}\frac{\partial^2\Pi_E}{\partial t^2}-\nabla^2\Pi_E=P, \qquad C=\nabla\times\Pi_E, \qquad D=\nabla\times\nabla\times\Pi_E \qquad (2.140)$$

c. 近接場条件と近接場近似： フーリエ(Fourier)成分 $C(r,t)=C(r,\omega)\exp(-i\omega t)$ に対し

$$(\nabla^2+K^2)\boldsymbol{C}(\boldsymbol{r},\omega)=(\hat{V}_S\times\hat{V}_V)\boldsymbol{C}(\boldsymbol{r},\omega) \tag{2.141}$$

と表せば，$K=\omega/c$ となり，物質系の誘電関数を $\varepsilon(\boldsymbol{r})$ としたときの散乱ポテンシャルは

$$\hat{V}_S\boldsymbol{C}=-\frac{\nabla\varepsilon(\boldsymbol{r})}{\varepsilon(\boldsymbol{r})}\times\nabla\times\boldsymbol{C}, \qquad \hat{V}_V\boldsymbol{C}=-K^2\Bigl(\frac{\varepsilon(\boldsymbol{r})-\varepsilon_0}{\varepsilon_0}\Bigr)\boldsymbol{C} \tag{2.142}$$

で与えられる．第1項 $\hat{V}_S$ は表面分極によるもので物質形状に依存し，第2項 $\hat{V}_V$ は遅延効果による誘電体内部に生ずる分極の回転によるもので，波数すなわち波の性質 (遅延効果) に依存する．$\hat{V}_S$ は電磁気的境界条件に対応する．近接場の取扱いでは，準静的で遅延効果のない場合が問題となるため表面項のみが重要となり，場は物質形状に依存する[8]．

$\boldsymbol{C}(\boldsymbol{r},\omega)$ に対するヘルムホルツ方程式は，自己無撞着場を表すリップマン-シュウィンガー (Lippmann-Schwinger) 方程式に書き換えることができ[7]

$$\boldsymbol{C}(\boldsymbol{r},\omega)=\boldsymbol{C}^0(\boldsymbol{r},\omega)+\int \boldsymbol{G}^T(\boldsymbol{r},\boldsymbol{r}',\omega)(\hat{V}_S+\hat{V}_V)\boldsymbol{C}(\boldsymbol{r}',\omega)d^3r' \tag{2.143}$$

となる．$\boldsymbol{G}^T(\boldsymbol{r},\boldsymbol{r}',\omega)$ は横グリーンダイアディック (Green's dyadic) である．これをもとに，摂動展開における散乱ポテンシャルの寄与を，注目する系の形状パラメータすなわち大きさ a と波数 K の関係において考察すると，近接場光相互作用の特徴が抽出される．

散乱体が光波長に比べ十分小さい場合 ($Ka\ll 1$) には，表面項と体積項の寄与はそれぞれ Ka と $(Ka)^2$ に比例し，以下の関係を満たす．

$$1\gg\underbrace{\Bigl|Ka\Bigl(\frac{\varepsilon(\boldsymbol{r})-\varepsilon_0}{\varepsilon_0}\Bigr)\Bigr|}_{\text{表面項}}\gg\underbrace{\Bigl|(Ka)^2\Bigl(\frac{\varepsilon(\boldsymbol{r})-\varepsilon_0}{\varepsilon_0}\Bigr)\Bigr|}_{\text{体積項}} \tag{2.144}$$

表面項は不連続性を含むので取扱いに注意を必要とする[9]．表面項は小さい散乱ポテンシャルであり，ボルン (Born) 近似を用いて，自己無撞着な散乱場 $\boldsymbol{C}(\boldsymbol{r},\omega)$ は入射場 $\boldsymbol{C}^0(\boldsymbol{r},\omega)$ から容易に算出でき，この近似が近接場の取扱いを著しく容易にする．

数値を上げれば，$\lambda=2\pi/K=500$ nm, $\varepsilon(\boldsymbol{r})/\varepsilon_0$ を1のオーダ，$a=1\sim 10$ nm の場合，$Ka=0.01\sim 0.1$ となり微小散乱体の条件を満足する．回折限界に近い $a=100$ nm では Ka は1のオーダになり散乱過程は近似できない．近接場条件を満たす系の散乱場は，近傍で観測したときのみ入射場からの大きな変化を示す．これらの近似は3次元的に小さい散乱体にのみ適用できる．

d. 近接場近似と磁流コイルモデル： 準静的な場合の光近接場のおおよその分布を知るために，$\boldsymbol{C}$ に基づく磁流モデルは大変有効である．光を照射された誘電体の境界は，発散のない磁流で置き換えることができる[2]．

$$\nabla\times\boldsymbol{D}=\boldsymbol{j}_M=\nabla\times\boldsymbol{p}\sim\frac{\nabla\varepsilon(\boldsymbol{r})}{\varepsilon(\boldsymbol{r})}\times\boldsymbol{D} \tag{2.145}$$

これは平均的な誘起分極をつくるような磁流のコイルを，誘電体表面に巻きつけた場合の電束密度場であるから，同様の形状に電流のコイルを巻きつけたときの磁場と同

2. 理論的基礎

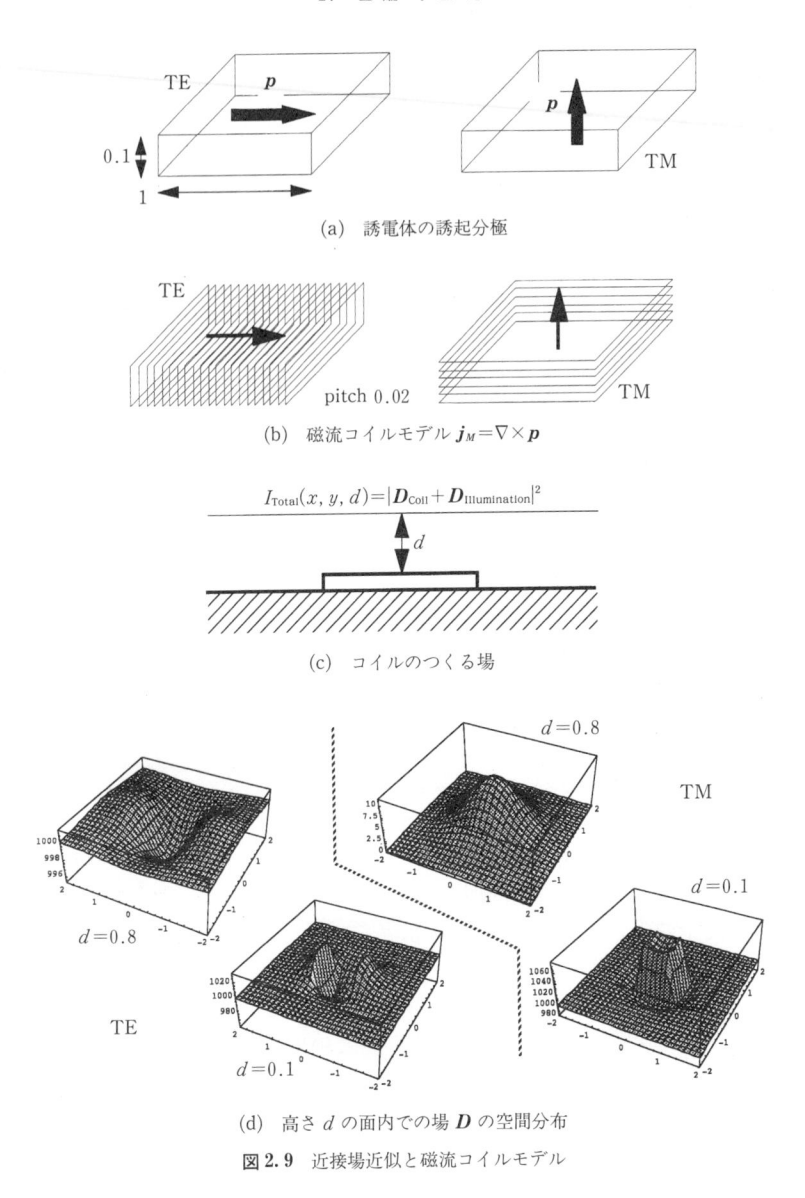

(a) 誘電体の誘起分極

(b) 磁流コイルモデル $j_M = \nabla \times p$

$I_{\text{Total}}(x, y, d) = |D_{\text{Coil}} + D_{\text{Illumination}}|^2$

(c) コイルのつくる場

(d) 高さ d の面内での場 D の空間分布

図 2.9 近接場近似と磁流コイルモデル

じ分布をとるので，容易にイメージを得ることができる (図 2.9).

2.3.3 散乱問題とアンギュラスペクトル

a. ヘルムホルツ方程式とグリーン関数: 自由空間の電磁場分布は，分散関係を

満たす平面波の重ね合せとして展開できる．平面波は並進対称性をもつモードで，波数ベクトルはモード関数の平行移動の生成子（$\hat{G}_\parallel = -i\nabla$）に対する固有値である．波数を複素数に拡張したエバネッセント波を含めれば，並進対称でない物質系の散乱場も平面波の重ね合せで表せる[10,11]．

真空に置かれた標的による光の散乱問題を考え，単色入射光に対する電場の正周波数部分を $\boldsymbol{E}_i(\boldsymbol{r}, t) = \boldsymbol{E}_i(\boldsymbol{r})\exp(-iKt)$ とする（$c=1$）．全電場 $\boldsymbol{E}(\boldsymbol{r}, t) = \boldsymbol{E}(\boldsymbol{r})\exp(-iKt)$ は，ヘルムホルツ方程式

$$[\nabla^2 + K^2 n^2(\boldsymbol{r})]\boldsymbol{E}(\boldsymbol{r}) = 0 \tag{2.146}$$

を満足し，$n(\boldsymbol{r})$ は屈折率関数で標的 D の外側で 1 とする．全電場 $\boldsymbol{E}(\boldsymbol{r})$ を，入射場 $\boldsymbol{E}_i(\boldsymbol{r})$ と散乱場 $\boldsymbol{E}_s(\boldsymbol{r})$ の和 $\boldsymbol{E}(\boldsymbol{r}) = \boldsymbol{E}_i(\boldsymbol{r}) + \boldsymbol{E}_s(\boldsymbol{r})$ で表すと，ヘルムホルツ方程式は

$$(\nabla^2 + K^2)\boldsymbol{E}_s(\boldsymbol{r}) = V(\boldsymbol{r})\boldsymbol{E}(\boldsymbol{r}), \qquad F(\boldsymbol{r}) = -K^2[n^2(\boldsymbol{r}) - 1] \tag{2.147}$$

となり，$V(\boldsymbol{r})$ は散乱ポテンシャルに相当する．入射場と散乱場が，誘起分極の場を介して結合することが表されている．解はグリーン (Green) 関数 $G(\boldsymbol{r}, \boldsymbol{r}')$ で表現される[7]．

$$\boldsymbol{E}_s(\boldsymbol{r}) = -\frac{1}{4\pi}\int_D \boldsymbol{E}(\boldsymbol{r}')V(\boldsymbol{r}')G(\boldsymbol{r}, \boldsymbol{r}')d^3r', \qquad G(\boldsymbol{r}, \boldsymbol{r}') = \frac{\exp(iK|\boldsymbol{r}-\boldsymbol{r}'|)}{|\boldsymbol{r}-\boldsymbol{r}'|} \tag{2.148}$$

b. 散乱場のアンギュラスペクトル展開： 標的の領域 D が，$-L \leq z \leq L$ であるとし，半空間 $z < -L$ を $\mathcal{R}^-$，半空間 $z > L$ を $\mathcal{R}^+$ とする（図 2.10 (a)）．半空間 $\mathcal{R}^-$，$\mathcal{R}^+$ での散乱場はそれぞれ，グリーン関数のワイル (Weyl) 展開

$$G(\boldsymbol{r}, \boldsymbol{r}') = \frac{iK}{2\pi}\int_{-\pi}^{\pi}d\beta\int_{C_\pm}d\alpha \sin\alpha \exp[iK\hat{\boldsymbol{s}}\cdot(\boldsymbol{r}-\boldsymbol{r}')] \tag{2.149}$$

により平面波に展開できる．ここで $\hat{\boldsymbol{s}} = \hat{\boldsymbol{s}}(\alpha, \beta)$ は単位波数ベクトル

$$s_x = \sin\alpha\cos\beta, \qquad s_y = \sin\alpha\sin\beta, \qquad s_z = \cos\alpha \tag{2.150}$$

である．積分変数 β は実数（$-\pi \leq \beta < \pi$），積分変数 α は，$z - z' > 0$ のとき積分経路 C^+ 上，$z - z' < 0$ のとき C^- 上の値をとる（図 2.10 (b)）．これより散乱場の平面波展開は以下となる[2,4,11]．

$$\boldsymbol{E}_s(\boldsymbol{r}) = \frac{iK}{2\pi}\int_{-\pi}^{\pi}d\beta\int_{C_\pm}d\alpha \sin\alpha\, \boldsymbol{A}(\alpha, \beta)\exp(iK\hat{\boldsymbol{s}}\cdot\boldsymbol{r}) \tag{2.151}$$

$$\boldsymbol{A}(\alpha, \beta) = -\frac{1}{4\pi}\int_D \boldsymbol{E}(\boldsymbol{r}')V(\boldsymbol{r}')\exp(-iK\hat{\boldsymbol{s}}\cdot\boldsymbol{r}')d^3r' \tag{2.152}$$

観測点 $\boldsymbol{r}$ が領域 $\mathcal{R}^+$（$\mathcal{R}^-$）内にある場合には，α に関する積分は C^+（C^-）に沿って行う．領域 $\mathcal{R}^+$，$\mathcal{R}^-$ 内における散乱場を平面波 $\boldsymbol{A}(\alpha, \beta)\exp(iK\hat{\boldsymbol{s}}\cdot\boldsymbol{r})$ に展開したものであり，振幅 $\boldsymbol{A}(\alpha, \beta)$ が標的の空間的な構造を表す．この展開をアンギュラスペクトルという．α が実数のとき，$\boldsymbol{A}(\alpha, \beta)\exp(iK\hat{\boldsymbol{s}}\cdot\boldsymbol{r})$ は無限遠方まで伝搬するホモジニアス波となり，α が複素数の場合には，z 軸方向に沿って指数関数的に減衰するエバネッセント波となる．アンギュラスペクトルの解析性から，散乱場には必ず，遠方で観測されるホモジニアス波と近傍のエバネッセント波の両成分が含まれる[10]．

エバネッセント波は伝搬方位角が複素数の平面波であり，アンギュラスペクトル表

2. 理論的基礎

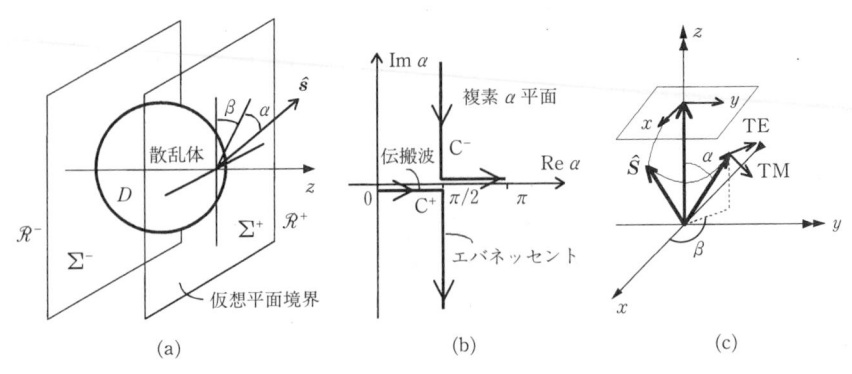

図 2.10 ベクトル場のアンギュラスペクトル展開の境界設定と積分経路

現は，波数の伝搬方位角に関し解析接続した散乱場の平面波展開である．エバネッセント波の複素波数の実部は，仮想的平坦境界の並進対称性に関するベクトルで，光波長より小さい散乱体ではその形状に応じた激しい空間的振動を含んでいる．これに対応する虚部は短いしみ込み深さを表す．散乱体の近傍に観測点をおけば，高い空間周波数をもつエバネッセント波成分の観測が可能である．近接場光学顕微鏡は，散乱場に含まれる実波数の大きな成分を，プローブをその減衰長よりも近づけて散乱することで，数 nm に至る高い分解能を得ている．先端のきわめて小さなプローブを用い，位置をわずかに変化させながら散乱光を遠方から観測するとき，アンギュラスペクトルに含まれる減衰長の大きい成分の場はほとんど変化しないので，高い空間波数をもつエバネッセント波成分のみを抽出できることを利用している[4]．

c. 遠視野領域での散乱場の観測： 遠視野測定では，標的から無限遠方に置かれた光検出器に入る散乱場は，グリーン関数の漸近形

$$G(\boldsymbol{r}, \boldsymbol{r}') \sim \frac{\exp(iKr)}{r}\exp(-iK\hat{\boldsymbol{u}}\cdot\boldsymbol{r}'), \qquad Kr \to \infty \tag{2.153}$$

を用いて評価できる．ここで，$\hat{\boldsymbol{u}} = \hat{\boldsymbol{u}}(\theta, \phi)$ ($u_x = \sin\theta\cos\phi$, $u_y = \sin\theta\sin\phi$, $u_z = \cos\theta$) は，観測方向 $\boldsymbol{r}$ の単位ベクトルである．これより散乱場の漸近形が得られる．

$$\boldsymbol{E}_s(\boldsymbol{r}) \sim \frac{\exp(iKr)}{4\pi r}\int_D \boldsymbol{E}(\boldsymbol{r}')F(\boldsymbol{r}')e^{-iK\hat{\boldsymbol{u}}\cdot\boldsymbol{r}'}d^3r' \sim \boldsymbol{A}(\theta,\phi)\frac{\exp(iKr)}{r}, \qquad Kr \to \infty \tag{2.154}$$

角 (θ, ϕ) は実数で，光検出器の方向に対応するので，散乱光強度の角度分布の測定から標的の形状を再構成できる．遠方からの観測では，ホモジニアス波のみが関与し，指数関数的に減衰し光検出器に到達できないエバネッセント波成分は欠落する．標的の大きさが入射光の波長に比べ小さい場合，$\exp(-iK\hat{\boldsymbol{u}}\cdot\boldsymbol{r}') \sim 1$ と近似でき，$\boldsymbol{A}(\theta, \phi)$ は θ, ϕ に依存せず，遠視野測定からは形状観測ができない．

d. 近接場領域での散乱場の観測： ここで議論の対象となる近接場領域における

観測では，アンギュラスペクトルのエバネッセント波部分が主要となる．標的が波長より小さい場合，実数の α に対して $\exp(-iK\hat{\boldsymbol{s}}\cdot\boldsymbol{r}')\sim 1$ と近似でき，ホモジニアス波成分は形状に関する情報を含まない．複素数の α に対しては，

$$s_x^2+s_y^2>1, \qquad s_z=\mp i\sqrt{s_x^2+s_y^2-1} \tag{2.155}$$

であり，$\exp(-iK\hat{\boldsymbol{s}}\cdot\boldsymbol{r}')$ は大きく変化する．エバネッセント波の境界面に平行な波数成分 $k_{\parallel}=K\sqrt{s_x^2+s_y^2}$ が波数 K より大きくなり，これに対応して z 方向に指数関数的に減衰し標的の近傍に局在する．エバネッセント波部分のアンギュラスペクトルは $k_{\parallel}$ と減衰距離の分布関数である．不確定性原理 $\hbar K\Delta s_z\cdot\Delta z\sim\hbar$ からも予測されるように，近接場領域でのアンギュラスペクトルは非常に広い範囲の $k_{\parallel}$ をもつエバネッセント波を含み，振幅 $A(\alpha,\beta)\exp(iK\hat{\boldsymbol{s}}\cdot\boldsymbol{r})$ は光波長よりも小さいスケールに至るまでの標的の形状に関する情報を含む．観測される最小の構造は，観測点がどこまで標的に近づけるかで決まる．プローブの形状効果と散乱光分布も同様に評価できる．

e．ベクトル場のアンギュラスペクトル表現： ベクトル場の性質を取り込んだアンギュラスペクトル展開を考える．図 2.10(c) に示すように，z 方向に伝搬し x,y 方向に電場ベクトルをもつ平面波を基礎として，これを任意の伝搬ベクトルの方向 $\hat{\boldsymbol{s}}$ へ角度 (α,β) 回転変換をし，一般的なベクトル平面波を定義し

$$\hat{\boldsymbol{s}}_\mu e^{iK\hat{\boldsymbol{s}}\cdot\boldsymbol{r}} \qquad (\mu=\mathrm{TE, TM}) \tag{2.156}$$

回転角をアンギュラスペクトル表現の場合と同じく複素角に解析接続すれば，エバネッセント波も含めたベクトル平面波の偏光状態の定義ができる．偏光ベクトル $\hat{\boldsymbol{s}}_\mu$ の直交成分は，TE/TM (transverse electric/transverse magnetic) 波のそれぞれに対し

$$\hat{\boldsymbol{s}}_{\mathrm{TE}}=(-\sin\beta,\cos\beta,0), \qquad \hat{\boldsymbol{s}}_{\mathrm{TM}}=(\cos\alpha\cos\beta,\cos\alpha\sin\beta,-\sin\alpha) \tag{2.157}$$

である．電磁場のベクトル性を回転変換で表すことは，表面近傍での多重極放射などのアンギュラスペクトル表現による取扱いで有用である[2,4]．

基本的な例として，点振動電気双極子のつくる放射場のアンギュラスペクトルを考察する．電気双極子からの動径を r で表すと，近傍では双極子場の $(1/r)^3$ に依存する強度変化が主要となる．電気双極子から距離 z の平面を仮想境界にとり展開したときの，エバネッセント波部分のスペクトルを図 2.11 に示す．スペクトルは，ほぼ $2/z$ に等しい空間周波数で最大値をもち，半値全幅はおよそ $2/z$ である．双極子場を近くで観測するほど，主要なエバネッセント波成分の波数が大きくな

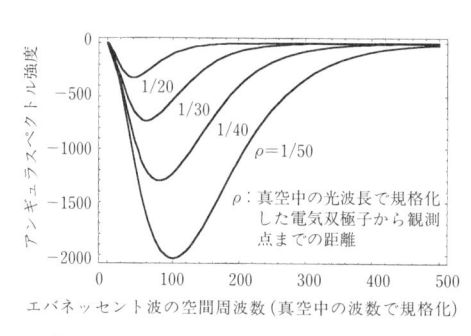

図 2.11 電気双極子からの放射場のアンギュラスペクトル

り，空間的局在度が増す．アンギュラスペクトル展開では，伝達関数が伝搬する平面波とエバネッセント波に分けられているので，作用がどのように観測点まで伝わるかが容易に理解できる．

f. プローブ顕微鏡の仕組み： このように，局所場の測定とは，散乱場のアンギュラスペクトルの特定部分の選択を意味する．注目する局所場を効率よく励起し，近接場光相互作用による散乱光を有効に選択的に収集し，背景とのコントラストを高めることが重要である．この特性は，モードの一致とフィルタという観点で整理することができる．注目するスペクトル部分を切り出すために，試料と相互作用させるプローブ先端を，注目するモードを生み出す形状に，すなわち空間的大きさを試料に合わせて加工する．観測面の近さでスペクトルは決まるので，プローブ先端の寸法と同程度に試料に近づけ走査する．これでアンギュラスペクトルの意味でモードが一致し，近接場光相互作用が強調される．また，励起光など注目する局所場以外の成分で特に空間周波数の小さいものは，遠方からみた総エネルギーが大きいので，プローブ形状や光検出を工夫し遮蔽することが必要となる．このようなフィルタ特性を備え，モードの一致をとることが，あらゆる近接場光測定とその応用の条件である．

空間形状による工夫に加え，微小物体の共鳴効果を利用した近接場光の増強が可能である．ナノメートル寸法の物質系では，電子系もさまざまな量子効果を発現するので，共鳴的モードの一致とフィルタ効果を備えた，きわめて多様なプローブを考えることができる．特に局所的な物質と光の相互作用が強い共鳴効果をもち，プラズモンや励起子などの素励起として振る舞う場合には，近接場光の増強に顕著な効果を発揮する[12,13]．また近接場光相互作用では，マクロには禁止されているような遷移や相互作用を誘起することもでき，きわめて多様な応用の可能性をもつ[14,15]．

2.3.4 多重極展開と近接場光

近接場光と近接場光相互作用を扱うためにきわめて有用な基盤となる，電磁場（ベクトル場）の多重極表現と，グリーン関数のアンギュラスペクトル表現について概説する[2,16]．

a. 電磁場のベクトル性とヘリシティー表現： まずスカラ場を考える．極座標で書かれたヘルムホルツ方程式

$$[\nabla^2+K^2]\psi(r,\theta,\varphi,\omega)=0 \tag{2.158}$$

の解は，一般に，角運動量 l と z 方向成分 m_l をもつ球面調和関数 $Y_l^{m_l}(\theta,\varphi)$ と，球ハンケル(Hankel)関数 $h_l^{(1)}(Kr)=[h_l^{(2)}(Kr)]^*$ を用いて

$$\psi(r,\omega)=\sum_{l,m_l}[A^{(1)}_{\omega,lm_l}h_l^{(1)}(Kr)+A^{(2)}_{\omega,lm_l}h_l^{(2)}(Kr)]Y_l^{m_l}(\theta,\varphi) \tag{2.159}$$

のように表され，与えられた系の境界条件により，係数 $A^{(1)}_{\omega,lm_l}, A^{(2)}_{\omega,lm_l}$ が定まる．$h_l^{(1)}(Kr)$ の $Kr\gg1$ の漸近形は球面波 $-(-i)^{l+1}\exp(iKr)/Kr$ である．また自由空間のグリーン関数も，r と r' のうち，原点を中心とするある球形の境界面をとりその

内部のベクトルの大きさを r_{in}, 外部のものに対し r_{out} とし, 球ベッセル (Bessel) 関数 $j_l(Kr)$ を用いれば次のように表される[7].

$$G(\boldsymbol{r}, \boldsymbol{r}', \omega) = \sum_{l, m_l} 4\pi i K j_l(Kr_{\text{in}}) h_l^{(1)}(Kr_{\text{out}}) [Y_l^{m_l}(\theta', \varphi')]^* Y_l^{m_l}(\theta, \varphi) \quad (2.160)$$

ベクトル場である電磁場の多重極表現は, これに偏光ベクトルを合成して得られる. 直交座標系の単位ベクトルを $\hat{\boldsymbol{x}}, \hat{\boldsymbol{y}}, \hat{\boldsymbol{z}}$ として, 以下のように定義される z 軸に対する円偏光基底 $\hat{\boldsymbol{e}}_\mu$ を場の角分布 $Y_l^{m_l}(\theta, \varphi)$ に掛け合わせたものが, スピン 1 とその z 方向成分 μ の電磁場を与える.

$$\hat{\boldsymbol{e}}_\mu Y_l^{m_l}(\theta, \varphi), \qquad \hat{\boldsymbol{e}}_0 \equiv \hat{\boldsymbol{z}}, \qquad \hat{\boldsymbol{e}}_{\pm 1} \equiv \mp \frac{1}{\sqrt{2}} (\hat{\boldsymbol{x}} \pm i\hat{\boldsymbol{y}}) \quad (2.161)$$

場のスピンと角分布を合成し, 全角運動量 J とその z 方向成分 M をもつベクトル球面調和関数を基底として用いるのが便利である. 方位単位ベクトル $\hat{\boldsymbol{r}} \equiv (\sin\theta\cos\varphi, \sin\theta\sin\varphi, \cos\theta)$ と軌道角運動量演算子 $\hat{\boldsymbol{L}} = -i(r\hat{\boldsymbol{r}} \times \nabla)$ を用いて, 全角運動量 J と z 成分 M をもつベクトル球面調和関数は

$$\boldsymbol{Y}_{J, l, (s=1), M}(\theta, \varphi) = \begin{cases} \dfrac{1}{\sqrt{J(2J+1)}} (r\nabla + J\hat{\boldsymbol{r}}) Y_J^M(\theta, \varphi) & (l = J-1) \\[6pt] \dfrac{1}{\sqrt{J(J+1)}} \hat{\boldsymbol{L}} Y_J^M(\theta, \varphi) & (l = J) \\[6pt] \dfrac{1}{\sqrt{(J+1)(2J+1)}} (r\nabla - (J+1)\hat{\boldsymbol{r}}) Y_J^M(\theta, \varphi) & (l = J+1) \end{cases}$$
$$(2.162)$$

のように定義され, 多重極ベクトル場を表す正規直交基底となる. 通常 $(s=1)$ は表示しない. 磁気型 (M), 電気型 (E), 縦型 (L) のベクトル球面調和関数を

$$\boldsymbol{Y}_{J,M}^{(M)}(\hat{\boldsymbol{r}}) = \boldsymbol{Y}_{J,J,M}(\hat{\boldsymbol{r}}) \quad (2.163)$$

$$\boldsymbol{Y}_{J,M}^{(E)}(\hat{\boldsymbol{r}}) = \sqrt{\frac{J}{2J+1}} \boldsymbol{Y}_{J,J+1,M}(\hat{\boldsymbol{r}}) + \sqrt{\frac{J+1}{2J+1}} \boldsymbol{Y}_{J,J-1,M}(\hat{\boldsymbol{r}}) \quad (2.164)$$

$$\boldsymbol{Y}_{J,M}^{(L)}(\hat{\boldsymbol{r}}) = \sqrt{\frac{J}{2J+1}} \boldsymbol{Y}_{J,J-1,M}(\hat{\boldsymbol{r}}) + \sqrt{\frac{J+1}{2J+1}} \boldsymbol{Y}_{J,J+1,M}(\hat{\boldsymbol{r}}) \quad (2.165)$$

として, 散乱場の複素多重極ベクトルポテンシャルを以下のように書き表すことができ,

$$\boldsymbol{A}_{K,J,M}^{(M,SC)}(\boldsymbol{r}) = i^J h_J^{(1)}(Kr) \boldsymbol{Y}_{J,M}^{(M)}(\hat{\boldsymbol{r}}) \quad (2.166)$$

$$\boldsymbol{A}_{K,J,M}^{(E,SC)}(\boldsymbol{r}) = \frac{1}{2J+1} [i^{J+1} J h_{J+1}^{(1)}(Kr) + i^{J-1}(J+1) h_{J-1}^{(1)}(Kr)] \boldsymbol{Y}_{J,M}^{(E)}(\hat{\boldsymbol{r}})$$
$$- \frac{\sqrt{J(J+1)}}{2J+1} [i^{J+1} h_{J+1}^{(1)}(Kr) - i^{J-1} h_{J-1}^{(1)}(Kr)] \boldsymbol{Y}_{J,M}^{(L)}(\hat{\boldsymbol{r}}) \quad (2.167)$$

これは z 軸に対するベクトル場のヘリシティー表示とも呼ばれる. 入射場 $\boldsymbol{A}_{K,J,M}^{(M,IN)}(\boldsymbol{r})$, $\boldsymbol{A}_{K,J,M}^{(E,IN)}(\boldsymbol{r})$ は, 球ハンケル関数 $h^{(1)}$ を球ベッセル関数 $j^{(1)}$ に置き換えたものとなる.

アンギュラスペクトルで定義した複素方位ベクトル $\hat{\boldsymbol{s}}$ を用いて, E/M 型の $2J$ 重極場により

2. 理論的基礎

$$A_{K,J,M}^{(E/M,SC)}(\boldsymbol{r})$$
$$=\frac{1}{2\pi}\int_C d\Omega_{\hat{\boldsymbol{s}}} Y_{J,M}^{(E/M)}(\hat{\boldsymbol{s}})e^{iK\hat{\boldsymbol{s}}\cdot\boldsymbol{r}} \qquad (2.168)$$

とアンギュラスペクトル展開で表される．これを用いて，散乱体(1)からの E/M 型の散乱場を，散乱体(2)への入射場で展開すれば

$$A_{K,J,M}^{(E/M,SC)}(\boldsymbol{r}_1)$$
$$=4\pi\sum_{\lambda'}^{E,M}\sum_{J',M'} A_{K,J',M'}^{(\lambda' IN)}(\boldsymbol{r}_2)$$
$$\times\frac{1}{2\pi}\int_C d\Omega_{\hat{\boldsymbol{s}}} [Y_{J',M'}^{(\lambda')}(\hat{\boldsymbol{s}})]^{\dagger}$$
$$\left\{\sum_{\mu}^{TE,TM}\cdot\hat{\boldsymbol{e}}_{\mu}(\hat{\boldsymbol{s}})e^{iK\hat{\boldsymbol{s}}\cdot\boldsymbol{R}}\hat{\boldsymbol{e}}_{\mu}(\hat{\boldsymbol{s}})\cdot\right\}$$
$$Y_{J,M}^{(E/M)}(\hat{\boldsymbol{s}}) \qquad (2.169)$$

となり，その展開係数は図2.12 に示すように，散乱体の間をエバネッセント波を含む平面波を介して相互作用が

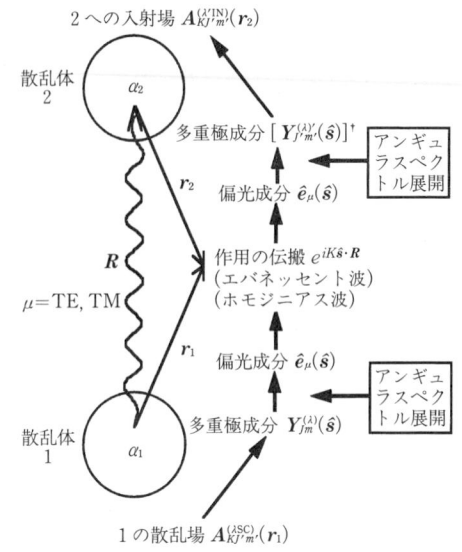

図2.12　アンギュラスペクトルで表した散乱体間の相互作用

伝達する素過程を表す伝搬関数であり，これを分析すれば散乱体間の近接場光相互作用の主要な性質が理解される．

b. 平坦誘電体境界のエバネッセント波とトリプレットモード： 平坦な真空と誘電体の境界をもつ空間でのノーマルモードとして，入射波，反射波，透過波の組からなるカーニグリア-マンデル(Carniglia-Mandel)のトリプレットモードなどがある[17]．入射角 α と屈折角 α' に対して，フレネルの関係として導かれる誘電体界面での反射係数 $\mathcal{R}_{\mu}$ と透過係数 $\mathcal{T}_{\mu}$

$$\mathcal{R}_{\mu}=\frac{\cos\alpha-n\cos\alpha'}{\cos\alpha+n\cos\alpha'}\delta_{\mu,TE}+\frac{n\cos\alpha-\cos\alpha'}{n\cos\alpha+\cos\alpha'}\delta_{\mu,TM} \qquad (2.170)$$

$$\mathcal{T}_{\mu}=\frac{2\cos\alpha}{\cos\alpha+n\cos\alpha'}\delta_{\mu,TE}+\frac{2\cos\alpha}{n\cos\alpha+\cos\alpha'}\delta_{\mu,TM} \qquad (2.171)$$

を用いて，エバネッセント波も含む，入射波，反射波，透過波の3つの平面波をつなぎ合わせて得られる．たとえば，波数ベクトル $\boldsymbol{k}$ の入射波からなる R-トリプレットモードは

$$\boldsymbol{\varepsilon}_R(\boldsymbol{k},\mu,\boldsymbol{r})=\boldsymbol{\varepsilon}_R^{(I)}+\boldsymbol{\varepsilon}_R^{(R)}+\boldsymbol{\varepsilon}_R^{(T)} \qquad (2.172)$$

の3つの波の組で書かれ，その成分は各領域ごとに次のように定義される．

$$\boldsymbol{\varepsilon}_R^{(I)}=\frac{1}{\sqrt{2}}\hat{\boldsymbol{s}}_{\mu}(\alpha,\beta)\exp[iK\hat{\boldsymbol{s}}(\alpha,\beta)\cdot\boldsymbol{r}] \qquad (z\geq 0)$$
$$=0 \qquad (z<0) \qquad (2.173)$$

$$\varepsilon R^{(R)} = \frac{1}{\sqrt{2}} \hat{s}_\mu(\alpha_2, \beta) \mathcal{R}_\mu \exp[iK\hat{s}(\alpha_2, \beta) \cdot \boldsymbol{r}] \quad (z \geq 0)$$
$$= 0 \quad (z < 0) \tag{2.174}$$
$$\varepsilon R^{(T)} = \frac{1}{\sqrt{2}} \hat{s}_\mu(\alpha', \beta') \mathcal{T}_\mu \exp\{inK\hat{s}(\alpha', \beta') \cdot \boldsymbol{r}\} \quad (z < 0)$$
$$= 0 \quad (z \geq 0) \tag{2.175}$$

ここで $\alpha_2 = \pi - \alpha$ である.これらのモードは,その直交性などの性質が明らかにされており,アンギュラスペクトル展開と合わせて誘電体界面近傍での光の吸収や放射を取り扱うための基礎となり,また,場の量子化もこれを基礎として行うことができる[17,18].特に近接場領域での放射においては,全反射の臨界角の外側への放射光をもつモードが真空中では存在しない余分な放射の終状態となるため,自然放出確率の増大などの,いわゆる広義の共振器量子電気力学(QED)効果が生ずる[18].

2.3.5 散乱問題と自己無撞着場

a. グリーンダイアディックと自己無撞着場: 非磁性物質による光散乱を考察し,自己無撞着場の取扱いを紹介する.単色のベクトル場の $\exp(-i\omega t)$ に関する振幅 $\boldsymbol{E}(\boldsymbol{r}, \omega)$ を考え,波数 $K = \omega/c$ とする.一様な誘電率テンソル $\varepsilon_h(\boldsymbol{r}, \omega)$ のある形状の空間に埋め込まれた,誘電率テンソル分布 $\varepsilon_s(\boldsymbol{r}, \omega)$ を散乱体とすれば($\varepsilon(\boldsymbol{r}, \omega) = \varepsilon_h(\boldsymbol{r}, \omega) + \varepsilon_s(\boldsymbol{r}, \omega)$),ベクトル場の振幅 $\boldsymbol{E}(\boldsymbol{r}, \omega)$ の波動方程式は

$$-\nabla \times \nabla \times \boldsymbol{E}(\boldsymbol{r}, \omega) + K^2 \varepsilon_h(\boldsymbol{r}, \omega) \boldsymbol{E}(\boldsymbol{r}, \omega) = -K^2 \varepsilon_s(\boldsymbol{r}, \omega) \boldsymbol{E}(\boldsymbol{r}, \omega) \tag{2.176}$$

となり,$V_s(\boldsymbol{r}, \omega) = -K^2 \varepsilon_s(\boldsymbol{r}, \omega)$ は散乱ポテンシャルとなる.散乱体も含む全系の応答を含むグリーンダイアディック $\boldsymbol{G}(\boldsymbol{r}, \boldsymbol{r}', \omega)$ は,方程式

$$[-\nabla \times \nabla \times + K^2 \varepsilon_h(\boldsymbol{r}, \omega) + K^2 \varepsilon_s(\boldsymbol{r}, \omega)] \boldsymbol{G}(\boldsymbol{r}, \boldsymbol{r}', \omega) = -\delta(\boldsymbol{r} - \boldsymbol{r}') \boldsymbol{1} \tag{2.177}$$

と,全系の境界条件を満足するテンソルである($\boldsymbol{1}$ は恒等テンソル).$\boldsymbol{G}(\boldsymbol{r}, \boldsymbol{r}', \omega)$ が与えられれば,系のあらゆる場所での局所的な線形応答と多重散乱過程を含む場は,入射場 $\boldsymbol{E}^0(\boldsymbol{r}, \omega)$ によって表され,

$$\boldsymbol{E}(\boldsymbol{r}, \omega) = \boldsymbol{E}^0(\boldsymbol{r}, \omega) + \int \boldsymbol{G}(\boldsymbol{r}, \boldsymbol{r}', \omega) \cdot K^2 \varepsilon_s(\boldsymbol{r}', \omega) \cdot \boldsymbol{E}^0(\boldsymbol{r}', \omega) d^3 r' \tag{2.178}$$

入射場は,均質な与えられた形状の空間の波動方程式を満たす.

$$-\nabla \times \nabla \times \boldsymbol{E}^0(\boldsymbol{r}, \omega) + K^2 \varepsilon_h(\boldsymbol{r}, \omega) \boldsymbol{E}^0(\boldsymbol{r}, \omega) = \boldsymbol{0} \tag{2.179}$$

一般に,$\boldsymbol{G}(\boldsymbol{r}, \boldsymbol{r}', \omega)$ を求めるのは困難であるため,与えられた物質系全体の対称性などを考慮しながら,散乱場の自己無撞着性に基づいて $\boldsymbol{G}(\boldsymbol{r}, \boldsymbol{r}', \omega)$ を推定する.まず,散乱体を除いた空間に対するものとして,境界条件を満足する $\boldsymbol{G}^0(\boldsymbol{r}, \boldsymbol{r}', \omega)$ を考えれば

$$[-\nabla \times \nabla \times + K^2 \varepsilon_h(\boldsymbol{r}, \omega)] \boldsymbol{G}^0(\boldsymbol{r}, \boldsymbol{r}', \omega) = \boldsymbol{1} \delta(\boldsymbol{r} - \boldsymbol{r}') \tag{2.180}$$

散乱体の影響は,リップマン–シュウィンガーと呼ばれる自己無撞着場の方程式で

$$\boldsymbol{E}(\boldsymbol{r}, \omega) = \boldsymbol{E}^0(\boldsymbol{r}, \omega) + \int \boldsymbol{G}^0(\boldsymbol{r}, \boldsymbol{r}', \omega) \cdot K^2 \varepsilon_s(\boldsymbol{r}', \omega) \cdot \boldsymbol{E}(\boldsymbol{r}', \omega) d^3 r' \tag{2.181}$$

のように与えられ，入射場 $E^0(r, \omega)$ と散乱体から生ずる場 $\varepsilon_s(r', \omega) \cdot E(r', \omega)$ から $E(r, \omega)$ が矛盾なく決定される．$G^0(r, r', \omega)$ は，散乱体を含まない系における，r' から r への相互作用の伝達を表し，伝搬関数と呼ばれる．この関係をグリーンダイアディックで表したものはダイソン(Dyson)方程式

$$G(r, r', \omega) = G^0(r, r', \omega) + \int G^0(r, r'', \omega) \cdot K^2 \varepsilon_s(r'', \omega) \cdot G(r'', r', \omega) d^3 r'' \quad (2.182)$$

であり，相互作用は，直接的な過程 $G^0(r, r', \omega)$ と，散乱体を経由したもの $G^0(r, r'', \omega) \cdot K^2 \varepsilon_s(r'', \omega) \cdot G(r'', r', \omega)$ からなることを示す．積分方程式を演算子によって表せば，

$$[-\nabla \times \nabla \times + K^2 \varepsilon_h(r, \omega) + K^2 \varepsilon_s(r, \omega)]\hat{G}_\omega = -1 \quad (2.183)$$

$$[-\nabla \times \nabla \times + K^2 \varepsilon_h(r, \omega)]\hat{G}_\omega^0 = -1 \quad (2.184)$$

となる．ダイソン方程式とその形式解は

$$\hat{G}_\omega = \hat{G}_\omega^0 + \hat{G}_\omega^0 \cdot K^2 \varepsilon_s(r, \omega) \cdot \hat{G}_\omega, \quad \hat{G}_\omega = [1 - \hat{G}^0 k^2 \varepsilon_s(r, \omega)]^{-1} \hat{G}_\omega^0 \quad (2.185)$$

で与えられる．実際には散乱体を N 個の離散化された小部分に分割し，大きさが $3N \times 3N$ の行列方程式として数値的に積分方程式を解く．形式的には直接的な手法であるが，計算機上での実行には，繰返し計算の収束性や数値安定性などの点で詳細な検討が必要となる[19,20]．自己無撞着場から現象の物理的描像や平易な理解を得ることは難しい．

b．システム感受率と自己無撞着な場： 近接場光学系では，空間的広がりをもつプローブの r_p の位置に励起される電気分極 $P(r_p, \omega)$ は，プローブを置かない場合の場がプローブに誘起するもの $P^0(r_p, \omega)$ と，プローブ自身の別の部分および対象系との複雑な散乱過程 $S(r, r', \omega)$ を通じて入射場として戻り，プローブの線形感受率 $\alpha(\omega)$ を通じて誘起されるものからなり，

$$P(r_p, \omega) = P^0(r_p, \omega) + \alpha(\omega) \int_{\text{probe}} S(r_p, r', \omega) \cdot P(r', \omega) d^3 r' \quad (2.186)$$

のように表される．近接場光学顕微鏡では，このような，測定対称および環境との複合系の相互作用を含むプローブの実効的電気感受率を表すシステム感受率を観測している．

（堀　裕和）

文　献

1) 堀　裕和：応用物理, **61** (1992), 612-616.
2) M. Ohtsu and H. Hori: Near-Field Nano-Optics (Kluwer Academic/Plenum Publishers, 1990).
3) M. Born and E. Wolf: Principles of Optics, 3rd ed. (Pergamon Press, 1965).
4) 井上哲也, 堀　裕和：電子情報通信学会論文誌 C, **J84-C** (2001), 349-356.
5) 堀　裕和：応用物理, **68** (1999), 180-184.
6) C. Kittel: Introduction to Solid State Physics, 6th ed. (John Wiley & Sons, 1986).
7) J. D. Jackson: Classical Electrodynamics, 2nd ed. (John Wiley & Sons, 1975).
8) I. Banno et al.: Opt. Rev., **3** (1996), 454-457.
9) 坂野　斎, 堀　裕和：電気学会論文誌 C, **119** (1999), 1095-1099.

10) E. Wolf and M. Niet-Vesperinas : *J. Opt. Soc. Amer.*, **A2** (1985), 886-890.
11) T. Inoue and H. Hori : *Opt. Rev.*, **3** (1996), 458-462.
12) 井上康志, 河田　聡：応用物理, **67** (1998), 1376-1382.
13) 高原淳一, 小林哲朗：応用物理, **68** (1999), 673-678.
14) H. Hori : M. Ohtsu (ed.), Optical and Electronic Process of Nano-Matters (KTK Scientific Publishers/Kluwer Academic Publishers, 2001), 1-55.
15) Y. Ohdaira et al. : *J. Microsc.*, **202** (2001), 255-260.
16) T. Inoue and H. Hori : *Opt. Rev.*, **5** (1998), 295-302.
17) C. K. Carniglia and L. Mandel : *Phys. Rev.*, **D3** (1971), 280-296.
18) T. Inoue and H. Hori : *Phys. Rev.*, **A63** (2001), 063805-1-16.
19) C. Girard and D. Courjon : *Phys. Rev.*, **B42** (1990), 9340-9349.
20) O. J. F. Martin et al. : *Phys. Rev. Lett.*, **74** (1995), 526-529.

2.4 量子論的近接場光学

3.1節で詳述されているように，ナノメートル寸法の先端径をもち，しかも高効率の光ファイバプローブが開発されたおかげで，物理，化学，生物学，光工学などの舞台が可視光の波長寸法からナノ領域へと移ってきた．近接場光技術は顕微鏡技術にとどまらず，光の回折限界に縛られていた応用分野にも新しい光を投げかけている．

このようなナノ領域，あるいはメゾ領域は，理論的にまさに中間に位置した境界領域にある．すなわちマックスウェル方程式に立脚しマクロな電磁気現象を記述する方法論とシュレディンガー方程式を基礎にしたミクロな理論の取り扱う領域の狭間となっている．どちらのアプローチにとっても，有限のサイズではあるがその自由度の多さゆえ，取り扱いにくい領域になっている．しかしながら，そこは近接場光システムのもつ特質から量子力学的な対象物やその量子現象をマクロな領域で検出でき，ミクロな系とマクロな系の相互作用がその本質を握っている世界である．

本節ではそのような近接場光の諸問題に取り組む基本的な考え方を述べ，それに基づいた定式化について説明する．まずその準備として，定式化に用いる概念や数学的な方法に関する基礎的な事項に簡潔に触れる．さらに理論の応用例として，ナノフォトニクスやアトムフォトニクスへの今後の発展が期待される近接場光プローブを用いた単一原子の操作に関する基礎的な問題を取り上げる．最後に今後の展望を簡単に述べる．

2.4.1 基本的な考え方と質量をもつ仮想光子モデル

非常に複雑なシステムの場合，その微視的な構成要素すべてについてのエネルギー状態あるいは時間発展を記述することはできない．しかも，そのすべての解を求めたいわけでもない．むしろある特徴的な状態あるいは観測量について正確な情報が得られる方が望ましい場合が多い．このような観点から以下で述べる射影演算子法や素励起モードの考え方が発展してきた．

この点に着目して近接場光システムを考えてみる．その構成要素は，入射光の波長

2. 理論的基礎

より大きな寸法をもつマクロな物質系(光源,ファイバプローブ本体,プリズム基板,光検出器など)とナノメートル寸法の物質系(プローブ先端にあるナノメートル寸法の開口あるいは突起,さらに近接場光を介して相互作用する試料)である.電子と原子核からなる原子の多体系が光と相互作用しているという出発点からは,自由度の多さから正確な解を得ることはできない.われわれが興味のあるのはそのような多体系の厳密な解ではない.プローブ先端と試料との相互作用はどうなっているのか,相互作用のメカニズムはどうなっているのか,なぜ入射光の波長をこえた精度が得られるのかといったことに対する情報を得たいのである.また,伝搬光と物質の相互作用を研究する際暗黙に仮定されている自由空間に孤立している物質系という枠を取り去ったとき,これまでの結果はどのように変更されるのであろうかということがわれわれの関心事である.

このような問題意識のもとに提案されたのが質量をもつ仮想光子モデル[1-3]である.このモデルでは,有限の相互作用範囲すなわち有限の有効質量をもつ仮想光子の媒介によってプローブと試料の間に近接場光相互作用が生じ,それは湯川ポテンシャルで記述されると仮定する.時間とエネルギーに関するハイゼンベルク(Heisenberg)の不確定性原理から,観測にかかるマクロな時間に比べて十分短い時間の間ではエネルギー保存則を満たさないような過程が起こってもよい.仮想光子とはそのような過程で発生する量子で,いわば物質励起の衣を着た光子である.有効質量 m_{eff} をもつ仮想光子は次のようなクライン-ゴルドン(Klein-Gordon)方程式[4]

$$\left[\nabla^2-\left(\frac{m_{eff}c}{\hbar}\right)^2\right]\phi(\vec{r})=0 \tag{2.187}$$

を満たし,その解がよく知られた湯川ポテンシャル

$$\phi(r)=\frac{\exp\left(-\frac{m_{eff}c}{\hbar}r\right)}{r} \tag{2.188}$$

である.ここで $\hbar$ と c は,それぞれプランク定数を 2π で割ったものと真空中の光速である.入射光(角振動数 ω)と物質との電磁相互作用はヘルムホルツ(Helmholtz)方程式[5]

$$\left[\nabla^2+\left(\frac{\omega}{c}\right)^2\right]\vec{E}(\vec{r},\omega)=-\frac{1}{\varepsilon_0}\left(\frac{\omega}{c}\right)^2\vec{P}(\vec{r},\omega) \tag{2.189}$$

で記述されるが,多体効果の結果誘起分極源 $\vec{P}(\vec{r},\omega)$ を繰り込むことによりクライン-ゴルドン方程式を満たすような場に変換されると考えたことに相当している.

以下では,射影演算子法や素励起モードという考え方を用いて,仮想光子モデルの問題意識を定式化し,上で述べた本来興味のある近接場光の問題を検討する.さらにこの定式化を応用することにより,アトムフォトニクスやナノフォトニクスへと発展可能な例を取り上げる.

2.4.2 射影演算子法

本題に入る前にその準備として射影演算子とは何か,どのような性質をもっているかについて簡単に触れる.以下で述べる状態は,一般には状態ベクトルとなるが,簡便に状態関数を用いて記す.

a. 射影演算子の定義: 対象としているシステムが電磁場などと相互作用している場合のハミルトニアン $\hat{H}$ は,孤立しているときのハミルトニアン $\hat{H}_0$ と相互作用ハミルトニアン $\hat{V}$ との和として

$$\hat{H} = \hat{H}_0 + \hat{V} \tag{2.190}$$

と表される.また $\hat{H}$ の固有値を E_j, 固有関数を $|\psi_j\rangle$ とすると

$$\hat{H}|\psi_j\rangle = E_j|\psi_j\rangle \tag{2.191}$$

と表される.一方,システムが孤立しているときのハミルトニアン $\hat{H}_0$ の固有関数を $|\phi_j\rangle$ とする.これらの固有関数のうちから必要なものを集め,

$$P = \sum_{j=1}^{N} |\phi_j\rangle\langle\phi_j| \tag{2.192}$$

をつくり,これを射影演算子と呼ぶ.ここで,和をとる項数 N は任意の整数であるが,なるべく小さい値が望ましい.この射影演算子を任意の状態関数 $|\psi\rangle$ に作用させると

$$P|\psi\rangle = \sum_{j=1}^{N} |\phi_j\rangle\langle\phi_j|\psi\rangle \tag{2.193}$$

となるが,内積 $\langle\phi_j|\psi\rangle$ は定数なのでこれを c_j とおくと右辺は $\sum_{j=1}^{N} c_j|\phi_j\rangle$ となり, $|\phi_j\rangle$ ($j=1\sim N$) の線形の重ね合せとなっていることがわかる.すなわち射影演算子は任意の状態関数 $|\psi\rangle$ を関数 $|\phi_j\rangle$ ($j=1\sim N$) から構成される関数空間(P 空間と呼ぶ)に射影する働きをもつ(図 2.13).ここでは定常状態に関する定義を述べた.時間に依存するような射影演算子については,たとえば参考文献 6)~11) に詳しい記述がある.

b. 射影演算子の性質: この射影演算子 P を用いると,任意の物理量に対応する演算子 $\hat{O}$ の,任意の状態関数 $|\psi\rangle$ に対する期待値 $\langle\psi|\hat{O}|\psi\rangle$ を P 空間で計算できるようなる.つまり期待値を $\langle\phi_j|\hat{O}_\mathrm{eff}|\phi_j\rangle$ の形で求められるような有効演算子 $\hat{O}_\mathrm{eff}$ を導出することができる.2.4.3 項ではそのような $\hat{O}_\mathrm{eff}$ を導出することを試みる.そのための準備として,射影演算子 P のもついくつかの性質をあげておく.

まず, $|\phi_j\rangle$ は規格直交化しているので,

$$P = P^\dagger, \qquad P^2 = P \tag{2.194}$$

が成り立つことがわかる.P 空間の補空間(Q 空間と呼ぶ)への射影演算子は

$$Q = 1 - P \tag{2.195}$$

により与えられ, P と同様に,

$$Q = Q^\dagger, \qquad Q^2 = Q \tag{2.196}$$

が成り立つ.また,P 空間の中の関数と Q 空

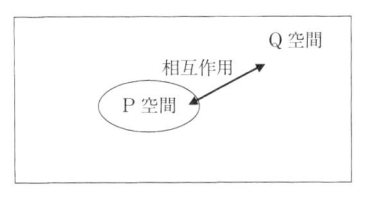

図 2.13 P 空間と Q 空間の概念図

間の中の関数とは互いに直交しているから
$$PQ = QP = 0 \tag{2.197}$$
である.さらに,$|\phi_j\rangle$ は $\hat{H}_0$ の固有関数だから
$$[P, \hat{H}_0] = P\hat{H}_0 - \hat{H}_0 P = 0, \quad [Q, \hat{H}_0] = Q\hat{H}_0 - \hat{H}_0 Q = 0 \tag{2.198}$$
である.

2.4.3 有効演算子と有効相互作用

以下では射影演算子 P, Q を用いて,有効演算子 $\hat{O}_{\text{eff}}$ を求めよう.任意の状態関数 $|\psi\rangle$ は $\hat{H}$ の固有関数 $|\phi_j\rangle$ の線形な重ね合せにより表されるから,以下では $|\psi\rangle$ の代わりに $|\phi_j\rangle$ を考えればよい.この $|\phi_j\rangle$ を用いて
$$|\phi_j^{(1)}\rangle = P|\phi_j\rangle, \quad |\phi_j^{(2)}\rangle = Q|\phi_j\rangle \tag{2.199}$$
により $|\phi_j\rangle$ から P 空間の関数 $|\phi_j^{(1)}\rangle$,Q 空間の関数 $|\phi_j^{(2)}\rangle$ を定義する.ところで,式 (2.195) から $P+Q=1$ であることに注意すると
$$|\phi_j\rangle = (P+Q)|\phi_j\rangle = P|\phi_j\rangle + Q|\phi_j\rangle = |\phi_j^{(1)}\rangle + |\phi_j^{(2)}\rangle \tag{2.200}$$
であり,一方,式 (2.194),(2.196) の $P^2=P$, $Q^2=Q$ の関係を使うと
$$P|\phi_j^{(1)}\rangle = PP|\phi_j\rangle = P|\phi_j\rangle = |\phi_j^{(1)}\rangle \tag{2.201a}$$
$$Q|\phi_j^{(2)}\rangle = QQ|\phi_j\rangle = Q|\phi_j\rangle = |\phi_j^{(2)}\rangle \tag{2.201b}$$
となるので,これらを式 (2.200) に代入して
$$|\phi_j\rangle = P|\phi_j^{(1)}\rangle + Q|\phi_j^{(2)}\rangle \tag{2.202}$$
を得る.ところで式 (2.190),(2.191) より $(E_j - \hat{H}_0)|\phi_j\rangle = \hat{V}|\phi_j\rangle$ なので,これに式 (2.202) を代入すると
$$(E_j - \hat{H}_0)P|\phi_j^{(1)}\rangle + (E_j - \hat{H}_0)Q|\phi_j^{(2)}\rangle = \hat{V}P|\phi_j^{(1)}\rangle + \hat{V}Q|\phi_j^{(2)}\rangle \tag{2.203}$$
となる.上式に左から P を作用させ式 (2.197),(2.198) および式 (2.194) 中の $P^2=P$ の関係を使うと,
$$(E_j - \hat{H}_0)P|\phi_j^{(1)}\rangle = P\hat{V}P|\phi_j^{(1)}\rangle + P\hat{V}Q|\phi_j^{(2)}\rangle \tag{2.204}$$
を得る.同様に式 (2.203) に左から Q を作用させ式 (2.197),(2.198) および式 (2.196) 中の $Q^2=Q$ の関係を使うと,
$$(E_j - \hat{H}_0)Q|\phi_j^{(2)}\rangle = Q\hat{V}P|\phi_j^{(1)}\rangle + Q\hat{V}Q|\phi_j^{(2)}\rangle \tag{2.205}$$
を得る.これより形式的に $Q|\phi_j^{(2)}\rangle$ を $|\phi_j^{(1)}\rangle$ で表すことができる.
$$\begin{aligned} Q|\phi_j^{(2)}\rangle &= (E_j - \hat{H}_0 - Q\hat{V})^{-1}Q\hat{V}P|\phi_j^{(1)}\rangle \\ &= \{(E_j - \hat{H}_0)[1 - (E_j - \hat{H}_0)^{-1}Q\hat{V}]\}^{-1}Q\hat{V}P|\phi_j^{(1)}\rangle \\ &= \hat{J}(E_j - \hat{H}_0)^{-1}Q\hat{V}P|\phi_j^{(1)}\rangle \end{aligned} \tag{2.206}$$
ただし,
$$\hat{J} = [1 - (E_j - \hat{H}_0)^{-1}Q\hat{V}]^{-1} \tag{2.207}$$
である.

そこで,この式 (2.206) を式 (2.204) に代入すると
$$(E_j - \hat{H}_0)P|\phi_j^{(1)}\rangle = P\hat{V}P|\phi_j^{(1)}\rangle + P\hat{V}\hat{J}(E_j - \hat{H}_0)^{-1}Q\hat{V}P|\phi_j^{(1)}\rangle$$

$$= P\hat{V}\hat{J}\{\hat{J}^{-1} + (E_j - \hat{H}_0)^{-1} Q \hat{V}\} P |\phi_j^{(1)}\rangle \tag{2.208}$$

となる．式(2.207)によると

$$\hat{J}^{-1} = 1 - (E_j - \hat{H}_0)^{-1} Q \hat{V} \tag{2.209}$$

なので，これを式(2.208)右辺の{ }の中に代入すると

$$(E_j - \hat{H}_0) P |\phi_j^{(1)}\rangle = P \hat{V} \hat{J} P |\phi_j^{(1)}\rangle \tag{2.210}$$

となる．これが $|\phi_j^{(1)}\rangle$ の満たすべき方程式である．

一方，式(2.202) $|\phi_j\rangle = P|\phi_j^{(1)}\rangle + Q|\phi_j^{(2)}\rangle$ の右辺第2項に式(2.206)を代入すると

$$\begin{aligned} |\phi_j\rangle &= P|\phi_j^{(1)}\rangle + \hat{J}(E_j - \hat{H}_0)^{-1} Q \hat{V} P |\phi_j^{(1)}\rangle \\ &= \hat{J}\{\hat{J}^{-1} + (E_j - \hat{H}_0)^{-1} Q \hat{V}\} P |\phi_j^{(1)}\rangle \\ &= \hat{J} P |\phi_j^{(1)}\rangle \end{aligned} \tag{2.211}$$

となる．ここで最終辺への変形は式(2.209)を利用した．

ところで $|\phi_j\rangle$ は規格化されているので，$\langle\phi_j|\phi_j\rangle = 1$ であるが，これに式(2.211)を代入すると $\langle\phi_j^{(1)}|P\hat{J}^\dagger\hat{J}P|\phi_j^{(1)}\rangle = 1$ となる．これは $\langle\phi_j^{(1)}|(P\hat{J}^\dagger\hat{J}P)^{1/2}(P\hat{J}^\dagger\hat{J}P)^{1/2}|\phi_j^{(1)}\rangle = 1$ と書けるが，この式によると $|\phi_j\rangle$ と同様に $|\phi_j^{(1)}\rangle$ も規格化するためには，$(P\hat{J}^\dagger\hat{J}P)^{-1/2}|\phi_j^{(1)}\rangle$ を新たに $|\phi_j^{(1)}\rangle$ と見なせばよいことがわかる．したがって，式(2.211)では $|\phi_j^{(1)}\rangle$ のところにこの $(P\hat{J}^\dagger\hat{J}P)^{-1/2}|\phi_j^{(1)}\rangle$ を代入する．すると式(2.211)は規格化された関数同士を用いて

$$|\phi_j\rangle = \hat{J}P(P\hat{J}^\dagger\hat{J}P)^{-1/2}|\phi_j^{(1)}\rangle \tag{2.212}$$

と書くことができる．

式(2.211)は $|\phi_j\rangle$ を $|\phi_j^{(1)}\rangle$ によって表した式である．この表式が得られたので，任意の演算子 $\hat{O}$ の期待値が有効演算子 $\hat{O}_{\text{eff}}$ の期待値に等しいとおいて $\hat{O}_{\text{eff}}$ を求めることができる．すなわち

$$\langle\phi_j|\hat{O}|\phi_j\rangle = \langle\phi_j^{(1)}|\hat{O}_{\text{eff}}|\phi_j^{(1)}\rangle \tag{2.213}$$

が成り立つ $\hat{O}_{\text{eff}}$ を求めればよい．それには式(2.213)の左辺に式(2.212)を代入して両辺を比べることによりただちに

$$\hat{O}_{\text{eff}} = (P\hat{J}^\dagger\hat{J}P)^{-1/2}(P\hat{J}^\dagger\hat{O}\hat{J}P)(P\hat{J}^\dagger\hat{J}P)^{-1/2} \tag{2.214}$$

を得る．この式において $\hat{O} = \hat{V}$ とおくことにより，P空間での有効相互作用演算子 $\hat{V}_{\text{eff}}$ を

$$\hat{V}_{\text{eff}} = (P\hat{J}^\dagger\hat{J}P)^{-1/2}(P\hat{J}^\dagger\hat{V}\hat{J}P)(P\hat{J}^\dagger\hat{J}P)^{-1/2} \tag{2.215}$$

のように求めることができる[12-14]．

a. 演算子 $\hat{J}$ の満たす方程式とその近似解: $\hat{J}$ の具体的な形を求める．そのためにP空間を構成する既知の関数 $|\phi_1\rangle, |\phi_2\rangle$ やその固有値を使って計算したいので，これらに関する演算子 $P, \hat{H}_0$ などからなる演算子 $[\hat{J}, \hat{H}_0]P$ を取り上げ，その満たす関係式を求める．この演算子を $|\phi_j\rangle$ に作用させると

$$[\hat{J}, \hat{H}_0]P|\phi_j\rangle = (\hat{J}\hat{H}_0 - \hat{H}_0\hat{J})P|\phi_j\rangle = \{(E_j - \hat{H}_0)\hat{J} - \hat{J}(E_j - \hat{H}_0)\}P|\phi_j\rangle \tag{2.216}$$

となるが，式(2.190), (2.191)を用いて右辺第1項の $(E_j - \hat{H}_0)$ を $\hat{V}$ で置き換えると

2. 理論的基礎

$$[\hat{J}, \hat{H}_0]P|\psi_j\rangle = \hat{V}\hat{J}P|\psi_j\rangle - \hat{J}(E_j - \hat{H}_0)P|\psi_j\rangle \tag{2.217}$$

となる．この右辺第2項は式 (2.201a), さらには式 (2.204) を使って

$$\begin{aligned}(E_j - \hat{H}_0)P|\psi_j\rangle &= (E_j - \hat{H}_0)P|\psi_j^{(1)}\rangle \\ &= P\hat{V}P|\psi_j^{(1)}\rangle + P\hat{V}Q|\psi_j^{(2)}\rangle\end{aligned} \tag{2.218}$$

となる．この右辺第2項の $Q|\psi_j^{(2)}\rangle$ に式 (2.206) を代入するとこの式は

$$\begin{aligned}(E_j - \hat{H}_0)P|\psi_j\rangle &= P\hat{V}P|\psi_j^{(1)}\rangle + P\hat{V}\hat{J}(E_j - \hat{H}_0)^{-1}Q\hat{V}P|\psi_j^{(1)}\rangle \\ &= P\hat{V}\hat{J}\{\hat{J}^{-1} + (E_j - \hat{H}_0)^{-1}Q\hat{V}\}P|\psi_j^{(1)}\rangle\end{aligned} \tag{2.219}$$

となる．さらにこの式の右辺に式 (2.209) を代入すると，

$$(E_j - \hat{H}_0)P|\psi_j\rangle = P\hat{V}\hat{J}P|\psi_j^{(1)}\rangle \tag{2.220a}$$

となるが，この式の右辺に式 (2.201a) を使うと，

$$(E_j - \hat{H}_0)P|\psi_j\rangle = P\hat{V}\hat{J}P|\psi_j\rangle \tag{2.220b}$$

を得る．この式を上記の式 (2.217) の右辺第2項に代入すると

$$[\hat{J}, \hat{H}_0]P|\psi_j\rangle = \hat{V}\hat{J}P|\psi_j\rangle - \hat{J}P\hat{V}\hat{J}P|\psi_j\rangle \tag{2.221a}$$

となる．したがって

$$[\hat{J}, \hat{H}_0]P = \hat{V}\hat{J}P - \hat{J}P\hat{V}\hat{J}P \tag{2.221b}$$

なる関係が得られる．式 (2.221) は既知の演算子 $\hat{H}_0$ と既知の射影演算子 P および相互作用ハミルトニアン $\hat{V}$ から構成されている．

そこで，求める $\hat{J}$ を相互作用の大きさに関して摂動により求める．つまり

$$\hat{J} = \sum_{n=0}^{\infty} g^{(n)} \hat{J}^{(n)} \tag{2.222}$$

のように多項式形を仮定する．ここで，第 n 次の項 $\hat{J}^{(n)}$ は $\hat{V}$ を n 個含む．ただし

$$\hat{J}^{(0)} = P \tag{2.223}$$

である．次に，式 (2.222), (2.223) を式 (2.221b) に代入し，両辺で $g^{(n)}$ の次数が等しくなるように $\hat{J}^{(n)}$ を求める．まず，式 (2.221b) の両辺の左から Q を掛けると，

$$Q[\hat{J}^{(1)}, \hat{H}_0]P = Q\hat{V}\hat{J}^{(0)}P - Q\hat{J}^{(0)}P\hat{V}\hat{J}^{(0)}P \tag{2.224a}$$

を得る．これに式 (2.223) を代入すると

$$Q[\hat{J}^{(1)}, \hat{H}_0]P = Q\hat{V}P^2 - QP^2\hat{V}P^2 = Q\hat{V}P \tag{2.224b}$$

を得る．最後の辺への変形は式 (2.194), (2.196) を使った．式 (2.224b) を $\langle\psi_j|$ と $|\psi_j\rangle$ とで挟むと

$$\langle\psi_j|Q[\hat{J}^{(1)}, \hat{H}_0]P|\psi_j\rangle = \langle\psi_j|Q\hat{V}P|\psi_j\rangle \tag{2.225}$$

となるが，

$$\hat{H}_0 P|\psi_j\rangle = \hat{H}_0 P|\psi_j^{(1)}\rangle = P\hat{H}_0|\psi_j^{(1)}\rangle = PE_\mathrm{P}^0|\psi_j^{(1)}\rangle = E_\mathrm{P}^0 P|\psi_j\rangle \tag{2.226a}$$

$$\hat{H}_0 Q|\psi_j\rangle = \hat{H}_0 Q|\psi_j^{(2)}\rangle = Q\hat{H}_0|\psi_j^{(2)}\rangle = QE_\mathrm{Q}^0|\psi_j^{(2)}\rangle = E_\mathrm{Q}^0 Q|\psi_j\rangle \tag{2.226b}$$

であることに注意すると式 (2.225) の左辺は

$$\begin{aligned}\langle\psi_j|Q(\hat{J}^{(1)}\hat{H}_0 - \hat{H}_0\hat{J}^{(1)})P|\psi_j\rangle &= \langle\psi_j|(Q\hat{J}^{(1)}E_\mathrm{P}^0 P - QE_\mathrm{Q}^0\hat{J}^{(1)}P)|\psi_j\rangle \\ &= \langle\psi_j|(Q\hat{J}^{(1)}(E_\mathrm{P}^0 - E_\mathrm{Q}^0)P)|\psi_j\rangle\end{aligned} \tag{2.227}$$

となる．一方，右辺は式 (2.194), (2.196) を使うと

$$\langle \psi_j | Q\hat{V}P | \psi_j \rangle = \langle \psi_j | Q^2 \hat{V}P^2 | \psi_j \rangle \tag{2.228}$$

となる．これらを式 (2.225) に代入し両辺を比較すれば

$$Q\hat{J}^{(1)}(E_\mathrm{P}^0 - E_\mathrm{Q}^0)P = Q^2 \hat{V} P^2 \tag{2.229}$$

となる．したがって

$$\hat{J}^{(1)} = (E_\mathrm{P}^0 - E_\mathrm{Q}^0)^{-1} Q\hat{V}P \tag{2.230}$$

を得る．式 (2.230) は確かに $\hat{V}$ を1つだけ含む．同様の手続きにより，$\hat{J}^{(2)}, \cdots, \hat{J}^{(n)}$ を順次求めることができる．

b. 有効相互作用演算子 $\hat{V}_\mathrm{eff}$ の近似式： 式 (2.215) で求められた任意の P 空間における有効相互作用 $\hat{V}_\mathrm{eff}$ に，上で求めた演算子 $\hat{J}$ の摂動解を代入すると $\hat{V}_\mathrm{eff}$ の近似式を得ることができる．式 (2.223) の $\hat{J}^{(0)}$ を式 (2.215) に代入すると，最低次の近似式

$$\hat{V}_\mathrm{eff} = P\hat{V}P \tag{2.231}$$

が得られる．これは Q 空間の影響を全く考慮していないいわば裸の $\hat{V}$ といえる．自由空間に孤立している物質系に伝搬光が相互作用する場合に相当する．Q 空間の効果を取り込むためには少なくとも $\hat{J}^{(1)}$ を用いる必要がある．このとき

$$\begin{aligned}\hat{V}_\mathrm{eff} &= P\hat{V}Q(E_\mathrm{P}^0 - E_\mathrm{Q}^0)^{-1} \hat{V}P + P\hat{V}(E_\mathrm{P}^0 - E_\mathrm{Q}^0)^{-1} Q\hat{V}P \\ &= 2P\hat{V}Q(E_\mathrm{P}^0 - E_\mathrm{Q}^0)^{-1} Q\hat{V}P\end{aligned} \tag{2.232}$$

となる．2.4.6 項ではこの式を用いて近接場光相互作用を議論する．

$\hat{J}$ の近似を高めるに従い，より高次の Q 空間の影響を考察することになる．この一連の手続きは物質系の多体のグリーン関数あるいは物質の衣を着た光子のグリーン関数を求めることに対応している[15]．

2.4.4 光と物質の相互作用：多重極ハミルトニアンとミニマル結合ハミルトニアン

電磁場と粒子の相互作用を記述するには大きく分けて2種類の方法がある．その1つはミニマル結合ハミルトニアンを用いる方法であり，もう1つは多重極ハミルトニアンを用いる方法である．2つのハミルトニアンは互いにユニタリー変換で結ばれているので，どちらの方法を用いても等価である[16-18]．しかしながら，それぞれ取り扱う問題によって複雑さが違ってくるので注意が必要である．

a. ミニマル結合ハミルトニアン： 自由運動する粒子に対するハミルトニアンに局所ゲージ（位相）不変性を要請することにより，電磁場と荷電粒子の相互作用を記述するハミルトニアンを導くことができる[19]．すなわち，シュレディンガー方程式を満たす波動関数 $\psi(\vec{r}, t)$ に場所と時間の関数である $\chi(\vec{r}, t)$ による位相変換

$$\psi'(\vec{r}, t) = \exp[i\chi(\vec{r}, t)] \psi(\vec{r}, t) \tag{2.233}$$

を施し，マックスウェル方程式の解であるベクトルポテンシャル $\vec{A}(\vec{r}, t)$ とスカラポテンシャル $U(\vec{r}, t)$ にゲージ変換[4,16,20,21]

2. 理論的基礎

$$\left.\begin{array}{l}\vec{A}'(\vec{r},t)=\vec{A}(\vec{r},t)+\dfrac{\hbar}{e}\nabla\chi(\vec{r},t)\\[6pt]U'(\vec{r},t)=U(\vec{r},t)-\dfrac{\hbar}{e}\dfrac{\partial}{\partial t}\chi(\vec{r},t)\end{array}\right\} \quad (2.234)$$

を施してもシュレディンガー方程式の形が変わらないとする。ここで，$\hbar$とeはそれぞれプランク(Planck)定数を2πで割ったものと粒子のもつ電荷である。また，ここでは簡単のために電磁場は古典的に扱う。上の要請を満たすためにはハミルトニアンは

$$H'=\frac{1}{2m}[\vec{p}-e\vec{A}'(\vec{r},t)]^2+eU'(\vec{r},t) \quad (2.235)$$

の形であればよい。具体的にシュレディンガー方程式

$$i\hbar\frac{\partial}{\partial t}\psi'(\vec{r},t)=H'\psi'(\vec{r},t) \quad (2.236)$$

に式(2.233)と式(2.234)の変換を代入することにより，シュレディンガー方程式の形が変わらないことを確かめる。運動量$\vec{p}$が$-i\hbar\nabla$という演算子であることに注意すると，式(2.233)の変換により式(2.236)の左辺は

$$-\hbar\exp[i\chi(\vec{r},t)]\frac{\partial\chi(\vec{r},t)}{\partial t}\psi(\vec{r},t)+i\hbar\exp[i\chi(\vec{r},t)]\frac{\partial}{\partial t}\psi(\vec{r},t) \quad (2.237a)$$

となる。一方，式(2.233)と式(2.234)の変換により，式(2.236)の右辺は

$$\begin{aligned}&\frac{1}{2m}\left[-i\hbar\nabla-e\left\{\vec{A}(\vec{r},t)+\frac{\hbar}{e}\nabla\chi(\vec{r},t)\right\}\right]^2\exp[i\chi(\vec{r},t)]\psi(\vec{r},t)\\&+e\left\{U(\vec{r},t)-\frac{\hbar}{e}\frac{\partial}{\partial t}\chi(\vec{r},t)\right\}\exp[i\chi(\vec{r},t)]\psi(\vec{r},t)\\&=\exp[i\chi(\vec{r},t)]\left\{\frac{1}{2m}[-i\hbar\nabla-e\vec{A}(\vec{r},t)]^2+eU(\vec{r},t)\right\}\psi(\vec{r},t)\\&-\hbar\exp[i\chi(\vec{r},t)]\frac{\partial\chi(\vec{r},t)}{\partial t}\psi(\vec{r},t)\end{aligned} \quad (2.237b)$$

と書き直すことができる。したがって，式(2.237a)，(2.237b)から

$$\left.\begin{array}{l}i\hbar\dfrac{\partial}{\partial t}\psi(\vec{r},t)=H\psi(\vec{r},t)\\[6pt]H=\dfrac{1}{2m}[-i\hbar\nabla-e\vec{A}(\vec{r},t)]^2+eU(\vec{r},t)\end{array}\right\} \quad (2.238)$$

が得られ，シュレディンガー方程式の形が変わっていないことがわかる。以上から，電磁場と荷電粒子の相互作用を記述するハミルトニアンを得るには，自由運動する粒子に対するハミルトニアンに，形式的に$eU(\vec{r},t)$を加え$\vec{p}$を$\vec{p}-e\vec{A}(\vec{r},t)$と置き換えればよい。こうして電磁場と荷電粒子の相互作用ハミルトニアンは次の2つから成り立っていることがわかる。

$$\left.\begin{array}{l}H_1=-\dfrac{e}{m}\vec{p}\cdot\vec{A}(\vec{r},t)\\[6pt]H_2=\dfrac{e^2}{2m}\vec{A}^2(\vec{r},t)\end{array}\right\} \quad (2.239)$$

H_1 は1光子の吸収放出, H_2 は2光子の吸収放出を含む相互作用である.

このハミルトニアンの利点としては, 相対論的共変性を記述しやすく, ゲージ理論[20,21]をよりどころとしているので, その理論的基礎が確立していることなどがあげられる. しかし, 光と物質(多体系)の相互作用を扱う場合, 光の横波性を重視するクーロン(Coulomb)ゲージを採用することが多く($\nabla\cdot\vec{A}=0$), その際, 遅延(リタデーション:retardation)を正確に記述する手続きが煩雑になるという欠点がある.

b. 多重極ハミルトニアン: a項で述べたミニマル結合ハミルトニアンをユニタリー変換し, 横波光子だけを媒介することにより遅延を正確に記述し, しかも静的クーロン相互作用を含まないでみやすい形に表せる多重極ハミルトニアンについて述べる[18].

ある微小領域内に局在した荷電粒子システム(全体としては電気的に中性である原子や分子を想定している)を考え, 分子と呼ぶことにする. また, 荷電粒子の電荷, 質量, 位置ベクトル, 速度, 運動量, 電気双極子をそれぞれ $e, m, \vec{q}, \dot{\vec{q}}, \vec{p}, \vec{\mu}$ と書くことにする. 2個の分子からなる系を例にとり, 相互作用ハミルトニアンを求める. そのために次の4つの仮定をおく.

仮定1 電磁場の波長が今考えている分子の大きさに比べて十分長い場合, 分子中の電荷がどこの位置 $\vec{q}$ にあってもベクトルポテンシャル $\vec{A}$ は同じ値をとるとする. すなわち, 分子の重心 $\vec{R}$ でのベクトルポテンシャルで代表させる.

$$\vec{A}(\vec{q})=\vec{A}(\vec{R}) \qquad (2.240)$$

仮定2 仮定1から $\vec{B}=\nabla\times\vec{A}=0$ となるので, 磁場との相互作用は考えないことにする.

仮定3 電気双極子のみが電磁場と相互作用すると仮定する. すなわち, 高次の多重極子モーメントは考えない(以下の議論は高次モーメントに容易に拡張できる).

仮定4 電子交換による分子間相互作用は無視できるとする.

このような仮定のもとで2個の分子からなる系に対するラグランジアン L は

$$L=L_{\text{mol}}+L_{\text{rad}}+L_{\text{int}} \qquad (2.241\text{a})$$

$$L_{\text{mol}}=\sum_{\zeta}\left\{\sum_{\alpha}\frac{m_\alpha \dot{\vec{q}}_\alpha^2(\zeta)}{2}-V(\zeta)\right\} \qquad (2.241\text{b})$$

$$L_{\text{rad}}=\frac{\varepsilon_0}{2}\int\{\dot{\vec{A}}^2-c^2(\nabla\times\vec{A})^2\}d^3r \qquad (2.241\text{c})$$

$$L_{\text{int}}=\sum_{\zeta}\sum_{\alpha}e\dot{\vec{q}}_\alpha(\zeta)\cdot\vec{A}(\vec{R}_\zeta)-V_{\text{inter}} \qquad (2.241\text{d})$$

と書ける. ここで ζ によって分子1,2を区別し α によって同一分子内の電荷を区別しているので, L_{mol} は各分子の運動エネルギーとクーロンポテンシャルエネルギーとの差を表している. また L_{rad} は自由空間での電磁場のエネルギー, L_{int} は電荷と電磁場の相互作用, V_{inter} は分子1と2の分子間クーロン相互作用を表している. 分子の電気双極子モーメント $\vec{\mu}(1), \vec{\mu}(2)$ を用いて V_{inter} は

2. 理論的基礎

$$V_{\text{inter}}=\frac{1}{4\pi\varepsilon_0 R^3}\{\vec{\mu}(1)\cdot\vec{\mu}(2)-3(\vec{\mu}(1)\cdot\vec{e}_R)(\vec{\mu}(2)\cdot\vec{e}_R)\} \qquad (2.242)$$

のように表せる．ここで，$R=|\vec{R}|=|\vec{R}_2-\vec{R}_1|$ は分子1と2の距離であり，$\vec{e}_R$ は $\vec{R}$ の方向の単位ベクトルである．

運動方程式の形を変えずに相互作用ハミルトニアン H_{int} を簡単な形にできるパワー–ジーノー–ウリー (Power–Zienau–Woolley) 変換[16]

$$L_{\text{mult}}=L-\frac{d}{dt}\int\vec{P}^{\perp}(\vec{r})\cdot\vec{A}(\vec{r})d^3r \qquad (2.243)$$

をもとのラグランジアン L に施す．ここで，$\vec{P}^{\perp}(\vec{r})$ は分極 $\vec{P}(\vec{r})$

$$\begin{aligned}\vec{P}(\vec{r})&=\sum_{\zeta,\alpha}e(\vec{q}_\alpha(\zeta)-\vec{R}_\zeta)\delta(\vec{r}-\vec{R}_\zeta)\\&=\vec{\mu}(1)\delta(\vec{r}-\vec{R}_1)+\vec{\mu}(2)\delta(\vec{r}-\vec{R}_2)\end{aligned} \qquad (2.244)$$

の横成分である．また，上つきの添字 $\perp$ で表された横成分の意味は，考えている物理量が波数ベクトル $\vec{k}$ に垂直な成分であること，いい替えれば横波光子のみが関与するということである．また，電流密度 $\vec{j}(\vec{r})$

$$\vec{j}(\vec{r})=\sum_{\zeta,\alpha}e\dot{\vec{q}}_\alpha\delta(\vec{r}-\vec{R}_\zeta) \qquad (2.245)$$

の横成分 $\vec{j}^{\perp}(\vec{r})$ が $\vec{P}^{\perp}(\vec{r})$ と次のような関係

$$\frac{d\vec{P}^{\perp}(\vec{r})}{dt}=\vec{j}^{\perp}(\vec{r}) \qquad (2.246)$$

にあることを用いると，式 (2.241d) が

$$L_{\text{int}}=\int\vec{j}^{\perp}(\vec{r})\cdot\vec{A}(\vec{r})d^3r-V_{\text{inter}}=\int\frac{d\vec{P}^{\perp}(\vec{r})}{dt}\cdot\vec{A}(\vec{r})d^3r-V_{\text{inter}} \qquad (2.247)$$

となることから式 (2.243) は次のように書き替えることができる．

$$\begin{aligned}L_{\text{mult}}&=L-\int\frac{d\vec{P}^{\perp}(\vec{r})}{dt}\cdot\vec{A}(\vec{r})d^3r-\int\vec{P}^{\perp}(\vec{r})\cdot\dot{\vec{A}}(\vec{r})d^3r\\&=L_{\text{mol}}+L_{\text{rad}}-\int\vec{P}^{\perp}(\vec{r})\cdot\dot{\vec{A}}(\vec{r})d^3r-V_{\text{inter}}\end{aligned} \qquad (2.248)$$

また $\vec{q}_\alpha$ に共役な運動量 $\vec{p}_\alpha$，$\vec{A}(\vec{r})$ に共役な運動量 $\vec{\Pi}(\vec{r})$ が

$$\vec{p}_\alpha=\frac{\partial L_{\text{mult}}}{\partial\dot{\vec{q}}_\alpha}=\frac{\partial L_{\text{mol}}}{\partial\dot{\vec{q}}_\alpha}=m_\alpha\dot{\vec{q}}_\alpha \qquad (2.249)$$

$$\begin{aligned}\vec{\Pi}(\vec{r})&=\frac{\partial L_{\text{mult}}}{\partial\dot{\vec{A}}(\vec{r})}=\frac{\partial L_{\text{rad}}}{\partial\dot{\vec{A}}(\vec{r})}-\frac{\partial}{\partial\dot{\vec{A}}(\vec{r})}\int\vec{P}^{\perp}(\vec{r})\cdot\dot{\vec{A}}(\vec{r})d^3r\\&=\varepsilon_0\dot{\vec{A}}(\vec{r})-\vec{P}^{\perp}(\vec{r})=-\varepsilon_0\vec{E}^{\perp}(\vec{r})-\vec{P}^{\perp}(\vec{r})\end{aligned} \qquad (2.250)$$

と得られる．さらに電束密度 $\vec{D}(\vec{r})$ の定義

$$\vec{D}(\vec{r})=\varepsilon_0\vec{E}(\vec{r})+\vec{P}(\vec{r}) \qquad (2.251)$$

を使うと共役な運動量 $\vec{\Pi}(\vec{r})$ は

$$\vec{\Pi}(\vec{r})=-\vec{D}^{\perp}(\vec{r}) \qquad (2.252)$$

となる．こうしてハミルトニアン H_{mult} は，式 (2.248)～(2.250) を用いて $\dot{\vec{q}}_\alpha$ と $\dot{\vec{A}}(\vec{r})$ を消去することにより

$$H_{\text{mult}} = \sum_{\zeta,\alpha} \vec{p}_a(\zeta)\cdot\dot{\vec{q}}_a(\zeta) + \int \vec{\Pi}(\vec{r})\cdot\dot{\vec{A}}(\vec{r})d^3r - L_{\text{mult}}$$

$$= \sum_{\zeta}\left\{\sum_{\alpha}\left[\frac{\vec{p}_a{}^2(\zeta)}{2m_\alpha} + V(\zeta)\right]\right\} + \left\{\frac{1}{2}\int\left[\frac{\vec{\Pi}^2(\vec{r})}{\varepsilon_0} + \varepsilon_0 c^2(\nabla\times\vec{A}(\vec{r}))^2\right]d^3r\right\}$$

$$+ \frac{1}{\varepsilon_0}\int\vec{P}^{\perp}(\vec{r})\cdot\vec{\Pi}(\vec{r})d^3r + \frac{1}{2\varepsilon_0}\int|\vec{P}^{\perp}(\vec{r})|^2 d^3r + V_{\text{inter}} \quad (2.253)$$

と書ける．ここで $(1/2\varepsilon_0)\int|\vec{P}^{\perp}(\vec{r})|^2 d^3r$ を同一分子内と2つの分子間に作用する部分に分けて考えると式(2.253)をもう少し簡略化できる．2つの分子間に作用する部分

$$\frac{1}{2}\varepsilon_0\int \vec{P}_1{}^{\perp}(\vec{r})\cdot\vec{P}_2{}^{\perp}(\vec{r})d^3r \quad (2.254)$$

を考えるとき，$\vec{P}_2(\vec{r}) = \vec{P}_2{}^{\parallel}(\vec{r}) + \vec{P}_2{}^{\perp}(\vec{r})$ と $\int \vec{P}_1{}^{\perp}(\vec{r})\cdot\vec{P}_2{}^{\parallel}(\vec{r})d^3r = 0$ に注意すると

$$\int \vec{P}_1{}^{\perp}(\vec{r})\cdot\vec{P}_2{}^{\perp}(\vec{r})d^3r = \int \vec{P}_1{}^{\perp}(\vec{r})\cdot\{\vec{P}_2{}^{\parallel}(\vec{r}) + \vec{P}_2{}^{\perp}(\vec{r})\}d^3r = \int \vec{P}_1{}^{\perp}(\vec{r})\cdot\vec{P}_2(\vec{r})d^3r \quad (2.255)$$

であるから，式(2.244)を用いると

$$\frac{1}{\varepsilon_0}\int \vec{P}_1{}^{\perp}(\vec{r})\cdot\vec{P}_2{}^{\perp}(\vec{r})d^3r = \frac{1}{\varepsilon_0}\int \vec{P}_1{}^{\perp}(\vec{r})\cdot\vec{P}_2(\vec{r})d^3r$$

$$= \frac{\mu_i(1)\mu_j(2)}{\varepsilon_0}\int \delta_{ij}{}^{\perp}(\vec{r}-\vec{R}_1)\cdot\delta(\vec{r}-\vec{R}_2)d^3r$$

$$= \frac{\mu_i(1)\mu_j(2)}{\varepsilon_0}\delta_{ij}{}^{\perp}(\vec{R}_1-\vec{R}_2)$$

$$= -\frac{1}{4\pi\varepsilon_0 R^3}\mu_i(1)\mu_j(2)(\delta_{ij} - 3\hat{e}_{Ri}\hat{e}_{Rj})$$

$$= \frac{1}{4\pi\varepsilon_0 R^3}\{3(\vec{\mu}(1)\cdot\vec{e}_R)(\vec{\mu}(2)\cdot\vec{e}_R) - \vec{\mu}(1)\cdot\vec{\mu}(2)\} \quad (2.256)$$

となる．ここで，ディラック(Dirac)のδ関数 $\delta(\vec{r})$ が

$$\left.\begin{aligned}\delta_{ij}\delta(\vec{r}) &= \delta_{ij}{}^{\parallel}(\vec{r}) + \delta_{ij}{}^{\perp}(\vec{r}) \\ \delta_{ij}{}^{\perp}(\vec{r}) &= -\delta_{ij}{}^{\parallel}(\vec{r}) = -\frac{1}{(2\pi)^3}\int \hat{e}_{ki}\hat{e}_{kj}e^{i\vec{k}\cdot\vec{r}}d^3k \\ &= \nabla_i\nabla_j\left(\frac{1}{4\pi r}\right) = -\frac{1}{4\pi r^3}(\delta_{ij} - 3\hat{e}_{ri}\hat{e}_{rj})\end{aligned}\right\} \quad (2.257)$$

という関係式を満たすことを用いた．添字1と2を入れ替えても式(2.256)の最後の行と同じ式が成り立つことから

$$\frac{1}{2\varepsilon_0}\int \vec{P}_1{}^{\perp}(\vec{r})\cdot\vec{P}_2{}^{\perp}(\vec{r})d^3r + V_{\text{inter}} = 0 \quad (2.258)$$

が導かれる．したがって，$(1/2\varepsilon_0)\int|\vec{P}^{\perp}(\vec{r})|^2 d^3r$ は同一分子内で作用する部分のみを考えればよいので，ハミルトニアン H_{mult} は

$$H_{\text{mult}} = \sum_{\zeta} \left\{ \sum_{a} \frac{\vec{p}_a{}^2(\zeta)}{2m_a} + V(\zeta) + \frac{1}{2\varepsilon_0} \int |\vec{P}_{\zeta}{}^{\perp}(\vec{r})|^2 d^3r \right\}$$
$$+ \left\{ \frac{1}{2} \int \left[\frac{\vec{\Pi}^3(\vec{r})}{\varepsilon_0} + \varepsilon_0 c^2 (\nabla \times \vec{A}(\vec{r}))^2 \right] d^3r \right\} \quad (2.259)$$
$$+ \frac{1}{\varepsilon_0} \int \vec{P}^{\perp}(\vec{r}) \cdot \vec{\Pi}(\vec{r}) d^3r$$

と簡潔な形になる. 式 (2.259) の第 1, 2 行目はそれぞれ各分子内の荷電粒子の運動, および自由空間での電磁場を記述し, 第 3 行目がその相互作用を表している. 分極 $\vec{P}(\vec{r})$ を双極子モーメント, 4 重極子モーメント, ..., 2^l 極子モーメント ($l=1,2,3,$ ...) を用いて書き下すことができることから, 式 (2.259) で表されるハミルトニアンを多重極 (表現) 形式と呼ぶ.

そこで式 (2.244), (2.252) を使って式 (2.259) の第 3 行目を書き直すと

$$\frac{1}{\varepsilon_0} \int \vec{P}^{\perp}(\vec{r}) \cdot \vec{\Pi}(\vec{r}) d^3r = -\frac{1}{\varepsilon_0} \int \vec{P}^{\perp}(\vec{r}) \cdot \vec{D}^{\perp}(\vec{r}) d^3r = -\frac{1}{\varepsilon_0} \int \vec{P}(\vec{r}) \cdot \vec{D}^{\perp}(\vec{r}) d^3r$$
$$= -\frac{1}{\varepsilon_0} (\vec{\mu}(1) \cdot \vec{D}^{\perp}(\vec{R}_1) + \vec{\mu}(2) \cdot \vec{D}^{\perp}(\vec{R}_2)) \quad (2.260)$$

となる. 考えている系が量子化されている場合は, 次のように物理量 $\vec{\mu}(1), \vec{\mu}(2),$ $\vec{D}^{\perp}(\vec{R}_1), \vec{D}^{\perp}(\vec{R}_2)$ を対応する演算子 $\hat{\vec{\mu}}(1), \hat{\vec{\mu}}(2), \hat{\vec{D}}^{\perp}(\vec{R}_1), \hat{\vec{D}}^{\perp}(\vec{R}_2)$ に置き換えればよい. すなわち, 式 (2.260) を

$$\frac{1}{\varepsilon_0} \int \vec{P}^{\perp}(\vec{r}) \cdot \vec{\Pi}(\vec{r}) d^3r \longrightarrow -\frac{1}{\varepsilon_0} (\hat{\vec{\mu}}(1) \cdot \hat{\vec{D}}^{\perp}(\vec{R}_1) + \hat{\vec{\mu}}(2) \cdot \hat{\vec{D}}^{\perp}(\vec{R}_2)) \quad (2.261)$$

と書き替えることによって, 量子化された多重極ハミルトニアンが得られる.

2.4.5 素励起モードと電子分極

素励起あるいは準粒子の概念は, 多体系の複雑な振舞い, 運動, 励起状態を記述する有効な考え方の 1 つである[22-27]. 多体系の励起状態は, 基本となる励起状態の複合体と考えることができるが, この基本的な励起を素励起という. その前提条件としては, 明瞭な (励起) エネルギー値が存在すること, およびそのエネルギーは準位の幅よりも十分大きい (寿命が長い) ことがあげられる. このとき素励起の運動量 $\vec{p}$ とエネルギー E の関係 $E = E(\vec{p})$ を分散関係という. ここで, ミクロな領域での局所相互作用, 短距離相関から長距離相関をもつマクロな集団運動である素励起が生成されることに注意したい.

固体における素励起モードの例として, 結晶格子の基準振動のエネルギー量子であるフォノンがよく知られている. フォノンの総数は結晶格子の数には無関係であり, その運動は個々の個別的な自由度のものではなく集団的である. 素励起の運動量は, 個々の結晶格子のもつ力学的な運動量とは無関係に, 基準振動の波数ベクトル $\vec{k}$ を使って $\vec{p} = \hbar \vec{k}$ で与えられる. またそのエネルギーは, 基準振動の角振動数 ω を用い $E = \hbar \omega$ で与えられる. そのほかにも, 相互作用する電子ガス中の電子密度の集団

振動に対応する準粒子であるプラズモン,伝導電子と光学フォノンとの結合に起因する準粒子であるポーラロン,強磁性体における電子のスピン密度のゆらぎによるスピン波の量子であるマグノンなどが知られている.さらに半導体の場合,伝導電子と正孔を独立に励起させる代わりに,電子と正孔間に働くクーロン引力により束縛された状態を記述する素励起,すなわち励起子(エキシトン)を考えることができる.励起子中の電子と正孔の距離(励起子のボーア半径と呼ばれる)が結晶中の原子間距離よりも比較的大きい場合をワーニエ励起子,小さい場合をフレンケル励起子という.

この励起子の概念をもとに光と物質との相互作用を量子力学的に考える.光子が物質中に入射すると,それは物質に吸収され励起子がつくられる.その次にはこの励起子が消えてまた光子がつくられ,この繰返しが物質中を伝搬する.すなわち,光子と励起子との間に次々に生成,消滅の変換が起こっているので,両者の混合状態を知る必要がある.

この過程は,光子と励起子との相互作用により新しいエネルギーと分散関係をもった新しい定常状態ができることを意味しているが,この振動の状態(励起振動モード,または素励起モード)をポラリトンと呼ぶ.特にこの場合は光子と励起子との混合状態なので励起子ポラリトンといい,電磁場と励起子の分極場がつくる連成波である.ここでは角周波数 ω_1 の分極振動と角周波数 ω_2 の光子とが結合するので,あたかも2つの振動子を結合させて新たな角周波数 Ω_1, Ω_2 をもつ振動を起こさせることに類似である.したがって光子と電子分極場(励起子)の基準モード,準粒子としての励起子ポラリトンは,原子と光子の相互作用系における dressed atom[28] と同じ概念であるといえる.

励起子ポラリトンを記述するハミルトニアンは,光と電子が相互作用する系のハミルトニアンを励起子描像で書き下すことにより次のように与えられる.

$$\hat{H} = \sum_{\vec{k}} \hbar \omega_{\vec{k}} \hat{a}_{\vec{k}}^\dagger \hat{a}_{\vec{k}} + \sum_{\vec{k}} \hbar \varepsilon_{\vec{k}} \hat{b}_{\vec{k}}^\dagger \hat{b}_{\vec{k}} + \sum_{\vec{k}} \hbar D (\hat{a}_{\vec{k}} + \hat{a}_{-\vec{k}}^\dagger)(\hat{b}_{\vec{k}}^\dagger + \hat{b}_{-\vec{k}}) \quad (2.262)$$

ここで,第1項は光子のエネルギー(エネルギー量子は $\hbar \omega_{\vec{k}}$ であり,$\omega_{\vec{k}}$ は振動角周波数で上記の ω_2 に対応),第2項は励起子のエネルギー(エネルギー量子は $\hbar \varepsilon_{\vec{k}}$ であり,$\varepsilon_{\vec{k}}$ は上記の ω_1 に対応),第3項は光と励起子の相互作用エネルギー(結合の強さが $\hbar D$)を表している.光子の生成・消滅演算子は $\hat{a}_{\vec{k}}^\dagger, \hat{a}_{\vec{k}}$ であり,励起子の生成・消滅演算子は $\hat{b}_{\vec{k}}^\dagger, \hat{b}_{\vec{k}}$ である.格子点 $\vec{l}$ にある原子内の価電子帯 v の電子を消し伝導帯 c に電子をつくる演算子 $(\hat{c}_{\vec{l},v}, \hat{c}_{\vec{l},c}^\dagger)$ を使って,励起子の生成・消滅演算子 $\hat{b}_{\vec{l}}^\dagger$, $\hat{b}_{\vec{l}} = \hat{c}_{\vec{l},v}^\dagger \hat{c}_{\vec{l},c}$,$\hat{b}_{\vec{l}}^\dagger = \hat{c}_{\vec{l},c}^\dagger \hat{c}_{\vec{l},v}$ と書いた.さらに,これを運動量表示にするために結晶中の格子点の数を N として,

$$\hat{b}_{\vec{k}} = \frac{1}{\sqrt{N}} \sum_{\vec{l}} e^{-i\vec{k}\cdot\vec{l}} \hat{b}_{\vec{l}}, \qquad \hat{b}_{\vec{k}}^\dagger = \frac{1}{\sqrt{N}} \sum_{\vec{l}} e^{i\vec{k}\cdot\vec{l}} \hat{b}_{\vec{l}}^\dagger \quad (2.263)$$

を用いた.

式(2.262)で表されるハミルトニアンから励起子ポラリトンの固有状態のエネルギー(分散法則)を求める.まず式(2.262)第3項を展開して光子の消滅と励起子の生

成を表す $\hat{a}_{\vec{k}}\hat{b}_{\vec{k}}{}^\dagger$ および励起子の消滅と光子の生成を表す $\hat{a}_{\vec{k}}{}^\dagger\hat{b}_{\vec{k}}$ を採用する．これ
は，同時に光子と励起子を発生あるいは消滅させる項 $\hat{a}_{\vec{k}}{}^\dagger\hat{b}_{-\vec{k}}{}^\dagger$, $\hat{a}_{\vec{k}}\hat{b}_{-\vec{k}}$ は省略すると
いう回転波近似を用いることに対応する．さらに，

$$\hat{H}=\sum_{\vec{k}}\hat{H}_{\vec{k}} \tag{2.264a}$$

$$\hat{H}_{\vec{k}}=\hbar(\omega_{\vec{k}}\hat{a}_{\vec{k}}{}^\dagger\hat{a}_{\vec{k}}+\varepsilon_{\vec{k}}\hat{b}_{\vec{k}}{}^\dagger\hat{b}_{\vec{k}})+\hbar D(\hat{b}_{\vec{k}}{}^\dagger\hat{a}_{\vec{k}}+\hat{a}_{\vec{k}}{}^\dagger\hat{b}_{\vec{k}}) \tag{2.264b}$$

とおき $\hat{H}_{\vec{k}}$ について考える．上記の Ω_1, Ω_2 という 2 つの角周波数をもつ振動に対応
した励起子ポラリトンの生成（消滅）演算子 $\hat{\xi}_1{}^\dagger, \hat{\xi}_2{}^\dagger(\hat{\xi}_1, \hat{\xi}_2)$ を導入し，$\hat{H}_{\vec{k}}$ が次のよう
に対角化できると仮定する．

$$\hat{H}_{\vec{k}}=\hbar(\Omega_{\vec{k},1}\hat{\xi}_1{}^\dagger\hat{\xi}_1+\Omega_{\vec{k},2}\hat{\xi}_2{}^\dagger\hat{\xi}_2)=\hbar(\hat{b}_{\vec{k}}{}^\dagger, \hat{a}_{\vec{k}}{}^\dagger)A\begin{pmatrix}\hat{b}_{\vec{k}}\\\hat{a}_{\vec{k}}\end{pmatrix}$$
$$=\hbar(a_{11}\hat{b}_{\vec{k}}{}^\dagger\hat{b}_{\vec{k}}+a_{12}b_{\vec{k}}{}^\dagger\hat{a}_{\vec{k}}+a_{21}\hat{a}_{\vec{k}}{}^\dagger\hat{b}_{\vec{k}}+a_{22}\hat{a}_{\vec{k}}{}^\dagger\hat{a}_{\vec{k}}) \tag{2.265}$$

ここで，A は 2 行 2 列の行列で式 (2.264b) と式 (2.265) を比較することにより

$$A=\begin{pmatrix}a_{11}&a_{12}\\a_{21}&a_{22}\end{pmatrix}=\begin{pmatrix}\varepsilon_{\vec{k}}&D\\D&\omega_{\vec{k}}\end{pmatrix} \tag{2.266}$$

であることがわかる．そこで，

$$\begin{pmatrix}\hat{b}_{\vec{k}}\\\hat{a}_{\vec{k}}\end{pmatrix}=U\begin{pmatrix}\hat{\xi}_1\\\hat{\xi}_2\end{pmatrix}=\begin{pmatrix}u_{11}&u_{12}\\u_{21}&u_{22}\end{pmatrix}\begin{pmatrix}\hat{\xi}_1\\\hat{\xi}_2\end{pmatrix} \tag{2.267}$$

というユニタリー変換 U（ユニタリー変換では $U^\dagger U=1$，すなわち $U^\dagger=U^{-1}$ が成り
立つ）を施し式 (2.265) 第 1 行の右辺に代入すると，

$$\hbar(\hat{b}_{\vec{k}}{}^\dagger, \hat{a}_{\vec{k}}{}^\dagger)A\begin{pmatrix}\hat{b}_{\vec{k}}\\\hat{a}_{\vec{k}}\end{pmatrix}=\hbar(\hat{\xi}_1{}^\dagger, \hat{\xi}_2{}^\dagger)U^\dagger AU\begin{pmatrix}\hat{\xi}_1\\\hat{\xi}_2\end{pmatrix}=\hbar(\hat{\xi}_1{}^\dagger, \hat{\xi}_2{}^\dagger)U^{-1}AU\begin{pmatrix}\hat{\xi}_1\\\hat{\xi}_2\end{pmatrix} \tag{2.268a}$$

となる．一方，式 (2.265) 第 1 行中辺は

$$\hbar(\Omega_{\vec{k},1}\hat{\xi}_1{}^\dagger\hat{\xi}_1+\Omega_{\vec{k},2}\hat{\xi}_2{}^\dagger\hat{\xi}_2)=\hbar(\hat{\xi}_1{}^\dagger, \hat{\xi}_2{}^\dagger)\begin{pmatrix}\Omega_{\vec{k},1}&0\\0&\Omega_{\vec{k},2}\end{pmatrix}\begin{pmatrix}\hat{\xi}_1\\\hat{\xi}_2\end{pmatrix} \tag{2.268b}$$

であるから，式 (2.268a)，(2.268b) を等しいとおくことにより

$$U^{-1}AU=\begin{pmatrix}\Omega_{\vec{k},1}&0\\0&\Omega_{\vec{k},2}\end{pmatrix}\equiv\Lambda \tag{2.268c}$$

が成り立つ．この式の両辺に左から U を掛けると $AU=U\Lambda$ となるので，これを成分で書き下すと，

$$\left.\begin{array}{l}(\varepsilon_k-\Omega_{\vec{k},j})u_{1j}+Du_{2j}=0\\Du_{1j}+(\omega_{\vec{k}}-\Omega_{\vec{k},j})u_{2j}=0\end{array}\right\}\quad j=1,2 \tag{2.269a}$$

すなわち，

$$\begin{pmatrix}\varepsilon_{\vec{k}}-\Omega_{\vec{k},j}&D\\D&\omega_{\vec{k}}-\Omega_{\vec{k},j}\end{pmatrix}\begin{pmatrix}u_{1j}\\u_{2j}\end{pmatrix}=0 \tag{2.269b}$$

となる．したがって式 (2.269) 左辺の行列の行列

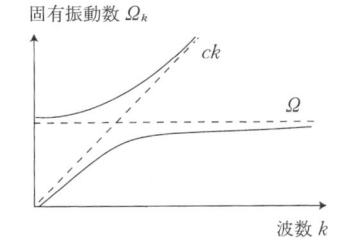

図 2.14 励起子ポラリトンの分散関係

式を0とおくことにより，固有値方程式

$$(\Omega - \varepsilon_{\vec{k}})(\Omega - \omega_{\vec{k}}) - D^2 = 0 \tag{2.270}$$

を得る．これより励起子ポラリトンの固有エネルギーが

$$\hbar\Omega_{\vec{k},j} = \hbar\left[\frac{\varepsilon_{\vec{k}} + \omega_{\vec{k}}}{2} \pm \frac{\sqrt{(\varepsilon_{\vec{k}} - \omega_{\vec{k}})^2 + 4D^2}}{2}\right] \tag{2.271}$$

と求まる．これが新しい分散関係を与えている．今，光子の分散関係 $\omega_{\vec{k}} = ck$（ただし $k = |\vec{k}|$）を用いて，励起子ポラリトンの固有エネルギーを k の関数として図示すると図2.14のようになる．ここで，簡単のために励起子のエネルギーは k によらず一定値 $\hbar\Omega$ であるとした．

また，固有ベクトルの成分 u_{1j}, u_{2j} の間には式(2.269a)から

$$u_{2j} = -\frac{\varepsilon_{\vec{k}} - \Omega_{\vec{k},j}}{D} u_{1j} \tag{2.272}$$

という関係があり，さらに U がユニタリーであることを用いると $u_{1j}{}^2 + u_{2j}{}^2 = 1$ なので

$$\left\{1 + \left(\frac{\varepsilon_{\vec{k}} - \Omega_{\vec{k},j}}{D}\right)^2\right\} u_{1j} = 1 \tag{2.273}$$

が成り立つ．したがって，励起子ポラリトンの固有ベクトルが

$$\left.\begin{aligned}u_{1j} &= \left\{1 + \left(\frac{\varepsilon_{\vec{k}} - \Omega_{\vec{k},j}}{D}\right)^2\right\}^{-1/2} \\ u_{2j} &= -\left(\frac{\varepsilon_{\vec{k}} - \Omega_{\vec{k},j}}{D}\right)\left\{1 + \left(\frac{\varepsilon_{\vec{k}} - \Omega_{\vec{k},j}}{D}\right)^2\right\}^{-1/2}\end{aligned}\right\} \tag{2.274}$$

と求まる．これにより励起子ポラリトンという新しい定常状態を記述することができる．

2.4.6 近接場光相互作用：湯川ポテンシャル

2.4.2～2.4.5項で述べた概念と手法をもとに，2.4.1項で触れた近接場光システムの定式化について述べる．さらに式(2.215)，あるいはその近似式(2.232)で与えられる任意のP空間における有効相互作用を用いて，近接場光相互作用の具体的な形を求める[13,14]．

a． ミクロとマクロの結合： 2.4.1項で述べたように近接場光システムは，入射光の波長より大きな寸法をもつマクロな物質系とプローブ先端にあるナノメートル寸法の開口あるいは突起，さらには近接場光を介して相互作用しているナノメートル寸法の試料とから成り立っている．したがって，問題はマクロな系とミクロな系が近接場光を介してどのように相互作用しているかを記述することに帰着できる．

今，試料とプローブからなるミクロな系を副系n，それを取り囲むマクロな系を副系Mと呼ぶことにする．ここでは副系nの振舞いに興味があるのであるから，射影演算子法の考えに基づきマクロな副系Mの影響を繰り込むことを考える．

2. 理論的基礎

b. P空間とQ空間: 考えている系全体の状態を表す厳密解 $|\psi\rangle$ をなるべく少数の自由度からなる P 空間で議論できるように，P 空間とし $|\phi_1\rangle=|s_e\rangle|p_g\rangle|0_{(M)}\rangle$ および $|\phi_2\rangle=|s_g\rangle|p_e\rangle|0_{(M)}\rangle$ の2つの関数が張る空間を考える．ここで，副系 n には試料，プローブがあるが，これらが単独に孤立して存在するときのエネルギー固有関数を各々 $|s\rangle, |p\rangle$ と表し，さらにこれらの関数が基底状態を表す場合には添字 g を，励起状態を表す場合には添字 e をつけ，各々 $|s_g\rangle, |s_e\rangle$，および $|p_g\rangle, |p_e\rangle$ と書いてある．また，マクロな副系 M の状態を記述するベースを励起子ポラリトンにとり，励起子ポラリトンが m 個ある状態を $|m_{(M)}\rangle$ ($m_{(M)}=0,1,2,\cdots$) と表し，個数以外の物理量 (たとえば，運動量やエネルギー) を用いて状態を区別したい場合は $|\vec{k}_{(M)}\rangle, |\omega_{(M)}\rangle$ のように表す．よって $|0_{(M)}\rangle$ は励起子ポラリトンの真空状態，マクロな副系 M の基底状態に相当している．その他の状態関数の張る空間，すなわち P 空間の補空間を Q 空間という．

c. ナノメートル寸法の試料とプローブに働く相互作用: 上述の P 空間において式 (2.232) で表される相互作用を求めると，それはマクロな副系 M の影響を繰り込み，すなわちその自由度を消去し，ミクロな副系 n があたかも周囲から独立してその系内でのみ相互作用していると見なせる有効相互作用 (2 体間の有効ポテンシャル) に相当する．そこでまず孤立した試料，あるいはプローブの光電磁場との (マクロな副系 M の繰込みのない) 相互作用として式 (2.261) を採用する．

$$\hat{V}=-\frac{1}{\varepsilon_0}\{\hat{\vec{\mu}}_s\cdot\hat{\vec{D}}(\vec{r}_s)+\hat{\vec{\mu}}_p\cdot\hat{\vec{D}}(\vec{r}_p)\} \tag{2.275}$$

ここで，添字 s は試料に，p はプローブに関する物理量であることを表す．$\hat{\vec{D}}$ は電束密度 (横成分) を表す量子力学的演算子で，ベクトルポテンシャル $\hat{\vec{A}}$ とその共役運動量 $\hat{\vec{\Pi}}$ を用いて

$$\hat{\vec{\Pi}}(\vec{r})=\varepsilon_0\frac{\partial\hat{\vec{A}}}{\partial t}-\hat{\vec{P}}^\perp(\vec{r})=-\varepsilon_0\vec{E}^\perp(\vec{r})-\hat{\vec{P}}^\perp(\vec{r})=-\hat{\vec{D}}^\perp(\vec{r}) \tag{2.276}$$

と書ける．したがって，

$$\hat{\vec{A}}(\vec{r})=\sum_{\vec{k}}\sum_{\lambda=1}^2\left(\frac{\hbar}{2\varepsilon_0 V\omega_{\vec{k}}}\right)^{1/2}\vec{e}_\lambda(\vec{k})\{\hat{a}_\lambda(\vec{k})e^{i\vec{k}\cdot\vec{r}}+\hat{a}_\lambda^\dagger(\vec{k})e^{-i\vec{k}\cdot\vec{r}}\} \tag{2.277a}$$

$$\hat{\vec{\Pi}}(\vec{r})=-i\sum_{\vec{k}}\sum_{\lambda=1}^2\left(\frac{\varepsilon_0\hbar\omega_{\vec{k}}}{2V}\right)^{1/2}\vec{e}_\lambda(\vec{k})\{\hat{a}_\lambda(\vec{k})e^{i\vec{k}\cdot\vec{r}}-\hat{a}_\lambda^\dagger(\vec{k})e^{-i\vec{k}\cdot\vec{r}}\} \tag{2.277b}$$

であることに注意すると，光子の生成消滅演算子 $\hat{a}_\lambda^\dagger(\vec{k}), \hat{a}_\lambda(\vec{k})$ を用いて

$$\hat{\vec{D}}(\vec{r})=\sum_{\vec{k}}\sum_{\lambda=1}^2 i\left(\frac{\varepsilon_0\hbar\omega_{\vec{k}}}{2V}\right)^{1/2}\vec{e}_\lambda(\vec{k})\{\hat{a}_\lambda(\vec{k})e^{i\vec{k}\cdot\vec{r}}-\hat{a}_\lambda^\dagger(\vec{k})e^{-i\vec{k}\cdot\vec{r}}\} \tag{2.278}$$

と表せる．ここで，光子の波数ベクトルを $\vec{k}$，角周波数を $\omega_{\vec{k}}$，偏光方向を表す単位ベクトルを $\vec{e}_\lambda(\vec{k})$，光子の存在する領域の体積を V とした．

マクロな副系 M のベースを励起子ポラリトンにとったので，式 (2.278) の $\hat{a}_\lambda^\dagger(\vec{k})$, $\hat{a}_\lambda(\vec{k})$ を励起子ポラリトンの生成消滅演算子 $\hat{\xi}^\dagger(\vec{k}), \hat{\xi}(\vec{k})$ で書き替えた後，式 (2.275) に代入すると

$$\hat{V} = -i\left(\frac{\hbar}{2\varepsilon_0 V}\right)^{1/2} \sum_{\alpha=s}^{p} (\hat{B}(\vec{r}_\alpha) + \hat{B}^\dagger(\vec{r}_\alpha)) \sum_{\vec{k}} (K_\alpha(\vec{k})\hat{\xi}(\vec{k}) - K_\alpha^*(\vec{k})\hat{\xi}^\dagger(\vec{k})) \quad (2.279\text{a})$$

となる. ただし, $\hat{B}^\dagger(\vec{r}), \hat{B}(\vec{r})$ は電気双極子遷移に関する生成, 消滅演算子であり,

$$K_\alpha(\vec{k}) = \sum_{\lambda=1}^{2} (\vec{\mu}_\alpha \cdot \vec{e}_\lambda(\vec{k})) f(k) e^{i\vec{k}\cdot\vec{r}_\alpha} \quad (2.279\text{b})$$

$$f(k) = \frac{ck}{\sqrt{\Omega(k)}} \sqrt{\frac{\Omega^2(k) - \Omega^2}{2\Omega^2(k) - (ck)^2 - \Omega^2}} \quad (2.279\text{c})$$

はミクロな副系 n と励起子ポラリトンとの間の結合の強さを表す係数である. また, c は光の速度, $\Omega, \Omega(k)$ はそれぞれマクロな副系 M を構成する物質の電子分極の固有角周波数, 励起子ポラリトンの固有角周波数である.

こうして P 空間での試料-プローブ有効相互作用の大きさ

$$V_{\text{eff}}(\text{ps}) = \langle \phi_2 | \hat{V}_{\text{eff}} | \phi_1 \rangle \quad (2.280)$$

は式 (2.232) に代入することにより

$$\begin{aligned} V_{\text{eff}}(\text{ps}) &= 2\langle \phi_2 | [P\hat{V}Q(E_\text{P}^0 - E_\text{Q}^0)^{-1} Q\hat{V}P] | \phi_1 \rangle \\ &= 2\sum_m \langle \phi_2 | P\hat{V}Q | m \rangle \langle m | Q(E_\text{P}^0 - E_\text{Q}^0)^{-1} \hat{V}P | \phi_1 \rangle \end{aligned} \quad (2.281)$$

となる. ここで, 式 (2.226a), (2.226b) からわかるように, $E_\text{P}^0, E_\text{Q}^0$ はそれぞれ非摂動ハミルトニアン $\hat{H}_0$ の P, Q 空間での固有エネルギーを表している. 式 (2.281) の行列要素は P 空間の初期状態 $|\phi_1\rangle$ から Q 空間の中間状態 $|m\rangle$ への仮想遷移が起こり, 続いてその中間状態 $|m\rangle$ から P 空間の終状態 $|\phi_2\rangle$ への仮想遷移が起こることを記述している. さらに式 (2.279a) を式 (2.281) の $\hat{V}$ に代入し, Q 空間の中間状態 $|m\rangle$ のうち副系 M に関して励起子ポラリトンが 1 個存在する状態のみが 0 でない値を与えることに着目すると

$$V_{\text{eff}}(\text{ps}) = -\frac{1}{(2\pi)^3 \varepsilon_0} \int d^3k \left[\frac{K_\text{p}(\vec{k})K_\text{s}^*(\vec{k})}{\Omega(k) - \Omega_0(\text{s})} + \frac{K_\text{s}(\vec{k})K_\text{p}^*(\vec{k})}{\Omega(k) + \Omega_0(\text{p})} \right] \quad (2.282)$$

が得られる. ここで, プローブおよび試料の共鳴励起エネルギーをそれぞれ $E_\text{A} = \hbar\Omega_0(\text{s})$, $E_\text{B} = \hbar\Omega_0(\text{p})$ とおいた.

同様に, s と p の役割を入れ替えた

$$V_{\text{eff}}(\text{sp}) = \langle \phi_1 | \hat{V}_{\text{eff}} | \phi_2 \rangle \quad (2.283)$$

から

$$V_{\text{eff}}(\text{sp}) = -\frac{1}{(2\pi)^3 \varepsilon_0} \int d^3k \left[\frac{K_\text{s}(\vec{k})K_\text{p}^*(\vec{k})}{\Omega(k) - \Omega_0(\text{p})} + \frac{K_\text{p}(\vec{k})K_\text{s}^*(\vec{k})}{\Omega(k) + \Omega_0(\text{s})} \right] \quad (2.284)$$

が得られる. したがって, マクロな副系 M の影響を繰り込んだ試料-プローブ有効相互作用の大きさは式 (2.282) と式 (2.284) の和で与えられ, それぞれの k 積分を実行すると試料とプローブの距離 r の関数となるのでこれを以後 $V_{\text{eff}}(r)$ と書くことにする.

d. 励起子ポラリトンの有効質量近似と湯川ポテンシャル: 励起子ポラリトンの分散関係をその有効質量 m_p を用いて次のように近似すると

2. 理論的基礎

$$\hbar\Omega(k)=\hbar\Omega+\frac{(\hbar k)^2}{2m_\mathrm{p}} \qquad (2.285)$$

c項の議論から，$V_\mathrm{eff}(r)$ は質量をもった仮想励起子ポラリトン（仮想光子）を交換することにより発生することがわかる．今，式(2.285)を式(2.282)と式(2.284)に代入し，$E_\mathrm{p}=m_\mathrm{p}c^2$，$E_m=\hbar\Omega$ とおくと，手間はかかるが簡単な変形から

$$\begin{aligned}V_\mathrm{eff}(r)=&-\frac{4\mu_\mathrm{A}\mu_\mathrm{B}\hbar E_\mathrm{p}}{3i\pi r(\hbar c)^2}\int dkk f^2(k)e^{ikr}\\&\times\left\{\frac{1}{k^2+(\hbar c)^{-2}2E_\mathrm{p}(E_m+E_\mathrm{A})}+\frac{1}{k^2+(\hbar c)^{-2}2E_\mathrm{p}(E_m-E_\mathrm{A})}\right.\\&\left.+\frac{1}{k^2+(\hbar c)^{-2}2E_\mathrm{p}(E_m+E_\mathrm{B})}+\frac{1}{k^2+(\hbar c)^{-2}2E_\mathrm{p}(E_m-E_\mathrm{B})}\right\}\\=&\frac{2\mu_\mathrm{A}\mu_\mathrm{B}E_\mathrm{p}^2}{3i\pi r(\hbar c)^2}\int_{-\infty}^{\infty}dkkF(k)e^{ikr}\end{aligned} \qquad (2.286)$$

となることがわかる．式(2.279)に含まれる λ に関する和をとる変形の途中で，簡単のために偏光の向きを平均化して 2/3 と平均化した．また，$F(k)$ を次のように定義した．

$$F(k)\equiv\left(\frac{A_+}{k^2+\Delta_{\mathrm{A}_+}^2}-\frac{A_-}{k^2+\Delta_{\mathrm{A}_-}^2}\right)+\left(\frac{B_+}{k^2+\Delta_{\mathrm{B}_+}^2}-\frac{B_-}{k^2+\Delta_{\mathrm{B}_-}^2}\right)+\left(\frac{C_+}{k^2+\Delta_{\mathrm{C}_+}^2}-\frac{C_-}{k^2+\Delta_{\mathrm{C}_-}^2}\right) \qquad (2.287)$$

ここで，式(2.287)の分子はすべて k についての定数であり，

$$\Delta_{\mathrm{A}\pm}=\frac{\sqrt{2E_\mathrm{p}(E_m\pm E_\mathrm{A})}}{\hbar c},\qquad \Delta_{\mathrm{B}\pm}=\frac{\sqrt{2E_\mathrm{p}(E_m\pm E_\mathrm{B})}}{\hbar c} \qquad (2.288)$$

は下の式(2.289)からわかることであるが，湯川関数の有効質量，あるいは相互作用の及ぶ距離を表す定数である．Δ_{A_+}，Δ_{B_+} は Δ_{A_-}，Δ_{B_-} より大きいことから，より質量が重い，すなわち短距離の相互作用を担っていることがわかる．Δ_{C_+}，Δ_{C_-} はミクロな副系 n のエネルギー E_A，E_B に直接関係しない周期関数を与えるので以下の議論では省略する．したがって，式(2.287)を式(2.286)の $F(k)$ に代入し積分を実行すると

$$V_\mathrm{eff}(r)=\frac{2\mu_\mathrm{A}\mu_\mathrm{B}E_\mathrm{p}^2}{3(\hbar c)^2}\{A_+Y(\Delta_{\mathrm{A}_+}r)-A_-Y(\Delta_{\mathrm{A}_-}r)+B_+Y(\Delta_{\mathrm{B}_+}r)-B_-Y(\Delta_{\mathrm{B}_-}r)\} \qquad (2.289)$$

が得られる．ここで $Y(\mu r)\equiv\dfrac{\exp(-\mu r)}{r}$ は式(2.188)で述べた湯川（ポテンシャル）関数である．以上をまとめると，マクロな副系 M の効果を繰り込んだとき，ミクロな副系 n 間に仮想励起子ポラリトン（質量をもった仮想光子）を交換して働く相互作用の主要部は湯川ポテンシャルであることがわかった．

本節ではミクロな副系 n 以外の自由度を消去して副系 n に働く相互作用を求めてきたが，副系 n 間に交換される仮想光子の自由度に着目した P 空間へ射影するという定式化も考えられる．その場合には物質励起の衣を着た光子という描像が一層前面に押し出される形となる．

2.4.7 応用例：近接場光プローブによる単一原子操作（偏向・捕獲）

本項では，上で展開してきた定式化の応用について述べる．さまざまな応用が考えられるが，ここでは特に，ナノフォトニクスやアトムフォトニクスへの今後の発展が期待される近接場光プローブによる単一原子の操作に関する基礎的な問題を取り上げる．実験面からの考察と実験技術に関する問題は 2.7 節および 11.1 節で詳述される．

a. これまでの研究例： 1990 年に原子のピンセットという観点から，Eigler らは走査型トンネル顕微鏡(STM)を用いて Ni 基板上で Xe 原子を，また Pt 基板上でCO 分子を移動させナノメートル寸法の構造をつくってみせた[29-31]．また，近年目覚ましい進展を遂げたレーザ冷却技術を使い Kimble らは伝搬光を用いたキャビティーQEDにより数十 μm 長のキャビティー内に単一 Cs 原子をトラップしている[32]．一方，Ohtsu, Hori は仮想光子モデルに基づき，ナノメートル寸法の光近接場プローブを用い原子の共鳴励起エネルギーに対して負に離調することにより，さまざまな単一原子をプローブと同程度の領域に捕獲できることを示した[2,33,34]．Klimov らは原子をトラップするためには近接場光が空間的にどのように分布している必要があるかを算出した[35]．Ito らはナノメートル寸法の近接場光プローブと Rb 原子の間に働く斥力の双極子力と引力のファンデルワールス (van der Waals) 力との釣合いからプローブの寸法程度の領域に Rb 原子を捕獲する方法を提案した[36,37]．その際，彼らはプローブ先端の近接場光の空間分布として湯川型を想定したが，この仮定の妥当性を検証するために先端径が数十 nm 寸法の 2 つのプローブを用いて近接場光の空間分布を測定している．

これら一連の研究は，原子をプローブとする近接場光の観測，単一原子操作による結晶成長，コヒーレンスを含む状態制御などの観点から大変重要であり興味深い．

b. 具体的な系に対する湯川ポテンシャル(捕獲(トラップ)ポテンシャルの可能性)： 典型的なアルカリ金属原子を例にとって，式 (2.289) で表される近接場光ポテンシャルの特徴を検討する[14]．式 (2.289) は $A_\pm$ と $B_\pm$ に関して対称であるから，特に区別するとき以外は $G_\pm$ と略称する．ポテンシャルの符号と大きさは $G_\pm$ によって変化するが，この $G_\pm$ の符号と大きさはマクロな物質の励起エネルギー $E_m = \hbar\Omega$ と離調 $\hbar\delta \equiv E_m - E_G$ に依存している．以下では離調量が大きく原子の自然幅（自然放出）や吸収飽和，輻射圧は無視できる場合を考える．このとき G_+ と G_- の差は

$$G_+ - G_- \cong G_+ \left[1 - \frac{9}{5}\left(\frac{\hbar\delta}{E_m} + \frac{E_m}{2\hbar\delta}\right)^{-1} \right] \qquad (2.290)$$

で与えられる．これから近接場光ポテンシャルの離調依存性は δ^{-1} に比例し，いわゆる伝搬光を用いた光ポテンシャルの離調依存性と定性的に一致する．

もう少し定量的に近接場光ポテンシャルを議論するために，原子の共鳴エネルギーを $E_A = 1.6$ eV に固定し，プローブチップとマクロな物質系の励起エネルギーをそれぞれ $E_B = 1-1.2$ eV, $E_m = 1-1.8$ eV のように変化させた場合を想定する．このときこのポテンシャルがどう変化するかを図示したのが図 2.15 である．(a)は負離調の

2. 理論的基礎

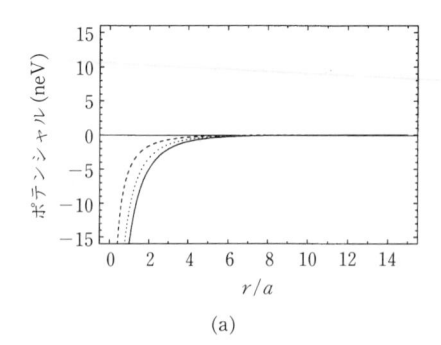

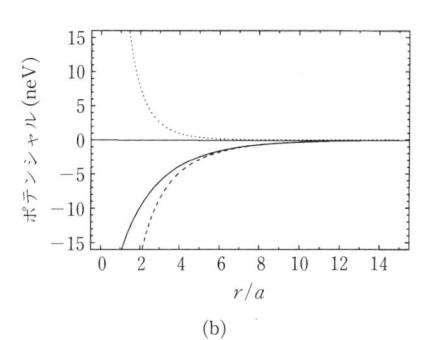

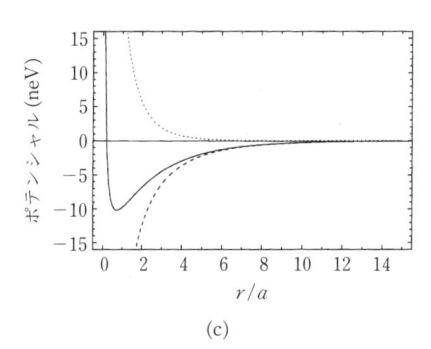

図 2.15 アルカリ金属原子に対する近接場光ポテンシャル例
(a) 負離調, (b) 正離調, (c) 正離調の場合. いずれも実線が最終的なポテンシャルを与える.

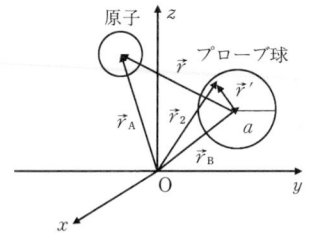

図 2.16 モデル座標系

場合 (E_A=1.6, E_B=1.2, E_m=1.0 eV) に相当するが, そのとき G_+ も G_- も負となり, 全体としても引力の湯川ポテンシャルとなる. 一方, (b) E_A=1.6, E_B=1.0, E_m=1.8 eV と (c) E_A=1.6, E_B=1.2, E_m=1.8 eV は正離調の場合に相当するが, ポテンシャル成分の大小によって全体としての湯川ポテンシャルの振舞いが変わってくる. まずどちらの場合も $A_\pm$ の項は正(斥力)であり $B_\pm$ の項は負(引力)である. (b)の場合, $(B_+ - B_-)$ の項の方が $(A_+ - A_-)$ の項より大きいために, 全体としては引力の湯川ポテンシャルとなるのに対し, (c)の場合は, $(A_+ - A_-)$ の項の方が $(B_+ - B_-)$ の項より大きいために, 全体としては井戸型の湯川ポテンシャルとなる. この例は相対的なエネルギー値, すなわち材質形状などをうまく選ぶことによって最終的なポテンシャルの形を制御することができることを示している. またプローブの先端径程度の位置に単一 Rb 原子をトラップできるようなポテンシャル井戸をつくることも可能であることを示唆している. さらにはこのようなモデルを用い, 実証実験に必要な最適パラメータを検討していくことができる.

c. 光近接場プローブによる原子偏向 (湯川ポテンシャルによる原子散乱): 近接場光プローブを使って単一原子を偏向させる実験ではプローブ先端の大きさをどの程度にすればよいかが重要なパラメータの1つとなる. そこでプローブ先端の大きさを

考慮に入れたとき,式 (2.289) で表される近接場光ポテンシャルはどのような変更を受けるかを調べる.ここでは簡単のために原子は離散的なエネルギーをもつが大きさはないとし,プローブ先端は球であるとする.位置 $\vec{r}_B$ にある半径 a の球の内一様に式 (2.289) で表されるポテンシャルをつくり出す湯川型の源があるとすれば,球全体が原子の中心位置 $\vec{r}_A$ につくる近接場光ポテンシャル $V(r)$ は

$$V(r) = \frac{1}{4\pi a^3/3} \int V_{\text{eff}}(|\vec{r}_A - (\vec{r}' + \vec{r}_B)|) d^3 r'$$

$$= \frac{\mu_A \mu_B E_p^2}{(\hbar c)^2 a^3} \left[\sum_{G,j=\pm} \frac{jG_j}{\Delta_{G_j}^3} \{(1 + a\Delta_{G_j})\exp(-\Delta_{G_j}a) - (1 - a\Delta_{G_j})\exp(\Delta_{G_j}a)\} Y(\Delta_{G_j}r) \right] \tag{2.291}$$

となり,やはり湯川ポテンシャルの和で表せる.ここで,r はプローブ球の重心と原子の重心間の距離である (図 2.16).

Rb 原子の偏向問題を近接場光ポテンシャル $V(r)$ による原子の散乱問題とみて定式化する.Rb 原子の微分散乱断面積,あるいは角分布は移行運動量 K の関数としての散乱振幅 $f(K)$ あるいは T 行列 $T(K)$ を使って

$$\frac{d\sigma}{d\Omega} = |f(K)|^2 = \left| -\frac{1}{4\pi} T(K) \right|^2 \tag{2.292}$$

と書ける.さらに第 1 次ボルン (Born) 近似を用いると,次のように T 行列を解析的に求めることができる.

$$T^{(1)}(K) = \left(\frac{8\pi M V_0}{K\hbar^2} \right) \int_a^\infty dr\, r V(r) \sin(Kr)$$

$$= \left(\frac{8\pi M V_0}{K\hbar^2} \right) \sum_{G,j=\pm} jG_j \int_a^\infty dr \exp(-\Delta_{G_j} r) \sin(Kr)$$

$$= \left(\frac{8\pi M V_0}{K\hbar^2} \right) \sum_{G,j=\pm} jG_j \frac{K\cos(Ka) + \Delta_{G_j}\sin(Ka)}{K^2 + \Delta_{G_j}^2} \tag{2.293}$$

移行運動量 K は原子の質量,速度,散乱角 M, v, θ から $K = 2(Mv/\hbar)\sin(\theta/2)$ と与えられる.原子の速度が遅くなるにつれて第 1 次ボルン近似の精度は悪くなるので,その適用範囲をあらかじめ押さえておく必要がある.詳しい解析から原子速度が 1 m/s 程度,すなわち運動エネルギーが 10 mK 程度までは 1 次近似で十分であることがわかっている[38)].

半径 10,30,50 nm のプローブ球によってつくられる近接場光ポテンシャル $V(r)$ に初速度 1 m/s の ^{85}Rb 原子が入射したとき,どのように散乱されるかを示したのが図 2.17 である.(a) は負の離調で $V(r)$ が引力の場合,(b) は正の離調で $V(r)$ が斥力と引力のバランスによりポテンシャル井戸を形成している場合に相当する.どちらの場合にも,プローブが有限の大きさをもっていることから生ずる周期構造が現れる.この周期はプローブ半径に逆比例しており,小さなプローブ径ほど周期は長くなる.また,散乱角も小さなプローブほど大きくなる.(a) と (b) の違いは $V(r)$ の成分がすべて同符号か,そうでないかによっている.つまり,(a) の場合のように式

2. 理論的基礎　69

(2.293) の G と j の和において各成分が同符号で足し合わされると散乱角は大きくなり，(b) の場合のように異符号で足し合わされると各成分が互いに打ち消し合って散乱角は小さくなる．

パラメータの最適化の前段階としてここで述べたような解析が有用であると考えられる．

2.4.8 展　　望

この分野には，基礎(理論)，応用両面にわたって本節では触れることができなかった興味深い問題が数多くある．本節ではマクロな副系 M とミクロな副系 n が結合しているという描像に力点を置いたが，そのようなシステムでのキャビティ—QED 的な効果の出現が期待される．カシミア-ポルダ (Casimir-Polder) 効果[39] は真空場のゆらぎと遅延に起因しているが，ここで展開してきた定式化では最初からこの2つを取り込んだ枠組みになっている．

2.4.6 項の最後で少し触れたように，ミクロな副系 n の構成要素間に交換される仮想光子の自由度に着目した P 空間を考え，その空間への射影を行うと物質励起の衣を着た光子という描像の定式化が可能になる．そのような取扱いから伝搬する実光子との違い，仮想光子の位相，個数，相関といった問題，ひいては観測の問題と絡んで新しい理解や知見が得られるかもしれない．

近接場光と相互作用する対象は原子や分子ばかりでなく，ナノメートル寸法の量子ドットのような低次元系も考えられる[40]．そのような系では複数の熱浴との結合による競合が本質的になる．近接場光を光子と物質励起の混在するモードととらえたとき，系のコヒーレンスとディコヒーレンスを支配する基礎方程式，コヒーレンス，ポピュレーションや励起エネルギーが移動するメカニズムはどうなっているのかなど，基本的で奥の深い問題が未開拓のままである．

このような基礎的な問題や I 編で提示されている問題を解き明かすことにより，これまで光の波長によって制限されていた応用に新しい展開が広がっていくと考えられ

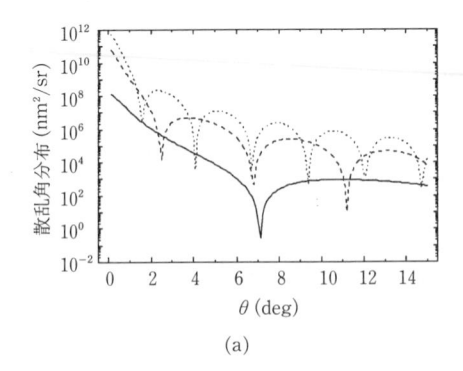

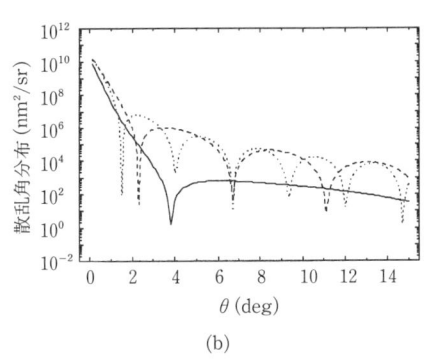

図 2.17　^{85}Rb 原子の散乱角分布
(a) 引力湯川ポテンシャル，(b) ポテンシャル井戸を形成する湯川ポテンシャルの場合．それぞれ実線は 10 nm，破線は 30 nm，ドット線は 50 nm のプローブ球の場合に対応する．

る．新しい動作原理に基づく光ナノ素子への応用はその1つかもしれない．II～III編で議論されるテーマの今後の発展に期待したい．　　　　　　　　　　（小林　潔）

文　献

1) M. Ohtsu and H. Hori: Near-Field Nano-Optics (Kluwer Academic/Plenum Publishers, 1999), 281-296.
2) H. Hori: D. W. Pohl and D. Courjon (eds.), Near Field Optics (Kluwer Academic, 1993), 105-114.
3) K. Kobayashi and M. Ohtsu: M. Ohtsu (eds.), Near-Field Nano/Atom Optics and Technology (Springer-Verlag, 1998), 288-290.
4) J. J. Sakurai: Advanced Quantum Mechanics (Addison-Wesley, 1967).
5) J. D. Jackson: Classical Electrodynamics, 3rd ed. (John Wiley & Sons, 1999).
6) U. Weiss: Quantum Dissipative Systems, 2nd ed. (World Scientific, 1999).
7) 柴田文明：固体物理, **20** (1985), 857-863.
8) P. Fulde: Electron Correlations in Molecules and Solids, 2nd ed. (Springer-Verlag, 1993).
9) F. Haake: Statistical Treatment of Open Systems by Generalized Master Equations (Springer-Verlag, 1973).
10) H. Grabert: Projection Operator Techniques in Nonequilibrium Statistical Mechanics (Springer-Verlag, 1982).
11) J. Rau and B. Müller: *Phys. Rep.*, **272** (1996), 1-60.
12) H. Hyuga and H. Ohtsubo: *Nucl. Phys.*, **A294** (1978), 348-356.
13) K. Kobayashi and M. Ohtsu: *J. Microsc.*, **194** (1999), 249-254.
14) K. Kobayashi *et al.*: *Phys. Rev.*, **A63** (2001), 013806.
15) A. L. Fetter and J. D. Walecka: Quantum Theory of Many-Particle Systems (McGraw-Hill, 1971).
16) C. Cohen-Tannoudji *et al.*: Photons and Atoms (John Wiley & Sons, 1989).
17) C. Cohen-Tannoudji *et al.*: Atom-Photon Interactions (John Wiley & Sons, 1992).
18) D. P. Craig and T. Thirunamachandran: Molecular Quantum Electrodynamics (Dover, 1998).
19) M. Scully and M. S. Zubairy: Quantum Optics (Cambridge University Press, 1997).
20) M. Kaku: Quantum Field Theory (Oxford University Press, 1993), 295-320.
21) S. Weinberg: The Quantum Theory of Fields I～III (Cambridge University Press, 1995).
22) 松原武生，村尾　剛訳：ハーケン固体の場の量子論（上/下）（吉岡書店, 1998）．
23) 中嶋貞雄編：現代物理学の基礎, 物性II（岩波書店, 1972）．
24) 張　紀久夫：日本物理学会誌, **38** (1983), 355-364.
25) 堂山昌男監訳：キッテル固体の量子論（丸善, 1988）．
26) D. Pines: Elementary Excitations in Solids (Perseus Books, 1999).
27) P. W. Anderson: Concepts in Solids (World Scientific, 1997).
28) C. Cohen-Tannoudji: Atoms in Electromagnetic Fields (World Scientific, 1994).
29) D. M. Eigler and E. K. Schweizer: *Nature*, **344** (1990), 524-526.
30) P. Zeppenfeld *et al.*: *Ultramicroscopy*, **42-44** (1992), 128-133.
31) U. Staufer: R. Wiesendanger and H.-J. Güntherodt (eds.), Scanning Tunneling Microscopy II (Springer-Verlag, 1992), 273-302.
32) J. Ye *et al.*: *Phys. Rev. Lett.*, **83** (1999), 4987-4990.
33) M. Ohtsu *et al.*: D. W. Pohl and D. Courjon (eds.), Near Field Optics (Kluwer Academic, 1993), 131-139.

34) J. P. Dowling and J. Gea-Banacloche : B. Bederson and H. Walther (eds.), Advances in Atomic, Molecular, and Optical Physics 37 (Academic Press, 1996), 1-94.
35) V. V. Klimov and V. S. Letokhov : *Opt. Commun.*, **121** (1995), 130-136.
36) H. Ito *et al.* : *Proc. SPIE*, **3791** (1999), 2-9.
37) 伊藤治彦, 大津元一 : 光学, **28** (1999), 610-615.
38) K. Kobayashi *et al.* : X. Zhu and M. Ohtsu (eds.), Near-Field Optics : Principles and Applications (World Scientific, 2000), 82-88.
39) たとえば, P. R. Berman (ed.) : Cavity Quantum Electrodynamics (Academic Press, 1994).
40) 花村榮一 : 量子光学 (岩波書店, 1992) ; 非線形量子光学 (培風館, 1995).

2.5 電子・物質との相互作用

近接場光相互作用の本質と特徴を明らかにするために, 物質電子系と電磁場を, 注目する部分系とそれを取り囲む環境系という観点から取り扱い, マクロな物質の電子系の光学応答や平均場としての取扱いから, ミクロな光と電子の相互作用に至るまでの, 電磁相互作用の素過程とその記述や理解の方法について論ずる.

2.5.1 微小領域の電磁相互作用

a. 状態と相互作用の物質形状依存性: 電子系においても電磁場においても, 微小領域における状態と相互作用が注目する系の近傍の物質形状に強く依存することが最も重要な特徴である. ナノ光工学では, メゾスコピック物理や表面物理において扱うような, 部分自由度に注目した系, あるいは低次元系に注目し, 物質系の形状を微細加工することによって発現する電子系や電磁場の状態と相互作用の際立った性質を機能素子として利用する. 物質形状は電磁気的境界条件と電子系の境界条件を決定するが, それぞれ異なる相関スケールをもつ電子系と電磁場が部分自由度を通じてナノメートルスケールで相互作用することによって, 電子系と光の結合状態のさまざまな性質が現れる[1-3].

[物質の電子系] 電子系は量子力学的相関距離が比較的小さいため, ナノメートルスケールでは波の性質を示すメゾスコピック領域にあり, 非局所光学応答や共鳴効果が顕著に現れるが, それ以上のスケールではアンサンブル平均によりミクロな振舞いは消去され, 電磁相互作用では局所的光学応答を考えればよい.

[光：電磁場] 光学応答に関与する電磁場は光波長が長いため, それより大きな空間スケールでは波としての性質が支配的であるが, ナノメートル領域では遅延効果が無視でき準静的描像が成り立ち, 近傍の物質系の電磁気的境界条件に支配される局所的な性質をもつ.

[相互作用] ナノメートル領域では, メゾスコピック電子系と局所的な電磁場との空間的変化のスケールが一致し, 相互作用には空間形状や寸法における共鳴効果が現れる. 注目する電磁場の存在する領域の空間的寸法や電子系の性質に応じて, 電磁場的性質と電子的な性質の現れ方も異なる. 相互作用における物理量の移行 (準保存則) も, 環境系の形状を特徴づける対称性に応じて異なり, さまざまな機能が発揮され

る．

　[結合系の観測と制御]　電子系と光学系に対してそれぞれ性質の異なる近接場光観測を行い，相互作用の電磁場部分と電子部分の独立観測や独立制御を行うことが，走査型トンネル顕微鏡(STM)や近接場光学顕微鏡を組み合わせた系で実現でき，光と電子の相互作用が重要な役割を果たすデバイスの構築や評価に利用できる[3]．

b.　観測のスケールと物質電子系のスケール：　物質電子系の電磁相互作用の性質は，物質電子系のスケールと観測のスケールという観点で整理される(図2.18)．

　物質電子系のスケールは，電子系の光学応答がどのようなスケールで評価されるかを表す尺度である．マクロには実際注目する物質の大きさであり，ミクロな極限は，単一原子や分子などの電子系である．量子ドットなどのメゾスコピック電子系においては，電子系を特徴づける量子相関長が物質電子系のスケールを決める[4]．

　観測のスケールは，注目する現象に特有な電磁場が存在する空間的スケールであり，電磁相互作用の性質を特徴づける．マクロな極限は，マクロな境界条件によって特徴づけられる，媒質中あるいは真空中を伝搬する電磁波である．ミクロな極限は，物質電子系の励起が近傍にもつ内部電磁場であり，メゾスコピック系では，メゾスコピック電子系と結合モードにある電磁場，プラズモンや励起子などに結合したポラリトンの電磁場部分[5]，あるいは一般に，光学応答をしている複雑な形状の物体近傍の空間における光近接場である．

　マクロな光学応答が，個々の原子・分子の応答や，その集団の応答から構成される

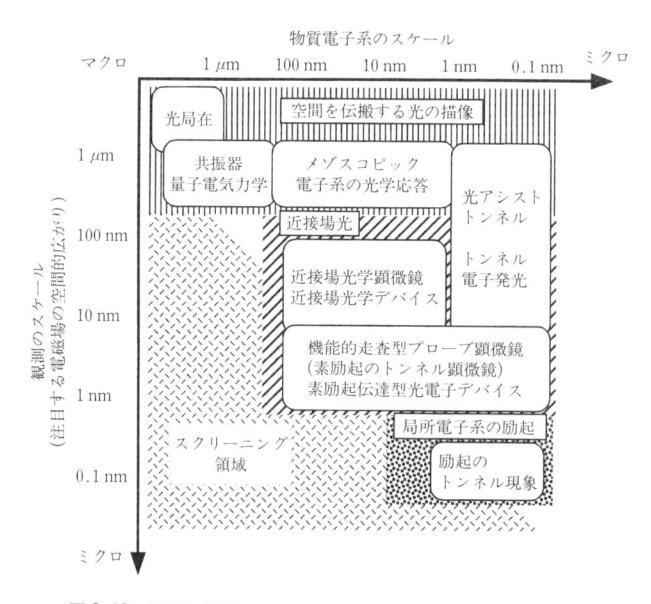

図2.18　観測と物質のスケールからみた電子系と光の相互作用

ように，系の振舞いを観測する疎視化のスケールにより特徴的な場の現れ方も異なる．一般に，観測に用いるプローブの形状や性質が疎視化のスケールを決める[1]．

c. 環境系と注目する部分系： メゾスコピック系の科学では，部分自由度とその相互作用の特徴に注目する一方で，それらがマクロ系である電源（電子源）や光源と検出器を環境系としてもつことに注意しなくてはならない．すなわちメゾスコピック電子系も電源や負荷と接続されて動作し，近接場光相互作用系も光源や光検出器に接続されて機能する．このことから，ナノ光工学系では，環境系と注目する部分系への分離という描像と，それらが結合してマクロな機能を果たすという側面を，常に並列して検討する必要がある[2,3]．

光波長よりも小さい空間的サイズの光機能素子を考えるためには，それが部分系として含まれる大きな系から，どのように環境系と意味のある部分系とに分離され特徴づけられるかという考察が重要である．環境系の詳細な取扱いのためには，多体問題あるいは多重散乱と，電磁場と電子系の自己無撞着な取扱いが必要となるが，そこで注目し抽出すべき性質は，(1)マクロな観測量の中に部分自由度の性質がどのように反映されているか，そして(2)観測とそれに伴う散逸過程にどのように環境系がかかわっているかということである．特にメゾスコピック系の光学応答における環境系との相互作用と観測や散逸の問題は，広い意味での共振器量子電気力学や，近接場領域での励起電子系からの放射の制御として，さまざまな顕著な性質を表す．

d. 近接場光における系の疎視化と相互作用の特徴： 近接場光における系の疎視化と相互作用の特徴抽出の問題は，エバネッセント波とアンギュラスペクトルにより理解される(2.3節参照)．2つの散乱体を考えれば，その間の相互作用距離が変化し観測過程における系の疎視化の度合が変化すると，相互作用距離に依存するアンギュラスペクトルの形状が変化する．近距離では短いしみ込み深さをもち，それに垂直方向に大きな空間波数をもつエバネッセント波が相互作用の主要部分となり，観測対象の詳細な空間的構造が平均化されずに観測できるのに対し，遠距離ではそのような成分は減衰し相互作用に寄与できないため観測量は平均化され，光のよりマクロな性質である波動効果によって決まる分解能の回折限界が現れる．

また，環境系との相互作用や多重散乱の過程は，注目する物質系のシステム感受率という点からも理解される．一般に近接場光学系では，測定対象の物質系近傍に微小プローブとなる散乱体を置き，この複合系を光励起した際のプローブからの散乱光を選択的に観測する．空間的広がりをもつプローブの r_p の位置に励起される振動電気分極 $P(r_p, \omega)$ は，プローブを置かない場合の対象系の自己無撞着場がプローブに誘起するもの $P^0(r_p, \omega)$ と，プローブからの散乱場がプローブ自身の別の部分および対象系を励起し，それが複合系の中でのあらゆる散乱過程を通じて r_p の位置に入射場として戻り，プローブの線形感受率 $\alpha(\omega)$ を通じて誘起されるものからなる．この過程は次式のように表現される．

$$P(r_p, \omega) = P^0(r_p, \omega) + \alpha(\omega)\int_{\text{probe}} S(r_p, r', \omega)P(r', \omega)d^3r' \tag{2.294}$$

このようにプローブからの散乱場は，対象系の自己無撞着場に関する部分と同時に，プローブを置いたことによる複合系の自己無撞着場の変更部分を含んでおり，後者はプローブから出て複合系全体を経由してプローブに戻る伝搬関数 $S(r, r', \omega)$ によって記述される．この複合系全体の相互作用を含むプローブの実効的電気感受率，すなわちシステム感受率が近接場光計測における観測量である．注目する部分系の光学応答にどの程度周囲の物質系の影響が含まれるかを表すシステム感受率は，系が疎視化されるスケールで決まる．環境系を含むシステム感受率はまた，電磁場環境によって散乱体の放射特性が変わることを取り扱う共振器量子電気力学効果に対応し，また適当な周期性をもった散乱体の格子を環境とすれば，フォトニック結晶などのさまざまな現象を記述する理論となる．

2.5.2 物質の光学応答と平均場

a. 物質系の励起とモード： 物質の電子系の応答は，ミクロな過程を消去すれば，電磁場によって誘起された電子系の集団運動が決定する．対称性のよい系では，注目する周波数における誘導された振動電気分極 P_ω の注目する距離に及ぶ空間相関として考察でき，一般にフーリエ成分に対して以下のように記述できる．

$$\ddot{P}_\omega + \omega^2 P_\omega = \beta[E_\omega, B_\omega] \tag{2.295}$$

これとマックスウェル方程式から，誘電体中では電磁波と分極波の結合モードが波として伝搬することがわかる．これを第2量子化すればポラリトンとなり，電子系の集団運動を表すプラズモンや励起子などが電磁場を伴った種々のポラリトンが発生し，その空間相関よりも長距離において共鳴現象が起こる状況で顕著な効果をもたらす．

一方，物質の電子系の空間的な相関距離よりも小さい領域で電磁場との相互作用を考察する場合には非局所応答系として取り扱う必要があり，電気分極も平均場も積分方程式を通じて記述される[6,7]．一般に，物質の電子系の応答で決まる電荷密度 $\rho(r)$，電流密度 $j(r)$，および平均場としての電束密度場 D と磁場 H は，ミクロな電磁場 $E(r')$ と $B(r')$ の汎関数として $\rho(r) = \mathcal{F}_\rho[E(r'), B(r')]$, $D_i(r) = \mathcal{F}_D[E(r'), B(r')]$ などのように表現され，これらは構成方程式と呼ばれる．フーリエ成分としての取扱いが可能であれば，応答の関係式は簡単に表現でき，たとえば，誘電体中で $\rho(r)$ と $j(r)$ を与える分極密度 P_α と場 D_α に対して，

$$f(K, \omega) = \int dV \int dt f(r, t) e^{-iK \cdot r + i\omega t} \tag{2.296}$$

$$P_\alpha(K, \omega) = \sum_\beta \alpha_{\alpha\beta}(K, \omega) E_\beta(K, \omega) \tag{2.297}$$

$$D_\alpha(K, \omega) = \sum_\beta \varepsilon_{\alpha\beta}(K, \omega) E_\beta(K, \omega) \tag{2.298}$$

のように表せる．近接場光は，均質な物質の電子系が示す空間的相関距離に対して形状が小さい系を扱うので，局所場に注目した記述が必要となるが，しばしばプラズモ

ンやポラリトンなどの長距離相関と同様の用語が，明確なフーリエ成分はもたない場合にも，電子系の振舞いとして類似の現象に対して用いられる傾向にある．

b. 局所応答と非局所応答： 物質の電子系のマクロな光学応答理論では，注目する電子系の量子的な振舞いが平均化されるのに十分大きく，かつマクロな系からみて十分小さい領域を考え，光学応答をそのような微小領域にわたる電子系の振舞いから決まるアンサンブル平均として取り扱う．たとえば，周波数 ω の電場 E と誘起分極 P の間の線形な局所光学応答は

$$P(r,\omega)=\chi(\omega)E(r,\omega) \tag{2.299}$$

と表され，物質の誘起分極は各点における場の強さに応答すると見なされる．この取扱いは，物質の内部電場 E の空間的変化が，電子の波動関数の空間的変化に比べて，十分緩やかであるときに成り立つ．

これに対して，量子井戸，量子細線，量子ドットなどのメゾスコピック領域の電子系においては，空間的に広がった量子力学的非局所相関をもつ電子波動関数の特徴ある振舞いが現れる．このとき，特に電子系と光の場の共鳴現象が重要となる場合には，物質の内部電場 E の空間的変化が電子の波動関数の空間的変化と同程度になり，電子系の光応答が局所電場に依存すると近似できない状況が生じ，その取扱いには非局所応答理論が必要とされる．線形応答を考えると，周波数 ω の電場 E と誘起電気分極 P の間の非局所光学応答は，

$$P(r,\omega)=\int\chi(r,r';\omega)E(r',\omega)dr' \tag{2.300}$$

のように記述され，誘起分極は物質電子系の各点においてではなく，注目する電子系の量子コヒーレンスが及ぶ領域の積分として表される．このような場合，電子系の感受率は物質の大きさや形状，その内部構造に依存し，また電子系と相互作用する電磁場の性質も，注目する空間スケールによって異なる．

このような非局所光学応答においては，ミクロな変数としての電子系の電気分極と電磁場を，自己無撞着の方法で取り扱わなければならない．マックスウェル方程式の解に対応するベクトルポテンシャル A と，シュレディンガー方程式の解に対応する，電子系の光学応答に対応する電流密度 j の間の汎関数関係

$$A(r',\omega)=A_0(r',\omega)+\mathcal{G}[j],\quad j(r',\omega)=\mathcal{F}[E] \tag{2.301}$$

に基づく解析がなされている[6,7]．特に共鳴効果がある場合には，電子系の準位の放射寿命やシフトをはじめ，近接場光におけるサイズや形状依存性など，際立った特徴をもつさまざまな現象が現れることが理論的に示されており，これらを利用したナノメートルスケールの光電子デバイスが注目される．

2.5.3 光子と電子の近接場光相互作用

電磁相互作用の理論的な取扱いの基礎は，20世紀中ごろに構築された量子電気力学によって与えられ，分散関係のそれぞれ異なる光子と電子が，環境系のポテンシャ

ルの助けを借りて相互作用する素過程が，理解しやすい空間・時間ダイアグラム（ファインマン(Feynman)ダイアグラム）の形式で記述される[8]．近接場光学の本質は，物質系の近接での特徴的部分系の相互作用の抽出にあり，量子電気力学における電子と光子の相互作用を記述する制動放射などの素過程は，近接場光相互作用の特徴を理解する上で有用である．

a. 分散関係と相互作用： 電子と光子の相互作用の素過程について考察する．一般に，素粒子は，静止質量 m を不変の尺度として，エネルギー ε（周波数 ω）と，運動量 $\boldsymbol{p}$（波数 $\boldsymbol{k}$）を結びつける分散関係によって特徴づけられる（c：光速，$2\pi\hbar$：プランク定数）．

$$\frac{\varepsilon^2}{c^2}-|\boldsymbol{p}|^2=m^2c^2, \quad \frac{(\hbar\omega)^2}{c^2}-|\hbar\boldsymbol{k}|^2=m^2c^2 \quad (2.302)$$

有限の質量をもつ電子と質量が0の光子の間では，エネルギーと運動量を交換し，かつ両者の分散関係を満たすような解が存在せず，自由空間における相互作用は禁止される．光子と電子の相互作用は，環境系となる電磁ポテンシャルが存在し，分散関係の差を補償する運動量やエネルギーが与えられるときに起こる．最も基本的な素過程は制動放射であり，電子が環境系の電磁ポテンシャルに散乱され運動量を受け取り，量子力学における不確定性の範囲内で「質量核から外れた」仮想状態をとり，この間に光子と相互作用して分散関係を満たす実光子を放出し，電子も分散関係を満たす終状態になる（図 2.19 (a)）．電子は環境系も含めたシステムとして光子と相互作用する．運動量を補償する環境系として，磁石による静磁場を用いた自由電子レーザや，シンクロトロン放射などがある．一般に，原子・分子や凝縮体における電子と光子の相互作用も同様に，原子核やイオン結晶の静電ポテンシャルの助けを借りて，分散関係を満たすようなエネルギーと運動量の移行が行われる．

b. 制動放射と近接場光相互作用： 近接場光相互作用は，制動放射と対をなす過程と理解することができる[10]．光を照射された物質系の近傍に存在する近接場光は，光子が物質系に散乱され，自由空間の光子の分散関係から外れた仮想光子の状態にあると見なすことができる[9]（図 2.19 (b)）．実際，平坦誘電体界面のエバネッセント波は，場の減衰方向に垂直な2次元自由度に注目すると，運動量（波数）が自由空間の伝搬光とは異なる大きな値をもつ．単色電磁場の散乱を記述するヘルムホルツ方程式から，屈折率の異なる誘電媒質の境界は光に対する散乱ポテンシャルの役割を果たし，エバネッセント波とトンネル電子系とのアナロジーが成り立つ．

近接場光における仮想光子と電子との相互作用においては，環境系を構成する物質の大きさと形状を通じて仮想光子の分散関係が調節でき，応用上きわめて有用である．適当な条件下で自由電子と近接場光の直接相互作用を起こすことも可能である．物質と光の結合モードとしてみると，近接場光はポラリトンの電磁場部分の自由度と解釈される．

チェレンコフ(Cherenkov)放射は，誘電体中を通過する高速荷電粒子が光を放射

する現象であるが，荷電粒子の通過する空間を誘電体中に開けられた仮想的な円筒形の穴と見なせば，その内側に発生するエバネッセント波と荷電粒子の相互作用として記述できる[10] (図 2.20 (a))．表面方向のエバネッセント波の波数と電子の運動量との共鳴条件により，誘電体中に放射される光の進行方向が決まり，放射パターンは荷電粒子の軌道を軸とする円錐形となる．

自由電子が，金属の回折格子近傍を通過するときに電磁場を放射する現象は，スミス-パーセル (Smith-Purcell) 効果として知られているが，これも電磁波が金属格子で回折するときに発生するエバネッセント波を通じて，電磁場と自由電子が相互作用する過程であり，仮想光子と自由電子の相互作用と見なされる．さらにシュワルツ-ホーラ (Schwartz-Hora) 効果として，光波長程度の誘電体薄膜中を伝搬する強いレーザ光により，電子ビームが直接変調されることが報告されている[11]．現在，スリット形開口近傍の近接場光を用いた，より精密な条件下での電子ビーム変調の実験が試みられ[12]，さまざまな応用が期待される (図 2.20 (b))．

c. 電子系の光アシスト遷移過程： 近接場光による電子系の変調や，近接場光相

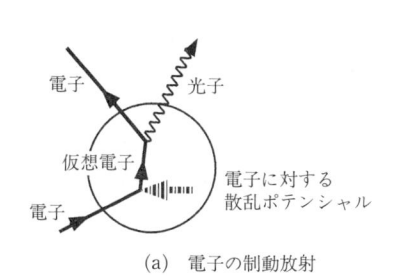

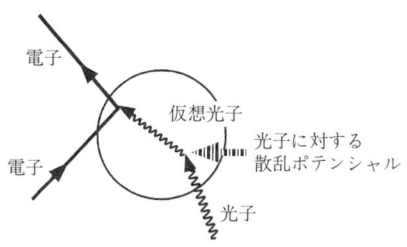

図 2.19 電子と光子の相互作用と近接場光

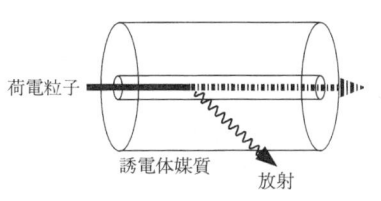

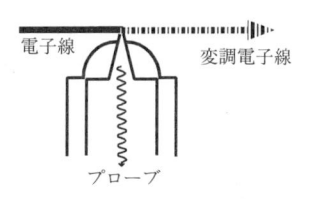

図 2.20 電子と近接場光の種々の相互作用

互作用を通じての電子系の発光過程の研究も進展し，これらは一般に光アシスト電子過程として取り扱うことができる[13]．

電子系に印加された周波数 ω の近接場光の電場は，電子に対する実効的ポテンシャルとして，$V\cos\omega t$ のように電子のハミルトニアン (Hamiltonian) $\hat{\mathcal{H}}$ に重畳され，これが電子波動関数を

$$\hat{U} = e^{-\frac{i}{\hbar}(\hat{\mathcal{H}} + V\cos\omega t)t} \tag{2.303}$$

のように時間発展させ，波動関数の周波数変調をもたらす．これは電子のエネルギー準位が，$\hbar\omega$ のエネルギー間隔のサイドバンドをもつことに相当し，これらの仮想準位を通じての量子遷移や，共鳴的電子過程が起こる (図 2.20 (c))．電磁場の第 2 量子化においてはシュワルツ-ホーラ効果も光アシスト電子過程と見なされる[14]．代表的なものは，サイドバンドを通じての電子の光アシストトンネル過程であり，トンネル接合における発光や多孔質物質からの発光など，光波長以下のスケールの物質構造における光と電子系の相互作用には，近接場光の光アシスト電子過程が含まれていると考えられる．近接場光相互作用として重要なことは，環境系により分散関係の補償が行われるため，自由空間における運動量の選択則に制限されず，種々の効果が期待できることである[2,15]．

2.5.4 近接場光相互作用における準保存則と力学作用

環境を構成する物質系と光との相互作用は，物質系の大きさや形状に複雑に依存し，相互作用過程の一般的取扱いは困難である．しかし，相互作用過程を眺める空間的スケールに応じて準平均場的な取扱いが可能であり，相互作用系の局所的対称性に基づいた準保存則などから相互作用の特徴を記述し理解することができる．環境系に人工ナノ構造を用いれば，さまざまな新機能光電子デバイスが生まれるであろう．

また近年，原子のレーザ冷却や微小物体の光ピンセットなどにおいて光が物質系に及ぼす力学的作用が注目されており，近接場光によるナノ物質の操作はナノ光工学において最も期待される応用の 1 つである．

a. 近接場光相互作用における準保存則と力学作用： 光の力学作用には，物質系の誘起電気分極のエネルギーから導かれる電気的な作用と，磁気的な作用がある．電気的作用は光の運動量の物質系への移行によって，磁気的作用は光の角運動量の電子系の軌道角運動量への移行と電子系の軌道スピン相互作用から生ずる．電気的作用は，誘起分極の電場中のエネルギーの勾配から導かれ，散逸を伴う光の吸収・散乱に伴う運動量移行による散乱力と，誘起分極の位置エネルギーに起因し場の強度勾配に依存する保存力である双極子力に分類される (8.2.1 項参照)．自由空間の波としての光の力学作用で，原子のレーザ冷却や捕獲，微小誘電体球を捕獲する光ピンセットが構成され，高分子や微小生体系の制御などにも応用されている．

近接場光は，物質と結合した電磁場であるから，その場に対する運動量や角運動量

の定義と保存則は近似的なものになり，物質系の形状に強く依存するようになる．それゆえこれらを擬保存量と呼ぶ．たとえば，エバネッセント波などの表面電磁波は，光の分散関係を満足するが，系の並進対称性と関連する保存量である表面に平行な波数ベクトル $k_\parallel$ の大きさは ω/c よりも大きい．このことが近接場光特有の力学効果をもたらす．$k_\parallel$ は電磁場の擬運動量[15,16]に比例するので，たとえば近接場光から光子を吸収した原子は，真空中で同じエネルギーの光子を吸収したときよりも大きな擬運動量を受け取る[2,3]．またエバネッセント波は，擬運動量と垂直方向に指数関数的強度勾配をもち，大きな双極子力を及ぼす．これを利用した原子誘導路なども実現している．自由空間の光では一致する強度勾配と波数方向が，近接場光では直交する．さらに局在した近接場光の場合には，きわめて大きな力学効果を及ぼすことが予想される．また，メゾスコピックな電子系をもつ物質においては，プラズモン共鳴などの効果で力学効果の増強がなされる．

きわめて近距離に置かれた物質系では，外場がなくても，物質系の分極と真空のゆらぎから近接場相互作用が生じ，ファンデルワールス力などが生み出される．近接場光の力学作用は，外部から制御できる分子間力と考えることができる．物質系の制御や微細加工，ミクロな生体の制御など，きわめて幅広い応用が研究されつつある．

もう1つ重要な量は擬角運動量であり，たとえば原子と誘電体表面の近接場光相互作用では，系の回転対称性から表面に垂直な成分の保存則が予測される[17,18]．擬角運動量は，光の磁気的な効果と関連し，磁気光学効果をはじめ，光の角運動量の電子系の軌道角運動量への移行と電子系の軌道-スピン相互作用を通じて，さまざまな応用の可能性をもつ．自由空間の光の場は，円偏光を基底として表現すると，電子系の多重極との相互作用における電子軌道角運動量の昇降演算子 $\hat{l}^\pm$ を与える．通常の光ポンピングにおいては，スピン偏極した光子の角運動量を電子に軌道角運動量として与え，原子内のスピン軌道相互作用（LS 結合）を通じて電子スピンに移った後，ランダムな自然放出過程を利用して平均で0の光の角運動量を捨て，電子スピン偏極を残す．電子スピン制御は，量子効果を最大に生かしたデバイスを生み出す大きな可能性を秘めており，ここでも物質形状の局所的回転対称性を利用した近接場光技術は重要な役割を果たすと考えられる．

2.5.5 近接場光の量子電気力学

a. 近接場光の量子化： ナノメートル領域で機能するデバイスを考えるとき，少数電子からなる量子系と弱い極限の電磁場との相互作用の取扱いが不可欠となり，近接場光の量子論あるいは量子電気力学が必要となる．場の量子化は一般に第2量子化の形式に沿って行われ，運動量空間でのモードにおける生成消滅演算子によって表現される．モード表現は時間に関するフーリエ展開に基づいており，注目する場の量子に対する分散関係が課される．第2量子化の枠組みでは，モード周波数に対応する空間波長の半分より小さい寸法の空間では量子を考えることができない[19]．したがっ

て，第2量子化のもとでの近接場光相互作用は，電磁場のモード関数の一部と電子系の相互作用を通してモード全体の光子が生成消滅される過程である．エバネッセント波をモード関数の一部として含む，異なる誘電体で満たされた2つの半空間からなる電磁場の第2量子化は，いわゆるトリプレットモードを用いて Carniglia と Mandel により最初に導かれた[20]．この方法は，平坦誘電体境界近傍に置かれた原子や分子の発光過程の量子論的取扱いなど，微小散乱体を除けばほぼ均質となる半空間の問題に適用できる．

これに対して，多数の微小な構成要素からなる系において近接場光の量子論を構築するために，系のいくつかの特徴を抽出し，その他の部分自由度をリザーバとして捨象する近似的取扱いもできる．これは注目する相互作用距離における場を特徴づける励起を，電子系と電磁場の結合モードに対応する準粒子あるいは仮想光子として扱うことである．金属におけるプラズモンや，半導体や誘電体における励起子などの素励起が電磁場と結合したモードは，一般にポラリトンと呼ばれている．複雑な形状の物質の近接場光の場合，明確な分散関係で指定されるモードのポラリトンは定義できないが，注目する相互作用の特徴を表す擬似モードとしてポラリトンが導入される．これは，光源から検出器までの全体系を空間的スケールの異なる特徴的な部分系に分け，これを接続して光学系全体の振舞いを記述する近接場光学的取扱いに沿っている．

b. 環境系との相互作用による放射の制御： 注目する電子系と環境系との相互作用を通じて放射場の制御を行うことができ，これを共振器量子電気力学(QED)効果という[21]．フェルミの黄金律によれば，始状態 $|i\rangle$ の量子系の終状態 $|f\rangle$ への時間あたりの遷移確率 P_T は，ポテンシャル演算子 $\hat{T}$ で表される系への摂動がもたらす遷移の行列要素 $\langle f|\hat{T}|i\rangle$ と，終状態モード密度 ρ_f によって

$$P_T = \frac{2\pi}{\hbar}|\langle f|\hat{T}|i\rangle|^2 \cdot \rho_f \tag{2.304}$$

と表され[22]，摂動の強さと同時に終状態モード密度に依存する．光の放射過程では，終状態モード密度に放出光子の可能な行く先のモード密度が含まれ，電磁場モードを環境系との相互作用によって変化させれば，励起電子系の放射遷移確率を制御できる．たとえば，励起原子を損失のきわめて少ない光共振器の中に置けば，共振器内のモードと場の分布および原子の位置によって自然放出寿命や放射の反作用が大きく変化する．開いた空間の場合，電磁場モードは放射に対してきわめて多数の終状態をもつリザーバの役割を果たす．近接場光相互作用は遠方からは観測されないモードが関与するため，広い意味での共振器量子電気力学効果が現れる[23-25]．

c. エバネッセント波を含む電磁場の第2量子化： 平坦誘電体境界を含む系での電磁場の量子化を概観し，検出器や光源の考察から，相互作用にかかわる部分自由度と全体系の接続の問題を明らかにする．

平坦な真空と誘電体の境界をもつ空間でのノーマルモードとして，入射波，反射波，透過波の組からなるカーニグリア-マンデル(Carniglia-Mandel)のトリプレッ

2. 理論的基礎

トモード[20]，あるいはそれぞれの半空間から界面への2つの入射波と1つの外向波をもつ検出器モードなどがある[23,25]．これらのモードは，入射角 α と屈折角 α' に対して，フレネルの関係として導かれる誘電体界面での反射係数 $\mathcal{R}_\mu$ と透過係数 $\mathcal{T}_\mu$

$$\mathcal{R}_\mu = \frac{\cos\alpha - n\cos\alpha'}{\cos\alpha + n\cos\alpha'} \delta_{\mu,\mathrm{TE}} + \frac{n\cos\alpha - \cos\alpha'}{n\cos\alpha + \cos\alpha'} \delta_{\mu,\mathrm{TM}} \tag{2.305}$$

$$\mathcal{T}_\mu = \frac{2\cos\alpha}{\cos\alpha + n\cos\alpha'} \delta_{\mu,\mathrm{TE}} + \frac{2\cos\alpha}{n\cos\alpha + \cos\alpha'} \delta_{\mu,\mathrm{TM}} \tag{2.306}$$

を用いて，入射波，反射波，透過波の3つの平面波をつなぎ合わせて得られる．これらのモードは，その直交性などの性質が明らかにされており，アンギュラスペクトル展開と合わせて，誘電体界面近傍での光の吸収や放射を取り扱うための基礎となり，また場の量子化もこれを基礎として行うことができる．特に，近接場領域での放射においては，全反射の臨界角の外側への放射光をもつモードが，真空中では存在しない余分な放射の終状態となるため，自然放出確率の増大などの，いわゆる広義の共振器量子電気力学効果が生ずる[24,25]．

d. 多重極子と表面との相互作用： 近接場光相互作用の基本的な性質を明らかにする例として，図 2.21 に示すような振動電気双極子 $\boldsymbol{d}\exp(-iKt)$ と平坦な誘電体表面の近接場光相互作用を考える．境界面に垂直に z 軸をとり，$z\geq 0$ の半空間を真空，$z<0$ の半空間を屈折率 n の媒質とする．電気双極子の位置を $z=R$ とする．

簡単のために誘電体表面に垂直な電気双極子を考えれば，放射場のアンギュラスペクトル展開(2.3節参照)は

$$\boldsymbol{E}^d(\boldsymbol{r}) = \frac{iK|\boldsymbol{d}|}{2\pi}\int_{-\pi}^{+\pi}d\beta\int_{C_\pm}d\alpha\sin\alpha\,\boldsymbol{B}(\alpha,\beta)\exp(iK\hat{\boldsymbol{s}}\cdot\boldsymbol{r}) \tag{2.307}$$

$$\boldsymbol{B}(\alpha,\beta) = -\frac{1}{2}\sqrt{\frac{3}{2\pi}}\sin\alpha\,\hat{\boldsymbol{n}} \tag{2.308}$$

である．ここで，単位ベクトル $\hat{\boldsymbol{n}}=\hat{\boldsymbol{n}}(\alpha,\beta)$ は

$$n_x = \cos\alpha\cos\beta, \qquad n_y = \cos\alpha\sin\beta, \qquad n_z = -\sin\alpha \tag{2.309}$$

で定義され，$\exp(iK\hat{\boldsymbol{s}}\cdot\boldsymbol{r})$ と結合して TM 偏光の平面波を表す．

振動電気双極子による放射場はホモジニアス波とエバネッセント波を含むので，誘電体表面の光相互作用は図 2.21 に示す3つの過程に分類される．系の並進対称性から，相互作用において境界面方向の $\boldsymbol{k}_\parallel$ が保存する．

(1) 電気双極子と表面が波長より遠いとき ($KR_z>1$，図 2.21 (a))，誘電体に到達するのはホモジニアス波 ($\pi\geq\alpha>\pi/2$) であり，反射波も同様である．$\boldsymbol{k}_\parallel$ の保存を表すスネル(Snell)の法則 $\sin\alpha = n\sin\alpha'$ より，透過波もホモジニアス波となる ($\pi\geq\alpha'>\alpha'_c$，α'_c：臨界角 $\sin\alpha'_c=1/n$)．

(2) 電気双極子と表面の距離が波長程度のとき ($KR_z\sim 1$，図 2.21 (b))，電気双極子から誘電体にエバネッセント波 ($\alpha=(\pi/2)+i\gamma$，$0\leq\gamma<\gamma_c$) が入射し，反射光もエバネッセント波になる (γ_c は第 2 の臨界角：$\sin[(\pi/2)+i\gamma_c]=n$)．透過光は，臨界角よりも外側に向かうホモジニアス波 ($\alpha'_c\geq\alpha'>\pi/2$) となる．

(3) 電気双極子と表面が波長より近いとき ($KR_z \ll 1$, 図2.21(c)), 電気双極子から誘電体表面にエバネッセント波 ($\alpha = (\pi/2) + i\gamma$, $\gamma_c \leq \gamma < \infty$) が入射する. 誘電体中でもこのような大きい $k_\parallel$ をもつ伝搬光は存在せず, 反射光, 透過法ともにエバネッセント波 ($\alpha' = (\pi/2) + i\gamma'$, $0 \leq \gamma' < \infty$) となる. この過程は, 近接場光相互作用としては重要であるが, 遠方まで伝わる成分をもたないので直接観測されることがない. このため, 遠視野での観測量に対しては, 電気双極子と表面の間の多重散乱過程として繰り込まれるが, 近接場光相互作用を媒介とする電子デバイスなどを考える上では最も注目すべき過程である.

e. **平坦誘電体境界をもつ空間における検出器モード**: ここで, 境界の左側 ($z<0$) からの入射場に対し $\boldsymbol{k}=(k_x, k_y, k_z)$, $k=nK$ 右半空間の外向波に対し $\boldsymbol{K}^{(D)}=(K_x, K_y, -K_z)$ とすれば,

$$k_z + \sqrt{k^2 - k_x^2 - k_y^2}, \qquad K_x = k_x, \qquad K_y = k_y, \qquad K_z = -\sqrt{K^2 - K_x^2 - K_y^2} \quad (2.310)$$

の関係を満たし, $\boldsymbol{k}$ は実ベクトル, $\boldsymbol{K}^{(D)}$ は $K_x^2 + K_y^2 > K^2$ の場合複素数成分をもつ. 同様に右半空間 ($z>0$) からの入射場に対し $\boldsymbol{K}=(K_x, K_y, K_z)$, 左半空間の外向波に対し $\boldsymbol{k}^{(D)}=(k_x, k_y, -k_z)$ である. 境界面上への射映は, $\boldsymbol{k}_\parallel = (k_x, k_y, 0)$, $\boldsymbol{K}_\parallel = (K_x, K_y, 0)$ であり, 境界面に沿った並進対称性から, 擬運動量保存則 $\boldsymbol{k}_\parallel = \boldsymbol{K}_\parallel = \boldsymbol{k}_\parallel^{(D)} = \boldsymbol{K}_\parallel^{(D)}$ を満たす.

R-検出器モードは, トリプレットモードの時間反転と空間反転により導入され,

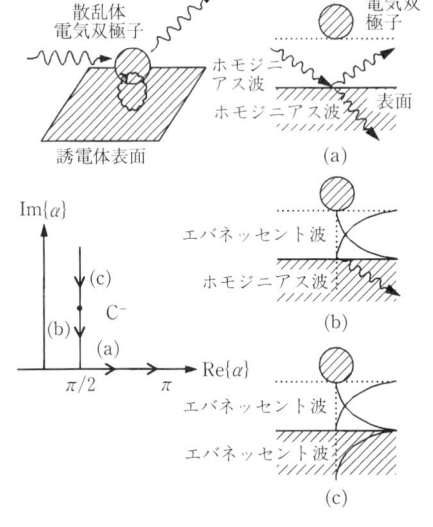

図2.21 電気双極子と誘電体表面の相互作用とエバネッセント波

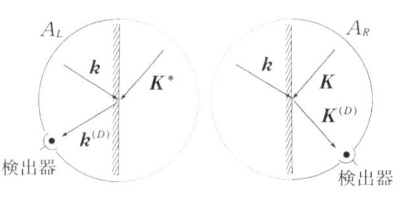

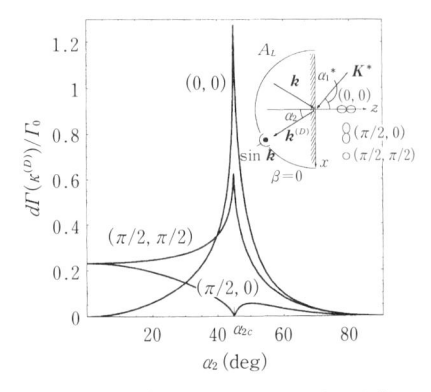

図2.22 R/L-検出器モードと双極子放射

2. 理論的基礎

反射係数 $\mathcal{R}_{R,\mu}$ と透過係数 $\mathcal{T}_{R,\mu}$ で結ばれた入射波 R, T と, $z>0$ への出射波 I により構成される[23,25] (図 2.22),

$$\varepsilon_{DR}(\mathbf{K}^{(D)}, \mu, \mathbf{r}) = \varepsilon_{DR}^{(I)}(\mathbf{K}^{(D)}, \mu, \mathbf{r}) + \varepsilon_{DR}^{(R)}(\mathbf{K}, \mu, \mathbf{r}) + \varepsilon_{DR}^{(T)}(\mathbf{k}, \mu, \mathbf{r}) \tag{2.311}$$

$$\varepsilon_{DR}^{(I)}(\mathbf{K}^{(D)}, \mu, \mathbf{r}) = \frac{1}{\sqrt{2}} \hat{\mathbf{s}}_\mu(\alpha_1, \beta_1) \exp[i K \hat{\mathbf{s}}(\alpha_1, \beta_1) \cdot \mathbf{r}] \quad (z \geq 0)$$

$$= 0 \quad (z < 0) \tag{2.312}$$

$$\varepsilon_{DR}^{(R)}(\mathbf{K}, \mu, \mathbf{r}) = \frac{1}{\sqrt{2}} \hat{\mathbf{s}}_\mu(\alpha'_1, \beta'_1) \mathcal{R}_{R,\mu} \exp[i K \hat{\mathbf{s}}(\alpha'_1, \beta'_1) \cdot \mathbf{r}] \quad (z \geq 0)$$

$$= 0 \quad (z < 0) \tag{2.313}$$

$$\varepsilon_{DR}^{(T)}(\mathbf{K}, \mu, \mathbf{r}) = \frac{1}{\sqrt{2}} \hat{\mathbf{s}}_\mu(\alpha_2, \beta_2) \mathcal{T}_{R,\mu} \exp[i n K \hat{\mathbf{s}}(\alpha_2, \beta_2) \cdot \mathbf{r}] \quad (z < 0)$$

$$= 0 \quad (z \geq 0) \tag{2.314}$$

$\hat{\mathbf{s}}(\alpha_1, \beta_1) = \mathbf{K}^{(D)}/K$, $\hat{\mathbf{s}}(\alpha'_1, \beta'_1) = \mathbf{K}/K$, $\hat{\mathbf{s}}(\alpha_2, \beta_2) = \mathbf{k}/(nK)$ であり, スネルの法則 $\sin \alpha_1 = n \sin \alpha_2$ より, $\beta_1 = \beta_2$, $\alpha'_1 = \pi - \alpha_1$ である. 出射波 $\varepsilon_{DR}^{(I)}$ は遠方に置かれた検出器で観測されるので, $\alpha_1 (0 \leq \alpha_1 < \pi/2)$, $\beta_1 (0 \leq \beta_1 < 2\pi)$, α_2, β_2 は実数である. また, $n \sin \alpha_{2c} = 1, 0 \leq \beta_2 < 2\pi$ として, $0 \leq \alpha_2 < \alpha_{2c}$ である.

同様に, $\mathbf{k}^{(D)}$ を $z<0$ への出射波の波数ベクトルとする L-検出器モードは

$$\varepsilon_{DL}(\mathbf{k}^{(D)}, \mu, \mathbf{r}) = \varepsilon_{DL}^{(I)}(\mathbf{k}^{(D)}, \mu, \mathbf{r}) + \varepsilon_{DL}^{(R)}(\mathbf{k}, \mu, \mathbf{r}) + \varepsilon_{DL}^{(T)}(\mathbf{K}^*, \mu, \mathbf{r}) \tag{2.315}$$

$$\varepsilon_{DL}^{(I)}(\mathbf{k}^{(D)}, \mu, \mathbf{r}) = \frac{1}{\sqrt{2}} \hat{\mathbf{s}}_\mu(\alpha'_2, \beta'_2) \exp[i n K \hat{\mathbf{s}}(\alpha'_2, \beta'_2) \cdot \mathbf{r}] \quad (z < 0)$$

$$= 0 \quad (z \geq 0) \tag{2.316}$$

$$\varepsilon_{DL}^{(R)}(\mathbf{k}, \mu, \mathbf{r}) = \frac{1}{\sqrt{2}} \hat{\mathbf{s}}_\mu(\alpha_2, \beta_2) \mathcal{R}_{L,\mu}^* \exp[i n K \hat{\mathbf{s}}(\alpha_2, \beta_2) \cdot \mathbf{r}] \quad (z < 0)$$

$$= 0 \quad (z \geq 0) \tag{2.317}$$

$$\varepsilon_{DL}^{(T)}(\mathbf{K}^*, \mu, \mathbf{r}) = \frac{1}{\sqrt{2}} \hat{\mathbf{s}}_\mu(\alpha'^*_1, \beta'_1) \mathcal{T}_{L,\mu}^* \exp\{i K \mathbf{s}(\alpha'^*_1, \beta'_1) \cdot \mathbf{r}\} \quad (z \geq 0)$$

$$= 0 \quad (z < 0) \tag{2.318}$$

であり, ここで * は複素共役を表し, $\hat{\mathbf{s}}(\alpha'_2, \beta'_2) = \mathbf{k}^{(D)}/(nK) \alpha'_2 = \pi - \alpha_2$ である. 出射波成分 $\varepsilon_{DL}^{(I)}$ が伝搬波であるとき, α'_2, β_2 は実数である ($\pi/2 < \alpha'_2 \leq \pi, 0 \leq \beta_2 < 2\pi$). スネルの法則から, α_1' は複素数となりうるので, $\varepsilon_{DL}^{(T)}$ は, $(\pi - \alpha_{2c}) < \alpha'_2 \leq \pi$ に対してホモジニアス波, $(\pi/2) < \alpha'_2 \leq (\pi - \alpha_{2c})$ に対してエバネッセント波となる. また, $\sin[(\pi/2) + i\gamma_{1c}] = n$, $\alpha_1 = \pi/2 - i\gamma_1$ として, $0 \leq \gamma_1 < \gamma_{1c}$ である. 反射, 透過係数は, $\mathcal{R}_{L,\mu} = -\mathcal{R}_{R,\mu}$, $\mathcal{T}_{L,\mu} = n(\cos \alpha_2/\cos \alpha_1) \mathcal{T}_{R,\mu}$ の関係をもつ. これらの L と R-検出器モードは, 擬運動量演算子 $-i\hbar\nabla_\parallel$ の固有状態であり, 各成分は $\mu, \mathbf{k}^{(D)}, \mathbf{K}^{(D)}$ に関して直交関係をなす.

f. 検出器モードの第 2 量子化: 偏光が μ, 波数がそれぞれ $\mathbf{k}^{(D)}, \mathbf{K}^{(D)}$ の出射波をもつ検出器モードに対する生成消滅演算子 $\hat{a}_{DL}^\dagger(\mathbf{k}^{(D)}, \mu)$, $\hat{a}_{DL}(\mathbf{k}^{(D)}, \mu)$ および $\hat{a}_{DR}^\dagger(\mathbf{K}^{(D)}, \mu)$, $\hat{a}_{DR}(\mathbf{K}^{(D)}, \mu)$ は, 交換関係

$$[\hat{a}_{DL}(\boldsymbol{k}^{(D)}, \mu), \hat{a}_{DL}^{\dagger}(\boldsymbol{k}'^{(D)}, \mu')] = \delta_{\mu,\mu'}\delta(\boldsymbol{k}^{(D)} - \boldsymbol{k}'^{(D)}) \quad (2.319)$$

$$[\hat{a}_{DR}(\boldsymbol{K}^{(D)}, \mu), \hat{a}_{DR}^{\dagger}(\boldsymbol{K}'^{(D)}, \mu')] = \delta_{\mu,\mu'}\delta(\boldsymbol{K}^{(D)} - \boldsymbol{K}'^{(D)}) \quad (2.320)$$

により与えられ，第2量子化された電場演算子は，

$$\hat{\boldsymbol{E}}(\boldsymbol{r}, t) = \frac{1}{(2\pi)^{3/2}} \sum_{\mu=\text{TE}}^{\text{TM}} \left(\frac{\hbar K}{\varepsilon_0}\right)^{1/2}$$
$$\times \left\{ \int_{(-k_z)<0} d^3k^{(D)} [\hat{a}_{DL}(\boldsymbol{k}^{(D)}, \mu)\boldsymbol{\varepsilon}_{DL}(\boldsymbol{k}^{(D)}, \mu, \boldsymbol{r}) e^{-iKt} + \text{H.c.}] \right.$$
$$\left. + \int_{(-K_z)>0} d^3K^{(D)} [\hat{a}_{DR}(\boldsymbol{K}^{(D)}, \mu)\boldsymbol{\varepsilon}_{DR}(\boldsymbol{K}^{(D)}, \mu, \boldsymbol{r}) e^{-iKt} + \text{H.c.}] \right\} \quad (2.321)$$

と表される[25]．H.c.はエルミート共役を表す．ここで積分は以下のとおりである．

$$\int_{(-k_z)<0} d^3k^{(D)} = \int_{-\infty}^{\infty}\int_{-\infty}^{\infty}\int_{-\infty}^{0} dk_x dk_y d(-k_z) = \int_{k_z>0} d^3k$$

$$\int_{(-K_z)>0} d^3K^{(D)} = \int_{-\infty}^{\infty}\int_{-\infty}^{\infty}\int_{-\infty}^{0} dK_x dK_y d(-K_z) = \int_{K_z>0} d^3k$$

ハミルトニアン $\hat{\mathcal{H}}$，光子数演算子 $\hat{\mathcal{N}}$，擬運動量演算子 $\hat{\mathcal{P}}_{\parallel}$ は

$$\hat{Q} = \int_{(-k_z)<0} d^3k^{(D)} \sum_{\mu=\text{TE}}^{\text{TM}} q \hat{a}_{DL}^{\dagger}(\boldsymbol{k}^{(D)}, \mu)\hat{a}_{DL}(\boldsymbol{k}^{(D)}, \mu)$$
$$+ \int_{(-K_z)>0} d^3K^{(D)} \sum_{\mu=\text{TE}}^{\text{TM}} q \hat{a}_{DR}^{\dagger}(\boldsymbol{K}^{(D)}, \mu)\hat{a}_{DR}(\boldsymbol{K}^{(D)}, \mu) \quad (2.322)$$

とおけば，$\hat{Q}=\hat{\mathcal{H}}$ に対して $q=\hbar K$，$\hat{Q}=\hat{\mathcal{P}}_{\parallel}$ に対して $q=\hbar \boldsymbol{k}_{\parallel}^{(D)}$，$\hat{Q}=\hat{\mathcal{N}}$ に対して $q=1$ で与えられる．ここで $\boldsymbol{k}_{\parallel}^{(D)} = \boldsymbol{K}_{\parallel}$ である．エネルギー，擬運動量，光子数に対する固有状態は，真空 $|0\rangle$ に生成演算子 $\hat{a}_{DL}^{\dagger}(\boldsymbol{k}^{(D)}, \mu)$ と $\hat{a}_{DR}^{\dagger}(\boldsymbol{K}^{(D)}, \mu)$ を作用させて得られ，$\hbar K$ のエネルギー固有値をもつ1光子状態は $|D, 1(\boldsymbol{k}^{(D)}, \mu)\rangle = \hat{a}_{DL}^{\dagger}(\boldsymbol{k}^{(D)}, \mu)|0\rangle$，$|D, 1(\boldsymbol{K}^{(D)}, \mu)\rangle = \hat{a}_{DR}^{\dagger}(\boldsymbol{K}^{(D)}, \mu)|0\rangle$ である．

g. 検出器モードと放射の制御： 検出器モードの第2量子化を用いて，平坦誘電体近傍における2準位原子の多重極放射を扱い，広義の共振器量子電気力学効果を考察する[25]．

原子と電磁場との相互作用演算子は

$$\hat{V}(t) = -(e/m)\hat{\boldsymbol{p}} \cdot \hat{\boldsymbol{A}}(\boldsymbol{r}_0 + \boldsymbol{R}, t) \quad (2.323)$$

であり，ここで $\hat{\boldsymbol{p}}, e, m$ は，電子の運動量，電荷，質量である．$\boldsymbol{R}=(X, Y, Z)$ は原子核の位置，$\boldsymbol{r}_0$ は原子核に対する電子の相対位置である．ベクトルポテンシャル $\hat{\boldsymbol{A}}$ は，

$$\hat{\boldsymbol{A}}(\boldsymbol{r}, t) = \frac{-i}{(2\pi)^{3/2}} \sum_{\mu=\text{TE}}^{\text{TM}} \left(\frac{\hbar}{K\epsilon_0}\right)^{1/2}$$
$$\times \left\{ \int_{K_z^{(D)}>0} d^3K^{(D)} [\hat{a}_{DR}(\boldsymbol{K})^{(D)}, \mu)\boldsymbol{\varepsilon}_{DR}(\boldsymbol{K}^{(D)}, \mu, \boldsymbol{r}) e^{-iKt} - \text{H.c.}] \right.$$
$$\left. + \int_{k_z^{(D)}>0} d^3k^{(D)} [\hat{a}_{DL}(\boldsymbol{k}^{(D)}, \mu)\boldsymbol{\varepsilon}_{DL}(\boldsymbol{k}^{(D)}, \mu, \boldsymbol{r}) e^{-iKt} - \text{H.c.}] \right\} \quad (2.324)$$

で与えられ，$\hat{\boldsymbol{A}}$ の負周波数部分が1次摂動の範囲で光子の放出を表す．

原子の励起状態と基底状態を $|\psi_i\rangle, |\psi_f\rangle$，原子2準位系の共鳴周波数を ω_0 とすれ

ば，相互作用の遷移行列要素 $V_{fi}(t)=V_{fi}\exp[-i(\omega_0-K)t]$ の時間に依存しない振幅は，$\boldsymbol{K}^{(D)}, \mu, Z>0$ に対して

$$V_{fi}=\frac{e}{im}\left[\frac{\hbar}{(2\pi)^3K\varepsilon_0}\right]^{1/2}[\langle\psi_f|\hat{\boldsymbol{p}}\cdot[\boldsymbol{\varepsilon}_{DR}^{(I)}(\boldsymbol{K}^{(D)},\mu,\boldsymbol{r}_0)]^*|\psi_i\rangle\exp(-i\boldsymbol{K}^{(D)}\cdot\boldsymbol{R}) \qquad (2.325)$$
$$+\langle\psi_f|\hat{\boldsymbol{p}}\cdot[\boldsymbol{\varepsilon}_{DR}^{(R)}(\boldsymbol{K}^{(D)},\mu,\boldsymbol{r}_0)]^*|\psi_i\rangle\exp(-i\boldsymbol{K}\cdot\boldsymbol{R})]$$

また，$\boldsymbol{k}^{(D)}, \mu, Z>0$ に対して

$$V_{fi}=\frac{e}{im}\left[\frac{\hbar}{(2\pi)^3K\varepsilon_0}\right]^{1/2}\langle\psi_f|\hat{\boldsymbol{p}}\cdot[\boldsymbol{\varepsilon}_{DL}^{(T)}(\boldsymbol{k}^{(D)},\mu,\boldsymbol{r}_0)]^*|\psi_i\rangle\exp(-i\boldsymbol{K}\cdot\boldsymbol{R}) \qquad (2.326)$$

と与えられる．フェルミ (Fermi) の黄金律によれば，$i\to f$ に対応する単一光子放射遷移確率 $d\Gamma$ は，

$$d\Gamma=\frac{2\pi}{\hbar^2}|V_{fi}|^2\delta(\omega_0-K)d\rho(K) \qquad (2.327)$$

であり，終状態モード密度 $d\rho(K)$ に依存する．検出器モードでは終状態モード密度が単純な表式で与えられる．

$$d\rho(K)=d^3\boldsymbol{K}^{(D)}=K^2dKd\Omega(\alpha_1,\beta_1) \qquad (z>0) \qquad (2.328)$$
$$d\rho(k)=d^3\boldsymbol{k}^{(D)}=n^3K^2dKd\Omega(\alpha_2',\beta_2) \qquad (z<0) \qquad (2.329)$$

図 2.22 に検出器モードで計算された双極子放射強度の角分布を規格化した値で示した．最も注目すべき成分は，原子のエバネッセント波を通じての放射であり，出射波は誘電体中の臨界角より外側の角度に放射される．原子の分極を多重極展開し，遷移確率を K で積分すれば，誘電体中への電気双極子放射遷移確率は，

$$d\Gamma(\boldsymbol{\kappa}^{(D)},\mu)=\left(\frac{2\pi n^3K^2}{\hbar^2}\right)|\boldsymbol{d}_{fi}^{(T)}(\mu)\cdot\boldsymbol{E}_M(\boldsymbol{k}^{(D)},\mu,\boldsymbol{R}^{(T)})|^2d\Omega(\boldsymbol{\kappa}^{(D)}) \qquad (2.330)$$

と与えられ，近接場光効果による自然放出確率の増大を表す．ここで誘電体側からみた電気双極子は，$\xi=-K_z/k_z$ とおけば，誘電体で埋められた全空間の位置 $\boldsymbol{R}^{(T)}=(X, Y, \xi Z)$ に置いた等価電気双極子 $\boldsymbol{d}_{fi}^{(T)}(\mu)=\langle\varphi_f|\boldsymbol{d}^{(T)}(\mu)|\varphi_i\rangle$ と同等で，$\boldsymbol{d}^{(T)}=ne(\xi x_0, \xi y_0, z_0)$ を用いてあらわに書けば

$$\boldsymbol{d}^{(T)}(\mathrm{TE})=\frac{1}{\xi}\left(\frac{2K_z}{K_z-k_z}\right)\boldsymbol{d}, \qquad \boldsymbol{d}^{(T)}(\mathrm{TM})=\frac{1}{\xi}\left(\frac{2nK_z}{n^2K_z-k_z}\right)\boldsymbol{d}^{(T)} \qquad (2.331)$$

に相当し，検出器モードを用いると，このような古典論と対応する解釈ができる．

(堀　裕和)

文　献

1) M. Ohtsu and H. Hori : Near-Field Nano-Optics (Kluwer Academic/Plenum Publishers, 1999).
2) 堀　裕和：応用物理, **70** (2001), 976-982.
3) H. Hori : M. Ohtsu (ed.), Optical and Electronic Processes of Nano-Matters (KTK Scientific Publishers/Kluwer Academic Publishers, 2001), 1-55.
4) 岩渕修一：メゾスコピック系の物理 (丸善, 1998).
5) 髙原淳一，小林哲朗：応用物理, **68** (1999), 673-678.
6) 張紀久夫ほか：日本物理学会誌, **52** (1997), 343-349.

7) K. Cho : *Prog. Theor. Phys. Suppl.*, **106** (1991), 225-233.
8) R. P. Feymman : Quantum Electrodynamics (Benjamin/Cummings, Reading, 1961).
9) H. Hori : D. W. Pohl and D. Courjon (eds.), Near Field Optics, NATO-ASI Series E, Vol. 242 (Kluwer Academic Publishers, 1993), 105-114.
10) G. Traldo di Francia : *Nuovo Cimento*, **06** (1960), 61-77.
11) H. Schwarz and H. Hora : *Appl. Phys. Lett.*, **15** (1969), 349-351.
12) J. Bae *et al.* : *Appl. Phys. Lett.*, **76** (2000), 2292-2294.
13) P. K. Tien and J. P. Gordon : *Phys. Rev.*, **129** (1962), 647-651.
14) H. Hora and P. H. Handel : *Adv. Electron. Electron. Phys.*, **69** (1987), 55-113.
15) R. Peierls : More Surprise in Theoretical Physics (Princeton University Press, 1991), Sec. 2.4-2.6.
16) D. F. Nelson : *Phys. Rev.*, **A44** (1991), 3985-3996.
17) H. Hori *et al.* : The 1st Asia-Pascific Workshop on Near-Field Optics, Seoul (1996), 49.
18) Y. Ohdaira *et al.* : *J. Microsc.*, **202** (2001), 255-260.
19) L. Mandel : *Phys. Rev.*, **144** (1966), 1071-1077.
20) C. K. Carniglia and L. Mandel : *Phys. Rev.*, **D3** (1971), 280-296.
21) P. R. Berman ed. : Cavity Quantum Electrodynamics (Academic Press, 1994).
22) R. P. Feynman : Theory of Fundamental Processes (Benjamin/Cummings, Reading, 1962).
23) W. Lukosz and R. E. Kunz : *J. Opt. Soc. Amer.*, **67** (1977), 1607-1615, 1615-1503.
24) V. V. Klimovand V. S. Letokhov : *Opt. Commun.*, **122** (1996), 155-162.
25) T. Inoue and H. Hori : *Phys. Rev.*, **A63** (2001), 063805-1-16.

2.6　表面プラズモンの基礎

2.6.1　表面プラズモンとは

　表面プラズモン (surface plasmon) は，固体物理学的には表面プラズモンポラリトン (surface plasmon polariton) と呼ぶのが正しい呼び方である．固体中には，プラズモン，フォノン，エキシトンなどのいわゆる素励起[1,2]が存在する．特に，プラズモンは自由電子の集団振動であり，電子密度が平面波の形で伝搬するものであり，金属や半導体中に存在する．素励起には電荷の振動が伴っており，それにより電磁場の振動が誘起される．電磁場の振動は，電荷に力を及ぼし電荷の振動に影響を与える．したがって，電荷の振動と電磁場の振動は切り離せるものではなく，互いに結合したものといえる．このように，素励起と電磁場の振動の結合したものを，ポラリトンと呼ぶ[2]．プラズモン，フォノン，エキシトンと電磁場が結合したものを，プラズモンポラリトン，フォノンポラリトン，エキシトンポラリトンと呼ぶ．

　固体中でのポラリトンは，平面波の形で伝搬するが，表面のある系では事情が異なってくる．表面のある系では，表面での境界条件を満たすようなポラリトンが発生する[3,4]．そのようなポラリトンは，表面ポラリトンと呼ばれ，通常は表面から遠ざかると振幅が減衰するような近接場を伴う．ここでは，表面プラズモンポラリトン (surface plasmon polariton : SPP) の基本的性質について述べる．厳密には表面プラズモンポラリトンと呼ぶ方が正確であるが，以下では適宜ポラリトンを省略し，単に表面プラズモンと呼ぶことにする．ただし，必要に応じてポラリトンも用いる．

2.6.2 伝搬型の表面プラズモン

a. 自由電子金属のプラズマ振動と誘電関数: 金属の最も大きな特徴は，自由に動き回る自由電子が多数存在することである．金属の簡単なモデルとしてドルーデ(Drude)モデル[5]を考える．これは，一様に正の電荷が分布した海の中に，自由電子が密度n(個/cm^3)で存在するというモデルである．何らかの原因で電子の分布に偏りができたとすると，クーロン力の作用で電子の分布をもとに戻そうとする力(復元力)が働く．電子は，もとの状態に戻ろうとするが，行き過ぎて平衡状態を通り過ぎてしまう．そうすると，また復元力が働くが，また平衡状態を通り過ぎてしまう．このようなことを繰り返すと，自由電子の密度に振動が生じる．このような自由電子の集団的な振動は，プラズモンと呼ばれる．バルク金属中のプラズモンは，自由電子の粗密波であり，平面波として伝搬する．

金属の光学的性質を考える際に重要となる，長波長(波数≈0)のプラズモンの振動数つまり，プラズマ振動数は，簡単な運動方程式から導出され[5]，

$$\omega_p = \left(\frac{4\pi n e^2}{m}\right)^{1/2} \tag{2.332}$$

で与えられる．ここで，mは電子の質量，eは電荷である．固体の光学的応答を論じる際には，誘電関数が必要不可欠であるが，ドルーデモデルに対しては，

$$\varepsilon(\omega) = 1 - \frac{\omega_p^2}{\omega^2 + i\Gamma\omega} \tag{2.333}$$

が導かれる．ここで，Γはプラズマ振動の減衰を決定する減衰定数である．現実の金属では，自由電子のほかに束縛電子の影響も考慮する必要があるが，定性的な議論の際には，式(2.333)が非常に有効である．

一般に$\varepsilon(\omega)$は複素数であるが，簡単化のため式(2.333)のΓを無視すると，$\varepsilon(\omega)$は実数となり，$\omega < \omega_p$で負の値をとることがわかる．$\omega < \omega_p$の領域では，電磁波は金属内に入り込むことはできず，振幅が減衰してしまう．このとき，光の反射率Rは，$R=1$となり，全反射になることが導かれる[5]．

b. 表面プラズモンの分散関係[6,7]: 図2.23のように，誘電関数$\varepsilon(\omega)$の金属と誘電率ε_mの媒質の2次元界面を考察する．ただし，以下の議論は金属に限らず，プラズモン以外のポラリトンについても成立する．$\varepsilon(\omega)<0$の条件下で図のような界面には，界面に沿って伝搬する表面プラズモンポラリトンが存在する．表面プラズモンポラリトンに付随する電磁場は，TM波(transverse magnetic wave)であることが知られている．媒質中($z>0$)および金属中($z<0$)の電磁場の形を以下のように仮定し，境界条件を適用することにより，表面プラズモンの分散関係を求めてみる．

$$z>0 \quad \begin{aligned} \boldsymbol{E}_0 &= (E_{0x}, 0, E_{0z})e^{ik_{0z}z}e^{i(k_{0x}x-\omega t)} \\ \boldsymbol{H}_0 &= (0, H_{0y}, 0)e^{ik_{0z}z}e^{i(k_{0x}x-\omega t)} \end{aligned} \right\} \tag{2.334}$$

$$z<0 \quad \begin{aligned} \boldsymbol{E}_1 &= (E_{1x}, 0, E_{1z})e^{-ik_{1z}z}e^{i(k_{1x}x-\omega t)} \\ \boldsymbol{H}_1 &= (0, H_{1y}, 0)e^{-ik_{1z}z}e^{i(k_{1x}x-\omega t)} \end{aligned} \right\} \tag{2.335}$$

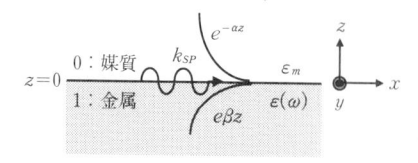

図 2.23 金属-媒質2次元界面の表面プラズモン

TM波とは，図2.23の座標系で磁場が y 成分しかもたないような波のことである。このとき，電場および磁場はマックスウェル方程式を満たし，それぞれの成分が互いに関係づけられる。式 (2.334)，(2.335) に，$z=0$ での境界条件 $E_{0x}=E_{1x}$, $H_{0y}=H_{1y}$（電場と磁場の接線成分の連続性），$\varepsilon_m E_{0z}=\varepsilon(\omega)E_{1z}$（電束密度の法線成分の連続性）を適用する。そうすると，

$$k_{SP}=k_{1x}=k_{0x}=\frac{\omega}{c}\left[\frac{\varepsilon_m\varepsilon(\omega)}{\varepsilon_m+\varepsilon(\omega)}\right]^{1/2} \tag{2.336}$$

が導かれる。また，k_{0z} と k_{1z} は，

$$k_{0z}=\left[\varepsilon_m\left(\frac{\omega}{c}\right)^2-k_{SP}^2\right]^{1/2} \tag{2.337}$$

$$k_{1z}=\left[\varepsilon(\omega)\left(\frac{\omega}{c}\right)^2-k_{SP}^2\right]^{1/2} \tag{2.338}$$

で与えられる。

$\varepsilon(\omega)$ は実数で，$\varepsilon(\omega)<0$ で，しかも，$|\varepsilon(\omega)|>\varepsilon_m$ であると仮定する。このとき，式 (2.336) の平方根の内部は正となり，k_{SP} は実数となる。式 (2.337)，(2.338) の平方根の内部は負となる。正の実数 α と β によって $k_{0z}=i\alpha$, $k_{1z}=i\beta$ と書くと，式 (2.334)，(2.335) の $e^{ik_{0z}z}$，$e^{ik_{1z}z}$ の因子はそれぞれ，$e^{-\alpha z}(z>0)$ および $e^{\beta z}(z<0)$ の形になる。これらのことより，結局式 (2.334)，(2.335) で表現される電磁場は，界面に沿っては平面波的に伝搬するが，表面から遠ざかるに従って振幅が指数関数的に減衰するエバネッセント波 (evanescent wave) であることがわかる。式 (2.336) の k_{SP} は，表面プラズモンの波数であり，式 (2.336) は波数と周波数 ω の関係，つまり分散関係を与える。一般には，$\varepsilon(\omega)$ は複素数であり，k_{SP} も複素数となる。表面プラズモンは x 方向に伝搬しながら減衰するが，k_{SP} の虚数部が減衰を与え，表面プラズモンの伝搬長は，$1/2\,\mathrm{Im}(k_{SP})$ で与えられる。物理的には，自由電子の運動はジュール (Joule) 熱を発生させ，エネルギー損失を生じることが減衰の原因である。媒質および金属中での z 方向の電磁場の減衰の度合いは，α と β によって決定される。電磁場の侵入深さは，$1/2\alpha$ と $1/2\beta$ で与えられる。

ドルーデモデルの誘電関数式 (2.333) を式 (2.336) に代入すると，

$$k_{SP}=\frac{\omega}{c}\sqrt{\varepsilon_m}\left(\frac{\omega^2-\omega_p^2}{(\varepsilon_m+1)\omega^2-\omega_p^2}\right)^{1/2} \tag{2.339}$$

が得られる。この分散関係を図示したものが，図2.24である。この図から，表面プラズモンの分散曲線は2つの漸近線をもつことがわかる。1つは，式 (2.339) で $\omega\to 0$ として求まるように，$k_x=(\omega/c)\sqrt{\varepsilon_m}$ の直線である。これは light line と呼ばれるものである。図2.23の界面に光が媒質側から入射角 θ で入射するとき，光の波数ベクトルの x 成分は $k_x=(\omega/c)\sqrt{\varepsilon_m}\sin\theta$ で与えられる。これが，光の分散関係である

2. 理論的基礎   89

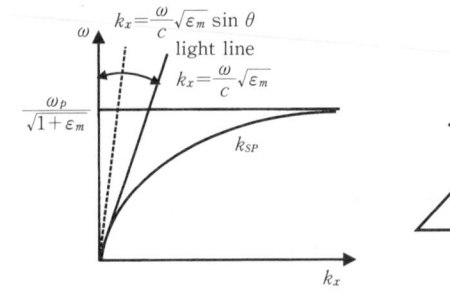

図 2.24 表面プラズモンの分散曲線   図 2.25 プリズム底面での反射と屈折

が，図上で常に light line の左側にくる．それに対して，表面プラズモンの分散曲線は常に light line の右側にくる．もう1つの漸近線は，$k_{SP} \to \infty$ として得られる $\omega = \omega_p/\sqrt{1+\varepsilon_m}$ の直線である．表面プラズモンの分散曲線は常にこの直線の下側にあり，これは当然 $\varepsilon(\omega) < 0$ の領域内である．

光で表面プラズモンを励起するためには，光の位相速度と表面プラズモンの位相速度が一致しなければならない．分散関係上では，x 方向の位相速度は $v_{ph} = \omega/k_x$ で与えられるので，位相速度が一致するためには，光の分散曲線と表面プラズモンの分散曲線が交点をもつ必要がある．ところが，図からわかるように媒質側から単純に入射した光の分散曲線はどのような入射角でも表面プラズモンの分散曲線と交点をもたず，表面プラズモンを励起することは不可能である．したがって，表面プラズモンを励起するには，何らかの工夫が必要になる．2 次元界面の表面プラズモンは光と直接結合できないところから，非放射的モード (nonradiative mode) であるといわれる．

c. 全反射減衰法による表面プラズモンの励起[6,7]：

(1) 全反射によって誘起されるエバネッセント場： 表面プラズモンを励起する簡便な方法として，全反射減衰法 (attenuated total reflection method : ATR 法) が存在する．ATR 法の説明の準備として，図 2.25 のように誘電率 ε_m の媒質中に置かれた誘電率 ε_p のプリズムに入射する光を考える（ただし，$\varepsilon_p > \varepsilon_m$ とする）．入射光を平面波として，波数ベクトルを $\boldsymbol{k}_i = (k_{ix}, 0, k_{iz})$ とすると，入射角が θ のとき波数ベクトルの x 成分は，$k_{ix} = (\omega/c)\sqrt{\varepsilon_p}\sin\theta$ で与えられる．入射角が全反射の臨界角より小さければ，屈折光が媒質側に出ていく．屈折角を χ とし，屈折光の波数ベクトルを $\boldsymbol{k}_r = (k_{rx}, 0, k_{rz})$ とすると $k_{rx} = (\omega/c)\sqrt{\varepsilon_m}\sin\chi$ である．このとき，スネルの法則は，波数ベクトルの x 成分の連続性 $k_{ix} = k_{rx}$ から $\sqrt{\varepsilon_p}\sin\theta = \sqrt{\varepsilon_m}\sin\chi$ と書ける．$\chi = 90°$ に相当する入射角が全反射の臨界角となり，$\theta_c = \sin^{-1}\sqrt{\varepsilon_m/\varepsilon_p}$ で与えられる．

$\theta > \theta_c$ で全反射が起こるが，このときプリズム底面の外側には電磁場は存在しないのであろうか．否，そうではなくて，実は底面に沿って伝搬し底面から遠ざかるに従って指数関数的に減衰するエバネッセント波が誘起される．$\theta > \theta_c$ でも波数ベクト

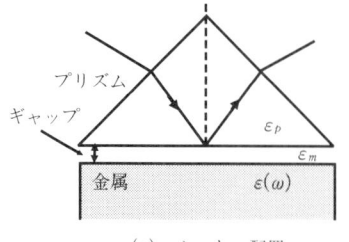

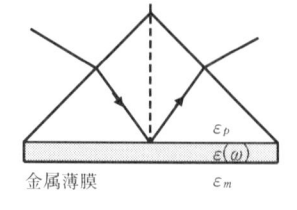

(a) オットー配置　　　　　　　(b) クレッチマン配置

図 2.26　全反射減衰法 (ATR 法) の実験配置

ルの x 成分は連続で，$k_{rx}=k_{ix}=(\omega/c)\sqrt{\varepsilon_p}\sin\theta$ で与えられる．さらに，媒質中では $k_{rx}^2+k_{rz}^2=(\omega/c)^2\varepsilon_m$ が成立するので，$k_{rz}=(\omega/c)\sqrt{\varepsilon_m-\varepsilon_p\sin^2\theta}$ が導かれる．$\theta>\theta_c$ では，$\sin^2\theta>(\varepsilon_m/\varepsilon_p)$ であるので，右辺の平方根内は負の数となる．つまり，平方根は純虚数となり，$\gamma=(\omega/c)\sqrt{\varepsilon_p\sin^2\theta-\varepsilon_m}$ とすると，$k_{rz}=i\gamma$ となる．結局プリズム底面の外側の媒質内で電磁場は，$e^{-\gamma z}e^{i(k_{rx}x-\omega t)}$ の位相項をもつことになる．これは，電磁場が底面に沿って伝搬し，底面から遠ざかるにつれ

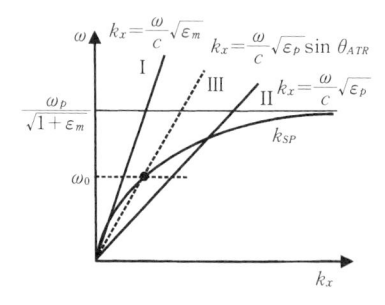

図 2.27　オットー配置での表面プラズモン励起

指数関数的に減衰するものになっていることを表している．底面からのしみ出しの度合いは，γ の値によって決まる．ポインティングベクトルを計算すると，確かにエネルギーの流れは z 方向にはないことがわかるが，光の場がプリズム底面からしみ出しているわけである．このようなしみ出し光は，表面プラズモンの励起に限らず，近接場光学で頻繁に応用されている．

(2) ATR 法による表面プラズモン励起のメカニズム：　前述のように，単純に金属表面に光を入射しただけでは表面プラズモンは励起できない．しかし，全反射に伴うしみ出し光を用いると，うまく励起できる．代表的な実験配置としては，図 2.26 のように (a) のオットー (Otto) 配置，(b) のクレッチマン (Kretschmann) 配置が存在する．オットー配置では，プリズム底面と金属表面の間に適当な厚さのギャップ層を設ける．クレッチマン配置では，プリズム底面に適当な膜厚の金属薄膜を直接密着させる．以下に，それぞれの配置で，どのようにして表面プラズモンが励起されるのかを，分散関係を用いて説明する．

図 2.27 に，オットー配置でギャップ層の誘電率を ε_m (ただし $\varepsilon_m<\varepsilon_p$ である) とした場合の，プリズム底面からしみ出すエバネッセント光の分散曲線および金属とギャップ層界面の表面プラズモンの分散曲線を示す．実験的には，入射光の波長を固

定しておいて入射角を変化させる θ 走査法と，入射角を固定しておいて波長を変化させる λ 走査法の 2 通りが存在する．まず，θ 走査法について考察する．入射角が全反射の臨界角のとき，しみ出し光の分散曲線は，$k_x=(\omega/c)\sqrt{\varepsilon_p}\sin\theta_c=(\omega/c)\sqrt{\varepsilon_m}$ である．これは，図中の直線Iである．また，$\theta=90°$のときには，$k_x=(\omega/c)\sqrt{\varepsilon_p}$ となり，これは図中の直線IIである．したがって，入射角を臨界角 θ_c から 90°まで変化させると，しみ出し光の分散曲線は，直線Iから直線IIまで変化することになる．今，入射光の波長を λ_0 (角周波数を ω_0) とすると，θ を走査することによって，しみ出し光の (k_x,ω) 点は，$\omega=\omega_0$ の直線上を移動することになる．このとき，ある角度 $\theta=\theta_{ATR}$ でしみ出し光の分散曲線と表面プラズモンの分散曲線が交点をもつ．この点で，しみ出したエバネッセント波と表面プラズモンの位相速度が一致し，エバネッセント波によって表面プラズモンが共鳴励起されることになる．図 2.28 (a)のように，反射光強度を入射角の関数として観測すると，本来全反射領域なので反射率は 1 のはずであるが，表面プラズモンが励起されると入射光のエネルギーが表面プラズモンに奪われて，反射光強度が下がる．これが，全反射減衰法と呼ばれる理由である．

λ 走査法の場合には，たとえば入射角を $\theta=\theta_{ATR}$ に固定したとする．このとき，しみ出し光の分散曲線は，$k_x=(\omega/c)\sqrt{\varepsilon_p}\sin\theta_{ATR}$ で与えられ，これは図中の直線IIIである．波長(周波数)を走査すると，しみ出し光の (k_x,ω) 点は直線IIIの上を移動する．このときも，しみ出し光の分散曲線と表面プラズモンの分散曲線が交点をもち，両者の位相速度が一致する．したがって，表面プラズモンが励起され，図 2.28 (b)のように λ のスペクトル(分光スペクトル)上に反射率の落ち込みが観測される．

次に，図 2.26 (b)のクレッチマン配置での表面プラズモン励起について考える．このとき，表面プラズモンとしてはプリズム-金属界面を伝搬するもの，金属-媒質界面を伝搬するものの 2 通りが存在する．金属薄膜が十分厚い場合には，2 つの表面プラズモンの相互作用は無視してよく，独立なものとして伝搬する．図 2.29 にそれぞれの分散曲線を示す．さて，クレッチマン配置ではこれらの 2 つの表面プラズモンのうちどちらが励起されるのであろうか．一般に金属の誘電率には虚数部が存在するので，金属内では光は減衰しながら伝搬する．しかし，金属内部でも波数ベクトルの x

(a) θ 走査法　　　　　(b) λ 走査法

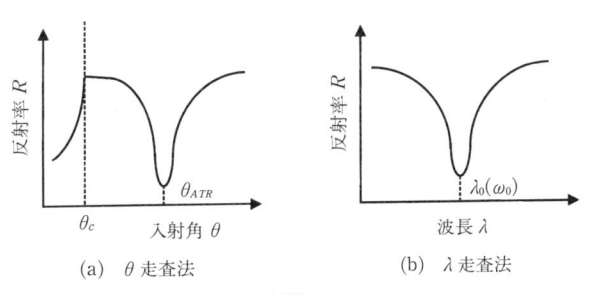

図 2.28　ATR スペクトル

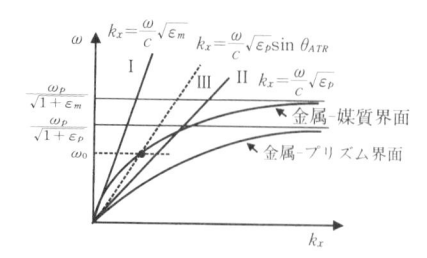

図 2.29　クレッチマン配置での表面プラズモン励起

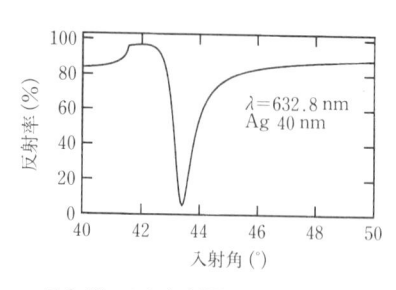

図 2.30　θ 走査 ATR スペクトルの例

成分の実数部は，$k_x = (\omega/c)\sqrt{\varepsilon_p}\sin\theta$ で与えられる．したがって，入射角を θ_c から 90°まで変化させると，オットー配置のときと同様に，入射光の分散曲線は直線 I から直線 II まで変化する．θ 走査，λ 走査を行ったときの，入射光の (k_x, ω) 点の移動は，オットー配置の場合と全く同じである．ところが，図からわかるように，金属-媒質界面の表面プラズモンの分

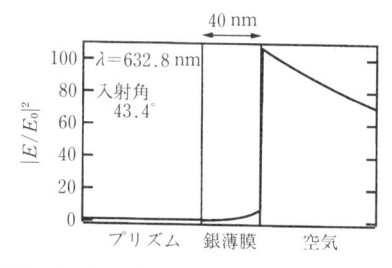

図 2.31　表面プラズモン励起時の電場強度分布

散曲線は入射光の分散曲線と交点をもつが，プリズム-金属界面の表面プラズモンの分散曲線は交点をもたない．したがって，クレッチマン配置では金属-媒質界面の表面プラズモンのみが励起されることが結論される．表面プラズモンが励起されたときに，反射率が落ち込むことは，オットー配置と全く同じで，図 2.28 のようなスペクトルが観測される．

(3)　ATR スペクトルと電磁場の増強効果：　ATR 配置での反射スペクトル，つまり ATR スペクトルは電磁気学的な計算で求めることができる．多層膜系を仮定し，フレネル (Fresnel) の反射係数を用いればよい．図 2.30 は，プリズム底面に銀薄膜が蒸着されたクレッチマン配置について計算した θ 走査の場合の ATR スペクトルである．計算には，入射光として He-Ne レーザの 632.8 nm の発振線を仮定し，プリズムは BK-7 ($\varepsilon_m = 2.295$)，媒質は空気であるとした．銀の膜厚は 40 nm とし，誘電率には文献値 ($\varepsilon(\omega) = -15.905 + i1.075$) を用いた．図にみられるように，全反射の臨界角 41.3°以上の領域に鋭い反射率の落ち込みが現れる．この落ち込みが表面プラズモンの励起に対応する．通常このような計算スペクトルと実験で得られるスペクトルは比較的よく一致する．ただし，薄膜の誘電率は膜質によって変化するので，落ち込みの角度，深さ，幅などはある程度変化する．

図 2.31 は，入射角を ATR スペクトルの落ち込みの角度 (43.4°) に固定し，プリズム，銀薄膜，空気の各場所での電場強度を計算した結果である．縦軸は，各地点での

電場の絶対値の2乗を入射光の電場の絶対値の2乗で割ったものである.図から注目すべきことは,銀-空気界面に非常に強い電場が誘起されていることである.入射光の電場強度の100倍以上にも増強されていることがわかる.

上述のような電場の増強は,表面プラズモン励起の著しい特徴であり,近接場光学で非常に重要な意味をもってくる.たとえば,金属表面に分子が吸着していると,分子は増強された電場を感じ,種々の光学応答が増強されて現れる.表面増強ラマン散乱はこのような増強現象の典型的な例である.

d. 周期構造および表面粗さによる表面プラズモンの励起[7]: 前述のように,平坦な金属表面に光を入射しても表面プラズモンは励起できない.これは,入射光の波動ベクトルの表面に沿った成分 k_{ix} が,いかなる入射角にしても,表面プラズモンの波数 k_{SP} に一致しないからであった.ところが,表面に凹凸の周期構造や表面粗さがある場合には,表面プラズモンの励起が可能になる.図2.32のように金属表面上に周期構造があったとする.ここでは,簡単のために1次元の周期構造,つまりグレーティングを仮定する.周期が a の場合,対応する逆格子は,$g_n=(2\pi/a)n$ ($n=0,\pm 1,\pm 2,\cdots$) で与えられる.通常の光の回折と同様に,波動ベクトル $\boldsymbol{k}_i$ で光が入射し,波動ベクトル $\boldsymbol{k}_d$ の回折光が生じたとすると,表面に沿った成分の保存則が成立し,

$$k_{dx}=k_{ix}+g_n=\frac{\omega}{c}\sqrt{\varepsilon_m}\sin\theta+\frac{2\pi}{a}n \tag{2.340}$$

となる.図2.33に示したように,$k_{dx}=k_{SP}$ の条件が満たされると,表面プラズモンが励起される.したがって,周期 a,入射角,入射光の波長をうまく選ぶと,単に表面に光を入射するだけで表面プラズモンを励起することが可能となる.2次元的な周期構造の場合には,式(2.340)に類似の2次元ベクトルの保存則を考える必要がある.

実際の金属表面は完全に平坦ではなく,必ず凹凸をもっている.この凹凸は,ランダムなものであるが,フーリエ(Fourier)変換の考え方を適用すると,さまざまな周

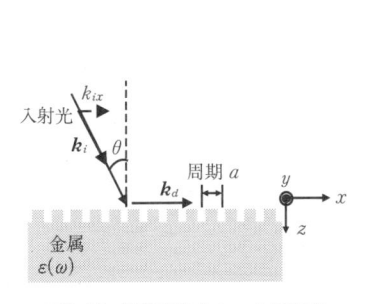

図 2.32 周期構造をもつ金属表面

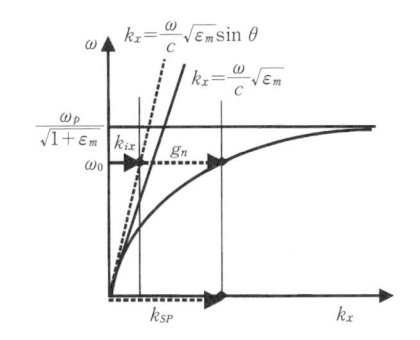

図 2.33 1次元グレーティングを介した表面プラズモンの励起

期をもつ周期関数の重ね合せとしてとらえることができる．つまり，凹凸表面は連続的に変化する波数 k_{rough} によってスペクトル分解される．周期構造の場合と同様に，粗い表面に光が入射すると，式(2.340)と同様の保存則が成立する．ただし，g_n の代わりに k_{rough} が k_{ix} に加えられることになる．k_{rough} は広範囲の値をとりうるので，やはり $k_{dx} = k_{SP}$ の条件が満たされて，表面プラズモンが励起できることになる．一般的には，k_{rough} は2次元のベクトルになり，式(2.340)も2次元的に考える必要がある．

上述の考え方は，あくまでも周期構造の深さや表面凹凸の深さが十分小さい場合のみに適用される．周期構造の深さや表面凹凸が深くなると，表面プラズモンは大きな摂動を受け，分散関係や寿命が変化することに注意しなければならない．

e. 薄膜の表面プラズモン（長距離伝搬モード）[6,7]： クレッチマン配置で表面プラズモンの励起を考察した際には，2つの界面に存在する表面プラズモン間の相互作用は無視した．しかし，金属薄膜が十分薄くなると，2つの表面プラズモンに結合が生じ，対称モードおよび非対称モードと呼ばれるモードが生じる．これらのモードの諸特性は，膜厚に強く依存する．

図2.34のように，膜厚 d，誘電関数が $\varepsilon(\omega)$ の金属薄膜が誘電率 ε_m の媒質に挟まれている場合を考える．このような系に対して，b項と同様な取扱いをすると，以下の2つの分散関係が求まる．

$$\omega_+ \text{モード}: \quad \tanh\left(\frac{k_{1z}d}{2i}\right) = -\frac{\varepsilon(\omega)k_{2z}}{\varepsilon_m k_{1z}} \quad (2.341)$$

$$\omega_- \text{モード}: \quad \coth\left(\frac{k_{1z}d}{2i}\right) = -\frac{\varepsilon(\omega)k_{2z}}{\varepsilon_m k_{1z}} \quad (2.342)$$

ただし，$k_{1z} = \sqrt{\varepsilon(\omega)(\omega/c)^2 - k_x^2}$，$k_{2z} = \sqrt{\varepsilon_m(\omega/c)^2 - k_x^2}$ である．式(2.341)，(2.342)を満たすような k_x，つまり k_{SP} を求めると，分散関係が得られる．図2.35は，それぞれのモードの分散曲線を模式的に描いたものである．

ω_+ モードは非対称モード，ω_- モードは対称モードと呼ばれる．これは，これらのモードに付随する表面電荷分布あるいは電場分布が，図2.34の $z=0$ の面に対して非対称あるいは対称となるからである．非対称モードは，対称モードあるいは単一界

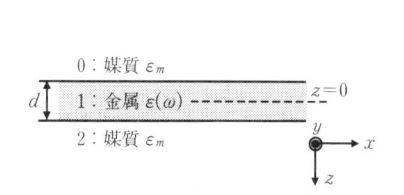

図2.34 媒質に挟まれた金属薄膜 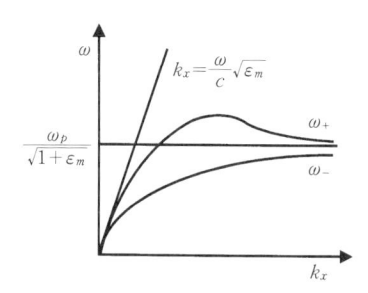　　図2.35 金属薄膜の非対称モードと対称モード

面での表面プラズモンに比較して,伝搬長が長いことが知られている.したがって,このモードは長距離伝搬モード (long-range mode) とも呼ばれる.非対称モードのポインティングベクトルの分布は,金属膜の外側,つまり損失のない媒質内で大きな値をもっている.それにより,伝搬時の損失が少なく長距離伝搬が可能となる.長距離伝搬モードが励起されると,表面近傍の電場の増強度は単一界面のモードに比べて大きくなる.したがって,長距離伝搬モードの近接場光学への応用が非常に有効となる.長距離伝搬モードは,オットー配置で励起することができる.

2.6.3 局在型の表面プラズモン

a. 球形微粒子の表面ポラリトン[8-10]: 2.6.2項では,2次元界面に沿って伝搬する表面プラズモンについて考察したが,金属微粒子でも表面プラズモンが存在する.微粒子は,3次元的に有限な系であるので,表面プラズモンは微粒子に局在するものとなる.以下では,球形の微粒子を仮定し,任意の半径について成り立つ電磁波の遅延効果を取り入れた扱いと,半径が光の波長に比べて十分小さい場合の遅延効果を無視した取扱いについて述べる.

図2.36のように,誘電率 ε_m の媒質中に置かれた誘電関数 $\varepsilon(\omega)$ をもつ半径 R の球形粒子を考える.この粒子の表面ポラリトンモードを電磁気学的に考察するためには,マックスウェル方程式を満たし,球表面での境界条件を満たす電磁場の解を求めなければならない.半径が光の波長と同程度あるいは波長より大きいときには,電磁応答の時間遅れ,つまり遅延効果を無視できず,マックスウェル方程式のすべての組を考慮しなければならない.球内外の電場,磁場は,マックスウェル方程式から導かれるヘルムホルツ (Helmholtz) 方程式,

$$\Delta \boldsymbol{E} + k^2 \boldsymbol{E} = 0 \qquad (2.343)$$
$$\Delta \boldsymbol{H} + k^2 \boldsymbol{H} = 0 \qquad (2.344)$$

を満たさなければならない.ただし,k は球の内側で $k_i = (\omega/c)\sqrt{\varepsilon(\omega)}$,外側で $k_o = (\omega/c)\sqrt{\varepsilon_m}$ である.数学的には,上のヘルムホルツ方程式の解は,以下のスカラ方程式の解から求まることがわかっている.

$$\Delta \varphi + k^2 \varphi = 0 \qquad (2.345)$$

極座標系 (r, θ, ϕ) を用いると,式 (2.345) の解は,

$$\varphi_{lm} = z_{lm}(kr) Y_{lm}(\theta, \phi), \qquad l = 1, 2, \cdots,$$
$$m = 0, \pm 1, \cdots, \pm l \qquad (2.346)$$

のように書ける.ここで,$z_{lm}(kr)$ は球ベッセル関数または球ハンケル関数である.また,$Y_{lm}(\theta, \phi)$ は球面調和関数である.式 (2.346) の解を使うと,ヘルムホルツ方程式の解として,以下の2つのものが導かれる.

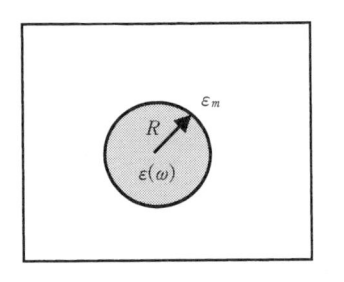

図2.36 媒質中の球形微粒子

$$\boldsymbol{M}_{lm} = \mathrm{rot}(\boldsymbol{r}\varphi_{lm}) \tag{2.347}$$

$$\boldsymbol{N}_{lm} = \frac{1}{k}\mathrm{rot}\,\boldsymbol{M}_{lm} \tag{2.348}$$

ここで，$\boldsymbol{r}$ は単位ベクトルである．このとき，$\boldsymbol{M}_{lm}=(1/k)\mathrm{rot}\,\boldsymbol{N}_{lm}$ が成立する．式 (2.346)，(2.347) の解に，電磁場を対応させる際には 2 通りの選択があり，それぞれ，

TE モード： $\boldsymbol{E} \propto \boldsymbol{M}_{lm},\ \boldsymbol{H} \propto \boldsymbol{N}_{lm}$

TM モード： $\boldsymbol{E} \propto \boldsymbol{N}_{lm},\ \boldsymbol{H} \propto \boldsymbol{M}_{lm}$

のようになる．TE, TM モードの意味は後ほど明らかになる．

まず TM モードの電磁場について考察する．A_{lm} を係数として，$\boldsymbol{E} = A_{lm}\boldsymbol{N}_{lm}$ とすると，磁場はマックスウェル方程式より，$\boldsymbol{H} = -iA_{lm}k(c/\omega)\boldsymbol{M}_{lm}$ となる．式 (2.346) を考慮して，球内外の電場，磁場の成分を書き下す．球の内部で，

$$E_r^i = A_{lm}^i \frac{l(l+1)}{k_i r} j_l(k_i r) Y_{lm} \tag{2.349a}$$

$$E_\theta^i = A_{lm}^i \frac{1}{k_i r}[k_i r j_l(k_i r)]' \frac{\partial Y_{lm}}{\partial \theta} \tag{2.349b}$$

$$E_\phi^i = A_{lm}^i \frac{im}{k_i r \sin\theta}[k_i r j_l(k_i r)]' Y_{lm} \tag{2.349c}$$

$$H_r^i = 0 \tag{2.350a}$$

$$H_\theta^i = A_{lm}^i \sqrt{\varepsilon(\omega)} \frac{m}{\sin\theta} j_l(k_i r) Y_{lm} \tag{2.350b}$$

$$H_\phi^i = iA_{lm}^i \sqrt{\varepsilon(\omega)} j_l(k_i r) \frac{\partial Y_{lm}}{\partial \theta} \tag{2.350c}$$

を得る．球の外部では，

$$E_r^o = A_{lm}^o \frac{l(l+1)}{k_o r} h_l(k_o r) Y_{lm} \tag{2.351a}$$

$$E_\theta^o = A_{lm}^o \frac{1}{k_o r}[k_o r h_l(k_o r)]' \frac{\partial Y_{lm}}{\partial \theta} \tag{2.351b}$$

$$E_\phi^o = A_{lm}^o \frac{im}{k_o r \sin\theta}[k_o r h_l(k_o r)]' Y_{lm} \tag{2.351c}$$

$$H_r^o = 0 \tag{2.352a}$$

$$H_\theta^o = A_{lm}^o \sqrt{\varepsilon_m} \frac{m}{\sin\theta} h_l(k_o r) Y_{lm} \tag{2.352b}$$

$$H_\phi^o = iA_{lm}^o \sqrt{\varepsilon_m} h_l(k_o r) \frac{\partial Y_{lm}}{\partial \theta} \tag{2.352c}$$

を得る．ここで注意するのは，TM モードの場合には，$H_r^i = H_r^o = 0$ となることである．つまり，磁場の動径成分が 0 となるようなモードが TM モードである．同様に，TE モードでは，電場の動径成分が 0 となる．

球表面 $r = R$ での境界条件を適用すると，

$$A_{lm}^i \frac{1}{k_i R}[k_i R j_l(k_i R)]' = A_{lm}^o \frac{1}{k_o R}[k_o R j_l(k_o R)]' \tag{2.353}$$

$$A_{lm}^i \sqrt{\varepsilon(\omega)} j_l(k_i R) = A_{lm}^o \sqrt{\varepsilon_m} h_l(k_o R) \tag{2.354}$$

を得る。係数 A_{lm}^i と A_{lm}^o が 0 でない解をもつための条件として,

$$\varepsilon_m h_l(k_o R)[k_i R j_l(k_i R)]' - \varepsilon(\omega) j_l(k_i R)[k_o R h_l(k_o R)]' = 0 \quad (2.355)$$

が出てくる。これが,TM モードの周波数を与える式である。TE モードに対しても全く同様の取扱いをすることにより,

$$j_l(k_i R)[k_o R h_l(k_o R)]' - h_l(k_o R)[k_i R j_l(k_i R)]' = 0 \quad (2.356)$$

を得ることができる。

以上からわかるように,球粒子のポラリトンモードは平面波ではなく球関数で表されるようなモードであり,次数 lm で区別される離散的なものになる。式 (2.355),(2.356) を解いて求まる ω_l は,$\varepsilon(\omega)$ がたとえ実数であっても複素数となる。これは,これらのモードが有限の寿命をもっていることに対応しており,モードの減衰は電磁波の放射によって生じる。したがって,球粒子のポラリトンモードは放射的モード (radiative mode) であり,光と直接結合することができる。放射的モードは,通常の光の吸収や散乱のスペクトル測定で観測にかかる。この点が2次元表面上のポラリトンモードと大きく異なる点である。球が波長に比べて十分大きい場合には,電磁波が球内を全反射を繰り返して巡回するという描像が成り立つ。これにより,球のモードはしばしば WG モード (whispering gallery mode) と呼ばれている。後述するように,TE, TM モードのうち,TM モードの方が小さい球の表面モードに対応する。

b. ミー散乱との関連性[8-10]: 球粒子1個に光(平面波)が入射した場合の,散乱および吸収の断面積は,ミー (Mie) 理論によって与えられる。散乱断面積 (scattering cross section) σ_s と吸収断面積 (absorption cross section) σ_a を足し合わせた減光断面積 (extinction cross section) σ_e は,

$$\sigma_e = \sigma_s + \sigma_a = -\frac{2}{(k_o R)^2} \sum_{l=1}^{\infty} (2l+1) \operatorname{Re}(a_l + b_l) \quad (2.357)$$

のように書ける。ここで,a_l と b_l は,ミー係数であり,それぞれ,

$$a_l = -\frac{j_l(k_i R)[k_o R j_l(k_o R)]' - j_l(k_o R)[k_i R j_l(k_i R)]'}{j_l(k_i R)[k_o R h_l(k_o R)]' - h_l(k_o R)[k_i R j_l(k_i R)]'} \quad (2.358)$$

$$b_l = -\frac{\varepsilon_m j_l(k_o R)[k_i R j_l(k_i R)]' - \varepsilon(\omega) j_l(k_i R)[k_o R j_l(k_o R)]'}{\varepsilon_m h_l(k_o R)[k_i R j_l(k_i R)]' - \varepsilon(\omega) j_l(k_i R)[k_o R h_l(k_o R)]'} \quad (2.359)$$

で与えられる。一般に,減光断面積はミー係数が大きな値をとるとき,つまり式 (2.358), (2.359) の分母が 0 に近づいたときに共鳴ピークを示す。ここで注意したいのは,(a_l の分母)=0 はまさに式 (2.356),(b_l の分母)=0 は式 (2.355) に一致するということである。したがって,光散乱や光吸収の共鳴ピークは,球のポラリトンモードが励起されたときに現れるといえる。a_l の極は TE モード,b_l の極は TM モードの励起に対応する。

c. 小さい球の表面モード(表面プラズモン)[8,9,11]: 微粒子が光の波長に比べて十分に小さいとき,電磁波の遅延効果は無視でき,静電近似で取り扱うことができる。このとき,マックスウェル方程式の時間に依存する項をすべて 0 とおいてよい。div $\boldsymbol{D}=0$, rot $\boldsymbol{E}=0$ および $\boldsymbol{D}=\boldsymbol{E}+4\pi\boldsymbol{P}$ から,微粒子には,

(a) div $\boldsymbol{P}=0$, $\varepsilon(\omega)=\infty$（横モード）
(b) rot $\boldsymbol{P}=0$, $\varepsilon(\omega)=0$（縦モード）
(c) div $\boldsymbol{P}=0$, rot $\boldsymbol{P}=0$（表面モード）

の3つのタイプのモードが存在することがわかる．横モード，縦モードはバルクのものと類似のものであるが，(c)の表面モードが微粒子に特有のモードとなる．表面モードの電場を求める問題は，球内外で以下のラプラス(Laplace)方程式を満たすポテンシャル Φ を求める問題に帰着される．

$$\Delta \Phi = 0 \tag{2.360}$$

この方程式の球内部で発散しない解は，

$$\Phi_{lm}^{i} = A_{lm} r^{l} Y_{lm}(\theta, \phi), \qquad l=1, 2, \cdots, \quad m=0, \pm 1, \cdots, \pm l \tag{2.361}$$

と書ける．同様に，球外部での解は，

$$\Phi_{lm}^{o} = B_{lm} r^{-(l+1)} Y_{lm}(\theta, \phi), \qquad l=1, 2, \cdots, \quad m=0, \pm 1, \cdots, \pm l \tag{2.362}$$

である．$\boldsymbol{E}=-\mathrm{grad}\,\Phi$ により球内外の電場を求め，$r=R$ での境界条件を適用すると，

$$\varepsilon(\omega_{l}) = -\varepsilon_{m}\left(\frac{l}{l+1}\right), \qquad l=1, 2, \cdots \tag{2.363}$$

が得られる．これが，小さい球の表面モードの周波数を与える式となる．この式は，式(2.355)中の球ベッセル関数および球ハンケル関数の $kR \to 0$ の極限をとることによっても導かれる．つまり小さい球の表面モードは，大きい球のTMモードの極限になっている．式(2.363)の右辺は負の値をとるので，微粒子の表面モードも $\varepsilon(\omega)<0$ の周波数領域に現れることになる．

式(2.363)に式(2.332)の誘電関数(ただし，$\Gamma=0$)を代入すると，金属球の表面モード，つまり表面プラズモンの周波数が求まり，

$$\omega_{SP}^{l} = \frac{\omega_{p}}{\sqrt{1+\dfrac{l+1}{l}\varepsilon_{m}}} \tag{2.364}$$

が得られる．$l=1$ のときは，$\omega_{p}/\sqrt{1+2\varepsilon_{m}}$，$l=\infty$ のときは，$\omega_{p}/\sqrt{1+\varepsilon_{m}}$ となり，表面プラズモンの周波数はこれらの間に離散的に存在することになる．また，媒質の誘電率が大きくなると，表面プラズモンの周波数は低周波数側にシフトすることもわかる．

式(2.361)と $\boldsymbol{E}=-\mathrm{grad}\,\Phi$ からわかるように，l 次の表面モードに付随する電場や分極は，球内部で r^{l-1} に比例する．特に $l=1$ の最低次のモードは，球が一様に分極するモードで，フレーリッヒ(Fröhlich)モードと呼ばれている．l が大きくなるにつれて，電場や分極は表面付近に局在するようになる．球の外部には，$r^{-(l+2)}$ に比例して減衰する，近接場が存在する．十分小さい球の光学応答では，振動子強度の最も大きいフレーリッヒモードが支配的になる．

図2.37は，SiO_2 中に埋め込まれた Ag 球粒子のフレーリッヒモードが励起された

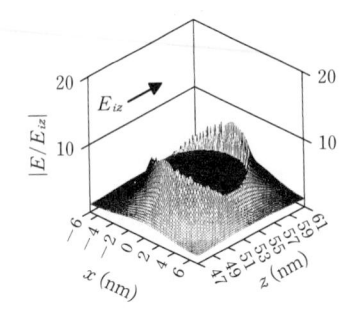

図 2.37 Ag 粒子のフレーリッヒモード励起時の電場分布

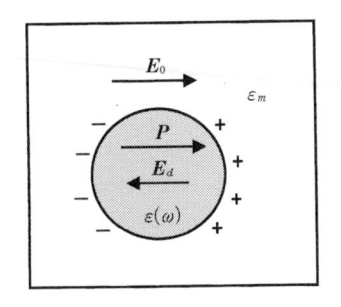

図 2.38 一様に分極した微小球と反分極電場

場合の,球内外の電場分布を計算した結果である.球の中心は,$(x, y, z)=(0 \text{ nm}, 0 \text{ nm}, 55 \text{ nm})$ の位置にあり,励起電場は z 方向である.中心を通る x-z 平面内での電場分布 ($|E|$) を励起電場 ($|E_{iz}|$) で規格化して示している.球表面では,励起電場の10倍にも増強された近接場が存在することがみてとれる.微粒子の系でも,表面プラズモン励起に伴うこのような近接場の増強効果を,さまざまに応用することが可能である.

　十分小さい球の表面モードの周波数が,なぜバルクのモードと異なった周波数をとるのかは,一様電場下での球の分極の様子を考察することにより,定性的に理解できる.図2.38のように,一様な電場(ただし,$e^{-i\omega t}$ で振動している)が球に印加されたとする.球内に一様な分極 P が誘起されたとすると,それに伴って表面電荷が誘起される.このとき,表面電荷によって分極を打ち消す方向に,反分極電場 E_d がつくられる.反分極電場は,反分極係数 L によって,$E_d = -4\pi L P$ で与えられる.球の場合,$L=1/3$ である.外部電場,反分極電場を考慮して,球内の分極を計算すると,

$$P = \frac{3}{4\pi} \left[\frac{\varepsilon(\omega) - \varepsilon_m}{\varepsilon(\omega) + 2\varepsilon_m} \right] E_o \tag{2.365}$$

が得られる.右辺の分母が0に近づくと,分極は共鳴的に増大する.分母$=0$の条件は,フレーリッヒモードの条件,$\varepsilon(\omega) = -2\varepsilon_m$ に一致する.これらのことにより,球の共鳴周波数は,表面電荷に起因する反分極電場によって決定されていることがわかる.表面電荷の大きさは媒質の ε_m にも依存するので,共鳴周波数も ε_m に依存して変化する.

　反分極係数は,微粒子の形状によって異なる.楕円体の微粒子の場合は,主軸の方向に対応した反分極係数 $L_j (j=1, 2, 3)$ が存在する.それぞれの主軸方向に分極するフレーリッヒモードの周波数は異なり,次式で与えられる.

$$\varepsilon(\omega_j) = -\varepsilon_m \left(\frac{1}{L_j} - 1 \right) \tag{2.366}$$

2.6.4 金属微粒子-金属表面系のギャップモード[12]

近接場光学顕微鏡や，走査型トンネル電子顕微鏡などでは，金属の鋭いプローブを金属表面に近づけて像形成を行う．このようなとき，金属先端の局在型の表面プラズモンと金属表面の伝搬型の表面プラズモンの相互作用が問題となってくる．プローブと表面の距離が十分に小さいと，相互作用の結果，プローブ直下の非常に狭い空間に，大きく増強された電場が誘起されることがわかっている．プローブの形状は，現実には複雑なものであるが，しばしば球で近似される．したがって，金属表面の極近傍に金属球が置かれた系の解析が必要となってくる．

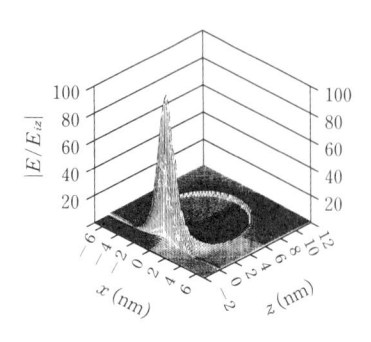

図 2.39 Ag 粒子-Al 表面ギャップモード励起時の電場分布

金属球の半径および金属球と表面の間の距離が十分に小さい場合，粒子-表面の系の電磁場は，静電近似で取り扱うことができる．

図 2.39 は，Ag 球粒子が Al 表面の極近傍に置かれたときに誘起される，電場の分布の1例を示している．これは，静電近似を用いて計算したものである．媒質としては，SiO_2 を仮定している．Al は $z<0$ の領域を占めており，$R=4.5$ nm の Ag 粒子が 0.3 nm のギャップを隔てて Al の上に存在している．この系での共鳴周波数は，Ag 孤立球のフレーリッヒモードの周波数よりも低周波数側にシフトし，粒子-表面間の距離が小さくなるほど，大きくシフトする．図の結果は，シフトした粒子-表面系の共鳴周波数で得られたものである．図からわかるように，球粒子直下のギャップのところに，強く局在した電場が誘起されていることがわかる．図の例では，励起電場の約 100 倍に増強されていることがわかる．このようなギャップに強く局在した電磁場モードを，ギャップモードと呼んでいる．ギャップモードに付随する増強した電場も，さまざまに応用できる．

(林　真至)

文　献

1) D. Pines: Elementary Excitations in Solids (W. A. Benjamin, 1963).
2) 中嶋貞雄編：物性II—素励起の物理，岩波講座 現代物理学の基礎8 (岩波書店，1972).
3) V. M. Agranovich and D. L. Mills (eds.): Surface Polaritons (North-Holland Publishing Company, 1982).
4) A. D. Boardman (ed.): Electromagnetic Surface Modes (John Wiley & Sons, 1982).
5) F. Wooten: Optical Properties of Solids (Academic Press, 1972), 52.
6) A. Otto: B. O. Seraphin (ed.), Optical Properties of Solids, New Developments (North-Holland Publishing Company, 1976), 677.
7) H. Reather: Surface Plasmons on Smooth and Rough Surfaces and on Gratings, Springer Tracts in Modern Physics, Vol. 111 (Springer-Verlag, 1988).
8) R. Ruppin: A. D. Boardman (ed.), Electromagnetic Surface Modes (John Wiley & Sons,

1982), 345.
9) S. Hayashi : *Jpn. J. Appl. Phys.*, **23**-6 (1984), 665-676.
10) C. F. Bohren and D. R. Huffman : Absorption and Scattering of Light by Small Particles (John Wiley & Sons, 1983).
11) U. Kreibig and M. Vollmer : U. Gonser *et al*. (eds.), Optical Properties of Metal Clusters, Springer Series in Material Science (Springer-Verlag, 1995).
12) S. Hayashi : Spectroscopy of gap modes in metal-particle-surface systems. S. Kawata *et al*. (eds.), Near-Field Optics and Surface Plasmon Polariton (Springer-Verlag, 2001).

2.7 近接場光の力学的作用

現在，近接場光を高分解能に測定しようとする努力が精力的に進められている．具体的には，光照射により物質に誘起された分極がその近傍につくる電磁場，すなわち，物質近傍に局在する光(エバネッセント光)を検出し，回折限界をこえる高分解能な光学顕微鏡を実現しようとする試みが行われている．エバネッセント光の検出は，その場の中に先端の鋭いプローブを挿入し，散乱によってエバネッセント光を伝搬光に変換し，その光強度を測定することで行われてきた．プローブとしては，先鋭化が容易で，散乱光を効率よく導波・集光できる光ファイバや散乱効率の高い金属プローブが用いられている．しかし，従来の方式では，プローブ先端の先鋭化と光検出感度の向上は限界にきており，原子分解能(0.2 nm 以下)を実現するには，新しい検出方法の開発によるブレークスルーが求められている．最近，筆者(菅原)らは，エバネッセント光と物質との局所的な電磁相互作用によって生じる微弱な力をとらえるという，新しい概念の走査型近接場光学顕微鏡について研究を行っている[1,2]．具体的には，エバネッセント場の中に半導体プローブを挿入し，半導体表面近傍に電子-正孔対を生成させ，その結果生じる半導体プローブの表面電位(光起電力)の変化を力として検出しようとするものである．ここでは，その新しい測定原理について紹介する．

2.7.1 力によるエバネッセント光の検出原理

半導体プローブを用いて，エバネッセント光を力として検出するための概念を図 2.40 に示す[1]．図 2.40 において，左側が試料を載せるプリズムであり，右側が半導体プローブである．プリズム背面からレーザ光を入射し，プリズム表面で全反射させることでエバネッセント光をプリズム表面に発生させる．まず，このエバネッセント光の領域に半導体プローブを挿入すると，なぜ半導体プローブに力が作用するのかを考える．

半導体結晶の内部原子は3次元的な配列をしているが，表面原子は結合手が切断されているので，表面で3次元的な構造が消失し，2次元的な配列に変わっている．したがって，表面結合手(不対電子)は他より電子を受け入れる余地がある．このように，半導体表面には電子が占めることのできる固有のエネルギー状態(表面状態)が

ある．n型半導体を例にとって考えると，伝導帯にある表面近傍の自由電子は，この表面状態に落ち込み，表面近傍では自由電子が抜けたためにドナーの正イオンが優越する(空乏層領域)．この表面状態に落ち込んだ電子とドナーの正イオンとで電気2重層が形成され，エネルギーバンドは表面に向かって上へ曲がる．

このようなエネルギーバンド構造をもつ半導体プローブをエバネッセント光の中に挿入すれば，散乱によって変換された伝搬光がプローブに入射する．半導体プローブに強度(フォトン束)I_0の光が入射したとすると，表面からの距離zでの光強度$I(z)$は，吸収係数をαとすれば，

$$I(z) = I_0 \exp(-\alpha z) \tag{2.367}$$

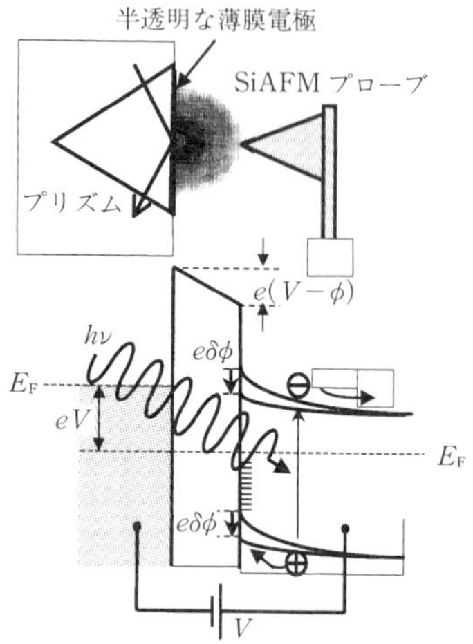

で与えられ，吸収された光によって空乏層領域内に電子-正孔対が生成される．単位時間，単位体積あたりに生成する電子-正孔対の数Gは，上式より

$$G = \alpha I(z) = \alpha I_0 \exp(-\alpha z) \tag{2.368}$$

で与えられるから，空乏層領域全体で積分すると(空乏層の幅をdとする)，単位時間，単位体積あたりの電子-正孔対の生成数は，

$$G' = \int_0^d \alpha I_0 \exp(-\alpha z) dz = I_0 \{1 - \exp(-\alpha d)\} \tag{2.369}$$

となる．このようにして生成した電子-正孔対は，光電流として半導体中を流れる．n型半導体では表面のバンドは上に曲がっているため，生成した電子はプローブ内部へ，正孔は表面に向かって移動する．このためプローブ表面には正孔が累積し，バンドの曲がりは$\delta\phi$だけ緩和される(表面光起電力)．これは半導体に順バイアスをかけた状態に相当し，順方向に電流が流れる．表面光起電力$|\delta\phi|$は，光電流と順バイアスによる電流がつり合う状態で決まるので，その条件は

$$J\left\{\exp\left(\frac{e|\delta\phi|}{k_B T}\right) - 1\right\} = eI_0\{1 - \exp(-\alpha d)\} \tag{2.370}$$

である．ここで，k_Bはボルツマン定数，Tは絶対温度，eは電荷素量，Jは電子や正孔の拡散距離によって決まる定数である．この式から$|\delta\phi|$を求めると

$$\begin{aligned}|\delta\phi| &= \frac{k_B T}{e}\ln\left\{\left(1 + \frac{eI_0}{J}\right) - \frac{eI_0}{J}\exp(-\alpha d)\right\} \\ &\approx \frac{k_B T}{e}\ln\left(1 + \frac{eI_0}{J}\right)\end{aligned} \tag{2.371}$$

となる．この式より，表面光起電力$|\delta\phi|$は，入射光強度I_0の増加に従って，ほぼ対数関数的に増加し飽和することがわかる．

図2.40 力によるエバネッセント光の検出原理

2. 理論的基礎

図2.40に示すように，プリズムの全反射表面に設けている光学的にほぼ透明な極薄電極(参照電極[3])と半導体プローブとの間にバイアス電圧 V を印加した場合，プローブ-表面間の接触電位差を ϕ とすれば，プローブ-試料表面間の電位差は，光入射がない場合には $V-\phi$ となり，光入射がある場合には表面光起電力成分 $\delta\phi$ だけ変化し，$V-\phi-\delta\phi$ に変化する．したがって，半導体プローブに働く力は次式で与えられる．

$$\begin{aligned}F_{\text{total}} &= F_{\text{vdW}} - \frac{1}{2}\frac{\partial C}{\partial z}\{(V-\phi)-\delta\phi\}^2 \\ &= F_{\text{vdW}} - \frac{1}{2}\frac{\partial C}{\partial z}(V-\phi)^2 + \frac{\partial C}{\partial z}(V-\phi)\delta\phi - \frac{1}{2}\frac{\partial C}{\partial z}\delta\phi^2 \quad (2.372)\end{aligned}$$

ここで，F_{vdW} はファンデルワールス力を表している．C および z は，プローブと参照電極との間の静電容量および距離である．上式において，表面光起電力 $\delta\phi$ を含む第3項と第4項が，エバネッセント光の影響を含む項となる．したがって，上式の第3項あるいは第4項から，表面光起電力 $\delta\phi$ 成分だけを純粋に抽出できれば，半導体プローブを用いてエバネッセント光を力として検出することが可能となる．なお，このようなエバネッセント光の検出原理は，見方を変えれば，非常に微小なフォトダイオード(ショットキー型)がプローブ先端に設けられていると見なすことができる．ただし，その出力はフォトダイオードのように光起電力や光電流ではなく，力である点が異なる．

次に，式(2.372)の第3項あるいは第4項から，表面光起電力 $\delta\phi$ 成分だけを抽出する方法について考えてみる．式(2.372)をみるとわかるように，第3項あるいは第4項には，$\partial C/\partial z$ や $V-\phi$ などのように場所に依存するパラメータが含まれており，単に第3項あるいは第4項を検出しても，近接場光の大きさを測定したことにはならない．以下では，$\partial C/\partial z$ や $V-\phi$ の影響を除去する測定方法の原理を示す．まず，プリズムに入射させるレーザ光を周波数 ω_L で変調し ($\delta\phi \cos \omega_L t$)，同時に，プローブ-試料間に印加するバイアス電圧を $V = V_{\text{DC}} + V_{\text{AC}} \cos \omega_V t (\omega_V \neq \omega_L)$ のように変調する．この場合，プローブ-試料間に働く力 F_{total} は，次式で与えられる．

$$\begin{aligned}F_{\text{total}} =& F_{\text{vdW}} - \frac{1}{2}\frac{\partial C}{\partial z}(V_{\text{DC}} + V_{\text{AC}}\cos \omega_V t - \phi)^2 \\ &+ \frac{\partial C}{\partial z}(V_{\text{DC}} + V_{\text{AC}}\cos \omega_V t - \phi)\delta\phi \cos \omega_L t \\ &- \frac{1}{2}\frac{\partial C}{\partial z}(\delta\phi \cos \omega_L t)^2 \\ =& F_{\text{vdW}} - \frac{1}{2}\frac{\partial C}{\partial z}(V_{\text{DC}}-\phi)^2 - \frac{1}{4}\frac{\partial C}{\partial z}V_{\text{AC}}^2 - \frac{1}{4}\frac{\partial C}{\partial z}\delta\phi^2 \\ &+ \frac{\partial C}{\partial z}(V_{\text{DC}}-\phi)\delta\phi \cos \omega_L t - \frac{\partial C}{\partial z}(V_{\text{DC}}-\phi)V_{\text{AC}}\cos \omega_V t \\ &- \frac{1}{2}\frac{\partial C}{\partial z}V_{\text{AC}}\delta\phi\{\cos\{\omega_L + \omega_V\}t + \cos(\omega_L - \omega_V)t\}\end{aligned}$$

$$-\frac{1}{4}\delta\phi^2 \cos 2\omega_L t + \frac{1}{4}\frac{\partial C}{\partial z}V_{AC}^2 \cos 2\omega_L t \tag{2.373}$$

この式において，光の変調周波数 ω_L 成分である右辺第5項と，バイアス電圧の変調周波数 ω_V 成分成分である右辺第6項には，どちらも同じような形で $\partial C/\partial z$ や ($V-\phi$) が含まれている．ω_L 成分と ω_V 成分を同期検波により検出し，割り算を行えば，

$$\frac{\partial C}{\partial z}(V_{DC}-\phi)\delta\phi \div \frac{\partial C}{\partial z}(V_{DC}-\phi)V_{AC} = \frac{\delta\phi}{V_{AC}} \tag{2.374}$$

となり，近接場光による表面光起電力 $\delta\phi$ のみを抽出することができる．同様に，右辺第9項の $2\omega_L$ 成分と右辺第10項の $2\omega_V$ 成分を同期検波により検出し，割り算を行えば，

$$\frac{\partial C}{\partial z}\delta\phi^2 \div \frac{\partial C}{\partial z}V_{AC}^2 = \frac{\delta\phi^2}{V_{AC}^2} \tag{2.375}$$

となり，近接場光による表面光起電力 $\delta\phi^2$ のみを抽出することもできる．ただし，表面光起電力 $\delta\phi$ 自体が小さいため，$\delta\phi^2$ はさらに非常に小さくなり，測定が困難になることに注意する必要がある．

（菅原康弘）

文　　献

1) J. Mertz et al.: Appl. Phys. Lett., **64**-18 (1994), 2338-2340.
2) M. Abe et al.: Opt. Rev., **4**-1B (1997), 232-235.
3) M. Abe et al.: Appl. Sur. Sci., **140**-3/4 (1999), 383-387.

2.8 原子への力学的作用

2.8.1 光ブロッホ方程式

a. 2準位系：　一般に原子のエネルギー準位は複雑であるが，光との共鳴相互作用を考える上で2つのエネルギー準位 $|e>, |g>$ に着目する．それらのエネルギー固有値を $E_e, E_g (<E_e)$，規格化された固有関数を $\phi_e(\boldsymbol{r}), \phi_g(\boldsymbol{r})$，とすると（図2.41），位置 $\boldsymbol{r}$，時刻 t における波動関数はそれぞれ

$$\Phi_e(\boldsymbol{r},t) = \phi_e(\boldsymbol{r})\exp\left(-i\frac{E_e}{\hbar}t\right), \quad \Phi_g(\boldsymbol{r},t) = \phi_g(\boldsymbol{r})\exp\left(-i\frac{E_g}{\hbar}t\right) \tag{2.376}$$

と書かれる（$\hbar$：プランク定数）．これより2準位系の波動関数は

$$\Psi(\boldsymbol{r},t) = C_e(t)\phi_e(\boldsymbol{r})\exp\left(-i\frac{E_e}{\hbar}t\right) + C_g(t)\phi_g(\boldsymbol{r})\exp\left(-i\frac{E_g}{\hbar}t\right) \tag{2.377}$$

で与えられる．この系のハミルトニアンを $\hat{H}$ とすると波動関数 $\Psi(\boldsymbol{r},t)$ はシュレディンガー方程式

$$\hat{H}\Psi(\boldsymbol{r},t) = i\hbar\frac{\partial}{\partial t}\Psi(\boldsymbol{r},t) \tag{2.378}$$

に従う．

b. 電気双極子相互作用：　光と2準位原子系との共鳴相互作用を $\hat{V}$ として，ハミルトニアンを

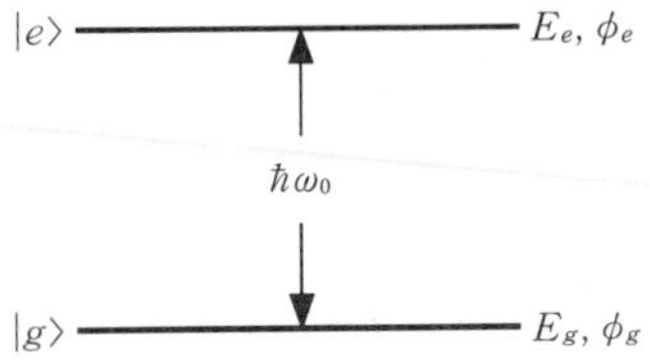

2. 理論的基礎

の形に書く. ここで非摂動項 $\hat{H}_0$ は

$$\hat{H} = \hat{H}_0 + \hat{V} \tag{2.379}$$

$$\hat{H}_0 \phi_e(\boldsymbol{r}) = E_e \phi_e(\boldsymbol{r}), \quad \hat{H}_0 \phi_g(\boldsymbol{r}) = E_g \phi_g(\boldsymbol{r}) \tag{2.380}$$

の関係を満たす.

摂動項 $\hat{V}$ として電気双極子相互作用

$$\hat{V}(\boldsymbol{r}, t) = -\hat{\boldsymbol{d}} \cdot \hat{\boldsymbol{E}}(\boldsymbol{r}, t) \tag{2.381}$$

図 2.41 2 準位原子

を考える ($\hat{\boldsymbol{d}}$: 電気双極子モーメント演算子). 角周波数 ω_L の光電場を

$$\boldsymbol{E}(\boldsymbol{r}, t) = \hat{\boldsymbol{e}} \varepsilon(\boldsymbol{r}, t) = \hat{\boldsymbol{e}} \frac{1}{2} \varepsilon_0(\boldsymbol{r})(e^{-i\omega_L t + i\theta} + e^{i\omega_L t - i\theta}) \tag{2.382}$$

とすると ($\hat{\boldsymbol{e}}$: 単位偏光ベクトル), 回転波近似のもと 2×2 行列の形で

$$\hat{V}(\boldsymbol{r}, t) = \begin{pmatrix} \langle \Phi_e | \hat{V} | \Phi_e \rangle & \langle \Phi_e | \hat{V} | \Phi_g \rangle \\ \langle \Phi_g | \hat{V} | \Phi_e \rangle & \langle \Phi_g | \hat{V} | \Phi_g \rangle \end{pmatrix} = \begin{pmatrix} 0 & -\dfrac{\hbar \Omega_0(\boldsymbol{r})}{2} e^{-i\delta t + i\theta} \\ -\dfrac{\hbar \Omega_0^*(\boldsymbol{r})}{2} e^{-i\delta t - i\theta} & 0 \end{pmatrix} \tag{2.383}$$

と表される. ここでラビ角周波数 $\Omega_0(\boldsymbol{r})$ は

$$\Omega_0(\boldsymbol{r}) = \frac{\mu \varepsilon_0(\boldsymbol{r})}{\hbar} \tag{2.384}$$

で与えられる ($\mu = \langle \phi_e | \hat{\boldsymbol{d}} \cdot \hat{\boldsymbol{e}} | \phi_g \rangle$: 電気双極子モーメントの非対角成分). また角周波数離調 δ は光角周波数 ω_L と原子の共鳴角周波数 $\omega_0 = (E_e - E_g)/\hbar$ との差

$$\delta = \omega_L - \omega_0 \tag{2.385}$$

で定義される.

c. 密度行列: 励起状態にある 2 準位原子系は真空場と結合して自然放出を行う. 通常, 自然放出された光子の状態は観測しないためその情報は失われ, 対象としている系を式 (2.377) のような 1 つの波動関数で記述することができない. この場合, 共鳴光と相互作用している 2 準位系の状態は密度行列によって記述される.

密度行列演算子を

$$\hat{\rho} = |\Psi(\boldsymbol{r}, t)\rangle \langle \Psi(\boldsymbol{r}, t)| \tag{2.386}$$

で定義すると ($\mathrm{Tr}(\hat{\rho}) = 1$), 行列要素は

$$\rho_{eg} = \langle \Phi_e | \hat{\rho} | \Phi_g \rangle = C_e(t) C_g(t)^* = \rho_{ge}^* \tag{2.387}$$

などと書かれ, 2×2 のユニタリー行列の形で

$$\hat{\rho} = \begin{pmatrix} \rho_{ee} & \rho_{eg} \\ \rho_{ge} & \rho_{gg} \end{pmatrix} = \begin{pmatrix} C_e C_e^* & C_e C_g^* \\ C_g C_e^* & C_g C_g^* \end{pmatrix} \tag{2.388}$$

と表される (対角成分をポピュレーション (population), 非対角成分をコヒーレンス (coherence) と呼ぶ). このときシュレディンガー方程式 (2.378) より, 運動方程式

$$i\hbar \frac{d\hat{\rho}}{dt} = [\hat{H}, \hat{\rho}] \tag{2.389}$$

を得る.物理量 A の期待値 $\langle A \rangle$ は対応する演算子 $\hat{A}$ と密度行列演算子 $\hat{\rho}$ との積の対角和 $\mathrm{Tr}(\hat{\rho}\hat{A})$ によって

$$\langle A \rangle = \langle \Psi(\boldsymbol{r},t) | \hat{A} | \Psi(\boldsymbol{r},t) \rangle = \mathrm{Tr}(\hat{\rho}\hat{A}) \tag{2.390}$$

で与えられる.

d. 2準位原子の光ブロッホ方程式: 基底状態 $|g\rangle$ と励起状態 $|e\rangle$ をもつ2準位原子系を考える $(\rho_{ee}+\rho_{gg}=1)$. 励起状態 $|e\rangle$ の自然幅を γ とすると自然放出によるポピュレーションおよびコヒーレンスの緩和はそれぞれ

$$\left(\frac{d\rho_{ee}}{dt}\right)_{\mathrm{sp}} = -\gamma \rho_{ee}, \qquad \left(\frac{d\rho_{eg}}{dt}\right) = -\frac{\gamma}{2}\rho_{eg} \tag{2.391}$$

で与えられる.これらの緩和項を式 (2.389) の右辺に加えて,密度行列の運動方程式を各成分について書き下すと

$$\frac{d\rho_{ee}}{dt} = \frac{i}{2}(\widetilde{\Omega}_0 \tilde{\rho}_{eg}{}^* - \widetilde{\Omega}_0{}^* \tilde{\rho}_{eg}) - \gamma \rho_{ee} \tag{2.392}$$

$$\frac{d\rho_{gg}}{dt} = \frac{i}{2}(\widetilde{\Omega}_0{}^* \tilde{\rho}_{eg} - \widetilde{\Omega}_0 \tilde{\rho}_{eg}{}^*) + \gamma \rho_{ee} \tag{2.393}$$

$$\frac{d\tilde{\rho}_{eg}}{dt} = \frac{i}{2}\widetilde{\Omega}_0(\rho_{gg} - \rho_{ee}) - \left(\frac{\gamma}{2} - i\delta\right)\tilde{\rho}_{eg} \tag{2.394}$$

$$\frac{d\tilde{\rho}_{ge}}{dt} = \frac{i}{2}\widetilde{\Omega}_0{}^*(\rho_{ee} - \rho_{gg}) - \left(\frac{\gamma}{2} + i\delta\right)\tilde{\rho}_{eg}{}^* \tag{2.395}$$

を得る $(\tilde{\rho}_{eg}=\rho_{eg}e^{i\delta t}, \widetilde{\Omega}_0=\Omega_0 e^{i\theta})$.

e. 定常解: 分布差 (population difference) $w=\rho_{gg}-\rho_{ee}$ を用いて光ブロッホ方程式を書き直す.式 (2.392) および式 (2.393) から

$$\frac{dw}{dt} = i(\widetilde{\Omega}_0{}^* \tilde{\rho}_{eg} - \widetilde{\Omega}_0 \tilde{\rho}_{eg}{}^*) + (1-w)\gamma \tag{2.396}$$

が,式 (2.394) から

$$\frac{d\tilde{\rho}_{eg}}{dt} = -\left(\frac{\gamma}{2} - i\delta\right)\tilde{\rho}_{eg} + \frac{i}{2}\widetilde{\Omega}_0 w \tag{2.397}$$

が得られる.

定常状態 $dw/dt = d\tilde{\rho}_{eg}/dt = 0$ を考える.式 (2.397) から得られる

$$\tilde{\rho}_{eg} = i\frac{\widetilde{\Omega}_0}{\gamma - 2i\delta}w \tag{2.398}$$

を式 (2.396) に代入すると

$$w = \frac{\gamma^2 + 4\delta^2}{\gamma^2 + 4\delta^2 + 2|\Omega_0|^2} = \frac{1}{1+s} \tag{2.399}$$

となる.この2式からコヒーレンス成分 ρ_{eg} に対する表式

$$\rho_{eg} = \frac{\Omega_0(i\gamma - 2\delta)}{\gamma^2 + 4\delta^2 + 2|\Omega_0|^2} e^{-i\delta t + i\theta} \tag{2.400}$$

を得る.飽和パラメータ s は

$$s = \frac{2|\Omega_0|^2}{\gamma^2 + 4\delta^2} = \frac{s_0}{1 + 4\delta^2/\gamma^2} \tag{2.401}$$

で定義される．ここで s_0 は共鳴飽和パラメータで光強度 I と飽和強度

$$I_s = \frac{2\pi^2 \hbar c \gamma}{3\lambda^3} \tag{2.402}$$

を用いて (c：光速度，λ：波長)

$$s_0 = \frac{2|\Omega_0|^2}{\gamma^2} = \frac{I}{I_s} \tag{2.403}$$

と表される．

励起状態のポピュレーションは

$$\rho_{ee} = \frac{1-w}{2} = \frac{1}{2}\frac{s}{1+s} = \frac{1}{2}\frac{s_0}{1+s_0+4\delta^2/\gamma^2} \tag{2.404}$$

であり，$s \gg 1$ のとき $\rho_{ee} \to 1/2$ となる．光子散乱レートは

$$\gamma_{sc} = \gamma \rho_{ee} = \frac{\gamma}{2}\frac{s_0}{1+s_0+4\delta^2/\gamma^2} = \frac{s_0}{1+s_0}\frac{\gamma/2}{1+4\delta^2/\gamma'^2} \tag{2.405}$$

で与えられる．ここで

$$\gamma' = \gamma\sqrt{1+s_0} \tag{2.406}$$

は強度広がりの線幅である．強度が強いとき ($s_0 \gg 1$)，$\gamma_{sc} \to \gamma/2$ となる．

2.8.2 原子に作用する力

a．エーレンフェストの定理：　力 $\boldsymbol{F}$ は運動量演算子 $\hat{\boldsymbol{P}}$ の期待値 $\langle\hat{\boldsymbol{P}}\rangle$ の時間微分によって次式で与えられる．

$$\boldsymbol{F} = \frac{d}{dt}\langle\hat{\boldsymbol{P}}\rangle \tag{2.407}$$

ハイゼンベルグ (Heisenberg) の運動方程式より

$$\frac{d}{dt}\langle\hat{\boldsymbol{P}}\rangle = \frac{i}{\hbar}\langle[\hat{H},\hat{\boldsymbol{P}}]\rangle \tag{2.408}$$

ここで $[\hat{H},\hat{\boldsymbol{P}}] = i\hbar \nabla \hat{V}$ に留意すると，式 (2.407) と式 (2.408) から

$$\boldsymbol{F} = -\langle\nabla\hat{V}\rangle \tag{2.409}$$

を得る．

b．静止原子に作用する力：　式 (2.381) で与えられる電気双極子相互作用に対して

$$\boldsymbol{F} = -\langle\nabla\hat{V}\rangle = \langle\nabla[(\hat{\boldsymbol{d}}\cdot\hat{\boldsymbol{e}})\varepsilon(\boldsymbol{r},t)]\rangle \tag{2.410}$$

となる．原子の大きさが光電場の空間変化より小さければ

$$\boldsymbol{F} \cong \langle(\hat{\boldsymbol{d}}\cdot\hat{\boldsymbol{e}})\nabla\varepsilon(\boldsymbol{r},t)\rangle = \langle\hat{\boldsymbol{d}}\cdot\hat{\boldsymbol{e}}\rangle\nabla\varepsilon(\boldsymbol{r},t) \tag{2.411}$$

の近似が成り立ち，式 (2.390) より密度行列のコヒーレンス成分 ρ_{eg} を用いて

$$\boldsymbol{F} = \frac{\hbar}{2}[(\nabla\Omega_0^* - i\Omega_0^*\nabla\theta)\rho_{eg}e^{i\delta t - i\theta} + (\nabla\Omega_0 + i\Omega_0\nabla\theta)\rho_{eg}^* e^{-i\delta t + i\theta}] \tag{2.412}$$

と表される．

式 (2.400) を用いると ($\Omega_0 = \Omega_0^*$：実数として)，

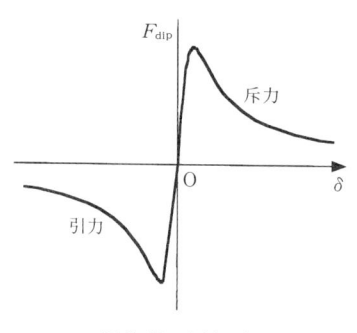

$$F = \frac{\hbar}{\gamma^2 + 4\delta^2 + 2\Omega_0^2}(\gamma\Omega_0^2 \nabla\theta - \delta\nabla\Omega_0^2) \tag{2.413}$$

を得る.

(1) 散逸力: 式(2.413)の第1項

$$F_{sp} = \frac{\hbar\gamma\Omega_0^2 \nabla\theta}{\gamma^2 + 4\delta^2 + 2\Omega_0^2} \tag{2.414}$$

(2) 双極子力(勾配力): 式(2.413)の第2項

$$F_{dip} = -\frac{\hbar\delta\nabla\Omega_0(\boldsymbol{r})^2}{\gamma^2 + 4\delta^2 + 2\Omega_0(\boldsymbol{r})^2} \tag{2.415}$$

図2.42 双極子力

双極子力の向き　　正離調 $\delta > 0$ (blue detuning): 光強度が弱くなる向き
　　　　　　　　　負離調 $\delta < 0$ (red detuning): 光強度が強くなる向き

図2.42に双極子力を周波数離調 δ の関数として示す.

c. 双極子力ポテンシャル: 式(2.415)を積分すると

$$U_{dip} = \frac{1}{2}\hbar\delta \ln\left(1 + \frac{2\Omega_0(\boldsymbol{r})^2}{\gamma^2 + 4\delta^2}\right) \tag{2.416}$$

を得る. ただし, 光がないとき ($\Omega_0 = 0$), $U_{dip} = 0$ となるようにポテンシャルの基準をとる. 式(2.403)より

$$\Omega_0(\boldsymbol{r}) = \gamma\sqrt{\frac{I(\boldsymbol{r})}{2I_s}} \tag{2.417}$$

であるから

$$U_{dip} = \frac{1}{2}\hbar\delta \ln\left(1 + \frac{I(\boldsymbol{r})}{I_s}\frac{\gamma^2}{\gamma^2 + 4\delta^2}\right) \tag{2.418}$$

とも表される.

光強度が弱く周波数離調が大きい場合 ($|\delta| \gg \Omega_0, \gamma$), 光シフト(2.8.3項参照)

$$\Delta E = \frac{\hbar\Omega_0(\boldsymbol{r})^2}{4\delta} \tag{2.419}$$

に等しくなる.

d. 進行波が及ぼす力: 波数ベクトル $\boldsymbol{k}$ の平面波

$$\varepsilon(\boldsymbol{r}, t) = \frac{1}{2}\varepsilon_0(e^{i\boldsymbol{k}\cdot\boldsymbol{r} - i\omega_L t} + e^{-i\boldsymbol{k}\cdot\boldsymbol{r} + i\omega_L t}) \tag{2.420}$$

の場合, 式(2.414)で $\theta = \boldsymbol{k}\cdot\boldsymbol{r}$ とおくと

$$F_{sp} = \hbar\boldsymbol{k}\frac{\gamma\Omega_0^2}{\gamma^2 + 4\delta^2 + 2\Omega_0^2} \quad (向き: 光の進行方向) \tag{2.421}$$

を得る. 共鳴飽和パラメータ s_0 を用いて

$$F_{sp} = \hbar\boldsymbol{k}\frac{\gamma}{2}\frac{s_0}{1 + s_0 + 4\delta^2/\gamma^2} \tag{2.422}$$

また, 散乱レート γ_{sc} を用いて

2. 理論的基礎

$$F_{\text{sp}} = \hbar \boldsymbol{k} \gamma_{\text{sc}} \tag{2.423}$$

とも表される．これより $s_0 \gg 1$ の飽和時に最大値

$$|F_{\text{sp}}| = \frac{\hbar|\boldsymbol{k}|\gamma}{2} \tag{2.424}$$

をとる．

一方，式 (2.415) で $\nabla\Omega_0 = 0$ より

$$F_{\text{dip}} = 0 \tag{2.425}$$

となる．

e. 定在波が及ぼす力： 波数ベクトル $\boldsymbol{k}$ の平面波によってつくられる定在波

$$\varepsilon(\boldsymbol{r}, t) = \varepsilon_0 \cos(\boldsymbol{k}\cdot\boldsymbol{r})(e^{-i\omega_L t} + e^{i\omega_L t}) \tag{2.426}$$

の場合，式 (2.415) で $\Omega_0(\boldsymbol{r}) = \mu[2\varepsilon_0 \cos(\boldsymbol{k}\cdot\boldsymbol{r})]/\hbar$ とおくと

$$F_{\text{dip}} = \frac{8\hbar\boldsymbol{k}\delta\Omega_0^2\cos(\boldsymbol{k}\cdot\boldsymbol{r})\sin(\boldsymbol{k}\cdot\boldsymbol{r})}{\gamma^2 + 4\delta^2 + 8\Omega_0^2\cos^2(\boldsymbol{k}\cdot\boldsymbol{r})} = \frac{2\hbar\boldsymbol{k}\delta s_0 \sin(2\boldsymbol{k}\cdot\boldsymbol{r})}{1 + 4\delta^2/\gamma^2 + 4s_0\cos^2(\boldsymbol{k}\cdot\boldsymbol{r})} \tag{2.427}$$

を得る．ここで $\Omega_0 = \mu\varepsilon_0/\hbar$ は定数である．

一方，式 (2.414) で $\nabla\theta = 0$ より

$$F_{\text{sp}} = 0 \tag{2.428}$$

となる．

f. 運動する原子に作用する力： 一般に原子が速度 v で運動する場合，周波数離調 δ にドップラシフト $\boldsymbol{k}\cdot\boldsymbol{v}$ を加えることによって力を近似的に表すことができる．

$$F = \frac{\hbar}{\gamma^2 + 4\Delta^2 + 2\Omega_0^2}(\gamma\Omega_0^2\nabla\theta - \Delta\nabla\Omega_0^2) \tag{2.429}$$

ここで $\Delta = \delta - \boldsymbol{k}\cdot\boldsymbol{v}$ である．

g. エバネッセント波が及ぼす力 (図 2.43)：

(1) 平面波光の全反射： エバネッセント波

$$\varepsilon(x, z, t) = \varepsilon_0 e^{-az}\cos(kx - \omega_L t)$$

$(a = k\sqrt{n^2\sin^2\varphi - 1}$, k：波数, n：屈折率, φ：入射角) (2.430)

の場の中で原子は2種の力

$$F_x = F_{\text{sp}} = \frac{\hbar k\gamma\Omega_0^2 e^{-2az}}{\gamma^2 + 4\Delta^2 + 2\Omega_0^2 e^{-2az}} \tag{2.431}$$

$$F_z = F_{\text{dip}} = \frac{2\hbar a\Delta\Omega_0^2 e^{-2az}}{\gamma^2 + 4\Delta^2 + 2\Omega_0^2 e^{-2az}} \tag{2.432}$$

を受ける ($\Omega_0 = \mu\varepsilon_0/\hbar$)．ここで周波数離調 $\Delta = \delta - kv_x$ は原子の x 方向の速度成分 v_x によるドップラシフト kv_x を含む．

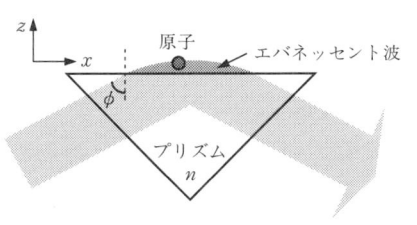

図 2.43 エバネッセント波と原子の相互作用

(2) ガウシアン光の全反射： ビームウエストを w_x, w_y とすると

$$\varepsilon_0(\boldsymbol{r}, t) = \varepsilon_0 \exp\left(-az - \frac{x^2}{w_x^2} - \frac{y^2}{w_y^2}\right)\cos(kx - \omega_L t) \tag{2.433}$$

となる．この場から原子は

$$F_x = F_{\mathrm{sp}} + \frac{4\hbar\Delta\Omega_0{}^2 \exp\left(-2az - \frac{2x^2}{w_x{}^2} - \frac{2y^2}{w_y{}^2}\right)}{\gamma^2 + 4\Delta^2 + 2\Omega_0{}^2 \exp\left(-2az - \frac{2x^2}{w_x{}^2} - \frac{2y^2}{w_y{}^2}\right)} \frac{x^2}{w_x{}^2} \tag{2.434}$$

$$F_y = \frac{4\hbar\Delta\Omega_0{}^2 \exp\left(-2az - \frac{2x^2}{w_x{}^2} - \frac{2y^2}{w_y{}^2}\right)}{\gamma^2 + 4\Delta^2 + 2\Omega_0{}^2 \exp\left(-2az - \frac{2x^2}{w_x{}^2} - \frac{2y^2}{w_y{}^2}\right)} \frac{y^2}{w_y{}^2} \tag{2.435}$$

$$F_z = \frac{2\hbar a\Delta\Omega_0{}^2 \exp\left(-2az - \frac{2x^2}{w_x{}^2} - \frac{2y^2}{w_y{}^2}\right)}{\gamma^2 + 4\Delta^2 + 2\Omega_0{}^2 \exp\left(-2az - \frac{2x^2}{w_x{}^2} - \frac{2y^2}{w_y{}^2}\right)} \tag{2.436}$$

の力を受ける．

2.8.3 光シフト

a. ドレス原子 (dressed atom)： 単色光（角周波数：ω_{L}）と 2 準位原子（共鳴角周波数：ω_0）を合わせて 1 つの系と見なす．この系のハミルトニアンは

$$\hat{H} = \hat{H}_{\mathrm{A}} + \hat{H}_{\mathrm{L}} + \hat{V} \tag{2.437}$$

と書かれる．非摂動ハミルトニアンは

$$\hat{H}_{\mathrm{A}} = \hbar\omega_0 \hat{b}^+ \hat{b} \tag{2.438}$$

$$\hat{H}_{\mathrm{L}} = \hbar\omega_{\mathrm{L}}\left(\hat{a}^+ \hat{a} + \frac{1}{2}\right) \tag{2.439}$$

で与えられる．$\hat{a}^+, \hat{a}$ はモード ω_{L} の光子に関する生成・消滅演算子，$\hat{b}^+ = |e\rangle\langle g|$，$\hat{b} = |g\rangle\langle e|$ は 2 準位系の昇降演算子である．以後，0 点エネルギー $\hbar\omega_{\mathrm{L}}/2$ は無視する．

電場演算子および電気双極子モーメント演算子を

$$\hat{\boldsymbol{E}} = \sqrt{\frac{\hbar\omega_{\mathrm{L}}}{2\varepsilon_0 v}}\hat{\boldsymbol{e}}(\hat{a}^+ + \hat{a}) \tag{2.440}$$

$$\hat{\boldsymbol{d}} = \boldsymbol{d}_0(\hat{b}^+ + \hat{b}) \tag{2.441}$$

とすると，電気双極子相互作用は回転波近似によって

$$\hat{V} = -\hat{\boldsymbol{d}}\cdot\hat{\boldsymbol{E}} \cong -\sqrt{\frac{\hbar\omega_{\mathrm{L}}}{2\varepsilon_0 v}}(\boldsymbol{d}_0\cdot\hat{\boldsymbol{e}})(\hat{b}^+\hat{a} + \hat{a}^+\hat{b}) \tag{2.442}$$

と表される．ここで ε_0 は真空の誘電率，v は量子化体積である．

b. ドレス状態： 原子が基底準位にあって光子が $n+1$ 個ある状態を $|g, n+1\rangle$，原子が励起準位にあって光子が n 個である状態を $|e, n\rangle$ と書けば，$\hat{V}$ の非対角行列要素は

$$\langle g, n+1|\hat{V}|e, n\rangle = -\sqrt{\frac{\hbar\omega_{\mathrm{L}}}{2\varepsilon_0 v}}\mu\sqrt{n+1} = -\frac{\hbar\Omega_0}{2} \tag{2.443}$$

であり，ハミルトニアンを 2×2 行列で表すと

$$\hat{H} = \begin{pmatrix} (n+1)\hbar\omega_{\mathrm{L}} - \hbar\delta & -\dfrac{\hbar\Omega_0}{2} \\ -\dfrac{\hbar\Omega_0}{2} & (n+1)\hbar\omega_{\mathrm{L}} \end{pmatrix} \tag{2.444}$$

となる.

永年方程式

$$\begin{vmatrix} (n+1)\hbar\omega_L - \hbar\delta - E & -\dfrac{\hbar\Omega_0}{2} \\ -\dfrac{\hbar\Omega_0}{2} & (n+1)\hbar\omega_L - E \end{vmatrix} = 0 \quad (2.445)$$

を解いてエネルギー固有値 E を求めると

$$E_1 = -\frac{\hbar\delta}{2} + \frac{\hbar\sqrt{\Omega_0^2 + \delta^2}}{2} \quad (2.446)$$

$$E_2 = -\frac{\hbar\delta}{2} - \frac{\hbar\sqrt{\Omega_0^2 + \delta^2}}{2} \quad (2.447)$$

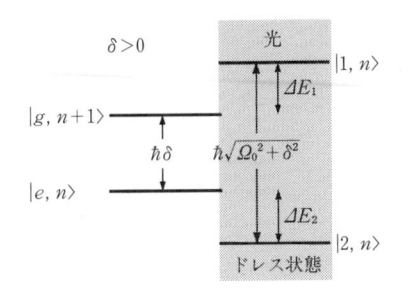

図 2.44 光シフト

を得る.

対応する固有状態(ドレス状態)は

$$|1, n\rangle = \cos\vartheta |g, n+1\rangle + \sin\vartheta |e, n\rangle \quad (2.448)$$
$$|2, n\rangle = -\sin\vartheta |g, n+1\rangle + \cos\vartheta |e, n\rangle \quad (2.449)$$

の形に書かれる.ここで

$$\cos 2\vartheta = \frac{\delta}{\sqrt{\Omega_0^2 + \delta^2}}, \quad \sin 2\vartheta = -\frac{\Omega_0}{\sqrt{\Omega_0^2 + \delta^2}} \quad (2.450)$$

である.図 2.44 に $\delta > 0$ の場合のドレス準位を示す.

c. 2準位原子の光シフト: $|\delta| \gg \Omega_0$ のとき,光シフト(AC シュタルクシフト)のエネルギーはそれぞれ

$$\Delta E_1 \cong \frac{\hbar\Omega_0^2}{4\delta} \quad (2.451)$$

$$\Delta E_2 \cong -\frac{\hbar\Omega_0^2}{4\delta} \quad (2.452)$$

となる.

2.8.4 近接場光による原子の冷却

a. 3準位ドレス原子: 原子の多準位性に基づいて原子の運動エネルギーを奪うことができる.2.8.3項の2準位のドレス原子を拡張して,図 2.45 に示す Λ 型の3準位系(角周波数 δ_{12} だけ離れた2つの基底準位 $|g1\rangle$, $|g2\rangle$ と1つの励起準位 $|e\rangle$ をもつ系)を考える.この3準位原子と単色光とを合わせて1つの系と見なしたときのハミルトニアンを

$$\hat{H} = \hat{H}_A + \hat{H}_L + \hat{V} \quad (2.453)$$

と書くと,非摂動ハミルトニアンは

$$\hat{H}_A = \hbar\omega \hat{b}_1^+ \hat{b}_1 + \hbar\delta_{12} \hat{b}_2^+ \hat{b}_2 \quad (2.454)$$

$$H_L = \hbar\omega_L \left(\hat{a}^+ \hat{a} + \frac{1}{2}\right) \quad (2.455)$$

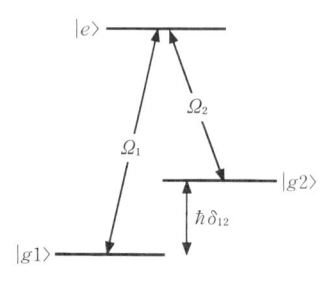

図 2.45 3 準位原子

で与えられる（ω_1：$|g1\rangle$ と $|e\rangle$ の間の遷移角周波数，$\hat{b}_1^+ = |e\rangle\langle g1|$, $\hat{b}_1 = |g1\rangle\langle e|$, $\hat{b}_2^+ = |e\rangle\langle g2|$, $\hat{b}_2 = |g2\rangle\langle e|$）．以降で 0 点エネルギー $\hbar\omega_L/2$ は無視する．

電場演算子および電気双極子演算子を

$$\hat{E} = \sqrt{\frac{\hbar\omega_L}{2\varepsilon_0 v}}\hat{e}(\hat{a}^+ + \hat{a}) \tag{2.456}$$

$$\hat{d} = \boldsymbol{d}_1(\hat{b}_1^+ + \hat{b}_1) + \boldsymbol{d}_2(\hat{b}_2^+ + \hat{b}_2) \tag{2.457}$$

とすると，電気双極子相互作用は回転波近似によって

$$\hat{V} = -\hat{\boldsymbol{d}}\cdot\hat{\boldsymbol{E}} \cong -\sqrt{\frac{\hbar\omega_L}{2\varepsilon_0 v}}[(\boldsymbol{d}_1\cdot\hat{\boldsymbol{e}})(\hat{b}_1^+\hat{a} + \hat{a}^+\hat{b}_1) + (\boldsymbol{d}_2\cdot\hat{\boldsymbol{e}})(\hat{b}_2^+\hat{a} + \hat{a}^+\hat{b}_2)] \tag{2.458}$$

と表される（$\boldsymbol{d}_1$：$|g1\rangle$–$|e\rangle$ 間の電気双極子モーメント，$\boldsymbol{d}_2$：$|g2\rangle$–$|e\rangle$ 間の電気双極子モーメント）．

b. 3 準位ドレス状態： ハミルトニアンを 3×3 行列で表すと

$$\hat{H} = \begin{bmatrix} 0 & 0 & -\dfrac{\hbar\Omega_1}{2} \\ 0 & \hbar\delta_{12} & -\dfrac{\hbar\Omega_2}{2} \\ -\dfrac{\hbar\Omega_1}{2} & -\dfrac{\hbar\Omega_2}{2} & -\hbar\delta \end{bmatrix} \tag{2.459}$$

となる（Ω_1：$|g1\rangle$–$|e\rangle$ 間のラビ角周波数，Ω_2：$|g2\rangle$–$|e\rangle$ 間のラビ角周波数，$\delta = \omega_L - \omega_1$）．永年方程式

$$\begin{vmatrix} -E & 0 & -\dfrac{\hbar\Omega_1}{2} \\ 0 & \hbar\delta_{12}-E & -\dfrac{\hbar\Omega_2}{2} \\ -\dfrac{\hbar\Omega_1}{2} & -\dfrac{\hbar\Omega_2}{2} & -\hbar\delta-E \end{vmatrix} = 0 \tag{2.460}$$

より，光強度が弱い場合に（$|\delta| \gg \Omega_1, \Omega_2, \gamma$）エネルギー固有値を求めると

$$E_1 \cong \hbar\delta\left(1 + \frac{s_1}{2}\right) \tag{2.461}$$

$$E_2 \cong \hbar(\delta + \delta_{12})\left(1 + \frac{s_2}{2}\right) \tag{2.462}$$

$$E_3 \cong -\frac{\hbar\delta}{2}s_1 - \frac{\hbar(\delta + \delta_{12})}{2}s_2 \tag{2.463}$$

を得る．ここで

$$s_1 = \frac{\Omega_1^2/2}{\delta^2 + \gamma^2/4} \cong \frac{\Omega_1^2}{2\delta^2} \tag{2.464}$$

$$s_2 = \frac{\Omega_2^2/2}{(\delta + \delta_2)^2 + \gamma^2/4} \cong \frac{\Omega_2^2}{2(\delta + \delta_{12})^2} \tag{2.465}$$

は飽和パラメータである.

対応する固有状態は

$$|j,n\rangle = A_j|g1,n+1\rangle + B_j|g2,n+1\rangle + C_j|e,n\rangle \tag{2.466}$$

の形に書かれる ($j=1,2,3$). ここで

$$A_j = -\frac{1}{C_j}\frac{\Omega_1/2}{\delta - E_j/\hbar} \tag{2.467}$$

$$B_j = -\frac{1}{C_j}\frac{\Omega_2/2}{\delta + \delta_{12} - E_j/\hbar} \tag{2.468}$$

$$\frac{1}{C_j} = \sqrt{1 + \left(\frac{\Omega_1/2}{\delta - E_j/\hbar}\right)^2 + \left(\frac{\Omega_2/2}{\delta + \delta_2 + E_j/\hbar}\right)^2} \tag{2.469}$$

である. 図2.46に $\delta>0$ の場合のドレス準位を示す.

c. 3準位原子の光シフト: 各準位の光シフトは次のようになる.

$$\Delta E_1 \cong \frac{\hbar\Omega_1^2}{4\delta} \tag{2.470}$$

$$\Delta E_2 \cong \frac{\hbar\Omega_2^2}{4(\delta + \delta_{12})} \tag{2.471}$$

$$\Delta E_3 \cong -\frac{\hbar\Omega_1^2}{4\delta} - \frac{\hbar\Omega_2^2}{4(\delta + \delta_{12})} \tag{2.472}$$

d. シシュフォス (Sisyphus) 冷却: $\delta>0$ のとき近接場光が誘起された表面に3準位原子が近づく場合を考える. 式(2.470)〜(2.472)から光シフトは光強度に比例し, 周波数離調に反比例するため, ドレス準位 $|1,n\rangle$, $|2,n\rangle$ は表面に近づくにつれて上昇し (光ポテンシャルと等価), 同じ位置で比較するとドレス準位 $|1,n\rangle$ の方がドレス準位 $|2,n\rangle$ より高くなる(図2.47). 光近接場の外にいた基底準位にある原子が場の中に入りポテンシャルを上っていくとしだいに運動エネルギーを失い, ポテンシャルが十分高いときには表面に衝突せずに運動の向きを変え, 場の中から出ていく (近接場光による原子の反射, 11.1.1項参照).

図2.47に示すように, ドレス準位 $|1,n\rangle$ にある原子が表面に近づいていって反射

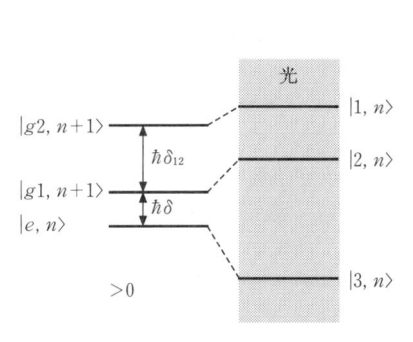

図2.46　3準位系の光シフト　　　　図2.47　シシュフォス冷却

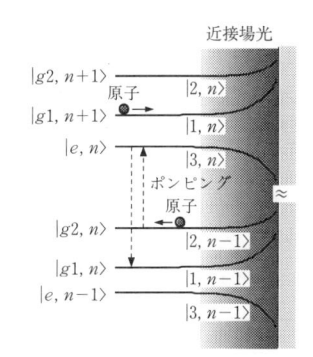

されるとき，その途中で光子数が1つ少ない組のドレス準位 $|2, n-1\rangle$ に遷移すると $|2, n-1\rangle$ のポテンシャルが $|1, n\rangle$ のそれより低いためポテンシャルの差（光シフトの差）の分だけ運動エネルギーを失うことになる．ポンピング光によって $|1, n-1\rangle$ に戻してやれば同様の過程を繰り返し行わせることができる（シシュフォス冷却）．

（伊藤治彦）

文　献

1) C. Cohen-Tannoudji et al. : Quantum Mechanics, Vol. 1 (John Wiley & Sons, 1977), Chap. 4.
2) C. Cohen-Tannoudji et al. : Atom-Photon Interactions (John Wiley & Sons, 1992).
3) C. Cohen-Tannoudji : J. Dalibard et al. (eds.), Fundamental Systems in Quantum Optics, Les Houches 1990 (North-Holland Publishing Company, 1992), Course 1.
4) C. Cohen-Tannoudji : E. Arimondo et al. (eds.), Laser Manipulation of Atoms and Ions, Proceedings of the International School of Physics ≪Enrico Fermi≫ (North-Holland Publishing Company, 1992), 99-169.
5) J. Dalibard and C. Cohen-Tannoudji : J. Opt. Soc. Amer., **B2**-11 (1985), 1707-1720.
6) H. Haken and H. C. Wolf : The Physics of Atoms and Quanta, 5th ed. (Springer-Verlag, 1996).
7) P. Meystre and M. Sargent III : Elements of Quantum Optics, 2nd ed. (Springer-Verlag, 1991).
8) V. G. Minogin and V. S. Letokhov : Laser Light Pressure on Atoms (Gordon and Breach Science Publishers, 1987).
9) A. P. Kazantsev et al. : Mechanical Action of Light on Atoms (World Scientific, 1990).
10) H. J. Metcalf and P. van der Straten : Laser Cooling and Trapping (Springer-Verlag, 1999).
11) J. P. Dowling and J. Gea-Banacloche : B. Bederson and H. Walther (eds.), Evanescent Light-Wave Atom Mirrors, Resonators, Waveguides, and Traps, Advances in Atomic, Molecular, and Optical Physics, Vol. 37 (Academic Press, 1996), 1-94.
12) J. Söding et al. : Opt. Commun., **119** (1995), 652-662.
13) H. Nha and W. Jhe : Phys. Rev., **A56**-1 (1997), 729-736.

2.9　微小領域の電子系の振舞い

2.9.1　ナノ光工学における電子系と電磁場のかかわり

ナノメートルスケールでの電子系と光（電磁場）との相互作用を利用して，さまざまな新しい計測手段や機能デバイスを創出することは，ナノ光工学の大きな目標の1つである．近接場光学顕微法は，単一分子や量子ドットの分光計測で物性研究に貢献している．さらに微小領域の電子系の振舞いと光学現象あるいは電磁現象との融合は，新しいナノ光電子デバイスへと展開するであろう[1,2]．

ナノメートルスケールの微小領域では，電子系が物質の形状に依存する量子力学的あるいはメゾスコピックな性質を示すのと同時に，電子系と相互作用する光（電磁場）の性質も電気的境界条件を与える近傍の物質形状に大きく依存する．特定の環境系のもとでの電子系と光（電磁場）との相互作用は，互いの性質を大きく変化させるほど強い効果をもたらす．結合した電子系と光（電磁場）の振舞いのどのような性質をとらえ，計測やデバイスとしてどのような機能をさせるかが，ナノ光工学の基本的課題

2. 理論的基礎

ある.これはまた,メゾスコピックな現象からどのように外部に情報を取り出すかという基本的問題をも含んでいる[3]).

基本的な問題は,電磁場環境が電子系の性質に及ぼす影響,電子系の振舞いを決定づける電磁場を通じての散逸の制御,電子系の振舞いと電磁場を通じての電気信号・情報の流れとの関係である.特に信号・情報の方向性ある流れを生み出す散逸が,電磁場環境を通じての電子の非弾性電子散乱過程によって起こる系では,光(電磁場)を通じての散逸の制御が可能である.これは,電子系の量子力学的コヒーレンスを活用したデバイスを機能させ,有効な情報処理を行う場合に重要である.本節では,発光を伴う非弾性トンネル過程の理論的取扱いを取り上げ,これらの問題への基本的アプローチの方法を展望する.

マクロな電磁場環境が電子系の振舞いに大きな影響を及ぼすことは,共振器量子電気力学効果など,共鳴相互作用系で実証されてきている.クーロンブロッケードは,より広い意味で,電磁場環境がミクロな電子系の振舞いに大きな影響を及ぼす端的な例であるとともに,電子系の電磁場を通じての散逸過程に関する理論的取扱いの基盤を与える.本節では,今後の電子デバイスの展開にナノ光工学がどのような寄与をしうるかを考察する基礎として,これらの現象の詳細な理論的取扱いを展望する.

(堀　裕和)

文　献

1) M. Ohtsu (ed.) : Optical and Electronic Process of Nano-Matters (KTK Scientific Publishers, 2001).
2) 塚田　捷編著:領域探索プログラム「電子・フォトン系のサイエンス」報告書(新技術事業団, 1995).
3) 堀　裕和:応用物理, **70**-8 (2001), 976-983.

2.9.2 走査型トンネル顕微鏡における発光現象

走査型トンネル顕微鏡(STM)の探針-表面間にかけるバイアス電圧を大きくしていくと,微弱な発光現象が観察されることがある.この発光の機構には非弾性的トンネル過程によるものと,探針から表面内部にトンネル過程で注入された電子または正孔がフェルミ準位に落ちるとき発光するものとがある.前者には表面プラズモンまたは探針誘起プラズモンが関係するものと,そうでない一電子的な遷移によるものとがある.Berndtらは探針を走査して得た発光強度像が原子尺度の分解能を示すことを,Au(110)再構成表面やC_{60}の吸着表面で実証した[1]).ここではプラズマ振動が関係する非弾性トンネル過程による発光のメカニズムと,発光強度分布像について考察する[2]).

探針と表面とがごく近接する領域でのプラズマ振動は,孤立した探針のプラズマ振動と試料表面の表面プラズマ振動が連成したもので,探針誘起プラズモン(TIP)と呼ばれる.その規格化された基準振動の電場ベクトルを,ポテンシャル$\phi_\lambda(r)$によっ

$$E_\lambda(r) = -\nabla \phi_\lambda(r) \tag{2.473}$$

と表そう．電子が表面側の状態 ν から探針側の状態 μ へ，あるいは逆に μ から ν へ遷移し，同時に λ 番目のプラズモンを放出，または吸収する過程を表す摂動項 V_T は

$$V_T = \phi_\lambda^{\mu,\nu}(b_\lambda + b_\lambda^+) a_\mu^+ c_\nu + \text{H.c.} \tag{2.474}$$

と書ける．ここで b_λ^+, b_λ はプラズモン λ の生成，消滅演算子，a_μ と c_ν は探針および表面の電子状態 χ_μ と ϕ_ν の消滅演算子であり，行列要素は

$$\phi_\lambda^{\mu,\nu} = \int dr \phi_\lambda(r) \chi_\mu^*(r) \phi_\nu(r) \tag{2.475}$$

と表される．遷移電流密度 $j_{\mu\nu}(r)$ と遷移電荷密度 $\rho_{\mu\nu}(r)$ を，それぞれ

$$j_{\mu\nu}(r) = \frac{ie\hbar}{2m}[\chi_\mu^*(r)\nabla\phi_\nu(r) - \phi_\nu(r)\nabla\chi_\mu^*(r)] \tag{2.476}$$

$$\rho_{\mu\nu}(r) = -e\chi_\mu^*(r)\phi_\nu(r) \tag{2.477}$$

で導入すると，それらの間には次の連続の条件式が成り立つ．

$$i\omega_{\mu\nu}\rho_{\mu\nu} + \nabla j_{\mu\nu} = 0 \tag{2.478}$$

ここで，$\omega_{\mu\nu} = (E_\mu - E_\nu)/\hbar$ である．式 (2.475) の被積分関数を，式 (2.477)，(2.478) によって $\nabla j_{\mu\nu}$ で表し，部分積分を行うと

$$\phi_\lambda^{\mu,\nu} = \frac{i\hbar}{e(E_\mu - E_\nu)} \int dr E_\lambda(r) \cdot j_{\mu\nu}(r) \tag{2.479}$$

となる．プラズモンの電場 $E_\lambda(r)$ が探針-表面間の空隙部で一様であると近似すると，およそ次の関係が示せる．

$$\phi_\lambda^{\mu,\nu} \simeq \frac{iE_\lambda(r) \cdot l\hbar}{e(E_\mu - E_\nu)} J_{\mu\nu} \tag{2.480}$$

$$J_{\mu,\nu} = \frac{ie\hbar}{2m} \int_S (\chi_\mu^* \nabla \phi_\nu - \phi_\nu \nabla \chi_\mu^*) \cdot dS \tag{2.481}$$

l は探針-表面間の距離の大きさをもつ表面に垂直なベクトルであり，$J_{\mu\nu}$ はバーディーンのトンネル電流と同じ形をしている．黄金則に従ってすべてのプラズモンの放出過程を加え合わせると，最終的にフォトンとなって放出されるパワースペクトルとして，次の結果が得られる．

$$I(R, V, \omega) = B(\omega) \int_{E_F + \hbar\omega}^{E_F + eV} dE A(R, E - \hbar\omega, E - eV) \tag{2.482}$$

$$A(R, E, E') = \int dr' \int dr V_T(r') V_T(r) G^S(r+R, r'+R; E) G^T(r', r; E') \tag{2.483}$$

$$B(\omega) = \frac{4\pi}{e^2} \sum_\lambda \delta(\omega^2 - \omega_\lambda^2) |l \cdot E_\lambda(r)|^2 \tag{2.484}$$

ここで，式 (2.484) に定義される $B(\omega)$ は探針誘起プラズモンの性質のみに依存する．式 (2.483) における G^S と G^T は表面および探針のグリーン関数の虚数部であり，それぞれの系の電子状態を計算することによって得られる．式 (2.482) 右辺の積分で表される因子は，STM のトンネル電流を与える積分と類似のもので[3]，積分の下端

2. 理論的基礎

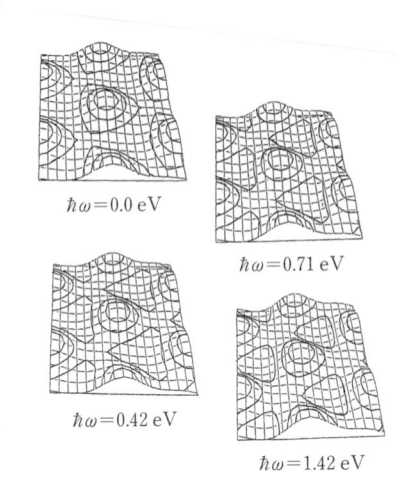

図 2.48 Ag (111) 表面の走査型トンネル光学顕微鏡像の理論予測[2]
探針 W_{10} [111] を用いる場合.
$\hbar\omega=0.0$ eV
$\hbar\omega=0.71$ eV
$\hbar\omega=0.42$ eV
$\hbar\omega=1.42$ eV

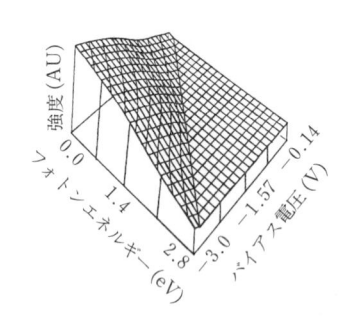

図 2.49 バイアス電圧,フォトンエネルギーの関数としての発光強度スペクトル(式(2.482)の積分因子)
探針 W_{10} [111] と Ag (111) 表面の場合.

が E_F でなく,$E_F+\hbar\omega$ になることだけが異なっている.このことから発光強度像において,なぜ原子尺度の分解能が実現できるかがわかる.すなわち発光の源はトンネル電流による電磁場の擾乱であり,その強さは局所的なトンネル電流強度に比例する.したがって,発光の強度分布も STM 像の場合と同じように原子尺度分解能をもつ.

$B(\omega)$ 以外の因子を数値計算し,Ag(111) 表面の発光強度像と発光スペクトルを求めたものを図 2.48,2.49 に示す[2].スペクトルはバイアス電圧とフォトンエネルギーの両方について得られる点がこの実験法の大きな特徴で,これにより通常の STM にない情報も得られると期待できる.なお探針誘起プラズモンの因子 $B(\omega)$ からも,探針先端のナノ領域の共鳴条件に依存する,興味深い振動構造が観察されている.

2.9.3 空隙領域での電子波干渉

STM の実験では探針-表面間の距離が,電子の物質波としての波長程度になりうるので,顕著な電子の波動性による種々のきわだった現象が観察される.その例は探針-表面間に形成される共鳴的な定在波の効果である.探針にかける負のバイアスを増加させていくと,これが表面の仕事関数をこえる領域でトンネルコンダクタンス dI/dV が大きく振動し始める[4].図 2.50 はこれを模式的に示したものである.この現象はさまざまな表面について観察されるので,そのメカニズムは個々の表面構造や電子状態にはよらないと思われる.このような状況で探針-表面間のポテンシャル分布および電子の波動関数がどのようになるか,簡単な Na 表面の模型について,第 1 原理リカージョン伝達行列法[5] で計算した結果を図 2.51 に示す.探針の負バイアスが大きいとき,真空空隙領域の表面側で電子のトンネル障壁が消失して,そこでは電

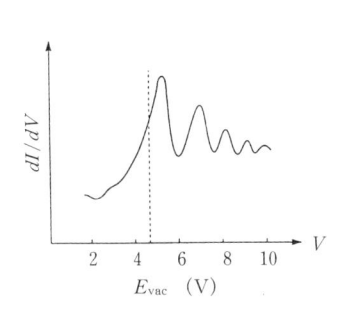

図 2.50 探針側の負バイアス値を大きくするときのトンネル微分コンダクタンスの振動

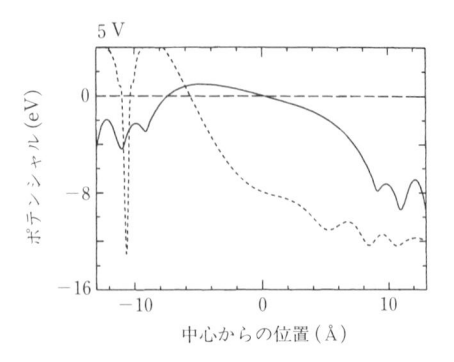

図 2.51 Na電極間にバイアス値が5V印可されたときのポテンシャル分布(実線)と,トンネル過程で電界放射される波動関数の絶対値の2乗(破線,対数スケール)

　子が波として伝搬できる．探針側にあるポテンシャル障壁をくぐり抜けた電子は，表面側で引力ポテンシャル領域を加速されながら伝搬し，試料表面に到達する．ここでポテンシャルが急激に変化することから電子波の一部は結晶内部に侵入するが，ほかの一部は表面から反射されて再び探針側へと伝搬する．するとこの波は再びポテンシャル障壁の壁によって反射され試料表面に向かって伝搬し，同様な過程を繰り返す．ある条件が満たされるとこうした多重反射によって真空空隙に共鳴的な定在波が立ち，全体として探針から表面への電子の移動確率が増強される．完全な束縛状態ではないが，有限な寿命をもつ共鳴状態が出現することによる効果である．このような共鳴状態は鏡像力表面状態が，バイアス電場によって変化したものとして理解できる．

　ここで鏡像力表面状態とは，鏡像力ポテンシャルによって表面の外側に浅く束縛された非被占拠表面状態のことである．探針が接近してこれによる電場が加わると，リードベルク型になっていた鏡像力表面状態の準位構造が大きく変化してレベル間の間隔が開き，かつ準位に幅がつくようになる．このようにして形成される共鳴準位が，図2.50に示すような振動的なトンネルスペクトルを生じさせるのである．

〔塚田　捷〕

文　献

1) R. Berndt : R. Wisendanger (ed.), Scanning Tunnneling Microscopy (Springer-Verlag, 1998), 97 ; R. Berndt et al. : *Phys. Rev. Lett.*, **74** (1995), 102.
2) M. Tsukada et al. : *Ultramicroscopy*, **42**-44 (1992), 360.
3) M. Tsukada et al. : *Surf. Sci. Rep.*, **13** (1991), 265.
4) R. S. Becker et al. : *Phys. Rev. Lett.*, **55** (1985), 987.
5) K. Hirose and M. Tsukada : *Phys. Rev.*, **B51** (1995), 5278.

2.9.4 クーロンブロッケードの物理

近年,トンネル現象の新しい話題として,微小トンネル構造における単一電子トンネリングと呼ばれる現象がとりざたされている[1-4]. この現象は,クーロンブロッケードと呼ばれる効果により,微細なトンネル接合を文字どおり電子が1個ずつ通り抜けるものである.

そもそもトンネル現象は,電子が波の性質をもつということの現れなのであるが,電子1個1個という電子の粒子性が顔を出すところがこの現象のおもしろいところである.クーロンブロッケードは「エネルギー散逸が存在するときの量子力学」[5]の問題と密接な関係にあるため,基礎科学的にも多くの研究者の関心を呼んでいる.その一方で,電気特性を電子1個のレベルで制御する「単一電子素子」の動作原理となりうるということで,応用科学の分野においても多大な関心を集めており,すでにさまざまな単一電子トンネリング素子がつくられている.

クーロンブロッケードによって引き起こされる現象は,電極の電子状態によって多彩である.超伝導状態や強磁性状態でも興味ある現象が研究されているが,関心のある読者には文献6)に引用されている原論文および文献7)を参照していただくことにして,以下では常伝導状態に関してのみ述べる.

a. クーロンブロッケードと単一電子トンネリング: 単一のトンネル接合を考える(図2.52). 今,電子が1個トンネルしたとしよう.電子は素電荷 e をもつ粒子であるから,電荷の移動に伴う静電エネルギーの変化が生じることになる.トンネル接合の静電容量を C, トンネルが起こる直前にトンネル接合面に蓄えられた表面電荷を Q とすれば,それは

$$\Delta E = \frac{(Q-e)^2}{2C} - \frac{Q^2}{2C} = \frac{e}{C}\left(\frac{e}{2} - Q\right) \tag{2.485}$$

となる.これより,$Q<e/2$ である限り電子のトンネリングはエネルギー的に損であることがわかる.つまり,電子がトンネルするためには,何らかの形で ΔE のエネルギーをもらわなければならない.たとえば,このエネルギーに対応する温度よりも十分低い温度では,格子振動からのエネルギーを得ることが不可能であるから,原理

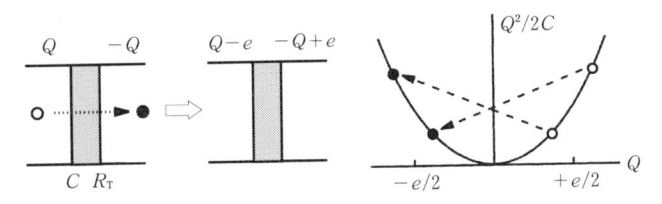

図 2.52 クーロンブロッケードの原理
トンネル接合はトンネル抵抗 R_T, 接合容量 C をもつ.電子1個のトンネリングは静電エネルギーの変化 $e/C(e/2-Q)$ の変化をもたらす(左).$|Q|<e/2$ ではトンネリングは静電エネルギー的に損をする(右).

的にたった1個の電子でさえトンネルすることはできないことになる．逆方向のトンネル過程では，$Q>-e/2$である限り電子のトンネリングはエネルギー的に損であることもわかる．このように，電荷が本来電子の電荷eを単位とする不連続なものであるために，クーロン力によってトンネリングが抑制される現象をクーロンブロッケードと呼び，オフセット電圧E_c/eをクーロンギャップと呼ぶ（図2.53）．

この現象で特徴的なエネルギーは，電子1個の充電エネルギー

$$E_c \equiv \frac{e^2}{2C} \tag{2.486}$$

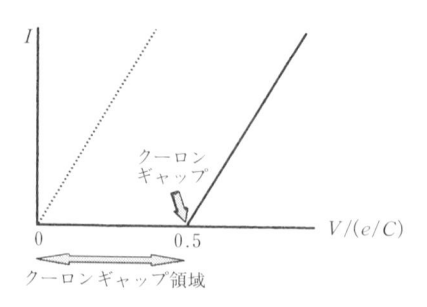

図2.53 クーロンブロッケードによる電流-電圧特性
トンネル電流は通常$I=V/R_T$に従って流れ出す（破線）が，クーロンブロッケードによりクーロンギャップ以下で電流は流れない（実線）．

である．トンネル接合が大きく，その幾何形状で決まるCが大きければ，電荷が$N\cdot e$（Nはマクロな数）でない限り，E_cはとるに足らない量であるから特別なことは起こらない．しかし，微小トンネル接合ではこれが無視できない量となり，クーロンブロッケードが問題となってくるのである．ところで，熱的擾乱に打ち勝って充電エネルギーの効果がみえるには

$$E_c \gg k_B T \tag{2.487}$$

の条件が必要である．これより，クーロンブロッケードを観測する上で目安となる温度の上限は次式となる．

$$T_0 \equiv \frac{e^2}{2k_B C} \tag{2.488}$$

しかし充電エネルギーの効果は温度に無関係な量子力学的なゆらぎによってもかき消されてしまう．このゆらぎは，トンネリングによって生じるエネルギー準位のボケ$\hbar/R_T C$が大きくなって，トンネル接合が意味を失う形で生じる[*1]．充電エネルギーが有効に働く条件は$\hbar/R_T C < E_c$であり，次のように書ける．

$$R_T \gg R_q \equiv \frac{h}{2e^2} \sim 12.9\,\mathrm{k\Omega} \tag{2.489}$$

表2.1 AlとAlの酸化物のトンネル接合を例にとった試算

接合面積 (nm²)	接合容量 (aF)	動作温度の上限 (K)	動作電圧 (mV)	動作電力 (W)	動作時間 (ps)	集積度 (1/cm²)
30×30	30	30	2.5	10^{-11}	3	$\sim 10^9$
10×10	3	300	25	10^{-9}	0.3	$\sim 10^{10}$
3×3	0.3	3000	250	10^{-7}	0.03	$\sim 10^{11}$

酸化膜の厚みは数十Åを仮定．R_Tは試験的に600 kΩととっている．

R_q は量子抵抗と呼ばれる.

 実際,どの程度のトンネル接合で観測可能であるかをみてみよう.表2.1にAlとAlの酸化物のトンネル接合の代表的な値を示す[1]. 原理的には,接合容量がアトファラッド (aF : 10^{-18}F) であるような微小トンネル接合では,室温でもクーロンブロッケードが期待できることになる.ただし,次項で述べる電磁場環境効果などにより温度効果は単純に指数関数的には利かないので,$T_0/10$ 程度がクーロンブロッケードを安定して観測できる目安となる.

b. クーロンブロッケードと電磁場環境効果: 実は単一トンネル接合でのクーロンブロッケードの安定条件は複雑である[8-11]. 本来トンネル現象は,トンネル接合部だけでなくそれを駆動する外部回路まで含めた系で考えなくてはならない.それはバイアス電圧によりトンネリングが実際に生じるところとそれに要するエネルギーが散逸する場所は別であるからである[*2]. 簡単のために,図 2.54 に示すような外部回路としてインダクタンス L をもつ単一トンネル接合を考える.全インピーダンス $Z_t(\omega)$ が与えられたとき,電荷のゆらぎは一般的に

$$\langle \delta Q^2 \rangle = 2\left(\frac{\hbar C}{e}\right)^2 \int_0^\infty d\omega \frac{\mathcal{R}e Z_t(\omega)}{R_q} \coth\left(\frac{1}{2}\beta\hbar\omega\right) \qquad (2.490)$$

と表される.今の場合, $Z_t(\omega)$ は

$$\omega_L \equiv 1/\sqrt{LC} \qquad (2.491)$$

を用いて

$$Z_t(\omega) = \frac{1}{i\omega C + Z(\omega)^{-1}} = \frac{1}{C} \cdot \frac{i\omega}{\omega_L^2 - (\omega - i\delta)^2}, \quad \delta \to +0 \qquad (2.492)$$

となるから,ゆらぎは

$$\langle \delta Q^2 \rangle = \frac{e^2}{2} \frac{\hbar\omega_L}{E_c}\left\{\frac{1}{\exp(\beta\hbar\omega_L) - 1} + \frac{1}{2}\right\} \qquad (2.493)$$

となる.ここで重要なことは,電荷のゆらぎはたとえ絶対0度でも $\hbar\omega_L/E_c \gg 1$ である限り発散するということである.つまり高インピーダンスでなければ,系に誘起される電荷のゆらぎが容易に e をこえてしまう[*3].

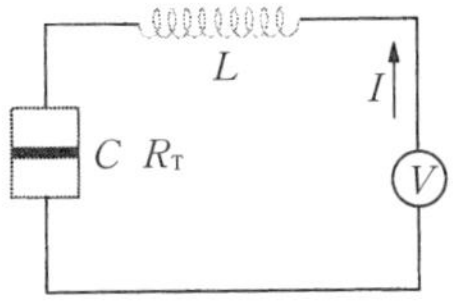

図 2.54 外部回路としてインダクタンス L をもつ単一トンネル接合

外部インピーダンスは $Z(\omega) = i\omega L$.

 この事情はもっと一般的な枠組みの中で理解でき

[*1] RC はトンネル素子の動作時定数であり,この時間スケールで生じるエネルギーの不定性が $\hbar/R_T C$ である. R_T はトンネル確率に逆比例する量であり,このエネルギーはトンネリングによって生じるエネルギー準位のボケといってもよい.

[*2] このような考え方は,新しい物理的観点である「エネルギー散逸のある量子力学」の立場に立ったものであり,さまざまな物理系での現象の理解に有効な視点となる.

[*3] 高インピーダンス条件は $L \gg CR_q^2$ と書き直せるが,現時点で形成可能なフェムトファラッド (fF) オーダの C では成立が難しく,特別な工夫をしなければ単一トンネル接合でクーロンブロッケードを直接観測することは難しい.近年はトンネル接合近傍のリード線に高抵抗の薄膜をつけることで高インピーダンスな単一トンネル接合を形成してクーロンブロッケードの測定も行われている.

る．トンネル素子と外部インピーダンスからなるトンネル系には固有振動として ω_L があり，トンネリングに要するエネルギー E_c はこの電磁モードを励起する形で散逸される．したがって，

$$E_c > \hbar \omega_L \tag{2.494}$$

であればエネルギーの散逸が生じ，その結果トンネルは抑止される．この結論は「エネルギー散逸のある量子力学」の立場からやや一般的にいえることである[5]．今の場合，エネルギー浴は振動数 ω_L の電磁モードであるため，クーロンブロッケードの議論ではこれをしばしば電磁場環境の問題と呼び，この事情で電荷ゆらぎが生じることを電磁場環境効果と呼ぶ．

そもそも，電荷のゆらぎは外部電源と接した電極に誘起される電荷の変化が連続的であることによる．電荷は本来素電荷 e を単位とする不連続なものであるのにそれはなぜか．外部バイアスのもとで電極に誘起される電荷というものが，正イオンのバックグラウンド電荷に対する電子密度のずれとして観測されるものであり，ほとんど連続的に変化する量として現れるからなのである．

次に2重トンネル接合を考えてみよう(図2.55)．この場合には，クーロンブロッケードは $\mu_1 - \mu_2 < 2U$ のときに起こる．この構造の特徴は，2つのトンネル接合に囲まれて外部回路から隔離されている中央電極(しばしばアイランドと呼ばれる)が存在することである．電子がトンネルしなければ，電荷中性の条件からアイランドに電荷は存在しない．アイランドの電荷の変化はトンネリングによってのみ起こる．したがって，式(2.487)，(2.489)が保証される限り，外部回路に直接つながっている電極の電荷が大きくゆらいでいても，アイランドへの電子のトンネリングは限りなく確実に1個の単位で起こり，変化量は e の整数倍となるはずである．アイランドはキャパシタンスをもつので，電子の増減に際してアイランドの充電エネルギーによるクー

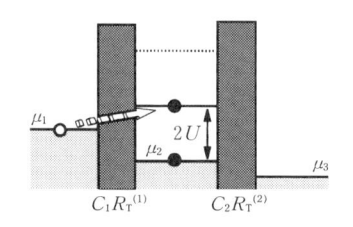

図2.55 2重トンネル接合
式(2.487)および式(2.489)が保証されれば，アイランドの平均電荷は限りなく整数に近い．$U \equiv e^2 / 2C_\Sigma$ で $C_\Sigma \equiv C_1 + C_2$ はアイランドの静電容量．単一電子制御素子では，アイランドに対向して容量結合的に配置されたゲート電極を設けることでアイランドの化学ポテンシャルを上下させてトンネリングを制御する．

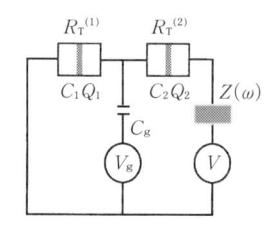

図2.56 ゲート構造を有する2重トンネル接合
容量結合型単一電子トランジスタ(C-SET)と呼ばれる．長方形を合わせた形はトンネル接合を表す．外部回路(環境インピーダンス) $Z(\omega)$ を陽に描いてある．

ロンブロッケードが期待できるのである．さらに，アイランドに対して容量的に結合するゲート構造を設ければ（図2.56），アイランドの化学ポテンシャルを増減させることができるので，これによってトンネリングを制御することが可能となる．実際，これまでに提案されている単一電子制御素子は微小な接合面積をもつ2重トンネル接合を基本要素としてもっている．したがって，これらの素子はソース，ドレイン，ゲートをもつSi-MOSFETのように論路回路を組みやすい3端子素子である．

2重トンネル接合の場合に，低インピーダンス極限でもクーロンブロッケードが起こることは，以下で述べるクーロンブロッケードの理論の中で明確に示すことができる．ただし，そこでも述べるように，2重トンネル接合の伝導特性を合理的に記述するには電磁場環境効果を陽に考慮することが依然として必要であることに注意しよう．アイランドの電荷状態は電荷ゆらぎの影響（電磁場環境効果）により変化するからである．

c. クーロンブロッケードの微視的理論： 以下では基本構造である2重トンネル接合を取り上げ，上で述べた熱ゆらぎおよび量子力学的ゆらぎに加え，電磁場環境効果を考慮したクーロンブロッケードの記述を試みよう[12-14]．

(1) マクロな量子力学変数としての電荷： 電磁場環境効果を合理的に取り込むために，図2.57に示された各トンネル接合上に誘起された2つの連続電荷 Q_i をマクロな力学変数としてとらえ，それらに正準共役な位相 φ_i を導入しよう．

トンネル接合 i に電圧 V_i がかかっていて，そこを電子がトンネルするとしよう．このとき，電位差を陽に表すと，電極 i のハミルトニアンは $\mathcal{H}_i(V_i) = \mathcal{H}_i(0) - eV_iN_i$ と書ける（N_i は電極 i の電子数）．$\mathcal{H}_i(0)$ と $\mathcal{H}_i(V_i)$ に対応する電子の消滅演算子 $a_{k\sigma}^{(i)}$ および $\bar{a}_{k\sigma}^{(i)}$ のハイゼンベルクの運動方程式からただちに

$$\bar{a}_{k\sigma}^{(i)}(t) = a_{k\sigma}^{(i)}(t) \cdot e^{i\frac{e}{\hbar}\varphi_i(t)} \quad (2.495)$$

$$\varphi_i(t) \equiv \int^t dt V_i(t) \quad (2.496)$$

が得られる[*4]．電極 $i+1$ から電極 i へのトンネリングは $\bar{a}_{k\sigma}^{(i)\dagger} a_{k\sigma}^{(i+1)}$ と表されるので，$\mathcal{H}_i(0)$ での演算子でみれば，位相因子 $e^{i\frac{e}{\hbar}\varphi_i}$ が現れることになる．

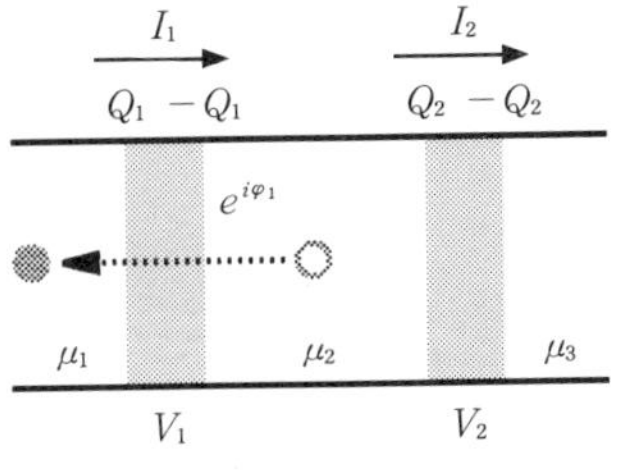

電位差 V_i がかけられた平行平板コンデンサの中を電子が極板に垂直に運動する状況を考えよう．電子の運動方程式は $dp/dt = -eV_i/L = -(e/L)\cdot(d\varphi_i/dt)$ となり，極板上の電荷の変化は誘起される鏡像電荷から見積もると $dQ_i/dt = $

図 2.57 I_i および $V_i = \mu_i - \mu_{i+1}$ は接合 $i (=1, 2)$ を流れる電流および接合 i にかかる電圧 各接合でのトンネリングに伴い位相 φ_i が現れる．

[*4] この位相の出現は，ゲージ不変性に起因するトンネリングの行列要素のベクトルポテンシャルによる位相変化と考えてもよい．

$-(e/L)\cdot(dx/dt)$ となる．このことから，位相と電荷の間の重要な交換関係

$$[Q_i, \varphi_i] = i\hbar \tag{2.497}$$

が得られる[*5]．

(2) 連続電荷と量子化電荷： 電磁場環境効果を取り扱うには電荷 Q_i を外部回路から直接みえる連続電荷 Q とアイランド電荷（量子化電荷）q に分離して扱うのが便利である．

$$Q \equiv \sum_{i=1}^{2} \kappa_i Q_i \tag{2.498}$$

$$q \equiv \sum_{i=1}^{2} \eta_i Q_i \tag{2.499}$$

ここで，$\kappa_i \equiv C/C_i$, $C = C_1 C_2/C_\Sigma$, $C_\Sigma \equiv C_1 + C_2$ であり，$\eta_i \equiv (-1)^i$ である[*6]．これらに正準共役な位相は

$$\varphi \equiv \varphi_1 + \varphi_2 \tag{2.500}$$

$$\psi \equiv -\kappa_2 \varphi_1 + \kappa_1 \varphi_2 \tag{2.501}$$

と選ぶことができ[*7]，式(2.497)から

$$[Q, \varphi] = [q, \psi] = i\hbar \tag{2.502}$$

$$[q, Q] = [\psi, Q] = [\varphi, q] = [\varphi, \psi] = 0 \tag{2.503}$$

となる．

b項で行った議論に従って，次のような量子状態を仮定しよう．

$$Q|\bar{Q}\rangle = \bar{Q}|\bar{Q}\rangle \tag{2.504}$$

$$q|m\rangle = m \cdot e|m\rangle \tag{2.505}$$

ここで，$\bar{Q}$ は連続量，m は整数である．Q および q の関数の期待値は，これらの状態をベースにした統計平均で与えられる[*8]．

(3) ハミルトニアンの導出： 上の議論に基づき，系のハミルトニアンの導出を行う[*9]．まず電荷にかかわるエネルギーを考えてみよう．ゲート構造がある場合は若干注意が必要なので，最後の方で補足説明をすることとし，まずは無視する．今，簡単のために，外部インピーダンスとしてインダクタンス L だけを考えると，

$$\begin{aligned}\mathcal{H}_{\text{em}} &= \frac{\varphi^2}{2L} + \frac{Q_1^2}{2C_1} + \frac{Q_2^2}{2C_2} - Q_1 \frac{\mu_{2,1}}{e} - Q_2 \frac{\mu_{3,2}}{e} \\ &= \mathcal{H}_{\text{env}} + \mathcal{H}_c + \text{const.}\end{aligned} \tag{2.506}$$

と書ける．ここで，

[*5] 一般に，$[Q_j, \varphi_i] = i\hbar \delta_{ij}, [\varphi_i, \varphi_j] = [Q_i, Q_j] = 0$ である．
[*6] Q は2つのキャパシタ C_1, C_2 を直列につないだ合成キャパシタ C 上の電荷である．
[*7] $Q_i = Q + (1-\kappa_i)\eta_i q$ および $\varphi_i = \kappa_i \varphi + \eta_i \psi$ の関係にも注意．
[*8] q の有限温度での期待値は，以下でみるように必ずしも整数値とはならない．
[*9] 本項以下のクーロンブロッケードの微視的取扱いは，文献13)および14)に基づく．この理論は任意の環境のインピーダンスに対する電磁場環境効果を考慮しつつアイランドの電荷状態を自己無撞着に記述する．

2. 理論的基礎

$$\mathcal{H}_{\text{env}} = \frac{\varphi^2}{2L} + \frac{Q^2}{2C} - QV \tag{2.507}$$

$$\mathcal{H}_c = (q/e - n_c)^2 U \tag{2.508}$$

であり，それぞれ電磁場環境およびアイランド電荷状態を記述する．また，

$$U \equiv \frac{e^2}{2C_\Sigma} \quad (C_\Sigma \equiv C_1 + C_2) \tag{2.509}$$

$$n_c \equiv \eta_i \frac{\mu_{i+i} - \mu_i - \kappa_i eV}{2U} \tag{2.510}$$

は，それぞれアイランドの充電エネルギーおよび電荷ミスフィットパラメータであり，後者は電流連続の条件から自己無撞着に決められるべきものである．定義から明らかなように，n_c の決定はアイランドの化学ポテンシャル μ_2 の決定にほかならず，この値に対してアイランド電荷状態（q の期待値）が一意的に決まり，それに対応したトンネル電流が流れることになる．

以上の考察からこの系のハミルトニアンは以下のように書き下せる．

$$\mathcal{H} = \mathcal{H}_{\text{es}} + \mathcal{H}_{\text{em}} + \mathcal{H}_{\text{T}} \equiv \mathcal{H}_0 + \mathcal{H}_{\text{T}} \tag{2.511}$$

ここで，$\mathcal{H}_{\text{em}}$ は式 (2.506)，

$$\mathcal{H}_{\text{es}} = \sum_{i=1}^{3} \sum_{k\sigma} \varepsilon_i(k) a_{k\sigma}^{(i)\dagger} a_{k\sigma}^{(i)} \tag{2.512}$$

$$\mathcal{H}_{\text{T}} = \sum_{i=1}^{2} \{\mathcal{H}_{\text{T}}^{(i)} + \mathcal{H}_{\text{T}}^{(i)\dagger}\} \tag{2.513}$$

$$\mathcal{H}_{\text{T}}^{(i)} \equiv \sum_{kk'\sigma} T_{k,k'}^{(i)} e^{i\frac{e}{\hbar}\varphi_i} a_{k\sigma}^{(i)\dagger} a_{k'\sigma}^{(i+1)} \tag{2.514}$$

であり，$\mathcal{H}_{\text{es}}$ は3つの電極の電子状態を，$\mathcal{H}_{\text{T}}$ は電極間のトンネリングを記述する．

(4) トンネル電流の計算： トンネル接合 i を流れるトンネル電流の演算子は，電流が電極 i の電子数 $N_i \equiv \sum_{k\sigma} a_{k\sigma}^{(i)\dagger} a_{k\sigma}^{(i)}$ の変化率の e 倍であることに注意すれば次のように表される．

$$\mathcal{I}_i = -e\frac{dN_i}{dt} = -\frac{e}{i\hbar}[N_i, \mathcal{H}] = -\frac{e}{i\hbar}[N_i, \mathcal{H}_{\text{T}}] = -\frac{e}{i\hbar}(\mathcal{H}_{\text{T}}^{(i)} - \mathcal{H}_{\text{T}}^{(i)\dagger}) \tag{2.515}$$

クーロンブロッケードは $R_q/R_{\text{T}}^{(i)} \ll 1$ の場合に顕在化するので，とりあえず $\mathcal{H}_{\text{T}}$ に関して最低次でトンネル電流の計算を行えばよいことに注意しよう[*10]．したがって，トンネル電流の計算は，$\mathcal{H}_{\text{T}}$ を外場と読み替えれば久保公式による計算と同様であり[15,16]，

$$I_i = \langle \mathcal{I}_i \rangle = \frac{1}{i\hbar} \int_{-\infty}^{0} dt \langle [\mathcal{I}_i, \mathcal{H}_{\text{T}}(t)] \rangle \tag{2.516}$$

と求められる．ここで $\langle \ \rangle$ は $\mathcal{H}_0$ での統計平均

$$\langle \ \rangle = \frac{\text{Tr}\{\exp(-\beta\mathcal{H}_0)\cdots\}}{\text{Tr}\{\exp(-\beta\mathcal{H}_0)\}} \tag{2.517}$$

[*10] 後でわかるように，トンネル電流の計算の際の摂動パラメータは $R_q/R_{\text{T}}^{(i)}$ であり，最低次は $\mathcal{H}_{\text{T}}$ の1次から生じる．

を表す．今，常伝導状態だけを問題としているので，$\mathcal{H}_T$ と $\mathcal{H}_T{}^\dagger$ の交換関係の部分だけを考え，次式を得る*11．

$$I_i = i\frac{e}{\hbar}\int_{-\infty}^{+\infty}dt\left\langle\frac{1}{i\hbar}[\widetilde{\mathcal{H}}_T^{(i)\dagger}(t), \widetilde{\mathcal{H}}_T^{(i)}(0)]\right\rangle_{gc}\exp\left(i\frac{\mu_{i+1,i}}{\hbar}t\right) \quad (2.518)$$

ここで，化学ポテンシャルを陽に扱うために $\mathcal{H}_0$ から $\widetilde{\mathcal{H}}_0 = \mathcal{H}_0 - \sum_{i=1}^{3}\mu_i N_i$ で記述される統計集団（グランドカノニカル集団）に移り，その統計平均とその相互作用表示に移った．

$$\widetilde{O}(t) \equiv e^{it\widetilde{\mathcal{H}}_0/\hbar}Oe^{-it\widetilde{\mathcal{H}}_0/\hbar} \quad (2.519)$$

$$\langle\ \rangle_{gc} \equiv \frac{\text{Tr}\{\exp(-\beta\widetilde{\mathcal{H}}_0)\cdots\}}{\text{Tr}\{\exp(-\beta\widetilde{\mathcal{H}}_0)\}} \quad (2.520)$$

さらに，よく知られている線形応答関数（遅延グリーン関数）と松原-グリーン関数の関係[16]を利用すると

$$I_i = -\frac{2e}{\hbar}I_m\left\{\frac{1}{\hbar}\int_0^{\beta\hbar}e^{i\omega_l\tau}X_i(\tau)\right\}_{i\omega_l = \frac{\mu_{i+1,i}}{\hbar}+i\delta} \quad (2.521)$$

$$= -\frac{2e}{\hbar}I_m\left[\frac{1}{\hbar}X_i\left(i\omega_l = \frac{\mu_{i+1,i}}{\hbar}+i\delta\right)\right] \quad (2.522)$$

となることがわかる．ここで，

$$X_i(\tau) \equiv \left\langle T_\tau \widetilde{\mathcal{H}}_T^{(i)\dagger}(\tau)\widetilde{\mathcal{H}}_T^{(i)}(0)\right\rangle_{gc} \equiv \frac{1}{\beta\hbar}\sum_{i\omega_l}e^{-i\omega_l\tau}X_i(i\omega_l) \quad (2.523)$$

は松原-グリーン関数であり，$\omega_l = 2\pi l/(\beta\hbar)$ ($l=0, \pm 1, \cdots, \pm\infty$) である[16]．トンネル電流の計算は，結局 $X_i(i\omega_l)$ を求めることに帰着する．

定義から $X_i(\tau)$ は，図2.58で示されるような過程であり，

$$X_i(\tau) = -\hbar^2 \mathcal{F}_\varphi(\tau, \kappa_i)\mathcal{F}_\phi(\tau, \eta_i)\alpha_T^{(i)}(\tau) \quad (2.524)$$

と表される．$X_i(\tau)$ の式に現れる種々の量は以下のように定義されるものである*12．

$$\mathcal{F}_\varphi(\tau, \kappa_i) \equiv \langle T_\tau e^{-i\frac{e}{\hbar}\kappa_i\varphi(\tau)}e^{i\frac{e}{\hbar}\kappa_i\varphi(0)}\rangle_{env} \quad (2.525)$$

$$\equiv \exp\{\kappa_i^2 J(\tau)\} \quad (2.526)$$

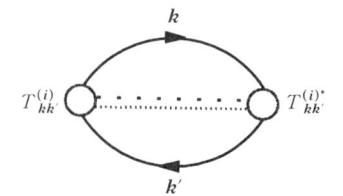

図2.58 最低次のトンネル過程
電子がトンネル接合 i を通って $\boldsymbol{k}'(\boldsymbol{k})$ から $\boldsymbol{k}(\boldsymbol{k}')$ へ行列要素 $T_{\boldsymbol{k},\boldsymbol{k}'}^{(i)}(T_{\boldsymbol{k},\boldsymbol{k}'}^{(i)*})$ でトンネルすることを表している．位相を背負ってトンネルするところが通常の場合と異なる．○：$T_{i,\sigma}^{(i)}(T_{i,\sigma}^{(i)*})$, ——：$\mathcal{G}_{i,\sigma}^{(0)}(\boldsymbol{k}, \tau)$, - - - -：$\mathcal{F}_\varphi(\tau, \kappa_i)$, ・・・・・：$\mathcal{F}_\phi(\tau, \eta_i)$.

---

*11 クーパー対による寄与は $[\mathcal{H}_T(t), \mathcal{H}_T(0)]$ および $[\mathcal{H}_T{}^\dagger(t), \mathcal{H}_T{}^\dagger(0)]$ から生じ，時間依存性をもつ．

*12 通常のトンネル電流の計算では $\alpha_T^{(i)}(\tau)$ だけが関与する．クーロンブロッケードの問題では，電磁場環境効果とアイランドの電荷状態の記述が重要となるために2種類の位相の相関関数 $\mathcal{F}_\varphi$ と $\mathcal{F}_\phi$ が関係してくる．相関関数の定義式で $\langle\ \rangle_{env}$ および $\langle\ \rangle_c$ となっているのは，それらの量がそれぞれ $\widetilde{\mathcal{H}}_{env}$ および $\widetilde{\mathcal{H}}_c$ だけによっているからである．

2. 理論的基礎

$$J(\tau) = \frac{E_c}{\hbar\omega_L}\left\{\coth\frac{\hbar\beta\omega_L}{2}(\cosh\omega_L\tau - 1) - \sinh\omega_L|\tau|\right\} \tag{2.527}$$

$$\mathcal{F}_\varphi(\tau, \eta_i) \equiv \left\langle T_\tau e^{-i\frac{e}{\hbar}\eta_i\phi(\tau)} e^{i\frac{e}{\hbar}\eta_i\phi(0)} \right\rangle_c \tag{2.528}$$

$$= \left\langle \exp\left\{-\frac{U}{\hbar}[|\tau| - 2\eta_i(q/e - n_c)\tau]\right\} \right\rangle_c \tag{2.529}$$

$$\alpha_T^{(i)}(\tau) = -\frac{1}{\hbar^2}\sum_{\mathbf{k}\mathbf{k}'\sigma}|T_{\mathbf{k}\mathbf{k}'\sigma}^{(i)}|^2 \mathcal{G}_{i,\sigma}^{(0)}(\mathbf{k}, \tau)\mathcal{G}_{i+1,\sigma}^{(0)}(\mathbf{k}', -\tau)$$

$$= \frac{1}{2\pi^2}\frac{R_q}{R_T^{(i)}}\left(\frac{\pi}{\hbar\beta}\operatorname{cosec}\frac{\pi\tau}{\hbar\beta}\right)^2 \tag{2.530}$$

式 (2.530) の計算では $|T_{\mathbf{k},\mathbf{k}'}^{(i)}|$ の波数ベクトル依存性を無視し, 自由電子の松原-グリーン関数が

$$\mathcal{G}_{i,\sigma}^{(0)}(\mathbf{k}, \tau) = \frac{1}{\beta\hbar}\sum_{i\omega_n}\frac{e^{-i\omega_n\tau}}{i\omega_n - [\varepsilon_i(\mathbf{k}) - \mu_i]/\hbar} \tag{2.531}$$

となることを用いた[16].

$$R_T^{(i)} \equiv R_q/\{4\pi^2|T^{(i)}|^2 N_i(0)N_{i+1}(0)\} \tag{2.532}$$

は接合 i のトンネル抵抗である. 位相の相関関数の計算に関しては, 文献 6) を参照されたい.

数値計算などには, 実時間の表式の方が取り扱いやすい. 式 (2.521) の τ に関する $0 \sim \beta\hbar$ までの積分を複素平面で行うことで最終的に以下の表現を得る.

$$I_i = \frac{1}{eR_T^{(i)}}\left(\kappa_i eV + 2U\eta_i\left\langle\frac{q}{e}\right\rangle_c - \Phi_i(eV)\right) \tag{2.533}$$

ここで,

$$\Phi_i(eV) = \frac{i\hbar}{\pi}\int_{-\infty}^{+\infty}dt\left(\frac{\pi}{\hbar\beta}\operatorname{cosech}\frac{\pi t}{\hbar\beta}\right)^2 \widetilde{\mathcal{F}}_\varphi^{(-)}(it, \kappa_i)$$

$$\times \left\langle\sin\left\{\frac{t}{\hbar}\left(\kappa_i eV + 2U\eta_i\frac{q}{e}\right)\right\}\right\rangle_c \tag{2.534}$$

$$\widetilde{\mathcal{F}}_\varphi^{(-)}(it, \kappa_i) = \frac{1}{2}\{\widetilde{\mathcal{F}}_\varphi(it, \kappa_i) - \widetilde{\mathcal{F}}_\varphi(-it, \kappa_i)\} \tag{2.535}$$

である. 実際のトンネル電流 I は電流連続の条件, $I_1 = I_2 = I$ から求められ

$$I = \frac{1}{eR_\Sigma}\{eV - \Phi_1(eV) - \Phi_2(eV)\} \tag{2.536}$$

となる. また, この条件から決まるアイランドの化学ポテンシャル $\mu_2(n_c)$ に対して次式で与えられるアイランド電荷の期待値が決まる.

$$\left\langle\frac{q}{e}\right\rangle_c = \pm\left[\pm n_c + \frac{1}{2}\right]$$

$$+ \sum_{n=1}^{\infty}\frac{\sinh(2\beta U\delta \pm n_c)}{\cosh(2\beta U\delta \pm n_c) + \cosh\{2\beta U(n - 1/2)\}} \tag{2.537}$$

ここで, $[x]$ は x 以下の最大整数を表し,

$$\delta n_c = n_c - [n_c + 1/2] \tag{2.538}$$

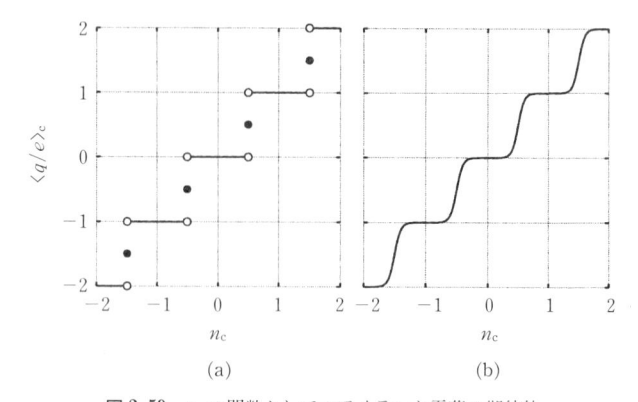

図 2.59 n_c の関数としてのアイランド電荷の期待値
絶対0度(左)と有限温度(右). $n-1/2 < n_c < n+1/2$ に対して $\langle q/e \rangle_c = n$ となる.

である[*13]. 図 2.59 にアイランド電荷の振舞いを示す. アイランドの電荷状態と電流はこのように自己無撞着に決められるべきものなのである.

一般的な計算結果をみる前に, $E_c/k_B T \gg 1$ の条件下(低温, または超微細トンネル接合)での重要な2つの極限を解析的にみておこう.

① 低インピーダンス極限: $E_c/\hbar\omega_L \ll 1$

$I_1 = I_2 = 0$ の条件を考えることにより, ただちに

$$|eV| \leq \min(U/\kappa_1, U/\kappa_2) \quad \text{かつ} \quad n=0 \tag{2.539}$$

が得られる. これは, 低インピーダンス極限でのクーロンギャップが

$$V_c^L = \min\left[\frac{e}{2C_1}, \frac{e}{2C_2}\right] \tag{2.540}$$

であること, アイランドが中性であることを意味する. 2重トンネル接合では低インピーダンス極限でも確かにクーロンブロッケードは期待できることがわかる.

一方, 電流が流れている状態に関しては, $V > 0$ に対して

$$I = \frac{1}{R_\Sigma}\left(V - \frac{2U}{e}\right) \tag{2.541}$$

となり, 以下の2つの場合がある.
（ⅰ） 対称トンネル接合 ($R_T^{(1)}C_1 = R_T^{(2)}C_2$)

$$|V| \geq 2U/e \ (\text{直線的}) \quad \text{かつ} \quad n=0 \tag{2.542}$$

（ⅱ） 非対称トンネル接合 ($R_T^{(1)}C_1 \neq R_T^{(2)}C_2$)

$$\left.\begin{array}{l}V_n^{(L)} \\ V_{n-1/2}^{(L)}\end{array}\right\} = +\frac{eR_\Sigma}{R_T^{(2)}C_2 - R_T^{(1)}C_1} \times \begin{cases} n - \dfrac{r_1 - r_2}{2} \\ n - \dfrac{1}{2} - \dfrac{r_1 - r_2}{2} \end{cases} \tag{2.543}$$

[*13] $|\delta n_c| < 1/2$ に注意.

2. 理論的基礎

$$(n=0, \pm 1, \pm 2, \cdots) \quad (2.544)$$

$$\mathrm{sgn}(n)=\mathrm{sgn}(R_\mathrm{T}^{(2)}C_2-R_\mathrm{T}^{(1)}C_1) \quad (2.545)$$

にステップ構造.

(ii)のステップ構造は，トンネル電流が階段状に変化することを意味している．これは2つのトンネル接合に時定数の差があるために生じる現象であり，クーロンステアケース(クーロン階段)と呼ばれる．図2.60をみてみよう．今，簡単のために絶対0度を考えることにする．μ_3が図の位置であれば，電子はアイランドのエネルギー準位Aにはトンネルして入れるがBには入れない．今，2つのトンネル接合の時定数に適当な差があれば，アイランドには平均的に1個の電子が定常的に蓄積することとなり，アイランドは荷電状態となる．この状態は$\mu_3 < \mu_B$である限り続く．電位差が大きくなって$\mu_3 > \mu_B$となると，準位Bにも電子は入れるようになるが，$\mu_B \leq \mu_3 \leq \mu_C$の間は準位Cには入れず同様の状況が繰り返される．ただし，余剰電子数は1個増加し，電流レベルも上がるので電流は電圧とともに階段状に変化することになる．

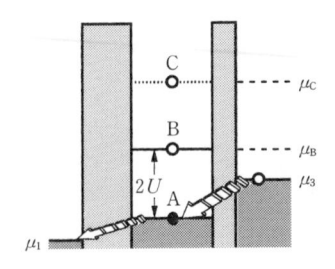

図2.60 クーロンステアケースの説明図 2つのトンネル接合の時定数に適当な差があれば，電位の向きに応じてアイランドに電子の蓄積または不足が生じる．この余剰電子の数は電位の上昇に伴い1個ずつ増加していく．電位の増加は接合1に対する相対的な変化として描いている．また，エネルギー単位(A, B, C)は，たくさんある準位のうち2U離れたものだけ描いている．

② 高インピーダンス極限： $E_\mathrm{c}/\hbar\omega_\mathrm{L} \gg 1$

この極限では，同様にして$I_1 = I_2 = 0$の条件から

$$|eV| \leq E_\mathrm{c} \quad \text{かつ} \quad n=0 \quad (2.546)$$

が得られる．これは，高インピーダンス極限でのクーロンギャップが

$$V_\mathrm{c}^\mathrm{H} = \frac{E_\mathrm{c}}{e} \quad (2.547)$$

であること，アイランドが中性であることを意味する．

また，電流が流れている状態に関しては，$V > 0$に対して

$$I = \frac{1}{R_\Sigma}\left(V - \frac{E_\mathrm{c}}{e}\right) \quad (2.548)$$

となり，やはり以下の2つの場合があることも容易に確かめられる[*14]．

(i) 対称トンネル接合 $(R_\mathrm{T}^{(1)}C_1 = R_\mathrm{T}^{(2)}C_2)$

$$|V| \geq E_\mathrm{c}/e \text{(直線的)} \quad \text{かつ} \quad n=0 \quad (2.549)$$

(ii) 非対称トンネル接合 $(R_\mathrm{T}^{(1)}C_1 \neq R_\mathrm{T}^{(2)}C_2)$

$$\left.\begin{array}{l} V_n^{(\mathrm{H})} \\ V_{n-1/2}^{(\mathrm{H})} \end{array}\right\} = V_0^{(\mathrm{H})} + \frac{eR_\Sigma}{R_\mathrm{T}^{(2)}C_2 - R_\mathrm{T}^{(1)}C_1} \times \begin{cases} n \\ n-1/2 \end{cases} \quad (2.550)$$

[*14] クーロンブロッケード近傍での表式．より大きなVに対してはインピーダンスの大きさによらずこの表式が成り立つ．

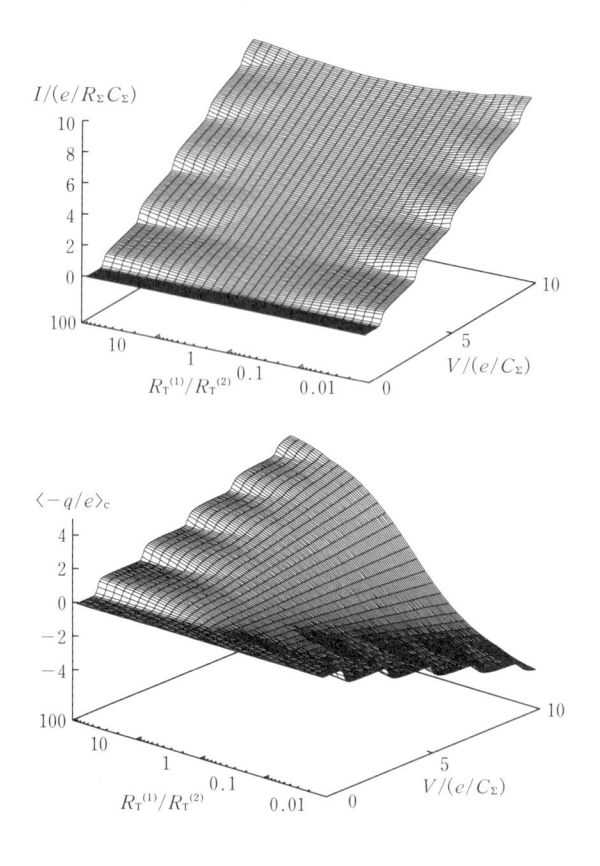

図 2.61 電流-電圧特性(左)とアイランドの平均電荷(右)
ともに，$C_1=C_2, U/k_BT=25, E_c/\hbar\omega_L=1$ の例．単一電子制御の様子が明らかにみてとれる．

$$(n=0, \pm 1, \pm 2, \cdots) \tag{2.551}$$
$$\text{sgn}(n) = \text{sgn}(R_T^{(2)}C_2 - R_T^{(1)}C_1) \tag{2.552}$$

にステップ構造(クーロンステアケース)．

数値計算結果を図 2.61 に示す．クーロンステアケースは実験的にも確認されている[17]．

ここで，電磁場環境効果に起因する効果について補足的に述べておく．これまでみてきたように，外部インピーダンス(環境インピーダンス)を変化させることで電磁場環境効果が変化し，トンネル確率はこれによって左右される．それはアイランドの電荷状態にもフィードバックされるので，アイランド電子数の変化，ひいてはトンネル電流特性に変化をもたらす．これを環境インピーダンス変調と呼ぶ[13,18-21]．この効

2. 理論的基礎

$U/kT=25$, $C_1/C_2=10$, $R_T^{(1)}/R_T^{(2)}=100$

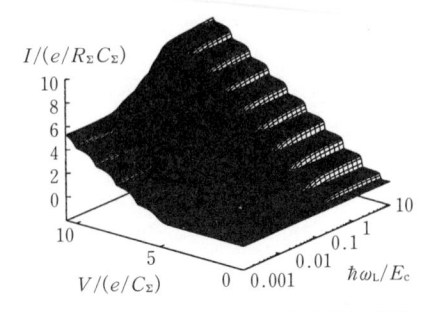

図2.62 環境インピーダンスに伴う電流-電圧特性

環境インピーダンスは $E_c/\hbar\omega_L=1$(低インピーダンス極限)から $E_c/\hbar\omega_L=0.01$(高インピーダンス極限)まで変化させている. $C_1=C_2$, $U/k_BT=25$ ととっている.

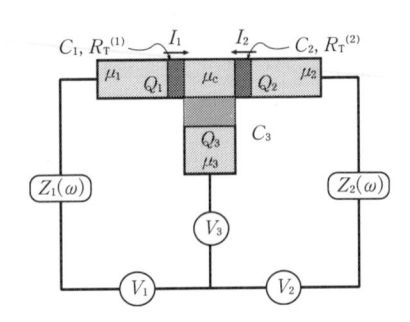

図2.63 ゲートをもつ2重トンネル接合(C-SET) 一般性をもたせるために2重トンネル接合の両端にそれぞれ外部回路を想定している. 以下では左右のインピーダンスとしてインダクタンス L_1, L_2 をとった場合を考える. $V_1-V_2=V$. アイランドの化学ポテンシャルは μ_c と書いている.

果を利用することで, 以下で述べるゲート構造による変調とは全く異なる方法で, 単一電子トンネリングを制御することが可能である. 図2.62に環境インピーダンス変調による電流-電圧特性を示す. 電磁場環境効果によるクーロンギャップの大きさの変化と, 同一電圧でも環境インピーダンスの変化に伴いアイランド電荷の値が変化することが読み取れる.

d. より一般的な状況への拡張: これまでは, 外部インピーダンスとしてインダクタンスのみを考えてきたが, 一般のインピーダンス $Z(\omega)$ に拡張することは容易である[*15]. 変更を受けるのは, 電磁場環境効果の取込みの部分, すなわち, 位相 φ の相関関数に現れ, 式(2.527)が次のようになる.

$$J(\tau)=\int_0^\infty \frac{d\omega}{\omega}\frac{\mathcal{R}eZ_t(\omega)}{R_q}$$
$$\times\left\{\coth\frac{\hbar\beta\omega}{2}\cdot(\cosh\omega\tau-1)-\sinh\omega|\tau|\right\} \tag{2.553}$$

$$Z_t(\omega)=\frac{1}{i\omega C+Z^{-1}(\omega)} \tag{2.554}$$

一方, これまではゲート構造を無視してきたが, 実際のクーロンブロッケードの観測では重要である. ゲート構造があるときの2重トンネル接合を改めて図2.63に示す. この構造は, 上で述べた容量結合型単一電子トランジスタ(C-SET)である. C-SETの取扱いで重要なことは, ゲート電極上に現れる電荷 Q_3 もトンネル接合上の電荷 $Q_i(i=1,2)$ 同様, マクロな量子力学的変数として取り扱わねばならないことであ

[*15] たとえば, インダクタンス L に加えオーミック抵抗 R もある場合には, $Z(\omega)=i\omega L+R$ となる. トンネル接合の C と合わせて LCR 回路となる.

る[*16]. この結果,電磁場環境効果には新たな側面が出現する. したがって,問題となるのは電磁場環境のハミルトニアンであり,この系のトンネル現象をいかに連続電荷と量子化電荷(アイランド電荷)の部分に分離して記述するかである. これは拘束条件下での量子力学[22)]にかかわる少し込み入った計算となるので,詳細は文献6), 22), 23)を参照していただくことにして,ここでは結果のみを述べることにする. また,外部インピーダンスとしてはインダクタンスのみの場合を考える$(Z_i(\omega)=i\omega L_i)$.

トンネル接合iを流れる電流は次のように与えられる.

$$I_i = \frac{1}{eR_T^{(i)}} \left\langle E_i(q/e) - \Phi_i(E_i(q/e)) \right\rangle_{\mathcal{H}_c} \tag{2.555}$$

ここで

$$E_i(X) \equiv eV_i - 2U\left(X + \sum_{j=1}^{3} C_j V_j/e\right) \tag{2.556}$$

$$\Phi_i(E) \equiv \frac{i\hbar}{\pi} \int_{-\infty}^{+\infty} dt \left(\frac{\pi}{\hbar\beta} \operatorname{cosech} \frac{\pi t}{\hbar\beta}\right)^2 \widetilde{\mathcal{F}}_{i,-}^{\text{env}}(it) \exp\left(i\frac{t}{\hbar}E\right) \tag{2.557}$$

$$\widetilde{\mathcal{F}}_{i,-}^{\text{env}}(it) \equiv \frac{1}{2}\left\{\widetilde{\mathcal{F}}_i^{\text{env}}(it) - \widetilde{\mathcal{F}}_i^{\text{env}}(-it)\right\} \tag{2.558}$$

$$\widetilde{\mathcal{F}}_i^{\text{env}}(it) \equiv \mathcal{F}_i^{\text{env}}(it) \exp(-itU/\hbar) \tag{2.559}$$

$$\mathcal{F}_i^{\text{env}}(t) \equiv \left\langle T_t \exp\left\{-i\sum_{j=1}^{2}\sqrt{\kappa_i}\lambda_{ij}e\varphi_j'(t)/\hbar\right\} \exp\left\{i\sum_{j=1}^{2}\sqrt{\kappa_i}\lambda_{ij}e\varphi_j'(0)/\hbar\right\}\right\rangle_{\mathcal{H}_{\text{env}}}$$

$$= \exp\left\{\sum_{j=1}^{2} \rho_{ij} J_j(t)\right\} \tag{2.560}$$

である. ここで, $\langle\ \rangle_{\mathcal{H}_{\text{env}}}$は電磁場環境のハミルトニアンの固有状態による統計平均を表し,

$$\rho_{ij} \equiv \lambda_{ij}^2 \frac{\kappa_i E_c}{\hbar\omega_j} \tag{2.561}$$

$$J_j(t) = \coth\frac{\hbar\beta\omega_j}{2}(\cos\omega_j t - 1) - i\sin\omega_j t \tag{2.562}$$

である. また, λ_{ij}は,固有振動ω_jの固有ベクトルのi成分である. I_iのn_c依存性は$\mathcal{H}_c$による平均を通して残っている. 実際に系を流れる電流は電流連続条件により

$$I = \frac{1}{eR_\Sigma} \{eV - \langle(\Phi_1(E_1(q/e))\rangle_{\mathcal{H}_c} + \langle\Phi_2(E_2(q/e))\rangle_{\mathcal{H}_c}\} \tag{2.563}$$

と与えられる. クーロンブロッケードの安定領域は式(2.555)の絶対0度での表式から求めることができ,それを図2.64に示す.

このような高インピーダンス極限と低インピーダンス極限でのクーロンダイヤモンドの違いは,環境インピーダンス変調効果[18)]の実験的検証の際にも利用された.

ここで,電磁場環境効果について注意しておこう. ゲート構造が存在しないときと異なり,電荷の自由度は3つあるので電磁場環境モードは3個存在する. このうち1

[*16] 通常なされているようなc-数としての取扱いは正しくない. また, Q_3は$Q_g = C_3 V_3$ ($C_3 \equiv C_g$はゲート容量, $V_3 \equiv V_g$はゲート電圧)そのものとはならないことにも注意.

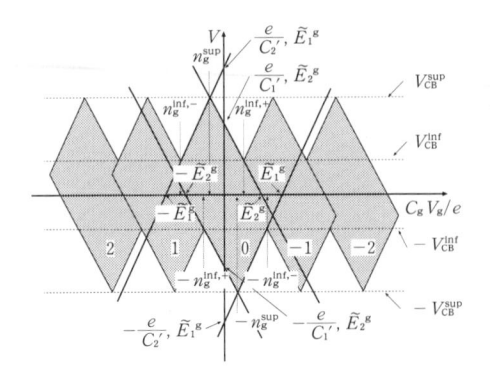

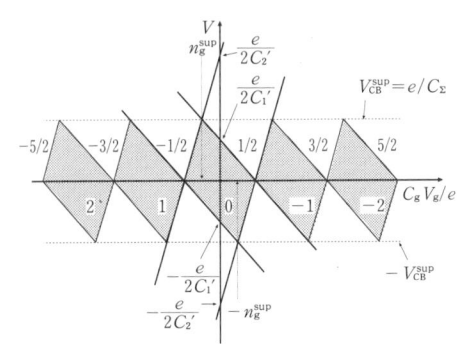

図2.64 クーロンブロッケードの安定領域(クーロンダイヤモンド)

高インピーダンス側では隣り合うクーロンダイヤモンドが一部重なり合い,閉じたダイヤモンドとならないことに注意.

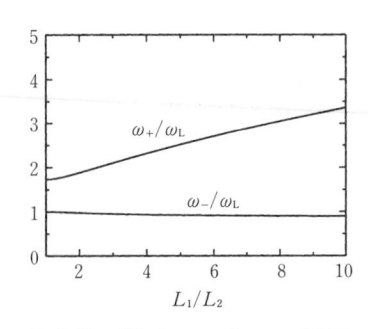

図2.65 環境インピーダンスの非対称性と電磁場環境モード $\omega_\pm$

図2.63の左右のインピーダンスとして L_1, L_2 をとり,この比に対して $\omega_\pm$ を示す.$C_1/C_2=1$, $C_3/C_2=1$ とした例.高インピーダンス,低インピーダンス極限に加え,中間的インピーダンス領域も存在する.

つはアイランド電荷 q にかかわるもので,q が保存量であることを反映して0となる.そこで,$\omega_\pm \neq 0$ の2つと充電エネルギーの大小関係が電磁場環境効果を支配することになる.電磁場環境モードを図2.65に示す.

式(2.560)から理解できるように,電磁場環境の有効性の尺度は ρ_{ij} であることがわかり,ⓐ $\rho_{ij} \ll 1 (i, j=1, 2)$, ⓑ $\rho_{ij} \gg 1 (i, j=1, 2)$, ⓒ $\rho_{i2} \gg 1 \gg \rho_{i1}$, ⓓ $\rho_{i1} \gg 1 \gg \rho_{i2}$ の4つの場合に分類され,これらは

$$\begin{cases} \hbar\omega_+, \hbar\omega_- \gg \kappa_i E_c & \text{ⓐ の場合(低インピーダンス極限)} \\ \hbar\omega_+, \hbar\omega_- \ll \kappa_i E_c & \text{ⓑ の場合(高インピーダンス極限)} \\ \hbar\omega_+ \gg \kappa_i E_c \gg \hbar\omega_- & \text{ⓒ および ⓓ の場合} \end{cases}$$

に対応し,特に最後の極限はゲート電極を陽に考慮することで生じる新たな極限である.このとき式(2.559)は

$$\tilde{\mathcal{F}}_i^{\text{env}}(it) \sim e^{-tE_i^g/\hbar} \tag{2.564}$$

となることに注意しよう.ここで,

$$E_i^g = \begin{cases} U & \text{ⓐ の場合} \\ \kappa_i E_c & \text{ⓑ の場合} \\ \kappa_i E_c(1-\lambda_{i1}^2) & \text{ⓒ の場合} \\ \kappa_i E_c(1-\lambda_{i2}^2) & \text{ⓓ の場合} \end{cases} \tag{2.565}$$

である．

　計算の詳細は省略するが，クーロンブロッケードの領域を与える電圧 V_{CB} のゲート電圧依存性は，V_g に対する周期性を反映して

$$\Delta n_g \equiv C_g V_g/e \pmod{1} \tag{2.566}$$

の関数として次のように求められる．

$V \geqq 0$　　$V_{CB}^{(+)}(\Delta n_g) = V_{CB}^{sup}$

$$+ \begin{cases} +\dfrac{e}{C_2'}(\Delta n_g - n_g^{sup}) & n_g^{inf,-} \leqq \Delta n_g \leqq n_g^{sup} \\ -\dfrac{e}{C_1'}(\Delta n_g - n_g^{sup}) & n_g^{sup} \leqq \Delta n_g \leqq n_g^{inf,+} \end{cases} \tag{2.567}$$

$V < 0$　　$V_{CB}^{(+)}(\Delta n_g) = -V_{CB}^{sup}$

$$+ \begin{cases} -\dfrac{e}{C_1'}(\Delta n_g + n_g^{sup}) & -n_g^{inf,+} \leqq \Delta n_g \leqq -n_g^{sup} \\ +\dfrac{e}{C_2'}(\Delta n_g + n_g^{sup}) & -n_g^{sup} \leqq \Delta n_g \leqq -n_g^{inf,-} \end{cases} \tag{2.568}$$

ここで，$C_1' = C_1 + (1-v_r)C_g$, $C_2' = C_2 + v_r C_g$．ただし，$v_r \equiv V_1/V$, $V = V_1 - V_2$．

$$V_{CB}^{sup} = (E_1^g + E_2^g)/e \tag{2.569}$$

$$V_{CB}^{inf} = V_{CB}^{sup} - e/C_\Sigma \tag{2.570}$$

は V_g を変化させたときの最大および最小のクーロンブロッケード電圧であり，それぞれに対応する $C_g V_g/e \pmod{1}$ の値 n_g^{sup} および $n_g^{inf,\mp}$ は

$$n_g^{sup} = -\dfrac{C_1'}{e^2} E_1^g + \dfrac{C_2'}{e^2} E_2^g \tag{2.571}$$

$$n_g^{inf,-} = n_g^{sup} - C_2'/C_\Sigma \tag{2.572}$$

$$n_g^{inf,+} = n_g^{sup} + C_1'/C_\Sigma \tag{2.573}$$

である．これらの式から，ゲート電圧に対して V_{CB} の絶対値は V_{CB}^{inf} から V_{CB}^{sup} まで変化することがわかる．これはクーロンブロッケード幅が，アイランドに電子が1個出入りするときにアイランドの化学ポテンシャルが $2U$ 変化することに対応しており，電磁場環境効果の違いによる差はない．一方，V_{CB} の最大値 V_{CB}^{sup}，いわゆるクーロンギャップは電磁場環境効果に依存して変化し，式(2.569)と式(2.565)から

$$V_{CB}^{sup} = \begin{cases} 2U/e & \text{ⓐ の場合} \\ E_c/e & \text{ⓑ の場合} \\ E_c(1 - \kappa_1 \lambda_{11}^2 - \kappa_2 \lambda_{21}^2)/e & \text{ⓒ の場合} \\ E_c(1 - \kappa_1 \lambda_{12}^2 - \kappa_2 \lambda_{22}^2)/e & \text{ⓓ の場合} \end{cases} \tag{2.574}$$

となる．新たなクーロンギャップ領域が存在すること，ゲート容量依存性が低インピーダンス極限では C_Σ を通して入ってくるが高インピーダンス極限では消えてしまうことに注意しよう．

　また式(2.563)から，トンネル電流をバイアス電圧 V およびゲート電圧 V_g に対して計算することができる．これを図2.66に示す．したがって，ある V に対して

2. 理論的基礎

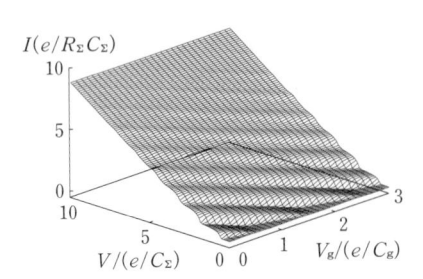

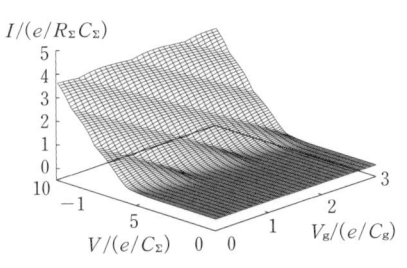

図 2.66 C-SET 構造のトンネル電圧特性
$U/k_BT=25$, $R_T^1/R_T^2=10$, $L_1/L_2=1$, $C_1:C_2:C_3=10:1:1$ の場合. (上) $\hbar\omega_L/E_c=10$ (低インピーダンス極限), (下) $\hbar\omega_L/E_c=0.01$ (高インピーダンス極限).

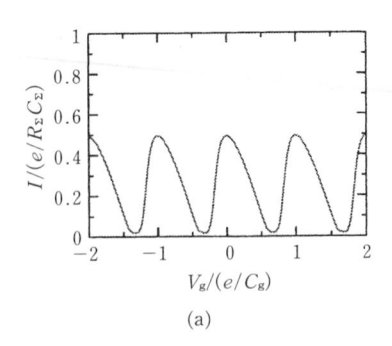

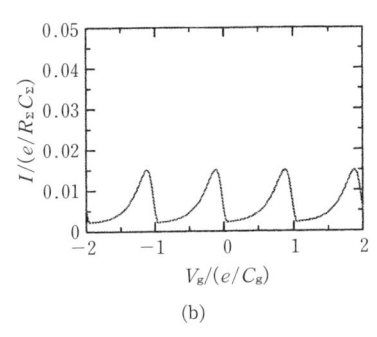

図 2.67 クーロン振動
クーロンギャップのごく近傍での $I-V_g$ 特性. (a) 低インピーダンス, (b) 高インピーダンス. ゲート電圧により, 電流は e の周期で振動する.

$I-V_g$ 特性をみると, 図 2.64 のクーロンダイヤモンドを通過するたびに電流が ON, OFF することとなる. それを図 2.67 に示す. ゲート電圧を変えたときの e を周期とする電流の振動は, 有効的なコンダクタンスの振動であり, クーロン振動と呼ばれる. これもまた実験的に確認されている[17].

（岩渕修一）

文　献

本項は, 主として文献 6) の第 5 章をもとに, 加筆・改稿したものである.

1) 先駆的なレビューとして
   K. K. Likharev : *IBM J. Res. DEVELOP.*, **32** (1988), 144.
2) D. V. Averin and K. K. Likharev : B. L. Al'tshuler *et al.* (eds.), Macroscopic Phenomena in Solid (Elsevier Science Publishers, 1991), 173.
3) H. Grabert and M. H. Devoret (eds.) : Single Charge Tunneling (Plenum Press, 1992).
4) 文献 1)～3) 以後の動向までをまとめたものとして

岩渕修一：単一電子素子技術の動向と展望．極限構造集積システム調査報告書III (94-基-10)（日本電子工業振興協会，1994)，第2.7項．
5) A. O. Caldeira and A. J. Leggett : *Ann. Phys.* (*N. Y.*), **149** (1983), 374.
6) 岩渕修一：メゾスコピック系の物理，パリティ物理学コース　クローズアップ（丸善，1998)．
7) そのほかにも，超伝導関係でインコヒーレントクーパー対トンネルに関して
   S. Iwabuchi : K. Fujikawa and Y. A. Ono (eds.), Quantum Coherence and Decoherence, (North-Holland Publishing Company, 1996), 139-142 ; S. Iwabuchi *et al.* : *Superlattices and Microstructures*, **27**-516 (2000), 621.
   また，強磁性的磁気抵抗変化の異常増大に関して
   R. Kitawaki *et al.* : K. Fujikawa and Y. A. Ono (eds.), Quantum Coherence and Decoherence II (North-Holland Publishing Company, 1999), 173-176.
8) A. A. Odintsov : *Sov. Phys. JETP*, **67** (1988), 1265.
9) Yu. V. Nazarov : *Sov. Phys. JETP*, **68** (1989), 561.
10) M. H. Devoret *et al.* : *Phys. Rev. Lett.*, **64** (1990), 1824.
11) S. M. Girvin *et al.* : *Phys. Rev. Lett.*, **64** (1990), 3183.
12) H. Grabert *et al.* : *Z. für Physik*, **85** (1991), 143.
13) S. Iwabuchi *et al.* : Proc. 4th Int. Symp. on Foundations of Quantum Mechanics (ISQM-Tokyo'92), JJAP Series 9 (1993), 126.
14) H. Higurashi, S. Iwabuchi and Y. Nagaoka : *Phys. Rev.*, **B51** (1995), 2387.
15) R. Kubo : *J. Phys. Soc. Jpn.*, **12** (1958), 570.
16) 久保公式および松原-グリーン関数に関する参考書として
   阿部龍蔵：統計力学（東京大学出版会，1966) ; A. L. Fetter and J. D. Walecka : Quantum Theory of Many-Particle Systems (McGraw-Hill, 1971) ; A. A. Abrikosov *et al.* : Quantum Field Theoretical Methods in Statistical Physics (Pergamon Press, 1965)；松原武生，米沢冨美子訳：統計物理学における場の量子論の方法（東京図書，1987)．
17) たとえば，次の文献を参照．
   L. P. Kouwenhoven *et al.* : *Z. für Physik*, **85** (1991), 367.
18) F. Wakaya *et al.* : *Solid State Electronics*, **42** (1998), 1401-1405.
19) F. Wakaya *et al.* : *Appl. Phys. Lett.*, **74** (1999), 135-137.
20) F. Wakaya *et al.* : *Jpn. J. Appl. Phys.*, **38** (1999), 2812-2815.
21) F. Wakaya *et al.* : *Microelectronic Engg.*, **46** (1999), 135- 156.
22) P. A. M. Dirac : *Can. J. Math.*, **2** (1950) 129 ; *Proc. Roy. Soc. Lond.*, **A246** (1958), 326.
23) S. Iwabuchi *et al.* : *Phys. Rev.*, **B** (in press).

2.10　原子間力の基礎

2.10.1　自然界における力

自然界に存在する物質を安定化しているのは，物質間に働く引力である．たとえば，われわれが住んでいる地球が球状で安定なのは，地球を構成している物質間（土や岩石など）に重力という引力が働くからである．この重力の強さは相互作用する2つの物質A，Bの質量 m_A，m_B に比例して，物質間の距離 r の2乗に逆比例するので，

$$F(重力) = -Gm_A m_B / r^2 \qquad (2.575)$$

と書き表される．G は万有引力の定数と呼ばれ，その値は，$G = 6.67 \times 10^{-11}$ N m²/

kg² である．重力は質量に比例するので，少なくとも一方の質量が地球程度大きい場合，自然界における支配的な力となる．逆に，相互作用する2つの物質が原子や分子程度に小さくなると，質量が減少するので原子・分子間に働く重力は非常に弱くなり，電磁気力が自然界における支配的な力となる．電磁気力（クーロン力）は相互作用する2つの物質 A, B の電荷量 q_A, q_B に比例して，物質間の距離 r の2乗に逆比例するので，

$$F(電磁気力) = kq_Aq_B/r^2 \tag{2.576}$$

と書き表される．電荷量の単位はクーロン (C) であり，比例定数は $k = 9 \times 10^9 \text{ N m}^2/\text{C}^2$ である．たとえば，H^+（陽子）同士の間に働く重力と電磁気力を 1 nm ($= 10^{-9}$ m) 離れた距離で比較すると，陽子の質量は $m = 1.67 \times 10^{-27}$ kg で素電荷の電荷量は $q = 1.60 \times 10^{-19}$ C なので，H^+（陽子）同士の間に働く重力は $F(重力) = -1.86 \times 10^{-46}$ N で電磁気力は $F(電磁気力) = 2.30 \times 10^{-10}$ N となり，電磁気力の方が重力よりも約 10^{36} 倍強い．重力と電磁気力の距離 r 依存性は同じだから，電荷量は素電荷のままとすると，電磁気力と重力が同じ強さになるには，2つの物質の質量が両方とも約 10^{18} 倍大きくなる必要がある．分子量が 1000 万の巨大高分子でも 10^7 倍であることを考えると原子・分子の世界では，電磁気力が自然界における支配的な力となっていることがわかる．以上の議論より，電子を原子核のまわりに束縛する原子を形成するための引力は原子核と電子との間に作用する電気的な引力（電磁気力）で，また，原子と原子を結びつけて結晶をつくる原子間引力も電気的な引力（電磁気力）であることがわかる．

2.10.2 分極の効果

図 2.68 (a) に示すように，2つの点電荷 Q_A と Q_B の間に働く電磁気力（クーロン力）は，

$$F(電磁気力) = kQ_AQ_B/r^2 \tag{2.577}$$

と書き表される．このようなクーロン力を及ぼし合うイオン同士が「イオン結合力」で結合する結晶としては，正と負のイオンからなる NaCl のようなイオン結晶がある．他方，片方の物質（原子や分子）が外部電界 0 でも（電気）双極子モーメント $\mu = ql$（単位：C m）をもつ永久双極子（たとえば，図 2.69 の (a) 水分子 H_2O, (b) アンモニア分子 NH_3 のような有極性分子）や，永久双極子はもたないが電界を引加すると双極子モーメントが電界の方向に現れる（電気）分極率 α（単位：$C^2 m^2 J^{-1}$）をもつ誘起双極子（たとえば，図 2.70 の (a) 二酸化炭素 CO_2 や (b) 四塩化炭素 CCl_4 のような無極性分子）の場合は，電磁気力はこの式では表せない．たとえば，永久双極子の中心と点電荷の距離が r で，r が l より十分大きい遠距離では，r 方向と永久双極子のなす角を θ とすると，図 2.68 (b) の固定された永久双極子と点電荷 Q の間に働く電磁気力は，

$$F(電磁気力) = -2kQ\mu\cos\theta/r^3 \tag{2.578}$$

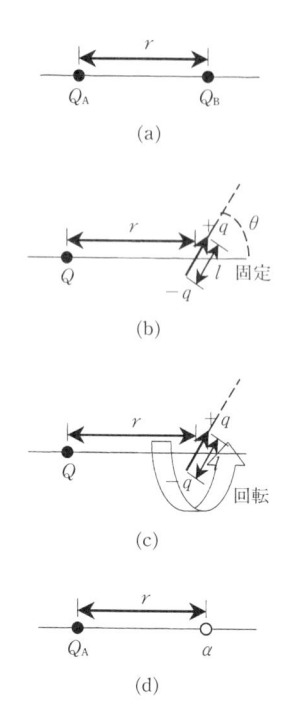

図 2.68 遠方で働く電磁気力
(a) 点電荷と点電荷, (b) 点電荷と固定永久双極子, (c) 点電荷と回転永久双極子, (d) 点電荷と誘起双極子の場合.

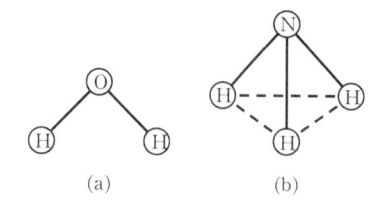

図 2.69 有極性分子の例
(a) 水分子 (H_2O), (b) アンモニア (NH_3).

となる.この場合,距離 r を一定にして,点電荷を永久双極子のまわりで回転させると電磁気力は $\cos\theta$ に比例して変化するので,電磁気力に方向性(θ 依存性)が存在する.これは,点電荷のつくる電界は $E = kQ/r^2$ で等方的だが,永久双極子のつくる電界は $E = -2k\mu\cos\theta/r^3$ となり非等方的となるためである.図 2.68(c)に示すように回転する永久双極子(有極性分子など)と点電荷 Q の間に働く電磁気力は,ボルツマン定数 k_B ($=1.38\times10^{-23}$ J K^{-1})と絶対温度 $T(K)$ を用いて,

$$F(電磁気力) = -2k^2Q^2\mu^2/3k_BTr^5 \tag{2.579}$$

となり,電磁気力に方向性はなくなる.図 2.68(d)の誘起双極子と点電荷 Q の間に働く電磁気力は,

$$F(電磁気力) = -2k^2Q^2\alpha/r^5 \tag{2.580}$$

となる.

2.10.3 ファンデルワールス力

回転する永久双極子と永久双極子の間に働く電磁気力,回転する永久双極子と誘起双極子の間に働く電磁気力や 2 個の誘起双極子の間に働く電磁気力は,r^{-7} に比例する.ポテンシャルで考えると r^{-6} に比例するこのような電磁気力をファンデルワールス力と呼ぶ.ファンデルワールス力は弱い電磁気力の代表で,ファンデルワールス結合力でできる結晶としては,化学的に安定で不活性ガスと呼ばれる希ガスの Ar が極低温で固体となるのが代表例で,ファンデルワールス結晶と呼ぶ.

2.10.4 レナード-ジョーンズポテンシャル

図2.71のように,相互作用する2つの原子の原子間距離が非常に小さいと原子の電子雲が相互に重なり合い,電子間の強い斥力(電磁気力)が発生するので,2個の原子あるいは分子が最終的に互いにどこまで近づけるかがこの斥力(電磁気力)の強さと電気的な引力(電磁気力)のバランスで決まる.この斥力は,交換斥力とか剛体斥力と呼ばれ,量子力学的電磁気力である.また,この斥力は近距離力で2個の原子あるいは分子が接近すると非常に急激に強くなるという特徴をもっている.残念ながらその距離依存性を表す一般式はないが,ポテンシャル関数の経験式として,ファンデルワールス引力と組み合わせたペアポテンシャルの1つである,レナード-ジョーンズポテンシャル

$$w(r) = 4\varepsilon[(\sigma/r)^{12} - (\sigma/r)^6] \tag{2.581}$$

が最もよく知られている.右辺第1項が斥力で第2項が引力である.このポテンシャルは,$r=\sigma$ で $w(\sigma)=0$ となり,$r=2^{1/6}\sigma$ で最小エネルギー $w(2^{1/6}\sigma)=-\varepsilon$ となる.このとき斥力ポテンシャルは $4\varepsilon(\sigma/r)^{12}=+\varepsilon$ で引力ポテンシャルは $-4\varepsilon(\sigma/r)^6=-2\varepsilon$ なので斥力項は結合エネルギーを50%低下させている.

2.10.5 固体表面の構造

以上のような個々の原子や分子間の相互作用に対して,図2.72(a)のような原子や分子が集まって理想物質(結晶)ができた場合の表面を考える.原子や分子が規則

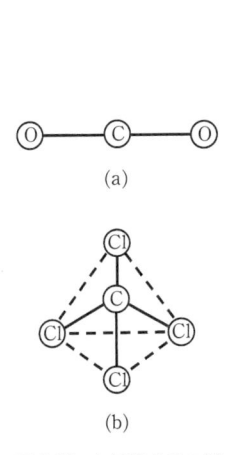

図2.70 無極性分子の例
(a) 二酸化炭素 (CO_2),
(b) 四塩化炭素 (CCl_4).

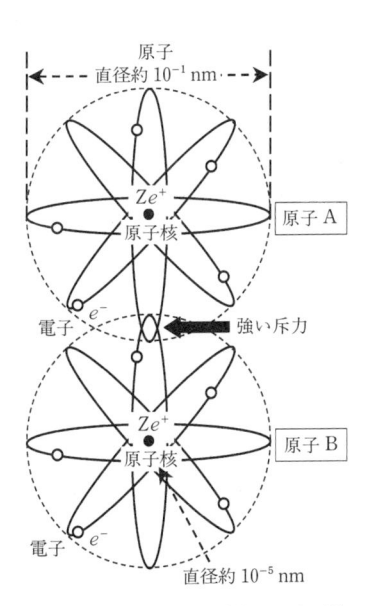

図2.71 原子間に働く斥力のモデル図

正しく並んでできている不連続な結晶表面は，理想的には，図2.72(a)のように固体結晶側はバルク結晶と同じ結晶構造をしていて，表面の外側（真空側）には原子や分子は存在しない．このような表面を理想表面と呼ぶ．しかしながら，個々の原子の相互作用力を考えた場合，結晶表面には外側に原子が存在しなくなるので，バルク結晶のような結晶構造が保てなくなり，表面の結晶構造はバルク結晶の構造から異なった構造に変化する．最も単純な現象としては，図2.72(b)に示すように，原子間の引力と斥力のバランスが崩れた結果，再表面の原子が不安定になり外側または内側に移動する，「（表面）緩和現象」がある．他方，表面原子が安定化するように，面内で横方向に移動して，バルク結晶とは異なった結晶構造をつくる場合があり，これを，「（表面）再構成」（図2.72(c)）と呼ぶ．このように，結晶表面の原子は，周囲に存在する原子の数が減少するために不安定となり，安定になるためにバルク結

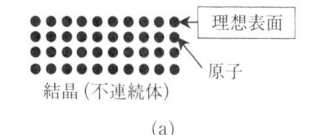

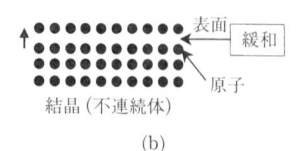

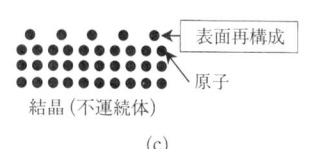

図2.72 さまざまな結晶表面のモデル
(a) 理想表面，(b) 緩和した表面，(c) 再構成した表面．

晶と同じ結晶構造（理想表面）から異なった新しい構造に変化する．このような観点から，表面はバルク結晶と異なる新物質と考える必要がある．また，表面の原子はバルク結晶中の原子とは異なり，周囲に存在する原子の数が少ないために不安定で，表面上や表面の外側（真空側）の原子を引力（電磁気力）で引き寄せる力が強く，化学的に活性である．

2.10.6　マクロな相互作用：物体の大きさの影響

原子や分子間の原子間力や分子間力を測定する方法として開発されたのが，図2.73に示すような，小さなてこ先端の突起と試料表面の間に働く原子間力による，てこのたわみを測定する原子間力顕微鏡である．この場合は，図2.73(a)に示すように，てこ先端突起も試料も数多くの原子が集まってできており，単純に個々の原子や分子間の原子間力や分子間力を測定しているのとは異なってくる．

図2.73(a)のような数多くの原子が集まってできたてこ先端突起と試料表面との相互作用力を計算するのは，非常に困難である．全原子の位置を固定して，てこ先端突起側の原子と試料表面側の原子の組合せによる原子対間のペアポテンシャルの総和を計算すれば，原理的には小さなてこ先端の突起と試料表面の間に働く原子間力の計算ができる．しかしながら，2.10.5項で説明したように表面原子は不安定であり，てこ先端突起側も試料表面側も原子位置をバルク結晶のような結晶構造の位置に固定する理想表面近似は使えない．さらに，てこ先端突起側から原子間力が働くことによ

2. 理論的基礎

り，試料表面側の不安定な表面原子が位置を変える可能性があり，逆に，試料表面側から原子間力が働くことにより，てこ先端突起側の不安定な表面原子も位置を変える可能性がある．また，原子レベルでは，点電荷の近似は使えず，電子は図 2.71 に示すように電子雲となり広がる．その結果，量子力学的電磁気力を計算する必要があり，交換斥力のようにその距離依存性を表す一般式はなくなり，正確なペアポテンシャルは存在しなくなる．

簡単に計算できるのは，表面原子の移動や電子の電子雲としての広がりを無視できるてこ先端突起と試料表面との間隔が十分大きい場合のみである．このような遠方においては，結晶は不連続体としての性質を失い，連続体として近似できる．その結果，図 2.73 (a) は図 2.73 (b) のように，距離 D 離れた半無限連続体（試料）と曲率半径 R の連続体球（てこ先端突起）に近似できる．

そこで，てこ先端突起と試料表面との間に働く力を計算するために，まず，図 2.74 (a) のような質点と試料結晶の間に働く力を，図 2.74 (b) のような質点と半無限連続体の間に働く力 $f(D)$ として計算する．次に，図 2.74 (c) のように，質点を球に

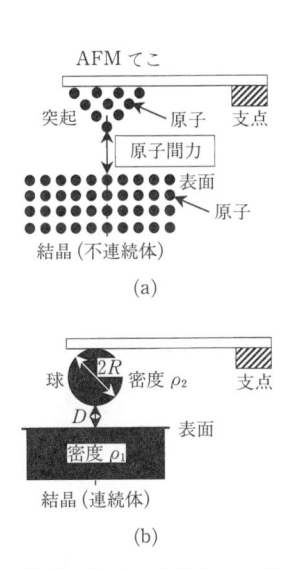

図 2.73 原子間力顕微鏡のモデル
(a) 不連続体モデルと (b) 連続体モデル．

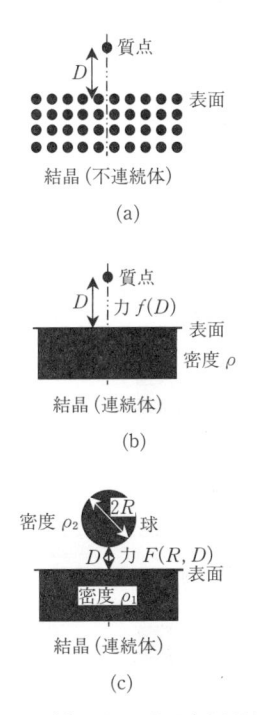

図 2.74 (a) 質点と結晶（不連続体），
(b) 質点と半無限連続体，
(c) 球と半無限連続体の間に働く力のモデル

して，球と半無限連続体の間に働く力 $F(R,D)$ を計算する．さらに，図 2.75 (a) のように力 $F=0$ の場合の球と試料表面の距離を Z_0 と定義して，図 2.75 (b) のように引力 $F(R,D_0)$ が働いたときの球と試料表面の距離を D_0 として，てこのたわみによる Z 変位を $\delta Z = Z_0 - D_0$ とする．このときは，てこのばねによる復元力 $f = k\delta Z = k(Z_0 - D_0) > 0$ と，球と半無限連続体の間に働く引力 $F(R,D_0) < 0$ が釣り合っているはずだから

$$F(R,D_0) + k(Z_0 - D_0) = 0 \tag{2.582}$$

が成立する．したがって，球と半無限連続体の間に働く引力 $F(R,D)$ が曲率半径 R と球と試料表面の距離 D の関数として求まれば，図 2.76 のような $F(R,D)$ と $-f(D) = k(D-Z_0)$ の交点から $F(R,D_0) + k(Z_0 - D_0) = 0$ となる距離 $D_0(Z_0)$ が Z_0 の関数として求まる．この結果より，縦軸が球と半無限連続体の間に働く引力 $F(R, D_0(Z_0))$ で横軸が力 $F=0$ の場合の球と試料表面の距離を Z_0 とした場合のてこと試料の間に働く力の距離依存性（フォースカーブ）が求まる．

図 2.77 (a) で $Z=0$ の質点と半無限連続体中質点との間の距離を r として，距離 r 離れた質点間のポテンシャルを $w_0(r) = -c/r^n$ と仮定する．図 2.77 (a) に示すように X 軸と Z 軸を定義すると，$r = (x^2 + z^2)^{1/2}$ となる．図中の斜線部分を Z 軸のまわりに回転してできる立体の体積は，$\Delta V = [\pi(x+dx)^2 - \pi x^2]dz = 2\pi x dx dz$ だから，質点と半無限連続体間のポテンシャルは，$Z=D$ から無限大までと X が ± 無限大で積分を行うと求まり，

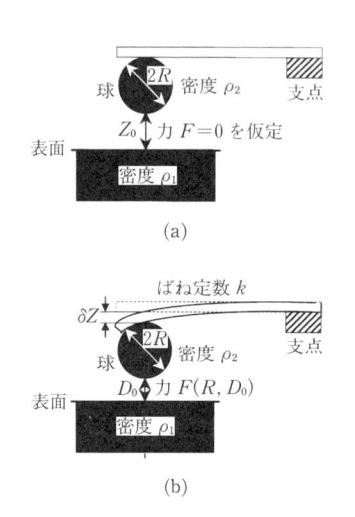

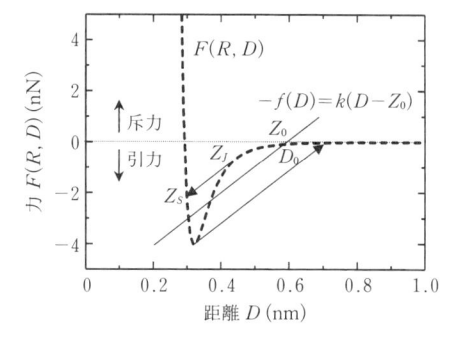

図 2.75 (a) 相互作用がない場合の AFM てこ (b) 相互作用がある場合の AFM てこのモデル

図 2.76 てこの復元力とてこと試料間に働く力のバランス点の求め方

2. 理論的基礎

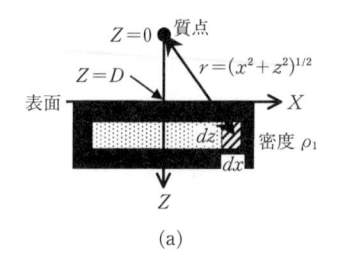

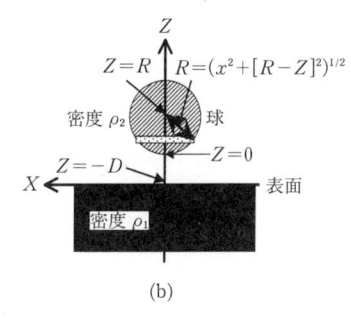

図2.77 の左側の図について:

- (a) $Z=0$ 質点, $r=(x^2+z^2)^{1/2}$, $Z=D$ 表面, 密度 ρ_1
- (b) $Z=R$ 球, $R=(x^2+[R-Z]^2)^{1/2}$, 密度 ρ_2, $Z=0$, $Z=-D$ 表面, 密度 ρ_1

図2.77 (a) 質点と半無限連続体に働く力の求め方と (b) 球と半無限連続体の間に働く力の求め方

$$w_1(D) = -2\pi c\rho_1 \int_0^{+\infty} dz \int_{-\infty}^{+\infty} dx\, x/(x^2+z^2)^{n/2}$$
$$= -2\pi c\rho_1/(n-2)(n-3)D^{n-3} \quad (2.583)$$

となる．これを使って，図2.74(b)の質点と半無限連続体間の力は $f(D)=-dw_1(D)/dD$ より，

$$f(D) = -2\pi c\rho_1/(n-2)D^{n-2} \quad (2.584)$$

と求まる．この結果より，距離 r 離れた質点間のポテンシャルが $w_0(r)=-c/r^n$ と r^{-n} で力は $f_0(r)=-dw_0(r)/dr=-cn/r^{n+1}$ と $r^{-(n+1)}$ であったのが，半無限連続体で近似した試料側の積分を行うことによりポテンシャルは $D^{-(n-3)}$ に，力も $D^{-(n-2)}$ と，両方ともに距離依存性が3乗弱くなったことがわかる．

次に，図2.77(a)の $Z=0$ の質点を球にして，球と半無限連続体との間のポテンシャルを求める．計算の都合上，X軸やZ軸の方向，および，$Z=0$ の位置の定義を図2.77(b)のように変更する．球内のZ位置の質点と半無限連続体間のポテンシャルは，$w_1(D+z)$ で与えられ，図中の点々部の体積は $\Delta V = \pi x^2 dz = \pi[R^2-(R-z)^2]dz = \pi(2R-z)z\,dz$ で与えられるので，球と半無限連続体との間のポテンシャルは，$Z=0$ から $2R$ まで積分を行うと求まり，$w_2(R,D) = -[2\pi^2 c\rho_1\rho_2/(n-2)(n-3)]\int_0^{2R} dz(2R-z)z/(D+z)^{n-3}$ より，

$$w_2(R,D) = -[2\pi^2 c\rho_1\rho_2/(n-2)(n-3)]\{[1/(D+2R)^{n-6}-1/D^{n-6}]/(n-6)$$
$$-2(D+R)[1/(D+2R)^{n-5}-1/D^{n-5}]/(n-5)$$
$$+D(2R+D)[1/(D+2R)^{n-4}-1/D^{n-4}]/(n-4)\} \quad (2.585)$$

となり，球と半無限連続体間の力は $F(R,D)=-dw_2(R,D)/dD$ より，

$$F(R,D) = -[2\pi^2 c\rho_1\rho_2/(n-2)]\{[1/(D+2R)^{n-5}-1/D^{n-5}]/(n-5)$$
$$-2(D+R)[1/(D+2R)^{n-4}-1/D^{n-4}]/(n-4)+D(2R+D)[1/(D+2R)^{n-3}$$
$$-1/D^{n-3}]/(n-3)\} \quad (2.586)$$

となる．したがって，曲率半径 R が D よりも十分大きい場合は，近似的に，ポテンシャル $w_2(R,D)$ は $D^{-(n-5)}$ に比例し，力 $F(R,D)$ は $D^{-(n-4)}$ に比例する．球積分によって，曲率半径 R が D よりも十分大きい場合は，近似的に，両方ともに距離依存性が2乗弱くなったことがわかる．なお，$A=\pi^2 c\rho_1\rho_2$ はハマーカー定数と呼ばれ，物体間の相互作用の巨視的性質に基づいた力学量である．

2.10.7 共有結合力1：ダングリングボンド間の原子間力

原子間力顕微鏡(AFM)てこ先端と試料表面の距離が原子レベル(結晶の格子間隔程度)にまで小さくなると，図2.73(b)のような連続体近似は使えなくなり，図2.73(a)のような個々の原子でできた不連続体の効果，すなわち，個々の原子間の相互作用力を考慮することが必要となる．このような近距離で，初めてAFMにより原子分解能が実現する．2.10.4項や2.10.6項で説明したように，原子レベルでは，点電荷の近似は使えず，電子は図2.71に示すように電子雲となり広がる．その結果，電磁気力の計算でも量子力学的効果を考える必要が発生する．原子と原子が十分近づいた場合，各原子の電子雲の広がり，すなわち，電子状態が変化する場合がある．この代表的なものが，IV属のSiやGe原子が集まってできるSiやGe半導体で，このような原子間に働く共有結合力による引力でできる結晶を，等極性結晶と呼ぶ．

Si原子は，図2.78に示すように，14個の電子をもっており，エネルギーが最も低い基底状態である主量子数nが1で軌道角運動量の量子数lが0(s状態)の1s状態にスピンが上向きと逆向きの2個の電子が入り，次に，2番目にエネルギーが低い主量子数nが2で軌道角運動量の量子数lが0(s状態)の2s状態にスピンが上向きと逆向きの2個の電子が入り，次に，3番目にエネルギーが低い主量子数nが2で軌道角運動量の量子数lが1(p状態)の2p(p_x, p_y, p_z)状態のそれぞれにスピンが上向きと逆向きの2個の組合せで合計6個の電子が入る．残った4個の電子は，4番目にエネルギーが低い主量子数nが3で軌道角運動量の量子数lが0(s状態)の3s状態にスピンが上向きと逆向きの2個の電子が入り，最後に残った2個の電子は最もエネルギーの高い主量子数nが3で軌道角運動量の量子数lが1(p状態)の3p(p_x, p_y, p_z)状態にスピン方向を揃えて入る．この3p(p_x, p_y, p_z)状態は，それぞれのp_x, p_y, p_z状態にスピンが上向きと逆向きの2個の組合せで合計6個の電子が入ることが可能なので，6個入る状態に2個の電子しか入っておらず，不安定である．

水素原子のように電子が1個しかない原子では，電子のエネルギーは主量子数nのみで決まり，軌道角運動量の量子数lに依存しない．Si原子の電子エネルギーが軌道角運動量の量子数lにも依存するのは，Si原子には電子が多数あり，電子間の相互作用によるエネルギー差が，軌道角運動量の量子数lが異なる(電子)状態間に発生するためである．したがって，主量子数nの異なる状態間のエネルギー差に比べて，同じ主量子数nで異なる軌道角運動量の量子数lをもつ(電子)状態間のエネルギー差は小さい．主量子数nで分類して考えた場合，主量子数nが1と2の状態には電子が完全に詰まっており安定で，これらの電子を内核電子と呼ぶ．他方，主量子数nが3の

図2.78 Si原子の電子状態

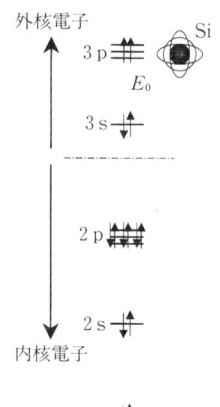

2. 理論的基礎

状態は電子の詰まり方が不完全であり，これらの電子を外殻電子と呼び，エネルギー的に不安定である．

イオン結合で結晶をつくるNaCl結晶などでは，Na原子は電子を11個もっており，主量子数nが1と2の状態に電子が10個詰まり，内核電子となっているが，主量子数nが3の状態には外殻電子が1個残り，電子1個が余分な不安定状態となっている．他方，Cl原子は電子を17個もっており主量子数nが1と2の状態に電子が10個詰まり，内核電子となっているが，主量子数nが3の状態には外殻電子が7個あり，3s状態に2個と3p(p_x, p_y, p_z)状態に電子が5個入っており，電子が6個入る3p状態に電子が5個しか入っておらず電子1個が不足した不安定状態となっている．その結果，Na原子は電子1個を放出してNa$^+$となり安定化して，Cl原子は電子1個をもらってCl$^-$となり安定化して，Na$^+$とCl$^-$の正負の安定なイオン同士がクーロン引力で結合するイオン結合力により，イオン結晶を形づくる．

しかし，Si原子同士の組合せでは余分な電子の数は同じなので，一方のSi原子から他方のSi原子へ電子の授受を行うことはできない．このような等極性の原子同士の結合には，互いに電子を共有する共有結合力が働く．電子を共有するために，まず，Si原子の電子雲の広がり，すなわち，電子状態が変化する．具体的には，図2.79(b)に示すように，3sと3pの状態が混ざり合ってsp^{3}混成軌道という正四面体の頂点方向に電子雲が広がった新しい電子状態ができる．この状態は，3sと3p状態を混ぜてつくるので，8個の電子が入って，状態が完全に電子で満たされると全電子エネルギーは等しくなる．したがって，図2.79(a)，(b)より，エネルギー準位には$6E_0=8E_1$の関係がある．Si原子単独では，軌道混成前のエネルギーは3p状態に電子が2個あるので全エネルギーは3s状態から測って$2E_0$だったのが，軌道混成後のエネルギーはsp^{3}混成軌道状態に電子が4個あるので全エネルギーは3s状態から測って$4E_1=3E_0$と，軌道混成により逆に全エネルギーがE_0だけ高くなるので，Si原子1個ではsp^{3}混成軌道状態はSi原子軌道状態よりもさらに不安定でsp^{3}混成軌道状態はできない．

しかし，図2.79(c)のように，もう1つの余分なSi原子が近づいてくると，互いに電子を共有し合って，エネルギー的に安定する．図2.80(a)，(b)のように，相互作用前の2つの原子AとBがもっている余分な電子の波動関数とエネルギーをそれぞれ$\psi_A(r), \psi_B(r), E_A=E_B=E_0$，ハミルトニアンを$H$とすると，$E_0=\int dr \psi_i^*(r) H \psi_i(r)$となる．相互作用のポテンシャルを$V(r)$として，原子間に相互作用がある場合の波動関数を，$\psi_A(r)$と$\psi_B(r)$の線形結合$\psi(r)=a\psi_A(r)+b\psi_B(r)$で表す．そのシュレディンガー方程式は

$$[H+V(r)]\psi(r)=E\psi(r) \tag{2.587}$$

となる．ここで，$\psi_A(r)$と$\psi_B(r)$は規格直交性を満たすとする．式(2.587)の左辺から$\psi_A^*(r)$を掛けて積分すると，

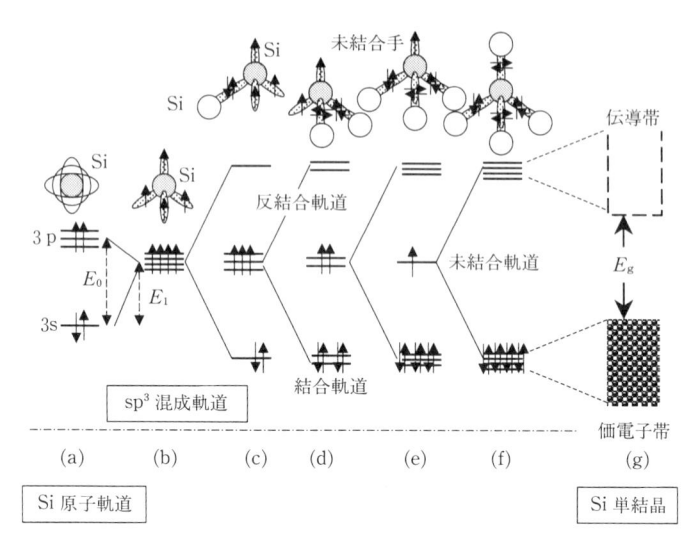

図 2.79 sp³ 混成軌道と未結合手
(a) Si 原子の電子状態, (b) Si 原子の sp³ 混成軌道, (c) 1 個の Si 原子, (d) 2 個の Si 原子, (e) 3 個の Si 原子, (f) 4 個の Si 原子と共有結合した場合, (g) 共有結合でつながった Si 単結晶のバンド構造.

$$a(E_0+C)+bV=Ea \tag{2.588}$$

同様に,式(2.587)の左辺から $\psi_B{}^*(r)$ を掛けて積分すると,

$$aV+b(E_0+C)=Eb \tag{2.589}$$

となる.なお,$C=\int dr\psi_i{}^*(r)V(r)\psi_i(r)<0$ で $V=\int dr\psi_i{}^*(r)V(r)\psi_j(r)<0\,(i\neq j)$ である.式(2.588)と式(2.589)が 0 でない解をもつには a と b の係数がつくる行列式が 0 となる必要があるので,図 2.80(b)に示すように,

$$E=E_0+C\pm V \tag{2.590}$$

となる.これを,式(2.588)と式(2.589)に代入して規格化条件 $a^2+b^2=1$ を用いると $a=1/\sqrt{2}$ と $b=\pm 1/\sqrt{2}$ が求まるので,図 2.80(a)に示すように

$$\psi(r)=[\psi_A(r)\pm\psi_B(r)]/\sqrt{2} \tag{2.591}$$

となり,結合軌道 $\psi_+(r)=[\psi_A(r)+\psi_B(r)]/\sqrt{2}$ のエネルギーは $E_+=E_0+C+V$ でエネルギーが $\Delta E_-=E_+-E_0=C+V$ だけ下がり,反結合軌道 $\psi_-(r)=[\psi_A(r)-\psi_B(r)]/\sqrt{2}$ のエネルギーは $E_-=E_0+C-V$ とエネルギーが $\Delta E_+=E_--E_0=C-V$ だけ上がる.結果として,エネルギーが下がった結合軌道に 2 個の電子がスピン逆向きに入ることによってエネルギー的に $2(C+V)$ だけ安定化する.このように結合軌道に 2 個の電子がスピン逆向きに入って互いに電子を共有することを共有結合と呼び,共有結合をつくってエネルギーを安定化するように原子間に働く引力を共有結合力と呼

ぶ．結合エネルギーは，2つの原子 A と B の距離の関数だから，2つの原子 A と B の後述のダングリングボンド（未結合手）間に働く原子間引力 $F(z)$ は，

$$F(z) = -\partial[2(C+V)]/\partial Z \quad (2.592)$$

で与えられる．しかし，C や V の正確な距離依存性を求めるのは困難である．

図 2.79 (b)〜(f) に示すように，sp^3 混成軌道は正四面体の頂点方向に電子雲が広がった電子状態なので，中心の Si 原子がもつ余分な電子 4 個すべてを他の Si 原子と共有するには，4 個の新たな Si 原子を必要とする．このようにして，正四面体方向に Si 原子が順番に共有結合してできる結晶がダイヤモンド構造の Si 半導体結晶である．周期的な半導体結晶ができると，個々の Si 原子の結合軌道や反結合軌道の波動関数が隣の原子の波動関数と混ざり合うことにより，図 2.79 (g) に示すような価電子帯や伝導帯などのバンド構造ができる．

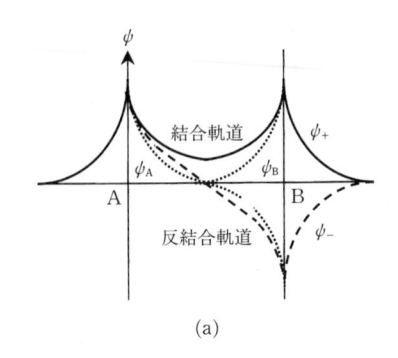

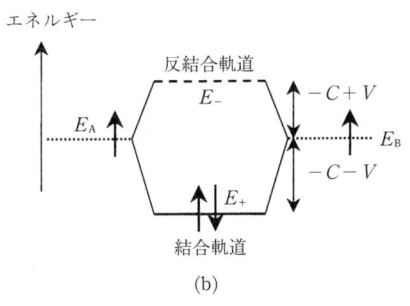

図 2.80 (a) 原子 A と B の間にできる結合軌道と半結合軌道の波動関数と (b) エネルギー状態のモデル図

Si 半導体の (111) 表面では，図 2.79 (e) のように外側に Si 原子が存在しないために，sp^3 混成軌道（未結合軌道）に電子が 1 個残る．この 1 個の電子が残った電子雲または電子状態をダングリングボンド（未結合手）と呼び，不安定なダングリングボンドは，非常に活性である．そのため，Si (111) 表面では，ダングリングボンドの数を減らして安定化するように Si (111)7×7 と呼ばれる再構成表面ができて，49 個の Si 原子がもつ 49 個のダングリングボンドが 19 個にまで減少する．図 2.81 (a) や (b) のような Si (100) 表面では，図 2.79 (d) や図 2.81 (b) のように，再表面の Si 原子は 2 個のダングリングボンドをもち，非常に活性である．そのため，図 2.81 (d) に示すように隣り合った Si 原子同士で共有結合をつくって Si ダイマ（2 量体）となり，ダングリングボンドの数を半分に減らして安定化する．この図 2.81 (c) や (d) の表面を，Si (100)2×1 構造と呼ぶ．

2.10.8 共有結合力 2：ダングリングボンドと空軌道間の原子間力

共有結合力の計算は容易ではないが，モデルとして，図 2.82 に示すような中性の水素原子 A と水素イオン（陽子）B が近づいたときの共有結合力を考えてみる．合計のポテンシャルを U として図 2.82 (a) に示すように，A と B の中間でポテンシャル

U が $U_A+U_B=U$ になるように U_A と U_B に分割する.ポテンシャル U を満足する全系の波動関数を $\psi(\bm{r},t)$ とするとシュレディンガー方程式は,

$$i\hbar\partial\psi(\bm{r},t)/\partial t=[-(\hbar^2/2m)\nabla^2+U]\psi(\bm{r},t) \tag{2.593}$$

となる.ポテンシャル U_A と U_B を満足する波動関数を,$\psi_A(\bm{r},t)$ と $\psi_B(\bm{r},t)$ とするとそれぞれのシュレディンガー方程式は,

$$i\hbar\partial\psi_A(\bm{r},t)/\partial t=[-(\hbar^2/2m)\nabla^2$$
$$+U_A]\psi_A(\bm{r},t)=E_0\psi_A(\bm{r},t) \tag{2.594}$$
$$i\hbar\partial\psi_B(\bm{r},t)/\partial t=[-(\hbar^2/2m)\nabla^2$$
$$+U_B]\psi_B(\bm{r},t)=E_0\psi_B(\bm{r},t) \tag{2.595}$$

となる.波動関数の時間依存性は,$\exp(-iE_0t/\hbar)$ だから,全系の波動関数 $\psi(\bm{r},t)$ は,$\psi_A(\bm{r},t)$ と $\psi_B(\bm{r},t)$ を用いて,

$$\psi(\bm{r},t)=[a_A(t)\psi_A(\bm{r})+a_B(t)\psi_B(\bm{r})]$$
$$\times\exp(-iE_0t/\hbar) \tag{2.596}$$

となる.式 (2.596) を式 (2.593) に代入して,左側から $\psi_A^*(\bm{r})$ や $\psi_B^*(\bm{r})$ を掛けて積分することにより,

$$i\hbar\partial a_A(t)/\partial t=a_B(t)M \tag{2.597}$$
$$i\hbar\partial a_B(t)/\partial t=a_A(t)M \tag{2.598}$$

を得る.ここで遷移行列 M は

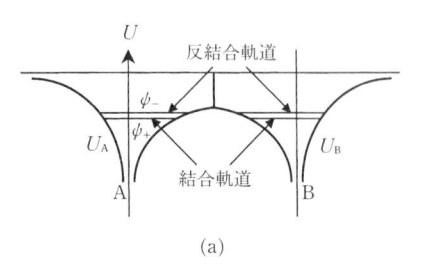

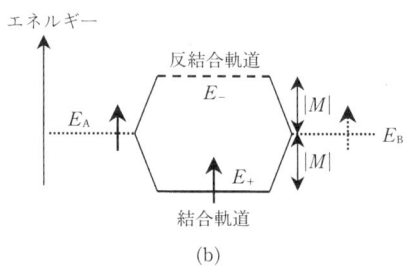

図 2.82 (a) 中性の水素原子 A と水素イオン (陽子) B の間にできるポテンシャルおよび結合軌道と半結合軌道と,(b) エネルギー状態のモデル図

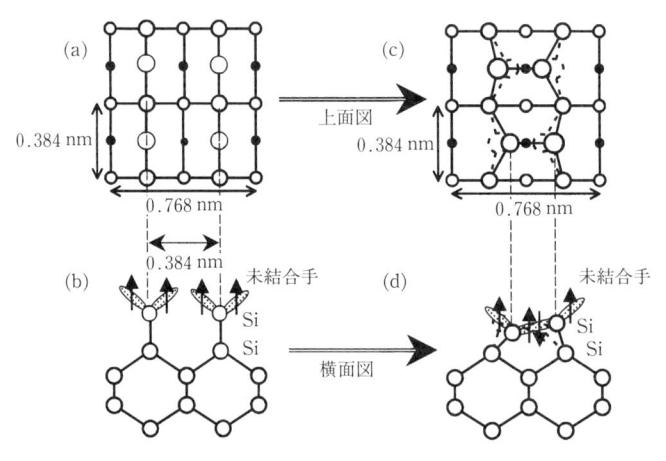

図 2.81 Si (100) 理想表面の (a) 上面図と (b) 横面図,Si (100)2×1 の (c) 上面図と (d) 横面図

$$M=(\hbar^2/2m)\int[\psi_\mathrm{B}(r)\nabla\psi_\mathrm{A}(r)-\psi_\mathrm{A}(r)\nabla\psi_\mathrm{B}(r)]\cdot dS \tag{2.599}$$

で与えられる．$t=0$ で電子は A にいるとすると $a_\mathrm{A}(0)=1, a_\mathrm{B}(0)=0$ だから，$a_\mathrm{A}(t)=\cos(Mt/\hbar)$ と $a_\mathrm{B}(t)=-i\sin(Mt/\hbar)$ となるので，全系の波動関数 $\psi(r, t)$ は，$\psi_\mathrm{A}(r)$ と $\psi_\mathrm{B}(r)$ を用いて，

$$\psi_1(r, t)=[\cos(Mt/\hbar)\psi_\mathrm{A}(r)-i\sin(Mt/\hbar)\psi_\mathrm{B}(r)]\exp(-iE_0 t/\hbar) \tag{2.600}$$

となる．他方，$t=0$ で電子は B にいるとすると $a_\mathrm{A}(0)=0, a_\mathrm{B}(0)=1$ だから，$a_\mathrm{A}(t)=-i\sin(Mt/\hbar)$ と $a_\mathrm{B}(t)=\cos(Mt/\hbar)$ となるので，全系の波動関数 $\psi(r, t)$ は，$\psi_\mathrm{A}(r)$ と $\psi_\mathrm{B}(r)$ を用いて，

$$\psi_2(r, t)=[\cos(Mt/\hbar)\psi_\mathrm{B}(r)-i\sin(Mt/\hbar)\psi_\mathrm{A}(r)]\exp(-iE_0 t/\hbar) \tag{2.601}$$

となる．$\psi_1(r, t)$ と $\psi_2(r, t)$ の波動関数から対称と反対称の波動関数 $\psi_+(r, t)$ と $\psi_-(r, t)$ をつくると，

$$\psi_+(r, t)=\psi_1(r, t)+\psi_2(r, t)=[\psi_\mathrm{A}(r)+\psi_\mathrm{B}(r)]\exp[-i(E_0+M)t/\hbar] \tag{2.602}$$

$$\psi_-(r, t)=\psi_1(r, t)-\psi_2(r, t)=[\psi_\mathrm{A}(r)-\psi_\mathrm{B}(r)]\exp[-i(E_0-M)t/\hbar] \tag{2.603}$$

したがって，図 2.82(b) に示すように，$E_\mathrm{A}=E_\mathrm{B}=E_0$ のエネルギー準位は中性の水素原子 A の電子が水素イオン (陽子) B との間を共鳴的にトンネルすることにより $E_0+M=E_0-|M|$ のエネルギーをもつ結合軌道と $E_0-M=E_0+|M|$ のエネルギーをもつ反結合軌道に分離する．遷移行列 M は中性の水素原子 A と水素イオン (陽子) B との距離 Z の関数なので，両者の間に働く原子間引力 $F(z)$ は，

$$F(z)=-\partial M/\partial Z \tag{2.604}$$

で与えられる．他方，遷移行列 M はトンネルの行列と同じなのでトンネル伝導率 G と

$$G\propto|M|^2\propto\exp(-2\kappa z) \tag{2.605}$$

の関係がある．ここで，$\kappa=(2m\phi)^{1/2}/\hbar$ で m は電子の質量で ϕ はバリアの高さ (実効的仕事関数) で $(2\kappa)^{-1}\fallingdotseq 0.05$ nm である．したがって，

$$F(z)=-\partial M/\partial Z\propto\exp(-\kappa z)\fallingdotseq\exp(-z/0.1\text{ nm}) \tag{2.606}$$

である．したがって，z が 0.2 nm 変わると共有結合力は約 1 桁変化する．

この中性の水素原子 A と水素イオン (陽子) B が近づいたときの共有結合力のモデルは，水素原子 A の電子がダングリングボンド中の 1 個の不対電子に対応して，水素イオン (陽子) B の空軌道が電子をもたない空軌道 (空準位) に対応する．したがって，ダングリングボンドと空軌道間の原子間引力のモデル計算に対応する．なお，この計算自身かなり近似が多い定性的なものであることに注意する必要がある．

(森田清三)

3. 要素の原理と方法

3.1 プローブ

3.1.1 プローブの原理

1章の図1.5では微小球の表面に発生した近接場光を記してあるが,それからもわかるように近接場光のエネルギーの空間分布の厚みは球の半径程度である.さらにまた,図1.6に示したように,近接場光を散乱するための第2の球(すなわちプローブ)を近づけたとき,第2の球の半径が第1の球の半径と等しいときに最も効率よく散乱されることがわかっている.さらに実際には図3.1(a)に示すように微小な第2の球を空間に浮遊させ,安定に走査することは不可能なので,図3.1(b)のようにこれを支持棒の先に固定して使う.このような形態のプローブに要求される性質は次のとおりである.

① 微小な近接場光を扱うので,プローブ先端部の寸法が小さいこと(図3.1(b)では先端の球の半径が小さいこと).

② 微小な近接場光と伝搬光との間の変換を担うインターフェース機能を有すること(すなわち,集光モードではプローブ先端で近接場光を散乱させて発生した伝搬光をプローブ後方の光検出器に効率よく伝送する機能である.一方,照明モードでは光源からの伝搬光をプローブ先端に効率よく伝送し,近接場光に効率よく変換する機能

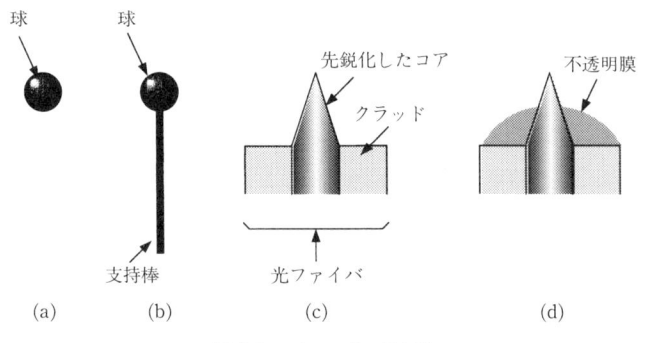

図3.1 プローブの基本形
(a) 微小球のみ,(b) 支持棒付きの微小球,(c) ファイバ中心部のコアを先鋭化したもの,(d) 先鋭化ファイバに不透明膜を塗布したもの.

3. 要素の原理と方法

である).

③ 試料とプローブとによる近接場光発生とその散乱の過程とは無関係に，光源からの伝搬光が光検出器に直接入射することを防ぐこと．

さらに，これらの性質を有するプローブを実現した後に，それを使う場合には，

④ プローブをその先端寸法と同程度の距離まで試料表面に近づけ，安定に走査可能であること．

これらの性質を満たすプローブの代表例がシリカガラス製の光ファイバを素材としたファイバプローブである．これはまず，図 3.1(c) に示すように光ファイバ中心部のコアを先鋭化し，次に図 3.1(d) のように根本に不透明膜を塗布したものである．図 3.2 に示すようにその先端部の曲率半径を図 3.1(b) の先端部の微小球と同程度に小さくなるようにすると，上記の性質①が満たされる．さらに，その下の円錐部の形状を調節すると，性質②が満たされる．すなわち，図 3.3(a) に示されるように集光モード (C モード) の場合にはファイバプローブ先端で散乱された光は円錐部を通るときにファイバの導波モードに効率よく結合し，光ファイバ本体へと伝送され，その後端にある光検出器へと到達する．一方，図 3.3(b) に示されるように照明モード (I モード) の場合にはファイバプローブ後端から入射し，光ファイバ本体を進んで円錐部の根本に達した光は少ない減衰量で先端に達し，近接場光を発生する．さらに，図 3.1(d) に示したように円錐部の根本に不透明膜を塗布することにより性質③が満た

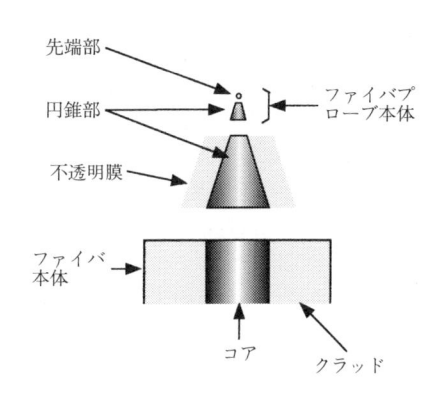

図 3.2 ファイバプローブ各部の構成

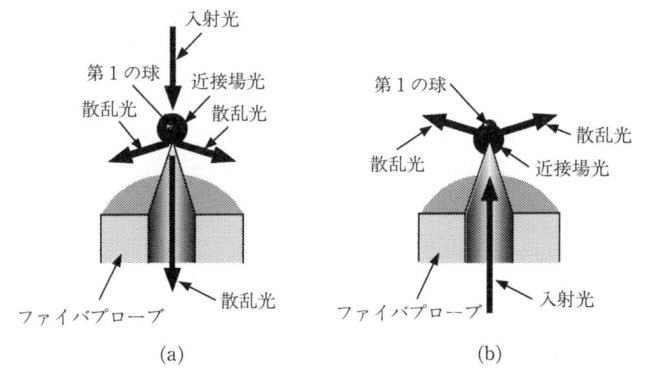

図 3.3 ファイバプローブによる近接場光の散乱または発生の様子
(a) 集光モード (近接場光の散乱), (b) 照明モード (近接場光の発生).

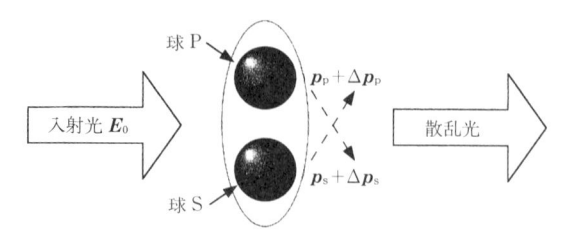

図 3.4 2つの微小球の双極子間相互作用の様子

される．なお，使用する際に性質④を満たすには，ファイバプローブの根本部をピエゾアクチュエータなどに固定し，精密に走査すればよい．

以上の配慮によりつくられるファイバプローブでは図 3.1 (d) に示すように不透明膜から突出した円錐部がファイバプローブ本体といえる．これはもはや図 3.1 (a) のような球形ではないので，得られる実験結果も球を使った場合とは異なってくる．以下ではその差異について概観し，望ましいファイバプローブの形態を考える．

まず単純化した場合について考慮する[1]．つまり図 3.1 (a) のようにプローブが微小な球の場合である．また試料も微小な球とする．このとき図 3.4 に示すように試料となる微小な球 S に入射光 (その電場は E_0) を照射する．そして球 S にプローブとなる微小な球 P を近接させる．つまりこの図は集光モードに対応している．しかしここでは2つの球は近接しているために球 P にも入射光が同時に照射されている．このような状況にしておくと集光モードだけでなく照明モードについての議論もしやすくなる．さて，この状況で入射光の電場により2つの球には電気双極子モーメント p_s, p_p が発生する．そして各々が新たな電場を発生し，その電場が相手の球に電気双極子モーメントの変化 $\Delta p_p, \Delta p_s$ を誘起する．さらにこれらの電気双極子モーメント $\Delta p_p, \Delta p_s$ は各々新たな電場を発生し，その電場が相手の球に電気双極子モーメントの変化を誘起させる．そしてこれが無限に繰り返される．このようにして一方の球に誘起される電気双極子モーメントが他方の電気双極子モーメントを誘起する電磁相互作用は双極子間相互作用と呼ばれる．この双極子間相互作用の結果，散乱光が発生する．以下ではこの双極子間相互作用について考える．

上記のような電気双極子モーメント p がつくる電場は，近接場条件下 (すなわち，電気双極子モーメントから観測地点までの距離 r が入射光の波長に比べ十分小さい場合) では

$$E = \{3n(n \cdot p) - p\}/4\pi\varepsilon_0 r^3 \tag{3.1}$$

であることが知られている[2]．ここで n は球から位置 r の地点を見込んだ方向を表す単位ベクトル．ε_0 は真空の誘電率である．式 (3.1) は電気双極子モーメントのつくる電場のうちの静電場成分に相当している．これは球 S のまわりに発生する近接場光を表すが，r の増加とともに急速に減少するので，遠方で伝搬光を測定するという通常の方法では測定不可能である．これは球 P を近づけることによって生ずる双極子

3. 要素の原理と方法

間相互作用を介してのみ測定できる.

この電場は p と平行方向 ($n/\!/p$) では

$$E = 2p/4\pi\varepsilon_0 r^3 \tag{3.2}$$

となる. 一方 p と直角方向 ($n \perp p$) では

$$E = -p/4\pi\varepsilon_0 r^3 \tag{3.3}$$

となる.

今, 2つの球 S, P がともに誘電体の場合, これらが距離 R をもって近接し, 外部から電場 E_0 が印加されているとすると球 S には電気双極子モーメント

$$p_s = \alpha_s E_0 \quad (\alpha_s \text{ は分極率}) \tag{3.4}$$

が発生する. これにより微小球 P の位置にできる電場は式 (3.2) が成り立つ場合には $E_s = 2p_s/4\varepsilon_0 R^3$ であり[*1], この近接場光の電場による球 P の電気双極子モーメントの大きさの変化量 Δp_p は

$$\Delta p_p = \alpha_p E_s = (2\alpha_p \alpha_s/4\pi\varepsilon_0 R^3) E_0 \tag{3.5}$$

となる. これを $\Delta \alpha_p E_0$ と表すと, 球 S の存在による球 P の分極率の変化量 $\Delta \alpha_p$ は

$$\Delta \alpha_p = \alpha_p \alpha_s / 2\pi\varepsilon_0 R^3 \tag{3.6}$$

となる. ただし

$$\alpha_i = g_i a_i^3 \tag{3.7}$$

$$g_i = 4\pi\varepsilon_0 \{(\varepsilon_i - \varepsilon_0)/(\varepsilon_i + 2\varepsilon_0)\} \quad (i = \text{s, p}) \tag{3.8}$$

である[3]. a_s, a_p は各々球 S, P の半径, $\varepsilon_s, \varepsilon_p$ は各々それらの誘電率である. 以下では簡単のために Δp_p によって球 S の電気双極子モーメントがさらに変化する量は無視する. すなわち多重散乱を無視する.

以上の議論は添字 s, p を入れ替えても同じである. つまり, 外部からの電場 E_0 により球 P に発生した電気双極子モーメント $p_p (= \alpha_p E_0)$ が球 S の位置でつくる電場 $E_p (= 2p_p/4\pi\varepsilon_0 R^3)$ による, 球 S の電気双極子モーメントの変化量 $\Delta p_s (\equiv \Delta \alpha_s E_0)$, したがって球 S の分極率の変化量 $\Delta \alpha_s$ は式 (3.6) と同一となる. そこで

$$\Delta \alpha_s = \Delta \alpha_p \equiv \Delta \alpha \tag{3.9}$$

とおく.

$\Delta p_p, \Delta p_s$ の値は R^{-3} に比例するので R の増加とともに急速に減少する. したがって観測を行う遠方では 2 つの微小球は一体の散乱体とみえ, 電気双極子モーメント $p_p + \Delta p_p + p_s + \Delta p_s$ から発生する散乱光を検出することになる. したがって上記の分極率を使うと, 入射する電場 E_0 が 2 つの球により散乱される強度 I_s は

$$I_s \propto |(p_p + \Delta p_p) + (p_s + \Delta p_s)|^2 \fallingdotseq (\alpha_p + \alpha_s)^2 |E_0|^2 + 4\Delta\alpha(\alpha_p + \alpha_s)|E_0|^2 \tag{3.10}$$

となる. 球 S で発生した近接場光が球 P で散乱される強度は, 右辺の第 2 項 $4\Delta\alpha(\alpha_p + \alpha_s)|E_0|^2$ で表されているから, 以降は $\Delta\alpha$ の特性を調べればよいことがわかる. 右辺の第 1 項 $(\alpha_p + \alpha_s)^2 |E_0|^2$ については後述する.

[*1] 以下の議論は式 (3.3) が成り立つ場合にも同様に進めることができる.

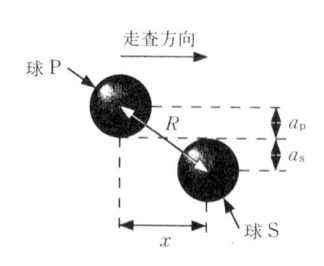

図 3.5 微小球 P の走査方向およびそれと微小球 S との位置関係

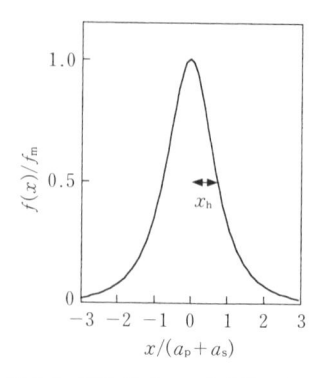

図 3.6 関数 $f(x)$ の x 依存性およびその半値半幅 x_h

ここで，
$$\Delta a = (g_\mathrm{p} g_\mathrm{s}/2\pi\varepsilon_0)(a_\mathrm{p}^3 a_\mathrm{s}^3)/R^3 \quad (3.11)$$
なので，これを $(g_\mathrm{p}g_\mathrm{s}/2\pi\varepsilon_0)f(x)$ と表すと $f(x) \equiv (a_\mathrm{p}^3 a_\mathrm{s}^3)/R^3$ となる．なお，簡単のために球 P は図 3.5 に示すように試料の直上近辺のみを走査すると考え，2 つの球中の電気双極子モーメントは互いに常に一直線上にあるとしている．また $f(x)$ 中の x は試料に対するプローブの走査方向と平行な座標軸上での距離で，$R=\sqrt{x^2+(a_\mathrm{p}+a_\mathrm{s})^2}$ なる関係がある（すなわち球 P は球 S の直上では図 3.5 に示すように球 S に接するように走査すると考える）．したがって
$$f(x) \equiv (a_\mathrm{p}^3 a_\mathrm{s}^3)/\{x^2+(a_\mathrm{p}+a_\mathrm{s})^2\}^{3/2} \quad (3.12)$$
となる．これは図 3.6 に示すように $x=0$ で最大値
$$f_\mathrm{m} = (a_\mathrm{p}^3 a_\mathrm{s}^3)/(a_\mathrm{p}+a_\mathrm{s})^3 \quad (3.13)$$
をとる関数である．
以下では得られるいくつかの物理量の特性について調べる．

(1) 信号強度： 式 (3.13) の f_m は信号強度を表す．この式より信号強度は a_p の増大とともに増加することが容易にわかる．

(2) 分解能： 図 3.6 に示すように $f(x)$ の半値半幅 x_h を分解能の目安と考えることができる[*2]．これは $f(x_\mathrm{h}) = f_\mathrm{m}/2$ より
$$x_\mathrm{h} = \sqrt{4^{1/3}-1}\,(a_\mathrm{p}+a_\mathrm{s}) \fallingdotseq 0.77(a_\mathrm{p}+a_\mathrm{s}) \quad (3.14)$$
である．この値は入射光の波長とは全く無関係である．そして図 3.5 にも示すように a_p の増大とともに増加する．したがって，高分解能を得るには小さなプローブを用いる必要がある．このことは本項冒頭に示したプローブに要求される性質①の根拠である．そして分解能と信号強度とは a_p の値に対して互いにトレードオフの関係にあ

[*2] x_h から球 S の真の半径 a_s の値を差し引いた値 $x_\mathrm{h}-a_\mathrm{s}$ を分解能と考えることもできる．

ることがわかる．

(3) コントラスト： 式(3.10)右辺の第1項$(a_p+a_s)^2|E_0|^2$の影響について考える．これは1.2節の図1.5における透過光，反射光，散乱光，いい替えると同節の図1.6における，入射光による散乱光の強度を表す．われわれが測定したい散乱光は式(3.10)右辺の第2項で表され，1.2節の図1.6における，第2の球による散乱光である．したがって，第1項は背景光となるので測定の際の障害となる．そこで第1項と第2項の比を，得られる信号のコントラストと定義し，この大きさCを求める．これは$C=4\Delta a/(a_p+a_s)$と表される．さらに式(3.6)，(3.7)を用いると

$$C=4(1/2\pi\varepsilon_0 R^3)a_p a_s/(a_p+a_s)$$
$$=(2/\pi\varepsilon_0)g_p g_s[1/\{x^2+(a_p+a_s)^2\}^{3/2}](a_p^3 a_s^3)/(g_p a_p^3+g_s a_s^3) \quad (3.15)$$

を得る．これは$x=0$で最大値

$$C_m=(2/\pi\varepsilon_0)g_p g_s[1/(a_p+a_s)^3](a_p^3 a_s^3)/(g_p a_p^3+g_s a_s^3) \quad (3.16)$$

をとる．

この最大値について調べる．簡単のために試料とプローブは同じ材質からなると仮定し($g_p=g_s\equiv g$とおく)，さらに$X_p\equiv a_p/a_s$と定義してこれを用いると，

$$C_m=(2g/\pi\varepsilon_0)F(X_p) \quad (3.17)$$

ただし

$$F(X_p)=\{1/(X_p+1)^3\}\{X_p^3/(X_p^3+1)\} \quad (3.18)$$

と書ける．$F(X_p)$は図3.7に示すように$X_p=1$で最大値1/16をとる凸関数である．これは球Pの半径a_pが球Sの半径a_sに等しいとき，背景光に対して最高のコントラストが得られることを意味する．

(1)，(2)では球Pの半径a_pの増加とともに信号強度が増加するが，その一方で分解能は劣化することを示した．それに加え，ここでは背景光に対するコントラストが最大となるのは$a_p=a_s$のときであることがわかった．したがって本項冒頭に示したプローブに要求される性質①に対応させて考えると，小さい試料を扱うとき，得られる信号強度，分解能，コントラストすべてが妥当な値をとるには，小さいプローブを用い，そのa_pの値がa_sに等しい必要があるということがわかる．

なお，$X_p=1$のときのC_mの最大値は$C_{mm}\equiv g/8\pi\varepsilon_0$である．すなわち球状のプローブではこれ以上の値をとらない．この値を大きくするにはプローブの形状を工夫するかgの値を大きくする必要がある．特にgの値については(5)で述べる．

(4) 明瞭度： 上記の(1)～(3)ではプローブとして球Pを想定したが，ここではより現実的な場合を扱う．すなわち図3.1(d)に示すように円錐形のファイバプローブについて考える．その先端の曲率半径がここでは球Pの半径a_pに相当する．以下

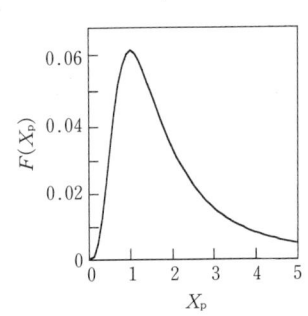

図3.7 関数$F(X_p)$の形

では円錐部分の影響について考えるために，これを図3.8に示すように半径 a_p の球Pの上に，それよりも大きな半径 a_t をもつ球Tが乗ったものとして近似する．ただし円錐角 θ と半径 a_t との関係は

$$a_t = \{[1+\sin(\theta/2)]/[1-\sin(\theta/2)]\}a_p \tag{3.19}$$

である．このとき球Sと球Pとの間の双極子間相互作用の結果を表す式(3.11)に加え，球Sと円錐部分の大きな球Tとの間の双極子間相互作用の結果，分極率の変化は

$$\Delta\alpha_t = (g_t g_s / 2\pi\varepsilon_0)(a_t^3 a_s^3)/R_t^3 \tag{3.20}$$

となる（ただし，ここでは球Pと球Tとの間の双極子間相互作用は考慮していない）．ここで $R_t = \sqrt{x^2+(2a_p+a_s+a_t)^2}$ である．球Tと球Pとは同じ材料なので $g_t = g_p$ だから $f_t(x) \equiv (a_t^3 a_s^3)/R_t^3$ と定義し，この関数の x 依存性を調べる．このとき

$$f_t(x) \equiv (a_t^3 a_s^3)/\{x^2+(2a_p+a_s+a_t)^2\}^{3/2} \tag{3.21}$$

となる．式(3.19)，(3.21)に基づき，θ の値が大きい場合と小さい場合について $f_t(x)$ の値を図示したものを図3.9(a),(b)の曲線Aに示す．曲線Bは球Pに関する結果を式(3.12)により計算した結果である．曲線Cは両曲線の値の和を表す．両図を互いに比較すると θ の値が大きい方が曲線Cの幅が広いことがわかる．この特徴を集光

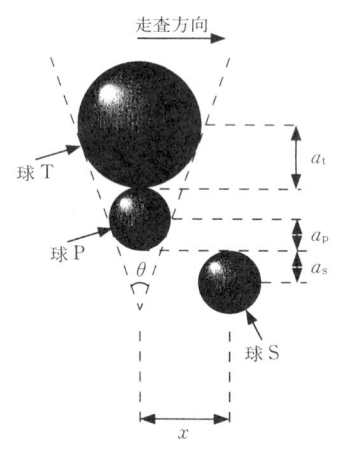

図3.8 ファイバプローブの簡略化モデルとしての微小球Pおよび球Tとその走査方向．θ は円錐角．

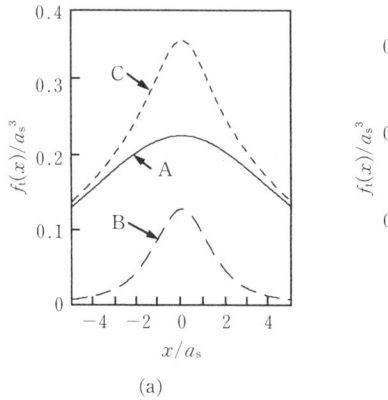

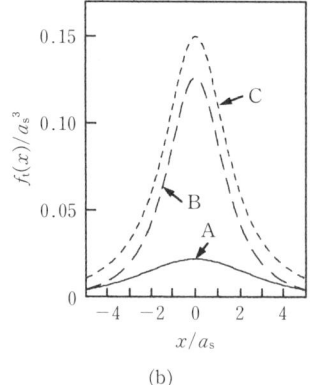

図3.9 関数 $f(x)$ の x 依存性
(a) $\theta=80°$，(b) $\theta=20°$．曲線A：球Tによる，曲線B：球Pによる，曲線C：曲線A, Bの値の和．ここでは $a_p=a_s$ とした．

モードを例にとって考察しよう．θ の値の大小にかかわらず試料表面の近接場光を球 P が散乱させるから分解能は球 P の半径によって決まることは (2) で述べたとおりである．しかし実際には球 T によっても散乱される．θ が大きい場合には球 T の半径が大きいので曲線 B の値が大きく，したがって曲線 C の幅が広がっている．すなわち球 P による高い分解能での近接場光の散乱の効果が，球 T による散乱の効果に隠されてしまう．

ここで，球形ではなく任意の形状の試料を観測する集光モードの近接場光学顕微鏡を例にとって以上のことを考えてみよう．この試料の表面には多様な空間的広がりをもった近接場光が発生する．これを円錐形のファイバプローブで散乱したとき，散乱される近接場光の最小の空間的広がりは球 P によって決まり，それは球 P の大きさ程度である．一方，球 T の大きさと同等の空間的広がりをもつ近接場光も散乱されるが，その空間的広がりの大きさは θ の値，球 T の半径に比例する．したがって近接場光学顕微鏡では球 P によって散乱された小さな空間的広がりをもつ近接場光の強度と，球 T によって散乱された大きな空間的広がりをもつ近接場光の強度の比が画像の明瞭度を決める．すなわち前者が大きければ小さな形状が画像の中に明瞭に浮かび上がる．つまり明瞭度が高い．

コントラストを高く保つための 1 つの方法は，球 T の位置する円錐部分の根本に不透明膜を塗布し，球 T による散乱の効率を下げることである．これは式 (3.21) の $f_t(x)$ の値が減少し $\kappa f_t(x)$ となったことにより表すことができよう．ただし κ は 1 より小さい定数であり，その値は不透明膜の不透明度による．図 3.10 (a), (b) は各々球 T に不透明膜を塗らない場合，および不透明膜を塗り $\kappa = -5\,\mathrm{dB}$ とした場合の円錐部分の影響を計算したものである．不透明膜を塗った場合に球 T の影響が少なく

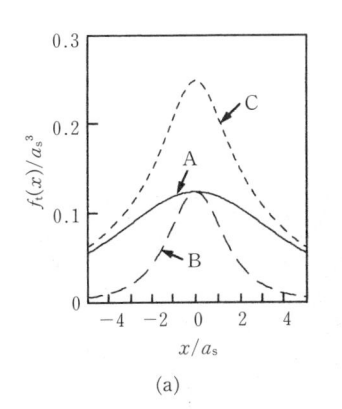

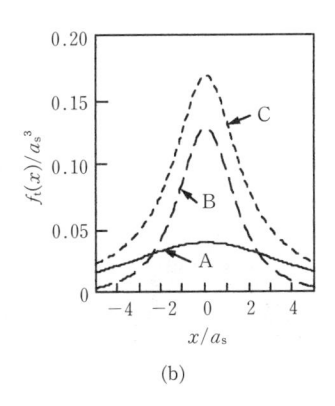

図 3.10 関数 $f(x)$ に対する不透明膜塗布の効果
(a) 不透明膜なし，(b) 不透明膜を塗布した結果，関数 $f_t(x)$ の値が $\kappa f_t(x)$ となった場合．ここで $\kappa = -5\,\mathrm{dB}$ とした．曲線 A：球 T による，曲線 B：球 P による，曲線 C：曲線 A, B の値の和．ここでは $a_p = a_s$, $a_t = 3a_p$ とした．

なっていることがわかる．

さて，ファイバプローブの根本の部分，すなわち入射光の波長に比べて大きな半径をもつすべての球Tのまわりに不透明膜を塗布すれば入射する伝搬光が直接ファイバプローブの中に入ることがなく（集光モードの場合），またファイバプローブの中から出ることもない（照明モードの場合）ので，本項冒頭の性質③を満たすことができる．

なお，本項冒頭で記したプローブに要求される性質のうちの②は円錐部分がその責任を負っている．つまり円錐部分を光導波路と考え，その中を伝導する光のモードを解析すると，集光モードにおいてプローブ先端部で近接場光を乱して発生した散乱光が円錐部分を根本まで伝搬する効率，照明モードにおいては根本から先端部まで入射光が伝搬する効率などを求めることができる．このモード解析は従来からある導波路理論を用いて行うことができる．これについては 3.1.2 項の b で述べられる．

(5) 感度： 式 (3.11) は g_p に比例している．ここで式 (3.8) によると g_p はプローブの材料の誘電率 ε_p に依存するがこれはその屈折率 n_p の 2 乗に比例し，$n_p^2 = \varepsilon_p/\varepsilon_0$ なので，

$$g_p = 4\pi\varepsilon_0\{(n_p^2-1)/(n_p^2+2)\} \qquad (3.22)$$

と書ける．これは $n_p^2 = -2$ で $-\infty$ をとり，n_p^2 の増加とともに単調増加する．したがって g_p の値を大きくし，近接場光の測定，発生の効率を高めるためには次の 2 通りの方法が考えられる．

（ⅰ） 屈折率の大きな材料をプローブとする．たとえばシリコン（$n_p \fallingdotseq 3.4$）はガラス（$n_p \fallingdotseq 1.5$）よりも高屈折率なので，シリコンを材料としてつくられたプローブが有利である．その例は 3.1.2 項の f で示される．

（ⅱ） 金属の材料をプローブとする．金属では屈折率の 2 乗が負となり，したがって $n_p^2 = -2$ となる可能性がある．そこで先端部が金属で覆われたファイバプローブを用いるのが有利である．その例は 3.1.2 項の d で示されるが，ここでは本項冒頭の性質③を満たすように配慮してつくられたプローブの例を図 3.11 に示す[4]．この

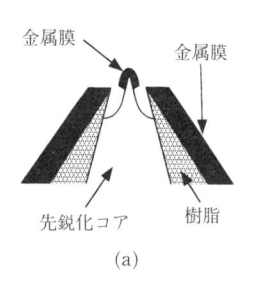

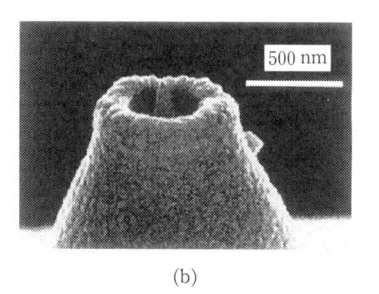

図 3.11 先鋭化したコア先端を金属膜（素材は金）で覆ったファイバプローブ
(a) 構造説明の断面図，(b) 作製されたものの電子顕微鏡写真．

ファイバプローブは先端部分が金属膜で覆われており,感度を向上させることができる.根本は(2)でも記したように,性質③を満たすように不透明な金属膜で覆われている.感度を向上させるのであればトンネル電流を検出する走査型トンネル顕微鏡用の金属針を用いることもできるが,この場合③を満たす形状,構造になっていないため不都合である.

(大津元一・斎木敏治)

文　献

1) T. Saiki : M. Ohtsu (ed.), Near-Field Nano/Atom Optics and Technology (Springer-Verlag, 1998), Chap. 2.
2) J. D. Jackson : Classical Electrodynamics, 2nd ed. (John Wiley & Sons, 1975), 395.
3) J. D. Jackson : Classical Electrodynamics, 2nd ed. (John Wiley & Sons, 1975), 151.
4) T. Matsumoto et al. : *Opt. Rev.*, **6**-6 (1998), 369-373.

3.1.2 各種プローブの原理

a. 微小開口付きファイバプローブ1(高効率型):　近接場光学顕微鏡の分解能・感度を最も大きく左右するのは,いうまでもなく探針(プローブ)の性能である.鋭い針の先端を散乱体として利用する散乱型プローブの場合は,走査型トンネル顕微鏡(STM)プローブや原子間力顕微鏡(AFM)カンチレバーの作製技術の蓄積があり,それをそのまま活用すればよい.一方,開口型プローブの場合,近接場光学顕微鏡の原理どおりに機能するプローブ,特に良質な開口部を作製するのは必ずしも容易ではない.本来期待される高分解能を達成するためには,単に小さく,真円状の開口を準備するだけではなく,開口面の平坦性や試料面に対する平行度にも細心の注意を払わねばならない.また,ナノ領域からの発光をとらえる分光計測や光記録,光加工といった高パワーを必要とする応用を見据えた場合,プローブ内での光の伝達効率(透過効率)がその成否を決定する重要なファクタとなる.

　本項では,このような高感度と高分解能という両方の観点から,最適な開口型プローブの設計指針とその作製方法ならびに性能評価について順に述べていきたい.

　(1) 金属クラッド光導波路:　開口型プローブの大半は,先鋭化した光ファイバをベースとして作製される.図3.12をみるとわかるように,プローブ先端部は金属をクラッドとする光導波路となっている.まず金属を完全導体であると仮定すると,この導波路の最も重要な特性として,カットオフ径の存在があげられる(カットオフ径よりも細い導波路を光は伝搬することができない).具体的には,伝搬する光の波長を633 nmとした場合,導波路直径が300 nmよりも細くなるとHE_{11}モード以

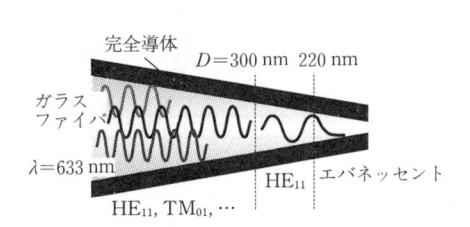

図3.12 金属(完全導体)クラッド光導波路を伝搬するモードとそのカットオフ径

($D=300$ nm, 220 nm, $\lambda=633$ nm, ガラスファイバ, 完全導体, HE_{11}, TM_{01}, …, HE_{11}, エバネッセント)

外のすべてのモードが伝搬を禁止される．さらに直径が 220 nm 以下となると HE_{11} モードでさえも伝搬できなくなり，エバネッセント的に減衰することになる．アルミニウムや金といった実際の金属の場合は，有限の表皮厚をもつため，このカットオフに対する制限は緩められる．しかしそれに代わって金属による強い吸収が発生するため，やはりカットオフ径より細い領域では光の透過効率は大幅に減少する．

このように金属クラッド導波路では，その直径が光の波長の 1/2～1/3 になると伝搬光はエバネッセント的な振舞いへと移行してしまう．しかし実際には，光を波長の 1/10～1/100 の領域にまで到達させなくてはならないので，テーパ構造や使用する金属について慎重に検討しなくてはならない．

(2) 計算機シミュレーションによるテーパ構造の最適化： ここでは，光の透過効率(特に集光効率)をできるだけ高めるためのプローブ構造について考察してみたい．これまでに，図 3.13 に示す 2 段テーパ構造が高効率プローブとして提案されている[1,2]．しかし，この構造の細かなパラメータに関しては必ずしも最適化されたものとはいえず，さらに改良を進めていく必要がある．ただしこの作業において，やみくもに多数のパラメータを調整し，プローブの作製，評価を繰り返すのは賢明とはいいがたい．計算機シミュレーションを援用し，重要なパラメータを見極めた上で実際の作製，評価へと移行するのが近道と考えられる．そこで計算手法として，最近頻繁に用いられている FDTD 法[3] (マックスウェルの方程式を差分化し，それを時間領域で解く)を使用し，実験例と対比可能なシミュレーションが試みられている[4,5]．

図 3.13 に計算に用いたモデルを示す．ここでは，GaAs 中に埋め込まれた量子ドットからの発光(波長 $\lambda=1\mu m$)を集光する実験を想定している．ここでは量子ドットを電気双極子電流として取り扱い，その放射が開口型プローブ内へどの程度伝搬するかを計算する．実際の実験では遮光金属膜は金を使用しているが，計算の上では完全導体として処理している．波長 $1\mu m$ の光に対する金の特性からすると，この

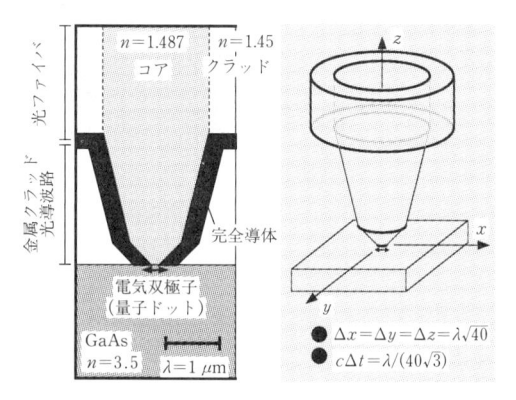

図 3.13 計算機シミュレーションに用いたモデル
左は中心軸を通る断面の様子，双極子電流の振動方向を x 軸とする．

仮定は妥当であろう．量子ドットを取り囲む GaAs (ドットは表面から $\lambda/20$ の深さに埋め込まれている)，ファイバのコア，クラッドの屈折率はそれぞれ図に示すとおりである．解析領域全体を 1 辺 $\lambda/40$ (=25 nm) のセルに分割し，ミュアの吸収境界条件を使用して計算が行われた．

(1) で述べたように，金属クラッド光導波路においては，カットオフ径よりも細い領域ではその伝搬効率が急激に減衰し，大きな光損失をもたらす．したがって高い光伝達効率を達成するためには，テーパ構造の先端角を大きくし，細長い金属クラッド領域を極力短くすることが望ましい．この効果の定量的評価として，先端角の異なる (30° と 90°) 1 段テーパプローブの集光能力を比較した結果を図 3.14 (a), (b) に示す．開口の直径はいずれも $\lambda/5$ (=200 nm) である．図からわかるように先端角を大きくし，カットオフ径よりも細い領域の長さを短縮することにより，プローブ側により多くの光を引き込むことが可能となっている．ファイバのコア部の断面全体にわたって電場強度の 2 乗を積分した値を集光量とすると，先端角を 30° から 90° とすることにより約 30 倍の効率向上が達成されることがわかった．

先端角を大きくすることにより効率的に集光した信号光は，最終的には通常の光ファイバ部へと導かなくてはならない．金属クラッド部と光ファイバ部をうまく接続するためには，1 段テーパよりもむしろ 2 段テーパが望ましいと考えられる．折曲げ部の直径はカットオフ径よりも大きい値 $1\mu\mathrm{m}$ に設定し，先端角は先ほどと同じ 90°，開口直径は 200 nm として計算が行われた．結果を図 3.14 (c) に示す．図 3.14 (b) と比較すると，2 段テーパ構造とすることにより，一旦集光した信号を効率よく光ファ

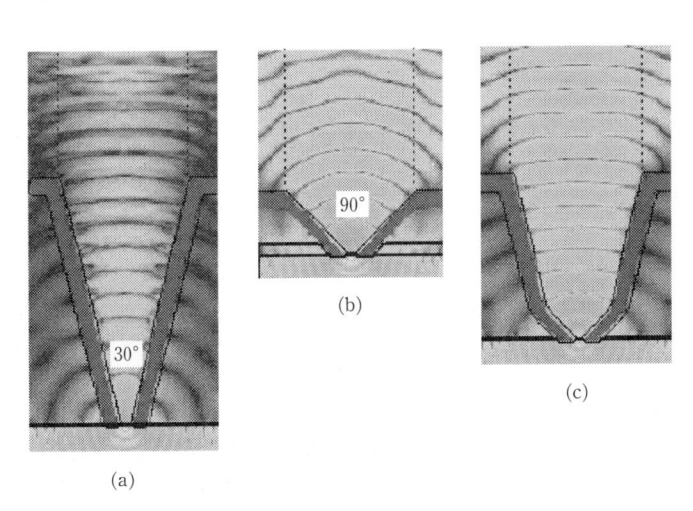

図 3.14 シミュレーションの結果
(a), (b) 先端角がそれぞれ 30°, 90° の 1 段テーパプローブ，(c) 先端角が 90° の 2 段テーパプローブ．

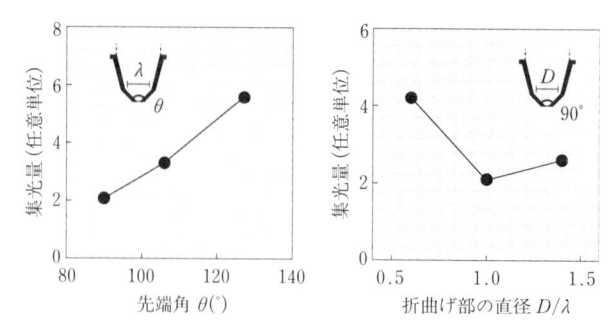

図 3.15 プローブによる集光量の (a) 先端角,(b) 折曲げ部直径に対する依存性

イバ部へ導いていることがわかる.定量的には 3 倍以上の信号がうまく取り出されている.まとめると,先端角 30° の 1 段テーパ構造に比べ,90° の先端角をもつ 2 段テーパ構造とすることにより,2 桁の集光効率向上が可能であると結論できる.

ここではさらに,先端角 θ と 2 段テーパの折曲げ部の直径 D をパラメータとして,最適な形状を探ることを行った[5].θ に関する結果を図 3.15(a),D に関する結果を図 3.15(b) にそれぞれ示す.θ を大きくするに伴い集光効率が向上することは,直感的に明らかである.ただし,あまり θ を大きくしすぎると,実効的な開口径(開口周辺で金属膜の厚さが表皮厚よりも薄い領域)が広がるため,分解能の低下を招くことになる.必要な集光効率と分解能の兼合いで θ は決定すべきである.一方,集光効率は D に対しても非常に敏感に変化することがわかる.図 3.14 のシミュレーションでは $D=1\mu m$ と設定して計算されたが,実際には $D=0.5\mu m$ の方が 2 倍多くの光をファイバ導波路部まで導いている.ここでは完全導体を仮定して計算されているので,最終的な D の最適化は,実際の金属の複素誘電率を取り込んだ計算を通して行わなければならない.

(3) 開口型プローブの作製方法: ここでは,(2) で設計を行ったプローブを実際に作製する方法について記述する.まずファイバプローブのテーパ化についてであるが,これにはフッ酸緩衝液による化学エッチング法を利用する[6].図 3.16 にその工程を示す[1].フッ酸緩衝溶液としては,フッ化アンモニウム (40%),フッ酸 (50%),水の体積比を $X:1:1$ としたときに $X=1.8$ のものと $X=10$ のものの 2 種類を使用する(実際の先鋭角はファイバの組成にも大きく依存する.一般的な傾向として X が大きいほどコアとクラッドの溶解速度の差が大きくなり,先端角は小さくなる).まずファイバのクリーブ端面を $X=1.8$ の溶液に浸すと,1 段階目の先端角の大きなテーパ構造がつくられる.またこの工程で,クラッドの直径を適当な太さに調節する.続いて,$X=10$ の溶液に浸すことにより,2 段階目の先端角の小さな,光ファイバへのガイド部が形成される.またこの工程の時間によって,折曲げ部の直径 D を自由に設定することが可能となる.図 3.16 の挿入図は,このようにして先鋭化され

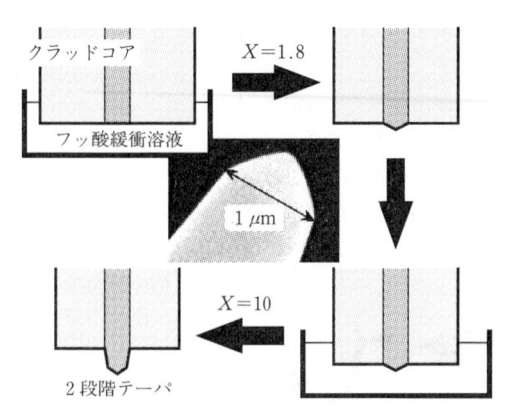

図 3.16 化学エッチングによる 2 段テーパ構造作製の工程

た先端の電子顕微鏡写真である．

　下地となるテーパ構造を作製した後に，金属化と開口作製を行う．その工程は図 3.17 のとおりである[2]．まず，プローブ全体に金，アルミニウムなどの金属膜をスパッタリング，あるいは真空蒸着によってコーティングする．続いて，金属で覆われた先端部をサファイアなどの硬い基板，あるいは観察試料そのものに押しつけることによって開口を作製する．開口径は先端から漏れ出してくる遠隔場光の光量をモニタリングすることにより行う．実際に作製した開口の電子顕微鏡写真を図 3.17 の挿入図に示す．この方法はきわめて原始的ではあるが，次のような観点から非常に理にかなった手法である．

　・小さな開口をつくることができ，高分解能化に貢献する．また，物理的な開口をもたないプローブ[7]も作製可能である．

　・真円状の開口が得られるので，分解能だけでなく，偏光特性に優れている．

　・開口面が平坦かつ試料面に平行であるため，開口部と試料が十分に接近でき，高分解能化，高感度化の両面で有利である．

　このようにして作製したプローブの性能を実際に評価した結果を以下で述べることとする．

　(4) 光の集光効率の評価：　分光計測においては，光の集光効率が測定時間やデータの質を大きく左右する．透過効率が低い場合は，導入レーザ光を強くすることによってそれを補うことが可能であるが，ナノ領域からの有限量の発光を集光する場合は，低集光効率は致命的となる．そこで，(3) で作製したプローブに対してその集光効率の絶対値を評価し，その結果をシミュレーションと付き合わせる方法がとられている．通常プローブの透過効率の計測としては，ファイバからレーザ光を導入し，開口から出射する遠隔場光の光量を測定する．この場合，効率を支配するのは主にテーパ部の構造であり，その出来が評価対象となる．しかし，点光源発光の近接場集

光による効率計測の場合は，開口部の質も同時に評価の対象とすることができる（前者の透過効率の評価に関しては，文献 8) を参照されたい．

その方法を図 3.18 (a) に示す[2]．測定に用いた標準試料は GaAs に埋め込まれた InGaAs 量子ドットであり，発光波長は約 $1\mu\mathrm{m}$ である．励起光として He-Ne レーザ光を導入し，開口を通して試料に光を照射する．生成されたキャリアはエネルギー緩和，空間拡散し，最終的には個々の量子ドットの閉込め準位に緩和する．量子ドットからの発光を再び開口で集光し，フォトダイオードで検出する．ここでは同時に，試料の裏側で開口数 (NA) 0.8 の対物レンズで発光の集光を行い，同性能のフォトダイオードで信号を検出する．両者の信号強度を比較することにより，プローブの集光能力を定量的に評価することが可能である（プローブによる集光量と対物レンズによる集光量の比を集光効率と定義する）．また，この測定結果をシミュレーションで再現させるため，プローブ側はコア断面 S，試料裏面側はレンズの集光立体角に相当する面積 S' で信号の積分を行い，その比が計算された（図 3.18 (b))．

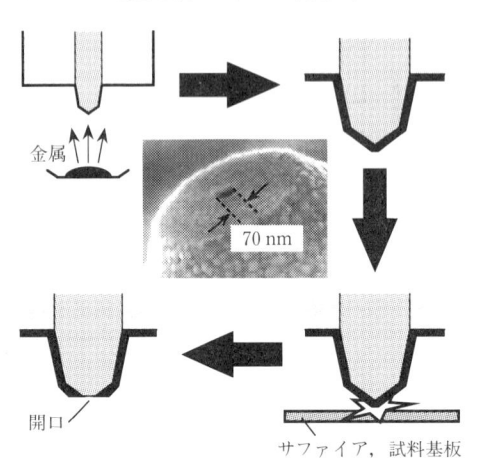

図 3.17 金属化と微小開口作製の工程

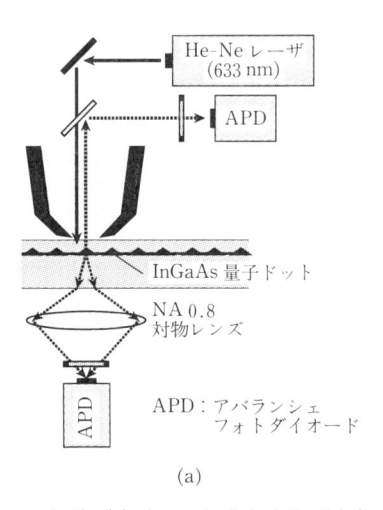

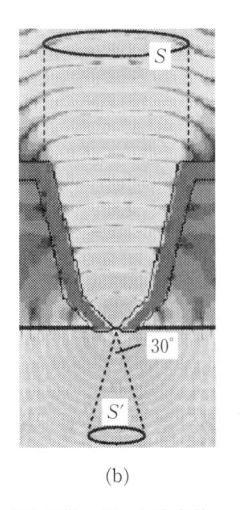

(a)   (b)

図 3.18 (a) プローブの集光効率，分解能を評価するための単一ドット発光計測法，(b) プローブ集光と対物レンズ集光に対応する信号の積分領域

さまざまな開口径のプローブを準備し，測定ならびにシミュレーションを行った結果を図3.19にまとめる．まず着目すべきは，100～200 nm程度の小さな開口に対しても，対物レンズに匹敵する集光能力がある（集光効率が約1）という点であり，計算によってもその結果はよく再現されている．また，開口径を大きくするとその比がさらに急激に変化し，500 nm近傍では減少の傾向がみられ，このよう振舞いも計算結果と一致している．ただしこのような集光効率の増大には，開口径の変化に伴った，試料裏面側への放射パターンの変化も寄与しているため，単純にプローブ側の集光効率が向上したという解釈はできないので注意が必要である．

集光効率と同様に，空間分解能の開口径依存性についても検討されている．測定結果としては，単一ドットの発光イメージの直径を分解能の定義としている．一方シミュレーションに関しては，x方向（電気双極子の振動方向）走査とy方向走査とで，分解能に若干の違いがみられている（実験では電気双極子の向きは面内でランダムであるため，スポットは円形である）．開口径の関数として，計算結果と実験結果を表示したものが図3.20であり，それらがきわめてよく一致していることがわかる．分解能が130 nm程度に制限されているのは，量子ドットが70 nmの厚さのキャップ層の下に埋もれているためであると考えられる．

以上，高感度と高分解能を両立させるためのプローブを目指し，テーパ構造設計の意義，良質な開口の作製の重要性を中心に解説した．容易に作製可能な構造として，化学エッチングによる2段テーパ構造と押付けによる開口作製法を示し，その性能について定量的評価の結果も示した．ここでは，シミュレーションとの対比に主眼を置いたので，開口径としては100～500 nmという比較的大きなものを議論の対象とした．押付け法によれば，10～30 nm程度の開口も作製可能であり，またそれを使った単一分子蛍光検出（プローブによる局所照射・局所集光）のデモンストレーションも行われている[8]．

一方，最近のマイクロマシニング技術の進展は目覚ましく，高度な手法を駆使した

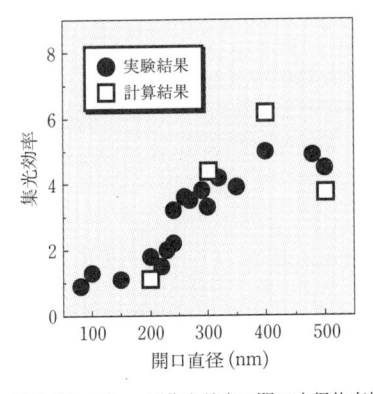

図3.19 プローブ集光効率の開口直径依存性

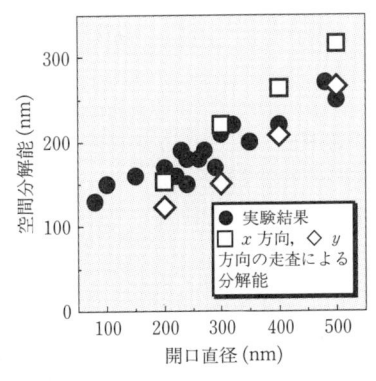

図3.20 空間分解能の開口直径依存性

プローブ作製がさかんに取り組まれている．新しい機能の付加や量産性の向上がその主なねらいであろう．今後，観察波長域の拡大や超短パルスレーザの利用，デバイスへの組込みなどに伴い，用途に応じた多様なプローブが必要となることは間違いない．次世代プローブの開発と新たな近接場光学の分野開拓が両輪となって，研究がますますさかんになることを期待する． (斎木敏治)

文　献

1) T. Saiki et al. : *Appl. Phys. Lett.*, **68**-19 (1996), 2612-2614.
2) T. Saiki and K. Matsuda : *Appl. Phys. Lett.*, **74**-19 (1999), 2773-2775.
3) H. Furukawa et al. : *Opt. Commun.*, **132**-1,2 (1996), 170-178.
4) H. Nakamura et al. : *Prog. Theor. Phys. Suppl.*, **138** (2000), 173-174.
5) H. Nakamura et al. : *J. Microsc.*, **202** (2001), 50-52.
6) S. Mononobe et al. : *IEEE Photonics Tech. Lett.*, **10**-1 (1998), 99-101.
7) L. Novotny et al. : *Opt. Lett.*, **20**-9 (1995), 970-972.
8) T. Inoue : *Jasco Rep.*, **42**-2 (2000), 6-9.
9) N. Hosaka and T. Saiki : *J. Microsc.*, **202** (2001), 362-364.

b. 微小開口付きファイバプローブ2(高効率かつ高分解能型)：　近接場光学顕微鏡におけるファイバプローブの高効率化は，近接場光を用いる実験，そして応用全般において，信号対雑音比 (SN 比) の向上に必要な課題である．本項ではこれを実現させるために，これまで不明確であった金属コートプローブ中での損失の原因が一体何であるのかについて明らかにしていく．計算のモデルとして，実際にはテーパ状のファイバプローブ先端部を階段状に近似し，電磁界分布を計算する[1,2]．これをもとに，先鋭化ファイバ中ではモードの伝搬がどう起こっているのか，またそれより，効率を向上されるために何をしなくてはならないかを解説する．

(1) 金属クラッドファイバ中のモード解析：　ここでは，金属クラッドテーパプローブを階段状に近似し，波長 830 nm に対してそれぞれの領域においてコアを GeO_2 ドープの石英ガラス (屈折率 $n_{core}=1.53$)，クラッドを膜厚無限大の金 (屈折率 $n_{Au}=0.17-j5.2$[3]) とした円筒形状の金属クラッドファイバとしてモード解析を行う．計算にはニュートン法が用いられている．

また，単一モードファイバ中を伝搬してくる光は最低次モードの HE_{11} モードであるが，このモードの電界分布は左右対称で上下反対称であるので，これと対称性の一致する HE_{1n} モードのみを考えることにする．この結果を図 3.21 に示す．ここでそれぞれのモードがどのようなモードであるかを図を用いて説明する．このグラフの縦軸はそれぞれ等価屈折率の実部 ($Re[n_{eff}]$：図 3.21 (a)) と虚部 ($Im[n_{eff}]$：図 3.21 (b)) である．これより，コア径が大きくなれば $Re[n_{eff}]$ の値がコアの屈折率に漸近し，逆にコア径が小さくなれば等価屈折率がクラッドの屈折率に漸近しカットオフを迎えることになる．

通常の命名法では，最低次モードを HE_{11} モードとしているが，ここでは HE プラズモンモードとした．これはこのモードがコア径を大きくしていくと等価屈折率の実

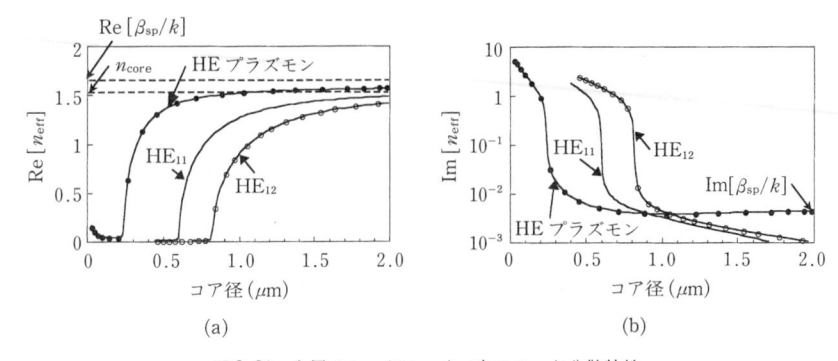

図 3.21 金属クラッドファイバ中のモード分散特性
(a), (b) はそれぞれ各コア径における等価屈折率の実部と虚部を示す．波長 830 nm, 金の屈折率 $n_{Au}=0.17-j5.2$, ガラスの屈折率 $n_{core}=1.53$, 表面プラズモンの伝搬定数 $\beta_{sp}=1.60-j0.0051$.

部も虚部もコアの屈折率ではなく表面プラズモンの屈折率 ($\text{Re}[n_{sp}]$, $\text{Im}[n_{sp}]$) に漸近し，コアとクラッドの境界からそれぞれの領域に減衰するモードになっているからである．またこれらの解は，コア径が約 500 nm 以上の領域では $\text{Re}[n_{eff}]$ がコアの屈折率 n_{core} よりも大きくなり，これは金属クラッドファイバに特有な現象である．また，この解が HE モードの分散方程式から解かれることからも，ここでは HE プラズモンモードと呼ぶことにする．

図 3.22 にコア径が 3 μm における各電界強度分布像を示す．以上の考察に基づき，図に示す電界強度分布をみると，プラズモンモードがコアとクラッドの境界に局在していることがわかる．

以上の計算結果から，伝達効率を向上させかつ高い分解能を得るためには，カットオフ径 D_{cutoff} の一番小さい HE プラズモンモードを励起させればよいことがわかる．しかし，このモードは先にも述べたように，表面プラズモンに漸近するモードで図 3.22 (c) に示したようにコアとクラッドの境界に電界が集中しており，単一モードファイバ中において支配的である HE_{11} モードとの結合効率は低いと予想される．一般のプローブにおいて，近接場光発生効率が低い原因は，開口径の小さい領域においてこの HE プラズモンモードがほとんど励起されていないためである．

次に，このように先鋭化ファイバ中に最も結合していると考えられる HE_{11} モードが金属コート先鋭化ファイバプローブ中を伝搬するとして，光のしみ出し距離が計算されている．ここで，しみ出し距離は，コアとクラッドの境界における電界強度を 1 として，その境界面から金属クラッド中にしみ出している電界強度が $1/e^2$ となる距離として定義している（図 3.23）．縦軸の右に示される値は，しみ出し距離をコア径で規格化した値である．この結果から，コアの直径が 500 nm 程度までほとんど光は金属クラッドにしみ出さず，ガラスコア中を伝搬していることがわかる．また，等価屈折率の虚部を比較すると（図 3.21 (b)），開口径が 800 nm 程度までは，ファイバの

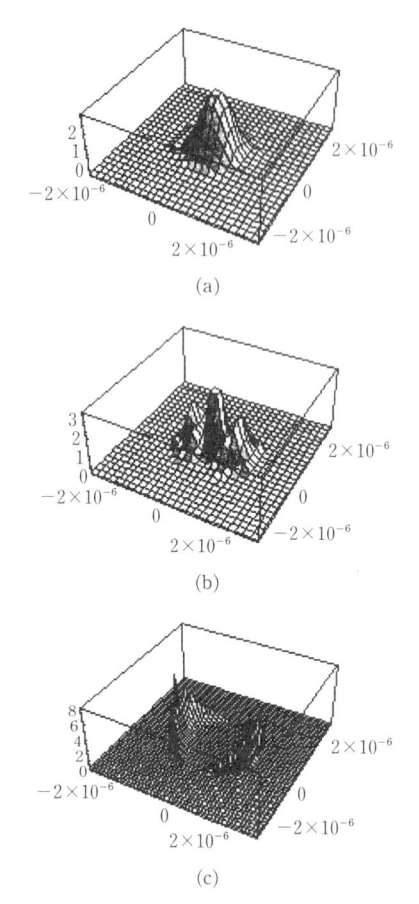

図 3.22 コア径 $3\mu m$ における電界強度分析 波長 $\lambda=830\,nm$. (a) HE_{11} モード, (b) HE_{12} モード, (c) HE プラズモンモード.

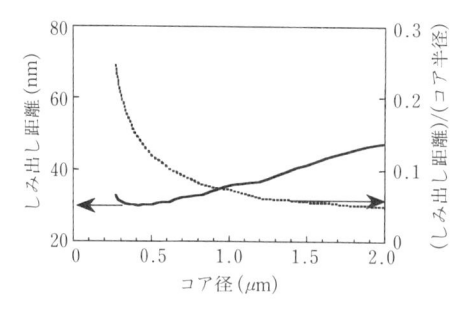

図 3.23 HE_{11} モードのクラッドへのしみ出し距離

HE_{11} モードの値が最も小さいので, HE プラズモンモードの励起はこの開口径以下で行わないと逆に効率が下がることが予想される.

以上より, 現状のファイバプローブにおいても, 開口径が大きい領域では, 導波路損失はそれほど大きくないことが予想されるので, 次項以降では, 伝搬光が金属クラッドにはしみ出さない, つまり, 金属を損失のない理想金属として取り扱い, また実際のファイバプローブのように, テーパ形状をしている領域でどのようにモードが伝搬するかを考察する.

(2) 理想金属クラッドファイバ中のモード伝搬解析: モードの伝搬を考察する前に, クラッドを理想金属とした場合のモード分布を考える. この場合, モードの対称性が HE_{11} モードと同じものだけを考え TE_{1n} と TM_{1n} モードのみを考える. 図 3.24 に低次モードの計算結果を示す. 図 3.24 (a)～(c) はそれぞれ TE_{11}, TE_{12}, TM_{11} モードの電界強度分布である. この図が示すように, TE_{1n} モードでは, 次数が大きくなるにつれピーク数が増え, TM_{1n} モードではエッジで強度が強くなる分布になっている.

以上をもとに, 通常用いられている先鋭化ファイバ内部でモードがどのように伝搬するかを解析する. 解析には階段接続法[1]が用いられている. この方法は, 実際にはテーパ状のファイバプローブ先端部を, 図 3.25 に示すように階段状に近似し, 各段差における連続条件から, すべてのモード (この場合 TE_{1n} および TM_{1n}) の結合係数を

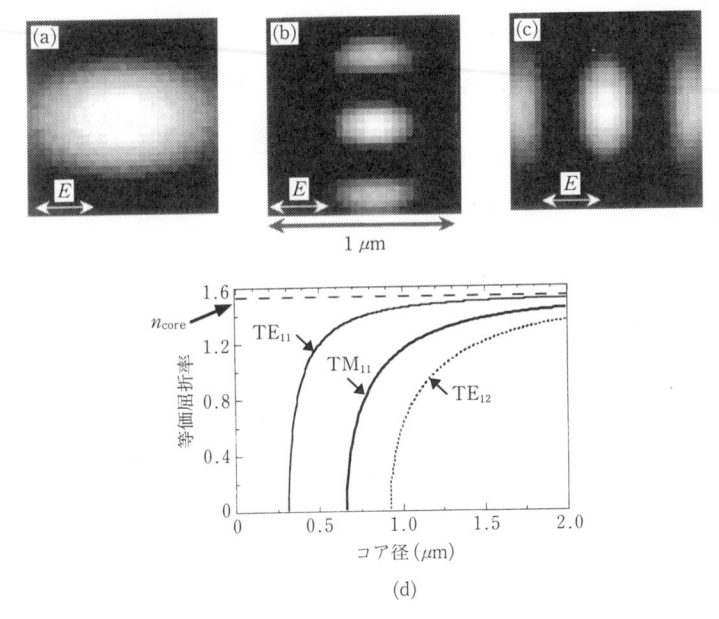

図 3.24 理想金属クラッド中のモード分散特性
波長 $\lambda=830$ nm. (a) TE_{11} モード, (b) TE_{12} モード, (c) TM_{11} モード, (d) 分散特性.

導出し,それを繰り返すという手法である.また,各段における電界強度分布は,ここで導出された結合係数を各モードに重みづけし,これをすべて足し合わせて求められる.

$z=z_{m+1}$ における境界条件は,

$$\Sigma A_{m+1}\phi_{m+1} = \Sigma A_m\phi_m + \Sigma B_m\phi_m \quad (3.23)$$
$$\Sigma A_{m+1}\beta_{m+1}\phi_{m+1} = \Sigma A_m\beta_m\phi_m - \Sigma B_m\beta_m\phi_m \quad (3.24)$$

である.ここで,β_m は伝搬定数で ϕ_m は電界分布,A_m, B_m は入射波,反射波の振幅である.これより,

$$A_{m+1} = 2[K_{mn}^{-1} + \beta_m^{-1}K_{mn}^{-1}\beta_{m+1}^{-1}]^{-1}A_m \quad (3.25)$$
$$K_{mn} = \langle \phi_{m+1}\phi_{m+1} \rangle \quad (3.26)$$

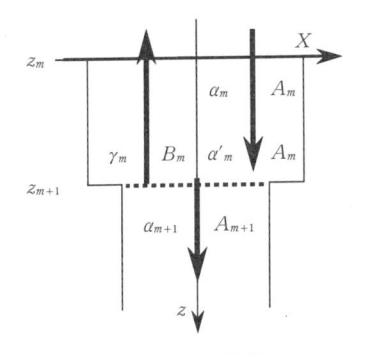

図 3.25 階段接続法

が導かれる.ここで,K_{mn} は各モード間($\phi_m[z=z_{m+1}]$ と $\phi_n[z=z_m]$)の結合係数であり,モード同士の重なり積分を解くことによって求まる.

ここで,入射光をビーム径 $3\,\mu$m のガウスビームとし,根本径を $3\,\mu$m,尖り角 $25°$ として計算した結果のうち,代表的な分布を示す電界強度分布を図 3.26 に示す.また,この結果より,コア径が小さくなるにつれ,電界強度分布は,1 つのピーク→2

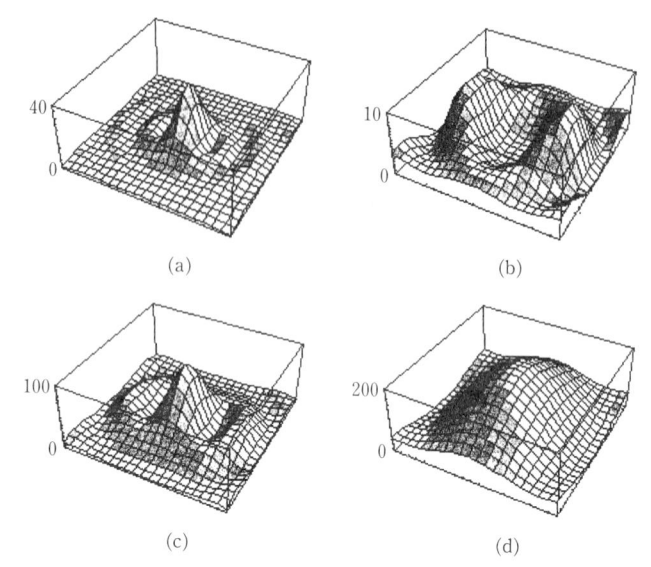

図 3.26 各コア径 D における階段接続法による解析結果
(a) $D=1.47\ \mu m$, (b) $D=1.06\ \mu m$, (c) $D=920\ nm$, (d) $D=315\ nm$.

最小値全幅：175 nm ($D=920$ nm)

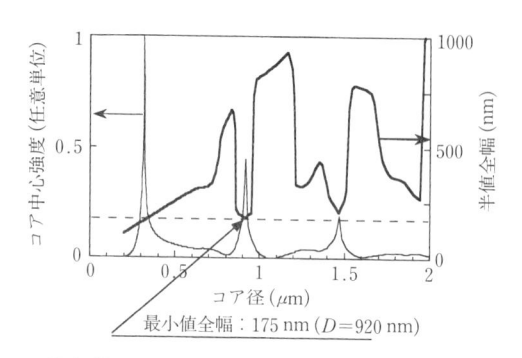

図 3.27 コアの中心部における電界強度と半値全幅

つのピーク→3つのピーク→1つのピークと，その分布形状を変化させていくことがわかる．さらに，中心の電界強度と半値全幅 (FWHM) をコア径をパラメータにしたグラフを図 3.27 に示す．この図において，2つのピークの半値全幅は，2つのピークの外側でそれぞれのピークの強度の半分となる幅である．

この結果より，コア径 $D=1.47\ \mu m$，920 nm，315 nm の各径において，中心強度が極大値をとり，$D=1.47\ \mu m$，920 nm においては，半値全幅が極小値をとることがわかる．また，$D=920\ nm$ では，中心ピークの半値全幅が開口径の約 1/5 の 175 nm になっている．これは波長の約 1/5 でもある．また，開口径が 600 nm 以下では

3. 要素の原理と方法

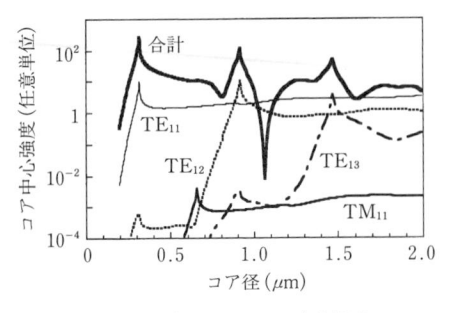

図 3.28 各モードのコア中心強度

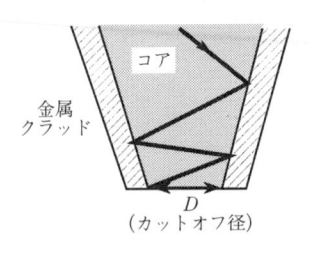

図 3.29 モード間干渉

コア径の減少とともにビーム径が単調減少する．

(3) モード間干渉：　まず前項までに得られた解析結果から，現象をより理解するために，各モードの中で結合係数の大きい TE_{11}，TE_{12}，TE_{13}，TM_{11} 各モードについて各コア径におけるそれぞれのモードのコア中心強度を図3.28に示す．これより，電界強度がピークをとるのは，各モードのカットオフ径 D_{cutoff} であることがわかる．これは，図3.29のように光線近似で考えた場合，モードの D_{cutoff} では，そのモードはそれ以上小さい開口には進まないということである．つまり光が開口に対して真横から入射，そのために1種の共振状態によって電界強度が増大している．また，この高次モードのカットオフ径においてコア中心に微小スポットが得られる原因は，まず高次モードであるということ，また複数存在するモード間の干渉によりサイドピークが抑制されたためである．ここで，このようなモード間の干渉により，中心強度が増大しかつ微小スポットが得られる現象を以後，モード間干渉と命名することにする．

これより，得られるビーム径と電界強度を考慮すると，TE_{11} モードの D_{cutoff} に開口径を一致させることがよいと思われるが，この領域は図3.23に示したように，クラッドを実際の金属と考えた場合，光のしみ出しが大きくなる領域であるので，実際には伝搬損失を考慮に入れなくてはならないであろう．しかし，開口径を TE_{12} モードの D_{cutoff} に一致させた場合，この領域はまだ光がクラッドにしみ出さず本解析法で用いた近似がほぼ成り立つ領域であるので，波長の1/5程度の高分解能性と高効率性を合わせもつことが予想される．よって，尖り角25°の先鋭化ファイバプローブにおいて，TE_{12} モードの D_{cutoff} の中心に微小開口のある構造が近接場光発生効率を最大限にするであろう．

(4) 金属クラッド先鋭化ファイバ内部の電界強度分布の実際：　前項での階段接続法による解析から，モード間干渉により微小開口を作製しなくとも，微小スポットが達成されることが期待される．そこで，本項では，この効果を実験により検証した結果を紹介する．

この目的のために，通常用いられている先鋭化ファイバ(尖り角25°，コア径3 μm)

について，開口径を変化させて先端に至るまでのファイバ内部での電界強度分布が測定されている．測定用のファイバとしては，開口径 100 nm の開口型ファイバが使われている（図 3.30）．その作製法は 4.2 節を参照されたい．

被測定用ファイバの開口における近接場光強度分布測定系を図 3.31 に示す．以後この実験系をプローブ対プローブ法と呼ぶことにする．この系において，2本のファイバ先端はせん断応力制御により 10 nm 以下の距離に制御されている．光源として，波長 830 nm の直線偏光である半導体レーザを用いられているが，この波長域において，実験に用いるファイバは単一モードであり，金属クラッド先鋭化プローブへの励起光は HE_{11} モードのみである．

この系を用いて，コア径 $D=2\,\mu m$, 1.2 μm, 900 nm, 550 nm の各径について測定を行った結果を図 3.32 に示す．これより，電系強度分布はコア径が小さくなるにつれ，2つのピーク→3つのピーク→1つのピークと変化していくことがわかる．また，図 3.33 にコア径 900 nm における測定結果と階段接続法による計算によって得られる電系強度分布の断面図を示す．これより，半値全幅は計算結果より小さい値ではあるが，中心のピークと脇のピークの

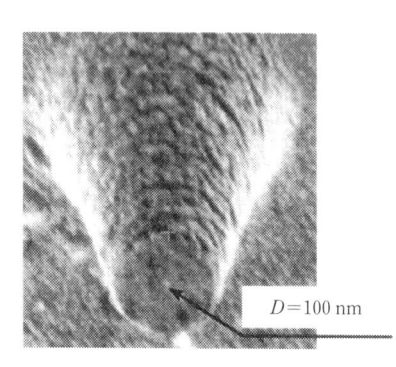

$D=100$ nm

図 3.30 集束イオンビーム加工による開口型ファイバプローブ

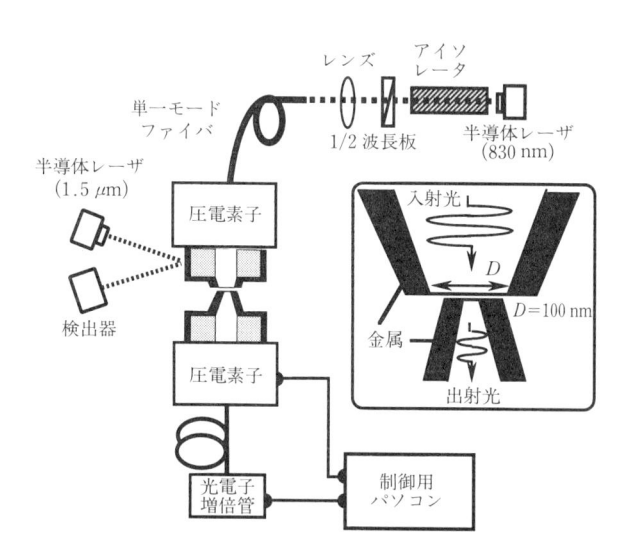

図 3.31 プローブ対プローブ法の実験配置

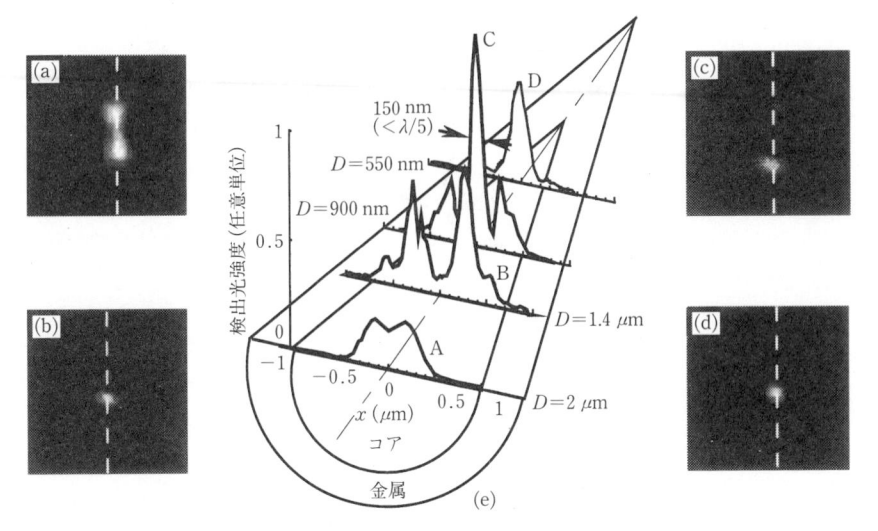

図 3.32　各コア径 D における近接場光強度分布
(a)　$D=2\,\mu\text{m}$, (b)　$D=1.4\,\mu\text{m}$, (c)　$D=900\,\text{nm}$, (d)　$D=550\,\text{nm}$, 走査範囲：$1.5\,\mu\text{m}\times1.5\,\mu\text{m}$.
(e) における曲線 A, B, C, D はそれぞれ図 (a), (b), (c), (d) における断面図を示す.

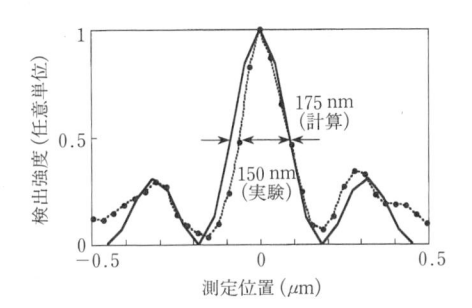

図 3.33　開口径 900 nm における電界強度分布断面図

強度比や，脇のピークの位置など，非常によい一致をしている．さらに，コアの中心における電界強度の開口径依存性を図 3.34 に示す．この結果が示すように，コア径が 1 μm よりやや大きい値で極小値をとり，TE_{12} モードのカットオフ径近傍で極大値となり，以後減少していく傾向は計算結果と一致している．上記の結果でコア径が大きい領域で分布が一致しなかったのは，計算で用いた入射波形が実際の HE_{11} モードではなく，ガウスビームで近似したためである．

次に，このファイバの伝達効率を測定した結果を図 3.35 に示す．ここでは開口からの散乱光強度をファイバへの入射光強度で割った値を伝達効率としている．この結果より，TE_{12} モードのカットオフ径での効率は 10% であることがわかる．これは，

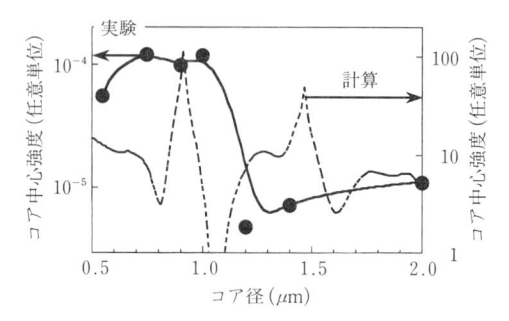

図 3.34　コア中心における電界強度の開口径依存性

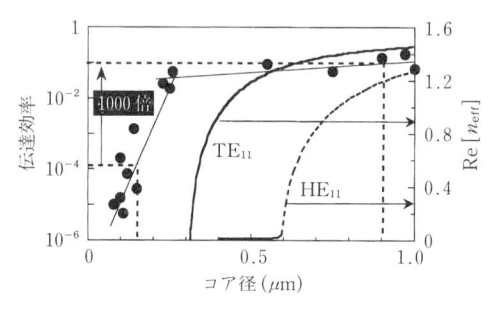

図 3.35　伝達効率

同程度のスポット径が得られる開口径 150 nm の効率と比較すると 1000 倍の効率向上である．また，TE_{11} モードのカットオフ径で大きな効率の増大はみられず，このカットオフ径近傍からコアが小さくなるにつれ急激に伝達効率が減少していることがわかる．これは，実際に導波するであろう HE_{11} モードの伝搬損失が開口径 500 nm 以下で急激に大きくなることから，伝搬損失によって打ち消されたものである．

以上の結果が示すように，先鋭化ファイバプローブにおいて，階段接続法から予想されたモード間干渉が確認され，TE_{12} モードのカットオフ径において，コア中心の電界強度が最大（伝達効率にして 10%）となり，また中心のピークの半値全幅として 150 nm が得られている．

(5) さらなる小スポット化かつ高効率化に向けて： 前項までに説明したように，モード間干渉により，微小スポット・高効率の両特性をあわせもつプローブとなることが予想される．しかし，このままでは，中心のピークの半値全幅は 175 nm 程度にしかならない．そこで，さらなる小スポット化を実現するために，以下で紹介する，（i）コアの高屈折率化，（ii）TE_{11} モードカットオフ径の利用，（iii）HE プラズモンモードの高効率励起が必要となる．

（i）コアの高屈折率化： モード間干渉による手法によっても，コアの屈折率を

向上させることにより，さらなる小スポット化が可能と考えられる．その1例として，コア材料を赤外領域でほぼ透明でありかつ高屈折率を有するシリコン（$n=3.6$ at $\lambda=830$ nm）とした場合，TE_{12} モードのカットオフ径において中心のピークの半値全幅が 75 nm とガラスコアの場合の半分以下で，かつ波長の 1/11 となるので，非常に小さな中心スポット径が高効率で得られる．

(ⅱ) TE_{11} モードカットオフ径の利用： (4)に示したように，スポット径・効率ともに性能を向上させるには，TE_{11} モードのカットオフを利用することが必要となる．しかし尖り角 25°の先鋭化ファイバプローブでは，TE_{11} モードのカットオフ径に光が達するまでに，伝搬損失により効率が減少してしまうことがわかった．そこで，本項ではプローブ長を短縮し，さらに TE_{11} モードのカットオフ径 $D\,(=315\,\text{nm})$ に開口の存在するプローブが効率向上に有効であると考え，以下ではこれについて説明する．

これは図 3.36(a) に示す開口径 60 nm の 3 段テーパプローブによって確認されている (作製方法は 4.2 節参照)．図 3.36(b) に示されているのはコアの外形である．ここでは，プローブ長短縮のため 2 段目のテーパ部の尖り角 β が 150°，3 段目のテーパ部の尖り角 α，プローブ長 L_{3rd}，根本径がそれぞれ 30°，350 nm，315 nm（TE_{11} モードのカットオフ径）となっている．

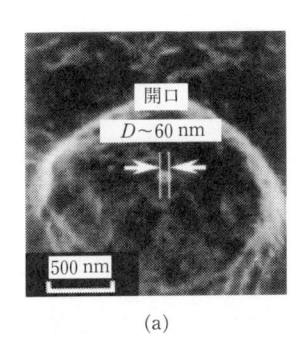

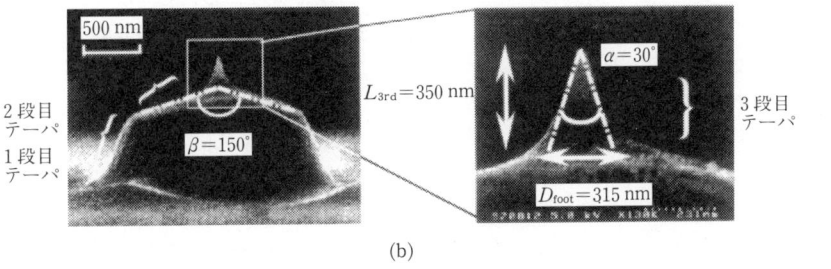

図 3.36 3 段テーパプローブの電子顕微鏡像
(a) 開口作製後の 3 段テーパプローブ，(b) 3 段テーパプローブコアの外形．

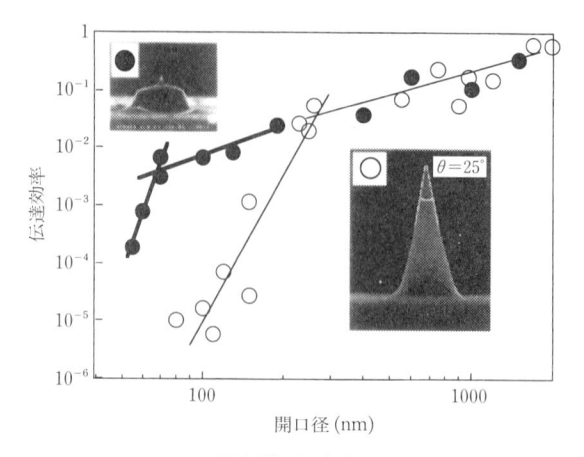

図 3.37 伝達効率
白丸:1段テーパ型(尖り角 25°),黒丸:3段テーパ型ファイバ.

このプローブについてまず,伝達効率の向上を確認するために,図 3.37 にプローブの伝達効率の測定結果を示す.この中で白丸,黒丸の各点は通常の開口型プローブ,3段テーパプローブの伝達効率を示している.これより今回作製した3段テーパプローブは,尖り角 25°の開口型プローブと比較すると開口径 100 nm 以下において3桁の伝達効率の向上が達成されていることがわかる.

ここで,図 3.21 に示したように開口径 200 nm 以下においては HE プラズモンモードしか存在しえない.それにもかかわらず,この領域で3段テーパプローブの伝達効率が向上したことは,このモードが高効率に励起されたと考えるのが妥当である.そして,このように通常の1段テーパプローブでほとんど励起されないと考えられる HE プラズモンモードが励起されたのは,TE_{11} モードのカットオフ径,つまり共鳴点に急激な形状変化があったためである.

次に今回作製した3段テーパプローブのスポット径を評価する実験の結果について説明する.図 3.32 に示したプローブ対プローブ法により,$D=60$ nm の3段テーパプローブの開口近傍における近接場光強度分布が測定されている.測定用プローブとして,散乱光強度を増大させるために,金を 30 nm コーティングした先端曲率直径 110 nm の先鋭化ファイバが用いられている.図 3.38 に,測定した近接場光強度分布像を示す.この実験においても HE プラズモンモードに対応するシングルピークの強度分布が得られている.ここでは 60 nm の開口において半値全幅にして 160 nm と大きな近接場光強度分布が得られているが,これは検出用プローブの先端曲率直径によって決まるものであり,実際にはさらに小さな領域に近接場光が閉じ込められると考えられる.しかし,この曲線において中心部に鋭くかつ狭いピーク(幅 80 nm)がみられる.このことは,3段目テーパ部の尖り角を鋭角にした効果による伝搬光の閉

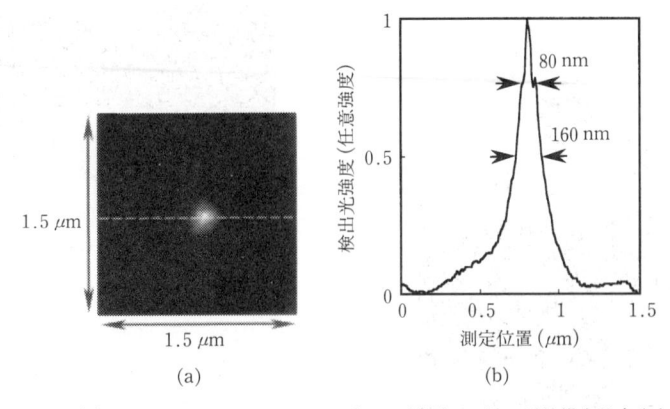

図3.38 (a) $D=60\,\text{nm}$ の3段テーパ型プローブ先端における近接場光強度分布，(b) 図(a)中の白破線上の断面図

込めを示す結果である．

(iii) HEプラズモンモードの高効率励起： (1)で述べたように，金属クラッド先鋭化ファイバプローブにおいて最低次モードはHEプラズモンモードである．つまりプローブ先端まで伝搬するモードであるので，モード間干渉を利用する場合より小スポット化・高効率化を目指すには，このモードを積極的に励起させなくてはならない．

しかし，HEプラズモンモードの等価屈折率はプローブのコアであるガラスの屈折率とは大きく異なるため，従来の滑らかなテーパ形状であるプローブ中に光ファイバの HE_{11} モードを励起光としてHEプラズモンモードを励起することは困難である．この等価屈折率差を補うためには散乱結合[4]があり，高効率のHEプラズモンモード励起がこの散乱結合によって達成されると期待される．そこで，伝達効率向上を実現するには，この散乱を誘起するために先鋭化プローブ中に散乱源となる鋭い形状変化部が必要になる．

このプローブとしてエッジ付きプローブが開発されているので，従来の対称プローブとこのプローブについてそれぞれ開口径 500 nm（HE_{11} モードのカットオフ径：400 nm）と開口径 100 nm（$\sim\lambda/8$）のプローブの場合の近接場光強度分布の測定結果について説明する．図 3.39 に開口径 500 nm のエッジ付きプローブの電子顕微鏡像を示す（作製方法は 4.2 節参照）．コア根本（図 3.39 (b) 中の点線）はモード変換を誘起するために集束イオンビームによって削除し，鋭いエッジが形成されている．

まず開口型エッジ付きプローブによって HE プラズモンモードが励起されるか否かを確認するために，開口径 500 nm のエッジ付きプローブについて開口部における近接場光強度分布がプローブ対プローブ法により測定されている．測定用ファイバとして選択樹脂被膜法[5]により作製した先端曲率直径 10 nm，根本径 65 nm の突起型プ

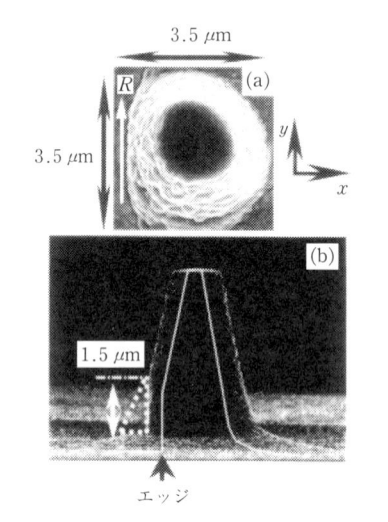

図 3.39 エッジ付きプローブの電子顕微鏡像 (a) 上方図, (b) 側面図. x, y 軸はそれぞれ方向 R ((a) 中の白線の示す方向) に対して垂直・平行を示す.

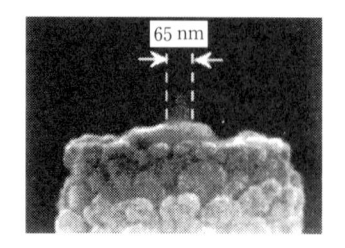

図 3.40 突起型プローブ (根本径 65 nm)

ローブ (図 3.40) が用いられている.

図 3.41 (a), (c) は測定結果であり, 入射光の偏光方向はそれぞれ直交している. 図 3.41 (b), (d) は開口径 500 nm における HE_{11}, HE プラズモンモードの電界分布の計算結果である. この結果より図 3.41 (a), (c) はピークの数について, 図 3.41 (b), (d) と非常によい一致をしている. ファイバ中の偏光方向は回転してしまうために, プローブ根本での偏光方向を特定できない. しかし, 図 3.41 (a), (c) における偏光方向と図 3.41 (b), (d) 中に示されている偏光方向が一致していると見なすことは妥当である.

開口径 500 nm の従来の開口型プローブに対する同様の近接場光強度分布測定では, HE_{11} モードに対応する 2 つのピークの分布が得られている. この際 2 つのピークの方向は入射光偏光方向の回転に伴い回転し, 強度の変化はみられない. これより入射光の偏光方向が x 方向のとき, つまりエッジに対して垂直方向のときに HE プラズモンモードが強く励起されることがわかる. 電界の振動方向がエッジに対して垂直である場合に, 平行である場合よりもエッジに電荷を帯電し, この帯電した電界が強い電界を誘起しそれによる散乱光強度が増大する[6] ことからも, 形状加工部が高効率に HE プラズモンモードを誘起したことを示している. ここで, (3) で開口径 100 nm の開口径プローブによって測定した場合には, 開口径 550 nm において 1 つのピークの電界強度分布が得られている. このように, 得られた近接場光強度分布に違いがみられたのは, 測定するプローブの先端形状による影響である.

続いてエッジ付きプローブによって近接場光励起効率が増強されるか否かを確認しよう. 散乱光強度を増大させる目的で, 膜厚 30 nm の金をコートした先鋭化プローブを測定用プローブとして使用した. 開口径 100 nm の従来型開口プローブとエッジ付きプローブそれぞれについて近接場光強度分布を測定した. 結果を図 3.42 に示す. これは近接場光強度分布の断面図である.

ここでは HE プラズモンモードに対応する 1 つのピークの強度分布が得られてい

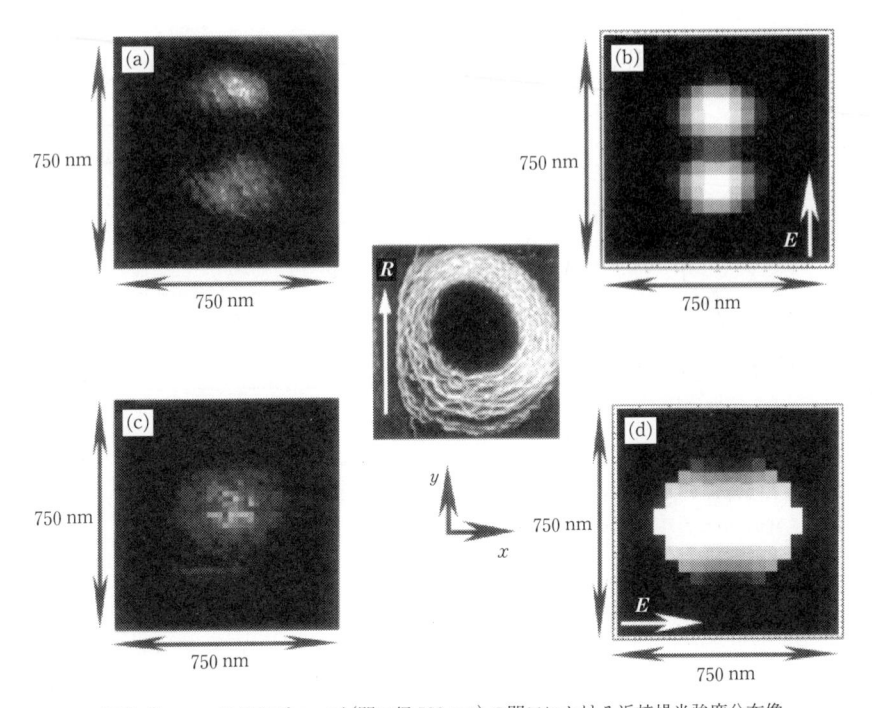

図 3.41 エッジ付きプローブ (開口径 500 nm) の開口における近接場光強度分布像
(a) HE_{11} モード測定結果，(b) HE プラズモンモード測定結果，(c) HE_{11} モード計算結果，
(d) HE プラズモンモード計算結果．(b) 取得時の入射光偏光は (a) に対して垂直．

る．曲線 A と B はエッジ付きプローブにおける近接場光強度分布であり，それぞれの入射偏光方向は直交している．曲線 C は従来の開口型プローブの強度分布である．これより曲線 A は曲線 B と C の強度と比較して強度が 10 倍大きい．開口径 100 nm における HE プラズモンモードの半値全幅の理論値は~120 nm で曲線 A のそれ (~150 nm) とよい一致をしている．以上の結果は高効率の HE プラズモンモードの励起が近接場光強度の増大を誘起したことを示している．

最後に，前項で示した 3 段テーパプローブと比較するために，伝達効率について記す．図 3.43 に各プローブの伝達効率の測定結果を示す．この中で開口径 200 nm 以下において 3 段テーパプローブの伝達効率の開口径依存性が従来の開口型プローブのそれよりエッジ付きプローブのそれに類似していることがわかる．これは，3 段テーパプローブにおいても，HE プラズモンモードが励起されていることを示している．この原因として，1 段目のテーパから 3 段目のテーパへの急激な形状変化領域においてモード変換が達成されたと考えられる．

この HE プラズモンモードが励起されていると考えられる領域において，エッジ付きプローブより 3 段テーパプローブの方が効率が 1 桁大きい結果となっている．こ

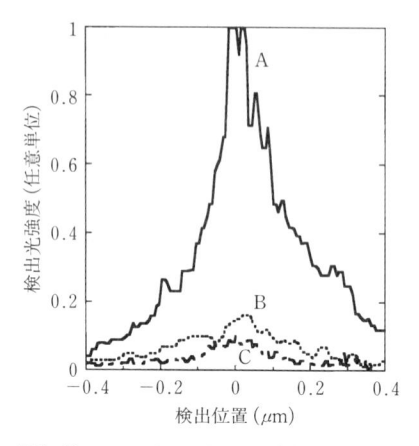

図 3.42 エッジ付きプローブ (a), (b) と従来の開口型プローブ (c) の開口 (開口径 100 nm) における近接場光強度分布の断面図
測定波長 830 nm, (b) 取得時の入射光偏光方向は (a) のそれと直交している.

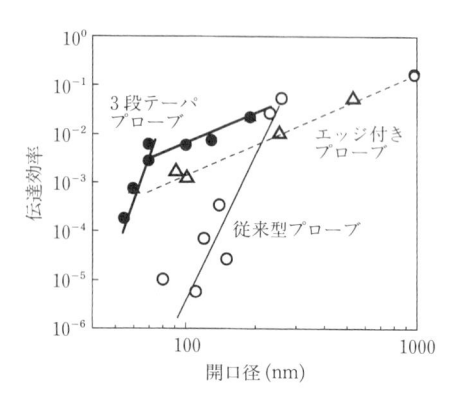

図 3.43 伝達効率測定結果
従来型プローブ (白丸), 3段テーパプローブ (黒丸), エッジ付き (三角).

の理由として,エッジ付きプローブでは HE_{11} モードから HE プラズモンモードへの変換がプローブの根本で行われたのに対し,3段テーパプローブではプローブ先端で行われたことが考えられる.これは,図 3.21 で示したように,開口径 1 μm 以上においては,HE プラズモンモードの方が伝搬損失が大きいためであり,このことからも HE_{11} モードの損失が大きくなるコア径,つまり理想金属クラッドプローブ中における TE_{12} モードのカットオフ径程度までは,通常励起される HE_{11} モードを利用し,このモードの損失が大きくなった領域において HE プラズモンモードを励起させることが,伝達効率を最大による有効な手段と考えられる.

(八井 崇・興梠元伸・大津元一)

文 献

1) 岡本勝就:光導波路の基礎 (コロナ社, 1992).
2) L. Novotny and C. Hafner : Phys. Rev., **E50**-5 (1994), 4094-4106.
3) E. D. Palik (ed.) : Handbook of Optical Constants of Solids (Academic Press, 1985).
4) D. Marcuse : Light Transmission Optics (Van Nostrand Reinhold Company, 1972), Chap. VI.
5) S. Mononobe et al. : Appl. Opt., **36**-7 (1997), 1496-1500.
6) A. Sommerfeld : Optics (Academic Press, 1954), Chap. 10.

c. 散 乱 型: 散乱型プローブとは,その先端がナノメートル寸法に先鋭化され,微小構造に局在した近接場であるエバネッセント場をその先端により散乱させることで伝搬光に変換する (図 3.44 (a)),あるいはその先端でエバネッセント場を生成

しナノメートル寸法の微小光源を提供する(図3.44(b))プローブである[1]．微小開口型ファイバプローブが，エバネッセント場から伝搬光への変換，あるいは伝搬光からエバネッセント場に変換する機能と，微小開口までの光の伝搬あるいは微小開口からの光の伝搬を行う機能を兼ね備えるのに対し，散乱型プローブは変換機能のみに特化している．したがって，その先端を原子・分子レベルにまで先鋭化することが可能で，これにより原子・分子サイズの領域に光を閉じ込めることができることから，原理的に原子・分子レベルの空間分解能を達成することができる．さらに，プローブの材質として金属を用いることで，金属のもつ光の高散乱性が利用でき，電場強度を局所的に増強することも可能である[2,3]．この特徴を生かして，最近では，ラマン分光法[4,5]，2光子励起蛍光法[6]，赤外分光法[7]など近接場顕微分光法へ積極的に応用されている．以下，本項では，散乱型プローブの種類，特徴，構成，およびその応用例などについて紹介する．

(1) 散乱型プローブ： 散乱型プローブとして提案されている形態は図3.45に示すように3種類に大別できる．(a)はガラス基板に微小突起を固定し，この微小突起

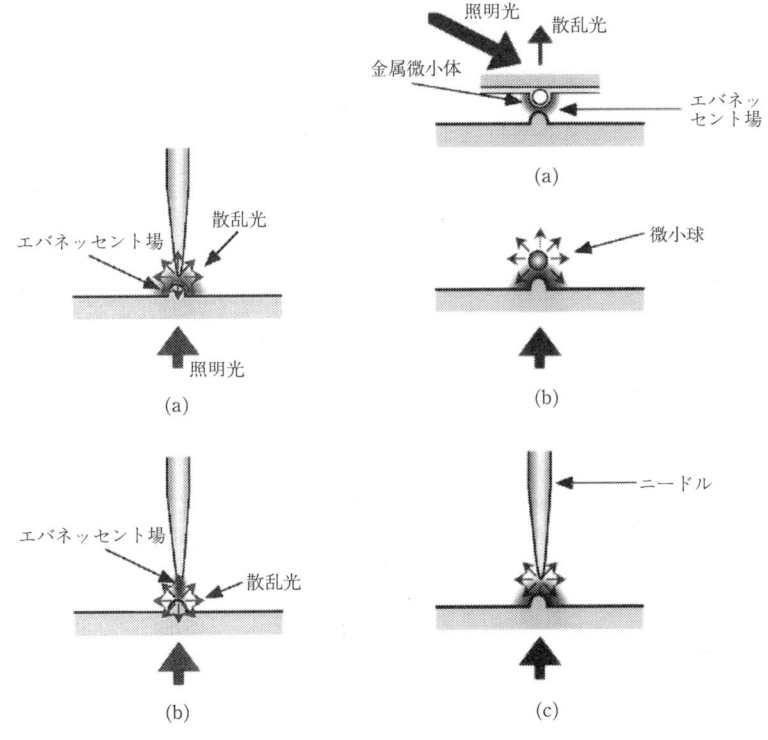

図3.44 散乱型プローブの原理

図3.45 散乱型プローブの代表的な形態

をプローブとして用いる．この形態は散乱型プローブの原型で，Wessel により 1985 年に提案された[8]．金属微粒子を用いることで，局所的に電場を増強することが可能で，ナノメトリックな光リソグラフィーや超高密度光記録の可能性がすでに指摘されていた．実験による検証は Pohl と Fischer により行われ，透明なガラス基板に直径 90 nm のポリスチレン球を吸着し，さらに全体に金薄膜を 20 nm 蒸着したプローブが用いられた[9]．このプローブを試料に近接させ基板側から光を照射する．このとき，照明光として，微粒子表面上で局所的な表面プラズモンポラリトンを励起する振動数より低い振動数の光を用いることから，試料がなければ表面プラズモンポラリトンは励起されない．しかし，試料に近接させたことで，プローブ周辺の実効的な屈折率が増加し，局所的な表面プラズモンポラリトンが励起され，この局所場を用いて試料表面を照明し，プローブからの散乱光を検出する．この系では，試料形状の変化あるいは屈折率変化を局所的な表面プラズモンポラリトンの共鳴状態の変化として読み出すことから，高感度かつ高分解能な近接場信号を得ることが可能である．さらに，電場の増強効果を利用することから，プローブから強い散乱光も得られるため，SN 比の向上も期待できる．

(b) は孤立した微小球プローブである[10,11]．このプローブは，レーザトラップ技術[12]により 3 次元的に捕捉して用いる．試料表面に接触させて走査するため，距離制御が不要で，さらにプローブを捕捉する力が 10 pN 程度と微弱であるため，試料に機械的ダメージを与えることがなく，生体試料などの観察に適している．実際には，40 nm の金属微小球や誘電体球が用いられている．このプローブは，一般に水中で用いられるが，特に金属微小球の場合，水中では散乱効率が空気中よりも大きく，たとえば，ミー (Mie) 散乱理論で 40 nm の金属球を仮定した場合，銀微粒子では 8 倍，金微粒子では 3.3 倍高くすることができる．微小球プローブは散乱中心だけで構成され，散乱中心を支えるテーパ部や基板などがないことから，試料の局在場だけを散乱させることができるため，近接場光学顕微鏡のプローブとしては理想的な形状といえる．

(c) は最も一般的なニードル形状のプローブである．散乱中心がテーパにより支持され，プローブ全体が走査機構により操作される．このニードル型プローブの材質としては，誘電体 (SiN)[13]，半導体 (Si)[14]あるいは金属[2]が用いられ，また，走査型トンネル顕微鏡 (STM) の金属探針や原子間力顕微鏡 (AFM) のカンチレバーと兼用されることが多い．詳細は次項以降に示す．なお，現在は，走査性，取り扱いやすさなどから散乱型プローブとしてこのニードル形状型プローブが主流である．

(2) 局所電場増強： 本項では，ナノメートル寸法の先端径を有する散乱型プローブに光を照射したときに形成される電場強度分布を電磁気学的に解析した結果を示す[4,15]．プローブ先端で散乱される場の解析モデルと得られた電場強度分布を図 3.46 (a)～(c) にそれぞれ示す．図 3.46 (a) に示すように，波長 488 nm，p 偏光 (電場の振動方向が紙面内にある) の平面波が屈折率 1.5 の誘電体媒質側から右下方向 45°

の角度で入射し，誘電体基板上にその先端が接して置かれた先端径 20 nm のプローブにより散乱されるモデルを仮定している．入射波は基板境界面上で全反射条件を満たすため，エバネッセント場化している．図 3.46(b)，(c) は入射面内および誘電体基板直上の金属プローブ(銀)先端周辺の電場強度分布をそれぞれ示し，強い局在電場のスポットが金属プローブ先端で励起されていることがわかる．この微小な光スポットのピーク強度は入射光強度の約 80 倍で，また，そのスポット径はプローブ先端径と同程度である．一方，誘電体プローブの場合も電場強度の増強はみられるものの増強度は 7 倍程度で，その効果は金属に比べると著しく弱い．また，入射光が s 偏光の場合には，金属プローブ，誘電体プローブとも先端での電場強度の増強は全くみられない．したがって，プローブ先端での電場強度の増強を行うには，金属プローブおよび p 偏光による照明が必要である．

さて，プローブ先端に生じる電場増強微小光スポットを用いて試料の照明を行うと，微小光スポット径程度の光学像が得ることができる．先にも述べたとおり，スポット径は金属プローブ先端径程度であることから，先端径を小さくすることで光の波長によらない分解能が達成できる．原理的には，原子分解能も可能である．

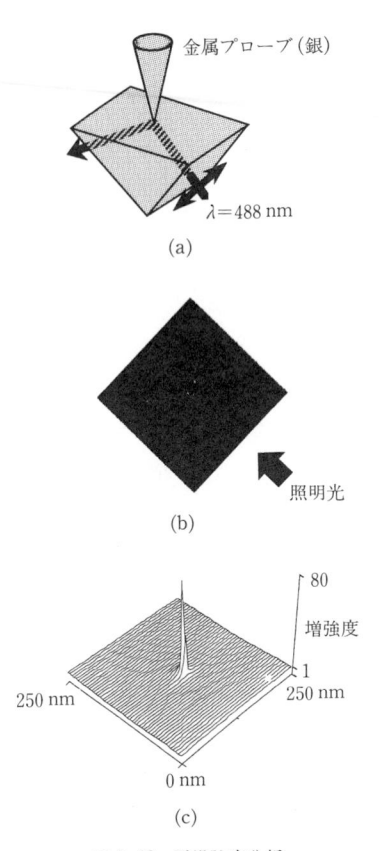

図 3.46 電場強度分析
(a) 解析モデル，(b) 金属プローブ先端近傍の電場強度分布，(c) 誘電体基板上の電場強度分布．

これに対して，微小開口型プローブでは開口の周囲にコーティングされた金属による吸収で，分解能は金属のしみ込み深さによる制限を受け，原理的に，50 nm 程度が限界である[16]．

(3) 散乱型プローブを用いた近接場光学顕微鏡：

(i) 構成例： 散乱型プローブを用いた近接場光学顕微鏡は，光源，プローブ，照明光学系，集光光学系，検出器，走査機構および制御表示部から構成される．図 3.47 に構成例を示す．この近接場光学顕微鏡では，外部光学系を用いて，近接して位置するプローブ先端と試料を同時に照明し，プローブ先端からの散乱光を，やはり外部光学系を用いて光検出器に導く（照明光学系と検出光学系は兼用されることもある）．プローブあるいは試料を走査しながら，各位置での近接場信号を検出し，再構成することで，近接場光学像が得られる．プローブと試料間距離の位置制御は，トン

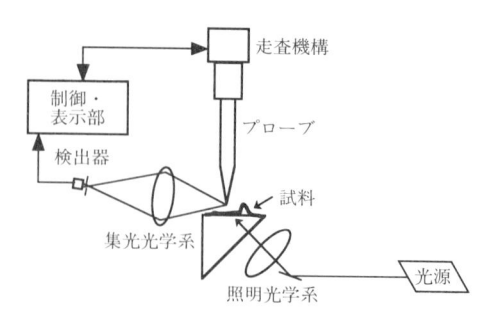

図 3.47 散乱型プローブを用いた近接場光学顕微鏡の構成例

ネル電流[17]や原子間力[4,5,13,14]あるいはせん断応力[18]を検出することで行われる.

(ii) 照明光学系: 散乱型プローブは,外部光学系を用いて照明を行うことから,プローブからの散乱光を検出する際にプローブ以外からのバックグラウンド光を効果的に取り除く必要がある.そのため,暗視野照明法が一般に用いられる.図3.48に代表的な方法を示す.(a)は全反射照明を用いた光学系で,エバネッセント場により基板側から試料を照明し,プローブ先端の散乱光を側方の集光光学系で検出する.この光学系ではプローブ先端以外の照明光は全反射により基板側へ戻るため,バックグラウンド光の大半を取り除くことができる.(b)は反射観察の照明光学系である[19].ある角度から試料の反射照明を行い,プローブ先端からの散乱光を検出する際には,その照明光の鏡面反射が検出器に直接入射しない方向から観察を行うことで,バックグラウンド光の除去を行う.(c)はエバネッセント場だけで構成される集光スポットを照明に用いる光学系である[18].蛍光[18]やラマン散乱光[4,5]などを観察するときに,バックグラウンド光を効果的に除去する方法である.この光学系は油浸対物レンズを用いた落射光学系を基本としており,開口数(NA)1以下の光を除去することで試料表面上でエバネッセント場集光スポットを形成し,それによる照明を行う.したがって,NA=1以上の照明光による輪帯照明となることから,エバネッセント場スポットは回折限界まで絞られ,また,NA=1以下の透過光成分がプローブ先端以外で散乱することで生じるバックグラウンド成分を最小限に抑えられる.プローブ先端からの散乱光は同じ対物レンズを用いて集光し,検出を行う.高開口数レンズを用いることで,散乱光を効率よく集光することができる.さらに,散乱光を高精度に干渉計測(感度:10^{-8} rad/Hz$^{1/2}$)することで,数 nm の分解能を達成することができる[20].

(4) 散乱型プローブの特徴: 散乱型プローブは,微小開口を用いないプローブであることから,アパーチャレス(apertureless)プローブとも呼ばれている.微小開口プローブの代表的な光ファイバプローブと比較すると,その特徴は以下のようにまとめられる.

(i) 分解能が先端径で決まるため,プローブ先端を先鋭化するだけで,高分解能

化が図れる.

(ii) 導波路系を用いず，プローブ先端での散乱光を外部光学系で直接集光するため，開口数の高い光学系を利用することで集光効率を上げられ，信号光が微弱化しない.

(iii) 金属コーティングを施す必要がないため，プローブの細線化が容易で，深い凹凸にもプローブは追従できる.

(iv) 空間中を伝搬する散乱光を検出するため，プローブの材質に制限がなく，紫外域〜可視域〜赤外域にわたって，用いることができる.

金属プローブでは，さらに，

(v) 金属の散乱効率が誘電体に比べて1桁以上高いために，局所的に電場が増強できることで，明るい散乱光が得られ，SN比の向上が図れる.

ただし，

(vi) プローブ以外の試料からの迷光成分を除去する必要がある.

これについては，前項で述べたように暗視野照明を用いること[2,18]や，試料と垂直な方向にプローブを微小振動させプローブ先端での散乱光を変調し，この信号をロックイン検出すること[2]で解決できる.

非線形な光学過程，たとえば多光子励起を近接場で励起するには，高いピークパワーが必要となる.この場合にも，外部光学系による励起型で，かつ，電場増強効果のある金属プローブによる近接場光学法が適している.強度の2乗特性を利用することで，入射光に対して数千倍の増強度がプローブ先端で実現されるだけでなく[21]，蛍光観察ではプローブ先端の場の増強されたところにおいてのみ局所的に蛍光が励起されることで，バックグラウンド蛍光および試料の退色の軽減も期待される.一方，微小開口プローブでは，プローブ先端の破損を防ぐために，数mW程度の光しかファイバと結合できず，開口部では数十nW

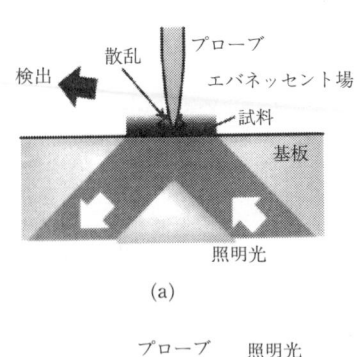

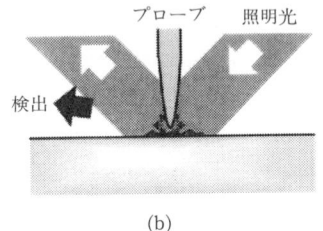

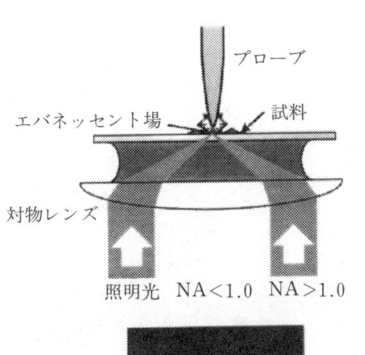

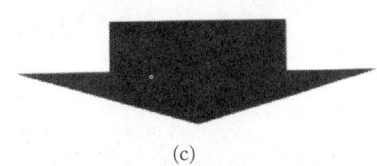

図 3.48 散乱型プローブを用いた近接場光学顕微鏡の照明光学系
(a) エバネッセント場照明，(b) 反射照明，
(c) 集光エバネッセント場照明.

程度の光しかファイバと結合できず,開口部では数十 nW 程度のパワーしか得られない.

(5) 近接場顕微イメージング: 図 3.47 に示した近接場光学顕微鏡で観察した生体試料の近接場光学像を図 3.49 に示す.(a) が近接場光学像,(b) がトポグラフィー像で,同時に観察されたものである.走査範囲は 10 μm×10 μm,走査ピッチは 40 nm×40 nm である.トポグラフィー像から,細胞が円形の組織および楕円形の組織から構成されていることがわかる.楕円形の組織において,近接場光学像では矢印で示したところに微細なチャネル構造が観察される.一方,トポグラフィー像ではそのような構造は観察されない.近接場光学像でみられるこの構造は,組織内部の構造の変化による屈折率分布が可視化されたものと考えられる.

次に,レーザトラップされた微小金属球をプローブとした近接場光学イメージングの実施例を示す[11].使用した近接場光学顕微鏡の原理図を図 3.50 (a) に,実験構成図を (b) にそれぞれ示す.トラッピング用レーザ光を高開口数の油浸対物レンズにより集光し,その焦点位置において微小球を試料表面に接触するように捕捉する.この状態で,照明光用のレーザ(トラッピング用とは異なる波長を選択する)を,同じ対物レンズで集光し,試料表面に接した微小球に照射し,微小球からの散乱光を集光す

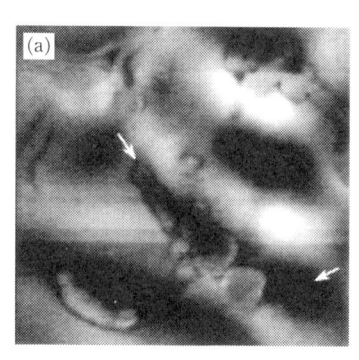

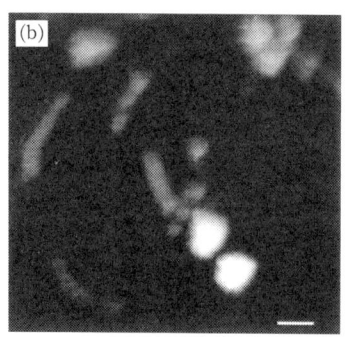

図 3.49 生体試料の近接場光学像

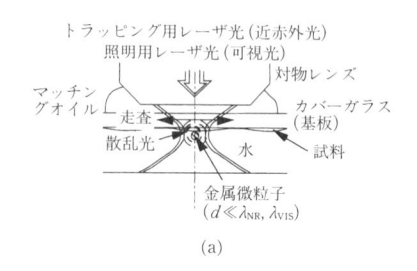

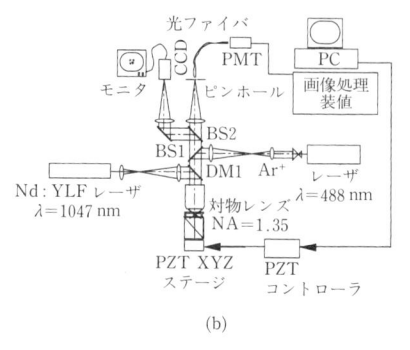

図 3.50 金微小球を用いた近接場光学顕微鏡
(a) 原理図,(b) 実験構成図.

る．この装置では，トラッピング用レーザに近赤外レーザ(Nd：YLFレーザ)を用い，また励起用にはAr$^+$(アルゴンイオン)レーザを用いている．プローブには直径 40 nm の金微粒子を用い，また金微粒子からの散乱光は，ピンホールを通すことで迷光成分を除去して測定する．図3.51にカバーガラス表面を観察した例を示す．直径 200～500 nm の円形構造が多数みられる．また，同じ装置を用いて，YOYO-1 iodine で染色した DNA の近接場励起による蛍光像や短パルスレーザによる2光子励起の蛍光像を観察できることも示されている[22]．

(6) 近接場顕微分光： 電場強度を局所的に増強する金属プローブは，散乱あるいは吸収断面積を見かけ上増大させることから近年注目を集め，ラマン分光法，2光子励起蛍光法，赤外分光法へ適用され，高感度，高分解能な近接場顕微分光が達成されている．ここでは，近接場ラマン分光法と2光子励起近接場蛍光法を紹介する．

(i) 近接場ラマン分光法： ナノメトリック領域にある分子からのラマン散乱光を検出する近接場顕微分光装置の実施例を図3.52に示す[4]．励起用のAr$^+$レーザ光(λ=488 nm，出力：15 mW)を，(3)の(ii)で示した集光エバネッセント場照明光学系により試料上に集光する．このエバネッセント集光スポット(スポット径：～400

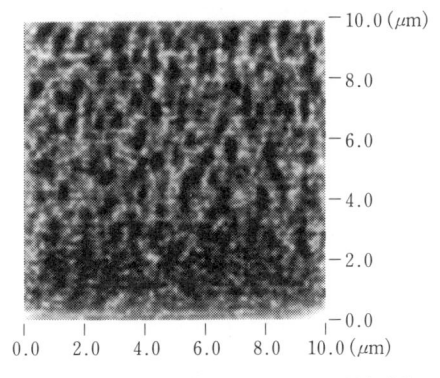

図 3.51 金微小球プローブによる近接場光学像

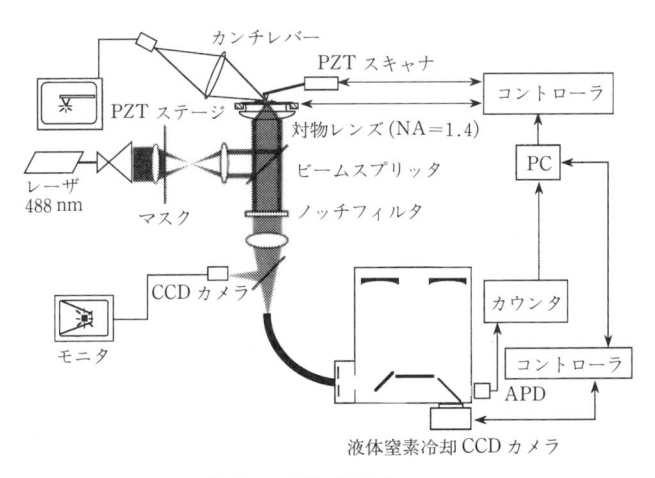

図 3.52 近接場顕微分光システム

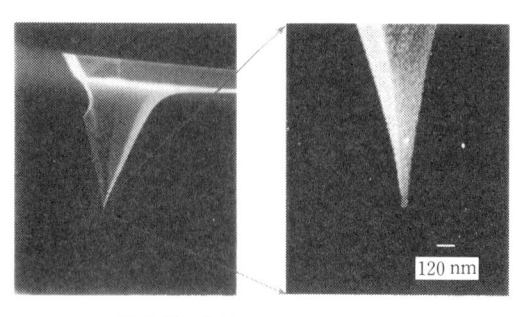

図 3.53 金属プローブの SEM 像
AFM 用カンチレバーに銀を 40 nm コーティングしている。
先端径はおよそ 40 nm.

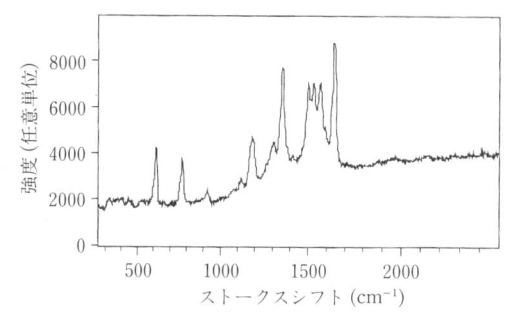

図 3.54 金属プローブ先端の電場増強効果を利用して得られたローダミン 6 G のラマンスペクトル

nm)上に,金属プローブを挿入し,金属プローブ先端に生成される微小光スポット(スポット径:〜40 nm)で試料を局所的に照明し,ラマン散乱光を励起する.ラマン散乱光は同じ対物レンズを用いて集光し,ノッチフィルタ(488 nm,半値全幅 15 nm)により励起光を除去した後,分光器($f=300$ mm,1200 lines/mm)に導かれ,液体窒素冷却の CCD カメラ(1340×400 channels)によりスペクトルをマルチチャネル測定する.金属プローブには銀を 40 nm 蒸着した原子間力顕微鏡(AFM)用カンチレバー(シリコン製)が用いられている.図 3.53 にその走査型電子顕微鏡(SEM)像を示す.

図 3.54 は近接場顕微分光システムにより測定されたローダミン 6G のスペクトルである[4].金属プローブを試料表面に AFM 制御によりコンタクトさせ,金属プローブによって増強されたラマン散乱光を検出している.試料はカバーガラス上に銀を 8 nm 蒸着し,その上にローダミン 6 G 水溶液(6×10^{-4} wt%)をキャストし,水分を蒸発させ,微結晶化させたものを用いている.銀薄膜を蒸着することで分子からの蛍光を抑制している.得られたスペクトルには 14 本のストークスシフトしたラマンピー

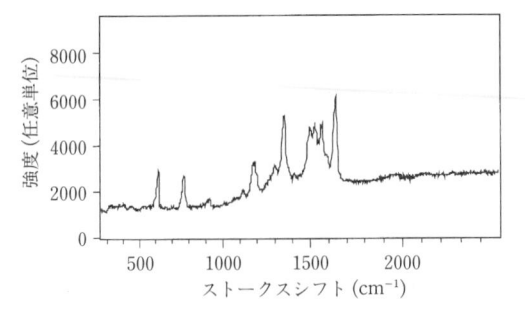

図 3.55 集光スポットのみで得られたローダミン 6 G のラマンスペクトル

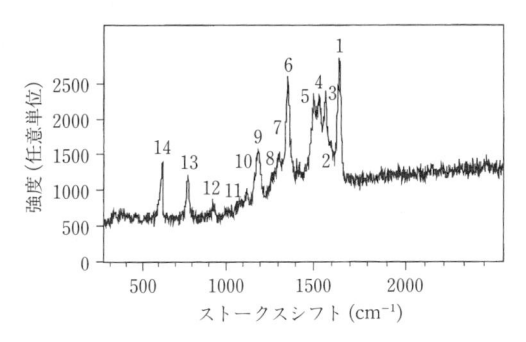

図 3.56 ローダミン 6 G の近接場ラマンスペクトル

クが観察される．図 3.55 に，金属プローブを用いず，エバネッセント集光スポットのみで試料を照明したときに得られるスペクトルを示す．図 3.54 を図 3.55 と比較すると，金属プローブがある場合には，プローブ先端での電場増強分だけスペクトル強度が増加することが示されている．このことは，金属プローブ先端において表面増強ラマン散乱 (surface enhanced Raman scattering : SERS) 効果が生じていることを意味している．したがって，金属プローブがある場合に得られるスペクトルとエバネッセント集光スポットのみで得られるスペクトルの差が金属プローブ先端に生成される微小光スポットだけで得られるスペクトル，すなわち近接場ラマンスペクトルである．図 3.56 にそれを示す．また，観察される 14 本のストークスシフトのピークを振動モードに帰属した結果を表 3.1 に示す．得られたストークスシフトのピーク強度，スポット径などを考慮すると，金属プローブ先端での電場強度の増強度は約 40 倍に相当する．一方，シリコンカンチレバーを用いた場合には，プローブ先端での電場増強効果がみられず，近接場ラマンスペクトルは観察されない．

金属プローブをローダミン 6 G 試料上で走査することで，図 3.57 に示す近接場ラマンスペクトルマッピングが得られる（各スペクトルの測定時間は 1 秒）[5]．金属プ

表3.1 近接場ラマンスペクトルの帰属

	ストークスシフト (cm^{-1})	帰属
1	1647	arom C–C str
2	1596	
3	1570	arom C–C str
4	1532	
5	1503	arom C–C str
6	1359	arom C–C str
7	1308	
8	1269	C–O–C
9	1185	
10	1120	C–H ip bend
11	1084	
12	919	
13	766	C–H op bend
14	608	C–C–C ring

ip : in plane, op : out of plane.

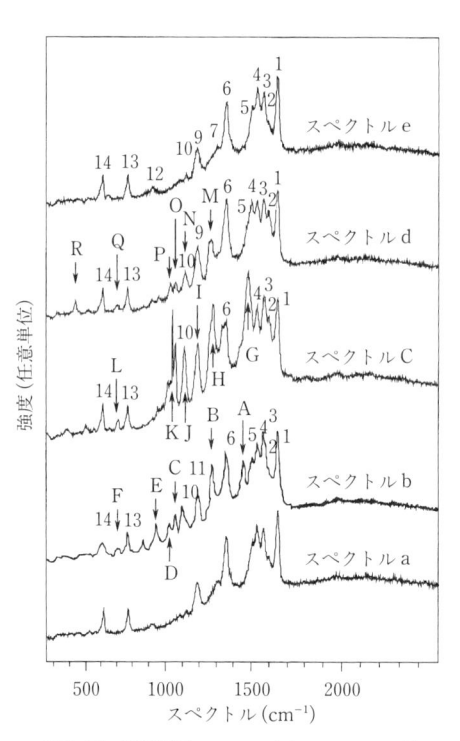

図3.57 近接場ラマンスペクトルマッピング

ローブを1方向に1次元走査しながら,スペクトルa, b, c, d, eをその順に30 nm間隔で検出している.このうちスペクトルaおよびeは,先に示したスペクトルと同一の形状を示す,すなわち,金属プローブによりすべてのストークスピークが同じ増強度により増強される.一方,スペクトルb, c, dは特定のストークスピークのみの増強,ピークのシフトおよびこれまでみられなかったピークの出現が観察される.たとえば,1120 cm^{-1}のC-Hの面内振動によるピークは非常に強く増強されている.また,1269 cm^{-1}のC-O-Cの逆対称伸縮モードによるピークも強く増強されている.さらに,ストークスピーク位置のシフト(たとえば, B, H, Mなど),新しいピークの出現(たとえば, A, F, L, R, Qなど)も観察される.一方,すべてのスペクトルで1500〜1700 cm^{-1}付近のC-H振動によるストークス

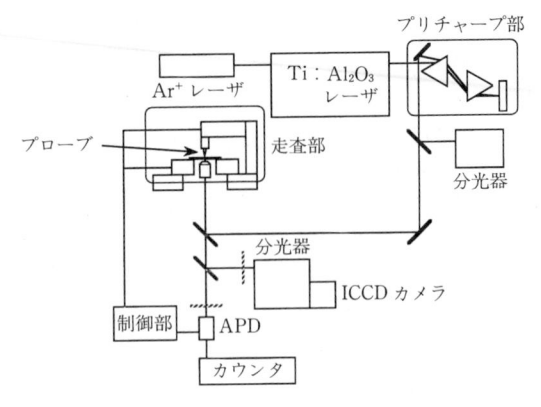

3. 要素の原理と方法

図 3.58 近接場 2 光子励起蛍光装置

ピークは変化がみられず，さらにバックグラウンドの蛍光成分も増強されていない．これらの現象は，プローブ先端の金属とローダミン 6 G 分子が化学的に吸着することで，いわゆる first-layer 効果による電荷移動が生じ特定のストークスピークのラマン散乱光だけが共鳴的に増強されることに起因している[23]と，考えられている．

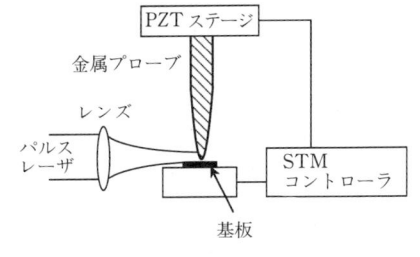

図 3.59 電場増強効果を利用したナノメートル寸法加工装置例

(ii) 近接場 2 光子励起蛍光法: 近接場 2 光子励起蛍光装置の実施例を図 3.58 に示す[6]．モードロック Ti : Al$_2$O$_3$（チタン：サファイア）レーザ（パルス幅：100 fs, 波長：830 nm）からのパルス光を対物レンズで集光することで試料を照明し，そこに金細線をエッチングおよび集束イオンビーム（FIB）加工した先端径 15 nm の金属プローブを AFM 走査によりコンタクトさせる．金属プローブ先端で超短パルス光を空間的に閉じ込め，その閉じ込めた空間において 2 光子励起を行う．励起された蛍光はアバランシェフォトダイオードでフォトンカウンティング法により検出されている．PIC (pseudoisocyanine) 色素の J 会合体およびコナミドリムシの光合成膜を観察し，15 nm 空間分解能を達成している．この手法の特徴は，2 光子励起が強度の 2 乗に比例することから金属プローブを用いた近接場光学顕微鏡でのバックグラウンドを効果的に抑圧することができることにあり，実際に 1000 : 1 の SN 比を達成している．

(7) ナノ光加工など: 金属プローブ先端で増強された微小電場スポットを用いることで，金属基板表面に直接加工を行うことができる[24]．実施例の装置構成図を図

3.59に示す．STM 制御した金属プローブを金属表面から約 1 nm の距離に近接させ，Nd：YAG レーザの第 2 高調波パルス光(波長：532 nm，パルス幅：5 ns)をプローブと金属表面間のギャップに入射する．入射光の偏光は，プローブ先端での電場増強効果を得るため，p 偏光とする．プローブ，基板の材質により，形成される構造は異なり，たとえば，25 nm 程度の微細トレンチ構造や，高さ 10 nm，直径 30 nm 程度の丘陵状構造が形成される．作製された微小構造体は安定で，数十時間以上その構造を保つ．プローブ先端での電場増強効果および短パルスによる高ピークパワーが生起する非線形な効果によりこれらの構造が形成されると考えられる．

また，光記録としての応用も検討され，シリコン製 AFM カンチレバーを用いた散乱型の近接場光学顕微鏡をベースとした光読出しも可能である[25]．シリコンウェーファ上に電子線リソグラフィーにより作製した 50 nm×50 nm のピット列に 15 nm のクロムを蒸着した ROM を，チップ先端(先端径：5 nm)からの散乱光を干渉法で読み出すことで実現している．50 nm×50 nm のピットを 1 bit とすると，記録密度は 256 Gbits/in^2 に相当し，また，読出し速度については 10 MHz が実現されている．

(河田　聡・井上康志)

文　献

1) 河田　聡：光学，**21** (1992), 766-779.
2) Y. Inouye and S. Kawata : *Opt. Lett.*, **19** (1994), 159-161.
3) 井上康志，河田　聡：応用物理，**67** (1998), 1376-1382.
4) N. Hayazawa et al. : *Opt. Commun.*, **183** (2000), 333-336.
5) N. Hayazawa et al. : *Chem. Phys. Lett.*, **335** (2001), 369-374.
6) E. J. Sáchez et al. : *Phys. Rev. Lett.*, **82** (1999), 4014-4017.
7) B. Knoll and F. Keilmann : *Nature*, **399** (1999), 134-137.
8) J. Wessel : *J. Opt. Soc. Amer.*, **B2** (1994), 1538-1540.
9) U. Ch. Fischer and D. W. Pohl : *Phys. Rev. Lett.*, **62** (1989), 458-461.
10) S. Kawata et al. : *Jpn. J. Appl. Phys.*, **33** (1994), L1725-L1727.
11) T. Sugiura et al. : *Opt. Lett.*, **22** (1997), 1663-1665.
12) A. Ashkin : *Phys. Rev. Lett.*, **24** (1970), 156-159.
13) N. F. van Hulst et al. : *Appl. Phys. Lett.*, **62** (1993), 461-463.
14) F. Zenhausern et al. : *Appl. Phys. Lett.*, **65** (1994), 1623-1625.
15) H. Furukawa and S. Kawata : *Opt. Commun.*, **148** (1998), 221-224.
16) J. P. Fillard : Near Field Optics and Nanoscopy, 1st ed. (World Scientific Publishing, 1996).
17) Y. Inouye and S. Kawata : *J. Microsc.*, **178** (1995), 14-19.
18) N. Hayazawa et al. : *J. Microsc.*, **194** (1999), 472-476.
19) Y. Inouye and S. Kawata : *Opt. Commun.*, **134** (1997), 31-35.
20) F. Zenhausern et al. : *Science*, **269** (1995), 1083-1085.
21) 加野　裕ほか：第 43 回応用物理関係連合講演会予稿集 (1996), 886.
22) T. Sugiura and T. Okada : *Proc. SPIE*, **3260** (1998), 4-14.
23) A. Otto et al. : *J. Phys. Condens. Matter*, **4** (1992), 1143-1212.
24) J. Jersch and K. Dickmann : *Appl. Phys. Lett.*, **68** (1996), 868-870.
25) Y. Martin et al. : *Appl. Phys. Lett.*, **71** (1997), 1-3.

d. プラズモン共鳴型: 局在する表面プラズモンの共鳴的な励起をプローブに用いた場合について説明する.このプローブでは光のパワーを先端のナノメートル領域に集中させることにより,高感度なセンシングやナノメートル寸法の加工を行うことができる.プローブ自体の説明に入る前に,まず最初に,(1)表面プラズモンとその共鳴的な励起,および,(2)空間的な局在化による効果について説明する.次に,(3)プラズモン共鳴型プローブの特徴と(4)作製方法について,さらに,(5)実験例と理論的考察について述べる.そして最後に,(6)具体的な応用例について紹介する.特に,ナノメートル寸法の単一分子などの光学的な性質や高感度の分光により分子種の識別を行う方法について紹介する.

(1) 表面プラズモンとその共鳴励起: プラズモンとは,物質内部の電荷の集団振動を量子化したものをいう.金属・半導体などの導電性材料表面に光や電子線が入射すると,クーロン力による長距離相互作用のために導体内部の電荷の集団振動が誘起される.均一な導体に対して固有振動が存在し,電荷の集団振動が量子化され,プラズモンを形成する.特に,電荷の振動が表面に局在している場合を表面プラズモンと呼ぶ.表面プラズモンは表面に局在する電子の疎密波であり,縦波として伝搬する.その際,境界面において光と結合し,図3.60のような表面プラズモンポラリトンを形成する.通常,空間を伝搬する光は表面プラズモンと相互作用しない.表面プラズモンと結合するのは,物質の境界面近傍に存在する伝搬しない光,すなわち,近接場光である.近接場光の強度は境界面から離れるにつれ指数関数的に減衰する.そのため,表面に近いほど強度は高くなる.そのような性質上,光を用いて励起を行う場合には,プリズムなどで光を全反射させ境界面に近接場光を形成させる方法や,グレーティングを用いて光の波数ベクトルを変換させる方法が用いられている[1].表面

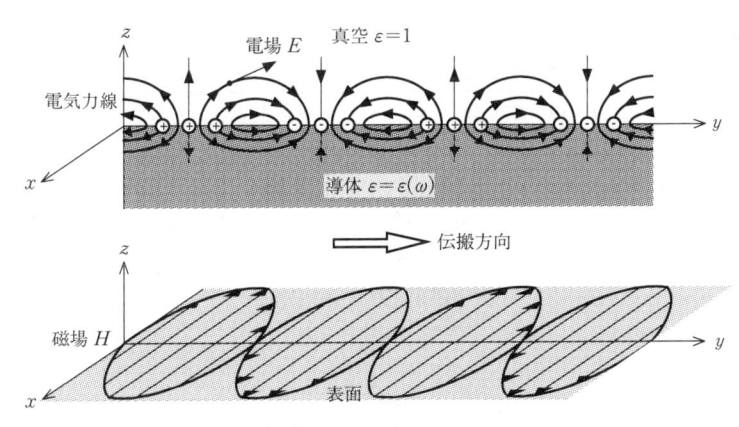

図3.60 表面プラズモンポラリトンの電場と磁場の分布
上図矢印が電気力線を表し,接線が電場方向を示す.下図は磁場の強度分布を示す.図では進行方向は y 軸方向である.

プラズモンが共鳴的に励起される場合には，表面近傍のナノメートル領域の近接場光強度が増強される．特に，金や銀などの貴金属表面では，近接場光の増強度が非常に大きくなる(図3.61)．またこの場合，共鳴条件が境界面の誘電率変化に非常に敏感になる．こうした効果は観察試料を吸着させることによる表面のナノメートル領域の高感度なセンシングへと応用されている[2]．

(2) 局在プラズモン： さらに，導電性物質表面の微小な突起や微粒子などに局在した電子の集団振動も存在する．この場合の固有振動を局在プラズモンと呼ぶ．この局在プラズモンの共鳴励起による近接場光の増強は，電子の閉込め効果により平坦な表面を伝搬する場合に比べはるかに大きくなると予想される．そうした近接場光の増強効果は，たとえば微粒子の形状によっても大きく異なる．ここでは簡単なモデルを用いていくつかの形状における入射光強度に対する近接場光の増強度について紹介する(表3.2)．微粒子や微小突起部分に生じる局在プラズモンは，平坦な表面とは異なり，湾曲部で波数ベクトルの変換が生じ，一部伝搬光へと変換される．このため，局在プラズモンの共鳴励起は散乱光の極端な増大として観測される．こうした伝搬光への変換のため，実際には微粒子近傍に局在する光のパワーが減少し，近接場光の増強効果が薄れてしまうことになる．しかしながら，微粒子や微小突起

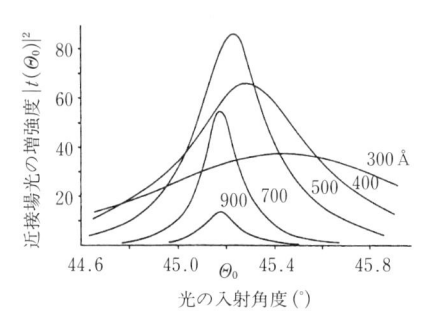

図 3.61 表面プラズモンが膜厚の異なる銀薄膜表面に励起された場合の光の入射角度に対する近接場光の増強度[1]
膜厚 500Å では入射光強度に対し最大で約 90 倍強度を増すことが示されている．

表 3.2 金微粒子の形状と近接場光の増強度

微粒子の形状		共鳴波長 λ	近接場光増強度
(a) 微小球	ε_m	484 nm	2.1 倍
(b) 回転楕円体 例) $a:b=3:1$	ε_m, a, b	595 nm	～3300 倍
(c) 球殻 例) $q=0.8$ $\varepsilon_0=(1.5)^2$	a, qa, ε_0, ε_m	604 nm	360 倍

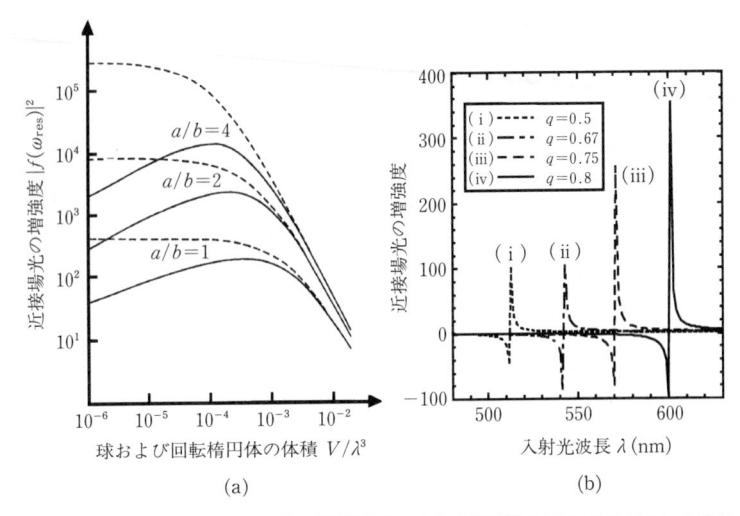

図 3.62 (a) 球，および，回転楕円体の銀微粒子のサイズ (体積) と局在プラズモン共鳴による近接場光増強度の関係[3]．図中の a, b は表3.2(b) 参照．$a/b=4$ で電子の散乱効果を加えた場合 (実線)，b が 20 nm 程度で増強度が最大となる．(b) 球殻状の金薄膜の異なる膜厚における，入射光波長と近接場光増強度の関係．図中の q は表3.2(c)参照

が光の波長に比べはるかに小さい場合，伝搬光への変換が抑えられる．こうした微粒子や微小突起の寸法による近接場光の増強についての研究例は多く，たとえば，図3.62(a) は Wokaun ら[3]による，表3.2(a), (b) に示される球，および，回転楕円体の形状と寸法による近接場光の増強度について，伝搬光への変換と電子の散乱効果を加えて行った計算結果である．この図では寸法が光の波長より小さくなるにつれ近接場光の増強度が高くなり，電子の散乱効果がそれほど影響しない数十 nm 程度において近接場光の増強度が最大になることが示されている．さらに回転楕円体の場合，局在プラズモンは入射光の特定の偏光条件において共鳴的に励起されると考えられている[4]．また，表3.2(c) の球殻の場合，誘電体を覆う球殻の厚さが薄い方が近接場光の増強度が高くなることが図3.62(b) で示されている．

(3) プラズモン共鳴型プローブの特徴：　以上までで，表面プラズモンとその共鳴励起，および，局在化による効果について説明を行った．プラズモン共鳴型プローブは，冒頭でも述べたとおり，表面プラズモンを近接場光学顕微鏡のプローブ先端に局在化させた形で共鳴的に励起を行ったものである．これによりプローブ先端の限られた領域に光のパワーを集中させることが可能になる．局在プラズモンの場合，共鳴条件は励起光の偏光や周囲の幾何学的・光学的性質に大きく影響を受ける．特に，伝搬光への変換や電子散乱などによる損失が少なく，鋭い共鳴が得られる場合には，共鳴条件の変化からプローブ先端表面のナノメートル領域のわずかな変化を読み取ることができる．また，共鳴効果によりプローブ先端に生じる近接場光強度も莫大なもの

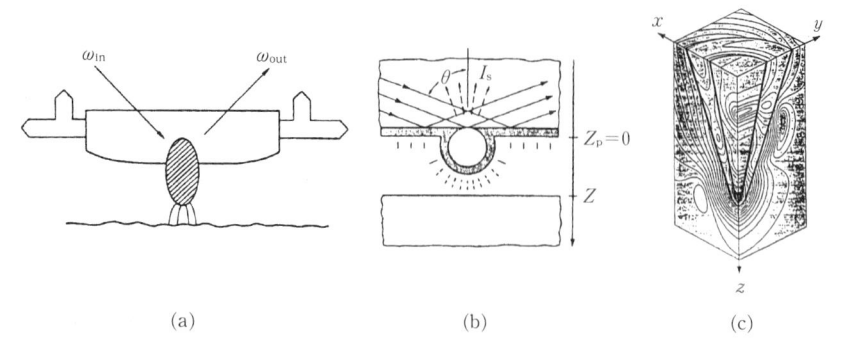

図 3.63 プラズモン共鳴型プローブとして提案された代表例
(a)〜(c)はそれぞれ，文献 5)〜7) より引用．(c)においては周囲の電場強度分布も合わせて示されている．

となる．こうしたプローブにおいては，たとえば前者は超高感度なセンシングに応用可能であり，後者は光強度の増強による非線形効果や光を用いたナノメートル加工への応用が期待される．

このようなプローブとして最初に提案されたのは，表 3.2(b) に示される回転楕円体を光学材料に上半分埋め込んだタイプ[5] である (図 3.63(a))．また，実験的にプローブとしての効果が確認された例として代表的なものは，表 3.2(c) に示される球殻状の導体を光学材料の表面に形成させたタイプ[6] である (図 3.63(b))．さらに針状に加工された光学材料を導電性材料で覆ったタイプ[7] も提案されている (図 3.63(c))．

(4) プローブの作製方法： 局在プラズモンが可視光域で共鳴的に励起され，近接場光の著しい増強効果が得られる材料は金と銀に限られる．ここでは特に，図 3.63(c) のタイプのプローブとして，光ファイバの末端を化学的に研磨したものの先端に金蒸着を行った例について紹介する[8]．光ファイバは，NH_4F，HF，および，H_2O の混合溶液により導波 (コア) 部分のみが残り，残ったコア部分はテーパ状に研磨され，その先端の径は 10 nm 以下に尖鋭化される[9]．こうして作製された末端が針状の光ファイバ表面を薄く滑らかな金薄膜で覆うことによって，図 3.63(c) タイプのプローブが形成される．金を用いている理由は，銀に比べ溶液中での測定においても劣化が無視できるなど実用的なためである．図 3.64 は実際に作製されたプローブの電子顕微鏡写真である．この場合，下地の光ファイバのテーパ角は約 19°，金蒸着後の角度は約 20° である．さらに，先端曲率半径は約 5 nm，金蒸着後は約 30 nm である．これより，蒸着膜厚は先端部で約 25 nm，根本の部分で約 80 nm と見積もられ，図 3.63(c) のモデルにほぼ等しい形状のプローブが得られている．こうしたプローブを作製するに当たって特に問題となるのは，先端がナノメートル寸法のテーパ状のガラス面に薄く滑らかで，しかも実際の測定に耐えられるだけの機械的強度を

3. 要素の原理と方法

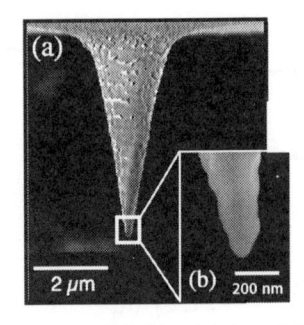

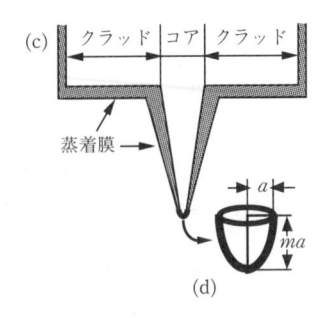

図 3.64 プラズモン共鳴型プローブの電子顕微鏡写真
(a) 全体像，(b) 先端の拡大像，(c) 断面の模式図，(d) 先端部のモデル.

もった金蒸着膜をいかに形成させるかである．通常，こうした問題点を解決するためにガラスと金属薄膜との中間に両者を接合させる材料をごく微量導入する．よく用いられる材料としてはクロムやチタンがある．しかし，(2)で説明したように伝搬光への変換などによる損失を少なくするためには，先端に形成される金蒸着膜自体が光の波長に比べてはるかに小さなものでなければならない．そのため接合材料としては，蒸着しやすくごく微量で形状などが制御可能なものでなければならない．図 3.64 に示されるプローブにおいては，接合材料としてゲルマニウムが用いられている．その際，スクラッチ試験により界面にゲルマニウムを数％加えることで金薄膜の機械的な強

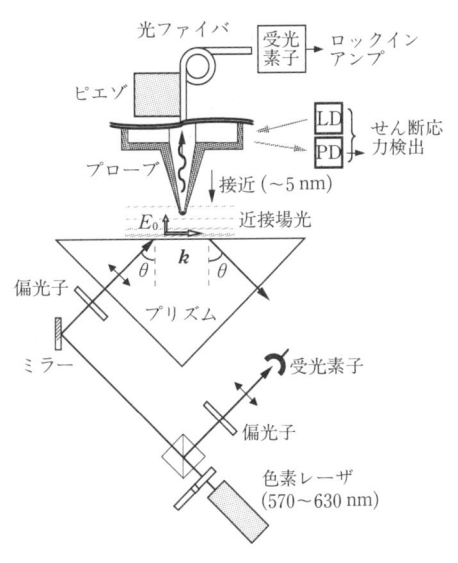

図 3.65 プローブ先端への局在プラズモン励起の実験配置

度が増加することが，さらに，分光エリプソメータと ATR 分光からその程度の分量のゲルマニウムを混入しても金薄膜の可視光領域での光学的性質はほとんど変化しないことが確かめられている[8]．

(5) 実験と理論解析： 次に，実際に図 3.64 に示されるプローブ先端への局在プラズモンの励起実験について紹介する[8]．図 3.65 はその実験配置である．実験では，励起光源に色素レーザ (R6G) が用いられ，単一波長の集光していない p 偏光を全反射条件 (入射角：$45\pm0.01°$) でプリズムの側面に入射している．これにより特定の波数ベクトル k の近接場光がプリズム表面に誘起される．プローブはせん断応力によ

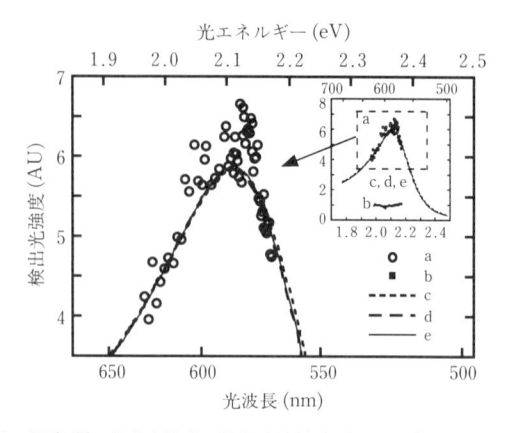

図 3.66 検出光強度の励起光波長（エネルギー）依存性

るフィードバック制御により，プリズム表面から約 5 nm の高さの位置まで近づけられ，固定された．図 3.64 のプローブではプローブ先端に生じた近接場光の一部が光ファイバ内部を伝搬し，末端の光検出器まで到達する．そのためプローブ先端の近接場光強度は間接的に光ファイバの末端で得られる光強度によって評価される．励起に用いる光を直接プローブに入射せずに，プリズム表面に生じた近接場光を用いる理由は，前者では金薄膜を直接透過した光までも光ファイバ末端で検出され，プローブ先端での近接場光の強度を正確に評価できないためである．図 3.66 のプロット a は波長約 630〜約 570 nm の入射光に対して，光ファイバの末端で検出された光強度である．参考のため，図 3.66 のプロット b として金蒸着していない同じ形状の光ファイバ末端で得られた光強度を示した．両者の比較から波長約 588 nm で検出光強度が最大となり，裸のファイバに比べ約 5.8 倍検出光強度が増していることが示される．

図 3.66 の曲線 c〜e は，表面局所場理論[3,4]による解析結果を示している．この場合，入射電磁場 E_0 に対し局所場の増強因子 E_{tip}/E_0 は，

$$\frac{E_{\mathrm{tip}}}{E_0} = \frac{\varepsilon_m/\varepsilon_s}{1+[(\varepsilon_m'/\varepsilon_s)-1]A+i(\varepsilon_m''/\varepsilon_s)A+R\varepsilon_m''\sqrt{\varepsilon_s}+iR-\varepsilon_m'\sqrt{\varepsilon_s}} \quad (3.27)$$

で与えられる．ただし，

$$R = \frac{4\pi}{3}\frac{V}{\lambda^3} = \frac{16\pi^3 m}{9}\left(\frac{a}{\lambda}\right)^3$$

$$A = \frac{1}{m^2-1}\left[\frac{m}{2\sqrt{m^2-1}}\ln\left(\frac{m+\sqrt{m^2-1}}{m-\sqrt{m^2-1}}\right)-1\right]$$

であり，ここで，ε_m，および，ε_s はそれぞれ，半回転楕円体，および，周囲の誘電率を表し，a, m は半回転楕円体の底面半径，それと長軸との軸比を表している．また，V は全体積を，λ は励起光波長を表す．表 3.3 は曲線 c〜e を得る際に用いた各パラメータを示している．表中の $|E_{\mathrm{tip}}/E_0|^2$ は実験で得られた共鳴波長における近接

表 3.3 図 3.18 の実験結果に対する計算シミュレーションに用いられた各パラメータ a は作製したプローブの電子顕微鏡観察結果より得られた値を示す.

曲線	ε_s	m	a (nm)	$|E_{tip}/E_0|^2$
c	1.00	2.61	31	385
d	1.53	1.92	31	202
e	2.07	1.52	31	128

場光の増強度を示している.

図 3.65 の電子顕微鏡写真から, m は 1.5~2.0 と見積もられる. この場合, 表 3.3 より ε_s は 1 ではなく, 1.5~2.0 の範囲にあることが示される. プローブが基板の極近傍まで接近した場合, プローブ-試料間の誘電率が増加することが指摘されており[6], 図 3.66 の実験結果はそれを示している. その際の近接場光の増強度は 150~200 倍となる. 裸のファイバとの比較では約 5.8 倍であるが, 裸のファイバの場合, 先端以外のテーパ部で受光した散乱光が混入していると考えられ, 入射光に対する金属化プローブ先端の近接場光の増強度としてはこの計算結果に近いものと見積もられる.

(6) 具体的な応用例: プラズモン共鳴型プローブを用いた場合, 前述したように, 高感度なセンシングや光強度の増強による非線形効果, 光を用いたナノメートル加工への応用が期待される. 高感度なセンシングとしては, ナノメートル寸法まで接近させた試料表面の光学的な性質のわずかな変化によって, プローブ先端に励起される局在プラズモンの共鳴波長がシフトする性質を用いる. プラズモンの共鳴条件の変化を用いたものとして, すでにプラズモンセンサが市販されているが, この場合, プリズムや導波路表面の金薄膜全体の変化を調べる方式がとられている. それに対して, ここで紹介したプローブでは表面の局在した個々の領域の変化をナノメートル分解能で空間的にマッピングできる.

さらに, 近接場光学顕微鏡の特徴の1つに, 観察する対象物に対して高い空間分解能をもった分光を行える点がある. たとえば, 分子種の識別や機能に関する情報を得ることができる, 近接場ラマン分光[10]は, ナノメートル領域の材料評価技術として今後非常に期待される[8]. しかし現時点では, 励起効率と検出感度が問題となっており, 増強剤として金属の微粒子や微小突起が用いられている. これは局在プラズモンによる近接場光の増強効果によるとする説が有力である. したがって, プラズモン共鳴型プローブの近接場光の増強効果により, ラマン散乱の分光感度が飛躍的に上昇すると予想される. また, 微粒子のラマン散乱の増強効果は被観察物との化学的な作用によるとする説もあり, この場合, 微粒子の特定位置で効果が現れると考えられている. プローブは被観察物に対して自由に位置を変えられるので, いずれの説に対してもその有効性は保証される. さらに, 図 3.65 に示されるプローブは導電性であるた

め，走査型トンネル顕微鏡との組合せが可能であり，原子レベルで表面構造を観察しながら分光を行える． (芦野 慎)

文 献

1) H. Raether: surface plasmons on smooth and rough surfaces and on gratings. Springer Tract in Modern Physics, Vol. 111 (Springer-Verlag, 1988).
2) 笠井献一：蛋白質・核酸・酵素, **37**-15 (1992), 2977-2984；三林浩二：技術と経済, No. 390 (1999), 15-24.
3) A. Wakaun et al.: *Phys. Rev. Lett.*, **48**-14 (1982), 957-960.
4) G. T. Boyd et al.: *Phys. Rev.*, **B30**-2 (1984), 519-526 ; J. Gersten and A. Nitzan: *J. Chem. Phys.*, **75**-3 (1981), 1139-1150.
5) J. Wessel: *J. Opt. Soc. Amer.*, **2**-9 (1985), 1538-1540.
6) U. Uh. Fisher and D. W. Pohl: *Phys. Rev. Lett.*, **62**-4 (1989), 458-461.
7) L. Novotny et al.: *Ultramicroscopy*, **61** (1995), 1-9.
8) M. Ashino and M. Ohtsu: *Appl. Phys. Lett.*, **72**-11 (1998), 1299-1301；芦野 慎, 大津元一：応用物理, **67**-12 (1998), 1404-1405.
9) T. Pangaribuan et al.: *Jpn. J. Appl. Phys.*, **31** (1992), L1302.
10) C. J. Jahncke et al.: *Appl. Phys. Lett.*, **67**-17 (1995), 2483-2485.

e. 発光型： ここで扱う発光型プローブとは，蛍光物質を近接場光学顕微鏡の光ファイバプローブ先端に固定化し，蛍光分光法の機能を備えたプローブである．蛍光分光法は，過去15年間に，生物科学で急速に発展した[1]．たとえば，環境モニタ，免疫測定，DNAシークエンス，遺伝子分析，セルソータなどの解析において，蛍光分光法は重要な地位を占めた．その理由は，蛍光分光法が，高感度な測定法であることや，放射性同位体を扱うような困難がないことにある．このように急速に発展している蛍光分光法と近接場光学顕微鏡プローブ作製技術を組み合わせて，新しいデバイス開発を目指している分野がある．その新しい分野は，ナノオプトードと呼ばれている．

オプトードは光学型化学センサのことであり，エレクトードと呼ばれる電極型化学センサの対比語として，1975年に提案された造語である[2]．化学センサの微小化は，エレクトードにおいて研究が大いに発展し，微小電極という分野が確立している[3]．しかしながら，今以上の微小化においては，エレクトードより，オプトードの方が優れているといわれている．第1に，端子の数において，エレクトードが2つに対して，オプトードが1つであること，第2に，オプトードは，レーザ分光法や光子計測法などの高感度な測定法が使えること，第3に，オプトードは，静電気や電磁気的なノイズに強いことである．このような利点があることから，微小電極に代わる超微小の化学センサとして，ナノオプトードが注目されている．

また最近，ナノオプトードの研究を推進する大きな動機として，ヒトゲノム配列の概要が解読されたことがある．ゲノム配列が解明された後のポストゲノム研究の1つは，ゲノムの機能と発現を解明することである．ナノオプトードを生きた細胞内の化学センシングするツールとして，ポストゲノム研究用途に想定された研究も始まって

いる[4]）．

　本項では，発光型プローブを，点光源用プローブと化学センサ用プローブに分けて記述する．これは，発光型プローブが，単なる点光源用プローブの研究から出発し，実用的な化学センシング機能をもつナノオプトードの研究へ発展する経緯による．発光型プローブの研究は，アメリカのミシガン(Michigan)大学Kopelmanのグループによる貢献が大きく，本項では，Kopelmanらの研究成果を中心に話を進める[4-19]．発光型プローブは，ナノオプトードの1つであり，それ以外に，表面プラズモン共鳴(SPR)を使ったナノオプトードの研究が進みつつある[20]．

　(1) 点光源用プローブ：　点光源用プローブは，光の波長以下の寸法で，蛍光物質を近接場光学顕微鏡プローブ先端へ固定化したプローブである．その開発は，近接場光と蛍光物質の相互作用を研究する目的のために行われた．その狙いの1つは，光と物質の共鳴効果を使い，近接場光学顕微鏡プローブのスループット(伝搬効率)を向上することにあった．固定化した物質は，蛍光物質に限らず，半導体材料なども行われた．この研究により，蛍光物質を超微小寸法で固定化する技術的な側面において，大きな進歩があった．つまり，点光源用プローブの研究により，蛍光物質を，近接場光学顕微鏡プローブ先端へ，ナノメートル寸法にまで微小に固定化することが可能となった．この固定化技術は，化学センサの超微小化を推進する基礎的な技術となる．

　ここでは，図3.67に示すような，マイクロピペットプローブと光ファイバプローブの点光源用プローブについて紹介する．マイクロピペットプローブは，近接場光学顕微鏡で初期段階に使われたプローブである．しかし，現在は，ほとんど使われてない．現在，主に使われているのは，光ファイバプローブである．

　(i) マイクロピペットプローブの固定化法：　近接場光学顕微鏡の研究開発の初期段階において，近接場光を検出するプローブとして，金属コーティングが施されたマイクロピペットのプローブが使用された．これは，微小電極の作製技術を利用している．このプローブの場合，中空であるために，プローブ先端に蛍光物質などの材料を固定化することは容易である．具体的には，固定化する材料を揮発性の液体に溶かし，その溶液を毛管現象を利用して，プローブ先端より少量だけ吸引する．その後，放置すれば，揮発性液体は蒸発し，固定化したい材料だけがプローブ先端に残る(図3.67(a))．

　このような固定化の原理に基づいて，揮発性液体としてベンゼンを使い，分子性結晶のアントラセンを固定化して，マイクロピペットプローブのスループットの向上を示した報告があ

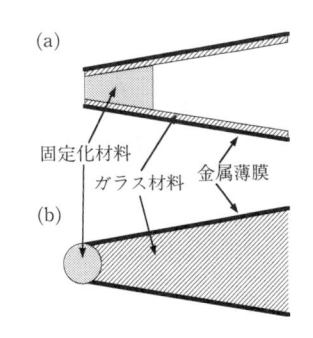

図3.67　点光源用プローブの模式図
(a) マイクロピペットプローブの場合，
(b) 光ファイバプローブの場合．

る[5-7]．分子性結晶のアントラセンは，紫外領域に励起子準位が存在し，その光物性は詳細に研究されている[21]．常温において，紫外光により共鳴励起された励起子は，フォノン緩和などにより，可視領域に発光する．60 nm 寸法のマイクロピペットプローブにおいては，アントラセンを固定化したことにより，1.5 倍のスループット向上が観測された．また，500 nm 寸法では，3 倍のスループット向上が観測されている．しかし，固定化法の再現性が低いことや，アントラセンに光退色の問題があるから，現在のところ，スループット向上の実用的な方法となっていない．

マイクロピペットプローブは，近接場光学顕微鏡においては過去のプローブとなった感じがあるが，電極やキャピラリー効果などを合わせて使うことを考えると，まだまだ，おもしろいテーマが残されていると考えられる．

(ii) 光ファイバプローブの固定化法： 現在，近接場光学顕微鏡の主流のプローブは，光ファイバプローブである．その理由は，光を空間的に自由に導くことができること，また，光ファイバ先端の先鋭化技術が飛躍的に進歩したことによる．この光ファイバプローブへの固定化法は，主に 2 つ知られており，光重合法とマイクロピペット法がある．これらの固定化法により，図 3.67 (b) のような形状の点光源用プローブが作製できる．

光重合法は，光によって低分子化合物が重合体をつくる反応を利用して，プローブ先端に固定化する方法である (図 3.68 (a))．プローブ先端の微小開口よりしみ出す光は，局所的に存在する近接場光であるため，光重合はプローブ先端の微小領域しか進行しない．固定化寸法の原理的な制限はないが，現在まで，100 nm 寸法の固定化が可能となっている．光重合法は，微小領域の固定化法としては大変優れた方法である

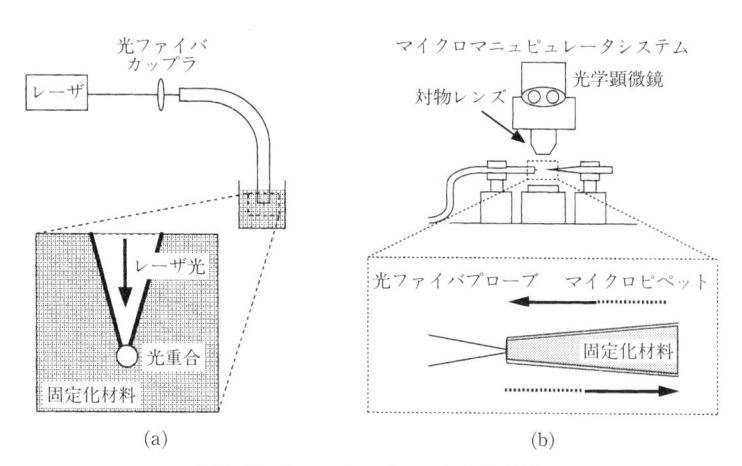

図 3.68 光ファイバプローブの固定化法
(a) 光重合法：レーザ光を光ファイバに導入し，プローブ先端の微小開口からしみ出す光で光重合を起こす．(b) マイクロピペット法：マイクロマニュピュレータを使い，光学顕微鏡下で観察しながら，マイクロピペットで材料を固定化する．

が，固定化材料が光重合の材料に限られる．

マイクロピペット法は，固定化材料をマイクロピペットを使って，プローブ先端に固定化する方法である (図 3.68 (b))．固定化材料をマイクロピペット中に注入し，光学顕微鏡下でマイクロマニュピュレータにより操作をしながら，固定化材料をプローブ先端へ吸着させる．マイクロピペット法では，最小 300 nm 寸法の固定化が可能となっている[22]．また，マイクロピペットの寸法を選択することにより，1 μm 寸法精度で，10 μm 以上の範囲まで，固定化寸法を制御することができる．固定化材料としては，光ファイバに吸着性が高い材料が適している．

(2) 化学センサ用プローブ： 超分子化学[23]は，非共有結合力による分子間結合の制御を目的とする分野で，分子の社会学にたとえられる．超分子化学は，分子認識を扱い，その応用の1つが化学センシングである．

蛍光分光法による化学センシングは，概念的に2つの段階に分けられる．第1の段階は，分子認識であり，第2の段階は，信号変換である．第1段階の分子認識とは，特定の化学種を選択的または特異的に分子レベルで認識することである．第2段階の信号変換とは，第1段階の分子認識を光信号に変換して，測定装置で検出できる信号に変換することである．第2段階には，光信号検出のデバイス化も含まれる．近接場光学顕微鏡プローブ作製技術を利用した化学センサの微小化では，このデバイス化が中心的な話題となる．

以下では，イオンを選択的に化学センシングする発光型光ファイバプローブを紹介する．センシング材料の固定法が，化学センシング用プローブの作製に大きな制限を与えるため，固定化法により分類をして記述する．プローブの寸法は，光の波長よりも短い光近接場の領域には，必ずしもない．これは，化学センシング用プローブが，現在もなお，発展中であることを意味する．また，化学センシング用プローブにおいて，光の波長はあまり重要な寸法ではなく，表面効果やブラウン運動が顕著になる寸法 (10 μm 以下) の方が重要となることを指摘しておく．

（i）光重合法による化学センシング用プローブ： 光重合による固定化法で成功している膜の1つは，アクリルアミド ($CH_2=CHCONH_2$) と架橋剤 N, N-メチレンビスアクリルアミド (($CH_2=CHCONH)_2CH_2$) のコポリマである．重合は，ラジカル重合であり，光重合開始剤よりラジカルが発生し，連鎖重合が開始する．

このコポリマは，ゲル電気泳動できわめて頻繁に使われるゲルの1つ，ポリアクリルアミドゲルの主成分である．ポリアクリルアミドゲルは，タンパク質や核酸を分離分析するのに利用されている．このことは，化学センシング材料を保持するのに適した膜であることを示している．

センシング分子のコポリマへの固定化には，ビニル基 ($CH_2=CH-$) による共有結合法と，コポリマ自身で物理的にセンシング分子を囲い込む包括法がある．一般的に，センシング分子の溶出は，微小化に伴って大きくなる．溶出の問題において，共有結合法は包括法より優れている．

センシング分子として,フルオレセイン誘導体[8-10],カルシウムグリーン誘導体[11],ルテニウム錯体[12,13],シトクロム c′[14] などが適用されている.フルオレセイン誘導体は pH 感応性の蛍光色素であり,カルシウムグリーン誘導体は Ca^{2+} 濃度感応性の蛍光色素である.これらは,ともに共有結合法により固定化する.一方,ルテニウム錯体,シトクロム c′ は,包括法により固定化する.ルテニウム錯体は溶存酸素感応性の発光を示し[12],グルコースオキシダーゼと一緒にして酵素センサとなる[13].シトクロム c′ は,NO 感応性である[14].共有結合法の場合,ビニル基をもつセンシング分子は市販されていることが少ないので,有機合成をする必要がある.有機合成は,ある程度の設備や経験が必要となるため,門外漢には事実上,不可能である.

光重合法は,化学センシング用プローブの先駆的な研究において成功した方法である.これらの研究[8-14]は,ミシガン大学 Kopelman のグループによるものである.しかし,光重合法は,汎用性に欠ける欠点がある.化学センシング機能をもつ蛍光分子は多数知られているが,ビニル基をもつセンシング分子はほとんど市販されていない.

(ⅱ)マイクロピペット法による化学センシング用プローブの作製: マイクロピペット法による固定化法で成功している膜の1つは,液膜である[24-26].単にディップコーティング法を適用しても作製できる[15-18]が,マイクロメートル寸法の制御は難しい.液膜の代表は,可塑化ポリ塩化ビニル(PVC)膜である.液膜は,1960 年代中ごろから始まる液膜型イオン選択性電極(ISE)[27]の高分子膜材料として広く使われている.

可塑化 PVC 膜は,油の可塑剤をポリマの PVC が保持をしている液膜であり,しはしば,スポンジが水を保持している様子にたとえられる.ISE は,この液膜にイオン選択性分子と混合したものを電極膜として使い,目的イオンの濃度(より正確には,活量)に対応した電位差が電極膜と溶液との界面に発生することを利用する.電極膜中のイオン選択性分子は,液膜中でイオンを輸送することから,キャリアと呼ばれ,特に中性分子のものをニュートラルキャリアと呼ぶ.天然物のニュートラルキャリアとして,K^+ にバリノマイシン,NH_4^+ にノナクチンが知られている.人工物のニュートラルキャリアとして特に有名なのが,クラウンエーテルである.

クラウンエーテルは,超分子化学の分野を創設する契機となった分子である.王冠(crown)に似た分子構造をエーテル結合により形成していることから,クラウンエーテルの名前がつけられた.イオンを包接したクラウンエーテルからは,国王が王冠をつけた姿を容易に想像できる.クラウンエーテルは,Pedersen が 1967 年に副生成物として偶然発見し,1987 年ノーベル化学賞が与えられている.クラウンエーテルの発見を契機にキャリアの有機合成が始まり,今では,Li^+,Na^+,K^+,NH_4^+,Mg^{2+},Ca^{2+},Zn^{2+},Ag^+,Hg^+,Pb^{2+},Al^{3+} などに対するイオン選択性分子がすでに市販されている.

液膜は,1990 年ごろに,ISE からイオン選択性オプトード(ISO)へ用途が広がる.

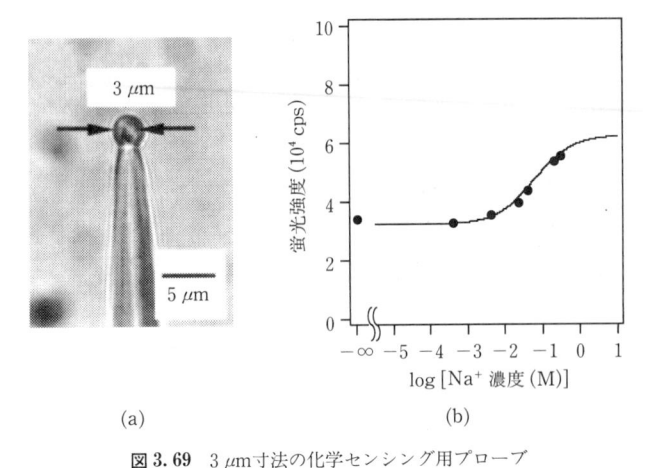

図 3.69 3 μm寸法の化学センシング用プローブ
(a) 光学顕微鏡写真, (b) Na^+ に対する光学応答. 実線は, フィッティング曲線.

この ISO が, 化学センシング用プローブの作製において成功したものである. ISO は, 1990 年ごろ, ISE 技術の延長線上に鈴木ら[28]やスイス ETH の Simon ら[29]が提案した光学検出用イオン選択性液膜である. その膜の成分は, イオン選択性分子のニュートラルキャリア (S) を含む ISE 用液膜に, pH 感応型色素 (AH) を混合したものである. ISO は, イオン共同抽出/イオン対交換の原理に基づいて機能し, イオン濃度に対して吸光/蛍光の光学応答を示す. 具体的には,

$$S_o + i^+_w + AH_o \longleftrightarrow SiA_o + H^+_w$$

の関係として与えられる. ここで, 添字の o と w は, それぞれ, 油相と水相に存在していることを意味し, i^+ は目的イオン, H^+ は水素イオンを示している. ISO を使う最大の利点は, ISE の技術資産を受け継いでいることである. そのため, イオン選択性分子を有機合成する必要がなく, 市販のものを使うことができる.

図 3.69(a) の写真は, 3 μm 寸法の Na^+ 選択性をもつ化学センシング用プローブである. 図 3.69(b) に示すように, 蛍光強度は Na^+ 濃度に応じて増加する. しかし, 1 μm 寸法以下の化学センシング用プローブを実現するには, ニュートラルキャリアなどの溶出の問題を解決する必要がある. 作製方法や実験条件などの詳細は, 文献 24)〜26) に譲る. ぜひ, 参照していただきたい.

以上, 発光型プローブについて, 点光源用プローブと化学センシング用プローブの 2 つを紹介した. 発光型プローブ作製において, 材料の固定化法が非常に重要である. 光ファイバプローブの固定化法として, 光重合法とマイクロピペット法を紹介した. その実用的な応用として, イオンセンシングの化学センサ用プローブの例を示した.

(栗原一嘉)

文　献

1) J. R. Lakowicz : Principle of Fluorescence Spectroscopy (Kluwer Academic/Plenum Publishers, 1999).
2) 鈴木孝治，久本秀明：ぶんせき, No. 2 (1995), 112-119.
3) 青木幸一ほか：微小電極を用いる電気化学測定法 (電子情報通信学会, 1998).
4) W. Tan et al. : Anal. Chem., **71** (1999), 606A-612A.
5) K. Lieberman et al. : Science, **247** (1990), 59-61.
6) R. Kopelman et al. : J. Lumin., **45** (1990), 298-299.
7) R. Kopelman et al. : J. Lumin., **48-49** (1991), 871-875.
8) W. Tan et al. : Science, **258** (1992), 778-781.
9) W. Tan et al. : Anal. Chem., **64** (1992), 2985-2990.
10) A. Song et al. : Anal. Chem., **69** (1997), 863-867.
11) M. Shortreed et al. : Anal. Chem., **68** (1996), 1414-1418.
12) Z. Rosenzweig and R. Kopelman : Anal. Chem., **67** (1995), 2650-2654.
13) Z. Rosenzweig and R. Kopelman : Anal. Chem., **68** (1996), 1408-1413.
14) S. L. R. Baker et al. : Anal. Chem., **70** (1998), 971-976.
15) M. Shortreed et al. : Anal. Chem., **68** (1996), 4015-4019.
16) M. Shortreed et al. : Anal. Chem., **68** (1996), 2656-2662.
17) M. R. Shortreed et al. : Sens. Actuators, **B35**-36 (1996), 217-221.
18) S. L. R. Barker et al. : Anal. Chem., **70** (1998), 100-104.
19) J. Cordek et al. : Anal. Chem., **71** (1999), 1529-1533.
20) K. Kurihara et al. : Europt(r)ode V (2000), 55-56.
21) K. S. Song and R. T. Williams : Self-Trapped Excitons (Springer-Verlag, 1993), 300-318.
22) K. Kurihara : M. Ohtsu (ed.), Near-Field Nano/Atom Optics and Technology (Springer-Verlag, 1998), 89-100.
23) J. M. レーン (竹内敬人訳)：超分子化学，化学同人 (1997).
24) K. Kurihara et al. : Anal. Chem., **71** (1999), 3558-3566.
25) K. Kurihara et al. : Anal. Chem. Acta, **426** (2001), 11-18.
26) 栗原一嘉ほか：分析化学, **49** (2000), 961-967.
27) J. W. Ross : Science, **156** (1967), 1378-1879.
28) K. Suzuki et al. : Anal. Chem., **61** (1989), 382-384.
29) W. E. Molf et al. : Anal. Chem., **62** (1990), 738-742.

f. 平面型(アレイ，集積)：　回折限界をこえる高い空間分解能を有する近接場光は，計測・加工などさまざまな分野に応用されている[1-3]．この近接場を発生させるプローブは，高い分解能を得るために，先鋭化されたものが一般的に用いられている．測定の際には，このプローブ先端と測定対象物間の距離を 10 nm 程度に保ちながら，プローブをピエゾ素子にマウントし，その先端と対象物表面との間に生じるせん断応力を検出する帰還機構を採用している．このため，走査面積は数十 μm 角に制限され，また帰還機構の機械的共振周波数も数十 kHz 程度なので，プローブの走査速度は数十 μm/s が限度である．

そこで，プローブ先端形状を平面型とし，これを磁気ハードディスクに用いられているスライダに実装することで，走査速度の向上を図る方式が提案されている．さら

には，信号の処理速度を一層向上させるため，プローブをアレイ状に配置したプローブも提案されている．ここでは，これらについて概説する．

(1) 平面型プローブアレイヘッド： 図 3.70 に平面型プローブアレイの概念図と実際のプローブの電子顕微鏡像を示す．このプローブは，半導体プロセス技術を用いてシリコン基板上に作製することができる．開口列を作製するにはシリコン基板の異方性エッチングによる．この際，開口の大きさはシリコン厚に依存するため，開口径を均一にするために，シリコン酸化膜層が埋め込まれた SOI (silicon on insulator) 基板が利用されている．これにより，1 辺の長さが 60 nm の正方形形状の開口が形成されている．

アレイにした際に，プローブ間隔は基板の厚みに制限されてしまうため，最小でも 5 μm 程度離れてしまうが，この場合でも図 3.71 (a) に示すように，開口列を情報列

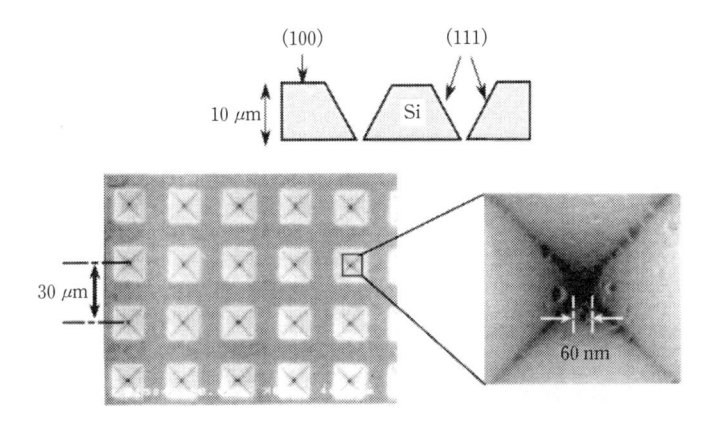

図 3.70 シリコン平面型プローブアレイ

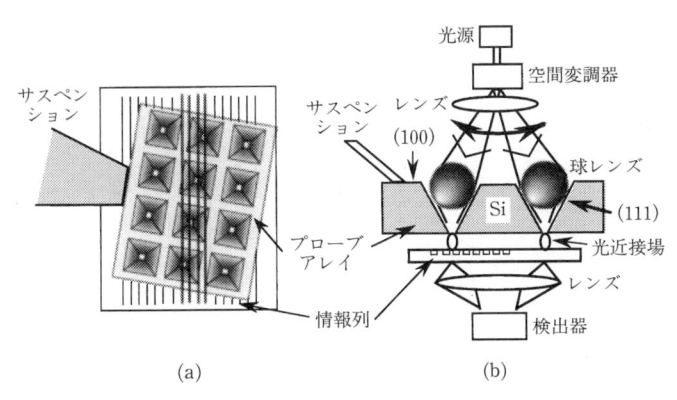

図 3.71 シリコンプローブアレイによる測定方式
(a) プローブ走査方法，(b) 入射光源走査方法．

に対して傾けて走査することによって，近接した試料表面上の情報を読み出すことが可能である．また，各アレイへの光の供給は，単独光源を走査する（図3.71(b))．この方法の利点としては，

① レーザを照射する開口を切り替えることにより，時分割で開口からの情報を読むことが可能

② 入射光を高速走査することにより，各開口の平均パワーを小さくできる．これにより，ヘッドの熱損傷が回避できるので，入射光強度を増大することが可能となる

③ 複数の開口が同時に光ることがないので，互いの干渉が少ない．これにより信号対雑音比の向上が期待できる

などが考えられる．

このように，プローブを走査した場合においても，各プローブに球レンズを挿入することにより（図3.72)，開口部に自動的に集光することが可能である．また，これにより近接場発生効率の向上も達成される．

さらに，本プローブの改良型であるスリット型プローブの概念図を図3.73に示す．本プローブの特徴は，

① スリット形状であることによる高効率化．スリットに対して垂直入射光が遮断されることがないので，高効率化が期待される

② 高精度なプローブ間位置の制御が可能である．プローブをアレイ状に作製する際，プローブ間の相対位置を高精度に配列することで，各プローブによる検出感度のばらつきを低減させることが可能である．しかし，これらのプローブを作製する場合，電子ビーム露光装置を使用したとしても，数十nmの位置や大きさのばらつきが生じてしまう．これに対して，スリット型プローブアレイの場合，スリット部にプローブ列を作製するが，このスリットはシリコンの(111)面によって決定されるため，各プローブは，この(111)面上に配列することになるので，オング

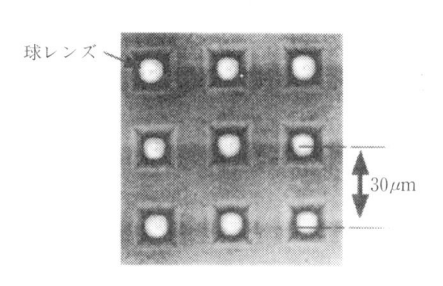

図3.72 球レンズを挿入したシリコン平面型プローブアレイ

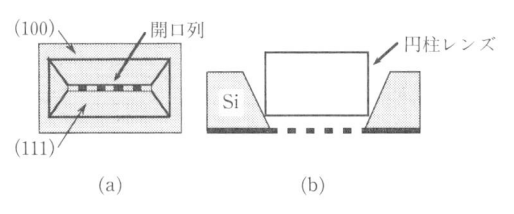

図3.73 スリット型プローブアレイ
(a) 上方図, (b) 側面図．

ストローム(Å)単位で直線上に配列が可能である
などがあげられる.
 (2) 集積型: 平面型プローブとして,近接場を発生させる開口と光源を集積化したプローブも提案されている.
 Gotoらは,面発光レーザ(vertical cavity surface emitting laser : VCSEL)アレイ端面に金属コーティングを施し,そこに開けた微小開口から近接場を発生させる金属微小開口面発光レーザを提案した[4].
 また,Partoviらは端面出射型半導体レーザの端面を同様に金属コートし,この端面を収束イオンビームによって作製した微小開口から近接場光を生成するVSAL(very small aperture laser)を報告している[5]. これを光記録に応用し,250 nmマークの書込み・読出しを実現している.
 これらの集積型プローブは,プローブへの光導入の位置制御が不要であるという点が大きな特徴である.　　　　　　　　　　　　　　(八井　崇・興梠元伸・大津元一)

文　　献

1) M. Ohtsu (ed.) : Near-Field Nano/Atom Optics and Technology (Springer-Verlag, 1998), Chap. 4.
2) M. Ohtsu and K. Hori (eds.) : Near-Field Nano Optics (Kluwer Academic/Plenum Publishers, 1999), Chap. 4.
3) M. Ohtsu et al. : Proc. IEEE, **88**-9 (2000), 1499-1518.
4) K. Goto : Jpn. J. Appl. Phys., **37** (Part 1)-4B (1998), 2272-2278.
5) A. Partovi et al. : Appl. Phys. Lett., **75**-11 (1999), 1515-1517.

g. 関連する光検出素子(固浸レンズ:SIL):
 (1) SILのアイディア: 本来の近接場光学系とは異なるが,大気中での回折限界をこえる分解能を得る手段として,近接場光学系と同様の分野のものとして扱われている光学系にソリッドイマージョンレンズ(solid immersion lens, SIL:固浸レンズ)がある[1]. これは,媒体中において光の波長がその屈折率に反比例して短縮されることを利用して高分解能を得る方法である.
 光学顕微鏡の空間分解能は,光の回折効果によって限定される. その分解能は識別できる2点間の最小距離 r_0 で定義され,次式で表される.

$$r_0 = 0.61 \times \lambda/(n \cdot \sin\theta) \tag{3.28}$$

ここに,λ は使用光源の真空中の波長,n は物体側の屈折率,2θ は物体が対物レンズに対して張る角である. 積 $n \cdot \sin\theta$ は集光性能を表す指標であり,実効開口数 NA_{eff} と称される. 式(3.28)からわかるようにこの積を増大することにより,分解能を上げることが可能となる. 顕微鏡においては油浸(oil immersion)と称される,対物レンズと試料との間を屈折率の高い油で浸す(immerse)ことにより,物体側の屈折率 n を増大して分解能を上げる手段が用いられてきた. 実際には屈折率1.7程度の油が使用され,実効開口数 $NA_{eff} = 1.4$ が得られている. しかし,この方法は,

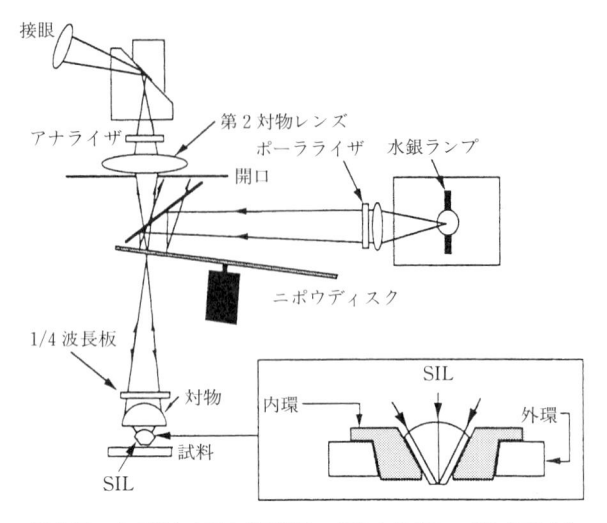

図 3.74 実時間走査型光学顕微鏡に SIL を搭載した SIL 顕微鏡[1]

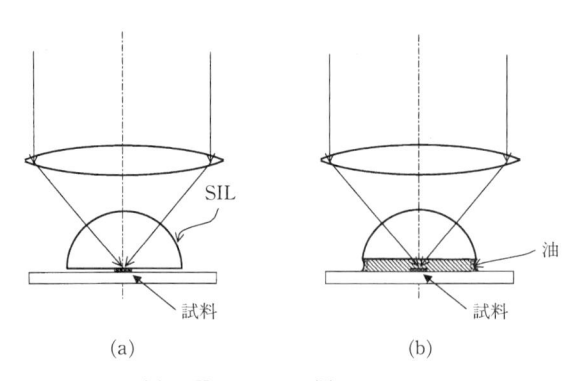

図 3.75 (a) SIL の原理図, (b) 油浸レンズの原理図

試料を油に浸さねばならないため作業性が悪いことや試料を汚すなどから, 特殊な用途に限られてきた.

この油浸顕微鏡の使いにくさを解決する手段として, Kino らによって, 半球形 SIL を用いた顕微鏡 (図 3.74) が発明された[1].

(2) SIL の原理: SIL は, 図 3.75 (a), (b) に示すように, 液浸顕微鏡の油の部分をガラスに置き換えたものと位置づけられる. 当初の SIL は半球形の入射面を有しており, 図 3.75 (a) に示すように対物レンズからの収束光に対して SIL の入射面が直交するように配置されており, 入射光は SIL の底面の中心に集光される. 試料はその中心直下に近接して配置されて観測される. 対物レンズからの収束光は SIL

入射面で屈折されることなく集光されるので球面収差は発生せず，波長のみ短縮されるため，式(3.28)に従って分解能を屈折率 n 倍だけ上げることが可能となる．開口数 $\sin\theta$ は 1 までの値をとりうるが，実際には SIL と対物レンズの配置の問題や収差により限られ，0.9 程度が限界となる．Kino らの顕微鏡の例では，対物レンズのNA を 0.8 とし，SIL として屈折率 $n=2.0$ のガラスを使用することにより，通常の共焦点顕微鏡の分解能(360 nm)に比べて 1/2 の分解能(180 nm)が得られている[1]．

SIL に入射した光は，底面である集光面において，全反射の臨界角以内の光は底面から伝搬光として出射され，底面から出射した後は等方的に急速に広がる．また，臨界角外の光は底面において全反射されるが，その全反射位置の大気側にエバネッセント光としてしみ出す．この光は大気中には伝搬せず指数関数的に減衰し，そのしみ出し距離は波長の程度となる．また，SIL と同程度の屈折率を有する透明媒体を，この集光位置に波長以下まで近づけると SIL に入射した光の大半はその媒体中に伝搬する．

SIL を用いた光学系の場合，SIL 底面から出射する光の大半が伝搬光であり，非伝搬の近接場光を用いた光学系とは原理的に異なるが，以下の理由から近接場光学系の中に含めて取り扱われている．すなわち，微小スポットを形成する上で臨界角以上の収束光により形成されるエバネッセント光が重要な役割を果たしていること，実効開口数 NA_{eff} を低下させないためには，SIL の近接場領域(100 nm 以下)まで試料を近づけなければならないことなどからである．

SIL 用の材料には，重フリントガラスなどの高屈折ガラスが通常使用されるが，ガラスの屈折率は 2 程度までであり，さらに高い屈折率を得るためには ZrS (n=2.16)や GaP ($n \cong 3.4$)[2] などの光学結晶も使用され，実効開口数 NA_{eff} は 2 程度が得られている．

(3) 超半球形 SIL: 球面レンズでは，球面収差を発生しないアプラナティック(不遊)点は，上記の球の中心点以外にもう 1 点存在する(図3.76)[3]．図 3.76 に示すように，この点 Q は球の屈折率と半径をそれぞれ，n, r とすると，球の中心から r/n だけ離れた点であり，この点 Q と入射光の光軸との交点 P とは，アプラナティックな共役点を形成し，点 Q においては，高次の近似下においても無収差となる．この原理は古くから油浸顕微鏡の分解能を上げる手段として用いられてきたが[4]，その油の部分を含めて全固体化したレンズが，光記録用の集光系として Mansfield らにより考案され，super-spherical SIL (S-SIL：超半球形 SIL) と称されている[5]．

この S-SIL においては，図 3.76 に示すように入射光は入射面で屈折して集光されるため，スネルの法則に基づいて開口数 NA は屈折率 n 倍に増大する．したがって，分解能 r_0 は次式のように大気中の集光の場合に対して n^2 倍となる．

$$r_0 = 0.61 \times \lambda/(n^2 \cdot \sin\theta) \tag{3.29}$$

ただし，S-SIL では屈折率 n と入射光の収束角 θ に相反的な関係があり，したがっ

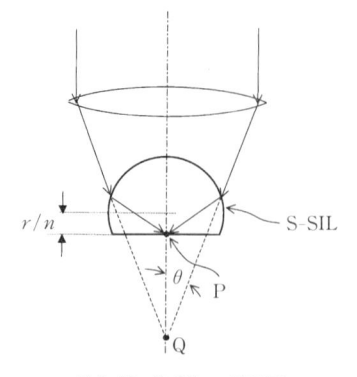

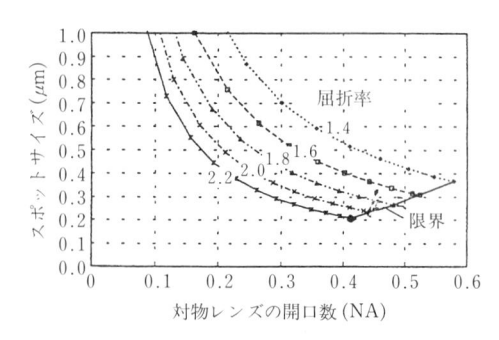

図 3.76　S-SIL の説明図　　　　図 3.77　S-SIL における開口数と屈折率の相反的関係[6]

て両者の積である実効開口数 $n\cdot\sin\theta$ には上限が生じる．すなわち，図 3.76 からわかるように Q 点から S-SIL の球面に引いた接線の外側の光線は S-SIL を通過しないため，その接線が θ の限界となる．この関係については，鈴木らが解析しており[6]，図 3.77 に示すように，両者の積 $n\cdot\sin\theta$ の限界は 0.9 程度である．したがって，S-SIL の分解能の限界値は，半球形 SIL の場合と変わらない．しかし，同じ分解能を得ようとする場合，使用する対物レンズの NA を半球形 SIL に比べて $1/n$ に下げられ，また，そのことから分解能を上記の限界値近くまで高めやすいことが利点である．

(4) 作製・調整誤差のマージン： SIL の加工精度が悪いと，付加的な収差が生じる．この SIL における加工精度の許容誤差については，Baba らにより詳しく解析されている[7]．半球形 SIL の加工誤差としては，主に図 3.78 に示す真球面からのずれ b，厚み誤差 d，試料とレンズ間の隙間 h の 3 つがある．最初の 2 つのパラメータについての許容範囲を，収差が 1/4 波長以内となる条件として見積もると，次式のように求められる．

$$|b|<\lambda/(4(n-1)), \quad |d|<[a\lambda/(2n(n-1))]^{1/2} \tag{3.30}$$

典型的な例として，波長 $\lambda=600$ nm，半径 $a=1$ mm，屈折率 $n=2$ とすると，真球度は $|b|<\lambda/4$ となり，市販のボールレンズの精度範囲であり，厚み誤差 $|d|$ もまた 12 μm となり，加工可能な範囲に収まる．

S-SIL の場合の許容誤差も，同様にして次式のように表される．

$$|b|<\lambda/(4(\sqrt{n^2-1})), \quad |d|<[\lambda/4n(\sqrt{(n^2-1)-n^2+1})] \tag{3.31}$$

真球度 $|b|$ は半球形 SIL の場合とほぼ同じであるが，厚み誤差 $|d|$ は 0.16 μm 以下となり加工限界をこえた厳しい条件となり，何らかの補正手段が必要となる．試料との間隔 h に対する SIL や S-SIL の実効開口 $\mathrm{NA}_{\mathrm{eff}}$ の依存性は，間隔 h を変えたときの点応答関数(PSF)の半値全幅 W から次式のように求められている(図 3.79)．

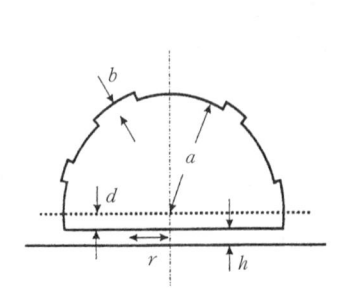

図 3.78 半球形 SIL の典型的な作製誤差すなわち非球面誤差 b,厚み誤差 d とエアギャップ h の説明図[7]

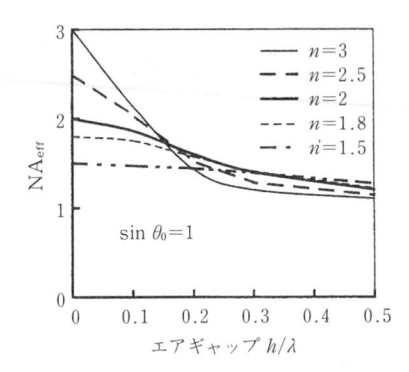

図 3.79 屈折率 n を変えたときのエアギャップ h/λ に対する実効開口数 NA_{eff} ($=0.51 \cdot \lambda/$ FWHM) の依存性 (FWHM は,$\sin\theta=1$ のときの PSF (点像分布関数) の半値全幅)[7]

$$NA_{eff} = 0.51 \cdot \lambda/W \tag{3.32}$$

図 3.79 からわかるように,実効開口数 NA_{eff} は試料との間隔が増大するにつれて減少し,その減少の仕方は屈折率 n の増加とともに急速となる.SIL と対物レンズとの位置ずれに対する許容度については,Birukawa らにより解析されており[8],半球形 SIL については,上下,左右とも数十ミクロンのずれが許容され,十分組立て精度の範囲内であるが,S-SIL については,左右については数十ミクロンのずれが許容される一方,上下方向には 2 μm 程度かそれ以下の値となり,高精度の組立て技術が必要とされている.

(5) SIL の変形: 屈折型の集光媒体としては,光学レンズのほかにホログラムレンズや分布屈折率型レンズなどがあり,それぞれを用いた固浸レンズが提案されている[9,10].これらの光学系の利点としては,対物レンズと SIL とを一体にでき,集光系の小型化が可能である,入射面が平面であり加工しやすいなどがあげられる.しかし,一方で色収差を有する,実効開口数が大きくとれないなどの欠点があり,また新たな設計やプロセス開発が伴うため,まだ実用化はされていない.

凹面ミラーを用いても当然,固体浸型の集光系が可能であり,固浸鏡 (solid immersion mirror : SIM) と称される集光系が提案されている.主な SIM としては,屈折反射型 (catadioptic : CO-SIM)[11],半放物面型 (hemi-palaboloid : HP-SIM)[12],平凸型 (plano-convex : PC-SIM)[13] などが提案されており,いずれも光ディスクの記録・再生用ヘッドの集光系として考案された.凹面ミラーには完全無収差面として回転放物面と回転楕円面があり,上記の SIM はそのどちらかを利用している.CO-SIM の場合は,図 3.80 (a) に示すように,凹面形入射面でその後焦点 F_1 から広がるように拡散され平面ミラーで折り返された後,集光面により光軸上に集光されるので,この集光面は回転楕円面系となる.また,HP-SIM (図 3.80 (b)) や PC-SIM に

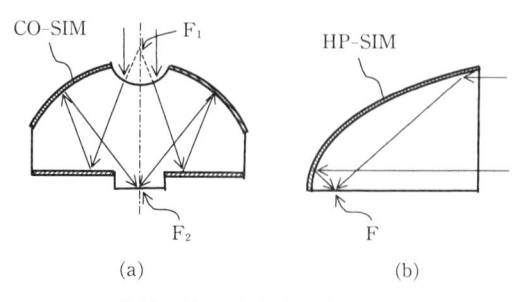

図 3.80 (a) CO-SIM, (b) HP-SIM

は，集光面は回転放物面が使用される．このように SIM の場合は，完全無収差面が使用できることと，対物レンズが不要なことが利点であるが，いずれも面精度に対する要求がレンズ型と比べて数倍～1 桁厳しくなる．

(6) SIL/SIM の応用： SIL の現在の主な用途は高分解能の顕微鏡であるが，ほかに光記録用の光ヘッドや 0.1 μm 以下の解像度のフォトリソグラフィーに使用する微小光源[14]などを目的として開発が進められている．

SIL は上記のように当初，油浸顕微鏡の対物レンズ部を固体化するものとして実用化され，2 倍以上の分解能が得られている．また，試料を油に浸す必要がないために，真空中や極低温などの条件下での高分解能の観測にも適した集光系である．

特に顕微蛍光計測は SIL の重要な応用の 1 つである．すなわち，SIL を用いると単に解像度を上げるだけでなく，蛍光の検出効率を上げることが可能となる[15]．これは誘電体の界面付近に位置する電気双極子からの放射が，近接領域の屈折率に依存し，その高い方の媒体に偏ることに起因する[16]．Koyama らの計算例では，SIL (屈折率 $n=1.845$) の表面から距離 $z=0$，0.11 μm の空気中にある色素分子 (向きは平均化) からの蛍光放射の場合，図 3.81 に示すように，大気側では放射強度が弱いが，SIL 側では臨界角付近に極大を有する円錐状となり，大気側の数倍の強度となる．図 3.82 は，この放射光を各種の開口数 NA を有する対物レンズで集光した場合の集光効率の距離 z に対する依存性を示す．この図からわかるように NA が 0.85 のとき，SIL 側では 59％の蛍光を集めることができ，大気側 (23％) の 2 倍以上となり，$z=0$，NA=1 のとき，最高値 89％に達する．

また蛍光計測では，真空中や極低温下での高分解能の観測が必要とされることが多く，そこにおいて SIL を用いた顕微蛍光測計が高分解能・高検出効率の観測手段として威力を発揮している．たとえば，極低温 (8 K) においてサブピコ秒のレーザパルスを照射して，半波長以下の高分解能でキャリアの拡散速度を測定した例がある[17]．また，低温から室温までの広い温度範囲における光励起キャリアの分布や拡散の様子[18]やエキシトンの 2 次元分布の様子[19]など観測されており，SIL の有効性が示されている．

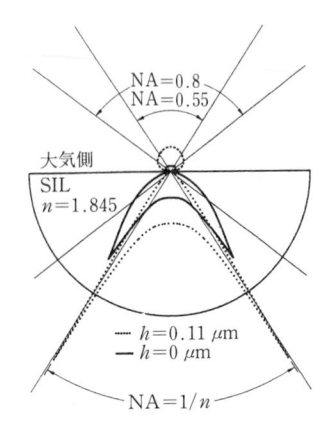

図 3.81 SIL の表面からの距離 $h=0$ （実線）と $0.11\,\mu\mathrm{m}$（点線）のときのランダムな方向に分析した染料分子からの放射分析（屈折率 $n=1.845$）[16]

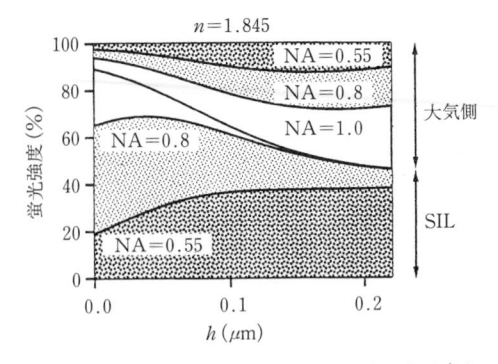

図 3.82 対物レンズの開口数を 0.55 から 1 まで変えたときの，SIL 側と空気側の集光効率のエアギャップ h に対する依存性[16]

SIL は全固体の集光系であり，従来光記録用集光系の 2 倍以上の実効開口数が得られることから，考案された当初から高密度の光記録に適する集光方式として検討されてきた．光記録においては，記録の高密度化のみならず，高転送レート，高速アクセスも必須の課題であり，この両者の課題を満たすためには，光ヘッドの軽量化と光ディスク上の浮上走行が重要となる．SIL や SIM の場合，出射面は平面であり浮上スライダとなじみがよく，また軽量化できることから，高密度光記録に適した集光系といえる．

記録膜の構成や，浮上高が再生信号に及ぼす影響についての報告はまだ少ない．大滝がベクトル回折理論を用いて行ったシミュレーションでは，浮上高 50 nm 以上では反射光の強度・コントラストとも急速に低下している（図 3.83）[20]．一方で記録膜間の多重反射の効果により，100 nm 以上までCN 比 (carrier noise ratio：キャリ

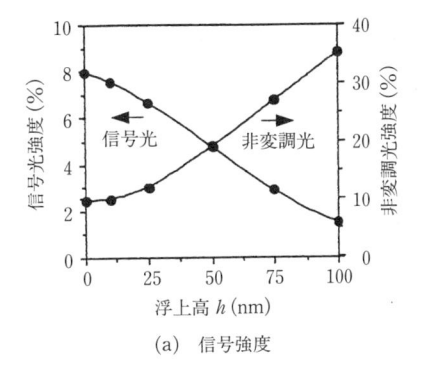

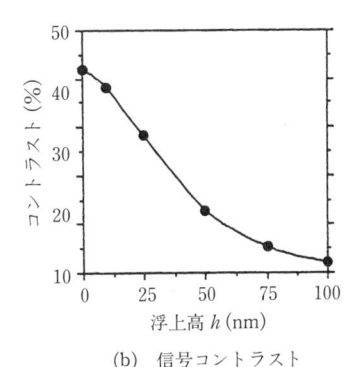

図 3.83 相変化ディスクからの信号強度 (a) とコントラスト (b) のエアギャップ（浮上量）h に対する依存性[20]

アノイズ比)があまり低下しないという実験結果もあり[21]，膜構成と浮上高の最適化が課題とされている．

SILを用いた光記録としては，最初TeraStor社が1997年にプラスチック基板を用いた容量20 GBの可換型光磁気ディスクの商品化計画を発表し，初めての近接場光記録の実用化として注目されたが[22]，浮上高と膜厚の最適化やSIL集光部近辺での発熱，SIL底面の汚れなどの問題が解決できず，2000年春に撤退している．その後，S-SILと光ディスクの間の静電容量を用いて浮上高を精密に制御する技術が開発され，安定した記録・再生がなされている[23]．最近では，S-SILを用いて青色レーザ光を相変化媒体に集光し，実効開口数1.5においてマーク長80 nm (記録密度60 G/(inch)^{2}相当)が達成されている[24]．浮上高50 nmにおいてCNR 45 dBが得られており，光ディスクの信号再生に必要な値をクリアしている．ディスク可換性が光ディスクの重要な特徴であり，この方式においてディスク可換にできるかが重要な課題となるが，青色レーザを用いた次世代DVDの次にくる記録方式として期待される方式である．

SIL光ヘッドの小型化に向けた技術としては，対物レンズに分布屈折率型レンズを使用したり[25]，Si基板に異方性エッチングを行って形成した微小開口部の下面にSILをはめ込み，上方に対物レンズを搭載するなどの方式が発表されている[26]．

SILの代わりにSIMを用いた近接場光記録用ヘッド開発もさかんになってきている．SIMの場合の開口数は，SIMの反射面からの収束角θによって決まる．そのため，実効開口数は$n \cdot \sin\theta$となり，S-SILのような屈折率nと収束角θに相反関係はなく，原理的には開口数$\sin\theta$は1までとりうる．また，入射光にはコリメート光が使用されており，集光のために対物レンズを必要とはしないなどが利点である．

CO-SIMを用いた光ヘッドでは，実効開口数NA_{eff}約1.5が達成されており，直径(1/e^2で評価) 0.4 μm以下の光スポットが形成されている[11]．このCO-SIMでは集光面での入射角が小さいので，入射光の傾きに対する許容度が7°と非常に大きいのが特徴である．ただし，この集光系では，図3.80 (a)からわかるように入射光の中心部はCO-SIM底面を透過して集光に寄与しないので，いわゆる超解像集光となり，サイドローブが発生する．このサイドローブは再生時の信号にジッタを生じる原因となるので注意が必要である．

HP-SIM (図3.80 (b))の集光面では，入射光を集光するとともにほぼ90°方向に折り曲げる働きがあるので，光ディスク面に平行に入射したレーザ光をHP-SIMのみで光ディスク面に集光できる．このため，対物レンズだけでなく折返しミラーも不要にできることから，ヘッドの高さは磁気ヘッドなみの高さまで縮小することができる．しかし，高度の非球面に対して軸外しで入射させるため，面精度の要求が厳しいのと入射角の許容度が0.1°以下と低いのが欠点である[12]．

SIL/SIM系の集光系を光記録に使用する場合，実効開口数NA_{eff}は2程度が限界であり，それ以上にすることは，価格や制御性の点で効果的ではない．さらに光ス

ポットの微小化を図るには開口や表面プラズモン励起用の金属散乱体などを用いた近接場光の形成が必須となる．SIL/SIM系の集光系は最も効率よく微小光スポットを形成できる方式であり，これらの開口や金属散乱体を照射する光学系としても好適である[27]．この分野の研究はまだ緒についたばかりであり，今後の注力が期待される分野である． (上柳喜一)

文　献

1) M. Mansfield and G. S. Kino : *Appl. Phys. Lett.*, **57** (1990), 2615-2616.
2) Q. Wu et al. : *Appl. Phys. Lett.*, **75** (1999), 4064-4066.
3) 久保田　広：光学 (岩波書店，1964), 85-87.
4) M. Born and E. Wolf : Principle of Optics (Pergamon, 1980), 253-254.
5) B. D. Terris et al. : *Appl. Phys. Lett.*, **65** (1994), 388-390.
6) T. Suzuki et al. : *Manuscript for Asia-Pasific Data Storage Conf. 1997*, **UMOH-1**, (1997).
7) M. Baba　et　al. : *J. Appl. Phys.*, **85** (1999)，6923-6925；吉田正裕ほか：日本物理学会誌, **55** (2000), 772-778.
8) M. Birukawa et al. : *Proc. Int. Symp. Optical Memory '97*, **Th-Q-20** (1997), 232-233.
9) 波多腰玄一，山本雅裕：特開平 10-92002.
10) 三橋慶喜：*Microoptics News*, **16** (1998), 17-24.
11) C. W. Lee et al. : *Tech. Dig. Optical Data Storage '98*, **WA4** (1998), 137-139.
12) K. Ueyanagi and T. Tomono : *Tech. Dig. Optical Data Storage '99*, **ThC5** (1998), 364-366.
13) H. Hatano et al. : *Tech. Dig. MORIS/APDSC 2000*, **WeK-10** (2000), 20-21.
14) L. P. Ghislain and V. B. Elings : *Appl. Phys. Lett.*, **74** (1999), 501-503.
15) K. Koyama et al. : *Appl. Phys. Lett.*, **75** (1999), 1667-1669.
16) E. H. Hellen and D. Axelrod : *J. Opt. Soc. Amer.*, **B4** (1987), 337-350.
17) M. Vollmer et al. : *Appl. Phys. Lett.*, **74** (1999), 1791-1793.
18) M. Yoshita et al. : *Appl. Phys. Lett.*, **73** (1998), 2965-2967.
19) Q. Wu and R. D. Grober : *Phys. Rev. Lett.*, **83** (1999), 2652-2655.
20) 大滝　桂：信学技術, **CPM98-110** (1998), 31-36.
21) H. Kawano et al. : *Tech. Dig. MORIS/APDSC 2000*, **ThM-4** (2000), 188-189.
22) 原田　衛：日経エレクトロニクス, **699** (1997), 13-14.
23) K. Kishima et al. : *Tech. Dig. Optical Data Storage '99*, **ThC2** (1998), 353-354.
24) I. Ichimura et al. : *Tech. Dig. Int. Symp. Optical Memory 2000*, **Fr-M-01** (2000), 208-209.
25) S. Kittaka and Y. Sasaki : *Tech. Dig. Int. Symp. Optical Memory 2000*, **Fr-J-15** (2000), 136-137.
26) T. Irita et al. : *Tech. Dig. Int. Symp. Optical Memory '98*, **Th-O-03** (1998), 152-153.
27) T. Milster et al. : *Tech. Dig. Int. Symp. Optical Memory 2000*, **Fr-K-02** (2000), 186-187.

3.1.3　プローブの位置制御の原理と効果

a．制御モードと画像：　近接場光学顕微鏡で画像を得るためには，プローブと試料の間の距離を近接場領域に保ちながら2次元の走査を行う必要がある．この点は，レンズによる結像光学系とは大きく異なる．近接場光の相互作用の状態はプローブと試料の位置関係によって変化するため，プローブの走査法によって得られる画像は異なってくる．このことは，近接場光学顕微鏡を扱う上で注意すべき点である．本項で

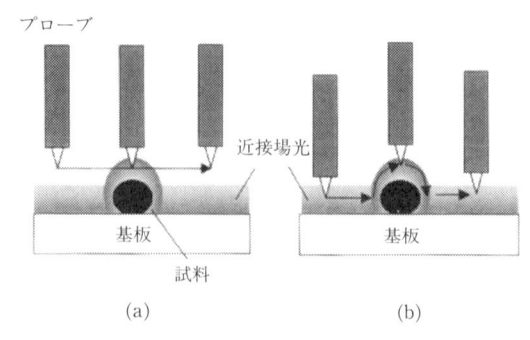

図 3.84 (a) 高さ一定モードと (b) 距離一定モードの原理
選択したモードによって，異なる信号が得られる．

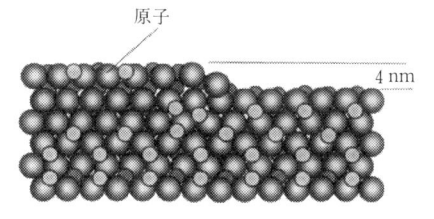

図 3.85 サファイア基板の構造
図のように，用いたサファイア基板には原子レベルの段差が存在している．

は，プローブの走査法として，高さ一定モード (constant-hight mode) と，距離一定モード (constant-distance mode) について説明を行い，それぞれの特徴について比較する．

(1) 各モードの動作： 図 3.84 に高さ一定モードと距離一定モードの概念図を示す．高さ一定モードは，試料のある 1 点でプローブと試料の高さを決めた後，その高さを変えずに走査を行う方法である．これに対し，距離一定モードは，プローブと試料の間の距離を常に一定に保ちつつ走査を行う方法である．どちらのモードにおいても，何らかの手段で試料とプローブとの距離を制御することが必要である．このような手段として，せん断応力や光帰還法などがあげられる．距離制御の技術については後述する．

(2) 距離一定モードの特徴とその画像： 距離一定モードの最も大きな特徴は，試料の正確な形状と近接場光の特性が同時に観測できるという点である．近接場光の強度分布は，試料の形状と必ずしも一致しないため，光強度の信号のみから試料の形状を決定することはできない．たとえば鋭いエッジ構造の近傍で近接場光の強度変化は特に強くなる傾向があるため，光のみで観測するとエッジ部分に線状の物体が存在するようにみえてしまう．また，蛍光や発光，あるいは光の透過率などが測定面内で分布をもつ場合，光信号のみから形状を予測することは全く不可能といってもよい．この点，距離一定モードの動作では，試料とプローブとの間の距離を常に一定に保つための制御を行いながら光信号の検出を行うので，距離制御信号を利用することで試料の形状を画像化することが可能である．この機能は，形状と近接場光特性を比較したり，試料の所望の場所の信号を選択的に検出する場合にきわめて有効である．

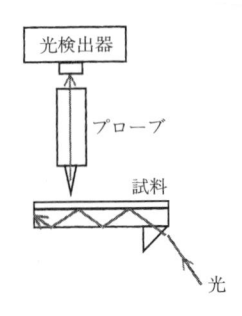

図 3.86 C モード近接場光
学顕微鏡の原理

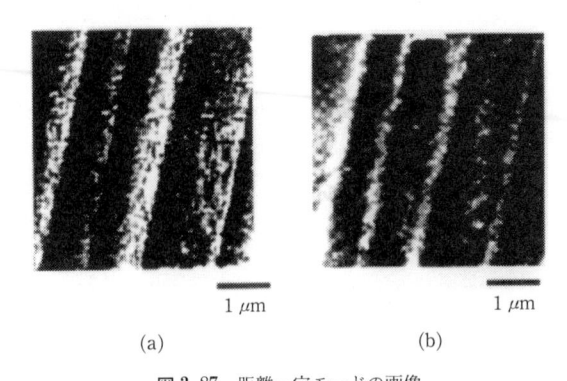

図 3.87 距離一定モードの画像
(a) せん断応力による形状像, (b) 光信号の像. せん断応力像では, サファイア基板のテラス形状が再生されているが, 光学像ではエッジ部のみが明るい画像となっている.

Uma らはステップ形状をもつサファイア基板を試料として, 形状と近接場光特性との関係を調べる観測実験を行った[1]. 用いた試料は, 図 3.85 に示されるように, 原子レベルのステップ形状をしており, ステップの高さは約 4 nm となっている. 実験は図 3.86 に示す集光モード (C モード) のシステムで行った. プローブはせん断応力制御によって基板から 5 nm 程度の高さに保ちながら 2 次元走査を行った. 図 3.87 (a) はせん断応力制御の制御信号から再生したサファイア基板の形状像, 図 3.87 (b) は同時に測定した光信号の像である. 形状像はサファイア基板のステップ形状をよく再現している. 一方, 光学像の強度分布は, 距離信号から得られたステップ形状のエッジ部分周辺での信号変化が大きくなっており, 実際の形状とは異なった分布となっている. このように, 実際の形状と近接場光の強度分布は異なっているため, 形状を正確に求めたい場合には距離一定制御による形状の同時測定が有効となる.

距離一定モードでの測定において最も注意を払う点は, 距離制御信号と光学信号との干渉である. 常に距離を制御しながらプローブを走査しているため, 何らかの理由で距離制御にノイズが混じった場合, プローブと試料の間の距離が変化し, それがそのまま画像信号に重畳されてしまう. たとえばプローブと試料の間のせん断応力を用いる測定では, 試料表面の摩擦力の大小によって試料とプローブの間の距離は変化してしまい, それが光学信号の変化として観測されてしまう. この変化は, 実際の形状の信号と分離できない. 距離一定モードでは走査速度が遅いということも欠点としてあげられる. たとえば 100 nm の凹凸に対する制御の追従速度が 0.1 秒とすると, 1 走査ライン上に 100 nm の凹凸が 5 個ある場合には, 1 走査 1 秒以上の走査時間が必要となる. 1 画像の走査線が 256 本とすると, 256 秒もの時間がかかってしまう計算となる. プローブの追従速度は現状と比べて桁違いに向上させることは難しいため, 距離一定モードは高速で画像を取り込むような測定には向かない.

(3) 高さ一定モード： 高さ一定モードの特徴は走査中の距離制御が不要という点である．このことは，試料の正確な形状を知ることは難しいという欠点となる反面，距離制御の干渉がない，プローブのと試料との間の距離が比較的大きいときの測定が可能，プローブの高速走査が可能，などの長所につながっている．以下にこれらについて説明する．

高さ一定モードでの測定は，プローブの基板からの高さを最初に設定し，その高さでの近接場光の強度分布を観測するというものである．したがって，得られる画像は近接場光分布のある高さでの断面ということになる．いい替えれば，測定の間中，われわれはプローブがある高さに保たれていることを知っているわけで，距離一定モードのように距離制御方法との干渉によって光学像が変化してしまうということがない．

高さ一定モードでは距離一定モードに比べて長距離での動作が可能であり，近接場光の試料とプローブの間の距離依存性の特性を調べるためには有効である．Umaらは，上記と同じ試料を高さ一定モードによって観測し，プローブの高さと近接場光との対応関係を調べる実験を行った[1]．図3.88(a)はせん断応力による形状像，(b)

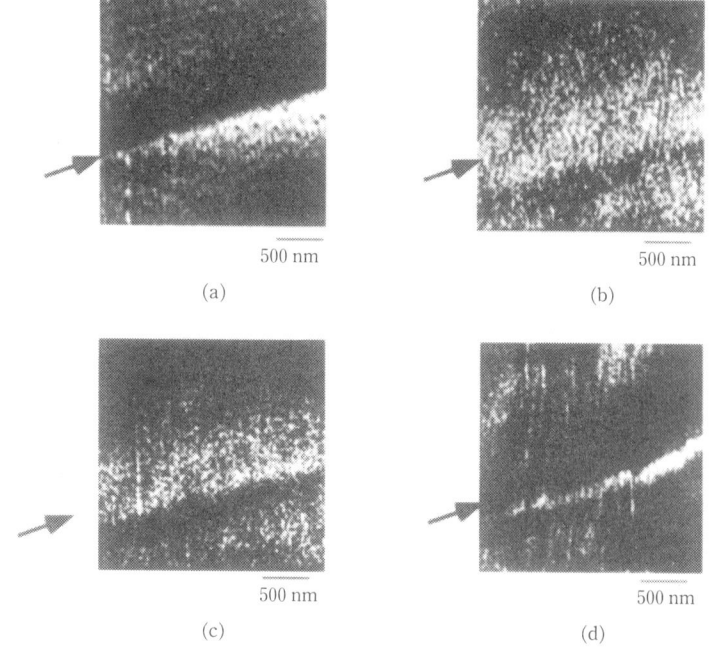

(a) 500 nm

(b) 500 nm

(c) 500 nm

(d) 500 nm

図3.88 (a) せん断応力による形状像，(b) 距離 100 nm の光学像，
(c) 距離 50 nm の光学像，(d) 距離 5 nm の光学像
距離が小さくなるにつれ，エッジ部分が急しゅんに強調されてくる．

〜(d)はそれぞれ基板からの高さを100 nm，50 nm，5 nm と変えて近接場光の強度分布を測定したものである．距離が 5 nm ではエッジ部近傍に鋭い強度変化がみられるが，50 nm，100 nm と高さが大きくなるにつれ，強度分布がなだらかになっていくことがわかる．この実験より，プローブを試料に近づけた方が高分解能の観測ができるということが示された．なお，この測定では，どの高さにおいても光学像は試料の形状を再現していない．光帰還法を用いる測定で得られる信号はあくまでも近接場光の強度分布であり，試料の形状を再現しているものではないということを認識した上での測定が必要である．このモードで形状を知りたい場合，光測定とは別に何らかの手段で形状を測定する必要がある．また，高さ一定モードの場合，一度プローブの高さを決めた後は高さの制御を行わないので，試料の凹凸が近接場光の相互作用長よりも大きい場合，測定範囲から外れてしまったりプローブと試料が衝突してしまったりすることがあるので，注意が必要である．

高さ一定モードの可能性として，高速な計測があげられる．距離一定モードで走査速度を制限していたプローブの高さ制御の時定数は高さ一定モードにはないため，適切な条件を設定すれば，非常に速い走査が可能となる．将来的にビデオレートでの走査ができるようになれば，動体の観測も可能になるであろう．

以上，ここでは，近接場光学顕微鏡の動作として距離一定モードと高さ一定モードについて説明を行った．距離一定モードは，試料の形状と近接場光の分布を同時に測定できることが特徴である．高さ一定モードは，距離制御の信号の影響がないことが特徴であり，将来的には高速で動画を取り込める可能性をもつ．どちらのモードが優れているということはなく，目的に応じて使い分けを行っていくべきであろう．

b. 制御の方法： 近接場光学顕微鏡において，プローブと試料との間の距離を近接場光相互作用の及ぶ範囲内に制御するためには，試料とプローブの間に働く何らかの近接場相互作用の信号が利用される．近接場相互作用としては，トンネル電流(STM)，力学的相互作用(原子間力，せん断応力)，エバネッセント光領域での光学的相互作用(光帰還)などが用いられる．本項では，代表的な距離制御の方法としてせん断応力制御，および光帰還制御について説明を行う．

(1) せん断応力を用いる方法：

(i) 原理： この方法はせん断応力制御と呼ばれ，現在最も多用されている方法である[2]．まず，せん断応力制御の原理について説明する．せん断応力とは，プローブが試料面と水平に移動するときに働く1種の摩擦力である．この力を用いたプローブと試料の間の距離の原理を図 3.89 に示す．まず，プローブの先端部を試料面と水平に振動させる．このとき，振動周波数をプローブの機械的な共振周波数に設定しておくことにより，せん断応力をきわめて敏感に検知することができる．この状態でプローブを試料に近づけていくとせん断応力が働き始め，共振周波数がずれるとともにプローブの振幅が減衰し，完全に接触したところで振幅は0となる．せん断応力が働き始める距離は約 30 nm 程度であるので，たとえばプローブの振動の振幅が半

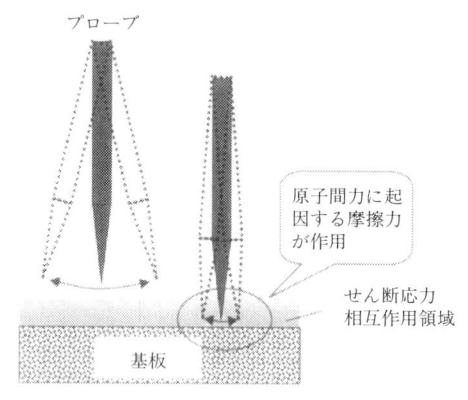

図 3.89 せん断応力の原理
プローブ先端と試料の間の距離が力学的な相互作用
領域以下になるとプローブの振幅が小さくなる．

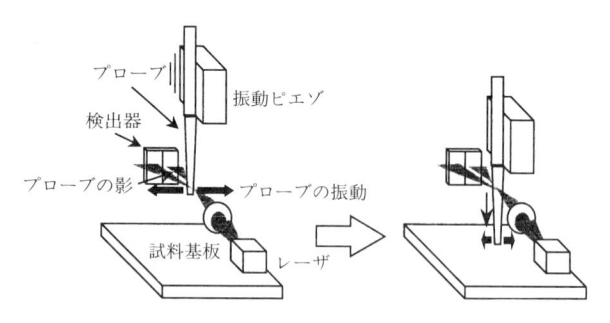

図 3.90 せん断応力の光学的測定
プローブの振動を光を用いて非接触で測定する．

分になるところでは 10〜15 nm となる．この値が常に一定になるように高さ制御を行いながらプローブを 2 次元に走査すれば，距離一定モードの測定が可能となる．また，制御信号はそのまま形状の信号となるため，形状測定と光学測定が同時に行えることが大きな特徴である．

（ⅱ）光によるせん断応力の測定： 図 3.90 に，せん断応力制御を用いる測定系の例を示す．振動を加えるためにプローブはピエゾ振動子に固定されている．プローブの振動の振幅は光によって測定するが，その原理は以下のとおりである．プローブ先端部に光を照射すると，影，あるいは干渉縞が生じる．この強度分布は，プローブの移動とともに変化するので，たとえば影が生じている 1 点で光強度を測定すると，プローブの振動周波数で信号の強度変化が観測される．ロックインアンプでこの信号の振幅を測定すれば，それがプローブの振幅に比例した信号として求められる．このような方法で振動を観測しながらプローブを試料に近づけていくとせん断応力が働い

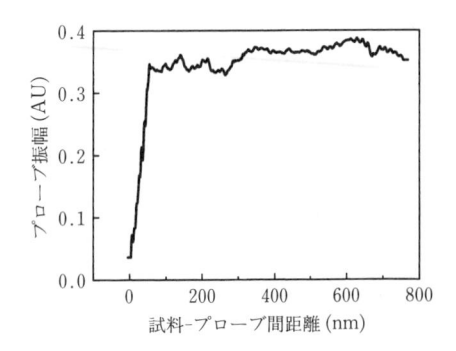

図 3.91 せん断応力の信号
プローブの振幅は，距離が 30 nm 以下になると急激に減衰する．

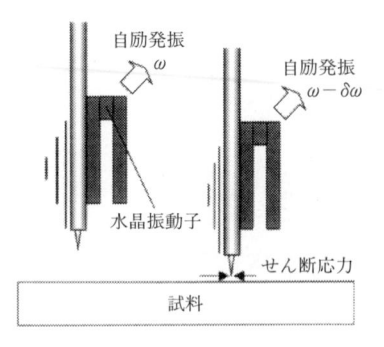

図 3.92 水晶振動子を用いるせん断応力検出法自励発振周波数の変化からプローブと試料の間の力学的相互作用の大きさを測定できる．

たときの振幅の減衰が観測できる．図3.91は非常に平滑なサファイア基板にプローブを近づけていったときに観測されたせん断応力の信号である[1]．プローブと試料との間の距離が30 nm以下で急激に減衰する信号が得られている．この信号の傾きは距離が小さくなるにつれて単調に減衰するので，この信号を用いて所望の距離にプローブを保つことができる．このような状態を保ちながら試料を2次元に走査し，プローブの制御信号を画像化すれば試料の形状像が得られる．

（iii）水晶振動子によるせん断応力の電気的測定： 上記の方法のようにプローブの振動を光で検知する方法では，振動測定用の光が試料の観測用の光信号に混入してノイズになってしまう場合がある．また，プローブを取り替えるたびに光軸調整を行う必要があり，測定が非常に煩雑になってしまう．この欠点を解決する方法として水晶振動子などの圧電素子を用いる方法が開発された[3,4]．図3.92に音叉形の水晶振動子を用いる方法の例を示す．プローブとなる光ファイバは水晶振動子に固定されている．この状態での振動子の共振周波数は，振動子本来の共振周波数にプローブの重さが加わった状態で決定される．プローブ先端が試料に近づき，せん断応力が加わると共振周波数は最初の状態から変化する．この変化は電気的に検知できるため，光を用いる方法で発生するノイズや光学調整の煩わしさがない．また，せん断応力測定のための光が，近接場信号に混入してしまうことがなく，近接場光の精密測定に有効な手段である．ただし，この方法ではプローブごとに水晶振動子を固定し，さらにそれをプローブホルダに固定する必要があるという煩わしさが欠点である．

（iv）せん断応力を用いる方法の課題： せん断応力制御で最も大きな課題は，距離制御信号と光信号との干渉である．せん断応力信号は，プローブと試料との間の距離だけではなく，摩擦力によっても変化してしまう．たとえば，プローブがある位置からより摩擦力の大きい位置に移動すると，プローブの振幅が小さくなる．制御は，この振幅が最初に設定した値となるようにプローブを試料から離す方向に働く．その

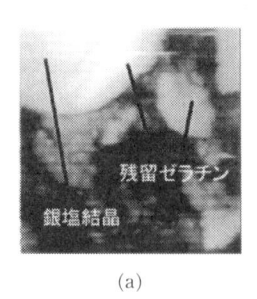

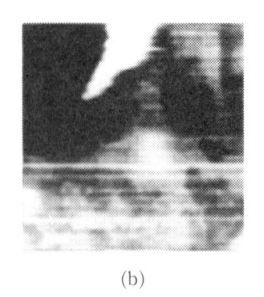

図 3.93 銀塩結晶の観測例
(a) せん断応力信号，(b) 光学信号．残留ゼラチンの部分が光学信号にもコントラストを与えている．

図 3.94 光帰還法の原理
プローブでピックアップした近接場光の強度信号を制御に用いる．

結果，プローブと試料の間の距離は離れ，近接場相互作用も変化してしまうのである．この影響の1例として，納谷が行ったハロゲン化銀結晶の観測結果を示す[5]．試料はマイカ基板上にハロゲン化銀の結晶を固定したものである．通常，ハロゲン化銀結晶はゼラチンに分散されているが，この試料では塗布後にゼラチンを取り除く処理をしてある．図 3.93 (a)，(b) の左上の部分は銀塩結晶の部分であり，それ以外はマイカ基板となっている．注目すべきはマイカ基板の部分である．近接場光学顕微鏡像 (図 3.93(b)) では島状の暗いパターンが観測されている．このパターンは，同時に測定したせん断応力像 (図 3.93(a)) でも観測されているが，これはマイカ基板上にわずかに残った残留ゼラチンであると考えられる．残留ゼラチンの膜厚はたかだか数 nm～数十 nm 程度であり，それによって光学的な透過率が大きく変化するとは考えにくい．ゼラチンの摩擦力はマイカ基板よりも大きいため，せん断応力制御ではゼラチン膜上の方がプローブと試料の距離が離れてしまう．これによって，試料に照射される近接場光は弱くなっていることが，このような強度分布が観測された原因であると考えられる．以上のように，プローブの制御信号は近接場光の画像に大きな影響を与えるため，観測された画像を解釈する際には注意を払う必要がある．純粋に近接場光の強度分布を調べたい場合には，試料-プローブ間距離を最初に設定した後，プローブをその高さで制御する，高さ一定制御を用いる必要があろう．

(2) 光帰還を用いる方法： 光が全反射するときに生じるエバネッセント光は，その強度が反射界面に垂直な方向に対して指数関数的に減衰する．この減衰特性を利用し，プローブと試料の間の距離を制御する方法を光帰還法という[5]．たとえば，BK-7 のプリズムの場合，減衰長は約 200 nm となる．この距離は，せん断応力制御の減衰長 (30～50 nm) に比べると大きな値である．Uma らは図 3.94 に示す実験系を用いて，光帰還信号とせん断応力の信号を同時に測定し，その作用長の比較を行った[1]．図 3.95 にその結果を示す．せん断応力の作用長が約 50 nm であるのに対し，

光信号の作用長は150 nm をこえている．したがって，プローブと試料との距離を100 nm からそれ以上に制御したいときには，光帰還法が用いられる．また，光帰還法で検出される光強度が一定となるように走査を行えば，近接場光強度の正確な等高線を測定することができる．

光帰還法はせん断応力のようにプローブを振動させる必要がないため，液中などの力学的な抵抗が大きい環境での測定に有効である．納谷らは，光帰還法を用い，液中の試料の観測を行っている[6,7]．このような測定はせん断応力では難しいが，光帰還法を用いることで比較的簡単に測定を行うことができる．

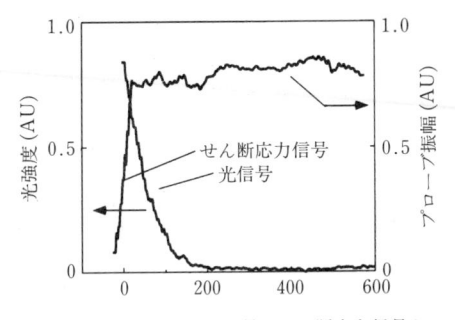

図 3.95 光帰還法による信号とせん断応力信号との比較
光帰還法では，信号の減衰距離はせん断応力より大きくなる．

光帰還法の欠点としては，① 基板裏面からの全反射を用いるために基板や試料が透明である必要があること，② 近接場光の強度分布が必ずしも試料の形状とは一致しないため，形状の対応をみるのが難しいという2点があげられる．特に②の問題については，試料の形状を知る必要があるときには大きな問題点である．解決策としては，高さ一定モードを用いる，あるいは，せん断応力とのハイブリッドシステムを用いる，ということが考えられる．

以上，近接場光学顕微鏡のプローブの制御方法として，せん断応力制御と光帰還法について説明を行った．せん断応力制御は試料の形状が精密にわかることが特徴であり，光帰還法は液中での制御がやりやすいことや，試料から離れた位置でのプローブ制御が可能であることが特徴である．どちらのモードを用いるかは，試料によって異なってくる．たとえば，半導体試料のように比較的硬い試料の形状と光物性を同時に観測したい場合にはせん断応力制御，力学的な作用で破壊されやすい試料，たとえば生物試料の観測では光帰還法が有利であろう． **（納谷昌之・ウマ・マヘスワリ）**

文　献

1) M. Ohtsu (ed.) : Near-Field Nano/Atom Optics and Technology (Springer-Verlag, 1999).
2) E. Bezig and J. K. Trautman : *Science*, **257**-189 (1992), 189.
3) K. Karrai and R. D. Grober : *Appl. Phys. Lett.*, **66** (1995), 184.
4) B. Hecht and H. Biefield *et. al.* : *J. Appl. Phys.*, **81** (1997), 2492.
5) 納谷昌之：精密工学会誌，**66**-5 (2000), 671.
6) M. Naya *et al.* : *Appl. Opt.*, **36** (1997), 1681.
7) R. Uma Maheswari *et al.* : *Appl. Opt.*, **31** (1998), 6746.

3.1.4 原子間力顕微鏡におけるプローブと位置制御

一般に2個の無極性原子の間には,レナード-ジョーンズ(Lennard-Jones)型のポテンシャル

$$\varphi_{\mathrm{atom-atom}}(z) = 4\varepsilon\left\{\left(\frac{\sigma}{z}\right)^{12} - \left(\frac{\sigma}{z}\right)^{6}\right\}$$

で近似されるような相互作用があり,遠距離ではファンデルワールス力による引力が,近距離ではパウリの排他原理で説明される斥力が働く(図3.96)[1].原子間力顕微鏡(AFM)は,図3.97に示すように,プローブ先端と試料表面との間に働く原子間力をカンチレバー(微小な板ばね)の変位から測定し,プローブを表面に沿って走査することで表面の像を形成する装置である[2].近接する2つの物体間には必ず力が作用するため,AFMには試料に対する制約が原理的に存在しない.

AFMのプローブ(カンチレバー,探針)は,空間分解能や力の検出感度を直接決める重要な構成要素である.その特性としては,以下の点が求められる.

(1) 力の検出感度を高めるためには,ばね定数の小さな柔らかいカンチレバーでなければならない.具体的には,検出感度が0.01 nm変位検出計を用いて,10^{-10} Nの力を検出しようとすれば,10 N/m以下のばね定数を有する柔らかいカンチレバーが求められる.

(2) プローブに働く力の変化に敏感に応答し高速の走査を実現するとともに,外部振動の影響を受けないようにするためには,機械的共振周波数の高いカンチレバーが求められる.

(3) 試料表面の構造を高分解能に観察するために,曲率半径が小さく非常に先鋭なプローブをもっていなくてはならない.長方形断面の薄膜状カンチレバーのばね定数 k は,カンチレバーの各辺の幅,厚さ,長さをそれぞれ a, b, l とし,ヤング率を E とすれば,次式で与えられる.

$$k = \frac{Eab^3}{4l^3}$$

また,機械的共振周波数 ω は,カンチレバーの密度を ρ とすれば,

$$\omega = A\sqrt{\frac{E}{\rho}} \cdot \frac{b}{l^2}$$

で与えられる($A = 0.162$).ばね定数が小さく,機械的共振周波数の高いカンチレ

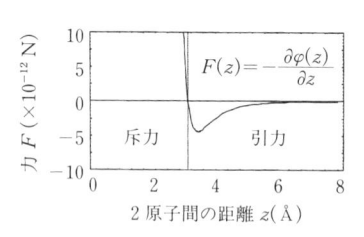

図3.96 2個の無極性原子間に働く力

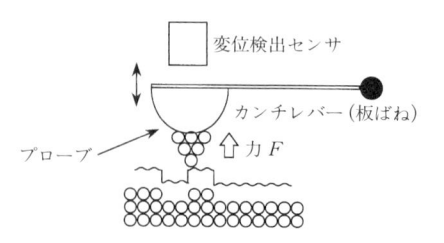

図3.97 原子間力顕微鏡の測定原理図

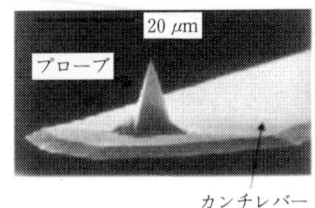

図 3.98 微細加工技術により製作された Si 製プローブ付き薄膜カンチレバー

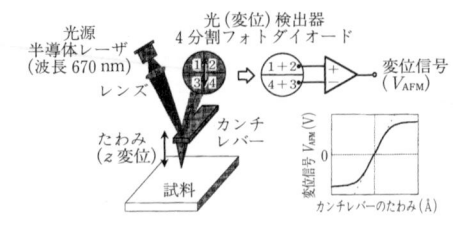

図 3.99 カンチレバーの変位検出計（光てこ方式）

バーを実現するためには，上式から求められるようにカンチレバーを極力小さくつくる必要がある．実際には，実体顕微鏡で十分みえる程度の大きさとして，長さが 100 μm 程度のカンチレバーが使用される．図 3.98 に示すように，現在では，微細加工技術によってつくられ，曲率半径が 10 nm 以下のプローブを有する Si 製や Si_3N_4 製の薄膜カンチレバーが実用化・市販されている．

カンチレバーの微小変位を検出する変位検出計は，0.1 nm 以下の変位分解能を有する必要がある．変位検出計としては，装置構成が簡単なことから，図 3.99 に示すような光てこ方式が多く用いられている．光てこ方式とは，レーザ光をカンチレバー背面に照射し，その反射光の角度変化を位置検出センサ (position sensitive detector：PSD) で検出することにより，カンチレバーの変位（たわみ）を検出する方式である．通常，レーザ光には，取扱いの容易さから，半導体レーザからの波長 670 nm の可視光が用いられる．PSD には 4 分割フォトダイオードが用いられる．

AFM の動作方式としては，大別すると，(1) プローブを試料表面に接触させ，カンチレバーの変位から表面形状を測定する接触方式，(2) プローブを試料表面に周期的に接触させ，カンチレバーの振動振幅の変化から表面形状を測定するタッピング（あるいは，周期的接触）方式，(3) プローブを試料表面に接触させずに，カンチレバーの振動周波数（あるいは振動振幅）の変化から表面形状を測定する非接触方式の 3 つの方式がある．ここでは，試料表面の形状測定において，現在，接触方式に代わり多用されているタッピング方式の動作原理について述べる．非接触方式の動作原理については，3.4.2 項を参照願いたい．

タッピング方式では，カンチレバーをその機械的共振周波数近傍で十分大きな振幅で振動させる．プローブが試料表面から十分に離れている場合には，相互作用のない自由振動で振動する．プローブが試料表面に近づくと，プローブが試料表面と周期的に接触し，振動振幅は減少する．この振動振幅の減衰量を RMS 値の減少として測定し，この減衰量（振動振幅）が一定となるようにフィードバックを働かせながら試料を走査することにより，表面形状の画像を得る．

ここでは，このタッピング方式を用いると，プローブが試料表面に及ぼす力の大きさがきわめて小さくなることを示す．まず，カンチレバーが試料からの力の影響のな

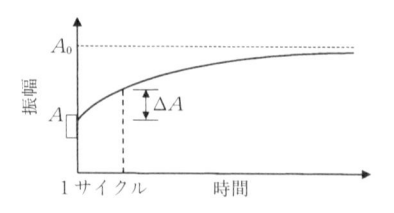

図3.100 試料が存在しないと仮定した場合の振動振幅の時間変化

い領域で自由振動しており，そのときの振動振幅を A_0 とする．プローブが試料表面に近づき周期的に接触し，振動振幅が A に減少するとする．ここで，試料が存在しなければ，振幅は振動サイクルごとに増加し，その増加分は，

$$\Delta A = \frac{A_0^2 - A^2}{2AQ}$$

で与えられる（図3.100）．ここで，Q はカンチレバーの Q 値である．しかし，実際には試料が存在するため，振動振幅は A に保持される．つまり，この振幅の増加分 ΔA が振動サイクルごとに減衰を受けることになる．このとき，試料に及ぼす力は，カンチレバーのばね定数を k とすれば，

$$F = k\Delta A$$

で与えられる．たとえば，実際に，$A_0 = 20$ nm，$A = 10$ nm，$k = 1$ N/m，$Q = 100$ として代入してみると，振動サイクルごとの振動の減少分は $\Delta A = 0.15$ nm となる（0.15 nm は原子1個分程度の大きさである）．これは，力に換算すると，$F = 0.15$ nN となり，きわめて弱い接触力であることがわかる．このようにタッピング方式は，プローブが試料表面に周期的に接触することにより，試料表面にダメージをほとんど与えることなく表面形状の測定が可能となっている． （菅原康弘）

文　献

1) J. N. Israelachivili : Intermolecular and Surface Force (Academic Press, 1985), Chap. 7.
2) G. Binnig et al. : *Phys. Rev. Lett.*, **56** (1986), 930.
3) P. K. Hansma et al. : *Appl. Phys. Lett.*, **64**-13 (1994), 1738.

3.1.5　走査型トンネル顕微鏡におけるプローブと位置制御

a.　走査型トンネル顕微鏡と走査型トンネル分光法:　走査型トンネル顕微鏡 (scanning tunneling microscope : STM)[1-6] は，非常に鋭く尖らせた探針（プローブ）を試料表面から1 nm ほどの距離に保持して，試料表面の凹凸を原子レベルの空間分解能（原子分解能）で観察する顕微鏡で，固体表面の原子を個々に観察できる特徴により，最近，特に普及している顕微鏡である．一般に，顕微鏡における原理的な空間分解能は，用いている光や電子などの物理媒体の波長で決定される（アッビ (Abbey) の原理）．走査型プローブ顕微鏡 (scanning probe microscope : SPM) では，これとは全く異なり，対物レンズの代わりに波長よりもずっと小さな絞り（アパーチャ）をプローブとして用いて，その絞りからしみ出す（漏れ出す）物理媒体により試料表面の情報を得る．また，SPM で用いる光や電子などの物理媒体をプローブと呼ぶこともある．SPM では，いわゆる近接場光学顕微鏡 (near-field microscope : NFM) の原理[7]により，絞りの口径を小さくすればするほど，原理的に分解能が改善される．

STMでは，探針先端の数個の原子がプローブとなり，そこから電子がしみ出すことにより，高分解能が実現されている．特に，高分解能で正常なSTM像が得られている場合には，探針最先端の1個の原子がプローブとなる[8]．

図3.101にSTMの原理を示す．STMでは，電解研磨などにより調製し非常に細く尖らせた探針先端をプローブとして，探針を3次元的に微動できる機構(ここでは，X, Y, Z軸ピエゾ素子：トライポッドと呼ぶ)に取りつけ，試料表面から1 nmほどの距離に保持する．探針-試料間

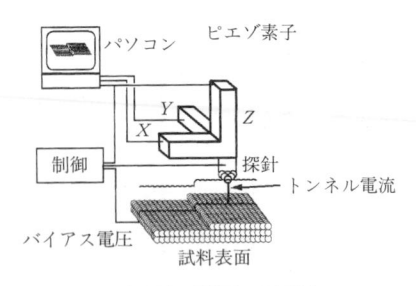

図3.101 STMの原理図
探針と試料表面間に流れるトンネル電流が一定になるようにZ軸ピエゾ素子を制御する．X-Y軸ピエゾ素子で試料表面をラスタ走査するときのZ軸ピエゾ素子の印加電圧が表面の凹凸のデータになる．

に±数mV～数V程度のバイアス電圧を印加すると，探針-試料間のポテンシャル障壁を通って電子が量子力学的にトンネルして数pA～数nA程度の電流が流れる(トンネル電流)．探針-試料間の距離が0.1 nm変化すると，このトンネル電流が1桁程度変化するために，トンネル電流を一定に保つようにZ軸ピエゾ素子に印加する電圧を制御すると，探針-試料間の距離をきわめて高精度に保持できる(定電流モード)．高性能のSTM装置では，探針のZ方向の位置制御精度は数pm以下である．この状態で，パソコンにより探針をX-Y方向にラスタ走査させ，それぞれのX-Y位置におけるZ軸ピエゾ素子への印加電圧をデータとして記録して画面に濃淡表示させると，それが原子の凹凸情報を与えることになる．探針のX-Y方向の位置制御精度は0.1 nm以下である．

STMで観察されるのは，原子の位置ではなく，試料表面におけるフェルミ準位近傍の電子状態密度の2次元マッピングである．探針に対する試料のバイアス電圧が正の場合は試料表面の非占有電子状態(空電子状態)が，バイアス電圧が負の場合は試料表面の占有状態(充満電子状態)が画像化される．STMのラスタ走査の途中で探針を止め，トンネル電流をバイアス電圧の関数として測定することによりSTMで観察している表面の電子状態を2次元的にマッピングする手法を走査型トンネル分光法(scanning tunneling spectroscopy：STS)[9,10]と呼ぶ．STSにおける空間分解能は原理的にSTMと同じ(試料表面方向で0.1 nm程度)である．一般の表面電子状態測定法では表面の広い領域(～数mm^2)を平均した情報を得るのに対して，局所的な表面電子状態を原子分解能で調べる点において，STSはきわめて特徴的で有効な手法であるということができる．さらに，STM走査時のトンネル電流/バイアス電圧の設定よりも高電流/高電圧の条件にして，試料表面や探針先端の個々の原子を引き抜いたり移動したりする技術が1990年にD. M. Eiglerらにより開発され，原子操作と呼ばれている[11]．

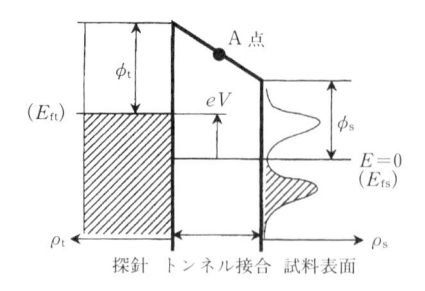

図 3.102 STM におけるトンネル接合の電子エネルギー状態図

b. 走査型トンネル顕微鏡のプローブ：
トンネル電流： J. Tersoff と D. R. Hamann は，2 つの電極間に流れるトンネル電流を表したバーディーン (Bardeen) の式を基本にして STM の理論的枠組みを導いた[12]. また，N. D. Lang は探針原子の電子状態が STM 像に及ぼす影響を，理論的に明らかにした[13]. 塚田らは，STM の実験条件を精密に再現できる理論枠組みと理論計算法を開発し[14,15]，第 1 原理電子状態計算をもとにした STM/STS の精密な解釈，電界・電流が強いときの STM 理論，原子操作の理論などを展開している[16]. さらに最近になり，トンネル接合を第 1 原理計算で扱える別の手法も開発されている[17]. ここでは，トンネル接合を WKB 近似により扱い，STM 像や STS 結果を解析する概念を解説する[18,19].

まず，試料表面に垂直方向の距離(横軸)に対して電子のエネルギー(縦軸)をプロットしたエネルギー状態図を考え，図 3.102 に示すように，真空を挟んで金属的な探針と半導体的な試料表面が向かい合うトンネル接合を考えることにする．探針と試料は十分に広い平行平板であると仮定する (1 次元近似). 図 3.102 で，E_{ft} と E_{fs} はそれぞれ探針と試料表面のフェルミ準位，ϕ_t と ϕ_s はそれぞれ探針と試料表面の仕事関数，z は探針-試料表面間の距離(トンネル接合距離)である．この 1 次元トンネル接合の議論は，探針を原子レベルの突起に，試料表面を表面原子構造に起因する局所電子状態に置き換えると 3 次元にも拡張できる．その場合，厳密にトンネル接合距離 z を定義することはそれほど容易ではないが，たとえば，テルソフ-ハーマン (Tersoff-Hamann) 理論[12]においては，球状に仮定した探針の中心と試料表面原子の中心までの距離としてトンネル接合距離 z を定義している．図 3.102 には，さらに，探針と試料表面の電子状態密度(それぞれ ρ_t と ρ_s)を模式的に示してあり，占有電子状態には斜線を施している．また，探針と試料表面間の真空ギャップにおける太線は，探針と試料表面の真空準位を直線でつないだ，理想的な場合のトンネル障壁の形を表している．

探針に対する試料のバイアス電圧 $V(E_{ft}-E_{fs}=eV)$ を 0 にして両者を近づけ探針-試料表面間のトンネル接合距離 z が〜数 nm 以下になると，トンネル障壁を通って電子が量子力学的にトンネルする確率が大きくなる．その結果，探針-試料表面間で電子が十分に速やかに行き来するため，探針と試料表面で電子が熱力学的な平衡に達し，フェルミ準位が等しくなる[20]．このような状況をトンネル接合の形成と定義としてよい．次に，バイアス電圧 V を電源(図 3.101 では，制御)から与え，その分だけ探針のフェルミ準位 E_{ft} に対して試料のフェルミ準位 E_{fs} をシフトすると，図 3.102 のような電子のエネルギー状態図が得られる．ここでは，バイアス電圧 $V>0$ におい

て探針の占有電子状態から試料の非占有電子状態へトンネルする場合が描いてあり，また，バイアス電圧 V が小さい場合 $(eV<(\phi_\mathrm{t}+\phi_\mathrm{s})/2)$ を想定している．

　これらの仮定のもとで，トンネル電流 I は WKB 近似を用いて

$$I(V)=\int_0^{eV}\rho_\mathrm{s}(E)\rho_\mathrm{t}(-eV+E)T(z,eV,E)dE \qquad (3.33)$$

と表される．ただし，E は，試料表面のフェルミ準位を基準とした電子のエネルギー，$T(z,eV,E)$ は，トンネル接合距離 z においてバイアス電圧 V を印加した場合の電子のエネルギー E におけるトンネル遷移確率で，WKB 近似では

$$T(z,eV,E)=\exp\left[-\frac{2z\sqrt{2m}}{\hbar}\sqrt{\frac{\phi_\mathrm{s}+\phi_\mathrm{t}}{2}+\frac{eV}{2}-E}\right] \qquad (3.34)$$

で与えられる．ただし，m は電子の質量，$\hbar$ はプランク定数 $(h/2\pi)$ である．式 (3.33) と式 (3.34) を理解するために，まず，バイアス電圧 $V>0$ の場合を考える．式 (3.34) の右辺の平方根の内部は，エネルギーが E である探針の電子が試料表面の非占有電子状態にトンネルする場合のトンネル障壁の高さを示している．具体的には，エネルギーが E である探針の電子からみたトンネル接合の中心位置における真空準位 (図 3.102 の A 点) の障壁高さを示している．式 (3.33) の被積分項は，エネルギー E の電子について，試料表面の非占有電子状態密度と探針の占有電子状態密度とトンネル遷移確率の積となっている．すなわち，式 (3.33) は，STM におけるトンネル電流が，試料の非占有電子状態と探針の占有電子状態とトンネル遷移確率を探針のフェルミ準位 E_ft と試料表面のフェルミ準位 E_fs の間でコンボリュート積分を行って得られることを示している．

　電子のエネルギー E が 0 から eV まで変化するとき，トンネル遷移確率 $T(z,eV,E)$ は，$E=eV$ で最大値 $T(z,eV,eV)$ をとる．すなわち，トンネルする電子のエネルギー E が最大のとき，トンネル遷移確率によるトンネル電流への寄与が最大になる．このときの $T(z,eV,eV)$ の値を，バイアス電圧 V とトンネル接合距離 z について調べたのが図 3.103 で，$T(z,eV,eV)$ が，バイアス電圧 V に関して単調に増加する関数であり，また，トンネル接合距離 z が小さくなるにつれてバイアス電圧 V の高次項の寄与が大きくなることがわかる[19]．逆に，バイアス電圧 $V<0$ では，式 (3.34) の右辺の平方根の内部は，エネルギーが E である試料表面の電子からみたトンネル障壁の高さを示していて，式 (3.33) の被積分項は，エネルギー E の電子について，試料表面の占有電子状態密度と探針の非占有電子状態密度とトンネル遷移確率の積となっている．トンネル電流がコンボリュート積分で得られることは，バイアス電圧 $V>0$ の場合と同様であるが，バイアス電圧 $V<0$ では，試料の非占有電子状態でなく占有電子状態が関与することになる．トンネル遷移確率 $T(z,eV,E)$ は，$E=0$ で最大値 $T(z,eV,0)$ をとる．すなわち，バイアス電圧 $V>0$ の場合と同様に，トンネルする電子のエネルギー E が最大のとき，トンネル遷移確率によるトンネル電流への寄与が最大になる．$T(z,eV,0)$ の値については，バイアス電圧 V の絶対値を用

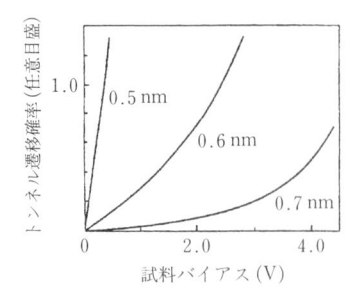

図 3.103 WKB近似を用いたトンネル遷移確率 $T(z, eV, eV)$ の計算結果[19]
図中の値は、トンネル接合距離 z.

c. **走査型トンネル分光法による局所電子状態密度プローブ**: STS結果を解析するとき、I、dI/dV や $(dI/dV)/(I/V) = d(\log I)/d(\log V)$ をバイアス電圧 V の関数として表示する方法が用いられる。式 (3.33) と式 (3.34) をもとに、これらの表式の意味を考えてみる。まず、I-V 特性は、バンドギャップの存在や大きさを議論する場合によく用いられる。試料表面の電子状態が金属的である場合には、試料表面のフェルミ準位 E_fs の近傍にも0でない電子状態密度が存在して、0でない探針の電子状態 ρ_t を仮定しているので、式 (3.33) により、非常に小さなバイアス電圧 V に対してもトンネル電流 I が流れることになる。逆に、試料表面の電子状態が半導体的である場合には、試料表面のフェルミ準位 F_fs を挟んだ電子エネルギー E のある領域で試料表面の電子状態が全くない ($\rho_\mathrm{s} = 0$) 領域（バンドギャップ）が存在して、その領域に対応するバイアス電圧 V においてトンネル電流が流れないことになる。バンドギャップの値が大きい不導体の場合は、試料の抵抗値が高すぎてトンネル電流 ($\sim$nA) を緩和できないために、試料表面に電荷がたまり、バイアス電圧 V が実質的に0になり、トンネル電流が流れなくなる。したがって、I-V 特性において、電流軸を十分に拡大してバイアス電圧 $V=0$ 付近で電流値がノイズレベルよりも小さければバンドギャップが存在する（半導体的である）として、また、$V=0$ 付近で I-V 曲線の傾きが0でなければバンドギャップは存在しない（金属的である）と判断する。

次に、バイアス電圧 V が小さいときは、式 (3.33) を微分して $E = eV$ として

$$\frac{dI(V)}{dV} \propto \rho_\mathrm{s}(eV) \rho_\mathrm{t}(0) T(z, eV, eV) \tag{3.35}$$

の関係が得られる。電子のエネルギー E に関して平坦な探針の電子状態 ρ_t（金属探針）を仮定していて、また、図 3.103 で示したようにトンネル遷移確率 $T(z, eV, eV)$ は、バイアス電圧 V が小さいときバイアス電圧 V に関する高次項を無視できるので、式 (3.35) は、STM におけるトンネルコンダクタンス dI/dV が、フェルミ準位近傍 ($eV \sim 0$) での試料表面の電子状態密度 ρ_s に比例することを示している。

トンネルコンダクタンス dI/dV が試料表面の電子状態密度に比例するのは、厳密にはバイアス電圧 V が小さい場合に限られる。一般的なバイアス電圧 V に対しては、トンネルコンダクタンス dI/dV は、式 (3.35) を微分して

$$\frac{dI(V)}{dV} = e\rho_\mathrm{s}(eV) \rho_\mathrm{t}(0) T(z, eV, eV) + \int_0^{eV} \rho_\mathrm{s}(E) \rho_\mathrm{t}(-eV+E) \frac{\partial T(z, eV, E)}{\partial V} dE \tag{3.36}$$

で表される．式(3.36)におけるトンネル遷移確率 $T(z, eV, eV)$ は，図3.103で示したように，バイアス電圧 V が小さいときは V に関して単調に増加する関数であり，バイアス電圧 V が大きくなるに従い，また，トンネル接合距離 z が小さくなるにつれて V の高次項の寄与が大きくなることがわかる[19]．トンネルコンダクタンス dI/dV の代わりに $(dI/dV)/(I/V)=d(\log I)/d(\log V)$（正規化されたトンネルコンダクタンス，または，単にトンネルコンダクタンス）を用いると，V の高次項の寄与を軽減できることが R. M. Feenstra らにより示されている[18]．すなわち，式(3.36)を式(3.33)で割り，

$$\frac{dI(V)/dV}{I(V)/V} = \frac{\rho_s(eV)\rho_t(0) + \frac{1}{e}\int_0^{eV} \rho_s(E)\rho_t(-eV+E)\frac{\partial T(z, eV, E)}{\partial V}dE}{\frac{1}{eV}\int_0^{eV} \rho_s(E)\rho_t(-eV+E)\frac{T(z, eV, E)}{T(z, eV, eV)}dE} \quad (3.37)$$

と変形する．式(3.37)の分子の第2項と分母では，トンネル遷移確率 $T(z, eV, eV)$ における V の高次項の寄与が $T(z, eV, E)/T(z, eV, eV)$ の形でより高次までキャンセルされていると考えられるので，正規化されたトンネルコンダクタンス $(dI/dV)/(I/V)=d(\log I)/d(\log V)$ はトンネルコンダクタンス dI/dV よりも試料表面の電子状態密度をよりよく表すことができるとされている．

もう1つ，トンネル電流 I の表式でよく用いられる近似式[3]

$$I \propto (V/z)\exp(-A\sqrt{\phi}z) \quad (3.38)$$

は，量子力学の初期から知られていて[21,22]，トンネル電流 I の指数関数的な距離依存性や仕事関数依存性を議論する場合に便利である．ここで，$A=1.025(eV)^{-1/2}\text{Å}^{-1}$ は定数，ϕ は平均の仕事関数で式(3.34)では $(\phi_t+\phi_s)/2$ と書かれている．これからただちに，

$$\phi = 0.952(d\ln I/dz)^2 \quad (3.39)$$

が得られる．式(3.39)は，試料表面における仕事関数のマッピングをするときに用いられる．

d. 走査型トンネル顕微鏡/分光法における空間分解能： SPM装置の空間分解能は，原理的に，(1)物理媒体がしみ出す探針（プローブ）の絞りの口径，(2)物理媒体の測定感度（総合的な雑音の大きさ），探針-試料表面間距離に関する物理媒体の減衰距離により限定される．まず，絞りの口径を小さくするほど，SPMの空間分解能は原理的には改善される．STMでは，探針最先端の1個の原子がトンネル電子の絞り（プローブ）となり，高分解能が実現されている[8]．絞りの大きさが十分小さい場合のSPMの空間分解能は，森田により一般的に議論されている[22]．

STMにおける空間分解能については，J. Tersoff と D. R. Hamann により以下のように議論されている[12]．J. Tersoff と D. R. Hamann は，探針を半径 R の球で近似して，摂動論に基づいたバーディーンのトンネル電流の式を用い，バイアス電圧 V が小さいときに，式(3.35)に対応する3次元系でのトンネルコンダクタンスの式

として
$$dI/dV \sim 0.1R^2 \cdot \exp(2R/\lambda) \cdot \rho_s(\boldsymbol{r}, E_{fs}) \tag{3.40}$$
を導いた．ただし，λ は真空中における電子の波動関数の減衰距離で，平均の仕事関数 $\phi(=(\phi_t+\phi_s)/2)$ を用いて，
$$\lambda = \hbar/\sqrt{2m\phi} \tag{3.41}$$
で与えられる．また，$\rho_s(\boldsymbol{r}, E_{fs})$ は，球状に近似した探針の中心位置 $\boldsymbol{r}$ での試料表面電子のフェルミ準位 E_{fs} における状態密度である．すなわち，式 (3.40) は，バイアス電圧 V が小さい場合トンネルコンダクタンス dI/dV が，探針の中心位置 $\boldsymbol{r}$ における試料表面電子のフェルミ準位での状態密度 $\rho_s(\boldsymbol{r}, E_{fs})$ に比例することを示している[12]．したがって，トンネル電流を一定に保つように探針を走査する，通常の定電流モードの STM においては，探針の中心は，真空側にしみ出した試料表面電子の状態密度が一定の局面（等電子状態密度面）を描き出すことになる．一般的な探針において，トンネルコンダクタンス dI/dV が $\rho_s(\boldsymbol{r}, E_{fs})$ に比例するかどうかの精密な評価は，塚田らにより与えられていて，探針先端の半径が非常に小さい（～原子レベル）場合は，探針の球状近似が十分成立すると考えてよいこと，特に，探針の先端部が1個の原子から構成され，その s 軌道がトンネル電流に主に寄与している場合には正確に成り立つことが明らかにされている[8,16]．

この $\rho_s(\boldsymbol{r}, E_{fs})$ は，一般的には，試料表面から探針中心までの距離 z（$\boldsymbol{r}$ の試料表面に対して垂直な成分）に関して，指数関数的に減少する自然な因子（$\sim \exp(-2z/\lambda)$）をもつ．J. Tersoff と D. R. Hamann は，周期的な構造をもつ表面構造に対して電子状態密度の真空側へのしみ出しを議論することにより，STM により観察される凹凸の大きさ Δ が，
$$\Delta = 2\lambda \exp(-\beta z)\Delta_0 \tag{3.42}$$
$$\beta = (1/4)\lambda G^2 \tag{3.43}$$
で近似されることを示した．ただし，Δ_0 は試料表面における電子状態密度の凹凸の大きさで，G は表面の周期構造に対応する逆格子ベクトルである．すなわち，式 (3.42) と式 (3.43) は，原子の周期構造に対応する試料表面の電子状態が真空側にしみ出すときに，試料表面から離れるに従い，波動関数が空間的に広がる効果と互いに混ざり合う干渉効果により，電子状態密度の周期的な凹凸が減少する（ぼける）ことを示している．また，表面の周期構造の単位長さが大きい（長周期構造）ほど，表面の逆格子ベクトル G は小さくなり，STM により観察される凹凸の大きさ Δ が減少しにくくなることがわかる．STM においては，トンネル電流を一定に保つように探針-試料間の距離を制御する（定電流モード）ため，制御回路系に含まれる電気的な雑音（電気的ノイズ）と探針-試料間の距離を擾乱する機械的な振動（機械的ノイズ）の相乗効果により総合的なノイズが決まり，Z 軸ピエゾ素子への印加電圧データ（原子の凹凸情報）に含まれることになる．STM により観察される凹凸の大きさ Δ が総合的なノイズよりも大きい場合に，STM により原子の凹凸情報が観察できることになる

(垂直方向の分解能)[19]．以上の議論により，STMでは，短周期構造(小さな構造)ほど観察しにくいことがわかる．

また，J. Tersoff と D. R. Hamann は，式(3.42)に含まれる指数項に注目して，探針-試料表面間距離 z に対する電子状態密度のボケは，半値全幅(FWHM)

$$\delta = 1.66\sqrt{\lambda z} \tag{3.44}$$

で与えられるガウス関数により STM 像がぼけるのと同等であるとした(面方向の分解能)[12]．ここで，金属の典型的な例として，$\phi \sim 5\,\mathrm{eV}$ とすると $\lambda \sim 0.08\,\mathrm{nm}$ となるので，$\delta = 0.5\,\mathrm{nm}$ を得るためには，探針-試料表面間距離 $z \sim 1.1\,\mathrm{nm}$ となる必要がある．探針先端から試料表面までの距離を d とすると $z = R + d$ であり，d は一般に 1 nm 程度であるので，この条件を満足する探針は基本的に単原子，または，それと同等の電子状態をもつ数原子以下のクラスタである必要があることがわかる．実際に，電界イオン顕微鏡(field ion microscopy: FIM)[24] により観察された探針先端のクラスタ(プローブ)の大きさと，2種類の金の表面構造(Au(100)5×1構造および Au(110)2×1構造)について STM により観察された凹凸の大きさ Δ を比較して，式(3.42)と式(3.43)がよく満たされていることが確かめられている[19]．しかし，表面の凹凸が非常に小さい金属表面の個々の原子を観察した高空間分解能 STM 像を説明するためには，J. Tersoff と D. R. Hamann の理論は十分とはいえない．さらに探針先端の電子の波動関数を考慮した理論が展開され，局在した d 電子の寄与が示唆されている[25]．探針の形状や電子状態による効果の精密な理論については，塚田らの文献を参照されたい[3,8,16]．

e. 走査型トンネル顕微鏡/分光法におけるプローブ位置制御： STM装置の典型的な例としては，$10^{-8}\,\mathrm{Pa}$ レベルの超高真空中で稼動する超高真空 STM 装置があげられる．一般に，STM 装置の性能は，制御回路(図 3.101 の制御とパソコン)の特性，特に，電気的ノイズ，機械的振動ノイズ，探針や試料の処理機構，探針-試料表面間距離を調節する粗動機構などに大きく依存する．

定電流モードの STM においては，探針-試料表面間距離が負帰還制御(フィードバック制御)されるため，制御回路の電気的ノイズと機械的な振動ノイズは相乗されて総合的なノイズレベルが決まる．最近は，市販の制御装置で電気的ノイズが十分に小さいものが購入できる．トンネル電流は $\sim 1\,\mathrm{nA}$ 以下($\sim 10\,\mathrm{pA}$ 以上)の微小信号であるため，通常 $10^7 \sim 10^9\,\mathrm{V/A}$ 程度のプリアンプ(電流-電圧変換機)を用いるが，トンネル電流を測定する探針または試料の電極(金属)部分を小さくし，また，その電極とプリアンプをつなぐ同軸ケーブル(ピックアップ)の長さを短くするとノイズが軽減される．

機械的振動ノイズは，床の振動や音などの外部振動が探針-試料表面間距離を擾乱するもので，(外部振動レベル)×(振動伝達特性)=(外部振動レベル)×(除振装置の除振特性)×(STM本体の共振特性)で表される[19]．外部振動レベルを下げるためには，装置周辺の振動源や音源を取り除く．除振装置として，空気ばね除振台上に真空槽全

体を設置するとともに，STM本体を超高真空中のコイルばねによりばね吊りにすると効果的である．

探針先端(プローブ)の形状は，STMの分解能を決定する最も重要な因子で，探針を調製する機構なしでは，原子を観察できる分解能が得られる効率が悪くなるだけでなく，探針の異常な電子状態により正常なSTS結果が得られない場合も多くなる．探針を電解研磨で作製するとき，探針表面には酸化物が形成される．それを除去するために，電子ビームにより探針先端を照射すると同時に加熱する方法が用いられる場合がある．電界イオン顕微鏡(FIM)[24]によって探針先端の原子を電界蒸発することにより，探針先端の清浄化と形状の調製ができる機構を備えているSTM装置が開発されている[26]．試料表面の処理は，表面科学で一般的に用いられる手法でできる[27]．

最近のSTM装置では，探針の走査用に，トライポッド型のピエゾ素子ではなく，チューブ状のピエゾ素子が用いられている場合が多い．Z軸のピエゾ素子の駆動範囲は数百nm(最大でも数μm)程度であるため，探針-試料表面間距離を数mmからZ軸のピエゾ素子の駆動範囲まで近づけるためには，機械的な粗動機構が必要である．この粗動機構のトラブルのためにSTMが稼動しない場合も多く，信頼性が高く操作性のよい粗動機構が望まれる．簡便には，探針を乗せたチューブピエゾ素子をねじで動かす場合もある．最近は，ピエゾ素子による慣性駆動方式(ピエゾ素子に鋸歯状の電圧を印加して，一方向にゆっくり，逆方向に速く駆動することにより相対位置を移動させる)を用いた粗動機構が開発されている．

STSを測定するためには，一般的に，STM観察の場合よりも振動ノイズが少なく熱ドリフトが小さい安定なSTM装置が必要で，また，制御回路の電気的ノイズも少ないほどよい．それ以外には，STM装置の制御回路に2～3の機能を付加するだけでSTS測定ができる．すなわち，(1)パソコンからの指令により一時的にフィードバックを切り離しZ軸ピエゾに印加する電圧を固定する回路(探針の固定)，(2)試料バイアス(試料のバイアス電圧)を-3Vから$+3$V程度スイープする回路，(3)トンネル電流を測定する回路である．具体的には，(1)は，フィードバック回路のZ軸ピエゾドライブ用オペアンプの前にサンプルホールド用ICを入れる．デジタルフィードバック回路の場合は，Z軸ピエゾ印加電圧のホールドはSTS用のソフトにより可能である．(2)と(3)は，最近は，パソコンのD/A(ディジタル/アナログ信号変換器)とA/Dを直接用いた装置が多い．また，STM像に対応したその他の特性(たとえば，仕事関数やトンネルコンダクタンスなど)を測定する場合は，もう1つD/A入力を用意しておくとよい．

図3.104は，STS測定におけるそれぞれの回路の動作タイミングを示している．STM測定におけるラスタ走査(a)は，X軸走査(b)とY軸走査からなるが，(b)では，フィードバック(d)を"ON"にしながら探針をX軸方向にわずかに移動させ凹凸データ(Z軸ピエゾ印加電圧)測定(c)を64～512点程度(たとえば256点)繰り返す．凹凸データ測定は測定点1点について何回か行い平均化する場合が多い．STS

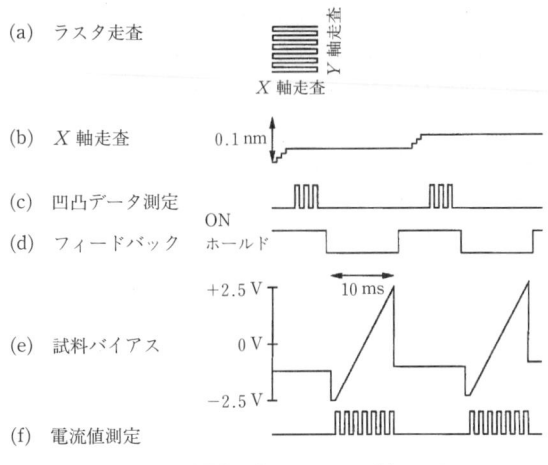

```
(a)  ラスタ走査
(b)  X軸走査          0.1 nm
(c)  凹凸データ測定
                    ON
(d)  フィードバック   ホールド
                    +2.5 V      10 ms
(e)  試料バイアス    0 V
                    −2.5 V
(f)  電流値測定
```

図 3.104 STS 測定のタイミングチャート

測定では，各点の凹凸データ測定の後，(d)を「ホールド」にし探針の位置を固定して，試料バイアス(e)を10 ms程度の時間で変化(電圧走査)しながら電流値測定(f)を64〜512点程度(たとえば128点)行い，その探針位置におけるI-V特性とする．このとき，1点について何回かI-V特性を平均化したり，STS測定の後，表面構造における等価な原子についてのI-V特性を平均化したりするなどによりSN比を向上する手法が用いられる．(e)の走査時間は，長すぎると熱ドリフトにより探針位置が変化してしまい，ときには，探針が試料に衝突する．また，走査時間が短すぎると試料バイアス変化による誘導電流が測定誤差となり好ましくないとされる[19]．たとえば，スイープ時間が1 msでは典型的には誘導電流がトンネル電流と同程度までになる(S/N〜1)．原理的には，STS測定はSTMの凹凸データ測定点全部について行うことができるが，その場合はデータサイズが大きくなりすぎるため，現実的には，何点かおきに測定する．たとえば，STM測定点が256×256の場合に，STS測定点は64×64とする．

f. 走査型トンネル顕微鏡による原子観察と原子操作： STMの応用例を鳥瞰するには，1986年から1991年までは毎年，それ以降は隔年に開催されているSTM国際学会の論文集[28]を参照するのが便利である．また，代表的な半導体清浄表面についてのSTS測定結果も参照できる[10,18,29-31]．STMによる原子観察例としてSi(100)2×1表面のダイマ観察を示す．この構造は，J. A. AppelbaumとD. R. Hamann[32]により理論的に予測されていたダイマがR. J. Hamersら[10]によりSTMで観察されて，表面構造が大筋で理解された．Si(100)面の理想的なバルク終端表面においては，個々のSi原子は2個ずつの未結合ボンドをもち不安定なエネルギー状態にあるため，隣り合う2個のSi原子が化学結合をしてダイマを形成する．このと

き Si 原子に 1 個ずつの未結合ボンドが残るため，ダイマ内の 2 個の未結合ボンドが結合状態である π 軌道と反結合状態である π^* 軌道を形成し，フェルミ準位の上下に状態密度ピークをもつようになる．塚田らは，第 1 原理によるクラスタ計算を行い，これらの電子状態の空間分布を報告している[33]．STM で Si(100)2×1 構造を観察すると，ダイマの電子状態に対応して，試料のバイアス電圧 $V<0$ V (占有電子状態) ではダイマが繭状に観察され (図 3.105 (a))，また，$V>0$ V (非占有電子状態) では，ダイマが 2 つに分かれた形状に観察される (図 3.105 (b))．Si(100)2×1 構造の STM 像においてダイマが繭の中心からずれて観察される場合があるが，それらは，Si ダイマがバックリングを起こして非対称ダイマになっているためである[34-36]．

STM を用いた原子操作の例を図 3.106 に示す[37]．この例では，水素終端した Si(100)2×1 表面を試料として，探針直下の水素原子を選択的に引き抜くことにより，シリコンの未結合ボンドの細線を形成している[38,39]．このとき，試料電圧 +2.8 V，トンネル電流 0.8 nA の条件で探針を移動させることにより次々と原子操作を行うが，いったん電流と電圧値を設定した状態でフィードバックを切り，定電圧の条件で探針を一定の速度で試料表面に平行に移動させている．そのため，水素原子が引き抜

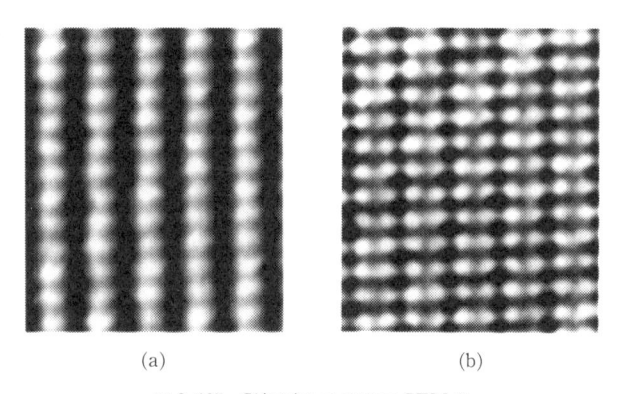

(a)　　　　　　　　(b)

図 3.105　Si(100)2×1 表面の STM 像
(a) 試料のバイアス電圧 $V=-2.0$ V (占有電子状態)，(b) $V+2.0$ V (非占有電子状態)．

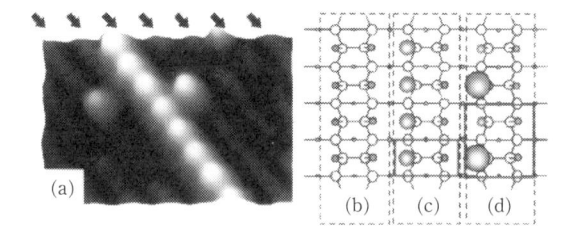

(a)　　　　　(b)　(c)　(d)

図 3.106　96 K における原子操作例
(a) STM 像，(b) 加工前，(c) 加工後，(d) 実際の電荷分布の模式図．

かれて未結合ボンドが出現しても探針-試料間距離が変化せず，引き抜き前の水素原子に対して常に等しい電流および電界を印加できる探針の位置制御になっている．その結果，図3.106のように，精密な原子操作が可能となった．

g. 走査型トンネル顕微鏡におけるその他のプローブ例： STM/STS装置に補助D/A入力を用意しておくと，STM像に対応したその他の表面特性をマッピングできる．たとえば，Z軸ピエゾに印加する電圧に～0.1 nm程度の探針-試料表面間距離に対応する2～3 kHzの微小交流電圧を加え，出力される電流Iに含まれる同周波数の交流成分をロックインアンプなどにより測定すると，式(3.39)により平均の仕事関数ϕがマッピングできる．特に，フィードバック制御回路にログアンプを用いている場合には，log$I$を直接測定できる．Au(100)5×20表面の仕事関数のトンネル接合距離依存性が測定され，理論とよく合うことが報告されている[40]．また，最近，この方法を2次元で用いて，表面におけるステップでの仕事関数の変化や，金属表面における異種金属の縞状層成長において特徴的な仕事関数の層数依存性が報告されている[41]．

同様にして，トンネルコンダクタンスdI/dVをSTMと同時に測定して，トンネルコンダクタンスdI/dVのマッピングができる．試料バイアスV(試料のバイアス電圧)が仕事関数ϕより大きい場合には，トンネル電流Iの試料バイアスV依存性はファウラー-ノルドハイム(Fowler-Nordheim)の式[21]により表されるが，トンネル電子は試料表面におけるポテンシャル変化を感じて一部散乱されるためトンネル接合内部に定在波が形成され，トンネルコンダクタンスdI/dVも試料バイアスVにおける定在波の有無に応じて変化する[42]．シリコン表面にシリサイドが数層存在する場合にはシリサイド層内にもこの定在波が形成されることを利用して，NiSi$_2$/Si(111)薄膜において，シリサイドの厚みやシリサイドとシリコンの界面の種類(AタイプとBタイプが知られている)の2次元マッピングが調べられている[42]．

STMにおいて，試料表面にトンネルした電子の一部は，エネルギーを失わずにそのまま試料表面近傍を突き進むことができる．弾道電子(ballistic electron)と呼ばれるこの電子による電流をプローブとして，STM観測の各点で測定する機能を付加したSTMを弾道電子放射顕微鏡(ballistic electron emission microscope：BEEM)と呼ぶ[43]．具体的には，図3.107(a)のように，金属(または，シリサイド)薄膜が半導体表面に存在するとき，探針と薄膜との間でSTMを構成し，さらに，半導体に接続した第3電極により弾道電子によるBEEM電流を測定する．このとき，金属-半導体界面のショットキーバリアよりも弾道電子のエネルギーが大きい場合に，半導体に接続した第3電極によりBEEM電流をプローブとして利用できる[43]．図3.107(b)は，NiSi$_2$-Si(111)界面におけるBEEM測定例で，界面の種類(AタイプとBタイプ)によりBEEM電流のバイアス電圧依存性が異なり，また，BEEM電流が立ち上がる試料バイアスVから，ショットキーバリアの大きさが界面の種類により異なり，それぞれ0.65 eVと0.79 eVであることがわかる．BEEMは，半導体技術に重要な

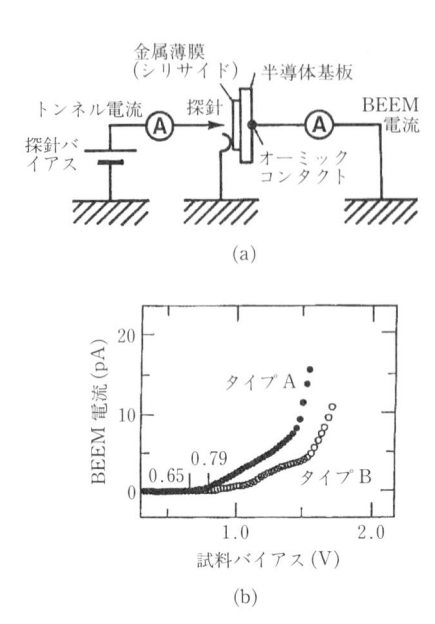

図 3.107 (a) BEEM の原理図と (b) BEEM 電流の NiSi$_2$/Si (111) 界面の構造による違い

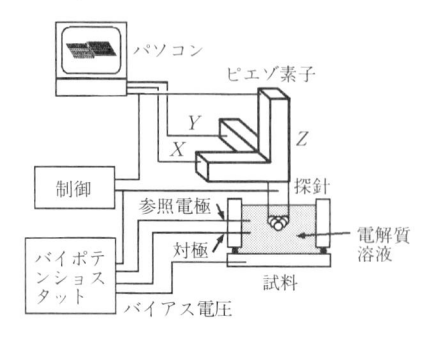

図 3.108 4 電極電位制御型電気化学 STM 装置の構成例[44]

界面の電子状態が 2 nm 程度の空間分解能で観察できる他の実験手法では得られない非常に特徴的な研究手法である．

固体と液体が接する固液界面は，電気化学，触媒化学，コロイド化学，結晶成長，表面処理技術，さらには，生体科学などの広範な分野で重要である．板谷らは，固液界面で起こる反応を電気化学の手法により厳密に制御しながら，溶液中の金属探針をプローブとして試料表面を原子レベルの空間分解能で観察できる，4 電極電位制御型電気化学 STM (electrochemical STM : ESTM) を開発した[44]．図 3.108 は，ESTM の構成図を示している．先端を非常に細く尖らせた探針，X, Y, Z 軸ピエゾ素子，トンネル電流，制御回路，パソコンによる探針の X-Y ラスタ走査，Z 軸ピエゾ素子の印加電圧データなどは，通常の STM と同様である．ESTM 装置で特徴的なのは，探針，参照電極，対極，および試料の 4 電極間の電位と電流を制御するためのバイポテンショスタットである．試料の電位は，参照電極に対して制御され，試料表面の電極反応が制御される．試料表面での電極反応に必要な電流は対極により供給され，参照電極や探針には電流が流れないように制御される．さらに，探針表面で起こる電極反応を制御して，探針-溶液間に流れる電流 (ファラデー (Faraday) 電流) を最小にする必要がある．したがって，探針-試料表面間のバイアス電圧は独立には決められず，探針-参照電極間電位と試料表面-参照電極間電位の差により決定される．以上の設定により，電極表面の電気化学反応を制御した ESTM が構成される． **(橋詰富博)**

文　　献

1) G. Binnig *et al.* : *Appl. Phys. Lett.*, **40** (1982), 178 ; *Phys. Rev. Lett.*, **49** (1982), 57 ; G. Binnig and

3. 要素の原理と方法

  H. Rohrer : *Helvetica Phys. Acta*, **55**(1982), 726.
2) G. Binnig *et al.* : *Phys. Rev. Lett.*, **50** (1983), 120.
3) 八木克道編：表面の構造解析，表面科学シリーズ，第3巻 (丸善，1998).
4) 桜井利夫ほか：大槻義彦編，表面をみる―走査トンネル顕微鏡の最近の話題―，物理学最前線 29 (共立出版，1992)，123-215.
5) 西川　治編：走査型プローブ顕微鏡― STM から SPM へ―(丸善，1998).
6) R. Wiesendanger : Scanning Probe Microscopy and Spectroscopy, Methods and Applications (Cambridge University Press, 1994).
7) J. A. O'Keef : *Opt. Soc. Amer.*, **46** (1956), 359.
8) 塚田　捷：日本物理学会誌，**48** (1993)，615 とその文献.
9) R. S. Becker *et al.* : *Phys. Rev. Lett.*, **55** (1985), 2032.
10) R. J. Hamers *et al.* : *Phys. Rev. Lett.*, **56** (1986), 1972.
11) D. M. Eigler and E. K. Schweizer : *Nature*, **344** (1990), 524.
12) J. Tersoff and D. R. Hamann : *Phys. Rev. Lett.*, **50** (1983) 1998 ; *Phys. Rev.*, **B31** (1985), 805.
13) N. D. Lang : *Phys. Rev.*, **B34** (1986), 1164 ; *Phys. Rev.*, **B36** (1987), 8173 ; *Phys. Rev.*, **B37** (1988), 10395.
14) M. Tsukada and N. Shima : *J. Phys. Soc. Jpn.*, **56** (1987), 2875.
15) K. Hirose and M. Tsukada : *Phys. Rev.*, **B51** (1995), 5278.
16) 塚田　捷：西川　治編，走査型プローブ顕微鏡― STM から SPM へ―(丸善，1998)，131-152.
17) Y. Gohda *et al.* : *Phys. Rev. Lett.*, **85** (2000), 1750.
18) R. M. Feenstra *et al.* : *Surf. Sci.*, **181** (1989), 295.
19) Y. Kuk and P. J. Silverman : *Rev. Sci. Instrum.*, **60** (1989), 165.
20) 塚田　捷：仕事関数 (共立出版，1983).
21) R. H. Fowler and L. Nordheim : *Proc. Roy. Soc. Lond.*, **A119** (1928), 173.
22) R. D. Young *et al.* : *Phys. Rev. Lett.*, **27** (1971), 922.
23) 森田清三：西川　治編，走査型プローブ顕微鏡― STM から SPM へ―(丸善，1998)，165-178.
24) T. Sakurai *et al.* : Advances in Electronics and Electron Physics, Suppl., Vol. XX (Academic Press, 1989), 1.
25) C. J. Chen : Introduction to Scanning Tunneling Microscopy (Oxford University Press, 1993) ; C. J. Chen : *Phys. Rev. Lett.*, **65**-448 (1990).
26) T. Sakurai *et al.* : *Progr. Surf. Sci.*, **33** (1990), 3 ; 橋詰富博，桜井利夫：固体物理，**25** (1990), 467 ; 橋詰富博，桜井利夫：応用物理，**58** (1989), 1629.
27) 小間　篤ほか編：表面工学ハンドブック (丸善，1987).
28) *Surf. Sci.*, **181** (1987), 1-412 ; *J. Vac. Sci. Technol.*, **A6** (1988), 257-554 ; *J. Microsc.*, **152** (1988), 1- 875 ; *J. Vac. Sci. Technol.*, **A8** (1990), 153-720 ; *J. Vac. Sci. Technol.*, **B9** (1991), 403-1411 ; *Ultramicroscopy*, **42-44** (1992), 1-1717 ; *J. Vac. Sci. Technol.*, **B12** (1994), 1439-2256 ; *J. Vac. Sci. Technol.*, **B14** (1996), 787-1571 ; *Appl. Phys.*, **A66** (1998), S1-S1288.
29) R. J. Hamers *et al.* : *Phys. Rev. Lett.*, **59** (1987), 2071.
30) R. S. Becker *et al.* : *Phys. Rev.*, **B39** (1989), 1633.
31) J. A. Cubby *et al.* : *Phys. Rev.*, **B36** (1987), 6079.
32) J. A. Appelbaum and D. R. Hamann : *Surf. Sci.*, **74** (1978), 21.
33) M. Tsukada *et al.* : *J. Phys.*, **48** (1987), C6-91.
34) M. Kubota and Y. Murata : *Phys. Rev.*, **B49** (1994), 4810.
35) R. A. Walkow : *Phys. Rev. Lett.*, **68** (1992), 2636.
36) H. Shigekawa *et al.* : *Jpn. J. Appl. Phys.*, **35** (1996), L1081 ; *Jpn. J. Appl. Phys.*, **36**-L284 (1997).
37) T. Hitosugi *et al.* : *Jpn. J. Appl. Phys.*, **36**-L361 (1997) ; T. Hitosugi *et al.* : *Phys. Rev. Lett.*, **82**-

4034 (1999).
38) J. W. Lyding et al. : Appl. Phys. Lett., **64**-2010 (1994).
39) T. Hashizume et al. : Jpn. J. Appl. Phys., **35**-L1085 (1996).
40) Y. Kuk and P. J. Silverman : J. Vac. Sci. Technol., **A8** (1990), 289.
41) J. F. Jia et al. : Phys. Rev., **B58** (1998), 1193.
42) J. A. Kubby and W. J. Greene : Phys. Rev. Lett., **68** (1992), 329 ; Phys. Rev., **B48** (1993), 11249.
43) Y. Hasegawa et al. : J. Vac. Sci. Technol., **B9** (1991), 578 とその文献；長谷川幸夫，桜井利夫：表面科学, **12** (1991), 424.
44) 板谷謹悟：西川　治編，走査型プローブ顕微鏡 — STM から SPM へ — (丸善, 1998), 187-200.

3.2 環境技術

3.2.1 防　振[1,2]

試料表面の情報を高分解能に観察する走査型プローブ顕微鏡(SPM)にとって，外部振動の影響を避けるための防振技術は，重要な要素技術の1つである．ここでは，防振の原理と具体的な防振装置について述べる．図3.109は，除振装置と顕微鏡ユニットを簡単化したモデルである．床の振動振幅，除振台上の振動振幅，顕微鏡ユニットの探針部の振動振幅をそれぞれ X_0, X_1, X_2 とすれば，除振の目的は，床の振動振幅 X_0 に対して，探針-試料間の振動振幅 X_2-X_1 を顕微鏡観察に影響を与えない程度に小さくすることである．このとき，運動方程式は，系内での減衰を無視すれば，次式で与えられる．

$$M_1 = \frac{d^2 X_1}{dt^2} + K_1 X_1 + K_2(X_1 - X_2) = K_1 X_0 \sin \omega t$$

$$M_2 \frac{d^2 X_2}{dt^2} + K_2(X_2 - X_1) = 0$$

ここに M_1, M_2 は除振装置の質量，顕微鏡ユニットの探針側の質量，K_1, K_2 は除振装置のばね定数，顕微鏡ユニットのばね定数である．また，ω は床の振動周波数である．床の振動振幅と顕微鏡ユニットの探針-試料間の振動振幅との比を伝達率 Z として次のように定義する．

$$Z = 20 \log\left(\frac{X_2 - X_1}{X_0}\right)$$

ここで，次のように床の振動振幅と除振装置の振動振幅との比を伝達率 Z_1，除振装置の振動振幅と顕微鏡ユニットの探針-試料間の振動振幅との比を伝達率 Z_2 とすれば，以下のようになる．

$$Z_1 = 20 \log\left(\frac{X_1}{X_0}\right)$$

$$Z_2 = 20 \log\left(\frac{X_2 - X_1}{X_1}\right)$$

また，系全体の伝達率は，対数表示であ

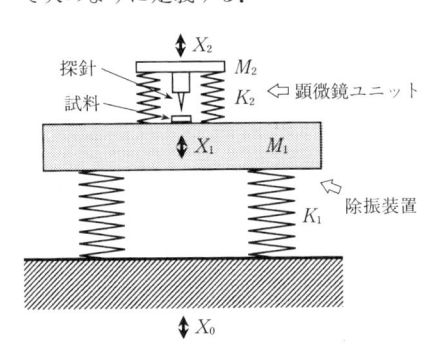

図 3.109 除振装置と走査型プローブ顕微鏡 (SPM) ユニットの単純化モデル

3. 要素の原理と方法

るから次式のように各伝達率の和として求められる．

$$Z = Z_1 + Z_2$$

ただし，ここでは，除振装置の質量 M_1 が顕微鏡ユニットの探針側の質量 M_2 よりある程度大きいとする．

図3.110は，伝達率 Z_1, Z_2, Z を計算した結果である．横軸は，除振装置の機械的共振周波数 $\omega_1 = (K_1/M_1)^{1/2}$ で規格化した床の振動周波数 ω である．曲線 I は，除振装置の伝達率 Z_1 であり，床の振動は，除振装置の共振周波数 ω_1 をこえると除振装置に伝わりにくくなることがわかる．曲線 II は，顕微鏡ユニットの伝達率 Z_2 である．ここで，実線および破線は，顕微鏡ユニットの機械的共振周波数 $\omega_2 = (K_2/M_2)^{1/2}$ が，それぞれ，除振装置の共振周波数 ω_1 の100倍および500倍の場合である．曲線 II より，除振装置の振動は，顕微鏡ユニットの共振周波数 ω_2 より低ければ，探針-試料間に伝わりにくくなることがわかる．曲線IIIは，系全体の伝達率 Z であり，顕微鏡ユニットの共振周波数 ω_2 が高い方が，系全体の伝達関数が低下していることがわかる．これより，系全体の除振性能を向上させるためには，除振装置の共振周波数 ω_1 をできるだけ下げ，顕微鏡ユニットの共振周波数 ω_2 をできるだけ上げることが重要であることがわかる．

なお，除振装置と顕微鏡ユニットの共振周波数 ω_1, ω_2 付近にピークがあり，この周波数付近では防振性能が低下することがわかる．除振装置の共振周波数 ω_1 付近で防振性能が低下することを防ぐため，除振装置にダンパを設けピークを減衰させる必要がある．

除振装置としては，空気ばねを用いる方式や数枚の金属板の間にゴムを挟んで積み重ねた金属スタック方式（図3.111(a)），ゴムや金属のばねで吊るす方式（図3.111(b)）などがある．空気ばね方式は，現在，垂直方向の共振周波数が $1.0\,\mathrm{Hz}$ 以下，水平方向の共振周波数が $1.5\,\mathrm{Hz}$ 以下の高性能な除振台が市販されている．金属スタック方式は，ばね方式に比べて除振性能は劣る（機械的共振周波数は約 $100\,\mathrm{Hz}$）が，より簡単な構造のため小型で扱いやすいという長所をもっている．ばねで吊るす方式は，ばねを長くすれば共振周波数を下げられるという利点があり，きわめて高い除振性能を期待できる．特に金属のコイルばねを使用すれば，真空チャンバ内でも使用できる利点がある．ダンパとしては，磁石と銅ブロックからなる渦電流式制動が用いられている．ただし，コイルばねのサージング共振が除振性能を低下させる場合があるので注意が必要である．

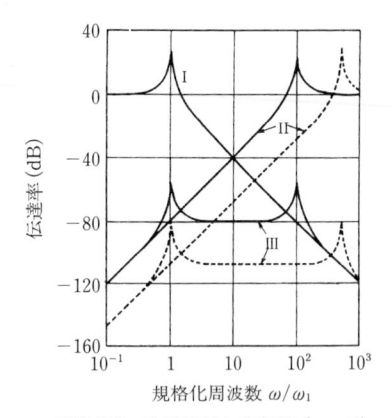

図3.110　除振装置と走査型プローブ顕微鏡ユニットの伝達率

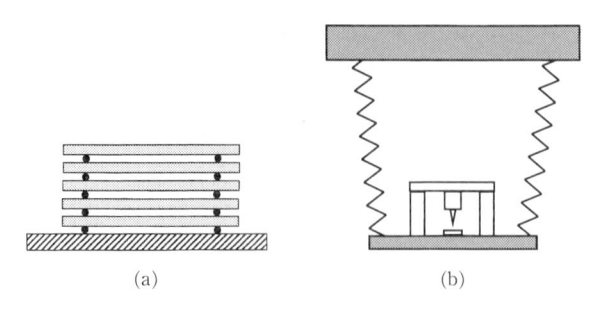

図 3.111 (a) 金属スタック方式除振装置，(b) ばね吊り方式除振装置

なお，実際の SPM 装置では，通常，1 段の除振だけでは不十分である．そこで，空気ばね方式と金属スタック方式を併用する除振装置，ばね吊り方式と金属スタック方式を併用する除振装置(真空中で動作する顕微鏡において)などが使用されている．また，最近では，アクティブ除振も使用されるようになってきた．空気ばねを用いたパッシブ除振に比較して，共振点での伝達率が空気ばね式に比べて低い，搭載盤上で発生する振動も除振できる，復元時間が非常に短いという特徴がある．ただし，アクティブ方式の動作する周波数は通常数百 Hz までであり，数百 Hz 以上の周波数に対してはパッシブ除振を併用する必要がある． (菅原康弘)

文　献

1) M. Okano et al. : *J. Vac. Sci. Technol.*, **A5** (1987), 3313.
2) Y. Kuk and P. J. Silverman : *Rev. Sci. Instrum.*, **60** (1989), 165.

3.2.2 真空 (表面への影響)

一般に，走査型プローブ顕微鏡は，試料表面の湿気や吸着ガスにきわめて敏感で，像の信頼性を高めるために制御された環境下で像を観察したいという要求が多くなってくる．特に，半導体表面のように大気中ですぐに表面が汚染される試料については，不純物ガスのない清浄な環境(超高真空中)で像を観察することが求められる．

また，走査型プローブ顕微鏡の応用範囲が広がるにつれて，試料を加熱したり，冷却したりして観察したいという要求も多くなってくる．たとえば，薄膜・触媒分野では，試料を加熱してガスの脱離吸着過程を調べたり，試料を冷却してガスの表面への吸着過程を観察したりすることなどが求められる．また，半導体ナノ構造の分光測定においては，低温環境でナノ構造の基底状態を分光測定することなどが求められる．大気中で試料を加熱すると，大気中の酸素と試料表面が反応してしまう．大気中で試料を冷却すると，大気中の水分により試料表面に霜がついてしまう．このように，試料の加熱や冷却は，大気圧中では困難であり，真空排気することによって初めて可能となる．

3. 要素の原理と方法

気体分子運動論によれば，圧力 p Pa の雰囲気下の $1\,\mathrm{cm}^2$ の表面に温度 T K，分子量 M の分子が 1 秒間に衝突する個数 $N\,\mathrm{cm}^{-2}/\mathrm{s}$ は，次式で与えられる．

$$N = 2.2 \times 10^{20} p (MT)^{-1/2}$$

10^{-4} Pa 程度の真空環境では，上式より $1\,\mathrm{cm}^2$ の表面に室温で毎秒約 2.4×10^{14} 個の窒素分子が衝突することになる．固体表面の第 1 原子層には $1\,\mathrm{cm}^2$ あたり約 10^{15} 個の原子が存在するので，衝突した原子がすべて試料表面に付着すると仮定すれば，試料表面は約 4 秒で付着した気体分子で完全に覆われることになる．したがって，測定に堪える十分清浄な表面を実現するためには超高真空（10^{-5} Pa 以下）が必須となる．通常，清浄表面の精密測定には，少なくとも 10^{-8} Pa できれば 10^{-9} Pa 台の超高真空が必要である．

このような超高真空は，最近の真空技術の進歩により比較的容易に実現できるようになった．超高真空装置は，普通，SUS 300 系のステンレス鋼でつくられ，真空シールには国際規格であるコンフラットフランジと無酸素銅ガスケットが用いられる．ステンレス鋼が用いられるのは，ベークアウトができ，吸蔵している気体の放出が少ないためである．

真空に排気したい真空容器の中から気体分子を取り除く場合，真空排気ポンプとしては，大別すると，容器の外に取り去る働きをもつポンプ（気体移送型ポンプ）と容器の一部に気体を溜め込むことにより容器空間から気体分子を取り除くポンプ（気体溜め込み型ポンプ）とがある．気体移送型ポンプは処理できる気体量に限りがないのに対して，気体溜め込み型ポンプは処理できる気体量に限りがある．

通常，大気圧からの排気過程では，粗排気ポンプを必要とし，粗排気ポンプとしては，ターボ分子ポンプ（排気には，さらに油回転ポンプを使用）などの気体移送型ポンプが用いられる．このようなポンプは，処理できる気体量に限りがないという特徴を有し，ターボ分子ポンプは，高速で回転する多段の回転翼とそれらの間に挟まれた多段の静止翼により気体分子を圧縮し排気するポンプである．

主排気ポンプとしては，ゲッタポンプやスパッタイオンポンプなどの気体溜め込み型ポンプがよく用いられる（併用されるのが通例である）．ゲッタポンプは，真空下でチタンフィラメントに大電流を流すことによってチタンを蒸発させ，冷却された金属板上に付着させて活性なチタン膜表面（ゲッタと呼ばれる）を得，その上に残留ガス分子を化学吸着させることによって，より低い圧力を得ようとするものである．スパッタイオンポンプは，ゲッタのチタンを蒸発させる代わりに残留ガスをイオン化し，イオンをチタンに衝突させてチタンをスパッタさせ，チタンの膜を生成する．この膜がゲッタポンプの場合と同様に在留ガスを吸着し排気する．また，チタンに衝突した残留ガスイオンもチタンの中に埋め込ませ排気される．ただし，イオンとして埋め込まれた気体も後から埋め込まれるイオンによって再放出されることがある．

なお，上述のような超高真空を得るには，まず，ステンレス鋼の真空容器の温度を 200℃ 程度まで加熱して気体移送型ポンプで 24 時間以上粗排気をし，真空容器の吸蔵

気体を強制的に放出させる必要がある．次に，真空容器の温度を室温まで下げて，気体溜め込み型ポンプで主排気する必要がある．

また，主排気で用いられるゲッタポンプやスパッタイオンポンプなどの気体溜め込み型ポンプは，機械的に振動する部分がないので，走査型プローブ顕微鏡観察時に振動を発生させないという利点もある． 〔菅原康弘〕

3.2.3 低　　温

近年，近接場光学顕微鏡は空間分解能や感度などの性能向上により，半導体，有機材料をはじめとして，金属，生体，液晶などさまざまな対象の評価・観察に用いられるようになってきている．そのような近接場光学顕微鏡の測定対象の広がりとともに，動作環境も通常の室温・常圧下だけでなく，液中や超高真空中または極低温などの特殊環境下で測定が行われる事例が増えつつある．ここではそれらの特殊環境下のうち，極低温で動作する近接場光学顕微鏡装置ならびに，それに付随して必要となる要素技術について解説する．

a. 低温測定の利点： 最初に近接場光学顕微鏡測定において試料を冷却し，低温下で測定することによる利点を画像計測ならびに分光計測の観点から説明する．

(1) 熱エネルギーによるボケの軽減： 通常近接場光学顕微鏡の測定はそのほとんどが，室温(常温)下で行われている．しかし，半導体などを対象に分光・画像計測を行う場合，室温での測定だけでは必ずしも十分な情報が得られない．それは，室温 ($T=300\,\mathrm{K}$) の熱エネルギーが約 27 meV ($=k_\mathrm{B}T$：ボルツマン係数 k_B，絶対温度 T) であり，固体中の電子がもつ数 meV，μeV スケールの微細なエネルギー構造を詳細に議論するにはその値が大きすぎるからである．つまり，分光計測によって室温下で

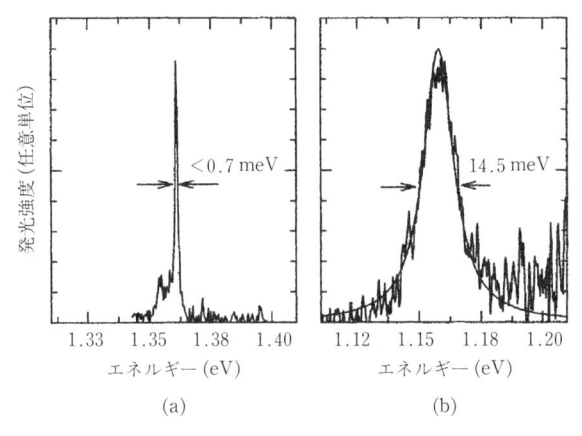

図 3.112 (a) 低温 (7.5 K) および (b) 室温 (300 K) での単一半導体量子ドットの発光スペクトル

そのような微細なエネルギー構造を詳細に調べようとしても,熱による影響でその分光スペクトルにボケ(幅)が生じてしまい,それらの微細な構造が覆い隠されてしまうからである.その1例を図3.112に示す.図3.112(a),(b)はそれぞれ,近接場光学顕微鏡を用いて低温(7.5 K)と室温(300 K)で測定された半導体材料(単一の量子ドット)の発光スペクトルの測定例である.7.5 Kでは,熱エネルギーによるボケの影響であるスペクトル線幅の広がりはほとんどみられず,0.7 meV以下という非常に幅の狭い発光スペクトルが得られている[1].これに対して室温では,熱の影響(格子振動による電子の散乱)を受け発光スペクトルの幅は著しく広がり,14.5 meVに及んでいることがわかる[2].このような事例は半導体材料に限ったことではなく,蛍光分子などでも程度の差はあるが,室温に比べ低温ではスペクトル線幅が先鋭化することがよく知られている.このように試料を低温に冷却することで,より詳細にかつ微細なエネルギー構造をもつ対象を調べることが可能となる.

(2) 発光(蛍光)強度の増大: 近接場光学顕微鏡測定において発光(蛍光)観察は,比較的容易に高い画像コントラストが得られることから,吸収,反射,散乱などの他の観測手法と比べ,最も頻繁に用いられている.その際,できる限りよりSN比のよい画像を短時間で得るためには,発光の信号をいかに多く検出するかが重要なポイントとなる.たとえば半導体,有機分子材料などにおいて,一般的に温度が低いほど発光強度(量子効率)が増す傾向にあり,場合によっては300 Kから5 Kに冷却することで3〜4桁発光強度が増大することもある.そのため,特に発光の微弱な材料において発光画像計測,分光計測を行う場合には低温下での測定が必要不可欠である.

(3) 光耐性の向上: 室温において近接場光学顕微鏡を用いて単一もしくは数個の蛍光色素分子の蛍光画像計測や蛍光分光測定を行う場合,しばしば蛍光強度の著しい減少(消光)や分子自身の分解・解離という問題が生じる.このような蛍光の消光や分子の解離は,観察を行うために強いレーザ光を分子に当て続けることで光励起3重項状態を通じて分子が活性酸素と反応するために起こる.このような問題をできる限り抑えるために,低温に冷却することで分子と活性酸素との反応を起こりにくくし,それによって長時間,安定に測定することが可能となる.

b. 冷却方法: 次に,近接場光学顕微鏡で観察する試料を低温まで冷却する方法について解説する.試料の冷却方法は,液体窒素(77 K)もしくは液体ヘリウム(4.2 K)などの寒剤を用いる方法が一般的である.その他の冷却方法として,ペルチェ冷却や希釈冷凍機を用いて冷却する方法もあるが,通常のペルチェ冷却では150 K以下に冷却するのが難しく,また冷凍機では振動の問題などがあり近接場光学顕微鏡の冷却方式にはあまり用いられていない.寒剤を用いた試料の冷却方法には,図3.113の模式図に示すように,大きく分けて(a)寒剤溜めから熱伝導を使って冷却する方法(コールドフィンガー方式)[3],(b)直接寒剤に浸すかもしくは蒸発した冷却ガスを用いる方法(ここでは,ガスフロー方式と総称する)[1,4]の2種類がある.

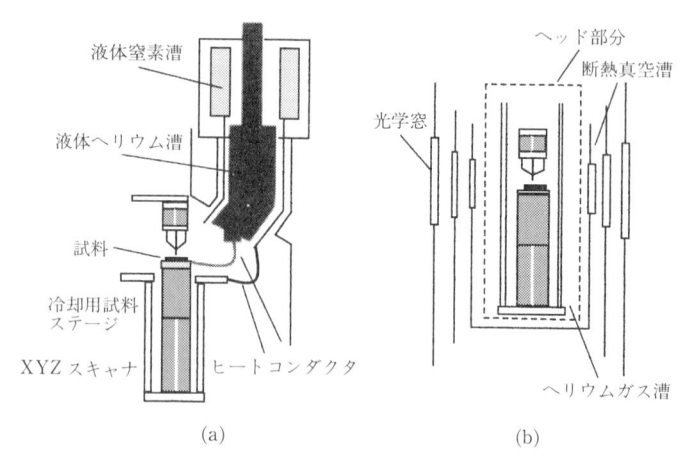

図 3.113 冷却方式
(a) コールドフィンガー方式, (b) ガスフロー方式.

(1) **コールドフィンガー方式**: 図3.113(a)の模式図に示すように,この方法は寒剤を貯めておく寒剤溜めを用意し(ここでは液体ヘリウム),そこに液体ヘリウムを貯めておく.その液体ヘリウム漕のまわりには,液体ヘリウムの蒸発をできる限り防ぐため液体窒素漕を設けている.試料の冷却は,その液体ヘリウム溜めから熱伝導度の高い金もしくは銀ワイヤなどを通して,寒剤溜めの液体ヘリウムと試料を熱的にコンタクトし,行う.そのため,基本的には試料と試料走査用のXYZスキャナのみを冷却し,他の部分は常温に近い温度のままである.この方法の特色は,ヒータを取りつけることによって試料の温度を可変することが比較的容易な点にあるが,一方で極低温(20 K以下)までの冷却が難しいなどの欠点がある.

(2) **ガスフロー方式**: この方法は図3.113(b)に示すように,試料も含めた近接場光学顕微鏡ヘッド全体を直接液体ヘリウムなどの寒剤に浸けてしまう,もしくは,トランスファチューブを通して蒸発したヘリウムガスをクライオスタットに流し込んでクライオスタット中のヘッドを冷却する方法である.最も初期に開発された低温動作の近接場光学顕微鏡も,クライオスタット中のヘッド全体を超流動状態にある液体ヘリウム(1.5 K)に浸けるこの方式がとられた[4,5].この方法では,ヘッド全体が冷却されるため温度安定性に優れてはいるが,試料温度を可変して測定するなどの用途には不向きである.しかしながら,冷却装置には市販の光学窓付きクライオスタットがそのまま流用できるなど比較的シンプルに装置を構成でき,また信頼性が高いという利点がある.

c. 低温動作の近接場光学顕微鏡装置: ここでは,最も多く用いられているガスフロー冷却タイプの近接場光学顕微鏡を例に,実際の装置ならびにそこで用いられている要素技術について具体的に述べていく[1].

3. 要素の原理と方法

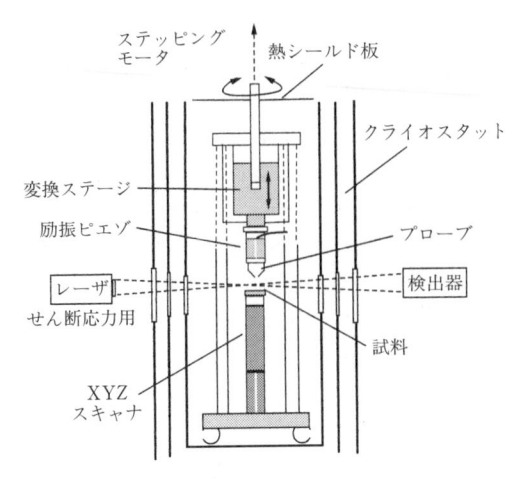

図3.114 低温動作の近接場光学顕微鏡装置

(1) **装置概要**: 図3.114に低温近接場光学顕微鏡システムの模式図を示す．装置の概略は，近接場光学顕微鏡ヘッド部分が光学窓付きクライオスタット中に置かれ，ヘッド部分全体がヘリウムタンクからトランスファチューブを通して送られる蒸発ヘリウムガスによって冷却される形になっている．クライオスタットの断熱真空層は10^{-4} Torr以下に真空排気され，また上部に熱シールド板を設置してヘリウムガスの蒸発を防いでいる．

近接場光学顕微鏡ヘッドは大きく分けて，Z軸粗動接近機構および試料とプローブ間の距離制御に必要な振動素子，試料走査用XYZピエゾスキャナで構成されている．ファイバプローブは，励振用ピエゾに接着剤を用いて固定されており，この部分がステッピングモータによって上下に粗動する機構となっている．測定時にプローブと試料を接近させる場合には，このステッピングモータを用いてプローブ-試料間の距離を数μmまで近づけておき，最終的に走査用ピエゾスキャナのZ軸動作を使い微調整する．プローブと試料の距離制御には，ピエゾ素子による加振と光学的振動検出を利用したせん断応力検出法を用いている．ここでは，クライオスタットの光学窓のうち2面を利用し，窓の外から分光測定のじゃまにならないような赤外の半導体レーザ光（波長：1.55 μm）をファイバプローブ先端に照射する．その回折光をフォトダイオードで受け，プローブ先端の振動と同期検波した出力をフィードバック信号として用いる．他の2面の光学窓は，試料の表面状態の確認やおおまかな試料観察を行うために，作動距離の比較的長い顕微鏡を用いてモニタするのに用いられる．

せん断応力検出以外にも室温において頻繁に用いられている水晶振動子による加振・振動検出を，低温装置に導入することも可能である．さらに，試料観察用のモニタにイメージファイバを用いれば，光学窓の全くないクライオスタットでも低温動作

の近接場光学顕微鏡を組み上げることができる[6]．また，Z軸粗動接近機構にイナーシャルスライダ方式[7]を取り入れることにより，高精度なアプローチを実現した例もある．

実際の低温測定において最も注意しなければならないのが，試料の振動およびドリフトの問題である．振動は特に近接場光学顕微鏡ヘッドを液体ヘリウムに浸けてしまうタイプの場合に，液体ヘリウム中で細かい気泡が発生することによって生じる．これを防ぐには，液体ヘリウムを減圧して超流動状態(2K)にするなどの手段を講じる必要がある．またドリフトは，温度の変動に応じて装置自身が伸縮することによって引き起こされる．これを避けるためには装置の特性にも依存するが，温度の変動を0.1K以内に抑えることが必要である．

また，そのほかにも低温下ではピエゾの伸びが小さくなり，試料の走査範囲が狭くなってしまうという問題もある．たとえば5Kでは室温に比べてピエゾスキャナの伸びが1/4〜1/5程度になるため，低温で広い範囲を走査したいときには注意が必要である．

(2) 試料のXY粗動機構： ここでは極低温のクライオスタット中で，試料をX-Y方向に走査用ピエゾの動作範囲より大きく動かしたい場合に粗動機構として用いられる慣性駆動方式について説明する．この機構は新たに粗動のためのステージを用意する必要がなく，微動用のXYスキャナ(実際にはXYZスキャナ)をそのまま流用できる上，極低温中に限らず高真空中でも動作可能である．図3.115に示すようにXYスキャナ(PZT)上に試料を載せ，この状態でスキャナのXもしくはYの1軸にのこぎり歯状の電圧を印加する．そのとき，(i)の時間領域では，静止摩擦力によりステージはXYスキャナの変位量と同じだけ移動する．次に，印加電圧が急激に変化する(ii)の時間領域では，加速によるXYスキャナの慣性力が，スキャナと試料ステージとの間の静止摩擦力を上回るため滑りが生じて試料が移動する(iii)．この動作を繰り返すことにより，滑りを利用して試料の粗動を行う．その際にサファイアのボール上に試料ステージを置くなどして試料ステージの滑りをよくしたり，また外部からの振動によって簡単に試料ステージが動いてしまわないよう，マグネットを用いて軽く固定するなどの工夫が必要である．

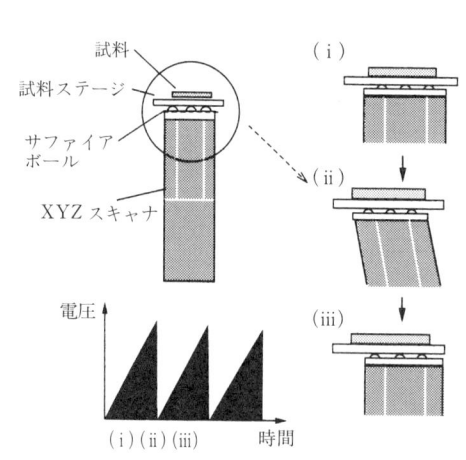

図3.115 測定試料のXY粗動機構

(3) 光照射・集光系： 最後に，近接場光学顕微鏡測定において最も重要な部分である近接場光の照射・集光の

3. 要素の原理と方法

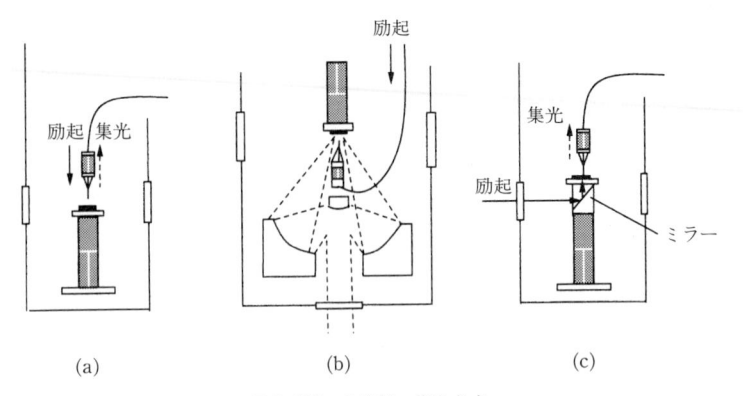

図 3.116 光照射・集光方式
(a) 照明集光モード (IC モード), (b) 照明モード (I モード), (c) 集光モード (C モード).

ための光学系について述べる．低温測定のために近接場光学顕微鏡ヘッドがクライオスタット中に置かれていると，通常の常温・大気中の場合と異なり照射・集光のために使用できる空間が著しく制限される．そのため，光学系の設計には工夫が必要となる．開口型の近接場光学顕微鏡の場合，測定配置にはプローブで近接場光照射のみを行う照明モード (I モード)，集光のみを行う集光モード (C モード)，照射・集光を行う照明集光モード (IC モード) の3種類がある．この3種類のうち，最も単純なのが図3.116 (a) に示すように照射・集光を1つのプローブで行う IC モードである．しかしながら，この場合には微弱な近接場光を効率よく集光できるスループットの高いファイバプローブを使用することが不可欠である[8]．一方，I モードを行う場合には，クライオスタット中に屈折型の高開口数 (NA) の対物レンズを置くか，図 3.116 (b) に示すように反射型のシュバルツシルト鏡 (NA=0.4) を用いて集光を行うなどの工夫がなされている[4]．また，より簡便な方法として集光効率は先の方法に比べて落ちるが，試料の背面から多モードファイバで集光するという方法もある．C モードに関しては，照射光の集光をあまり問題にしないのであれば，試料ステージ直下にミラーを配置し (図 3.116 (c))，クライオスタットの光学窓を通して励起光を照射するなどの方法も利用可能である．

本項では，近接場光学顕微鏡測定を低温下で行う意義について述べ，実際の低温動作の近接場光学顕微鏡とそれに用いられている要素技術について解説した．今後，低温下だけに限らず別の特殊環境を組み合わせ，たとえば極低温・超高真空中もしくは極低温・磁場中[5,6] などで動作する近接場光学顕微鏡へと発展していくと考えられる．そのような近接場光学顕微鏡が，半導体や有機分子材料に限らず，さまざまな系の評価・観察で威力を発揮し，われわれに新しい情報をもたらすことが期待される．

〔松田一成・斎木敏治〕

文　献

1) T. Saiki et al.: Jpn. J. Appl. Phys., **37** (1998), 1638-1643.
2) K. Matsuda et al.: Appl. Phys. Lett., **76** (2000), 73-76.
3) G. Behme et al.: Rev. Sci. Instrum., **68** (1997), 3458-3463.
4) R. D. Grober et al.: Rev. Sci. Instrum., **65** (1994), 626-631.
5) H. F. Hess et al.: Science, **264** (1994), 1740-1745.
6) Y. Toda et al.: Appl. Phys. Lett., **73** (1998), 517-520.
7) W. Gohde et al.: Rev. Sci. Instrum., **68** (1997), 2466-2474.
8) T. Saiki et al.: Appl. Phys. Lett., **74** (1999), 2773-2775.

3.3 光計測技術

3.3.1 複屈折，吸収，透過，反射

　光を表す物理量には，振幅(強度)，位相，波長，偏光などがあり，これらを単独にあるいは組み合わせることで，さまざまな観測試料の情報を獲得できる計測手法や測定装置が開発されている．さらに，やや概念が異なるものの時間パルス性，非線形光学現象の利用，あるいは蛍光といった手法を用いた計測法も開発されている．近接場光学の研究分野でも，光がもつ物理量の多様性を反映してさまざまな試料の情報を2次元画像として観測できる装置が研究開発されている[1]．近接場光学顕微鏡と類似のプローブ顕微鏡である走査型トンネル顕微鏡 (STM) や原子間力顕微鏡 (AFM) の基本的な装置構成はほとんど同じであるのに対し，近接場光学顕微鏡の装置構成は多種多様であり，大きく分けても3つないし4つの方式，細かく分けるとさらに多くの装置が報告されている．これは研究開発の立上りが STM や AFM に比べ遅れたこともあるが，光がもつ多様性によるところが大きいと考えられる．しかしながら，多様性があるということは裏を返せば決め手を欠くとも考えられ，必要な情報や観測したい試料の特徴を見極めることが，近接場光学顕微鏡を利用するときの最初の1歩であろう．

a. 近接場光学顕微鏡の構成：　このように多様な近接場光学顕微鏡の装置構成のうち主なものを図3.117に示す[2]．

(a) の照明モード (I モード) は光源からの光を光ファイバなどによってプローブまで導波させてプローブ先端開口から出射する光で試料を照明し，その透過光をレンズで集光させて光検出して試料の透過特性分布を求める．いわば，プローブ先端を波長よりも小さい微小光源とすることで超解像を実現させている．(b) の集光モード (C モード)[3] は，(a) とは逆に試料を光源で照明し，表面近傍に存在する透過近接場光をプローブで散乱させて伝搬光に変換し検出器まで導波させる．光検出器の前に微小開口を設け，それを近接場領域で走査させている．(c)[4] は (a) と (b) を組み合わせた反射型モードであり，特に不透明な試料に適する．ただし，光がプローブの微小開口を往復して通過することになるので，検出信号の SN 比を確保するための工夫が必要である．たとえば，光ファイバプローブを使う場合には，ファイバへの入力強度に対す

3. 要素の原理と方法　　　　　　　253

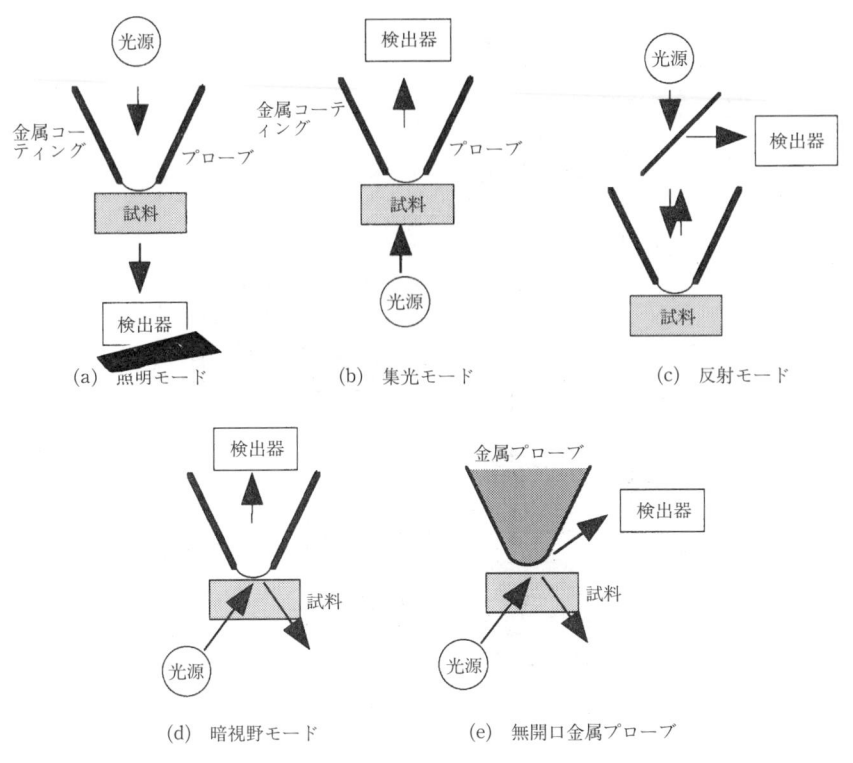

図 3.117 近接場光学顕微鏡の基本光学系

(a) 照明モード　(b) 集光モード　(c) 反射モード　(d) 暗視野モード　(e) 無開口金属プローブ

るプローブ出射光強度の比，いわゆるスループットを大きくしたり，試料面からの反射光を弁別するため同期検出法を用いる必要がある．(d)は暗視野照明モードと呼ばれる配置で，全反射角で入射させたときに試料境界面に生じる非伝搬光であるエバネッセント光をプローブで散乱させて伝搬光に変換させ超解像観測を可能としている．全反射界面におけるフォトンの振舞いが，電子のトンネル現象とよく似ているため，フォトンSTM[5]とも呼ばれる．(a)〜(d)ではプローブに光ファイバなどの誘電体材料すなわち光学的には透明な材料を用いているのに対し，(e)はプローブに金属材料を用いてプローブ先端で試料表面の近接場光を散乱させ，その散乱光を集めて光検出する配置である[6]．このモードは比較的先端の鋭いプローブが得られやすいので高分解能な観測を期待できる．また，プローブ先端での電界増強効果によって2光子吸収[7]やSHGなどの非線形光学現象を近接場光学に導入できる可能性をもっている．

b. 反射強度の観測：　光の状態を表す物理量（強度，位相，波長，偏光など）の中で最も使われているのが強度であって，図3.117に示すすべての装置構成で利用さ

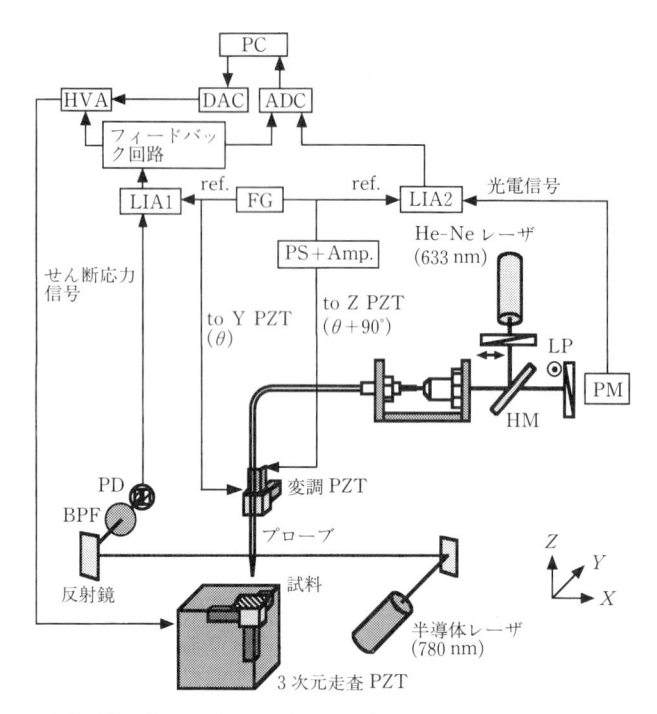

図 3.118 楕円振動プローブによる反射型近接場光学顕微鏡の構成

れている．とりわけ (a) および (b) は試料の光吸収度分布を画像化できる．これに対して (c) は装置構成から明らかなように試料の反射率分布画像が得られる．特に，その構成上，プローブ開口を 2 度だけ光が往復することになるので，高分解能を期待できる．しかし，光強度がそれだけ減少するため光検出信号の SN 比の低下には注意を要する．そのため，試料に対して垂直方向にプローブを加振して試料反射光を同期検出する方法が考えられる．せん断応力を検出するための信号周波数と加振周波数を大きく違える方法[8]や，同じ周波数で位相が 90°異なるいわば楕円状にプローブ先端を加振する方法などが考えられる．後者の装置構成例を図 3.118 に示す．

試料照明用 He-Ne レーザ (波長：632.8 nm，出力：1 mW) は，方位 0°に設定された直線偏光子 (LP) を通り，ハーフミラー (HM) で反射された後に光ファイバに入射する．光ファイバのコア部を伝搬し，ファイバ先端の微小開口により発生したエバネッセント光により試料は照明され，試料表面で散乱・反射し伝搬光成分となった光は再び微小開口よりファイバコア部を伝搬し，光電子増倍管 (PM) で検出される．ここで，PM の前に置かれている LP は，方位 90°に設定されており，ファイバカップラやファイバ端面からの戻り光を除去するためのものである．そして PM によって検出された信号は，ロックインアンプ (LIA 2) により加振周波数で同期検出されるこ

3. 要素の原理と方法

とで，試料表面の光学特性を反映する信号を得ることができる．プローブの振幅の変位は，Y 軸方向の振動成分を半導体レーザと 2 分割検出器により差動検出し，LIA 1 でその振動周波数で同期検出する．この振動成分はせん断応力が働くことにより減衰するが，その減衰量を一定に，すなわち LIA 1 の出力を一定に保つようにフィードバック制御を行う．制御回路からのフィードバック電圧は試料表面の凹凸情報となる．LIA 2 の出力およびフィードバック電圧を A/D 変換器 (ADC) を介して PC に取り込み，画像化することで，試料表面光学像と表面凹凸像を得ることができる．

反射型近接場光学顕微鏡における接近特性を測定した結果を図 3.119 に示す．試料には，Au 薄膜をコーティングしたカバーガラスを用い，プローブの加振は，非共振周波数 2.0 kHz，振動振幅横 12 nm，縦 24 nm の楕円加振とした．試料表面への接近に伴うせん断応力による振幅の減少がみられる．またそれに伴うエバネッセント光の検出も確認できる．エバネッセント領域接近前の周期変化は，伝搬光成分によるプローブ-試料間での干渉によるものと考えられる．

図 3.120 は反射型近接場光学顕微鏡による IC (MPU) の観測画像である．表面凹凸像において高さ 500 nm 程度の構造がみられる．これは IC の電極のエッジ部分であると考えられる．そしてこれに対応する光

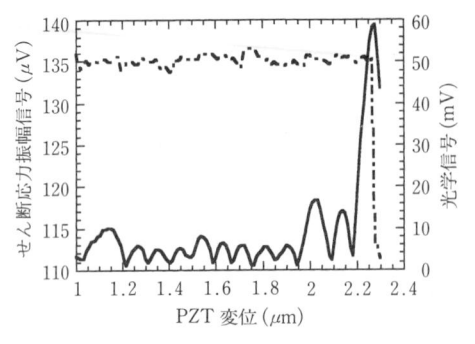

図 3.119 楕円振動プローブの試料への接近特性
実線：光学信号，破線：せん断応力振幅信号．

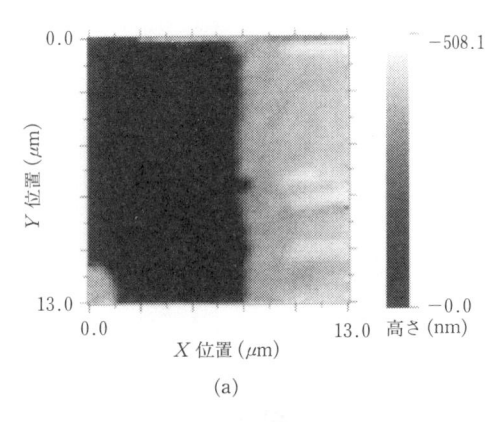

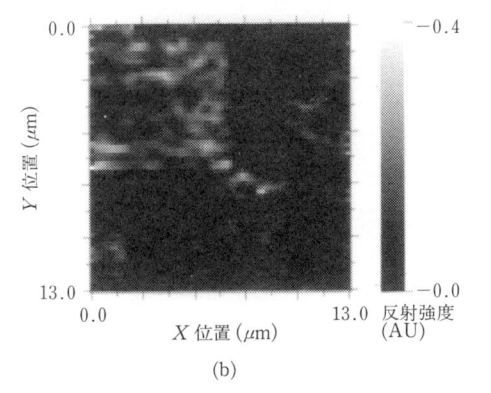

図 3.120 IC の観測像
(a) 表面形状，(b) 表面反射像．

学像においては，地形の低い位置で反射率の高くなっているところがみられ，反射率の高い回路部はそのまわりより地形が低くなっていることがわかる．また，地形が同じ高さでありながら反射率の低くなっているところもある．これは電極中の溝，または材質，内部構造の変化による光吸収などの原因により，反射光が減少していると考えられる．

c. 複屈折分布の観測： 偏光情報は，高分子の配向，細胞構造，液晶の相転移，あるいは固体の応力解析に欠くことのできないもので，各種の偏光近接場光学顕微鏡が提案されている．しかし，十分な性能を有するものは少なく，高分子材料や液晶関連の研究者から新たな近接場光学顕微鏡の開発が待望されている．そこで，ゼーマンレーザによる高精度あるいは高速な複屈折測定法[9]の原理を近接場光学顕微鏡に導入した新規な複屈折近接場光学顕微鏡が研究開発されている[10]．

(1) 装置構成： 開発された複屈折近接場光学顕微鏡の構成を図3.121に示す．2周波左右円偏光を発振する軸ゼーマンレーザ(SAZL)(波長：632.8 nm)から出射したレーザ光は対物レンズにより光ファイバに入射する．光ファイバに入射したレーザ光は，ファイバポーラライザにより光ファイバ内での複屈折の影響を打ち消した後，光ファイバプローブから出射する．出射光は試料を通過し，対物レンズにより平行光にされ，方位45°の1/4波長板(QWP)，方位0°の直線偏光子(LP)を通過後，レンズにより集光され，光電子増倍管(PM)により光電検出される．この検出信号はI/V変換器を通過後，SAZLのビート周波数と同期した交流成分がロックインアンプ(LIA 1)によって，また遮断周波数100 Hzのローパスフィルタ(LPF)によって直流成分がそれぞれ検出される．これらの信号をパーソナルコンピュータ(PC)に取り込み，複屈折位相差，主軸方位を計算する．光ファイバプローブ-試料間距離の制御に

画像データ(表面形状，複屈折位相差，主軸方位)

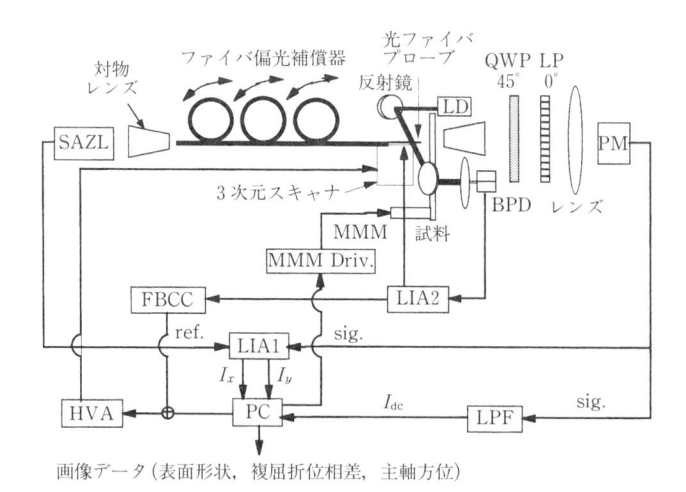

図3.121 複屈折近接場光学顕微鏡の構成

は，せん断応力法を用いた．

本測定装置における測定手順は以下のとおりである．

粗動用モータマイクロメータ(MMM)，微動機構用PZTを用いて，せん断応力が検出される距離まで光ファイバプローブを共振周波数で振動させながら試料に接近させる．光ファイバプローブの加振は，LIA 2の内部発振出力を加振用PZTに印加することで行われる．せん断応力によりLIA 2の出力（光ファイバプローブの振動）が減少したところで，光ファイバプローブの移動を停止させ，フィードバック回路(FBCC)により，LIA 2の出力が一定になるように微動用PZTのZ軸PZTに高圧アンプ(HVA)を介して制御信号を加える．この制御信号が試料の凹凸像となる．この状態で光ファイバプローブをX-Y軸方向に走査し，試料透過光強度を光電子増倍管で光電検出する．同時に，FBCCからの制御信号もPCに取り込み，試料の凹凸像を得る．PCからのX-Y走査信号は，HVAによって微動用PZTのX, Y軸PZTに印加される．光ファイバプローブには，ガスバーナで光ファイバを加熱し，延伸することで先鋭化し，スパッタリングにより金薄膜をコーティングすることで先端に微小開口を形成したものを使用した．

(2) 高配向高分子膜の観測例：高配向薄膜作成法として摩擦転写(friction transfer)法[11]がある．この方法は高分子の棒を加熱した基板に擦ることで，分子を配向させ，基板上に薄膜

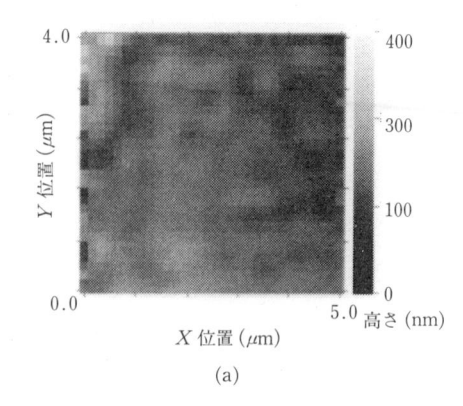

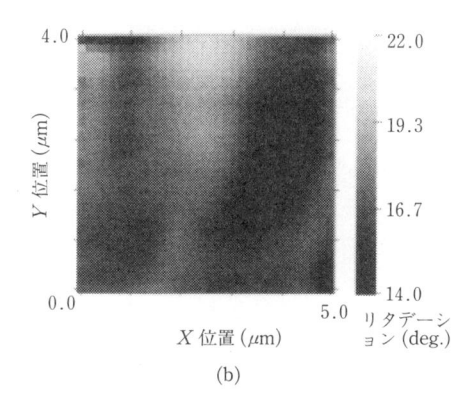

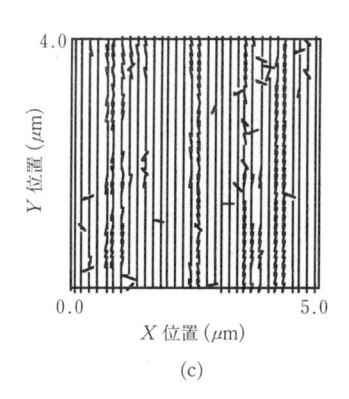

図3.122 高配向高分子膜の観察像
(a) 表面形状，(b) リタデーション像，
(c) 複屈折主軸方位．

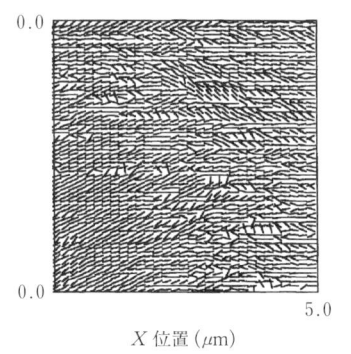

図 3.123 液晶膜の観察像
(a) 表面形状，(b) リタデーション像，
(c) 複屈折主軸方位．

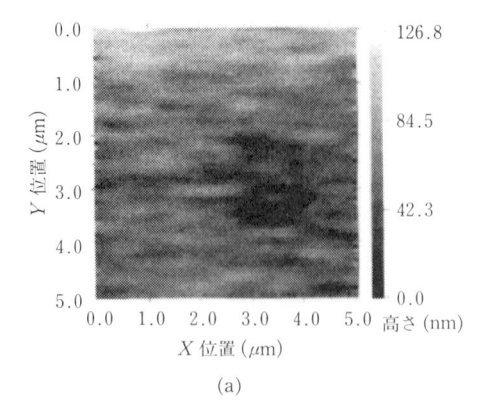

を作成する方法である．この方法は装置が簡単で高配向の薄膜が得られるが，分子の配向度合にばらつきがあり，微小領域における配向度評価法の開発が求められている．そこで，摩擦転写法でエチレン酢酸ビニル共重合樹脂の配向膜を作成し，複屈折分布を測定した．その観測結果を図 3.122 に示す．樹脂棒は図の上方から下方へ移動させた．(a) のトポグラフィー像の測定結果から，試料の表面形状が平らであり，試料の厚さに変化がないと考えられる．複屈折位相差の測定結果 (b) では，試料の上下方向に帯状の複屈折位相差の構造が現れている．また，主軸方位の測定結果 (c) より，試料内の主軸方位が樹脂棒を動かした方向に揃っていることがわかる．これより，測定された複屈折位相差構造は，試料内の分子配向度の違いに起因するものと考えられる．

(3) 液晶の観測： 液晶は，近年ディスプレイや光学変調器などさまざまな光エレクトロニクスデバイスに利用され，また，さまざまな液晶が研究開発されている．この研究において液晶の配向状態を高分解能に，できれば液晶分子を直接観測できるような顕微装置の開発が望まれている．実際に，STM によって液晶が観測されているが，試料の準備が非常に面倒で，かつ，単層の液晶分子膜しか観測できていない．そこで，複屈折近接場光学顕微鏡を用いて液晶の観測が試みられた．図 3.123 に液晶 (8 CB) を顕微鏡カ

バーガラスに1方向に擦りつけて薄膜状にしたときの(a)トポグラフィー像,(b)複屈折位相差像,および(c)主軸方位像を示す.擦りつけた方向は図において水平方向であり,走査範囲は,5×5 μm^2 である.これから(a)では最大 80 nm 程度のランダムな凹凸がみられるのに対して,(b)の複屈折位相像では数度のリタデーションであり,ほぼ均一な分布となっている.一方,主軸方位は,全体として液晶を擦りつけた水平方向に主軸方位が並んでいることがわかる.

以上のように,これまでに使われている偏光顕微鏡では観測できなかったサブマイクロメートルレベルの液晶の配向の程度とその向きを,開発した複屈折近接場光学顕微鏡によって観測できることがわかった. 〔梅田倫弘〕

文 献

1) J. P. Fillard: Near Field Optics and Nanoscopy (World Scientific Publishing, 1996), 245-251.
2) E. Betzig and J. K. Tautman: *Science*, **257** (1992), 189-195.
3) M. Ohtsu (ed.): Near-Field Nano/Atom Optics and Technology (Springer-Verlag, 1998), 102.
4) D. Courjon et al.: *Appl. Opt.*, **29**-26 (1990), 3734-3740.
5) D. Courjon et al.: *Opt. Commun.*, **71**-12 (1989), 23-28.
6) F. Zenhausern et al.: *Appl. Phys. Lett.*, **65**-13 (1994), 1623-1625.
7) E. J. Sanchez et al.: *Phys. Rev. Lett.*, **82**-20 (1999), 4014-4017.
8) O. Bergossi et al.: *Ultramicroscopy*, **61**-1/4 (1995), 241-246.
9) N. Umeda et al.: *Proc. SPIE*, **873** (1996), 119-122.
10) N. Umeda et al.: *Proc. SPIE*, **3467**, (1998), 13-17.
11) J. C. Wittmann and P. Smith: *Nature*, **352** (1991), 414-417.

3.3.2 発光分光

発光イメージングや発光分光は,無機半導体試料や有機薄膜材料,蛍光標識された生体分子など,幅広い分野において最も基本的かつ情報量豊富な観察手法である.加えて,高分解能をもつ近接場光学顕微鏡を用いることにより,試料の不均一性や個別粒子の観察,あるいは機能部位の特定といった,従来とは全く質の異なる新しい知見が得られ始めている.技術的な観点からすると,近接場光学顕微鏡による発光イメージングは,照明光(励起光)と信号光(発光)をエネルギー的に分離することができるため,高いコントラストを得やすい.したがって,透過光や反射光を信号として測定する場合と比較して,より小さな構造(発光体)を観察対象とすることができる(たとえば,単一分子を蛍光イメージングすることは容易であるが,吸収をコントラストとしてイメージングすることは至難の技である).また,光の照射領域が狭いので,試料基板などからの背景光の発生を最小限に食い止めることができる点も,近接場光学顕微鏡を発光計測に応用する上での大きな利点である.とはいうものの,信号光の絶対強度が小さいということに主に起因して,測定上はさまざまな工夫を要する場面が数多い.本項では,開口型近接場光学顕微鏡を中心に,発光測定に付随する技術的な

問題点とその解決法,ならびに発光分光における近接場光学顕微鏡の有用性を,具体例を交えながら述べていきたい.

a. 測定モードの使い分け方: 先に述べたように,近接場光学顕微鏡による発光測定における困難の多くは,信号光(発光)の絶対量が少ないことによってもたらされる.単一蛍光分子計測を例にとると,1秒間に分子が放つフォトン数は,最大でも蛍光寿命の逆数程度である.しかも蛍光色素では退色現象が不可避であるから,1分子から得られる総フォトン数自体が制限されていることになる.また,無機半導体の多くは,室温における発光効率が $10^{-1} \sim 10^{-4}$ と低い.したがって,近接場光学顕微鏡システムの信号集光能力は,発光測定において最も重要な鍵を握ることになる.励起に関しては,レーザパワーに余力がある限り,プローブ内での光伝送損失を容易に補うことが可能である.しかし,有限数のフォトンしか放出しない発光体からの集光に対しては,その効率の低さは致命的となる.よって,測定システムは集光系を優先的に考慮し,構築されることが多い.

(1) 照明モード: プローブ開口を通して励起光を照射し,試料の裏面にて信号光をレンズ集光するのが照明モード(Iモード)である.集光効率を最優先に考えると,高い開口数(NA)をもつ対物レンズを使用できるという点で最も有利である.ただし,試料自体,あるいは試料を分散させた基板が信号光に対して透明であるという条件が課せられる.単一分子蛍光イメージングや有機薄膜観察の多くは,このモードで測定されている.油浸の対物レンズを使えば,NAとして1.4程度が達成され,発光の半分以上を集光することが可能である.

このモードが不得手とする観察対象は,不透明試料,あるいは発光体が深さ方向にも一様に分布する試料などである.前者については,試料の表側で集光する方法もあるが,十分な集光効率を確保するのは難しい(一部では,精密に設計された半球ミラーを使って効率向上を達成している).後者の理由は,プローブからの伝搬光が試料の深さ方向にも励起を行い,集光レンズがその焦点深度内に存在する発光体からの信号をすべて集光してしまうからである(ただし,開口径が十分に小さく,伝搬光成分に対してエバネッセント光成分が支配的であれば,この状況は当てはまらない).また,図3.124に示すように,光励起エネルギーが分子内を移動したり(a),光励起キャリアが拡

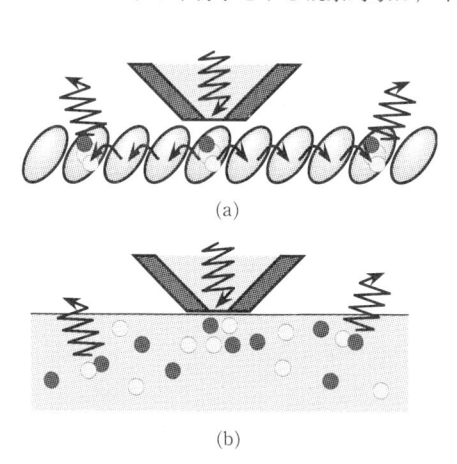

図3.124 局所励起後,(a) 励起エネルギーの移動,(b) キャリアの拡散によって発光領域が広がる様子
黒丸は電子を,灰色の丸は正孔を示す.

散する(b)ような系では，発光位置が励起位置と隔たっている．したがって単純なIモードでは開口で決まる分解能を達成することができない（ただし，キャリアの拡散長を知りたい場合などは，むしろIモードが有用である）．これらを解決するには，次の照明集光モード(ICモード)が必須である．

(2) 照明集光モード： 励起光の照射，発光の集光をともに開口を通して行うのが，本モードである．試料の透明・不透明を選ばず，また深さ方向に一様に分布する試料に対しても局所的な分光が可能である．また，エネルギーの移動やキャリア拡散の影響も受けず，開口直下からの発光体からの情報のみを拾い上げることができる．ただし，ここで問題になるのは，プローブによる集光の効率である．一般に開口プローブの集光効率は対物レンズと比較して何桁も小さいと考えられている．しかし，3.1.1項aで述べられているように，工夫されたテーパ構造や良質な開口を用いることにより，開口径100 nm程度であれば，高NA対物レンズに匹敵する集光効率が達成可能である[1]．

このように，ICモードは，高分解能が保証され，しかも装置構成も単純な，扱いやすい測定モードである．しかし，発光計測に当たって唯一問題になるのは，光ファイバ自身からの蛍光・ラマン散乱であり，特に短波長の励起光源を用いた場合に深刻である．半導体試料のように，バンドギャップからはるか高エネルギーを励起するときには，励起波長と発光検出波長が遠く隔たっているため，さほど影響はない．しかし，後述する発光励起スペクトル測定や色素分子観察のように，励起波長と発光波長が接近している場合は，ファイバからの蛍光・ラマン散乱が大きな背景光となり，測定の妨げとなる．解決策として最も簡単な方法は，ファイバプローブの長さをできるだけ短くすることである．装置上それが困難な場合は，蛍光・ラマン散乱が発生しにくい純粋石英コアのファイバから作製されたプローブを使うとよい．図3.125にゲルマニウム(Ge)ドープコアと純粋石英コアのファイバからのラマンスペクトル強度を測定した結果を比較しておく．その他の手段として，光学配置が許すのであれば，集光モード(Cモード)を使うという方法もある．

(3) 集光モード： 励起光を外部レンズ系を通して照射し，プローブ開口によって発光信号を集光するのが，集光モード(Cモード)である．最後に述べる電流注入による発光測定以外，発光計測でこのモードが使用される場面は少な

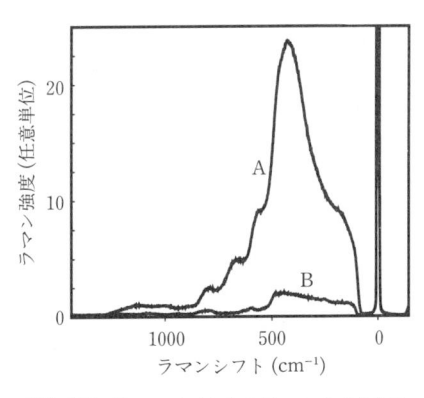

図3.125 光ファイバからのラマンスペクトル　ファイバAはコアにGeO_2がドープされているのに対し，ファイバBのコアは純粋石英，ファイバAとBの長さ，導入光(波長532 nm)の強度はともに等しい．

い．集光能力はプローブで決定されるため，特に問題がない限り，測定や装置の簡便さから，(2)のICモードの方が好んで用いられている．ただし上述のように，ファイバからの蛍光・ラマン散乱が大きな障害となる場合には，Cモードでそれを回避するのは，賢明な方法である．

b. 近接場光学顕微鏡による発光計測の発展型：

(1) 時間分解発光分光： 近接場光学顕微鏡を超短パルスレーザと組み合わせることによって，発光強度の時間発展を追跡することが可能である．これによって，キャリアのエネルギー緩和時間，放射・無放射寿命，キャリアの空間ダイナミックスなどが明らかになる[2,3]．時間分解能については，計測方法に大きく依存する．光電子増倍管や単一光子アバランシェフォトダイオード(SPAD)による単一光子時間相関測定[4]の場合は，数十～数百ps，ストリークカメラを用いると～ps，吸収飽和などの非線形現象を利用した場合は，パルス幅で決定される分解能が達成可能である[5,6]．実際の発光強度，システム準備の容易さなどを考慮すると，単一光子時間相関測定が現実的であると思われる．

10Kにおいて単一InGaAs量子ドットからの発光強度の時間変化を計測した1例を図3.126に示す[2]．測定は100nm程度の開口を使ったICモードで行っている．発光波長は1μm近傍であり，検出にはSPADを用いている(時間分解能は約280ps)．励起強度にも依存するが，数秒～数分の時間オーダで1つのカーブを得ることができる．量子ドットの中の3つの閉じ込め準位からの発光を，それぞれエネルギー的に分離し，測定している．レート方程式を使った解析により測定値はきれいに再現され，各準位の放射寿命，準位間のエネルギー緩和速度，励起直後の各準位のポピュレーションなどが定量的に明らかになっている．

(2) 発光励起スペクトル： 一般に量子ドットや微結晶など，ナノ構造体1つ1つの吸収断面積は非常に小さいため，それらの吸収スペクトルを直接測定するのはきわめて困難である(吸収飽和などの非線形性を利用した変調分光については報告がある[7])．ただし，着目している系の励起状態に限れば，発光励起スペクトルを測定することにより，高いコントラストで吸収スペクトルに相当する情報を取得することが可能である．

単一量子ドットに対して発光励起スペクトルを測定した例を図3.127に紹介する[8]．量子ドット中の最低準位からの発光

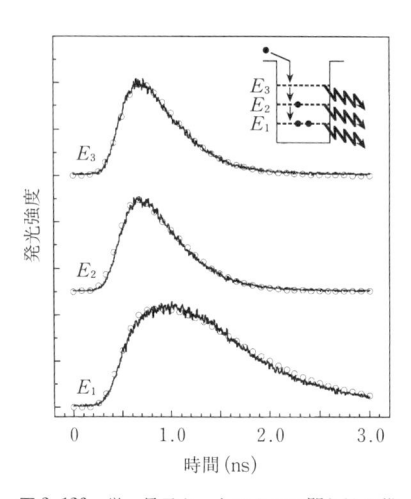

図3.126 単一量子ドットの3つの閉じ込め準位(挿入図)からの発光の時間発展を測定した結果(実線)とレート方程式による解析結果(白丸)

3. 要素の原理と方法

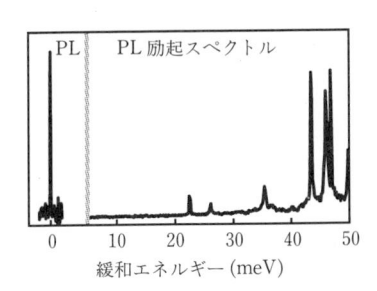

図 3.127 単一量子ドットの最低準位からの発光(PL)をモニタすることによって得られた PL 励起スペクトル
緩和エネルギーは励起光エネルギーと発光エネルギーの差を意味する.

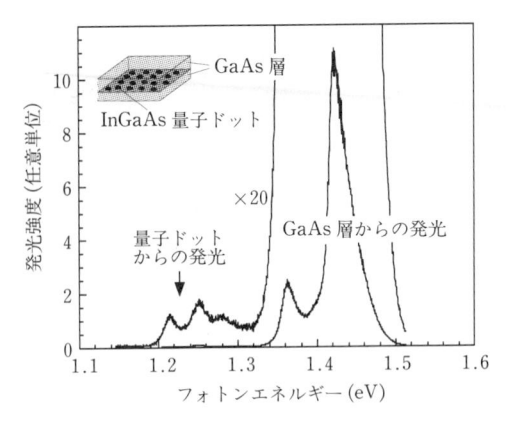

図 3.128 室温における単一量子ドットからの発生スペクトル
GaAs 層からの発光が強いため, 分解能が低い場合, ドットからの発光はその裾に覆い隠されてしまう.

強度を信号としてモニタする. 波長可変レーザにより励起エネルギーを変化させながら, ドットに励起光を照射する. 励起波長が高次準位やフォノンと結合した状態などに共鳴すると, ドットによって強い吸収が起こり, キャリアが生成される. このキャリアの大部分は最低準位まで速やかにエネルギー緩和し, 発光する. つまり, モニタしている発光強度は吸収量に比例するため, 吸収スペクトルとほぼ同様の情報が得られることになる.

(3) 低効率発光体の観察: 発光体の多くは室温において, その発光効率が低温と比較して著しく低下する. 拡散距離の増大と熱活性化により, 非発光センタとなる結晶中の欠陥, 不純物に捕獲される確率が高くなることが主な理由である. それに伴い, 発光体が分散されている基板やマトリックスからの発光が相対的に強くなり, 肝心の信号を覆い隠してしまうことになる. したがって, 低効率発光体の観察のためには, 単に照射光強度を増大させるだけでなく, 空間分解能を高め, 不要な背景光を低減することが, 分解能の議論以前に重要となる.

再び量子ドットを例としてその重要性を具体的に示す[9]. 図 3.128 の挿入図にあるように, 観察対象とする InGaAs 量子ドットはその周囲を障壁層となる GaAs によって覆われている. 室温においては, 量子ドットに閉じ込められる電子の大半が GaAs 層に熱励起されるため, 量子ドットからの発光は GaAs 層からの発光と比較してはるかに小さくなってしまう. しかもそれらの発光はエネルギー的にも接近しているため, できる限り集光領域を狭め, GaAs 層からの発光をとらえないようにする必要がある. IC モードを利用することによって実際に得られたスペクトルを図 3.128 に示す. あとわずか分解能が低下すると(集光領域が広がると), GaAs 層発光の集光

$E /\!/ x, P /\!/ x$ $E /\!/ x, P /\!/ y$ $E /\!/ x, P /\!/ z$

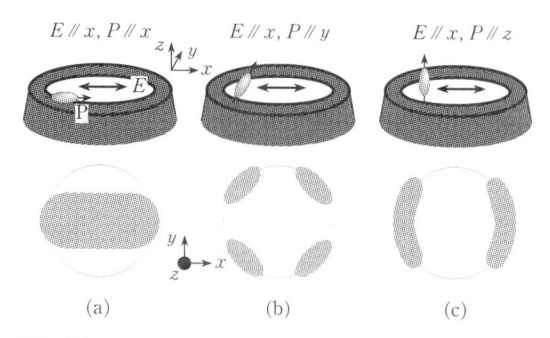

(a)　　　　　(b)　　　　　(c)

図 3.129　x 方向に偏光した光を開口部に導入したときの単一
　　　　　分子の蛍光イメージ

分子の向き（電気双極子モーメントの方向）が (a)　x 方向，(b)
y 方向，(c)　z 方向の場合でそれぞれ，イメージの形状が大きく
異なる．これは開口近傍に発生する電場の偏光分布を反映している．ただし，(a), (c) に比べて，(b) のイメージははるかに暗い．

量が増してしまい，量子ドットからの発光はその裾に埋もれてしまうはずである．

(4) 偏光情報の利用：　励起光や発光の偏光状態を把握することにより，分子の配向や電子のスピン状態など，全く新しい情報が得られる．図 3.129 に示すように，単一色素分子の蛍光観察を行った場合，分子がもつ遷移電気双極子の向きと励起光の偏光方向の相対的な関係を反映して，近接場蛍光イメージは特徴的な形状を示す[10]（分子の大きさが開口寸法よりもずっと小さいため，分子がプローブとなって，開口近傍の電場分布を検出していると考えればよい）．したがって，開口近傍における励起光の偏光が明らかな場合，蛍光イメージの形状から，分子の向きを決定することが可能となる．この応用としてたとえば，観察対象とする LB 膜にプローブとして色素分子を散りばめておき，蛍光イメージングによる分子配向決定を利用して，局所的な膜の特性評価が行われている[11]．つまり，色素分子自身を興味の対象とするのではなく，局所的な環境計測のためのプローブとして応用するというアイデアである．

また 6.1.1 項にて述べられているように，円偏光に対して分光を行うことにより，スピン状態の異なる電子遷移の発光を分離して観察することが可能である[12]．

(5) 電流注入発光の観察：　半導体レーザや発光ダイオードなど，実用に供している発光デバイスはほとんどすべて電流注入によって動作する．このような実デバイスを高空間分解能で評価するに当たり，C モード近接場光学顕微鏡は非常に有用である．フォトルミネッセンスの場合と異なり，励起光を照射する必要がないため，ファイバから発生する余計な背景光に悩まされることもない．

具体的な測定例を図 3.130 に示す[13]．試料としては横方向に形成された pn 接合を観察している．GaAs 斜面が n 型，平坦面が p 型になっており，その境界に pn 接合が裾に沿って形成されている．斜面，平坦面に設けた電極を通して電流を注入するこ

3. 要素の原理と方法　　　　　　　　　　　　　　　265

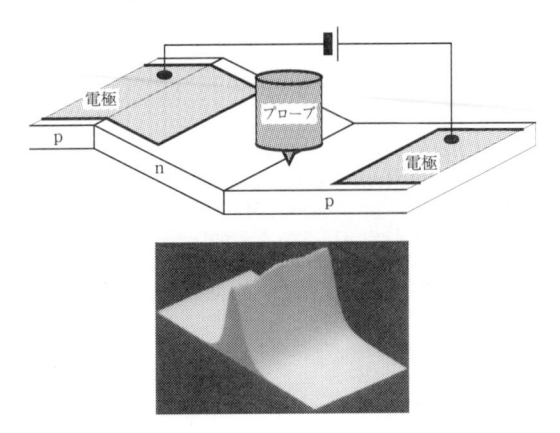

図 3.130　横方向 pn 接合と電流注入による発光計測の概略とその発光イメージ

とによって，接合領域からの発光が起こる．その発光強度分布を C モード近接場光学顕微鏡で測定した結果が図 3.130 である．裾に沿ってほぼ一様な強度の発光が観察されており，発光領域の半値全幅は約 $1.1\,\mu\mathrm{m}$ である．同一の試料についてフォトルミネッセンス測定を行った結果より，pn 接合の遷移領域の幅は約 $5.5\,\mu\mathrm{m}$ であることが確認されている．この値と比較すると発光領域は予想よりもはるかに狭く，また p 型領域に寄っていることが明らかとなった．

　近接場光学顕微鏡を用いた分光の中で，発光計測は最も基本的なものである．高いコントラストが得られ，かつ画像の解釈が比較的容易である点などがその大きな理由である．加えて，CCD カメラやアバランシェフォトダイオードなど微弱光検出に必要なデバイスも最近特に充実しており，測定に要する時間も大幅に節約されてきた．一方，ファイバプローブを用いたときに起こりうる最も深刻な技術的問題点として，ファイバ自身からの蛍光，ラマン散乱が強い背景光として信号を覆い隠してしまうことを述べた．本項で触れた解決策以外に，可能であれば，散乱型プローブを用いる，あるいはマイクロマシン加工によって作製されたカンチレバー型の開口プローブを用いることも検討するとよい (3.1 節参照)．

　近接場光学顕微鏡による発光計測は，今後もその応用範囲をますます広げていくと考えられる．特に超短パルスレーザとの組合せや偏光検出などは，情報量を格段に増やすだけでなく，また新しい光機能の発見へと導く可能性もある．残された重要な課題は，空間分解能の向上である．現段階では，試料側に制約がない限り (表面の凹凸が大きい，あるいは発光体が深く埋め込まれているといった状況でなければという意味)，50 nm の空間分解能は常時達成できる．これをさらに 1 桁高めるためには，プローブ先端形状の工夫・最適化と再現性の高い作製技術，イメージング技術が必須である．実用性というレベルも見据えると，機械的な耐久性を含めた検討も不可欠とい

えよう.　　　　　　　　　　　　　　　　　　　　　　　　　　　　　　　　（斎木敏治）

文　献

1) T. Saiki et al. : Appl. Phys. Lett., **74** (1999), 2773-2775.
2) M. Ono et al. : Jpn. J. Appl. Phys., **38** (1999), L1460-L1462.
3) A. Richter et al. : Appl. Phys. Lett., **73** (1998), 2176-2178.
4) L-Q. Li and L. M. Davis : Rev. Sci. Instrum., **64** (1993), 1524-1529.
5) A. Olsson et al. : Appl. Phys. Lett., **41** (1982), 659-661.
6) J. Levy et al. : Phys. Rev. Lett., **76** (1996), 1948-1951.
7) T. Matsumoto et al. : Appl. Phys. Lett., **75** (1999), 3246-3248.
8) Y. Toda et al. : Phys. Rev. Lett., **82** (1999), 4114-4117.
9) K. Matsuda et al. : Appl. Phys. Lett., **76** (2000), 73-75.
10) E. Betzig and R. J. Chichester : Science, **262** (1993), 1422-1425.
11) C. W. Hollars and R. C. Dunn : J. Chem. Phys., **112** (2000), 7822-7830.
12) Y. Toda et al. : Appl. Phys. Lett., **73** (1998), 517-519.
13) N. Saito et al. : Jpn. J. Appl. Phys., **36** (1997), L896-L898.

3.3.3　多光子過程の利用

　光計測および加工における多光子過程の利用の第1の長所は，多光子過程がもつ非線形性を用いることにより，時間的，空間的に計測および加工の空間分解能を向上させうることである．光計測加工における空間分解能の基礎となるのは，光の回折限界であり，オーダとしてはサブマイクロメートル(数百 nm)であるが，多光子過程を利用することによってその空間分解能が 100 nm を上回ることができる．
　第2の長所は，多光子過程を利用するということは，より長い波長の基本波(より低い周波数)を使うことができ，紫外から可視域に吸収バンドをもつ物質に対しては近赤外域の光を計測や加工に用いることができることである．これによって物質によって吸収されず，散乱が1桁以上小さくなり，物質内のより深い部分での計測と加工が可能となる．物質内深部の基本波が集光された1点のみで多光子過程が生じ，計測や加工へ応用できる．
　上記の長所を利用し，これまでに多光子励起レーザ顕微鏡[1]，3次元マイクロ光造形[2]，多層記録光メモリー[2]に重要な成果が生まれている．
　a. 2光子励起レーザ走査型顕微鏡：　多光子過程とは，2光子吸収，第2高調波，第3高調波，コヒーレントアンチストークスラマン散乱などの複数のフォトン(光子)が1個の電子の電子状態を遷移させる(あるいは仮想的に遷移させる)過程をいう．この過程を顕微鏡の試料中で誘起し，その際に発生する蛍光や高調波，誘導ラマン散乱光を検出し顕微レベルで画像化するのが多光子顕微鏡である．
　このような過程を画像化することにより実現する特徴は，次のとおりである．
　(1) 高い空間分解能[3]：　複数のフォトンの存在確率(光波分布)の掛け算で全体の発生確率分布が決まるので，蛍光や高調波の発生を局在化することができ，回折限界を上回る顕微鏡分解能を与える．すなわち，結像性能は，光学系だけではなく，発生

する多光子過程にも依存する．(2) 可視の顕微鏡が紫外顕微鏡にも赤外顕微鏡にもなる[4]： レーザの選択によっては，可視域用の光学レンズを用いながら，紫外域，赤外域の吸収による画像を観察可能である．つまり，可視の光学顕微鏡が紫外顕微鏡にも赤外顕微鏡にもなりうる．(3) 生体に優しい： 励起レーザの波長は可視域に限らず，近赤外域でもよい．近赤外光は生体分子に対して透過性が高く（吸収が少なく），また散乱が少ないので，生体中奥深くまで画像化したりセンシングすることが可能である[5]．(4) 分子構造の識別能： 励起レーザの波長（周波数）の選択の組合せが1光子過程よりはるかに多くなり，励起する分子の選択性が高い．特に誘導ラマン散乱を用いることにより顕微振動分光を通常の可視域顕微鏡で実現できることは重要である．蛍光プローブを用いずに特定の分子の分布を画像化できる可能性がある[6]．

レーザ顕微鏡で利用される多光子過程は，主に高次の光吸収過程とそれに引き続く蛍光発生を指す．通常の光吸収では，物質中で1個の電子が1個の光子を吸収するが，光強度（光子密度）を時間的・空間的に上げていくと，2個以上の光子を同時に吸収する過程が発生しうる（ただし，このとき1光子吸収に対応する励起状態が存在しないことが必要）．これを多光子吸収と呼ぶ．その遷移確率は，励起光強度のべき乗に比例する（図3.131）．このような光の高強度状態を生物試料中につくり，かつ試料を損傷することを免れるには，フェムト秒クラスの超短パルスレーザを用いる．

また，図3.131からわかるように，励起光子のエネルギーが可視域より低い近赤外域になるので，生体に対して（1光子吸収の意味で）透明となり，光が試料中のより深くまで侵入できる．焦点が存在する平面以外の色素は光吸収しないので，焦点の前後では光退色(photobleaching)しない．これは蛍光顕微鏡として大きなメリットとなる．

短パルスレーザを高開口数の対物レンズで絞ると，焦点スポット内の光強度が最も強くなる．この光強度分布の2乗，3乗を計算すると，その傾向は一層強まり，ほぼ焦点スポット内のみに値の大きい部分が局在する．これが，多光子吸収の3次元局在性であり，顕微鏡としての高い3次元分解能の源である．さらに，このとき焦点スポットの2乗，3乗のサイズは，1乗（光強度そのもの）のサイズに比べ1/2以下に小

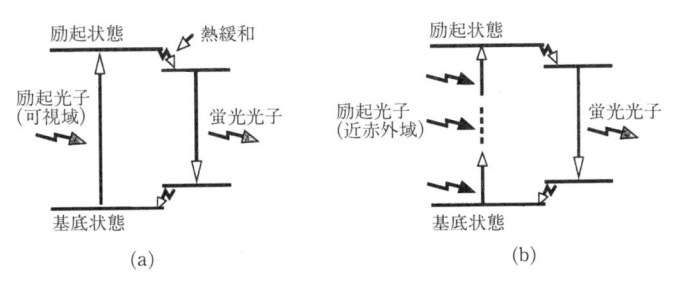

図3.131 光子の吸収・蛍光発生の過程
(a) 1光子吸収，(b) 多光子吸収．

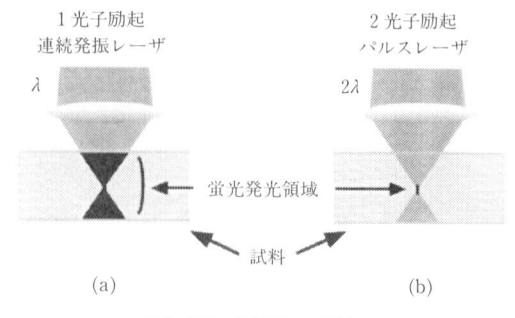

図3.132 光吸収の空間分布
(a) 1光子吸収, (b) 多光子吸収.

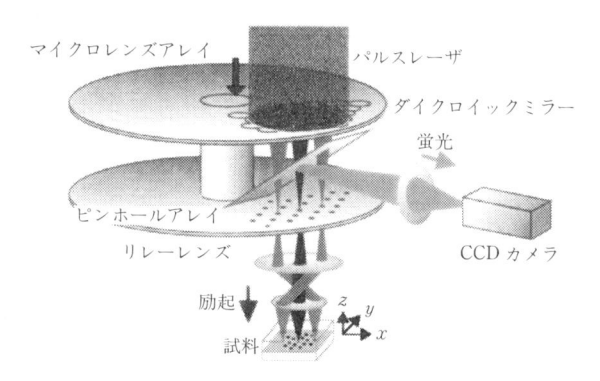

図3.133 マイクロレンズアレイディスクを用いる高速多光子蛍光顕微鏡

さくなり，回折限界より小さくなる (図3.132).

生体に透明な近赤外光を光源とする点を生かし，従来の蛍光顕微鏡より長深度部の観察を試みた例を示す．対象は，心臓内の情報伝達を担う Ca^{2+} 濃度波である．このとき秒速数百 μm の Ca^{2+} 波を測定するために，高速での観察が望まれている．図3.133はこれを実現するマイクロレンズアレイを採用した多光子蛍光顕微鏡である[8,9]．この装置は単一のレーザビームから20〜1000個のスポットを形成し，それらを一斉に走査することで，走査速度を20〜1000倍稼ぐ．マイクロレンズアレイを備えるディスクは1800 rpm で回転し，1回転させると12枚の画像を与える (3 ms/画像)．図3.134は，ラット摘出心内 Ca^{2+} 濃度観察の実験の様子を示したものである．生きたラットより心臓の摘出が行われ，蛍光 Ca^{2+} 指示薬 (Fluo-4/AM) およびタイロード (Tyrode) 液 (擬似血液, $CaCl_2$ (1 mM), HEPES (buffer, 10 mM), KCl (4 mM), $MgCl_2$ (1 mM) を含む) により摘出心を灌流することにより蛍光 Ca^{2+} 指示薬の心筋細胞への導入が行われた．

図3.135は33 ms間隔で観察された摘出心内の Ca^{2+} 波である．観察中において

3. 要素の原理と方法

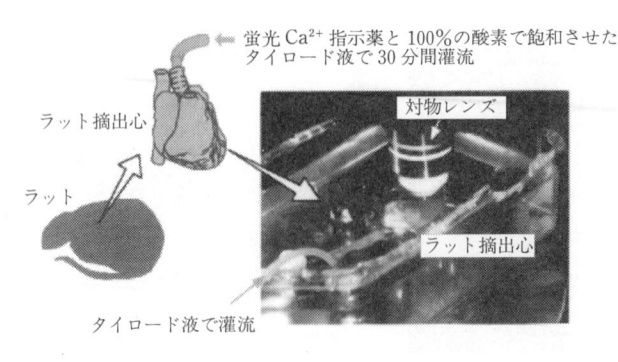

図 3.134 ラット摘出心内 Ca^{2+} 濃度観察の様子

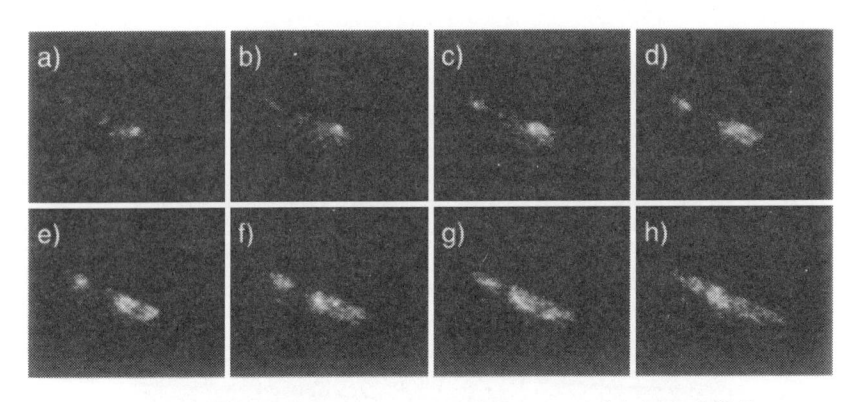

図 3.135 高速多光子顕微鏡でビデオレート観察したラット摘出心内の Ca^{2+} 波

も，図中の明るい部分は Fluo-4 からの蛍光が強く，Ca^{2+} 濃度が高い領域に対応する．図中において，まず細胞の両端の部分で Ca^{2+} 濃度が上昇した後，それが細胞中央に向かって伝搬している様子がみられる．これらの像では Ca^{2+} の濃度勾配が刺激となって，Ca^{2+} の受容体間を伝搬しており，正常な細胞での膜電位信号による Ca^{2+} の放出とは異なるメカニズムがみられる．

多光子顕微鏡を用いれば細胞などの生体を数十〜100 nm サイズで加工することが可能である．図 3.136 は，赤血球の細胞膜のナノサージェリーの結果を走査型電子顕微鏡で観察した像である[10]．レーザにより形成された開口部(図中矢印部)の大きさは約 200 nm である．図 3.137 は，反射共焦点顕微鏡により得られたコラーゲンゲル内におけるレーザアブレーション部位の像である[10]．コラーゲン内の数百 nm の微小領域内でのレーザアブレーションの効果が現れていることがわかる．得られたアブレーションの効果は 3 次元的に局在している．

上記のレーザサージェリー技術を応用することで，生きた細胞の特定の生理活動を

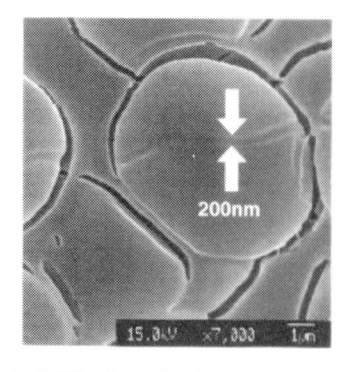

図 3.136　多光子過程を用いた細胞加工

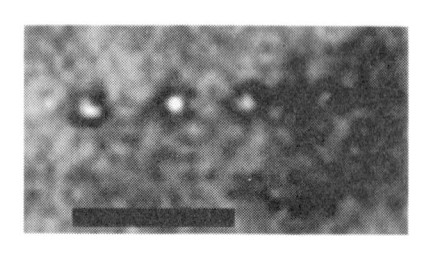

図 3.137　エオジン染色されたコラーゲンゲル中に形成された光損傷部位の反射共焦点像　観察部位の深さは 2 μm，スケールバーは 5 μm．

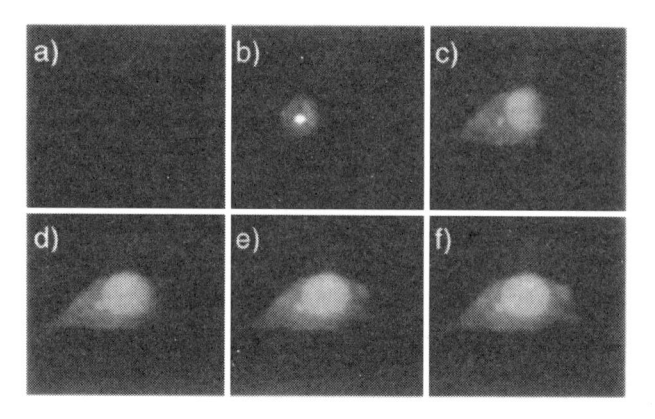

図 3.138　レーザ照射により HeLa 細胞内に発生した Ca^{2+} 波

誘発可能であることが発見された[11]．ヒト子宮頸癌細胞(HeLa 細胞)の細胞内 Ca^{2+} 濃度を蛍光顕微鏡により観察しながら，高強度パルスレーザ照射を行うと，照射前には低濃度である(図 3.138(a))が，照射部位における濃度の上昇がみられ，それが細胞内を伝搬するという結果となる(図 3.138(b)～(f))．Ca^{2+} の濃度変化は，細胞内 Ca^{2+} ストアの破壊による Ca^{2+} の流出，またはメカノレセプタを介した Ca^{2+} 濃度上昇により生じているのではないかと考えられている．従来，このような刺激は，ガラスニードルあるいは化学物質の投与によってのみ可能であり，前者では最上層の細胞の細胞膜のみが刺激可能であり，後者では，交換分解能をもたせることが困難であった．

b. 3次元マイクロ光造形：　光造形は，紫外線硬化樹脂を用いた，細かく複雑な構造をもつ各種のパッケージ部品(携帯電話やコンピュータなどのパッケージなど)のコンピュータ設計による新しい鋳型製造法として，最近実用化されてきた．最近，

3. 要素の原理と方法

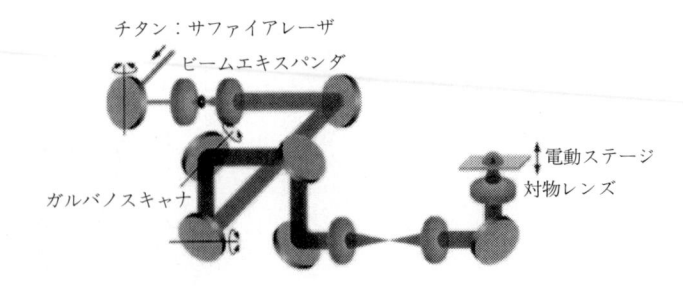

図 3.139 多光子マイクロ光造形装置

フェムト秒レーザと3次元走査光学系を用い，2光子光重合により，完全な3次元立体を形成でき，光の回折限界より高い密度で形成できる手法が開発された[12-15]．

図 3.139 に多光子過程によるマイクロ光造形装置の概要図を示す[12-14]．パルス幅 150 fs の Ti：Al_2O_3（チタン：サファイア）レーザからのビームがシャッタ用ガルバノミラーで ON/OFF され，ON 時にはビームはエキスパンダによって広げられた後，2基のガルバノミラーにより方向を2次元的に確定させられる．リレーレンズはビームを高開口数（NA=1.4）の油浸対物レンズに導き，ゾル状の紫外線効果性樹脂内の1点に集光する．ガルバノミラーのコンピュータ制御によってビームの位置を樹脂中の焦点平面内で移動させ，シャッタミラーのコンピュータ制御により，露光が行われる．光軸方向の位置制御は，電動ステージをコンピュータで制御される．

$2 \times hw$ (NIR)
↘
開始 $\begin{cases} I \rightarrow 2\dot{R} \\ \dot{R}+M \rightarrow R-\dot{M} \end{cases}$
伝搬 $\rightarrow \rightarrow \rightarrow R-M-M-M---\dot{M}$
$R-\dot{M}_{n-1}+M \rightarrow R-\dot{M}_n$
終了 $2(R-M_n) \rightarrow R-M_{2n}-R$
3次元重合＝凝固
I ：フォトイニシエータ
$\dot{R}$ ：ラジカル
M ：モノマ
M_n ：オリゴマ

図 3.140 紫外線硬化樹脂中の重合反応

2光子吸収は光強度の2乗に比例して起こることと，光重合反応とその停止に関して非線形性があることより，露光時の焦点位置近傍の小さな領域でのみ，反応が誘起される．

光重合性材料にはいろいろなものを選ぶことができるが，紫外線重合開始剤を含むウレタンアクリート系の硬化性樹脂が用いられることが多い．図 3.140 に示すように，ラジカル反応により重合する．加工された構造体は，露光後に，エタノールによって非硬化部分の樹脂を取り除くことによって，取り出される．

図 3.141 は，2光子光重合によって作製した体長 10 μm の牝ウシの彫刻である．尾や足の太さが 1 μm 程度であり，完全な牝ウシの立体が，ガラス基板の上に4本足でしっかり立っている．x, y, z 方向それぞれ 50 nm の位置精度でレーザビームを走査して作製された．走査軌跡はコンピュータプログラムによって制御されている．この

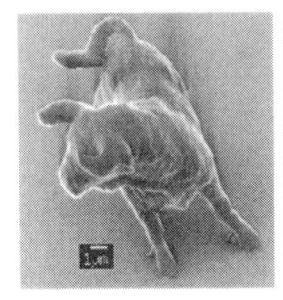

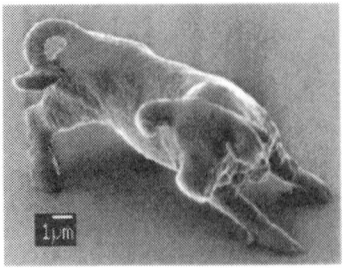

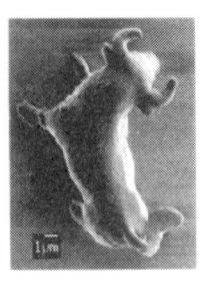

図3.141 多光子マイクロ光造形装置により作製された牡ウシの立体構造(電子顕微鏡で観察)

牡ウシは,体長が10 μm であり赤血球より小さく,血管を通って,脳の深部や心臓から指の先に至るまで,深部から末梢に至るまであらゆる臓器・器官に進んでいくことができるサイズである. (中村 收・河田 聡)

文 献

1) 講座 顕微分光の新展開:多光子過程と近接場光学,分光研究,2月号~12月号(1999).
2) 特集 多光子顕微鏡とその展開,レーザー研究,12月号(1999).
3) M. Schrader and S. W. Hell : *J. Appl. Phys.*, **84**-8 (1998), 4033-4042.
4) O. Nakamura and T. Okada : *Optik*, **100**-4 (1994), 167-170.
5) V. Daria *et al.* : *Appl. Opt.*, **37**-34 (1998), 7960-7967.
6) A. Zumbusch *et al.* : *Phys. Rev. Lett.*, **82**-20 (1999), 4142-4145.
7) M. Hashimoto *et al.* : *Opt. Lett.*, **25**-24 (2000), 1768-1770.
8) K. Fujita *et al.* : *J. Microsc.*, **194** (Part 2/3)-5 (1999), 528-530.
9) K. Fujita *et al.* : *Opt. Commun.*, **174**-1-4 (2000), 7-12.
10) N. Smith *et al.* : *Appl. Phys. Lett.*, **78**-7 (2001), 999-1001.
11) N. Smith *et al.* : *Appl. Phys. Lett.*, **79**-8 (2001), 1208-1210.
12) S. Maruo *et al.* : *Opt. Lett.*, **22** (1997), 132-134.
13) S. Maruo and S. Kawata : *IEEE. J. MEMS*, **7** (1998), 411-415.
14) T. Tanaka and S. Kawata : *Proc. SPIE*, **3937** (2000), 92-86.
15) B. H. Compston *et al.* : *Nature*, **398** (1999), 51-54.

3.3.4 ラマン分光

a. ラマン分光法の概要: ラマン分光法は,赤外分光法と同じく振動分光法の1つである.一般にある化学構造は特有の振動準位をもつ.よって,測定対象の振動準位を詳細に調べることにより,その化学構造の解析を行うことができる.赤外分光法では,基底準位から振動準位へ移る際に吸収する赤外光の波長から振動準位を特定している.一方,ラマン分光法においては,基底状態から振動準位より高位の準位へ励起される際に吸収する光の波長と,励起準位から振動準位へと戻る際に放射する光(ラマン散乱光)の差として振動準位を特定している.

この光励起された(格子)振動はフォノンと呼ばれる.今,試料に光が入射した際,

その電場によって試料中の電気双極子モーメントが変調される．これにより双極子放射，つまりレイリー(Rayleigh)散乱光が発生する．ところで，光励起された(格子)振動の光学分枝であるフォノン(TOおよびLOフォノン)によっても同時に電気双極子モーメントは変調を受ける．結果として，この入射光の電場による変調とフォノンによる変調の2重変調を受けることになる．よって，それぞれの周波数の和または差の双極子放射が発生し，それによる散乱光が1次のラマン散乱光と呼ばれる．量子論的には，入射した1個のフォトンがフォノンとの弾性衝突によってエネルギーを変えずに散乱した場合がレイリー散乱，入射フォトンとフォノンが非弾性衝突によってエネルギーのやりとりを行った場合がラマン散乱と表現できる．実際には，存在する(格子)振動がすべてラマン散乱光を発生しうるわけではない．ラマン散乱光を発生しうるラマン活性の振動モード，赤外分光により観測されうる赤外活性の振動モード，ラマンと赤外両方に不活性なサイレントモードの区別がある．

通常のラマン分光でよくピークのみられる $1000\sim2000\,\mathrm{cm}^{-1}$ 付近では，試料のもつ屈折率にもよるが，フォノンの波長に換算すると $5\,\mu\mathrm{m}$ 以上にもなる．しかし，現実的な測定の分解能はフォノンの存在範囲ではなく光の電場で変調されている範囲，つまり励起光が入射している範囲で決定される．したがって，より小さいスポットに光を照射することによって，より高い空間分解能でのラマン分光分析を行うことができる．

b. ラマン分光法に近接場光学を利用する利点：

(1) 空間分解能： ラマン分光法においては，励起光の光源としてレーザが一般的に用いられている．レーザはコヒーレント光源であるので，微小なスポットをつくることができる．しかし，光の回折限界のために光の波長より小さいスポットはそのままではつくることができない(図3.142)．顕微ラマン分光法の空間分解能はこの光のスポット寸法で決まっているため，横方向と深さ方向ともに $1\,\mu\mathrm{m}$ 程度である．これに対して，近接場光を用いた場合は，光のスポット寸法はプローブ先端の開口径もしくは先端の曲率半径で決まる．

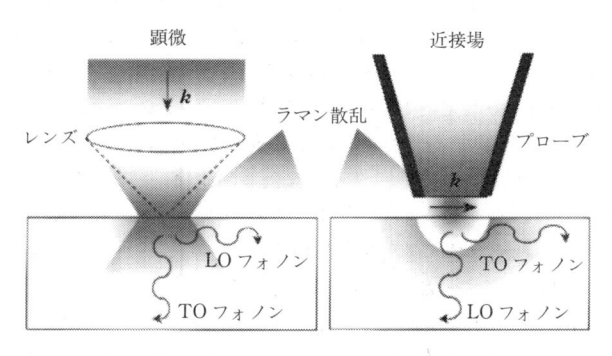

図 3.142　顕微および近接場ラマン分光法の概念図

(2) 外来のバックグラウンド光： 開口型のプローブなどを用いて，ラマン散乱光の集光に積極的に近接場光学技術を用いている場合は，集光が測定ポイントのごく直近で行われるため，室内光などのバックグラウンド光の影響がほとんどない．

(3) 試料内部からの信号： 開口プローブを用いた照明集光モード(ICモード)による測定法では，発光の集光に際して，深さに対しても開口径に応じた制限が加わる．一般に，信号が得られている深さは，開口径程度か，それ以下である．

(4) 近接場に特有な振動モードの励起： 一般には，近接場光を用いたラマン分光スペクトルと伝搬光によるラマン分光スペクトルは同一であることが多く，空間分解能が向上したことによるスペクトルの変化以外には，ほとんど観測されていない．しかし，図3.142に示されているように，伝搬光と近接場光により励起されるフォノンには，違いがあることに注意を要する．試料面に垂直に励起光を照射したとする．このとき，入射光の波数ベクトル k は試料面に垂直であるため，励起されるLOフォノンは試料面に平行，TOフォノンは試料面に垂直である．一方，開口型の近接場プローブにて発生する近接場光の波数ベクトルは，開口(または試料面)に平行であるため，励起されるLOフォノンは試料面に垂直，TOフォノンは試料面に平行である．また，試料に入射する伝搬光の偏光方向は，試料面に平行(X および Y 方向)であるが，近接場光の偏光方向は，試料面に垂直(Z 方向)の成分ももつことに注意を要する．よって，試料の方位と励起および集光の方位を厳密に決めた測定の場合には，違いが出る可能性がある．たとえば，KTPの定方位試料では，照明モード(Iモード)において Z 方向(試料面に垂直)の偏光によって励起されたラマン散乱光が観測されている[1]．最近，近接場光と伝搬光によるスペクトルにみられる差を，電場の微分成分が大きいことに起因する，特有な振動モードとして解釈している例も報告された[2]．

c. ラマン分光法に近接場光学を導入する際に特有な問題点：

(1) 信号強度： もともとラマン散乱効率は $10^{-6} \sim 10^{-3}$ 程度と低いので，近接場光の発生効率が低い場合には信号強度が特に問題となる．特に開口型のプローブを用いてIモードで測定する場合は，近接場光の発生効率が100 nmの開口で0.1％程度と小さいので，そのままでは検出は困難である．よって，何らかの増強効果を併用して信号を得ていることが多い．よく用いられる方法としては，共鳴効果を用いる方法[3-7]，表面増強効果(SERS)を用いる方法[8-13]などがある．つまり，近接場光を用いたラマン分光は，例外的に強いラマン散乱強度をもつ試料に対してのみ成功しているのが現状で，ごく平均的なラマン散乱効率をもつ試料からのスペクトル測定[14,15]は，今後の大きな課題である．また，ラマン散乱効率が励起波長の4乗に反比例することを利用して，より短波長の励起光を利用する試みもなされている[16]．

(2) 伝搬光と近接場光の分離： ラマン散乱光は散乱光であるので，試料からの信号を集光する際に伝搬光由来のラマン散乱光が混入しやすい．伝搬光成分は空間分解能の低下を招くので，近接場光成分との分離は常に問題になる．伝搬光成分を効率

的に除去する方法として,プリズムの裏面より光を全反射条件で照射して,プリズム表面に近接場光のみを発生させ,伝搬光成分を除去する方法がよくとられる.しかし,ラマン信号自体は散乱光であり伝搬光として散乱してしまうため,この方法を用いても特に効果はない.開口型のプローブを集光に用いている場合は,開口を集光に使用することにより伝搬光成分を効率的に除去できる.一方,開口型のプローブを励起光の照射のみに使用している場合や散乱型のプローブを用いている場合は,伝搬光成分もかなり混入する.よって,光学系内の伝搬光成分が到達すると思われる部分に遮蔽を設けたり,近接場光の強度がプローブと試料の距離に強く依存することを利用して,プローブと試料の距離が近い場合と遠い場合の信号の差分をとり,伝搬光成分を除去したりすることが必要となる[8].

(3) 表面形状の光信号強度への混入: よく知られているように,近接場光学顕微鏡により得られる近接場光の強度分布は,試料の表面形状と強い相関をもつ.よって,表面に凹凸のある試料に対するラマンスペクトルのピーク強度分布を議論する場合は注意が必要となる.よく用いられる解決策として,適当なピークを基準として目的のピークとの比をとる方法[6]や,ピークシフトによって議論する方法がある.

(4) ファイバ由来のバックグラウンド: 開口型のプローブを用いて励起光を試料に照射した場合,プローブを構成する光ファイバ中で発生するガラスのラマン散乱光や蛍光が大きなバックグラウンドとなり,測定の障害となる.典型的なバックグラウンドの例を図 3.143 に示す.1000 cm^{-1} より低波数の領域には,光ファイバのガラスに起因するラマンピークがバックグラウンドとして観測されている.よって,低波数領域にピークをもつ無機物などから信号を得るためには,注意してバックグラウンドを差し引く必要がある.また,CCD 検出器のダイナミックレンジはそれほど大きくないので,このバックグラウンドが信号より十分大きい場合は,露光時間を伸ばすことができず測定不能になる場合が多い.これらのバックグラウンドの強度は,光ファイバの組成に依存するので,光ファイバを選別することによって多少改善することはできる.本質的には,散乱型か集光モード (C モード) を用いるのが最もよい[13].

(5) 波長範囲: 開口型のプローブを用いる場合には,使用可能な波長範囲は光ファイバで決まる.特に,1.5 μm より長波長,500 nm より短波長の場合は極端に透過率が悪くなる.ラマン散乱の効率は波長の 4 乗に逆比例するので,短波長の励起光を用いた方が有利である.開口型の場合でも波長 250 nm 近辺での励起による近接場光ラマン散乱の測定例[16]があるが,困難である.

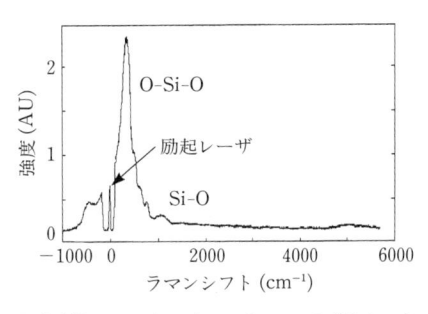

図 3.143 ファイバプローブのバックグラウンド

d. 近接場光によるラマン分光の光収支

(1) 期待できる近接場ラマン散乱光の強度： 上述のように，近接場光を用いたラマン分光の場合，主にラマン散乱効率が非常に低いことに起因する信号の不足が問題となる．ここでは，実際に発生しうるラマン散乱光の強度を概算してみる．

今，試料に照射されている近接場光の光密度をL，分子1個あたりのラマン散乱の散乱断面積をR，試料の分子密度をDとし，直径rのプローブ先端の直下の直径r高さrの円筒状の範囲が測定領域とする．測定領域中の分子数は，

$$(\pi/4)D \cdot r^3$$

なので，全ラマン散乱の散乱断面積は，

$$(\pi/4)RD \cdot r^3$$

となる．

よって，光密度Lの光が入射しているとすると，期待できるラマン散乱は，

$$(\pi/4)LRD \cdot r^3$$

である．この結果より，ラマン信号の強度は単純に励起されている試料の体積に比例していることがわかり，空間分解能が1/10になった場合は1/1000となるはずである．

(2) 開口型の場合の概算： 開口型では開口が破壊される可能性があるので，入射できる光強度は数mWが限界である．今，波長500 nmの光を1 mWファイバに入射したとすると，フォトン数は約10^{15} photon/sである．透過率0.1%の100 nmの開口を用いたとすると，開口での光密度Lは，約130 W/mm^{2}または約1.3×10^{20} photon/mm^2·sで，かなりの強励起になっていることがわかる．このとき，ごく平均的な試料として散乱断面積Rが10^{-28} mm^2/分子，分子密度Dが1000 nm^{-3}とすると，期待できるラマン散乱強度は，ほぼ0.1 photon/sとなる．非常に楽観的に，開口型での集光効率が0.5，分光器のスループットが0.1，検出器の量子効率が1としても，得られる信号は，0.01 photon/sとなり，そのままでは測定が非常に困難であることがわかる．

(3) 散乱型： 散乱型の場合は，金属プローブと試料の間での多重散乱による増強効果が期待できるとともに入射する励起光の強度にも制限がない．しかし，開口直下の試料から効率よく集光できる開口型と違い，外部から集光する必要があるため，集光効率の点では不利である．今，波長500 nmで10 mWのレーザを1 μmのスポットで曲率半径100 nmプローブ先端付近に照射しているとする．このときの光密度は，(2)の開口型の場合とほぼ同じになって，約130 W/mm^{2}である．よって，多重散乱による増強効果による増加分と，集光効率の悪化による減少分の兼ね合いで，開口型に対する不利/有利が決まる．集光に対物レンズを使った場合は，集光効率は0.1程度は見込める．多重散乱による増強効果は，$10^2 \sim 10^3$が見込めるので，結果として開口型よりも10〜100倍程度強い信号が期待できる．しかし，現実的には，伝搬光成分を除去するための光学アパーチャなどにより，集光効率はさらに悪くなってい

ることが多い．

e. システム構築の例： 試料をプローブの近接場領域に制御する方法は，いわゆる近接場光学顕微鏡とほぼ同じであり，得られた信号を分光する部分のみが異なっている．開口型および散乱型を用いたシステムの例を図3.144に示す．励起光としてはレーザを用いる．波長はHe-Neレーザ(632.8 nm)，YAGレーザの第2高調波(532 nm)，Ar^+レーザ(488 nm)，He-Cdレーザ(441.6 nm)などがよく用いられる．励起光は，プローブを通して試料に照射されるか，側方から集光照射される．また，ラマン散乱光は，プローブで集光されるか，対物レンズなどで外部から集光される．集光されたラマン散乱光はリジェクションフィルタを用いてレイリー散乱光を除去された後，シングルモノクロメータで分光し，CCD検出器で検出する．近接場光を用いたラマン分光においては分光器のスループットが致命的であるため，通常のラマン分光に用いられることもあるダブルモノクロメータやトリプルモノクロメータは用いられない．期待できるラマン信号は非常に微弱であるため，スペクトルを測定する場合にはマルチチャネルのCCD検出器を用いて長時間露光するのが一般的である．

f. 測定例：
(1) 顕微と近接場光ラマンスペクトルの比較： 図3.145に，共鳴効果を利用して得られた β カロチンの近接場光ラマンスペクトルを，顕微ラマンスペクトルとともに示す．近接場光ラマンスペクトルは，Iモードにおいて開口 200 nm のプローブを用い，露光時間5分で測定された．近接場光においては，顕微に対して空

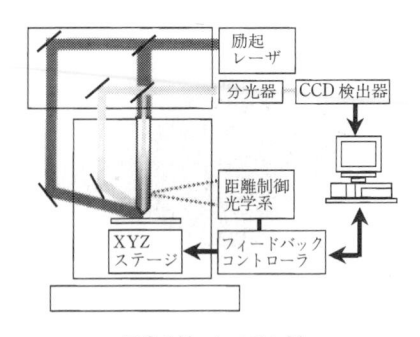

図3.144 システム例

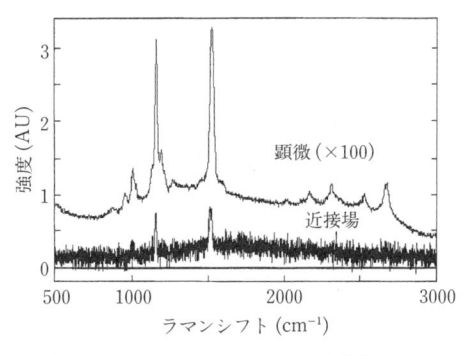

図3.145 β カロチンの顕微および近接場ラマンスペクトル

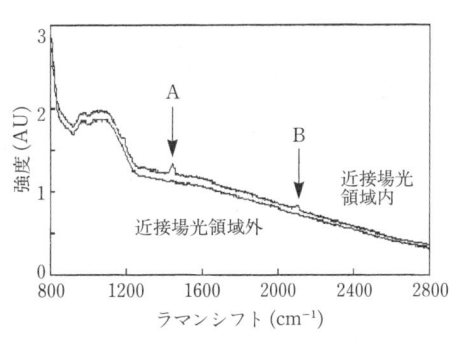

図3.146 ポリジアセチレンの近接場ラマンスペクトル

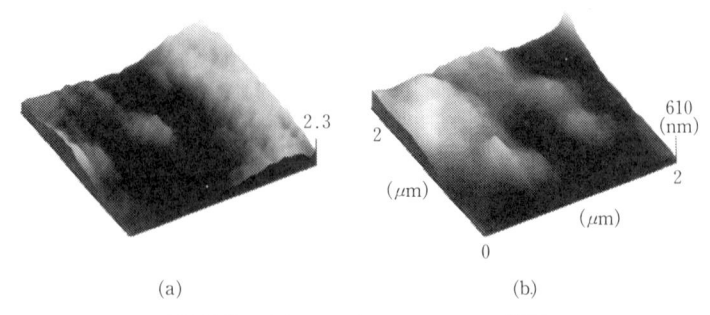

図 3.147 ポリジアセチレンのマッピング測定
(a) ピーク強度, (b) 表面形状.

間分解能が約 1/10 になっているので，d 項に示されているとおり約 1/1000 の信号強度になっていることがわかる．

(2) 近接場ラマンマッピング： 図 3.146 には，有機非線形光学結晶であるポリジアセチレンの近接場光ラマンスペクトルを示す．このスペクトルも，共鳴効果により増強されている．よって，IC モードを用い，開口 300 nm のプローブにて露光時間 5 秒でピークが測定されている．近接場光領域外と示したスペクトルは，試料とプローブの距離が約 1 μm であるが，プローブからのバックグラウンドのみが観測され，試料からの信号は全く得られていない．それに対して，プローブと試料の距離が約 30 nm の近接場光領域内では，試料からの信号がバックグラウンドに重畳する形で得られている．観測されているピークのうち，A は炭素の 2 重結合，B は 3 重結合のピークである．この 2 重結合のピークの強度分布を，同時に測定された凹凸像とともに図 3.147 に示した．ポリジアセチレンの存在している領域からのみ信号が得られていることがわかる．また，測定範囲は 2 μm×2 μm であり，顕微ラマン分光による空間分解能より十分高い空間分解能が実現されていることがわかる．(成田貴人)

文　献

1) C. L. Jahncke et al.: *J. Raman Spectrosc.*, **27** (1996), 579-586.
2) E. J. Ayars et al.: *Phys. Rev. Lett.*, **85**-19 (2000), 4180-4183.
3) J. Grausem et al.: *J. Raman Spectrosc.*, **30** (1999), 833-840.
4) S. Webster et al.: *Appl. Phys. Lett.*, **72**-12 (1998), 1478-1480.
5) S. Webster et al.: *Spectrosc. Eur.*, **10**-4 (1998), 22-27.
6) Y. Narita et al.: *Appl. Spectrosc.*, **52**-9 (1998), 1141-1144.
7) D. A. Smith et al.: *Ultramicroscopy*, **61** (1995), 247-252.
8) N. Hayazawa et al.: *Opt. Commun.*, **183** (2000), 333-336.
9) E. J. Ayars et al.: *Appl. Phys. Lett.*, **76**-26 (2000), 3911-3913.
10) S. R. Emory and S. Nie: *Anal. Chem.*, **69**-14 (1997), 2631-2635.
11) D. Zeisel et al.: *Anal. Chem.*, **69**-4 (1997), 749-754.
12) C. L. Jahncke et al.: *Appl. Phys. Lett.*, **67**-17 (1995), 2483-2485.
13) S. L. Sharp et al.: *Acc. Chem. Res.*, **26** (1993), 377-382.

14) J. Grausem et al.: *Appl. Phys. Lett.*, **70**-13 (1997), 1671-1673.
15) D. P. Tsai et al.: *Appl. Phys. Lett.*, **64**-14 (1994), 1768-1770.
16) S. Webster et al.: Proceedings of The XVIIth International Conference on Raman Spectroscopy (Beijing University, 2000), 172-173.

3.3.5 赤外分光

分子振動による赤外光の吸収スペクトルから材料・物質の組成分析や構造解析を行う赤外分光法は有機化合物などの同定法として確立された技術である.その中でも,赤外顕微分光法はミクロな領域の物質同定法として,産業用途も含めて広く利用されている.ただ,赤外分光法に用いられる波長領域(普通赤外域あるいは中(間)赤外域)は $2.5 \sim 25$ μm $(4000 \sim 400$ cm$^{-1})$ であることから,現状では10数 μm以下の分解能の達成は困難である.そのため,赤外顕微分光法に近接場光学法を取り入れることで,赤外光の回折限界を大きくこえるサブマイクロメートル以下あるいはナノメートル領域における物質分析,分子ナノイメージング,さらには半導体内のサブバンド間遷移の分析などが,期待される.本項では,近接場赤外分光法を実現するための要素技術(プローブおよび赤外光源)について述べた後,これまでに報告されている実施例のいくつかを紹介する[*1].

a. プローブ: 赤外光を近接場照明あるいは検出を行うためのプローブも,可視光域と同様にいくつものタイプが提案されている(図3.148).(a)は赤外結晶を半球形状プリズムにしたプローブで,固浸レンズ (solid immersion lens : SIL)とも呼ばれるものである[1,2].半球の中心に向け集束光を照射すると,臨界角以上で入射した光はプリズム底面で全反射し,このときプリズム裏面側では入射場がエバネッセント場化している.臨界角以上の光だけを輪帯状にプリズムに入射することで,プリズム裏面側でエバネッセント場集光スポットが形成される.このスポット径はプリズムを用いないで生成した集光スポットに比べて,結晶の屈折率分小さくなることから,このスポットを用いて近接場観察することで,空間分解能を向上させることができる.たとえば,Geの赤外域での屈折率は4であることから,空間分解能は1/4にすることができ,またマッピング時の観察領域の面積は1/16にすることができる.もちろん,このプローブの分解能は回折現象による波長の制限を受けるものの,光量のスループットが高く,実用性が非常に高いプローブであるといえる.

(b)は可視光域で一般的に用いられている光ファイバプローブである.赤外ファイバの材質には,フッ化物ガラス[4,5]やカルコゲン化物ガラス[6,7]が用いられている.フッ化物ファイバは光損失は比較的低いが,波長透過領域が 6 μm 程度までで,赤外分光で有用な指紋領域 $(8 \sim 16$ μm$)$ では吸収が大きく利用が困難である.一方,カル

[*1] 3.1.2項cおよび前項のラマン分光法も分子振動スペクトルを与えるが,活性な振動モードは赤外分光・ラマン分光それぞれで異なり,互いに相補的な分子振動に関する情報を示してくれる.したがって,どちらの分光法においても近接場光学顕微技術を適用し,ナノメートル領域の顕微分光分析を実現することが望まれている.

コゲン化物ファイバは光損失はやや高いが，透過波長領域が広く，指紋領域でも用いることができる．ファイバの先鋭化は，可視光ファイバプローブと同じように，化学的なエッチング，加熱切断，あるいはその兼用で実施されている．微小開口の作製法も可視光ファイバと同様な方法で行われている．

(c)は赤外結晶を機械的な研磨などで先鋭化し，その先端に金属フィルムをコーティングし，微小開口を施したプローブである[3]．空間分解能は微小開口径で決まることから，波長の回折限界をこえた分解能を達成することができる．このプローブの特徴は，光ファイバプローブと比べると，微小開口までの光を伝搬する際に波長よりも狭い領域を通らないことから，開口部以外での散乱が生じず，光学的スループットが比較的高いことがあげられる．

(d)はチップ先端に微小開口を設けたカンチレバープローブである[8]．図3.149(a)にその模式図，(b)にチップ先端のSEM像，(c)にカンチレバー全体の光学像を示す．チップ先端はCr製でその先端に300 nm×500 nmの微小開口がある．このカンチレバーはシリコンプロセスにより作製されたものである．したがって，再現性の高い微小開口径を実現でき，かつ，複数のカンチレバーを同時に作製することが可能である．また，図3.148(c)の誘電体先鋭化プローブと同様の理由により光学的スループットが高い．

これ以外にも，散乱型の金属プローブが赤外近接場光学顕微鏡でも利用されている[9,10]．

b. 赤外光源：　赤外顕微分光を含めて赤外分光分析では，これまではグローバ光源などの熱源が主に光源として用いられてきた．この光源は黒体と見なせ，スペクトル帯域は連続的に2.5〜10 μm以上をカバーす

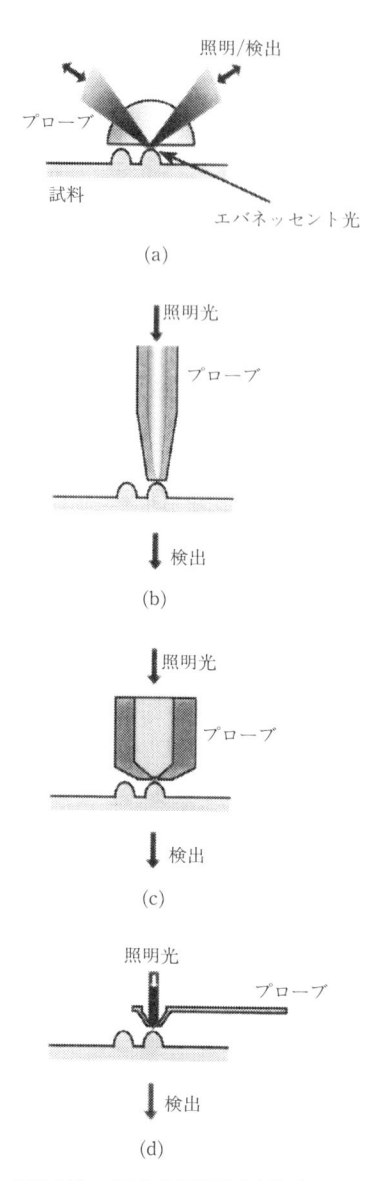

図3.148　赤外分光分析用近接場プローブ
(a) SILプローブ，(b) 光ファイバプローブ，(c) 誘電体先鋭化プローブ，(d) 微小開口型カンチレバー．

る．しかし，輝度は低く，また発光面積も広いため，赤外光のエネルギーを集中させることが困難で，近接場赤外分光用には非常に暗い光源である．これに対して，炭酸ガスレーザは，発振波長は固定されるものの，加工用に用いられるなど，高出力，高輝度な光源であることから，初期の赤外近接場光学顕微鏡では一般的に用いられていた[3,9]．

これに対し，赤外域でチューナブルに発振するレーザが，最近のレーザ技術の進展により，いくつか開発され，赤外近接場光学顕微鏡に利用され始めている．自由電子レーザはその代表例である．このレーザでは，電子銃からの電子ビームを磁場が周期的に変調されている undulator 内で蛇行運動させることにより，放射光を生成し，この放射光と電子ビームを光共振器内で同期させることで赤外光を増幅する．磁場強度を変化させるか，あるいは電子の速度を変化させることで，発振波長を任意に走引することができる．すでに，数グループが赤外近接場光学顕微鏡の光源に自由電子レーザを用いている[4,6,7]．

光パラメトリック現象を利用した赤外光発生法も近接場分光の光源に利用できる．超短パルスレーザ（Ti：Al_2O_3 レーザなど）からのパルス光を種光としてオプティカルパラメトリックに発振させた2つの近赤外パルス光を生成し，さらにこの2つのパルス光の差周波を $AgGaS_2$ などの非線形結晶内でパラメトリックに発生（differential frequency generation：DFG）させることで，赤外パルス光を得る．オプティカルパラメトリック発振される2つの近赤外パルス光の波長を変化させることで，赤外パルス光の波長を掃引することができる．

半導体の超格子構造によるサブバンド間遷移を用いることで，赤外光発振が半導体レーザでも得られる．量子カスケードレーザとも呼ばれ，超格子構造を変化させることで，サブバンド間エネルギーを調整することができ，任意な波長の赤外光を発振させることができる．さらに，1つの素子から多波長の発振が可能な半導体レーザも開発

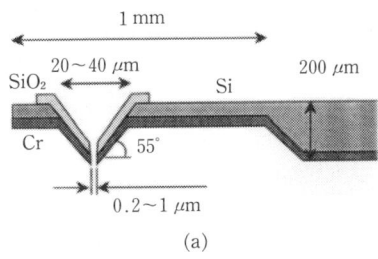

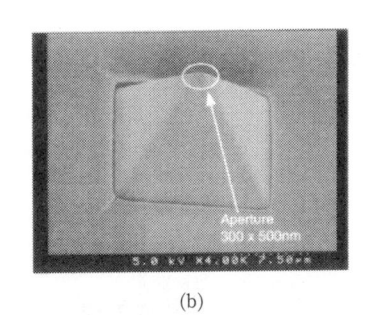

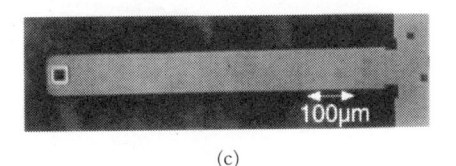

図 3.149 (a) 微小開口型カンチレバー，(b) チップ先端の SEM 像，(c) カンチレバー全体の光学像

されている．

各赤外光源の典型的な輝度は，10 μm の波長でバンド幅を 10 nm とすると，2000 K の黒体放射 (熱源) では，3×10^{-6} W/mm²/sr，DFG では 5×10^{0} W/mm²/sr，量子カスケードレーザでは 10^{3} W/mm²/sr，FEL では 5×10^{4} W/mm²/sr，炭酸ガスレーザでは 5×10^{5} W/mm²/sr，となる．このうち，自由電子レーザ，DFG はピコ秒程度のパルス発振をすることから，ピーク強度は炭酸ガスレーザよりも大きな値を示す．

c. 実 施 例：

(1) SIL プリズムプローブ： SIL プリズムを用いた近接場赤外顕微分光装置を図 3.150 に示す[1,2]．装置は，赤外光源にフーリエ変換赤外分光装置 (日本電子 JIR-6000) を用い，さらに赤外顕微鏡 (IR-MAU 124)，高屈折率の半球プリズム，赤外検出器，およびピンホールから構成される．分光器からの赤外干渉光はピンホールを通して赤外顕微鏡に導入し，カセグレン対物鏡 (20 倍，開口数 0.5) により試料上に集光する．Ge 製の半球プリズム (半径 8 mm，屈折率 4.0) は，集光スポットがプリズムの底面の中心と一致するように配置し，観測する試料はプリズム底面に密着するか，あるいは底面から波長以下の距離に置く．試料と相互作用した赤外光はカセグレン対物鏡で集光し，視野絞り (50 μm) を通り，赤外検出器 (HgCdTe) により検出する．検出した干渉信号をフーリエ変換することで，赤外スペクトルを得る．ピンホールは試料観察面と共役な位置にあり，その径は試料上の集光スポットを対物鏡の倍率により拡大した大きさである．また，赤外干渉光を半球プリズム球面に対して垂直方向に入射させることで，プリズムの存在の有無によって集光スポット位置が変わることはない．

この装置を用いて，膜厚 40 μm のパラフィンフィルムのエッジレスポンスを測定

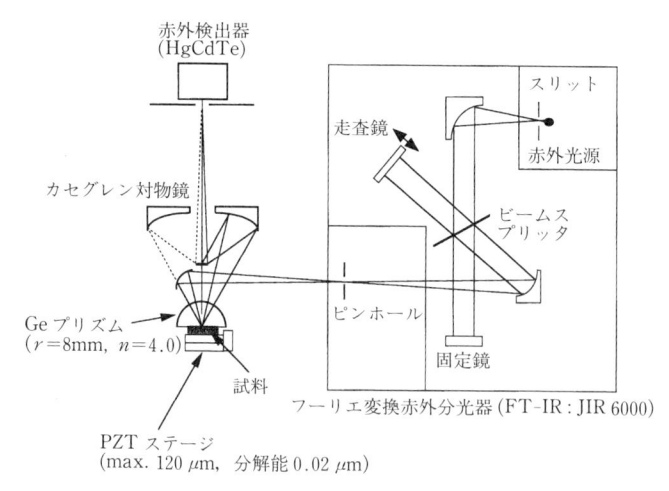

図 3.150　SIL を用いた近接場赤外顕微分光装置

した結果を図3.151に示す．(a)は波数1230 cm^{-1} (8.12 μm)の赤外光，(b)は波数948 cm^{-1} (10.54 μm)の赤外光の反射率を，試料を走査しながら測定した結果である．どちらの波数もパラフィンの吸収ピークに相当する．図の反射率は，パラフィンフィルムの吸収がない2200 cm^{-1} (4.54 μm)の反射率で規格化している．1230 cm^{-1}の赤外光の反射率は，5 μmの幅で0.9から0.6に変化し，また，948 cm^{-1}の赤外光の反射率は7.5 μmの幅で0.9から0.6に変化している．プリズムを用いずにこのエッジを観察したときのレスポンスはカセグレン対物鏡の開口数からそれぞれ20 μm，30 μmとなることから，GeのSILプリズムを用いることで，空間分解能が4倍向上したことが示される．本装置の長所は，赤外顕微分光装置を用いて容易に構成できることであり，実際市販されている全反射減衰(attenuated total reftection : ATR)法用のアクセサリーをそのまま用いることで4倍の空間分解能の向上(Geプリズムの場合)を達成できるところにある．

(2) スリットプローブを用いた近接場赤外顕微分光： 多層膜フィルムの断面分析を目指した，スリット型の微小開口プローブを用いた近接場赤外顕微分光装置を図3.152に示す[11,12]．開口の形状をスリット型にすることで，1次元方向にのみ超解像性をもたせることにより，光量を増大させ，明るい光学系を実現している．フーリエ変換赤外分光装置を光源とし，赤外顕微鏡，およびスリットプローブ，赤外検出器(HgCdTe)から構成される．図に示すようにカセグレン対物鏡の焦点を中心とした円錐形のプリズム上にスリットを形成する．プリズムには，ZnSe結晶を用い，底部に金薄膜を蒸着し，金薄膜上にスリット状開口 (1 μm×70 μm) を設ける．フーリエ変換赤外分光装置からの干渉信号をカセグレン対物鏡により試料に照射し，試料からの透過光をスリット開口を通して検出する．このとき，プローブと試料間の距離をスリット幅(1 μm)より近づけることで，試料表面近傍に局在する近接場赤外光の検出が可能となり，波長によらずスリット幅程度の分解能を達成できる．赤外検出器からの干渉信号はコンピュータによってフーリエ変換され，スペクトルが与えられる．

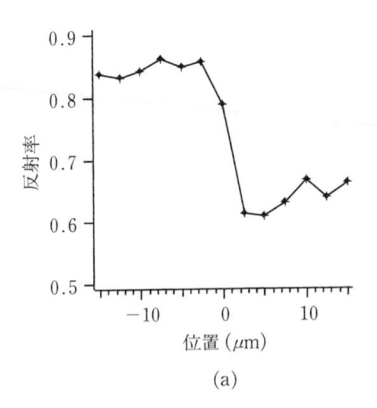

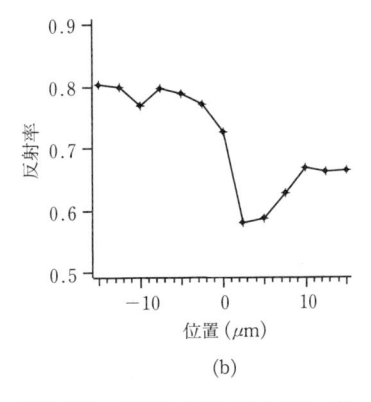

図3.151 パラフィンフィルムのエッジレスポンス

(a) 波数1230 cm^{-1} (8.12μm)の赤外光の反射率分布，(b) 波数948cm^{-1} (10.54 μm)の赤外光の反射率分布．

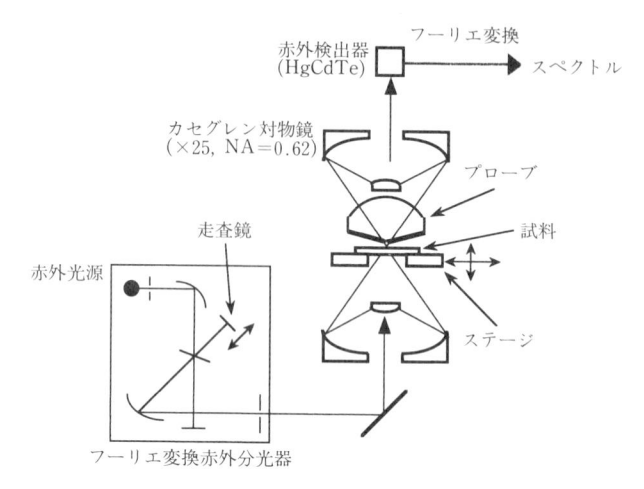

図 3.152　スリットプローブを用いた近接場赤外顕微分光装置

図 3.153 はこの装置を用いて，エポキシ樹脂とエチレン-酢酸ビニル共重合体からなる薄膜を測定した結果である．縦軸はエポキシ樹脂の吸収がある $1740\,\mathrm{cm}^{-1}$ ($5.7\,\mu\mathrm{m}$) における透過率を，横軸は試料の走査位置を示す．2つのフィルムの間に約 $1.4\,\mu\mathrm{m}$ のエッジがみられる．この結果から，スリットプローブを用いることで，波長以下の分解能で透過率を測定できることがわかる．

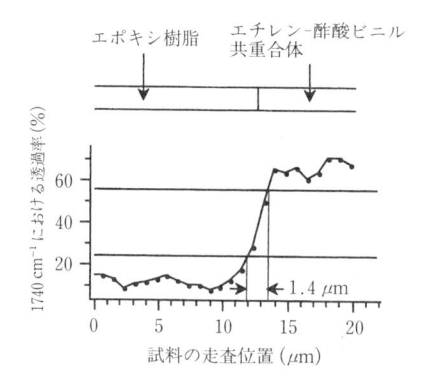

図 3.153　2 層フィルム断面の透過光像

図 3.154 は KBr 平板上にコートしたポリビニルアルコール (PVA : polyvinyl alcohol) 薄膜 (膜厚 $1\,\mu\mathrm{m}$) のエッジ部において測定した近接場赤外吸収スペクトルである．図 3.154 中の a, b, c は，それぞれ図中の薄膜エッジ部に示した位置に相当するスペクトルである．PVA がコートされていないところでは赤外光の吸収がみられないが，PVA がコートされているところでは，その膜厚に従い透過率の異なる赤外スペクトルが得られることが示されている．

このプローブを用いて，2 次元的に超解像を得ることも可能である[12]．1 次元走査しながら各点でスペクトルを測定した後，スリットの角度を変えて同様に 1 次元走査して測定し，この操作を繰り返す．多数の線積分データに対して，ラドン変換を施すことで，2 次元像を再構成できる (X 線 CT の原理と同じである)．試料自身が特に偏光特性をもたない限り有効な方法である．

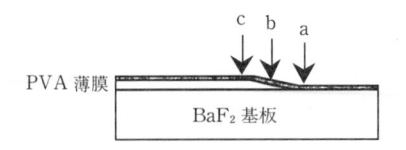

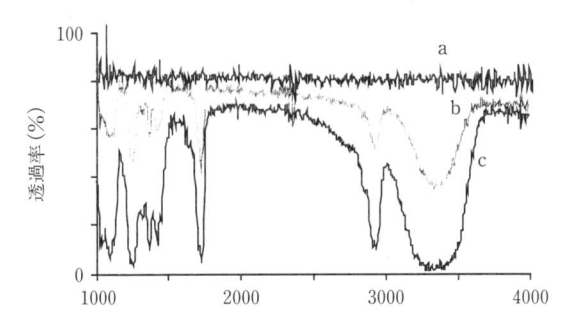

図 3.154 PVA 薄膜の近接場赤外吸収スペクトル

(3) 金属プローブ： 金属プローブを用いた赤外近接場光学顕微鏡も装置開発されている[9,10]．チューナブル炭酸ガスレーザからの赤外光をカセグレン対物鏡で金属プローブ上に集光し，チップ先端からの散乱光を凹面鏡により赤外検出器 (HgCdTe) 上に導き，検出する．原子間力顕微鏡 (AFM) カンチレバーに金をコートした金属プローブはタッピングモード (40 kHz，振幅 120 nm) で制御し，試料上を走査する．赤外検出器からの信号はロックインアンプを通して検出することで，チップ先端の近接場光だけを取り出すことが可能である．ポリスチレンを分散した PMMA (polymethyl methacrylate) フィルムを，異なる 2 波長 (9.68 μm, 10.17 μm) で観察し，波長による 2 つの分子の複素誘電率の違いを像コントラストとして可視化し，400 nm 程度の空間分解能を達成している．

金属は赤外波長域において金属性をさらに増し，散乱効率がより高くなること，さらに，赤外域でも分子の化学吸着による SERS と類似した現象である表面増強赤外吸収 (surface enhanced infrared absoprtion : SEIRA) が生じる，などの金属プローブ特有の効果が期待できる．

(4) 光ファイバプローブ： 先端に微小開口を有するフッ化物光ファイバプローブと差周波発生による赤外パルス光を用いた赤外近接場光学顕微鏡も装置化されている[5]．光源からの赤外パルス光を光ファイバプローブに結合し，微小開口を通して試料を近接場照明する．試料からの透過光を CaF$_2$ レンズで集光し，赤外光を検出する．赤外パルス光は 140 cm^{-1} のスペクトル広がりをもつことから，検出器には回折格子による分光器と InSb のアレイ検出器を組み合わせたポリクロメータを利用することで，いくつかの吸収線を同時に検出することを可能としている．プローブの開口径は 340 nm，伝達効率は 10^{-5} 程度が達成され，450 nm の空間分解能が得られてい

る. (河田 聡・井上康志)

文　献

1) T. Nakano and S. Kawata : *Scanning*, **16** (1994), 368-371.
2) 中野隆志, 河田　聡：分光研究, **41** (1992), 377-384.
3) T. Nakano and S. Kawata : *Optik*, **94** (1993), 159-162.
4) A. Piednoir *et al.* : *J. Microsc.*, **57** (1995), 282-286.
5) C. A. Michaels *et al.* : *J. Appl. Phys.*, **88** (2000), 4832-4839.
6) M. K. Hong *et al.* : *Nucl. Instr. Meth. Phys. Res.*, **B144** (1998), 246-255.
7) D. T. Schaafsma *et al.* : *Ultramicroscopy*, **77** (1999), 77-81.
8) Y. Inouye *et al.* : *Proc. 6th Int. Conf. Near Field Optics Enschede 2000*, **NFO-6** (2000), 84.
9) A. Lahrech *et al.* : *Opt. Lett.*, **21** (1996), 1315-1317.
10) B. Knoll and F. Keilmann : *Nature*, **399** (1999), 134-137.
11) S. Kawata *et al.* : *Eur. Opt. Soc. Topical Meetings Dig. Ser.* (*Proc. NFO-3*), **8** (1995), 159-160.
12) 河田　聡ほか：分光研究, **45** (1996), 93-99.

3.4 電子，力との融合計測

3.4.1 走査型トンネル顕微鏡発光計測

a. 走査型トンネル顕微鏡発光の特徴と発光過程： 先鋭化した導電性プローブを試料表面に電子波長程度まで接近させると，トンネル効果によってプローブ先端から試料の原子サイズの微小領域へ電流が流れる[1]．このトンネル電流を用いて試料表面のモホロジーを個々の原子が識別できる空間分解能で実空間像として得る手段が走査型トンネル顕微鏡 (STM) である[2]．ところで，注入されたトンネル電流により発光 (STM 発光) が生じることがある．STM 発光のスペクトル (ピークエネルギー，半値全幅など) や強度分布，偏光およびこれらのトンネル電子エネルギー依存性などの特性を調べることにより，物質の電子・光物性や発光過程に関する知見が得られる．

トンネル電流は原子からナノメートル寸法の極微小領域の励起手段として，従来のフォトルミネッセンス (PL) に用いている伝搬光やカソードルミネッセンス (CL) に用いている高エネルギー電子線にはない，次のような優れた特徴をもっている．

① ビーム径が小さく，エネルギーが比較的低いエネルギーで注入できるので，原子サイズからナノメートル寸法の微小領域を局所的に励起できる．

② プローブ中での電流損失が小さいのでナノメートル領域へも大きなパワーを低損失で注入できる．

③ 大多数の試料のエネルギー準位が含まれる 0~10 eV 程度の広範囲にわたり，連続的かつ容易に注入エネルギーを掃引したり同調したりできる．

④ プローブ-試料間バイアス電圧の極性を反転させて電子の打込みと引抜き (正孔の打込み) のいずれも可能である．

⑤ トンネル電子のスピンが制御可能であり，偏光特性に反映して測定できる．

⑥ 背景光がないため，微小領域からの微弱な発光でも高感度に測定できる．

このためSTM発光計測は，原子サイズからナノメートル寸法の極微小領域における材料やナノ構造，分子などの多様な電子・光学物性を複合的に測定できることが大きな特徴である．

ところで，STM発光はプローブから試料へ注入されたトンネル電流による発光の総称であり，発光過程は単一ではなく図3.155に示すようにプローブや試料の材質，動作条件によって異なる[3]．試料が金属の場合にはトンネル電子により金属表面に励起された表面プラズモンによる発光が生じる(図3.155(a))．表面プラズモン発光はプローブ先端や試料表面の局所的な幾何学的形状や電子状態が発光の強度やスペクトルに反映する．

一方，直接遷移型半導体の場合は，STM発光はトンネルしたキャリアのバンド間再結合による発光(ルミネッセンス)である．トンネル電子の注入エネルギーが試料のバンドギャップよりあまり高くない場合は，トンネル電子が多数キャリアと直接的にバンド間再結合発光する(図3.155(b))．トンネル電子のエネルギーがさらに高い場合には衝撃イオン化により試料内で生成した電子-正孔対によるバンド間再結合発光が付加する(図3.155(c))．

p型半導体では，プローブのバイアスが負(電子注入)の場合はバンドギャップ以上のエネルギーでSTM発光するが，バイアスが正(正孔注入)の場合は電子-正孔対を生成するエネルギー以上で発光する．またn型半導体にトンネル電子を注入する場合も生成した電子-正孔対の再結合で発光する．STM発光計測ではバイアスの極性を逆転できるので，半導体のタイプ(p, n)とバイアスの極性(正負)を組み合わせて多彩な測定ができるのが大きな利点である．

歴史的には，1998年に最初に銀原子からのSTM発光が報告され[4]，後に表面プラズモンによる発光であることが確認された．その後，直接遷移型半導体からのキャリア再結合発光によるSTM発光が測定された[5]．

b. 装置構成： STM発光計測装置の基本構成は，図3.156に示すようにトンネル電子の注入を通常のSTM用金属プローブで行い，レンズなどの集光器で集光す

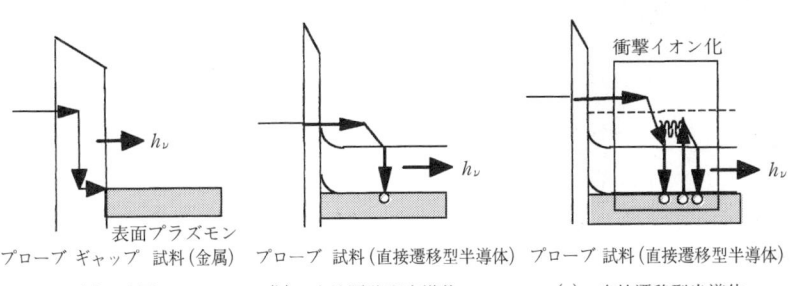

| (a) 金属 | (b) 直接遷移型半導体 (低エネルギー入射) | (c) 直接遷移型半導体 (高エネルギー入射) |

図 3.155 トンネル電子発光の機構(負バイアス)

るものである．ナノメートル寸法以下の極微小領域へのパワー注入密度が大きくなると試料がダメージを受けるので，STM発光計測は通常，プローブ-試料間バイアス電圧が数V程度，トンネル電流が数十nA以下で使用する．このため，全注入電流パワーは非常に小さくSTM発光はかなり微弱である．一方で，発光スペクトルや発光画像の精密測定には高いSN比が必要であり，測定中のプローブ位置ドリフトの影響を小さくするためには測定時間を短くすべきである．そのため，光検出の高感度化と集光の高効率化が，装置を構成する上での重要なポイントとなる．

　高感度の光検出法として，基本的にフォトンカウンティング法を用いる．またSTM発光はトンネル電流の状態により発光強度が不規則に変化することがあるので，発光スペクトルの検出には光量を有効利用し，かつ発光強度の時間変動によるひずみを抑えるため，CCDアレイを用いて一括測定するのがよい．また，プローブ走査に同期して光検出し，画素間のクロストークを抑える機能を設けることにより，ひずみの少ない鮮明なSTM発光像を得ることができる[6]．

　集光の高効率化に関しては，集光立体角をできる限り大きくするように集光器の取付け方向や距離，開口径を決める．金属プローブを使用する場合には，レンズはプローブと重ならないように斜め上方に配置する．集光立体角を大きくとるために回転楕円体鏡[7]を用いる方法がある．さらに高い集光効率を目指し，図3.157のような透明電極膜をコーティングしたファイバプローブ(導電透明プローブ)で，試料と垂直方向からトンネル電流の打込みと近接場光を含めた集光を同一プローブで同時に行う方法も開発されている[8,9]．

　表面プラズモン発光の場合や，試料表面の汚染や酸化が試料のバンド曲がりなど測定に影響を与える場合には，超高真空中で測定する．また，熱ゆらぎの影響を抑えて精密な発光スペクトルを測定するには低温測定が有効である．超高真空中や低温下

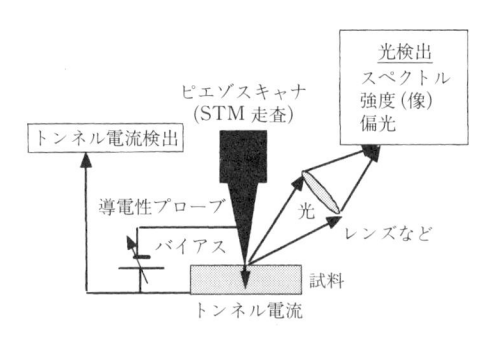

図3.156　STM発光計測の基本構成

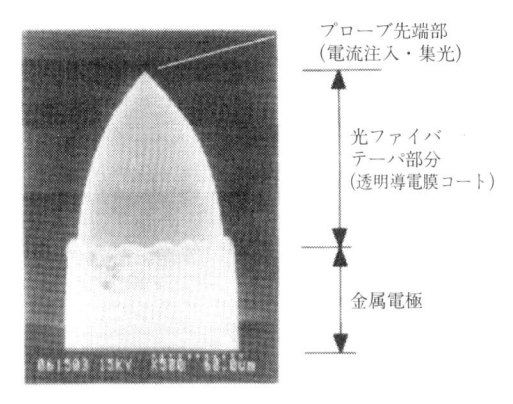

図3.157　導電集光プローブ

での測定では真空容器やクライオスタットにより集光器の寸法や配置が制限される場合が多いので，集光効率を上げる工夫が重要となる．真空中から大気中へ光を導く方法としては，ビューポートとコリメータの組合せや光ファイバ型真空シールがある．クライオスタットに大きな集光用開口を設ける場合には外部からの熱放射をカットするフィルタをつける．透明導電プローブは光源直近で集光するため集光効率が高くできるとともに，クライオスタットに光取出し窓が不要であり光軸調整機構も不要なので，真空・低温測定にも有効である．

c. 計測例:

(1) 表面プラズモン発光: 金属の場合，トンネル電子によりプローブと金属表面との間に誘起された電気双極子(表面プラズモン)による局所的発光が生じる．表面プラズモン発光の強度やスペクトルはプローブと金属微粒子との相互位置関係に依存する．図3.158はAu(110)面の(1×2)再構成表面を50 K，真空中で得たSTM像(上)と波長約600 nmのSTM発光像(下)である[10]．STM発光で8.16Åピッチの原子レベルのグレーティング構造が得られている．貴金属の場合にはローカルプラズモンの共鳴吸収が可視域に存在し，試料表面の微細構造と発光スペクトルの対応から，試料表面の微細形状とローカルプラズモンの特性との関係性が議論されている．

(2) 再結合発光(ルミネッセンス): 直接遷移型半導体などでは注入した少数キャリアと試料内の多数キャリアとの再結合発光に伴うエレクトロルミネッセンス(EL)によるSTM発光が観測されている．空間的なキャリア拡散が伴うため，表面プラズモン発光のような原子レベルでの局在化はしないが，数nmの空間分解能が得られている．直接遷移型半導体ではCdS, AlGaAsやInP, GaN, あるいはこれらを用いた量子井戸や量子細線，量子ドット，InP量子ドットなどの半導体ナノ構造で測定されている．また，有機EL分子では発光ディスプレイなどに有用なアルミニウムキノリン(Alq$_3$)やPPVなどから室温でSTM発光が計測されている．フラーレンも，金上に蒸着した薄膜から低温で発光が確認されている．

(ⅰ) 発光スペクトル: 直接遷移型半導体では，トンネル電子の注入エネルギーを変化させても発光スペクトルのピークエネルギーはバンドギャップ(ドナーやアクセプタのある場合はそのレベル，エキシトンの場合は結合エネルギーの分下がる)に相当する．このことは，トンネル電子は高いエネルギーで注入されてもバンド端まで非発光で緩和した後，バンド間再結合発光することを示唆している．また，量子井戸などの半導体ナノ構造では量子サイズ効果による発光ピークのシフトが観測されている[11]．トンネル電子のエネルギーでは透過距離が数十nm程度と光に比べて短いため，薄い量子構造でも高効率に励起できるので高感度の測定ができる．

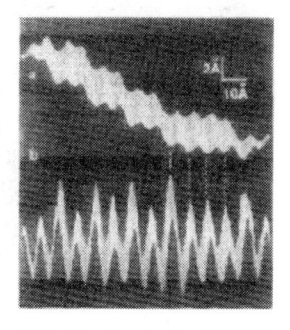

図3.158 Au表面のSTM像(上)およびSTM発光像(下)[10]

(ⅱ) アイソクロマートスペクトル： STM発光強度のバイアス依存性はアイソクロマートスペクトルと呼ばれ，物質内の発光過程を調べるのに重要である．トンネル電子の注入エネルギーは，プローブ-試料間バイアスを変化させて0～10 eV以上の範囲にわたった連続的かつ容易に掃引・同調できる特徴がある．

たとえば直接遷移型半導体の場合，TL強度は注入エネルギーに対して単調に比例せず階段状のエネルギー依存性を示す[12]．最初に発光強度が立ち上がるしきい値エネルギーは，材料のバンドギャップを反映する．さらに高エネルギーでの発光しきい値は，トンネル電子の衝撃イオン化による電子-正孔対の生成エネルギーに対応する．生成した電子-正孔対のバンド間再結合発光が加わるため，発光強度が増大する．したがってアイソクロマートスペクトルは量子効率の励起エネルギー依存性を反映している．デバイスが微小化すると加速電圧が増加し，高エネルギーの電子(ホットエレクトロン)の衝撃イオン化の影響が問題になってくるので，STM発光測定はこのようなホットエレクトロンの影響を微小領域で調べる手段として有効となる．このようにSTM発光のトンネル電子エネルギー依存性を広範囲に測定することにより，バンドギャップやエネルギー緩和過程などを直接測定することができる．

(ⅲ) 偏 光： STM発光の偏光特性を計測することにより，トンネル電子のスピンに関する情報が得られる．たとえば，磁化したNiプローブからp-GaAs(110)試料へトンネル電子を注入し，STM発光の左右の円偏光強度からトンネル電子のスピン偏極率が評価されている[13]．

(ⅳ) 空間強度分布(発光像)： AlGaAs系多重量子井戸(MQW)の真空劈開面で数nmの高い空間分解能をもち，個々の量子構造を明瞭に識別できるSTM発光像が得られている．図3.159は厚み50 nmのAlAs/GaAs MQW断面のSTM発光像である[9]．直接遷移のGaAs層と間接遷移のAlAs層がそれぞれ明暗の帯として明瞭に識別される．また，このMQW内の単一のAlAs層上における光検出強度の空間分布を図3.160に示す．両側のGaAs/AlAs界面からプローブの距離に対して8 nm程度の減衰距離で指数関数的に変化する発光強度分布が精密に計測できる．この減衰距離はトンネル電子のエネルギー緩和距離にほぼ一致する．STM発光分布の測定から注入した電子による発光領域の広がりは従来のマクロ的測定で知られているキャリア拡散によるマイクロメートル寸法の広がりとともに，エネルギー緩和距離に相当する数nmの微小な広がりがあることがわかる．このようにSTM発光計測はナノメートル領域での電子の挙動を直接測定できる有効な手段であ

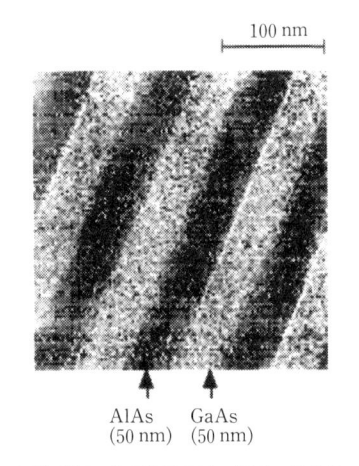

図3.159 多重量子井戸の断面の発光像

る．
　STMプローブからのトンネル電流により，金属試料では表面プラズモン発光により原子サイズレベルの微小領域から発光が励起される．また，直接遷移型半導体や有機EL材料などでは，試料内部のナノメートル寸法の微小領域からの発光再結合によるルミネッセンスが得られる．STM発光計測は，空間分解能の制限によりマクロ的領域にとどまっていた発光計測を原子サイズからナノメートル寸法の極微小領域に適用できること，ト

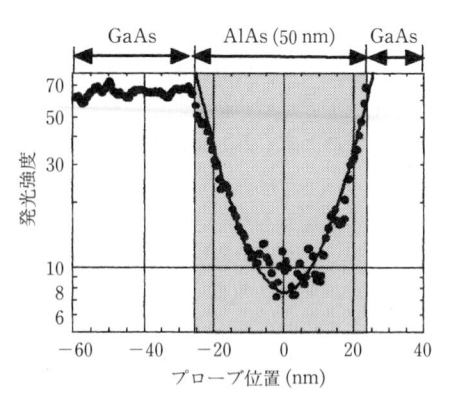

図 3.160 量子井戸断面での発光強度分布

ンネル電子のエネルギーを広い領域にわたって連続的かつ容易に掃引・同調することが大きな特徴であり，電子・光学物性を原子サイズからナノメートル寸法の微小領域で複合評価できる利点がある．これにより個々の原子レベルで原子種を同定できる可能がある．STM発光測定はまた静特性の測定だけでなく，電流注入によるナノメートル領域の動特性の計測も可能で，微細化が進む光電子素子の性能向上に役立つと考えられる．さらに分子科学の分野では分子内における発光特性の分布から分子内のエネルギー構造なども測定できる期待がある．このようにSTM発光計測は，原子サイズからナノメートル寸法の極微小領域における電子と光の相互作用を実空間で直接的に測定できる手段として有効であり，今後の発展が期待される．　　　　　**(村下　達)**

文　　献

1) E. Burnstein and S. Lundqvist : Tunneling Phenomena in Solids (Plenum Publishers, 1969).
2) D. A. Bonnell : Scanning Tunneling Microscopy and Spectroscopy (VCH, 1993).
3) L. Samelson et al. : *Phys. Scripta*, **42** (1992), 149.
4) J. K. Gimzewski et al. : *Z. Phys.*, **B72** (1988), 497.
5) D. L. Abraham et al. : *Appl. Phys. Lett.*, **56** (1990), 1564.
6) T. Murashita : *J. Vac. Sci. Technol.*, **B17** (1999), 22.
7) R. Berndt et al. : *J. Vac. Sci. Technol.*, **B9** (1991), 573.
8) T. Murashita : *J. Vac. Sci. Technol.*, **B15** (1997), 32.
9) T. Murashita : *J. Electr. Microsc.*, **46** (1997), 199.
10) R. Berndt et al. : *Phys. Rev. Lett.*, **74** (1995), 102.
11) T. Tsuruoka et al. : *Appl. Phys. Lett.*, **73** (1998), 1544.
12) S. Sasaki and T. Murashita : *Jpn. J. Appl. Phys.*, **38** (1999), L4.
13) S. F. Alvarado and P. Renaud : *Phys. Rev. Lett.*, **68** (1992), 1387.

3.4.2　原子間力による近接場光の計測

　2.7節で述べたように，半導体探針をエバネッセント光の領域に挿入し，半導体表面近傍に電子-正孔対を生成させ，その結果生じる半導体探針の表面電位（光起電力

$\delta\phi$)の変化を力として検出することにより,エバネッセント光を画像化することができる.ここでは,探針に働く微弱な力を高感度に検出する原理と,それを用いてエバネッセント光を高分解能測定した結果を紹介する.

a. 探針に働く力の高感度検出の原理: エバネッセント光によって探針に働く静電気引力は,距離依存性の弱い長距離力であり,また,その大きさ自体が非常に小さい力である.したがって,カンチレバー(微小な板ばね)の変位を静的に測定し探針に働く力を推定する静的測定法では,変位検出計の感度不足のため,微弱な力を検出することは到底不可能である.そこで,カンチレバーの高いQ値を利用し,力の検出感度を飛躍的に向上させる.すなわち,カンチレバーの共振を応用した変調法を用いる.以下に変調法を用いる微弱な力の検出原理を示す.図3.161において,右側の曲線がカンチレバーの自由振動状態における共振特性である.カンチレバーのばね定数をk,てこの有効質量をmとすれば,その機械的共振周波数ν_0は次式で与えられる.

$$\nu_0 = \frac{1}{2\pi}\sqrt{\frac{k}{m}} \qquad (3.45)$$

この状態で,探針と試料を接近させると,探針と試料表面との間に働く力勾配により,カンチレバーの実効的なばね定数がkから$k-\partial F/\partial z$へと変化する.その結果,図3.161の左側の曲線のように機械的共振周波数がν_0'へ変化する.

$$\nu_0' = \frac{1}{2\pi}\sqrt{\frac{k-\dfrac{\partial F}{\partial z}}{m}} \qquad (3.46)$$

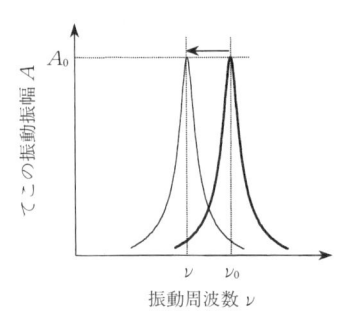

図3.161 周波数変調(FM)検出法による力の高感度測定の原理

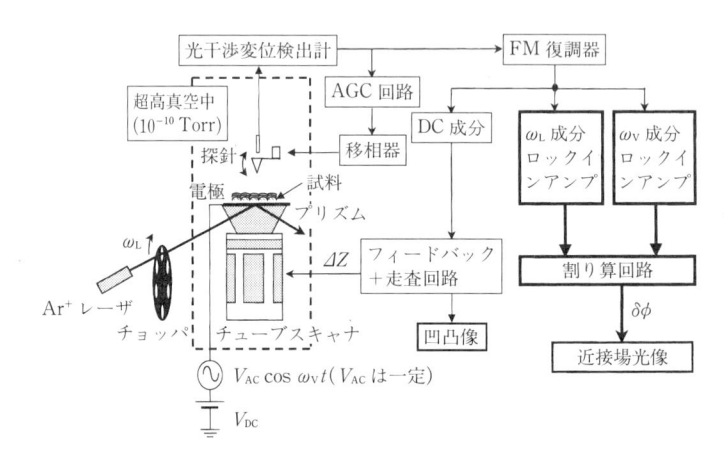

図3.162 接触電位差や静電容量の影響なしにエバネッセント光を力として測定する装置の構成図

機械的共振周波数の変化を $\Delta\nu=\nu_0-\nu_0'$ とすれば，$k\gg\partial F/\partial z$ のとき，てこに働く力勾配の大きさは次のように近似的に与えられる．

$$\frac{\partial F}{\partial z}=2k\frac{\Delta\nu}{\nu_0} \tag{3.47}$$

したがって，共振周波数の変化を測定することにより，探針に働く力勾配を高感度に検出できる．なお，カンチレバーを大振幅で振動させた場合には，時間の積分効果により，得られる情報は力勾配から力に近くなる．

共振周波数の変化を検出する方法としては，大別して，振動振幅の変化によって間接的に周波数変化を測定する方法(スロープ検出法[1])と周波数変化を直接的に測定する方法(FM (frequency modulation) 検出法[2])とがある．スロープ検出法では，カンチレバーを共振点から少しずれた周波数で強制振動させる．カンチレバーに働く力により共振周波数が変化し，カンチレバーの振動振幅(あるいは位相)が変化する．このスロープ検出法では，信号の帯域幅が一定ならば，共振曲線の勾配が急な(Q値が大きい)ほど，信号雑音比(SN比，あるいは，検出感度)が向上する．しかし，Q値が非常に大きくなった場合，カンチレバーの振動振幅(あるいは位相)の変化を十分な感度で検出するには，検出系の帯域幅をかなり狭くする必要がある．たとえば，10^{-1} Pa 以下の真空中では，カンチレバーが空気の粘性抵抗を受けなくなるため，Q値は空気中($Q\sim100$)での動作に比べて著しく増加する(たとえば $Q>20000$)．したがって，真空中では検出系の帯域幅を狭める必要があり，動作速度が著しく低下する．さらに，Q値の大きなカンチレバーは，振動振幅(あるいは位相)の過渡特性が悪化するため，動作速度を速くすることがますます困難になる．このように，スロープ検出法では，本質的に真空中での動作は困難である．そこで，カンチレバーの共振周波数を直接検出し，探針に働く力を求める FM 検出法を用いる．この方式では，Q値の大きなカンチレバーであっても，その振動振幅の過渡特性は問題とならず，また帯域幅も狭める必要もないので，真空中でも高速動作が可能となる．なお，このFM検出法は，探針と試料表面が接触せずに画像化を行う非接触原子間力顕微鏡で用いられ，原子構造や原子欠陥が明瞭に画像化され，その有用性が実証されている[3]．

b．エバネッセント光の高分解能測定： 図 3.162 に FM 検出法を用いたエバネッセント光の測定装置の構成を示す[4]．光干渉変位計と AGC (automatic gain control) 回路，移相器，カンチレバー加振用の圧電体からなる正帰還発振系を構成し，てこをその機械的共振周波数で振動させる．ここで，AGC 回路は，カンチレバーを一定振幅で振動あるいは加振させるために使用する．移相器は，正帰還が最大となるように位相調整を行うために使用する．カンチレバーの振動周波数の変化を FM 復調器で検出して，探針に働く力を求める．

半導体探針に作用する力としては，2.7 節で述べたように，ファンデルワールス力や近接場光による力，探針-試料間に印加した電圧による静電気力がある．近接場光による表面光起電力 $\delta\phi$ のみを抽出するために，プリズムに入射させるレーザ光を周

(a) 凹凸像 (b) エバネッセント光の像

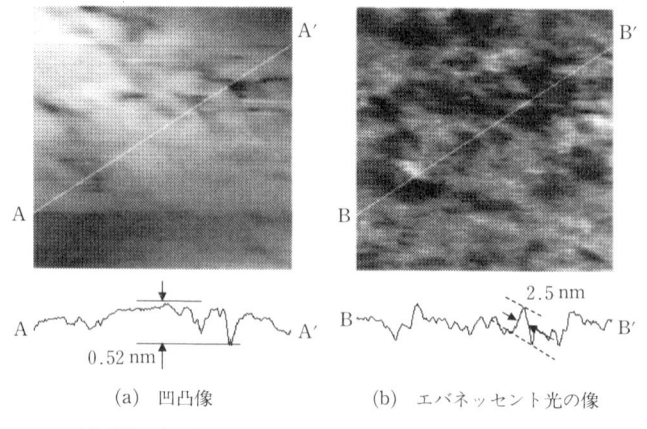

図 3.163 金の極薄電極表面の凹凸像とエバネッセント光の像

波数 ω_L で変調し ($\delta\phi \cos \omega_L t$)，同時に，探針-試料間に印加するバイアス電圧を $V = V_{DC} + V_{AC} \cos \omega_V t (\omega_V \neq \omega_L)$ のように変調する．同期検波される ω_L 成分を ω_V 成分で除算することにより，次式のように $\partial C/\partial Z$ や $(V-\phi)$ のように場所に依存するパラメータが相殺され，純粋な $\delta\phi$ に関する情報を得ることができる．

$$\frac{\partial C}{\partial z}(V_{DC}-\phi)\delta\phi \div \frac{\partial C}{\partial z}(V_{DC}-\phi)V_{AC} = \frac{\delta\phi}{V_{AC}} \quad (3.48)$$

なお，ファンデルワールス力が一定になるように探針-試料間距離を制御することにより，表面形状を測定する．この実験では，プリズム(あるいは試料)や半導体探針，カンチレバー加振用圧電体は，すべて超高真空中に設置されており，その表面に水は付着していないので，キャピラリー力の影響は全くない．

力を検出する半導体探針としては，Sb ドープの n 型 Si カンチレバーを使用した．ばね定数の小さい柔らかいカンチレバーを使用すると，試料表面からのファンデルワールス力による力勾配がてこのばね定数を容易にこえてしまい，カンチレバーが試料側にジャンプし，探針が試料表面と強く接触してしまう．この接触により，先鋭な探針先端が破壊されてしまう．探針と試料との強い接触を防ぎ，エバネッセント光を検出するためにはばね定数の大きな硬いカンチレバーを使用する必要がある．そこで，ばね定数 30〜40 N/m の Si カンチレバーを使用した．機械的共振周波数は約 160 kHz である．探針の導電率は，0.01〜0.02 Ωcm である．探針先端の曲率半径は，約 10 nm 以下である．なお，このように先鋭な半導体探針をもつ Si カンチレバーは，メーカーより供給されており，容易に入手可能である．

図 3.163 は，試料表面としてプリズムの全反射表面に設けている金の極薄電極を取り上げた，表面凹凸とエバネッセント光の像である．なお，金の極薄電極の膜厚は，光の透過性と導電性をもたせるため，15 nm としている．走査範囲は，75.2 nm ×

75.2 nm である．凹凸像から，金の極薄電極表面がほぼ原子的にフラットな表面であることがわかる．また，エバネッセント光の像にも原子スケールの変化があることがわかる．その断面図をみるとわかるように，最小水平分解能も 2.2 nm であり，きわめて高い空間分解能が達成されている．なお，さらに 1 桁空間分解能を高めることにより，原子分解能に到達すると期待できる． （菅原康弘）

文　献

1) Y. Martin et al.: *J. Appl. Phys.*, **61**-10 (1987), 4723-4729.
2) T. R. Albrecht et al.: *J. Appl. Phys.*, **69**-2 (1991), 688-673.
3) Y. Sugawara et al.: *Science*, **270** (1995), 1646-1648.
4) M. Abe et al.: *Opt. Rev.*, **4**-1B (1997), 232-235.

4. プローブ作製技術

4.1 エッチング技術

　金属コートファイバプローブは，暗視野照明による集光モード(Cモード)[1,2]，照明モード(Iモード)[3]，照明集光モード(ICモード)[4]のすべての近接場光学顕微鏡において実績があり，現在最も広く使用されている．このプローブにおいては，その透過効率，集光効率がテーパ部分の形状と構造に影響され，単一の先鋭角でテーパ化されたプローブにおいては先鋭角と先端開口径が到達分解能とそれらの効率を決定する主要なパラメータである．ほかに，2重テーパ化プローブ(3.1.2項a参照)，3重テーパ化プローブ，突出型プローブ，金属-誘電体-金属コートプローブ，単一モード・多モードファイバプローブ，純粋石英コアをもつファイバプローブなどの構造的な特徴をもつプローブ群[5,6]が開発されており，これらもプローブを決定する際の設計要素とすることができる．プローブの作製のためには，まず先細り状のテーパ化ファイバ[*1]を作製し，次にアルミニウムなどの金属でコートするのが有効な方法として知られる．テーパ化法としては，溶融延伸，メニスカスエッチング，選択エッチング，複合選択エッチングなどがあり，金属コートのためには，真空蒸着[3]，スパッタリング[5]，無電解めっき[5]を用いた手法が用いられる．4.1.1~4.1.3項においては，これらの中から，基礎的要素技術である溶融延伸と真空蒸着，メニスカスエッチング，選択エッチングについて詳述する．

4.1.1 溶融延伸と真空蒸着

　溶融延伸は炭酸ガスレーザ(あるいはアーク放電)によって石英系光ファイバの一部を加熱後，ある一定の張力をかけて光ファイバを延伸・破断するものである．現在では図4.1(a)に示すように炭酸ガスレーザと125 μmϕ用のプラーバーを搭載したマイクロピペットプラー(たとえば，ショーシンEM，アメリカSutter社製マイクロピペットプラーP 2000)が市販されている．加熱と延伸の強度およびタイミング[*2]を

　[*1] テーパ化ファイバは暗視野照明方式の集光モード近接場光学顕微鏡の開発段階において，エバネッセント光と近接場光を散乱・検出する近接場散乱型プローブとして用いられた．現在では使用される機会は少ないが，テーパ化ファイバプローブとそれを用いる顕微鏡はそれぞれファイバプローブ，アパーチャレスと呼称される．金属開口を用いない散乱型の近接場光学顕微鏡の研究の源流であり，歴史的意義をもつ．

制御することにより，最小先端径 50 nm，20～40°程度の先鋭角の値をもつテーパ化プローブを作製することができる．しかし，先端径 50 nm を維持しながら先鋭角を厳密に制御することは困難である．図 4.1(b) はマイクロピペットプラーによりテーパ化されたファイバを金属化するための真空蒸着法の説明図である．テーパ化プローブは <10^{-5} Torr の高真空中で回転されながら金属蒸着される．金属としては可視領域で高い遮光性をもち乾燥雰囲気中で化学的に安定なアルミニウムがよく用いられ，膜厚は 150 nm 程度である．一方，水中測定などでは耐食性のある金が第 1 候補となる．

作製されたプローブは図 4.1(c) に示されるように，先端に向かってコア径が減少する構造をもつ．これを用いた I モードでは，コア径が波長程度以下になる領域で光がコアから散逸するので，透過効率増加のためには，コア径が波長サイズ以下となる部分の長さを短縮する必要がある．筆者(物部)がコア径 10 μm の純粋石英製通信用ファイバ(たとえば住友電工製 Z ファイバ[8])と市販のマイクロピペットプラーを用いて実験を行ったところ，コアの終端が先端より 100 μm 以上離れたところに位置しており，終端コア径は 1～2 μm 程度であった．コア終端から先端までの距離の短いテーパ化ファイバを作製するためには，溶融延伸したものをフッ化水素を含む水溶液に浸漬して一定時間化学エッチング*3 する手法[5] が有効である．しかし，溶融延伸プローブは近接場光のファイバ伝送路への結合効率に乏しいことから，C モードにおけ

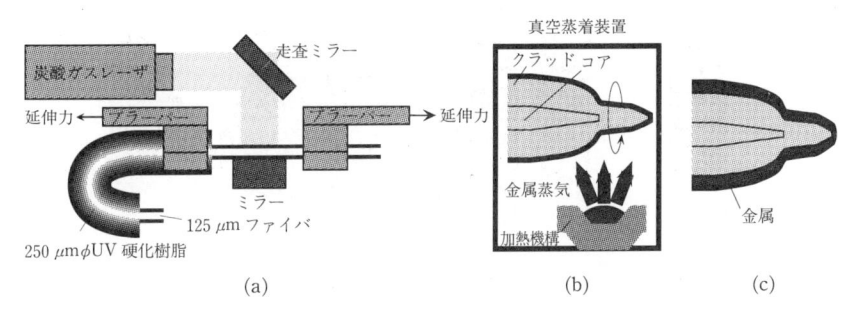

図 4.1 (a) ファイバをテーパ化するために用いられる炭酸ガスレーザを搭載したマイクロピペットプラーの概略図，(b) 真空蒸着装置による金属化技術の説明図，(c) マイクロピペットプラーと真空蒸着装置により作製される金属コートプローブの概略図

*2 Sutter, P 2000 においては加熱・延伸の工程を繰り返すループ機能があり，それぞれの工程において，レーザ強度，レーザ照射領域の長さ，レーザを OFF にするプラーバーの速度，レーザ OFF に対する延伸開始の遅延時間，延伸張力などのパラメータを調整することができる．ただし，プラーの動作が安定化するパラメータは限られており，せん断応力顕微鏡におけるプローブ共振周波数をロックイン検出可能な範囲に設定することを考慮すると，ループ機能の使用は推奨できない．またその再現性はプラーバーへの設置の不具合にも大きく影響される．パラメータの最適化にはある程度の熟練が必要であるが，文献などで公開されているパラメータを用いてテーパ化実験を再現する場合においても，レーザ強度の調整は必要であろう．

る使用実績がほとんどない．

4.1.2 メニスカスエッチング

メニスカスエッチング[9,10)]はもともとファイバ型マイクロレンズの作製のために考案された技術[9)]であるが，1989年ごろから暗視野照明Cモードのためのテーパ化プローブ[1,2,11)]作製のため使用されるようになった．図4.2(a)のように有機溶媒を浮かべたフッ化水素酸がエッチング液として用いられる．これに光ファイバを浸漬すると光ファイバのまわりにフッ化水素酸のメニスカスが形成され，フッ化水素酸に接触するガラス部分が溶解し始める．エッチング時間に比例してファイバ径とメニスカス高さが減少し，図4.2(b)のように有機溶媒とフッ化水素酸の境界でテーパ化が進行する．光ファイバがコアまでテーパ化された後，図4.2(c)のようにメニスカスは消失し，フッ化水素酸は光ファイバから解離してエッチングは自動的に停止する．ここで，フッ化水素酸を有機溶媒(たとえばシリコーンオイルなど)で覆うのはフッ化水素酸蒸気の生成を抑制するためであり，有機溶媒の種類を変えることにより先鋭角は数°〜35°程度まで変化する[10,12)]．メニスカスエッチングにより作製されたテーパ化ファイバはアルミニウムなどの真空蒸着によってIモード用金属コートプローブに仕立てることができる[12-14)]．

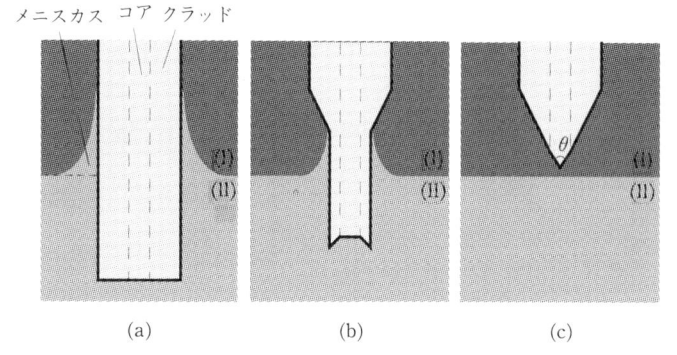

図4.2 (a) 有機溶媒(I)とフッ化水素酸(II)からなるエッチング液にファイバを浸漬したときのフッ化水素酸のメニスカスとファイバの模式図，(b) エッチング進行中でのメニスカスとファイバ，(c) メニスカスが消滅してエッチングが完了した後のファイバ

[*3] 通信用分散補償ファイバのような高濃度二酸化ゲルマニウム添加コアを有するファイバの場合，溶融延伸したファイバを緩衝フッ化水素水溶液中に浸漬し，4.1.3項で述べる選択エッチングに基づいて，クラッドからコアを突出させ，10〜20nmの先端径のテーパ化コアをもつファイバを作製することができる．しかし，市販の不純物添加濃度の低い通信用ファイバを用いる場合，コア中心と延伸テーパの中心軸の幾何学ずれに起因する先端径サイズへの影響が無視できないため，フッ化水素を含む水溶液に浸漬し，コアがクラッドから突出する直前で等方性エッチングを停止することを推奨する．

筆者が［シリコーンオイル/50重量％フッ化水素酸］のエッチング液とコア径4 μm, 比屈折率差0.35％の630 nm用単一モードファイバを用いて行った例[15]では，先鋭角は20～25°程度であり，メニスカスをナノメートル寸法まで整然と形成するのは困難であった。なぜならファイバのコアとクラッドの間の偏心(最小200～300 nm[*4])や溶解反応副生成物による有機溶媒の汚染が原因となって，メニスカスエッチングにおいて先鋭部の非対称性やマイクロラフネスを生じるからである。メニスカスエッチングによって作製されたプローブの先端断面形状が真円である確率は低く，筆者の実験においては，断面形状は短軸方向先端径20 nm程度，長軸方向先端径60～100 nmの楕円あるいは多角形という結果であった。最近，耐HF性をもつプラスチックによりコートされたファイバを用いることにより，有機溶媒汚染のエッチングへの影響を抑制し，マイクロラフネスを減少するという手法[14]が提案されており，今後の発展が期待される。

テーパ化ファイバの金属化は溶融延伸ファイバと同様に真空蒸着で行うことができる。エッチング液から引き上げたファイバは有機溶媒によって汚染されているので，蒸着前に硫酸などに浸漬してファイバの脱脂が必要である。ただし，脱脂によってファイバの先端部分が破損することがあり，脱脂工程を含めたテーパ化プローブ作製法の再現性は80％以下と推定する。

4.1.3 光ファイバの選択エッチングとファイバガラスの溶解速度

図4.3(a)は二酸化ゲルマニウム添加石英(GeO_2-SiO_2)コアと純粋石英(SiO_2)クラッドからなる光ファイバの断面屈折率分布を示す。ここでn_1とn_2はそれぞれコアとクラッドの屈折率であり，r_1とr_2はコアとクラッドの半径である。この光ファイバを40重量％フッ化アンモニウム水溶液：50重量％フッ化水素酸：水$=X:1:1$(室温：25℃)の体積比をもつ緩衝フッ化水素水溶液に浸漬すると，コアは$X=0$

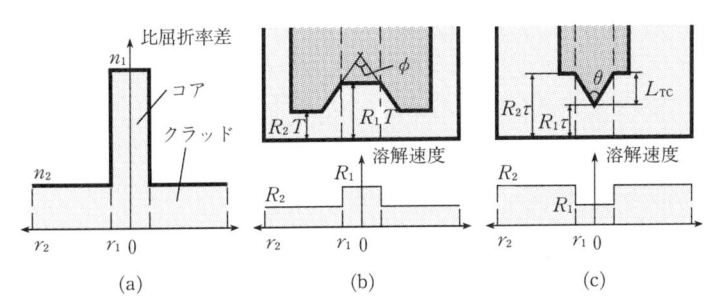

図4.3 (a) 石英系光ファイバの屈折率分析，(b) コア陥没工程の幾何学的モデル(上)と溶解速度分布(下)，(c) コアテーパ化工程(上)と溶解速度分布(下)

[*4] テーパ化された通信用光ファイバの電子顕微鏡写真に基づく結果よりの推定値。通常，コア径10 μmの通信用ファイバの仕様書においてはコアの偏心は1 μm以下とされる。

(フッ化水素水)のとき陥没し，$X=10$ のときテーパ化する．図4.3(b)の上下図はそれぞれ陥没工程の幾何学的モデルの模式図と光ファイバの断面溶解速度分布図に相当し，図4.3(c)の上下部はそれぞれテーパ化工程の模式図と溶解速度分布を表す．図4.3(b)，(c)の上部の薄い部分と濃い部分はそれぞれエッチング前とエッチング後のファイバ断面図を表す．ここで ϕ は陥没部位の陥没角度，τ は先端径を0とするのに必要なエッチング時間，θ はテーパ化コアの先鋭角である．陥没工程とテーパ化工程のエッチング時間はそれぞれ T と τ で表される．図4.3(b)，(c)の下部はコア溶解速度 R_1 とクラッド溶解速度 R_2 を示し，(b)では $R_1>R_2$，(c)では $R_1<R_2$ である．陥没角度 ϕ は幾何学的関係から次式で与えられる．

$$\sin(\phi/2)=R_2/R_1 \tag{4.1}$$

同様に，テーパ化工程においては，先鋭角 θ，テーパ化コアの長さ L_{TC}，テーパ化コアの先端径 d はそれぞれ次のように表される．

$$\sin(\theta/2)=R_1/R_2 \tag{4.2}$$

$$L_{TC}=(r_1-d/2)/\tan(\theta/2) \tag{4.3}$$

$$d(T)=\begin{cases} 2r_1(1-T/\tau) & (T<\tau) \\ 0 & (T\geq\tau) \end{cases} \tag{4.4}$$

ここで，τ は先端径 d が0になるエッチング時間に相当し，次式のように表される．

$$\tau=(r_1/R_1)[(R_1+R_2)/(R_2-R_1)]^{1/2} \tag{4.5}$$

フッ素添加石英クラッドと純粋石英コアから構成される光ファイバを緩衝フッ化水素水溶液で選択エッチングすると，ある一定の先鋭角でコア領域がテーパ化される．このような場合，式(4.2)の左辺に相当する溶解速度比 R_1/R_2 は緩衝フッ化水素水溶液の濃度(あるいは NH_4F 水溶液の体積混合比 X)に依存せず一定の値をとる[16]．

図4.4(a)は $\Delta n=-0.7\%$ の純粋石英コアとフッ素(F)添加石英クラッドをもつファイバを劈開し，$X:1:1$ の体積比をもつ緩衝フッ化水素水溶液の中に浸漬して選択エッチングを行った場合の，純粋石英コアの溶解速度 R_1，F添加石英クラッドの溶解速度 R_2，先鋭角 θ の体積混合比 X に対する依存性である．また，図4.5(b)は体積混合比 X が10のときの比屈折率差 Δn に対する先鋭角 θ の依存性を示す．これより，先鋭角 θ が Δn あるいはクラッドの石英中におけるF添加率によって制御されることがわかる．ただし，vapor-phase axial deposition (VAD)法[17]によってF添加クラッドと純粋石英コアをもつファイバの比屈折率差の絶対値を0.7%より増加することは困難である．

一方，二酸化ゲルマニウム(GeO_2)添加石英コアと純粋石英クラッドから構成される光ファイバを体積混合比 $X:1:1$ の緩衝フッ化水素水溶液に浸漬すると，光ファイバは $X<1.7$ のときコア領域から陥没し，$X>1.7$ のときコア領域においてテーパ化する．図4.5(a)は GeO_2 添加コア溶解速度 R_1，純粋石英クラッド溶解速度 R_2，先鋭角 θ のフッ化アンモニウムの体積混合比 X に対する依存性を示す．ここで，光ファイバの比屈折率差 Δn は2.5%である．X を増加すると溶解速度比 R_1/R_2 は減

4. プローブ作製技術

(a)

(b)

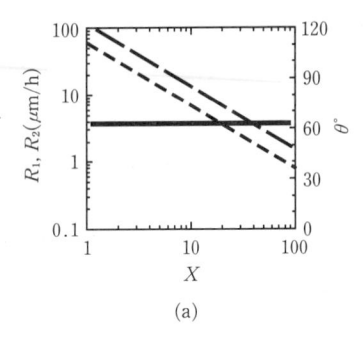

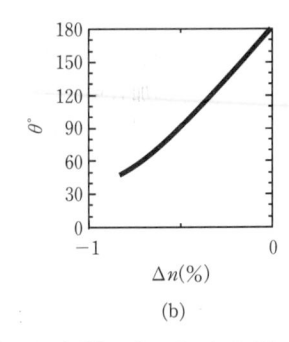

図 4.4 (a) 純粋石英コアの溶解速度 R_1 (点線),フッ素添加石英クラッド R_2 (破線),先鋭角 θ (実線)のフッ化アンモニウム水溶液の体積混合比 X に対する関係.ここで比屈折率差 $\Delta n (=[n_2^2-n_1^2]/2n_2^2)$ は -0.7% である.
(b) 比屈折率差 Δn に対する先鋭角 θ の依存性.ここでフッ化アンモニウム水溶液の混合体積比 X は 10 である

(a)

(b)

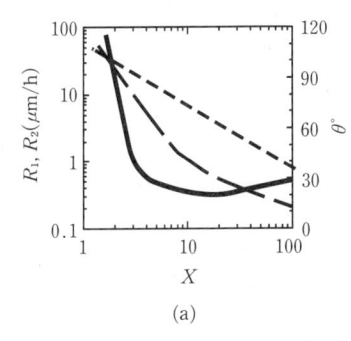

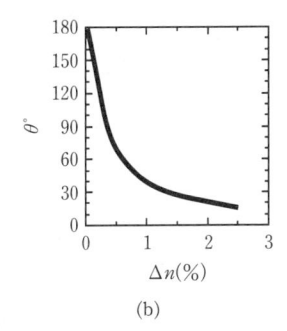

図 4.5 (a) 二酸化ゲルマニウム (GeO_2) 添加石英コアの溶解速度 R_1 (破線).純粋石英クラッド R_2 (点線),先鋭角 θ (実線)のフッ化アンモニウム水溶液の体積比 X に対する依存性.ここで比屈折率差 $\Delta n (=[n_2^2-n_1^2]/2n_2^2)$ は 2.5% である.(b) $X=10$ のときの θ の Δn に対する依存性

少し,$X=10\sim30$ の領域である値に到達する.すなわち,先鋭角 θ は $X=10$ で最小値をとる.

 X を一定とするとき,テーパ化コアの先鋭角は比屈折率差 Δn,あるいは GeO_2 の添加率によって決定される.VAD 法における比屈折率差 Δn の上限は 3.0% 程度である.図 4.7(b) は $X=10$ のときの比屈折率差 Δn に対する先鋭角 θ の依存性を示す.

 GeO_2 添加石英と純粋石英[*5] の 2 層からなるファイバの選択エッチングは濃度の異なる緩衝フッ化水素水溶液の連続エッチングによりさまざまなテーパ化形状[5]を実現

[*5] 純粋石英の代わりにフッ素添加石英でも可能である.

できる．たとえば $X=1.8$ と $X=10$ の緩衝フッ化水素水溶液に連続して浸漬することにより，2重テーパ化プローブが作製できる．また本節冒頭で列挙したうち，要素技術の中で，GeO_2 添加石英，純粋石英，F添加石英からなる多段屈折率型ファイバの体系的テーパ化技術[5]である複合選択エッチングは，この選択エッチングをもとに開発したものである．複合選択エッチングにより，プローブの選択範囲は3重テーパ化プローブ，単一モード多モードファイバプローブ，純粋石英コアをもつファイバプローブを含むプローブ群に拡張される[5]． (物部秀二)

文　　献

1) R. C. Reddick et al.: Phys. Rev., **B39** (1989), 767.
2) D. Courjon et al.: Opt. Commun., **71** (1989), 23.
3) E. Betzig: Principles and application of near-field scanning optical microscopy (NSOM). D. W. Pohl and D. Courjon (eds.), Near Field Optics, NATO ASI Series E, Vol. 242 (Kluwer Academic, 1993).
4) T. Saiki et al.: Mater. Sci. Engg., **B48** (1997), 162.
5) 物部秀二：東京工業大学学位論文 (1999)；http://www.kast.or.jp/Mononobe.pdf
6) S. Mononobe: Probe fabrication. M. Ohtsu (ed.), Near-Field Nano/Atom Optics and Technology (Springer-Verlag, 1998).
7) M. Ohtsu et al.: U. S. Patent, **5**-812 (1998), 723.
8) 住友電工ニュースレター (1997)；http://www.sei.co.jp/news_letter/9707/tokusyu.html
9) D. R. Turner: U. S. Patent, **4**-469 (1984), 554.
10) K. M. Takahashi: J. Colloid and Interface Sci., **134** (1990), 181.
11) T. Hartmann et al.: A scanning near-field optical microscope (SNOM) for biological applications. D. W. Pohl and D. Courjon (eds.), Near Field Optics, NATO ASI Series E, Vol. 242 (Kluwer Academic, 1993).
12) P. Hoffmann et al.: Ultramicroscopy, **61** (1995), 165.
13) S. Mononobe et al.: Opt. Exp., **1** (1997), 229；http://www.opticsexpress.org/
14) R. Stöckle et al.: Appl. Phts. Lett., **75** (1999), 160.
15) 物部秀二，大津元一：精密工学会誌，**66** (2000), 667.
16) 物部秀二，大津元一：New Glass, **15** (2000), 47.
17) T. Izawa, S. Sudo: Optical Fibers: Maeterial and Fabrication (D. Reidel Publishing, 1987).

4.2　高効率・高分解能プローブ作製技術

前節では，ウェットエッチングプロセスによるさまざまなファイバプローブ作製について概説したが，本節では高効率かつ高分解能の両特性を同時に満たすプローブ作製技術として，ウェットプロセスにドライプロセスを組み合わせたファイバプローブと，ウェットエッチングによるシリコンプローブについて紹介する．

4.2.1　ドライプロセス (ファイバ)

a. 3段テーパプローブ作製技術： ここでは，3.1.2項のb(5)(ⅱ)に示した3段

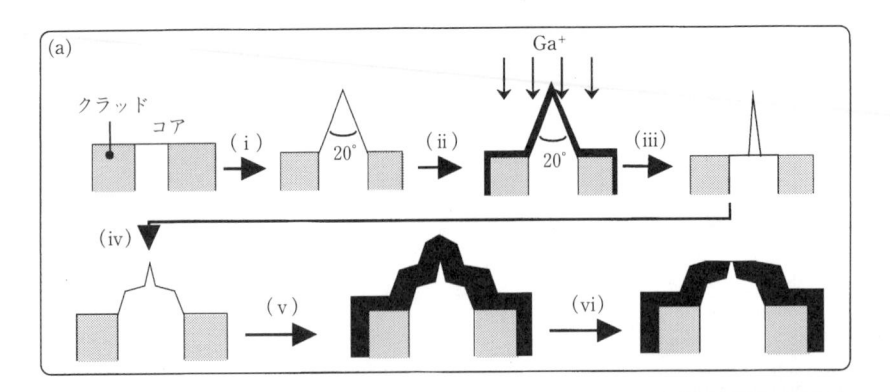

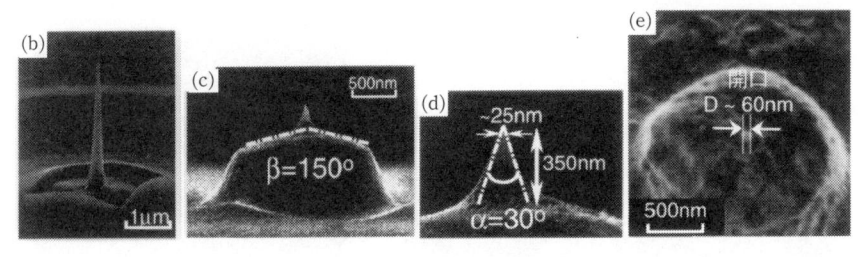

図 4.6 3段テーパプローブの作製方法
(a) 各過程の説明, (b) 過程 (ii) 後の電子顕微鏡像, (c) 過程 (iv) 後の電子顕微鏡像, (d) (c) の3段目テーパ部の拡大像, (e) 過程 (vi) 後の電子顕微鏡像.

テーパプローブの作製方法を紹介する.このプローブは図 4.6 (a) に示すように下記の6つの行程により作製される.

(1) フッ酸緩衝溶液を用いて高濃度 GeO_2 ドープコア先鋭化[1]. ここでは先端尖り角・先端曲率直径はそれぞれ20°, 10 nm である.

(2) 次の過程における集束イオンビーム (FIB) 加工でのファイバの損傷を防ぐため,金を 100 nm 程度スパッタリング法によりコーティングする.

(3) FIB を用いてプローブ上方より $3\mu m \times 3\mu m$ の範囲全体に対し,ファイバ軸方向にガリウムイオン (Ga^+) ビームを照射する (ビーム径: 30 nm). 照射後の電子顕微鏡像を図 4.6 (b) に示す.

(4) 再びフッ酸緩衝溶液 ($NH_4F : HF : H_2O = 10 : 1 : 1$) により10分間エッチングすることによって,図 4.6 (c), (d) に示した3段テーパ形状のプローブを得た.この際,エッチングをさらに行うと,尖り角20°の1段テーパプローブとなる.

(5) 遮光のため,膜厚 500 nm の金をスパッタリング法によりコーティング.この際,2段目プローブからの光のしみ出しを防ぐために,スパッタリングはファイバの上方より行う.

(6) FIB により先端を除去し,微小開口を作製.この際,プローブ先端から除去す

(a)

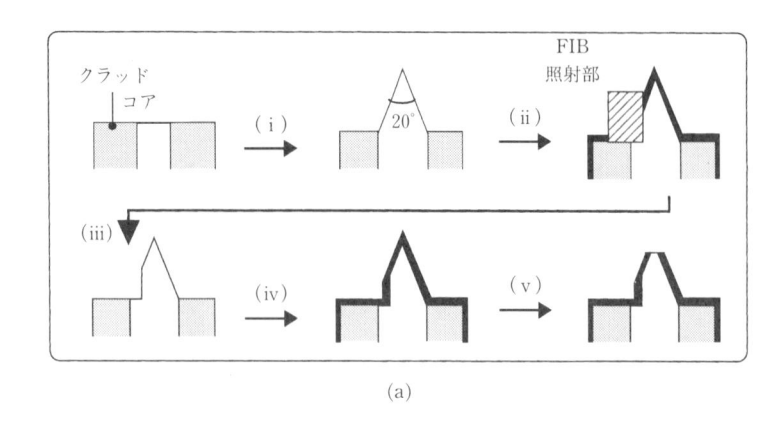

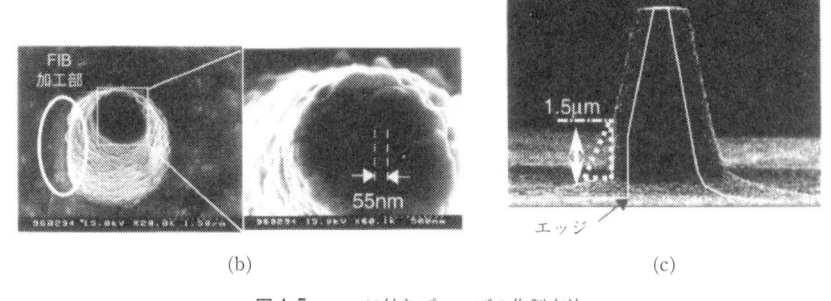

図 4.7 エッジ付きプローブの作製方法
(a) 各過程の説明，(b) 過程 (v) 後の電子顕微鏡像 (上面図)，(c) 過程 (v) 後の電子顕微鏡像 (側面図)．

る範囲を変えることにより，所望の開口径を得ることが可能である．
　この手法によって最小開口径 55 nm が得られている．
b. エッジ付きプローブ作製技術：　ここでは，3.1.2 項の b (5) (iii) に示したエッジ付きプローブの作製方法を紹介する．このプローブは図 4.7 (a) に示すように下記の 5 つの行程により作製される．
　(1) 選択化学エッチング手法を用いた高濃度 GeO_2 ドープコアの先鋭化[1]．ここでは先端尖り角・先端曲率直径はそれぞれ 20°，10 nm であった．
　(2) 次の過程における FIB 加工でのファイバの損傷を防ぐため，金を 100 nm 程度スパッタリング法によりコーティングする．
　(3) FIB によるコア根本部の除去．
　(4) 遮光のためコアに膜厚 500 nm の金をコーティング．
　(5) FIB により先端を除去し，微小開口を作製．
　上記の方法を用いて最小開口径 30 nm が得られている．

表 4.1 突起型シリコンプローブ作製用溶液

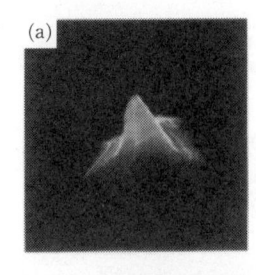

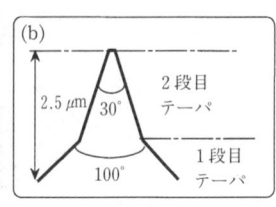

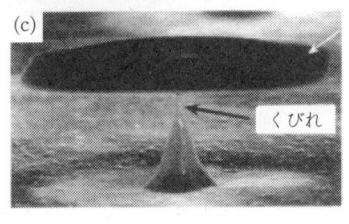

	KOH (g)	H_2O (g)	IPA (g)	温度 (℃)
溶液 1	34	66	0	80
溶液 2	34	66	40	80

図 4.8 2段テーパ型シリコンプローブの作製
溶液：KOH 34 wt%，溶液温度 80℃（溶液 1），使用マスク：10 μm 正方形（シリコン酸化膜）．

4.2.2 ウェットプロセス（シリコン）

a．シリコン異方性エッチング： 波長 830 nm において 3.67 と高い屈折率を有するシリコンをコアとして用いることで，クラッドへの光のしみ出しが抑制されるため，プローブ先端での近接場光励起効率が向上され，小スポット化が達成される．

本項では，このシリコンをコアとして用いた突起型シリコンプローブの作製方法を紹介する．また，本プロセスはアレイ化が容易であるという特徴を利用して，プローブアレイの作製も同時に行えるので，これについても同時に説明する．

突起型プローブの作製には，表 4.1 に示す 2 つの溶液を用いている．

まず溶液 1 を用いた結果を図 4.8 に示す．これにより 2 段階テーパ型突起型プローブが作製される．しかし，この溶液ではくびれた箇所ができてしまい，そこからマスクとして用いたシリコン酸化膜の重みでプローブが劈開してしまう結果となる．

このように，溶液 1 による手法では，プローブはくびれ点における劈開により作製されるので，このプローブをアレイとして利用する場合，先端位置の制御は容易ではない．これを改良するためには，溶液 1 にイソプロピルアルコール（IPA）を混入した溶液 2 によってエッチングを行うのがよい．この場合の結果を図 4.9 に示す．この

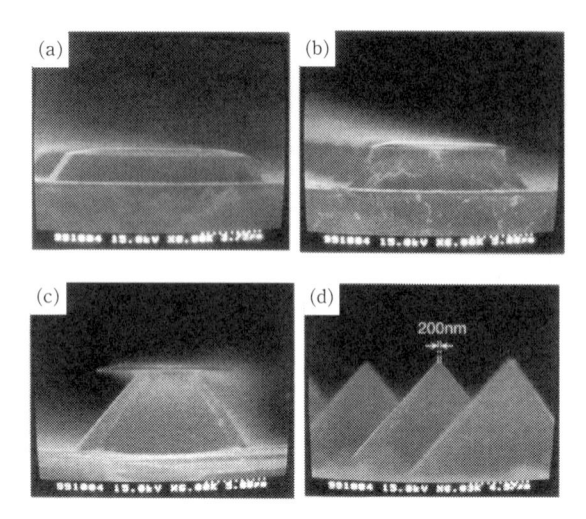

図 4.9 突起型シリコンプローブの作製
溶液：KOH 24 wt%，溶液温度 80℃ (溶液 2)，使用マスク：10 μm 正方形．エッチング時間：(a) 180 秒，(b) 360 秒，(c) 540 秒，(d) 750 秒．

溶液ではくびれ点はみられず，プローブの先端はマスクとして用いる中間酸化膜の位置で決定され，先端位置の誤差が ±10 nm の1段階テーパ型プローブアレイ (先端尖り角：80°) を作製することがわかる．

このようにくびれが発生しなくなった原因としては，KOH に IPA のようなアルコールを加えることにより表面張力が下がるため[2]と考えられる．これは，IPA を入れない KOH によるエッチングでは，溶解したシリコンの気泡が表面，特にオーバエッチングされたマスクの下側にとどまり，これによって先端近傍でのエッチングレートが抑制されたと考えられている．

b. 近接場光記録再生用ヘッドの作製：　本項では，突起型シリコンを超高密度・超高速光記録再生用のスライダに搭載したプローブについて紹介する (このスライダを用いた近接場光記録・再生実験については 10.2 節参照)．このために，上記シリコンプローブを用いる場合，突起型のプローブでは，先端断面積が小さく記録媒体を破壊してしまうので，このプローブと同じ高さのパッドを，高精度でつくりつける必要がある．また，再生の高速化のためプローブをアレイ状に配置する必要があるが，これらのプローブの先端位置も同様に高精度で制御しなくてはならない．さらに，シリコンは赤外域でわずかな吸収があるために薄膜化する必要があるが，その一方で，高速走査させるに十分な機械的強度が必要である．このために，シリコン基板として，膜厚が均一な SOI (silicon on insulator) 基板を用い，この厚みよって決定される精度で突起型プローブの先端位置とこれを保護するパッドとの位置合せを行う．また，こ

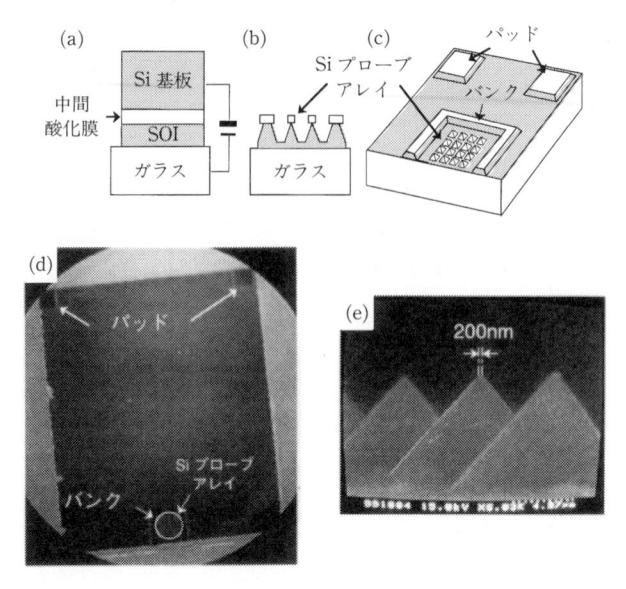

図 4.10 コンタクトスライダの作製方法
(a) 陽極接合, (b) シリコン支持基板の除去後 SOI 基板の異方性エッチング, (c) ダイシングソーによるスライダの切出し, (d) スライダの光学顕微鏡像, (e) 突起型シリコンプローブアレイの電子顕微鏡像.

れを透明な基板に張り合わせ,プローブを作製する.作製は下記に示す6段階のプロセスにより行う(図4.10).実験に用いた基板の典型的な構成は,SOI層:中間酸化膜:シリコン支持基板=10 μm:1 μm:600 μm である.

(1) 陽極接合[3]による SOI 基板側とガラス基板(corning #7740)との接合(図4.10(a)).この際,350℃ の窒素雰囲気中において,300 V を 30 分間印加する.

(2) ウェットエッチングによる支持基板の除去.この際,中間酸化膜を均一に残すため,シリコンに対して可溶であり,かつ酸化膜に対してほとんど不溶である TMAH をエッチング溶液として用いる.

(3) フォトリソグラフィーによる中間酸化膜のパターニング.ただし,パターニングを行うサイズが 10 μm 程度と小さいため,次の過程におけるマスクとなる酸化膜の厚みをフッ酸溶液により 100 nm 程度まで薄膜化する.

(4) 異方性エッチングにより突起型プローブアレイおよびパッドの作製(図4.10(b)).この際,各プローブの高さを均一にし,かつパッドとの高さを合わせるために,KOH に IPA を混ぜた溶液(表 4.1 の溶液2)をエッチングに用いる.

(5) ダイシングソーによりスライダの切出し(図4.10(c)).

(6) 遮光のため,アルミニウムコーティング(厚み:20 nm).

この方法により,図4.10(d),(e)に示すように先端位置の誤差が ±10 nm の突起

型シリコンプローブアレイを有するコンタクトスライダが作製されている．

(八井　崇・興梠元伸・大津元一)

文　献

1) T. Pangaribun *et al.*: *Jpn. J. Appl. Phys.*, **31** (Part 2)-9A (1992), L1302-L1304.
2) B. Puers and W. Sansen: *Sens. Actuators*, **A21**-**A23** (1990), 1036-1041.
3) 五十嵐伊勢美，藍　光郎編：Siマイクロマシニング先端技術(サイエンスフォーラム社，1992).

4.3　シリコン技術・マイクロマシン技術

　半導体のプレーナ技術を基礎とし，さらに3次元的な構造体を作製する手法を付与したマイクロマシニングは，小型・軽量なさまざまなセンサ，アクチュエータ，分析システムを集積化するための基盤技術である[1]．自立した微小な電気機械要素を作製するとともに，ICなどの電子回路を集積化できる．また，微小な光学部品を集積化できるのも大きな特徴の1つである．半導体の一括生産技術を用いて作製できるため，大量生産が可能であり，また，安価に作製できる利点もある．この手法を用いて作製した微小機械は，日本ではマイクロマシン，アメリカではMEMS(micro electro mechanical systems)，またヨーロッパではマイクロシステムと呼ばれる．光部品の集積化した微小デバイスは，しばしば光マイクロマシンあるいは光MEMS (opto electro mechanical system)などと呼ばれる．マイクロマシニングを利用したさまざまな加工プロセスは現在も発展途上にあり，新たな手法が現在も研究・発展しつつある[2]．反応性イオンエッチング(RIE)などのさまざまな手法と組み合わせることで，ナノメートルオーダの加工も可能である．マイクロマシニング技術は，ナノテクノロジーやナノサイエンスのために欠かせない要素技術となるであろう．

　本節ではマイクロマシニングの基礎的な要素技術について述べるとともに，プローブ顕微鏡，特に近接場光学顕微鏡のプローブの作製方法についていくつかの手法を紹介する．

4.3.1　小型・集積化のための要素技術

　半導体であるシリコンは，電気的に多様な特性をもつだけではなく，機械的にも非常に優れた特性をもつ[3]．シリコン技術を基盤としたマイクロマシニングでは，マイクロメートルからミリメートルの大きさの可動できる，自立したシリコン構造体あるいはそのアレイを作製し，センサやアクチュエータの構成要素として利用する．これらの自立構造体は，静電力を利用して動かしたり，その変位を静電容量の変化として検出したりできる．シリコンは，p型のピエゾ抵抗層を形成すればその抵抗変化から構造体の機械的な変位を検出できる[4]．ICをモノリシックにつくり込み，信号の増幅や信号処理が行える[5]．

　半導体の加工技術を基盤としたマイクロマシニングは，表面マイクロマシニングとバルクマイクロマシニングに大別できる．表面マイクロマシニングはIC作製プロセ

スとの相性がよく，最も広く用いられている方法である．表面マイクロマシニングでは，半導体基板表面に堆積したポリシリコンなどの薄膜を主な構造体とし，そのポリシリコン層の下に堆積したリンガラスなどの犠牲層をエッチングして，可動できる自立構造体を作製する．この手法を用いて，センサや櫛形電極構造をもつ静電アクチュエータや，自由空間型のマイクロオプティックスなどが作製される[6]．光学部品を小型・集積化したマイクロオプティックスでは，レンズ，ミラー，回折素子，ハーフミラーなどがシリコンで作製できる[7]．表面マイクロマシニングは基本的に薄膜プロセスであるため，応力で反るなど，構造体がそれ自身の機械的特性に大きく影響を受けるのが問題である．このため，応力を十分制御した薄膜を堆積することが必要である．

バルクマイクロマシニングでは，単結晶シリコンあるいは基板を直接エッチングして構造体として用いる．エッチングする方法としては，主に化学溶液を用いる方法と反応性イオンエッチング (RIE) を用いる方法がある．KOH, TMAH (tetramethyl ammonium hydroxide), EPW (ethylene diamine pyrocatechol)，ヒドラジン水溶液などをエッチャントとして用いる単結晶シリコンのエッチングでは，シリコンの結晶方位によってエッチング速度が異なるため，酸化膜をマスクとして選択的にエッチングすることで複雑な構造体が作製できる[8,9]．

バルクマイクロマシニングは作製の自由度が大きく，より複雑な構造体を作製できる利点があり，多くのセンサやアクチュエータがバルクマイクロマシニングで作製されている．特に近年ではシリコンの RIE の技術が向上したため，しばしば利用される．RIE では，レジストや酸化膜をマスクとして利用し，基板（シリコン）を垂直に，深くエッチングする必要がある．ボッシュ (Bosch) プロセス（エッチングと堆積を交互に繰り返して垂直に加工する方法）[10] などを利用した RIE の進展により，近年基板を貫通する深堀加工や，50：1 以上のアスペクト比（縦横比）をもつ構造が比較的容易に作製できるようになった[11]．バルクをエッチングして薄膜構造や細い梁を形成するには，エッチングを停止するための，P+ エッチストップ[12]や pn エッチストップ技術が用いられる[13]．また，SOI (silicon on insulator) 基板を利用すれば，埋込み酸化膜をエッチング停止のための層として利用できる[14]．ただし，SOI 基板は高価なことが欠点である．このほかに，厚さやエッチング深さを光学的な方法を用いてモニタリングしながら，所望の厚さでストップさせる手法もある[15]．バルクマイクロマシニングは，加工の自由度が大きいためプロセスが標準化しにくい問題点がある．

表面マイクロマシニングとバルクマイクロマシニングの中間的な加工方法としては，SCREAM (single crystal reactive etching and metallization) と呼ばれる手法が知られている[16]．SCREAM プロセスでは，RIE によるシリコンの深堀加工を利用して，単結晶シリコンの機械要素を基板表面に形成する．この場合，電極の形成は絶縁膜を間に介して堆積した金属膜を用いる．

以上のプロセスに加えて，X 線リソグラフィーによる厚膜レジストの露光・パター

ニング,電気化学めっき,モールドの技術を組み合わせた LIGA プロセス[17]がしばしば用いられる.また,SU-8 などの厚膜レジストを用いれば,紫外線(i線)露光により高アスペクトの構造が形成できる[18].

また,これらマイクロマシニング技術では,作製した部品の組立て,マイクロオプティクスなどの高精度アライメント,センサのパッケージングなどの実装が実用上重要な技術である.微小な構造体の組立てには,レジストを溶融させたときの表面張力で組み立てるなどのセルフアッセンブル的な手法の研究が積極的に進められている[19].シリコンとガラスを陽極接合してセンサを封止するなどの技術がしばしば用いられる[20].

4.3.2 マイクロマシニングによるプローブ作製方法

走査型プローブ顕微鏡などでは,小さなプローブを試料表面に近づけ,プローブと表面間に働くさまざまな相互作用を検出する.この際,高い分解能で,より微弱な相互作用を検出することが要求される.走査型プローブ顕微鏡の場合,プローブを先鋭化すること,他の相互作用を極力減らすことで高い分解能が得られる.走査型トンネル顕微鏡の場合,プローブは金属を電気化学エッチングで先鋭化して作製される.また,走査型プローブ顕微鏡では,シリコンや窒化シリコンの片持ちはりの先端にプローブを形成したプローブが用いられる.この作製にはシリコンの加工技術が用いられ,その先端径はナノメートルのオーダにまで小さくできる.さまざまな作製方法が用いられているが,図4.11に典型的なシリコンプローブ作製方法を示した[21].シリコンプローブは,フォトリソグラフィーによって形成した酸化膜をマスクとして用い,エッチングにより形成する.その後,950℃程度の低温で酸化すると,先端部分は酸化膜の圧縮応力により酸化膜が薄くなるため,非常に鋭いシリコンの構造体が酸化膜下に形成される[22].酸化膜は,フッ酸などの溶液で選択的に除去して鋭いシリコンプローブを形成できる.この方法はシリコンのフィールドエミッタを作製するのにも用いられる.片持ちはりは,P+ボロンエッチストップを用いると容易に形成できる.図4.12に示したように,反応性イオンエッチングと組み合わせると高いアスペクト比をもつプローブを形成することができる[23].このほかに電子ビーム照射

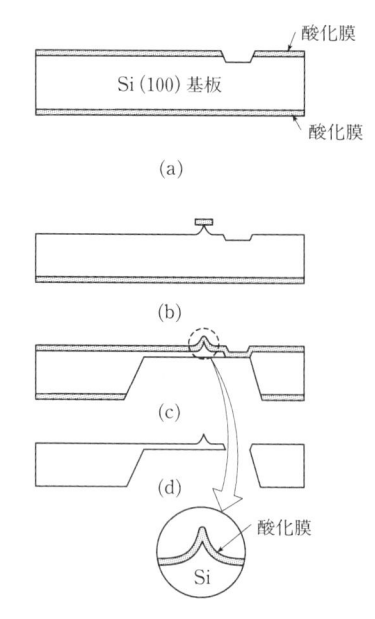

図4.11 走査型プローブ顕微鏡用のシリコンプローブの典型的な作製方法

4. プローブ作製技術

伴う,コンタミネーションカーボンなどを堆積させてプローブを作製したり[24],カーボンナノチューブを接着したりする[25]など,さまざまな方法が用いられる.

プローブ先端に微小な金属開口を設けたマイクロマシンプローブは,走査型プローブ顕微鏡だけでなく近接場光学顕微鏡にも応用できる.このプローブの動作には,よく発達した走査型プローブ顕微鏡の距離制御方式や,これまでに開発されてきたさまざまな顕微鏡(電気力,磁気力,摩擦力顕微鏡など)の動作原理がそのまま使える可能性がある.また,通常は光ファイバを先鋭化したプローブでは,そのプローブを試料に接触させながら走査することはできないが,マイクロマシンプローブでは,接触動作も可能である.

図4.13に示したように,シリコンの異方性エッチングを利用して微細な金属開口を形成できる[26].(100)面方位のシリコンウェーファに異方性エッチングで,逆ピラミッド状のエッチピットを作製した後,小さな開口ができるまで裏面からシリコンをエッチングする.クロム(Cr)を全面に堆積して金属の微小開口を形成した後,再びシリコンをエッチングして,クロムからなるプローブを片持ちはり上に形成する.

電子ビーム描画装置を用いてプローブ先端上に微細な金属パターンを形成するなどの手法を使っても開口を形成できる[27].しかしながら,凹凸がある構造体上にレジストを均一に塗布するのは難しいため工夫が必要である.このため,レジスト噴霧法[28]やレジスト転写法[27]が

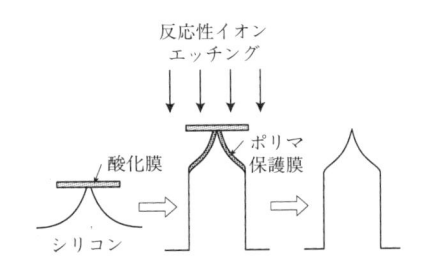

図4.12 高いアスペクト比をもつプローブの作製方法

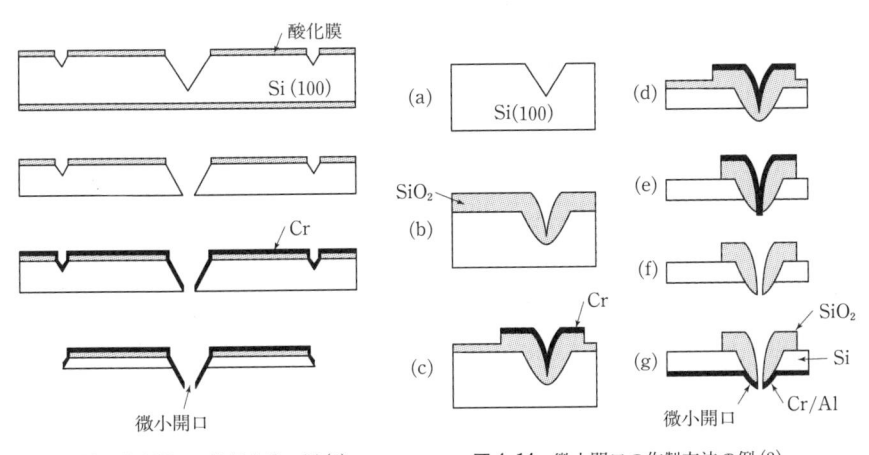

図4.13 微小開口の作製方法の例(1)

図4.14 微小開口の作製方法の例(2)

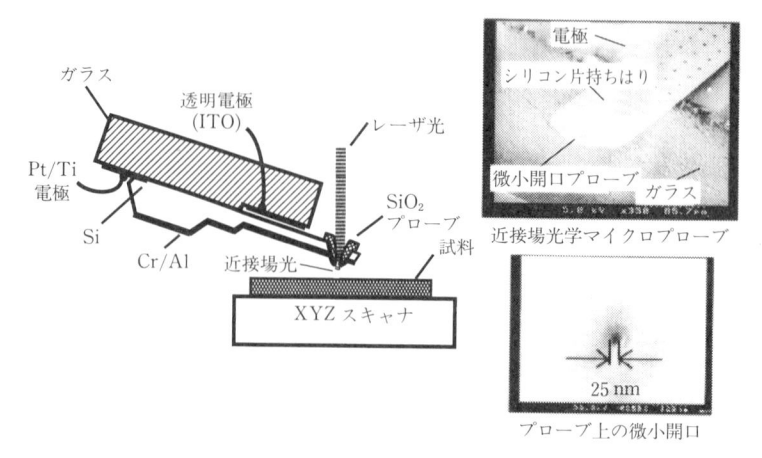

図 4.15 近接場光学/原子間力顕微鏡プローブの模式図，電子顕微鏡写真，およびプローブ先端の微小開口

用いられる．

SPM プローブではシリコンプローブを先鋭化するのに酸化を用いたが，微小な開口を形成する場合にも同様な手法を用いることができる[29]．図 4.14 に模式図を示したように，低温で酸化した際に形成されるシリコンの厚さは，そのコーナ部分で薄くなる．突起部分で形成した酸化膜は膜中に強い圧縮応力があり，酸素原子の拡散が抑制される．また，くぼみ部分では，その形状から酸素が拡散して入ってくる面積が小さいのが主な原因である．この形状に依存して不均一に起こる酸化現象は，走査型プローブ顕微鏡用のシリコンプローブプローブやシリコンのフィールドエミッタを先鋭化する目的で用いられている．一方，シリコンの異方性エッチングで形成したエッチピットを利用すると，微小な開口が形成できる．この異方性エッチングは，シリコンをアルカリエッチング液でエッチングする際に，(111)面のエッチング速度が(100)面のエッチング速度より遅いため，(111)面が現れる現象を利用している．(100)方位の単結晶シリコンを酸化し，フォトリソグラフィーにより酸化膜をエッチングした後，シリコンをエッチングする．この工程により図 4.14 (a) のように逆ピラミッド状の形状のエッチピットがシリコン基板上に形成される．次に 950℃の低温でウェット酸化（約 1 μm 厚さ）を行う．この際にエッチピット下部では，先ほど述べたように酸化膜の厚さが薄くなる．(c) では，エッチピット上部の酸化膜以外を少しだけエッチングし，エッチピット上部に後の工程で酸化膜を保護するための Cr 薄膜を形成しておく．次に基板裏面よりエッチングし，片持ちはりの構造を形成する（工程 (d)）．また，この工程で片持ちはりの先端にピラミッド状の酸化膜プローブが形成される．次の工程 (e) では，酸化膜プローブを Cr が現れるまでフッ酸緩衝液 (buffered-HF) でエッチングし，その先端の厚さが薄い部分に小さな穴を開ける（工程 (e)）．Cr

の保護膜は内側から酸化膜がエッチングされるのを防いでおり，開口の径を小さくするために重要な役割を果たしている．Cr の保護膜を除去（工程 (f)），プローブに金属膜 (Al) を堆積して金属の微細開口を形成する（工程 (g)）．

以上の方法は，半導体プロセスで用いられる通常のフォトリソグラフィー工程のみで，ナノ構造が形成できる利点をもつ．開口の直径は，フッ酸緩衝液でのエッチング時間で制御できる．作製したシリコンプローブは，パイレックスガラスと陽極接合し，パイレックスガラス上に形成した電極とプローブとの容量変化から力を測定できる．また，光変位計を用いて通常の走査型プローブ顕微鏡としての動作も可能である．図 4.15 には作製したプローブの模式図とその電子顕微鏡写真，および典型的な微小開口の電子顕微鏡写真を示した[30]．図 4.14 に示した作製プロセスの工程 (a) において，エッチピットを形成するための酸化膜パターンが正確に正方形でない場合，形成したエッチピットの低部での頂点が正確に 1 点で交わらないため，通常 2 個の開口が形成される．

以上の方法で作製した微小開口の近接場光発生効率は非常に高い[31]．作製した微小開口は 100 nm の直径で光の透過率（入射した光強度に対する近接場光強度の比）が 10^{-2} (1%) 程度である．通常用いられている光ファイバプローブでは，100 nm の直径で $10^{-2} \sim 10^{-1}$ 程度である．これは，酸化によって形成したプローブ先端の開口数が大きいため，損失が少なく，光が開口まで到達するからである．

近接場光学顕微鏡用のプローブをアレイ状に並べるためには，光電子増倍管などの検出系や，光学系が集積化の大きな障害になる．微細加工技術を用いて光源からの光をプローブに導く光学系，光検出系の集積化が活発に進められている．

フォトダイオードや光導波路，発光ダイオード (LED) などを集積化したプローブが試作されている[32]．図 4.16 にプローブ断面の模式図を示したように，単結晶シリコンの片持ちはり上にポリシリコンの光導波路が形成され，その上にマウントした LED から光導波路を通して，開口プローブに光を導く．光を光導波路に導く方法としては，ほかにプリズムを用いたり[33]，光ファイバを利用したりすることができる[34]．試料により散乱した開口での近接場光は，シリコン上に形成したフォトダイオードによって検出する．できるだけ効率よく光を検出するために，フォトダイオードは片持ちはりの下部や異方性エッチングで形成した斜面などの広い面積に形成してある．この構造では，光導波路の曲がりによる光の損失が大きいため，光の到達効率は悪いのが問題である．このほかにアルミニウムをコートした酸化膜の光導波路を，CO_2 レーザで曲げてプローブを作製するなどの方法も報告されている[35]．また，GaAs のマイクロマシ

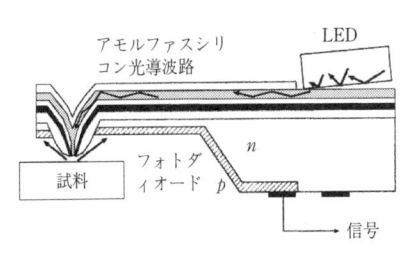

図 4.16 LED，光導波路，微小開口プローブ，フォトダイオードを集積化したプローブ

ニングを利用し,面発光レーザ(VCSEL)からなるプローブをGaAsの片持ちはりの先端に作製した例も報告されている[36]。

以上のようにマイクロマシニング技術を用いることで,近接場光学顕微鏡に用いるプローブをバッチプロセスで作製でき,走査型プローブ顕微鏡などの技術と融合させることができる.また,プロセスを工夫すれば,光の利用効率を上げることもできる.さまざまな機能を集積化することで,プローブアレイなども作製できるであろう.また,このプローブアレイには,個々のプローブを動かすためのアクチュエータ[37]や信号処理するための集積回路の集積化[38]が期待される.(羽根一博・小野崇人)

文　献

1) たとえば,江刺正喜ほか:マイクロマシーニングとマイクロメカトロニクス(培風館,1992).
2) 最新の情報に関しては,以下を参照されたい.マイクロマシン関係の雑誌としては, Journal of Micro-Electromechanical Systems, Journal of Micro-Machining and Micro-Engineering, Sensors and Actuators, Micro-System Technology など.
国際学会としては, The IEEE Micro Electromechanical Systems (MEMS) Workshop, The International Conference on Solid-State Sensors and Actuators (Transducers) など.
3) K. E. Petersen : Proc. IEEE, **70** (1982), 420.
4) M. Tortonese et al. : Appl. Phys. Lett., **62** (1992), 834.
5) Y. Matsumoto and M. Esashi : Sens. Actuators, **A39** (1993), 209.
6) L. Y. Lim et al. : Opt. Lett., **21** (1996), 155.
7) M. C. Wu et al. : Sens. Actuators, **A50** (1996), 127.
8) E. Bassous : IEEE Trans. Elec. Devices, **ED-25** (1978), 1178.
9) K. E. Bean : IEEE Trans. Elec. Devices, **ED-25** (1978), 1185.
10) J. K. Bhardwaj and H. Ashraf : SPIE, **2639** (1995), 224.
11) X. Li et al. : Proc. IEEE Ann. Int. Conf. MEMS (2000), 271.
12) A. Bogh : J. Electrochem., **118** (1971), 401.
13) H. A. Waggener : Bell Sys. Tech. J., **49** (1970), 473.
14) J. Yang et al : Sens. Actuators, **82** (2000), 102.
15) H. Tosaka et al. : J. Micromech. Microeng., **41** (1995), 41.
16) Y. Xu et al. : Appl. Phys. Lett., **67** (1995), 2305.
17) E. W. Becker et al. : Naturwissenschaften, **69** (1982), 520.
18) H. Lorenz et al. : J. Micromech. Microeng., **7** (1997), 121.
19) M. C. Wu : Proc. IEEE, **85** (1997), 1833.
20) M. Esashi et al. : Proc. IEEE, **86** (1998), 1627.
21) たとえば, T. R. Albrecht et al. : J. Vac. Sci. Technol., **A8** (1990), 3386.
22) R. B. Marcus et al. : Appl. Phys. Lett., **56** (1990), 236.
23) A. Boisen et al. : J. Micromech. Microeng., **6** (1996), 58.
24) D. J. Keller and C. C. Chung : Surf. Sci., **268** (1992), 333.
25) R. M. D. Stevens et al. : Nanotechnology, **11** (2000), 1.
26) C. Mihalcea et al. : Appl. Phys. Lett., **68** (1996), 3531.
27) H. Zhou et al. : J. Vac. Sci. Technol., **B16** (1998), 54.
28) M. Sasaki et al. : IEEE/LEOS Int. Conf. Opt. MEMS (2000), 149.
29) P. N. Minh et al. : Appl. Phys. Lett., **75** (1999), 4076.
30) P. N. Minh et al. : Sens. Actuators, **A80** (2000), 163.

31) P. N. Minh et al. : *Rev. Sci. Instrum.*, **71** (2000), 3111.
32) M. Sasaki et al. : *Jpn. J. Appl. Phys.*, **B12** (2000), 7150.
33) W. Noell et al. : *J. Micromech. Microeng.*, 8 (1998), 111.
34) W. Qian et al. : *Proc. Int. Conf. Electr. Engg.*, **B1**-07 (1999), 284.
35) T. Niwa et al. : *Proc. IEEE Ann. Int. Conf. MEMS* (1999).
36) S. Heisig et al. : *J. Vac. Sci. Technol.*, **B18** (2000), 1134.
37) S. A. Miller et al. : *Rev. Sci. Instrum.*, 68 (1997), 4155.
38) K. Wilder and C. F. Quate : *J. Vac. Sci. Technol.*, **B17** (1999), 3256.

4.4 プローブ作製技術

　近接場光学顕微鏡用のプローブとして光ファイバ先端に微小開口を設けたものが広く用いられている．また，金属探針，あるいは原子間力顕微鏡 (atomic force microscope：AFM) で用いられている微小カンチレバーをプローブとして用い，探針で近接場を散乱させる方式も近年研究が進展している．これらの方法は，いずれもプローブ先端の開口あるいは探針で近接場光を散乱光に変換し，この散乱光を，プローブとは離れた位置に配置した光検出器により測定する．装置の構成を考えると，プローブの周囲には，試料，走査ステージなどが配置されており，しかも大きな開口数のレンズはワーキングディスタンスも小さくなることから，開口あるいは探針からの光をすべて光検出器に集光することは実際上困難である．また，開口を通過した光を光ファイバで光検出器に導く場合も，光ファイバ内での導波損失を考慮すると検出器が遠方にあることに起因する集光効率の低下が起こる．近接場光が微弱光であるため，プローブからの散乱光の集光効率はできるだけ向上させることが望ましい．そこで，開口あるいは探針を光検出器と一体に集積化したプローブが試みられるようになった．集積型プローブでは，光検出器と開口あるいは探針が十分近くに配置できるため，検出器が離れている場合に比べ，集光効率の向上が期待できる．また，装置構成も単純にできるという利点も有している．
　集積型プローブは，AFM などのほかの走査型プローブ顕微鏡用のプローブに近接場光検出器機能を付加したプローブ，すなわち，多機能化プローブとも考えられる．たとえば，AFM プローブとして最適化されたプローブに近接場光検出機能を付与した場合，集積型プローブで試料を走査すれば，AFM として試料の形状像，また近接場光学顕微鏡として光学像を同時に観測できる．それぞれの顕微鏡に最適化したプローブを作製できるので，良好な形状像と光学像が同時に得られる．この点について，従来型の近接場光学顕微鏡用プローブで，形状像を光学像と同時に観測する場合，プローブは近接光測定に最適化されており，必ずしも形状観測に最適化されていないため，良好な形状像と光学像が常に得られるわけではない．また，多機能化したプローブとして，より最適化された集積型プローブを作製するためには，より高度な微細加工技術を駆使して，マイクロメートルオーダの微小な機能性部品をプローブに一体につくり込んでいく必要がある．

プローブ集積化の初期の例としては，比較的作製の容易な光検出器としてショットキーダイオードをプローブにつくり込んだ例[1,2]がある．これらの例では，AFMカンチレバーなどに金属膜を成膜し，カンチレバー表面のシリコンと金属膜でショットキーダイオードを構成している．

本節では，より実用的な光検出器である pn 接合型フォトダイオードをプローブに一体化した集積型プローブの例として，NTT を中心としたグループにより提案されたフォトカンチレバー[3]を取り上げ，その作製技術と応用について紹介する．本例は，シリコンマイクロマシニング技術を本格的に駆使して，より実用的な集積型プローブの実現を試みたものである．

4.4.1　集積型プローブ：フォトカンチレバー

マイクロマシニング技術は，半導体微細加工技術をベースにしたマイクロメートルオーダの微小な構造物を作製する加工技術である．従来の加工技術では作製の困難であった微小な構造物を作製できるので，寸法が小さいことによる新しい機能素子の開発が期待されている．また，マイクロマシニング技術は半導体微細加工技術をベースにしているので，再現性・量産性に優れ，プローブの工業的応用に適した技術であり，異なる仕様（形状・寸法など）のプローブを同一基板内に一括して作製することが可能である．

フォトカンチレバーは，マイクロマシニング技術を用いて作製された集積型プローブで，先端に pn 接合型フォトダイオードがつくり込まれたカンチレバー（片持ちはり）である．図 4.17 に，プローブの構造を示す．このカンチレバーを photo-sensitive な cantilever という意味でフォトカンチレバー（photocantilever）と呼んでいる．AFM 用カンチレバーの先端部に，近接場光を散乱させるための探針と光を受光するための光検出器を付与した集積型プローブとなっている．また，この探針は AFM 用の探針も兼ねているので，近接場光学像と原子間力像を同時に得ることができる．従来型の近接場光学顕微鏡用プローブのように，外部に光検出器を配置した場

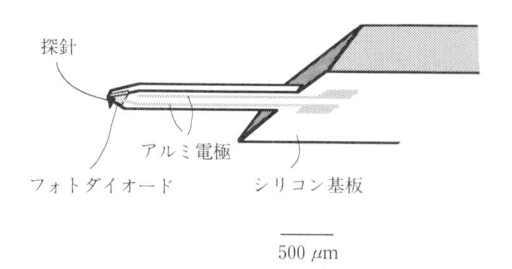

図 4.17　フォトカンチレバーの構造

合は，カンチレバーや試料，あるいは走査ステージがプローブを覆うような配置になり，集光効率の向上が困難である．また，フォトカンチレバーは，開口を設けずに探針先端で近接場光を散乱光に変換する方式をとっているので，アパーチャレス型のプローブの1種である．

フォトカンチレバーのカンチレバー部はシリコン単結晶（基板面方位：(100)面）からなり，その典型的な寸法は，長さ 1500 μm，幅 100 μm，厚さ 5 μm である．フォトダイオードの面積は 100 μm² のオーダで，ばね定数は，約 0.2 N/m である．カンチレバーの形状について，散乱光を十分吸収するため，通常の AFM 用カンチレバーに比べ，厚さが数倍程度大きくなっている．すなわち，波長 670 nm の光に対するシリコンの吸収係数は，約 4 μm^{-1} であるため，カンチレバー部の厚さは 5 μm 程度は必要となる．さらに，AFM として動作するためには，試料からの微弱な力を検出できるよう，柔らかいばね（ばね定数は 1 N/m 以下）が要求される．一般に，ばね定数 k と形状との間には以下のような関係がある．

$$k=\frac{Et^3b}{4L^3} \quad (4.6)$$

ここで，E はヤング率，t は厚さ，L は長さ，b は幅を表す．厚いカンチレバーに対して，ばね定数を小さくするためには，式 (4.6) から長さを大きくするのが有効であることがわかる．

図 4.18 にカンチレバー部の作製手順の概略を示した．基板は，シリコン単結晶基板（面方位：(100)面）である．この上に2種の層をエピタキシャル成長させる（図 4.18 (a)）．この2層のうち，上の層が pn 接合の p 層となり，下の層は，後の工程に必要となるエッチストップ層である．エッチストップ層としては，高濃度のボロンをドープしたエピタキシャル層を用いている．この基板に対して，絶縁層となる酸化シリコン層を熱酸化により形成し，ボロンをドープした p 層にリンをイオン注入して深さ約 1 μm の pn 接合部を形成する．次に，スパッタリングにより，基板下部に酸化シリコン層を堆積し，その一部を除去し，シリコンを露出させた部分を作製しておく．そして，基板上部の加工工程に戻り，アルミ薄膜からなる電気配線部を設け，光検出器であるフォトダイオード部を作製する（図 4.18 (b)）．その後，カンチレバー部となる部分をフォトレジストで保護した上で，ドライエッチングを施し，カンチレバーの形状を作製する．そして，カンチレバーを形成した基板上面をポリイミド層でコーティングする（図 4.18 (c)）．コーティングした基板全体を化学エッチング液であるエチレンジアミンパイロカテコール (ethylene diamine pyrocatecoal：EDP) 液に浸け，カンチレバー下部のシリコン基板を除去する（図 4.18 (d)）．この段階で，カンチレバー上部と下部は，それぞれ，ポリイミド層とエッチストップ層に保護されており，EDP 液による化学エッチングにより，不要なシリコン基板のみが除去される．ポリイミド層，エッチストップ層および酸化シリコン層は，シリコンに比べ，EDP 液に対するエッチレートは小さい．また，EDP 液はシリコンに対する異方性エッチ

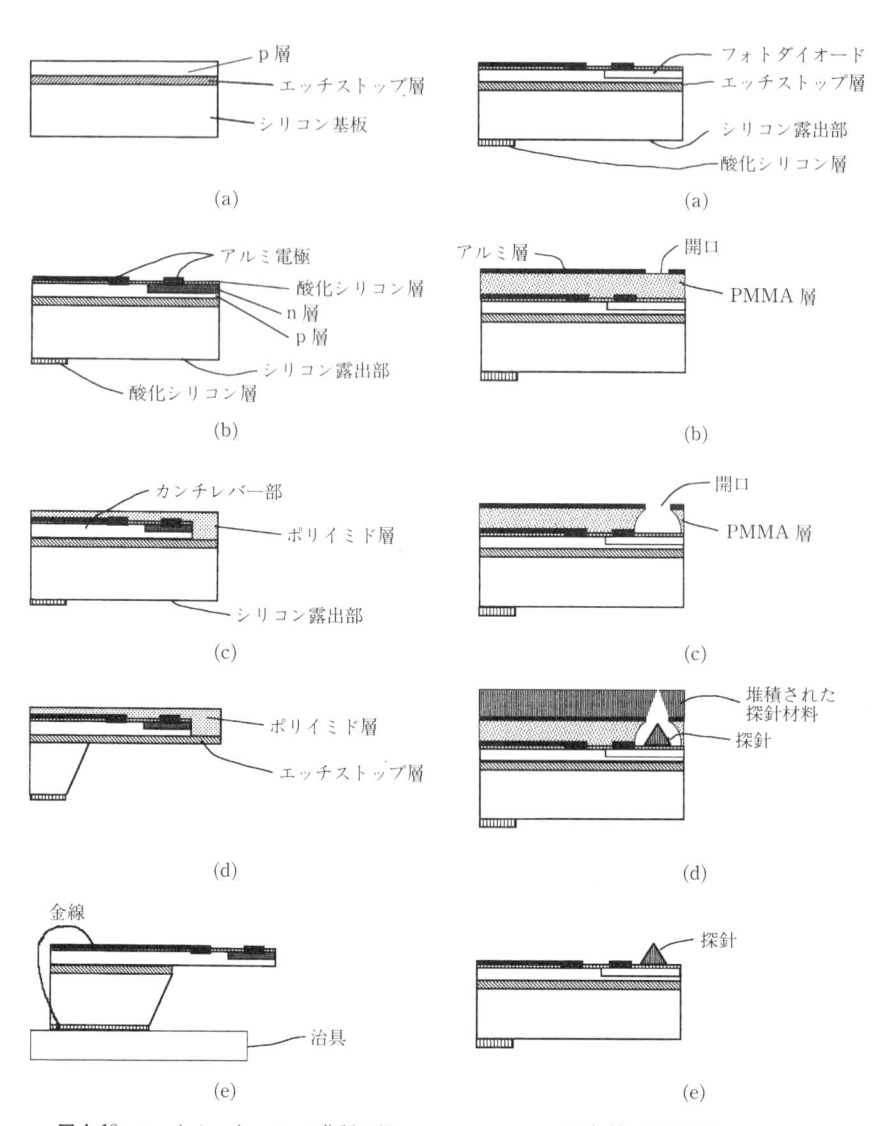

図 4.18 フォトカンチレバーの作製工程
(a) p層とエッチストップ層の形成, (b) フォトダイオード, および基板下部のシリコン露出部の形成, (c) カンチレバーの形状の作製, およびポリイミド保護層の形成, (d) 化学エッチングよる基板の除去, (e) ワイヤボンディングと治具への取付け.

図 4.19 探針作製工程
(a) フォトダイオード形成後の状態(図 4.18(b) と同じ状態), (b) 犠牲層(PMMA層)とアルミ層の形成, さらにアルミ層に開口を形成する, (c) プラズマアッシングによる PMMA 層の等方性エッチング, (d) 探針材料の堆積, 堆積が進むとアルミ層の開口も小さくなる, (e) PMMA 層の有機溶剤による除去.

ング液として知られており,面方位(100)のシリコン基板に対しては,基板面に垂直な方向に対するエッチレートが他の方向に比して速いので,基板下部のシリコン露出部の上にあるシリコン基板のみがエッチングされ,酸化シリコン層を残した部分の上にあるシリコン基板はエッチングされない.厳密には,他の結晶方位の面もエッチングされるので,エッチング後の基板の断面は結晶方位ごとのエッチレートで決まる傾きをもつ.最後に,上部のポリイミド膜とエッチストップ層をそれぞれプラズマアッシングとドライエッチングに除去し,治具に取り付け,ワイヤボンディングにより配線を行う(図4.18(e)).以上のような方法により,長さ1500 μm,幅100 μm,厚さ5 μm の微小カンチレバーの先端にフォトダイオードをつくり込むことができる.

また,先端を先鋭化させた探針をフォトカンチレバー上に形成する方法の概略を図4.19に示す[4].図4.18と同様の作製工程により,基板上にフォトダイオードを作製する(図4.19(a)).これは,図4.18(b)と同じ状態である.このフォトダイオード上にポリメチルメタクリレート(polymethylmethacrylate:PMMA)層を成膜し,さらにその上にアルミ層をスパッタリングにより形成する.このアルミ層には,直径が数 μm 程度の開口を形成しておく(図4.19(b)).次に,基板全体をプラズマアッシングすると,アルミ層の開口部からPMMA層のエッチングが等方的に進み,ドーム状のエッチング穴が形成される(図4.19(c)).そして,探針にしたい材料をスパッタリングにより堆積させる.スパッタリング方式としてrfスパッタリングを用いると,スパッタされた探針材料粒子の角度分布は広がりをもち,一部のスパッタ粒子はアルミ層の開口の側面に付着する.そのため,探針の堆積が進むにつれて,アルミ層の開口径も小さくなり,その開口を通って堆積される探針の径も小さくなる.このようにして,最終的に先端径数十nmの探針の形成ができる(図4.19(d)).探針の形成終了後,有機溶剤(メチルエチルケトン:methylethylketone)に浸け,フォトダイオード上に作製した探針だけを残してPMMA層,アルミ層を除去する(図4.19(e)).PMMA層は,成膜されるものの,工程途中で除去され,最終的なデバイスには残らないので,犠牲層と呼ばれる.犠牲層除去後は,図4.18(c)以降と同様の工程により,探針付きのフォトカンチレバーが得られる.本作製法の特徴は,犠牲層の材料と

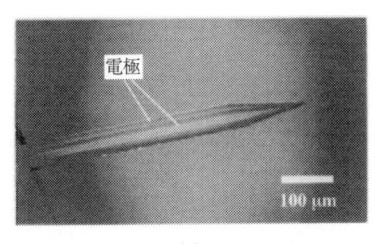

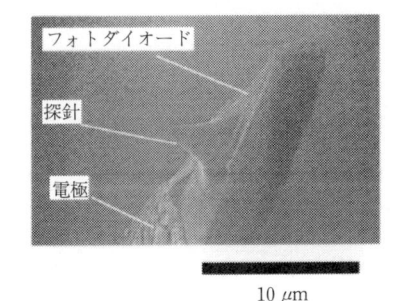

図4.20 フォトカンチレバーの電子顕微鏡像 (a) 全体像,(b) カンチレバー先端の拡大像.

して有機溶剤に可溶な PMMA を採用したことである．通常の化学エッチング液が必要な犠牲層材料を用いた場合に比べ，犠牲層除去時にフォトダイオードの光電変換特性に与えるダメージを小さくできる．また，ターゲットを変えるだけで探針材料を変えることができ，所望の材料でできた探針を作製できる．さらに，犠牲層の厚さを調節することにより，探針の高さや探針の先端径を調節することができる．

なお，フォトカンチレバーは探針付きと探針のないものの 2 タイプがあり，両者とも近接場光学顕微鏡観測が可能であり，探針のないものでは，カンチレバーの角の部分，あるいは先端に作製上に生じた突起が，探針の役割を果たしていると思われる[5]．

図 4.20 に作製したカンチレバーの電子顕微鏡写真を示す．図 4.20(a) に全体の概観を，図 4.20(b) にカンチレバー先端の拡大図を示す．探針の材料は，酸化シリコンで，先端半径は約 50 nm である．以上の方法で作製したカンチレバー上のフォトダイオードの暗電流は数十 pA のレベルであり，微弱な近接場光の検出が可能である[6]．

4.4.2 フォトカンチレバーによる近接場光学/原子間力同時観測装置

図 4.21 に，フォトカンチレバーを用いた近接場光学顕微鏡の観測系を示す[7]．この系では，全反射により生じた近接場光であるエバネッセント光で試料を照明する．波長 633 nm の He-Ne レーザ光を，入射角で約 71 deg でプリズム面に入射させると，鉛直方向の減衰長が約 50 nm のエバネッセント光を発生できる．このエバネッセント照明光により試料表面に発生した近接場光を，試料に近づけた探針で散乱光に変換し，カンチレバー上のフォトダイオードで検出する．探針-試料間の間隔制御としては，AFM で広く用いられている光てこ法を用いている．光てこ法は，カンチレバーの鉛直方向のたわみから，探針-試料間に働く微弱な力（原子間力）を 1 nN の

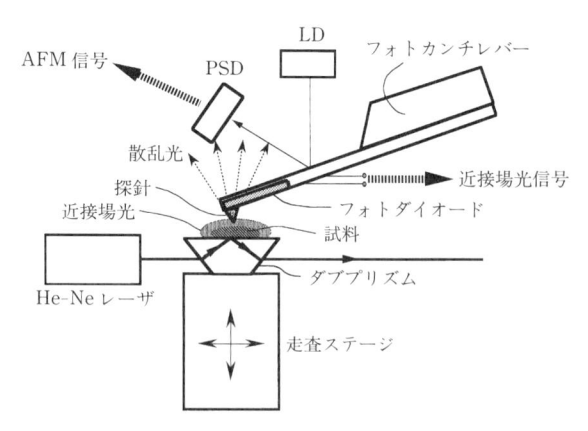

図 4.21 フォトカンチレバーを用いた近接場光学/原子間力顕微鏡

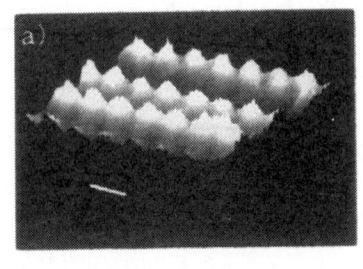

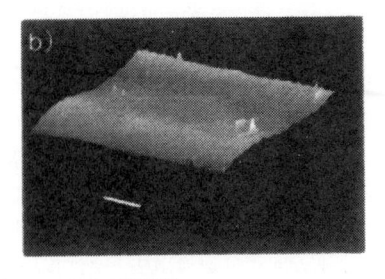

図 4.22 フォトカンチレバーによる観測例
相変化光ディスク (DVD ディスクと同様の光ディスク) の記録ピットを観測．光学像，形状像を同時観測している．スケールバーは 1 μm. (a) 近接場光学像 (光学像)，(b) AFM 像 (形状像).

オーダまで高感度に検出できる．カンチレバーのたわみが一定になるように探針-試料間の距離を制御しながら，探針を試料面上で走査すると，原子間力一定の条件での試料の形状像 (AFM 像) が得られる．フォトカンチレバーによる観測系では，近接場光学顕微鏡信号と AFM 信号を同時に得ることができるので，光学像と形状像が同時に得られる．

図 4.22 に，フォトカンチレバーによる近接場光学顕微鏡と AFM の観測結果を示す．DVD ディスクとほぼ同様の光記録媒体である相変化光ディスクに記録したピットを観測したものである．記録ピット部はアモルファス状態で，それ以外の部分は結晶状態となっている．状態の違いに対応して，ピット部およびそれ以外の部分の屈折率は，それぞれ $4.9+1.4i$，$5.7+3.4i$ となっている．ピットは，ディスクのうち溝のない部分に記録したので，形状的には平坦な面に屈折率分布が存在するような試料となっている．近接場光学顕微鏡観測により，記録ピットが明瞭に可視化されていることがわかる．これに対して，AFM 像は形状的に平坦であることを示している．これらの結果は，フォトカンチレバーを用いた近接場光学顕微鏡により屈折率分布の可視化が可能であることを示している．

以上は，比較的平坦な試料の観測例であったが，試料の凹凸が激しく，試料からの散乱光 (背景光) が，探針からの散乱光に比して大きくなる場合は，SN 比が低下する．この背景光除去の問題は，アパーチャレス型の近接場光学顕微鏡について一般的な問題であり，種々の方法が提案されている[8,9]．フォトカンチレバーを用いた近接場光学顕微鏡については，以下の 2 方法が提案されている．すなわち，(1) 赤外励起蛍光体を探針に用いる方法[10] と (2) 水平方向差分型検出法[11] である．

(1) 赤外励起蛍光体を探針に用いる方法： 本方法は，フォトカンチレバーの光検出器がシリコンフォトダイオードであることを利用したものである．探針材料として，特殊な蛍光材料 (infrared-excitable phosphor：IEP)[12] を用いる．IEP は，赤外光 (波長：1.5 μm) で励起すると，可視光 (波長：550 nm および 670 nm) を発する．

すなわち，IEPは赤外光を可視光に変換する機能材料である．そして，シリコンフォトダイオードは波長感度的に，励起光である赤外光には感度がなく，蛍光である可視光には感度を有する．IEPを用いて探針を作製し，図4.21の光源として赤外光を用いた観測系で測定すると，カンチレバー上のフォトダイオードは，探針先端で発生した可視光のみを検出し，試料からの背景赤外光は検出しない．これは，エバネッセント赤外光の減衰長程度の長さの微小光源を，探針先端に設けたのと等価であり，高分解能化および背景光の除去による低雑音化が可能となる．

(2) 水平方向差分型検出法： 近接場光を介した試料と探針先端の相互作用距離は，大きさが数十nmの試料については，同程度の数十nmである．すなわち，探針-試料間の近接場光学的な相互作用距離依存性は急であり，これに対して，背景光である遠隔場光による相互作用の距離依存性は緩やかである．そこで，探針と試料の距離を数十nmだけ変化させたときと変化前の差分を検出すれば，背景光を低減させ近接場光による相互作用のみを抽出できる．ここで注意すべきは，距離を鉛直方向に変化させた場合，プローブ-試料間の光干渉が平滑な試料でも生じることである．この光干渉により，走査時のプローブの上下動により見かけの光学像をつくり，十分な背景光の除去はなされない[13]．そこで，プローブを鉛直方向に上下に振動させ，振動振幅一定の条件で探針-試料間距離を一定に保つとともに，試料を水平方向に振動させ，試料各点で高さ一定としたときの水平方向の差分信号をとる方法が提案されている．この水平差分型を用いずに，通常の探針-試料距離一定モードでとった近接場光学顕微鏡信号をデータ処理して水平方向に差分しても，差分される2点の高さは異なっていることに注意されたい．水平差分型検出方法は，背景光の除去に有効であり，探針と試料の近接場光による結合を可視化していることを示唆する結果が得られている．

以上，本節では，マイクロマシニング技術を用いた光検出器と探針を一体化した集積型プローブ，フォトカンチレバー，およびそれを用いた観測装置について紹介した．現在，種々の機能部品を一体化し，集積度をさらに向上させたプローブの研究が行われている[14]．今後，集積型プローブの研究開発は一層さかんになると思われる．集積型プローブは機能を自由に付加でき，量産化にも向いている．プローブ集積化は，観測用プローブの高性能化はもとより，情報記録などの産業分野への展開[15]など，ナノ光工学の高度化，適用領域の拡大に有効な手法の1つであると思われる．

(福澤健二)

文　献

1) H. U. Danzebrink and U. C. Fischer : D. W. Pohl and D. Courjon (eds.), Near Field Optics (Kluwer, 1993), 303-308.
2) R. C. Davis et al. : Appl. Phys. Lett., **66** (1995), 2309-2311.
3) S. Akamine et al. : Appl. Phys. Lett., **68** (1996), 579-581.
4) Y. Tanaka et al. : J. Appl. Phys., **83** (1998), 3547-3551.
5) K. Fukuzawa and H. Kuwano : J. Appl. Phys., **79** (1996), 8174-8178.

6) K. Fukuzawa et al. : *Trans. IEE Jpn.*, **E116** (1996), 136-142.
7) K. Fukuzawa et al. : *J. Appl. Phys.*, **78** (1995), 7376-7381.
8) Y. Inouye and S. Kawata : *Opt. Lett.*, **19** (1994), 159-161.
9) F. Zenhausern et al. : *Appl. Phys. Lett.*, **65** (1994), 1623-1625.
10) Y. Tanaka et al. : *J. Microsc.*, **194** (1999), 360-363.
11) K. Fukuzawa and Y. Tanaka : *Appl. Phys. Lett.*, **71** (1997), 169-171.
12) Y. Wang and J. Ohwaki : *J. Appl. Phys.*, **74** (1993), 1272-1278.
13) K. Fukuzawa et al. : *Opt. Rev.*, **6** (1999), 245-248.
14) 佐々木 実ほか：第61回応用物理学会学術講演会講演予稿集, No. 3 (2000), 897.
15) H. Yoshikawa et al. : *Appl. Opt.*, **38** (1999), 863-868.

II. 計測編

　本編はナノ光工学の一分野であるナノメートル寸法物質の形状計測，分光分析などについて解説する．まず5章では生体試料の計測について概要を述べる．生体試料計測の手法は非常に多岐にわたるのですべてを網羅することは不可能であり，またその必要もない．代表例として神経細胞や細胞膜，細胞骨格の形状計測や蛍光計測などの話題を取り上げ，生体試料にかかわる計測の特殊性，問題提起，さらにはその将来について展望する．

　6章では固体試料の計測技術を紹介する．計測の対象は半導体，金属，絶縁体に及び，さらにはそれらを使った電子デバイス，光デバイスなども含む．これらのうち，ナノ寸法での高分解能計測が必要なものを中心に概説する．

　7章は有機材料の計測技術を紹介する．ここでは6章の固体試料の電気伝導特性からの分類とは異なる観点に立ち，化学，材料化学との境界領域であることを考慮し，関連する話題を取り上げている．

　8章は将来の極限技術に関連する話題として，光による物質の磁性の計測と制御，さらには気体中の中性原子を対象とした近接場光による分光計測の話題を提示する．

5. 生体

5.1 生物試料計測の可能性

　顕微鏡の重要な応用の1つとして,生物試料の観測があげられる.本節では,生物試料の観測に近接場光学顕微鏡を用いる意義,観測例,および今後の課題について述べる.

　1673年に顕微鏡を発明したレーウェンフック (A. Leeuwenhoek) が生涯,最も熱中したことは生物試料の観測であった[1].それまでみたこともない微生物の生態は,当時の人間にとっては驚くべき世界であったことだろう.19世紀から20世紀にかけての生物学や医学の発展も光学顕微鏡なしでは語れない.しかしながら,光学顕微鏡には回折限界により,光の波長よりも小さな試料の観測は難しいという課題が立ちはだかっていた.たとえば,光学顕微鏡によって細菌の観測は可能であるが,ウイルスは小さすぎて観測ができない.野口英世が黄熱病のウイルスを結局は発見できなかったのも,彼の時代には光学顕微鏡しか存在しなかったからである.細胞レベルよりも小さな試料の観察が可能になったのは電子顕微鏡が発明されてからである.電子顕微鏡の分解能はオングストローム (Å) のオーダに及んでおり,今では分子レベルの観測も可能となっている.しかし,電子顕微鏡の場合,試料を真空中に準備しなければならず,生きた状態,あるいは生きているのと同じ状態で試料を観測することができないという欠点がある.また,生体の機能を知るためには所望の機能部分を色素などで標識して観測するという手法がとられるが,これも電子顕微鏡では観測不可能である.大気中,あるいは液中で高分解能の観測を行う手段として,原子間力顕微鏡 (AFM) などのプローブ顕微鏡があげられる.この技術の歴史は浅く,いまだに確立された方法とはいえないが,電子顕微鏡の欠点を補う技術として多くの研究がなされ,成果が報告されている.最も早く発明された走査型トンネル顕微鏡 (STM) は,分解能は高いものの試料に導電性をもたせる仕掛けが必要であり,生物試料に用いることは難しい.プローブ顕微鏡ファミリーの中で最も広く用いられている原子間力顕微鏡による観測では,真空雰囲気などの準備が必要なく,電子顕微鏡と比べて生に近い状態での観測が可能である.ただし,得られる情報は形状信号のみであり,生体機能の観測は難しい.

表 5.1 各種顕微鏡の性能比較

	光学顕微鏡	電子顕微鏡	原子間力顕微鏡	近接場光学顕微鏡
空間分解能	～500 nm	数 nm	数 nm	数 mm～数十 nm
蛍光観測	○	×	×	○
光吸収観測	○	×	×	○
偏光観測	○	×	×	○
大気観測	○	×	○	○
液中観測	○	×	○	○
動体観測	○	×	△	△
試料固定化の必要性	無	有	有	有

5.1.1 生物試料観測における近接場光学顕微鏡の意義

回折限界をこえる分解能が得られる光学観測手段として，近接場光学顕微鏡があげられる[2-8]．この技術はプローブ顕微鏡ファミリーに属するが，光を用いるため，さまざまな分光的な観測が可能であり，また，後述のように大気中や液中での観測も可能であるという特徴をもつ．特に，蛍光観測が可能であるという点は，他のプローブ顕微鏡や電子顕微鏡では得られない特徴であり，生体機能の解明にとって非常に強力な武器になると考えられる．表 5.1 は各方法の特徴をまとめたものである．この比較から，現在，光の回折限界以下の分解能で分光的な観測を行う手段は，近接場光学顕微鏡しかないといえる．本節では，近接場光学顕微鏡を用いた生体試料の観測の可能性を示す例として，サルモネラのべん毛，ニューロン，DNA の観測例について紹介を行う．

5.1.2 観 測 例

(1) サルモネラ菌のべん毛の観測[4]： サルモネラ菌は，べん毛と呼ばれる線状体を高速回転させて液中での推進力を得ている．べん毛自体はタンパク質の配列によって形成される微小物体であるが，このような物質がなぜ回転運動を行うのかということはいまだにはっきりとは解明されておらず，学問的研究の対象として興味深い．さらには，分子モータの実現という工学的な研究の対象としても重要である．べん毛の形状は，通常は直径約 24 nm のらせん形状をしているが，突然変異種の培養により図 5.1 のような直線状のべん毛を得ることもできる．納谷らは光帰還による高さ一定モードでプローブを制御した集光モード(C モード)の近接場光学顕微鏡によって，この棒状の試料の観測を試みた．観測に用いたプローブは化学エッチングでコアを先鋭化したものに金を蒸着し，先端に 30 nm 程度の開口を形成したものである．図 5.2 に観測結果を示す．画像の中の明るい部分がべん毛であり，矢印で示される半値全幅は 50 nm である．この値は，透過型電子顕微鏡で得られている寸法 24 nm の約 2 倍程度の値であるが，光学的に得られる画像としてはきわめて高分解能であるといえる．

5. 生体

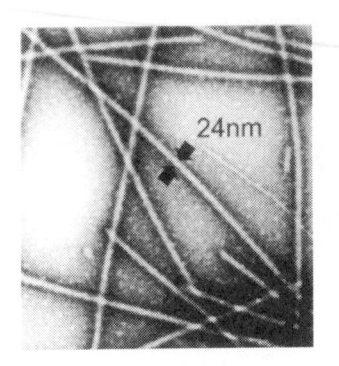

図 5.1 走査型電子顕微鏡像によって観測されたサルモネラ菌のべん毛
太さ 24 nm の棒状のべん毛がみえている.

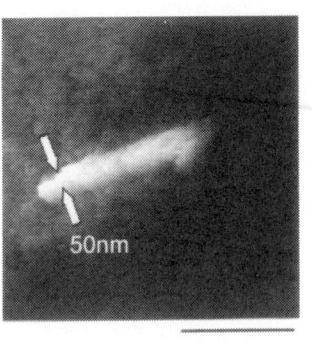

図 5.2 近接場光学顕微鏡よるべん毛の観測像
明るい部分がべん毛の一部. 矢印で示される半値全幅は約 50 nm.

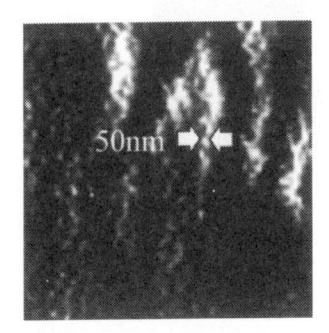

図 5.3 べん毛の水中観測で得られた像
明るい部分がべん毛.

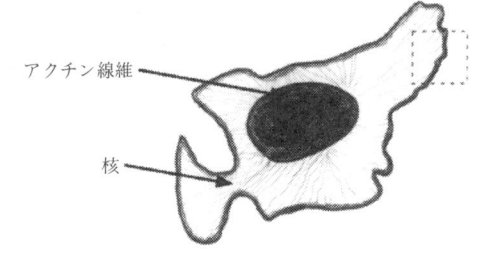

図 5.4 細胞のスケッチ
破線で囲んだ部分が観測した領域.

　納谷らはまた，上記の実験と同じ方法で液中の生物試料観測も試みた[5]．生物試料の観測において，なるべく自然な状態で観測を行うために，液中での観測が要求される場合が多い．図 5.3 が観測された像で，明るい部分がべん毛である．この測定においても半値全幅は 50 nm であり，液中での観測が可能であることが示された．このような観測においては，液中に遊離した試料がプローブに付着してしまうと正しい信号が得られなくなるため，試料の準備については特に注意深く行う必要がある．

　(2) 蛍光標識された生物試料のイメージング： 近接場光学顕微鏡は，蛍光イメージングの観測が行えるということが大きな特徴である．特に，生物試料の観測においては，特定の機能部位を観測するために蛍光標識を用いることが多く，それを観測できる意義は大きい．Uma らは，ネズミ細胞の神経芽に色素標識を施した試料の蛍光観測について報告している[10]．用いられた試料は，フルオレセイン (fluorescein) と呼ばれる色素でアクチンを標識化したネズミ細胞の神経芽である．図 5.4 に神経芽

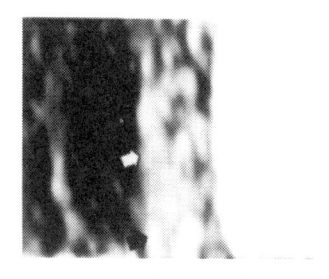

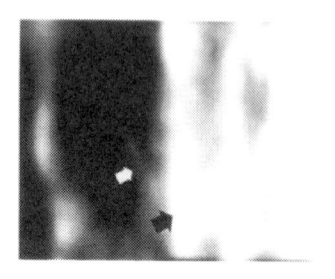

図 5.5 色素標識された細胞の近接場光学顕微鏡像
(a) せん断応力像，(b) 光学像．光学像では色素標識された部分が明るくみえている．

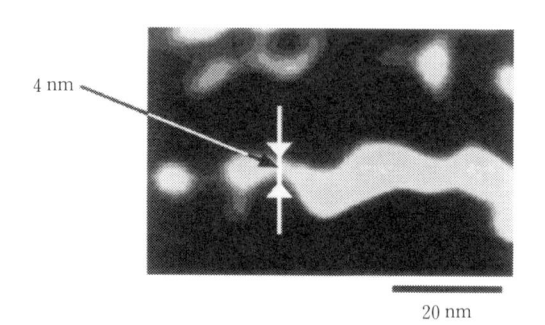

図 5.6 DNA の近接場光学顕微鏡像

 細胞のスケッチを示す．細胞中心部に核があり，そこから放射状にアクチン線維が張りめぐらされている．近接場光学顕微鏡により観測されたのは図中の四角で囲まれた部分である．蛍光標識された試料を照明モード(Iモード)の近接場光学顕微鏡のピエゾステージに固定し，せん断応力制御による距離一定制御でプローブを走査した．蛍光励起光源は波長 488 nm の Ar^+ レーザである．試料から発生した蛍光は顕微鏡レンズで集光し，アバランシェフォトダイオードで検出した．蛍光の信号は微弱なため，観測ではフォトンカウンティングの技術を用いた．図 5.5(a) はせん断応力で観測された形状の像，図 5.5(b) は同時に観測された蛍光像である．光学像で明るくみえている部分が色素標識された部分である．試料作製法の改良や測定系の改良によって 100 nm かそれ以下の分解能が期待できる．

 (3) DNA の観測： 顕微鏡の究極の目的の1つとして DNA の観測があげられる．Uma らは，C モードの近接場光学顕微鏡による DNA の観測を試みた．AFM により観測された DNA の線幅は 2〜4 nm，信号強度から算定された高さは約 4 nm である．図 5.6 が近接場光学顕微鏡による観測結果で，明るい部分が DNA である[13]．観測像の DNA に相当する信号の半値全幅の最小値は 4 nm であった．このことは AFM と同等の高い分解能を意味している．このような測定において高い SN 比

を得るために，試料をきわめて平滑な基板上に固定する必要がある．この要求を満たすために実験ではサファイア基板が用いられた．また，DNAを固定するためには，サファイア基板表面の親水化処理も重要である．この技術が十分な分解能をもち合わせるようになれば，DNAを分断せずにその配列を直接読めるようになり，生命科学の分野にとって貴重なデータが得られることが期待される．

5.1.3 生物試料観測の課題

近接場光学顕微鏡によって，光の波長よりも小さな物質の光学観測が可能となってきた．とはいえ，単に形状を測定するだけであれば，電子顕微鏡やAFMなどの方が分解能が高く，鮮明な画像が得られる．したがって，近接場光学顕微鏡は，これらの技術では不可能な観測を行っていくことでその真価が発揮される．それは，たとえば液中での観測や，蛍光，発光などの分光的手法を用いる測定である．これらの測定を実用的なレベルとするためには，以下の項目が課題としてあげられる．

(1) 近接場光学顕微鏡に適した試料の作製： 近接場光学顕微鏡の応用において，生物試料の観測は半導体などの観測と比べるとその進歩は遅い．その最大の原因として試料準備の難しさがあると考えられる．特に，近接場光学顕微鏡では試料が基板表面に固定されている必要があるが，「観測する意味がある状態での固定」が重要であろう．また，標識などに関しても，的確でかつSN比の高い標識法の開発が必要であると考えられる．

(2) 測定の高分解能化： 特に分子生物学の分野においては，タンパク質1分子の観測が重要であるが，その寸法は数ナノメートルオーダである．現状，近接場光学顕微鏡の実用的な分解能は数十nmであるので，生物試料の観測においてより有用なデータを得るためには，数ナノメートルオーダの分解能の実現が大きな課題となる．

(3) 測定の高速化： 生きている試料は，運動を伴っており，その運動の観測が重要なデータとなる場合がある．現状の技術では，プローブの走査レートが観測スピードの限界を決めているが，たとえばビデオレートでの観測が可能となれば，従来の光学顕微鏡と同様な機能でナノの世界が観測できるようになり，その効果は計り知れない．

(4) 新たな機能の検出： 生体の一部，たとえば細胞膜のカルシウムチャネルの機能などの解明においては，プローブの走査は不要で，むしろ，ある微小な部分の時々刻々と変わる状態のモニタリングが必要となる．このような測定では高い空間分解能で所望の物性変化を観測できるセンシング手段である．そのような観測を可能にする技術として，ナノオプトード(3.1.2項e参照)の技術は興味深い．

以上，近接場光学顕微鏡による生物試料の観測について述べてきた．生物試料はいわゆる「生もの」であり，他の固体試料と比べるとその測定には多くの制約条件がある．これらの条件をクリアし，本当に意義のある情報を得るためには，生物，化学，

物理の分野をこえた学際的な研究が必要であろう．　　（納谷昌之・ウマ・マヘスワリ）

文　　献

1) B. J. フォード：日経サイエンス，7月号 (1998).
2) E. Bezig and J. J. Trutman : *Science*, **10** (1992), 189.
3) R. U. Maheswari *et al.* : *Opt. Commun.*, **131**-5 (1996), 325.
4) M. Naya *et al.* : *Opt. Commun.*, **124** (1996), 9.
5) M. Naya *et al.* : *Appl. Opt.*, **36** (1997), 1681.
6) R. U. Maheswari *et al.* : *Opt. Rev.*, **3** (1996) 463.
7) A. V. Zvyagin and M. Ohtsu : *Opt. Commun.*, **133** (1997), 328.
8) A. V. Zvyagin and M. Ohtsu : *Opt. Lett.*, **22** (1998), 955.
9) S. Kato *et al.* : *J. Mol. Biol.*, **219** (1991), 471.
10) M. Ohtsu (ed.) : Near-Field Nano/Atom Optics and Technology (Springer-Verlag, 1997).
11) K. Yoshida *et al.* : *Biophys. J.*, **74** (1998), 1654.
12) R. Kopelman and K. Lieberman : *Mol. Cryst. Liq.*, **183** (1990), 333.
13) R. U. Maheswari *et al.* : *Jpn. J. Appl. Phys.*, **38** (1999), 6713.

5.2　細胞および染色体の表層構造・機能の画像計測

本節においては，原子間力顕微鏡と走査プローブ型の近視野顕微鏡の双方の利点を備えた近接場光学/原子間力顕微鏡 (SNOAM) を用いた生体計測への応用について筆者 (民谷) らの研究例を中心に紹介する．

ここで紹介する近接場光学/原子間力顕微鏡では，微小開口部を有する光プローブが用いられる．こうした微小開口プローブを用いる方式については，集光モード（Cモード）と照明モード（Iモード）がある．Cモードでは，プリズムなどを用いて発生させた近接場光であるエバネッセント光を微小開口を有するプローブで測定する．また，Iモードでは，微小プローブ内に光を導入し，開口先端部で近接場光を発生させ，これによって誘起された蛍光や散乱光を測定する．なお，本装置では，後者モードを主に用いている．また，原子間力制御が可能にするために図5.7に示したように光てこを利用できるようにプローブに工夫されている．

実験装置システムは図5.8に示したように，走査型プローブ顕微鏡 (SPM) とコントロール用のプローブ，ICCD (intensified charge coupled device) カメラ，分光器からなる検出系とを組み合わせることで構成されている．操作・画像処理はパーソナルコンピュータで行う．プローブ走査のためのピエゾ素子およびその作動系などのハードウェア，制御および画像処理用のコンピュータソフトウェアに関しては，走査型トンネル顕微鏡 (STM)，原子間力顕微鏡 (AFM) などの既存の SPM 装置とは基本的には同様のものを用いている．図5.9に，近接場光学/原子間力顕微鏡装置で用いるプローブの形状の例について示す．先端に数十 nm の開口端を有する先鋭化した光ファイバを炭酸ガスレーザで鉤形に曲げている．これに，光てこ制御用のミラー面を精密研磨によって作成した後，開口先端部にアルミニウムもしくは金を蒸着し近接場光発

5. 生　　体　　　　　　　　　　　　　　　　　　333

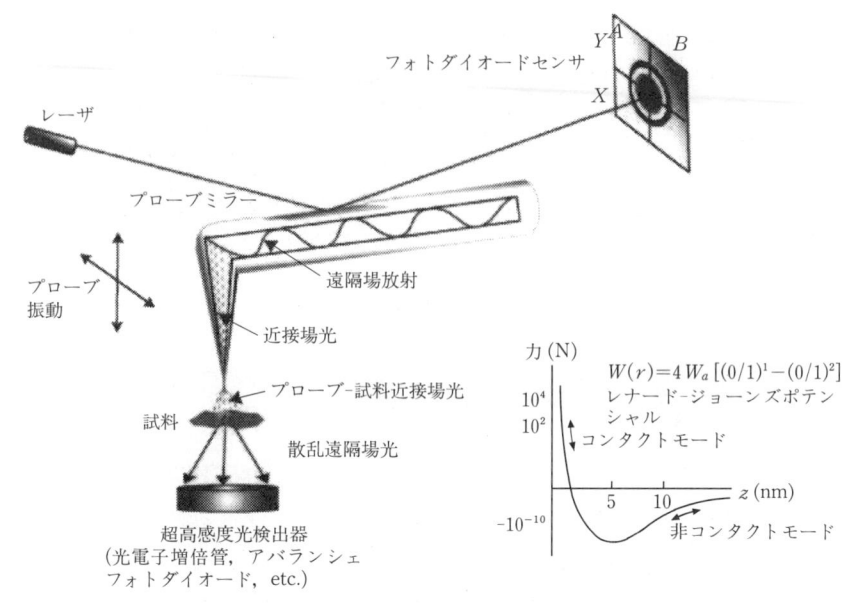

図 5.7　原子間力制御された近接場光プローブ

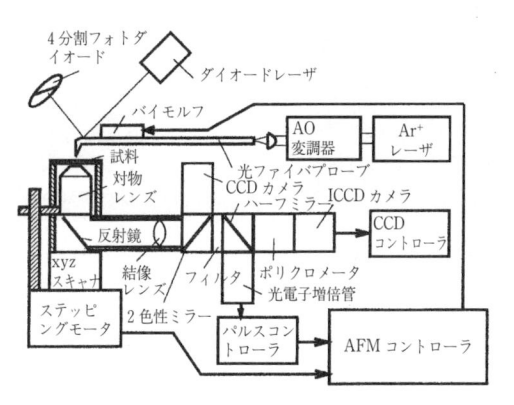

図 5.8　近接場光学/原子間力顕微鏡

生用の薄膜を形成している．光ファイバのもう片側の端面から導入されるレーザ光線などの励起光は，波長以下の大きさに作成された開口端のプローブ先端から出ることはできないが，プローブ先端部に形成した金属薄膜との境界面で生じたエバネッセント波によって近接場がプローブ先端から数十〜100 nm の「しみ出しの厚み」と表現される範囲で形成される．この近接場光とも呼ばれているエバネッセント波は，伝搬方向に虚数の運動量をもつ非放射な高い平面性の電磁波であり，その振舞いは外部から

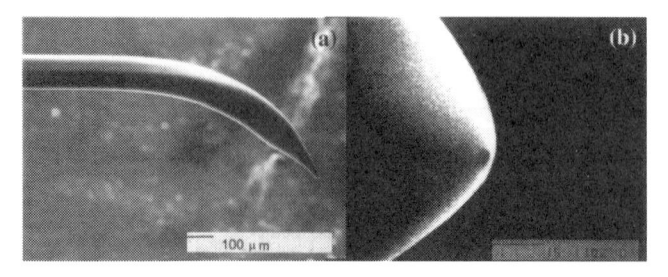

図 5.9 近接場光学/原子間力顕微鏡プローブの全体 (a) と
微小開口部 (b) の電子顕微鏡写真

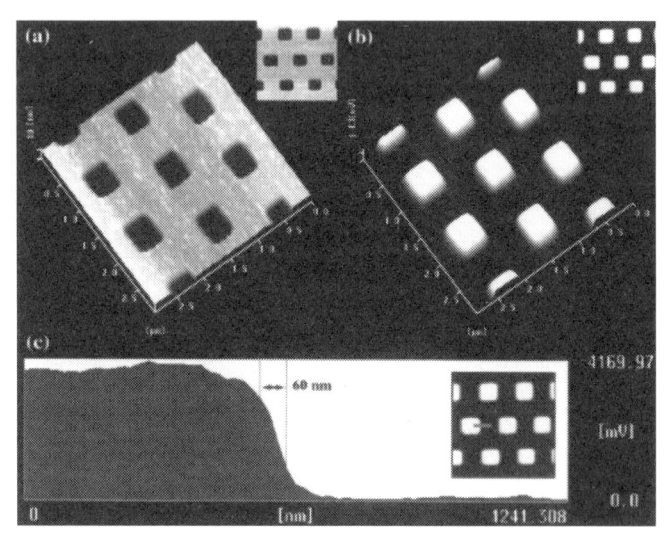

図 5.10 Cr パターンを用いた空間分解能の検討
半導体作成 Cr パターンの (a) AFM 像, (b) 透過像, (c) (b) の光強度プロファイル.

みることはできない.従来の電磁場の波としてとらえていた光とは,本質的に異なる電磁相互作用を媒介する場としての光である.この近接場光を用いれば回折限界によって制限されていた顕微イメージングの分解能をナノメートルレベルまで可能にすることができる.近接場光学/原子間力顕微鏡による測定では,プローブを鉛直方向に比較的大きく(数十 nm)振動させながら試料表面に近づけ,周期的にプローブが試料表面に接触する際の振幅の減少量を検出する方式(サイクリックコンタクトモード)やごくわずかに(数 nm)振動させたプローブの共振周波数の変化として計測するノンコンタクトモードを用いて試料-プローブ間の距離制御を行う.特に大気中の測定では,試料表面の吸着層で受ける影響が大きく,生体試料のような柔らかい対象や,プローブとの間に非常に強い相互作用をもつ試料などの,試料にダメージを与える可能

5. 生　体

性が大きいときはサイクリックコンタクトモードを用いる．また，ばね定数を極力小さくしたプローブを設計することで，試料表面近傍のファンデルワールス力による微小な相互作用の変化をとらえることもできる．プローブ走査によって立体像と同時に得られる光学像においては，光ファイバプローブ先端の微小開口近傍に形成される近接場のエバネッセント光と試料との相互作用によって生じた蛍光などを対物レンズに集光し，光学系を通して光電子倍増管に導き，フォトンカウンティングにより定量化され，その情報が逐次位置情報に帰属される．なお，図5.10には，半導体作成Crパターンを用いてトポグラフィック像，透過光像のプロファイルを示している．これにより約60 nmの空間分解能を有する光プローブであることが示される．

5.2.1　近接場光学/原子間力顕微鏡によるGFP遺伝子組替え大腸菌細胞の解析

まず，本システムの分解能を検討するために，蛍光ラテックス粒子（直径約100 nm）を用いて原子間力像と近視野蛍光像を測定したところ，蛍光像の強度プロファイルでは粒子径が170 nm程度と少し大きめになっており，これは用いたプローブの開口径が50〜100 nmであることを反映している．

次に，GFP（緑色蛍光タンパク質）の遺伝子を導入した大腸菌細胞の観測を行った．その結果，図5.11が得られた．図5.11の左図は原子間力像を示し，図5.11の右図は近接場蛍光像を示している．これらはいずれも3次元表示されたものである．原子間力像と蛍光像を比較すると，細胞によってかなり蛍光強度が異なることがわかる．たとえば，図5.11にある蛍光強度の強い細胞と弱い細胞を選んで蛍光強度のプロファイルを図5.12に示した．これによれば，蛍光強度の最大値は，10倍以上も異なることが示された．GFPの蛍光が発現されるためには，遺伝子の転写，翻訳のみならず，翻訳後のタンパク質の酸化が必要である．すなわち，これからのプロセスの進行度が，各細胞によって異なることも予想され，こうした蛍光強度の相違が観測され

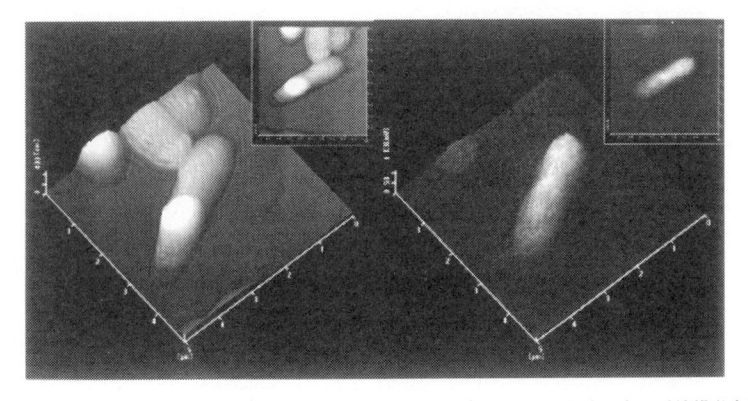

図5.11　GFP発現大腸菌の近接場光学/原子間力顕微鏡像（左：原子間力像，右：近接場蛍光像）

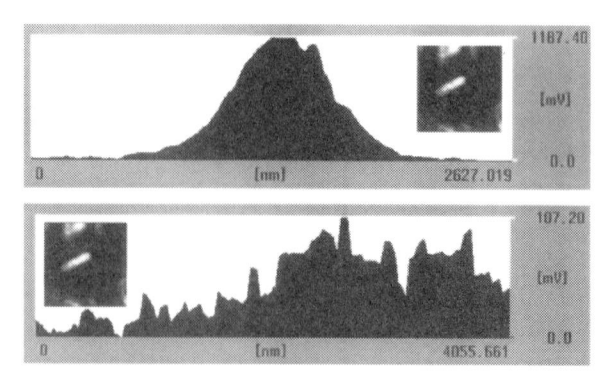

図 5.12 蛍光が強い細胞(上)と弱い細胞(下)の蛍光強度プロファイル
(縦軸は，蛍光強度に対応する)

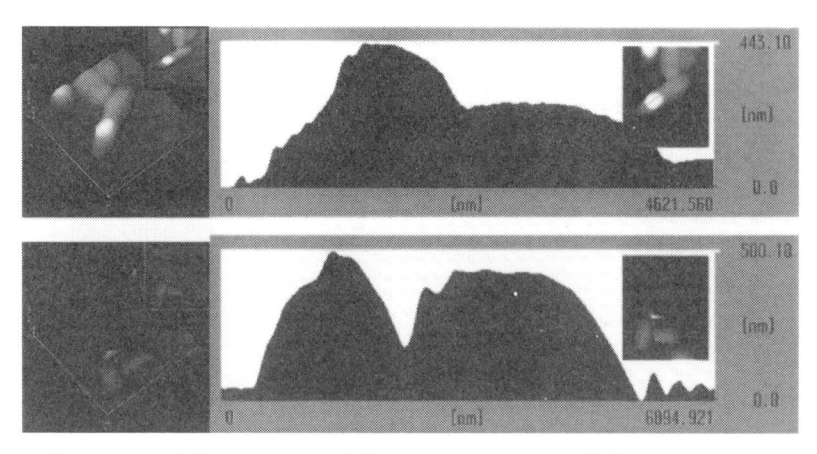

図 5.13 半乾燥状態(上)および水中測定(下)での大腸菌の原子間力像(左)と高さプロファイル(右)

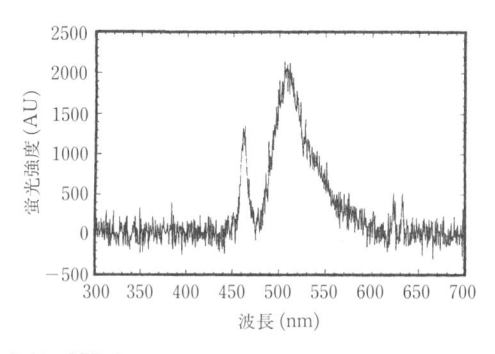

図 5.14 GFP 導入大腸菌の近接場蛍光像からの蛍光スペクトル

たものと推定された．今回得られた画像は，従来の光学顕微鏡よりも格段と空間分解能が向上され，大腸菌1細胞レベルでの形状や蛍光強度分布が判定できる．本近接場光学/原子間力顕微鏡で観測しているのは，その測定原理から測定プローブの先端約 100 nm の領域に，発生する近接場光を用いて励起しており，蛍光もその領域から発生する．したがって，おおよそ細胞の表面から 100 nm の厚みの分の情報を得ていると考えられる．細胞の高さは，図 5.13 の原子間力像からもおおよそ 500 nm であることから，細胞のどの部分を観測しているのかイメージできると考えられる．しかし，一部は通常光としての成分もあり，実際の系での測定領域の判定は，困難である．この点については，今後の課題である．蛍光は，蛍光物質の置かれている環境も反映するため，その強度やスペクトルデータはきわめて有用な情報である．図 5.14 は，大腸菌の発する蛍光スペクトルを調べたものであるが，native な GFP のもっている 505 nm での蛍光極大，540 nm 付近にショルダを見出すことができた．こうしたスペクトル解析は，今後，蛍光エネルギー転移法などとも合わせて用いれば，局所領域の分子間相互作用の研究にも展開できるであろう．

一方，図 5.13 は大腸菌細胞を少し乾燥した状態と水中で測定したものを比較した原子間力像である．半乾燥状態の場合は，乾燥の程度により細胞の高さが小さくなっているところも示された．また，この近接場光学/原子間力顕微鏡では水中で生きたままの状態で測定することも可能であり，今後，連続的に細胞を追跡観測することにより，細胞機能と構造との関係を分子レベルで調べられる新たな方法論となることが期待できる．

5.2.2 染色体解析への応用

次に，近接場光学/原子間力顕微鏡を染色体の構造解析へ応用した例を示す．ここではヒト培養細胞由来の M 期染色体を試料とした例を紹介する．ヒト染色体試料はヒト正常リンパ球の培養細胞である RPMI 1788 株より調製した．10％ウシ胎児血清 (fetal calf serum : FCS) 含有の RPMI 1640 培地を用いて 5％炭酸ガス雰囲気下，37℃にて通常培養し，コルセミドを添加後時間 12～16 時間インキュベートすることで細胞周期を同調させた．コルセミドはコルヒチンと同様に微小管の合成を阻害し，細胞周期を M 期に固定させる生理活性を有する．その後，同期した細胞を遠心分離法にて回収し，界面展開法によってカバーガラス上に染色体を風乾させることで穏やかに固定した．

観察には励起光源として波長 488 nm の Ar^+ レーザを用いて，大気雰囲気下，常温常圧で行った．その結果，図 5.15（左）に示したように，3 本の染色体のトポグラフィック像が得られた．トポグラフィック像からは各染色体の寸法，セントロメアの位置，クロマチン凝集パターンが確認できる．短腕 (p)-長腕 (q) 方向で断面形状を求めて，精密にプロファイルを解析すると，計測結果からセントロメアインデックスなどのパラメータが求められ，それらの結果を ISCN (international system for human

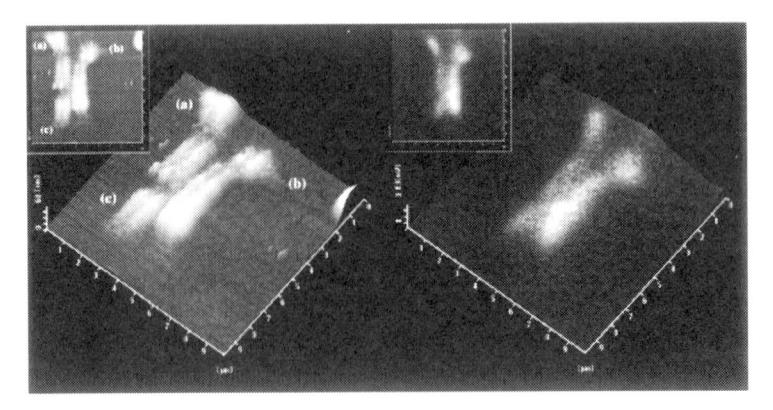

図 5.15 ヒト染色体の近接場光学/原子間力顕微鏡（左：AFM像，右：近接場蛍光像）

cytogenetic nomenclature) 結果と比較したところ，各染色体をほぼ同定できた．また，励起波長 490 nm，蛍光波長 520 nm の核酸蛍光染色試薬である SYBR ™ Green I を用いて，特定染色体の近接場蛍光像も得ることができ (図 5.15 (右))，FISH (fluorescent in situ hybridization) 法を精密化する可能性も示された．

5.2.3 肥満細胞の開口放出の解析

開口放出による細胞内部の物質の細胞外への分泌は，自然界で広くみられるもので，特に神経伝達物質の放出は，この方式によると考えられている．しかし細胞が刺激されてから伝達物質の放出に至るまでの過程において，現象の検出と機構の解明については，まだ断片的にしか研究が進んでいない．開口放出による分泌機構の解明の研究はいろいろな方法があるが，細胞で起こっている形態，機能変化を分子レベルで観測するには，高分解能でイメージングすることは，きわめて有用な方法の1つと考えられる．

そこで，肥満細胞の開口放出における細

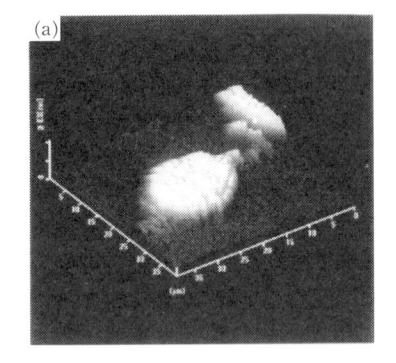

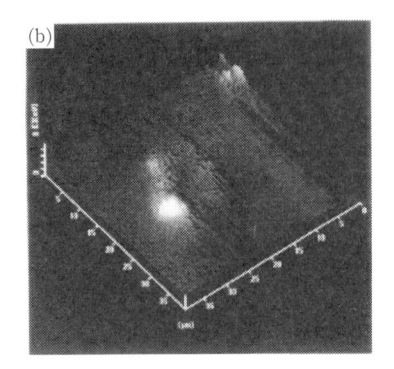

図 5.16 アレルゲン刺激前の RBL-2 H 3 細胞 (a) トポグラフィック像，(b) 近接場蛍光像．

胞表面近傍の分泌顆粒観察を，近接場光学/原子間力顕微鏡で測定することにした．肥満細胞は，抗原刺激により脱顆粒を起こし，ヒスタミンなどを放出することによりI型アレルギーを引き起こすことが知られている．細胞膜上には，IgEを特異的に高い親和性で結合するIgEレセプタが存在しており，このレセプタに結合したIgE抗体が多価の抗原により架橋されたり，あるいはアナフィラトキシンや分泌促進物質(カルシウムイオノホア：compound 48/80)などの非免疫学的な刺激により肥満細胞からヒスタミン，ロイコトリエンなどのケミカルメディエータが放出される．

まず，ホルムアルデヒド処理により固定化したときの，肥満細胞の表面構造を近接場光学/原子間力顕微鏡，原子間力像を観察したところ，細胞中心部分は，ホルムアルデヒド処理後でも 2 μm 程度の厚みが保たれており，細胞の先端にかけてみられる．くびれた部分は，ラインプロファイルから 1 μm の厚みがあった．また，数時間のカバーガラス上での培養では，ほとんどこのくびれた形状の細胞はみられず，肥満細胞という名前がつけられた由来のような，球状の大きく太った形状をしていた．

次に，キナクリンを分泌顆粒に染色させた肥満細胞にアレルゲン刺激させる前，ア

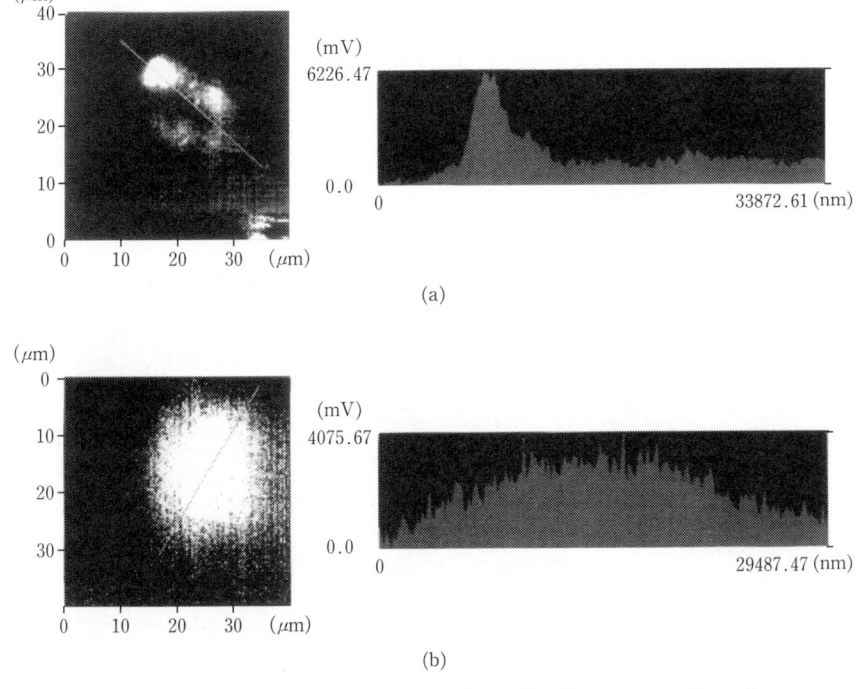

図 5.17 アレルゲン刺激前 (a) と刺激後 (b) の RBL-2 H 3 細胞の近接場蛍光像

レルゲン刺激60秒後の表面構造を近接場光学/原子間力顕微鏡，原子間力像，近接場蛍光像を観察したところ，アレルゲン刺激前では，細胞の先端付近に局在化されてキナクリンの蛍光分布が観察でき，アレルゲン刺激後では，細胞表面上全体にキナクリンが分布された近接場蛍光像が観察された（図5.16，5.17）．特に，アレルギー刺激後のラインプロファイルから，細胞中心にかけて蛍光強度が増しているのが示唆された．これは刺激前では，分泌顆粒が細胞先端に局在しており，刺激されると分泌顆粒が細胞表面上，全体に移動して開口放出されていると考えられた．

5.2.4 神経細胞機能の解析

神経細胞は，相互に密接に情報の伝達を行うことにより，脳神経系の機能を実現している．神経情報の伝達はシナプスを介して神経伝達物質が放出されることにより行われる．神経伝達物質としてはアセチルコリン，アミノ酸，神経ペプチドなどが知られている．これらの物質は，長期・短期記憶，うつ病，分裂病などの精神病，アルツハイマー症などの老人病，ストレス，不安感などの情緒作用，さらには痛みに至るまでさまざまな脳・神経作用と密接に関連している．しかしながら，こうした神経伝達物質を直接モニタリングする方法の開発はきわめて立ち遅れており，空間分解能（シナプス間隙から1神経細胞のレベル）の優れた測定方法の開発が強く要望されている．微小電極を用いる方法は電極サイズを$1\,\mu m$以下といった微小化は困難であるため，シナプス間隙に存在する神経伝達物質を直接モニタリングすることはできない．そこで光プローブを用いる方法が検討された．まず，反応系として，グルタミン酸オキシダーゼ（GLOD），ペルオキシダーゼ（POD），Amplex™ Redが用いられた．GLODはグルタミン酸と反応し，過酸化水素を発生させるため，PODとその蛍光基質であるAmplex™ Redを用いることによりグルタミン酸を選択的に測定できる．

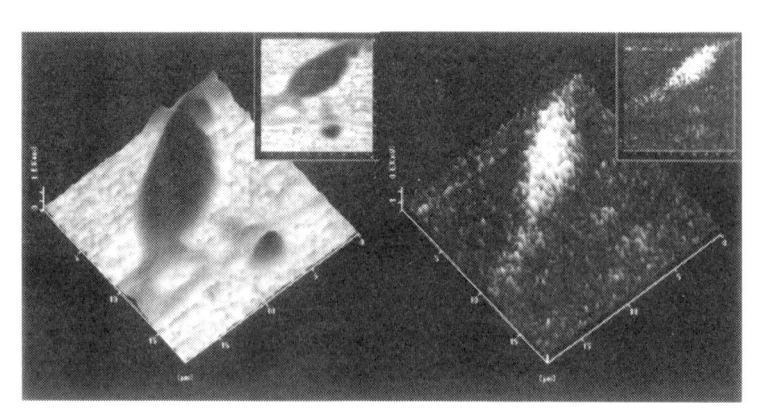

図5.18 神経細胞の近接場光学/原子間力顕微像（左：トポグラフィック像，右：グルタミン酸の分布を示す近接場蛍光像）

神経細胞の脱分極は塩化カリウム刺激による方法を用いた．イメージングにはまず，蛍光顕微鏡，共焦点レーザ顕微鏡を用いた．既知のグルタミン酸溶液の測定から，グルタミン酸濃度 (50 nM〜1 μM) に依存した蛍光強度の増加が観察された．神経細胞の培養上清を用いた測定からは，塩化カリウム刺激に対する蛍光の増加が観察された．さらに，カルシウムイオン濃度を下げて測定を行った結果，蛍光強度は減少した．したがって，エキソサイトーシス由来のグルタミン酸放出が測定されたと考えられる．神経細胞を用いたグルタミン酸放出のイメージングでは，塩化カリウム刺激前後で軸索末端や細胞体周辺に蛍光の増加が観察された．その他，各種神経伝達阻害剤の結果も合わせて，本法により，神経細胞が放出するグルタミン酸の測定およびイメージングが可能になったと考えられた．そこで近接場光学/原子間力顕微鏡を用いて測定を行った．ここで用いられたプローブは先端部の開口径が 50 nm 程度までになっており，従来の顕微鏡の空間分解能をこえる．また，先の電極を用いた場合では物理的に 1 μm 以下にするのは困難であったが，本法はシナプスの解析にも展開できる．近接場光学/原子間力顕微鏡を用いて得られたイメージングの結果を図 5.18 に示す．これにより，1 神経細胞の局所部分を原子間力像により立体像が鮮明にできるとともに，グルタミン酸の分布のイメージングも可能にした．これ以外にも神経シナプスの NMDA レセプタのイメージングにも応用されている．

　以上，近接場光学/原子間力顕微鏡とそれの生体機能解析への応用について示した．特に近年では，本法以外にも単一分子の測定，リアルタイム測定，in vivo 測定などを可能とする手法が生体分子の解析に大きく貢献している．本法は，原子間力像と近接場光学像を同時に測定できる点に利点があるが，プローブ走査に時間を要するといった問題もあり，リアルタイム測定を行うには不十分である．今後，集積型プローブや高速走査制御装置の開発により，こうした問題点が解決され，さらに有力な生体機能解析装置へと発展することが望まれる．　　　　　　　　　　（民谷栄一）

文　献

1) H. Muramatsu et al.: Opt. Rev., **3** (1996), 470-474.
2) E. Tamiya et al.: Anal. Chem., **69**-18 (1997), 3697-3701.
3) S. Iwabuchi et al.: Nuceicl Acids Res., **25**-8 (1997), 1662-1664.
4) E. Tamiya and S. Nie (eds.): SPIE, **3607** (1999).
5) E. Tamiya, S. Nie and E. Yeung (eds.): SPIE, **3922** (2000).
6) P. Degenaar et al.: Proc. NFO-6, **ThO5** (2000), 271.

5.3 近接場光による細胞膜のダイナミクスと接着形成の研究

5.3.1 生命科学における近接場光を用いることの重要性

　生命現象を成り立たせている生体分子の大きさはおおむね数 nm である．しかも，それぞれの分子は，きわめて速い時間経過で機能している．たとえば，細胞は単純化すると1枚の膜に囲まれた風船のような構造をしている．この膜にあるイオンの通り道であるチャネル分子は1 ms という速い時間経過で開状態と閉状態の間を行き来することができる．すなわちイオンチャネルの位置や姿を観察するためには，数 nm の空間分解能が必要であり，その機能的構造変化を発生する時間経過を研究するには，ミリ秒(あるいはそれ以上)の時間分解能が必要とされる．また生体高分子の機能する場は水溶液中である．そして，ほとんどの場合，常温常圧の環境の中でのみ分子の機能発現が行われる(細胞の分子運動については，文献1)を参照)．以下に述べるように近接場光学顕微鏡は，光を用いているため水溶液中で機能する生体高分子を高い空間分解能で観察することが可能となる．これまでのところ，近接場光を用いた研究において，高い空間分解能と同時に高い時間分解能(ミリ秒あるいはそれ以上)を達成する研究はまだ始まってはいない．生体高分子の機能解析を進める上では，いずれこのような研究方法の開発が必要になると考えられる．高速高分解能が分子レベルでの研究を進める上での，究極の目標である．しかし細胞やその中で働く分子機械には，もっとゆっくりした時間経過(秒から時間)で起こる現象も多くあり，それらも重要な細胞機能にかかわっている．ここでは，比較的時間経過の緩やかな細胞の活動として，細胞の膜の動的な形態の変化や細胞の接着形成を取り上げ，近接場光の研究への応用を紹介する．具体的には神経細胞の膜が神経興奮に伴ってダイナミックに基質との間の距離を変化させている例，細胞の接着を担うタンパク質分子の集合の過程とその仕組みを調べたの研究を紹介する．

5.3.2 近接場光による細胞内分子の観察

　光は粒子であると同時に波動である．この波の性質があるので，光は自由空間を伝搬する．しかし，屈折率が変化する境界面に大きな角度で入射される場合や，波長より小さい微小開口に遭遇したとき，光は伝搬はできずに減衰が起こる．この減衰の起こる空間は光の波長よりも小さく，近接場光の存在する領域と呼ばれる．全反射面における近接場光の強度は全反射面からの距離に対してほぼ指数関数で減衰する．この減衰は 100 nm ほどで起こる．この急しゅんな光の減衰は，光がきわめて狭い領域に存在することを意味している．この性質を巧みに応用することで，生きている細胞の

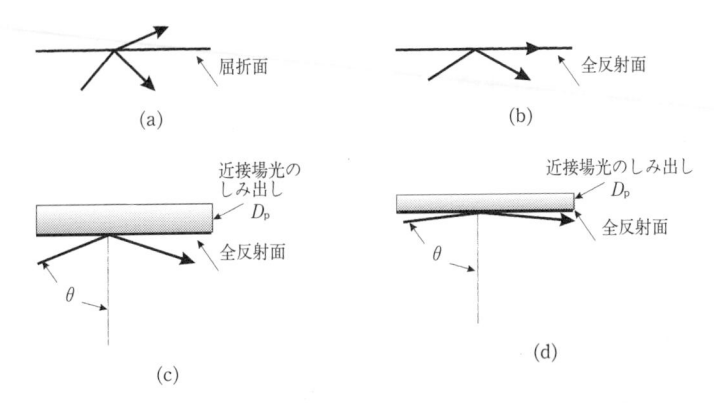

図 5.19 (a) 光の透過と (b) 全反射, (c) 近接場光のしみ出し量が光の入射角度 θ に依存することを示す. 入射角が小さくエバネッセント光のしみ出し量が大きい場合, (d) 入射角が大きくエバネッセント光のしみ出し量が小さい場合

中の微細な構造や生体高分子の働く姿を観察することができる.

　以下では, 近接場光を用いた顕微鏡観察について簡単に原理を解説し, 細胞の機能解析への応用を中心に紹介する. 図 5.19 は, ガラスの内部にある光源から出た光が, ガラスと空気の境界に入射している様子を示している. 光線が境界に入射した場合は光の反射と屈折が起こる. 一部の光子は屈折し, 残りの光子は反射する (図 5.19 (a)). ここで光線の傾きを大きくしていくと, ある限界の角度 (臨界角と呼ばれる) よりも大きな入射角で光線が入ってくる場合には, 屈折光はなくなり, 光線はすべて反射される (図 5.19 (b)). 全反射は入射光を全部反射するが, 反射面の向こう側に光の粒子の侵入あるいはしみ出しが存在する. このしみ出した光は近接場 (エバネッセント) 光と呼ばれる.

a. 生命科学において使われる近接場光学顕微鏡: 生命科学で使われる近接場光顕微鏡は大きく分けて 2 つのタイプがある. 1 つは全反射面にできるエバネッセント光を用いて対象をイメージングするものである (全反射蛍光顕微鏡). この方式は, 構成が簡便なため広く使われている. もう 1 つは, 先端の尖ったガラスファイバを用いて対象の表面を走査して画像を得るタイプのもの (走査型の近接場光学顕微鏡) である. 全反射型の近接場光学顕微鏡の構成について述べ, 走査型の近接場光学顕微鏡タイプについては, 5.3.5 項で簡単に触れる.

　生命現象にかかわる分子のかなりの部分は, 蛍光分子で標識することができる. 具体的には研究対象のタンパク質分子に特異的に結合する抗体にあらかじめ蛍光分子をつけておく場合や, 緑色蛍光タンパク質 (GFP) 分子を観察対象の分子に遺伝子工学の手法で連結しておき, 細胞の中で発現させる場合などがある. これによって, 励起光を細胞に照射することで, 観察したい分子だけが蛍光を発するようにでき, 細胞内で働く多種多様な分子集合の中から, 目的の分子を観察することができる. この蛍光

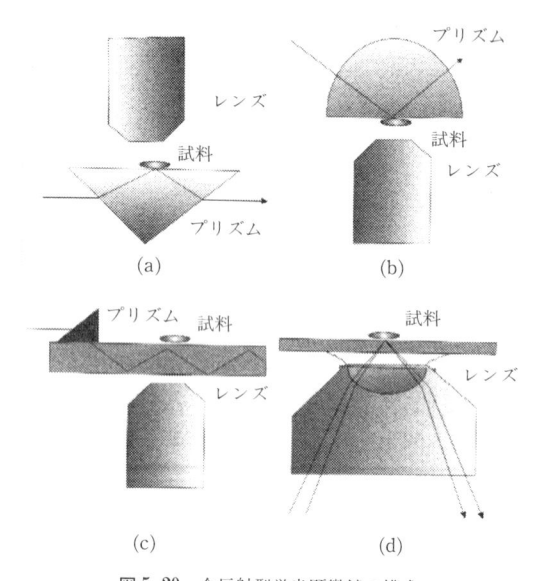

図 5.20 全反射型蛍光顕微鏡の構成
(a) プリズムを用いる場合, (b) シリンドリカルプリズムを用いる場合, (c) 試料台につけたプリズムにレーザ光を照射し全反射面をつくる場合, (d) 対物レンズを使って全反射を構成する例.

物質に対する励起光として全反射面に存在する近接場光を用いることができる. 近接場光で励起された蛍光物質から発する蛍光を普通の顕微鏡(レンズで試料像を結像する顕微鏡)で観察する方法を全反射型蛍光顕微鏡(あるいは全反射型の近接場光学顕微鏡)という. 英語では, total internal reflection fluorescence microscope (TIRFM) と呼ばれる. 全反射蛍光顕微鏡にはいろいろな例があるが, 詳しくは文献 2)~4) を参考にされたい.

図 5.20 では, 研究によく使われる全反射蛍光顕微鏡の構成を示す. 単純な構成はプリズムに直接レーザを照射し対物レンズで観察する方法である (a). また, シリンドリカルプリズムを用いると, レーザの打込み角度を調整できる (b). 試料台につけたプリズムにレーザ光を照射し全反射面をつくると, レーザ光は多重全反射をしながら試料台のガラス板の中を進行し, ガラスの表面に近接場光の場をつくり出す (c). 筆者(辰巳)らの装置では光の全反射の入射角 (θ) は 66° に設定されている. 照明光(2倍波 YAG レーザ)の波長は 532 nm なので, 近接場光のしみ込み深さは約 100 nm と計算される. 光が 100 nm 進むと自然対数(約 2.7)分の 1 に光の強度が減衰する. 近接場光の強さは全反射面からの距離に対して, ほぼ指数関数で減衰する. (d) のように対物レンズ(開口数 1.4 以上)にレーザを導入して, 全反射をつくり出すこともできる. 近接場光のしみ込み深さ D_p を数式で表すと $D_p = \lambda/(4\pi n_1)\sqrt{\sin^2\theta - (n_2/n_1)^2}$

のようになる．ここにおいてλは光の波長，n_1とn_2はガラスと水の屈折率である．θは入射角である．(c), (d)の方法は細胞の上の空間が空いているために細胞や分子に対してさまざまな操作を行うことができる．

　全反射蛍光顕微鏡で蛍光励起を受けるのはガラス面から約 100 nm の領域に限られるため，標本の一部の領域からの蛍光のみがカメラに到達する．このわずかな光による観察を行うため，冷却CCDカメラや冷却イメージインテンシファイア付きの高感度カメラが用いられる．これらの観測装置の時間分解能は毎秒 30 コマ (冷却イメージインテンシファイア付きの高感度カメラ) あるいは数秒 (冷却CCDカメラ) である．最近の冷却CCDカメラでは，転送速度を上げて (実際にはビニングや映像の部分転送なども組み合わせて高速化することで) 毎秒 30 コマ以上の画像取得を可能にしているものもある (フォトメトリックス社，クールスナップ FX など)．一方で高速カメラ (毎秒約 300 コマ，pixel vision) を用いると明るい蛍光分子の集合からの高速画像を得ることができる．生命現象に関係する分子の機能発現は高速に行われる場合があるので，将来にはイメージング技術のさらなる進歩が必要である．

5.3.3 細胞の膜のダイナミックな位置の変化の研究

　一般に細胞は，タンパク質分子や核酸分子をいっぱい溜め込んだ膜で囲われた袋のようなものである．しかし，その袋の形状は常に変化している．この変化が細胞の運動や，移動，分化などにとっての基本メカニズムの1つとなっている．また，細胞の膜の形を観察することによって，細胞の形とその変化のメカニズムを理解する糸口が得られる．細胞の膜を蛍光物質で染色できれば，全反射蛍光顕微鏡で観察することができ，細胞の形態や細胞膜と基質の間の距離のダイナミックな変化を調べることができる．ここで紹介するわれわれの観察対象は，神経成長円錐である．成長円錐は，脳の神経回路が構築される発生時期の神経細胞や同時期の脳から取り出された培養神経細胞の神経突起の先端に形成される．神経成長円錐は標的細胞に出合うと，神経シナプスに変化する．また伝達物質の放出などシナプスの機能の一部を備えている[6]．

　全反射面を構成するために，スライドガラスあるいはカバーガラスに直角プリズムを接着し，このプリズム付きのカバーガラスの上に中枢海馬の神経細胞を培養する．細胞膜を全反射蛍光顕微鏡で観察するため，神経細胞の膜を蛍光色素 FM-DiI (あるいは色素 O 246：モレキュラープローブ社) で染色し，YAG レーザ 532 nm (コヒーレント社) をプリズムに照射し全反射によるエバネッセント光を発生させ，細胞膜のFM-DiIを蛍光励起する．神経細胞をこの全反射蛍光顕微鏡で観察すると，細胞の支持体 (基質：細胞を培養している足場のこと．フィブロネクチンや poly-l-lysine でコーティングしたカバーガラスを使うこともある) であるガラス面と細胞膜が接近しているのは神経細胞の中心部および神経成長円錐部であった．伸展途中の神経成長円錐部は基質との距離をダイナミックに変化させている．この接着性の変化の様子は，全反射蛍光顕微鏡の映像の明るさの変化を分析することでより詳しく知ることができ

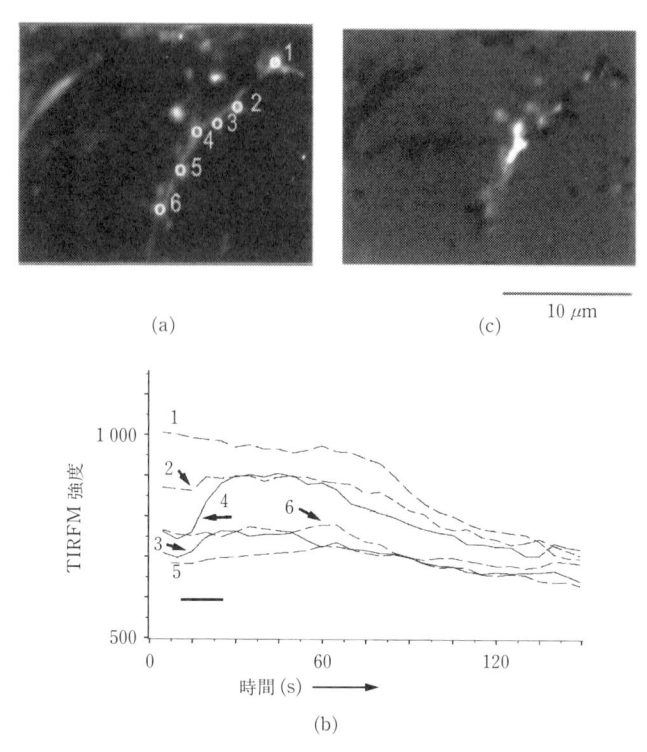

図 5.21　神経成長円錐部への刺激と細胞膜の基質への接近
(a) 反射型蛍光顕微鏡による神経成長円錐部の蛍光像．丸印 1～6 は，明るさ測定を行った場所を示す．この神経成長円錐部に細胞を興奮させる高カリウム液をピペットで投与して作用を検討した．(b) 高カリウム液投与に伴う図中の 1～6 の場所における蛍光強度の上昇．この上昇は細胞膜が基質に接近したことを示す．(c) 画像の中で蛍光強度の強くなった (細胞膜が基質に接近した) 場所を白く表示した．

る．膜に均一に色素が分布しているとする仮定のもとでは，支持体に近い場所はエバネッセント光により強い励起を受け，支持体から遠くになるに従って，弱い励起を受けるようになる．研究に用いた装置では蛍光の強さが自然対数 (約 2.7) 分の 1 になる距離は約 100 nm である．近接場光の観察を行うことで細胞膜がダイナミックに形態を変化させている現象を観察できた[5]．神経を興奮させる高濃度カリウム液を神経成長円錐部に吹きかけながら近接場蛍光顕微鏡のタイムラプスイメージングを行うと，神経成長円錐の中央部の蛍光の強度が増して明るくなることが観察された．このことは，細胞が興奮すると支持体に向かって接近することを示唆している (図 5.21)．この膜の移動距離 (数十 nm) は 1 分子の大きさが数 nm であることを考えるとそれの数十倍の大きさであった．しかしこのような細胞膜と基質の距離を制御している分子的

実態はよくわかっていない.

膜のダイナミックな変化の代表的な研究としては，近接場光による伝達物質の放出過程の研究がある．細胞はその生化学的な生産物を細胞内にある小さな袋状の構造(小胞体)に入れておき，細胞と外界を隔てる細胞膜に，この小胞膜を融合させて，小胞内の生産物を細胞の外に放出する．この放出過程は，細胞と細胞の間の化学的な情報伝達に使われている．近接場光によってこの膜と膜の融合過程も観察されている[7]．一方で全反射蛍光顕微鏡の応用して，単一蛍光分子(ATP，アクチン，ミオシン)の観察も行われ，大きな成果が上がっている[8]．

5.3.4 細胞の接着構造の形成の研究への応用

近接場光学現象は，細胞を構成する分子の振舞いを観察するのに適している．その中でもとりわけ，細胞の基質への接着形成の研究に適している．基質接着分子はガラス面のすぐ近くにあり，近接場光による選択的イメージングが行える．

血管内皮細胞を用いて接着形成の分子機構の研究を紹介する．血管内皮細胞において細胞接着は重要である．血管の内側にあって血流の中で剥がれないようにしっかりと血管壁に接着していなければならず，また血管の形態形成においてチューブ構造を形成するのに接着は欠かせない細胞の機能である．イメージングの研究の側面からも非常に規則正しい接着形成が細胞全面にわたって行われる．分子を集合させることは，細胞のもつ基本的な性質である．そこでは，必要なときに必要な分子を必要な分だけ集合させるのだが，その分子的なメカニズムはよくわかっていない．研究の糸口は，細胞の中で実際に分子の集合過程を観察し分析することで得られると考えられる．

従来の研究においては，接着分子インテグリンの集合の様子は，化学固定を行った細胞を用いて蛍光抗体法による染色により行われてきた．筆者らは近接場光学顕微鏡でのライブ細胞観察を目指して，細胞のインテグリンの可視化の研究法の開発を行った．幸いインテグリンは細胞外に接着形成のためのドメインをもっているので，細胞外のドメインを認識する抗体が市販されている．この抗体を内皮細胞に与えると生きたまま蛍光観察が行えることがわかった．図 5.22 上図に現象と測定の概念図を示す．図 5.22 (下図) では，細胞接着分子インテグリンを近接場光学顕微鏡 (c, f) と，落射型蛍光顕微鏡 (b, e) で観察した例を示す．細胞の全体像がわかるように微分干渉顕微鏡像 (a, d) も合わせて表示する．全反射蛍光顕微鏡では細胞膜からわずかに 100 nm の範囲の蛍光分子が照明されるため，バックグラウンドの蛍光が観察対象像に重なってみえることはなく，基質に接着して存在するインテグリンの分子の集合を選択的に可視化することができる．これによりインテグリンが集合し，接着形成が行われる時間課程の詳細を可視化し，分析することが可能である．図 5.22 上段 (a~c) は培養直後 30 分，下段 (d~f) は 2 時間後における典型的な細胞のインテグリンの集合の様子をライブ観察を行った例である．細胞が基質に接着を開始し始めたときのインテグリ

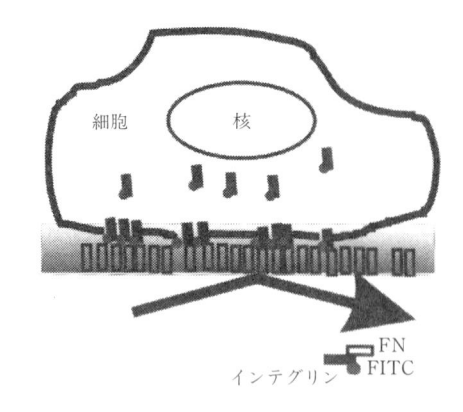

FN：フィブロネクチン
FITC：蛍光色素
インテグリン：接着タンパク質分子

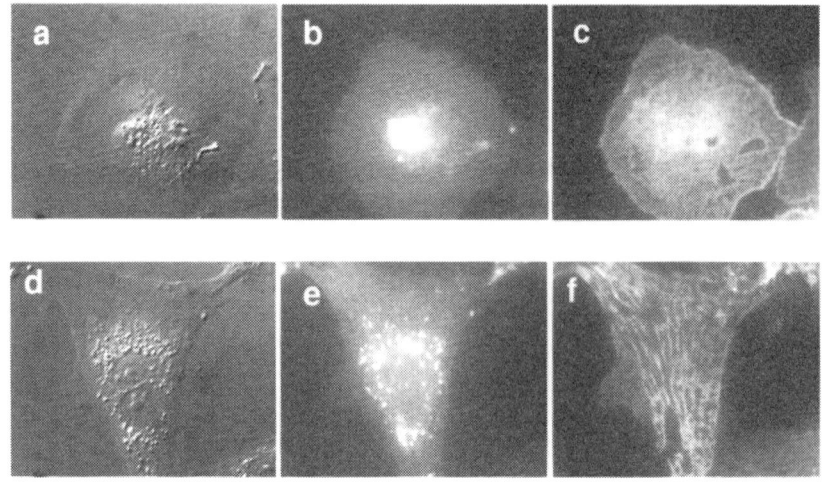

図 5.22　上図：研究の概念図．インテグリンのβ1鎖を認識する蛍光抗体で染色し，通常の蛍光顕微鏡で観察すると，インテグリンが規則正しく並んでいる様子が (b)，(e) のようにぼんやりと観察される．この同じ視野を全反射蛍光顕微鏡で観察すると (c)，(f) のように落射蛍光観察 (b)，(e) に比べて，高いコントラストで明瞭にインテグリン分子の分布を観察することができる．(a)～(c) 培養 30 分後，(d)～(f) 培養 2 時間後 (名古屋大学医学部河上敬介氏撮影)．(a)，(d) は細胞の形を示す微分干渉画像．

ンの分布は細胞の底面全体にわたっており，特異的な接着斑の形成はこの時点ではみられない (図 5.22 (c))．2 時間後には，細長いステッチ状の接着斑が多数みられるようになる．これらの接着斑はインテグリンの分子群が集合して形成される (図 5.22 (f))．図には示さないが，6 時間後にはこれら接着斑の数はほぼ一定になってあまり変化することはない．いい替えると接着斑の形成は完了している．このように近接場

光学顕微鏡によって初めて,インテグリンの集合の様子がライブで観察できるようになった.また落射蛍光顕微鏡像から,細胞の表面のインテグリンの分子は抗体による標識を受けて細胞の核の近くにひとたび集合し(図5.22(b)),その後に核から離れていく様子がイメージングできている(図5.22(e)).このようにインテグリン分子の移動と接着班形成の過程の一部は,全反射蛍光顕微鏡や落射蛍光顕微鏡を合わせて用いるマルチ計測顕微鏡によって明らかになりつつある[9].インテグリンの分子がどのようにして集合するのか,その分子的基序は興味深い問題であり,分子集合のメカニズムの研究を行っている.

5.3.5 走査型の近接場光学顕微鏡

走査型の近接場光学顕微鏡には,さまざまなタイプ(集光モード(Cモード),照明モード(Iモード)など)がある.全反射面に先端が尖ったガラスファイバを近づけると近接場光学に先端が入るまでは,ガラスファイバに光は侵入してこない.しかし,さらに先端を近づけると近接場光学と相互作用が始まりガラスファイバに光が侵入するようになる.この研究方法の利点は,プローブの開口を小さくつくることで高い空間分解能を xyz すべての座標で得ることができることである(前述のエバネッセント蛍光顕微鏡では z 方向のみ高い空間分解能が得られるが,xy 方向の空間分解能は通常の光学顕微鏡と同じであるのでその点で優れている).神経細胞を走査型の近接場光学顕微鏡で観察した結果,細胞の内部の細胞骨格が高い空間分解で観察することができた[10].水溶液中での細胞の観察も行われているが,走査時間に数分を必要とするために,研究対象としては,比較的ゆっくりとした細胞形態変化の研究に限られるのが現状である.

〔辰巳仁史〕

文 献

1) 葛西道生,田口隆久編:生物物理から見た生命像2(吉岡書店,1996),26-80.
2) D. Axelrod: *Meth. Cell Biol.*, **30** (1989), 245-270;曽我部正博,臼倉治郎編:バイオイメージング(共立出版,1998),1-28.
3) 辰巳仁史:曽我部正博,臼倉治郎編,バイオイメージング(共立出版,1998),75-92.
4) 辰巳仁史:光生物学会編,生命科学を拓く新しい光技術,光が拓く生命科学7(共立出版,1999),93-106.
5) H. Tatsumi *et al.*: *Neurosci. Res. Accepted*, **35** (1999), 197-206.
6) S. H. Young and M.-M. Poo: *Nature*, **305** (1983), 634-637.
7) D. Toomre *et al.*: *Cell Biol.*, **149** (2000), 33-40.
8) 船津高志:光生物学会編,生命科学を拓く新しい光学技術,光が拓く生命科学7(共立出版,1999),135-146.
9) K. Kawakami *et al.*: *J. Cell Sci.*, **114** (2001), 3125-3135.
10) R. Uma Maheswari *et al.*: *Opt. Rev.*, **3** (1996), 463-467.

5.4 細胞骨格・細胞内での蛍光計測

　生細胞内で実際に機能する生体分子を直接観察できれば，多くの生命現象の分子機構は明らかになると考えられる．これを達成するには，細胞が活動する水溶液環境下で観察を行うことが必要不可欠である．また，細胞内の生体分子やその複合体は，1～数十 nm 程度の大きさのものが多いので，それと同程度の空間分解能をもつことが望ましい．これらを満たす有力な方法の1つとして注目されているのが近接場光学顕微鏡である．

　ところで，生細胞内でのタンパク質の挙動の解析に大きな進展をもたらしたのは，緑色蛍光タンパク質 (green fluorescent protein：GFP) を用いた可視化解析である[1]．GFP は，発光クラゲより単離，クローニングされた蛍光タンパク質である．GFP を用いると，cDNA レベルで目的とするタンパク質を標識して，その cDNA がコードする GFP 融合タンパク質を生細胞に発現させることができる．GFP を用いた可視化技術は，生細胞の内部構造観察や，生細胞内での生体分子の局在・運動解析の強力な道具である．今回紹介する筆者らの実験では，近接場光学顕微鏡と GFP 可視化技術を組み合わせることにより，生細胞内のタンパク質の蛍光観察を行っている．

　筆者らは，実験の目的に応じて走査型と全反射型の近接場光学顕微鏡を使い分けている．これら2つは，それぞれの利点をもっている．走査型の近接場光学顕微鏡は，その空間分解能が走査に用いるプローブの開口径によって決まるため，原理的には数 nm の空間分解能が達成可能である[2]．本節ではまず，空間分解能 100 nm 程度での生細胞アクチン骨格の蛍光観察について紹介する．筆者らは世界で初めて，走査型の近接場光学顕微鏡を用いて生細胞の蛍光観察を行うことに成功した[3-5]．

　走査型の近接場光学顕微鏡は高い空間分解能をもつため，生細胞内の微細構造を観察するのに適している．しかしながら，プローブの走査による画像取得には数分程度の時間がかかるため，生細胞内で速く動いている分子の観察には適さない．この目的のために有用なのが全反射型の近接場光学顕微鏡 (全反射型蛍光顕微鏡：total internal reflection fluorescence microscope, TIRFM) である[6]．TIRFM は，2次元的な広がりをもったエバネッセント光により，広い面積を同時に励起することが可能である．エバネッセント光を発生させる界面に水平な方向の空間分解能は通常の落射蛍光顕微鏡と変わらないが(垂直方向の空間分解能は 150 nm 程度)，高い時間分解能での画像取得が可能となり，エバネッセント光の到達範囲内に存在する蛍光分子を連続的に観察することができる．また，エバネッセント光による局所的励起と高感度検出器による画像取得を組み合わせることにより，個々の蛍光分子の挙動を実時間(ビデオレート)で観察することも可能である[7]．本節の後半では，TIRFM による生細胞内での生体分子1分子の可視化について紹介する．筆者らは TIRFM を用いて，生細胞内での GFP 融合タンパク質1分子の可視化に世界に先駆けて成功した[8]．さらにこの技術を用いて，数分子からなる会合体の検出，およびその運動解析を行った．

5. 生体

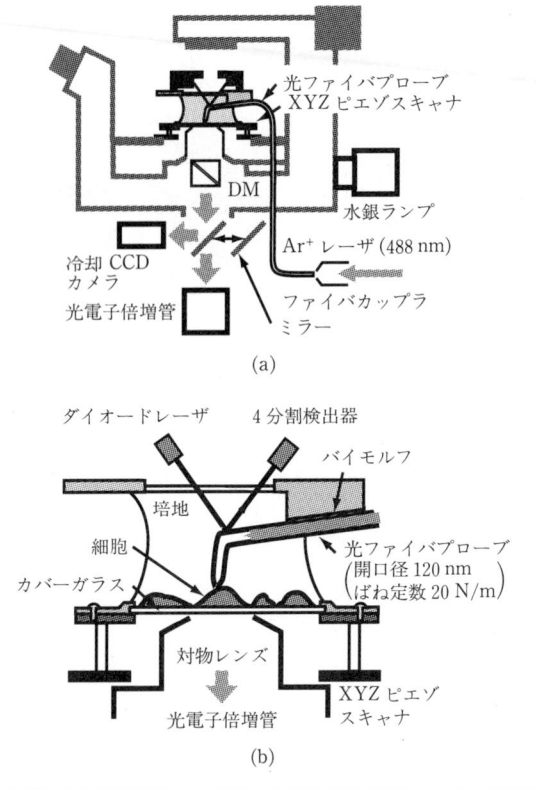

図 5.23 生細胞観察用の走査型の近接場光学顕微鏡システム概略図
(a) システム全体の概略図. 蛍光観察に加え, 落射蛍光観察も可能になっている. (b) 試料周辺部の拡大図. 開口径 120 nm, ばね定数 20 N/m の光ファイバプローブを用い, タッピングモードによる走査を行っている.

5.4.1 走査型の近接場光学顕微鏡による生細胞アクチン骨格の蛍光観察

走査型の近接場光学顕微鏡による生細胞の蛍光観察を行う上で問題となるのは次の点である. (1) 生細胞の表面は凹凸が大きくしかも柔らかいので, フィードバック走査が容易でない. (2) 良好な状態の細胞で観察を行うために, 観察に要する時間をできるだけ短縮しなければならない. これらの問題を克服するため, 筆者らは次の改良を行った. (1) 原子間力顕微鏡 (AFM) プローブとして機能するベントタイプ光ファイバプローブ[9]を用い, タッピングモードによる走査を行った (ばね定数: 20 N/m). (2) 落射蛍光観察と走査型の近接場光学顕微鏡による蛍光観察が容易に切り替えられるようにし, 観察位置の選定にかかる時間を短縮した.

図 5.23 に筆者らの用いている走査型の近接場光学顕微鏡システムの概略図を示す. 走査型の近接場光学顕微鏡は, 倒立顕微鏡 (IX-70: オリンパス) のステージ上に組み

(a)　　　　　　　　　　　(b)　　　　　　　　　　　(c)

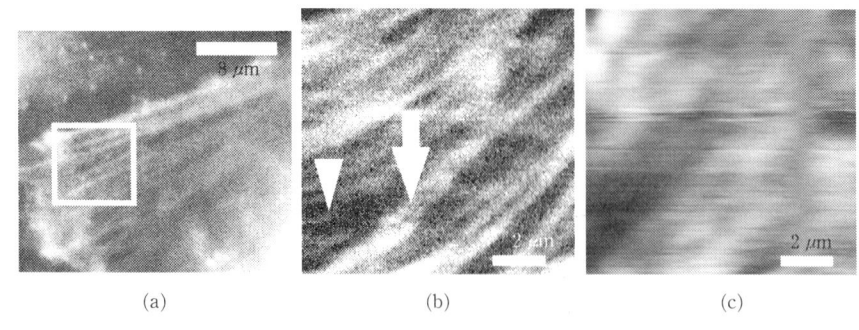

図 5.24 PtK2 細胞に発現させた GFP アクチンの走査型の近接場光学顕微鏡による観察像 (a) 落射蛍光像．(b) 蛍光像．(a) の白い四角で囲んだ領域を走査した．アクチン線維の太い束（矢印）に加え，細いアクチン線維（矢尻）が観察されている．(c) (b) と同時に取得した AFM 像．

込んでいる．光源には波長 488 nm の Ar^+ レーザを用い，金被覆した開口径 120 nm の光ファイバプローブ（セイコーインスツルメンツ）の先端に近接場光を発生させて試料の励起を行っている．試料からの蛍光は対物レンズ (PlanNeofluar 100×：カールツァイス) によって集光し，光電子増倍管 (R1878：浜松ホトニクス) によって検出を行っている．プローブと試料表面の距離は，タッピングモードによるフィードバックによって制御している．走査には，X, Y, Z 軸のストロークがそれぞれ 50 μm であるピエゾスキャナ (NIS-50：ナノニクス) を用いている．培養基質面からの細胞の高さは 10 μm 程度まで達し，しかも水溶液中では測定中のドリフトが非常に起こりやすい．これらに対応するためには，Z 軸のストロークが大きいことが特に重要である．また本システムでは，落射蛍光観察によってあらかじめ試料の広範囲を観察した後に，目的とする位置を走査型の近接場光学顕微鏡によって観察することができる．落射蛍光観察像の取得は，冷却 CCD カメラ (MicroMAX-512EBFT：日本ローパー) によって行っている．

筆者らは本システムを用い，生細胞のアクチン骨格の観察を行った[3-5]．アクチンと GFP の融合タンパク質 (GFP-actin) を PtK2 細胞（ラットカンガルー腎臓上皮細胞株）に発現させて観察を行った．図 5.24 (a) は通常の落射蛍光観察によって得られた GFP アクチンの画像を示す．一方，図 5.24 (b) は走査型の近接場光学顕微鏡によって得られた画像である（図 5.24 (b) は，(a) の四角で囲った領域を走査したもの）．また，図 5.24 (c) は走査によって同時に取得した AFM 像である．走査型の近接場光学顕微鏡による蛍光像は，落射蛍光観察よりもコントラストが高く，落射蛍光像にみられるアクチン線維の太い束（ストレスファイバ：図 5.24 (b) 矢印）に加え，落射蛍光像ではみられないより細く暗いアクチン線維が観察されている（図 5.24 (b) 矢尻）．細いアクチン線維の観察像から計算された走査型の近接場光学顕微鏡の空間分解能は約 120 nm であり（図 5.25），落射蛍光観察の 3 倍程度の分解能が得られた．

5. 生体

(a)　　　　　　　　　　(b)

(c)

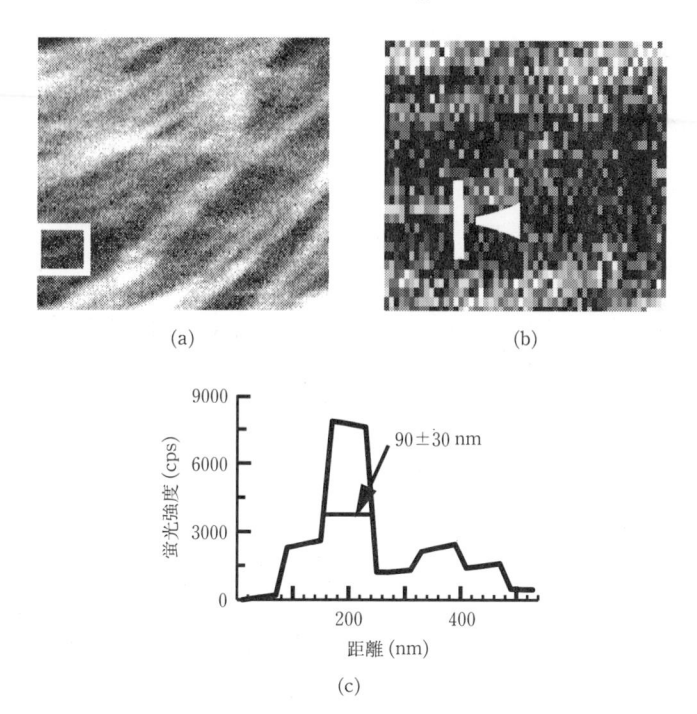

図 5.25 走査型の近接場光学顕微鏡による生細胞観察の空間分解能
(a) GFP アクチンの蛍光像, (b) (a) の白い四角で囲んだ領域 (細いアクチン線維が観察されている) の拡大図, (c) (b) 中の矢尻で示した線分の領域の蛍光強度変化. 細いアクチン線維の観察像から見積もられた空間分解能は 90±30 nm であった.

また, 走査を繰り返すことによって, アクチン骨格構造の時間的変化の様子も観察されている. このように, 生細胞内の微細構造およびその変化を観察する手法として, 走査型の近接場光学顕微鏡は大きな可能性をもっていると考える.

5.4.3 TIRFM による生細胞内での 1 分子蛍光観察

筆者らの用いている対物レンズ型 TIRFM システムの概略図を図 5.26 (a) に示す[8]. 励起光源に波長 488 nm の Ar^+ レーザを用い, 試料の蛍光はマイクロチャネルプレート型イメージインテンシファイア (VS4-1845：Videoscope) によって増幅した後, SIT カメラ (C2400-08：浜松ホトニクス) でビデオレートでの画像取得を行っている. 図 5.26 (b) は試料周辺部の拡大図を示す. カバーガラスと培地の界面で全反射させるレーザの入射角を約 66°に調整し, 発生するエバネッセント光の界面からの到達距離を約 100 nm に設定している. また, 試料面上の照射面積は約 130 μm^2 の小さな範囲に限定している. これは, 照射面積を広げると入射角の分布が広がりコントラストが低下するためである. エバネッセント光により, 励起光の到達範囲を細胞形

質膜の一部分に局所化して観察を行っている.

筆者らが観察したのは,細胞間の認識と接着を担う膜タンパク質 E-カドヘリンである.膜タンパク質を対象としたのは,細胞質内に存在するタンパク質よりもその拡散速度が大幅に小さいので,観察がより容易だと考えたためである.E-カドヘリンと GFP の融合タンパク質 (E-cad-GFP) を,内在性の E-カドヘリンがほとんど発現していないマウス線維芽細胞株 L 細胞に発現させた.発現量が多い場合,個々の分子を観察することは困難であると予想されたため,発現量の非常に少ない細胞 (内在的に E-カドヘリンを発現する細胞の 1%程度) をクローニングして観察を行った.しかしながら,GFP を退色させていない条件では,発現量の低い細胞においても E-cad-GFP の分子数が多く視野全体が蛍光シグナルで覆われてしまい,E-cad-GFP を個々の輝点として認識することが困難であった.そこで,約 50%の GFP が退色した条件で画像取得を行った.この条件で画像を取得した結果,E-cad-GFP は蛍光強度の異なる数多くの輝点として観察された (図 5.27(a)).

次に,各輝点の蛍光強度を測定した.図 5.27(b) は,E-cad-GFP を発現していない L 細胞の蛍光強度 (408 nm×408 nm の領域) の分布である.強度の平均値は 7.6±1.6 (arbitrary unit : AU) であり,図 5.27(b)~(e) のすべてのヒストグラムではこの値が差し引かれている.この平均値は,細胞の自家蛍光,励起光の迷光でフィルタを透過したもの,光学系の発する蛍光,および検出器や電子回路からの熱ノイズなどを含んだ背景光である.図 5.27(c) は,50%の GFP が退色した条件での E-cad-GFP の各輝点の蛍光強度分布を示す.黒い矢尻で示しているように,蛍光強

(a)

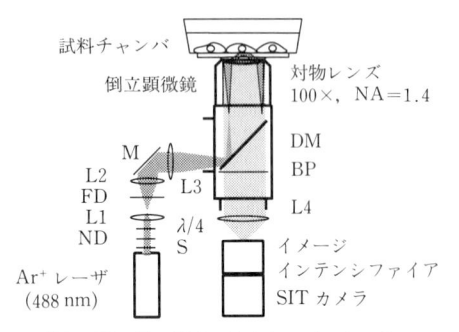

NA:開口数,DM:ダイクロイックミラー,BP:バンドパスフィルタ,S:シャッタ,ND:減光フィルタ,λ/4:1/4 波長板,FD:視野絞り,L1~L4:レンズ,M:ミラー

(b)

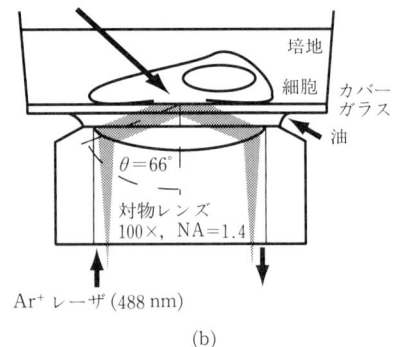

図 5.26 対物レンズ型 TIRFM システムの概略図
(a) システム全体の概略図,(b) 試料周辺部の拡大図.Ar$^+$ レーザの入射角を 66°に調整し,カバーガラス面からの到達距離が約 100 nm のエバネッセント光を発生させている.試料面上の照射面積は約 130 μm^2 である.このエバネッセント光により,生細胞形質膜を局所的に励起している.

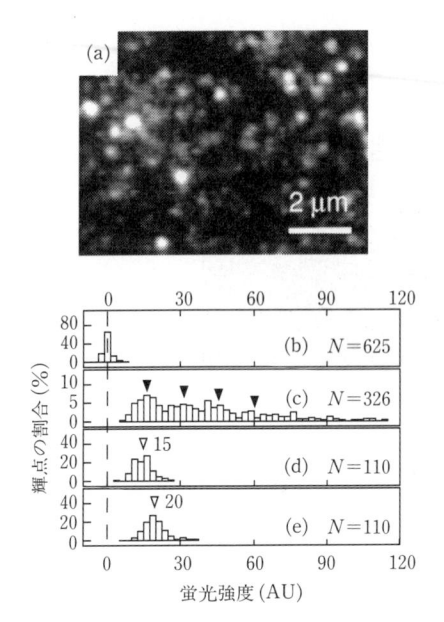

図5.27 L細胞に発現させたE-cad-GFPのTIRFMによる観察像および蛍光強度分布
(a) GFPを50%退色させた条件下で取得した蛍光画像, (b)～(e) 各輝点の蛍光強度(408 nm×408 nmの領域)の分布. (b) E-cad-GFPを発現していないL細胞(背景光), (c) 50%退色させた条件下でのE-cad-GFP各輝点の蛍光強度. 黒い矢尻は量子的なピークを示す, (d), (e) L細胞形質膜上(d)またはカバーガラス上(e)に非特異的に結合した精製GFP1分子の蛍光強度. 白い矢尻は平均値を示す.

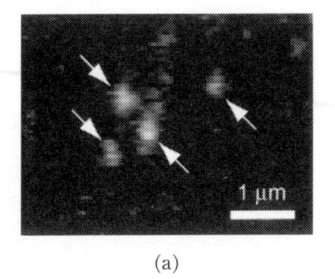

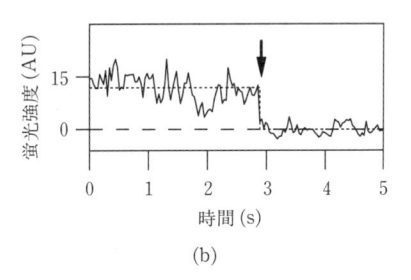

図5.28 1分子のE-cad-GFPの画像と1段階退色の様子
(a) E-cad-GFP 1分子の蛍光像(矢印), (b) E-cad-GFPの輝点の1段階での退色. 矢印で示した点で退色が起こっている.

度は16 AUの倍数の近くでピークをもつ量子的な分布をしていることがわかった. 次にこの量子的分布の最小ピークの強度を, 大腸菌に発現させ精製したGFP1分子の蛍光強度と比較した. 図5.27(d), (e)はそれぞれ, L細胞の形質膜表面に非特異的に結合した精製GFP, またはカバーガラスに結合した精製GFP1分子の蛍光強度の分布である. これらの蛍光強度は, E-cad-GFPの最小ピークとほぼ同様の値をもっていた. 励起に用いているエバネッセント光の強度はガラス面からの距離に対し指数関数的に減少するので, カバーガラス表面上のGFP1分子の蛍光強度は少し大きくなっている. また, 最小ピーク付近の強度をもつ輝点は(図5.28(a)矢印), ビデオレートでの観察において1段階での退色をみせた(図5.28(b)). これらの結果から, 生細胞形質膜上で1分子のE-cad-GFPが可視化されていると結論した.

図 5.27 (c) に示すように，E-cad-GFP の輝点は幅広い蛍光強度分布をもっている．これらの輝点の多くは拡散運動をしており，その途中で複数の弱い輝点に分離す

(a)

(b)

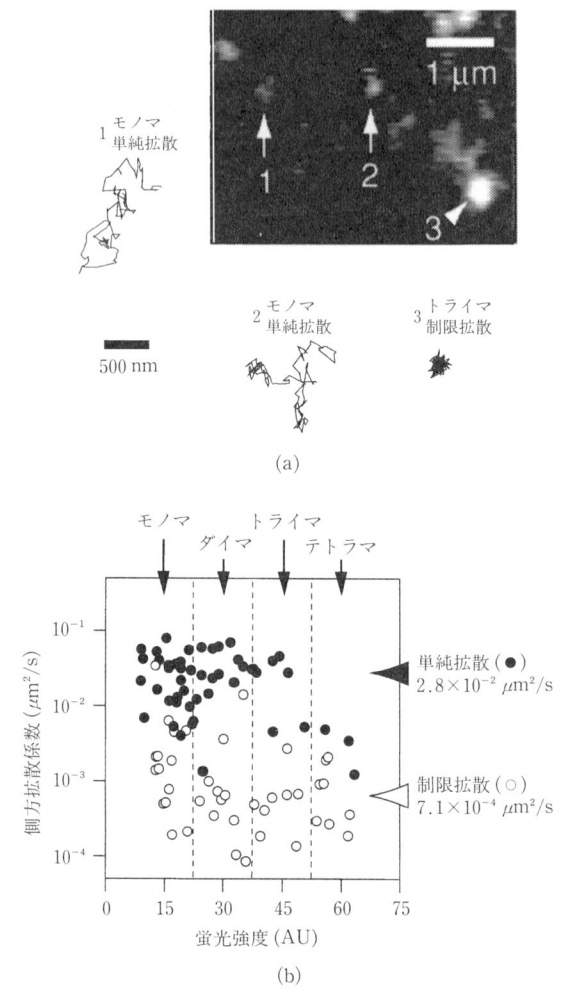

図 5.29 E-cad-GFP の会合度と運動性の相関
(a) 異なる蛍光強度をもつ複数の輝点の画像，および各輝点の 5 秒間 (150 ビデオフレーム) の拡散運動の軌跡．軌跡の番号は画像中の各輝点の番号に対応する．各輝点は，蛍光強度からモノマまたはトライマに，また拡散運動の軌跡から単純拡散または制限拡散に分類されている．(b) 各輝点の蛍光強度と拡散係数のプロット．黒丸，白丸はそれぞれ単純拡散または制限拡散に分類された輝点を示す．点線は会合度 (モノマからテトラマ) の境界を示す．

ることはほとんどない．すなわち，蛍光強度の高い輝点は複数の分子が単にTIRFMの空間分解能以下の距離に存在しているのではなく，E-cad-GFPの安定な会合体である．

次にE-cad-GFPの各輝点の運動を調べた．図5.29(a)は，蛍光強度の異なる複数の輝点の画像とその運動の軌跡（150ビデオフレーム）を示している．矢印または矢尻で示した輝点はそれぞれ，精製GFP1分子と同等，または約3倍の蛍光強度をもっている．このように，輝点の蛍光強度が増加するに従いその運動性が低下するという傾向が示唆された．そこで，各輝点の蛍光強度と側方拡散係数の関係を調べ，会合度と運動性の相関を解析した（図5.29(b)）．各輝点は，運動の軌跡から単純な拡散運動とある領域に制限された拡散運動の2種類に分類し，さらに蛍光強度に基づいてモノマからテトラマの4つの会合度に分類した（退色させているので実際の会合度ではないが大まかな目安となる）．この結果，E-cad-GFPモノマに相当する輝点は速度の大きい単純な拡散運動を示す割合が高いのに対し，会合度が増加するとほとんどが速度の小さい制限された拡散運動を示すことが明確になった．単純拡散と制限拡散の間では，側方拡散係数は約40倍もの大きな違いがみられた（図5.29(b)の縦軸がlogスケールであることに注意）．膜タンパク質の拡散速度は，膜の粘性の効果のみを考慮した場合には，会合体が形成されてもほとんど変化はしない[10]．よって，このような大きな変化を説明するには他の機構を考える必要がある．

筆者らはこれまで，細胞の形質膜はその直下に存在する膜骨格のネットワークによりコンパートメント化されていること，および膜タンパク質の運動性は膜骨格との相互作用によって制御されていることを示してきた[11-13]．このような膜骨格による制御にはテザー効果（膜タンパク質の細胞質部分が膜骨格と直接結合することにより運動が抑えられる効果：図5.30(左)）とフェンス効果（膜タンパク質と膜骨格との直接的結合はないが立体障害のためにその運動が制限される効果：図5.30(右)）がある．膜タンパク質の会合体形成は，膜骨格とのこれらの相互作用を大きく増大させる．膜骨格に結合していないモノマは，比較的容易に膜骨格のフェンスを乗り越え大きな運動を示す（図5.30(中央)）．一方，会合体では，

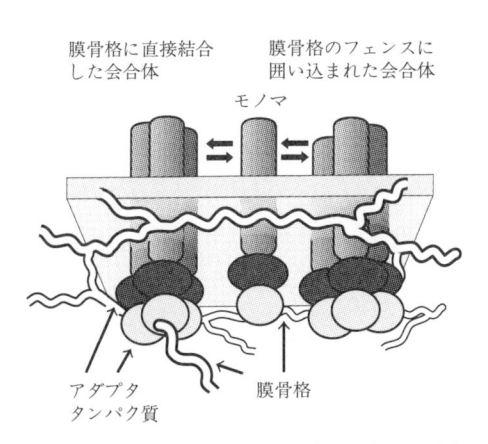

図5.30 oligomerization-induced trapping model
左：膜骨格に結合しその拡散運動が抑えられている会合体，中央：膜骨格に結合していないモノマ．結合していないモノマは比較的容易に膜骨格のフェンスを乗り越え大きな拡散運動を示す．右：膜骨格に結合してはいないが，立体障害によりその拡散運動が膜骨格のフェンス内に制限されている会合体．

会合体を構成するすべての分子が1度に膜骨格のフェンスを乗り越えることは困難であり，その運動はフェンスの範囲内に制限される(図5.30(右))．また，会合体中の1つの分子が膜骨格に結合しているだけで，会合体の運動は抑制される(図5.30(左))．筆者らはこのモデルを oligomerization-induced trapping model と呼んでいる．細胞は，膜タンパク質の会合状態を制御することにより膜骨格との相互作用を変化させて，その運動性を制御することが可能であると考えている．

近接場光学顕微鏡の生細胞観察への適用について紹介した．上記の例で紹介したように，近接場光学顕微鏡を用いると，生細胞内の微細構造を生きた状態で観察することができる．また，生細胞内で機能する個々の蛍光分子を観察することも可能である．細胞内では非常に多数の生体分子が働いているが，生体分子は確率過程的に機能発現を行うため，個々の分子の状態は不均一である．よって，細胞内で実際に機能している個々の分子の挙動を調べることができれば，多数分子によって平均化された計測では得られない知見を手にすることが可能であり，生体分子の機能発現機構に対する理解がより深まると期待される．まだ適用例は少ないが，近接場光学顕微鏡とGFP可視化技術の組合せは，生細胞内の微細構造の研究や，生細胞内での生体分子の局在・運動の1分子計測に新たな地平を開くものと期待される．

(飯野亮太・太田-飯野里子・楠見明弘)

文　献

1) K. F. Sullivan and S. A. Kay (eds.) : Green Fluorescent Proteins (Academic Press, 1999).
2) R. C. Dunn : *Chem. Rev.*, **99** (1999), 2891-2927.
3) S. Ogawa et al. : *Cell Struct. Funct.*, **25** (2000), 484.
4) S. Ohta-Iino et al. : *Biophys. J.*, **80** (2000), 166a.
5) S. Ohta-Iino et al. : *Appl. Phys. Lett.* (submitted, 2002).
6) D. Axelrod et al. : *Ann. Rev. Biophys. Bioeng.*, **13** (1984), 247-268.
7) T. Funatsu et al. : *Nature*, **374** (1995), 555-559.
8) R. Iino et al. : *Biophys. J.*, **80** (2001), 2667-2677.
9) H. Muramatsu et al. : *Ultramicroscopy*, **71** (1998), 73-79.
10) P. G. Saffman and M. Delbrück : *Proc. Natl. Acad. Sci. USA*, **72** (1975), 3111-3113.
11) A. Kusumi and Y. Sako : *Curr. Opin. Cell Biol.*, **8** (1996), 566-574.
12) M. Tomishige and A. Kusumi : *Mol. Biol. Cell*, **10** (1999), 2475-2479.
13) A. Kusumi et al. : *Curr. Opin. Cell Biol.*, **11** (1999), 582-590.

6. 固体

6.1 半導体デバイス

6.1.1 量子デバイス

半導体における薄膜成長技術の進展は，量子デバイスと呼ばれる大きさとしてナノメートルオーダのデバイス構造の作成を可能にした．ナノメートル寸法に閉じ込められた電子は，その量子力学的な波動性が顕著となるため，デバイスの電気的，光学的性能に大きな向上をもたらす．

光デバイスとしてなじみ深い量子デバイスは半導体レーザであろう．電子を1次元方向に閉じ込める構造をもつ量子井戸型半導体レーザは，光利得や線幅，高速応答性など，飛躍的な性能の向上をもたらした．さらに空間的な閉込め次元を増やすことにより，その量子効果はより顕著となる．これら高次の電子閉込め構造は2次元的な閉込めに対して量子細線，3次元的な閉込めに対して量子箱，あるいは量子ドットと呼ばれる．電子の運動の次元から考えると，これらはそれぞれ1次元，0次元電子状態に対応する．図6.1に示すように，これら閉込め構造の理想的な単位エネルギー・単位体積あたりの電子状態は，バルク結晶の放物線関数から大きく変化し，量子井戸では階段状，量子細線では鋸歯状，量子ドットではデルタ関数状となる．したがって特定のエネルギーに対する電子の集中度が次元に応じて高くなり，光デバイスの性能向上につながる．

このような量子構造の光学的評価を正しく行うためには，構造の寸法に即した観測技術が必要である．この理由は，閉込め構造の体積が小さくなるほど，閉込めの大きさや周囲の環境の変化による摂動が大きくなるためである．従来の巨視的な光学測定では，この摂

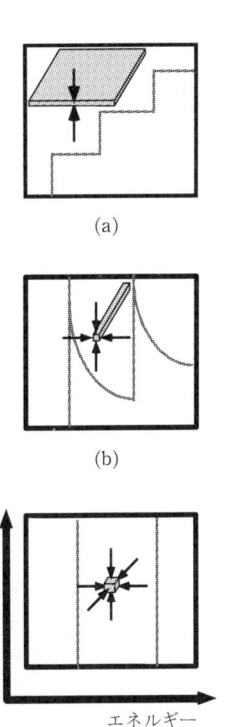

図 6.1 異なる次元をもつ閉込め構造の電子状態密度 (a) 量子井戸，(b) 量子細線，(c) 量子ドッ．

動による不均一広がりのため，本来量子構造が有する光学特性が隠されてしまっていた．近接場分光によるナノメートル領域での光学評価が可能になったことにより，量子デバイス構造の光学評価のみならず，閉じ込め構造中の電子に対する光物性，さらにその状態制御へと進展しつつある．本項では各閉じ込め次元を有する量子構造の測定例を紹介する．半導体物性観測においては低温や真空環境における測定が必要となる場合が多い．また SN 比の向上のため，発光測定がよく用いられる．測定環境に関する具体的な解説は 3.2 節を，計測技術に関しては 3.3 節をそれぞれ参照されたい．

a. 量子井戸・細線構造の観察例：

(1) 量子井戸構造： 半導体量子井戸構造(QW)は量子効果デバイスとして最も早く実現されており，幅広い応用がなされている．QW の近接場分光として，1994年に Hess らによって観測された GaAs/AlGaAs 多重量子井戸の結果は，近接場光学顕微鏡の量子構造への応用がいかに有効であるかを示した最初の例である[1]．彼らは開口プローブによって局所励起を行い，発光を外部レンズ系で集光している．非常に薄い QW からの多数の発光ピークが，QW 中に局在する閉じ込め励起子からなっていることを初めて明らかにした．したがって，厳密な意味においてこの結果は，3 次元

(a)

(b)

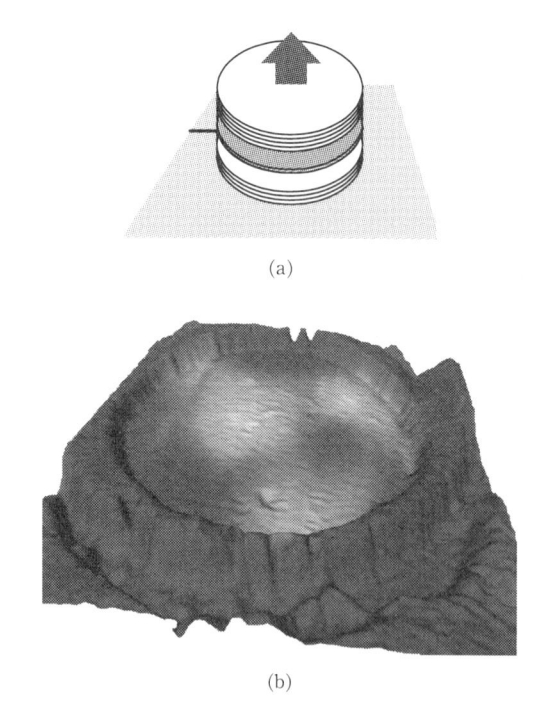

図 6.2 (a) 面発光レーザの模式図，(b) 集光モードによる発光像．3 次元像はせん断応力制御により取得された形状に対応している[4]

閉込めを受けた励起子，すなわち0次元電子の観測に相当する．

光デバイスという観点からQWは，レーザとして実用に供されることが多いため，具体的にデバイス構造評価を行った結果が数多く報告されている[2-4]．ここでは，面発光型量子井戸レーザ(VCSEL)の測定例を紹介する[2]．VCSELは，従来の半導体レーザとは異なり，結晶面に対して垂直方向に光を放射する．図6.2(a)に示すように，活性層の上に共振器構造が形成されているため，基板平面内に多数のレーザ素子を作成することが可能である．そのため光インターコネクションや光情報処理などへの応用が期待されている．面発光レーザの性能を左右する要素として，面内のキャリア数の分布があげられる．面内の強度分布および発振波長を調べることにより，デバ

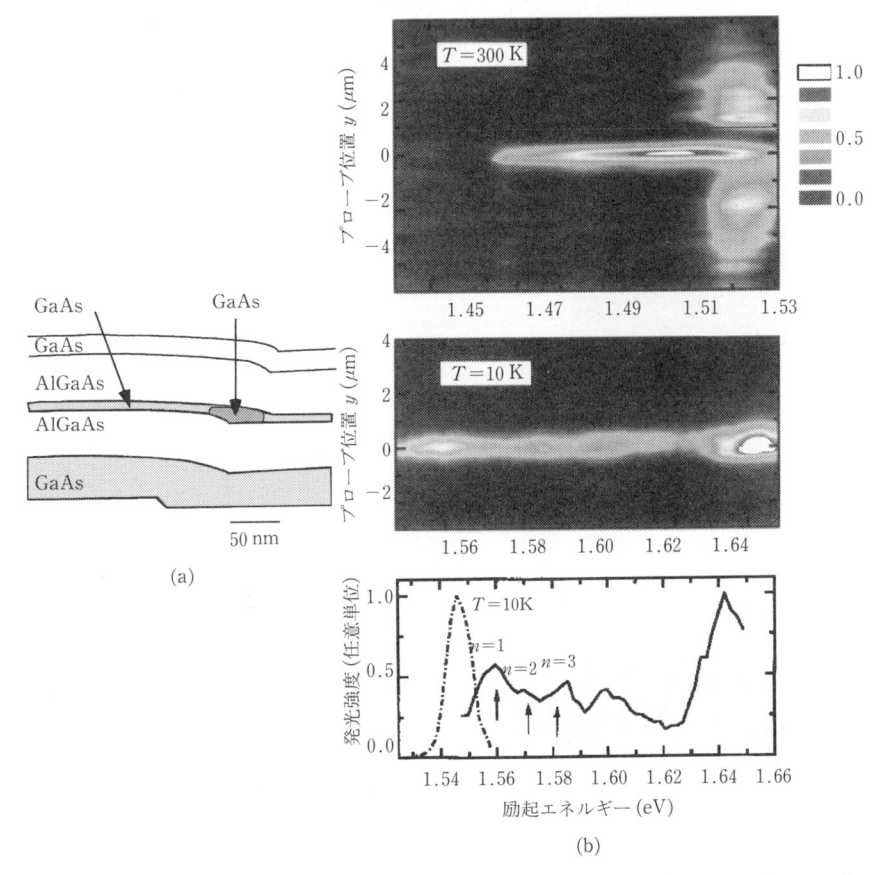

図6.3 (a) GaAs量子井戸の厚さ変化を利用した量子細線構造の模式図，(b) 近接場光励起スペクトル．横軸は励起エネルギーに対応し，細線からの発光強度が示されている．縦軸はプローブの位置に対応し，細線は$y=0$に位置している．(上) $T=300$ K，(中) $T=10$ K，(下) $y=0$における発光励起スペクトル[6]

イス作成における特性改善へのフィードバックが可能となる．面内強度分布を調べた結果を図6.2(b)に示す．測定は集光モード(Cモード)で行っている．3次元で描かれているのがせん断応力による表面形状であり，2次元に色分けされているのが電流値10 mAの光強度分布に対応している．3か所の領域で発振が起こっている様子が確認される．

(2) 量子細線構造： 量子細線(QWR)は，電子輸送が可能な最も高次元の閉込め構造である．しかしながら，閉込めの多次元化とともに可動方向に対する高い均一性が要求されるため，高品質なQWRの実現は最近まで難しかった．近接場分光がQWRに応用された最初の研究はHarrisらによって行われ，劈開再成長を用いて作成された高品質なT型QWRの発光励起が同定されている[5]．近年に入り，より精密な近接場測定が行われ始め，QWRに特徴的なキャリアダイナミクスに関して優れた報告が多数なされるようになった[6-12]．Richterらは，階段状のGaAs基板を利用して作成されたQWR(図6.3(a))に対して近接場分光を行っている[6]．このQWRはQWとつながっており，その厚みの違いから2次元の閉込めが形成される．観測結果の1例を図6.3(b)に示す．励起は波長可変レーザにより照明モード(Iモード)で行われている．横軸が励起エネルギー，縦軸はプローブの位置に対応する．温度10 Kに関して，QWRからの発光は細線構造のごく近傍に限定されている．これに対して温度300 KではQWからのキャリアの流れ込みが確認される．これらの結果はQWRにおけるキャリアの捕獲が，(i)実空間におけるキャリア拡散，(ii)光学フォノンによる緩和により決定されることを示唆している．また，実空間におけるキャリア拡散が数μmの領域に及んでいることがわかる．

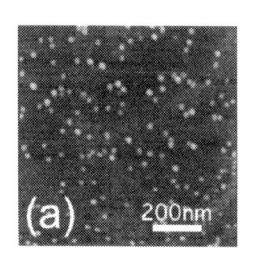

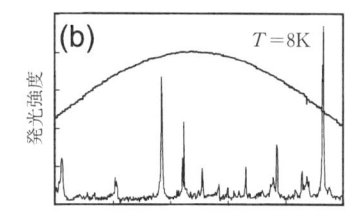

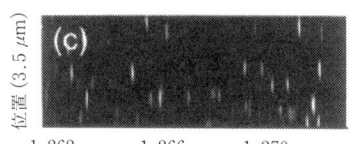

b. 量子ドットの観察例：

(1) 低温分光： 電子の運動を全方向に対して量子化することにより実現される量子ドット(QD)の電子は，他の多次元構造と著しく異なる離散的なエネルギー状態を形成する．これは原子と類似の構造を人工的に作成可能であることを示唆しており，レーザのみならず次世代量子演算デバイスとしての応用が期待されている．また電子の波動関数が固

図6.4 (a) InAs系自己形成量子ドットの原子間力顕微鏡像，ドットの大きさは20 nm程度，(b) 自己形成量子ドットの近接場発光スペクトル，(c) 近接場発光スペクトル像

体中の微小領域に局在しているため,周囲の局所的な物性を敏感に検出することが可能となる.先の Hess らの報告をはじめとして,これまでに多数の近接場光学顕微鏡を用いた QD 分光の結果が報告されている[13-23].ここでは,材料の格子不整合を利用した自己形成量子ドット (SAQD) の測定例をいくつか示す.

図 6.4 (a) は InAs 系 SAQD の原子間力顕微鏡像である.格子不整合による歪みが自然発生的な QD の形成を可能とする.図 6.4 (b) の灰色線は QD の発光スペクトルである.前述したように,閉込めの次元が高くなると形状や環境の変化による不均一広がりが大きくなり,このため QD 本来の光学的性質が隠されてしまう.これに対して近接場分光によるスペクトルは,閉込めを反映した多数の狭い線幅をもつ発光が観測される.図 6.4 (c) に示す波長空間分解像から各々の発光が個々の QD に由来することが確認される.したがって線幅の狭い発光スペクトルを利用することで,より精密な測定が可能となる[17].図 6.5 (a) は QD に磁場を加えたときの発光スペクトルである.半導体の発光は電子と正孔の運動を反映した 2 つのスピン状態が存在する.これは通常エネルギー的に縮退しているが,磁場を加えることで磁場の方向に依存したエネルギーの分裂 (ゼーマン分裂) を起こす.図にみられる同一場所の異なるエネ

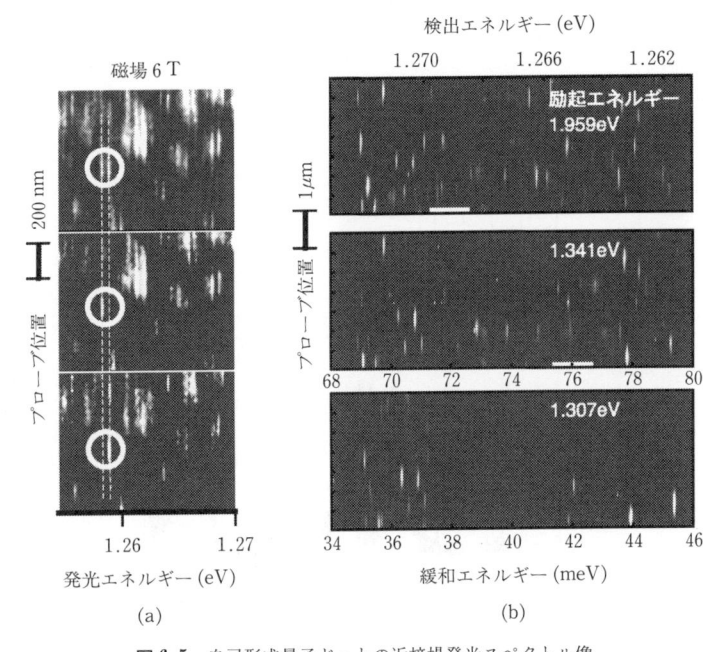

図 6.5 自己形成量子ドットの近接場発光スペクトル像
(a) 磁場 $B=6$T (テスラ) 下でそれぞれ異なる偏光成分を検出している,(b) 異なる励起エネルギーにおける同一場所の発光スペクトル像.緩和エネルギー (励起エネルギーと検出エネルギーの差) が 36 meV に対応するドットは発光に寄与している様子が観測される.

ギーをもつ発光像から,このスピン縮退の存在が直接的に検証される.

近接場光による単一QD分光では,QDを通して周囲の局所的な光物性を検出することが可能となる.図6.5(b)に示すのは,励起エネルギーを変化させて測定した近接場発光像である.緩和エネルギー36 meV付近に存在するすべてのドットが共鳴的に発光している様子が確認される.これはGaAsの縦光学フォノンのエネルギーに相当し,QDにおけるフォノンと電子の強い結合が示唆される.

(2) 室温分光: 先に述べたように,量子ドットデバイスとして今最も期待されているのは,半導体レーザへの応用である.スペクトル構造の特徴を生かし,できる

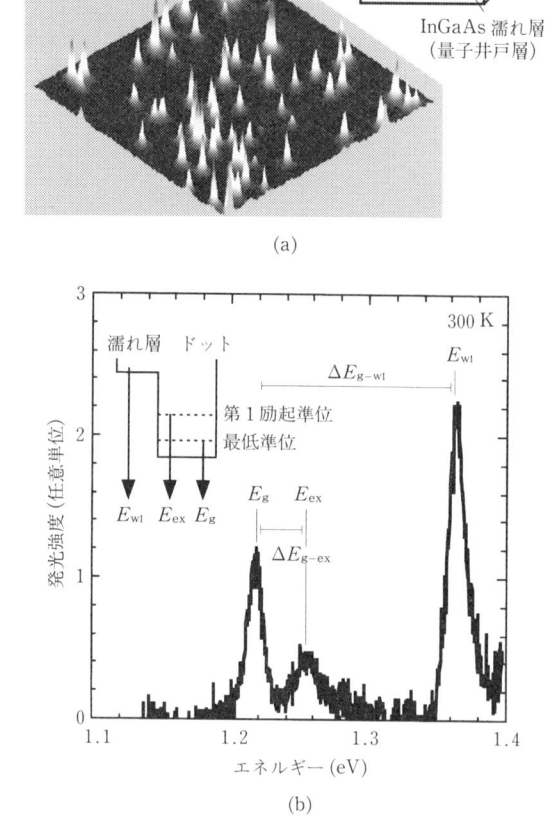

図6.6 (a) 単一量子ドットからの室温発光画像(山の高さが発光の明るさに対応する),挿入図は試料の構造,(b) 室温における単一ドットからの発光スペクトル

だけ少ない電流でレーザを動作させることが目標とされている．そのためには，個々のドットの線幅の起源や非放射再結合のメカニズムなどを明らかにする必要がある．ここでは，デバイス動作環境である室温において多数のドットの発光分光を行い，その結果を整理することによって，集団観察では見出されない重要な情報が浮かび上がってくる様子を示したい[18-20]．

観察対象とした試料は，図6.6(a)挿入図のような，GaAs基板上に自己形成したInGaAs量子ドットである．図6.6(a)はプローブのみを使用する照明集光モード(ICモード)によって取得した発光画像であり，1つ1つのスポットが単一ドットからの発光に対応している．ある1つのドットについてのスペクトル例が図6.6(b)であり，発光ピークの起源は挿入図に示すとおりである(最低準位と第1励起準位のエネルギー差 ΔE_{g-ex} は量子ドットの大きさによって決まり，ドットが小さいほど，ΔE_{g-ex} の値は大きくなる．今回の試料のようにドットが埋め込まれた状態では，その大きさを直接測定する手段がないため，この ΔE_{g-ex} の値がドット寸法を知る重要な目安となる)．このようなスペクトルを約30個のドットについて測定し，それらを整理，解析した．

まず，図6.7(a)に発光線幅が ΔE_{g-ex} とどのような関係にあるかを示す．ΔE_{g-ex} が大きいほど，つまりドットが小さいほど発光線幅が広がることがわかる．この線幅の起源は主に，電子がフォノンによって散乱されることによる．そこで電子とフォノンとの相互作用の大きさを理論計算した結果を同時にグラフにプロットした．実験結果とよく一致しており，ドット寸法が小さくなるほど，フォノンとの相互作用は増強されてしまうことが確認された[19]．一方ドットを大きくしていく場合も，連続的なエネルギー準位の出現のために，単調な線幅の減少は期待されない．したがって，線幅が最も細くなるような最適ドット寸法の存在が期待される．

次に最低準位からの発光エネルギーと発

(a)

(b)

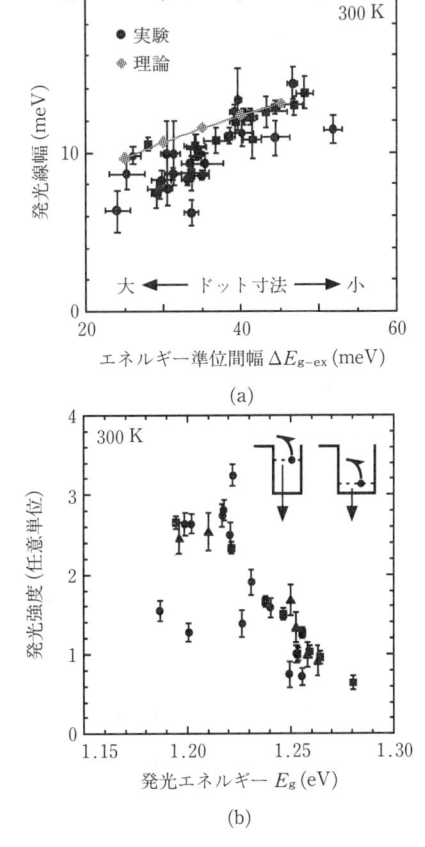

図6.7 1つ1つの量子ドットからの室温発光スペクトルより得られた(a)エネルギー準位間隔と発光線幅，(b)発光エネルギーと発光強度の相関関係

光強度の相関について調べてみた．結果は図6.7(b)に示すとおりである．発光エネルギーが低くなるにつれ，発光強度が約4倍にまで増大することが明らかとなった．図6.7(b)挿入図のように発光エネルギーが小さいということは，それだけ深い準位に電子が閉じ込められているということである．したがってこの実験結果は，「浅い準位にいる電子ほど，頻繁に高いエネルギー準位(濡れ層)へ熱励起がなされ，光を放たずに緩和する確率が高くなる」というきわめて妥当な解釈によって説明が可能である．つまり，発光効率の向上のためには，できるだけ深いポテンシャルに電子を閉じ込めることが重要であることが確認された[20]．

以上，近接場光学顕微鏡を用いた半導体量子構造の分光例を，量子井戸，細線，ドットの順に紹介した．近年の量子構造作製技術の進歩は目覚ましいが，光の波長程度の領域にわたって空間的な均一性をもつ試料の実現にはまだ至っていない．したがって現実の量子構造がもつ本来の性質を見出すためには，光の回折限界をこえた高分解能による分光手段が必須である．またキャリア拡散など，空間的ダイナミックスの観察にも局所的な励起が有効であることがおわかりいただけたと思う．さらに単一ドット分光においては，バリア層発光など背景光の強い試料や吸収測定などに当たり，高分解能は本質的に重要である．

ここでは，連続光励起による発光分光を中心にその測定例を列挙したが，超短パルス光を利用することにより，単一ドットに対してコヒーレント分光[21]や発光寿命計測[22]を行った結果も報告されている．また，変調分光法(ポンプ-プローブ分光法)を導入し，単一ドットの吸収特性を定量的に評価する実験も試みられている[23]．

現段階における近接場光学顕微鏡の量子構造への応用は，あくまでも従来のレンズ系(マクロ系)の観察方法を微小化したものである．しかし近接場光は本来，量子構造(メゾ系)とマクロ系とのインターフェースの役割を担うものであり，その適切な利用は，単なる観察手段にとどまらず，メゾ系の新しい光機能を引き出すことをも可能にする．今後はそのような研究の展開も期待できよう． 　　　（戸田泰則・斎木敏治）

文　　献

1) H. F. Hess et al. : Science, **264** (1994), 1740.
2) P. K. Wei et al. : Rev. Sci. Instrum., **69** (1998), 3614.
3) A. Miki et al. : J. Lightwave Technol., **7** (1989), 1912.
4) G. N. Van den Hoven et al. : Opt. Lett., **21** (1996), 576.
5) T. D. Harris et al. : Appl. Phys. Lett., **68** (1996), 988.
6) A. Richter et al. : Phys. Rev. Lett., **79** (1997), 2145.
7) Ch. Lienau et al. : Phys. Rev., **B58** (1998), 2045.
8) A. Richter et al. : Appl. Phys. Lett., **73** (1998), 2176.
9) T. Guenther et al. : Appl. Phys. Lett., **75** (1999), 3500.
10) V. Emiliani et al. : Phys. Rev., **B60** (1999), 13335.
11) V. Emiliani et al. : Phys. Rev., **B61** (2000), R10583.
12) F. Intonti et al. : Phys. Rev., **B63** (2001), 075313.
13) Y. Toda et al. : Appl. Phys. Lett., **69** (1996), 827.

14) T. Saiki et al.: *Jpn. J. Appl. Phys.*, **37** (1998), 1638.
15) A. Chavez-Pirson et al.: *Appl. Phys. Lett.*, **72** (1998), 3494.
16) H. D. Robinson et al.: *Appl. Phys. Lett.*, **72** (1998), 2081.
17) Y. Toda et al.: *Appl. Phys. Lett.*, **73** (1998), 517.
18) K. Matsuda et al.: *Appl. Phys. Lett.*, **76** (2000), 73.
19) K. Matsuda et al.: *Phys. Rev.*, **B63** (2001), R121304.
20) K. Ikeda et al.: *J. Microsc.*, **202** (2000), 209.
21) Y. Toda et al.: *Appl. Phys. Lett.*, **76** (2000), 3887.
22) M. Ono et al.: *Jpn. J. Appl. Phys.*, **38** (1999), L1460.
23) T. Matsumoto et al.: *Appl. Phys. Lett.*, **75** (1999), 3246.

6.1.2 バルク

半導体電子・光デバイスに対する特性評価や故障診断という観点から，局所的な結晶状態あるいはドーピング濃度分布の空間分解観察は必須の技術といえる．また，デバイスの急速な小型化，集積化に伴い，年々より高分解能な計測手段が必要とされている．金属微小開口プローブを用いた近接場光学顕微鏡は，そのような要求を満たし，かつ非破壊計測が可能な観察技術の1つとして大きな注目を集めている．通常の光学顕微鏡と比較して，近接場光学顕微鏡をバルク試料に適用するメリットは主に次の2点である．

(1) 微小開口に発生するエバネッセント光を用いることにより，横方向にも，深さ方向にも3次元的に局所的な観察が可能である．

(2) プローブが原子間力顕微鏡の探針としての機能を兼ね備えており，試料表面の形状との対応付けが可能である．

通常，強い吸収をもつ試料に対しては，短波長光源を使用することにより，伝搬光成分に対しても深さ方向の励起領域を制限し，高分解能観察が可能であるが，より普遍的な手段として，(1)の技術は重要である．

しかし，バルク半導体材料・デバイスを近接場光学顕微鏡観察する場合，そこには実験的な固有の難しさが潜んでいる．一般に可視光領域における半導体の屈折率は非常に大きいため，開口エバネッセント光は高屈折率媒質との相互作用によって容易に伝搬光へモード変換（フォトントンネリング）してしまう．つまり，半導体中でエバネッセント光を発生させるためには，対象となる試料の屈折率に応じて，開口径に対して厳しい条件を課す必要がある[1-3]．

ここではまず，微小開口に発生するエバネッセント光と高屈折率媒質との相互作用について考察する．その議論を実験的に確認するために，横方向に形成されたpn接合による近接場光電流測定を行った．100～200 nmの微小開口を用い，結晶中の伝搬光成分の振舞い，それを利用した内部構造の評価，エバネッセント光のもたらす分解能，およびその局在の程度を測定した結果を述べる．また後半では，実デバイスであるシリコンのpn接合に対して，その評価の結果を紹介したい．

a. 開口エバネッセント光と高屈折率媒質との相互作用： 図6.8(a)はスカラ回

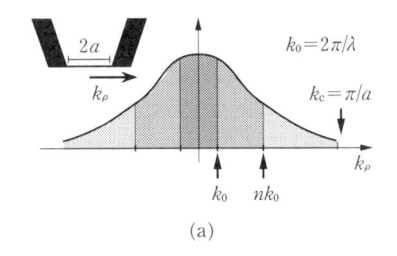

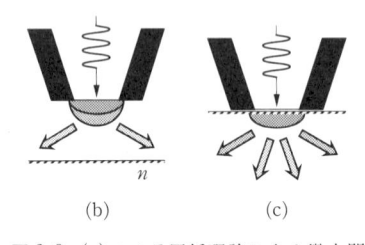

図 6.8 (a) スカラ回折理論による微小開口からの回折光強度のスペクトル，開口面内方向の波数を横軸としている．(b), (c) 微小開口が高屈折率媒質へ接近することによって起こるフォトントンネリングの様子

回折理論に基づき，金属微小開口からの回折光強度のスペクトルを開口面内方向の波数ベクトルの大きさ k_ρ の関数として描いたものである．スペクトルのカットオフ波数 k_c は開口径によって決まり，具体的には $k_c = \pi/a$ と与えられる．開口が試料から十分に離れている場合，図 6.8 (b) に示すようにスペクトル中，$k_\rho < k_0$ (k_0 は真空中での波数ベクトルの大きさ) の成分が真空中を伝搬し，残りの成分がエバネッセント光として開口近傍に局在する．一方，開口が試料に接する場合 (図 6.8 (c))，$k_\rho < nk_0$ (n は媒質の屈折率) の成分がすべて媒質中に伝搬可能であるため，$k_\rho > nk_0$ に存在するモードだけがエバネッセント的に振る舞う．したがって，たとえば GaAs 系の測定においては，直径 200 nm の開口の場合，ほとんどすべてが伝搬光に変換されてしまい，有意なエバネッセント光成分を発生させるためには 100 nm 以下の開口を用いる必要がある．

高屈折率媒質への接近に起因するその他の効果としては，伝搬光成分の一部が媒質によって反射され，開口近傍の電場強度が大きく変化することがあげられる．また，わずかに残るエバネッセント光についても，その z 方向成分が境界条件のために，$1/n^2$ の因子だけ弱められてしまう．いずれも媒質の屈折率が大きいほど深刻な影響をもたらす．

b. 横方向 pn 接合の光電流観察：
(1) 測定方法： ここでは，簡素な加工・成長プロセスにより，高品質な素子作製が可能な横方向 pn 接合を観察試料として用いる．試料形状を模式的に図 6.9 (a) に示す．半絶縁性 GaAs (111) A 基板に対し，パターニングを施した後，選択エッチングを行い，(311) A 斜面を作製する．この基板の上に，Si ドープ GaAs を 1 μm の厚さに MBE (molecular beam epitaxy：分子ビームエピタキシー) 成長させる．Si は成長基板の面方位により，その伝導型，およびキャリア濃度が大きく変化する．本試料においては，(111) A 面上でアクセプタ，(311) A 斜面上ではドナーとして働くため，それぞれの面は p 型，n 型の伝導特性を示す．

測定配置の概略を図 6.9 (b) に示す[4]．励起用光源としては，Ar+ レーザ (波長 488 nm)，He-Ne レーザ (633 nm)，Ti : Al$_2$O$_3$ (チタン：サファイア) レーザ (780, 830 nm) を使用し，ファイバ端から導入する．プローブ先端を試料に対し近接場領域ま

で接近させ，近接場光を照射する．pn 活性領域で生成されたキャリアによる光電流を信号として検出する．活性領域における吸収光量が直接的に信号強度に反映されるため，結晶中での伝搬光，エバネッセント光の振舞いを観察する上で適当な試料といえる．

(2) 微小開口エバネッセント光の評価： ここでは，直径 100～200 nm の開口を使用し，エバネッセント光成分の強度分布，伝搬光成分との寄与の比率，得られる分解能などについて測定した結果を示す．励起光源としては GaAs に対する吸収の小さな波長 830 nm のレーザ光を使用する．図 6.10 は，直径 100, 150, 200 nm の開口プローブを pn 接合部分を横切るように走査することにより得られた近接場光電流強度のプロファイルである．開口径 200 nm の場合は，活性領域が非常に広く ($1.6\,\mu$m) 画像化されてしまっている．これは，開口からの回折光のほとんどすべてが伝搬光成分であることに起因する．つまり，プローブが活性層の真上から外れた位置においても伝搬光が活性層まで到達するため，光電流が発生してしまうのである．それに対し，直径 100 nm のときは，信号の半値全幅は $0.6\,\mu$m であり，分解能が大幅に改善

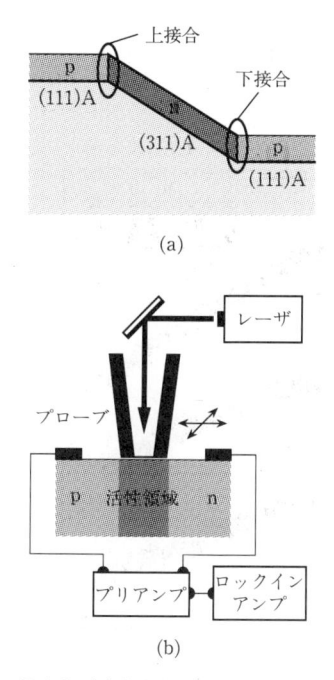

図 6.9 (a) 横方向 pn 接合の断面模式図，(b) 近接場光電流の測定方法

観察はすべて (a) の下接合に対して行っている．

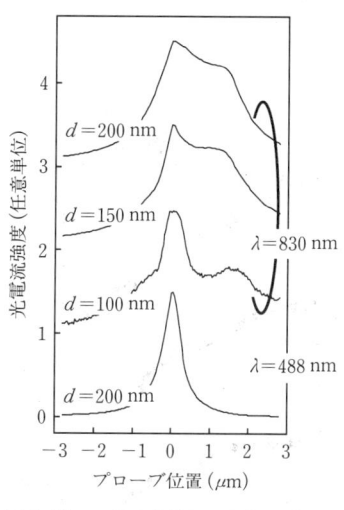

図 6.10 pn 接合を横切るようにプローブを走査したときの光電流信号のプロファイル

波長 830 nm のレーザ光を励起光源とし，直径 200 nm, 150 nm, 100 nm の開口を用いて測定を行っている．最下段は波長 488 nm のレーザ光，直径 200 nm の開口を用いたときの結果．

されていることがわかる(吸収の強い Ar$^+$ レーザ光の場合とほぼ同様の分解能).この結果は,高い屈折率をもつ GaAs との相互作用のもとでもエバネッセント光成分が残り,高い分解能が得られることを裏づけている.

そこでこのエバネッセント光分布を,その光強度の開口からの距離依存性として測定した結果が図 6.11 (a) である.開口径 100 nm の場合,150 nm や 200 nm と比較して鋭い信号の立上りが確認されている.この結果は,開口径が小さいほど回折光が開口面内方向に大きな波数ベクトルをもつため,垂直方向に対して強く局在した場が存在することを実証している.さらに,このエバネッセント成分の寄与の割合を評価するため,100 nm 開口を使い,光電流信号強度の検出位置依存性を測定した.図 6.11 (b) が得られた結果である.開口を接合部の真上に位置させた場合 (A),接合部から外したとき (B) および (C) に比べて鋭い信号の立上りが観測されている.(B),(C) においては,真空中でのエバネッセント成分のうち,GaAs との相互作用により伝搬光成分に変換されたものだけが信号に寄与(光が接合部まで到達)するのに対し,(A) では減衰の強いエバネッセント成分も直接信号として検出されるとしてこの結果は説明される.

(3) 伝搬光成分を利用した内部構造の評価: 媒質中への伝搬光成分は通常,回折広がりに加え,深さ方向の情報をすべて収集してしまうために高分解能化には寄与

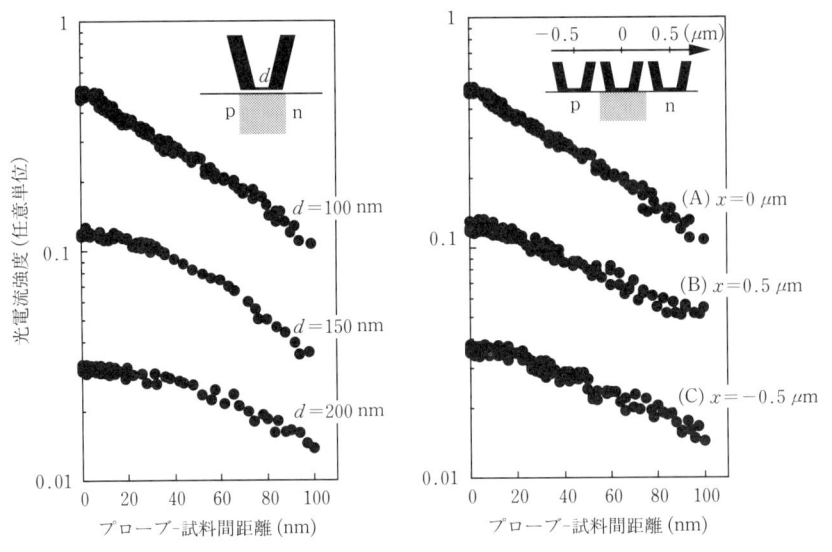

図 6.11 (a) プローブを pn 活性領域の真上に配置し,光電流強度をプローブ先端(開口)と試料表面間距離の関数として測定した結果.用いた開口は直径 100 nm,150 nm,200 nm の 3 種類.(b) プローブを活性領域の真上,またはその左右 0.5 μm の位置に配置し,同様の距離依存性を測定した結果.開口直径は 100 nm

しない．しかし，ある程度の内部構造に関しては，励起波長依存性などの系統的な測定により，その評価が可能である．ここではそのような測定例を紹介したい[4]．

近接場光電流測定において，励起光源の波長を変化させることにより (488～830 nm)，試料中への光の侵入距離を広範囲 (80～900 nm) にわたって調整することが可能である．直径 200 nm の開口を用いたときの光電流強度のプロファイルを図 6.12 に示す．励起波長が 488 nm の場合，侵入長が 80 nm であるため，分解能は活性領域まで達するキャリアの拡散距離によって制限されている．p 領域にみられる長い裾は電子の拡散長が正孔に比べて長いことによる．励起波長を長くすることにより，侵入長が長くなり，分解能の低下を招いていることがわかる．さらに，長い裾を引く方向が p 領域から n 領域へと変化していくことが確認される．この新たな非対称性は，試料の内部構造を反映しており，具体的には pn 界面が傾斜していることに起因し

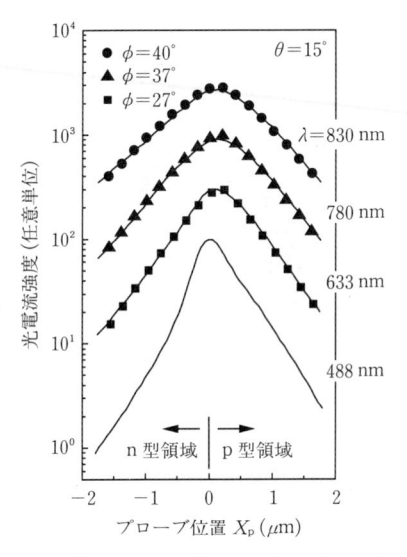

図 6.12 pn 接合を横切るようにプローブを走査したときの光電流信号のプロファイル（実線）
4 種類の波長の異なるレーザ光を励起光源として用いている．開口直径は 200 nm. ●，▲，■は図 6.13 のモデルに基づいてフィッティングを行った結果．

ていると考えられる．ここで得られた測定結果に対し，図 6.13 に示す簡単な 1 次元モデルを適用し，解析を行う．pn 界面の傾斜角 θ と GaAs 中の伝搬光の広がり角 ϕ をフィッティングパラメータとし，活性領域付近での拡散距離 L_n, L_p は 488 nm 励起の結果から見積もることとする．計算結果を図 6.12 に示す．傾斜角 $\theta = 15 \pm 8°$（実際の傾斜角はこの θ と試料配置の傾斜 15° の和，つまり，$30 \pm 18°$ となる）が得られており，この結果は GaAs 層の成長が (111) A 面上に比べ，(311) A 面上で速くなっているという妥当な解釈によって説明が可能である．

またフィッティングの結果から，伝搬光の広がり角 ϕ が波長に強く依存していることがわかる．図 6.14 の挿入図にあるように，ϕ が回折スペクトルの広がり波数 k_b によって，$nk_0 \sin\phi = k_b$ と結びつけられると考えることにより，この結果は説明される．k_b として 3 通りの値を仮定して，広がり角の波長依存性を描いた結果が図 6.14 である．黒丸は測定結果であり，$k_b = \pi/2a$ (a は開口半径) としたときに最もよい一致を示している．スペクトルのカットオフが $k_c = \pi/a$ であることを考慮すると，この k_b の値はきわめて妥当である．

c. シリコンデバイスの観察：　先に述べた近接場光電流計測は，シリコンをベースとした実デバイス評価に対してもその威力を発揮する．ただし GaAs 同様にシリ

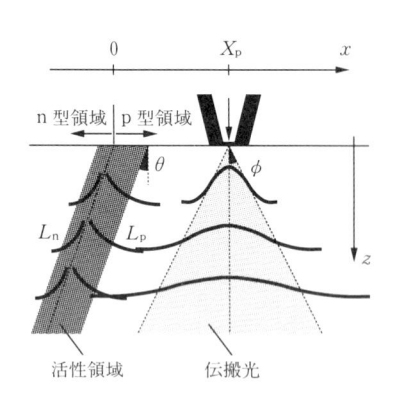

図 6.13 図 6.12 の測定結果を解析するためのモデル
pn 活性領域の傾斜角 θ と開口からの伝搬光の広がり角 ϕ をフィッティングパラメータとしている.

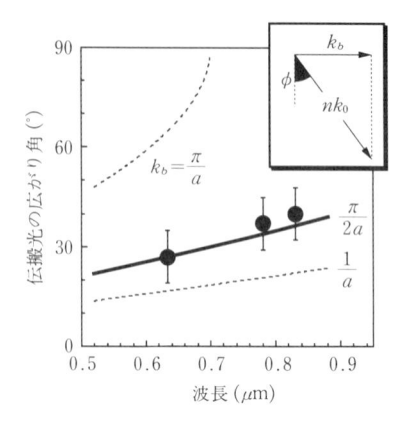

図 6.14 媒質 (GaAs) 内での伝搬光の広がり角 ϕ を励起波長の関数としてプロットした結果
図 6.8 のスペクトルの広がりを $k_b = \pi/2a$ としたときにこの結果を最もよく説明することができる.

コンも大きな屈折率をもつので, 高分解能観察のためには, 開口のサイズに細心の注意を払わねばならない. もちろん, 吸収の強い波長の光を利用し, 横方向, 深さ方向の光の広がりを抑えるという手段も有効である. たとえば, シリコン pn 接合に対し, 紫外光 (351 nm) を励起光源として使用すると, 媒質内への侵入長を 10 nm に制限することができ, 図 6.15 に示すような高分解能イメージングが可能となる. ストライプ状の光電流信号は, 左右両側に非対称な裾を引いており, それらを解析することによって, 電子, 正孔の拡散長として 0.47 μm, 0.37 μm という値が見積もられている[5].

また逆バイアス印加に伴う, 空乏層厚の変化を実空間でとらえることも大きな意義をもつ. 定量的な評価を取り込むと, ドーパント濃度の決定も可能である. 直径 150 nm の開口プローブと波長 458 nm のレーザ光を励起光源として使用し, 実際に逆バイアス下において, 光電流測定を行った (波長 458 nm におけるシリコンの屈折率は 4.58 と非常に大きいので, 開口からの回折光はすべて伝搬光モードに変換される). 光電流信号のプロファイルを図 6.16 に示す. この近接場光電流信号の半値全幅の変化と印加逆バイアス電圧の関係から, シリコン基板中のドーパント濃度を決定することができる[6]. 本手法で推定したドーパント濃度は $3.5 \pm 0.4 \times 10^{16}$ cm^{-3} であり, 作製条件から推定されたドーパント濃度 3.1×10^{16} cm^{-3} とよい一致を示している. 本測定法では, 半導体材料および半導体デバイスのドーピング濃度を, 非破壊かつ局所的に測定する方法として有用であると考えられる.

以上, 本項では, 半導体バルク試料を近接場光学顕微鏡で観察する際に最も問題と

6. 固体

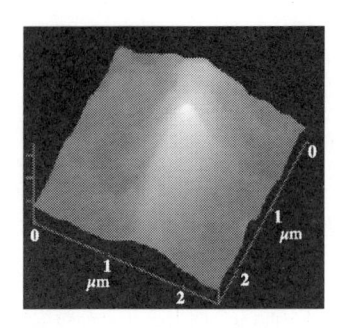

図 6.15 シリコン pn 接合の上でプローブ走査を行うことによって得られた光電流強度の 2 次元マッピング
励起光源は波長 351 nm の紫外 Ar^+ レーザを用いている．シリコンへの侵入長は 10 nm なので，開口径で決まる分解能が達成されている．

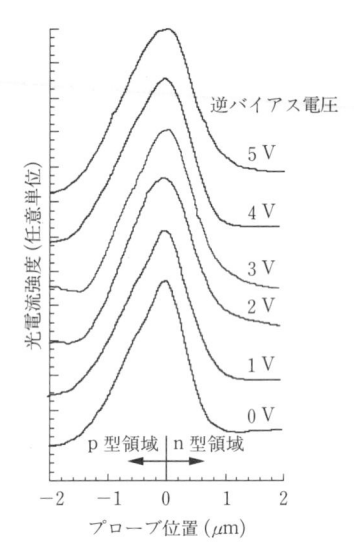

図 6.16 光電流信号プロファイルの逆バイアス電圧に対する依存性
印加電圧を大きくするに伴い，空乏層の厚みが増大していることがわかる．

なる，開口エバネッセント光の高屈折率媒質へのフォトントンネリングを中心に，実際の測定例を交えながら議論してきた．量子構造や表面微細構造，超薄膜など，近接場光学顕微鏡の観察対象の大半は，試料表面近傍に局在していることが多い．そのような試料の場合は，興味の対象が開口の直下にしか存在しないため，開口からの回折光として，たとえ伝搬光成分が支配的であろうとも，開口径程度の分解能による観察は容易である．しかし，バルク試料の場合は，信号の発信源が深さ方向にも一様に分布しているため，回折による広がりと深さ方向への信号の積分のため，伝搬光成分による高分解能達成は困難である．これを克服するためには，媒質の屈折率に応じた小さな開口を準備するか，媒質の吸収が強い波長の光源を使用するかのいずれかの手段を講じる必要がある．

またここでは，光電流計測のみを測定例として取り上げた．その理由としては，エバネッセント光発生の条件や，媒質中の伝搬光の振舞いなどを最もわかりやすく反映していると考えたからである．pn 接合に関しては，たとえば，電流注入発光も興味深い研究対象であるし[7]，フォトルミネッセンスはバルク試料全般にわたって基本的な観察手法である[8]．もっとも，いずれの測定にせよ，ここで強調したフォトントンネリングの問題を意識しておけば，基本的な実験手法は他の観察対象と大きな違いはなく，それらを参考にしていただきたい．

（斎木敏治・福田浩章）

文　献

1) S. K. Buratto et al.: Appl. Phys. Lett., **65** (1994), 2654-2656.
2) M. S. Ünlü et al.: Appl. Phys. Lett., **67** (1995), 1862-1864.
3) C. Obermüller et al.: Ultramicroscopy, **61** (1995), 171-177.
4) T. Saiki et al.: Appl. Phys. Lett., **69** (1996), 644-646.
5) H. Fukuda et al.: Jpn. J. Appl. Phys., **38** (1999), L571-L573.
6) H. Fukuda and M. Ohtsu: Jpn. J. Appl. Phys., **40** (2001), L286-L288.
7) N. Saito et al.: Jpn. J. Appl. Phys., **36** (1997), L896-L898.
8) T. Saiki et al.: Appl. Phys. Lett., **67** (1995), 2191-2193.

6.2 光 導 波 路

インターネットの普及やメディアのディジタル化に伴い，光通信分野における光導波路の果たす役割はますます大きくなっている．伝送能力を向上させるためには広い帯域をもつ光デバイスが必要であり，必然的に導波路構造は複雑となる傾向にある．将来的にはさらなる高速化，大容量化を目指した光インターコネクションの確立に向け，光導波路の構造はますます小型化，機能化されることが予想される．したがって局所的な導波路デバイス評価の重要性は今後，より大きくなるであろう．本節では受動型光導波路の測定例を中心に，解析手段および評価方法について大別し，いくつかの測定例を紹介する．

6.2.1 測 定 系

近接場光学顕微鏡の光導波路評価への応用は，近接場光学顕微鏡が開発された初期の段階ですでに最初の報告がなされている[1]．導波路内部を伝搬する導波光は，自動的に全反射条件を満たすため，エバネッセント場を利用した集光モード（Cモード）を実現することができる．したがって測定系は非常に簡便な方法が用いられる．ここでは一般的な導波路測定系に関する注意点を記し，評価対象に応じた測定方法については次項に譲る．

図 6.17(a) に一般的な導波路評価の測定系を模式的に示す．高さ制御は，せん断応力を用いた方法が一般的である．導波光と異なる波長を用いる限り，光学的なせん断応力検出が問題になることは少ない．しばしば測定に工夫が必要とされるのは，導波路形状の問題である．図 6.17(b) にいくつかの代表的な導波路形状を示す．表面が平坦な埋込み型の導波路では，高さ制御の影響を受けることなく光学像を得ることが可能となる．リッジ型の導波路は構造が急しゅんなため，特にファイバプローブの形状に注意を払わなければならない．また光ファイバや深い埋込み型導波路の場合には，空気中への光のしみ出しが少ないため，表面を研磨するなどの加工が必要である．広い範囲にわたる評価が必要とされる場合には，掃引方法や作動距離に工夫が必要とされる[2]．ただし微視的評価が必ずしも重要でないときは，表面に蛍光材料や散乱物質を塗布し，遠隔場で観測する方法が望ましい[3,4]．これらの方法は破壊測定で

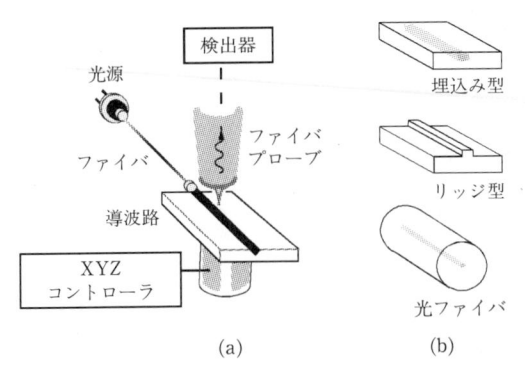

図 6.17 (a) 測定系の模式図, (b) 試料の模式図

あるが，測定範囲が広く，装置も簡便な優れた導波路評価方法である．

　発光デバイスの導波路構造は，一般的に深い埋込み型の導波路構造であり，導波モードの測定は難しい．したがって劈開面における放射パターンを測定することになる[5]．この場合，測定モードは集光モード (C モード) であり，金属による伝搬光の遮蔽に気をつける必要がある．また発光デバイスの場合は近接場光誘起の電流測定が可能であり，測定モードは照明モード (I モード) となる[6]．また近年では 1 次元的な導波路の枠組みをこえたフォトニック結晶にも応用がさかんである．1 例として 2 次元導波路の伝搬モード制御の様子が C モードで観測されている[7]．

6.2.2 測定例

a. 導波モードの測定例: 導波解析においてなじみ深い解析要素は，導波モードである．導波路の設計において，導波モード解析は重要な役割を果たす．実際に作成された導波路を伝搬している光の導波モード形状を測定するためには，導波モードに摂動を加え，放射モードに変換しなければならない．この摂動が小さいほど正確な測定が可能であり，その意味で近接場光学顕微鏡によるモード観測は非常に有用である．加えて近接場光学顕微鏡による導波路評価は試料への加工が必要ないため，非破壊的な測定が可能である．

　導波モードは，導波路の屈折率と寸法が得られれば電磁波解析によって求められる．ここでは図 6.18 (a) のような $LiTaO_3$ 導波路を例にとって導波モード解析を試みる[8]．図 6.18 (b) に示すのは多層分割法による横磁界 (TM) モード強度分布の計算結果である．伝搬方向は Z 軸にとってある．導波路コアはプロトン交換法により形成されるため，屈折率は XY 方向に中心からの距離に依存して変化している．また TM モードのみ屈折率変化を受ける．Y 軸方向が非対称となるのは，上部クラッドの空気層の屈折率が下部クラッドの $LiTaO_3$ 基板 ($n=2.18$) と比較して格段に低いためである．図 6.18 (c) は導波路表面のエバネッセント場に相当する導波光の強度分布

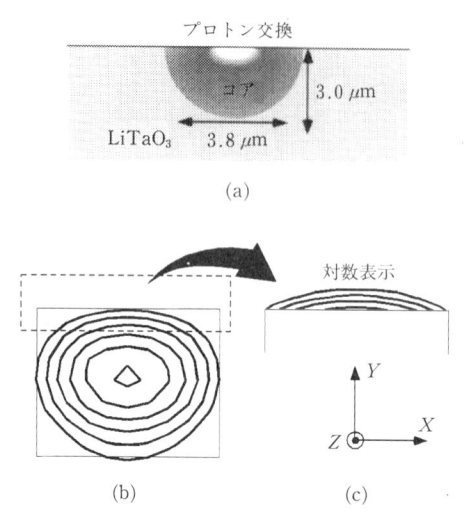

図 6.18 (a) LiTaO$_3$ 導波路の模式図, (b) 多層分割法による TM モードの断面強度分布, (c) 空気層のエバネッセント場

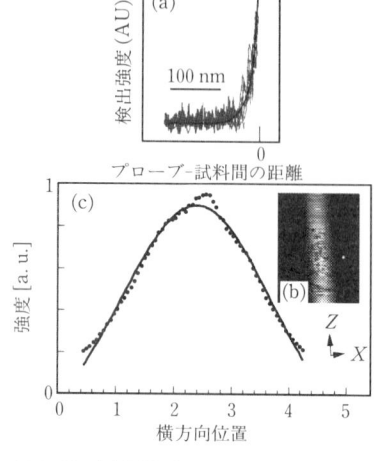

図 6.19 (a) LiTaO$_3$ 導波路における表面エバネッセント場の強度分布 (灰色線：実測値, 実線：指数関数による近似曲線), (b) LiTaO$_3$ 導波路の近接場光学像, (c) (b) の断面強度分布 (黒丸：実測値, 実線：ガウス関数による近似曲線)

である. この領域でファイバプローブ走査することにより, 強度分布を測定する.

図 6.19 (a) はプローブ先端の位置と検出パワーの関係を示している. 図にみられるように検出パワーの減衰距離, すなわちエバネッセント場のしみ出しは 100 nm 以内と非常に短く, この領域では表面とプローブの間にクーロン力が働き, プローブの引き込みや変形が強く起こる様子が観測されている. ここでは高さ方向に微小な変調を加えることによって, 引き込み効果の除去を実現している. 図 6.19 (b) は LiTaO$_3$ 導波路の表面近接場像である. この断面強度分布から規格化導波路幅が求まる. 図中の実線はガウス関数による近似曲線で, 規格化導波路幅を $1/e$ で定義すると 3.7 μm と求まる. この値は設計値とほぼ一致している.

先の LiTaO$_3$ 導波路においては TM モードのみが伝搬可能なモードであったが, 次に偏光無依存型の導波路に対する測定例を示す[9]. 試料は埋込み型のガラス導波路である. 図 6.20 に示すのは偏光選択励起された TM および TE モードの導波モード近接場光強度分布である. 伝搬方向に対する周期的な強度変化は, 出射端と入射端の反射によって起こる定在波である. この周期は $\lambda/2n_{eff}$ で与えられ, 結果から実効屈折率 n_{eff} を求めることができる. ここで注目すべき点は, TE モードと TM モードの強度分布の違いである. 通常, 導波路の TE と TM モードの波数ベクトルに大きな違いはない. しかしながら図にみられるように, 測定された TE モードの強度分布

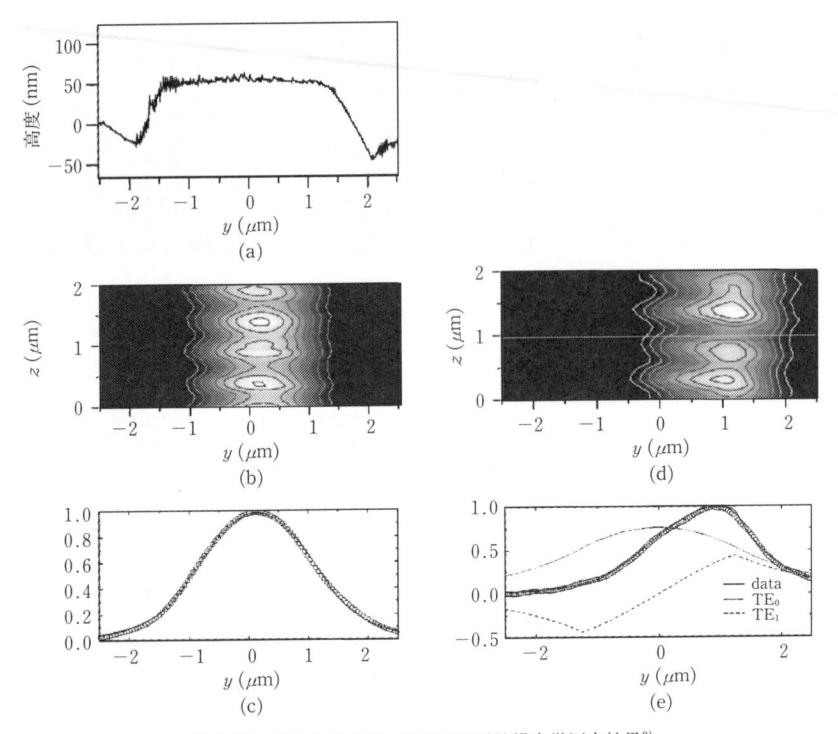

図 6.20 埋込み型ガラス導波路の近接場光学測定結果[9]
(a) 形状像, (b)(c) TM モード励起の近接場光学像および断面強度分布, (d)(e) TE モード励起の近接場光学像および断面強度分布.

には大きな非対称性が存在している.これは TE の高次モードの存在によって説明される.実際,広い範囲で測定された TE モードの強度分布には TE_0 と TE_1 モードの振動が観測され,その振動周期と断面強度分布から両者のモード定数を導くことが可能である.

b. 局所屈折率変化の測定例: 導波モードの強度分布から求まる実効的な屈折率は,電磁波解析と比較するために伝搬に垂直な方向に対する局所的な屈折率変化を考慮していない.ここでは,局所的な屈折率変化に着目した導波路評価の測定例を示したい[10].光導波路表面のエバネッセント場の強度分布 $I(x, y, z)$ を考える.これは

$$I(x, y, z) = I_0(x, z)e^{-2k_y * y}$$

で与えられる.ここで $I_0(y, x)$ は導波モードの強度分布である.y 方向の波数 k_y は $k_y = k(n_{\text{eff}}^2 - 1)^{1/2}$ であり,局所的な屈折率変化を考慮すれば $k_y(x, z) = k(n_{\text{eff}}(x, z)^2 - 1)^{1/2}$ である.近接場の高さ方向に微小な変位 $y = y_0 + A\cos(\omega t)$ を加えることを考える.このときエバネッセント場の強度分布は次のように展開される.

$$I(x, y, z) = I_0(x, z)e^{-2k_y * y_0}[1 + k_y^2 A^2 - 2k_y A \cos(\omega t) + k_y^2 A^2 \cos(2\omega t) - \cdots]$$

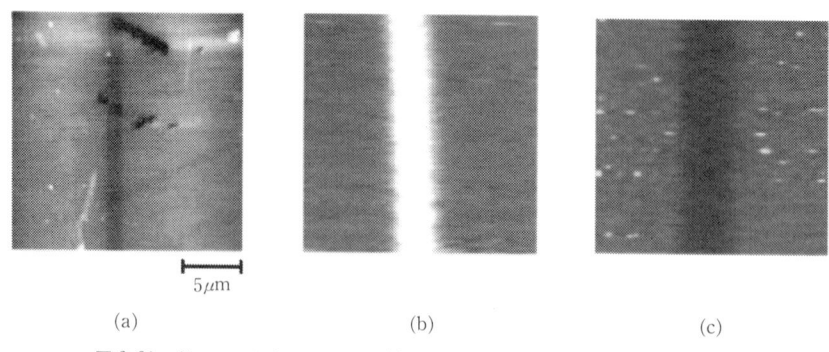

(a) (b) (c)

図 6.21　単一モード光ファイバの (a) 形状像，(b) $I(\omega)$，(c) $R=I(\omega)/I(2\omega)$[10]

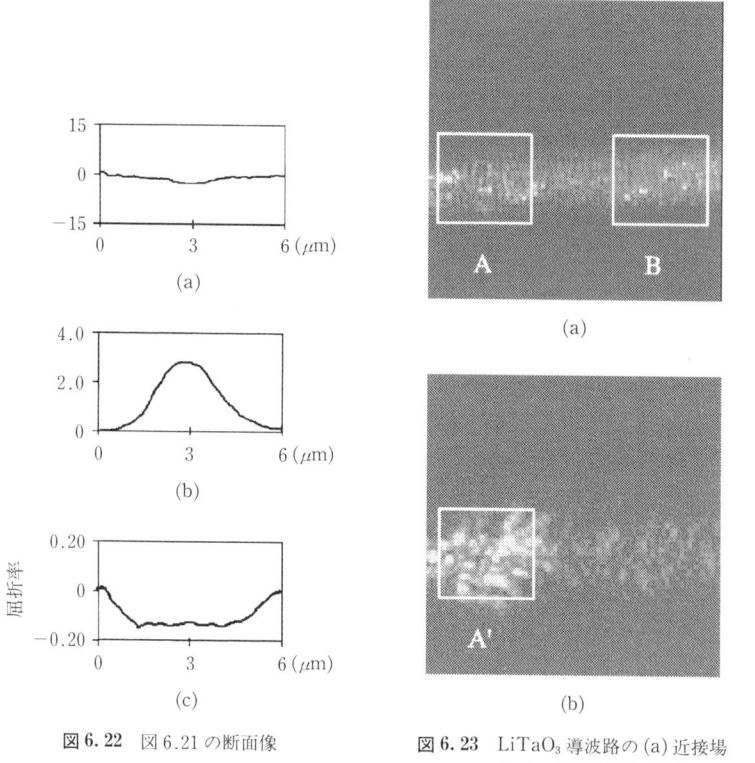

(a)

(b)

(c)

図 6.22　図 6.21 の断面像

図 6.23　LiTaO$_3$ 導波路の (a) 近接場および (b) 遠視野光学像

ここで基本周波数 (ω) および 2 倍高調成分 (2ω) の比をとると，
$$R=I(2\omega)/I(\omega)=-Ak_y(x,z)/2$$
が得られ，局所的な屈折率変化を直接測定することが可能となる．この測定例を図

6.21に示す.試料は片側研磨の単一モード光ファイバである.図6.21(b)は導波モードの強度分布であり,ここから規格化導波路幅(4.68 μm)が求められる.図6.21(c)はタッピングモードによって観測されたRを示しており,局所的な屈折率変化に対応する.図6.22は図6.21の断面強度分布に相当し,$I(\omega)$とRの比較から,Rの測定において局所的な屈折率変化が直接的に検証されることがわかる.

c. 導波散乱の測定例: 作成された導波路に有用な情報の1つは伝搬損失である.巨視的な伝搬損失はカットバック法により定量的な評価が可能である.他方,導波光は導波路内部および表面の欠陥や組成の不均一性により散乱され,これが伝搬損失の主な要因となる.したがって微視的な散乱分布を測定することは,損失の要因に関する有力な情報を与える.図6.23は前述のLiTaO₃導波路の光学像で,図6.23 (a), (b)はそれぞれ試料-プローブ間の距離$y>500$ nm,$y<50$ nm(近接場)における観測結果である[8].図6.23(a)において領域A, Bにはいくつかの輝点が確認できる.領域Aに対応する図6.23(b)の領域A′においても対応する輝点が確認できるが,一方,領域Bに対応する領域B′において輝点は存在しない.この結果に対する解釈の1つとして,導波路内部と表面の散乱の違いがあげられる.

d. 位相の測定例: ヘテロダイン干渉型の近接場光学顕微鏡を用いて測定することによって,導波路光の位相分布を知ることが可能となる.ここでは導波路中の位相特異点を観測した例を紹介する[11].位相特異点の観測は物理的興味だけでなく,光書込みや光プロセッサなどさまざまな応用が提案されており,近年注目を集めている.光を2つに分岐し,片方を導波路に伝搬させファイバプローブで表面エバネッセント光を検出する.もう片方の光とプローブ光をファイバカップラで重ねることにより干渉測定を行う.そのようにしてSi₃N₄リッジ型導波路の導波モードとその位相が測定

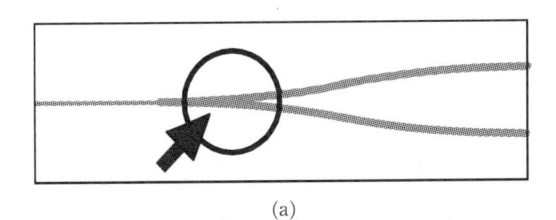

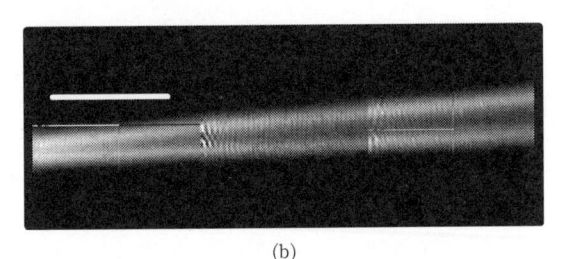

図6.24 (a) LiTaO₃ Y分岐光導波路の模式図, (b) 近接場光学像

されている.ここで位相特異点をつくり出すために,TE モードと TM モードを同時に励起している.このとき 2 つのモードはファイバプローブを介することで干渉を起こし,その結果位相像の中にいくつかの特異点が観測されている.

e. 機能性導波路の測定例: 導波路の重要な役割の 1 つに導波光の分配や制御がある.このような機能性導波路は今後ますます複雑化することが予想される.また光インターコネクションを目的とし,フォトニック結晶を利用した集積型デバイスも開発されつつある.このように導波光の伝搬方向に対して形状の変化が存在する機能性導波路の評価は,近接場光学顕微鏡が最も力を発揮できる領域であると考えられる.機能性導波路の近接場評価は,目的によって異なる多くの導波路について報告がなされている[8,9,12-15].ここでは Y 分岐導波路(図 6.24)[8]の測定結果を示すだけにとどめ,詳細については各文献に譲りたい. (戸田泰則)

文 献

1) D. P. Tsai et al.: *Appl. Phys. Lett.*, **56** (1990), 1515.
2) P. K. Wei et al.: *Rev. Sci. Instrum.*, **69** (1998), 3614.
3) A. Miki et al.: *J. Lightwave Technol.*, **7** (1989), 1912.
4) G. N. Van den Hoven et al.: *Opt. Lett.*, **21** (1996), 576.
5) W. D. Herzog et al.: *Appl. Phys. Lett.*, **70** (1997), 688.
6) B. B. Goldberg et al.: *IEEE J. Sel. Top. Quant. Electron.*, **1** (1995), 1073.
7) D. Mulin et al.: *J. Appl. Phys.*, **87** (2000).
8) Y. Toda and M. Ohtsu: *IEEE Photonics Technol. Lett.*, **7** (1995), 84.
9) G. H. Vander Rhodes et al.: *Appl. Phys. Lett.*, **75** (1999), 2368.
10) D. P. Tsai et al.: *Appl. Phys. Lett.*, **75**-1039 (1999).
11) M. L. M. Balistreri et al.: *Phys. Rev. Lett.*, **85** (2000), 294.
12) G. H. Vander Rhodes: *IEEE J. Sel. Top. Quant. Electron.*, **6** (2000), 46.
13) X. Zhu et al.: *Solid State Commun.*, **98** (1996), 661.
14) G. H. Vander Rhodes et al.: *Proc. IEEE Optoelectron., Special Issue on Photonic Crystals and Photonic Microstructures*, **145** (1998), 379.
15) Y. H. Chuang et al.: *Appl. Phys. Lett.*, **69** (1996), 3312.

6.3 LSI チップ上配線

OBIRCH(optical beam induced resistance change:オバーク)法という手法が LSI チップの故障解析・不良解析の手段として用いられている.この手法はレーザビームを加熱源として用い,その加熱による抵抗変化に伴う電流または電圧の変化を像表示する.その像の明暗のコントラストから配線の欠陥や DC 的な配線電流経路を非破壊で検出・観測する手法である.この OBIRCH 法の各種応用および改良結果が数多く報告されている[1-7].LSI チップ上配線の欠陥検出への応用としては,配線表面や配線下面のボイドの検出,配線中の Si 析出の検出,配線中 Cu 析出の検出,多層配線におけるビア底部やビア下配線のボイド検出,多層配線におけるビア底部の高抵抗薄膜層の検出,Si と配線金属のコンタクト部における高抵抗層の検出がその主なものである.また,LSI チップ上配線に流れる電流の電流経路(リーク経路)検出

への応用としては，入出力端子でのショートやリーク経路の検出，IDDQ (準静的状態での電源電流) 異常などの電源電流異常での電流経路の検出などがその代表的なものである．改良報告の主なものは，レーザの高出力化やアンプの改良による検出感度向上，定電流源利用による検出感度向上，近赤外レーザ使用による実デバイスへの応用範囲拡大 (OBIC (optical beam induced current) の非発生化とチップ裏面からの可観測化による)，などがある．OBIC の非発生が重要なのは，OBIC 効果は OBIRCH 効果より桁違いに大きいため，OBIRCH の観測を妨げるからである．これらの改良と応用範囲の拡大のいくつかは密接に関係している．たとえば，検出感度の向上により初めて高抵抗層の検出が実用的に可能になり，近赤外レーザの使用と検出感度の向上により初めて IDDQ 電流経路の検出が実用的になった．一方，現在までに OBIRCH 法に求められているニーズで，実現されていないものの代表的なものには，ディープサブミクロンデバイスに適用可能な高空間分解能と OBIC 電流の非発生化を同時に実現する方法がある．近赤外レーザ使用により OBIC 電流の非発生化とチップ裏面からの可観測化が同時に実現できたが，空間分解能の面では可視レーザ使用時より悪くなっている．従来実現できなかったこれらのニーズを実現するために，筆者 (二川) らは，OBIRCH 法でのレーザビームの代わりに近接場光学顕微鏡[8]のプローブ[9,10]を，加熱源として用いた実験を行い，いくつかの興味ある結果を得た[11]．本節ではその結果の概要を紹介する．

6.3.1 実験構成

図 6.25 に実験に用いた構成の主要部を示す．基本的な考えは OBIRCH 法と同じであるため，その構成も OBIRCH 法に類似している．従来の OBIRCH 法の構成と異なる主な点は，前述のとおり，加熱源としてレーザビームではなく，近接場光学顕微鏡に用いるプローブを用いたこと (プローブ先端に導入しているレーザは Ar^+ レーザで，波長は 488 nm と 514.5 nm の混合)，抵抗の変化を検知するのに，従来の定電圧印加・電流変化検出方式ではなく，定電流印加・電圧変化検出方式を用いたこと (定

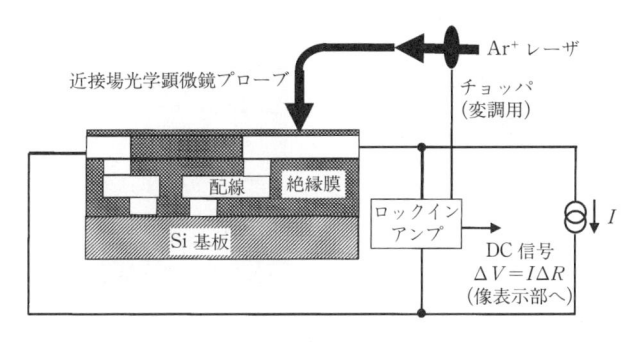

図 6.25　NF-OBIRCH の実験構成図

電流印加方式は，現在では OBIRCH 法でも用いている[12])，SN 比 (signal to noise ratio) 向上のためにレーザ変調とロックインアンプの組合せを用いたことである．なお，像表示するための走査には近接場光学顕微鏡同様ピエゾ素子を用いている．また，走査の際の制御にはせん断応力を用いている．以降，この構成の方法を NF-OBIRCH (near-field probe OBIRCH) 法と略称する．

6.3.2 空間分解能の向上

OBIRCH 法の空間分解能を向上させる最も簡単な方法として，熱源を小さくすることが考えられる．レーザを使う場合はビーム径が熱源の大きさになり，ビーム径は波長の制限を受けるため(回折限界)，400 nm 程度が実用的限界である．熱源を小さくするためにレーザビームの代わりに，レーザビームより細くしぼることができる電子ビーム，イオンビームを熱源として用いることを検討したが，レーザビームを上回る高空間分解能は得られなかった．電子ビームで高空間分解能が得られなかった理由は，熱源が試料内部に広がるため，熱源を小さくしかつ十分な熱量を供給する実用的な条件(加速電圧，ビーム電流，ビーム径)が見出せなかったためであった．一方，イオンビームで高空間分解能が得られなかった理由は，スパッタリングによる試料破壊が起こり，それによる抵抗変動が起こるため，熱源を小さくしかつ十分な熱量を供給する実用的な条件(加速電圧，ビーム電流，ビーム径)が見出せなかったためであった．今回微小熱源を得る手段として用いた近接場光学顕微鏡のプローブでは，少なくとも上述の試料内部での熱源の広がりや，試料の破壊といった制限要因はない．近接場光学顕微鏡プローブの 1 例を図 6.26 に示す．図 6.26(a) がその構造の概略，図 6.26(b) が走査型電子顕微鏡(SEM)像である．光ファイバの先端を細く尖らせ，先端の周囲を金でコーティングしてある．先端には，開口部を設け，ここから光が出るような構造になっている．近接場光学顕微鏡の通常の用途では，この開口部を使用しているレーザの波長より小さくすることにより，通常の光学顕微鏡より高い空間分解能をもった各種計測が可能になる．開口部が波長より小さいため，通常の光は出入

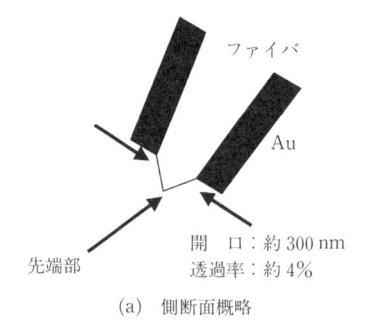

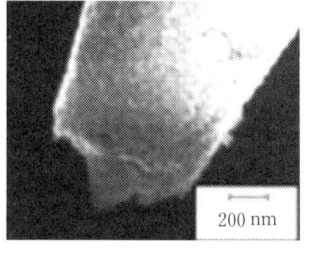

(a) 側断面概略　　　　　　　　(b) 側面 SEM 像

図 6.26　近接場光学顕微鏡プローブの例

りできない.筆者らは,この開口径を0〜400 nm 程度の範囲で変化させて,NF-OBIRCH 法の実験を行った.図6.27 に開口径約 400 nm の場合に得られた NF-OBIRCH 像を,同一箇所で 633 nm の波長のレーザを用いて得られた OBIRCH 像,断面 SIM 像 (scanning ion microscope image:走査型イオン顕微鏡像) とともに示す.図6.27(a) の NF-OBIRCH 像では左右にみられるコントラストのうち,右側のコントラストが 2 つに分離できているが,図6.27(b) の OBIRCH 像では左右のコントラストとも分離できていない.物理的な構造を図6.27(c) の断面 SIM 像でみると,左側のボイドは 1 つであるが,右側のボイドは 2 つに分かれていることがわかる.この結果から,NF-OBIRCH 法では OBIRCH 法より高空間分解能が達成できたことがわかる.この NF-OBIRCH による観測を続ける中で,図6.28 に示すように,空間分解能が 50 nm を示す像も得られている[11].

(a) NF-OBIRCH(開口径:約 400 nm)

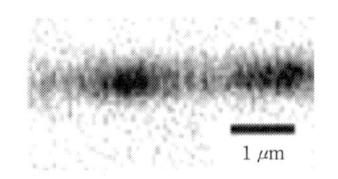

(b) OBIRCH 像(ビーム径:約 400 nm)

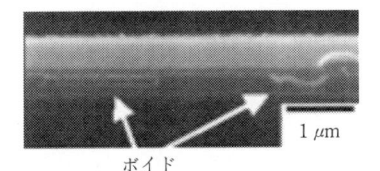

(c) 断面 SIM 像

図 6.27 Al 配線(300 nm 幅)観測例

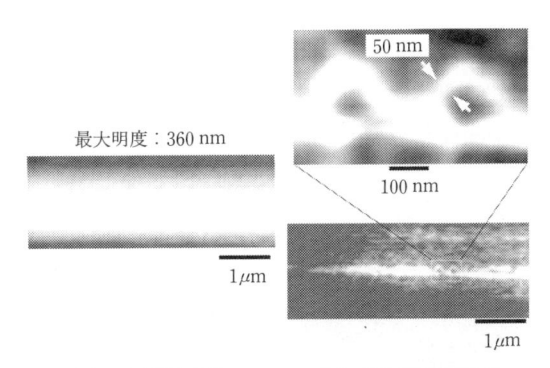

(a) せん断応力像　(b) NF-OBIRCH 像

図 6.28 50 nm の空間分解能が得られた例

6.3.3 OBIC の非発生と高空間分解能 OBIRCH の実現

OBIC 信号の非発生を実現するために,従来法では 633 nm のレーザの代わりに 1300 nm のレーザを用いるが,1300 nm のレーザを用いるとビーム径が大きくなるため,空間分解能が落ちる.NF-OBIRCH 法で開口径を十分小さくし,光による加熱

を行わずプローブ先端での発熱による加熱のみを使うことで，OBIC の非発生と OBIRCH の高空間分解能化の両方が実現できると考え，各種実験検討を行った．ここでは，開口を 0 にすることで，200 nm 幅の TiSi 配線において OBIC の非発生と高空間分解能 OBIRCH を実現した例を紹介する．試料に用いた TiSi 配線はプロセス開発の段階で各種条件を振った中で，標準値よりも高い抵抗を示したものである．この試料を通常の OBIRCH 法で観察すると，633 nm の像においても 1300 nm の像においても，通電した配線部全体は暗コントラストになるが，一部明コントラストを示す箇所がみられた．明部付近の像を図 6.29 に示す．図 6.29 (a) が 633 nm の像，図 6.29 (b) が 1300 nm の像である．同様の箇所を NF-OBIRCH 法で観察した結果を図 6.30 に示す．図 6.30 (a) が開口部を完全に金属で覆ったプローブ (先端の局率半径：約 200 nm，図 6.30 (b) にその SEM 像を示す) を用いた観察結果である．図 6.29 (a) の 633 nm の OBIRCH 像と比べ，空間分解能は劣っていないことがわかる (同一試料でないため，また，空間分解能が比較できる適当な構造がないため，厳密な比較はできない)．また，配線部全体としては明コントラストがみられる (最大 0.79 V)．定電流印加電圧変化検出方式であるため，通常の OBIRCH 像とは明暗が逆である点に注意 (ともに信号強度の増・減を明・暗で表示)．異常箇所のみえ方は通常の OBIRCH 像と大きく異なり，信号はみられずバックグランドと同程度の 0.00 V である．以上の結果から，異常箇所のコントラストは熱に起因する効果 (OBIRCH 効果) でなく，光エネルギーによる電子-正孔対の生成による効果 (OBIC 効果) であることがわかった．

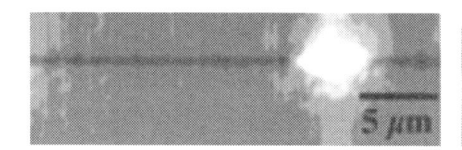

(a) 633 nm　　　　　(b) 1300 nm

図 6.29　高抵抗 TiSi 配線の OBIRCH 像

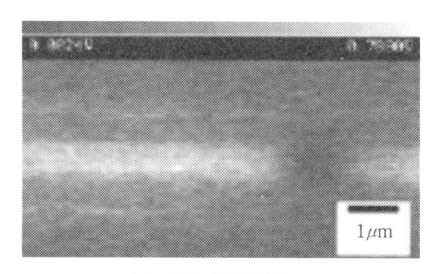

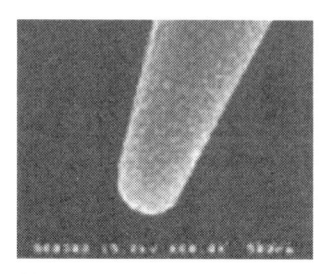

(a) NF-OBIRCH 像　　　　　(b) 開口径 0 のプローブ (SEM 像)

図 6.30　TiSi 配線の NF-OBIRCH 像

6.3.4 異常箇所の物理的解析結果と考察

図 6.31 (a) に異常箇所を含む断面を FIB (focused ion beam：集束イオンビーム) 法で出し (配線の幅よりわずかに厚い約 200 nm 厚), TEM (transmission electron microscope：透過型電子顕微鏡) で観察した結果を示す. 正常な配線部は上半分が TiSi, 下半分が多結晶 Si の構造になっている. 一方, 異常コントラストに対応した箇所では, この構造が乱れている. この構造の乱れたところを明確な像としてみるために, D-STEM (dark-field scanning TEM：暗視野走査 TEM) で観察した結果を図 6.31 (b) に示す. 図中数字で示した箇所では, EDX (energy dispersive X-ray analysis：エネルギー分散型 X 線解析) による元素分析も行った. その結果も合わせて考えると, 図 6.31 (b) の明るいコントラスト部には Si と Ti が存在するが, 暗いコントラスト部では Si は存在するが, Ti は検出限界 (約 1%) 以下であることがわかった. この結果から, この Ti が枯渇した Si 部の存在が高抵抗の原因と考えられる.

以上の物理解析の結果と前項までの結果から, Ti 枯渇部には, Ti がドナーとして存在し, OBIC 現象が起こったと考えられる. Ti の Si 中での不純物準位は伝導帯から約 210 mV (価電子帯から 0.91 eV, 1360 nm) と通常 LSI のデバイス形成のために用いる不純物の P (45 mV) や As (54 mV) と比べ深いため, 633 nm (1.96 eV) のレーザだけでなく, 1300 nm (0.95 eV) のレーザによっても, この Ti 準位を介しての OBIC が発生できたものと考えられる.

LSI チップ上の配線の解析に用いられている OBIRCH 法におけるレーザビームを

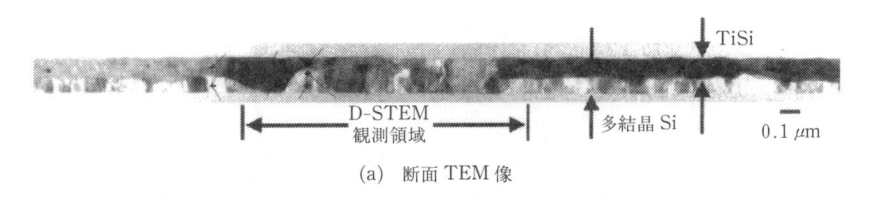

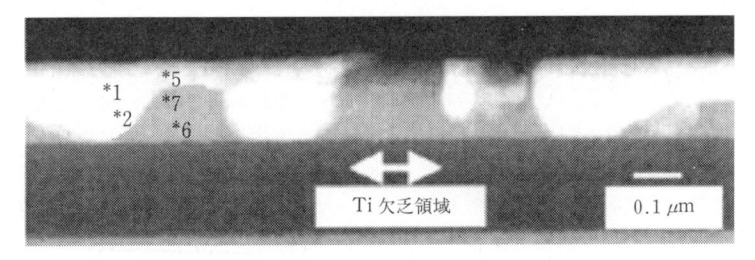

(a) 断面 TEM 像

(b) 断面 D-STEM 像

図 6.31 TiSi 配線異常箇所の物理的解析結果

走査型近接場光学顕微鏡用プローブに置き換えたシステムを試作した．これを用いて従来のOBIRCH法よりも高空間分解能の像を得ることができた．また，OBICを発生しないOBIRCH効果のみによる像を，高空間分解能で得ることもできた．後者の機能を利用することで，TiSi配線のTi枯渇に起因した高抵抗箇所にレーザを照射した際得られる信号の主要因が，OBIRCH効果ではなくOBIC効果であることが実証できた．　　　　　　　　　　　　　　　　　　　　　　　　　　　　　　　（二川　清）

文　　献

1) K. Nikawa and S. Tozaki : *Proc. Int. Sym. Testing, Failure Analysis* (1993), 303-310.
2) K. Nikawa et al. : *Proc. Int. Sym. Testing, Failure Analysis* (1994), 11-16.
3) M. Kawamura et al. : *IEICE Trans. Electron.*, **E77-C** (1994), 579.
4) K. Nikawa et al. : *Jpn. J. Appl. Phys.*, **34** (Part1)-5 (1995), 2260-2265.
5) K. Nikawa and S. Inoue : *Proc. Int. Workshop on Stress-Induced Phenomena in Metallization, Palo Alto, CA, June, 1995* (1996), 263-278.
6) K. Nikawa and S. Inoue : *Proc. Int. Rel. Phy. Sym.* (1996), 346-354.
7) K. Nikawa and S. Inoue : *Proc. Int. Sym. Testing, Failure Analysis* (1996), 387-392.
8) 大津元一：応用物理，**65**-1 (1996), 2-12.
9) T. Saiki et al. : *J. Appl. Phys. Lett.*, **68** (1996), 2612-2614.
10) M. Kourogi and T. Saiki. : M. Ohtsu (ed.), Near-Field Nano/Atom Optics and Technology (Springer-Verlag, 1998), 71.
11) K. Nikawa et al. : *Appl. Phys. Lett.*, **74**-7 (1999), 1048-1050.
12) K. Nikawa and S. Inoue : *IEEE Proc. Asian Test Sym.* (1997), 214-219.

6.4　フォトニック結晶

6.4.1　フォトニックバンド

ある物質の誘電率が光の波長程度の長さを単位として周期的に変化する構造をもつとき，その物質をフォトニック結晶と呼ぶ．その物質は必ずしも規則的な原子配列をもった結晶である必要はなく，非晶質であってもよい．本節では，フォトニック結晶の特徴を通常の結晶と比較しながら説明する．

まず，半導体結晶を思い浮かべよう．原子が規則正しく周期的に配列していることを反映して，結晶中の電子は周期的なポテンシャルの場の中に置かれる．電子の波動関数はその周期性を反映したブロッホ関数で記述され，電子のもつエネルギーはバンド構造(電子のエネルギーが電子波の波数ベクトルの多価関数として記述される分散関係)をもつ．このことは結晶中の電子状態の特徴である．ここで，電子を光子に置き換えてみよう．フォトニック結晶における誘電率の周期構造は光子に対するポテンシャルとして働くので，光子エネルギーは波数に対して特異な多価関数となり，フォトニックバンド構造(分散関係)をもつことがわかる[1-3]．このことがフォトニック結晶と呼ばれるゆえんである．図6.32に電磁波の波動方程式が電子波に対するシュレディンガー方程式に類似した形に書けることを示す．この式の固有値が分散関係(バンド構造)を表している．

誘電率 $\varepsilon(\boldsymbol{r})$ が周期構造をもつ場合，光電場の波動方程式は

$$\nabla^2 \vec{E}(\boldsymbol{r}) = -\varepsilon(\boldsymbol{r}) \cdot \left(\frac{\omega}{c}\right)^2 \vec{E}(\boldsymbol{r}) + \nabla(\nabla \cdot \vec{E}(\boldsymbol{r}))$$

ここで，

$$\nabla(\nabla \cdot \vec{E}(\boldsymbol{r})) = 0$$

と近似し，周期ポテンシャル $v(\boldsymbol{r})$ を

$$v(\boldsymbol{r}) = -\left(\frac{\omega}{c}\right)^2 (\varepsilon(\boldsymbol{r}) - 1)$$

とおけば，

$$-\nabla^2 \vec{E}(\boldsymbol{r}) + v(\boldsymbol{r}) \vec{E}(\boldsymbol{r}) = \left(\frac{\omega}{c}\right)^2 \vec{E}(\boldsymbol{r}) \tag{1}$$

これは，結晶中の電子のシュレディンガー方程式

$$-\frac{\hbar^2}{2m} \nabla^2 \psi(\boldsymbol{r}) + V(\boldsymbol{r}) \psi(\boldsymbol{r}) = e\psi(\boldsymbol{r})$$

と対比される．したがって，方程式 (1) より求まる分散関係 $\omega(\boldsymbol{k})$ は光のバンド構造 (フォトニックバンド) を与える．

図 6.32 電磁波に対する波動方程式と電子に対するシュレディンガー方程式の比較

次に，フォトニック結晶の性質を，光モード間の結合の概念から考えてみよう．1 つの典型例として光波長程度の寸法をもった透明な誘電体球形微粒子の規則配列 (結晶) を考える．周期構造の構成単位である 1 個の球形微粒子は，球内の空間に局在する特異な電磁波モード (共振器モード) をもつ．球の内面で全反射を繰り返して縁に沿って閉じたモードを形成する WG モード (whispering gallery mode) はその典型例である．微粒子同士が隣接して規則配列すると，互いの粒子内の光モード間に結合が生じて，エネルギーに幅をもつ (バンドを形成する) とともに微粒子間を電磁波が広がって伝搬できるようになる[4]．このことが周期構造内で光子のバンド構造を生じさせる．したがって，微粒子間の結合の様子 (微粒子間の隙間) が変化すると当然バンド構造も変化する．

半導体の価電子帯と伝導帯を隔てる禁制帯は，電子波のエネルギーが存在できない領域である．これと同様に，フォトニック結晶では光波の伝搬できない周波数領域をつくることもできる．このことはフォトニック結晶内に穴を開けて，その中にこの周波数領域の光を発生させると完全に閉じ込められることを示す．同様に，外からこの周波数領域の光はフォトニック結晶内には進入できない．一般の結晶では電子波の進む方向によってバンド構造が異なるが，同様のことがフォトニックバンドにも期待され，光の伝搬にも異方性が現れる．このように，光の伝搬を制御できる空間を提供するのがフォトニック結晶であり，1993 年に Yablonovitch がフォトニックバンドギャップ[3] を提唱して以来，光の周波数フィルタ，マイクロ光伝送路，高効率光共振器などの応用に向けた研究がさかんとなった[5,6]．

フォトニック結晶構造は次元性により図 6.33 に示すような 4 種類に大別される．(a) 1 次元多層膜構造，(b) ロッドを束ねた 2 次元構造，(c) 微粒子などの 3 次元構造，(d) 微粒子の 2 次元配列構造である．(a) は誘電体多層膜鏡として実用化されており，

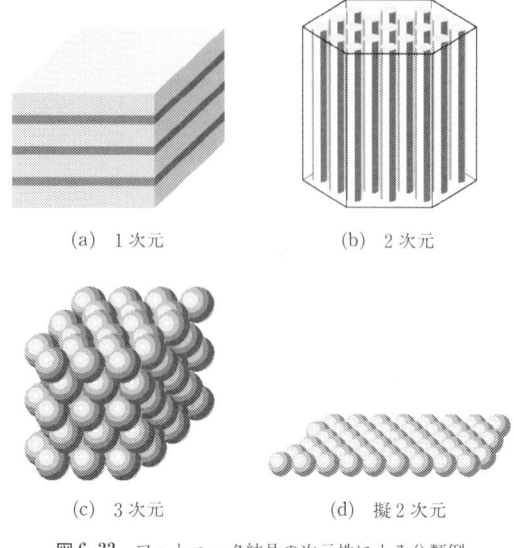

(a) 1次元　(b) 2次元　(c) 3次元　(d) 擬2次元

図6.33　フォトニック結晶の次元性による分類例

図6.34　フォトニック結晶の典型例であるオパールの電子顕微鏡写真（S. Gaponenko博士の好意による）

損失なしに特定の波長領域のレーザ光を透過または反射させるのに用いられており，多層膜内の多重反射による干渉効果としてその特性を厳密に設計することができる．(b)はロッドに垂直な2次元面内で特異な分散関係をもつ．(c)は単位が微粒子である必要はなく，たとえば均質な誘電体物質に任意の形状の穴を周期的に開けた構造でもよい．図6.34にオパールの内部構造を観察した電子顕微鏡写真を示すが，約0.2 μm の SiO_2 の微小球が3次元的に6方稠密配列した構造をもち，オパールの虹色がフォトニックバンド効果によることがわかる[7]．(d)は(c)の単位構造として本節で特に取り上げる擬2次元フォトニック結晶構造であり，その特徴を以下に詳しく述べる．

6.4.2　近接場光とフォトニック結晶

フォトニック結晶は，その内部でのみ特異な電磁波の伝搬モード（分散関係）をもつ．一般に，そのモードをとらえるには，6.4.4項で述べるような透過や反射測定により間接的に知る方法がとられている[4]．これに対して，内部モードを直接的にとらえる方法として，フォトニック結晶内部の固有モードが結晶外にしみ出す電磁場（外部には伝搬しない近接場光）を観測する方法が考えられる．ただし，近接場は虚数の波数をもち，その強度が距離に対して指数関数的に減衰する特徴をもつため，近接場強度を検知する光ファイバプローブを，フォトニック結晶の外部から光波長よりも十分近い距離まで直接接近させて，内部に広がる電磁場に接続する近接場光をとらえる必要がある．この目的のためには図6.33に示した構造の中で，次項で述べる理由に

6. 固 体

よって(d)が最も適している．実際の測定には，プローブの先端と試料の距離を原子間力で10 nm 程度の距離に維持できる近接場光学顕微鏡が用いられる[8]．これは，ちょうど結晶表面に現れる電子波動関数の広がりを走査型トンネル顕微鏡で観察することに相当する．

6.4.3 微小球2次元配列結晶

光波長程度の寸法の単一誘電体微小球はミー散乱と呼ばれる光散乱を起こす[10]．これは，低次のWGモードに相当する微小球の光応答と考えることができる．フォトニック結晶が脚光を浴びるよりも約15年前の1979年に千葉大学の大高は，3次元的にこのような微小球を配列させると多重光散乱によって光の特異な分散関係が生じることを理論的に示している[1]．その際に，図6.35のように平面状に2次元的に配列させた微小球の層（微小球2次元配列結晶）を単位として，平面電磁波を片側から照射し，ベクトル球面波展開を利用して裏面に発生する表面電磁場をまず計算し，順次層を重ねながら表面電磁場を逐次接続して，最終的に3次元構造の光応答（分散関係）を求めている[11]．したがって，微小球2次元配列結晶は3次元フォトニック結晶の基本単位となるもので，その光物性に基本的な擬2次元フォトニックバンド効果が現れる[12]．

さらに，2次元配列結晶では，面内を伝搬する光モードによる近接場光が結晶表面に直接現れるために，6.4.6項に述べるように近接場光学顕微鏡によって容易に内部モードの強度分布を直接観察できる利点がある[9]．ただし，結晶表面で外部に出られる伝搬モードにも一部接続するために，「もれる擬2次元フォトニックバンド」を形成するところに特徴がある[12]．

以下に説明する2次元配列結晶は，1.0〜0.23

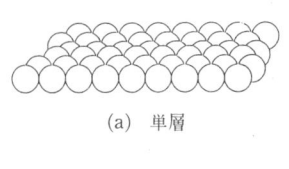

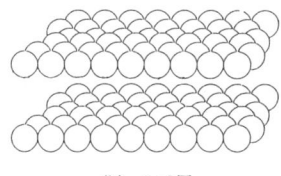

(a) 単層

(b) 2重層

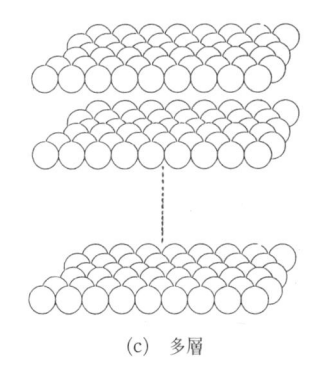

(c) 多層

図 6.35 微小球2次元配列結晶とその多層構造による3次元結晶化

図 6.36 ディミトロフのセル法で作製したラテックス2次元配列結晶の位相差顕微鏡写真

μmのポリスチレン微小球(ラテックス)をリング法[13]，またはディミトロフ(Dimitrov)のセル法[14]といわれる方法を用いて，ガラス基板上に自己組織化成長させたものである．図6.36の位相差顕微鏡写真に示すように，1層配列の領域の広さと配向の一様性は後者の方が優れている．なお，蛍光観察の際には，蛍光色素をドープした同じ大きさの微小球を約1％混入させた試料を用いている[15]．

6.4.4 面内伝搬光の分散関係の決定

2次元配列結晶のフォトニックバンド構造の決定には，図6.37(a)に模式的に示すように，入射光の波数ベクトル方向に対して結晶の方位を順次変化させつつ斜入射透過スペクトルを測定すればよい．斜入射透過スペクトルには2次元面内伝搬モードを励起できる波長(角周波数)のところに透過強度のディップが現れる．図6.38に2次元面への垂直入射における透過スペクトルの理論計算値(破線)[12]と直径1μmの微粒子配列に対する島田らの実験結果(実線)[16]を示す．光の波長λと微粒子の直径dの間にはスケール則が成り立つため，横軸は角振動数$\omega=(\sqrt{3}/2)\cdot(d/\lambda)$で規格化されている．なお，実験におけるディップの幅の広がりは配列を支えるガラス基板による影響が大である[17]．図6.37(a)に示すように，斜入射において入射角θを増加させると面に沿った波数成分k_xが増加するので，図(b)に示す宮崎・大高の計算[12]によるバンド図に従って有限の波数の大きさにおけるフォトニックバンド共鳴ディップを透過スペクトルに観測できるはずである．ここで波数は$k_x=(\sqrt{3}/2)\cdot(d/\lambda)\cdot(\sin\theta)$で規格化されている．図6.39に偏光方向も含めた異なる斜入射角θにおける透過スペクトルを，図6.40に各スペクトル中のディップ位置の角振動数から求めたバンド図と計算結果を比較したものを示す．計算値に該当する実験点がないモードは，外部からの平面波では直接励起しがたいモードであることを示している．

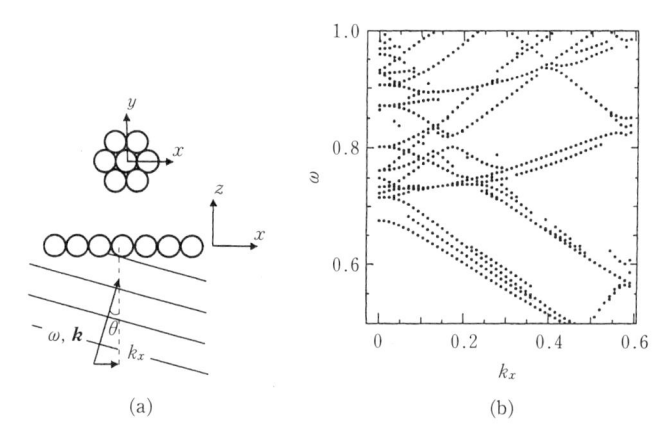

図6.37 (a)誘電体球の2次元配列結晶の模式図と入射電磁波の配置，(b)k_x方向について計算されたフォトニックバンド(分散曲線)[9]

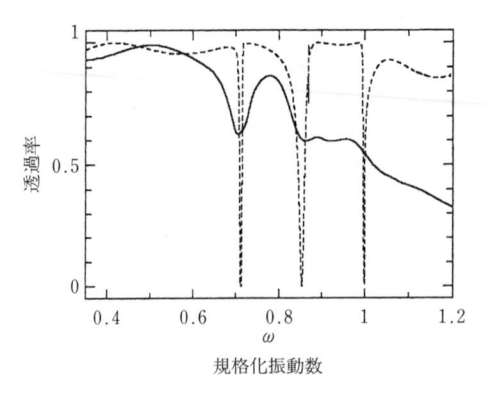

図 6.38 誘電体球 2 次元配列結晶の垂直入射における透過スペクトルの計算値(破線),直径 1 μm の微粒子配列に対する実験値(実線)[16]

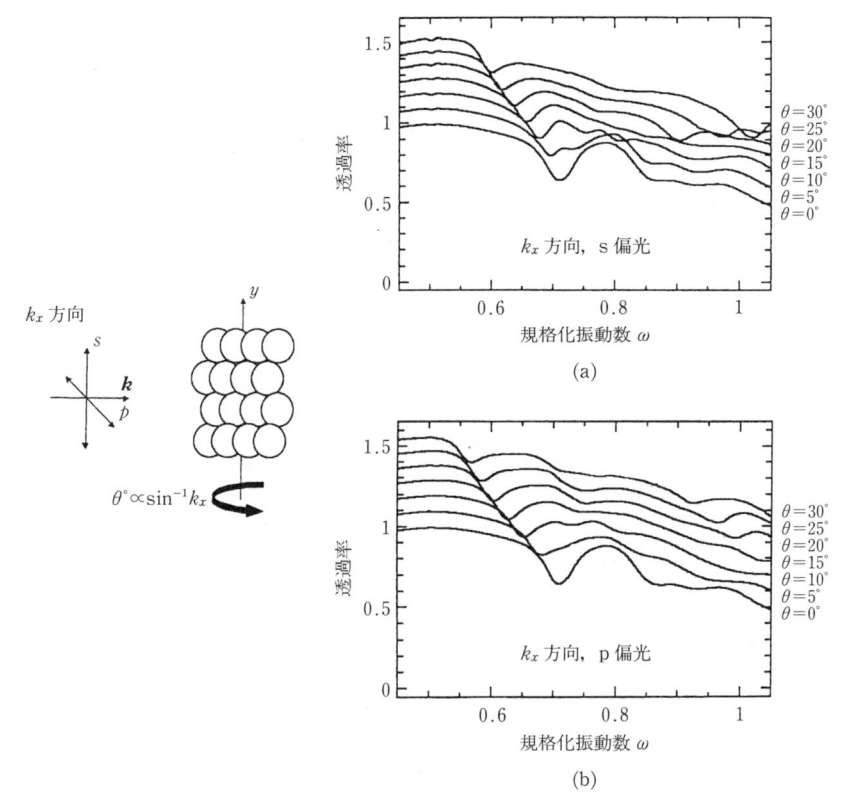

図 6.39 波数ベクトル k_x 方向について測定した (a) s, (b) p 両偏光に対する透過スペクトルの斜入射角 θ 依存性[16]

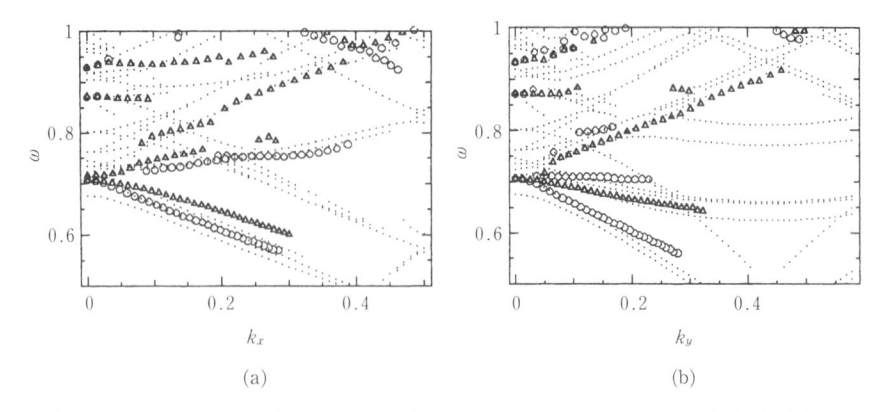

図 6.40 (a) k_x 方向, (b) k_y 方向について計算されたフォトニックバンド図の計算値(点線)と実験値(△:s, ○:p 偏光)の比較[16]

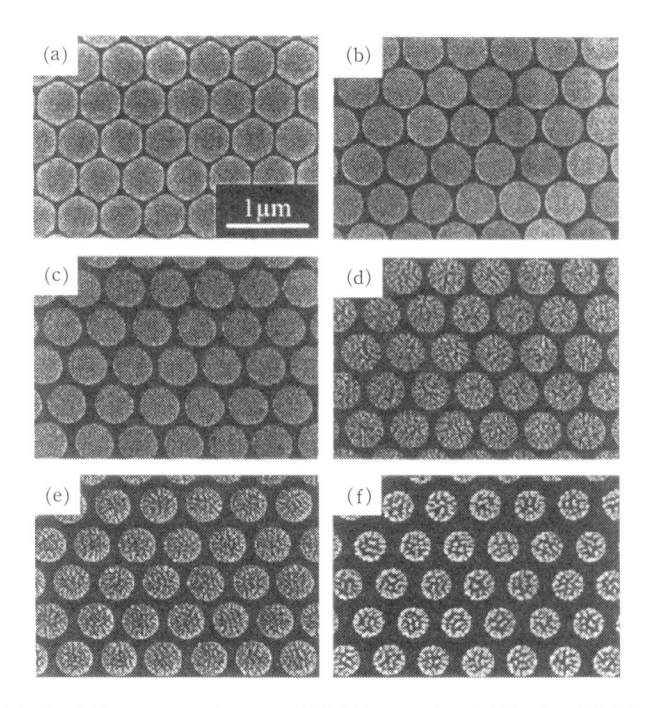

図 6.41 直径 0.53 μm のラテックス配列結晶のエッチング時間による形状変化の走査型電子顕微鏡写真[18]
(a) エッチング前, (b) エッチング 30 秒, (c) エッチング 60 秒, (d) エッチング 90 秒, (e) エッチング 120 秒, (f) エッチング 150 秒.

6.4.5 微粒子間隙の変化が与える影響

2次元微粒子配列結晶のフォトニックバンドは,1個の微粒子の固有光モード(低次のWGモード,いわゆるミー散乱モード)が近接場光を通じて微粒子間で結合してバンドとなったものであるから,微粒子の位置を変えずに微粒子の直径dを小さくすると,微粒子間の結合が弱まりバンド幅が狭まることが期待される.以下に微粒子間隙の変化がフォトニックバンドに与える影響を述べる[18].ラテックス配列結晶の微粒子直径を削るには酸素ガスを用いた反応性イオンエッチング法を用いる.図6.41に走査型電子顕微鏡で観察した直径$0.53\,\mu$mの微粒子配列試料のエッチング時間による変化を示す.時間とともに粒子寸法が減少していることがわかる.この試料を用いたxz面内斜入射透過スペクトルの入射角,偏光依存性を図6.42に,この結果から求めた分散曲線を図6.43に示す.図6.42に示された最低振動数の固有光モード(図中の矢印位置)に着目すると,エッチングによって粒子寸法が減少するのでその角振動数は増大するが,それと同時に傾きが緩やかになって,バンド幅が減少することを示しており,電子バンドとの類似性があることがわかる.

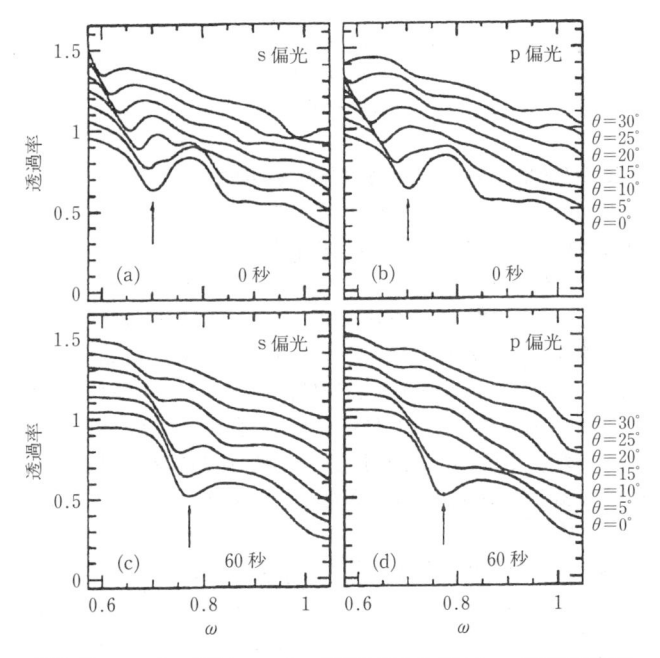

図6.42 エッチング前とエッチング時間60秒におけるxz面内斜入射透過スペクトルの比較[18]
各スペクトルは縦軸を0.1ずつずらせて描かれている. (a), (c)と(b), (d)は各々s, p偏光に対応する.

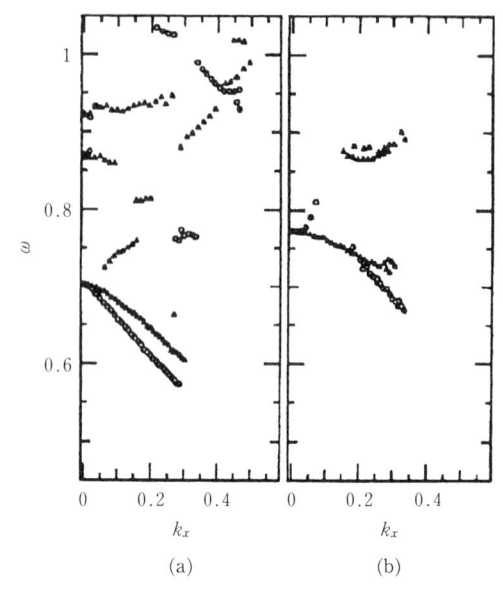

図 6.43 (a) エッチング前と (b) エッチング 60 秒後で比較した波数ベクトル k_x 方向のフォトニックバンド[18]
△，○印は各々s，p 偏光に対応する．

6.4.6 近接場光学顕微鏡による透過光励起像の観察

前項までの説明では，フォトニックバンド効果を通常の遠視野での透過スペクトルを通じて観測していた．本項と次項では近接場光学顕微鏡で観察した透過光励起像と蛍光励起像を使って微小球配列結晶のフォトニックバンド効果が結晶表面の近接場強度パターンにどのように現れるかを述べる[15,19,20]．ここで紹介する実験は，図 6.44 に模式的に示すように，ファイバプローブから近接場光を試料に照射し，プローブを試料表面で走査しながら試料の裏側から顕微鏡の対物レンズで集光して透過光または蛍光の強度を観察する，照明モード (I モード) と呼ばれる配置での観測結果であるが，逆に試料の裏側から平行光線を照射し，透過して試料表面に現れた電磁場をファイバプローブを走査しながら検知する集光モード (C モード) でもほぼ同じ結果が得られる[21]．

a. 非共鳴波長における近接場透過像：　まず，図 6.45 に直径 1.0 μm の微粒子球配列試料の原子間力顕微鏡 (AFM) 像 (a)，近接場光学顕微鏡透過像 (b) を示す[15,19]．用いた光の波長は 488.0 nm であり，規格化された振動数は $\omega=1.8$ に相当し，フォトニックバンドの最低共鳴振動数 0.71 よりもかなり高い．AFM 像では微小球は 2 次元 6 方最密構造をつくるように配列している．一方，近接場光学顕微鏡像では白丸で示されたように個々の球の中心部分で明るく (強度が強く)，プローブが

球の頂上にあるときに球を貫いてプローブから供給された近接場光が裏側に効率よく透過することを示している.つまり,微粒子が配列している効果は顕著には現れていない.

次に,図6.46に直径0.23 μm の微粒子球配列試料の結果を示す[20].規格化された

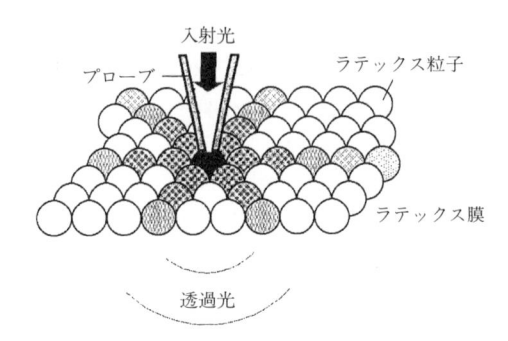

図 6.44 ラテックス 2 次元配列結晶の近接場光学顕微鏡観察の様子

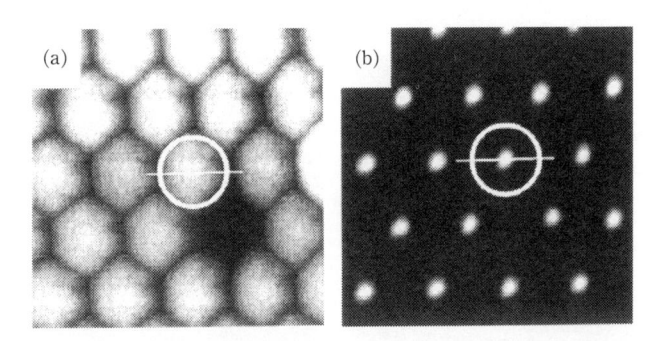

図 6.45 直径 1.0 μm のラテックス配列結晶の(a) AFM 像と(b) 近接場光学顕微鏡透過像[15]

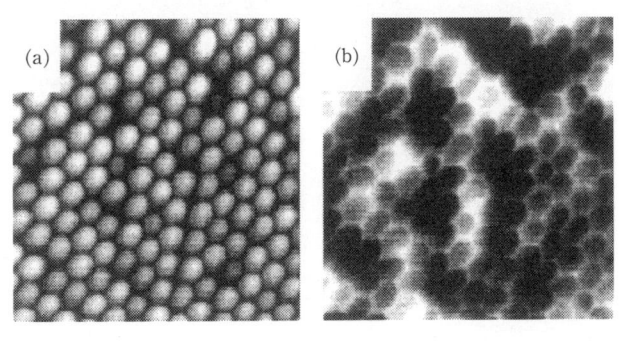

図 6.46 直径 0.23 μm のラテックス配列結晶の(a) AFM 像と(b) 近接場光学顕微鏡透過像[20]

振動数は $\omega=0.41$ で，共鳴よりかなり低振動数に相当する．1.0 μm の微粒子球の場合とは全く正反対に球の中心部は弱く，周辺部が強い．また配列の乱れのあるところで透過強度が弱い．つまり，近接場光学顕微鏡像は微粒子が配列している効果を強く反映していることになる．

b. 共鳴時における近接場透過像： 次に，規格化振動数が最低共鳴振動数にほぼ一致する $\omega=0.7$ をもつ直径 0.37 μm の微粒子球配列試料の結果を図 6.47 に示す[20]．(a) は AFM 像，(c) は 488 nm における近接場光学顕微鏡像であるが，比較すると近接場光学顕微鏡像の明るい部分が微粒子 1 個 1 個とは必ずしも対応しておらず，むしろ配列の乱れがある境界部分を反映したコントラストを示す．一方，この振動数の両側に当たる (b) 457.9 nm, (d) 514.5 nm で観測した像は，488 nm の像よりは配列をまだ比較的反映しており，共鳴振動数付近で近接場光学顕微鏡像は大きく変化することがわかる．

c. 理論的考察： 平面波を微粒子 2 次元配列に照射した際に，試料の反対側表面に現れる電磁場分布が計算されている[12,20]．図 6.48 (a) に示すように，1 つの球の中心に原点がくるように直角座標をとり，x 方向に直線偏光した平行光線を z 方向に沿って垂直に配列に照射し，試料の反対側表面に立つ電磁場 (E_1, E_2, E_3) を球の縁の

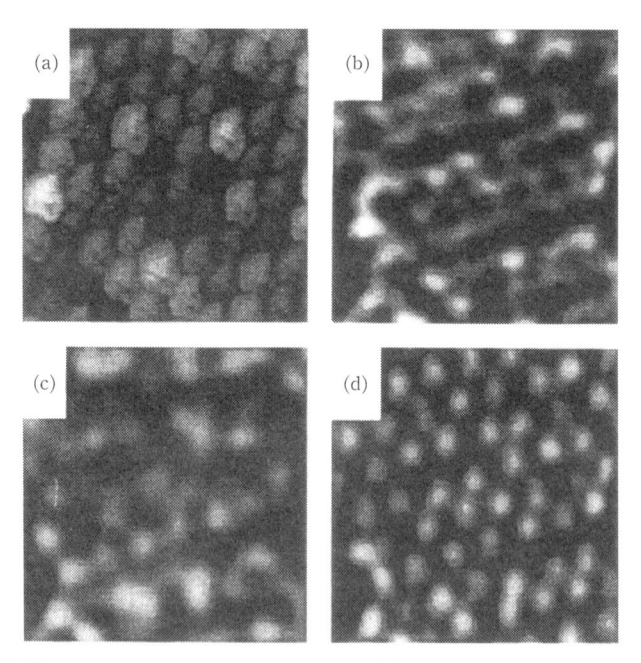

図 6.47 直径 0.37μm のラテックス配列結晶の (a) AFM 像と (b)〜(d) 近接場光学顕微鏡透過像[20]
入射光波長は (b) 457.9 nm, (c) 488.0 nm, (d) 514.5 nm.

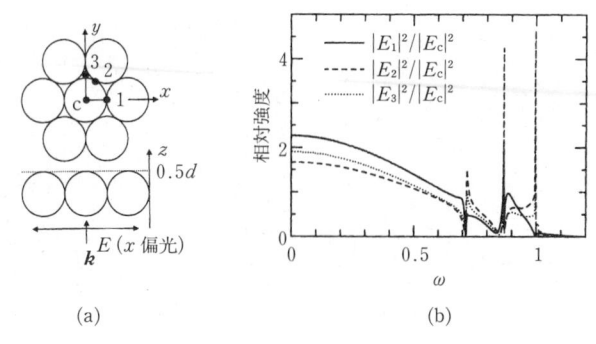

図 6.48 (a)誘電体球2次元配列結晶と平面電磁波入射の配置図, (b)規格化された入射光振動数に対する球の周辺部1,2,3における近接場光強度を球の頂点cにおける強度で割った計算値[20]

3点で求め, 球の頂上での強度 (E_c) で規格化したものを図(b)に示す. 共鳴より低振動数側で電磁場の相対強度は1をこえ, 近接場光学顕微鏡像は球の周辺部が明るく, 高振動数側では1以下となり逆に球の中心部が明るく, 共鳴付近では強弱が大きく振動することが計算される. これらは実験結果の規格化振動数依存性を定性的によく再現しており, フォトニックバンド効果が近接場像を大きく支配していることが確かめられた. なお, 計算結果は本来集光モード(Cモード)での観測と比較できるものだが, 実験で用いた開口数(NA)=0.1の低倍率の対物レンズで透過光を集光した際の照明モード(Iモード)においても結果に大差はないことが確かめられている[21].

6.4.7 近接場光学顕微鏡による蛍光励起像の観察

以上は透過の観測であるが, 透過しなかった電磁場成分は反射または面内方向に伝搬するはずである. 蛍光色素をドープした微粒子を混ぜた2次元配列結晶を用いると, プローブから供給された近接場光が面内を離れた場所まで伝わる様子を知ることができる[15,19]. 図6.49に直径1 μm の微粒子球配列試料についての(a) AFM像と(b) 近接場光学顕微鏡蛍光励起像を示す. ここで, 蛍光励起像とはプローブから励起光(488.0 nm)を近接照射し, 試料表面を2次元走査しながら試料の蛍光強度をマッピングしたものである. 図の視野内には(a)に白丸で示すようにただ1つの蛍光微粒子が存在し, それに向かってどの程度の強度の入射電磁場が伝搬し到達しうるかを発光強度の濃淡として画像化したものである. 図(b)の特徴は蛍光微粒子に向かって6回対称の指向性をもって電磁場が球と球の接点を貫くように伝搬していることがわかる. しかも, 電磁場はプローブが球の頂上にある(最も強く試料を透過する)場合ではなく, 球と球の中間にある場合に最も強く面内伝搬をしている. この結果は近接場光学顕微鏡透過像の解釈と矛盾せず, 面内伝搬モードへの変換が特定の場所で強く起こることを示している.

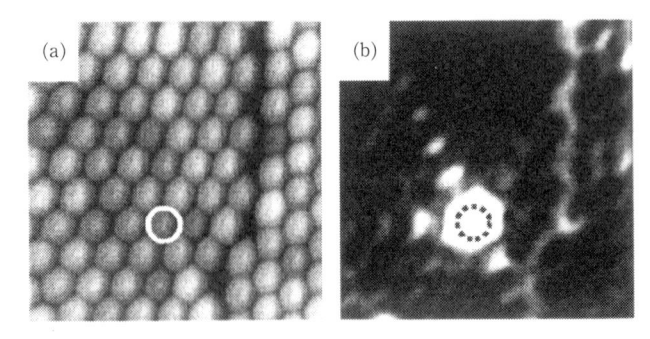

図 6.49 蛍光ビーズを混ぜた直径 1 μm のラテックス配列結晶における
(a) AFM 像と (b) 近接場光学顕微鏡蛍光励起像[15]

　ここで述べた透明誘電体微粒子配列結晶は，実験的に近接場光を直接表面に供給することができる擬 2 次元フォトニック結晶ならではの特徴を有しており，その内部および表面に立つ電磁場は，その振動数依存性に，結晶の周期構造と対称性を反映した特徴をもつことがわかる．さらに，透明材料でつくられたフォトニック結晶は，サブマイクロメートルスケールの周期構造で可視光と共鳴するが，材料が吸収領域に入ると屈折率が増大するので，構造のスケールを屈折率に逆比例して細かくできる．したがって，ナノメートルスケール半導体超微粒子材料でつくられた配列結晶においても，位相緩和時間が十分長ければ，励起子共鳴領域でフォトニックバンド共鳴効果が現れると期待され，量子サイズ効果とフォトニックバンド効果を組み合わせた新機能性材料に結びつくものとして今後の研究の発展が待たれる． 　　　　　（伊藤　正）

文　　献

1) K. Ohtaka : *Phys. Rev.*, **B19** (1979), 5057-5067.
2) 大高一雄：物理学会誌, **52** (1997), 328-335.
3) E. Yablonovitch : *J. Opt. Soc. Amer.*, **B10** (1993), 283-295.
4) 迫田和彰, 井上久遠：応用物理, **68** (2000), 1372-1375.
5) 小坂英男：日本物理学会誌, **55** (2000), 172-179.
6) T. Mukaiyama et al. : *Phys. Rev. Lett.*, **82** (1999), 4623-4626.
7) V. N. Bogomolov et al. : *Phys. Rev.*, **B55** (1998), 7619-7625.
8) 河田　聡：光学, **21** (1992), 766-779.
9) 藤村　徹, 伊藤　正：光学, **28** (1999), 491-495.
10) M. Born and E. Wolf : Principle of Optics, 6th ed. (Pergamon Press, 1980), 633-664.
11) K. Ohtaka and Y. Tanabe : *J. Phys. Soc. Jpn.*, **65** (1996), 2265-2284.
12) H. Miyazaki and K. Ohtaka : *Phys. Rev.*, **B58** (1998), 6920-6937.
13) C. D. Dushkin et al. : *Chem. Phys. Lett.*, **204** (1993), 455-460.
14) S. Matsushita et al. : *Langmuir*, **13** (1997), 2582-2584.
15) T. Fujimura et al. : *Opt. Lett.*, **22** (1997), 489-491.
16) R. Shimada et al. : *Mol. Cryst. Liq. Cryst.*, **327** (1999), 95-98 ; **349** (2000), 5-8.

17) S. Takabayashi et al.: *Phys. Rev.*, **B** (in press, 2002).
18) T. Fujimura et al.: *Appl. Phys. Lett.*, **78** (2001), 1478-1480.
19) T. Fujimura et al.: *Mater. Sci. Eng.*, **B48** (1997), 94-102.
20) T. Fujimura et al.: *J. Lumin.*, **87-89** (2000), 954-956.
21) T. Fujimura et al.: *Proc. 2nd Asia-Pacific Workshop on Near-field Optics* (2000), 94-99.

7. 有機材料

7.1 単一分子・エネルギー移動

　1つ1つの分子を直接みることは，多分野にわたる研究者の長年の夢であり，それが実現に至ったのはこの10年あまりのことである[1]．特に，走査型トンネル顕微鏡（STM）や原子間力顕微鏡（AFM）だけではなく，光による蛍光観察が可能となったことは応用上きわめて大きな意味をもつ[2,3]．それ以降，単分子検出技術は，分子科学や生体科学，物質科学などさまざまな研究領域で画期的な成果を導いてきた．
　ここで具体的に単一分子観察の意義を考えてみると，以下の2点に集約されよう．
　(1) 分子集団の観察ではみえてこない，分子の個性，時間的ゆらぎ(図7.1(a))やまれにしか起こらない特異な化学・物理プロセス(図7.1(b))をスペクトル領域，あるいは時間領域で明らかにすることが可能である．
　(2) 生体分子観察のための蛍光標識として(図7.1(c))，あるいは複雑な凝縮系に分子を点在させ，局所的な物理・化学環境のセンサとして(図7.1(d))，情報発信源の役割を担わせる．
　(1)は観察を行う分子自身が興味の対象であるのに対し，(2)の主役は生体分子や凝縮系の方であり，蛍光分子を観測のためのツールとして積極的に利用するというもの

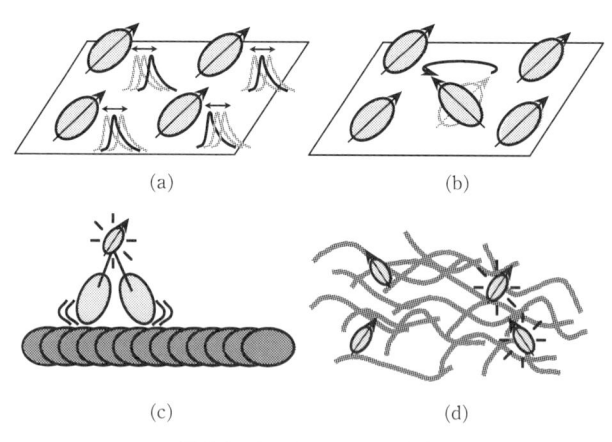

図 7.1　単一分子検出法の意義

である．これら以外にも，最近では量子情報科学の分野において，単一蛍光分子を規則的な単一フォトン発生源として利用する試みも報告されており[4]，応用の幅もますます広がりつつある．また，近接場光学顕微鏡の立場からすると，単一分子は非常に素性のよい標準試料である．微小開口近傍に発生した電場分布の知見を得る[2]，あるいは点光源からの集光効率を評価するなどの場面で，最も優れた観察対象といえる．

ここでは，単一分子検出に必要な要素技術と，それらを備えたさまざまな観察方法をまず概説する．続いて，近接場光学顕微鏡を中心として，その計測技術・測定例を紹介し，今後の展望について考えてみたい．

7.1.1 単一分子検出に必要な条件

1つ1つの分子を蛍光検出によって観察するに当たり，そこにはいくつかの乗り越えるべき技術的な壁がある．まず最も重要な点は，蛍光の集光ならびに検出の効率をできる限り最適化することである．というのは，単一の分子から引き出すことができる単位時間あたりのフォトン数，ならびに総フォトン数は，励起光強度と無関係に有限だからである．たとえば，分子の蛍光寿命が $10\,\mathrm{ns}$ であるとすると，1秒間に分子が発するフォトン数は最大で 10^8 個である．また，一般に蛍光測定には光退色という現象が伴う．典型的な値として 10^7 回程度，励起・発光を繰り返した後，分子は不可逆的にブリーチングを起こしてしまう．したがって，単一分子から発せられるフォトンは非常に貴重であり，1フォトンたりとも無駄にしないよう，集光光学系の工夫，効率の高い検出器の選択などが必要となる．

また，このような微弱な蛍光を信号として分光やイメージング計測を行うには，不要な背景光をできるだけ除去することが必須である．まず，基板や分子を閉じ込めるマトリックスからの発光を最小限に抑えるため，励起領域を狭く限定することが有効である．次に，励起・集光に使用するレンズや光ファイバからの蛍光・ラマン散乱も大きな障害となるので，それらの選択も慎重に行わなくてはならない．さらに，このような背景光のフィルタリングについても必要十分であるよう配慮する．

最後に，個々の分子を分離観察するためには，分散させる分子の密度を測定の分解能に応じて最適化する必要がある．たとえば，観察の分解能が $1\,\mu\mathrm{m}$ の場合，1分子/$\mu\mathrm{m}^2$ 以下の密度で分散させなければならないことになる．逆に，密度の制御が難しい場合は，分解能の点で最も優れた近接場光学顕微鏡を利用することになる．

7.1.2 単一分子観察の具体的方法

単一分子検出を実際に行うには，上に述べた条件を満たすいくつかの観察方法から最適なものを選択することになる．図7.2に示すように，具体的には大きく分けて，(a) 明視野顕微鏡，(b) 暗視野顕微鏡（エバネッセント照明），(c) 共焦点顕微鏡，(d) 近接場光学顕微鏡の4つの方法が採用されている．(a), (b)はともに広い領域を一時に観察可能であり，CCDカメラを用い，生体分子の空間的な運動などをリアルタイ

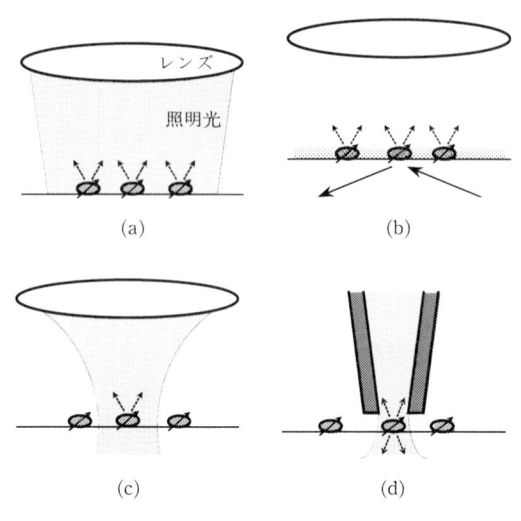

図7.2 さまざまな単一分子観察法

ム(ビデオレート)で追跡する場合などに非常に有効な方法である.しかし,光照射領域もまた広範囲にわたるため,たとえば水中観察などにおいて,背景光が強く発生するという難点がある.(b)は主にそれを克服する目的で利用されている方法である[3]. 裏面からのエバネッセント照明により,基板より上方の光照射領域を波長の数分の1程度に抑えることができる.そのため(a)と比較して,水ならびに他の蛍光分子からの背景光を大幅に回避することが可能となる.また,金属膜を塗布し,表面プラズモンを励起するとさらに効果的である[5]. これらの方法の空間分解能は,観察に用いる対物レンズの開口数(回折限界)によって決定される.

(a), (b)に対して空間分解能を補うために利用されるのが,(c), (d)の方法である.特に(d)の分解能は開口の大きさで決まるため,回折限界を格段に上回る解像度による観察が可能である.合わせて光照射領域が非常に狭いため,背景光の低減も有効に行われている.また,探針(プローブ)を使用することにより,試料の表面形状を高分解能で同時観察を行ったり,局所的な電場印加や操作も可能である.一方,(a), (b)のように広範囲観察ができないため,分子の空間的な軌跡追跡などには適当とはいえない.画像計測には試料の走査が必要であり,1つの画像を得るのに数分~数十分の時間を要する.しかし,検出器としてアバランシェフォトダイオード(APD)などを利用できるため,個々の分子の高速ダイナミクスを観察することができる[6].

いずれの方法においても,観察対象がただ1つの分子であることを判定するに当たっては,蛍光強度のディジタル的な変化を確認することが多い.1つの分子を観察している場合は,退色によって蛍光強度はステップ的に1段階で0になるが[3,7],複

数の分子の場合は，準連続的に(数段階で)減衰していくはずである．

7.1.3　近接場光学顕微鏡による単一分子計測技術

室温での実空間における単一分子イメージングに初めて成功したのは，近接場光学顕微鏡を利用した Betzig らである[2]．7.1.2項で述べたように，開口近傍に発生した近接場光を照明光源として利用するため，不要な背景光の発生を回避できた点が大きな要因であると考えられている．その後，多くの単分子観察例が報告されているが，それらを概観すると，プローブ性能が測定結果の質を大きく左右するという傾向が特に強いと思われる．光の伝搬効率もさることながら，開口の平坦性，真円性などが画像に与える影響が大きく，その作製に当たっては細心の注意が必要である．

一般に単分子測定においては，透明基板の上に蛍光分子を分散させることによって試料準備を行うことが多い．したがって，蛍光の集光効率を最優先に考慮すると，プローブ開口を通して励起光を照射し，試料の裏面で対物レンズによって蛍光を集光する測定配置が基本である．励起光源としては，488 nm (Ar$^+$ レーザ)～633 nm (He-Ne レーザ)が頻繁に用いられる．蛍光集光に当たっては開口数の大きな油浸タイプの対物レンズを用い，できる限り高効率な集光を行う．ここで，最も強い背景光はプ

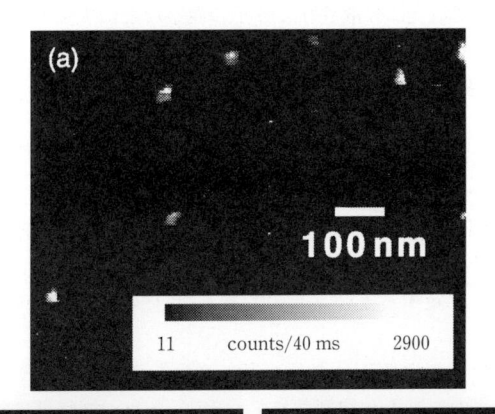

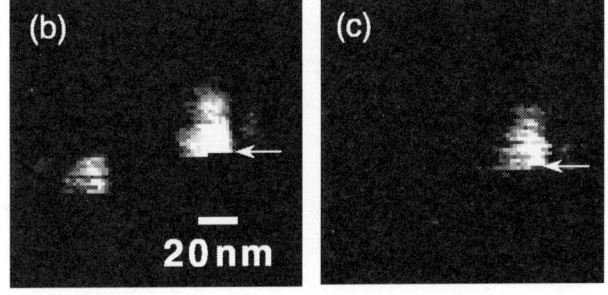

図7.3　近接場光学顕微鏡による単一分子蛍光イメージングの例

ローブとして利用する光ファイバから発生するラマン散乱や蛍光である．もしそれが大きな妨げとなる場合は，ファイバの長さを極力短くするのが望ましい．最後に，信号強度の減少を最小限に抑えつつ，励起光ならびに背景光を効率的に除去するために，ローパス色ガラスフィルタやバンドパス干渉フィルタなどを使った最適のフィルタリングを行う．蛍光検出に当たっては，光電子増倍管やAPDを用い，フォトンカウンティング計測(光子数計測)を行う．単一光子時間相関法を用いれば，蛍光寿命計測を行うことができる[8,9]．また，CCDカメラを用いたマルチチャネル計測により，単一分子の蛍光スペクトル測定も十分に可能である[7]．

図7.3に上記の方法による蛍光イメージングの例を示す．励起光源はHe-Neレーザ(波長633 nm)を使用し，Cy 5.5分子を石英基板上にスピンコーティング法によって分散させたものを試料として観察している．中心波長700 nm，バンド幅40 nmの干渉フィルタによってフィルタリングを行い，APDによって信号検出を行っている．本測定の分解能は30 nm程度であり，また図7.3(b)，(c)では，ディジタル的な光退色を確認している(矢印位置でブリーチングが起こっている)．

なおここでは，局所照射モードによる透過配置での測定について述べたが，光透過効率の高いプローブを使用すると，プローブのみで照射・集光をともに行うことも可能である[10]．不透明基板上に分散された分子の観察などに大変有効な手法である．

7.1.4 近接場光学顕微鏡による単一分子観察例

先にも述べたように，室温における初めての単一分子蛍光イメージングは，1993年に近接場光学顕微鏡を用いることによって成功した．特に興味深い点は，その結果が単なる1つ1つの分子の可視化だけではなく，それぞれの分子の向きまでも決定できた点にある[2]．微小開口近傍に発生する特有の近接場分布を巧みに利用することにより，分子の電気双極子モーメントが3次元的にどちらの方向を向いているかを，イメージ形状をもとに推定するというものである(詳しい原理については，3.3.2項を参照されたい)．

続いて，個々の分子の蛍光スペクトル測定が報告された．分子を取り囲む環境によって，スペクトルのシフトが観測されている[7]．また，同時期に蛍光の時間分解計測も試みられた[8,9]．この実験では，個々の分子の個性よりもむしろ，プローブ，特に開口を形成する金属膜と分子との相互作用による発光特性の変化が興味の対象となった．開口が近づくことにより，分子の励起エネルギーが金属膜へ無放射的に移動することにより，蛍光寿命は急速に短くなり，発光強度が激減する．実験だけではなく，理論面からもこのような振舞いに対して定量的な議論がなされた[11]．

また，複数の分子間の相互作用という視点からは，ドナー分子からアクセプタ分子へのエネルギー移動(fluorescence resonance energy transfer：FRET)の観測例も注目に値する．FRETとは，図7.4の概念図に示すように，ドナー分子の発光スペクトルとアクセプタ分子の吸収スペクトルに重なりがある場合に，電気双極子間相互

7. 有機材料

λ_{ex} ドナー　アクセプタ　λ_A

d

λ_D

ドナー　吸収　発光　λ

アクセプタ　吸収　発光　λ

エネルギー移動の効率 $= \dfrac{1}{1+(d/d_0)^6}$

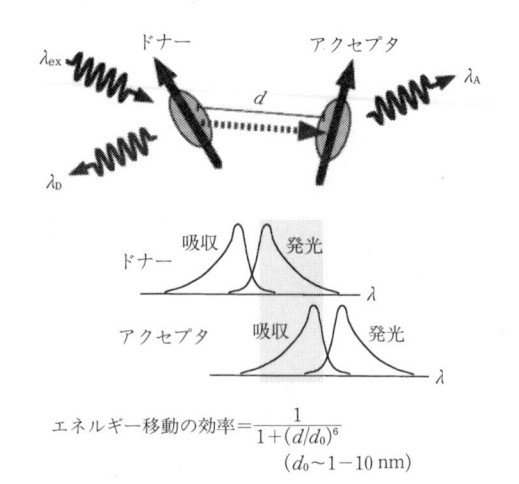

($d_0 \sim 1-10$ nm)

図 7.4　ドナー分子からアクセプタ分子へのエネルギー移動

作用を介して，無放射的にエネルギーを受け渡す現象である．相互作用が到達する距離が数 nm であることから，FRET 計測は分子間距離のものさしとして，主に生体科学分野で頻繁に用いられている[1]．近接場光学顕微鏡での観察例は，DNA 分子の両端にドナー分子，アクセプタ分子をそれぞれ固定し，それらを一体の分子群として蛍光観察をするというものである[12]．エネルギー移動の効率は，分子間の距離，あるいは電気双極子モーメントの相対的な方向などに強く依存する．そこで，ドナー分子ならびにアクセプタ分子からの発光強度の比を，個々の分子群について測定することにより，FRET の生体試料への応用に関して，重要な情報を蓄積することが可能である．

単一分子計測技術の最も重要な応用は，生体分子への修飾，あるいはポリマなどのマトリックスへの分散により，局所的な環境についての情報を発信させるという利用法であろう．そのような観点から，ポリマ内での分子の拡散や回転を観察したり[13]，本項冒頭で述べた分子配向決定の手法を応用した，LB (Langmuir-Blodgett) 膜の局所的特性の評価[14]などの測定例は大変興味深い．また，2 色の蛍光分子を標識として用いると，興味ある 2 点間の距離を，イメージング寸法 (point spread function) よりも高精度に計測することができるため，生体中の機能部位の特定などに大いに役立つ[15]．

技術的な展開としては，2 光子吸収を利用したイメージングが試みられている[16]．非線形性を利用した高分解能化，背景光低減と同時に，線形吸収の場合と比較した光退色レートの違いを議論している．また，単一蛍光分子をプローブ（照明光源）として利用した近接場光学顕微鏡の測定例も報告されている[17]．図 7.5 に実験の概念図を示す．多数の蛍光分子がドープされた微小な有機結晶（大きさ数 μm 程度）を，テー

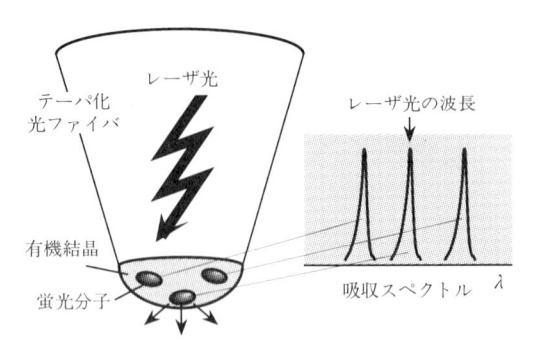

図7.5 単一蛍光分子を光源とする近接場光学顕微鏡

パ化した光ファイバの先端に取りつけ，それをプローブとして用いる．プローブを低温に冷却することにより，個々の蛍光分子のスペクトルは非常に鋭くなるため，多数の分子の中からただ1つをスペクトル的に分離することが可能である．つまり，ファイバを通してレーザ光を照射すると，その波長に共鳴する分子のみが励起され，その分子からの発光を近接場光学顕微鏡光源として試料観察ができるという仕組みである．

7.1.5 今後の展望
a. 高分解能化へ向けて： これまでの近接場光学顕微鏡による単分子蛍光イメージングの空間分解能は，典型的には70～150 nm程度である[18]．この性能は，共焦点顕微鏡など遠隔場技術に基づく観察手法と比較すると，若干の優位性を主張できる．しかし，生体試料観察など今後の応用を考慮すると，まだ満足のいく値ではない．この分解能の壁をこえるべく，いくつかのアプローチの方法が提案されている．

まず，これまで用いられてきた開口型プローブを引き続き使用し，分解能を徐々に高めていくという方針である．プローブの作製方法をさらに高度化し，開口の素性をより優れたものにすることにより，(1) 第一義的な原理に基づく分解能を追求する，(2) 局所的な電場増強効果や金属開口へのエネルギー移動などの副次的なメカニズムを援用する，といった改良が可能である．図7.6に，そのような高分解能観察の1例を示す[10]．金を開口金属として用い，押付け法によって平坦かつ試料面に平行な開口面を作製することにより，15 nmという高い空間分解能を達成している．このような開口型の分解能の向上は，単一分子の吸収分光計測への発展が期待できる．分解能，すなわち光の照射面積をできるだけ狭めることにより，吸収断面積との比を小さくし，吸収分光に耐えうるSN比を確保することが可能となる．

技術的に全く新しいアプローチとしては，ドナー，アクセプタ間のFRETを利用する方法が提案されている．観察対象となる分子をドナー分子と見なし，それに対応するアクセプタ分子を先鋭化したプローブの先端に固定する．ドナー分子が強い吸収

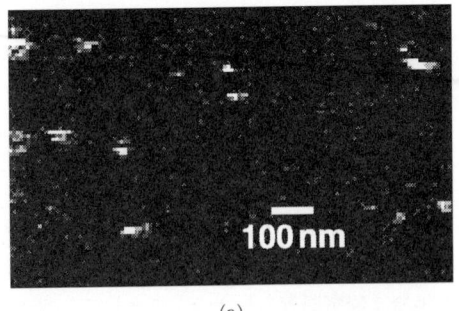

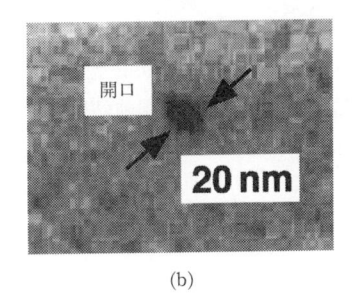

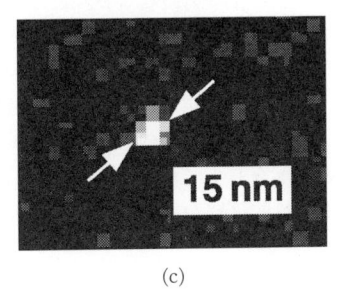

図7.6 20 nmの開口による超高分解能単一分子蛍光イメージング

をもつ波長の光を，プローブを通して照射する．ドナー分子からの蛍光を信号として検出すると，従来どおりの分解能によるイメージングが行われる．それに対し，アクセプタ分子からの蛍光を信号とすると，数 nm の分解能が得られる．その理由は，アクセプタ分子が蛍光を発するのは，ドナー分子と数 nm まで接近し，FRETによって励起エネルギーを受け取るときのみだからである．

金属プローブを使用した散乱型による蛍光イメージングも，高分解能化が期待されている[19]．この方法はむしろラマン分光に対して威力を発揮するので，次項で詳細を述べる．

b. 単一分子ラマン散乱分光： 興味ある分子のキャラクタリゼーションという側面からは，ラマン分光や赤外吸収分光もまた蛍光分光に劣らず貴重な情報を提供する．しかし，一般に単一分子のラマン散乱断面積は吸収断面積よりも 10 桁以上小さいため，その測定は蛍光計測と比較してはるかに難しい．試料周辺からの背景光に埋もれないだけの信号強度を確保するためには，何らかの形の局所的な増強効果が必要である．最も有望なのが，金属粒子，または金属プローブによる電場増強，ならびに化学的吸着による電荷移動効果などを利用する方法である．これまでに，金属粒子に吸着させた単一分子のラマン散乱を遠隔場で測定する例が報告されている[20]．

一方，イメージングを目的とする場合は，やはり金属プローブによる走査が必要で

ある.金属プローブ先端の電場増強効果を使った,色素分子キャスト膜の2次元ラマンイメージングなどがこれまでに報告されている[21].単一分子観察までには至っていないが,近接場光学顕微鏡赤外吸収分光法[22]と合わせて,今後進展が期待される手法である.

今や単一分子検出技術は,特に生体科学の分野では広く常套手段として利用されている.生きた試料の空間的なダイナミクスを追跡する場合,走査型プローブ顕微鏡よりも,むしろ光学顕微鏡を基本としたビデオレート観察が有効である.一方,近接場光学顕微鏡を利用した単分子観察固有の長所の1つとして,個々の分子の向きを決定できる点がしばらく強調されてきた.しかし最近,リング状のビームを対物レンズを通して照射することにより,同様の配向決定が可能であることが報告されている[23].このような状況で,今後の近接場光学顕微鏡による単分子観察の意義は,7.1.5項で述べたように分子分解能を目指した高分解能化,ならびに電場増強効果を利用したラマン分光,赤外吸収分光への応用にあると考えられる.また,プローブによる分子の操作技術との融合もますます重要性を増していくと思われる.しかし,そこにはまだまだ大きな技術的障壁が立ちはだかっており,まさに単一分子計測技術は新しい段階に突入したといえよう.
(斎木敏治)

文 献

1) 単一分子計測の総説として
 W. E. Moerner et al. : Science, **283** (1999), 1667-1695.
2) E. Betzig and R. J. Chichester : Science, **262** (1993), 1422-1425.
3) T. Funatsu et al. : Nature, **374** (1995), 555-559.
4) B. Lounis and W. E. Moerner : Nature, **407** (2000), 491-493.
5) H. Yokota et al. : Phys. Rev. Lett., **80** (1998), 4606-4609.
6) J. A. Veerman et al. : Phys. Rev. Lett., **83** (1999), 2155-2158.
7) J. K. Trautman et al. : Nature, **369** (1994), 40-42.
8) X. S. Xie and R. C. Dunn : Science, **265** (1994), 361-364.
9) W. P. Ambrose et al. : Science, **265** (1994), 364-367.
10) N. Hosaka et al. : J. Microsc., **202** (2001), 362-364.
11) R. X. Bian et al. : Phys. Rev. Lett., **75** (1995), 4772-4775.
12) T. Ha et al. : Proc. Natl. Acad. Sci. USA, **93** (1996), 6264-6268.
13) G. T. Ruiter et al. : J. Phys. Chem., **A101** (1997), 7318-7323.
14) W. Hollars and R. C. Dunn : J. Chem. Phys., **112** (2000), 7822-7830.
15) Th. Enderle et al. : Proc. Natl. Acad. Sci. USA, **94** (1997), 520-525.
16) M. K. Lewis et al. : Opt. Lett., **23** (1998), 1111-1113.
17) J. Michaelis et al. : Nature, **405** (2000), 325-328.
18) M. F. Garcia-Parajo et al. : Bioimaging, **6** (1998), 43-53.
19) R. Eckert et al. : Appl. Phys. Lett., **77** (2000), 3695-3697.
20) S. Nie et al. : Sciene, **275** (1997), 1102-1106.
21) N. Hayazawa et al. : Chem. Phys. Lett., **335** (2001), 369-374.
22) W. Knoll and F. Keilmann : Nature, **399** (1999), 134-137.

23) B. Sick et al.: Phys. Rev. Lett., 85 (2000), 4482-4485.

7.2 薄膜・EL

近年,エレクトロニクス分野での有機化合物に対する意識に大きな変革が現れてきた.その背景の1つに,1980年前後からの分子素子のコンセプトの提案[1]のほか,興味ある電子・光物性を示す新規有機材料・超分子の創生,あるいはナノ粒子,ナノチューブなど新たな材料の発見など機能性材料設計に大きな変化がもたらされたことがあげられる.また,測定技術の面でも,1981年の走査型トンネル顕微鏡(STM)[2]と1986年の原子間力顕微鏡(AFM)[3]の発明以来,類似した走査型プローブ顕微鏡(SPM)が次々と発明されてきた.これらの新たな観察・測定手段の出現により,ナノメートル領域の形態観察のみならず,この微小領域の電子的,磁気的,光学的,力学的,化学的機能評価が容易に行われるようになったことも重要な背景となっている.SPMファミリーの1つである近接場光学顕微鏡[4]は特に光機能関連で重要な役割を果たしている.ここでは,近接場光学顕微鏡による有機分子薄膜・分子素子のさまざまな物性測定の現状を紹介する.

7.2.1 有機EL薄膜

有機EL(エレクトロルミネッセンス)素子(有機電界発光素子)の研究は,古くはアントラセンの結晶を用いて行われていた.これは可視領域の青色に発光した.したがって,他の結晶との組合せで,マルチカラーディスプレイの応用も期待されていた.しかしながら,実用に耐えうる光量を得るためには,数百Vという高い駆動電圧を必要としていた[5].現在の有機EL素子は1987年にTangらによって報告された100 nm以下の薄膜を積層した積層型素子に端を発している[6].機能分離型とも呼ばれるこの積層型素子は,正孔注入層/正孔輸送層/発光層/電子輸送層/電子注入層など異なる有機化合物層にそれぞれの役割を分担させているところにも特色がある[7].有機低分子系の多層構造をもっている積層型EL素子では,膜厚制御性に優れ,不純物のない膜を積層できる真空蒸着法が使えることも,開発が著しく進んだ1つの理由である[8,9].

このようにして今日,EL素子としての特性は飛躍的に向上し,すでに一部は実用化されている.しかしながら,電荷注入,電荷輸送,励起子形成・再結合など電子過程の機構には依然として不明な点が多い[10].このため,しだいに改良のための基本的知識が蓄積されつつあるものの,確固たる原理に基づいて素子設計がなされるのではなく,試行錯誤的に素子を作製し,外部量子効率の高い素子構成や材料の開発が行われているのが現状である.有機EL素子をさらなる高効率化,低駆動電圧化するためには,発光の機構や電荷輸送など構成材料の物性を的確に把握しておく必要ある.さらに真に実用化されるためには,効率のみならず,素子の寿命もきわめて重要な因子となる.とりわけ,劣化の過程を研究するためには,素子全体の平均的特性もさるこ

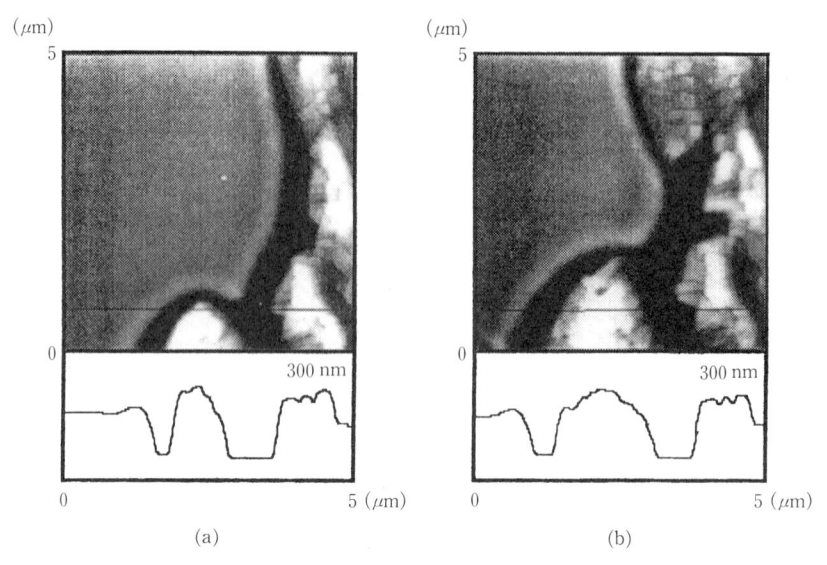

図7.7 AFMで観察した大気中での非晶質TPD薄膜の結晶化の様子
(b)のAFM地形像は(a)を観察後1時間経った同じ場所のAFM像. 結晶化部分の膜厚が非晶質部分の膜厚より厚くなっていることが像の下に示された断面図から明らか.

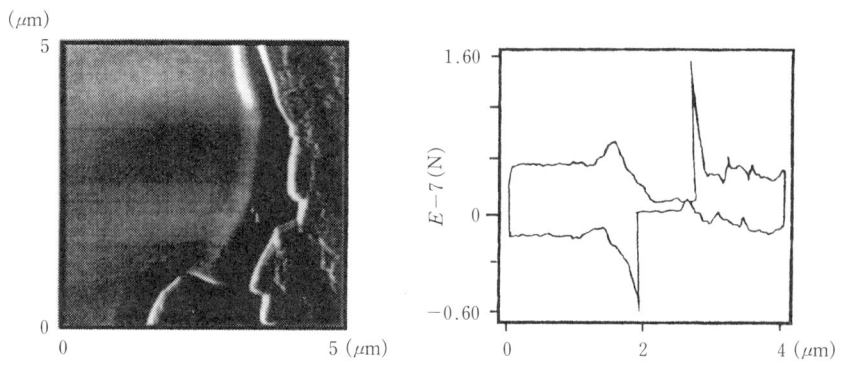

図7.8 図7.7(a)と同時に測定された, (a)摩擦像, (b)摩擦力ループ
ただし, 結晶部, 非晶質部表面での摩擦はほぼ同じで, 露出したガラス表面での摩擦に比べ高い.

とながら, ナノメートル領域での劣化の機構を解明する必要がある.

このような背景のもと, 筆者(藤平, 郭)らは有機EL素子の正孔輸送層として真空蒸着されたTPD(N,N'-diphenyl-N,N'-bis(3-methylphenyl)-1,1'-biphenyl-4,4'-diamine)薄膜の構造変化をAFMや摩擦力顕微鏡(FFM)で観察した[11]. TPD薄膜の場合, 真空蒸着によって非晶質の平滑な膜表面が得られたが, 約1週間後には図7.7に示すような膜表面の地形像の変化がAFMによって観察された. この表面形状

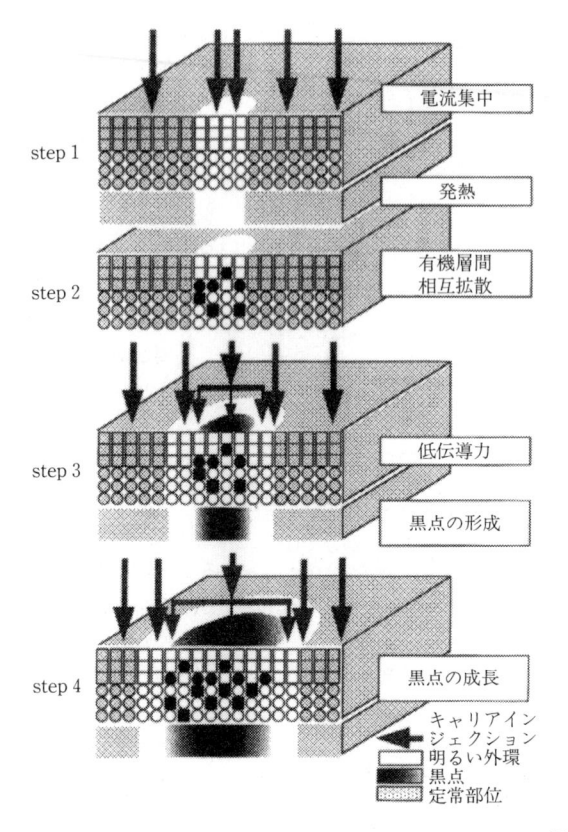

図7.9 有機電界発光素子の電流集中に起因した発熱により誘起されたTPDとAlq3の相互拡散と，それに引き続く黒点の成長機構の模式図

変化は非晶質から結晶への変化と考えられる．図7.8は，TPD薄膜表面の結晶化が部分的に進行したことをFFMと摩擦力ループで明らかにしている．上に述べたとおり，有機EL素子において実用的な観点から最も興味ある課題は素子の耐久性である．図7.7と図7.8の結果より，非晶質TPD薄膜が結晶化するとき，結晶の方が非晶質膜より膜厚が厚くなるため，一部ITO表面が露出することがわかった．このことはITO電極/TPD界面での正孔注入が結晶化により一部損なわれ，劣化の1つの要因となっていることを意味している．このほか，図7.9に示すような多層構造をもっている積層型EL素子での有機層間拡散による黒点の成長の機構を近接場光学顕微鏡を用いて，局所的フォトルミネッセンス(PL)スペクトルの変化や，時間分解PLスペクトルの変化から明らかにした(図7.10, 図7.11[12,13])．

高分子EL素子は，1990年にπ共役系高分子を用いた素子として初めて報告された[14]．以来，材料開発が活発に進められ，高分子素子特性も低分子系のものと比べら

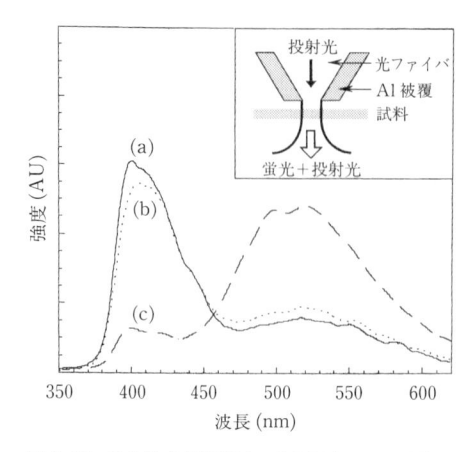

図 7.10 近接場光学顕微鏡により観察された劣化した部分(黒点内部)(c)とそれ以外の部分(a)および(b)での PL スペクトルの差異

図 7.9 に示したように、黒点が生成した部分では Alq 3 の TPD 層へ拡散が起こり、励起された TPD から Alq 3 へのエネルギー移動により PL スペクトルが長波長にシフトしている。

れるようになった[15]。高分子材料はその物理的・化学的性質から耐熱性が高く結晶化が起こりにくく、薄膜としての機械的強度も高いという低分子系にない特徴をもっている。

しかし、高分子材料を EL 素子に用いる場合、低分子系の EL 素子の場合と同様に、発光および電荷輸送など構成材料の物性や構造的特性を把握しておく必要がある。特に高分子材料の場合は、スピンコートやディッピングなど、溶液を介するウェットプロセスで薄膜を形成する方法が主に用いられている。したがって、高分子の膜厚は溶液の粘度、固形分濃度、回転数で調整することができるが、それをいかに均一で、緻密な薄膜として形成するかが重要な課題となっている。膜厚の不均一性は印加電場分布や局所電子過程に影響を及ぼすので、ナノメートル領域での構造面からの研究が不可欠である。

高分子 PPyV (poly (*p*-pyridyl vinylene)) の薄膜での PL 変化が偏光型の近接場光学顕微鏡を用いて観察されている[16]。膜表面には会合により形成されたと思われる数百 nm の長さをもつドメイン構造が観察され、薄膜の PL 効率を減少させる原因となっていると考えられた。同じ現象が PPV (poly (*p*-phenylene vinylene)) 薄膜にも見られ、約 100 nm の高分子クラスタが地形像で観察されている[17]。最近の π 共役系高分子での近接場光学顕微鏡を用いた研究としては、複数の高分子材料を任意の割合で塗布したとき、均一な薄膜として形成するかどうかをポリフルオレンを用いた混合膜系で研究された例がある[18]。

7.2.2 LB 膜

分子レベルでの有機薄膜の膜厚、配向の制御が可能な成膜法の 1 つに LB (Langmuir-Blodgett) 法がある。LB 法は水面上に単分子膜を形成させ、この単分子膜を固体基板上に移し取り、1 分子層が固定された単分子膜、あるいは水面からの移し取りを繰り返し、単分子膜を重ねた累積膜を作製する方法である。有機超薄膜作製法の中で、最も高秩序に配列・配向制御できるので、高度の機能性薄膜開発のための最も有力な手法として期待されている。

筆者らはハイドロカーボン (HC) とフルオロカーボン (FC) 両親媒性化合物の 2 成

7. 有機材料

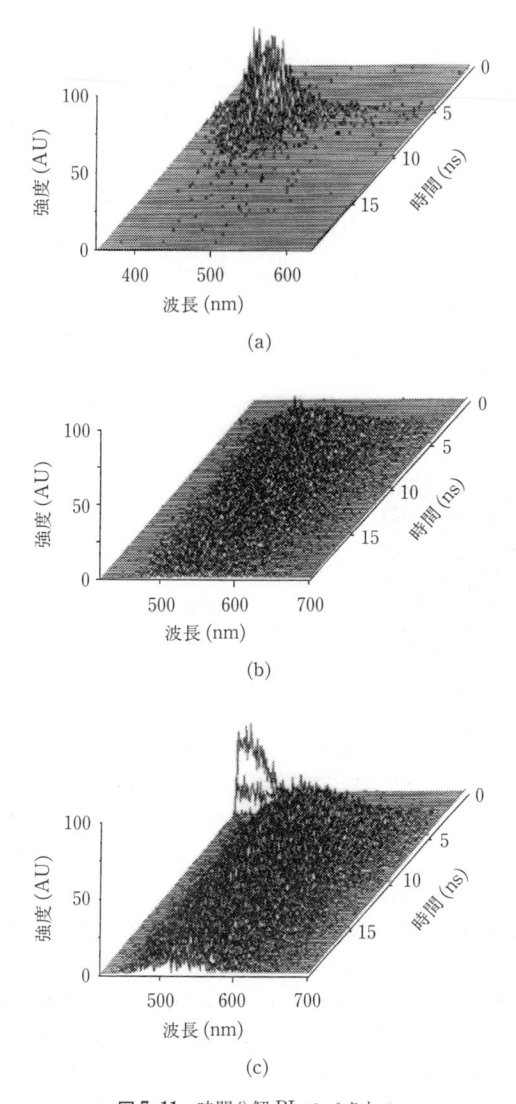

図 7.11 時間分解 PL スペクトル
(a) TPD 薄膜，(b) Alq 3 薄膜，(c) TPD-Alq 3 (79 : 1) 混合薄膜.
この混合による時間分解 PL スペクトルの変化は近接場光学顕微鏡で観測された黒点中での時間分解 PL スペクトル[13]とよく似ている.

分混合 LB 膜の相分離構造を AFM と FFM を用いて世界で初めて観察した[19]．1 成分系のステアリン酸からなる単分子膜の相分離構造も AFM を用いて検討した[20]．ただし，試料には，蛍光顕微鏡の観察のため微量の蛍光物質が入っていて，それが島状

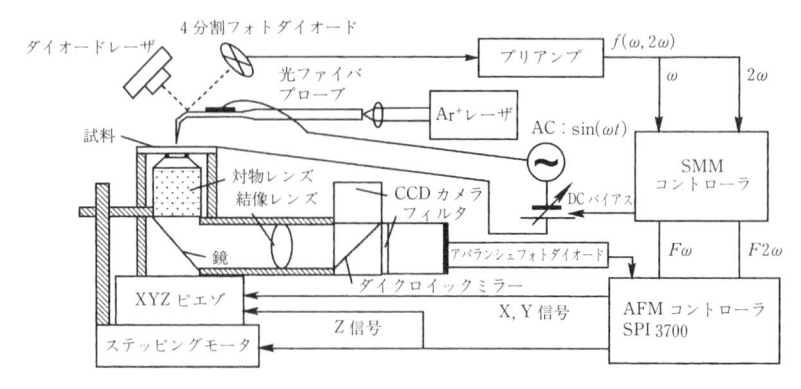

図 7.12　複合型走査型プローブ顕微鏡装置の概略図

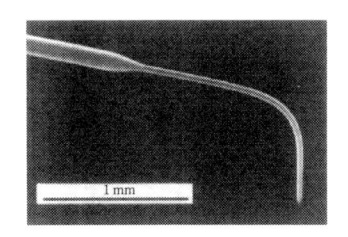

図 7.13　エッチングによりファイバ径を細くしたスリムプローブの SEM 写真

の固体相と海状の液体相の共存領域に相当な影響を及ぼすことが明らかにされた．1 成分単分子膜での相分離の近接場光学顕微鏡での観察は，1995 年に Hwang らによって報告されたのが最初で，リン脂質からなる相分離した LB 膜を用いてナノメートル領域で行われた[21]．

筆者らは，複合型走査型プローブ顕微鏡装置を用いて，光学的情報と地形情報のほかに，表面電位，摩擦などの機能特性情報を同時に測定することができるようになった（図 7.12[22]）．最近の成果として，光ファイバプローブを，エッチングによりファイバ径を減ずることで，従来の 1/100 以下という低いばね定数のプローブの作製が可能となった（図 7.13[23,24]）．この細い光ファイバプローブ（スリムプローブ）を近接場光学顕微鏡に応用することにより，LB 膜を機械的に破壊することなく，地形像と蛍光像（図 7.14 (a)，(c)）と同時に摩擦像（図 7.14 (b)）を観察することができた[25,26]．

ほかに，単一成分系リン脂質の多様なドメイン構造で，地形像，蛍光像，摩擦像の組合せのほか，蛍光像（図 7.15 (a)）と同時に表面電位像（図 7.15 (b)）も観察されている[27,28]．図 7.15 (b) は導電性をもたせた光ファイバプローブと試料の間に加えられた交流電圧によるプローブの振動周波数の ω 成分をロックインアンプで取り出してマッピングしたものである．1 成分リン脂質単分子膜には，ジパルミトイルフォスファチジルエタノールアミン (dipalmitoylphosphatidylethanolamine：DPPE) のヘッドグループをニトロベンズオキサジアゾール (nitrobenzoxadiazole：NBD) 基でラベルした蛍光性リン脂質 (DPPE-NBD) 1 成分からなる相分離した LB 膜を使用した．図 7.16 にこの化合物の表面圧-面積曲線をその構造式とともに示した．

ほかに，Dunn らによって，ジパルミトイルフォスファチジルコリン (DPPC) 脂質

7. 有機材料

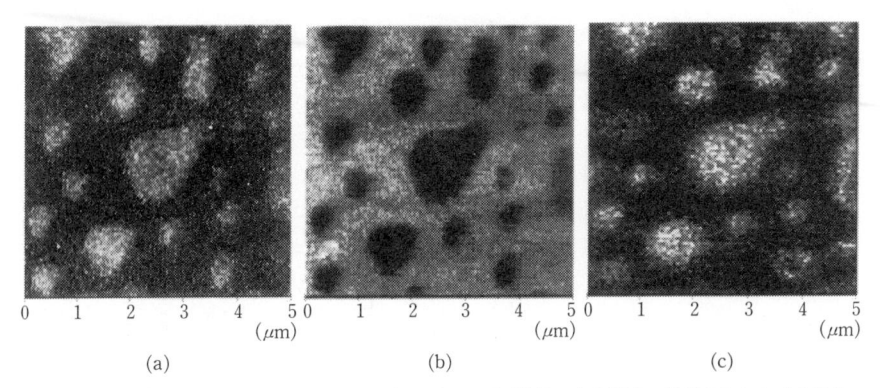

図 7.14 スリムプローブを用いた複合型走査型プローブ顕微鏡により同時に観察された 3 成分混合 LB 膜 (HC : FC : CD=1 : 1 : 1/100) の (a) 地形像, (b) 摩擦像, (c) 蛍光像 長鎖をもつシアニン色素 (CD) は選択的に相分離した島状の HC 相に溶解している.

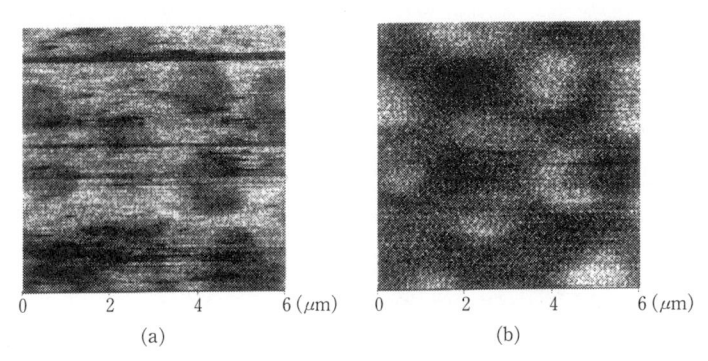

図 7.15 蛍光性リン脂質 (DPPE-NBD) 1 成分からなる相分離した LB 膜試料で同時に観察された (a) 蛍光像, (b) 表面電位像

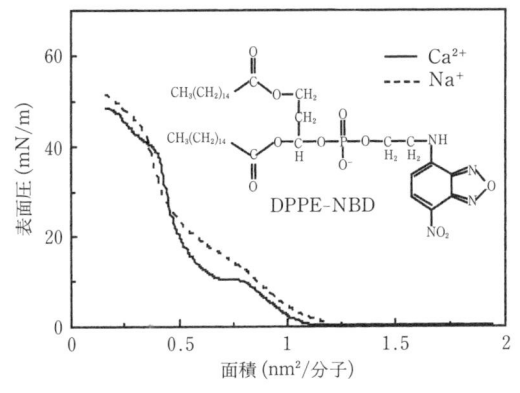

図 7.16 DPPE-NBD の構造式と表面圧-面積 (π-A) 曲線

LB膜のLC (liquid condensed) 相とLE (liquid expanded) 相からなる相分離した脂質膜の共存領域でのさまざまな近接場光学顕微鏡の研究が報告されている[29,30]。

　脂質LB膜に関する近接場光学顕微鏡の研究は生体膜をより深く理解するためのモデル系とも考えられるが，バイオセンサなど，生体分子のエレクトロニクスへの応用の側面からも有効である．後者の側面からは，微小領域での試料の蛍光スペクトルによる同定・解析も主要な課題であるが，光学情報と同時に表面機能情報を得ることはナノ構造などの解析において最も重要となる．将来的には，近接場光学顕微鏡プローブを有機分子で修飾することにより，多様な表面機能情報を同時に得ることが重要になってくると考えられる．

〔藤平正道・郭　廣柱〕

文　献

1) F. L. Carter : Molecular Electronic Devices (Marcel Dekker, 1982).
2) G. Binnig et al. : *Phys. Rev. Lett.*, **49** (1982), 57.
3) G. Binnig et al. : *Phys. Rev. Lett.*, **56** (1986), 930.
4) R. C. Dunn : *Chem. Rev.*, **99** (1999), 2891.
5) W. Helfrich and W. G. Schneider : *Phys Rev. Lett.*, **14** (1965), 229.
6) C. W. Tang and S. A. Vanslyke : *Appl. Phys. Lett.*, **51** (1987), 913.
7) T. Tsutsui et al. : K. Honda (ed.), Photochemical Processes in Organized Molecular Systems (North-Holland Publishing Company, 1991).
8) 関　俊一，宮下　悟 : 応用物理, **70** (2001), 70.
9) 八瀬清志ほか : 応用物理, **70** (2001), 455.
10) M. Fujihira and C. Ganzorig : W. R. Salaneck et al. (eds.), Conjugated Polymer and Molecular Interfaces (Marecel Dekker, 2001).
11) E. M. Han et al. : *Chem. Lett.* (1994), 969.
12) M. Fujihira et al. : *Appl. Phys. Lett.*, **68** (1996), 1787.
13) N. Yamamoto et al. : *J. Microsc.*, **202** (2001), 395.
14) J. H. Burroughes et al. : *Nature*, **347** (1990), 539.
15) R. H. Friend et al. : *Nature,* **397** (1999), 121.
16) J. W. Blatchford et al. : *Phys. Rev.*, **B54** (1996), R3683.
17) J. A. DeAro et al. : *Chem. Phys. Lett.*, **277** (1997), 532.
18) R. Stevenson et al. : *J. Microsc.*, **202** (2001), 433.
19) R. M. Overney et al. : *Nature*, **359** (1992), 133.
20) L. F. Chi et al. : *Science*, **259** (1993), 213.
21) J. Hwang et al. : *Science*, **270** (1995), 610.
22) H. Muramatsu et al. : *Ultramicroscopy*, **57** (1995), 141.
23) H. Muramatsu et al. : *Appl. Phys. Lett.*, **71** (1997), 2061.
24) H. Muramatsu et al. : *Ultramicroscopy*, **71** (1998), 73.
25) M. Fujihira et al. : *Ultramicroscopy*, **71** (1998), 269.
26) H. Monobe et al. : *Ultramicroscopy*, **71** (1998), 287.
27) Y. Horiuchi et al. : *J. Microsc.*, **194** (1999), 467.
28) K. J. Kwak et al. : *J. Microsc.*, **202** (2001), 413.
29) C. W. Hollars and R. C. Dunn : *J. Phys. Chem.*, **B101** (1997), 6313.
30) C. W. Hollars and R. C. Dunn : *Biophys. J.*, **75** (1998), 342.

7.3 フォトクロミック材料

フォトクロミック材料の計測には，光吸収変化を測定する方法と蛍光を測定する方法とがある．ここでは，まずフォトクロミック材料の特性を述べ，近接場光学顕微鏡による光加工（光記録）と計測（光再生）の例を示す．

フォトクロミズムとは，特定の波長の光を当てることにより，有機化合物が分子構造を変え，その結果色が変化する現象をいい，このような現象を示す有機材料をフォトクロミック材料という．多くの場合，光着色状態は不安定で暗所中においてももとの無色状態に戻るが，中には，着色状態が安定で暗所に置く限り色変化せず，特定の波長の光を照射したときにのみもとの無色体に戻るものもある．前者の材料は調光材料に，後者の材料は光メモリー媒体や光スイッチ素子への応用が検討されてきている．前者の着色状態が不安定な材料のフォトクロミック現象を近接場光学顕微鏡で観察することは困難であるが，後者の材料の場合は，光吸収変化あるいは蛍光により観測することができる．いくつかの観測結果を次に述べる．

7.3.1 ジアリールエテン

ジアリールエテンは，着色状態が安定で熱戻りしないフォトクロミック反応性を示し，また光着色/光退色の繰返し耐久性に優れていることから，光メモリー媒体や光スイッチ素子への利用が期待されている[1]．表7.1に代表的なジアリールエテン分子を示した．これらのジアリールエテン分子は，結晶，高分子フィルムあるいはバルクアモルファス固体において，可逆なフォトクロミック反応を示す．

図7.17に化合物2の単結晶の紫外光照射後のトポグラフィー像と近接場光学顕微鏡像，また可視光照射による近接場光学顕微鏡像の変化を示す．この単結晶は，化合物2のヘキサン溶液をガラス基板上に滴下し，乾燥させて作成した．紫外光照射直後は，トポグラフィー像に対応した場所において光透過率の減少した近接場光学顕微鏡像が得られている．測定は，633 nm で行った．このことは，紫外光照射により単結晶がフォトクロミック反応し，633 nm に吸収をもつ青色状態に変化したことを示している．この光吸収が確かにフォトクロミック反応により生じたものであることを確認するために，可視光（$\lambda > 600$ nm）により退色させながら，近接場光学顕微鏡像測定を繰り返した．図からわかるように，可視光照射を続けると，青色はしだいに減少し，光は透過するように（白く）なった．これは，可視光照射により，青色が退色してもとの無色体へ戻ったことを示している．このように，近接場光学顕微鏡により，微小単結晶のフォトクロミック光退色過程を追跡することができた．この光退色を極微小領域に限定することができれば，微小スポットを結晶表面に光記録することが可能になる．

先端開口径約100 nm のファイバプローブを単結晶表面に90秒固定して，633 nm 光により局所退色させ，その後同じ 633 nm 光により再生することを試みた．再生像

表 7.1 フォトクロミックジアリールエテン

開環型異性体 (a)	閉環性異性体 (b)	行列
1a	1b	結晶
2a	2b	結晶
3a	3b	高分子フィルム
4a	4b	バルクアモルファス固体
5a	5b	バルクアモルファス固体

には,確かに微小退色スポットが観測されたが,スポット径は,用いたプローブ径よりも大きくなった.これは,結晶表面が荒れていたため光散乱が生じたためと思われる.

化合物 4 は,バルクアモルファスフィルムを形成する[2].このバルクアモルファスフィルムを,紫外光により青色に着色させ,その後先端開口径約 100 nm のファイバプローブからの近接場光により光退色させ,微小スポットを書き込むことを試みた.このアモルファスフィルムは,化合物 4 のヘキサン溶液をガラス基板上に滴下し,ス

7. 有機材料

(a) トポグラフィー像

1次走査 → 2次走査

(b) 近接場光学顕微鏡像

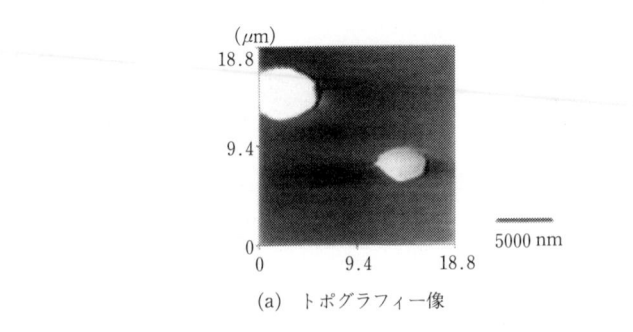

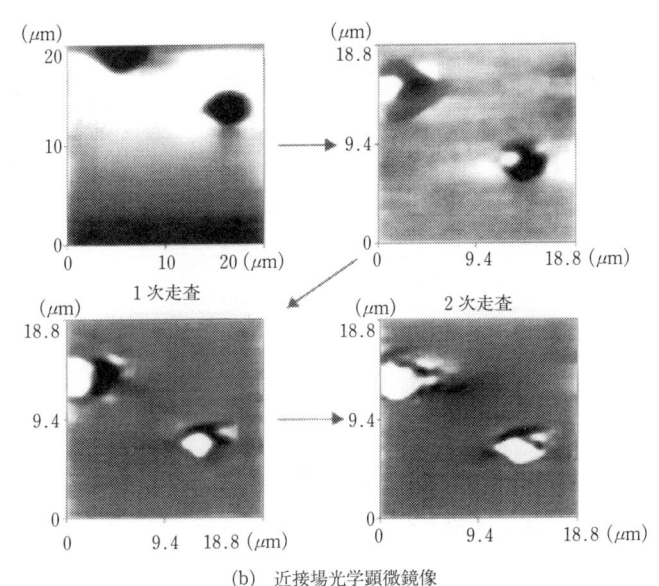

図7.17 化合物2の単結晶の(a)トポグラフィー像と(b)近接場光学顕微鏡像 可視光($\lambda > 600$ nm)照射による近接場光学顕微鏡像の変化.

ピンコート法により得た.膜厚は,約300 nmであった.結果を図7.18に示す.書込み前は,膜は全面に青く着色しており,透過光量は小さいものであった.ファイバプローブからの近接場光により光退色させると,その部分の透過光量が増大して,明るい微小スポットが観測された.2つのスポット作成を行った.スポット寸法は,60 nmであった.このアモルファスフィルムは,スムースで滑らかな表面をもっており,その結果散乱効果がなく,微小スポット書込みが可能になったと考えられる.これら2つの微小スポットは,紫外光(366 nm)照射により消去することができた.このスポット寸法は,現行のCD-Rのスポット寸法の1/10以下であり,面積あたりの記録密度は100倍以上になると見積もられる.

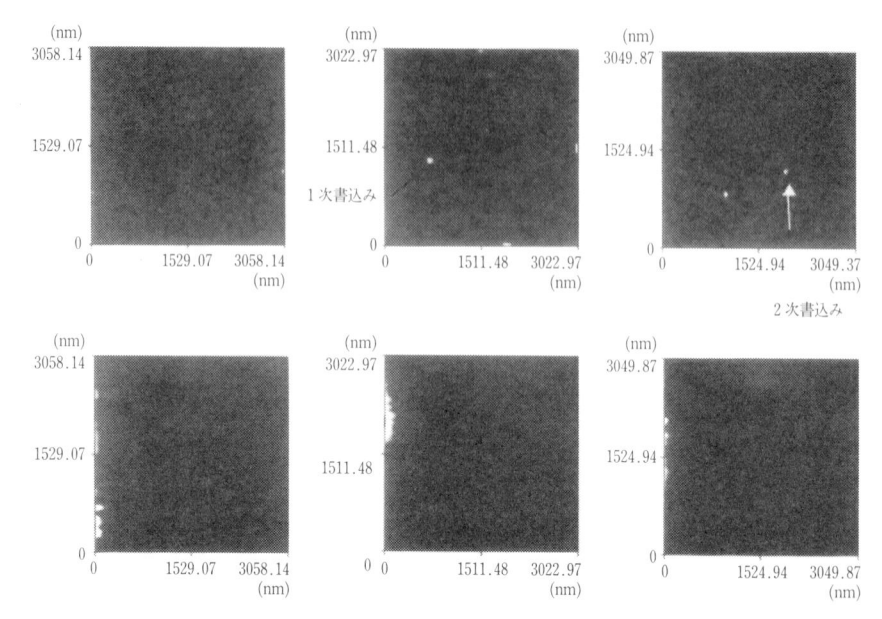

図7.18 化合物4のバルクアモルファスフィルムへの微小スポット書込み
上段：近接場光学顕微鏡像，下段：トポグラフィー像．

近接場光メモリーについて，その性能について理論計算が行われている[3-5]．その結果によると，記録密度は 10^{12} bits/cm^2（バンド幅 10^8 Hz において）程度と見積もられている．また，書込み転送速度は，プローブ光量が 10^5 W/cm^2（これは 100 nm の開口径のプローブで 10 μW の出力に対応）の場合で，10 Mbps 程度になる．一方，読出し転送速度は，同様の光量でやはり 10 Mbps が見積もられている．これらの計算では，透過光量変化（あるいは反射光量変化）を読出しの物性変化として用いているが，蛍光を用いるとさらなる高性能化が期待される[6,7]．そこで，蛍光によりフォトクロミック反応を追跡することを試みた．

7.3.2 ペリナフトチオインジゴ

フォトクロミック分子の中には，光照射により色が変化するのみならず，蛍光強度が変化するものがある．その代表例が図7.19のペリナフトチオインジゴである．

この分子は図7.19左のトランス構造では青色で，右のシス構造では赤色である．トランス構造の場合は蛍光を発するが，633 nm 光照射により右のシス構造に変化すると蛍光を出さなくなる．色変化とともに，蛍光を出すか，出さないかでフォトクロミック反応過程を知ることができる．シス構造は，488 nm 光照射により再びもとのトランス構造に戻る．

この分子を，ポリスチレンに分散させ記録膜とし，微小スポット書込み，蛍光読出

7. 有機材料

図 7.19 ペリナフトチオインジゴの構造

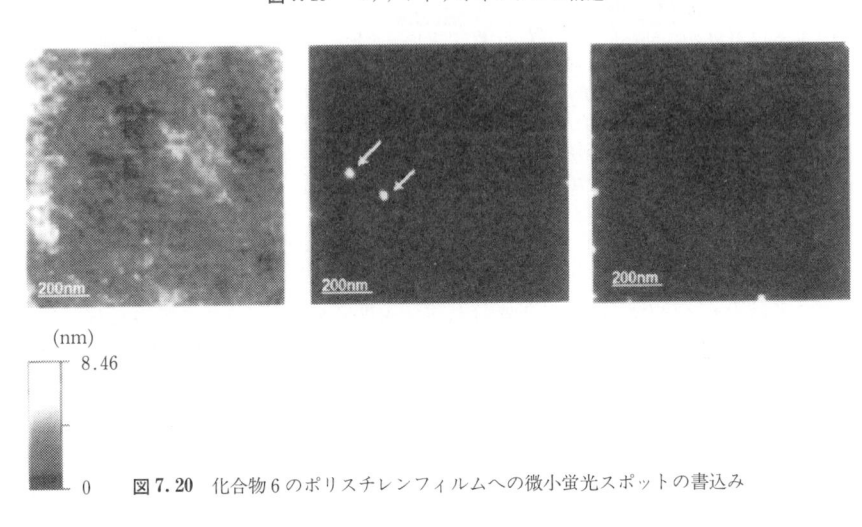

図 7.20 化合物6のポリスチレンフィルムへの微小蛍光スポットの書込み

しの近接場光メモリーを検討した．記録には2つの方法が考えられる．1つは，トランス構造の青色の記録膜に，ファイバプローブからの633 nm光を照射し，蛍光強度の減少を暗点として微小スポットを検出する方法であり，もう1つは，膜全面に633 nm光を照射し一旦シス構造の赤色膜にした後，ファイバプローブからの488 nm光を照射して蛍光強度の強い明点として微小スポットを検出する方法である．理論計算の結果，明点検出の方が転送速度に優れていることが見出された[7]ので，明点検出を検討した．結果を図 7.20 に示す．

まず，ナフトチオインジゴを分散させた青色膜に633 nm光を照射して赤色膜に初期化した後，先端開口径約100 nmファイバプローブからの488 nmの近接場光を90秒照射して，シス-トランス異性化を誘起させた．その後，近接場光を633 nmに変え，同じ記録膜面を走査して蛍光強度変化を検出した．図に示すように，約60 nm径の寸法をもつ明点（蛍光スポット）が観測された[8]．これらの微小スポットは，633 nm光照射により消滅した．書込み速度に限界があるかを検討するために，20 nsのパルス幅をもつ Nd^{3+}：YAG レーザからの532 nm光をファイバプローブに入射させて，微小スポット形成を試みた．その結果 20 ns の時間でも書込み可能なことが確認された．

以上のように,近接場光学顕微鏡を用いると,フォトクロミック材料の微小領域において光反応させる(光加工)こと,また,その変化を光吸収変化あるいは蛍光により検出する(光計測)ことができ,高密度光メモリーへの応用が可能である.

（入江正浩）

文　献

1) M. Irie : *Chem. Rev.*, **100** (2000), 1685.
2) T. Kawai *et al.* : *Jpn. J. Appl. Phys.*, **38** (1999), L1194.
3) T. Tsujioka *et al.* : *Jpn. J. Appl. Phys.*, **33** (1994), 5788.
4) T. Tsujioka and M. Irie : *Jpn. J. Appl. Phys.*, **38** (1999), 4100.
5) T. Tsujioka and M. Irie : *J. Opt. Soc. Amer.*, **B15** (1998), 1140.
6) T. Tsujioka and M. Irie : *Appl. Opt.*, **37** (1998), 4419.
7) T. Tsujioka and M. Irie : *Appl. Opt.*, **38** (1999), 5066.
8) M. Irie *et al.* : *Jpn. J. Appl. Phys.*, **38** (1999), 6114.

7.4　高分子結晶

高分子は,モノマ(monomer)と呼ばれる構成単位が共有結合で多数つながった巨大分子である.この巨大分子の中でのモノマの立体的な配列,空間的配置,連結しているモノマの数(重合度,分子量)などは,高分子の構造と性質に大きな影響を与える.高分子材料における近接場光を用いた顕微鏡観察や分光法の研究の大部分は高分子鎖を蛍光物質で標識した系であり,結晶性高分子材料を観察した例はほとんどない.本節では結晶性高分子の凝集構造について解説し,高分子構造分解における集光モード(Cモード)と照明モード(Iモード)の近接場光学顕微鏡の応用例についてその可能性も含めて議論する.

7.4.1　高分子固体の凝集構造[1]

高分子は,長い分子鎖長を保ったまま気体になることはできない.したがって高分子は液体状態と固体状態の2相を形成する.液体状態としては,高分子が溶媒に溶けた溶液,高分子が融点以上になった融液がある.溶液や融液では高分子鎖の自由度はきわめて高く,分子鎖は相互に絡み合った状態で分子鎖がレプテーションにより並進運動を示している.また,固体状態としてはガラス状態,結晶相がある.固体状態では分子鎖の並進運動は凍結されている.それ以外に結晶的な秩序をもつが流動性を示す液晶相,液体状態のように激しく運動する高分子鎖が網目状に結合したゴム,高

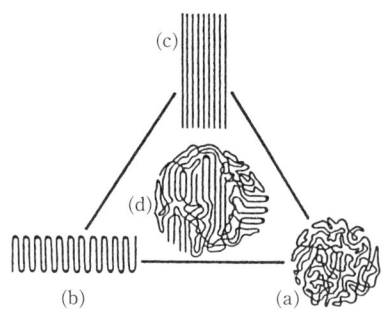

図 7.21　高分子に特有な凝集相の相互の関係
(a) ランダムコイル,(b) 折りたたみ結晶,
(c) 伸びきり鎖結晶,(d) 房状ミセルモデル.

分子鎖が網目状に結合し溶媒を多量に含むゲルなどの特徴的な相を形成する．結晶性高分子は結晶化の条件すなわち溶液から結晶化するか，または融液からか，さらには結晶化の温度や圧力などによって結晶構造に変化がなくても，その結晶形態 (morphology) に大きな相違が生じる．希薄溶液の等温結晶化では薄片状 (lamellar) の単結晶 (single crystal) が生成する．高圧結晶化や高いせん断応力下での結晶化は伸びきり鎖結晶を生成する．一方，融液からは結晶組織と非晶組織が複雑に混在した球晶 (spherulite) が生成する．またガラス状高分子は無定形相である．合成高分子の場合，このような結晶の凝集構造を高次構造 (higher order structure) と定義する．図 7.21 にはこれらの凝集相の相互の関係をまとめた[2]．

7.4.2 単　結　晶

1957 年，イギリスの Keller は 0.01 重量％のポリエチレンのキシレン溶液を 80℃ に一定に保つと厚み約 10 nm，幅数 μm の薄片状の結晶が生成することを見出した[3]．図 7.22 (a) はポリエチレン単結晶の透過電子顕微鏡写真である．菱形で厚みが約 10 nm の板状晶が観察され，中心付近には溶液中の中空ピラミッド (hollow pyramid) の崩壊を示すひだが観察される．電子線回折の結果では分子鎖は厚み方向に向いており，対角線の長い方が a 軸，短い方が b 軸であることが明らかになった．10 nm の厚みではそれに対応する分子量は 1100 程度である．それゆえ，最初は低分子量成分または分解して低分子になった部分が単結晶化すると考えられた．しかし，生成した単結晶を集めての分子量測定では分子量は用いたポリエチレンと同じであることが明らかになった．このことから，Keller は図 7.22 (b) のような高分子鎖は単結晶の表面で折りたたまれている構造を提案した．折りたたみ部分の構造については，(110) 面に沿って規則的に折りたたまれる様式と，折りたたみ部分が長くラメラ結晶

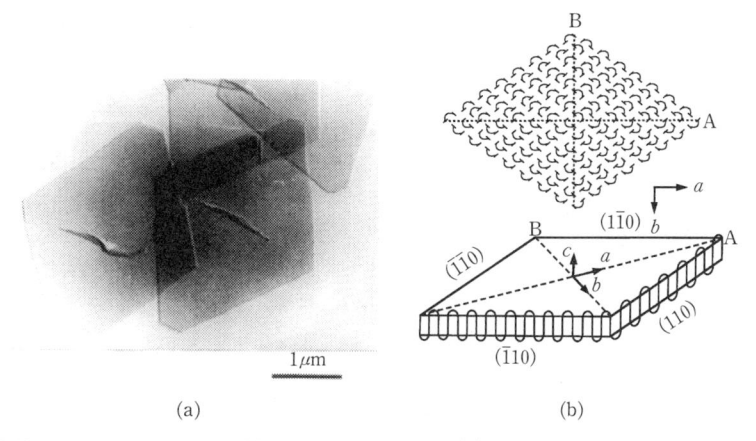

図 7.22　ポリエチレン単結晶の (a) 透過電子顕微鏡写真と (b) 表面分子鎖折りたたみ構造モデル

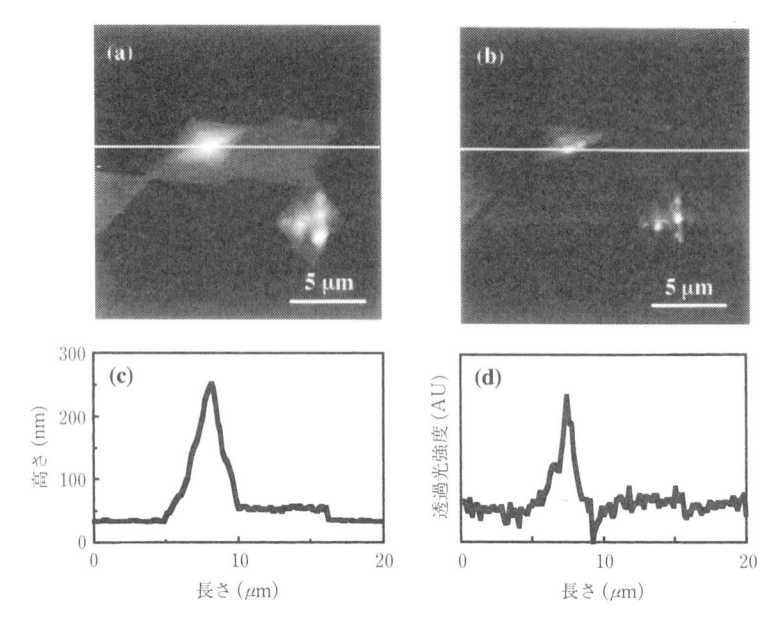

図 7.23 $M_w=32k$, $M_w/M_n=1.11$ の HDPE を用いて self-seeding 法により調製した HDPE 単結晶の (a) トポグラフィー像および (b) I モードの偏光近接場光学顕微鏡像 (直交ニコル) および (c) 高さと (d) 透過光強度のラインプロファイル[6]

にランダムに出入りする様式が考えられる.ポリエチレン単結晶の水平力顕微鏡 (LFM) 観察より,単結晶表面での分子鎖折りたたみの規則性を示唆する結果が得られている[4].

図 7.23 は,重量平均分子量 $M_w=32k$,分子量分布指数 $M_w/M_n=1.11$ の高密度ポリエチレン (HDPE) を用いて self-seeding 法により調製した HDPE 単結晶の (a) トポグラフィー像および (b) I モードの偏光近接場光学顕微鏡像および (c) 高さと (d) 透過光強度のラインプロファイルである[5,6].ここで,トポグラフィー像とは,ピエゾの z 軸方向の動きを画像化したものであり,試料表面の凹凸が色のコントラストとして画像化されている.また明るい部分は高さの高い部分に対応する.I モードの偏光近接場光学顕微鏡観察は透過モード,直交ニコルの条件で行われた.

トポグラフィー像において,AFM 観察より得られた HDPE 単結晶の像と対応した,板状菱形の HDPE 単結晶が観察された.また,一部にらせん成長が観察された.I モードの偏光近接場光学顕微鏡像においては,1 枚の板状晶部分内では明確なコントラストは観察されなかった.HDPE は c 軸を光軸とする単軸性の結晶形態をとり,HDPE 単結晶のような板状晶においては,光軸は板状晶に垂直に位置する.したがって,屈折率楕円体の断面が真円となり,偏光に対して複屈折を示さなかったものと考えられる.一方,らせん成長した HDPE 単結晶の頂上部分は明るく,光学的異

方性の存在が観察された．これは，らせん成長の成長過程でHDPEのc軸の向きが変化して複屈折性が発現していることを示唆している．

ポリエチレン単結晶についてはCモードによる観察例も報告されている．Srinivasaraoらは内部全反射モードでのエバネッセント波のトンネリング現象を利用して，ポリエチレン単結晶の形態を観察している[7,8]．図7.24はらせん成長したHDPE単結晶のCモード像である．単結晶ラメラの10nm程度の厚みの差が明確なコントラストとして観察されている．Cモードで観察できる厚みは0.75λ程度で，それ以上の厚みの試料は微分干渉顕微鏡を用いる必要がある．

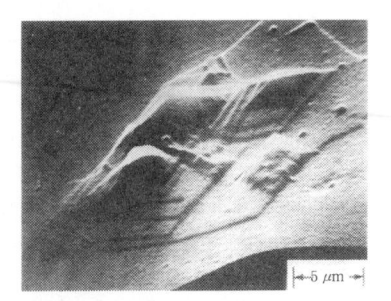

図7.24 らせん成長したPE単結晶のCモードの近接場光学顕微鏡像[7]

7.4.3 球　晶

高分子の融液から結晶化した固体組織に球晶(spherulite)がある．球晶は結晶性高分子の固体構造の中で最も重要なものである．球晶の発達の大きさにより，試料の力学的性質や透明性などが大きく変化する．球晶は，多数の微結晶が1つの核を中心に球対称的な成長を遂げた球状の集合組織である．高分子では，融液あるいは高濃度の溶液から結晶化したときに現れ，球晶の発達した試料を偏光顕微鏡で観察すると，ある中心から放射状に広がった同心円状の構造がみえる．図7.25は溶融物から結晶化した高密度ポリエチレン膜中の球晶の偏光顕微鏡写真である．同時に多数の球晶が生成したために成長過程で衝突が起こり，球晶の外形は直線上になっている．球晶中を直交偏光板間において観察すると，黒い十字やリング状の黒い環すなわち消光リング(extinction ring)が観察される．球晶の半径方向に沿ってマイクロビームX線回折を行った結果より，球晶は折りたたみ構造を有するラメラ状結晶が球晶の中心からねじれながら放射状に成長していることが明らかにされている[9]．図7.26は球晶の中のラメラのねじれの様子とポリエチレン結晶の屈折率楕円体の関係の模式図である．結晶b軸は常に半径方向を向いており，a, c軸が回転している．a, b, c軸方向の屈折率はそれぞれ，$n_\alpha=1.514$, $n_\beta=1.519$, $n_\gamma=1.575$である．ねじれの周期は消光リングの周期と一致しており，しかもc軸が顕微鏡の試料台に垂直になると，$n_\alpha=n_\beta$であるので複屈折が小さく消光が起こる．この消光はリング状になっていることから，放射状に成長したラメラはすべて同じ周期でねじれていることを示している．一方，半径

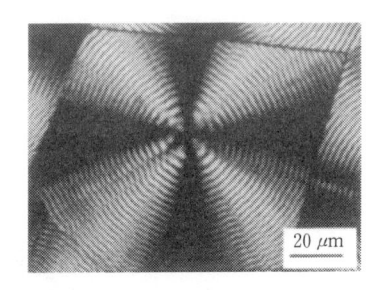

図7.25 溶融物から結晶化したHDPE薄膜中の球晶の偏光顕微鏡写真

方向を向いている b 軸が直交偏光板の軸と一致する点でも消光が起こり,マルテーゼクロス (Maltese cross) と呼ばれる黒十字が観察される.非晶部は結晶化が進行するにつれて,ラメラとラメラの間や球晶の界面などに排除される.

HDPE 薄膜の消光リングと表面の起伏の相関を評価するため,クロスニコル下でIモードの偏光近接場光学顕微鏡観察を行った.図 7.27 は溶融物から等温結晶化した HDPE 薄膜の I モードの偏光近接場光学顕微鏡像およびトポグラフィー像である[5,10].I モードの偏光近接場光学顕微鏡像では,偏光顕微鏡像と同様のマルテーゼクロスと消光リングが観察された.消光リングの周期はおよそ 3 μm であり,偏光顕微鏡像における消光リングの周期と一致している.一方,トポグラフィー像では,周期的な起伏が観察された.最も高い部分は球晶中心部に,最も低い部分は球晶境界の周辺で

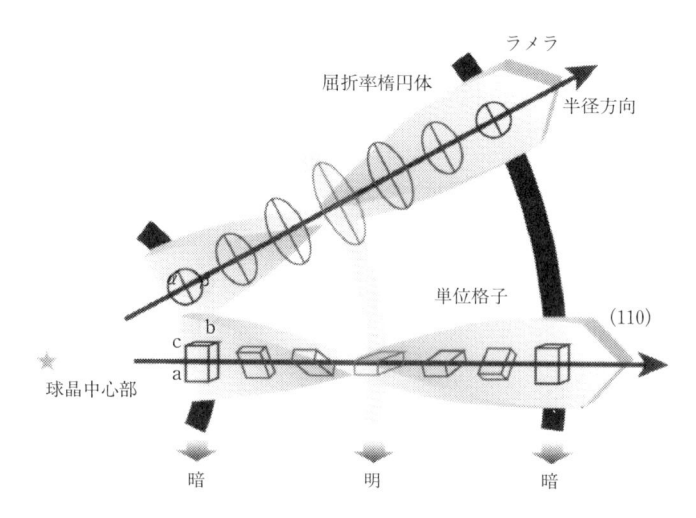

図 7.26 ポリエチレン球晶中のラメラのねじれの様子と結晶の屈折率楕円体の関係の模式図

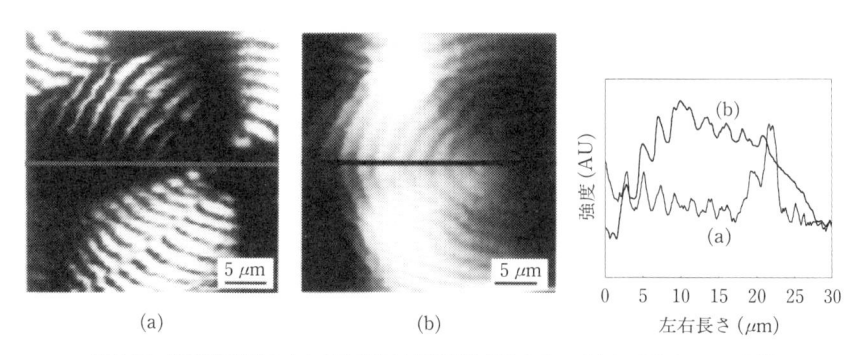

図 7.27 HDPE 薄膜の (a) 偏光近接場光学顕微鏡像および (b) トポグラフィー像[10]

あった．また，同心円状の周期的な起伏の周期はおよそ 3 μm で，近接場光学顕微鏡像における消光リングのそれとほぼ一致することから，この起伏はラメラのねじれに対応している．このことから，表面の起伏に対応して光学的性質が変化し，ラメラ中の分子鎖軸 (c 軸) は，表面起伏の高い部分では膜表面に対して平行に，表面起伏の低い部分では膜表面に対して垂直に配向凝集していることが明らかである．同様な消光リングは Miles らによりポリ (ヒドロキシブチレート) (PHB) 薄膜でも I モードの偏光近接場光学顕微鏡を用いて観察されている[11]．図 7.28 は融液より結晶化した PHB 薄膜の I モードの偏光近接場光学顕微鏡像である．観察領域は球晶の境界部分である．I モードの近接場光学顕微鏡像では約 1.3 μm の明暗の周期が明確に観察されており，遠視野の偏光顕微鏡に比べて高い分解能が明らかである．

7.4.4 繊維構造

高分子は，分子鎖方向には共有結合による大きな力が働いている．しかし，分子間はファンデルワールス力などの弱い力であり，このため力学的性質に大きな異方性が存在している．温度を上げると，分子間相互作用は急速に小さく

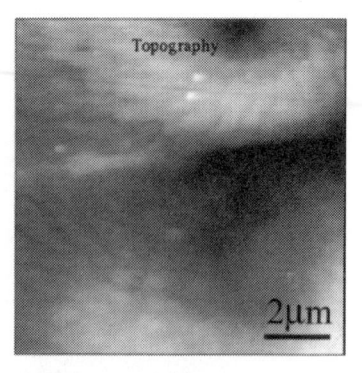

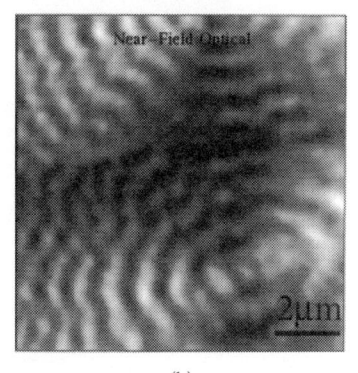

図 7.28 PHB 球晶のトポグラフィー像と I モードの偏光近接場光学顕微鏡像[11]

なり，特に結晶が柔らかくなる温度 (結晶緩和温度) で延伸すると，分子鎖に適当な張力がかかりながら引き伸ばされるとともに，結晶が配向する．このような結晶が配向した結晶組織を繊維構造 (fiber structure) という．繊維構造に外から応力がかかると，結晶をつなぐタイ分子が応力を伝達する役割を果たすので，繊維構造を有する材料は高い弾性率や強度を示すようになる．繊維構造は実用的な意味からも，力学的性質の発現と関連してきわめて重要である．

Ade らは超高強度・高弾性率高分子繊維の断面の複屈折を I モードの偏光近接場光学顕微鏡を用いて観察した[12]．用いた試料は液晶溶液より紡糸されたポリ (p-フェニレンテレフタルアミド) (PPTA Kevlar 29 繊維) であり，エポキシ樹脂に包埋後，マイクロトームで 0.2 μm の膜厚の超薄切片とした．PPTA は硫酸溶液中で液晶を形成し，液晶溶液を紡糸口金より押し出すとせん断応力により液晶ドメインが溶液の流れの方向に配向する．次いで，分子鎖を十分に配向した状態で固化するため，延伸工

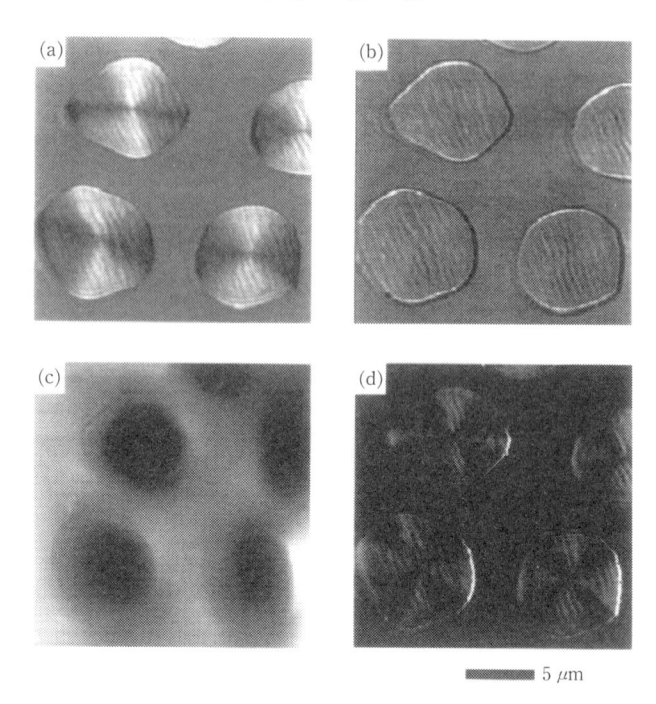

図7.29 Kevlar 29繊維の(a)基本波，(b)2倍波の透過光信号の近接場光学顕微鏡像，(c)トポグラフィー像，(d)基本波/2倍波信号の比の近接場光学顕微鏡像[12]

程なしで比較的高い配向度(0.91)と結晶性の高い(結晶化度66％)繊維が得られる．観察は直交ニコルの状態で行われ，試料からの透過光をポッケルスセルで変調し，ロックイン検出することにより，基本波と2倍波の透過光成分を検出した．基本波の透過光強度は，複屈折で生じる位相差を $\delta\phi=2\pi\Delta nt$ とすると，$\sin(\delta\phi)$ に比例し，2倍波は，$\cos(\delta\phi)$ に比例する．ここで Δn は複屈折，t は試料の厚みである．したがって，基本波と2倍波の透過光強度の比は $\tan(\delta\phi)$ に比例し，複屈折を直接反映したものとなる．図7.29はKevlar 29繊維の(a)基本波，(b)2倍波の透過光信号の近接場光学顕微鏡像，(c)トポグラフィー像，(d)基本波/2倍波の信号の振幅比の近接場光学顕微鏡像である．Kevlarの結晶構造と繊維中での分子の配向状態から，カルボニル基と芳香環は繊維の断面の半径方向に配列しており，半径方向に高い屈折率を示し，繊維の径の接線方向が低い屈折率に対応する．したがって，ポリエチレンの球晶と同じようなマルテーゼクロスが観察できるはずである．基本波/2倍波の信号の比に対応する近接場光学顕微鏡像ではマルテーゼクロスが観察され，遠視野に比べると高い横方向の分解能であることが明らかにされている．

（高原　淳）

文　献

1) 高原　淳：高分子材料，現代工学の基礎6（岩波書店，2000）．
2) B. Wunderlich : *Ber. Bunsenges*, **74** (1970), 772.
3) A. Keller : *Phil. Mag.*, **12** (1957), 1171.
4) T. Kajiyama *et al.* : *Macromolecules*, **28** (1996), 4768-4770.
5) T. Kajiyama *et al.* : *Proc. STM 99* (1999), 160.
6) T. Fujii *et al.* : *Rept. Progr. Polym. Phys. Jpn.*, **41** (1998), 277.
7) M. Srinivasarao *et al.* : *Polymer*, **35** (1994), 1137.
8) M. Srinivasarao : *Comp. Polym. Sci., 2nd Suppl.* (1996), 163.
9) Y. Fujiwara : *J. Appl. Polym. Sci.*, **4** (1960), 10.
10) Y. Sakaki *et al.* : *Rept. Progr. Polym. Phys. Jpn.*, **42** (1999), 195 ; *Polymer.*, **43** (2002), 3441.
11) R. L. Williamson and M. J. Miles : *J. Vac. Sci. Tech.*, **B14** (1996), 809.
12) H. Ade *et al.* : *Langmuir*, **12** (1996), 231.

7.5　光化学への応用

7.5.1　光励起と光プロセスの観測

　近接場光を用いた光技術，その中でも近接場光学顕微鏡は，これまでの光学顕微鏡の回折限界をこえる100 nm以下の空間分解能をもつことから，分子の世界に迫る新しい光技術として注目されている．分子の反応，構造，性質を探究する化学の分野においても，個々の分子に直接働きかける光は，有機化合物に関する多くの情報を化学者に提供してきた．さらにナノメートルスケールでの空間分解能が得られたことで，薄膜や表面に分散した単分子，分子集合体，液晶，高分子材料，生体組織などを観測するための有力な手段を手にしたことになる．その有用性はすでに多くの総説に述べられている[1-5]．

　情報とエネルギーとを運搬するキャリアとして光を考えると，有機材料の構造観察のみならず，局所場における光反応に基づく機能や，分子組織体の電子状態，分子ダイナミックス，化学種の顕微分光解析など，光を用いる顕微技術であればこそできる多くの研究分野が開かれつつある．本節では構造観察の顕微技術としてではなく，局所場光化学の立場から近接場光学顕微鏡を取り上げる．

　これまで顕微鏡用蛍光色素としては，Ar^+レーザを励起光源として，ローダミン(rhodamine)やフルオレセイン(fluorescein)などの可視域に吸収発光をもつ色素が多用されてきた．しかしながら光化学への応用を考えると，有機分子の励起光源としては紫外レーザの使用が望まれる．共役2重結合をもつ不飽和炭化水素，芳香族化合物やケトン，アルデヒドのように，光化学として興味深い有機化合物は250～450 nmの紫外域に吸収帯をもち，電子遷移を起こす．図7.30に示したように，カルバゾール(carbazole)やペリレン(perylene)のように，電子ドナーや蛍光性色素として用いられる大半の多環芳香族基はこの波長帯の光を吸収して励起状態を生成する．本図にはレーザ光源の波長も示したが，CW紫外光源としてはHe-Cdレーザが数mWの

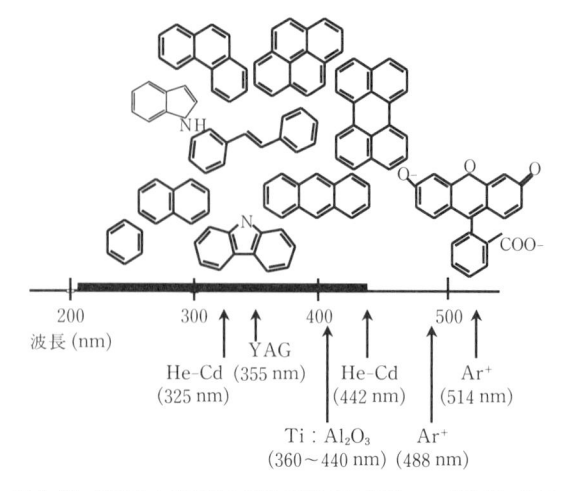

図 7.30　代表的な多環芳香族基の吸収波長帯とレーザ光源の波長

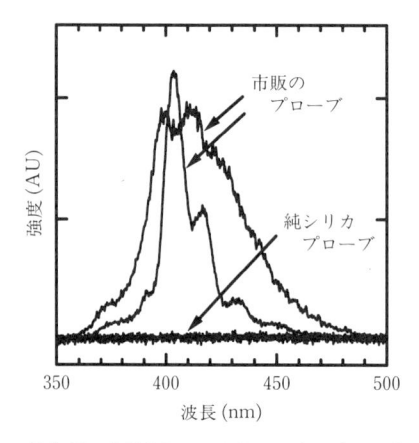

波長 (nm): 200　300　400　500

YAG
He-Cd (355 nm)　He-Cd　Ar⁺
(325 nm)　　　　(442 nm)　(514 nm)
　　　　Ti : Al₂O₃　Ar⁺
　　　　(360〜440 nm) (488 nm)

図 7.31　市販されている光ファイバプローブ2種の自己蛍光スペクトルと，同一条件で測定した純粋石英コアファイバのスペクトル

安定したレーザ光源として使いやすく，またパルス光源としては $Ti:Al_2O_3$ レーザの2次高調波が 360〜440 nm の波長域をカバーできる有用な光源である．

　光励起により，分子からの蛍光の検出や光化学反応を誘起させることを目的とすると，近接場光学顕微鏡の形態としては基本的には，光ファイバプローブから近接場光を照射する照明モード（I モード）を念頭に置くことになる．このとき問題になるのが，光ファイバである．一般に市販されている光ファイバプローブの材質は石英であるが，そのコアには GeO_2 がドープされている．これが紫外光を吸収して蛍光を発するため，紫外光の伝送距離は数十 cm に限られる上，ファイバからの強い蛍光が試料からの微弱な蛍光の観察に妨害となる．図 7.31 には，市販の近接場光学顕微鏡用ファイバプローブに 325 nm の He-Cd レーザ光をカップルインさせたときに観測されるファイバ由来の蛍光スペクトルである．Mononobe らは，純粋石英コアの光ファイバを用いてプローブを自作することでこの問題を克服し，紫外光励起によるポリシラン薄膜の蛍光像を報告している[6]．図 7.31 には純石英ファイバから作製されたプローブに 325 nm レーザ光を入射した場合の蛍光スペクトルも示されており，こ

のファイバからの蛍光は無視できる程度に弱いことがわかる.

装置の構成としては,通常の単一光子計数(single photon counting)装置を光検出器とすることにより高い空間分解能をもつ顕微画像が得られ,分光器付きCCD検出器を使用することにより有機化合物のスペクトル分析が可能になり,さらにパルス光源と組み合わせて時間相関単一光子計数装置を検出部分に用いることにより,蛍光時間減衰から励起状態の局所ダイナミクスを追跡できることになる.このように,光化学・光物理プロセスの解析のために通常の分光測定で用いられる計測機器を近接場光学顕微鏡装置に組み込み,高い空間分解能をもつ局所場分光装置として機能させることができる.

7.5.2 近接場光学顕微鏡による局所光プロセス

a. 光化学反応: プローブにより局在化された強い電磁場を用いて,高密度光記録を行う試みが数多くされている.Betzigらは近接場光学顕微鏡開発の初期において,磁気光学薄膜に60 nm以下の分解能で光記録を行っている[7].またJiangらはazobenzeneのトランス-シス光異性化反応を近接場光により起こさせ,100 nm以下の光記録ができることを光透過測定により示した[8].このようなフォトクロミック反応については7.3節で詳しく述べられているのでここでは省略する.

poly (*p*-phenylene vinylene) (PPV) に代表される共役高分子は,その電気伝導性によりEL材料として注目されているが,近接場光学顕微鏡による光記録も多く研究されている.PPVは光照射により酸化を受け,可視域での吸光度が低下すると同時に,スペクトル変化を伴って蛍光発光収率も低下する.Weiらは光酸化に伴う透過光変化を近接場光学顕微鏡により測定し,100 nm以下の線幅をもつ描画を行ったが,同時に得られるスポットが書込み光の偏光性により非対称となることを示した[9].その後,PPVの蛍光検出による読出しやトポグラフィー像の変化が報告され,この光反応が表面形態の変化を伴う光酸化により進行することが示された[10,11].CredoらはPPVの蛍光スペクトルの変化を詳しく調べ,空気中の酸素による光酸化が起こり長波長発光成分が増加すること,表面形態の変化がPPVの溶融により起こること,またスポット寸法の照射時間依存性から,励起エネルギーがPPV薄膜中を数百nmの距離にわたって拡散すると推定している[12].

このほか,単分子膜に感光性色素を導入し,近接場光により局所光退色を起こさせる光記録がいくつか報告されている[13].Aokiらは蛍光性のピレン(pyrene)をラベルした高分子単分子膜が325 nmの紫外光により退色し,蛍光近接場光学顕微鏡により100 nmの高い空間分解能で読出しができることを示した[14].単分子膜の利用により,近接場光の感光膜内での広がりや膜変形を極力抑え,純粋に光学的変化として記録が行える.また,高い光検出感度が単分子膜の感光材料としての利用を可能にしているともいえる.

b. 光物理プロセス: 励起エネルギーの移動拡散現象は,生物の光合成系におい

て重要な働きをしている．有機結晶やアモルファス高分子薄膜における光プロセスも励起エネルギー移動によって支配されている場合が多い．Adams らは perylene-bis (phenethylimide) の多結晶フィルムにおいて，励起エネルギーの拡散距離を実測している[5,15]．近接場光学顕微鏡の空間分解能がエネルギーの拡散距離よりも微小になったことで，このような測定ができるようになった．励起光の透過像と比較して，CCDでとらえた蛍光像のスポット寸法はエネルギー拡散により大きくなっており，拡散式に基づく強度分布の検討により，拡散距離が 500 nm 程度であることを示した．この値はこれまでバルク測定で得られていた値の 1/5 程度であり，これまでのマクロスケールの評価法に疑問を投げかけた．

　有機色素の非線形光学効果を用いた新しい近接場光学顕微鏡が，Shen らにより提案されている[4]．高い非線形感受率をもつ色素をラベルした試料に，800 nm の Ti : Al_2O_3 レーザ光を照射し，450 nm 付近に現れる 2 光子吸収による蛍光を観測している．これにより，発光が空間的により限定された領域から起こり，ノイズを抑えて高い SN 比で像が観測された．またこの現象を色素の退色による光記録に応用すると，1 光子による記録スポットの寸法が 2 光子励起の場合には半減し，より高い記録密度が得られた．

　光電導性は，有機薄膜の応用分野の中でも光現象と電子過程を結合する重要な機能である．ITO のような導電性基板の上に光電導性がある高分子薄膜やポルフィリン (porphyrin) 薄膜を試料としてキャストし，近接場光学顕微鏡を適用する研究が行われている．光プローブのアルミコーティングを一方の電極とすることにより，観測する局所場に電場をかけるのと同時に，試料に光照射をすることができる．光電導性の測定をサブマイクロメートルの局所で走査しながら行い，加えてそのときの発光とトポグラフィー像の 3 つの 2 次元マップを観測することができる．DeAro らは配向PPV 試料の光電導で得られた 2 次元画像がトポグラフィー像とよく相関しており，発光よりも感度よく薄膜材料の光電特性を表すという結果を得た[16]．また，より配向性の高い部位がより大きな光電流信号を与えることを示した．一方，McNeill らは印加する電場の変調に応じて，検出される発光強度が変調される現象を見出し，光電導性の基本要素であるキャリア濃度やキャリアの移動度の局所場測定に近接場光学顕微鏡が利用できることを示した[17,18]．

　光電導性測定例と同じように，光ファイバプローブを局所電場の発生源として利用した興味深い研究が，液晶について行われている．ネマチック液晶は電場配向することが知られている．高分子の中に液晶を液滴として分散させ，電場の ON/OFF により膜の光透過率を変化させる光シャッタが考案されている．Mei らは液晶液滴のトポグラフィー像から 2 種の形態があることを示した後，液滴 1 個 1 個にしきい値以上の変調電場を印加しながら透過光を測定することにより，高分子との界面付近から液晶分子の電場反転が引き起こされることを，位相と光強度の実像により明らかにした[19-21]．近接場光学顕微鏡のもつ優れた特性を最大限生かした好例である．

7.5.3 局所場分子情報

　系中に存在する蛍光性分子を利用して分子レベルでの環境や位置，運動性を調べることができる．試料そのものが蛍光性である場合もあるが，蛍光色素をラベルとして導入して望みの分子情報を得ることも行われる．蛍光プローブ法とも呼ばれるこの手法を近接場光学顕微鏡で活用することにより，ナノメートルスケールの局所場における分子情報を形態像とともに議論できるようになる．

　a. 時間分解測定による局所濃度，分子間距離の測定：　蛍光の時間分解測定を行うことにより励起状態の失活速度を実時間で直接知ることができる．その速度はピコ秒やナノ秒に対応する高速現象であるが，近接場光学顕微鏡に時間相関単一光子計数装置を組み込むことにより，十分な感度で局所場測定をすることができる．光ファイバプローブの使用によるパルス光の歪みも，フェムト秒域での超高速現象の測定でなければさしたる問題にならない．むしろ重大な障害はプローブの金属コートによる励起分子の消光であり，その影響は系に依存するので，定量的測定をする場合はプローブの影響についての検証が必要である．

　時間分解測定により求められる励起分子の失活速度には，他の分子との間の相互作用に基づくさまざまな無放射過程を含んでいる．溶液中であれば，消光分子との衝突による失活速度が入り，分子拡散係数や分子濃度に関する情報が得られるが，近接場光学顕微鏡が対象とする固体系では拡散が制限されていることから，固体中での蛍光分子と消光分子との距離ならびに距離分布に関する情報が得られる．エネルギードナー (D)-アクセプタ (A) 間での双極子-双極子相互作用によるエネルギー移動では，移動反応速度の距離依存性が明確に既定されているので，数 nm～10 nm 程度の分子間距離を知ることができる．たとえば，DA 基がラベルされた酵素試料や，剛直鎖上に D と A が導入された分子，あるいは LB 膜のように層間距離が規制されている系では，エネルギー移動速度を測定することで，分子間距離やその分布を求めることができる．「蛍光分光による分子レベルの物差し」として頻繁に使われるゆえんである．

　Barbara と Mallouk のグループは，厚さ数 nm の色素ラベル高分子層を交互吸着法によって作製し，層間での励起エネルギー移動効率を近接場光学顕微鏡により測定した[22]．平面内の各点で実測されたエネルギー移動効率は 0.93 ときわめて高く，また狭い変動幅で一様であり，その効率と偏差から交互積層膜の層間距離を 2±0.4 nm と評価した．

　Aoki らは，2 種類の高分子がブレンドされた高分子単分子膜の相分離構造を観察している．D でラベルされた 1 成分を選択励起し，A でラベルされたもう 1 成分の蛍光を観測することで，エネルギー移動が起こる領域のみを選択的に可視化した[23,24]．図 7.32 に示したように分子レベルで DA が混合接触している部分，つまり相界面のみが浮かび上がった．界面を横切る線上の各点での時間減衰測定から，単分子膜の相界面を横切って濃度分布が存在していることが明らかとなり，2 次元界面が

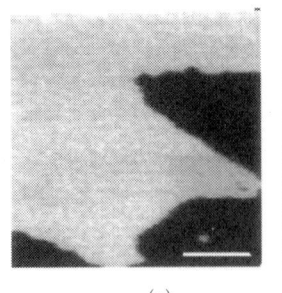

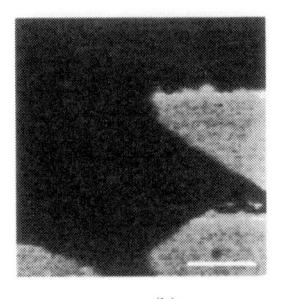

3次元バルク系よりもはるかに厚い界面幅をもつことが示された.

また,ゲルの内部構造を近接場光学顕微鏡で観察し,数百nmの階層的な不均一構造が示された[25]. 最小階層での分子密度を評価するためにエネルギー移動が用いられ,これにより平均密度の10倍以上の凝集が起こっていることがわかった.

b. 分光測定: 蛍光プローブ法として,蛍光分光は最も重要で多彩な分子情報を与えてくれる.近接場光学顕微鏡の発展初期に,Trautmanらはシアニン色素の単一分子分光を行い,高分子媒体に捕捉された個々の色素が,環境により10 nm程度の波長シフトをすることを報告している[26]. その後,単一分子の分光的研究はどちらかというと感度の優れたレーザ顕微鏡を用いて行われるようになった.しかし,近接場光学顕微鏡はより高い空間分解能でトポグラフィー像との比較が可能であることから,分子集合体や結晶など,形態と蛍光スペクトルとの相関が有用な情報となるテーマには威力を発揮する.たとえば,シアニン系色素の結晶を観察すると,蛍光スペクトルが結晶の位置によって変化する[27]. 結晶中には2種の発光種が存在すること,また遠隔場光で観察されるスペクトルは全体平均を観測するためにスペクトルのブロードニングが起こっていることなどが示され,局所観察ができる近接場光学顕微鏡の利点を示したよい例となった.しかしながら,単に蛍光像を測定する場合と比較して,分光測定にはより高い感度(蛍光強度)が要求されるため,近接場光学顕微鏡による分光分析の例はまだそれほど多くない.

c. 蛍光偏光性による異方的分子配向の測定:

蛍光の偏光性は分子配向に関する情報を与えてくれる.Betzigらは,光ファイバプローブ近傍での近接電磁場の偏光性にはきわめて複雑な要素があることを実験例を示して警告した[28]. しかし,分子配向が明瞭な試料が発する蛍光の偏光異

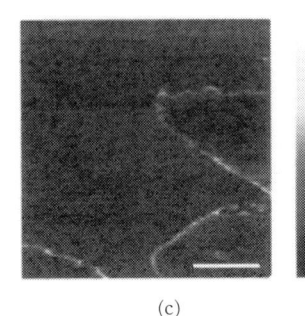

図7.32 pyrene (Py) と perylene (Pe) でラベルされた2成分高分子単分子膜の相分離構造[23]

(a) 325 nm 励起 Py 蛍光検出による Py ラベル高分子相の像, (b) 442 nm 励起 Pe 蛍光検出による Pe ラベル高分子相の像, (c) 325 nm Py 励起による Pe 蛍光像.エネルギー移動が起こる混合領域(界面)のみが観察される.バーは 4 μm を表す.

方性の解析は可能である.たとえば,Barbara らはカチオン性色素とアニオン性高分子が線状の分子錯体を形成し,高い蛍光偏光性を示すことから,色素の配向性を評価している[1].高分子鎖に関しても PPV や poly (fluorene) のような蛍光性共役高分子において,局所分子配向が蛍光偏光異方性から評価されている[29,30].

d. そ の 他: ナノメートルスケールでの顕微ラマン分析に対する期待が近接場光学顕微鏡に寄せられている.表面での化学組成の分析手段として,顕微 IR の空間分解能をこえるニーズが多い.しかしながら,ラマン分光に必要とされる散乱効率が一般の有機試料では十分に得られないため,成功例は限られている[31].近接場光学顕微鏡と AFM とを組み合わせ,AFM プローブの金属コーティングにより表面増強ラマン散乱が観測できることが報告されている[32].このような新しい工夫により,近接場光学顕微鏡の化学分野での応用がますます広がることが期待される.

光の回折限界をこえる空間分解能によってナノメートルスケールの微小な分子組織の形態を観察できる近接場光学顕微鏡は単に顕微鏡としての役割のみならず,分光能力,時間分解能力,さらに光エネルギーの授受を通して,分子材料の化学に新しい手段を提供している.ミクロとマクロ物性をつなぐメゾスケールでの光化学・光物理という未開拓分野に,文字どおり光を照らすことができるものと思われる.

(伊藤紳三郎・青木裕之)

文　献

1) D. A. Vanden Bout et al.: *Acc. Chem. Res.*, **30** (1997), 204-212.
2) R. J. Hamers: *J. Phys. Chem.*, **100** (1996), 13103-13120.
3) S. Kirstein: *Curr. Opin. Colloid Interface Sci.*, **4** (1999), 256-264.
4) Y. Shen et al.: *J. Phys. Chem.*, **B104** (2000), 7577-7587.
5) J. D. McNeill et al.: *J. Chem. Phys.*, **112** (2000), 7811-7821.
6) M. Arai et al.: *J. Luminescence*, **87-89** (2000), 951-953.
7) E. Betzig et al.: *Appl. Phys. Lett.*, **61** (1992), 142-144.
8) S. Jiang et al.: *Opt. Commun.*, **106** (1994), 173-177.
9) P. K. Wei et al.: *Synth. Met.*, **85** (1997), 1421-1422.
10) J. A. DeAro et al.: *Synth. Met.*, **102** (1999), 865-868.
11) T. Huser and M. Yan: *Synth. Met.*, **116** (2001), 333-337.
12) G. M. Credo et al.: *J. Chem. Phys.*, **112** (2000), 7864-7872.
13) A. Naber et al.: *Appl. Phys.*, **A70** (2000), 227-230.
14) H. Aoki: doctoral thesis, Kyoto University (2001).
15) D. Adams et al.: *J. Phys. Chem.*, **A103** (1999), 10138-10143.
16) J. A. DeAro et al.: *Appl. Phys. Lett.*, **75** (1999), 3814-3816.
17) J. D. McNeill et al.: *J. Phys. Chem.*, **105** (2001), 76-82.
18) D. M. Adams et al.: *J. Phys. Chem.*, **B104** (2000), 6728-6736.
19) E. Mei and D. A. Higgins: *Langmuir*, **14** (1998), 1945-1950.
20) E. Mei and D. A. Higgins: *Appl. Phys. Lett.*, **73** (1998), 3515-3517.
21) E. Mei and D. A. Higgins: *J. Phys. Chem.*, **A102** (1998), 7558-7563.
22) J. Kerimo et al.: *J. Phys. Chem.*, **B102** (1998), 9451-9460.

23) H. Aoki et al. : J. Phys. Chem., **B103** (1999), 10553-10556.
24) H. Aoki and S. Ito : J. Phys. Chem., **B105** (2001).
25) H. Aoki et al. : Macromolecules, **33** (2000), 9650-9656.
26) J. K Trautman et al. : Nature, **369** (1994), 40-43.
27) D. A. Vanden Bout et al. : J. Phys. Chem., **100** (1996), 11843-11849.
28) E. Betzig et al. : Appl. Opt., **31** (1992), 4563-4568.
29) J. Teetsov and D. A. Vanden Bout : J. Phys. Chem., **B104** (2000), 9378-9387.
30) J. A. DeAro et al. : Synth. Met., **101** (1999), 300-301.
31) Y. Narita et al. : Appl. Spectrosc., **52** (1998), 1141-1144.
32) R. M. Stoeckle et al. : Chem. Phys. Lett., **318** (2000), 131-136.

8. 新材料と極限

8.1 磁　　性

　大きなファラデー回転や巨大磁気抵抗現象，電荷の秩序化，強磁性など，応用上も重要な現象が，Mnなどの遷移金属イオンを構成要素とするII-VI族磁気半導体やIII-V族半導体，さらには酸化物において近年次々と見出されている[1]．これらの物質群では，図8.1に模式的に示すように，半導体や絶縁体のナノ・メゾスコピックスケール薄膜構造の中を動き回る励起子や荷電担体と，遷移金属イオンのd電子間の強い相互作用が重要な役割を果たしていると考えられている．実際，物質中の荷電担体の数を制御することで磁性，伝導といった重要な物性を制御できることが示されている．このことを利用すれば，図8.2に示すように，上記の物質群に光励起でキャリアや励起子を注入し，磁気的性質，さらには磁気光学，磁気伝導特性をスイッチングすることも可能となる．通常，演算回路などの電子・光素子の素材は半導体を，ハードディスクなどの記憶媒体には磁性体を用いる，と分けて考えられることが多い．これに対して上記の新物質群は，半導体(絶縁体)と磁性体両者の特性が組み合わされた現象を示すことを特徴としている．この性質が光励起によってスイッチングが可能となれば，基礎研究面での面白さにとどまらず，その応用範囲は非常に広範なものとなることが期待できる．

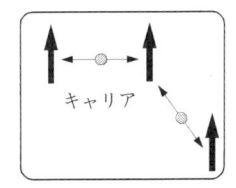

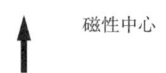

図8.1　遷移金属のd電子と励起子，キャリアの間の相互作用による強磁性発現機構の模式図

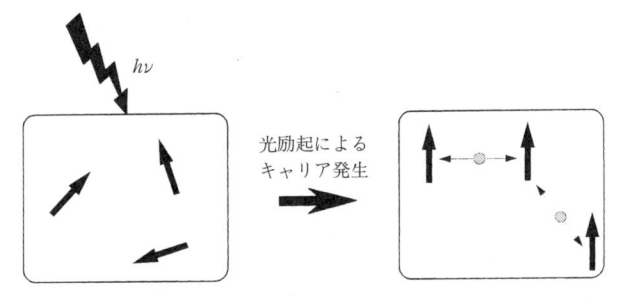

図8.2　光キャリア誘起磁性発現メカニズムの模式図

本節では，新しい「半導体・絶縁体微小スケール」構造によって切り開かれつつある，光-磁気(スピン)-伝導(電荷，キャリア)複合物性開拓の現状，およびその検出

(a)

(b)

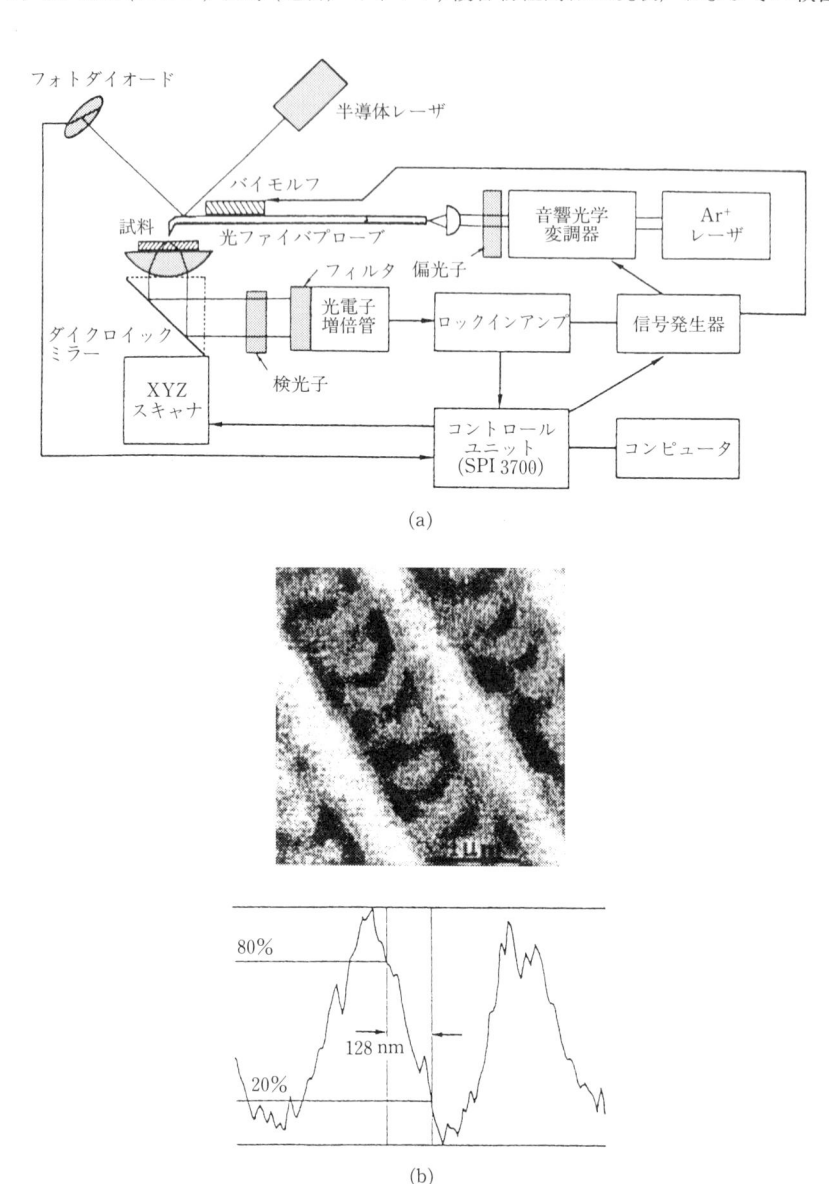

図 8.3 (a) 偏光測定用の近接場磁気光学顕微鏡装置の概略図，(b) 観測例[4]
試料は Pt/Co 人工格子超薄膜型の MO ディスク，測定温度は室温である．

手段開発の試みについて紹介を行う．この分野は，概念的にも新しく日々研究が進行中である．このため物理的モデル，測定手法いずれもが確立されたものではなく，本節の解説も早々に時代遅れとなる可能性もあることをはじめにお断りしておく．

8.1.1 微小領域磁気光学，磁場検出法の最近の進展

微小領域における磁気光学効果ならびに磁場の検出は，光磁気ディスクの高密度化に伴う必要不可欠な評価手段として，その発展が強く要請されているものである．ここでは前者に関しては近接場磁気光学顕微鏡に関する研究を，後者に関しては微小ホール素子を用いた走査型マイクロホール素子顕微鏡に関する研究を紹介する．

a. 偏光測定用の近接場光学顕微鏡の開発： 通常の光学顕微鏡の分解能が回折限界によって規定され，その限界値はおおよそ観測に用いる光の波長程度であることはよく知られている．この問題を打破するために近接場光学顕微鏡の研究が基礎，応用両面で現在精力的に行われている．近接場光学顕微鏡一般に関しては本書の他の章で詳細が述べられているのでそれを参照いただくこととし，ここでは偏光測定用の近接場光学顕微鏡に焦点を絞ること

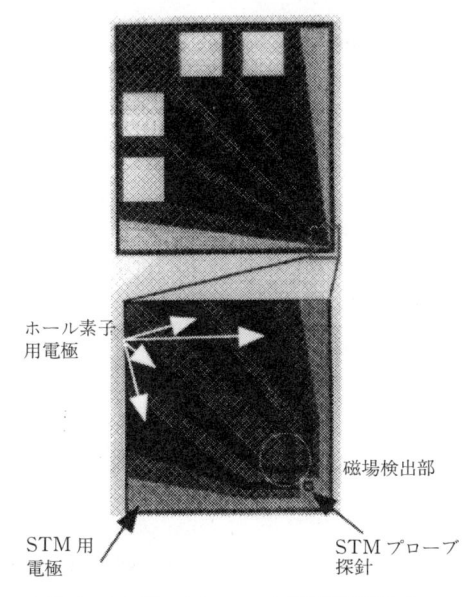

図8.4 走査型マイクロホール素子顕微鏡用プローブの概略図[5]

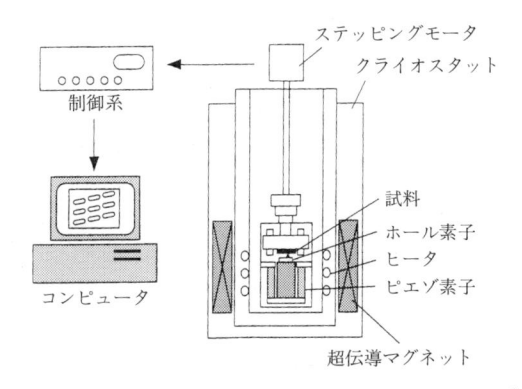

図8.5 走査型マイクロホール素子顕微鏡装置全体の概略図[5]

4.8 μm

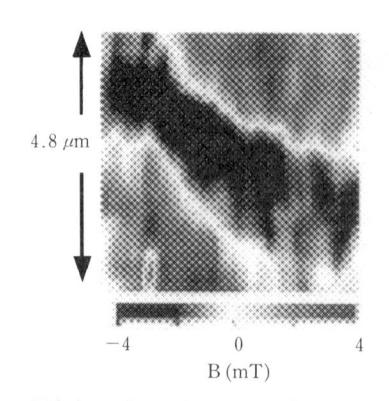

−4　0　4
B (mT)

図 8.6 走査型マイクロホール素子顕微鏡による磁区の観測例[6]
試料は厚さ $0.2\,\mu$m の $(Ga_{0.957}Mn_{0.043})As$ 薄膜(強磁性転移温度 80 K)であり,測定温度は 9 K.

とする.

分解能の限界を克服しようとする先駆的試みは,1992 年に Betzig らによって始められた[2].当初は波長板によって円偏光にした光をそのまま近接場光学顕微鏡のファイバプローブに入力する,という方法がとられていた.しかし,ファラデー回転やカー回転,磁気円2色性といった磁気光学効果は非常に小さい効果であるため,この方法で微弱な信号をとらえることは,至難であった.その後,位相変調器を用いた円偏光変調分光装置との組合せによる高感度化が提案され[3],つい最近になって佐藤らによって開発された,円偏光変調方式検出法とベントタイププローブを組み合わせた方法では空間分解能約 100 nm を達成するまでに至っている[4].図 8.3 (a) に佐藤らの用いた実験装置の概略を示す.また図 8.3 (b) には,Pt/Co 人工格子超薄膜型の MO ディスク上に書き込まれた,マーク長 $0.2\,\mu$m の矢羽型記録マークのライン走査による観測例を示す.測定には楕円率(左右2種の円偏光に対する反射率・吸収係数の違いに相当する物理量である)が用いられている.楕円率最大の位置から最小の位置までおおよそ 100 nm であることがこの図からおわかりいただけよう.今後,さまざまな試料温度で測定を可能とすることが,大きな課題と考えられる.

b. 走査型マイクロホール素子顕微鏡の開発: ホール素子は,ホール効果から生ずる電流と直交する方向に生ずる電圧を測定することによって,磁場を定量的に評価することができる.近年の微細半導体パターン技術の進歩に伴い,サブマイクロメートルスケールまで微小化したホール素子の入手が可能となってきた.この微小ホール素子をプローブとして使用する走査型顕微鏡が,走査型ホール素子顕微鏡である.図 8.4,8.5 に長谷川らによって作製されたプローブと装置全体図を例として示す[5].長谷川らの装置では,感磁部の大きさが 500 nm 程度の超微小ホール素子を用いることによって,サブマイクロメートル寸法の磁区が高感度に測定可能となっている.この装置を用いて,実際に測定された $(Ga_{0.957}Mn_{0.043})As$ の磁区の例を図 8.6 に示す[6].磁区が 500〜600 nm の空間分解能で観測できていることがおわかりいただけよう.なお観測例として取り上げられている $(Ga_{0.957}Mn_{0.043})As$ を含む III-V 族磁性半導体については,8.1.2 項で詳しく述べる.

8.1.2　光−磁気−伝導複合物性開拓の現状

遷移金属イオンを構成要素とする II-VI 族磁気半導体や III-V 族半導体,さらには酸

8. 新材料と極限

化物における新規な物性探索の一貫として，磁気的性質，さらには磁気光学，磁気伝導特性を光励起によってスイッチングしようとする試みが現在さかんに行われている．たとえばCdMnTe系においては，光励起によって生じたホールとMn原子間の強い磁気的相互作用が原因となってマグネティックポーラロンが発生し，それによって磁気モーメントが増加することが，マイクロSQUIDとピコ秒レーザを用いた検出法を用いて報告されている[7]．さらに磁気モーメントの増加と同時にファラデー回転角が変化することも報告されている[8]．同様な，光励起による磁気モーメントの増加は (Cd, Mn) Te, Seや(Hg, Mn) Teにおいても報告されている[9,10]．有機結晶においても，シアノ鉄，コバルト錯体を用いて，光誘起によってフェリマグネティック相転移温度が制御可能であるとの報告が行われている[11]．さらに，Mn系酸化物において，絶縁体相から強磁性金属相への相転移が光励起によって発生することも報告された[12]．これらの研究は，いずれも緩和光励起状態や光荷電担体を用いて固体中の磁気的秩序を制御しようとする試みである．さらについ最近になって，III-V族半導体InAsに数%Mnを入れた物質(以後，(In, Mn) As)を用いた微小電界効果型トランジスタ(FET)において，電界誘起強磁性も発見されるに至っている[13]．ここでは，この(In, Mn) Asを典型例として取り上げ，この物質において観測された光キャリア誘起強磁性について紹介する[14,15]．

光キャリア誘起強磁性の研究で用いられた試料は図8.7に示すような構造をもっており，一番上の(In, MnAs)層に含まれるMn濃度は6±2%である．また光励起前に5Kにおいて測定したホール濃度は$(2-4)\times 10^{19}\,\mathrm{cm}^{-3}$となっており，強磁性が発現すると期待される濃度よりわずかに少ないものとなっている．このp型$(\mathrm{In}_{0.94}\mathrm{Mn}_{0.06})$As薄膜におけるホール抵抗，磁気モーメントの光照射効果の測定には，市販のSQUID帯磁率測定装置と15T超伝導磁石を備えた伝導度測定装置に光ファイバやライトパイプを用いて励起光を導入したシステムが用いられた．励起光としては，ハロゲンランプの白色光から光学フィルタによって波長選択されたものが用いられている．

5Kにおける，光励起前と後における磁化過程の変化を，磁化の直接測定とホール抵抗の測定という2つの手法を用いて行った結果を，図8.8 (a) (SQUIDによる測定)と(b)(ホール抵抗の測定)に示す[14]．(a)の白丸と(b)の破線が，光励起前の磁化過程であるが，いずれの測定法においてもヒステリシスは観測されなかった．これに対して，励起後には試料の磁化過程にはSQUIDによる測定，ホール抵抗によ

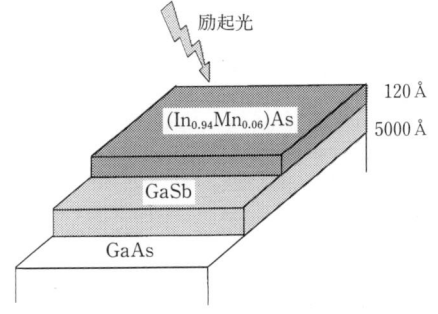

図8.7 III-V族希薄磁性半導体$(\mathrm{In}_{0.94}\mathrm{Mn}_{0.06})$As薄膜試料の構造の模式図

光励起は$(\mathrm{In}_{0.94}\mathrm{Mn}_{0.06})$As側から行われている．

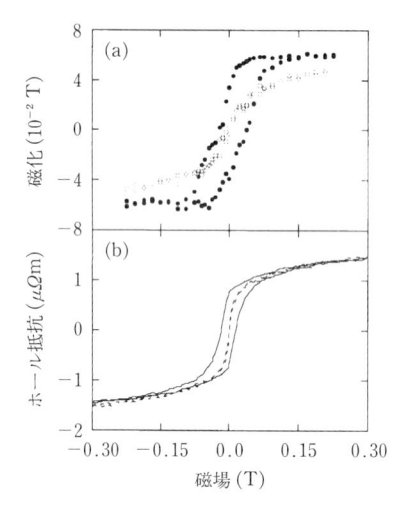

図 8.8 (a) 光励起前(白丸)と光励起後(黒丸)の5Kにおける $(In_{0.94}Mn_{0.06})$ As 薄膜の磁化過程，(b) 光励起前(破線)と励起後の5Kにおけるホール抵抗の磁場依存性[14]

る測定いずれにおいてもヒステリシスが観測された．図8.8に示した結果は，光励起によって試料が強磁性状態に変化したこと，つまり光誘起強磁性が発現したことを示している．15Tまでの高磁場を用いて測定されたホール抵抗から見積もられたホール濃度は，光励起前が 3.76×10^{19} cm^{-3} から励起後は 3.90×10^{19} cm^{-3} に増加しており，この光誘起強磁性が光励起によるホール濃度増加に起因していることを示している．これが，本現象を光キャリア誘起強磁性と呼んでいる理由である．

以上，GaSb 上の $(In_{0.94}Mn_{0.06})$ As 薄膜において観測された光誘起強磁性を中心に，新しい(磁性)半導体微小構造(超薄膜)によって実現された光-磁気-伝導複合物性研究の現状，ならびにそのための測定法の一端を紹介した．ここで紹介した新しいⅢ-Ⅴ族希薄磁性半導体は，加工やドーピングなどの今日までに蓄積された膨大な技術的知見が利用可能であり，またギャップが近赤外-可視部にあるなど(基礎，応用両面からみて)重要なメリットをもっている．ただ研究は始まったばかりであり，今後，遷移金属酸化物や有機分子磁性体も含めた新物質の登場によって，新磁性半導体の物理的基礎研究ならびに微小領域磁気光学などの応用研究が大いに進展することが期待される． （腰原伸也・宗片比呂夫）

文　献

1) J. K. Furdyna : *J. Appl. Phys.*, **64** (1988), R29 ; W. Mac et al. : *Phys. Rev. Lett.*, **71** (1993), 2327 ; Y. Tomioka et al. : *Phys. Rev. Lett.*, **74** (1995), 5108 ; H. Kuwahara et al. : *Science*, **272** (1996), 80 ; A. E. Turner et al. : *Appl. Opt.*, **22** (1983), 3152 ; 固体物理, **32** (巨大磁気伝導の新展開特集号) (1997), 203-350.
2) E. Betzig et al. : *Appl. Phys. Lett.*, **61** (1992) 142.
3) B. L. Petersen et al. : *Appl. Phys. Lett.*, **73** (1998) 538.
4) 佐藤勝昭：固体物理, **34** (1999), 681.
5) 福村知昭, 長谷川哲也：日本物理学会誌, **55** (2000), 519.
6) T. Shono et al. : *Appl. Phys. Lett.*, **77** (2000) 1363.
7) D. D. Awschalom et al. : *Phys. Rev. Lett.*, **62** (1989), 199.
8) K. Kubota : *J. Phys. Soc. Jpn.*, **29** (1970), 978 ; D. D. Awschalom et al. : *Phys. Rev. Lett.*, **55** (1985), 1128 ; J. Frey et al. : *Phys. Rev.*, **B45** (1992), 4056.
9) T. Wojtowicz et al. : *Phys. Rev. Lett.*, **70** (1993), 2317.
10) H. Krenn et al. : *Phys. Rev. Lett.*, **55** (1985), 1510.

11) O. Sato et al.: *Science*, **272** (1996), 704.
12) K. Miyano et al.: *Phys. Rev. Lett.*, **78** (1997), 4257.
13) H. Ohno et al.: *Nature*, **408** (2000), 944.
14) S. Koshihara et al.: *Phys. Rev. Lett.*, **78** (1997), 4617.
15) H. Munekata et al.: *J. Appl. Phys.*, **86** (1997), 4862.

8.2 原子分光学

8.2.1 原子と近接場光相互作用の特徴

近接場光は,局所的物質形状に依存する準静的な電磁場である.周波数領域の共鳴現象はそのままに,場の局在性と大きな波数ベクトルで特徴づけられる新しい原子分光ができる[1,2].まず近接場原子分光の一般的性質を考察し,次に分光法の主な例を紹介する.

(1) 局在性: 近接場光は指数関数的な減衰を示し,原子を相互作用領域に直接出し入れすることができ,また近接場光の分布と原子の運動の相対関係から相互作用時間が制限される.表面近傍に沿って運動する原子のみが十分な相互作用時間をもち,微小構造近傍では,ほぼ静止した原子(極低温原子)のみが相互作用にかかわる.高感度分光技術を利用して,さまざまな空間あるいは速度選択的な分光ができる.

光が透過しない(光学的に厚い)高密度の原子気体でも,近接場光を利用した反射分光により表面原子分光が可能となる[3].表面分光は,原子と物質表面の相互作用を明らかにする.また,エバネッセント波の蛍光分光は,表面近傍での原子の量子電気力学的振舞いの計測に応用できる[4,5].表面近傍の原子種の近接場分光による特定は,プラズマなどにおける原子輸送の解明にも有効である[6].

また,指数関数的な減衰は大きな強度勾配を意味し,相互作用ポテンシャルの勾配に依存する力学的作用は原子の運動制御に有用である[7,8].

さらに,光散乱系の局所的回転対称性に応じて擬角運動量移行も生じると考えられ,原子のスピン選択分光やスピン制御への利用が期待される[9].

近接場領域に存在する原子数は微量であるが,レーザ冷却の利用や共鳴イオン化分光などで感度が飛躍的に向上する.尖った金属プローブ先端での近接場光の電場増強を利用して,特定原子種のイオン化脱離を起こし,局所的物質分析にも応用できる.

(2) 波数ベクトル: 近接場光は,指数関数的減衰方向と垂直に大きな波数ベクトルをもつ.原子の光散乱過程では,擬運動量移行により大きな反跳効果が生ずる[2].波数ベクトルと強度勾配の方向が一致する自由空間の場合と異なり,近接場では波数と減衰方向が直交し,原子の運動制御に新しい自由度を与える[10,11].

a. しみ込み深さと相互作015時間: 近接場光を特徴づける減衰場を λ_{pen},その方向の原子の速度成分を $v_{a\perp}$ とすれば(図8.9(a)),原子と近接場光の相互作用時間(通過時間)は

$$\tau_{\text{int}} \sim \frac{\lambda_{\text{pen}}}{v_{a\perp}} \qquad (8.1)$$

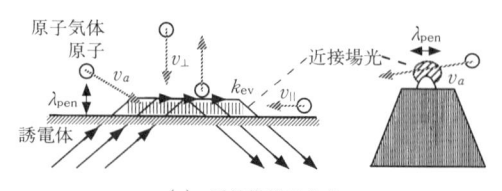

(a) 近接場原子分光

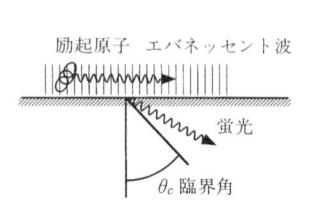

(b) エバネッセント波を通じての放射

(c) 共振器量子電気力学効果

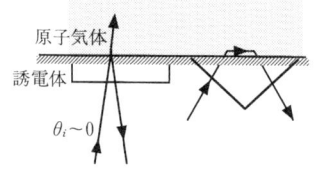

(d) 選択反射分光

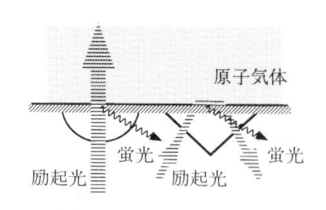

(e) レーザ誘起蛍光分光

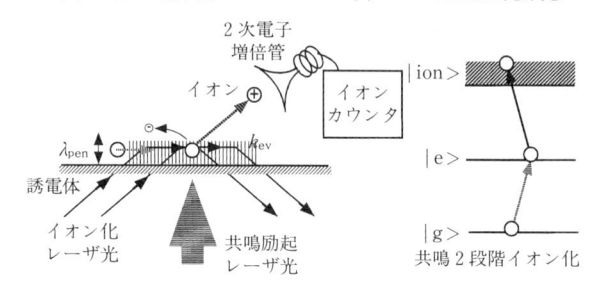

(f) 近接場光によるレーザイオン化分光

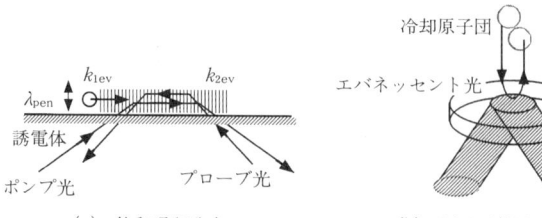

(g) 飽和吸収分光

(h) 原子反射鏡

図 8.9

で与えられ，共鳴周波数 ω_a の原子共鳴線の均一スペクトルは，自然幅を $2\gamma_{sp}$ として

$$S_\perp(\omega)=\frac{1}{\pi}\frac{\gamma_{sp}+\gamma_{int}}{(\omega-\omega_0)^2+(\gamma_{sp}+\gamma_{int})^2}, \quad \gamma_{int}=\frac{1}{2\tau_{int}} \tag{8.2}$$

となる．速度 $v_{a\perp}$ の増大でスペクトル幅は広がり，単色光に対する相互作用強度が弱まるため，近接場分光では $\gamma_{sp}\tau_{int}>1$ に相当する表面近傍の法線方向速度が小さい原子のみ（$v_{a\perp}<\gamma_{sp}\lambda_{pen}$）が選択励起される．

近接場光による励起と緩和過程によって原子の検出や状態制御を行う場合，2準位原子の励起準位の自然放出寿命を τ_{sp}，速度 v_a とすれば，飽和強度の光で励起と減衰の1サイクルを起こす間に原子が移動する距離は $\Delta x=2v_a\tau_{sp}$ となる．典型的な値を $\tau_{sp}=30$ ns とすれば，$\Delta x=100$ nm の領域で相互作用する原子速度は $v_a \sim 1.7$ m/s となり，室温における原子の熱速度の典型値である数百 m/s に比べはるかに小さい．したがって，熱速度分布による不均一広がりがないドップラフリー(Doppler-free)スペクトルが観測される．平坦誘電体表面のエバネッセント波のように2次元的に広がる近接場光に対しては，表面に平行に運動する原子のみが選択的に相互作用する．

低次元の近接場光では，極低温原子のみが十分な相互作用時間をもつ．温度 T K における質量 M の原子の1次元自由度に関する熱速度は $v_{Th}=(k_BT/M)^{1/2}$ であり，^{133}Cs 原子を考えれば，$v_{Th}\sim1.7$ m/s は $T=46$ mK に相当する．

さらに低温の極限では，原子のドブロイ波長（$\lambda_{atom}=h/\sqrt{2\pi Mk_BT}$）が大きくなる．200 μK の Cs 原子気体では $\lambda_{atom}\sim10$ nm となり，微小開口型光ファイバプローブの10 nm スケールの光近接場領域では，原子の運動を量子力学で取り扱う必要がある．

b. エバネッセント波と原子の相互作用： 散乱場のアンギュラスペクトル展開にみるように，平坦誘電体表面近傍でのエバネッセント波と原子の相互作用が近接場光相互作用の基本となる．エバネッセント波はしみ込み深さ λ_{pen} と表面方向の波数ベクトル $\boldsymbol{k}_\parallel$ で特定され，

$$\lambda_{pen}=\frac{c}{\omega}(n^2\sin^2\theta_i-1)^{-1/2}, \quad |\boldsymbol{k}_\parallel|=\frac{\omega}{c}n\sin\theta_i>\frac{\omega}{c}=k_0=|\boldsymbol{k}| \tag{8.3}$$

これらの量はレーザ光の入射角 θ_i に依存する．速度（$v_{a\parallel}, v_{a\perp}$）の原子に対するレーザ周波数のドップラシフトは $\Delta\omega=\pm\boldsymbol{k}_\parallel\cdot\boldsymbol{v}_a=\pm k_0|\boldsymbol{v}_{a\parallel}|n\sin\theta_i$ であり $k_0=\omega/c$ より大きいため，熱速度分布による吸収線の不均一広がりは大きく観測される．相互作用時間も考慮した均一な吸収スペクトルは

$$S(\omega,\boldsymbol{v}_a)=\frac{1}{\pi}\frac{\gamma_{sp}+|\boldsymbol{k}_\perp||v_{a\perp}|}{(\omega-\omega_0+\boldsymbol{k}_\parallel\cdot\boldsymbol{v}_a)^2+(\gamma_{sp}+|\boldsymbol{k}_\perp||v_{a\perp}|)^2} \tag{8.4}$$

で与えられる．不均一広がりも含めた吸収スペクトル形状は，$S(\omega,\boldsymbol{v}_a)$ と原子のマックスウェル速度分布関数とのたたみ込み積分（フォークト(Voigt)積分）で与えられる[1]．

c. 近接場光の力学効果と準保存測： 光の場と原子の相互作用ポテンシャルの勾配は力学作用をもたらし，保存力である双極子力と散逸を伴う散乱力に分類される．原子2準位系の共鳴周波数を ω_0，自然幅を $2\gamma_{sp}$，2準位の遷移に対応する電気双極

子の行列要素 $\boldsymbol{\mu}$, 光の場を周波数 ω, 電場強度 $\boldsymbol{E}$, 飽和パラメータ P と離調 $\Delta\Omega$ を

$$P=\frac{2|\boldsymbol{\mu}\cdot\boldsymbol{E}|^2}{\hbar^2\gamma^2_{\mathrm{sp}}}\frac{\gamma^2_{\mathrm{sp}}}{\Delta\Omega^2+\gamma^2_{\mathrm{sp}}}, \qquad \Delta\Omega=(\omega-\omega_0) \tag{8.5}$$

とすれば，双極子力 $\boldsymbol{F}_{\mathrm{d}}$ と散乱力 $\boldsymbol{F}_{\mathrm{s}}$ は

$$\boldsymbol{F}_{\mathrm{d}}=-\nabla\Bigl(\frac{\hbar\Delta\Omega}{2}\ln(1+P)\Bigr), \qquad \boldsymbol{F}_{\mathrm{s}}=\frac{\Gamma}{2}\Bigl(\frac{P}{1+P}\Bigr)\hbar\boldsymbol{k} \tag{8.6}$$

で与えられる[12,13]．近接場光においては，伝搬ベクトル $\hbar\boldsymbol{k}_{\parallel}$ と強度勾配が直交し，双極子力は光の場の指数関数的減衰 $|\boldsymbol{E}_{\perp}|\propto\exp(-z/\lambda_{\mathrm{pen}})$ に依存し，$\omega<\omega_0$ で引力 $\omega>\omega_0$ で斥力となる．散乱力は擬運動量 $\hbar\boldsymbol{k}_{\parallel}$ で決まる．物質と原子との局所的相互作用系が表面方向に並進対称性をもつため，擬運動量 $\hbar\boldsymbol{k}_{\parallel}$ が準保存量となり，境界面に垂直方向には運動量保存則が成立しない．

さらに局在度の高い低次元近接場光において，場のアンギュラスペクトルに含まれる波数の高いエバネッセント波と原子が相互作用すれば，真空中の光の運動量 $\hbar\omega/c$ よりもはるかに大きい擬運動量の移行が起こり，原子の大きな反跳が起こることを意味し，原子の運動制御への応用が期待される[10,11]．

d. 近接場光の量子電気力学効果と放射寿命の制御: 近接場光と原子との相互作用は，環境物質系による放射モードの制御に相当し，広い意味での共振器量子電気力学効果を生ずる．フェルミの黄金律は，状態 $|i\rangle$ から $|f\rangle$ への量子系の時間あたり遷移確率 P_T が

$$P_T=\frac{2\pi}{\hbar}|\langle f|\hat{T}|i\rangle|^2\rho_f \tag{8.7}$$

で与えられ，遷移行列要素 $\langle f|\hat{T}|i\rangle$ と終状態モード密度 ρ_f に依存することを意味する[14]．環境物質系との近接場光相互作用によって ρ_f が変化すれば，励起原子の自然放出を制御できる．原子分光においては，平坦誘電体表面近傍において，励起原子がエバネッセント波を通じて誘電体中の臨界角より外側の角度へ自然放射すること（図 8.9(b)）が観測されており，近接場光における共振器量子電気力学効果の存在を実証している[1]．自然放出など，広い意味で環境系との電磁相互作用を通じての散逸を制御することは，メゾスコピック領域での電子デバイスの機能に関係し，ナノ光工学の重要な要素である．

e. 光共振器と原子の近接場光結合: 励起原子を損失のきわめて少ない光共振器の中に置けば，わずか1原子1光子の相互作用でも，共振器量子電気力学効果によって自然放出寿命や放射の反作用がきわめて大きく変化する[15,16]．系が量子的振舞いをするためには孤立系であることが条件となる一方で，その量子状態は外界との接触をもつ観測によってのみ確定する[17]．高いQ値と外界との接続を実験系で両立するために，共振器モードのエバネッセント波を利用した外界との接続が有効である．これはトンネル現象とのアナロジーで考えることができる．

Q値の高い共振器として，完全な球状誘電体の励起の高次多重極モードに対応するWG (whispering gallery) モードがあり，光の波が表面で全反射を繰り返しながら周

回する描像に相当する[18,19]. 球表面にはモード関数がしみ出しており,この領域に原子を入れれば,共振器モードの電磁場と原子の相互作用の量子効果が観測される(図8.9(c)).

8.2.2 近接場原子分光法

上に述べた現象を直接利用した近接場原子分光法のほかにも,さまざまな近接場原子分光法があり,その特徴的な系をあげる.

a. 反射分光: 屈折率 n_1 の誘電体から原子気体に,共鳴周波数 ω_0 に近い周波数 ω の単色光が垂直入射したとき,平坦な境界面からの反射率 $R(\omega-\omega_0)$ は

$$R(\omega-\omega_0)=\left|\frac{n_1-n_2(\omega-\omega_0)}{n_1+n_2(\omega-\omega_0)}\right|^2 \tag{8.8}$$

で与えられ,原子の共鳴線近傍での光学応答から決まる原子気体の屈折率関数 $n_2(\omega-\omega_0)$ に依存する.光が気体中を波長よりも十分深く透過する程度の原子密度ならば,境界面から1波長程度の領域に存在する原子の光学応答の積分が反射光の周波数依存性を決定する.一般に,共鳴線近傍での原子アンサンブルの複素感受率 $\chi(\omega)$ は

$$\chi(\omega)\propto\frac{1}{\omega_0(z)-\omega-\boldsymbol{k}\cdot\boldsymbol{v}_a+i\gamma_{\mathrm{sp}}} \tag{8.9}$$

で与えられる.実部が屈折率に寄与し,反射光強度は分散型の周波数特性を示す.この観測を選択反射分光という(図8.9(d)).共鳴周波数 $\omega_0(z)$ の表面からの距離 z 依存性は,ファンデルワールス力やカシミア(Casimir)力などによる共鳴線シフトを含み,表面からの1光波長程度の領域の原子の相互作用過程を選択反射分光によって解析できる[20].選択反射は,原子気体密度が大きく光が透過しない場合の分光にも有効である.

入射角を全反射の臨界角の近傍に設定した場合には,原子気体の屈折率の周波数依存性を反射光強度に大きく反映させることができ,共鳴的な周波数選択反射鏡として利用できる[21,22].半導体レーザへの光帰還による,原子共鳴周波数近傍へのレーザ発振周波数の固定化などに利用される[23].

b. 周波数変調による近接場分光の感度向上: 相互作用体積の小さい近接場原子分光では,原子密度を上げて信号強度を増すこともできるが,条件により共鳴線の圧力広がりや周波数変位をもたらす.少数原子の高感度分光法として,周波数変調による強度変調をロックイン検出することが有効で,FM反射分光などがある[22].半導体レーザによるFM雑音分光も,きわめて高感度な検出法である[24].半導体レーザは出力強度変動が高度に抑制された発振をし,鋭い中心周波数のまわりに微弱であるが広帯域の周波数変調によるサイドバンドスペクトルをもつ.サイドバンドで吸収が起こると,光検出器で強度を測定した際に,中心周波数との干渉が起こって振幅変調が生じ吸収信号が増幅されるため,検出信号をスペクトラムアナライザで観測すれば,数GHzにわたる雑音スペクトルとしてきわめて高感度に吸収線の全貌を観測でき

る．スペクトルが超微細構造などをもつ場合には，中心周波数でのホールバーニングが副準位間隔だけ離れた位置に現れ，ドップラフリースペクトルが得られる．

c. レーザ誘起近接場蛍光分光： 固体容器に閉じ込められた放電プラズマなどでは，容器壁での励起原子やイオンの緩和過程が輸送現象を決定する重要な要因となり，表面近傍のみに存在する準安定励起種などの分光計測が重要である．エバネッセント波による吸収分光はその有効な手段であるが，レーザ光によって励起された原子やイオンからの，励起光とは異なる種々の周波数におけるエバネッセント波を通じての蛍光分析は，表面近傍での原子やイオンの，励起や緩和過程を含めたさまざまな振舞いを観測するのに有用である[6]．

典型的な系を図8.9(e)に示す．励起光は表面に垂直方向の任意の速度成分を選択励起できるため，原子やイオンの輸送過程などを明らかにしようとする場合は伝搬波のレーザ光を用いる．表面近傍の原子のみを励起する場合にはエバネッセント波の励起レーザ光を用いる．蛍光強度は微弱であるので，励起光を強度変調しロックイン検出を行う．励起光の直接散乱や余分な蛍光を除去するため，一般に周波数フィルタを用いる．臨界角より外側の角度に放射された蛍光のみを選択的に検出するために，コリメータなどの光学系を用いる．

d. 近接場光によるレーザイオン化分光： 近接場光を利用した原子のレーザイオン化分光を用いると，表面近傍の原子のみを選択するきわめて少数の原子の超高感度原子分光ができる[9]（図8.9(f)）．イオン検出に2次電子増倍管や，マイクロチャネルプレートを用いれば，10^8倍に至る増幅度が得られ，ディスクリミネータおよびカウンタを用いれば，数原子レベルでのイオン計数が可能である．イオン化が局所的に起こることを利用して，電子レンズ系などで誘導すれば空間的拡大も可能で，さまざまな応用が期待される．

共鳴吸収を利用して原子を中間準位に励起し，そこからイオン化を行う2段階レーザイオン化分光法を用いれば，原子の超微細構造やゼーマン(Zeeman)準位などの特定の準位を選択的に検出でき，スピン状態などの関与するさまざまな近接場光相互作用の分析と応用が可能となる[9]．

局所イオン化分析は共鳴効果にとどまらず，尖った金属プローブ先端での近接場光の大きな電場増強を利用して，表面からの原子種をイオン化脱離することができ，局所的物質分析などにも威力を発揮する可能性がある．

e. 近接場ポンプ-プローブ分光： レーザ光を組み合わせた非線形分光あるいは飽和分光も，近接場分光に適用するとさまざまな特色ある原子分光計測ができる．光強度に比例する飽和パラメータをPとすると，原子気体の吸収は，一般に光強度に対して$P/(1+P)$のように非線形に変化し飽和現象を示す．2準位系では励起状態の占有率の増加が，基底状態に副準位をもつ3準位系では他の副準位への原子の遷移が吸収を飽和させる．スペクトル幅がきわめて狭いレーザ光による励起には速度選択性があり，飽和現象はドップラシフトにより共鳴する原子の速度分布に穴を開けるホー

ルバーニングに相当する．このような状況で弱い強度のプローブレーザを入射すると，ホールバーニングに相当する周波数で吸収量の著しい変化が観測され，ポンプ光とプローブ光の伝搬方向と周波数の組合せにより，原子の自然幅に近いドップラフリースペクトルが観測される高分解分光となる[2]．ポンプ光に伝搬光を用いエバネッセント波をプローブとすると，誘電体表面に垂直成分の速度選択的飽和現象が観測され，プローブ光のしみ込み深さで決まる相互作用時間により，ポンプ光周波数が共鳴周波数のときのみ飽和効果が顕著に観測されるドップラフリー分光となる．

ポンプ光，プローブ光ともにエバネッセント波を用いると，表面に平行に運動する原子のみが選択され，表面方向波数 $k_\parallel$ による速度選択飽和分光が可能である．ポンプ光とプローブ光を異なる全反射角で入射すると，周波数が同じでも $k_\parallel$ の異なる飽和吸収分光が可能になる（図8.9(g)）．このとき3準位系のホールバーニングで生ずる交差共鳴の周波数は，ポンプ波とプローブ波の波数に依存するドップラシフトが異なるために，

$$\delta_{CR} = \frac{\sin\theta_{probe}-\sin\theta_{pump}}{\sin\theta_{probe}+\sin\theta_{pump}}\frac{\Delta\omega_{23}}{2} \tag{8.10}$$

となり，ここで $\Delta\omega_{23}$ は交差共鳴に関与する2つの共鳴線の周波数差である．吸収のみならず，反射分光においても同様の系でドップラフリースペクトルが得られる．Cs-D_2 線の超微細構造を用いて，交差共鳴周波数のシフトが精密に測定され，近接場光相互作用における擬運動量 $\hbar k_\parallel$ の移行が実証されている[2]．

f． エバネッセント波原子反射鏡： 近年，レーザ冷却原子団の量子力学的挙動に注目した，原子波光学と呼ばれる分野が発展し，種々の原子光学部品が考案されている．誘電体表面に発生させたエバネッセント波を2準位原子の共鳴周波数よりも高周波側 $\omega-\omega_0>0$ に同調すると，双極子力による原子反射鏡をつくることができる（図8.9(h)）．わずかに中心をくぼませた反射面を用いて，重力で自然落下する冷却原子団を繰り返し反射する原子トランポリンが実証されている[21]．落下する原子波と反射する原子波の干渉実験は，原子波の共振器の役割を果たすため，物質波の量子力学的振舞いや，精密な物理量の測定に応用できる．原子反射鏡は，入射レーザの周波数変調によって等価的な位置変調ができ，光学的共振器とのアナロジーからさまざまな応用が考えられる．

また，しみ込み深さと周波数を独立に変えられることを利用して，表面からの反発力と引力のポテンシャル形状を調整できるので，2波長を用いた表面原子波トラップも提案されており，2次元系の量子系の挙動の研究への応用が期待される．

（堀　裕和）

文　献

1) T. Matsudo et al.: *Phys. Rev.*, **A55** (1997), 2406-2412.
2) T. Matsudo et al.: *Opt. Commun.*, **145** (1998), 64-68.
3) G. Nienhuis et al.: *Phys. Rev.*, **A38** (1988), 5197-5205.

4) V. V. Klimov and V. S. Letokhov : *Opt. Commun.*, **122** (1996), 155-162.
5) T. Inoue and H. Hori : *Phys. Rev.*, **A63** (2001), 063805-1-16.
6) T. Sakurai et al. : *Jpn. J. Appl. Phys.*, **38** (1999), L590-L592.
7) V. I. Balykin et al. : *Phys. Rev. Lett.*, **60** (1988), 2137-2140.
8) H. Hori and M. Ohtsu : H. Ezawa and Y. Murayama (eds.), Quantum Control and Measurement (North-Holland Publishing Company, 1993), 197.
9) Y. Ohdaira et al. : *J. Microsc.*, **202** (2001), 255.
10) 堀　裕和：応用物理, **61** (1992), 612.
11) H. Hori : D. W. Pohl and D. Courjon (eds.), Near Field Optics (Kluwer Academic Publishers, 1993), 105.
12) J. P. Gordon and A. Ashkin : *Phys. Rev.*, **A21** (1980), 1606.
13) C. Salomon et al. : *Phys. Rev. Lett.*, **59** (1987), 1659 ; 本書, 2.8 節.
14) R. P. Feynman : Theory of Fundamental Processes (Benjamin/Cummings, Reading, 1962).
15) M. Brune et al. : *Phys. Rev. Lett.*, **76** (1996), 1800-1803.
16) C. J. Hood et al. : *Phys. Rev. Lett.*, **80** (1998), 4157-4160 ; *Science*, **287** (2000), 1447-1453.
17) 山本喜久, 渡部仁貴：量子光学の基礎 (培風館, 1994).
18) S. Dutta Gupta and G. S. Agarwal : *Opt. Commun.*, **115** (1995), 597-605.
19) D. W. Vernooy et al. : *Phys. Rev.*, **A57** (1998), R2293-R2296.
20) M. Chevrollier et al. : *J. Phys. II France*, **2** (1992), 631-657.
21) C. G. Aminoff et al. : *Phys. Rev. Lett.*, **71** (1993), 3083-3086.
22) M. Ducroy : *Opt. Commun.*, **99** (1993), 336-339.
23) A. M. Akul'shin et al. : *JETP Lett.*, **36** (1982), 303.
24) T. Yabuzaki et al. : *Phys. Rev. Lett.*, **67** (1991), 2453-2456.

III. 加工・機能・操作編

　本編で扱う話題はナノ光工学の主題に相当する．計測，分析に比べて大きな産業規模を有するのが微細加工，光メモリー，光デバイスなどの科学技術であり，これらは既存の光技術を基礎とする情報記録，情報通信などの基幹産業を支えているが，将来の大容量化高速化を見据えて，本編ではこれらを近接場光により推進する可能性を提示する．まず9章では超微細加工技術のいくつかの形態について概説する．

　10章では超高密度の光メモリーシステムについて記す．これは近接場光技術と，マイクロマシニング技術や材料技術などの関連技術を統合することにより実現する，新しい光情報記録技術を用いたシステムである．

　11章ではさらに将来の極限技術として，近接場光を用いた気体中性原子の運動の制御，溶液中の微粒子およびタンパク質分子の運動制御について概説する．これらの制御技術は1原子1分子レベルからの新しい人工物質創製につながる可能性を含む．

　12章は本書の最終章として，将来の大容量高速光情報通信のために必要なナノ寸法の光デバイスの創成と，その集積化をめざす試みを紹介し，ナノ光工学の今後の展開の方向性を示唆する．

　なお，付録には近接場光の特性を数値的に求めるための電磁界理論の計算ソフトの概要を掲載する．

9. 微細加工技術

9.1 光化学気相堆積

　微細加工は半導体産業などに広く用いられているが，近接場光学の応用としてのナノ加工は物質を削る(エッチング)ことと物質を積み上げる(堆積)ことが原理的に可能である．表9.1にはエッチングと堆積，さらにそのための荷電ビームや光を使う方法の特徴をまとめている．ここでナノメートル寸法のデバイスなどの構造を形成することを目標とするのであれば，あらかじめ堆積した物質を周囲から削り出す方法よりも，直接微細な物質を堆積する方が単純で効率もよい．さらに光の場合には物質との共鳴相互作用が利用できるので，表9.1にも示すように特定の物質を選択的に堆積することが可能であること(すなわち不純物が混入しないこと)，基板への損傷や汚染が少ないことなどの利点がある．また，近接場光を用いると微細なパターンが形成できるので，将来のナノ寸法の光機能材料やデバイスの製作の際に威力を発揮する．

　堆積の試みの例として，すでに実証されている亜鉛(Zn)金属の光化学気相堆積(光CVD)を例にとり紹介する．これは図9.1(a)に示すようにジエチル亜鉛($Zn(C_2H_5)_2$)などの有機金属気体に近接場光を照射し，光化学反応によりZn原子と

表9.1　各種の微細加工法の比較

		荷電粒子		光	
		電子	イオン	伝搬光	近接場光
エッチング (リソグラフィー)	分解能	○	△～○	△	○
	加工速度	○	○	○	△
	汚染	○	×	○	○
	損傷	×	×	×	×
堆積	分解能	○	△～○	△～○	○
	加工速度	△	○	○	△
	汚染	○	×	○	○
	損傷	△～○	×	○	○
	選択成長	△～○	△～○	○	○
	堆積材料の多様性	金属	半導体	金属，絶縁体	半導体

×：優れているとはいえない，△：普通，○：優れている．

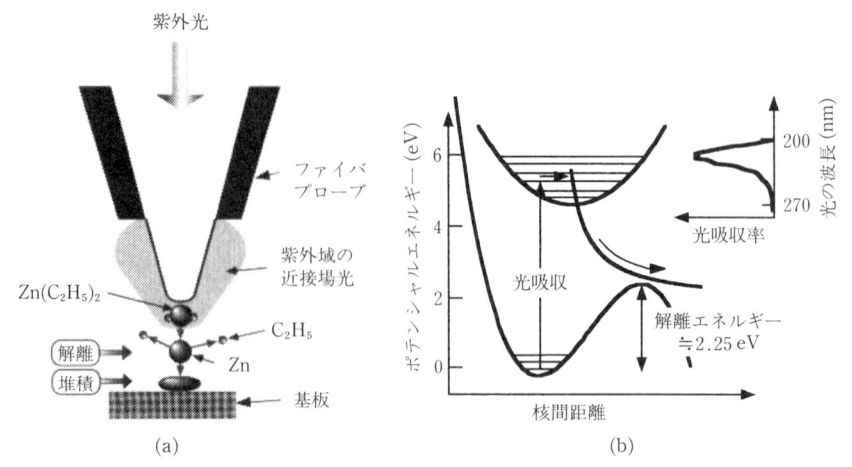

図 9.1 ジエチル亜鉛の解離による光化学気相堆積法の原理
(a) 実験の原理の説明, (b) 前期解離の原理の説明.

エチル基 (C_2H_5) とを解離させ Zn を基板に堆積させる方法である. プローブ先端にしみ出す近接場光の存在する微小領域内でのみ解離が起こるので, 基板上で Zn の微細なパターンが形成される. 解離の原理を説明するために図 9.1 (b) にはジエチル亜鉛分子中の分子軌道電子のポテンシャルエネルギー曲線を示す. 解離に必要なエネルギー, すなわち解離エネルギーは 2.25 eV であり, この高さをもつポテンシャル障壁をこえて直接解離するためには, 熱励起または赤外光の多光子吸収による分子振動励起が必要である. しかしこれらの励起効率は低いので, 実際には前期解離の方法を用いる. すなわち紫外光を吸収させ, 分子軌道電子を電子励起状態へと遷移させる. すると励起された電子は電子励起状態のポテンシャル曲線から, これと縮退し交差する解離ポテンシャル曲線へと移り, 解離する. なお, 電子励起状態への遷移のための吸収端波長は 270 nm (4.59 eV) なので, これ以上の光子エネルギーをもつ紫外光を使う必要がある.

近接場光を使ってこの方法を実現するために解決すべき問題としては, 次のようなものがある. すなわち, (1) ファイバプローブを用いる場合, 吸収端エネルギー (4.59 eV) 以上の光子エネルギーを有し十分なパワー密度をもつ紫外域の近接場光が発生可能か, (2) 基板上よりも, 近接場光を発生するファイバプローブ先端表面への堆積が強く起こり, 最後にはプローブ表面が Zn 薄膜で覆われ近接場光が発生しなくなるのではないか, などである.

(1) を解決するために, 紫外光に対して非常に小さな伝送損失 (その値は 1 dB/m, これに対し従来用いられていたファイバの伝送損失は 96 dB/m) をもつ光ファイバを用いてプローブを作成する技術が開発された[1]. ここでは紫外域 (波長 244 nm) の近接場光を発生させたが, そのパワー密度の測定値は 1 kW/cm² に達しており, 十分

9. 微細加工技術

大きな値が得られている．(2)についてはジエチル亜鉛気体圧力が20 mTorr以下の場合には基板への堆積速度がファイバプローブへの堆積速度より2～8倍大きいこと，およびプローブ表面がZn薄膜で覆われるのに2～3時間要するがナノメートル寸法の微細パターンの堆積に要する時間は数分以内であること，などから問題はないことがわかっている．しかし，念のためにこの問題を回避するため，光ビームを用いた従来の光CVD用に提案されている前期核形成法[2]が採用されている．この工程は次のとおりである．(1)堆積用基板の置かれた反応容器中にジエチル亜鉛気体を満たして基板表面にジエチル亜鉛分子層を吸着させる，(2)ジエチル亜鉛気体を排気後，ファイバプローブを走査し，近接場光により基板上の吸着分子層を解離して堆積の核となるZnを析出する，(3)プローブを退避させた後，再度ジエチル亜鉛気体を満たし，ArFエキシマレーザの紫外光ビームをファイバプローブを通さずに直接基板に照射して核の上にZnを堆積，成長させる．

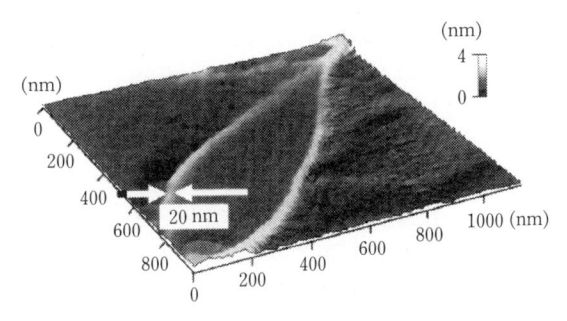

図9.2にはこの方法により堆積したZnの細線パターンの形状計測結果を示す[3]．この図は堆積に用いたファイバプローブをせん断応力顕微鏡用プローブとして再び用い，堆積直後に測定したものである．基板はコーニングガラス(7092番)である．工程(2)の光源にはAr$^+$レーザの第2高調波(波長244 nm)を用いた．プローブ走査により任意の曲線，点などのパターンが描け，これが近接場光を用いる場合の利点であるが，図9.2はそのように描かれた楕円曲線を表示したものである．プローブ走査の全時間は約2分であり，この間，プローブ先端へのZnの付着は無視できる．図9.2の矢印で示した部分の細線パターンの幅は20 nmであるが，これはせん断応力顕微鏡のために用いたファイバプローブの形状によって決まる分解能が含まれている．より高分解能の測定をすればさらに狭い幅をもつ像となるはずである．同じ光源からの伝搬光ビームを用いて行われた従来の光CVDによるZnのパターンの幅の最小値は0.8 μmなので[2]，図9.2ではこれに比べ1/40以下の値が実現している．図中のパターンの高さは約3 nmであるが，これは50層のZn原子に相当する．なお，本ファイバプローブで観測可能な高さの最小値は0.5 nm，すなわち約8原子層に達してい

図9.2 ガラス基板に堆積した楕円曲線状のZnの細線パターンのせん断応力顕微鏡像

る．今後，実験条件の改良により，パターンの一層の微細化，パターン断面のアスペクト比の増加，堆積時間の短縮，などが期待される．

微細なパターンを作成することが目的の場合，その堆積時間は短いので，実際には上記の問題(2)はほぼ無視できる．したがって最近では前期核形成の方法をとらず，図9.1に示す基本的方法をそのまま用い，気体にファイバプローブを直接さらし，先端の近接場光で直接に解離，堆積が可能であることがわかってきた．この方法では単一工程なので再現性が高いこと，原料気体を交換することによって多様な物質の堆積ができること，などの利点を有する．この方法によりT字型の微細パターンを数分の時間以内で堆積したり，また，図9.3に示すように，2つのZn微粒子をその直径程度まで近接してガラス基板上の希望する位置に堆積することができる[4]．これは図9.2と同様にせん断応力顕微鏡で観測した像である．各々の直径は60 nm，70 nmであるが，測定の分解能を差し引けば真の値はさらに小さい．なお，この微粒子の直径はファイバ先端の近接場光の空間的広がりの幅によって決まり，また高さは照射する近接場光のエネルギー（一定パワーを照射する場合は，その照射時間）によって決まるので形状の再現性が高い．

光CVDに近接場光を使うことの最大の長所は，上記のように回折限界をはるかにこえた微細パターンが形成できる点である．しかし，これ以外にも通常の伝搬光では実現不可能な成果が得られている．そのうちの1つは，非線形光学効果の1つである2光子過程を利用した光解離である．すなわちプローブ先端の近接場光のエネルギー密度が高いため，ジエチル亜鉛分子が2光子過程により光吸収して電子励起状態へと遷移する．そしてその後に解離する．したがってこの場合には図9.1(b)に示す吸収端波長に対応するエネルギーの半分の光子エネルギーをもつ光が使えるので，紫外光の代わりに可視光を用いればよい．もう1つはプローブとジエチル亜鉛分子との間に電気双極子間相互作用が働き(3.1.1項参照)，電子の基底状態のポテンシャル曲線から電子励起状態を経由することなく解離ポテンシャル曲線へと直接遷移が許容されることである．これは伝搬光に対しては禁制されているので近接場光固有の過程である．この場合にも紫外光ではなく可視光が使える．実際に近接場光を用いたジエチル亜鉛の光CVDの場合にはこれらの2つの効果により波長488 nmの可視光を用いても亜鉛の堆積が実現しているので，本節冒頭の技術的問題(1)は緩和される．このほか，プローブとジエチル亜鉛分子との間の電気双極子間相互作用によって誘起される直接解離などの原因も考えられている．以上の効果は他の物質の堆積の場合にも生ずる可能性が大きく，したがって伝搬光に比べて適用可能な分子，光子エネルギーの範囲を拡大することができ，新奇な物質の堆積の可能性が期待される．

近接場光による光CVDの方法はZnのみでなく，すでにAlなどの金属，さらにはZnOなどの酸化物に適用されており，さらには化合物半導体などにも適用できると考えられている．これらをガラス，シリコン，サファイアの基板上に堆積可能である．そのためには堆積物に合わせて近接場光の光子エネルギー，原料気体の選定をす

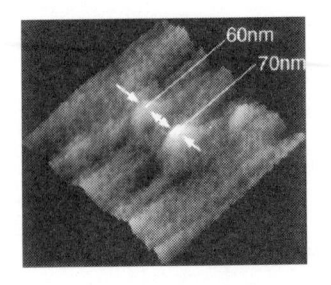

9. 微細加工技術

図9.3 ガラス基板上に堆積した Zn のドット状の2つの微粒子のせん断応力顕微鏡像

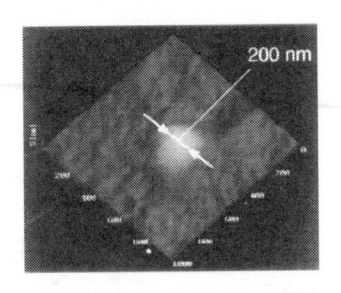

図9.4 サファイア基板上に体積した ZnO のドット状の微粒子のせん断応力顕微鏡

ればよい．これらの中で ZnO の堆積の例について次に示す．ZnO は励起子の結合エネルギーが 60 meV と大きいために，室温においても効率のよい紫外発光を示すことが知られている．ここでは図9.3 の Zn の堆積とほぼ同様な方法を用いているが，Zn を酸化させるために酸素雰囲気中で堆積を行っている．また，基板にはサファイアを用い，それを加熱している．近接場光の代わりに通常の伝搬光を用いたサファイア基板上への ZnO 薄膜の堆積のための予備実験によると，基板の温度を 150℃ 以上に加熱すると良好な結晶性が得られ，さらに波長 375～380 nm での励起子発光が認められているので，近接場光による堆積の場合にもサファイア基板を 150℃ 以上に加熱した．図9.4 にはこのようにして堆積された微粒子状の ZnO のせん断応力顕微鏡像を示している[5]．

なお，ファイバプローブを走査させながら任意の微細パターンの物質を堆積する方法では，そのパターン描画速度はファイバプローブに依存し，これは既存の方法に比べ低速であることが実用化の際の問題となりうる．それにもかかわらず金属パターンの堆積は集積回路のフォトマスクの修正，特に断線部分の結線に使える可能性が高い．なぜならフォトマスクの修正は正確さが要求されるが作業件数は少ないので，速度は必ずしも重要な要件ではないからである．LSI 製品技術の進歩に伴い，現在 256 Mb の DRAM のレチクル（縮小投影方式のステッパで用いられているフォトマスクのこと）の設計ルールは最小線幅 1 μm となり，欠陥の修正精度は ± 1 μm が要求されている．これにはレーザを用いたレーザリペア法などが用いられているが，それ以上の集積度に対応するために本方法への期待が高まっている．

一方，金属のみでなく，酸化物，化合物半導体など，多様な材料が同一基板に，かつ希望する位置に，希望する大きさで，希望する間隔で堆積できることは，近接場光のエネルギーを授受して信号を伝送するナノメートル寸法の光集積回路の開発に使える方法として有望である．この場合，小数個のパターン，微粒子を堆積すればよいので，堆積の際の低速性は大きな問題にならない．本節で述べた堆積技術はまさにこのような，ナノメートル寸法の光機能素子などの加工に使うのに適している．

（大津元一）

文　献

1) S. Mononobe et al.: *Opt. Commun.*, **146**-1 (1998), 45-48
2) D. J. Ehrlich et al.: *Appl. Phys. Lett.*, **38**-11 (1981), 946-948.
3) V. V. Polonski et al.: *J. Microsc.*, **194**-2/3 (1999), 545-551.
4) Y. Yamamoto et al.: *Appl. Phys. Lett.*, **76**-16 (2000), 2173-2175.
5) G. H. Lee et al.: *Tech. Dig. SPIE Conf. Near-Field Optics: Physics, Devices, and Information Processing, July 1999, Denver*, **3791** (1999), 132-139.
6) M. Ohtsu: *Tech. Dig. 18th Congress of the International Comission for Optics, August 1999, San Francisco, CA, SPIE*, **3749** (1999), 478-479.

9.2　リソグラフィー

　近接場光は回折限界に制限されることなく，開口サイズでその分解能がほぼ決まるため，光エネルギーを利用したナノメートル寸法の微細加工法としての期待が大きい．近接場光を利用する場合，フォトレジスト表面と近接場光発生源の距離制御が重要で，その距離は数十nm以下にする必要がある．距離制御方式としては，走査型プローブ顕微鏡の技術を用いた方式(プローブ走査方式)や，半導体製造プロセスで利用されているコンタクト露光技術を用いた方式(コンタクトマスク方式)があげられる．コンタクトマスク方式は，マスクパターンを利用した一括露光が可能であり，大量生産に適した方法である．コンタクト方式の近接場光発生手段としては微小な開口やスリットからなる微細マスクに光を入射し，微細マスクから発生する近接場光を用いた開口方式と，プリズムやガラス板に全反射条件で光を入射したときに反射面表面に発生する近接場光を用いた全反射方式がある．9.3節で後述するアブレーションや，光化学反応などのメカニズム解明には，プローブ走査方式が有効である．

9.2.1　露光方式

a. プローブ走査方式：　プローブ走査方式は近接場光顕微鏡を利用した露光方式である[1-7]．一般的な近接場光学顕微鏡は，先鋭化した光ファイバの先端に微小開口が形成されたものがプローブとして用いられる．微小開口から発生する近接場光を走査し，露光することによって，フォトレジストパターンを形成することができる．微小開口とフォトレジストの距離制御には，光ファイバプローブをフォトレジスト表面に対して水平方向に振動させながら近づけることによって生じる振動振幅の減衰を一定に保つせん断応力方式と，鉤状に屈曲させた光ファイバプローブでの原子間力顕微鏡(AFM)制御方式がある．形成されるフォトレジストの幅は開口径に依存し，開口径50～100 nmに対してほぼ同じ幅のレジスト幅が得られるが，加工パターンのアスペクト比(深さ/幅)は，0.02～1程度である．

　AFM距離制御方式を利用した近接場光学顕微鏡によるフォトレジストの露光例について述べる[6,7]．図9.5はAFM距離制御方式を利用した近接場光学顕微鏡のシステム構成図である．これは試料に対して垂直方向にプローブを振動させながらプロー

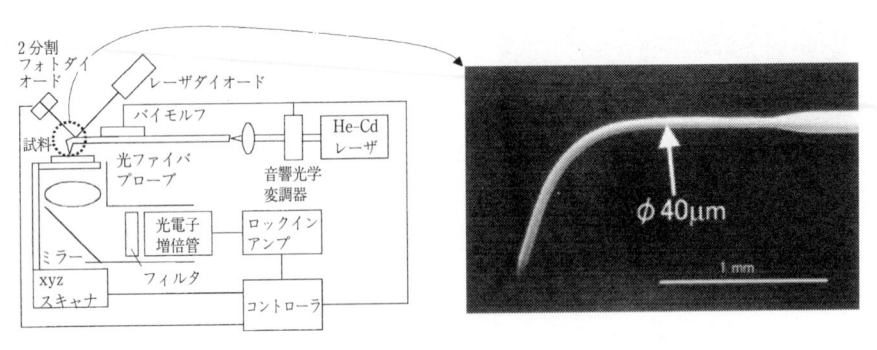

図9.5 AFM距離制御方式を利用した近接場光学顕微鏡のシステム構成図とスリムプローブの走査型電子顕微鏡 (SEM) 像

ブの振動振幅を一定に保つダイナミックフォースモードに加え，開口を試料に接触させてはりのたわみを一定に制御するコンタクトモードによる距離制御が可能である．コンタクトモードは，原理的にはフォトレジスト表面上での近接場光強度が最も大きく，かつ，光ビーム径が小さいため，比較的短い露光時間で微細なパターンを形成できる．

コンタクトモードおよびダイナミックモード制御でレジスト露光を試みた例を示す．実験では，近接場光のスポット径約 85 nm の光ファイバプローブが用いられている．近接場光のスポット径は，標準試料(ガラス上に形成した 2 μm 角の Cr 膜パターン) で推定している．プローブはコンタクトモードにおける開口やフォトレジスト表面のダメージを低減するために，図9.5 に示すように細径化された光ファイバプローブ(スリムプローブ)が用いられている．スリムプローブ(直径 40 μm)のばね定数は，0.6〜40 N/m の間で制御可能であり，従来の AFM 距離制御方式を利用した近接場光学顕微鏡用光ファイバプローブ(直径 125 μm)のばね定数に比べ，1/100〜1/1000 と小さい．

図9.6は，コンタクトモードで露光したレジストパターンである．試料は Si 基板上に約 400 nm の厚さで塗布したポジ型レジスト(東京応化工業製：TSMR-8900)が用いられ，光源波長は 442 nm の He-Cd レーザである．開口の走査速度は，2.4 μm/s である．光電子増倍管から得られる信号強度から推定した近接場光強度は，約 0.1 pW であり，露光エネルギーは約 0.08 mJ/cm^2 である．露光パターンはスポット径とほぼ同じ幅 80 nm (全幅) が得られている．同じプローブを用いてダイナミックフォースモードで距離制御(振幅約 30 nm)を行った場合，スポット径は約 170 nm であり，線幅 160 nm の露光パターンとなっている．近接場光を利用した微細パターン加工では，近接場光の光源(開口)とレジスト表面の距離制御が重要な技術であることがわかる．

b. 微細マスクによる一括露光方式： 開口型プローブの代わりに微細なマスクパ

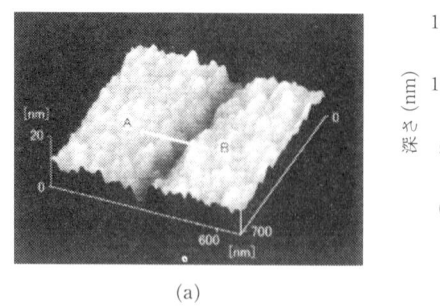

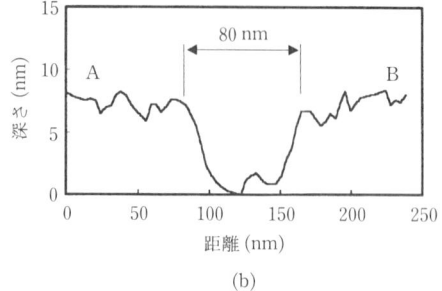

図9.6 コンタクトモード露光でのレジストパターン

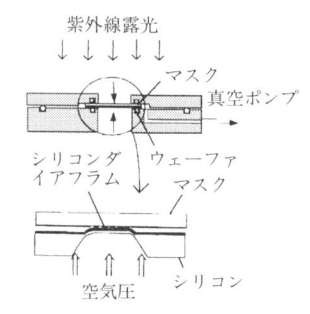

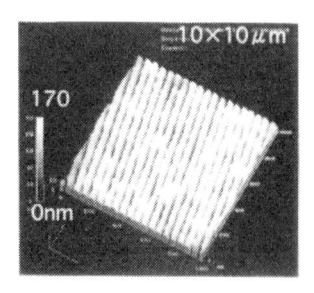

図9.7 微細マスク方式とレジストパターン

ターンに光を導入し,近接場光源とする一括露光方式について示す[8,9].

マスクは,電子線露光を用いて作製されている.電子線露光用フォトレジストが塗布された試料に電子線を照射し,Cr薄膜(厚さ40 nm)をスパッタリング法により堆積し,リフトオフすることによって,Crパターンが形成される.電子線露光のほかに,AFMを用いたマスク作製方法も考えられている.AFM用カンチレバーとCr薄膜との間に,電圧を加えることによって開口やスリットを形成することができる.

マスクとフォトレジストの距離制御方式として,図9.7に示すようなシリコン製のダイアフラムをMEMS技術によって作製し,マスクと試料間を真空に引いて近接させる方式が用いられている[8].線幅100 nm,ピッチ500 nmのパターンを転写し,線幅200 nm,深さ350 nmのパターンが形成されている.また,入射光の偏光方向がフォトレジストパターンに与える影響についても検討し,マスクのスリット方向と偏光方向が平行な場合に良好なパターンが得られている.図9.8はSi_3N_4製のダイアフラムにマスクパターンを形成して,密着させる方式についても検討されている[9].

c. 全反射条件を用いた方式: プリズムやガラス表面などに全反射条件で入射光を照射することによって,反射面近傍に近接場光を発生させることができる.この露

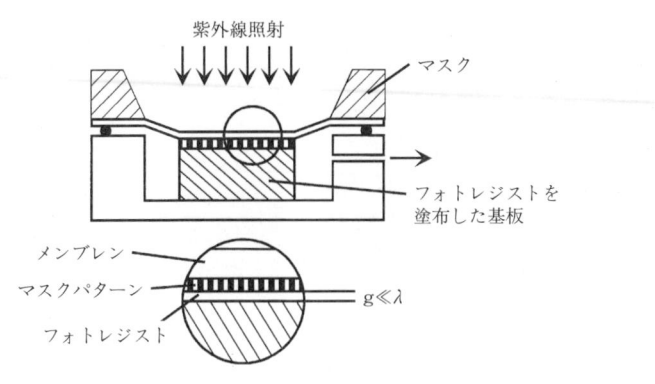

図9.8 マスク側にダイアフラムを形成した微細マスク方式

光法は近接場光の露光量と形成されたフォトレジストの厚さの関係を調べることができ，近接場光をフォトリソグラフィーに用いた場合の適正露光条件の把握や近接場光露光用レジストの開発に役立つと考えられている[10]．

上述した技術では，フォトレジスト膜厚の深さ(垂直)方向に対する近接場光の影響を調べることはできるが，平面内の微細なパターンを形成することは困難

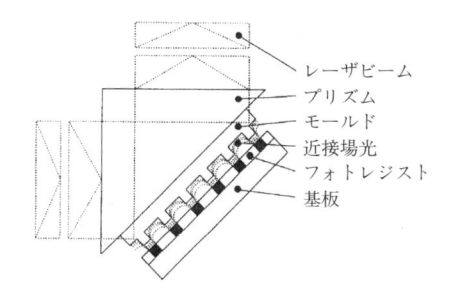

図9.9 全反射条件方式

である．図9.9はガラス基板に微細な凹凸パターンを形成し，ガラス基板表面に発生する近接場光のフォトレジスト加工法である[11]．ガラス表面から離れるに従って，近接場光の強度は指数関数的に減衰するため，ガラス表面に形成された凹凸のうち，凸部分の近接場光だけがフォトレジストと作用し，レジストパターンが形成される．

凹凸マスクは，(1) EB露光とFAB(fast atom beam)によるシリカガラス製のマスターモールド作製，(2) マスターモールドへのアセチルセルロース(厚さ0.034 mm)塗布によるレプリカ作製によって行われる．図9.10にレプリカとそのレプリカを用いて作製されたレジストパターンを示す．レプリカは，50 nm幅のラインを140 nmピッチで作製したものである．レジストパターンは，作製したレプリカモールドをマスクとして，厚さ180 nmのフォトレジスト(東京応化工業製：TSMR-V90)に，s偏光で露光して作製されたものである．マスクとフォトレジストの密着によって生じるマスクの損傷に対して，本方法は安価にレプリカ作製できる点で有効な方法である．

d． スーパレンズ方式： スーパレンズ(super-RENS：super-resolution near-field structure)方式によるフォトリソグラフィーは，Sbの非線形光学特性を利用し

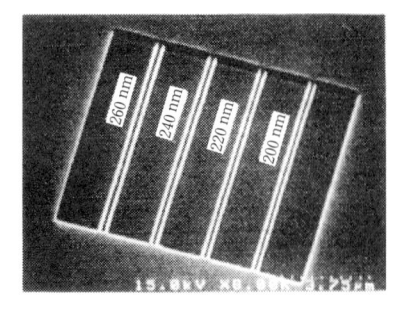

図9.10 レプリカマスクとレジストパターン

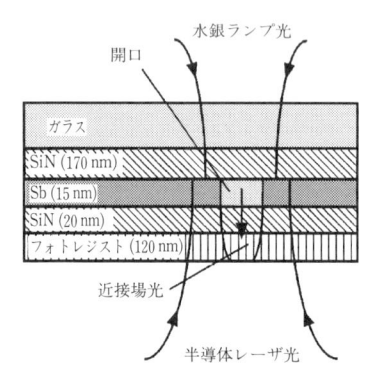

図9.11 スーパーレンズを用いた露光用試料構造

た近接場光発生法によるフォトレジスト露光法である．スーパーレンズ方式では，通常のレンズ光学系で集光したレーザ光をSb膜に照射することによって，数百nm以下の開口をSb膜に形成することができる．図9.11に示すように，ガラス基板上に，SiN/Sb/SiNからなる多層膜を形成し，さらにその上にフォトレジスト（東京応化工業製：OFPR-800）を堆積したサンプルを用いて実験が行われている[12]．パターン形成のために，2つの光源が使われている．一方の光源は，Sb層に開口を形成するための波長635 nmの半導体レーザ（3 mW）であり，フォトレジスト側から照射される．半導体レーザのスポット径は，0.6 μm である．もう一方の光源は，露光光源であり，水銀ランプからの紫外光（i線：波長365 nm，数 μW）が，ガラス基板側から照射され，10秒間の露光時間である．

図9.12は，形成したラインのAFM像と断面像であり，幅180 nm，深さ35 nmのラインが形成されている．AFMのプローブ形状のため，深さがフォトレジストの厚さの1/4程度となっているが，断面形状から約90 nm程度の深さでラインが形成されていると考えられる．レジスト厚さとライン深さが一致しない理由として，スーパーレンズを透過してきたバックグランド光によるフォトレジストの感光が主なものとして考えられている．

スーパーレンズ方式によれば，レーザ光の高速走査が可能であり，比較的スループットの大きな近接場露光技術として期待できる．

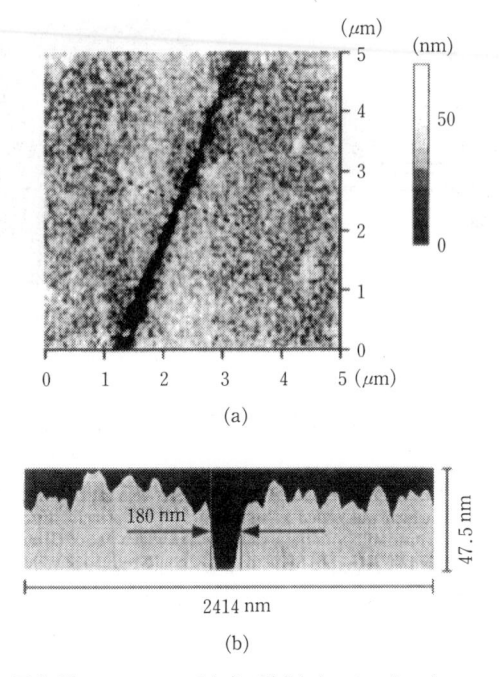

図 9.12 スーパレンズ方式で露光したレジストパターン

9.2.2 実用化への課題
a. 各露光方式の課題:

(1) プローブ走査方式: プローブ走査方式ではスループットの向上ための高速走査やマルチ対応のプローブ形成技術が必要である．AFMプローブではすでにプローブ-試料間(Z軸)の距離制御を行うアクチュエータを搭載したプローブが開発され，従来の100倍の走査速度で像を得ている[13]．また，Z軸アクチュエータとカンチレバーの変位を検出するセンサを搭載したカンチレバーを複数並べたマルチカンチレバーによって，2 mm角の像を取得することが試みられている[14]．

また，スループット向上には開口からの近接場光発生強度の向上が必要である．図9.13に示すダイレクト入射型光カンチレバーはMEMS技術によって作製されている[15]．外部に設けられたレンズによって集光されたエネルギー密度の高い入射光を直接開口へ導入することによって，開口から強度の大きな近接場光を照射することができる．近接場光学顕微鏡用プローブに対しても，高速走査やマルチプローブ化によるスループット向上が期待される．

(2) 微細マスクによる一括露光方式: 実際のマスクパターンでは，さまざまな形状，スリットの方向などが形成されている．今後，微細マスクを用いた一括露光方式を実現するためには，マスク形状や偏光方向などによる適正露光条件の違いをクリ

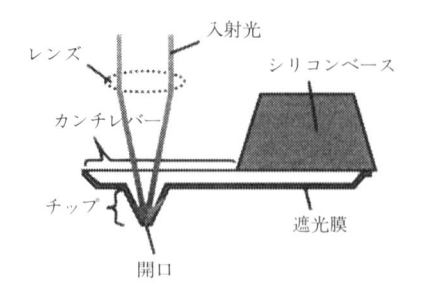

図 9.13 ダイレクト入射型光カンチレバーの概略図と SEM 像

アする必要がある．
(3) 全反射条件： 本方式の課題として，微細マスクによる一括露光方式と同じ課題のほかに，
(ⅰ) レプリカ材料の体積収縮によって，十分な凸部分の高さが得られないため，レジストパターンのコントラストが低下する
(ⅱ) レプリカ内で散乱した光によって，レジストパターンのコントラストが低下することがあげられる．したがって，レプリカ材料の体積収縮に対応したモールド形状の設計，および内部散乱の少ないレプリカ材料の選定が必要である．
(4) スーパレンズ方式： 本方法の課題として，
(ⅰ) バックグランド光の低減によるレジストパターンのコントラスト向上
(ⅱ) 実際の工程では別々の構造体である，スーパレンズとフォトレジストとのコンタクト方法
(ⅲ) フォトレジスト基板に不透明材料を用いた場合の光学系の構築
などがあげられる．

b. 光源およびフォトレジスト： 実際のデバイス作製工程では，フォトリソグラフィー工程後には，エッチングや成膜などの工程がある．たとえばエッチングの場合，フォトリソグラフィー後には下地の材料が露出している必要がある．また，微細なパターンを形成するためには，ドライエッチングが用いられるが，レジストパターンのプラズマに対する耐性はそれほど大きくない．高アスペクト比をもつレジストパターンを形成するためには，光源やフォトレジストの改良が必要である．

光源では，表面プラズモンを利用して微細なスポット内に強度の大きな近接場光を発生させる工夫などが必要になる．

フォトレジストでは，レジスト表面で生じた化学反応が膜厚方向に進行していくような材料が必要である．また，近接場光の光源とレジスト表面の距離を近接させるために，表面粗さを小さくできる分子量の小さなレジスト材料が必要であり，かつ，プラズマなどに対する耐エッチング性をもつフォトレジストの開発が必要である．

〔中島邦雄〕

文　献

1) M. K. Hong et al.: *Proc. SPIE*, **2863** (1997), 54-63.
2) P. K. Wei et al.: *Synth. Met.*, **85**-1/3 (1997), 1421-1422.
3) U. C. Fischer et al.: *Proc. SPIE*, **3272** (1998), 2-6.
4) M. Tang et al.: *Opt. Commun.*, **146** (1998), 21-24.
5) Y. Isbi et al.: *Opt. Commun.*, **171** (1999), 219-223.
6) K. Nakajima et al: *SPIE*, **2535** (1995), 16-27.
7) 光岡靖幸ほか：電気学会論文誌 E, **120-E** (2000), 52-57.
8) T. Ono and M. Esashi: *Jpn. J. Appl. Phys.*, **37** (1998), 6745-6749.
9) M. M. Alkaisi et al.: *Appl. Phys. Lett.*, **75** (1999), 3560-3562.
10) A. Espanet et al.: *J. Polymer Sci.*, **A37**-13 (1999), 2075-2085.
11) S. Tanaka et al.: *Jpn. J. Appl. Phys.*, **37** (1998), 6739-6744.
12) M. Kuwahara et al.: *Jpn. J. Appl. Phys.*, **38** (1999), L1079-L1081.
13) T. Akiyama et al.: *Appl. Phys. Lett.*, **76**-21 (2000), 3139-3141.
14) S. C. Minne et al.: *Appl. Phys. Lett.*, **73**-12 (1998), 1742-1744.
15) Y. Mitsuoka et al.: *J. Microsc.*, **202** (Part 1) (2000), 12-15.

9.3　アブレーション

　アブレーションによる表面加工法は，フォトリソグラフィー工程を通すことなく，材料表面を直接加工できるスループットの高い加工方法である．近接場光の利用は回折限界以上の分解能を有する超微細加工法として期待できる．

9.3.1　アブレーション機構

　光加工のメカニズムの中でアブレーションは光子エネルギーによる化学結合の切断として知られている．しかし，実際の光加工ではさまざまな機構が複合した効果と考えられ，プローブを用いた近接場アブレーションには，図9.14に示すような機構が考えられている．

　a.　光化学的機構：波長 λ の光子エネルギー E は，プランク定数を h，光の周波数を ν，光の速度を c，光の波長を λ とすると，$E=h\nu=h\times c/\lambda$ で与えられ，短波長の光ほど光子エネルギーは大きくなる．波長248 nm の KrF エキシマレーザの光子エネルギーは，約5 eV となり，有機材料の代表的な化学結合である C-C 結合（結合エネルギー：4.6 eV）を切断することができる．結合を切断された分子・原子は，体積膨張し除去される．

　しかし，実際の加工においてアブレーションが起こるためには，ある程度のエネルギー密度（数百 mJ/cm^2 以上）が必要なことから，光化学的機構単独での説明は難しく，次に述べる熱的機構と組み合わせたアブレーション機構を考えるのが妥当である．

　b.　熱的機構：材料に吸収されたエネルギーが，熱に変換され，光が照射された部分が蒸発する．特に，赤外領域の波長は分子結合の共振周波数に近いため，分子

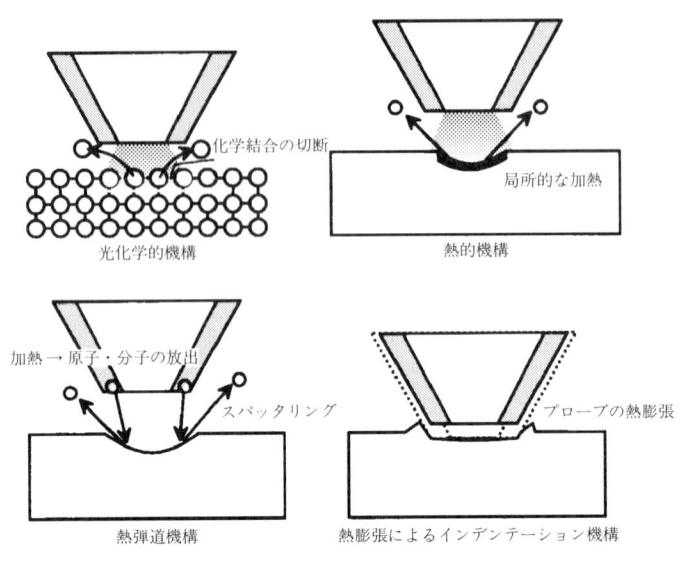

図9.14 アブレーション機構

間の振動を励起しやすい．分子間の振動励起によって，材料の温度が上昇し，溶解・蒸発する．

c. 弾道機構： プローブ顕微鏡を用いた近接場光アブレーションでは，弾道機構が考えられる．弾道機構は，短期間のチップ加熱によって，プローブ表面から原子や分子が噴出し，被加工材をスパッタリングし，加工痕を形成する機構である．

(1) プローブ先端の熱膨張によるインデンテーション： 開口プローブに光を入射することによって，開口近傍の温度は，数百℃まで上昇する．このとき，プローブ先端の材料は，急激に熱膨張する．熱膨張の速度に，プローブ-試料間の距離制御が追いつかずに，非加工材料にプローブ先端が衝突することによって加工痕が形成される．

光化学的機構と熱的機構は，レーザ加工でも論じられてきた機構であるが，弾道機構とインデンテーション機構は，プローブ顕微鏡を用いた加工特有の機構である．表面加工ではアブレーション機構の中で，どの機構が支配的かを見極め，波長，光出射強度などの条件を最適化していく必要がある．

いずれの場合においても，近接場光のエネルギー密度は，数百 mJ/cm^2 以上が必要であり，そのためには，開口での効率向上や，入射光強度の増大に耐えうるプローブが必要となる．

9.3.2 アブレーション機構の解明例

熱的機構で説明される近接場光アブレーションの例として，ローダミンBへの加

工がある[1]．プローブとして，開口型のファイバプローブを用いている．図9.5(a)に示すように，ローダミンB膜は，波長532 nm近傍に吸収ピークをもつ．図9.15(b)および(c)に示すように，波長650 nm (2.1 μJ/pulse)の光を照射した場合と，吸収波長532 nmの光(1.4 μJ/pulse)を照射した場合，波長532 nmの光のときにだけ，加工痕(直径70 nm(半値全幅)，深さ5 nm)が形成された．波長532 nmの光子エネルギーは，ローダミンB膜の化学結合を切断するほどのエネルギーをもっていないため，光化学的機構が否定される．また，熱弾道機構では，波長の違いによる加工痕の有無が説明できない．また，プローブの熱膨張によるナノインデンテーション機構は，せん断応力フィードバックに障害がなかったこと，プローブ先端の曲率半径に比べて加工痕の大きさが小さいことなどから否定される．光強度の大きな波長650 nmでは加工されず，吸収波長である波長532 nmの光によって加工されることから，熱的機構でローダミンB膜が加工されると考えられる．

熱弾道機構で説明される近接場光アブレーションの例として，アントラセンへの加工が報告されている[2]．プローブとして，先鋭化された光ファイバを完全にAl膜で覆った被覆ファイバプローブを用いている．Al膜被覆ファイバプローブは開口がないため，光ファイバに光を導入しても，試料に近接場光を照射することができない．加工中に，プローブの損傷や，プローブ-試料間距離制御のフィードバックに異常がないため，インデンテーションは起こっていないと考えられる．しかし，近接場光が試料に照射されていない状態でアントラセンに加工痕が形成されていたため，光化学的機構や熱的機構は考えられない．大気圧における窒素の平均自由工程は，約68 nmであり，プローブ-試料間距離に比べてはるかに長く，プローブ先端から放出される原子・分子が試料に十分到達することができる．したがって，Al膜被覆ファイバプローブによるアントラセンへの加工機構は，熱弾道機構によるものと考えられる．図9.16は，アントラセンへ加工を行った後に観察したせん断応力像である．図9.16(a)で中央部に白くみえる部分は目印のための突起である．中央部の突起の左上に黒いスポットで示される加工痕が観察されている．図9.16(b)は，図9.16(a)目印の

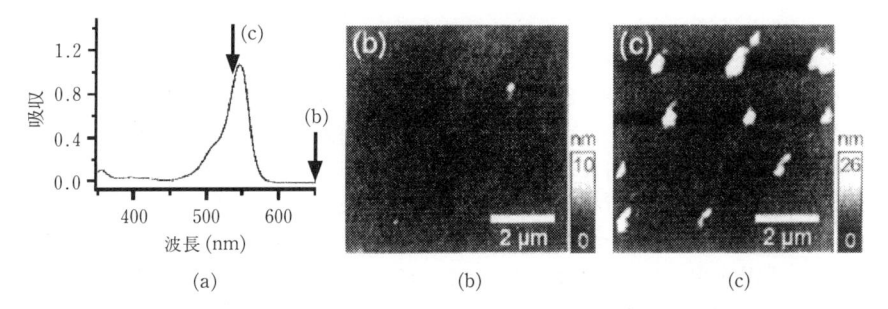

図 9.15 (a) ローダミンB膜の吸収スペクトル，(b) 波長650 nm，入射エネルギー2.1 μJの光を照射した後の凹凸像，(c) 波長532 nm，入射エネルギー1.4 μJの光を照射した後の凹凸像

(a)　(b)

400 nm

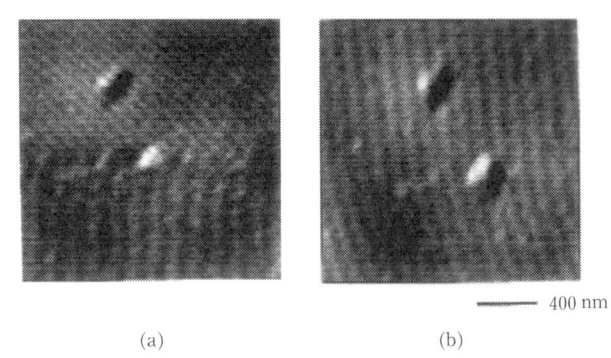

図 9.16　アントラセンに形成された加工痕のせん断応力像
(a) 中央部の突起とその左上に形成された加工痕，(b) 同じ範囲において中央部の突起の右側に形成された加工痕．

横にレーザを照射した後のせん断応力像である．目印の横に加工痕が形成されているのがわかる．報告によれば，半値全幅 70 nm (FWHM) の加工痕を連続して形成している．

9.3.3　アブレーション加工例

局所加工に応用したアブレーション加工の例を紹介する．

金属 Cr は，半導体製造プロセスにおいてフォトマスクの材料として用いられており，半導体デバイスの細線化に伴い，フォトマスクのパターン幅も狭くなっている．近接場光のフォトマスク検査・修正[3]への利用が考えられる．

マスク修正の手順は以下である．

(1)　近接場光像による表面形状観察：　欠陥部分およびその周囲の表面形状を観察する．観察用の光源は，YAG レーザの第 2 高長波 (波長 532 nm) である．高さ一定モードで観察像を取得するため，Cr パターンの凹凸によるアーティファクトがない．

(2)　Cr のアブレーション：　修正箇所を指定し，フェムト秒レーザ (波長 260 nm) を中空プローブに導入し，Cr をアブレーションする．マスク修正では，レーザのパルス幅が重要なパラメータである．パルス幅が長い場合，Cr に吸収されたエネルギーの熱拡散によって，ガラス基板変形の可能性があるため，フォトマスクとして使用ができなくなる．そのため，フェムト秒レーザを光源として用い，数百 mJ/cm^2 のエネルギー密度をもつ近接場光を開口からフォトマスクに照射している．

マスク修正装置として，集束イオンビーム装置 (focused ion beam：FIB) が知られている．FIB を用いたマスクおよびデバイス修正は，真空中での加工であり，かつ，イオンビームのエネルギーが大きいことから，Cr 膜の下層への影響が問題となる．ここで示した中空プローブの開口径は 400 nm であり，十分な分解能ではない．

しかし，分解能向上によって，近接場光を利用したマスクおよびデバイス修正装置は，（ⅰ）特別な加工雰囲気の必要がない，（ⅱ）加工層の下層への損傷が少ない，（ⅲ）修正後のフォトマスクの透過率を測定できる，などの特徴を有すると考えられる．

(3) 加工状態の確認： Cr をアブレーションした後，同じ場所を走査し，修正箇所の加工状態を確認する．

図9.17は，加工結果である．図9.17(a)および(b)は，それぞれ，修正前後のCrパターンのAFM像である．Cr膜の厚さは100 nmであり，半円状のCrを除去している．修正した後，残留物やガラス基板の損傷がないことがわかる．

(中島邦雄)

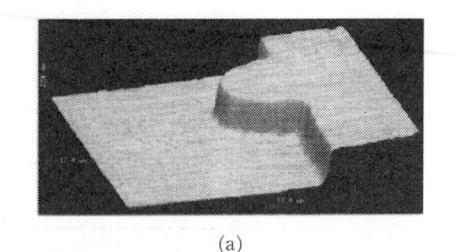

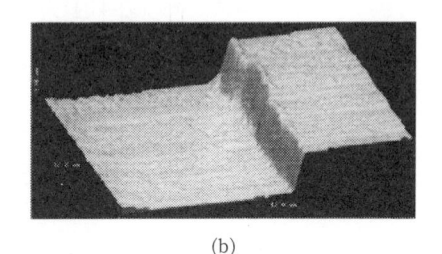

図 9.17　フォトマスク修正前(a)と修正後(b)のAFM像

文　献

1) B. Hecht et al.: *J. Chem. Phys.*, **112**-18 (2000), 7761-7774.
2) D. Zeisel et al.: *Appl. Phys. Lett.*, **68** (1996), 2491-2492.
3) K. Lieberman et al.: *J. Microsc.*, **197**-2/3 (1999), 537-541.

9.4　分子ファブリケーション

9.4.1　分子光物理・光化学過程

分子材料が光を吸収してファブリケーションに至るにはさまざまなプロセスが存在する．同じ材料であっても，光の波長（エネルギー）や強度，パルス幅などによって異なるプロセスを経由する異なるファブリケーションが可能であり，光を用いる大きな利点となっている．また，光化学反応を利用すれば，単なる形状変化だけでなく，さまざまな物理的・化学的機能を付与することができる．ここではまず，光吸収からファブリケーションに至るまでに考えられるプロセスを分子のエネルギー準位をもとに説明する．

図9.18は，典型的な有機分子の電子エネルギー準位を表すヤブロンスキーダイヤグラムである．通常，光吸収により基底状態(S_0)から第1電子励起1重項状態（以下，S_1）の振動励起準位に励起される．S_1の振動励起状態はただちに（<数 ps），S_1の振動基底準位に緩和する．S_1の振動基底準位からS_0へ緩和するが，この際，光子の放出（すなわち蛍光）を伴うものを輻射失活，伴わないものを無輻射失活と呼び，後者の過程では基底状態と励起状態のエネルギー差に相当する熱が発生する．同様の

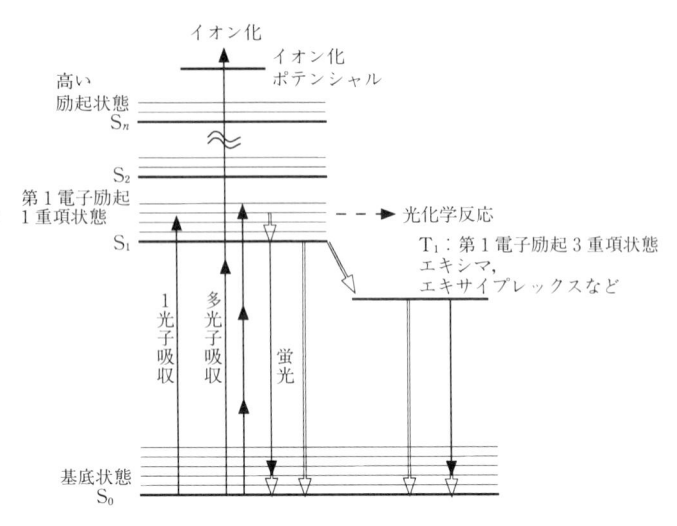

図 9.18 励起分子のヤブロンスキーダイヤグラムと種々の緩和過程
白抜きの矢印は無輻射遷移を示す.

　無輻射失活による熱の発生は S_1 からの緩和だけでなく，励起3重項状態からの緩和，同種または異種の2分子による準安定励起状態であるエキシマやエキサイプレックスから S_0 への緩和によっても起こる．これが材料に光を照射したときの一般的な分子プロセスである．すなわち光吸収した分子が全く同じエネルギーの蛍光を出さずもとの基底状態に緩和した場合には，そのエネルギー差に相当する熱が発生するということであり，光ファブリケーションにおいて避けては通れないプロセスである．
　S_0 と S_1 とのエネルギー差は $2 \sim 3$ eV ($200 \sim 300$ kJ/mol) 程度であり，直接温度に換算すれば数万Kと非常に大きな値となるが，これはただちに並進，回転，振動のさまざまな準位へ分配され，まわりの分子に拡散，散逸する．そのため弱い定常光励起では，材料内で分子の励起，緩和が時間的にも空間的にもまばらに起こり，材料の溶融や昇華などの巨視的な変化に至るほどに温度は上昇しない．したがって，光吸収によって発生する熱を利用して材料の加工を行うには，熱の拡散，散逸が無視できるくらいの短期間にたくさんの光子を照射しなければならない．これは高強度のパルスレーザを照射することによって達成できる．また，パルスレーザの使用は微細加工を行う上でも必要不可欠である．光照射を開始してからファブリケーションまでに時間がかかる場合には，熱が空間的に拡散するため，照射部分よりも広い領域が加工される場合がある．パルスレーザを用いれば，熱拡散が無視できるほどの短時間に加工に必要なエネルギーを与えることができる．
　さらに，パルスレーザを用いる利点はこれだけではない．上述のように定常光照射では光子がまばらに試料に到達し，励起状態の寿命はたかだかナノ秒程度であるた

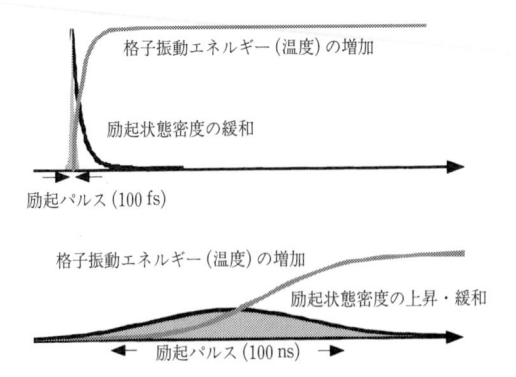

図9.19 フェムト秒レーザ(上)とナノ秒レーザ(下)を照射したときの格子振動エネルギーと励起状態密度の時間変化

フェムト秒レーザ励起の場合,照射と同時に励起状態が高密度に生成し,それが緩和する前に光照射が終了する.一方ナノ秒励起の場合,励起状態の緩和時間よりもパルス幅が長く,励起状態が光を吸収してさらに上の励起状態へ遷移することができ,効率よく温度上昇が起こる(本文参照).

め,同時刻に存在している励起状態の数は少ない(すなわち励起状態密度は低い).一方,同じエネルギー(ワット数)でパルスが短いレーザを照射すれば,瞬間的にたくさんの光子が照射される.パルス幅が励起状態の寿命と同等かそれよりも短ければ,材料中に励起状態が高密度に生成され,このとき,励起状態間相互作用により励起状態はただちに失活し,効率よく熱が発生することが知られている.これを S_1-S_1 消失(失活)という.図9.19にパルスレーザ光照射におけるレーザ光強度,励起状態密度とそれに伴う固体中での物質の温度上昇の時間変化を示す.フェムト秒レーザ励起の場合は,瞬時に高密度励起状態が生成し,パルス終了後に素早く緩和する.ナノ秒パルス光を照射した場合,温度上昇はレーザの照射時間内に終了し,物質の昇華,分解,融解,エッチングなどの形態変化も時間内に始まる.特にナノ秒レーザでは,S_1 の振動基底準位からさらに上の電子励起準位(S_n)への励起,S_1 への緩和をパルス時間内に繰り返すことが可能で,そのため効率よく熱が発生して材料の飛散や昇華(いわゆるアブレーション)が誘起されることが知られている[1,2].

このような光熱変換に基づく材料の融解,蒸発,昇華,熱分解,アブレーションなどを利用した光ファブリケーションを光熱的ファブリケーションと呼ぶ.現在,工業,医療などの分野で,レーザエッチングやレーザ切断などの光加工が応用されているが,ほとんどが光熱的ファブリケーションである.

もちろん,光開裂,光イオン化,光2量化,光重合,光異性化などの光化学反応を利用することにより表面形状のみならず,材料の物理・化学的性質をファブリケーションできる.このような光化学反応を利用したファブリケーションを光化学的ファブリケーションと呼ぶ.光化学反応は,励起状態から反応プロセスを経て,もととは

異なる基底状態に緩和するプロセスといえる．この際，光吸収から反応終了までの間に無輻射失活過程が存在するので，熱を発生しないということはほとんどない．実際には熱と光化学反応が結合して最終的なファブリケーションに至っている場合も多い．しかし，光化学反応がプロセス中に存在し，単に熱を加えただけでは達成できないファブリケーションは，光化学的ファブリケーションと呼ばれるのが一般的である．

光化学的ファブリケーションにおいてもパルスレーザの使用は大きな利点をもつ．たとえば光イオン化はイオン化エネルギー準位まで分子を励起するため，一般に多光子吸収を必要とするが，近年の超短パルスレーザの発展によって実現しつつある．

光化学的ファブリケーションでは熱拡散の影響を受けず，照射部のみを加工できるため微細加工に適し，多くの場合，光熱的機構に比べ加工後の表面・端面が平坦かつ急しゅんである．

以上のような光ファブリケーションにおいて重要な点は，一般的にファブリケーションは照射光の強度に対して比例しない非線形なプロセスに基づいており，ある強度を満たさないとファブリケーションに至らない，いわゆるしきい値が存在することである．しきい値を考慮した場合にも，瞬間的な光強度が高いパルスレーザを用いる方が，連続発振(CW)レーザを用いるよりも有利である．

9.4.2 光熱的ファブリケーション

開口型ファイバプローブを用いた近接場光学顕微鏡において照射できる励起光強度はナノワットオーダであり，単位面積あたりの強度としても数 W/cm^2 程度である．近接場光学顕微鏡を利用した光ファブリケーションを実現する場合には，この弱い励起光強度が問題であり，それらを克服するためのさまざまな工夫がされている．

ETH チューリッヒのZenobiらはナノ秒パルスレーザ光を近接場光学顕微鏡に導入し，ローダミンB薄膜のアブレーションに成功した[3]．ローダミンBは代表的な蛍光性有機分子で，光吸収の大きさを表す分子吸光係数も高い．励起光の波長としてローダミンBの吸収スペクトルのピーク波長に近い 532 nm を選び，強度 $1.4\,\mu J$，パルス幅 5 ns のパルスレーザ光をプローブに導入した結果，照射部に直径約 100 nm，深さ 5 nm の穴が試料表面に形成された．同程度の照射光強度でも，試料が吸収しない波長(650 nm)の光を用いると穴は形成されず，光熱的アブレーションであるとZenobiらは結論している．光熱的アブレーションの場合の，局所光加工に必要な条件としては，熱拡散を抑えることであり，これにはパルスレーザを用いるとともに，吸光係数の大きな試料，励起波長を選択することが重要である．試料の吸収が弱い場合には，励起光が試料内部まで侵入し，加工領域が大きくなる(図9.20)．

熱によって分子構造が可逆的に変化するサーモクロミック材料を用いると，表面形状はそのままで，局所的な吸収や発光の特性を変化させることができる．図9.21はポリチオフェン誘導体の薄膜に，近接場光学顕微鏡で局所的にレーザ光を照射した前

後の蛍光スペクトルの違いを示している[4]．照射光は Ar$^+$ レーザ (波長 488 nm)，試料上での光強度は数 W/cm^2 である．数分間の励起光照射により，蛍光スペクトルの短波長側 (低エネルギー側) に強度の増加がみられている．これは同薄膜に物理的に熱を加え，温度を上昇させたときにもみられる現象で，光熱的機構によって局所的な温度上昇が起こり，蛍光スペクトルが変化したと考えられる．このスペクトル変化は，温度上昇により高分子鎖のコンフォメーションが変化して π 電子の広がり (共役長) が小さくなり，蛍光が高エネルギー側にシフトするためであることが知られている．長時間にわたって光照射しているため，変化の領域は 1 μm 程度まで広がっていると考えられるが，このように近接場光学顕微鏡を使った光熱的ファブリケーションで，表面形状のみならず蛍光特性など分子材料のもつさまざまな機能を修飾することが可能である．

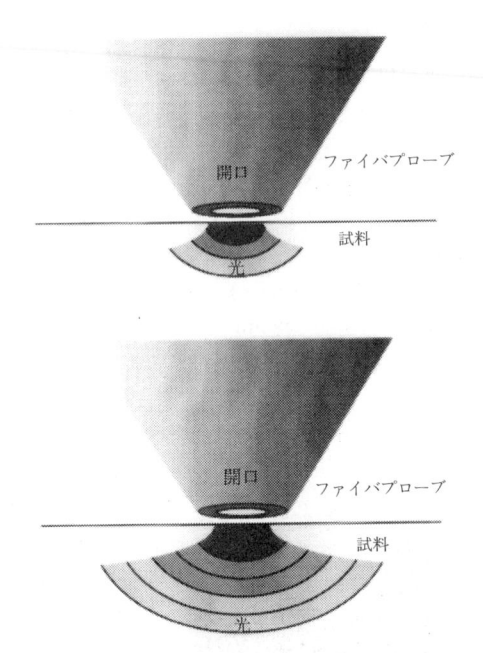

図 9.20 近接場光学顕微鏡を用いて，吸収係数の高い (光を強く吸収する) 試料と低い試料に励起光を照射したときの試料内部での光強度分布の模式図

(上) 試料に強い吸収がある場合には励起光は試料表面近接に局在し，局所的な光ファブリケーションが期待できる．(下) 一方，あまり光を吸収しない試料では励起光がより内部まで到達し，光の広がりによってファブリケーションされる領域が広く，深くなる．

9.4.3 光化学的ファブリケーション

光化学的ファブリケーションの例として代表的なものは，フォトクロミック材料や高分子フォトレジストを利用した研究である．フォトクロミック材料は光異性化によって分子の吸収スペクトルが変化し，その結果，色が変化してみえる材料で，光メモリー材料として期待されている．九州大学の入江らはポリスチレン薄膜中にフォトクロミック分子であるペリナフトチオインジゴ分子が分散した試料を用い，近接場光学顕微鏡を用いて波長以下の分解能で光異性化を誘起することに成功している (7.3 節参照)．

高分子フォトレジストは高分子の光架橋や光開裂などの光化学反応を利用して光照射部の溶解性が変化する高分子材料で，これを利用したフォトリソグラフィーは半導体集積回路の作製プロセスに使われるなど，現在の代表的な微細加工技術となってい

る．

　近接場光学顕微鏡を用いたリソグラフィーなどの光化学的ファブリケーションでは照射光の波長が問題になる．通常，光化学反応は紫外光照射でのみ誘起される反応が多い．開口型ファイバプローブを一般的な単一モードファイバから作製した場合には，350 nm 以下の波長の光をファイバコア（正確にはコアにドープされている不純物）が吸収するため，紫外光に対する伝送損失が大きく，高強度光に対する耐久性も低い．したがって，高強度紫外光を市販の光ファイバを用いて照射するためには，高純度石英のコアをもつ多モードファイバを使わなければならない．Maryland 大学の Davis らは波長 248 nm，パルス幅 60 ns，励起光強度 0.5 μJ のエキシマレーザ光をプローブ中に数発～数十発導入し，レジストの加工を行った[5]．プローブには上述の多モードファイバを使用しているが，高強度を得るためにアルミニウムを蒸着せずに作製している．すなわち，プローブ先端は先鋭化されているが微小開口は形成されておらず，プローブ先端部の広い範囲から光が出射することになる．したがって試料に照射される光のほとんどが近接場光ではなく，試料がなくてもプローブ先端から出射する通常の透過光である．しかし照射光強度に対して光反応が非線形であるため，試料上での励起光の空間パターンなどを反映して，サブミクロンオーダの加工が達成できたと考えられる．

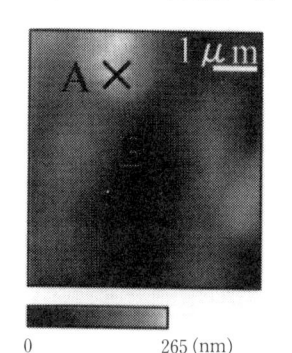

　図 9.22 はアントラセン誘導体のフィルム上に近接場光を照射して 100 nm の分解能でパターニングした筆者らの例である．照射部分が高さ数 nm ほど隆起する現象を利用した加工であるが，詳しいメカニズムは

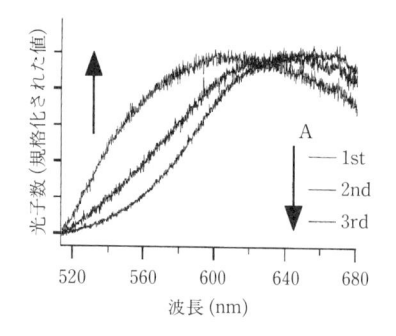

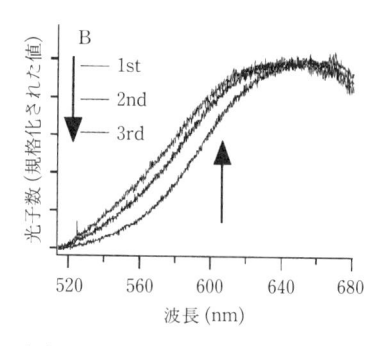

図 9.21 ポリチオフェン誘導体薄膜のトポグラフィー像（上）と，励起光を照射したときの蛍光スペクトル変化（下）

照射開始から 1 分ごとの蛍光スペクトルを示している．励起光の照射によって蛍光スペクトルが短波長側へシフトしていく様子がわかる．また，隆起している領域 A に対して比較的平らな領域 B ではスペクトル変化の割合が小さく，局所的な高分子の集合構造が異なるためであると考えられる．

9. 微細加工技術

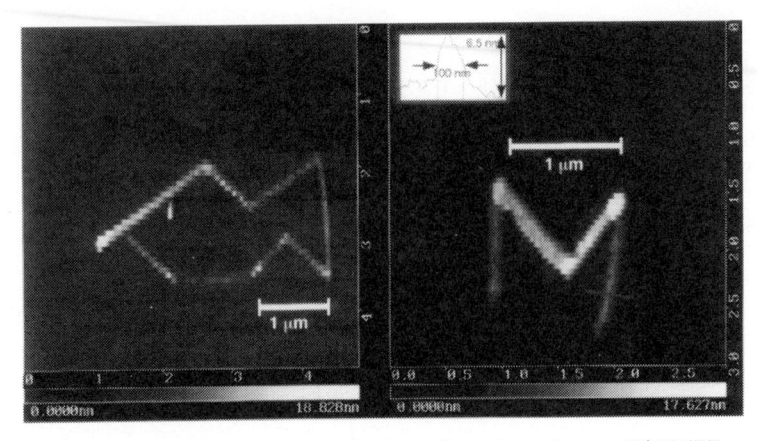

図 9.22 アントラセンモノレゾルシン薄膜上における光ナノパターニング（試料提供：京都大学青山研究室）
近接場光学顕微鏡を用いて波長 390 nm の光を照射し，20 nm/s のスピードで試料を走査した．光照射により隆起した部分の線幅は約 100 nm，高さは数 nm である．

図 9.23 アントラセン誘導体の光2重化反応
重なり合った配置をとるアントラセン誘導体2分子が光反応により結合し，2量体を形成する．その際に分子構造が大きく変化する．

わかっていない．現在のところ可能性の高い原因として，光2量化反応に伴う分子構造の変化により1分子の占める体積が増加し，多くの分子の体積増加が表面の隆起として現れたのではないかと考えている．アントラセン類は光吸収により，向かい合って重なった2分子が2量化することが知られている（図9.23）．通常アントラセンは結晶化しやすく，重なった状態になりにくいため2量化は起こりにくいが，本研究で用いられているアントラセンモノレゾルシンではレゾルシン基の作用により蒸着膜がアモルファス構造をとり，重なり合った2分子が数多く存在する．多くの分子が2量化することによって，それぞれの体積変化が巨視的な（といってもわずか数 nm であるが）形状変化をもたらすものと考えられる．

このように，光化学反応を利用することでさまざまなファブリケーションが可能であるが，現状の近接場光学顕微鏡では扱えない，高強度，短パルス，短波長の光を必要とする場合が多く，そのような光を導入できるプローブの開発が進められている[6]．

（増原　宏・吉川裕之）

文　献

1) 福村裕史：レーザー研究, **22** (1994), 172.
2) H. Fukumura and H. Masuhara : *Chem. Phys. Lett.*, **221** (1994). 373-378.
3) B. Dutoit *et al.* : *J. Phys. Chem.*, **B101** (1997), 6955-6959.
4) N. Kurokawa *et al.* : *J. Microsc.*, **202** (2001), 420-424.
5) I. I. Smolyaninov *et al.* : *Appl. Phys. Lett.*, **67**-26 (1995), 3859-3861.
6) S. Nolte *et al.* : *Opt. Lett.*, **24**-13 (1999), 914-916.

10. 光メモリー

10.1 状　　況

10.1.1 近接場光による光メモリーの必要性

ファイバプローブ先端に発生する近接場光のエネルギーを利用して光記録媒体に記録し，再生することにより，従来の光メモリーの回折限界をこえた高密度記録再生が可能となる．そのきっかけとして磁気光学材料を用いた熱モード記録[1]，およびフォトクロミック材料を用いたフォトンモード記録[2,3]により，ともに直径 50 nm 程度のピットの記録，再生の基礎実験が報告された．これは 250 Gb/in^2 の高記録密度に相当するが，必ずしも実用化を目指したものではなかった．しかし最近になって 2010 年の社会の要求に応えうる高密度光メモリーの必要性が明確になった．すなわち 1.1 節でも述べたように各家庭で必要となる光メモリーの記録密度は 1 Tb/in^2（再生速度としては 100 Mb/s）と見積もられている．これを実現するために，近接場光による方法が有望視されるようになってきた．

現在までに，従来の光学技術の枠組みの中で，高 NA をもつ固浸レンズ（SIL：solid immersion lens）を用いて回折限界値を小さくした光記録再生が試みられている[5]．さらに近接場光を用いた方法も実用化に向けて開発が始まっている．

10.1.2 各種要素技術の課題

近接場光による高密度光メモリーを実現するためには，ソフトウェアとハードウェアに関する開発課題が互いに関連している．たとえば，どのようなアプリケーションソフトを使用者に提供するかによってハードウェアの形態が異なる．すなわち，図書館情報などは再記録不可能であってもかまわないので ROM で十分であるが，医療情報などであれば再記録する必要があり，RAM が必要とされる．一方，ハードウェアについても，記録再生ヘッドのようなデバイス，記録媒体，さらにはシステムの形態が相互に関連している．このように多数の互いに関連した問題を解決しなくてはならないが，実用化の形態としては次の 2 つが考えられる．

(1) 密閉型：　近接場光を使う場合記録再生ヘッドを記録媒体に近づけるので，ごみや埃が記録媒体に付着することを避けなければならず，したがってハードディスクメモリーと同様の密閉型の外形を有する光メモリーとなりうる．これを小型化しディスクチップメモリーの形態とし，据置き型の端末機器や携帯端末機器に複数チッ

プを内蔵させたり，メモリーカード形態で装着して，広範囲の端末機器に使用する．

(2) パッケージ型： 従来の光メモリーと同様のパッケージ型として発展させ，脱着可能な記録媒体として安価で，かつテラバイト (TB) 級の大容量光メモリーとして使用する．

上記の2つとも，まず ROM を実現し，その後 RAM を実現すべく開発が始まっている．近接場光を用いた光メモリーの性能の目標は，記録密度 1 Tb/in^2 である．また，再生速度とシーク時間は 2010 年までに 100 Mb/s 以上，および 50 ms とされている．これらは 2015 年には各々 1 Gb/s 以上，5 ms が求められている．これを実現するための開発項目は下記のとおりである．

(1) ソフトウェア：

① 使用者に提供する情報 (個人の医療情報，図書館の文献情報，気象情報，動画像など) の設定．これにより ROM，RAM などのメモリー形態が決まる．これがハードウェアの開発に影響する．

② 記録媒体表面のナノメートル寸法の凹凸像の形態特異点を読み飛ばすフェールセーフ再生方式の開発．

(2) 記録再生ヘッド： 記録密度 1 Tb/in^2 に相当する記録寸法は 25 nm であるが，近接場光の記録再生ヘッドは記録媒体に対し，この記録寸法以内の距離まで近づけなくてはならない．したがって磁気ディスクメモリーに採用されているスライダ方式を流用することが望まれる．これまでに平面部分に微小開口と球レンズを有するアレイ型の記録再生ヘッドが提案されている[6,7]．その後，微小開口ヘッドに関してはスライダ底面に微小開口とともに，保護のための平面パッド部分を有するもの[8]も発表され，信号再生も行われている．また，半導体レーザと媒体による共振[9]または抵抗値変化[10]による信号再生が試みられているが，特に後者では出射口に 250 nm の開口を開けており，これも微小開口方式の1つといえる．

さらに最近では，近接場光発生効率の向上のために，高屈折率材料であるシリコンを用いて，ピラミッド状の突起を作製し，かつ並列記録再生のためにそれをアレイ化し，周囲には保護のためのバンクと，走査のためのパッドをつくりつけてスライダを形成し，相変化媒体に対し，記録再生を行った結果が報告されている[11]．一方，これらの一連の試みとは別に，薄膜の非線形光学応答を利用して微小開口を形成するスーパレンズ (super-RENS) と呼ばれる方式も試みられている[12]．これらの詳細は次節以下に解説されている．

今後は，以下の課題を解決する必要がある．

① 記録再生の高速化のために近接場光発生効率の一層の向上が必要である．たとえば，上記のシリコン製のピラミッド状突起では，近接場光発生効率は 10% に達している．

② すでにエッチング，FIB (集束イオンビーム) などにより記録再生ヘッドの加工が行われているが，高い再現性を実現する微細加工，さらにスライダとの一体化加工

などが必要である．また，小型軽量化のために光源，記録再生ヘッド，光検出器などの一体化，さらにはトラッキング用アクチュエータを含めたマイクロマシン化が必要である．

③既存の CD-ROM ではすでに 7 ビーム光学系と専用回路により 7 ビーム並列再生が実現しているが，近接場光による光メモリーでもこれと同様の並列記録再生により高速の記録再生を実現するためには，複数の記録再生ヘッドをアレイ状に作製し，これらで同時に記録再生する方法が有効である[6,7]．そのために平面開口プローブアレイ[13,14]，ピラミッド状突起のアレイ[11] などが作製されている．このようなアレイ化は磁気ディスクメモリーのヘッドでは実現が難しいもので，この利用により磁気ディスクメモリーを凌駕する高速記録再生が期待される．そのためにはアレイの作製・評価技術，並列信号処理回路技術の開発が必要である．

(3) 記録媒体：

①近接場光による記録再生の性能は光源の波長には依存しない．それに対し，既存の光メモリーのために開発が進んでいる記録媒体は短波長用である．これは近接場光による記録再生用の記録媒体として必ずしも最適とは限らない．たとえば光磁気記録に関し，より長波長領域に大きな偏光回転角を示す材料が存在する可能性がある．これらの材料を探索する必要がある．

②ナノメートル寸法の微粒子と近接場光との間の高感度な相互作用の機構の探索と，そのための材料の開発が必要である．従来は光磁気および相変化の現象を示す材料が使われているが，最近では有機フォトクロミック材料も近接場光による記録再生の媒体として研究が進められている[15]．

③相変化媒体では 10 nm 径での結晶の粒径の均一性やアモルファスの安定性，光磁気媒体では磁壁 30 nm 以下の実現などが問題となるので，小さな粒径，磁区をもつ材料の開発が必要である．

④記録再生ヘッド先端の近接場光による記録媒体の局所的な加熱，構造変化の特性を検討し，寸法の小さな記録を行うにはナノメートル領域での物理量，熱力学的概念の検討，すなわち熱，温度の拡散特性の評価が必要である．

(4) 保護膜および基板材料：

①記録再生ヘッドと記録媒体とは近接するので，ナノメートル程度の薄い潤滑剤および保護膜の開発が必要である．保護膜を厚くすることができないので，潤滑剤を兼ねた保護膜が必要となる可能性がある．これには材料の選択が重要となる．現在，磁気ヘッドも接触化が検討されており[16]，その成果が近接場光による光記録にも応用できると考えられる．

②既存の光メモリーに使われているポリカーボネートの基板材料のもつ複屈折や屈折率異方性は，近接場光による光記録では問題になる．特に複屈折が大きいと再生時に雑音の原因となる．これを小さくするためには，材料分子レベルでの検討が必要である．

(5) システム:

① 記録再生ヘッドを記録媒体に近接しながら高速に走査させるために,磁気ディスクメモリーに用いられている浮上式ヘッドの技術を参考にし,記録再生ヘッドと記録媒体との距離を 10 nm 程度に制御する技術が必要である.すでに現在までに,上記のピラミッド状突起を用いた記録再生実験[11]では,このような距離制御が実現している.

② 記録密度 1 Tb/in^2 に対応するトラックピッチは数十 nm 程度である.したがってトラッキング制御には数 nm の精度が必要となる.またディスク上の任意のトラックに素早く位置決めするには,大きく移動するアクチュエータと,微小な位置決めをするアクチュエータとを組み合わせて用いる必要がある.

③ 再生速度 1 Gb/s を実現するためのディスクの高速回転は,磁気ディスクメモリー用のスピンドルモータで実現可能と考えられる.ただし,トラックピッチが数十 mm なので,ディスクやモータの偏心を抑える技術が必要となる.

④ 再生時の微弱光の高感度検出方法の開発が必要である.

次節以下では,以上の問題を解決すべく開発が進められている例について概説する. 〔大津元一〕

文　献

1) E. Betzig et al.: Appl. Phys. Lett., **61**-2 (1992), 142-144.
2) 市橋淳一ほか:第 11 回光波センシング技術研究会講演論文集 (1993), 51-57 (論文番号 LST11-8).
3) S. Jiang et al.: Opt. Commun., **106**-4/6 (1994), 173-177.
4) 光産業技術振興協会編:光テクノロジーロードマップ報告書 ― 情報記録分野 ― (光産業技術振興協会, 1998), 18.
5) B. D. Terris et al.: Appl. Phys. Lett., **65**-4 (1994), 388-390.
6) 大津元一ほか:電子情報通信学会論文誌 C-I, **J81-C-1**, 3 (1998), 119-126.
7) K. Kourogi et al.: Tech. Dig. SPIE Conf. Far-and Near-Field Optics: Physics and Information Processing, San Diego, CA, **3467** (1998), 89-98.
8) 保坂純男ほか:O plus E, **21**-3 (1999), 279-283.
9) K. Ito et al.: Jpn. J. Appl. Phys., **37**-6B (1998), 3759-3763.
10) A. Partovi: Tech. Dig. Joint Symposium on Optical Memory and Optical Data Storage, Sponsored by IEEE/LEOS, Hawaii, **3864** (1999), 352-354.
11) T. Yastui et al.: Opt. Lett., **25**-17 (2000), 1279-1281.
12) J. Tominaga et al.: Appl. Phys. Lett., **73**-15 (1998), 2078-2080.
13) M. B. Lee et al.: Appl. Opt., **38**-16 (1999), 3566-3571.
14) M. B. Lee et al.: J. Vac. Sci. Technol., **B17**-6 (1999), 2462-2466.
15) 入江正浩:高分子, **47**-7 (1998), 449-452.
16) J. Itoh et al.: IEEE Trans. Magn., **33**-5 (1997), 3139-3141.

10.2 受動デバイスによる取組み

現在までに微小開口付き先鋭化ファイバ先端に局在する近接場光を記録・再生に用いることにより，回折限界以下のマークを記録材料に書き込み，またそれを読み取ることが原理的に可能であることが実証されている[1-3]．一方，2010年の社会が要求する記録密度1 Tb/in^2（記録寸法にして25 nmϕ），再生レート1 Gbpsを実現させるには，媒体は25 m/sの線速でプローブの下を移動することになる．この際，プローブを媒体に対して走査中に一定の距離を保つ必要がある．しかし，現在行われているプローブと媒体に生じるせん断応力による帰還制御ではピエゾ素子により行っているので，1 μm/s 程度以上の走査速度には適用できない．したがって，実際の記録装置に適用した場合，この方法で両者間の距離を数十nm以下に保つことは不可能である．一方，磁気ハードディスクに用いられているスライダは媒体との空気軸受けを構成することで，帰還制御なしに高速に回転する媒体とスライダ間の距離を50 nm程度に保つことができる．したがって，スライダに光ファイバプローブを搭載する方法が考えられるが，プローブ先端とスライダ底面との誤差を数nm以下の精度に作製しなければならないという実装上の問題や，スライダと記録媒体が衝突した場合にプローブが先鋭化されているために非常に破損しやすいという信頼性の問題があり，現実的ではない．

これらに代わる新技術として，近年Stanford大学のKinoら[4]は固浸レンズ(solid immersion lens，図10.1 (a))と呼ばれるレンズの高開口数化により，回折限界をレンズの屈折率の2乗分低減させ高密度化の可能性を示し，Nd:YAGレーザの第2高調波(λ=532 nm)を利用して高密度記録を達成している．Isshikiらは図10.1 (b)に示したように，集束イオンビーム(FIB)により作製した2段テーパプローブを有するスライダ構造のヘッドを作製した[5]．これにより波長650 nm，周速0.38 m/sで250 nmのラインアンドスペースのパターンを19%のコントラストで読み取ることができた．これは130 nm以上の分解能をもつと予想される．Yoshikawaらは，透明基板表面に金属を蒸着し，これにFIBにより作製した微小開口を有するスライダを作製

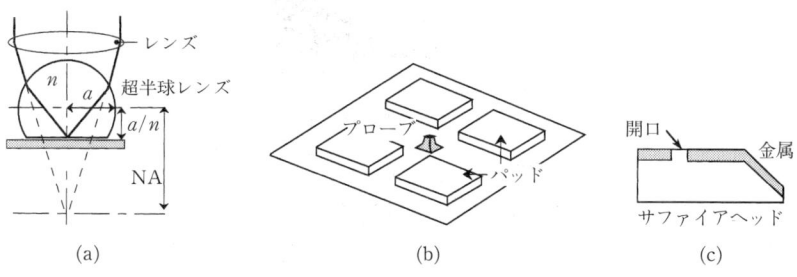

図10.1 (a) 固浸レンズ，(b) FIB加工2段テーパプローブ付きスライダ，(c) 微小開口付きスライダ

した(図10.1(c)).これにより波長532 nmを用いて,周速3 m/sで200 nmのラインアンドスペースのパターンの読出しに成功している[6].

しかし,図10.1(b)では,プローブをすべてFIBで作製していることから,ヘッドとパッドの高さ調整が困難であり,また図10.1(c)では,平面に開口を開けただけのプローブであるので光近接場発生効率が低い(開口径200 nm×500 nmで$1.5×10^{-3}$)などの理由により,こちらも金属グレーティングによる読出し実験結果のみで,記録材料を用いた記録・再生に関する結果は得られていない.

以上の問題点を解決する取組みとして,現在行われている手法を紹介する.具体的には,図10.2に示す突起型シリコンプローブアレイにより,超高速かつ超高速光記録・再生の実験が行われている[7].

このプローブの特徴を下記に示す.

(1) シリコンの屈折率が高いために,伝搬損失が低い,つまり光近接場発生効率が高く,さらに同時に高分解能でもある.

(2) メカトロニクス的な性質が優れている.すなわちアレイ状に配列された多数のヘッドの作製が容易であるため,2010年の社会が要求する記録密度($1 Tb/in^2$),記録速度(1 Gbps)を達成するためには,アレイ数100とした場合,数十cm/sオーダの掃引速度で十分である.これによって精密な追尾制御が簡便になること,さらにコンタクト型磁気ディスクと同様なスライダ構造が作製可能であるため,潤滑剤塗布により記録媒体との間隔も50 nmまたはそれ以下に保って高速にかつ安定に走査できることなどの利点を有する.各プローブへの光の導入を考慮した場合,プローブの大きさは最小でも10 μm程度必要となり,これによってプローブ間隔も同程度離れ

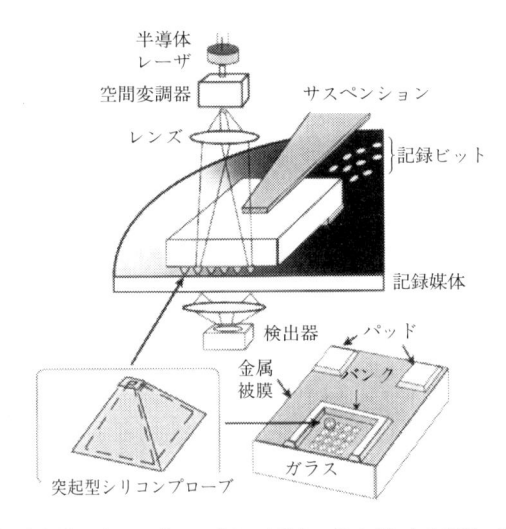

図10.2 突起型シリコンプローブアレイ付きスライダによる記録・再生方式

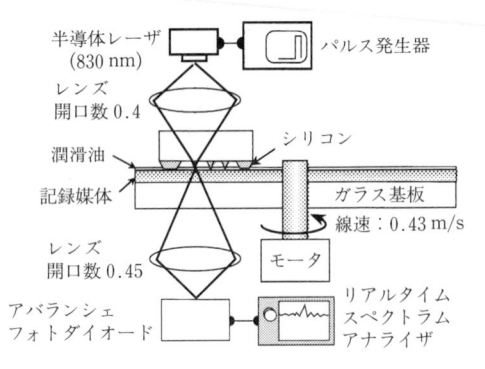

図10.3 測定系

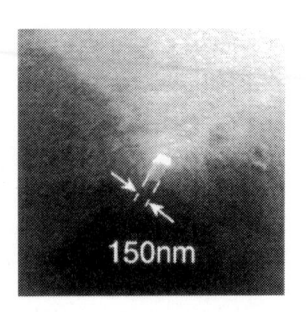

図10.4 アルミニウムコート（膜厚：50 nm）突起型シリコンプローブ（先端径：150 nm）

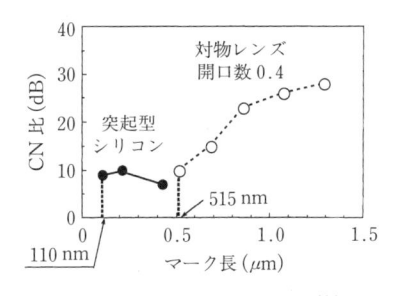

図10.5 CN比とマーク長の関係

てしまうが，この場合でも3.1.2項fで示したようにトラック方向に対してプローブを傾けて走査することによって，近接した情報を読み出すことが可能である．

また，本プローブにおいても，各プローブへの光の供給は，3.1.2項fで提案した単独光源を走査する方法が有効であろう．上記の目標である記録密度 (1 Tb/in^2)，記録速度 (1 Gbps) をアレイ数 100 で達成するためには，照射光源は 10 MHz 程度の走査が要求されるが，これは電気光学変調器を用いて十分達成される性能である．

次に，この突起型シリコンプローブを用いた記録再生実験を紹介する（作製方法は 4.2 節参照）．実験系を図10.3に示す．この系において，突起型シリコンプローブの先端が，高速走査時に記録媒体を破壊せず，かつプローブが記録媒体から10 nm程度に近接されるようにスライダが設計されている．このスライダを，上面に記録媒体が蒸着された3.5インチハードディスク用ガラス基板にコンタクトさせる．光源として 830 nm の半導体レーザを用い，これをスライダのガラス面より入射させ，各プローブに集光させる．また記録・再生に用いた突起型シリコンの先端の電子顕微鏡像を図10.4に示す．記録媒体は相変化材料であり，アモルファス状態の AgInSbTe が用いられている．信号はディスク下方に設置した開口数 0.45 のレンズにより集光し，アバランシェフォトダイオードで検出されている．信号の解析用にはリアルタイムスペクトラムアナライザが用いられている．

上記プローブを用いて得られた波長 830 nm, 線速 0.43 m/s (アレイ数 100 による並列再生の場合1 Gbps に相当）における相変化マーク記録・再生結果を図10.5に示す．これより，対物レンズ（開口数 0.4）を用いた伝搬光では再生不能であった光の回

折限界以下の記録マークの信号再生が実現したことがわかる．このうち最小記録マーク長 110 nm，データ転送速度 2 Mbps であり，10 dB の搬送波対雑音 (CN) 比を得られている．これは，10×10 のプローブアレイを用いた場合 200 Mbps に相当する．

(八井　崇・大津元一)

文　　献

1) E. Betzig et al.: Appl. Phys. Lett., **61**-2 (1992), 142–144.
2) S. Jiang et al.: Opt. Commun., **106**-4-6 (1994), 173–177.
3) S. Hosaka et al.: Jpn. J. Appl. Phys., **35** (Part 1)-1B (1996), 443–446.
4) I. Ichimura et al.: Appl. Opt., **36**-19 (1997), 4339.
5) F. Isshiki et al.: Appl. Phys. Lett., **76**-7 (2000), 804–806.
6) H. Yoshikawa et al.: Opt. Lett., **25**-1 (2000), 67–69.
7) T. Yatsui et al.: Opt. Lett., **25**-17 (2000), 1279–1281.

10.3　能動デバイスによる取組み

経済産業省傘下の光産業技術振興協会が毎年発表している，国内の光産業生産額から光メモリー技術関連をみてみると，2000 年度の総生産予想額の約 1/3 は CD や DVD など光ディスク技術に関連している機器やディスクであり，その額は 2 兆円に近づきつつある．この産業は半導体レーザなしでは成立しない．これまでの光ディスクの記録密度の到達点は波長が 650 nm のレーザおよび開口数 (NA) が 0.6 の対物レンズ (OL) を用いた DVD であり，片面が 2 層構造のもので 18 Gbyte である．405 nm の紫青色半導体レーザと NA が 0.85 の OL で記録再生保護膜厚が 100 μm 一定の次世代 DVD では，片面で 25 Gbyte の記録容量が達成される．しかしランド/グルーブ記録技術を駆使しても，片面の記録容量は 50 Gbyte が限界である．この壁を乗り越えるには近接場光記録再生用の高効率プローブアレイに頼るしかないと思われる．一般に近接場光プローブのスループット (プローブへの入射光パワー対プローブ先端からのエバネッセント波への変換効率) がきわめて低く，10^{-6} 以下である．したがって，ここではこのスループットをもう少し増やすことが可能な近接場光プローブと組み合わせた能動デバイスによる光メモリーへの取組み技術を述べる．近い将来に国内でも量産が実現しそうな垂直共振器表面発光レーザ (VCSEL) を能動デバイスとした，超高密度でかつ超高速なデータ転送レートをもつ光ディスク技術と置き換えて述べることにする．この研究は現在，東海大学沼津校舎にて学振未来開拓学術研究推進によるプロジェクト進行中であり，これまで達成できた技術を中心とした途中経過報告である．

パソコン搭載用の磁気ハードディスクドライブ (HDD) のメモリー容量が年々倍増している結果，携帯用パソコンにも 20 Gbyte 以上のメモリー容量の HDD が内蔵されている．この調子でいけば数年後には，ほとんどのパソコン搭載 HDD の容量は 100 Gbyte に達するものと思われる．

磁気ディスクドライブに対して，光ディスクドライブとパソコンとの結びつきは

CD/DVD-ROM や CD/DVD-R ドライブ内蔵が主である．最近はしだいに CD から DVD ドライブ内蔵型に切り替わりつつあり，その現在の容量は片面 4.7 Gbyte であり 2～3 年後には，片面 18 Gbyte が実現される見通しである．しかしながら，400 nm 半導体レーザが本格的に実用化されても，光ディスクも磁気ディスクも今のところ最高 20～40 Gb/in² 程度が記録密度の限界であるといわれている．そこでこの限界密度を 1 桁以上高密度にする，すなわち 100 Gb/in²～1 Tb/in² への超高密度メモリーの可能性が残されているのは，近接場光学を応用した光ディスク技術であると思われる．

一方，パソコンの飛躍的な発達はデータの転送速度を 100 Mbyte/s にまで高速化ができている．しかし，光ファイバ通信時代を迎えて，ますます高速のデータ転送レートが必要とされている．光源として端面発光 LD ではなく，垂直共振器表面発光半導体レーザ (VCSEL) アレイを用いると，10～60 Gbps ものデータの記録再生が可能である．この基礎技術についても述べる．

10.3.1 能動デバイスとして表面発光半導体レーザに取り組む理由

半導体レーザには，1960 年に発明された端面発光半導体レーザと 1977 年に発明された垂直共振器表面発光半導体レーザ (VCSEL : vertical cavity surface emitting laser) とがある．前者は厚さが $\lambda/2n$ (λ はレーザ発振波長，n は導波路材料の実効屈折率) で，GaAlAs レーザの場合に約 $0.1\ \mu m$ 幅のナローストライプ電極幅 (約 $2\ \mu m$) で決まる断面形状が矩形 (この例の場合には $0.1\ \mu m \times 2\ \mu m$) の半導体導波路のまわりを屈折率が導波路材料よりも低い材料で囲んだ形状をしている．この矩形導波路の長さ方向はレーザ利得と出力の兼合いで決まる．GaAs 結晶は立方晶系であるので結晶を矩形断面に垂直方向に容易に劈開できる．この劈開面でできた平行平面の 2 面は完全なミラー共振器として働く．このミラーの空気との境界面の反射率はフレネル反射と呼ばれて $R=(n-1)^2/(n+1)^2$ で表される．半導体材料の実効屈折率を仮に 3.5 とすれば，劈開面でできたミラーの片側の反射率は $R=$ 約 30％ となる．このレーザチップをサブマウントにボンディングし，レーザ光モニタ用フォトダイオードとともにサブマウントにボンディングし，全体をレーザ発振光が出力窓のほぼ真中に配置されるように特殊ボンダを用いてヒートシンクにボンディングし，かつ，ワイヤボンダを用いてレーザマウントに配線を行う．このような手間をかけて現在，CD プレイヤ用の量産レベルのレーザ OEM 単価は数十セントである．後者の VCSEL はこれとは正反対で自動的にレーザ薄膜ウェーファプロセスのみで 2 次元アレイが完成する．レーザ活性層は厚さ数 nm～数十 nm のマルチ量子井戸 (multi quantum well) 層で構成され，この層を挟んで半導体あるいは誘電体多層膜を MOCVD あるいは MBE (両者とも半導体薄膜デポジション装置) にてコンピュータ制御により自動的にエピウェーファが形成される．VCSEL のサイズや 2 次元アレイのピッチに応じてマスクにて円環状の溝群をウェーファに刻む．溝に高温の水蒸気を吹きつけることにより，

活性層に酸化物の光閉込め窓ができる．その後，前述した円環溝をポリイミドなどのプラスチックで埋め戻し，電極配線をパターニングするだけで，各VCSEL素子がほとんど同じように発振する．VCSELの入力電力対出力レーザパワー効率は50%以上に達する．また，端面発光半導体レーザに比較して近接場パターンが円形であり，開口も広いので，ビーム広がり角度も約1/10程度に小さいことも特徴である．CD用光源ほどの需要があればきわめて低価格のレーザになりうる．したがって，ここでは将来には必ず大発展するであろうVCSELの ① 低価格性，② 高効率性，③ ビーム射出角度の狭いこと，④ x-y 平面に対して等方ビームであること，⑤ 劈開が不要，⑥ プローブチップごとのボンディング不要，⑦ あらかじめピッチを揃えたマスクを用いてプロセスすればプロセス終了段階で2次元アレイが完成する(組立て不要)，⑧ 各素子の特性ばらつきが少ない，⑨ プロセス後のウェーファの状態で，全数発振特性検査ができる，⑩ 2次元アレイを後述するように用いると，1個あたりの変調ビットレートが低くても，超高速変調やデータの転送レートを高くできる，などの優れた特徴をもたせることができる．以上述べたことを端面発光半導体レーザにて行うとすれば大変なコストアップとなる．

10.3.2　VCSELアレイの実際

ここで使用するVCSELを用いた近接場プローブアレイの1素子のみの模式図を図10.6に示す．実際の直径は5~10 μm，ピッチは10~20 μm である．各レーザ出

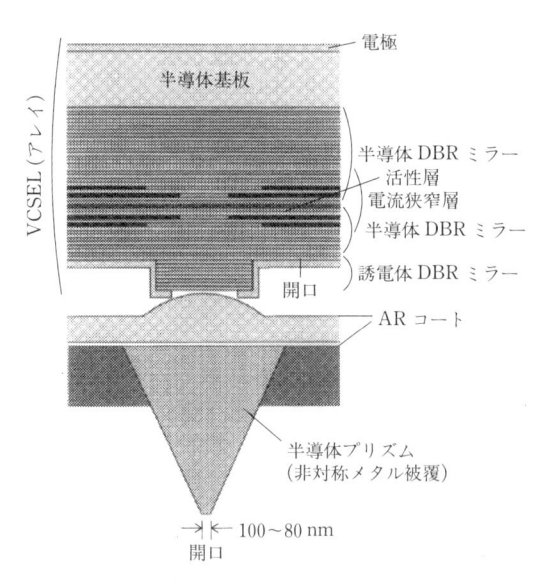

図10.6　超高密度記録素子構成模式図
VCSELと同軸タイプマイクロレンズ付きPPP．

力は 50～100 μW である．アレイの数は 100×100 が基準である．しかしディスクサイズが 50 mm 以下の場合には 20×20 程度でよい．そのときの VCSEL アレイ全体のサイズは 1 mm×1 mm あるいは 2 mm×2 mm となる．電極配線を考えると実際のサイズは数 mm 程度になるものと思われる．VCSEL 全体のレーザ出力は 500 mW～1 W となる．発振効率を 50% とすると同程度の熱を発生するので，数 W のヒートシンクが必要となる．ここでは熱効率のよいダイヤモンドパウダー入りの特殊プラスチックで光ヘッドを構成している．VCSEL の出力窓のところに NA の大きなマイクロレンズアレイを設置してあり，このマイクロレンズアレイの各焦点位置に高効率近接場光プローブを設置している．これらを光集積した1光デバイス素子が図 10.7 である．

10.3.3 VCSEL 2 次元アレイを用いた高効率プローブ

図 10.7 に従って，高効率近接場光プローブを説明する．図は本研究によるディスクヘッドのキーデバイスの一部である．前述したように，これまで報告された近接場光を発生させるためのプローブの変換効率（スループット）がきわめて小さかった（開口 100 nm で 10^{-5}，10 nm で 10^{-9}）ので，近接場光を利用した光メモリーはこれまで実用になっていない．半導体プローブと表面プラズモンポラリトンを利用して，この効率を 10^4 倍ほど向上させるための研究が行われている．中でも空間光変調を用いた極限の情報処理としての光ディスクヘッドの基礎研究，すなわち VCSEL アレイ，マイクロレンズアレイ，半導体プローブアレイ，ならびにプローブ尖端に非対称的に銀膜コートした場合に発生する表面プラズモンポラリトンとエバネッセント波との位相整合がポイントである．現在の光ディスク技術ならびに磁気ディスク技術の記録密度とデータ転送速度 (10 Gb/in^2 と 70 Mbps) をそれぞれ約 100 倍化させる超高密度化と超高速化 (1 Tb/in^2 および 10 Gbps) の研究であり，高効率微細開口光技術が追求されている．

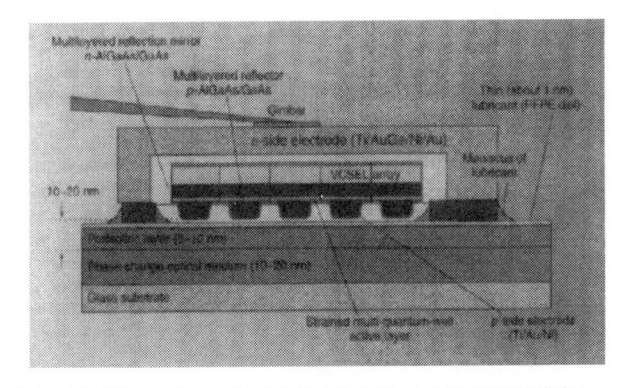

図 10.7　VCSEL 2 次元アレイと近接場光学応用による超高速超高密度光ヘッド

10.3.4 コンタクト光ヘッドとエバネッセント波/表面プラズモンポラリトン
(VCSELアレイを光源とする超高密度・超高速光記録ヘッド)

従来の光ファイバプローブの超低効率(チップ尖端開口 100 nm で 10^{-5}, 10 nm で 10^{-9})に対して, 開口 100 nm にて 3 桁向上の $5×10^{-2}$ の効率を達成した. 今後 100 nm でさらに 1 桁向上させるとともに, 開口 30 nm で 10^{-2} を達成することを目標として研究がなされている. 次の目標は小規模($6×6$, あるいは $10×3$ アレイ)の 2 次元アレイ VCSEL による記録の超高密度化と書込み・読出しデータレートの超高速化の基礎実験を, 行うことにある. 第 3 の目標は 30 nm 程度の記録ビットの実現, 第 4 の目標は室温における TMR (tunneling magnetic resistance) 薄膜の研究と TMR アレイヘッドの研究, 第 5 の目標は小規模記録用ヘッドと再生用ヘッドによる記録・再生の実現である. VCSEL の場合には直径 $8\,\mu$m (図 10.6)の射出窓から断面が円形で $4.7°$ (8 mrad) のビーム広がり角のレーザ発振が得られる. このビームを NA$=0.5$ のレンズで空中に収束させれば $1/e^2$ での全幅は $1.77\,\mu$m となる (屈折率 3.3 の半導体中では $0.5\,\mu$m). ところが, 端面発光 LD の場合には端面近接パターンが $1×4~5\,\mu$m サイズの楕円形状をしている. この光は楕円波となっており, 発振しているすべての光エネルギーを平面波に変換するには 1 対のアナモフィックプリズムなど複雑で高価な光学素子を必要とする. VCSEL の出力は平面波に近い球面波であるので, 簡単なマイクロレ

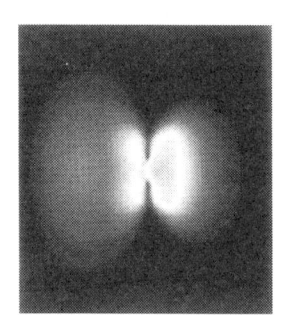

図 10.8 非対称金属コートPPPによる光

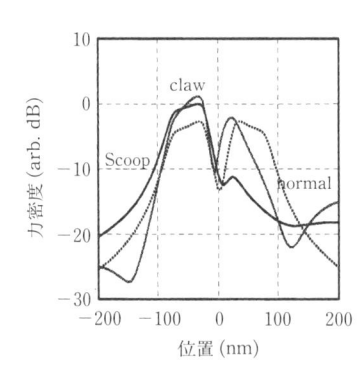

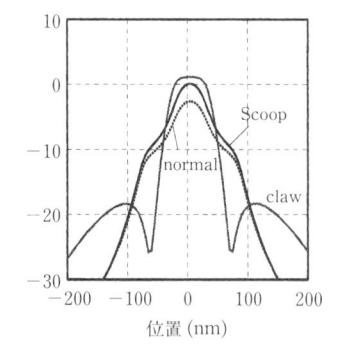

図 10.9 光強度の断面図

本研究にて開発した半導体プローブに非対称銀薄膜をコートして得られる表面プラズモン(縦波)とプローブ先端開口から射出するエバネッセント波(横波)とを位相整合できれば表面プラズモンのエネルギーをエバネッセント波へ結合でき, きわめて大きな光が得られる. 特に Scoop と名づけた非対称金属コートプローブでは双峰ではなく, 単峰特性を示すので注目される.

ンズを同軸的に半導体プリズムプローブに形成し，このプリズム中に直径 $0.5\,\mu m$ のスポットを形成することが容易にできる．

近接場光学と2次元アレイ VCSEL 応用による超高速・超高密度光ディスクヘッドはほぼ図10.7のような構成である．このヘッドのキー技術は，VCSEL の各出力窓サイズを発振波長よりもはるかに小さくすることが可能な，前述した特殊な半導体プローブアレイ PPP (pyramidal prism probe：ピラミッド状プローブ) を開発することにある．これまで開発してきた半導体プローブチップアレイでは，尖端から検出できる光波は必ず双峰強度を呈することがわかった．そのため，エバネッセント波寸法を 250 nm 程度以下にはできなかった．すなわち，プローブチップ尖端を苦労して狭くしても結果的に太い光ビームにしかできなかった．そこで，Mitsugi らは3次元の FDTD 法を用いて，半導体プローブチップアレイに非対称的に金属(銀)をコーティングした場合の開口部尖端におけるエバネッセント波の電界分布の計算を行った．その結果，半導体チップ内部を伝搬してきた光波が対称的な双峰強度ではなく，非常に強い非対称な表面プラズモン励振につながることが明らかになった(図10.8)．通常は双峰特性を示すが，本研究では，図10.9に示すようにプローブ先端の電界密度特性のうち，Scoop と名づけた単峰特性が得られたことがポイントである．

10.3.5 超高密度/超高速データ転送速度の光ディスクシステム

図10.10は2次元 VCSEL アレイヘッドとしての 100×100 素子の一部の 10×10 素子構成模式例である．VCSEL の直径を約 $10\,\mu m$，ピッチを $20\,\mu m$ とする．発振波長を 660 nm とし，図10.6の PPP 先端開口寸法を 100 nm とする．また開口先端と光ディスク記録媒体までの距離(ギャップ)を 15 nm とする．図10.8で示されるピーク半値全幅は図10.9から，約 70 nm となる．トラック幅を 200 nm としても，図10.7におけるディスクの回転の接線方向に対してわずか傾けて各素子を発光させるだけで，ディスクの半径方向に並んだ2つの素子間 $(20\,\mu m)$ 内に接線方向に並んだ100個の素子からの100本のエバネッセント波の軌跡が図10.10のようにラジアル方向に並ぶことがわかる．1素子のビットレートを 1 Mbps とすると，本方式は固定ディスク方式であり10000チャネル同時記録再生方式であるため，ディスク回転数が毎秒2回転でも 10 Gbps の高速データレートで記録・再生が可能である．回転数がきわめて低いので摩擦が少なく，ヘッドとディスク表面は，常にギャップ間隔 10 nm 一定でトライパットのみが潤滑薄膜と保護膜を通してディスクにコンタクトしている．実際に接触しているのは3本ないしは4本の足(トライパットもしくはテトラパット)で，薄い(1 nm)潤滑剤を通して光ディス

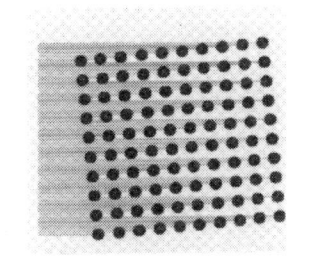

図10.10 10×10 素子を例とした2次元アレイヘッドとその微小開口からの光軌跡

に接触している．PPPの尖端は光学的に15 nm離れた記録媒体に対向している．プリズムの尖端は平坦になっている．半導体材料の屈折率をnとし，半導体レーザの真空中における発振波長をλとすると，平坦部の開口径は$\lambda/(2n)$である．したがってPPP内部を伝搬する光波の減衰はない．むしろレンズで収束した分だけ高電界密度になっている．また図10.8に示したように，非対称金属により発生した表面プラズモン（縦波）と結合し，増強される．この方式によると各VCSEL素子の出力が1 mW以下でも80～30 nm開口のエバネッセント波の強度を30 μW以上にすることができる．この光強度密度は通常の光ディスク（ビット寸法が約1 μmで記録光パワーが約10 μm）すなわち10 mW/1 μmに相当する．本ヘッド方式は超並列ヘッドであるために各素子間の時間遅れに対応したMFM 3 pm 4/5 rateのエンコーダデコーダ作成のシミュレーションを行い，またDSVを求めるためのプログラムのシミュレーション，EFMの変換テーブルなどの作成も行っている．ヘッドのプロファイルを，11×11（単位なし）の大きさで計算し，ビット長を変化してみたところ，5以下（ヘッドと同じ分解能，単位なし）で元信号が判別できなくなってくる現象がみられた．さらに，詳しく調べるために，現在，並列に記録した媒体をつくるプログラムを作成中である．

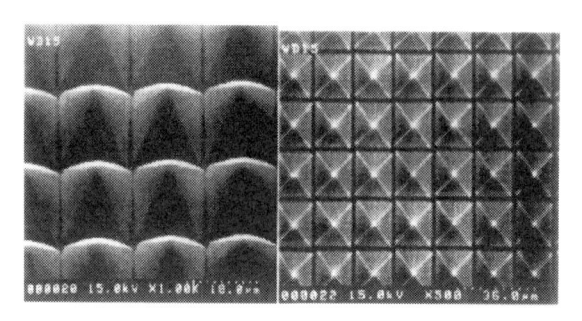

図10.11 Siウェットエッチングによって試作したPPPアレイ

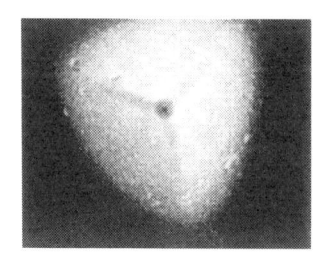

図10.12 銀蒸着後に開口に垂直にイオンミリングしてGaPプローブに開口穿孔

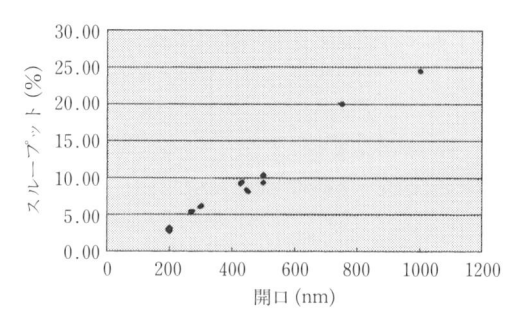

図10.13 端面発光LD光のPPPへの光入出力特性の一部 従来のプローブに対して100倍の効率が改善された．

10.3.6 PPP試作プロセスと表面プラズモン発生用金属コート/開口穿孔技術

半導体プローブPPPによるフラットチップ2次元アレイの試作を続けた結果，図10.11に示すように各ピラミッド状プローブの高さをすべて一定にする技術開発ができている．書込み用SiおよびGaPによるPPPの改良による開口尖端の70 nm化もできている．今後GaP結晶においてもSi結晶並の超微細加工ができる技術開発が必要である．SiアレイではSOIウェーファによる波長780 nmのVCSELアレイ対応のプローブアレイを開発している．GaPアレイでは(111)面のみ可能であったが，現在(100)面によるSiウェーファなみのアレイを試作している．図10.12は100×100 2次元PPPにおける非対称金属薄膜をコートする技術の一部を示す．半導体PPPに斜入射でAgなどの金属を蒸着した後で，イオンミリングにて垂直ドライエッチングすることにより，アレイ全体を1度のプロセスで微小開口の穿孔ができる新技術を確立した．VCSELアレイとプローブアレイとを同軸的に両面露光し，アライメントフリーによる集光用マイクロレンズアレイの研究も行っている．ヒートシンクを兼ねた3本足の記録ヘッドの作製も進んでおり，スピンスタンドへのヘッド実装と2次元アレイによる記録実験が近日中に行える段階に至っている．平坦なガラスディスク基盤上への光磁気媒体製膜や1 nmと非常に薄いコンタクトヘッド用の潤滑剤塗布が可能となるCN膜の製膜研究をほぼ終えたところである．図10.13は図10.6の複合ヘッド素子(集積化光ヘッド2次元アレイのうちの1素子を模式化したもの)を用いたGaPプローブによる改善されたプローブへの入射光対プローブ先端の非対称銀膜コートにより増強されたエバネッセント波射出特性(スループット)を示す効率特性の1例である．今後行うべき実験としては次の2点である．

① 室温動作が可能な光磁気薄膜媒体の研究常温動作TMRアレイの研究(再生ヘッド)および相変化光記録媒体信号再生用戻り光誘起VCSEL発振の理論的研究と実験的実証

② 2次元VCSELアレイによる時系列パルス化に関するシステム的研究

これまでに開発できている技術エッセンスを述べた．VCSELは日本で発明(東京工業大学の伊賀健一教授)されたレーザではあるが，日本ではまだ製品化されず，現在はアメリカ企業から輸入している．今後，国内で量産化されれば，従来の端面発光半導体レーザに比較して歩留りが高く，製造コストもきわめて安価になりうるレーザである．この特異な2次元アレイ半導体レーザを用いて，かつ，ここで述べた高効率半導体プローブアレイと組み合わせることによって，100×100(=10000)各素子が同時に1 Mbpsで30 nmビットサイズの記録をすれば，データ転送レートは10 Gbpsとなる．今後，ますます発達していくブロードバンド情報通信技術は5年後には記録・再生のデータ転送レートが1〜10 Gbpsに高速化する必要があろう．その際の高転送レートメモリードライブは，ここで述べたVCSEL 2次元アレイヘッドを除いては考えられない．ここで述べたVCSELアレイはピッチが20 μmと比較的広いので，

ヘッド全体が2mm×2mmとやや大きい．将来，VCSELアレイのピッチが10μm以下になれば1mm×1mmのヘッドサイズとなり，携帯電話機の中に本方式による小型光ディスクを内蔵させれば100 Gbyteの容量が可能である．そして衛星通信を利用した高速ビットレートデータが本方式によるテラバイト光ディスクに直接記録，再生が可能となろう．

（後藤顕也）

文　献

1) E. Betzig et al. : Appl. Phys. Lett., **61** (1992), 142-145.
2) K. Goto : Jpn. J. Appl. Phys., **37** (1998), 2274-2278.
3) Y-J. Kim et al. : Jpn. J. Appl. Phys., **39** (2000), 1538.

10.4 非線形現象による取組み

近接場光記録を実用的な技術とするためには，近接場光の発生点と記録層との間隔を数十nmの一定値に保ちながら，高速でデータを読み取り，あるいは書き込む技術が必要である．富永らは，このための有力な候補技術として，非線形現象を利用したスーパーレンズ(super-RENS : super-resolution near-field structure)方式を開発した[1,2]．この方式の特徴は，近接場光プローブと同様の機能がディスク構成膜中に形成されるようにした点にある．従来の光ディスク構造や光学系が大幅な変更なしに適用できるので，現状技術との連続性が高く，光ディスクの大きな利点であるリムーバビリティーを維持できる．以下，スーパーレンズの原理，特徴，動作機構，課題解決に向けた取組みなどについて紹介する．

10.4.1 スーパーレンズの原理と特徴

スーパーレンズによる近接場光記録の原理的な構成を図10.14に示す．マスク層を保

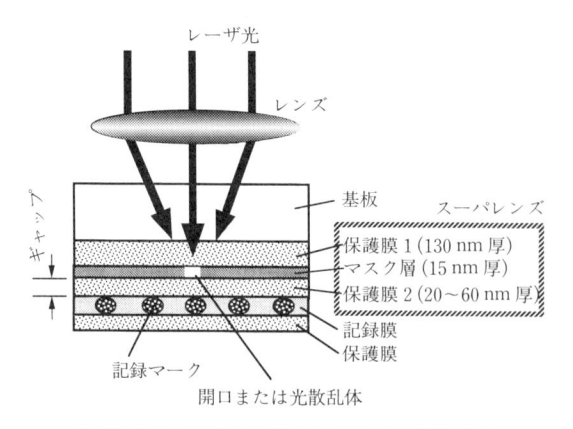

図10.14　スーパーレンズ方式ディスクの原理的構成

護膜1と2で両側から挟んだ3層構造がスーパレンズである．マスク層にはSb膜またはAgO$_x$膜が用いられる．それぞれ動作機構が異なり，前者の場合は開口型スーパレンズ，後者の場合は光散乱型スーパレンズとなる．保護膜は，開口型ではSiN，光散乱型ではZnS-SiO$_2$が用いられている．基板および記録膜は，それぞれ，0.6 mm厚ポリカーボネート基板，および相変化記録材料(Ge$_2$Sb$_2$Te$_5$)が用いられているが，これらに限定されるわけではない．

a. 開口型スーパレンズ[1,2]： マスク層の15 nm厚Sb膜は結晶性で高い反射率を示す．これに集光レーザビームを照射し，スポット中心部のSb膜温度をしきい値以上に上昇させると，溶融して透過率が高くなり，ビーム径より微小な光学的開口が形成される．この現象は非線形性が強く，可逆的である．開口部に形成される近接場光により，伝搬光では解像できない微小マークの記録・再生が可能となる．この方式の利点は，近接場光発生点と記録膜間のギャップが保護膜2の厚さによって一定に保たれ，ギャップ検出・制御機構が不要となるため，媒体の高速回転が容易なことである．

レーザビーム照射によりマスク層に微小開口が形成される現象を解像度向上に利用する手法は，光ディスクの超解像法として知られている[3-5]．これと近接場光技術を融合させたものがスーパレンズである．近接場光を有効に利用するためには，保護膜2の厚さの最適化，および保護膜の応力制御が重要である[6,7]．Sb膜の開口形成部は温度上昇に伴い膨張するが，保護膜に強い圧縮応力をもたせることにより体積膨張が抑制され，開口が微小に保たれる．記録マークの読出しには，開口部の近接場光と記録マークとの相互作用により生じる散乱波を信号として検出する．信号に寄与しない戻り光を抑制するため反射膜は用いず，透過，および反射側のいずれでも信号が得られる[8]．15 nm厚のSb膜は完全な遮光性ではなく，入射レーザ光の一部は記録層に到達する．したがって，Sb膜の役割は，開口以外の部分をマスクする（従来の超解像法ではこの意味でマスク層と称し，スーパレンズでもこれにならっている）というよりは，入射レーザ光によって記録マークに励起された近接場光と相互作用するための微小構造（開口）を形成することであると考えられる．このことは，次項の光散乱型スーパレンズの場合，より明確となる．

b. 光散乱型スーパレンズ[9]： 開口型スーパレンズは，信号強度が低いという難点がある．このため，表面プラズモンによる電場増強効果を信号増大に利用することを意図して，AgO$_x$膜をマスク層とする光散乱型

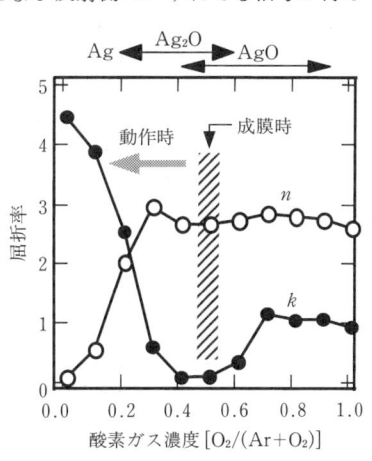

図10.15 反応性スパッタリングにより成膜した酸化銀膜における屈折率 n（実数部）および k（虚数部）の酸素ガス濃度依存性

スーパーレンズが開発された．図10.15に示すように，酸素分圧50％で反応性スパッタリングにより成膜したAgO_x膜は，k（屈折率の虚部）が小さく，高い透過率を示す[10]．これにレーザ光を照射すると，熱化学反応で分解し，微小な銀粒子のクラスタが形成され，散乱型プローブと同様の近接場光の発生・散乱体として機能すると考えられる．

Büchel らは，AgO_x膜の反応を確かめるため，加熱による組成の変化をラマン分光により調べた．酸素分圧50％で成膜した膜は，AgOとAg_2Oが混在しており，これを加熱するとAgOが分解してAg_2Oに変化し，さらに分解が進むとAgが生成されることを確認した[11]．両側を堅牢な誘電体膜で挟まれた固体膜中での反応であるため，発生したO_2は逸出できずに滞留し，温度が低下すると再びAgと反応してもとの状態に戻る．

開口型および光散乱型スーパーレンズディスクを試作し，DVD用ディスクドライブ

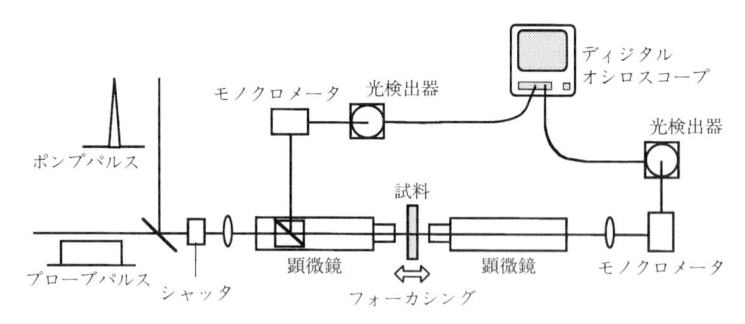

図10.16 ポンプ-プローブ法による時間応答測定システムの模式図
ポンプパルス波長：532 nm，プローブパルス波長：442 nm．

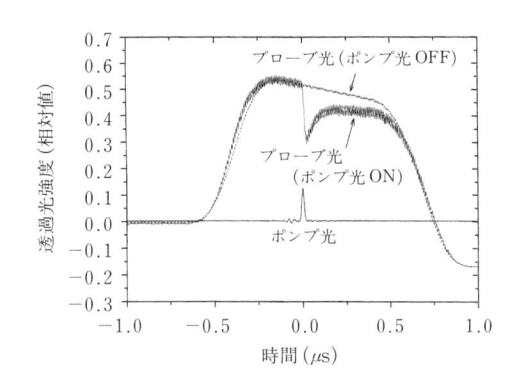

図10.17 ポンプ-プローブ法による酸化銀膜の時間応答の測定例
試料構造：ZnS-SiO_2 (130 nm)/AgO_x (15 nm)/ZnS-SiO_2 (20 nm)/石英ガラス基板．ポンプパルス：波長 532 nm，パルス幅 10 ns．プローブパルス：波長 442 nm，パルス幅 1 μs．

テスタ(波長635 nm, ピックアップレンズ開口数0.6)により信号読出し特性を評価した結果, いずれもDVDなみのディスク回転速度で, 100 nm以下のマークまで信号が検出された.

10.4.2 スーパレンズの動作機構

スーパレンズの動作機構に関する上述の説明は, 直接的な測定によって妥当性が確認されている. Tsaiらは, 開口部に近接場光が生成されることを近接場光学顕微鏡により直接確認し, 表面プラズモンが重要な役割を果たすことを示した[12].

深谷らは, 短パルスレーザを用いてマスク層の光学特性を評価し, 光強度が一定範囲内にあるとき透過率や反射率が光強度に依存して変化すること, この変化が可逆的であるためには光強度が上限値をこえず, 現象が微小領域に限定されていることが重要であることを明らかにした[13]. さらに, 図10.16に示すポンプ-プローブ法を用いて, マスク層の時間応答を測定した[14]. 図10.17はAgO_x膜についての結果の1例である. Sb膜についても同様な結果が得られており, いずれの場合も, ポンプパルスと同程度(10 ns)の速い立上りと150 ns前後の立下りを示し, その後, 熱の拡散に依存すると考えられる1~3 μs程度の緩和過程を経てもとに戻る.

10.4.3 課題解決に向けた取組み

a. 安定性の向上: スーパレンズディスクは, 繰返し読出しに伴いCNR (carrier to noise ratio : 搬送波対雑音比)が低下するという問題がある. これは, 開口や光散乱体が形成される際, マスク層の温度が相変化記録膜の結晶化温度(160℃程度)以上に上昇し, 記録マークに影響を及ぼすことが主な原因と考えられる. Menらは, Sb膜に比べ低い温度(200℃前後)で反応すると考えられるAgO_x膜をマスク層とする散乱型スーパレンズディスクにおいて, 相変化記録材料にO_2やZnを添加することによって, 結晶化温度が上昇し, 安定性が向上することを確かめた[10,15]. O_2添加効果の評価結果を図10.18に示す[10]. O_2添加により安定性が大幅に向上しており, これに伴う信号再生特性への悪影響はない. むしろ, 添加割合によっては解像性能の向上や信号強度の増大が観察されており, 有望な性能向上策と考えられる.

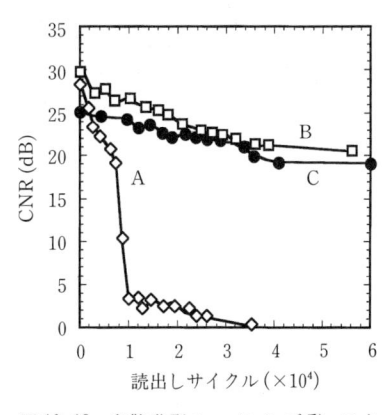

図10.18 光散乱型スーパレンズディスクにおける相変化記録膜への酸素添加による繰返し読出し安定性の向上

酸素添加量はA:添加なし, B:3.4 at%, C:13 at%. 記録マーク長:200 nm, ディスク回転数:CLV=6 m/s, 書込みレーザパワー-Pwおよび読出しレーザパワー-PrはA:Pw=7 mW, Pr=3.2 mW, BおよびC:Pw=9 mW, Pr=4 mW.

b. CNR の向上:

(1) 2層酸化銀膜スーパーレンズディスク: 光ディスクの実用化のためには，40 dB以上のCNRが必要と考えられている．散乱型スーパーレンズは，表面プラズモンによる信号増強を狙ったものであるが，必ずしも十分な効果は得られていない．最近になって，富永らは，表面プラズモンを効率的に利用する工夫として，2層酸化銀膜スーパーレンズディスクを考案した[16]．これは，図10.19に示すように，記録膜を挟んで両側に酸化銀膜を設けたものである．第2酸化銀膜の付加による効果を図10.20に示す．図において，(a)，(b)は従来型スーパーレンズディスクの特性であり，(a)は伝搬光による読出し(散乱体形成のしきい値以下のレーザパワーによる読出し)，(b)はスーパーレンズ効果を利用した読出しである．これらに比べ，2層酸化銀膜のもの(c)では，マーク長200 nm以下でのCNRと解像性の向上が明らかである．

第2酸化銀膜付加の効果には，図10.19に示した記録膜との間隔dが重要な因子となる．dに対するCNRの依存性を図10.21に示す．dが50 nm以下になると，マーク長が小さいほど大きな信号増大効果が得られている[16]．

この効果の発生機構は，3次元有限要素時間領域法によるシミュレーション結果に基づき，以下のように

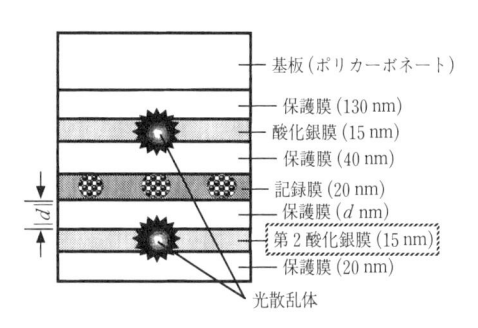

図10.19 2層酸化銀膜スーパーレンズディスク

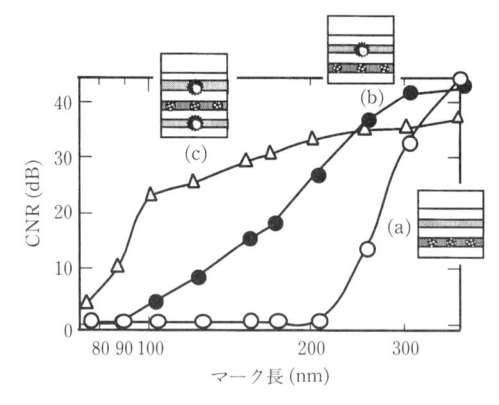

図10.20 第二酸化銀膜の付加によるCNRと解像度の向上
(a) 単層酸化銀膜スーパーレンズディスクの伝搬光による読出し，
(b) 単層酸化銀膜スーパーレンズディスクの近接場光による読出し，
(c) 2層酸化銀膜スーパーレンズディスクの近接場光による読出し．
第2酸化銀膜と記録膜の間隔は20 nm．

説明されている.レーザ照射により形成された銀クラスタ表面にプラズモンが励起されることに加え,記録マークにも表面プラズモンが励起されるが,マーク寸法が大きい場合には,エッジ部に限られる.マークの寸法と間隔が伝搬光の解像限界以下になると,個々のマークのプラズモンが相互に混じり合い,より大きなエネルギーがマーク列上に表面プラズモンとして保持される[16].このプラズモンがつくる近接場光の及ぶ領域内に第2の銀散乱体を近づけることによって,相互作用がより効率よく起こり,CNRの向上効果が得られたものと考えられる.

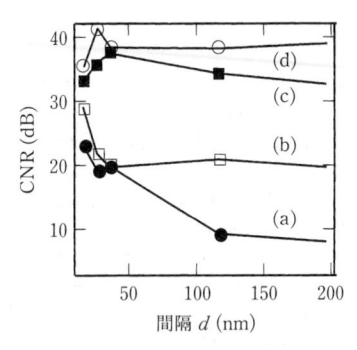

図 10.21 第二酸化銀膜と記録膜の間隔 d に対する CNR の依存性 マーク長は,(a) 100 nm, (b) 150 nm, (c) 200 nm, (d) 400 nm.

(2) 2波長同時照射による信号増幅: 富永らは,記録マーク列上に励起された表面プラズモンの重要性に関する上述の理解に基づき,波長の異なる2種のレーザ光の同時照射により信号強度を増大できることを見出した[16].ディスクを挟んで対応する位置に設置した赤色レーザ(波長 650 nm)および青色レーザ(波長 405 nm)ピックアップからのレーザスポットを,高速回転しているディスク上の同一点に同時に照射できるディスクドライブテスタを開発し,この効果を検討した.この結果,一方のピックアップで検出される CNR は,他方のピックアップからの支援(レーザ光照射)により増大し,その効果は,支援レーザ光のパワーが大きいほど,また記録マークが微小になるほど大きくなる.

10.4.4 今後の展望

スーパーレンズは,当初相変化記録膜との組合せに限られていたが,最近になって,光磁気(MO)記録方式へも有効に適用できることが,Kim らによって確認された[17,18].さらに,スーパーレンズの機能は,近接場光の発生,表面プラズモンの励起,および近接場相互作用を固体積層薄膜中に導入することであり,この手法が有効であるものであれば,光記録以外の近接場光応用にも広く適用可能と考えられる.実際,リソグラフィーに利用できることが,桑原らによって報告されている[19].富永らは,波長の異なる2種のレーザ光の同時照射による信号増大手法をさらに発展させ,微細マーク上に励起された表面プラズモンを仲立ちとする2種のレーザ光間のエネルギーの授受を利用した新しいタイプの光トランジスタを提案し,注目を集めた[20].

以上のように,スーパーレンズは,高密度光記録の有力な候補技術であると同時に,新しい応用への展開の可能性を秘めており,今後の発展が期待される.

(阿刀田伸史)

文　献

1) J. Tominaga et al.: Proc. SPIE, **3467** (1998), 282-286.
2) J. Tominaga et al.: Appl. Phys. Lett., **73** (1998), 2078-2080.
3) K. Yasuda et al.: Jpn. J. Appl. Phys., **32** (1993), 5210-5213.
4) T. Shintani et al.: Jpn. J. Appl. Phys., **38** (1999), 1656-1660.
5) M. Hatakeyama et al.: Jpn. J. Appl. Phys., **39** (2000), 752-755.
6) J. Tominaga et al.: Jpn. J. Appl. Phys., **38** (1999), 4089-4093.
7) J. Tominaga et al.: Jpn. J. Appl. Phys., **39** (2000), 957-961.
8) T. Nakano et al.: Appl. Phys. Lett., **75** (1999), 151-153.
9) H. Fuji et al.: Jpn. J. Appl. Phys., **39** (2000), 980-981.
10) L. Men et al.: Jpn. J. Appl. Phys., **39** (2000), 2639-2642.
11) D. Büchel et al.: J. Magn. Soc. Jpn., **25** (2001), 240-243.
12) D. P. Tsai et al.: Jpn. J. Appl. Phys., **39** (2000), 982-983.
13) T. Fukaya et al.: Appl. Phys. Lett., **75** (1999), 3114-3116.
14) T. Fukaya et al.: J. Appl. Phys., **89** (2001), 6139-6144.
15) L. Men et al.: Jpn. J. Appl. Phys., **40** (2001), 1629-1633.
16) J. Tominaga et al.: Jpn. J. Appl. Phys., **40** (2001), 1831-1834.
17) J. H. Kim et al.: Appl. Phys. Lett., **77** (2000), 1774-1776.
18) J. H. Kim et al.: J. Magn. Soc. Jpn., **25** (2001), 387-390.
19) M. Kuwahara et al.: Jpn. J. Appl. Phys., **38** (1999), L1079-L1081.
20) J. Tominaga et al.: Appl. Phys. Lett., **78** (2001), 2417-2419.

11. 操作技術

11.1 原子操作

11.1.1 原子の反射

　レーザ光の全反射によってプリズム表面上に誘起した近接場光（エバネッセント波）は，周波数離調 $\Delta>0$ のとき近づいてくる原子に対して斥力の双極子力を及ぼす（2.8.2項 g 参照）．式 (2.418) で与えられる双極子力ポテンシャルが表面に垂直な方向の速度成分に対する原子の運動エネルギーより大きくかつ $\Delta \gg \gamma$ の場合には，式 (2.431) と式 (2.432) から $|F_z| \gg |F_x|$ となり原子の反射が起こる（図 11.1）．原子ミラーの最初の実験は Balykin らによって Na 原子を用いて行われた[1]．その後，Cs 原子のトランポリン運動の観測[2]や基底状態原子のファンデルワールス力の測定[3]に応用されている．

11.1.2 原子の誘導

　a. 中空ファイバを用いた原子誘導路： 中空の光ファイバのコアにレーザ光を結合させると，中空領域で内壁を取り囲むように近接場光が誘起される．周波数離調 $\Delta>0$ のとき，この近接場光は原子を反射しながら誘導するトンネルとなる（図 11.2）．中空ファイバのコアを伝搬する光は近似的に LP モードで表されるが，基本モードの LP_{01} モードが励起されたとき強度分布に節のない近接場光が生じ，誘導に適する[4,5]．中空径 2 μm の中空ファイバに LP_{01} モードを励起したときの断面写真を，図 11.3 に

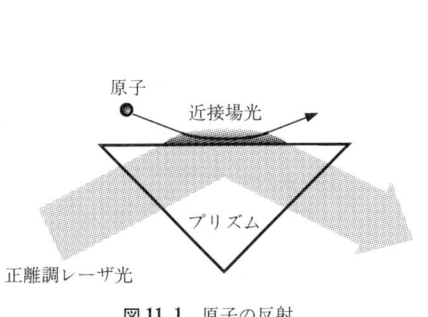

図 11.1　原子の反射

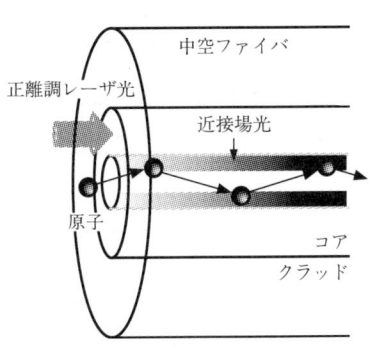

図 11.2　原子の誘導

示す．

b. 2段階光イオン化実験[6]： 図11.4にRb原子(共鳴波長780nm)の誘導実験配置を示す．200℃に熱したオーブンからのRb原子ビームを同軸上に置いた中空ファイバに入射し，誘導されて出てくる原子を半導体レーザと高出力Ar^+レーザ(波長476.5nm)によってイオン化し負バイアス($-3\,kV$)をかけたチャネル電子増倍管で検出する．図11.5に関連するRb原子のエネルギー準位(超微細構造)と誘導用の$Ti:Al_2O_3$レーザの波長および2段階光イオン化用の2つのレーザの波長を示す．

図11.6に，中空径$7\,\mu m$，長さ3cmの中空ファ

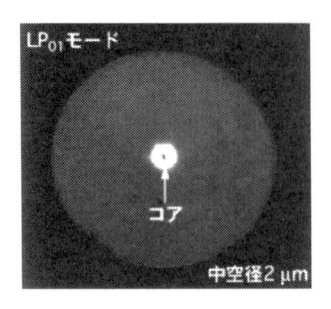

図11.3 中空ファイバ断面写真

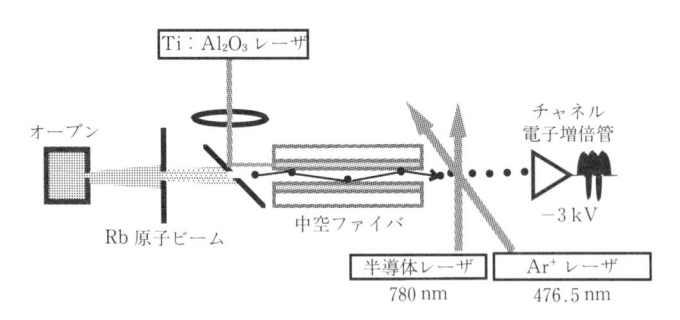

図11.4 原子誘導実験

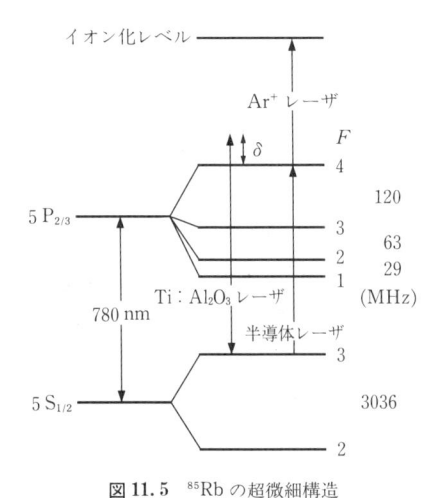

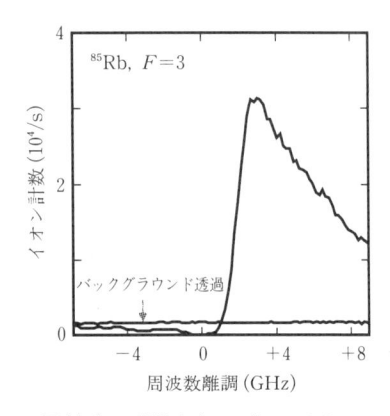

図11.5 ^{85}Rbの超微細構造

図11.6 2段階光イオン化スペクトル

イバを用いて $5S_{1/2}$, $F=3$ 状態にある Rb 原子を誘導したときに得られた 2 段階光イオン化スペクトルを示す．誘導光がないときのバックグラウンド透過と比べると，正離調領域（斥力領域）で最大約 20 倍の増加がみられる．

c. 原子誘導路の応用: 同位体分離や共振器量子電気力学効果の観測に応用されている[7]．また，原子堆積[8]や次項で述べるファイバプローブへの原子の供給などに応用することが期待される．

11.1.3 ファイバプローブを用いた原子の制御

ナノ寸法の先端（開口）をもつファイバプローブを用いた原子の運動の制御[9,10]として，偏向やトラップが考えられる（図 11.7）．

a. 原子の偏向: 図 11.7(a) に示すように，ファイバプローブ先端近傍に誘起された近接場光によって原子の運動方向を制御する．近接場光領域に進入した原子は，

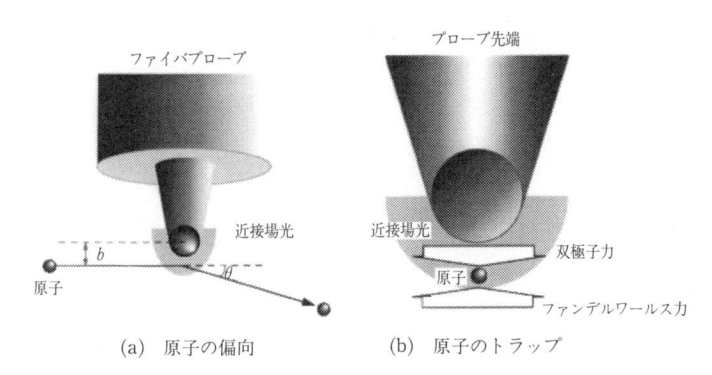

図 11.7 ファイバプローブによる原子操作

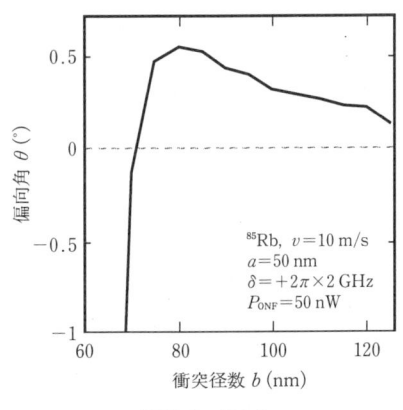

図 11.8 偏向角

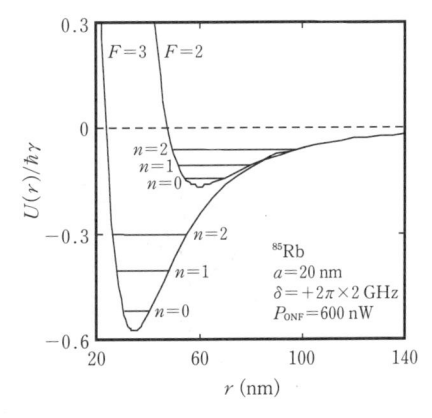

図 11.9 トラップポテンシャル

双極子力とファンデルワールス引力を受ける．表面からの距離を r, 半球面先端の曲率半径を a とすると，それぞれのポテンシャルは

$$U_{\mathrm{dip}}(r) = \frac{\hbar\delta}{2}\ln\left[1 + \frac{I(r)}{I_s}\frac{\gamma^2}{\gamma^2+4\delta^2}\right] \tag{11.1}$$

$$U_{\mathrm{vdw}}(r) = -\frac{1}{16r^3}\sum_j \frac{n_j^2-1}{n_j^2+2}\frac{\hbar\gamma_j}{k_j^3} \tag{11.2}$$

で与えられる[7]．式 (11.2) では許容双極子遷移の和をとる (n_j, γ_j, k_j はそれぞれ対応する遷移に対する屈折率，自然幅，波数を表す)．図 11.8 に，偏向角 θ を衝突径数 b の関数として計算した例を示す (P_{ONF}：近接場光パワー)．ここで近接場光の湯川型強度分布[9,11]

$$\phi(r) = \iint \frac{\exp(-r/a)}{r} dS \tag{11.3}$$

$$I(r) \sim |\nabla\phi(r)|^2 + \frac{1}{a^2}|\phi(r)|^2 \tag{11.4}$$

を用いた．この例から，原子を入射方向から $10~\mu\mathrm{m}$ 以上変位させることが可能であると見積もられる．湯川型強度関数の詳細については文献 12) を参照のこと．

b. 原子のトラップ： 図 11.7 (b) に示すように，双極子斥力とファンデルワールス引力とのバランスによって原子のトラップが可能であると考えられる．図 11.9 に ^{85}Rb に対するトラップポテンシャルの 1 例を示す．原子は n でラベルされる量子振動準位にトラップされる．最低振動準位 $n=0$ は温度換算で $30~\mu\mathrm{K}$ の運動エネルギーに対応するが，このような低温原子は次項の原子ファネルなどによって用意できる．微視的理論を用いたトラップポテンシャルの評価は文献 13) を参照．

11.1.4 原子ファネル[14]

ナノ領域に局在した近接場光との相互作用に必要な冷却原子ビームは，図 11.10 に示す原子ファネルによって形成される．微小な出射口をもった中空プリズムを鉛直に置き，下方から正離調したドーナッツ型レーザビームを照射し内壁で全反射させる．磁気光学トラップ (図 11.11) で生成した冷却原子群 (平均温度 10 $\mu\mathrm{K}$ 以下にするためには偏光勾配冷却も行う．図 11.12 参照) を落下させ，上方から弱いポンピング光を照射すると，ファネル内部で反射とシシフォス (Sisyphus) 冷却 (2.8.4 項 d 参照) が起こり，図 11.10 に示したような軌跡を描いて原子ビームとして出射される．原子誘導路と原子ファネルを組み

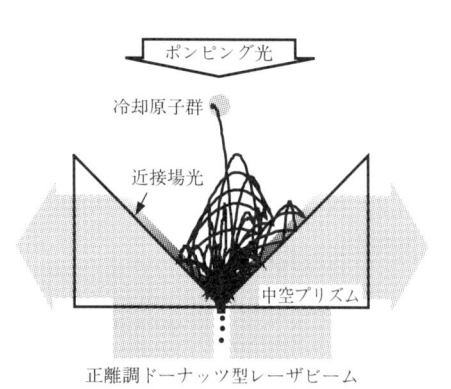

図 11.10 原子ファネル

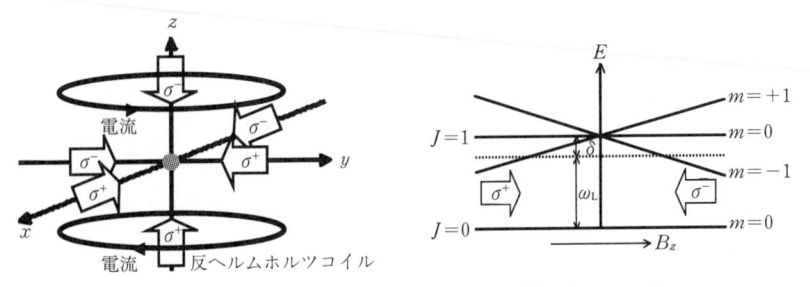

11. 操作技術

図 11.11 磁気光学トラップ[16]

(a) 4重極磁場と円偏光
(b) ゼーマン変調

(a)によって原子のゼーマン副準位は(b)のように空間変化する。6本の円偏光（角振動数 ω_L）が交差する中心（磁場 $B_z=0$）から原子が動くと，角運動量成分 m に関する選択則により σ^+ 光または σ^- 光のみと相互作用して運動エネルギーを失うとともに，常に中心に引き戻される。

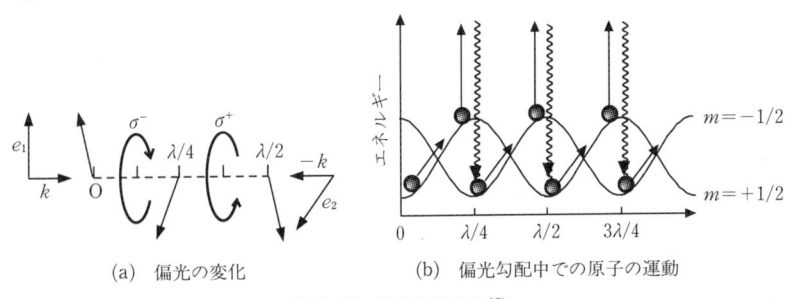

図 11.12 偏光勾配冷却[17]

(a) 偏光の変化
(b) 偏光勾配中での原子の運動

直交する2つの直線偏光の重ね合せによって光の偏光状態は(a)のように空間変化し（円偏光の重ね合せでも類似の空間変化が生じる），その結果原子の2つの準位（例として $m=\pm 1$ を考える）は(b)のように変化する。原子が山の位置にきたとき遷移が起こって谷に移り運動エネルギーを失う。

合わせると，冷却原子を任意の位置に運ぶことが可能である[15]．　　　　　（伊藤治彦）

文　献

1) V. I. Balykin et al.: Phys. Rev. Lett., **60**-21 (1988), 2137-2140.
2) C. G. Aminoff et al.: Phys. Rev. Lett., **71**-19 (1993), 3083-3086.
3) A. Landragin et al.: Phys. Rev. Lett., **77**-8 (1996), 1464-1467.
4) H. Ito et al.: Opt. Commun., **115** (1995), 57-64.
5) H. Ito et al.: Ultramicroscopy, **61** (1995), 91-97.
6) H. Ito et al.: Phys. Rev. Lett., **76**-24 (1996), 4500-4503.
7) H. Ito and M. Ohtsu: Near-Field Nano/Atom Optics and Technology (Springer-Verlag, 1998), Chap. 11.
8) H. Ito et al.: Appl. Phys. Lett., **70**-19 (1997), 2496-2498.
9) H. Hori: D. W. Pohl and D. Courjon (eds.), Near-Field Optics (Kluwer, 1993), 105-114.
10) M. Ohtsu et al.: D. W. Pohl and D. Courjon (eds.), Near-Field Optics (Kluwer, 1993), 131-139.

11) M. Ohtsu and H. Hori : Near-Field Nano-Optics (Kluwer/Plenum, 1999), Chap. 8.
12) K. Kobayashi and M. Ohtsu : *J. Microsc.*, **194** (Part 2/3) (1999), 249-254.
13) K. Kobayashi *et al.* : *Phys. Rev.*, **A63**-1 (2001), 013806-1-9.
14) H. Ito *et al.* : *Phys. Rev.*, **A56**-1 (1997), 712-718.
15) H. Ito *et al.* : *Opt. Commun.*, **141** (1997), 43-47.
16) E. L. Raab *et al.* : *Phys. Rev. Lett.*, **59**-23 (1987), 2631-2634.
17) J. Dalibard and C. Cohen-Tannoudji : *J. Opt. Soc. Amer.*, **B6**-11 (1989), 2023-2045.

11.2 ミー粒子操作

　光の放射圧を用いてマイクロメートル〜ナノメートルオーダの大きさの微粒子を捕捉して，操作することができる．この技術はレーザトラッピングや光ピンセットと呼ばれ，顕微鏡下の微粒子や細胞の操作に用いられている．本節では，粒子の大きさが光の波長に比べて無視できないような場合に発生する放射圧，およびこれらの粒子を光で捕捉する原理について説明し，微粒子操作の応用例を示す．

11.2.1 放射圧の発生

　光の放射圧はフォトンの運動量に起因する力で，光が境界面で反射したり微粒子などで散乱されると発生する．フォトンの運動量は $\hbar k$ で与えられ，強度 I (W) の光は単位時間あたり $n_0 I/c_0$ の運動量をもつ．ここで $\hbar$ は $h/2\pi$ で定義され，h はプランク定数である．k は光の波数，n_0 は媒質の屈折率，c は光速である．まずこの光が図 11.13(a) に示すような完全反射物体に垂直入射して反射された場合に物体に発生する力を考える．この場合，境界面で入射する光の運動量は $\boldsymbol{p}$ から $-\boldsymbol{p}$ に変化するので，この場合の運動量変化分が物体に与えられるとすると，運動量保存則より物体は $2\boldsymbol{p}$ の運動量を得ることになる．単位時間あたりに受け取る運動量が力であるので，物体に発生する力 $\boldsymbol{F}$ は大きさが $-2n_0 I/c$ で物体を押すような力となる．次に誘電体に光が入射した場合を考える (図 11.13(b))．誘電体の屈折率を n_1，まわりの媒質の屈折率を n_0 とすると，入射前の光がもつ運動量は $n_0 I/c$ であり，それが媒質中では $n_1 I_1/c$，反射光は $n_0 I_r/c$ となる．ここで I_1, I_r は，誘電体に透過した光強度と反射

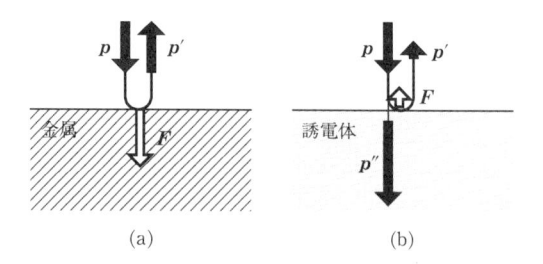

図 11.13　境界面で発生する放射圧
(a) 金属面での放射圧，(b) 誘電体表面の放射圧．

光の光強度で，それぞれ強度透過率 T と強度反射率 R を用いて TI, RI と表せる．これから境界面に発生する力を求めると，

$$F = \frac{I}{c}(-n_0(Q+1) + n_1 T) \tag{11.5}$$

となる．ここでフレネル反射係数より $R=((n_0-n_1)/(n_0+n_1))^2$ および $T=1-R$ を用いると

$$F = \frac{2n_0 I}{c} \frac{n_1 - n_0}{n_1 + n_0} \tag{11.6}$$

と求まる．この関係式から，媒質の表面には高屈折率媒質を低屈折率媒質側へ引き込むような力が発生することがわかる．一般に，放射圧は物質に光吸収がない場合には境界面に対して垂直に働く．

　光の波長より十分に大きな粒子に発生する力について考える．このような粒子に発生する力は，粒子に入射して射出される光線を順次追跡して境界面で発生する力を積算することで求めることができる．図11.14(a)に示すような粒子に光が入射したとすると，入射面と射出面で光は屈折され進行方向が変化する．その結果，光の運動量は p から p' に変化し，運動量変化分は粒子に発生する力となる．結果，粒子には図中 F で示すような力が発生することになる．

　集光させたレーザ光を粒子に照射したとすると，発生する力は図11.14(b)のようになる．光線 a の経路で進行し，2つの境界面で屈折を繰り返して射出される光で発生する力を F_a，光線 b で発生する力を F_b とすると，F_a と F_b の力がアンバランスであるので放射圧は粒子をレーザ光の光軸の部分へ引き込むように働くことがわかる．光軸方向については，粒子がレーザ光のスポットより下側にある場合(図11.14(b))では光の進行方向とは逆向きに粒子をスポットへ引き込むように力が働き，逆に

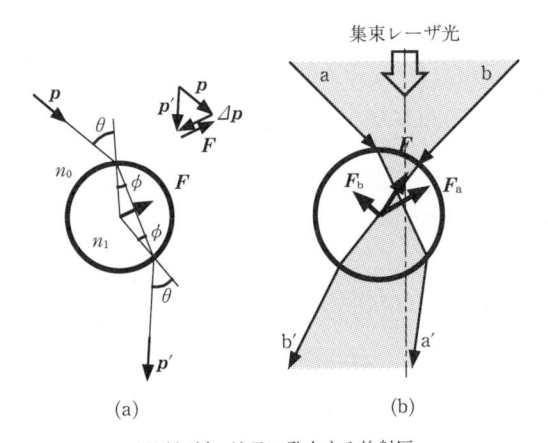

図11.14　粒子に発生する放射圧
(a) 粒子に1つの光線が入射する場合，(b) 収束光が粒子に入射する場合．

粒子がスポットより上側にある場合は粒子をスポットへ押し戻す力が働く．これらの力が働く結果，粒子はレーザ光のスポットに3次元的に閉じ込められる．このように収束させたレーザ光で微粒子をスポットに閉じ込めて操作することをレーザトラッピングまたは光ピンセットという．

微粒子のレーザトラッピングは，1986年にAT&T Bell研究所のAshkinによって見出され，顕微鏡下の微粒子操作法として開発された[1]．それ以前には，比較的収束角の小さいレーザ光を微粒子の下から照射して光の放射圧を発生させ，粒子を重力に逆らって浮上させる方法（レヴィテーション：光浮上）が同じくAshkinによって開発されていた[2,3]．レヴィテーションを用いて粒子を浮上させて単一の粒子からの光散乱現象が詳しく調べられ[4]，特にWG (whispering gallery：ささやきの回廊) モードと呼ばれる粒子内に光が閉じ込められて起こる共振現象に関して実験的検証がなされている[5]．レーザトラッピングが開発された後は，レヴィテーションに代わってレーザトラッピングが用いられるようになり，特に生物学での生体細胞の操作[6]や化学の分野での単一微粒子操作[7]に活用されている．

11.2.2 レーザトラッピングによる粒子操作

図11.15に微小物体の操作の実例として，赤血球を操作している様子を示す．トラッピングに用いているレーザ光はNd：YAGレーザ（波長1064 nm，出力2 W）からのもので，これを開口数1.2の対物レンズで集光して照射している．トラップしているのはヒトの赤血球で，直径約7 μm で中心部が凹んだドーナッツ形状をしている．画面中央の矢印で示される赤血球がトラップされており焦点が合っているが，それ以外の赤血球は試料セルの下に沈んでいるので焦点が合っていない．レーザビームのスポット位置をずらすと，それにつれてトラップした赤血球を移動させられる．最大100 μm/s以上のスピードでトラップした赤血球を移動操作可能である．

このようにレーザトラッピングで3次元的にトラップし操作することが可能な粒子は，まわりの媒質より屈折率が大きい誘電体粒子で大きさが数十 μm以下のものか，金属粒子で大きさが数十nm程度のものである．低屈折率の粒子だと逆にレーザ光の

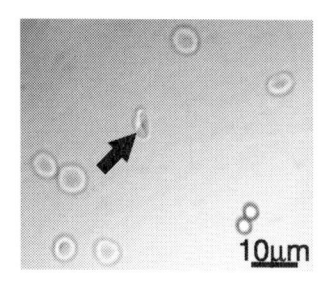

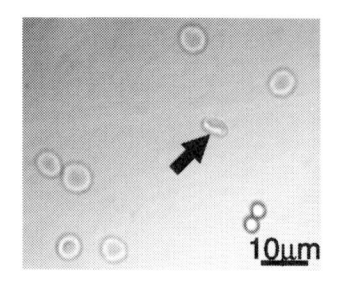

図11.15 赤血球の操作
矢印はトラップされている赤血球を示している．

スポットから外へ押し出されるように力が発生する．また金属粒子の場合も一般的にはレーザ光のスポットから押し出されるように力が発生するのでトラップは困難である．そこでこれら低屈折率の粒子や金属粒子を捕まえるために，粒子を取り囲むようにレーザビームを走査する手法が開発されている[8]．また金属粒子の場合，収束レーザビームを粒子に照射して粒子をスライドガラスなどの基板の上で2次元的に捕まえられることが示されている[9,10]．本手法では，レーザビームのスポット位置を粒子より下流側にし，粒子によって吸収される光で発生する力で粒子を捕まえる[11]．

レーザトラップされた微粒子は，トラップされた場所で細かなブラウン運動をしていることが知られている[12]．これはトラップされた粒子がばね定数の小さいばねにつながれたようになり，媒質分子の衝突によりブラウン運動が誘起されるためである．ばねにつながれた粒子のブラウン運動を記述するには，ランジュバン方程式が用いられるが，これによるとトラッピングのばね定数を K として

$$\frac{1}{2}K\langle x^2\rangle = \frac{1}{2}kT \tag{11.7}$$

が成り立つ．ここで k と T はそれぞれボルツマン定数と温度(K)である．〈 〉は時間平均を表す．これからトラップされた粒子の熱運動による変位量 x を測定することでトラップのばね定数 K を求めることができる．図11.16(a)に直径 $1\,\mu\mathrm{m}$ のポリスチレン粒子をレーザトラップし，粒子の位置変位量を4分割フォトダイオードを用いて計測した結果を示す．粒子はトラップ中心から半径40 nm程度の領域でブラウン運動している．変位量からトラップのばね定数を求めると $25\,\mu\mathrm{N/m}$ であった．

ブラウン運動による粒子の変位をもとに戻すようにレーザ光の照射位置を動かすことで粒子の位置を安定化する方法も開発されている．この方法では，レーザ光の照射位置の微動にはガルバノミラーを用い，4分割フォトダイオードの出力から求めた粒

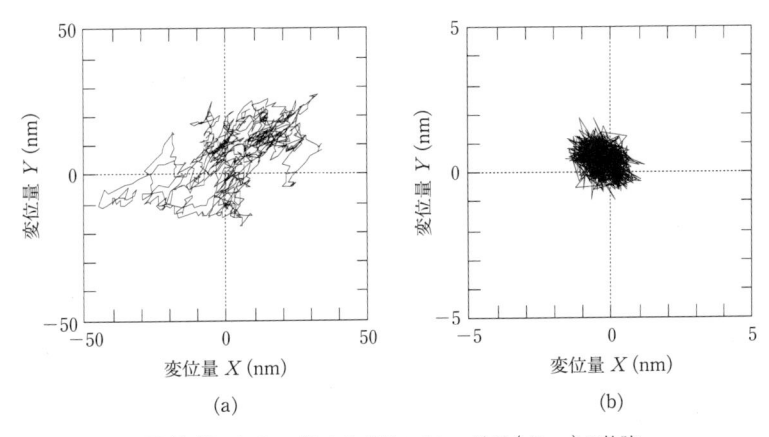

(a) 　　　　　　　　　(b)

図11.16 トラップされたポリスチレン粒子 ($\phi 1\mu\mathrm{m}$) の軌跡
(a) 粒子の軌跡, (b) フィードバック安定化したときの軌跡．

子位置変位をガルバノミラーの角度にフィードバックして粒子位置を安定化する．図 11.16 (b) にフィードバックを行って安定化させたときの粒子の軌跡を示す．これによると粒子の変位は半径 1.5 nm 程度の中に収まっており，粒子を安定化できていることがわかる[12]．この場合の見かけのばね定数は，フィードバックを行っていない場合に比べて約 800 倍であった．

また，光軸方向のトラップ力についても粒子のブラウン運動からそのばね定数を求められている．光軸方向の粒子の変位はエバネッセント照明法を用いて計測されている．この方法では，粒子を基板近傍でトラップしておき，基板裏側から全反射条件で照明レーザ光を入射して表面にエバネッセント場をつくり，粒子で散乱される光の強度を測定して粒子の変位量を求める．エバネッセント場中の粒子によって散乱される光強度は粒子と基板との間の距離に対して指数関数的に変化するので，粒子の微小な変位を感度よく測定することができる．数 mW 程度のトラップレーザが入射している場合の光軸方向のトラップ力のばね定数は，約 10 μN/m と見積もられている．

11.2.3 粒子が小さい場合のトラッピング

粒子が光の波長に比べて十分小さい場合に働く放射圧について考える．この場合，粒子には図 11.17 に示すような 2 つの力が発生する．1 つは，散乱力 F_{scat} で粒子を常に光の進行方向に押すように働く．もう 1 つは，勾配力 F_{grad} で粒子を光の強度分布に従って，光の強い方へ引き込むように働く．粒子が小さい場合には F_{scat} で粒子がスポットから押し出されるよりも強い勾配力 F_{grad} が発生すれば粒子をレーザ光のスポットへ捕まえることができる．散乱力 F_{scat} は一般的に粒子の散乱効率に依存し，粒子に微弱な吸収がある場合には粒子の吸収に比例した力が発生することが知られている[13]．この場合の散乱力は次のように表される．

$$F_{abs} = \frac{8\pi^2 r^3 n_1^2}{c\lambda} \mathrm{Im}\left(\frac{m^2-1}{m^2+2}\right) I \tag{11.8}$$

ここで，m は粒子の比屈折率で，n_0, n_1 をそれぞれ媒質と粒子の屈折率として，n_1/n_0 で定義される．また r は粒子の半径である．粒子が金属であった場合には吸収によって発生する力 F_{abs} が主要な力となる．

次に，勾配力 F_{grad} であるが，光の電場を E とすると，勾配力は次のように表される．

$$F_{grad} = \frac{1}{4} n_1 \mathrm{Re}(\alpha) \mathrm{grad}(|E|^2) \tag{11.9}$$

ここで α は分極率で，

$$\alpha = 4\pi\varepsilon\varepsilon_0 \frac{m^2-1}{m^2+2} r^3 \tag{11.10}$$

で与えられる．Re( ) は実部を示す．粒子が金属であった場合には比屈折率 m が複素数で与え

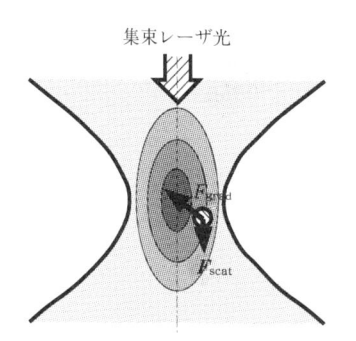

図 11.17 波長に比べて小さい粒子のトラップ

られる.表11.1に種々の材質に対する分極率の値を示す.これからわかるように水中の金粒子は水中のガラス粒子に比べて13.4倍の分極率をもち,金粒子にはガラス粒子に比べて13.4倍の勾配力が発生する.また力の方向は$\mathrm{Re}(\alpha)$の正負で決定され,正であれば粒子を光の強度の強い方へ引くように力が発生することを示す.金粒子の場合もガラス粒子と同様に光の強い方へ引かれるように勾配力が発生することがわかる.この力で金粒子を3次元的にレーザトラップすることができる.

図11.18に3次元的にトラップした金粒子の様子を示す.金粒子の径は40 nmで,トラップに用いたレーザはNd:YLFレーザで,波長は1047 nmである.図中十字で示しているのがレーザ光のスポット位置で,その中心にある黒点がトラップされている金粒子である.はじめ粒子を試料セルの底でトラップし,それを持ち上げている.粒子が底にあるときにはトラップしている粒子以外にも多数の粒子がみえているが(a),トラップした粒子を持ち上げようと試料セルを下へ移動させると,トラップした粒子はピントが合ったままだが,他の粒子はデフォーカスしている(b).また粒子に対して別のレーザ光を照射すると粒子からの散乱光が観察される(c).これは粒子の直径の点光源からの光と見なすことができるので,近年レーザトラップした粒子を散乱型の近接場光学顕微鏡のプローブとして用いる研究も行われている[14,15].

表11.1 各材質の粒子に対する分極率

粒子	α/r^3	ガラスに対する比
ガラス (水中) $\lambda=1047$ nm	0.164	1.0
金 (水中) $\lambda=1047$ nm	$2.19-1.85\times10^{-2}i$	13.4
銀 (水中) $\lambda=1047$ nm	$2.20-1.60\times10^{-2}i$	13.4

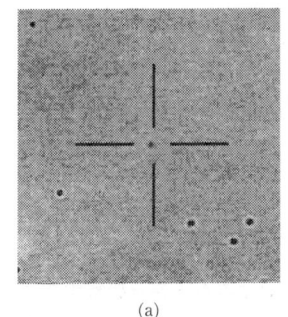

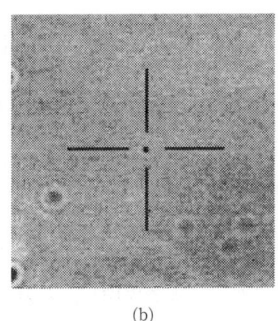

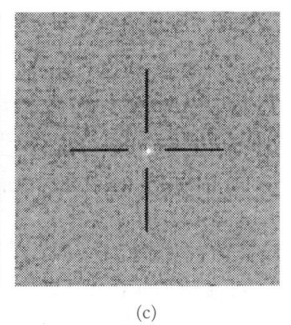

(a) (b) (c)

図11.18 金粒子(ϕ40 nm)のトラップの様子
(a) 粒子をトラップし,(b) 光軸方向に移動させた.(c) 別のレーザ光を粒子に照射すると散乱光が観測される.

11.2.4 トラップしたミー粒子による計測

レーザトラッピングで捕まえた粒子を用いて各種計測を行おうという試みがなされている．前述のレーザトラップした粒子をプローブに用いた近接場光学顕微鏡はその1例である．レーザトラッピングは粒子を保持する力のばね定数が小さいので，この性質を利用して微弱な力を測定するのに用いられている．力計測では主に，(1) トラップした粒子の位置変位から力を求めるか，(2) 粒子の変位量が常に一定になるように光強度を変化させて光強度から働く力を求める方法がとられる．前者では，粒子の位置変位量に対してトラップ力が線形に増減することが力計測の必要条件である．この方法では，力の方向が変化する場合でも測定可能なので，表面力の測定や筋肉タンパク質繊維で発生する力を計測するのに用いられている[16]．後者では，粒子位置変位に対するトラップ力の線形性は必要ないが，力の向きが常に一定である必要がある．この方法を用いると糸状のものに発生する張力のように，常に同じ方向に発生する力について計測できるので，たとえば RNA ポリメラーゼが DNA の遺伝情報を転写するときに DNA を引く力を測定するのに用いられている[17]．

〔杉浦忠男・河田　聡〕

文　献

1) Ashkin *et al.* : *Opt. Lett.*, **11** (1986), 288-291.
2) A. Ashkin : *Phys. Rev. Lett.*, **24** (1970), 156-159.
3) A. Ashkin : *Science*, **210** (1980), 1081-1088.
4) A. Ashkin : *Appl. Opt.*, **19** (1980), 660-668.
5) P. Chylek *et al.* : *Phys. Rev.*, **A18** (1978), 2229-2233.
6) A. Ashkin *et al.* : *Nature*, **330** (1987), 769-771.
7) K. Sasaki *et al.* : *Opt. Lett.*, **16** (1991), 1463-1465.
8) K. Sasaki *et al.* : *Appl. Phys. Lett.*, **60** (1992), 807-809.
9) S. Sato, *et al.* : *Opt. Lett.*, **19** (1994), 1807-1809.
10) H. Furukawa and I. Yamaguchi : *Opt. Lett.*, **23** (1998), 216-218.
11) P. C. Ke and M. Gu : *Appl. Opt.*, **38** (1999), 160-167.
12) T. Sugiura and T. Okada : *Proc. SPIE*, **3260** (1998), 4-14.
13) M. Kerker : The Scattering of Light and Other Electromagnetic Radiation (Academic Press, 1969).
14) T. Sugiura *et al.* : *Opt. Lett.*, **22** (1997), 1663-1665.
15) T. Sugiura *et al.* : *J. Microsc.*, **194** (1999), 291-294.
16) K. Kitamura *et al.* : *Nature*, **397** (1999), 129-134.
17) Y. Hong *et al.* : *Science*, **270** (1995), 1653-1657.

11.3　タンパク質分子（光ピンセットによる膜タンパク質の1分子操作）

生細胞中の生体分子を1分子のレベルで操作し，それに対する力応答を観察することができるようになってきた．そのときの空間精度はタンパク質1分子のサイズ程度，力の精度は生体分子間に働く力の程度になっている．すなわち，ナノメートル/サブピコニュートンの精度で，1分子をイメージングしたり操作することができるよ

うになってきたのである．時間分解能もサブミリ秒(通常のビデオレート(33ミリ秒)の1000倍以上)になっている．光ピンセットはいわば1分子を扱うための「光の手」で，生きている細胞内に手を入れて分子を移動させたり，集めたり，力をかけたりすることができる．すなわち，細胞のまねをしたり，細胞の邪魔をすることができる．このような手法は細胞の研究に大きな革新をもたらすものである．本節では，主に細胞膜の研究を例にとり，光ピンセットの原理と応用について解説する．

11.3.1 光ピンセット法の基礎

1986年に，Ashkinは，光ピンセット(光トラップ)の原理と実用化についての論文を出版した[1]．光ピンセットとは，開口数の大きなレンズ(顕微鏡の対物レンズ)で集光したレーザ光によって，非接触的，非侵襲的に水中の微小物体を捕捉する方法である．

a. 光ピンセットの原理： 光の波長よりも大きな直径をもち，さらに水より大きな屈折率をもつ透明な粒子(ミー粒子：細胞，ラテックスビーズ，シリカ粒子など)は，集光されたレーザ光に捕捉される．これは，幾何光学で説明できる．レーザ光が粒子に当たると，粒子はレンズのように働き，粒子を通った光の進行方向が屈折によって変化する．光は運動量をもっているので，進行方向の変化は，光の運動量の一部が粒子に与えられること，すなわち，粒子に力がかかることを意味する．このとき，力は常に焦点方向に向かう(図11.19(a))．また，粒子がレーザ光の焦点位置からずれると屈折の角度が変わり，上下，左右方向どちらにずれても粒子を焦点に引き戻す合力が働く．これらが，光ピンセットで安定して粒子をトラップできる理由である．トラップ用のレーザ光として赤外光を用いると，生物試料に対する影響も小さく，バクテリアでは，トラップしている間に細胞分裂したケースも報告されている[2]．

光の波長よりもずっと小さい粒子(レイリー粒子：微小なラテックスビーズや金属微粒子)も光ピンセットで捕まえることができる．このときはトラップの原理として，光の屈折という幾何光学の概念は使うことができない．ラテックスビーズのような絶縁体(誘電体)の場合は，ビーズ内部の電荷の分極により捕捉していると考えるのがもっともらしい．レーザの光路中にある微粒子には正負の電荷分布に偏りが生じ，これが急しゅんにフォーカスされる光，すなわち，焦点へ向かって鋭い勾配をもって増加する電場と相互作用して，粒子には焦点に向かう力が働くのである．これが，レーザ光が散乱されて粒子を押す力と釣り合ったところで，安定にトラップされる．金属粒子のような導電体の場合，光の電磁波が粒子の表面から内部に少ししみ込む．たとえば，波長1047 nmの光が金粒子の表面からしみ込む深さは23 nmである[3]．粒子のサイズが大きいと内部まで電場が届かず，自由電子が動き回ってしまうため分極が起こらない(したがって捕捉できない)が，適度に小さい場合は電気的に誘電体と同じように振る舞うため，捕捉することができる．逆にサイズが小さすぎる

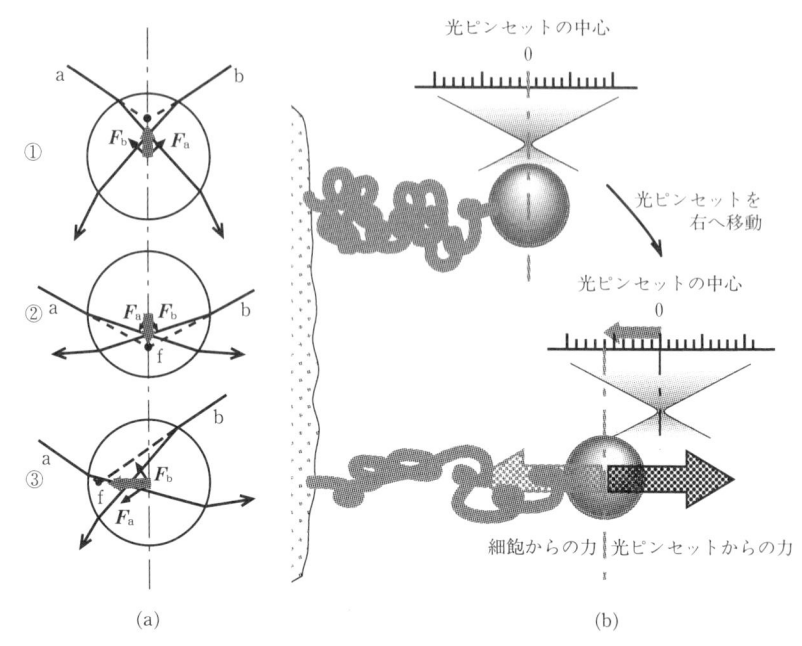

図 11.19 タンパク質 1 分子に微粒子の把手をつけ，光ピンセットでつかんで動かす
(a) 光ピンセットの原理：光路 a, b を通るレーザ光は，粒子に入射するときと出るときの 2 回進行方向を変え，粒子は光の運動量の変化と逆向きの力，F_a, F_b を受ける．これらの合力は，常に粒子をレーザ光の焦点 f に引き戻す方向に働く．粒子が焦点 f より下にあると粒子は上向きの力を受け (①)，上にあると下向きの力を受ける (②)．右 (左) 側にあると左 (右) 向きの力を受け (③)，結局焦点 f に向かって引き寄せられる．
(b) 光ピンセットは柔らかいばね秤である：生きている細胞内のタンパク質分子などに微粒子をつけ，光ピンセットでつかんで引っ張ると，細胞からそのタンパク質に働く力がわかる (このばね秤の目盛は，粒子と光ピンセットの中心との距離と光ピンセットのばね定数の積)．光ピンセットのばねは非常に柔らかく，生きている細胞中で生体分子を操作するのにちょうどよい．光ピンセットのトラップの中心から距離 x 離れた部位でのポテンシャルエネルギーを U，光ピンセットのばね定数を k_{OT} とすると，$U=1/2 k_{OT} x^2$ という関係が成り立つ．たとえば，$k_{OT}=1 \mathrm{pN/\mu m}$，$x=0.2 \mu \mathrm{m}$ のとき，$\Delta U=1/2 \cdot 1 (\mathrm{pN/\mu m}) \cdot 0.2^2 (\mu \mathrm{m}^2)=0.02 \mathrm{pN \cdot \mu m} = 20 \mathrm{pN \cdot nm}$ と計算される．ここで，$1 kT = 4 \mathrm{pN \cdot nm}$ であるので，中心とのポテンシャルの差は $\Delta U = 5 kT$ となる．

と，捕捉力が弱すぎて熱運動のエネルギーに負けてしまうので，この場合も捕捉できない．金コロイド微粒子なら直径 20～40 nm であれば光ピンセットで捕捉できるが，20 nm というのは免疫グロブリンよりわずかに大きい程度の大きさである．

b. タンパク質分子に把手をつけてつかむ： タンパク質分子や分子複合体を，光ピンセットで直接につかむことはできない (捕捉力が小さいのでブラウン運動に抗しきれない)．そこで，微粒子をタンパク質 1 分子に結合させ，その微粒子を捕捉する

ことによって，タンパク質分子を操作する．細胞において目的のタンパク質に微粒子を結合させるためには，このタンパク質に対する抗体のFab断片とか，目的とするタンパク質に結合する別のタンパク質をまず微粒子に結合させ，それを細胞にかけたり顕微注入したりする．

1分子を特異的に結合させるには，条件をさまざまに振ってやり，うまい条件を探すことが必要である[4,5]．しばしば，この段階をいかにうまくクリアするかが最終的な結果の明解さを左右する．筆者らは，微粒子として直径40 nmの金コロイド粒子を主に用いているが，ラテックスビーズなども目的によっては使っている．このように「タンパク質に微粒子の把手をつけ，これを光ピンセットでつかむ」というやり方を用いると，ほとんどの生体分子を捕捉して動かすことができる．

c. 光ピンセットは柔らかいばね秤である： 光ピンセットは，レーザ光が集光された中心付近（焦点からは少しずれている）で，物体をその中心に向かって引き込むような力の場（ポテンシャル：x, y, zの3軸で立体的に働く）と考えるとわかりやすい．微粒子はこの場の中で熱運動するが，中心に向かう力の場のため，中心付近で過ごす時間が長くなる．では，この場ではどの程度の力が働くのであろうか．また，その力をどうやって測定するのであろうか．

測定法を2例紹介する．第1の方法は，トラップした物体を既知の粘性抵抗をもつ水溶液中で速く引っ張り，物体がトラップから外れる速度を調べるものである．この方法では最大の捕捉力が測定できる．筆者らの光学系では，試料面で約100 mWの強度のNd：YAGレーザで直径40 nmの金粒子を捕捉したとき，最大の力は0.25 pNであった．

第2の方法では，捕捉のポテンシャル内部での微粒子の分布を測定する．粒子の分布は各点のポテンシャルエネルギーで決まるボルツマン分布なので，分布を求めるとポテンシャルが得られる．このとき，拡散運動の影響が出ないよう露光時間の短い（繰返し露光の頻度とは直接には関係のないことに注意）高速シャッタカメラを用いる必要がある．

各点で働く力は，このポテンシャルを微分して得られる．この力はトラップの中心付近ではフックの法則に従うので，簡単にいえば光ピンセットはばねのように振る舞うと考えてよい．捕捉の強さは，微粒子の材質によるが，$0.1 \sim 100$ pN/μm 程度のばね定数をもつことが多い．直径40 nmの金粒子を約100 mWの強度のレーザでトラップしたとき，中心付近でのばね定数は約1 pN/μmであった．すなわち，中心と，中心から200 nm離れた部位でのポテンシャルの差は$5 kT$（$=20$ pN・nm）程度である（図11.19の説明参照）．

簡単にいうと，図11.19(b)に示すように，光ピンセットはばね秤であり，生きている細胞内で微小物体をばね秤の先につけて，秤の目盛をみながら引っ張る道具と考えればよい．ばね秤の目盛は物体の光ピンセットの中心からの距離である．この距離だけ物体がばねの中心からずれているということは，その物体に細胞から力が働いて

いることを意味する．力は，この距離に光ピンセットのばね定数をかけることによって求められる．

光ピンセットのばね秤の固さは，原子間力顕微鏡（AFM）で利用されるカンチレバーの曲げの固さに比べると100〜10000分の1程度と非常に柔らかい．たとえば，あるタンパク質分子を，平均0.1 pNの力で10 nm動かすというようなことが可能である．このときの仕事は1 pN·nmとなる．熱ゆらぎのエネルギーは常温で2 pN·nm（$=1/2kT$）であるから，タンパク質分子が熱ゆらぎをうまく利用して動いているとすると，光ピンセットはちょうどその程度の仕事を実験者の意志によって加える手段を提供できる．一方，1分子のアデノシン三リン酸（ATP）が分解されると40〜80 pN·nm（$=10$〜$20kT$）程度の自由エネルギーが放出されるが，これも光ピンセットでできる仕事の範囲内にある．このように，光ピンセットのばねの力は，細胞が分子を動かしたり集合させたりするのと同じくらいの力であり，分子の操作をするのにちょうどよいのである．

11.3.2 光ピンセット装置

図11.20に筆者らが用いている光ピンセットの光学系を示す[6]．原理からわかるように，大事なのはレーザ光をできるだけ大きな角度で小さく絞り込むことである．ここでは，Nd：YAGレーザ（波長1064 nm，強度350 mW）の単一に近いモード（TEM$_{00}$）を光源として開口数の大きなレンズで集光し，試料面で約100 mWの強度で直径約1 μmのスポットを形成している．レーザ光のスポットはガルバノスキャナにとりつけたミラー（図のS$_x$，S$_y$）を動かすことによって，2次元平面内の任意の方向に移動できる．これは基本的にレーザ走査型顕微鏡と同じである．また，固定したスポットに対してピエゾステージ上の試料を動かす方法も用いている．前者はレーザを分岐して2本の光ピンセットを用いることが可能になるという長所があり，後者は走査の歪みが小さく，速度を大きく変えられるという長所がある．その他，ガルバノスキャナミラーの代わりにピエゾティルティングミラーやAOモジュレータを用いることもできる．レーザとしてはNd：

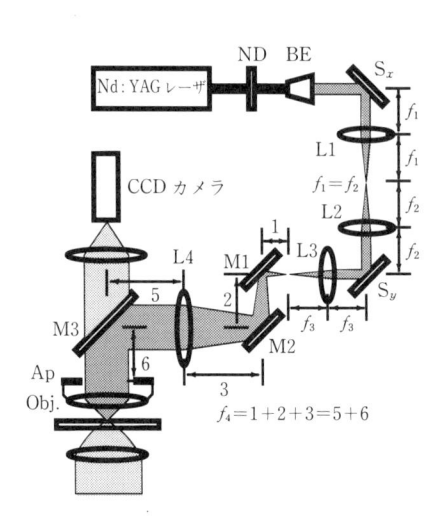

図11.20 光ピンセットの光学系
ND：ニュートラルデンシティーフィルタ，BE：ビームエキスパンダ，S$_x$，S$_y$：ガルバノスキャナミラー（x,y軸），L1〜L4：レンズ（L1〜L4の焦点距離はf$_1$〜f$_4$），M1〜M3：誘電体ミラー，Obj.：対物レンズ，Ap：対物レンズの後ろの焦点面にある開口．

YAG レーザがよく用いられるが，これは波長が細胞と水の吸収しやすい波長から外れているためである．レーザの照射による温度上昇は，水分子の吸収については 100 mW あたり約 1°C と，ほとんど影響がないことがわかっている[7]．

11.3.3 ナノ計測技術

粒子の座標を求める方法として，主に 2 つの方法が用いられている．第 1 に，CCD や C-mos (complementary-metal oxide semiconductor) の 2 次元アレイによって一連の粒子像を得，その 1 つの像をカーネルとして，その他の像との相互相関を計算する方法[8] である．第 2 の方法は，4 分割フォトダイオードに粒子像を投影して，4 つの素子が受ける光の強度比から粒子の変位を求める方法[9] である．ともに 40 nm の金粒子の軌跡を数 nm 程度の空間精度，25 μs 程度の時間分解能で計測することが可能である．

11.3.4 細胞膜研究への応用

a. 上手に標識してやれば 1 分子の応答がみえる： 筆者らが通常使っている直径 40 nm の金コロイド粒子は，数百個のリガンドや特異抗体などを吸着する表面積をもつ．したがって，このような粒子は，特別の注意を払って作製しないと膜タンパク質のクロスリンクを引き起こし，膜骨格との強い相互作用や細胞骨格の再編成を誘導してしまう (たとえば，膜タンパク質をクロスリンクすると，拡散係数は劇的に減少する)．これを避けるため，特異抗体 IgG 分子全体 (2 価) ではなく Fab 断片 (1 価) を用いたり，Fab 断片を金粒子に結合させるときに，非特異的 Fab で 3〜50 倍に薄めたりする必要がある．しかし，それでも数個から数十個の特異抗体 Fab 断片が粒子上に結合していることになる．このようなプローブを用いて，目的とするタンパク質 1 分子に結合させることが可能であろうか．実際に細胞膜上の膜タンパク質に試してみると，うまい場合には (しかも結構うまくいくことが多い)，1 個の膜タンパク質が 1 個の金粒子で標識できる[4]．

金粒子に吸着したほとんどのタンパク質は活性を失う．これは，金粒子に結合したタンパク質は金表面上で変性することが多いこと (特に少量のタンパク質を加えたとき)，目的とするタンパク質への結合部位が金粒子の方を向いてしまうと結合活性がなくなることによる．したがって，数十個のタンパク質が金粒子に結合していても，細胞に吸着する金粒子は少ないことが多い．さらに，金粒子に結合させた分子をフリーで細胞に加えると，金粒子の結合に競争阻害がかかる．すなわち，金コロイドプローブのほとんどは 1 価の結合をしている (1 個の標的タンパク分子に結合している) と考えられるのである．また拡散係数も，蛍光退色回復法などの他の方法で測定したものと一致する．さらに，競争阻害の濃度を調節することによって，クロスリンクをうまく減らすことも可能である[4]．

b. 光ピンセットを使って，細胞と綱引きをする (膜タンパク質と膜骨格との相互

作用)： まず，膜タンパク質に金粒子を結合させ，それを，光ピンセットで捕まえる．次に，光ピンセットを動かして捕まえた膜タンパク質を膜上で引っ張っていく．

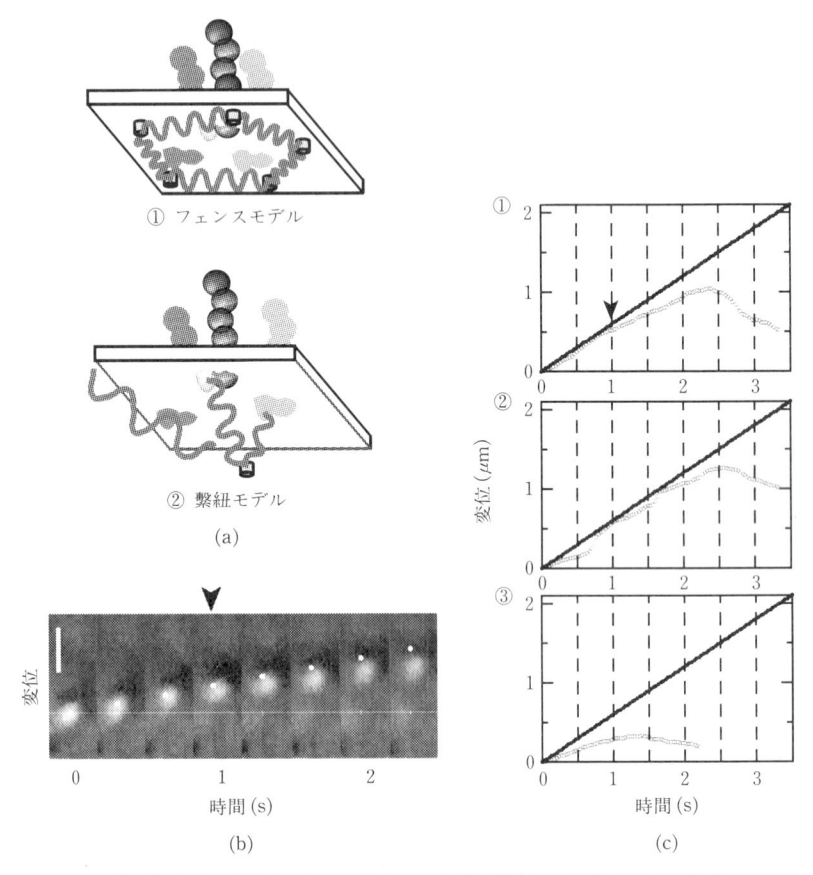

図 11.21 細胞と綱引きをして，膜タンパク質と膜骨格の相互作用を見極める
(a) 膜貫通型タンパク質と膜骨格との2種の相互作用：① フェンスモデル　膜タンパク質は細胞質ドメインが膜骨格にぶつかるため，膜骨格の綱目中に囲い込まれる．綱目の中では自由に運動できる．② 繋紐モデル　膜タンパク質は，直接に，あるいは他のタンパク質を介して膜骨格と結合している．
(b) 牽引中の金粒子の微分干渉像：金粒子は抗体の Fab 断片を介して膜タンパク質 (FcR) に結合している．これを光ピンセットで上方向に牽引したときの 0.33 秒ごとの画像を並べた（横が時間軸になる）．スケールは $1\,\mu m$ で，引っ張る速度は $0.6\,\mu m/s$ である．約1秒経過したところで（矢尻），粒子がレーザ光の中心（小さい白丸スポット）から遅れ始める．
(c) FcR を牽引したときの変位（縦軸）と時間（横軸）のプロット：黒丸はレーザ光の中心，白丸は FcR に結合した金粒子の変位を示す．① は (b) で示した粒子に相当する．矢尻は粒子がレーザ光の中心から遅れ始める時間．詳細は本文参照．

そうすると，細胞はいろいろな機構で膜タンパク質を引っ張り返してくる．つまり，膜タンパク質1分子を挟んで，われわれは，細胞と綱引きをすることができる．そのときの細胞の応答から，細胞が膜骨格や細胞骨格によって膜タンパク質の動きや会合，局在化を制御するさまざまな機構がわかってきた．

ここでは，CHO細胞に強制発現させたマウスの免疫グロブリンG Fc受容体II-B2 (FcR) の例を紹介したい．膜貫通型タンパク質であるFcRと膜骨格の相互作用には2つの様式があり，FcRが膜骨格の網目によって取り囲まれている場合（フェンスモデル）と，FcRと膜骨格が結合している場合（繋紐モデル）がある（図11.21 (a)）[10]．綱引きによってこの2つのモデルを区別できるであろうか．

図11.21 (b) はFab-金粒子を結合したFcRが光ピンセットによって上方向に引っ張られていく様子を微分干渉法で観察したものである．スケールは1 μmで，引っ張る速度は0.6 μm/sである．約1秒経過したところで（矢尻），粒子がレーザ光の中心（小さい白丸スポットで示す）から遅れ始める．(c)-① はこのときの時間と変位の関係をプロットしたものである．FcRは途中まではレーザ光によく追随して牽引されたが，0.6 μm付近（矢尻）から遅れ始め，1.1 μm付近で光ピンセットから外れてしまった．この例はフェンスモデルで説明できる．FcRはフェンスの中では自由に引っ張ることができるが，フェンスに引っかかるとレーザ光から遅れ始める．その後もしばらく牽引できるのは，フェンスが弾性的な構造をもっており，フェンスを変形させながら牽引できるからであろう．実際，光ピンセットから外れた後，大部分の粒子はまるでばねにつながっているように牽引した方向とは逆の向きに引き戻されている．(c)-② の例ではFcRは途中で2度レーザ光から遅れてはまた追いついていることがわかる．3度目に遅れたときはとうとう追いつけなかった（トラップから外れた）．このような振舞いは，フェンス構造を次々と乗り越えながら引っ張られていくことを想像すると容易に理解できる．

これらに対して (c)-③ の例では，引っ張り始めるといきなりFcRはレーザ光から遅れ始め，すぐにトラップから外れてしまう．この場合は，FcRがはじめから膜骨格に結合していた（繋紐モデル）と考えられる．この膜骨格もまた弾性をもった構造である．この実験から，Fab-金粒子を結合したFcRの約60%がフェンスモデル，約40%が繋紐モデルの状態で存在していると見積もることができた．これは，全体の平均をみるのではなく，1分子レベルで個々の応答をみることで初めて得られる情報である．

光ピンセットのばね秤はあらかじめ校正してあるので，膜骨格からの力が働き始めてからの分子の応答を調べることによって，膜骨格の弾性（実効ばね定数）を求めることができる．このようにして求めた膜骨格の実効ばね定数は約0.7 pN/μmであった．これは，われわれの通常の感覚でいうと非常に小さな量で，このようなばねの先に1円玉 (1 g) をつけたとすると，10 km以上も伸びてしまう．しかし，細胞の中で，細胞膜を支えたり，1分子の運動を制御するのには，ちょうどよい程度の大きさ

なのである．

c. 膜タンパク質をプローブとして細胞膜上を2次元走査し，膜骨格の分布を可視化する： これまでは膜タンパク質を1次元で牽引した例であったが，細胞膜上をラスタ走査して2次元面の情報を得ることも可能である．まず，膜骨格フェンスによって運動を囲い込まれている（膜骨格には結合していない）膜タンパク質を，金粒子の把手を介して光ピンセットでつかむ．最大捕捉力を大きく（>0.5 pN 程度）してやると，フェンス構造を次々と乗り越えながら細胞膜上の特定の領域を2次元走査できる．ただし，図 11.21 (c)-② に示したように，膜骨格とぶつかっている間は，膜骨格から受ける力に応じて金粒子がトラップの中心からずれる．光ピンセットはばね秤なので，このずれを測ってやることで，細胞膜上で膜タンパク質が感じている力の分布，すなわち，膜骨格の分布をイメージングすることができる．これはいわば，膜タンパク質1〜数分子をプローブとし，光ピンセットをカンチレバーとする，新しい走査型力顕微鏡である．分子をプローブとすること，カンチレバーのばね定数が小さい（原子間力顕微鏡の 100〜10000 分の 1 程度）ことが特徴である．

図 11.22 は，膜貫通型タンパク質の CD 44 をプローブにして，NRK (normal rat kidney) 細胞上の $2\,\mu m \times 2\,\mu m$ の矩形領域を2次元走査（走査線 20 本）し，CD44 が受けた力をマッピングした例である．暗い部分が力を受けなかった場所で，明るい部分は CD44 が膜骨格とぶつかった場所を示す．フェンス構造を乗り越えるのに必要な力は約 0.2 pN であった．明るい部分をつなぐと（線で示す），サイズが 0.5〜1 μm 程度の膜骨格のメッシュワークが可視化できていることがわかる．このメッシュの大きさは，NRK 細胞上の膜タンパク質の拡散運動を定量解析して得られた，膜骨格フェンスのコンパートメントサイズ[11]とよく一致する．

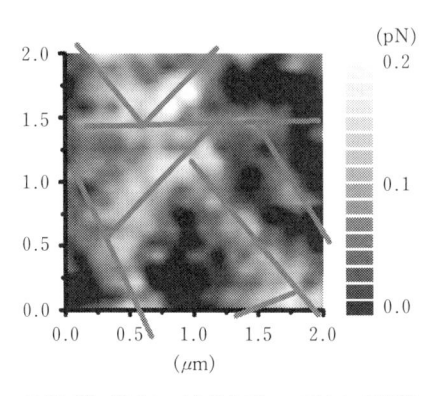

図 11.22 膜タンパク質をプローブとして細胞膜上を2次元走査（ラスタ走査）し，膜骨格を可視化する

細胞膜上の $2\,\mu m \times 2\,\mu m$ の矩形領域上を金粒子を結合させた CD44 分子（1〜数個）で走査し，膜骨格から CD44 分子が受けた力をマッピングした例．色の明るい部分（受けた力の大きい場所）をつなぐと 0.5〜1 μm 程度の寸法の膜骨格のメッシュワークがみえてくる．

本節で紹介した，光ピンセットによる膜タンパク質の1分子操作の例は，数多くある応用例のうちのほんの一端にすぎない．どのような使い方をするかは使う人の想像力しだいである．また，光ピンセットは光学顕微鏡で用いられるほとんどの検鏡法と組み合わせることが可能である．本節をお読みになった方々が光ピンセット法に興味をもたれ，研究に取り入れられるきっかけになれば，筆者らに

とっては最上の喜びである. 　　　（藤原敬宏・ケン・リッチー・山下英俊・楠見明弘）

文　　献

1) A. Ashkin et al.: *Opt. Lett.*, **11** (1986), 288-290.
2) A. Ashkin and J. M. Dziedzic: *Science*, **235** (1987), 1517-1520.
3) K. Svoboda and S. M. Block: *Opt. Lett.*, **19** (1994), 930-932.
4) M. Tomishige et al.: *J. Cell Biol.*, **142** (1998), 989-1000.
5) 楠見明弘: 蛋白質・核酸・酵素, **44** (1999), 76-81.
6) A. Kusumi et al.: *Methods Cell Biol.*, **55** (1998), 173-194.
7) S. C. Kuo: *Methods Cell Biol.*, **55** (1998), 43-45.
8) J. Gelles et al.: *Nature*, **331** (1988), 450-453.
9) S. Kamimura and R. Kamiya: *J. Cell Biol.*, **116** (1992), 1443-1454.
10) Y. Sako et al.: *J. Cell Biol.*, **140** (1998), 1227-1240.
11) Y. Sako and A. Kusumi: *J. Cell Biol.*, **125** (1994), 1251-1264.

12. ナノ光デバイス

12.1 概要・原理

1.1節の(1)に示したように,光通信システムの高速化,大容量化のためには光デバイスを微小化して光集積回路の集積度を著しく向上させる必要がある.この微小化に関しては回折限界をこえたナノメートル寸法化について検討が開始されている.このようなナノメートル寸法の光デバイスを動作させるには,従来の伝搬光ではなく近接場光の変調,伝送,復調により信号を送る.その概念の概略を図12.1に示す.ただし近接場光は非伝搬なので伝送に際し,伝送の一方向性の確保,入出力信号間のクロストークおよびチャネル間のクロストークの回避など,伝搬光とは異なる配慮が必要である.これらを配慮して信号伝送の光機能の原理を確立し,これを実現するための材料の選択,およびデバイスの製作,外部回路との接続を行う必要がある.検討すべき主な課題を次に列挙する.

12.1.1 利用すべき現象

近接場光の変調,スイッチングのために利用できる現象として,半導体の単一量子

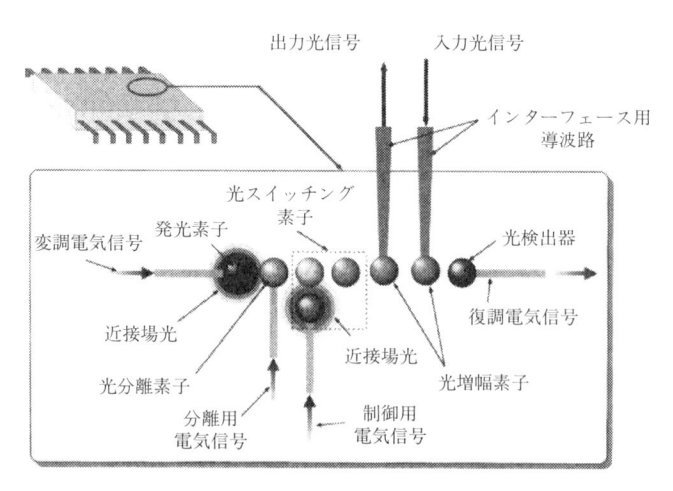

図12.1 ナノメートル寸法の光集積回路の概念

12. ナノ光デバイス

ドット中の励起子の飽和吸収がある．これについてはポンプ-プローブ分光法によりスイッチング機能が確認されている[1]．このほか，光シュタルク効果，量子ドット中の場の増強を利用した光双安定[2]，さらにはプローブによる禁制遷移の許容(9.1節でも記述)などの利用が考えられる．なお，ナノメートル寸法の光デバイスの入出力端子の光信号は周囲の巨視的寸法の従来型の光デバイスと結合する必要があるので，近接場光/伝搬光，ナノ寸法/巨視的寸法，の間のインターフェースが必要となる．これは短波長の電磁場であるプラズモンや励起子ポラリトンなどを回折限界の枠組みの中で伝送させることなどにより実現することができる．

12.1.2 利用すべき材料

金属，絶縁体，半導体の微細構造，特に半導体の量子ドットなどである．さらに上記の励起子ポラリトン，プラズモンを伝送するインターフェース用導波路には各々半導体量子井戸，金属などが使われる．この両者については12.3, 12.4節で記す．なお，有機材料，有機分子などの利用も考えられるが，デバイスとして用いるときの寿命，信頼性などが問題である．

12.1.3 利用すべきデバイス作製法

近接場光を伝送するためには，近接場光の性質に応じた形状と構造の光機能デバイスを作製する必要がある．たとえば近接場光のエネルギーの集中する空間領域は，それが発生する物質の寸法程度なので図12.1にあるようにナノメートル寸法の微小物質を複数かつその間隔が物質寸法程度まで近づけて作製する必要がある．さらに多種類の物質を同一基板上に堆積する必要がある．半導体の量子ドット作製のための自己組織化法は微小物質作製には適しているが，位置制御性が低いので利用困難である．これらを実現には9.1節の近接場光による光化学気相堆積が有効である．

12.1.4 必要とされる性能など

各デバイスでは利得とその飽和，帯域，スイッチング電力，消費電力などに関して高い性能が要求される．また，光集積回路のパッケージングの際には保護層の付加による平面埋込み構造の実現が必須である．

これらの課題を考慮しながら，典型的なナノメートル寸法の光デバイスの例として，近接場光を使った光スイッチが提案されている[3]．この原理と期待される性能は次のとおりである．

a. ナノ光スイッチの原理と性能： 光スイッチを構成する基本単位は，図12.2に示すようなそれぞれの大きさの比が $1:\sqrt{2}:2$ である3つの量子ドットである．このような大きさのドットには離散的な励起エネルギーが隣接のドットと同じ値になる共鳴準位が存在している．ドット1は入力の近接場光に，ドット2は出力の近接場光に，ドット3は信号制御の近接場光に結合している．入力信号は光近接場相互作用に

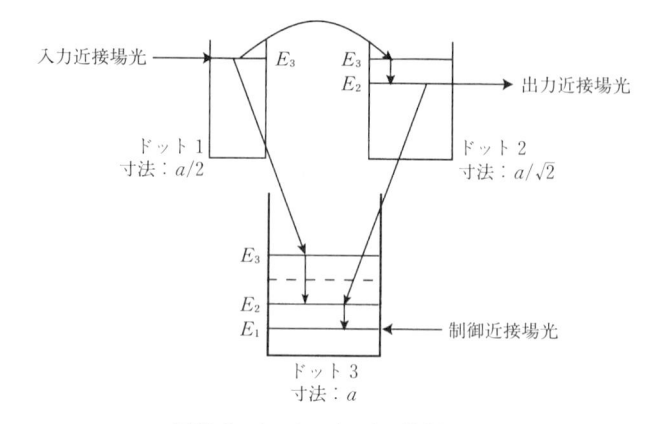

図中ラベル:
- 入力近接場光 → ドット1 寸法: $a/2$ (E_3)
- ドット2 寸法: $a/\sqrt{2}$ (E_3, E_2) → 出力近接場光
- ドット3 寸法: a (E_3, E_2, E_1) ← 制御近接場光

図12.2 ナノ光スイッチの構成概念図

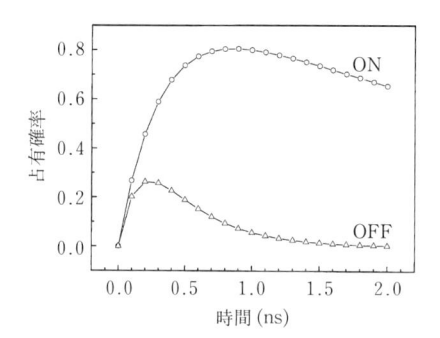

図12.3 ナノ光スイッチ出力ポートにつながるドット準位の時間発展

よってドット1のE_3準位とドット2のE_3準位の間を励起エネルギーが移動する形でドット2に伝送される．ドット2内E_2準位への緩和は励起エネルギー移動の速度より高速に起こり，逆方向への信号伝達を防いでいる．また，入力信号と出力信号での励起エネルギーの違いにより，すなわち周波数変換が行われることにより不要なクロストークを抑える構造になっている．

信号の制御，すなわちスイッチ動作はドット3への制御光がONであるかOFFであるかによって行われる．制御光がONの場合，ドット3のE_1準位が占有されるためにドット1あるいは2との光近接場相互作用が禁止される．一方，制御光がOFFの場合にはこの相互作用が許容され，ドット1あるいは2からドット3へ信号が流れることになる．こうして制御光がONの場合とOFFの場合で出力ドット2での信号強度に大きな差ができ，スイッチ動作が可能となる．

任意の時刻tにおける各ドット準位の占有確率に関するレート方程式を解くことにより，スイッチ時間を見積もることができる．原理的にはどのような材料でも適用可能であろうが，ここではCuClを例にとり，ドット2内E_2準位の占有確率の時間発展を図12.3に示す．ここで一番大きいドットのサイズaを10 nm，隣接するドット間距離をそれぞれ10 nm，ドット内緩和時間を1 ps（ピコ秒）と想定した．これから材料やドット間距離を選ぶことによりスイッチ時間は数ps～数百ps程度と期待される．

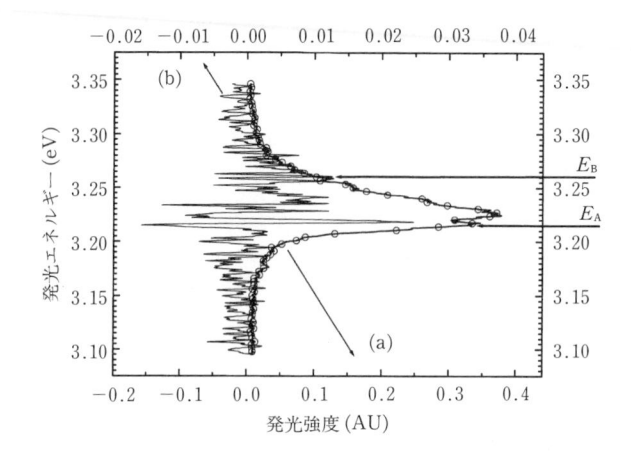

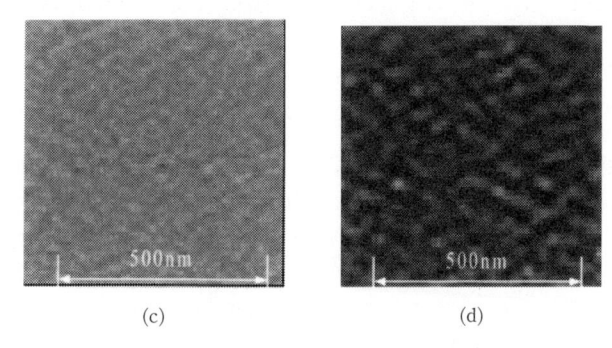

図12.4 CuCl 微粒子を用いた分光評価例
(a) プローブと試料の距離を数 μm に保って発光を観測した場合，(b) プローブと試料の距離を数 nm に保って検出した発光強度と (a) で得られた発光強度の差，(c) 3.4 nm 寸法のドット (発光エネルギー E_B に対応) の空間分布図，(d) 4.8 nm 寸法のドット (発光エネルギー E_A に対応) の空間分布図.

b. ナノ光スイッチの実証実験: 上述の構想を確認するために量子サイズ効果を示す CuCl 微粒子を用いて分光評価などの実験が行われている[4]．波長 325 nm の He-Cd レーザを用い，NaCl マトリックス中の CuCl ドットを低温 (18 K) で励起し，開口径 70 nm の近接場光プローブで発光スペクトルを観測する．試料中にはさまざまな大きさの CuCl 微粒子があるが，その中から特定の大きさ，すなわち特定の発光波長をもつドットの位置を同定する必要がある．そのためにプローブと試料の距離を変え，伝搬光による発光検出と近接場光による発光検出を行う．

図 12.4 (a) に伝搬光検出による発光スペクトル，(b) に近接場光検出による発光スペクトルを示す．(a) では CuCl 微粒子の大きさの分布に対応するスペクトルの不均

一広がりがみられるのに対し，(b)では個々のCuCl微粒子の離散的な励起エネルギーに対応する微細構造がみられる．

特定の大きさ，すなわち特定の励起エネルギー準位をもつCuCl微粒子が試料中にどのように分布しているかを示したのが図12.4(c)，(d)である．(c)は3.4nmのドット，(d)は4.8nmのドットの分布に対応する．空間分解能は開口径程度である．これから空間的かつスペクトル(エネルギー)的に特定の量子ドットを同定する方法が開発されたといえる．

今後の課題として，2つのドット間の励起エネルギー移動を検出すること[4]，さらにはスイッチ動作を確認することなどがあげられる．　　　　（大津元一・小林　潔）

文　献

1) T. Matsumoto et al.: Appl. Phys. Lett., **75** (1999), 3246-3248,
2) K. M. Leung et al.: Phys. Rev., **A33** (1986), 2461-2464.
3) K. Kobayashi et al.: Photonics in Switching, OSA Technical Digest (Optical Society of America, 2001), 27-29.
4) T. Kawazoe et al.: Phys. Rev. Lett., **88** (2002), 067404.

12.2　ナノコヒーレントデバイス

12.2.1　電磁場の存在する空間の寸法

注目する系に特徴的な電磁場の存在する空間の寸法を図12.5に示す．本節では図の右下に示される注目する試料の寸法も原子寸法であり，なおかつ電磁場の存在する空間の寸法も1nm以下の領域を対象とする．このような領域はこれまでは物質系の励起として扱われてきた．しかし，このような領域は電子的に励起されているのみならず，そこの付随する電磁場が存在する．ところが，このような小さな領域の電磁場をどのように扱うかの枠組みが明らかとなっていなかった．本節では，このような領域を扱う枠組みについての提案を行う．

12.2.2　電子の分散関係とフォトンの分散関係

電子の分散関係とフォトンの分散関係では大きく異なる．電子の場合には電子と陽電子のエネルギー差が大きいために，通常の物性の測定では電子と陽電子のギャップは観測にかからない．一方，フォトンの場合には，エネルギーが0の領域も扱われる．さらに，フォトンの分散関係 $\exp(-i\omega t)$ から外れた領域が物質と結合したフォトンとして記述される．図12.6ではこのような物質と結合したフォトンの状態を円錐の外の横線で示した．近接場光相互作用や電子系と光のミクロな相互作用では，このような分散関係から外れた大きな波数 k をもつフォトンが重要な役割を演ずる．このようなフォトンは前節で詳細に記述されている．

12. ナノ光デバイス

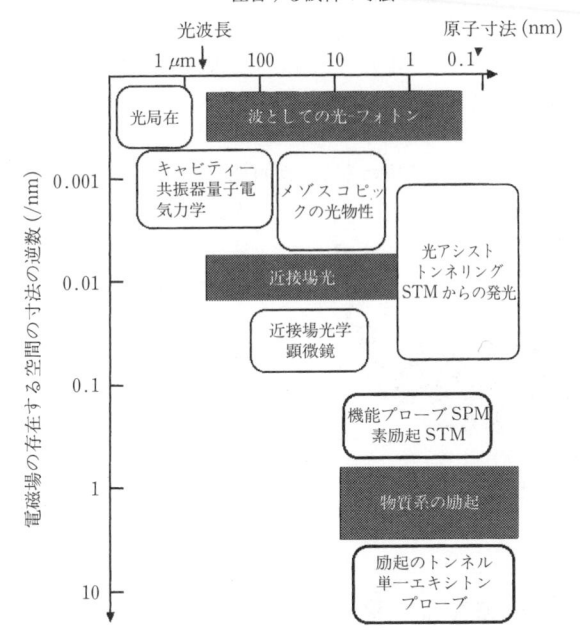

図12.5 注目する系に特徴的な電磁場の存在する空間の寸法

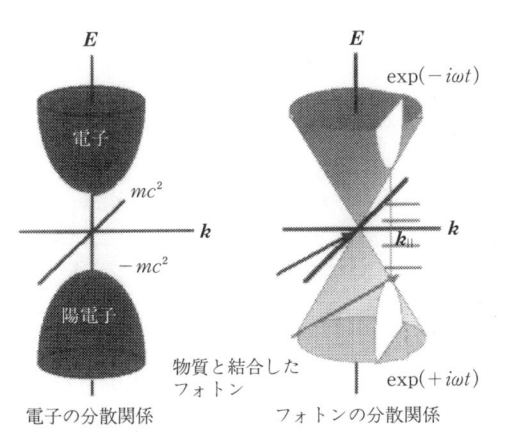

図12.6 電子の分散関係とフォトンの分散関係

12.2.3 分子の周辺での電磁場の検出

さて，前項のような局所的な電磁場を検出する1つの例を紹介する．図12.7に示したのが，ファイバプローブを用いてこのような電磁場を検出する試みである．金属膜の上に単一有機分子を担持する．この上方にファイバ先端を鋭凸にし，これをindium-tin-oxide (ITO) でコーティングしたプローブを保持する．ITOは導電性があるために，電子の放出源として用いることが可能である．したがって，このプローブと金属基板の間にバイアスを印加し，この間に流れるトンネル電流でプローブを保持するピエゾ素子にフィードバックをかけることにより，1nm程度の距離にプローブを保持することが可能である．このようにして，有機分子をトンネル電子で励起することにより，この分子から放出される電磁場を分子の近傍で検出する．ITOは高周波数の電磁波に対して透過性をもつためにこの光をファイバを用いて光検出器に導くことができる．

また，ここでプローブと基板の間の電気双極子による電気双極子放射も遠隔場で検出可能である．このような手法により，分子のごく近傍の電磁場を検出することが可能となる．

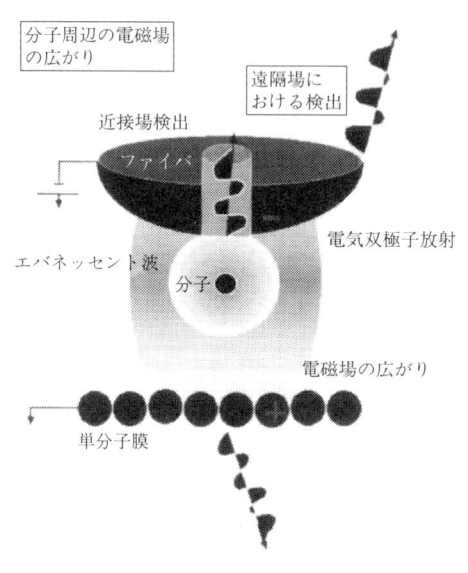

図 12.7 分子の極近傍の電磁場を検出する模式図

12.2.4 クーロンブロッケード

上記のような金属電極の間に有機分子を配置することで，トンネル2重接合を形成できる．このとき，第1の電子がエミッタから中間電極にトンネルし，そこに局在すると，外部の電池がクーロンエネルギー（$(ne)^2/2C$，ここに，C は接合の静電容量）をこえる仕事をするまでは，次の電子がトンネルできない（クーロンブロッケード）．ここで，中間電極の電子が観測されるまでは，トンネル過程は可逆である（図 12.8）．ここで，中間電極に電子が局在する，すなわち外部から観測される状況を詳しくみてみる（図 12.9）．このとき，外部電極から中間電極に電子がトンネルするときに，電子は電荷をもっているために電磁場のエネルギーの流れ（ポインティングベクトル）が生ずる．このポインティングベクトルが中間電極に接続されている寄生容量を介して接続されている抵抗に流入し散逸が起こることが，電子の局在が観測されることに対応する．電子が中間電極からさらに外部電極へトンネルするときに，さらにポインティングベクトルが第2の抵抗に流れ込むことがトンネル電流を測定することに対応

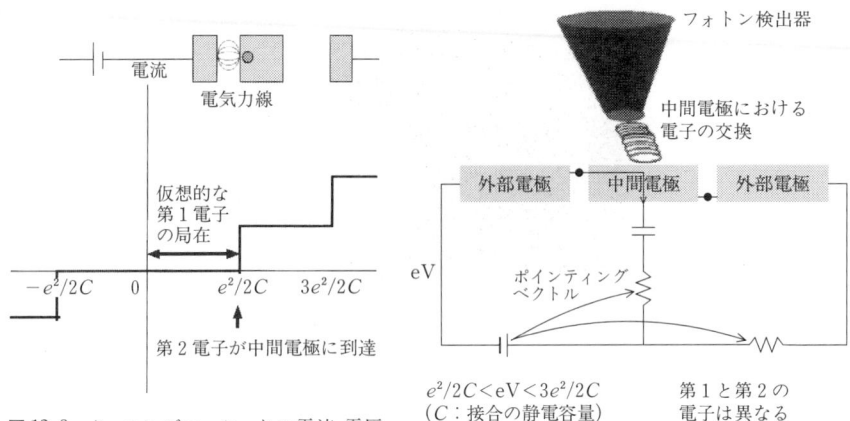

図 12.8 クーロンブロッケードの電流-電圧特性

図 12.9 中間電極に局在する電子を観測する概念図

$e^2/2C < eV < 3e^2/2C$
(C：接合の静電容量)

第1と第2の電子は異なる

する．また，中間電極が分子や量子ドットなどの場合に電子がポテンシャルエネルギーを共鳴的に失うならば，このとき放出されるフォトンを検出することでも電子が中間電極に局在することを観測できる．

12.2.5 コヒーレント電子による干渉

トンネル電子を用いることにより，電子の干渉効果を検出することが可能となる．図 12.10 は，このような効果を検出するための実験的な装置の模式図である．電子が透過できるほどに薄い異方性の試料の上方にプローブを保持する．プローブから出た電子波は球面波であり，位相差を与えることにより，スクリーン上に干渉縞が生ずる．これは，電子が試料を弾性散乱によって透過する場合にみられる．一方，電子が非弾性散乱を受けるならば，電子波はコヒーレンス性を失い，当然干渉縞はみられない．一方，非弾性散乱の場合には試料から放出されるフォトンがみられる．このような2つの現象は図 12.11 のようにまとめることができる．すなわち，プローブ，分子および電子の2次元検出器マルチチャネルプレート (multi-channel-plate：MCP) の間で電子が運動する場合に，周囲の電磁場が変化し，エネルギーの流れとしてのポインティングベクトルが発生する．電子が弾性散乱により，試料を通り抜ける場合には，ポインティングベクトルは MCP という抵抗に流入して散逸することに相当する．一方，非弾性散乱を受ける場合には，ポインティングベクトルは試料という抵抗あるいは光子検出器に流入して散逸することに相当する．

12.2.6 近接した分子による位相効果

コヒーレントな電子波と近接して置かれた分子を組み合わせることにより，さらに興味深い現象を起こさせることが可能となる．図 12.12 は2つのギャップの中に置か

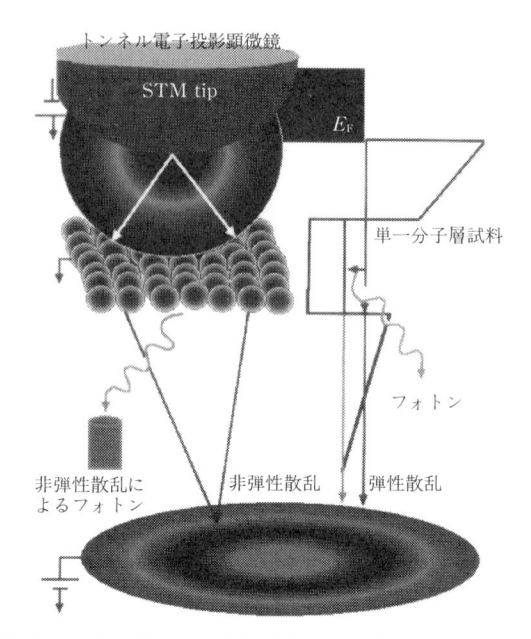

図 12.10 トンネル電子による位相干渉が起こる場合と起こらない場合

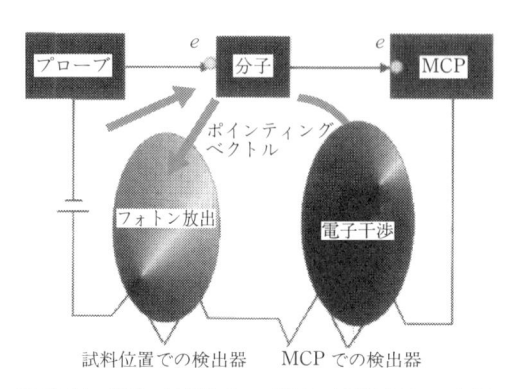

図 12.11 電子の試料位置での観測と MCP 位置での観測

れた分子の振動電気双極子モーメントを示す．このとき，2つの分子は光の波長より十分近接して配置されている．このとき，電子波を2つの経路に分けて，この2つの分子が置かれているギャップに送り込み，分子を励起する．分子の電気双極子を逆位相になるように最初に配置しておくことにより，そこから放出された電磁波は逆位相になり，これを遠隔場で観測しようとしても，位相が打ち消し合い，光としては観測されない．ところが図12.13のように，このとき一方の分子のごく近傍に光検出プ

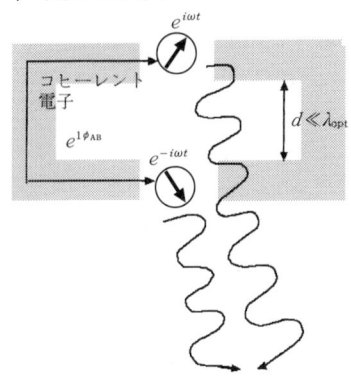

図 12.12 近接して置かれた分子からの光が
検出されない位相関係

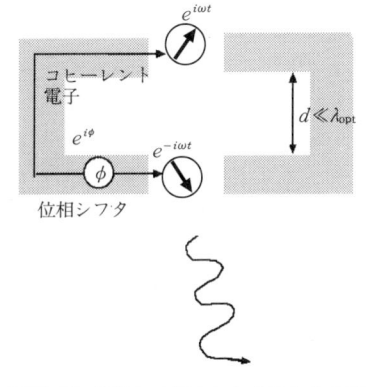

図 12.13 近接して置かれた分子からの発
光が可能な場合

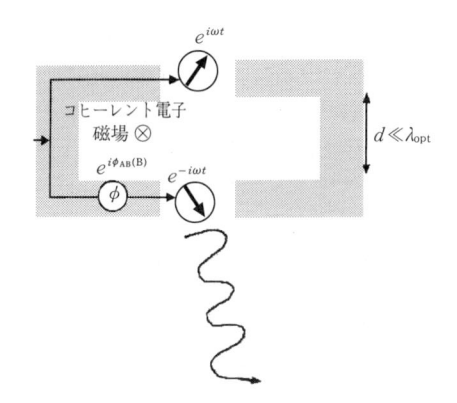

図 12.14 近接して置かれた分子の磁場による位相
制御

ローブを配置し，一方の分子から放出されるフォトンのみを吸い取ってしまう．そうすることにより，プローブを配置しなかったときには観測できなかった光が，観測できることになる．さらには，2つの分子が励起されるときの位相を制御することも可能となる．図12.14のように，電子の経路に，位相シフタを入れておくことにより，励起される2つの分子の動的電気双極子モーメントの位相を制御できる．このときさらにこの回路に垂直に磁場を印加することにより，アハラノフ-ボーム (Aharanov-Bohm) 効果により位相を制御することができる．このときは，図に示すような円形の経路を考えることにより，磁場の関数として外部に光を放出する/しないを制御することができる．

このような，分子のごく近傍の電磁場を制御することにより，これまでには不可能であった，数々の新たな現象を生じさせることができると期待される．

(根城　均・堀　裕和)

12.3 ポラリトン導波路デバイス

近年,いわゆる準粒子(複合粒子)を積極的に用いて,新しい素子,システムを創生しようとする研究が活発化しつつある.このような準粒子は,従来は単なる物理現象としてしかとらえられていなかったが,ここにきて応用を念頭に置いた研究が進展している.本節では,このような準粒子の中で,励起子(電子-正孔対)と光が結合した励起子ポラリトン[1,2]を取り上げ,その素子応用,特に導波路型素子への応用を中心に述べることにする.励起子ポラリトンは,電界などに鋭敏に応答する電子(正孔)とコヒーレンスがよく,可干渉性に優れる光の両者の性質を合わせもつ特徴がある.このため,ポラリトンを用いた素子は,素子の寸法が小さく,電界などに鋭敏に反応する電子素子と,コヒーレンスがよく,位相変調が容易で高速動作が可能な光素子の両者の特徴をもつことが予測される.このように,ポラリトンを用いることにより,従来の単なる電子素子や光素子とは違った新しい極微細な超高速電子・光複合機能素子の実現が期待されている[3,4].

12.3.1 励起子ポラリトンの性質

半導体のような結晶をエネルギーギャップ程度の光で励起して,電子と正孔の対を形成したとき,電子と正孔はクーロン力によって束縛し合い,対をつくったまま1個の粒子のように振る舞う.これは,いわゆる準粒子の1種で,励起子(exciton)と呼ばれている[5,6].この励起子は,光吸収スペクトルでは,エネルギーギャップに対応する基礎吸収端の低エネルギー側に,鋭いピークとして現れる.半導体がガリウムヒ素(GaAs)の場合,この励起子の半径は100Åであり,結晶中を比較的自由に動き回ることができる[7].

励起子ポラリトンとは,この励起子と光が結合した状態である.図12.15は,励起子ポラリトンの伝搬の様子を概念的に描いたものである.結晶に左側から光が入射す

図12.15 半導体中を伝搬する励起子ポラリトン

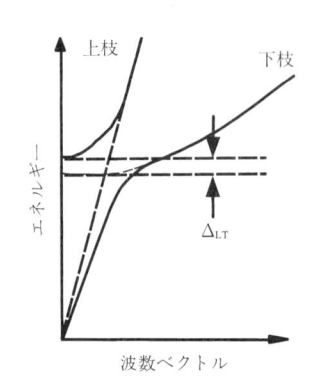

図12.16 励起子ポラリトンの分散関係

ると，分極として，電子と正孔からなる励起子が生じ，次にその励起子が光に変換される過程が連続的に起こる．この交換の周期は，光の振動数に対応する数フェムト秒 (fs：10^{-15} 秒) と非常に短く，このため，励起子ポラリトンでは励起子と光の位相が保存されて，コヒーレントな状態となって結晶中を伝搬する[3,4]．

このように，励起子ポラリトンは，光と励起子による分極場の連成波と考えることができ，その分散関係は次式で与えられる[8]．

$$\frac{c^2 k^2}{\omega^2} = \varepsilon_0 + \frac{4\pi\alpha_0 \omega_0^2}{\omega_0^2 - \omega^2 + (\hbar k^2 \omega_0/m^*) - i\omega\Gamma} \tag{12.1}$$

ここで，k は波数ベクトル，ω は周波数，ε_0 は背景誘電率，α_0 は振動子強度，ω_0 は共鳴周波数，m^* は励起子の質量，Γ は減衰係数，c は光速度，$\hbar$ はプランク (Planck) 定数を表す．図 12.16 は，この関係を図示したものであり，分散曲線が上枝と下枝の 2 つからなることが励起子ポラリトンの大きな特徴である．図中，Δ_{LT} (LT：分裂量) は，longitudinal-transverse splitting energy のことで，励起子ポラリトンの安定性を示す指標となる量である．

12.3.2 導波路を伝搬する励起子ポラリトン

a. 量子井戸中の励起子ポラリトン： 励起子ポラリトンは，量子井戸のような量子閉じ込め構造の中を安定に伝搬する．このことは，中心に GaAs からなる量子井戸層を 1 層設け，そのまわりを GaAs/AlGaAs の超格子層で形成した図 12.17 に示す導波路によって確かめられた[9]．ポラリトンが実際に伝搬していることの確認は，導波路の一端から光パルスを入射し，パルスの伝搬時間の変化を測定することによって行われた．その結果，重い励起子の吸収線に対応する波長域での群速度は，導波路構造を考慮した計算から，液体 He 温度で，真空中の光に比べて 3 桁も減少しているこ

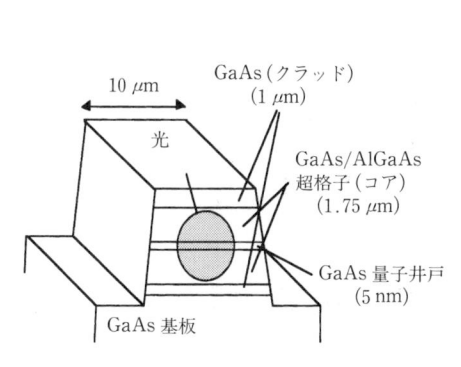

図 12.17 GaAs 量子井戸導波路

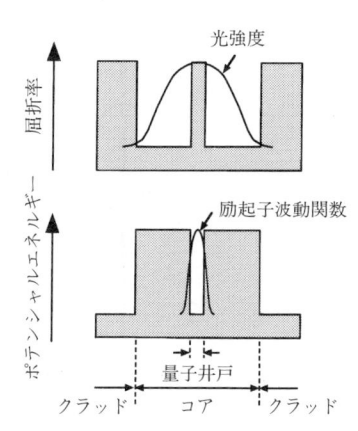

図 12.18 GaAs 量子井戸導波路におけるポラリトンフィールドプロファイル

とが示された．この結果は，励起子ポラリトン特有の分散関係に対応しており，励起子ポラリトンが導波路を伝搬している直接の証拠である[9]．

図12.17で示された量子井戸導波路における光-励起子相互作用の様子を図12.18に概念的に示した[10]．励起子は，量子井戸層に閉じ込められている．一方，光は，コアとクラッドの界面での屈折率の違いによって大部分がコア内に閉じ込められる．このように，励起子の空間的広がりと光の広がりを独立に制御できるため，量子井戸幅とコア幅の比率を変えることによって，励起子と光の実効的相互作用の大きさを変えられることが，この導波路の大きな特徴となる．

b. 電界による位相変調：このような導波路を用い，電界印加によって導波路からの出射光の位相を高効率に変調することができる[11]．図12.19は，GaAs量子井戸導波路から出射した光の位相シフト量と励起子共鳴周波数からのエネルギー離調量(共鳴周波数に対応する波長からのずれ)との関係である．位相シフト量は，80K程度の温度まで大きな値を保ち，160K程度以上では低くなっている．したがって，高効率な位相変調は，比較的高い温度まで可能であることがわかる．

c. 共振器型導波路ポラリトン：励起子ポラリトンは，低温では安定であるが，フォノンによる散乱などによって，温度が上昇するにつれて安定に存在することが難しくなる．これを防ぐためには，①励起子のもととなる電子-正孔の状態密度の急しゅん化と，②励起子と光子の遷移確率の増加を図ることが有効である．前者では，量子閉込めの次元を上げること，すなわち量子細線構造の導入によって状態密度の急しゅん化が可能である．一方，後者の励起子と光子の遷移確率を増加する(結合を強くする)ためには，共振器モードとの結合が有効である．

導波路構造の場合，この共振器モードとの結合は，導波路にグレーティング構造を導入することによって成し遂げられる[12]．図12.20は，ポラリトンの分散関係を用い

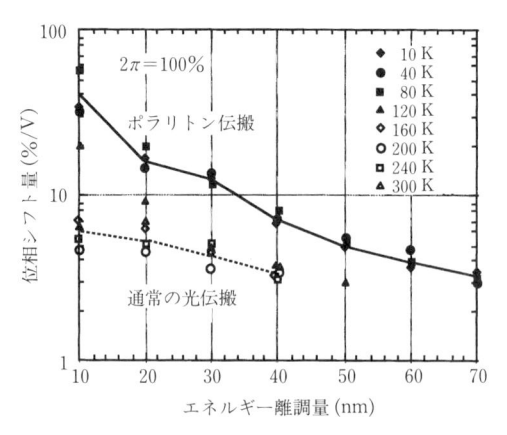

図12.19 GaAs量子井戸導波路を伝搬する励起子ポラリトンの電界印加による位相変化

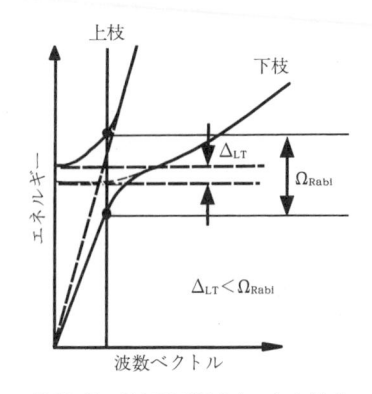

図 12.20 励起子ポラリトンにおける共振器モード

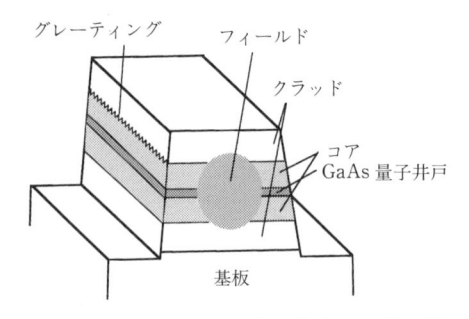

図 12.21 グレーティング付き GaAs 量子井戸導波路

て，その様子を示したものである．グレーティング構造の導入によって，波数(運動量)が固定され，図中垂線で示された状態のみが許されることになる．その結果，上枝と下枝のエネルギー差が大きくなり，実効的に励起子と光子の結合を強くすることができる．このことは，別の言葉でいえば，ラビ (Rabi) 分裂量を大きくすることに相当する．図では，ラビ分裂量 (Ω_{Rabi}) が LT 分裂量 (Δ_{LT}) より格段に大きくなることが示されている．図 12.21 は，実際に作製されたグレーティング付き導波路で，光を閉じ込めるコアとクラッドの界面にグレーティ

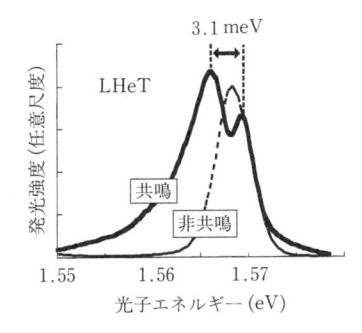

図 12.22 グレーティング付き GaAs 量子井戸導波路からの発光スペクトル

ングが形成されている[12]．このグレーティングは，そのピッチが励起子の共鳴エネルギーに一致するように作製されている．図 12.22 は，その導波路からの発光スペクトルを示したもので，グレーティングのピッチと励起子エネルギーが一致した「共鳴」と示されたスペクトルでは，ラビ分裂に特徴的な発光ピークの分裂が観測されている．「非共鳴」では，分裂は観測されない．ピークの分裂量は，ラビ分裂量にほぼ一致し，この場合 3.1 meV と LT 分裂量の 0.4 meV に比べて 1 桁程度増加しており，その分ポラリトンが安定化していると考えられる[12]．

12.3.3 ポラリトン変調器・スイッチ

a．マッハ-ツェンダー型素子： 12.3.2 項で述べた導波路構造を用いて，図 12.23 に示されたマッハ-ツェンダー型ポラリトン変調器が作製されている[13]．この変調器は，電界印加によるポラリトンの位相変調に基づく干渉効果によって，入力さ

れるレーザ光の強度変調を行うものである．導波路は，図中の(a)に示されたように，GaAs量子井戸を10層設けたリッジ型導波路である．電界印加は，pin構造への逆バイアスで行われる．この素子の液体He温度での特性を，図12.24に光出力と印加電圧との関係で示した．図から，印加電圧を大きくしていくと出力が減少し，0.7 Vで電圧無印加時に比べてほぼ11 dB少なくなることがわかる．このことは，この素子が，動作電圧0.7 Vと低電圧で，ON/OFF比11 dBと比較的大きな値をもつことを示している．また，さらに電圧を大きくすると，出力は，ポラリトンの位相変化が2πに相当するところで，電圧無印加時の出力のレベルに回復し，電界印加による吸収端の影響などはないことがわかる．さらに，この特性は，少なくとも77 Kまでは温度を上昇しても保たれることが確認されている．

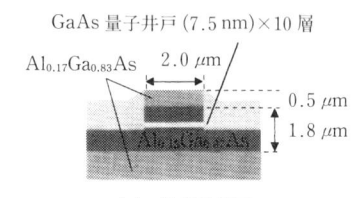

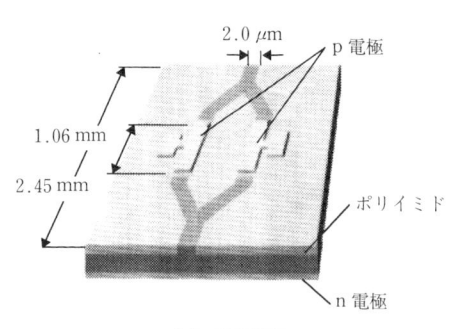

b. 方向性結合器型素子： 同様に，GaAs量子井戸導波路構造を用いて，図12.25に示された2×2の方向性結合器型ポラリトンスイッチが作製されている[14]．この素子の場合，スイッチングは，マッハ-ツェンダー型変調器と同様に，電界印加によるポラリトンの位相変調に基づく．典型的なスイッチング特性は，スイッチング電圧がほぼ1 V，スイッチングのON/OFF比は10 dB程度である．動作は，77 Kまで確認されている．

図12.23 マッハ-ツェンダー型ポラリトン変調器

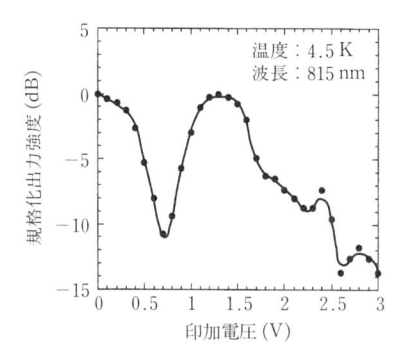

図12.24 マッハ-ツェンダー型ポラリトン変調器の出力特性

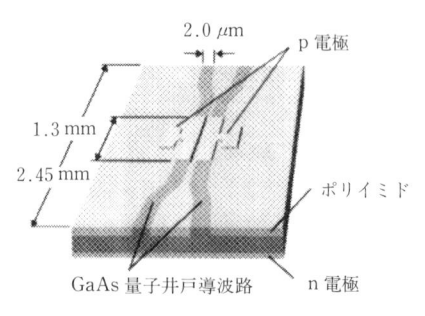

図12.25 方向性結合器型ポラリトンスイッチ

c. ナノメートル寸法のスイッチ：

励起子ポラリトンの共鳴領域では，実効的にその波長が小さくなる．これにより，非常に小さな素子の実現が期待されている．特に，量子細線構造からなる導波路の場合，LT分裂量が大幅に増加するため，ポラリトンの関与する実効的な屈折率が増加し，ポラリトンの媒質中の波長が減少する．このことは，ポラリトンを非常に狭い導波路に沿って伝搬させることができることを示すものである．1例として，GaAs量子細線の場合を考えると，20 nm幅の細線からなる導波路の場合，共鳴領域での電磁波の横方向広がりは，67 nm程度と非常に小さくできることが数値計算の結果から示されている[15]．

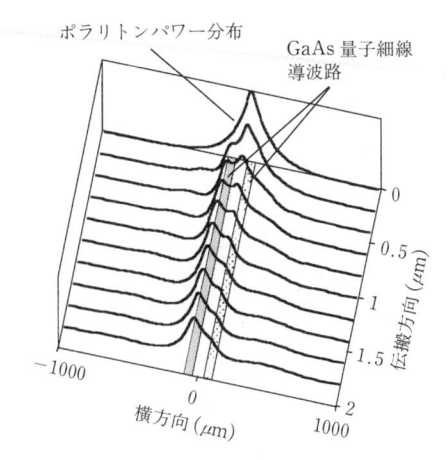

図 12.26 ナノメートル寸法方向性結合器

このように，ポラリトンは量子細線からなるナノメートルオーダの導波路を伝搬することができるので，2本の導波路を近接して並べ，電界印加による位相変化を用いると，方向性結合器を形成することができる．有限要素法による計算によると，図12.26に示されるように，長さ2 μm以下で細線間の横方向トンネリングが可能であることがわかる[15]．この横方向トンネリングを電界印加で制御することにより超高速のスイッチができる．この場合のスイッチング時間は，スイッチング部でのポラリトンの走行時間と電極容量による制限を受ける．前者は図12.26の構成の場合，数十fsであり，後者は電極領域が0.5 μm×2 μmとして，0.3 ps程度と見積もることができる．したがって，このようなスイッチでは超高速のスイッチングが期待される．

12.3.4 その他の材料の励起子ポラリトンと素子応用

a. ペロブスカイト系材料： 上述した化合物半導体のほかに，励起子ポラリトンが安定に存在する興味深い材料が研究されている．特に，ペロブスカイト系材料として，PbI_4をベースとする層状ペロブスカイト型半導体PEPI$((C_6H_5C_2H_4NH_3)_2PbI_4)$は，励起子の束縛エネルギーが220 meV，LT分裂量が50 meVと非常に大きく，室温でも十分ポラリトン効果が存在する[16]．この材料を用いて，図12.27に示すような分布帰還型マイクロキャビティーが作製されている[17]．この素子は，石英ガラスにグレーティングを形成し，その上にPEPIを塗布し，最後にポリスチレン(polystyrene)を形成した構造になっている．この素子の室温における透過スペクトルを測定した結果を図12.28に示す．図では，光の電界がグレーティングの溝方向と一致するとき，グレーティングのピッチと励起子共鳴エネルギーがマッチする付近で，グレー

ティングによるキャビティーモードと励起子モードとの強い結合が生じ，上枝と下枝ポラリトンに分裂している様子が示されている．この場合のモード分裂量(ラビ分裂量に対応)は，100 meV と非常に大きく，室温でも安定に動作するさまざまな光素子が期待できる．一方，光の電界がグレーティングの溝方向と直行するときは，このような効果は観測されていない．

b. 有機半導体材料：このほかにポラリトンが室温でも安定に存在する材料として，亜鉛ポルフィリン誘導体[18]とシアニン色素の1種(cyanine dye aggregates with delocalized exciton wave function：J aggregates)[19] が報告されている．共振器構造を導入した場合，前者では，ラビ分裂量が室温で 160 meV，後者では，80 meV と非常に大きな値が得られている． （勝山俊夫）

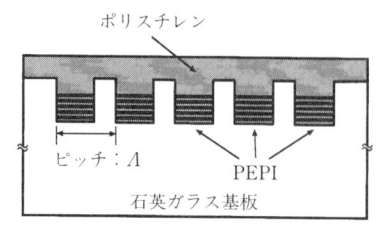

図 12.27 ペロブスカイト系材料を用いた分布帰還型マイクロキャビティー

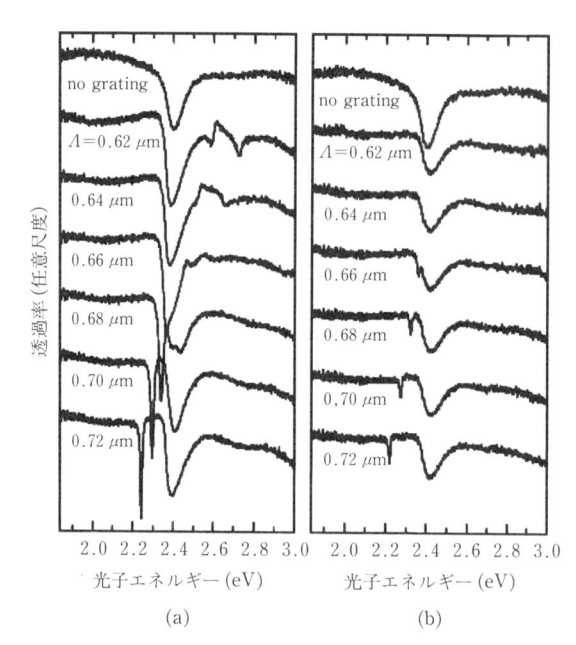

図 12.28 分布帰還型マイクロキャビティーにおける透過スペクトル(室温)
(a) 光の電界がグレーティングの溝方向と一致するとき，(b) 光の電界がグレーティングの溝方向と直行するとき (Λ：グレーティングピッチ).

文　献

1) J. J. Hopfield : *Phys. Rev.*, **112** (1958), 1555.
2) J. J. Hopfield and D. G. Thomas : *Phys. Rev.*, **132** (1963), 563.
3) T. Katsuyama and K. Ogawa : *J. Appl. Phys.*, **75**-12 (1994), 7607-7625.
4) T. Katsuyama : *FED J.*, **6**, Suppl., 2 (1995), 13-19.
5) K. Cho : Excitons, Topics in Current Physics, Vol. 14 (Springer-Verlag, 1979).
6) M. Ueta *et al.* : M. Cardona *et al.* (eds.), Excitonic Processes in Solids, Springer Series in Solid-State Science, Vol. 60 (Springer-Verlag, 1986).
7) R. G. Ulbrich and C. Weisbuch : *Phys. Rev. Lett.*, **38** (1977), 865.
8) T. Katsuyama *et al.* : *Semicond. Sci. Technol.*, **8** (1993), 1226-1230.
9) K. Ogawa *et al.* : *Phys. Rev. Lett.*, **64**-7 (1990), 796-799.
10) 小川憲介，勝山俊夫：固体物理, **25**-7 (1990), 31-36.
11) K. Hosomi *et al.* : *Proc. SPIE*, **3899** (1999), 176-182.
12) M. Shirai *et al.* : *Nonlinear Optics*, **18** (1997), 363-368.
13) K. Hosomi *et al.* : Abstruct of Conference on Optoelectronic and Microelectronic Materials and Devices (COMMAD), Th-12 (2000), 113-114.
14) K. Hosomi *et al.* : *IEICE Transactions*, **E82**-C-8 (1999), 1509-1513.
15) T. Katsuyama *et al.* : *Superlattices and Microstructures*, **20**-1 (1996), 59-63.
16) T. Ishihara : T. Ogawa *et al* (eds.), Optical Properties of Low Dimensional Materials (World Scientific Publishing, 1995), 288.
17) T. Fujita *et al.* : *Phys. Rev.*, **57**-19 (1998), 12428-12434.
18) D. G. Lidzey *et al.* : *Nature*, **395** (1998), 53.
19) D. G. Lidzey *et al.* : *Phys. Rev. Lett.*, **82**-16 (1999), 3316-3319.

12.4　金属導波路

12.4.1　概　要

　現在の光デバイスの多くは伝送路として誘電体導波路を用いているが，誘電体導波路中の光は波動としての基本原理から媒質内波長より十分小さく絞ったまま広がりなく伝搬させることはできない．このため，通常の光デバイスをナノ領域にまで微細化することは原理的に困難である．

　筆者(小林，髙原)らは光の周波数域において負の誘電率を示す負誘電体(金属)を用いた金属導波路を利用すると，ナノ領域の光伝送路が実現できることを初めて指摘した．金属導波路はマイクロ波工学において長い研究の歴史があるが，ナノ光デバイスにおいて重要な役割を果たすことが認識されたのは最近のことである．

　本節ではナノ光伝送路の視点から金属導波路について解説する．負誘電体と低次元光波の概念を導入して，電子系と結合した光である表面プラズモンポラリトンのさまざまな結合モードを分類し，低次元光波伝送路としての金属導波路を統一的に理解する．さらに，ナノ光デバイスへの応用と実験の現状について述べる．

12.4.2　光デバイスの微細化の限界

　光デバイスの微細化は，誘電体光導波路を用いている限りは，コア中の波長程度に

制限される．導波路のコアを小さくして光をさらに小さく閉じ込めようとしても，クラッドへのしみ出しが大きくなり，コア中の波長程度のビーム幅に広がってしまう．したがって，通常の導波光をナノ領域に閉じ込めて伝送させることはできない．

回折や導波に伴うバルクあるいは導波路中の最小の光ビーム幅を求めてみよう[1]．光ビームを含む一般の光波の空間的変化は，マックスウェル(Maxwell)方程式から時間微分の項を分離したヘルムホルツ(Helmholtz)方程式に従う．したがって，光ビームは平面波の合成で記述できる．平面波の状態は波数ベクトル $\boldsymbol{k}$ によって指定され，ベクトルの3成分 (k_x, k_y, k_z) はすべて実数であり，大きさ $|\boldsymbol{k}|$ は波数，向きは平面波の進行方向を表す．今，媒質の屈折率を n (比誘電率 ε，真空の誘電率 ε_0，透磁率 μ_0)，媒質中での波数を $\boldsymbol{k}$，光の角周波数を ω，真空波長を λ_0 とすると，ある平面波の $\boldsymbol{k}$ ベクトル成分は次式を満たす．

$$k_x^2 + k_y^2 + k_z^2 = \boldsymbol{k}^2 = (2\pi n/\lambda_0)^2 = \varepsilon\varepsilon_0\mu_0\omega^2 \qquad (12.2)$$

式(12.2)から，$\boldsymbol{k}$ ベクトルの各成分が実数である限り，各成分の値には上限が存在することがわかる．式(12.2)から k_x の範囲は $-k < k_x < k$ となり $k_x = \pm k$ が最大となる．このとき波数空間での波数の広がり Δk は $\Delta k = 2k$ である．フーリエ変換の不確定性関係より，Δk と実空間での広がり Δr には $\Delta r \Delta k \sim \pi$ の関係がある．したがって，このときの実空間の広がりは

$$\Delta r \sim \pi/2\boldsymbol{k} = \lambda_0/4n \qquad (12.3)$$

となる．$k_x = \pm k$ は物理的には波数 $\boldsymbol{k}$ で互いに逆向きに進む平面波の合成である定在波を意味し，式(12.4)は定在波の腹部の広がり幅に対応する．式(12.2)から k_x，k_y，k_z をどのように選んでも Δk を $2k$ より大きくできないので，ビームの広がりを $\lambda_0/4n$ 程度より小さくはできない．これが光ビーム幅の回折限界である．

12.4.3 低次元光波

$\boldsymbol{k}$ ベクトル成分が実数である限り回折限界は避けられないので，ベクトル成分に虚数を許すことにする．これが低次元光波の基本的な考え方である．本項では低次元光波を定義する．

a. 光波における次元の定義と低次元光波：光波を記述する $\boldsymbol{k}$ ベクトルにおける3成分の実数成分の個数によって，光波の次元を定義する．この定義に従い，$\boldsymbol{k}$ の3成分すべてが実数であるような光波を3次元光波と呼ぶ．$\boldsymbol{k}$ の成分のうち実数が2個，虚数が1個であるような光波を2次元光波，実数が1個，虚数が2個であるような光波を1次元光波と呼ぶ．また，1次元，2次元光波をまとめて低次元光波と呼ぶ．

b. 3次元光波と低次元光波の例：定義から自由空間中の伝搬光は3次元光波である．また，誘電体導波路コア中の光は見かけ上1次元的であっても，$\boldsymbol{k}$ ベクトルは3つの実数成分をもつので3次元光波である．前項の議論から，3次元光波にはビーム幅に回折限界が存在する．

低次元光波には，独立して存在するものと3次元光波に付随するものの2種類があ

る.図12.29に2つの違いを模式的に示す.独立して存在する低次元光波としては,表面波の1種である表面ポラリトンがある.誘電体と負誘電体の界面に存在する表面プラズモンポラリトン (surface plasmon polariton: SPP) は2次元光波の代表的な例である(図12.29(a)).なぜなら,両媒質中ともに界面に平行方向の$\boldsymbol{k}$ベクトル成分2個が実数,垂直方向の成分1個が虚数であるからである.また,この界面を小さく巻き込んだ界面に存在するSPPは1次元光波である.この場合は,$\boldsymbol{k}$ベクトル成分は軸方向の1成分のみが実数であり,軸と垂直方向の2成分は虚数となる.

一方,3次元光波に付随する低次元光波として,光の散乱(反射も含む)物体周囲の光波長より十分小さい領域に局在する近接場光がある.例として,誘電体界面での全反射において発生するエバネッセント波を考えると,光の入射側では3次元光波,反対側では2次元光波である(図12.29(b)).

c. 低次元光波伝送路: 低次元光波が独立して存在する構造を低次元光波伝送路と呼ぶ.これは1次元光波伝送路と2次元光波伝送路に分類できる.2次元光波伝送路の例を図12.30に示す.いずれも平面状の負誘電体-誘電体界面から構成される.1次元光波伝送路の例を図12.31に示す.いずれも負誘電体-誘電体界面を小さく円筒状に巻き込んだ構造をとる.ここでは,1および2界面をもつ低次元光波伝送路を例

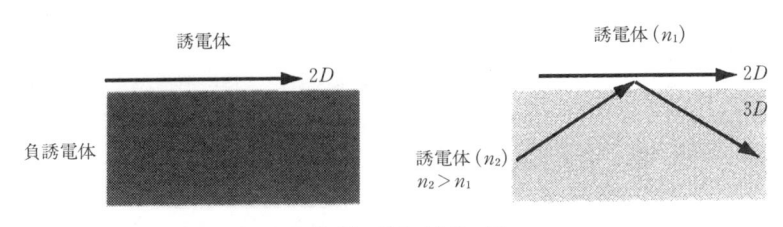

図 12.29 低次元光波の例
(a) 独立して存在する 2 次元光波, (b) 3 次元光波に付随する 2 次元光波.

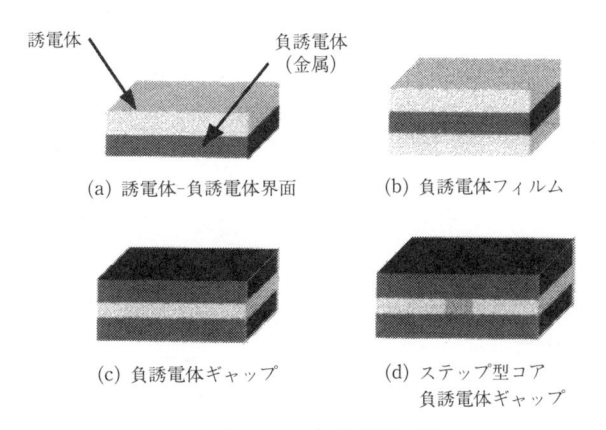

(a) 誘電体-負誘電体界面 (b) 負誘電体フィルム
(c) 負誘電体ギャップ (d) ステップ型コア 負誘電体ギャップ

図 12.30 2 次元光波伝送路の例

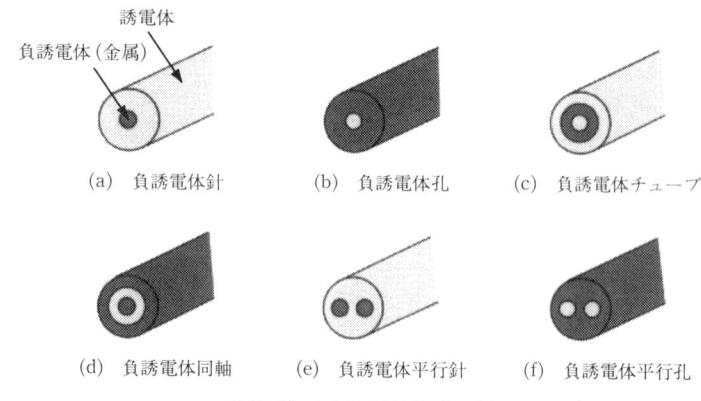

図12.31 (a) 負誘電体針　(b) 負誘電体孔　(c) 負誘電体チューブ　(d) 負誘電体同軸　(e) 負誘電体平行針　(f) 負誘電体平行孔

図12.31 1次元光波伝送路の例

としてあげたが，3界面以上のものも存在する．

以下で述べるように低次元光波伝送路は，光ビーム幅の回折限界(式(12.3))より，十分小さな径をもつ低次元光波の光ビームを伝送するナノ光伝送路となる．

12.4.4 表面プラズモンポラリトン

本項では低次元光波伝送路の性質を述べる準備として，最も簡単な2次元光波の例である1界面でのSPPについて概観する．詳細については2.6節を参照されたい．

a. 負誘電体： 金属は可視～赤外線領域において誘電率の実数部が負の値をとり，虚数部は実数部に比べて十分小さい．この領域では金属は伝導体ではなく，負の誘電率をもつ誘電体と見なすことができる．これを負誘電体(negative dielectric)と呼ぶ．図12.32は銀の比誘電率 ε_m の実部と虚部の実験値を波長に対してプロットしたものである[2]．可視～赤外域において負誘電体であることがわかる．物理的には，誘電率の実数部が負であることは，電場に対する分極の応答が電場の向きと反対方向であることを意味し，虚部は金属のオーム損失に対応する．以下では負誘電体として銀を例にとり，その比誘電率として $\varepsilon_m = -19 - 0.53i$ ($\lambda_0 = 633$ nm) を用いる．

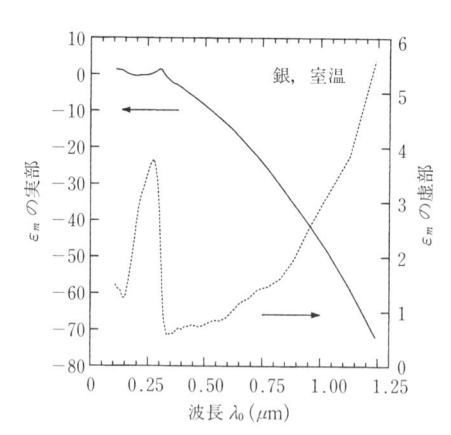

図12.32 銀の比誘電率の波長分散
実線は比誘電率の実部，点線は虚部．

b. 1界面のSPP： 負誘電体・誘電体界面には界面に沿って電磁場の表面波が伝搬する[3,4]．これはSPPとも呼ば

12. ナノ光デバイス

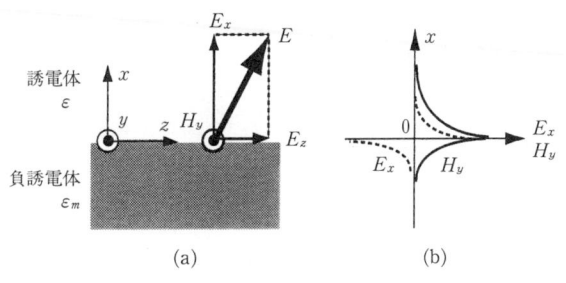

図12.33 1界面のSPP
(a) SPPの電磁場成分, (b) E_x, H_y の空間変化.

れ,電子系と結合した光波であり,電磁気学的にみるとTM (transverse magnetic field: 横磁界) 波である.TM波なので電場は進行方向の成分をもつが,磁場は進行方向と垂直な成分しかもたない(図12.33 (a)).進行方向をz軸にとる場合の,磁場成分H_yと電場成分E_xの空間分布を図12.33 (b)に示す.磁場,電場ともに界面を境に指数関数的に減衰し,z方向には伝搬波であるが,界面と垂直方向には両側でエバネッセント波である.また,z方向の波数k_{SPP}の分散関係は以下のようになる.

$$k_{SPP}=(\omega/c)\sqrt{\varepsilon\varepsilon_m/(\varepsilon+\varepsilon_m)} \tag{12.4}$$

ここでcは光速,ε_mは金属の比誘電率である.式(12.4)よりk_{SPP}が実数となる条件は$\varepsilon_m<-\varepsilon<0$であることがわかる(SPPの存在条件).SPPの波数は誘電体中の光の波数よりも大きく,速度は誘電体中の光速より遅い.

12.4.5 2次元光波伝送路の性質

2次元光波伝送路のうちナノ光伝送路として利用できるのは,2界面での2次元光波の結合系である.本項では2界面をもつ2次元光波伝送路について述べる.

a. 負誘電体ギャップとフィルム: 対称的な2界面系の例として,負誘電体ギャップ(以下,ギャップ)と負誘電体フィルム(以下,フィルム)を考える(図12.30 (a), (b)).ここでは,界面間の距離hが小さくなると各界面のSPPの結合が起こる.SPPの結合モードをファノ(Fano)モードと呼ぶ.ファノモードには,結合の対称性によって図12.34 (a)に示す偶結合モード(以下,偶モード)と奇結合モード(以下,奇モード)があり,このため分散曲線は2つに分裂する[5,6].図12.34 (b)はフィルムとギャップにおけるファノモードの伝搬定数β(界面に平行方向の波数)をhの関数としてプロットしたものである.フィルムでは偶,奇モードともにカットオフをもたず,$h\to 0$においても両モードが伝搬できる.ギャップでは奇モードはカットオフをもつ(カットオフ厚さh_c)ので,$h\to 0$において伝搬できるのは偶モードのみである.一方,$h\to\infty$の極限では結合が弱くなり,βは1界面のk_{SPP}に漸近する.

注目すべきは$h\to 0$においてβがいくらでも大きくなる性質をもつモードである.フィルムの奇モード,ギャップの偶モードがそれに相当するが,以下ではギャップの

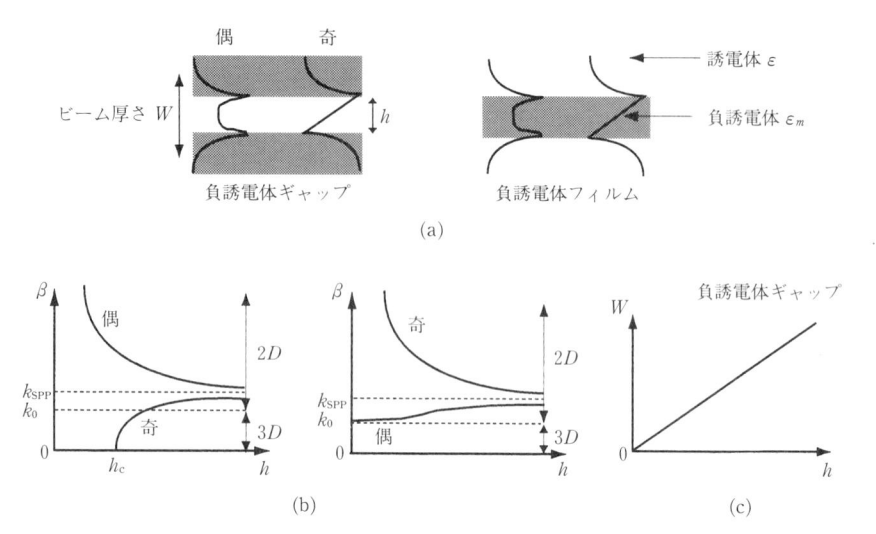

図 12.34 2界面のSPP
(a) 負誘電体ギャップとフィルムにおけるファノモードの模式図, (b) ファノモードの伝搬定数の構造分散, (c) 負誘電体ギャップにおける偶モードのビーム厚さの構造分散.

偶モードを例に説明する. 図 12.34 (c) は偶モードのビーム厚さ W を h の関数としてプロットしたものである. ここで, W はクラッドでのフィールドの大きさが界面の $1/e$ となる点で定義される (図 12.34 (a)). 図 12.34 (c) から, $h\to 0$ において $W\to 0$ となることがわかる. したがって, h_c より小さい構造中であっても, 非常に薄い偶モードが伝搬できる. 同様の議論はフィルムの奇モードについても成り立つ. このように構造を小さくすると β をいくらでも大きくできるという性質は, ナノ領域の光伝送のために重要であり, 以下でも繰り返し現れる.

b. ステップ型コアをもつ2次元光波伝送路: 負誘電体ギャップ中に周囲より屈折率の高いコアを形成すると, ステップ型コアをもつ2次元光波伝送路 (図 12.32 (d)) となる. ギャップ中には非常に薄い2次元光波が伝搬できることを述べたが, コア中で屈折率差によって2次元光波を横方向にも閉じ込めてガイドする. しかし, コア幅のみを小さくしても横方向のビーム幅には回折限界が存在し, いくらでも細く絞ることはできない. ところが以下で述べるように, h も同時に小さくすると, ビーム幅の最小値を下げることができる.

図 12.35 はステップ型コア中における偶モード2次元光波のビーム幅 W のコア幅 d 依存性を h を変化させてプロットしたものである. ここで, $\varepsilon_m = -19$, 誘電体コアとクラッドの比誘電率はそれぞれ $\varepsilon_{core}=4$, $\varepsilon_{clad}=2$ である (図 12.35 (a)). また, W はビームパワーの半値全幅 (FWHM) で定義している. 図から d を小さくしていくと W は一旦最小値をとり, その後大きくなる. 図中の点線は各 h における W の

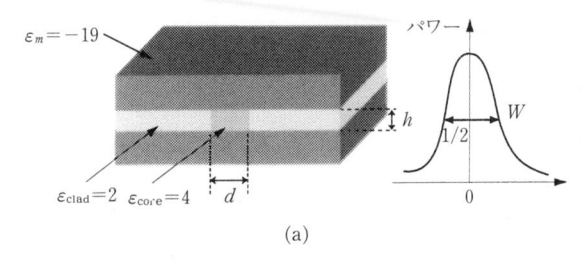

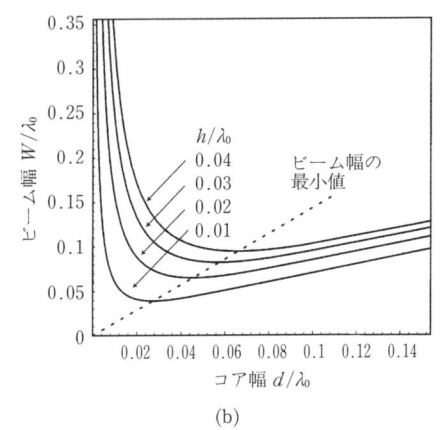

図 12.35 ステップ型コアをもつ 2 次元光波伝送路の特性
(a) ビーム幅の定義,(b) さまざまな h におけるコア幅に対するビーム幅.

最小値をつないだものである.点線から,h を小さくすることで,W の最小値をいくらでも小さくできることがわかる.その結果,ビーム厚さと同時にビーム幅も小さくできる.

このようにステップ型コアをもつ 2 次元光波伝送路は,横方向の回折限界は存在するものの,光ビーム幅の最小値を構造によって制御することで,ナノ領域まで小さくでき,ナノ光伝送路として利用できる.

12.4.6 1 次元光波伝送路の性質

1 次元光波伝送路は 1 界面しかもたない場合でも,構造を小さくするのに伴いビーム径も小さくなる伝搬モードをもつものがあり,ナノ光伝送路として利用できる[7,8].本項では図 12.36 に示す 3 種類の 1 次元光波伝送路の特徴をまとめる.特性方程式の導出については文献 9) を参照のこと.

a. 負誘電体針: 図 12.37 (a) は無損失負誘電体針 ($\varepsilon_m = -19$, $\varepsilon = 4$) における,1 次元光波の伝搬定数 β (z 軸方向の波数) のコア半径 a に対する依存性である.TM モードと 1〜5 次ハイブリッドモードを示している.TM と 1 次ハイブリッドモード

(a) 負誘電体針　　(b) 負誘電体孔　　(c) 負誘電体チューブ

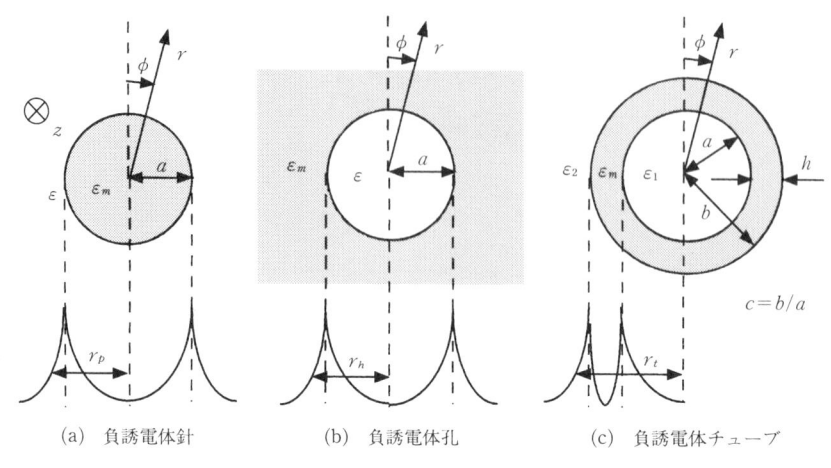

図 12.36　負誘電体針，孔，チューブの座標系とビーム半径の定義

は，半径を小さくしてもカットオフがないが，2次以上のハイブリッドモードにはカットオフが存在する．

ここで，$a \to 0$ において $\beta \to \infty$ となる TM モードに注目する．図 12.36 (a) に示すように TM モードの界分布 (H_ϕ) は界面を中心として半径方向に変形ベッセル関数的減衰をし，1次元光波が界面に存在する．また，ビーム半径 r_p は図 12.36 (a) のように定義される．r_p のコア半径依存性を図 12.37 (b) に示す．図から TM モードは $a \to 0$ において $r_p \to 0$ であることがわかる．すなわち，負誘電体針はコア半径を小さくすることで，いくらでも細い光ビームを伝送できる[8]．これは1次元光波では z 軸に垂直方向の波数が虚数となるので，式 (12.2) を満たすため波数 β が上限値をもつ必要がなくなり，いくらでも大きな値をとりうるからである．

$a \to \infty$ の極限において TM モードの β は k_{SPP} (式 (12.4)) に漸近するが，これは負誘電体針の1次元光波が SPP と解釈できることを示している．円柱界面の SPP は1970年代から研究が行われてきたが，近接場光学顕微鏡用のプローブのモデルとして再び興味をもたれている[10,11]．

b. 負誘電体孔：　図 12.37 (c) は無損失負誘電体孔 ($\varepsilon = 4$) における1次元光波のTM モードのコア半径依存性である．比誘電率 ε_m を変化させてプロットしている．ただし，図中の $\beta/k_0 < 2$ の領域ではモードは3次元光波である．

図から ε と $|\varepsilon_m|$ の大小関係によって，モード曲線が大きく変化することがわかる．ε_m が 12.4.4 項で述べた SPP の存在条件を満たすとき，TM モードはカットオフをもつ（たとえば $\varepsilon_m = -19$ の曲線）．しかし，条件を満たさないとき（すなわち $0 > \varepsilon_m > -\varepsilon$ のとき），$a \to 0$ において $\beta \to \infty$ となり，ナノ領域の光伝送路が実現される（たとえば $\varepsilon_m = -1$ の曲線）．この場合 TM モードは負の群速度をもつことがわかっ

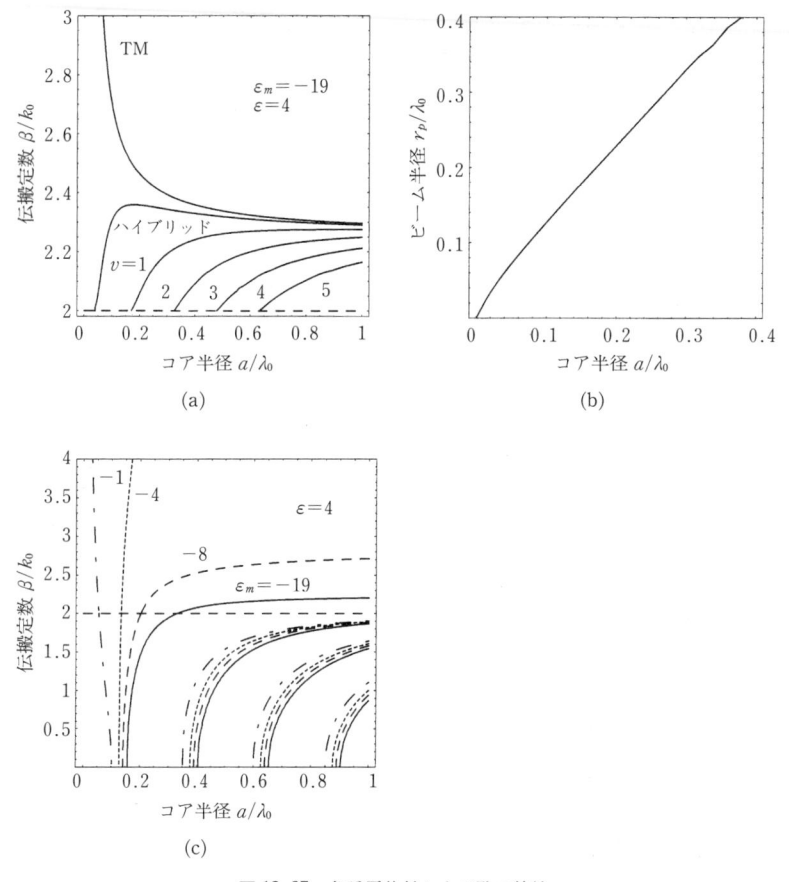

図 12.37 負誘電体針および孔の特性
(a) 負誘電体針における TM, ハイブリッドモードの伝搬定数のコア半径依存性, (b) ビーム半径のコア半径依存性, (c) 負誘電体孔における TM モードの伝搬定数のコア半径依存性. ここで β は k_0, a と, r_p は λ_0 でそれぞれ規格化した.

ている.

c. 負誘電体チューブ: 負誘電体チューブは2界面をもつ1次元光波伝送路である. 図12.36(c)に示すように中心軸から2つの界面までの半径をそれぞれ a, b とし, その比 $c=b/a$ を定義する. 図12.38(a)は $c=1.1$ の無損失負誘電体チューブ ($\varepsilon_m=-19$, $\varepsilon_1=\varepsilon_2=4$)における1次元光波の伝搬モードを内側界面の半径 a に対してプロットしたものである. TM モードと3次以下のハイブリッドモードを示している[12]).

分散曲線が2つに分離しているのは, 2界面間の距離($=b-a$)が小さいとき, 各

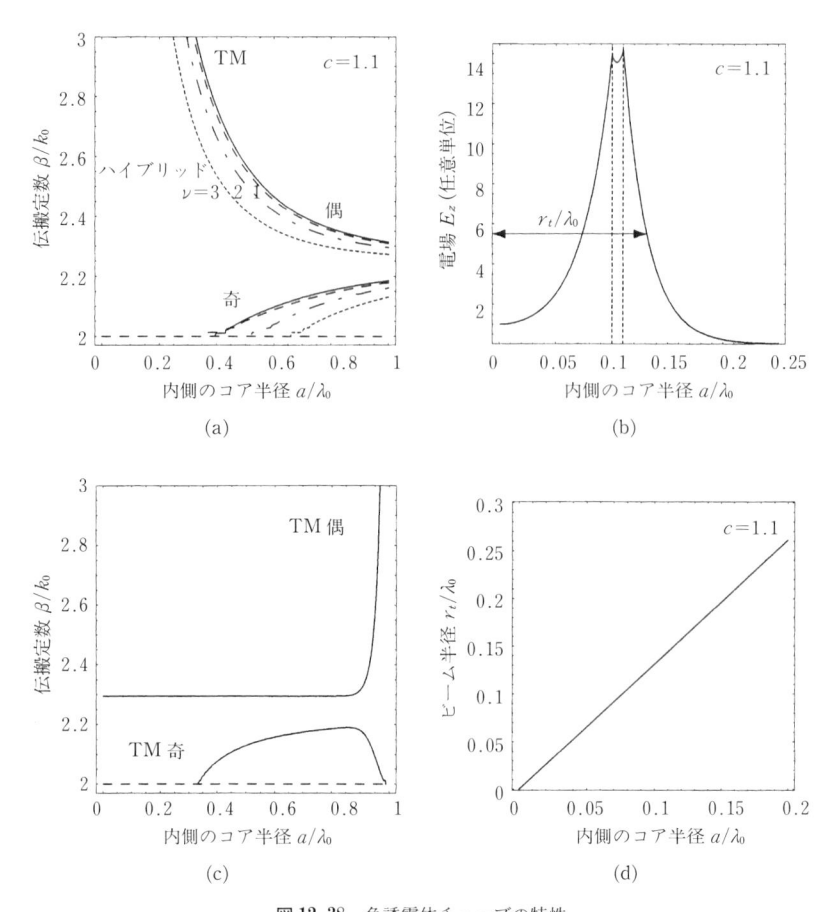

図 12.38 負誘電体チューブの特性

(a) $c=1.1$ の場合の TM, ハイブリッドモードの伝搬定数のコア半径依存性, (b) TM モードの界分布 E_z, (c) TM モードの伝搬定数の界面間距離依存性, (d) 偶結合 TM モードのビーム半径のコア半径依存性. ここで β は k_0, a と, r_t は λ_0 でそれぞれ規格化した.

界面の1次元光波の結合が起こるためである. 上側のモード曲線群は偶結合に対応し, 下側は奇結合に対応している. 偶結合モードにおいては, $a \to 0$ において $\beta \to \infty$ となる. 偶結合 TM モードについて $a/\lambda_0 = 0.1$ の場合の電場分布とビーム半径 r_t の定義を図 12.38 (b) に示す.

TM モードの β の分離が2界面間の距離にどのように依存するかを図 12.38 (c) に示す. 外側界面の半径は $b/\lambda_0 = 1$ に固定して, a を b に近づけている. $a/\lambda_0 \to 1$ となって界面間距離が小さくなると β の分離が大きくなる. したがって, コア半径を小さくすると同時に2界面間の距離も小さくすれば, β をいくらでも大きくできる.

図12.38(d)は r_t の半径依存性であるが，ナノ光伝送路が実現されることがわかる．

d. 有損失系： 有損失系について負誘電体針を例に考える．可視〜赤外域では金属の誘電率の虚部 δ (図12.32) は実部より十分小さいので，β の実部は無損失系とほとんど変わらないが，β には損失を表す虚部 β_1 が現れる．図12.39はTMモードの β_1 のコア半径依存性を，δ を変えてプロットしたものである．図から誘電率の虚部が大きくなると損失は増大する．また，損失は半径に強く依存しており，半径を小さくすると急激に増大する．したがって，ナノ領域では1次元光波の伝搬距離は非常に短くなる．

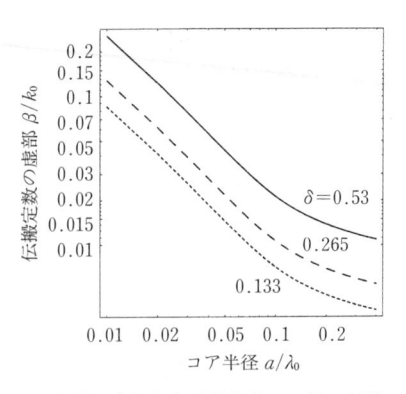

図12.39 有損失負誘電体針における伝搬定数の虚部のコア半径依存性

数値例として負誘電体に銀 ($\varepsilon_m = -19 - 0.53i$) を用いた場合，コア直径20nmのときビーム直径33nm，伝送損失3dB/410nmとなる．ナノ光伝送路応用では伝送距離が短くてもよいので，この値は許容できる．

12.4.7 応　用

a. ナノ光伝送路とナノ光デバイス： 低次元光波伝送路を用いるとナノ光伝送路が実現できる．1次元光波伝送路(特に，負誘電体チューブ)は近接場光学顕微鏡用のプローブのさらなる微細化，高効率化に応用できる．伝送路応用では，ナノメートルオーダのビーム幅をもつモードを効率的に選択励起することが特に重要である．

ナノ光伝送路が実現できれば，光デバイスや光集積回路を超小型化したナノ光デバイスが可能となる．ナノ光デバイスでは回折限界を避けるために，3次元光波の利用は外部インターフェースにとどめ，デバイス内部では低次元光波のみを利用する．このため伝送路だけではなく，低次元光波の光源や変調，受光などを行う機能素子が必要となる．実際，低次元光波伝送路に非線形光学媒質を導入することで，機能性をもたせる試みが行われており，電気光学効果を用いた2次元光波の位相変調器や光検出器が提案されている[13]．

b. 実験の現状： 2次元光波伝送路は作製が比較的容易であるために実験が進んでいる．金属表面における2次元光波の伝搬，散乱，干渉の様子が，近接場光学顕微鏡を用いて観測されている[14]．2界面系においては3次元光波のカットオフ厚よりも狭い負誘電体ギャップにおいて，2次元光波の励起と伝搬が観測されている[15-17]．また，有限幅の負誘電体フィルムにおいても2次元光波の伝搬が観測されている[18]．

1次元光波伝送路については，作製の困難さから実験は多くない．伝送路としての距離は短いものの，金属薄膜に開けた微小孔を用いた負誘電体孔の実験の報告があ

る.たとえば,単一孔の実験では薄膜の表と裏でSPPの結合が観測されている[19].また,周期配列孔に入射した光ビームが高い透過率をもつことが観測されており,SPPとの関連が指摘されている[20,21].また,厳密には1次元光波伝送路ではないが,微小金属球を配列した近接場光ガイドもナノ光伝送路として興味深い[22].

今後は金属の吸収や,界面の不完全性による放射モード損失の低減が必要である.このためには低損失の負誘電体の開発や,原子スケールで滑らかな界面の作製が課題となる.滑らかな金属ナノ構造の作製は現在の微細加工では難しいが,自己組織化などにより実現に近づいている.

低次元光波の概念を用いて金属導波路を解説した.金属導波路は構造を小さくするとビーム径まで小さくできるので,ナノ光伝送路として重要である.近接場光学顕微鏡を中心に大きな発展を遂げているナノ光学は,ナノ光デバイスという新たな応用分野を見出したといえる.

(髙原淳一・小林哲郎)

文　献

1) 髙原淳一,小林哲郎:応用物理, **70**-6 (1999), 673-678.
2) E. D. Palik : Handbook of Optical Constants of Solids (Academic Press, 1998).
3) 塚田 捷編:表面の電子励起,表面科学シリーズ8 (丸善, 1996).
4) H. Raether : Surface Plasmons on Smooth and Rough Surfaces and on Gratings (Springer-Verlag, 1988).
5) T. Takano and J. Hamasaki : IEEE J. Quant. Electron., **QE**-8 (1972), 206.
6) J. J. Burke et al. : Phys. Rev., **B33** (1986), 5186.
7) T. Kobayashi et al. : Tech. Dig. QELS '95 (1995), QThG41.
8) J. Takahara et al. : Opt. Lett., **22** (1997), 475.
9) J. Takahara and T. Kobayashi : S. Kawata et al. (eds.), Nano-Optics, Springer Series in Optical Science, Vol. 84 (Springer-Verlag, 2002).
10) C. Ashley and L. C. Emerson : Surf. Sci., **41** (1974), 615.
11) L. Novotny and C. Hafner : Phys. Rev., **E50** (1994), 4094, およびその参考文献.
12) J. Takahara et al. : Tech. Dig. NFO5 (1998), 232.
13) J. Takahara et al. : Tech. Dig. CLEO/Pacific Rim (1997), 42.
14) たとえば S. I. Bozhevolnyi and V. Coello : Phys. Rev., **B58** (1998), 10899.
15) T. Yamauchi et al. : Tech. Dig. NFO5 (1998), 469.
16) J. Takahara et al. : Tech. Dig. QELS '99 (1999), 209.
17) J. Takahara et al. : Tech. Dig. NFO6 (2000), 144.
18) R. Charbonneau et al. : Opt. Lett., **25** (2000), 844.
19) C. Sonnichsen et al. : Appl. Phys. Lett., **76** (2000), 140.
20) T. W. Ebbesen et al. : Nature, **391**, (1998), 667.
21) J. A. Porto et al. : Phys. Rev. Lett., **83** (1999), 2845.
22) J. R. Krenn et al. : Phys. Rev. Lett., **82** (1999), 2590.

12.5 光アシストデバイス

　本節では，ポテンシャル障壁をトンネルする電子が光と相互作用する光アシスト(photon assisted)トンネル現象と，デバイス応用の可能性について述べる．まず光アシストトンネルについて簡単に説明し，次にテラヘルツ帯(THz帯，波長100 μm前後)の光に対して共鳴トンネル構造を用いて観測した例を述べる．光アシストトンネルを利用するデバイスの1つとしてトンネルの際の誘導放出を利用した量子井戸間遷移型のカスケードレーザが実現しており，また，トンネルで受けた電子波の変調をトンネル後に利用する3端子増幅素子が考えられている．カスケードレーザについてごく簡単に触れた後，このような光アシストトンネルを利用した3端子素子によるTHz帯増幅の可能性について述べる．

12.5.1 光アシストトンネル

　図12.40(a)に，光が照射された単一ポテンシャル障壁を電子がトンネルする最も基本的な場合を示す．通常のトンネルのほかに光子の吸収と放出を伴う光アシストトンネルが起こっている．これらのトンネル過程で透過した電子は互いにエネルギーが異なるが，図の構造では，吸収と放出の成分が同時に発生する上に，まとめて電流として取り出すので，区別して観測することはできない．観測のためにはエネルギー別に取り出すことが必要で，電子のエネルギー分布が狭い材料，たとえば，共鳴トンネルなどの量子構造や超伝導体を用いる必要がある．図12.40(b)はその1例で，トンネルの両側に量子井戸を用いることにより，光アシストトンネルが電流電圧特性中に観測される様子を模式的に示している．3つの電流ピークは，左右がそれぞれ誘導放出と吸収を伴う量子井戸間の光アシストトンネル，中央が通常のトンネル(共鳴トンネル)を示している．

　光アシストトンネルは次のように解析できる[1]．図12.40(a)で，電子の進行方向と平行な偏波面(電界)をもつ光が障壁に照射されたとすると，障壁より右

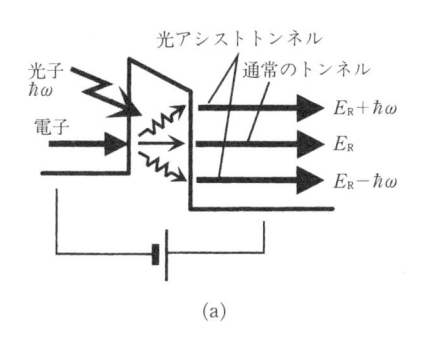

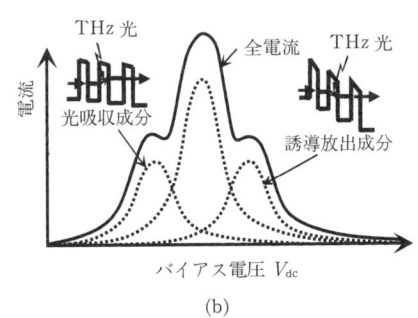

図12.40　光アシストトンネル
(a) 単一障壁，(b) 3重障壁共鳴トンネルダイオード中の2つの量子井戸の間の光アシストトンネルによる電流-電圧特性．

側のポテンシャルには左側に対して $E_{ac}d\cos\omega t$ の差が生じる．ただし，E_{ac} と ω は照射光の電界振幅と角周波数，d は障壁の厚さである．このポテンシャルを加えたシュレディンガー方程式を解くと，障壁より右側の電子の波動関数は

$$\Psi = \exp\left(\frac{eV_{ac}}{i\hbar}\int\cos\omega t dt\right)\varphi_R e^{-iE_R t/\hbar} = \sum_{n=-\infty}^{+\infty} J_n\left(\frac{eV_{ac}}{\hbar\omega}\right) e^{-i(E_R + n\hbar\omega)t/\hbar}\varphi_R \quad (12.5)$$

と表される．ただし，$V_{ac} = E_{ac}d$，E_R は光を照射しないときのエネルギー準位，φ_R は E_R の波動関数の空間部分，J_n は n 次のベッセル関数である．この式は，光を照射することにより，障壁より右側にある準位 E_R が，左側に対して見かけ上 $E_R + n\hbar\omega$ の多準位に分裂することを示している．左側の準位 E_L の電子は，$E_L = E_R + n\hbar\omega$ を満たす右側の準位 E_R へトンネルする．このときのトンネル確率は，光を照射しないときのトンネル確率を $|T|^2$ とすると近似的に $|T|^2 J_n^2(eV_{ac}/\hbar\omega)$ となる．図 12.40(a) では，これらのトンネルのうち $n=0$ (通常のトンネル) と $n=+1$ (光子1個を吸収) および $n=-1$ (光子1個を放出) が示してある．これらのほかにも，任意の n 個の光子の放出や吸収を伴う多光子過程が生じる．トンネル確率からわかるように，光子数の多い過程を生じさせるためには，大きな照射電界強度 (n 光子過程に対して $V_{ac} \sim n\hbar\omega/e$ 程度) が必要である．

以上の結果を用いると，図 12.40(b) の電流電圧特性は，光を照射しないときの電流電圧特性を $I_{dc}(V_{dc})$ とすると近似的に次のように表される[1,2]．

$$I(V_{dc}) = \sum_{n=-\infty}^{+\infty} J_n^2\left(\frac{eV_{ac}}{\hbar\omega}\right) I_{dc}(V_{dc} + n\alpha\hbar\omega/e) \quad (12.6)$$

ただし，α は素子全体への印加電圧と中央の障壁への印加電圧の比である．このように，電流電圧特性は $\alpha\hbar\omega$ の電圧間隔で多数のピークが重ね合わさった形状になる．

12.5.2 テラヘルツ光アシストトンネルの観測

上述の多光子過程を含む光アシストトンネルは，光子エネルギー $\hbar\omega$ が小さいほど起こりやすい[1,3-6]．ここでは，テラヘルツ(THz)光(波長100 μm 前後，$\hbar\omega \sim 10$ meV 程度以下)に対して共鳴トンネルダイオードを用いて観測した例[6]について述べる．この観測では図 12.41 に示す直径 1 μm の GaInAs/InAlAs 3 重障壁共鳴トンネルダイオード(RTD)と平面パッチアンテナを集積した構造を用いている．上部から照射された THz 光は，アンテナ電極と高ドープ InP 基板の間の誘電体共振器に定在波として蓄えられ，電界分布の最大点に置かれた RTD 両端に THz 電圧が誘起される．

測定結果の1例を図 12.42(a) に示す．THz 光照射により通常の共鳴トンネルによるピークが減少するとともに，その両側に新しく2つのピークが現れている．低バイアス電圧側が光子吸収，高バイアス側が誘導放出によるピークである．図 12.42(b) は式(12.6)と THz 光を照射しない特性 $I_{dc}(V_{dc})$ を用いて計算した曲線で，測定で得られた電流電圧特性の変化をよく説明している．この測定では $I_{dc}(V_{dc})$ のピーク広が

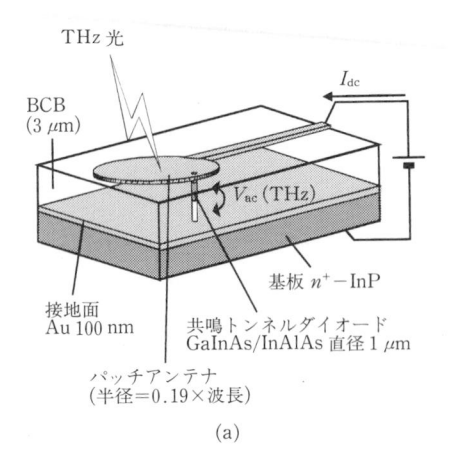

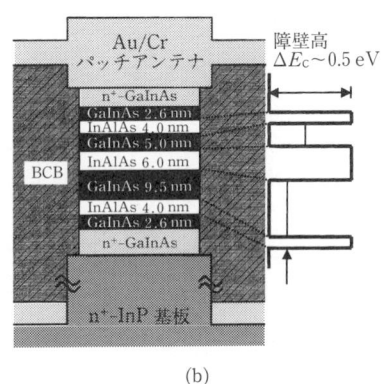

図 12.41 光アシストトンネル観測のために作製したパッチアンテナと共鳴トンネルダイオードの集積素子
(a) 全体構造，(b) ダイオードの断面構造．

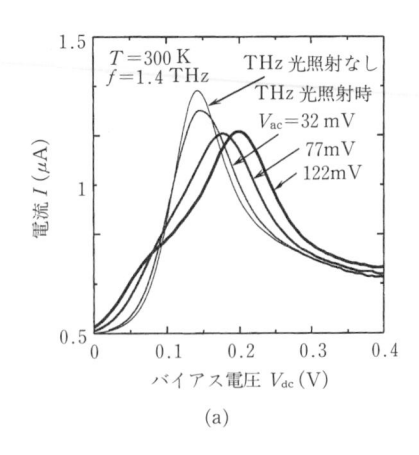

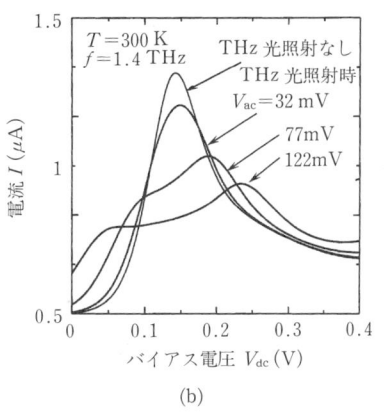

図 12.42 THz光照射による共鳴トンネルダイオードの電流電圧特性の変化
(a) 測定結果，(b) 理論計算．

りが間隔 $a\hbar\omega$ よりも大きいので，式 (12.6) で述べた多光子過程による多数のピークは重ね合わさって滑らかになっているが，照射電力の増加とともに光子数 n の大きな過程が起こりやすくなり，重ね合わせた曲線のピークがシフトしている．この測定は室温であるが，ピークの広がりが狭くなる低温では多ピーク特性が観測されている[6]．

図 12.43 は，照射電力の小さい 1 光子過程において，照射によって現れる吸収側のピーク点電圧の照射周波数依存性を示す[5]．周波数が低いときにはピーク点電圧はほぼ一定であるが，周波数が高くなるにつれ，周波数にほぼ比例してピーク点がシフトする傾向を示す．この結果は式 (12.6) でよく説明でき，周波数の低い領域では，電

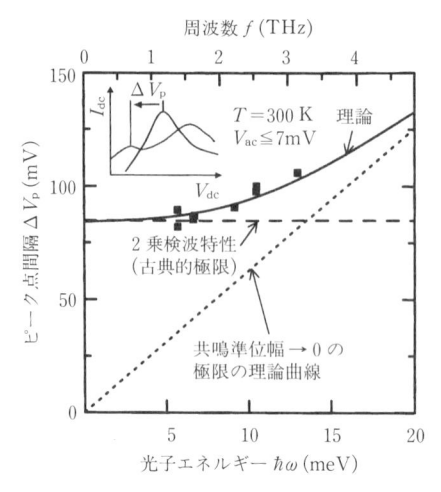

図 12.43 THz 光照射による共鳴トンネルダイオードの吸収トンネルピーク点電圧の周波数依存性

子デバイスでよく知られている 2 乗検波特性,周波数の高い領域では光子エネルギーに比例した量子的遷移になることを示している.これらの領域は光子エネルギーと共鳴準位幅の大小関係によって分かれており,THz 帯はちょうどその中間領域で,電子デバイスと光デバイスの中間的な性質が現れる領域といえる.

光アシストトンネルは誘導放出遷移を含むので,これによる光の増幅・発振が可能である.量子カスケードレーザ[7]のうちで隣接量子井戸間の遷移(対角遷移)を用いるものがちょうどこれに相当する.また,電子デバイスにおいて共鳴トンネルダイオードなどの負性抵抗による増幅・発振は,光アシストトンネルの低周波への極限と見なすことができる[8].

量子カスケードレーザは量子井戸の設計により広範囲の発振波長をカバーできる.現在,波長 10 μm 以上の長波長でしきい値電流密度は数 kA/cm² ~ 10 kA/cm² 程度,室温連続発振も得られている[21].プラズモン閉込め金属導波路を用いる構造により長波長化が進んでおり[9],THz 帯での動作にも関心が向けられている[10-15].上述の光アシストトンネルの観測結果からレーザで重要な利得係数を見積もることができ[8],その結果から THz レーザのしきい値電流密度として 40 kA/cm² 程度が予想されている.

12.5.3 光アシストトンネルを利用したテラヘルツ 3 端子素子

上述の量子カスケードレーザは光アシストトンネルを用いた 2 端子の発振・増幅デバイスである.このほかにも,図 12.44 に示すような光アシストトンネルで生じた電子波を利用する 3 端子 THz 増幅デバイスが提案されている[16,17].このデバイスは,量子井戸 QW_1 と QW_2 を挟むエミッタ (E) とベース 1 (B_1) の間に THz 光を入射し,ベース 2 (B_2) とコレクタ (C) の間から出力を取り出す.

動作は次のようになる.入力光により QW_1 から QW_2 へ吸収を伴う光アシストトンネルが起こるようにバイアス電圧 V_{B_1E} を設定する.光アシストトンネルによる電子は QW_2 の共鳴準位の中心へ透過するが,このほかにも,通常のトンネルによって共鳴準位の広がりの裾へ透過する電子があり,この 2 つの電子波が B_1-B_2 間の加速層と B_2-C 間の走行層を通ってコレクタへ収容される.これらの波動関数は B_2-C 間ではそれぞれ $\psi_1 = T_1 J_1(eV_m/\hbar\omega)e^{ik_1z - i(E_0+\hbar\omega)t/\hbar}$ および $\psi_0 = T_0 e^{ik_0z - iE_0t/\hbar}$ となる.た

12. ナノ光デバイス

だし，T_1 と T_0 は QW_1 の準位の中心から QW_2 の準位の中心と裾への通常のトンネル透過率，E_0 は ψ_0 のエネルギー，k_0 と k_1 は ψ_0 と ψ_1 の波数で，m を有効質量として $E_0 = \hbar^2 k_0^2 / 2m$ および $E_0 + \hbar\omega = \hbar^2 k_1^2 / 2m$，また微弱入力光による1光子過程のみを仮定した．これらの電子波は QW_1 中の共通の準位から発生したものであるから位相の相関があるためビートを起こし，電荷密度の分布 $e|\psi_0 + \psi_1|^2$ に粗密波の進行波成分が発生する．この成分による電流は B_2-C 間では近似的に $(eV_{ac}/\hbar\omega)I_0\sin(\omega t - \omega z/v_0)$ となる．ただし，I_0 は T_1 と T_0 で決まる通常のトンネル電流を i_1 および i_0 として $I_0 = \sqrt{i_0 i_1}$，v_0 は B_2-C 間の電子の速度(群速度)である．この電荷疎密波が B_2-C 間を通過する際に，電極への誘導電流(あるいは電荷粗密波による電気双極子放射，等価であるが量子論的にいうと電子の集団的超放射)を発生する．このとき，電子の運動エネルギーが誘導電流に変換されるため，入力に対して増幅された出力が生じる．

上述の動作ではバイアス電圧 V_{B_1E} を光吸収が起こるように設定しているが，放出が起こるように設定してもよい．ただし，電子ビート波を発生させるためには，吸収と誘導放出を伴うトンネル成分のどちらか一方のみを他方に比べて十分大きく透過させることが重要である．両方とも同程度に透過させると，これらの電子波の位相は互いにきわめて逆相に近いため，電荷粗密波の振幅がトンネル直後の位置では非常に小さく，大きな振幅となるまでに長い距離を要し，散乱の影響を受けやすくなってしまう[16,17]．このようなフィルタリングに対して，図 12.44 のように2つの量子井戸間の光アシストトンネルの際に同時に行う構造のほかに，よく似た構造ではあるが，トンネル後にエネルギーフィルタ層を別に設ける構造も考えられる[16,17]．どの構造も，$\hbar\omega$ が小さいときには，共鳴準位の広がりのために吸収と放出の両成分が同時に透過しやすくなるので，利得が飽和あるいは低下する．

図 12.45 に電力利得の計算結果の1例を示す[16,17]．素子の入出力層とも外部導波路とインピーダンス整合しているものと仮定しており，また，図中の Γ は共鳴準位の

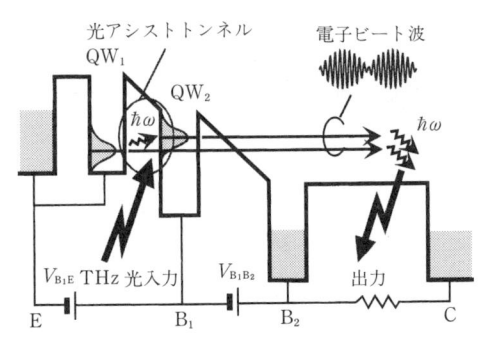

図 12.44 光アシストトンネルと電子ビート集群を利用した THz 増幅3端子素子

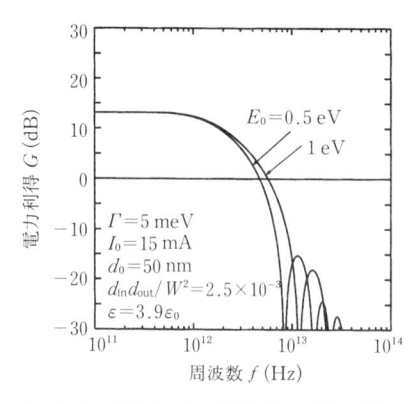

図 12.45 THz 3 端子増幅素子の理論的電力利得

半値半幅，I_0 と E_0 は上述のビート電流の振幅と電子のエネルギー，d_0 は出力層厚，$d_{\text{in}}, d_{\text{out}}, W$，および ε は入出力に接続した平行平板金属導波路の間隔と幅および導波路間隙の媒質の誘電率である．増幅可能な最大周波数は近似的に v_0/d_0（出力層走行時間の逆数）程度になる．図のように基本的な素子特性としては数 THz 程度までの増幅が可能である．素子の入出力層が薄いため導波路とのインピーダンス整合や，THz 光に対する導波損失の低減が重要な課題となる．

光アシストトンネルとそれを利用したデバイスの可能性について述べた．光アシストトンネルは，電子のトンネルを光の電界で制御する現象と見なせるが，電界による電子流の変調は電子デバイスの最も基本的な動作概念であって，光に比べれば非常に周波数の低いマイクロ波領域のデバイスで用いられている概念を光領域に拡張したともいえる．マイクロ波領域でもデバイスは電磁波の波長に対して極端に小さく，すでにナノ光学と同じ状況になっている．しかし，周波数が高くなるに従い，すでに述べたように相互作用に光子としての性質が現れてくるので，新しい物理現象としてばかりでなく，工学的にもトランジスタの動作概念を光領域まで拡張できるかという点で非常に興味深い．

本節では，多光子過程まで含む光アシストトンネルが生じやすいことや，上述の観点の電子デバイスから光デバイスへの推移をよく示すことから，特に THz 帯での実験やデバイスについて述べた．より高い周波数への拡張も原理的には可能である．いずれの場合も，この現象を明瞭に発現させるためには，ナノ寸法のデバイスに光を閉じ込めることと，光子エネルギーよりも十分高くかつ共鳴準位が十分狭くなるポテンシャル障壁が必要である．これに適する例としては，材料の側からは金属/絶縁体/半導体のヘテロ接合を含む極微細構造[18,20]をあげることができる． 〔浅田雅洋〕

文　献

1) P. K. Tien and J. P. Gordon : *Phys. Rev.*, **129** (1963), 647.
2) N. S. Wingreen : *Appl. Phys. Lett.*, **56** (1990), 253.
3) L. P. Kouwenhoven *et al.* : *Phys. Rev. Lett.*, **73** (1994), 3443.
4) H. Drexler *et al.* : *Appl. Phys. Lett.*, **67** (1995), 2816.
5) Y. Oguma *et al.* : *Jpn. J. Appl. Phys.*, **38** (1999), L717.
6) N. Sashinaka *et al.* : *Jpn. J. Appl. Phys.*, **39** (2000), 4899.
7) J. Faist *et al.* : *IEEE J. Quant. Electron.*, **34** (1998), 336.
8) M. Asada *et al.* : *Appl. Phys. Lett.*, **77** (2000), 618.

9) A. Tredicucci et al. : Appl. Phys. Lett., **77** (2000), 2286.
10) S. Borenstain and J. Katz : Appl. Phys. Lett., **55** (1989), 654.
11) Q. Hu and S. Feng : Appl. Phys. Lett., **59** (1991), 2923.
12) P. Harrison and R. W. Kelsall : J. Appl. Phys., **81** (1997), 7135.
13) K. Donovan et al. : Appl. Phys. Lett., **75** (1999), 1999.
14) B. Xu et al. : Appl. Phys. Lett., **71** (1997), 440.
15) M. Rochat et al. : Appl. Phys. Lett., **73** (1998), 3724.
16) M. Asada : Jpn. J. Appl. Phys., **35** (1996), L685.
17) M. Asada : IEICE Trans. Electron., **E79**-C (1996), 1537.
18) M. Asada et al. : J. Vac. Sci. Technol., **A13** (1995), 623.
19) A. Izumi et al. : Jpn. J. Appl. Phys., **36** (1997), 1849.
20) M. Watanabe et al. : Jpn. J. Appl. Phys., **39** (2000), L716.
21) M. Beck et al. : Science, **295** (2002), 301.

付録：数値計算ソフトの概要

1. 近接場における電磁場計算

　フーリエ光学理論から得られる知見では，近接場光学顕微鏡の超解像性を説明するにとどまり，近接場光学顕微鏡で測定される像を見積もることはできない．これは，フーリエ光学による解釈が，試料とプローブとの間に生じる近接場相互作用を考慮していないためである．近接場光学の特徴は，ある散乱物体(試料)の近接領域に他の散乱物体(プローブ)をもってくることにあるため，その解釈においても，複数の散乱体の間に生じる多重散乱を考慮する必要がある．このエバネッセント場中でのプローブによる散乱のため，近接場光学顕微鏡で測定される像は，プローブがないときに試料表面に分布する電磁場とは異なっている．
　これまでには，問題の複雑さを多少なりとも回避するために，試料により形成される近接場光と，プローブの特性が個々に解析されてきた．しかしながら，近接場光学顕微鏡では，試料とプローブとを一体の系とした散乱場が形成されており，どれか1つの現象を分離させて解釈することが難しい．つまり，プローブと試料との間の多重散乱を通じた結果が，近接場光学顕微鏡の強度として測定されるのである．そこで，多重散乱を考慮した近接場光計算法について述べる．

2. 相互作用を考慮した電磁場計算法の比較

　近接場光学顕微鏡をモデル化する際には，次のような条件を満たす計算方法が望ましい．
　(1) プローブと試料とを一体の系とし，電磁理論に対して自己無矛盾(self-consistent)な場を求めることができること．
　(2) 散乱体近傍の解が正確に求められること．
　(3) プローブと試料との間に生じる多重散乱はプローブや試料の形状による影響を受けるので，任意の形状を取り扱うことができること．
　(4) 3次元モデルおよびベクトル電磁場を取り扱えること．
　解析的に求めることができる散乱問題は非常に簡単な散乱体に限られている．しかしながら，大型計算機の速度向上と記憶容量(メモリー)増大という現状を考慮すると，解析解を得ることができていない問題に対しても，数値解を求めることによって，(1)〜(4)の条件を満たすことが可能であると考えた．

これらを満たす電磁場計算の方法には，主に，電気双極子放射をもとにした双極子法[1]や，ヘルムホルツ(Helmholtz)方程式をもとにした有限差分法(finite-difference method：FDM)[2]，有限要素法(finite element method：FEM)[3]，境界要素法(boundary element method：BEM)[4]，多重多極子法(multiple multipole method：MMP)[5]など，および，マックスウェル(maxwell)方程式をもととした有限差分時間領域法(finite-difference time-domain method：FDTD法)[6]があげられる．以下に，それぞれの特徴をあげ，比較する．

これまでに双極子近似を用いて，Girardらが近接場光学顕微鏡のモデルを取り扱っている[1]．Girardらの行っている電気双極子近似法の特徴は，電気双極子の分極率というミクロスコピックな量でプローブと試料とをモデル化するので，少数の原子配列などの小規模な構造への適用が行いやすいことである．しかし，実際のプローブや試料の形状・大きさを表すには，膨大な計算機容量と計算時間を必要とし，実質的に困難である．もう少し大きなモデルを記述するために，電気双極子の大きさ自体を数十nmまで大きくすることも行われているが，電気双極子の大きさと分極との関係の妥当性が不明瞭であるため，実験結果との対応には問題も残されている．

試料やプローブの形状を取り入れるには，誘電率などのマクロな物理量で記述されたヘルムホルツ方程式，あるいはマックスウェル方程式を用いるのが適切であろう．

ヘルムホルツ方程式を基礎とする手法は，偏微分方程式の境界値問題を解く数値解法をヘルムホルツ方程式に適用したものが多数研究されている．主な方法に，境界要素法，多重極展開法や有限差分法，有限要素法などがある．Novotnyらは，多重極展開法を用いて2次元の近接場光学顕微鏡解析を行っている[5,7]．ヘルムホルツ方程式を基礎とする手法は，定常場の連立方程式を解くための行列を用意する必要があるため，離散点数Nに対してN^2に比例する規模の主記憶容量(メモリー)が必要となる．計算機のメモリー容量の問題は，特に3次元モデルを立てるときには，重要である．

たとえば，プローブと試料とを4層媒質としてモデル化し，1辺が5λの3次元立方体空間を100分割して計算すると仮定すると，境界要素法および多重極展開法を用いた場合に必要となるメモリーは，連立方程式を解く際に必要となる容量だけを考慮した場合にも数十GB以上になる．有限差分法あるいはそれを発展させた有限要素法では，行列の大部分が0であるため，バンドマトリックス特有の計算手法を用いてメモリーを節約することができるが，この場合でも，数GB程度のメモリーが必要である．

マックスウェル方程式を基礎とする有限差分時間領域法は，モデル空間での電磁場の時間変化を逐次求める方法である．この方法では，行列を解く必要がないため，前述の方法に比べてメモリー容量が少なくてすむ．前述の3次元モデルを計算するのに必要なメモリーは，1GB以下である．これは，大型計算機の1プロセッサあたりのメモリー容量あるいはワークステーション～パソコンクラスのメモリー容量に相当

表1 各種解析法の特徴

解析法	メインメモリー*	精度	計算時間	モデル化	汎用性	参考文献
有限差分時間領域法	1GB以下	~1%	~5分	任意	高い	FDTD 2D[8] FDTD 3D[9]
有限要素法	2~5GB	~0.1%	~30分	困難	高い	
双極子法	20~40GB	不明	~30分	任意	比較的高い	Dipole 3D[1]
境界要素法・多重多極子法	50~100GB	~0.1%	~1時間	困難	低い	BEM 2D[10] MMP 2D[7]

*プローブと試料とを4層媒質としてモデル化し,1辺が5λの3次元立方体空間を100分割して計算すると仮定.

し,近接場光学顕微鏡の3次元モデルを実用的に取り扱うことができる.汎用性が高く,実用的な計算を行える方法である.この有限差分時間領域法を用いた近接場光学顕微鏡計算は,2次元モデルについてChristensenが報告し,3次元モデルについては古川らが報告している[8,9].ただし,有限差分時間領域法は,精度に関しては他の手法に比べて劣る.これらの各種解析法の特徴を表1にまとめる.

3. さまざまなシミュレーション技術

ここでは,前節で検討した計算法のうち,近接場問題でよく取り上げられる有限差分時間領域法(FDTD法),双極子法,境界要素法(BEM法),多重多極子法(MMP法)について,原理を説明する.なお,記述は,理解のしやすさに力点を置いており,紙面の都合上,厳密性には欠ける点があることをお断りしておく.

3.1 有限差分時間領域法

有限差分時間領域法(FDTD法)は,マックスウェル方程式を,空間および時間の両方について差分化する方法である.試料やプローブを表す空間は離散化された格子の集まりとして記述されており[2,6,11],各格子に複素誘電率を与えることでモデル化を行う.このときの各格子の空間的大きさを $\Delta x, \Delta y, \Delta z$ として,図1のようにモデル化する.

差分は,精度を考慮すると中心差分がよいため,電場・磁場の各成分を1か所に配置するのではなく,図1のような配置をとっている.これは,Yee格子と呼ばれる[6].このモデル化で,時間的差分量を Δt とすると,アンペール-マックスウェル(Ampère-Maxwell)法則 $\text{rot}\,\boldsymbol{H} = \varepsilon d\boldsymbol{E}/dt + \sigma\boldsymbol{E} + \boldsymbol{j}$ は,$\boldsymbol{E} = (E_x, E_y, E_z)$,$\boldsymbol{H} = (H_x, H_y, H_z)$,および電流源 $\boldsymbol{j} = (j_x, j_y, j_z)$ を用いて,次のように記述できる.

$$(H_z^t[y^+] - H_z^t[y^-])/\Delta y - (H_y^t[z^+] - H_y^t[z^-])/\Delta z$$
$$= \varepsilon(E_x^{t+\Delta t} - E_x^t)/\Delta t + \sigma E_x^t + j_x^t \quad (1)$$
$$(H_x^t[z^+] - H_x^t[z^-])/\Delta y - (H_z^t[x^+] - H_z^t[x^-])/\Delta z$$

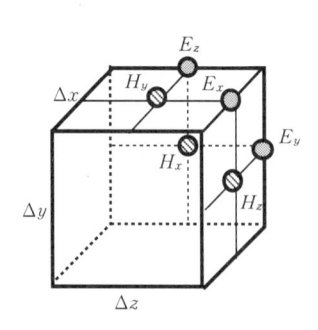

図1 FDTD法の単位格子，中心の位置座標 (i, j, k)

$\Delta x, \Delta y, \Delta z$ は単位格子の大きさとし，単位格子の中央点間距離は，それぞれ $\delta x = (\Delta x_i + \Delta x_{i+1})/2$, $\delta y = (\Delta y_i + \Delta y_{i+1})/2$, $\delta z = (\Delta z_i + \Delta z_{i+1})/2$ となる．

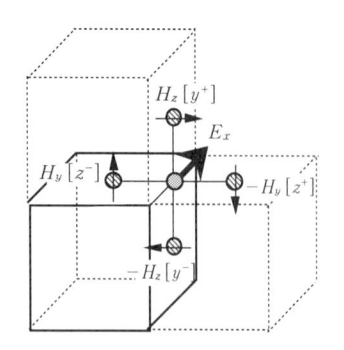

図2 差分化されたアンペール-マックスウェル法則による電場の x 成分計算

$$= \varepsilon(E_y^{t+\Delta t} - E_y^t)/\Delta t + \sigma E_y^t + j_y^t \tag{2}$$

$$(H_y^t[x^+] - H_y^t[x^-])/\Delta y - (H_x^t[y^+] - H_x^t[y^-])/\Delta z$$
$$= \varepsilon(E_z^{t+\Delta t} - E_z^t)/\Delta t + \sigma E_z^t + j_z^t \tag{3}$$

式(1)〜(3)は，それぞれ，ある時刻 t における空間電磁分布から，時刻 $t+\Delta t$ の E_x, E_y, E_z を求める式である．引数 $[x^+], [x^-]$ は，求める電場・磁場の点から x 座標軸の正方向・負方向にそれぞれ $+(1/2)\Delta x$, $-(1/2)\Delta x$ だけ離れて配置された格子上の電磁場を表す．y 軸および，z 軸についても同様である．たとえば，式(1)は図2に示すような配置をとっており，求めるべき電場の時間的増分が，その周囲に配置された磁場の回転トルクと電流源から求められることを示している．

磁場についても同様に，ファラデー(Faraday)の法則 rot $\boldsymbol{E} = -\mu \, d\boldsymbol{H}/dt - \sigma^* \boldsymbol{H} - \boldsymbol{m}$ を差分化する．

$$(E_z^t[y^+] - E_z^t[y^-])/\Delta y - (E_y^t[z^+] - E_y^t[z^-])/\Delta z$$
$$= -\mu(H_x^{t+\Delta t} - H_x^t)/\Delta t - \sigma^* H_x^t - m_x^t \tag{4}$$

$$(E_x^t[z^+] - E_x^t[z^-])/\Delta y - (E_z^t[x^+] - E_z^t[x^-])/\Delta z$$
$$= -\mu(H_y^{t+\Delta t} - H_y^t)/\Delta t - \sigma^* H_y^t - m_y^t \tag{5}$$

$$(E_y^t[x^+] - E_y^t[x^-])/\Delta y - (E_x^t[y^+] - E_x^t[y^-])/\Delta z$$
$$= -\mu(H_z^{t+\Delta t} - H_z^t)/\Delta t - \sigma^* H_z^t - m_z^t \tag{6}$$

この差分化されたアンペール-マックスウェルの法則とファラデーの法則とを交互に計算することによって，電磁場の伝搬を表すことができる．ただし，モデル空間中の最も外側にある格子点では，差分式を計算することができない．この点を適切に処理しなければ，誤差となる波面がモデル端から徐々にモデル内部へと進行してくる．モデルが，自由空間に置かれていると仮定する場合には，計算領域の端に達した波面

が，再び計算領域中に入射されることがないようにしなければならない．このような条件は，吸収境界条件(absorbing boudary condition：ABC)と呼ばれている．吸収境界条件については次に扱う．

3.1.1 吸収境界条件について： FDTD法では，ある格子内の電場を求める際に，その両隣の格子内の値を用いる．このため，計算モデルの端面に存在する格子では計算ができないことになる．そこで，この問題を解決するために，計算モデルの端面に存在する格子に対しては，両隣の値を用いるのではなく，片方の隣の値を用いて計算する方法が工夫されている．ここではMurにより示された吸収境界条件を説明する[13]．

解析モデルの端面に進行平面波が垂直入射したときに，その平面波を吸収するというアルゴリズムを用いる．空間中の進行波を W とし，次のように表記する．

$$W = \Psi(t + S_x X + S_y Y + S_z Z) \tag{7}$$

$$S_x^2 + S_y^2 + S_z^2 = (1/c_0)^2 \tag{8}$$

c_0 は真空中の電磁波の速さを表し，S_x, S_y, S_z は c_0 の逆数の x, y, z 方向成分をそれぞれ表す．x 方向に進行する電磁波 W に対して，$x=a$ で電磁波が吸収される条件は，その位置での W の変化量が，時間的に進行する W の変化量を打ち消せばよいので，次式で表される．

$$(d/dx - S_x d/dt)W|_{X=a} = 0 \tag{9}$$

$$\Leftrightarrow$$

$$[d/dx - \{(1/c_0)^2 - S_y^2 - S_z^2\}^{1/2} d/dt]W|_{X=a} = 0 \tag{10}$$

ここで，左辺は，

$$\begin{aligned}\{(1/c_0)^2 - S_y^2 - S_z^2\}^{1/2} &= (1/c_0)\{1 - (c_0 S_y) - (c_0 S_z)\}^{1/2} \\ &= (1/c_0)[1 - (1/2)\{(c_0 S_y)^2 + (c_0 S_z)^2\} + \cdots]\end{aligned} \tag{11}$$

とテーラー展開できる．第1項までの近似を用いたものは1次の吸収境界条件と呼ばれ，第2項までの近似を用いたものは2次の吸収境界条件と呼ばれている．すなわち，式(9)の1次の吸収境界条件は，次のように表される．

$$\{d/dx - (1/c_0) d/dt\}W|_{X=a} = 0 \tag{12}$$

$$\Leftrightarrow$$

$$dW/dx|_{x=a} = (1/c_0) dW/dt|_{x=a} \tag{13}$$

式(13)を差分化すると，モデル領域境界の点 $X=a$ の電磁場成分は，境界の内側の点 $X=a-1$ を用いて，片側の値から W の値を求めることができる．ただし，この吸収条件は境界面に垂直に入射する波動に対してのみ効率よく吸収される．角度 θ で入射する波面に対しては，1次の吸収条件の場合，$\cos\theta$ だけしか吸収されないため，斜入射を減少するようなモデル化を行うことが望ましい．

3.1.2 PML境界条件： Murによって提案された吸収境界条件は，見通しがよく，簡便であるが，波面の入射角が大きくなると吸収効率があまりよくないという問題があった．これを改善したいくつかの吸収境界条件も提案されている[14,15]．特に，

1994年にBerengerによって示されたPML(perfectly matched layer)法[16-18]は，Murによる方法より吸収効率が3桁以上高く，入射角や周波数に寄らないため，汎用性も高い．ここでは，このPML法について，簡単に原理を紹介する．

図3のように，領域Ω_1とΩ_2とが，y軸で直線状に区切られており，領域Ω_1, Ω_2での誘電率と透磁率を，ε_1, μ_1および，ε_2, μ_2とする．領域Ω_2では，電気伝導率σおよび磁場減衰率σ^*を有しており，領域Ω_2でのパラメータ$\varepsilon_2, \mu_2, \sigma, \sigma^*$を調整することによって，領域$\Omega_1$から入射する光の反射を防ぐことを考える．

図3のように，入射光は，振動数ωでTM(横磁界)偏光しており，角度θで界面に入射すると設定する．このとき各領域での磁場成分H_1, H_2は，次のように表せる．

$$H_1 = H_{\text{inc}} + H_{\text{reflect}}$$
$$= H_0 \exp\{-j(k_{1x}x + k_{1y}y)\} + rH_0 \exp\{-j(-k_{1x}x + k_{1y}y)\} \tag{14}$$
$$H_2 = H_{\text{trans}}$$
$$= tH_0 \exp\{-j(k_{2x}x + k_{2y}y)\} \tag{15}$$

ここで，k_{1x}, k_{1y}は，領域Ω_1での波数$k_1(=\omega\sqrt{\mu_1\varepsilon_1})$の$x$成分，$y$成分を表す．$k_{2x}$, k_{2y}についても同様に領域Ω_2での波数$k_2(=\omega\sqrt{\mu_2\varepsilon_2})$の$x$成分，$y$成分を表す．$r, t$はそれぞれ界面での磁場の反射率と透過率とを表す．これらはそれぞれの領域での波数k_1, k_2とを用いて，次のように表される．

$$k_{1x} = k_1 \cos\theta \tag{16}$$
$$k_{1y} = k_1 \sin\theta \tag{17}$$
$$k_{2x}^2 + k_{2y}^2 = k_2^2 \left(1 + \frac{\sigma}{j\omega\varepsilon_2}\right)\left(1 + \frac{\sigma^*}{j\omega\mu_2}\right) \tag{18}$$
$$r = \left(\frac{k_{1x}}{\omega\varepsilon_1} - \frac{k_{2x}}{\omega\varepsilon_2'}\right) \bigg/ \left(\frac{k_{1x}}{\omega\varepsilon_1} + \frac{k_{2x}}{\omega\varepsilon_2'}\right) \quad \text{ただし，} \quad \varepsilon_2' = \varepsilon_2\left(1 + \frac{\sigma}{j\omega\varepsilon_2}\right) \tag{19}$$
$$r + t = 1 \tag{20}$$

ここで，$\theta = 0$の場合を考えると，

$$k_{1x} = k_1, \quad k_{2x} = \omega\sqrt{\mu_2'\varepsilon_2'} \quad \text{ただし，} \quad \mu_2' = \mu_2\left(1 + \frac{\sigma^*}{j\omega\mu_2}\right) \tag{21}$$

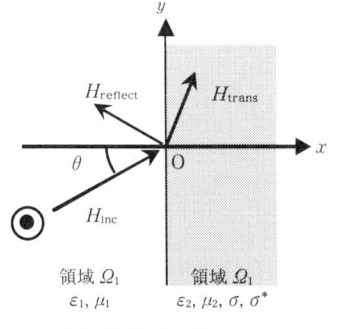

図3 PML法の説明モデル

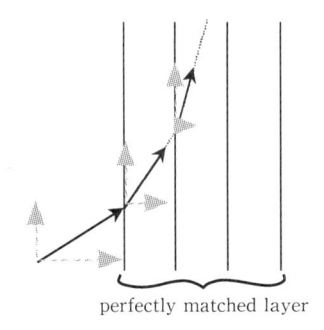

図4 PML法による電磁波吸収の様子

である．このとき，反射率 r は次のように表せる．

$$r = \frac{\sqrt{\mu_1/\varepsilon_1} - \sqrt{\mu_2'/\varepsilon_2}}{\sqrt{\mu_1/\varepsilon_1} + \sqrt{\mu_2'/\varepsilon_2}} \tag{22}$$

ここで，反射を 0 にするためには上式の分子が 0 となればよい．これを満たす条件は

$$\varepsilon_1 = \varepsilon_2 \tag{23}$$

$$\mu_1 = \mu_2 \tag{24}$$

$$\sigma^*/\mu_1 = \sigma/\varepsilon_1 \tag{25}$$

である．つまり，領域 Ω_2 でのパラメータ $\varepsilon_2, \mu_2, \sigma, \sigma^*$ を，上式を満たすようにすれば，領域 Ω_1 への反射が 0 になる．このとき，領域 Ω_2 における磁場 H_2 は，

$$H_2 = H_0 \exp(-jk_1 x) \cdot \exp(-\sigma\sqrt{\mu_1/\varepsilon_1}\, x) \tag{26}$$

と表される．領域 Ω_2 で磁場は，$\exp(-\sigma\sqrt{\mu_1/\varepsilon_1}\, x)$ に示されるとおり指数関数的に減衰していくことがわかる．

図 4 のように，一般の入射角についても，モデル壁面に垂直に入射する成分を，指数関数的に減衰させられることが示される．実用的にも，FDTD 法のモデル端から 5～10 セル程度の領域に PML 法を適用すれば，十分な精度で計算できる．なお，この原理を FDTD 法に適用した具体例については，紙面の都合で割愛するので，文献 16)～19) を参照していただきたい．

3.1.3 TF/SF 法： 光散乱問題を解く際に，入射光と散乱光とは分離して計算する方がよい場合がある．たとえば，次のような場合が考えられる．

(1) 入射光に比べて散乱光が非常に小さい場合：FDTD 法では，吸収境界・差分化などで計算誤差が生じるが，入射光が散乱光に比べて非常に大きい場合には，入射光の計算誤差内に散乱光が埋もれてしまうことがある．

(2) 散乱場のみを求めたい場合：散乱問題では，散乱場の遠方解を求める要求が多いため[20]，散乱場のみの電磁場分布を求めておく必要がある．

(3) 計算精度を向上する場合：入射波は吸収境界に達する前に取り除かれる方が望ましい．吸収境界ではモデルに対して一定の割合で誤差が発生するため，吸収境界に到達する光量を減少させることで，誤差の絶対量を抑えることができる．

FDTD 法では，入射光と散乱光とは同じ計算領域に存在するが，これから入射光を除いて，散乱光のみにする手法が提案されている[13,21]．図 5 に示すように，モデ

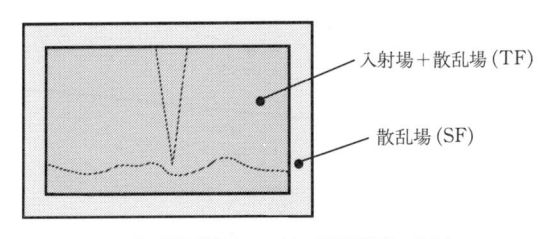

図 5 TF/SF 法における計算領域の分割

領域において内側は，入射場と散乱場とを含む total field (TF) であるが，それより外側の領域は scattered field (SF) とする．

入射場は，TF と SF との境界面に入射するが，TF 側の電磁場に入射場を単純に加算・減算するだけでは，TF と SF との境界位置での電磁場がマックスウェル方程式を満たせない．そこで，TF と SF との境界位置では，TF 側の電場/磁場の計算のときにだけ，仮に SF 側の磁場/電場に入射場を加えて仮想的に TF 領域であるかのように扱う．また，逆に，SF 側の電場/磁場の計算のときには，仮に TF 側の磁場/電場から入射場を減算して，仮想的に SF 領域であるかのように扱う．

たとえば，図 6(a) において，TF と SF との境界近傍で TF 側の電場 E_z^{TF} を求める際に，そのまわりの 4 つの磁場のトルクを計算するが，そのうち 2 つの磁場 H_x^{SF} と H_y^{SF} とが SF 側に存在する．TF 側の電場 E_z^{TF} を求める際には，この 2 つの磁場も TF 側にあるものと想定する必要があるため，それぞれ，その位置での入射場 H_x^{INC} と H_y^{INC} とを加えておく．TF-SF 境界内側に接するすべての電場 E_z^{TF} について，この操作を行う．

同様に，図 6(b) に示すように，TF-SF 境界近傍の SF 側の磁場 H_y^{SF} あるいは

(a)

(b)

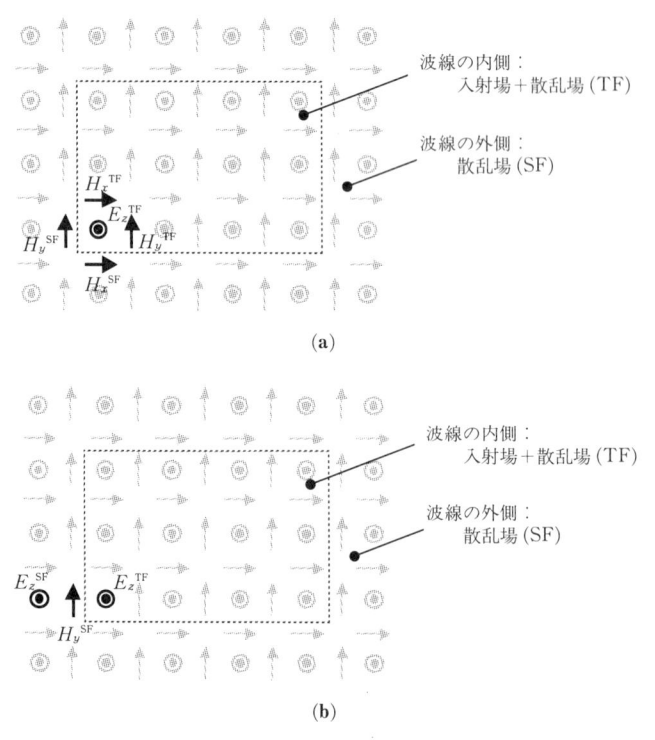

図 6　TF と SF とを接続する境界付近での計算

H_x^{SF} を求める際には，TF 側にある電場 E_z^{TF} を用いる必要があるため，その位置での入射場 E_z^{INC} を減衰しておいて，仮想的な SF 内の E_z を用いて，計算する．この操作も，TF-SF 境界外側に接するすべての磁場 H_y^{SF} および H_x^{SF} について行う．

3.1.4 モデル化： 準単色光を光源とする場合には，物質のモデル化は，一般的に $\varepsilon, \mu, \sigma, \sigma^*$ で行うが，完全導体を設定する場合には，完全導体モデル表面で，表面に平行な電場成分を 0 とする．完全導体と見なせない場合には，分散によって物質中の ε, μ の値が変化することを考慮する必要がある．この場合には，物質の周波数応答を考慮したデバイ (Debye) モデルやローレンツ (Lorentz) モデルなどによって，物質を記述する[22-24]．

曲線に沿うようなモデル化の手法も提案されている．個々のモデルに適応させた曲線モデルは，解析精度が向上する一方で，汎用性を失うという欠点も有している[25]．

また，個々の解析したいモデルと，計算機の記憶容量，計算時間，必要精度に応じて，モデル化手法も千差万別であり，望むモデルに応じた手法を適宜選ぶ必要がある[26-28]．

3.2 双極子法

双極子法の特徴は，電気双極子の分極率というミクロスコピックな量でプローブと試料とをモデル化し，互いの電気双極子の相互作用を考慮して，プローブに誘起される電磁場成分を求める方法である[1,29-31]．この方法では，少数の原子配列などの小規模な構造への適用が行いやすいことが特徴となっている．

プローブや，試料のモデル化では，まず，プローブや試料を電気双極子の集合体と考える (図 7)．電気双極子の分極率 α は，それぞれのモデルを構成する物質の種類に応じて与えられる．

各電気双極子に励起される電場を考える．図 7 中で，試料の電気双極子 (位置 r) に励起されている電場を $\alpha E(r)$ とし，プローブの電気双極子 (位置 R) に励起されている電場を $E(R)$ とする．このとき，試料の電気双極子が，プローブの電気双極子に作用する電場は，次式で与えることができる．

$$E(R) = E_0(R) + T(R-r)\alpha E(r) + S(R-r)\alpha E(r) \tag{27}$$

ここで，T は，電気双極子相互作用による伝搬因子であり，互いの電気双極子が直接的に与える影響を表す．S は，基盤との相互作用による伝搬因子であり，基盤を介した間接的な相互作用を表す．E_0 は，入射電場である．

伝搬因子の T, S は，それぞれ電気双極子近似を用いると，次のように表すことができる．

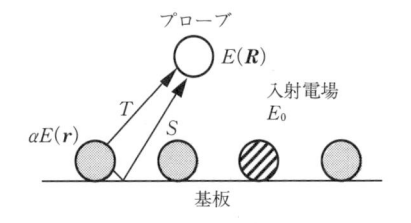

図 7 双極子法におけるモデル化の例

$$T_{(R)} = e^{ikr}\left\{\frac{3\boldsymbol{r}\cdot\boldsymbol{r}-r^2I}{r^5} + ik\frac{3\boldsymbol{r}\cdot\boldsymbol{r}-r^2I}{r^4} - k^2\frac{\boldsymbol{r}\cdot\boldsymbol{r}-r^2I}{r^3}\right\} \tag{28}$$

$$S_{(r)} = \frac{\varepsilon_{(\omega)}-1}{\varepsilon_{(\omega)}+1}T(\boldsymbol{r}) \tag{29}$$

ここで考えた電気双極子間の相互作用を，モデル内のすべての電気双極子に適用することによって，プローブに励起される電場を求めることができる．

3.3 境界要素法

境界要素法(BEM)は，積分方程式の境界値問題を数値的に解く方法の1つである[4,10,32]．電磁場の問題においては，ヘルムホルツの偏微分方程式を，グリーン関数を用いて積分方程式に変換して用いる．ここでは計算の観点から実用的であると考えられる2次元問題とした．2次元問題では，電場および磁場のうち片方のみを考慮したスカラーヘルムホルツ方程式を用いればよい．

モデルによって立式が変わるため，具体的な計算のモデルを図8に示す．

試料，周辺媒質，プローブヘッドをそれぞれ，領域 $\Omega_1, \Omega_2, \Omega_3$ と表す．Γ_{12}, Γ_{23} は，それぞれ領域 Ω_1 と領域 Ω_2，領域 Ω_2 と領域 Ω_3 を分割する境界である．n_{12}, n_{23} は，境界上の法線ベクトルを表す．

それぞれの領域における電磁場は，スカラーヘルムホルツ方程式を用いて，次のように表すことができる．

$$\boldsymbol{r}\in\Omega_1: \quad \nabla^2 u_1 + k^2 u_1 = g \tag{30}$$

$$\boldsymbol{r}\in\Omega_2: \quad \nabla^2 u_2 + k^2 u_2 = 0 \tag{31}$$

$$\boldsymbol{r}\in\Omega_3: \quad \nabla^2 u_3 + k^2 u_3 = 0 \tag{32}$$

ただし，u は電場あるいは磁場を表し，g は領域 Ω_1 に含まれる波源分布とする．

伝搬を表すグリーン関数としては，2次元自由空間での放射条件を満たす関数を用いて，

$$G_{(k;r,r')} = \frac{1}{4j}H_0^{(2)}(k|\boldsymbol{r}-\boldsymbol{r}'|) \tag{33}$$

$$\frac{\partial G_{(k;r,r')}}{\partial n} = \frac{j}{4}kH_1^{(2)}(k|\boldsymbol{r}-\boldsymbol{r}'|)\cos\varphi \tag{34}$$

と表す．ここで，$\boldsymbol{r}$ は観測点の位置ベクトル，$\boldsymbol{r}'$ は波源の位置ベクトル，k はそれぞれの領域での波数である．$H_0^{(2)}(z), H_1^{(2)}$ はそれぞれ0次，1次の第2種ハンケル関数である．φ は $\boldsymbol{r}$-$\boldsymbol{r}'$ と n とのなす角である．

グリーンの定理を用いて，観測点が，領域 $\Omega_1, \Omega_2, \Omega_3$ にあるときの u を求めると，それぞれ次のようになる．

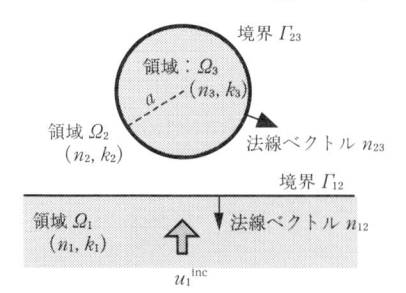

図8 境界要素法におけるモデル化の例

$r \in \Omega_1$ のとき

$$u_1(\boldsymbol{r}) = u_1^{\mathrm{inc}} + \int_{\Gamma_{12}} \left\{ u_1(\boldsymbol{r}') \frac{\partial G_{(k_1:r,r')}}{\partial n_{12}} - G_{(k_1:r,r')} \frac{\partial u_1(\boldsymbol{r}')}{\partial n_{12}} \right\} d\Gamma \tag{35}$$

$r \in \Omega_2$ のとき

$$u_2(\boldsymbol{r}) = -\int_{\Gamma_{12}} \left\{ u_2(\boldsymbol{r}') \frac{\partial G_{(k_2:r,r')}}{\partial n_{12}} - G_{(k_2:r,r')} \frac{\partial u_2(\boldsymbol{r}')}{\partial n_{12}} \right\} d\Gamma$$

$$+ \int_{\Gamma_{23}} \left\{ u_2(\boldsymbol{r}') \frac{\partial G_{(k_2:r,r')}}{\partial n_{23}} - G_{(k_2:r,r')} \frac{\partial u_2(\boldsymbol{r}')}{\partial n_{23}} \right\} d\Gamma \tag{36}$$

$r \in \Omega_3$ のとき

$$u_3(\boldsymbol{r}) = -\int_{\Gamma_{23}} \left\{ u_3(\boldsymbol{r}') \frac{\partial G_{(k_3:r,r')}}{\partial n_{23}} - G_{(k_3:r,r')} \frac{\partial u_3(\boldsymbol{r}')}{\partial n_{23}} \right\} d\Gamma \tag{37}$$

式 (35)～(37) は，それぞれの領域の任意の点での電場あるいは磁場 u が，境界 Γ 上での電場・磁場 u とその法線方向微分 $\partial u / \partial n$ から求められることを示している．そこで以下，境界上の電場・磁場を求めることを考える．

境界上の値は，観測点を境界に近づけたときの極限で表せる．境界を挟む領域は2つあるので，極限値も2通りに表せるが，その2通りの表式を境界条件により結ぶことで u と $\partial u / \partial n$ とを未知数とした方程式をつくる．境界上の求めたい離散点上で行うと連立方程式が立てられるので，これを解くことで離散点での電場・磁場 u とその法線方向微分 $\partial u / \partial n$ とが求められる．

境界上の電場・磁場が求められれば，任意の点での電場・磁場は，式 (35)～(37) を用いることで計算できる．

3.4 多重多極子法

多重多極子法 (MMP 法) の考え方は，基本的に境界要素法に似ている．モデルの境界付近にポテンシャルを配置しておき，任意の位置の電磁場は，そのポテンシャルからの伝搬光の和として表現される[5,7]．

たとえば，図 9 に示すように，領域 Ω_1 ～ Ω_3 で分割された領域を考える．

Ω_2 内の任意の点での電場ポテンシャル f_e および磁場ポテンシャル f_m は，Ω_2 以外の領域に配置された点からの伝搬光の和として表される．つまり，電磁場の定常的な式であるヘルムホルツ方程式のグリーン関数 g を用いて，次のように表せる．

$$f = \sum_j \phi_j \cdot g(\boldsymbol{r}_j) \tag{38}$$

ただし，電場 E は

$$E = -\nabla \times f_\mathrm{e} - \frac{1}{j\omega\varepsilon} \nabla \times \nabla \times f_\mathrm{m} \tag{39}$$

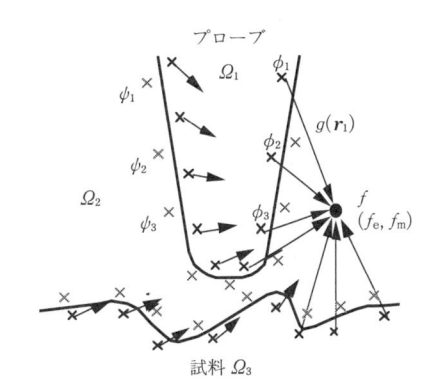

図 9　MMP 法におけるモデル化の例

境界付近のポテンシャルがわかれば，任意の位置での電磁場分布を求めることが可能となる．境界付近のポテンシャルを求めるには，境界条件を用いる．

図 10 に示すように，境界上のある点のポテンシャルは，2 つの領域のそれぞれの点の極限として表すことができるため，2 通りの表現をもつ．領域 Ω_1 から求めたポテンシャルを f_1 とし，領域 Ω_2 から求めたポテンシャルを f_2 とすると，2 つの境界に平行な電場成分は等しいという境界条件から，

$$f_1 = f_2 \tag{40}$$

と表すことができる．f_1, f_2 は，式 (38) から，それぞれの領域のポテンシャル和として書けるため，次のように展開される．

$$\begin{pmatrix} g(r_1) & g(r_2) & g(r_3) \\ & \vdots & \end{pmatrix} \begin{pmatrix} \phi_1 \\ \phi_2 \\ \phi_3 \end{pmatrix} = \begin{pmatrix} g(r_1') & g(r_2') & g(r_3') \\ & \vdots & \end{pmatrix} \begin{pmatrix} \psi_1 \\ \psi_2 \\ \psi_2 \end{pmatrix} \tag{41}$$

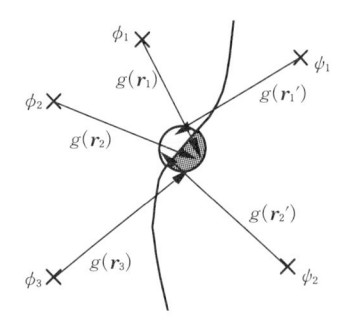

図 10 MMP 法における境界条件の整合

これを境界上の複数の点で行うことにより，境界付近のポテンシャル ϕ と ψ とを求めることができる．

(河田　聡・古川祐光)

文　献

1) C. Girard and D. Courjon : *Phys. Rev.*, **B42** (1990), 9340-9349.
2) M. N. O. Sadiku : Numerical Techniques in Electromagnetics (CRC Press, 1992).
3) O. C. Zienkiewicz and K. Morgan : Finite Elements and Approximation (John Wiley & Sons, 1983).
4) C. A. Brebbia : The Boundary Element Method for Engineers (Pentech Press, 1978).
5) Ch. Hafner : The Generalized Multiple Multipole Technique for Computational Electromagnetics (Artech House, 1990).
6) K. S. Yee : *IEEE Trans. Antennas Propagat.*, **AP-14** (1966), 302-307.
7) L. Novotny et al. : *J. Opt. Soc. Amer.*, **A11** (1994), 1768.
8) D. A. Christensen : *Ultramicroscopy*, **57** (1995), 189-195.
9) H. Furukawa and S. Kawata : *Opt. Commun.*, **132** (1996), 170-178.
10) 古川祐光, 河田　聡：日本光学会第 2 回近接場光学研究会論文集 (1994), 17-22.
11) T. A. Tumolillo and J. P. Wondra : *IEEE Trans. Nucl. Sci.*, **NS-24** (1977), 2449.
12) B. Engquist and A. Majda : *Math. Comp.*, **31** (1977), 629-651.
13) G. Mur : *IEEE Trans. Electromagn. Compat.*, **EMC**-23 (1981), 377-382.
14) P. A. Tirkas et al. : *IEEE Trans. Antennas Propagat.*, **40** (1992), 1215-1222.
15) K. K. Mei and J. Fang : *IEEE Trans. Antennas Propagat.*, **40** (1992), 1001-1010.
16) J. P. Berenger : *J. Comp. Phys.*, **114** (1994), 185-200.
17) J. P. Berenger : *IEEE Trans. Antennas Propagat.*, **51** (1996), 110-117.
18) A. Taflove and S. C. Hagness : Computational Electrodynamics, 2nd ed. (Artech House,

2000).
19) J. P. Berenger : *J. Comp. Phys.*, **127** (1996), 363-379.
20) R. J. Luebbers *et al.* : *IEEE Trans. Antennas Propagat.*, **39** (1991), 429-433.
21) K. R. Umashankar and A. Taflove : *IEEE Trans. Electromagn. Compat.*, **24** (1982), 397-405.
22) J. B. Judkins and R. W. Ziolkowski : *J. Opt. Soc. Amer.*, **A12** (1995), 1974-1983.
23) R. M. Joseph *et al.* : *Opt. Lett.*, **16** (1991), 1412-1414.
24) R. J. Luebbers *et al.* : *IEEE Trans. Antennas and Propagat.*, **39** (1991), 29-34.
25) T. G. Jurgens *et al.* : *IEEE Trans. Antennas Propagat.*, **40** (1992), 357-365.
26) J. G. Maloney and G. S. Smith : *IEEE Trans. Antennas Propagat.*, **40** (1992), 323-330.
27) D. B. Davidson and R. W. Ziolkowski : *J. Opt. Soc. Amer.*, **A11** (1994), 1471-1490.
28) J. H. Beggs *et al.* : *IEEE Trans. Antennas Propagat.*, **40** (1992), 49.
29) O. J. F. Martin *et al.* : *Phys. Rev. Lett.*, **74** (1995), 526.
30) O. J. F. Martin *et al.* : *J. Opt. Soc. Amer.*, **A13** (1996), 1801-1808.
31) K. Kobayashi and M. Ohtsu : *J. Microsc.*, **194** (1999), 249-254.
32) 加川幸雄ほか：電気・電子のための有限/境界要素法(オーム社，1984)．

索　引

β カロチン　277

ABC　561
AC シュタルクシフト　111
AFM　226, 332, 351, 409, 410, 413, 458, 514
AFM てこのモデル　142
$AgGaS_2$　281
AO モジュレータ　514
Ar^+ レーザ　337, 352, 353
ATP　514
ATR 法　89, 283

BEEM　239
BEM　558, 566

C モード　251, 261, 265, 296, 332, 349, 394, 397, 425
Ca^{2+} 濃度波　268
CCD　515
CCD 検出器　431
CD　484
C-mos　515
CN 比　215
CNR　495
C-SET　122, 131

DFG　281, 282
DNA　7, 330
DRAM　7
dressed atom　60, 110
D-STEM　385
DVD　484

E-カドヘリン　354
EB 露光　461
EDX　385

FAB　461

Fab 断片　513, 515
FDM　558
FDTD 法　160, 489, 558
FEL　282
FEM　558
FFM　410, 413
FIB　303, 385
first-layer 効果　191
FM 雑音分光　447
FM 反射分光　447
FRET　404

GaAs　370, 530
GFP　335, 343, 350

HE プラズモンモード　167, 168, 174, 176–179
HE プラズモンモード　176
HE_{11} モード　159
HE_{11} モード　167, 172
He-Cd レーザ　429
HeLa 細胞　270

I モード　251, 260, 296, 332, 349, 394, 397, 424, 430
IC モード　251, 261, 263, 296
ICCD カメラ　332
IDDQ　381
ISCN　337
ISO　204
ITO　526
I-V 特性　237

KTP　274

L 細胞　355
LB 膜　412
LED　313
light line　88, 89

$LiTaO_3$ 導波路　375
LP_{01} モード　499
LSI チップ上の配線　385

MEMS　308, 460, 463
MMP 法　567
MQW　290

Nd:YAG レーザ　514, 515
NFM　228
NF-OBIRCH 像　383
NF-OBIRCH 法　382, 383

OBIC　381, 386
OBIC 効果　384
OBIC 信号の非発生　383
OBIRCH 効果　384
OBIRCH 像　383
OBIRCH 法　380, 385

P 空間　50, 52, 54, 63–65, 69
p 波　27, 28
p 偏光　197
PHB　427
PML 法　562
pn 接合　264, 368
PPP　489, 491
PPTA　427
PPV　412
PtK 2 細胞　352
PVC 膜　204
PZT　250

Q 空間　50, 54, 63, 64
Q 値　228, 292, 293
QED　66

Rb 原子のエネルギー準位　500
RIE　308, 309

s波　27, 28
s偏光　24
Sb　461
SCREAM　309
SEIRA　285
SERS効果　189
SF　564
Si(100)2×1構造　147, 238
Si(111)7×7　147
Siダイマ　147
Si単結晶のバンド構造　146
Si 2量体　147
SIL　209, 214-216, 279, 477
SILプリズム　282, 283
SIM　213, 216
SITカメラ　353
SN比　293
SNOAM　332
sp^3混成軌道　145
SPM　242, 332, 409
SPMプローブ　312
SPP　539
SQUID帯磁率測定装置　441
S-SIL　211
STM　66, 228, 286, 332, 409
STM発光　286
STM発光像　290
STS　229

TE波　24, 27, 28, 42
TEモード　96, 97
TEM　385
TF　564
Ti：Al_2O_3レーザ　271
TIRFM　344, 350
TM波　24, 27, 28, 42, 87, 541
TMモード　96, 543
TMRアレイヘッド　488
TMR薄膜　488
TPD　410

VAD法　300
VCSEL　209, 361, 484, 485, 488
VCSELアレイ　486
VCSELアレイヘッド　489
VSAL　209

WGモード　97, 387, 393, 446, 506

Yee格子　558

●──ア行

アイソクロマートスペクトル　290
アイランド　122
アイランド電荷　124, 132, 133
アイランド電荷状態　125, 128
アクセプタ　404
アクチュエータ　479
アクチン　352
アクチン骨格　350
アクチン線維　352
アクティブ除振　244
アスペクト比　464
アッビの原理　228
アデノシン三リン酸　514
アパーチャ　228
アパーチャレスプローブ　184
アハラノフ-ボーム効果　529
アバランシェフォトダイオード　262, 330, 402
アプラナティック点　211
アブレーション　471
アブレーション機構　465
アモルファス高分子　432
アンギュラスペクトル　40, 446
暗視野照明　185
暗視野照明法　184
暗視野照明モード　253
暗視野走査TEM　385
アントラセン　201
アンペール-マックスウェル法則　559

イオン化脱離　448
イオン結合力　137, 145
イオン選択性オプトード　204
イオンビーム　382
イオンミリング　491
移行運動量　68
位相　8, 12
──の相関関数　126, 127
位相効果　527
位相速度　89
位相不変性　54
位相変調器　440
1次元光波　538
1分子の可視化　350
一括露光方式　464
遺伝子センサ　7
異方性の媒質　22
インターフェース　150, 521
インテグリン　347
インデンテーション機構　466

運動する原子に作用する力　109
運動性　357
運動量保存則　446

永久双極子　137
永年方程式　111
エキシトン　60, 214
液晶　432
液浸顕微鏡　210
エッジ付きプローブ　177-179, 304
エッチング　453
エネルギー移動　404, 406
エネルギー緩和距離　290
エネルギー散逸のある量子力学　119, 121, 122
エネルギー分散型X線解析　385
エネルギー密度　466
エバネッセント光　11, 101, 102, 211, 291-294, 343, 350, 367
エバネッセント集光スポット　189
エバネッセント照明　401
エバネッセント照明法　508
エバネッセント波　27, 28, 40, 42, 73, 76, 77, 81, 109, 333, 445, 487, 499
──が及ぼす力　109
エバネッセント場　180, 184

エバネッセント場集光スポット　184
エーレンフェストの定理　107
遠視野領域　41
円錐角　156
円筒座標系　25
円筒波展開　27
円筒波動関数　27
円偏光　440
円偏光変調分光装置　440
円偏光変調方式検出法　440

凹凸の大きさ　234
大きな波数　524
オットー配置　90
オプトード　200

●──カ行

外殻電子　145
開口　13, 217
開口エバネッセント光　367
開口型スーパレンズ　493
開口型ファイバプローブ　472
開口径　383
開口数　4
会合体形成　357
会合度　357
開口部　382
解析法　559
回折　31, 33
回折限界　5, 36, 73, 382, 538
階段接続法　168, 171
回転楕円体　195
外部インピーダンス　122, 130, 131
外部回路　122
解離　454
解離エネルギー　454
解離ポテンシャル曲線　454
ガウシアン光　109
カー回転　440
化学エッチング　297
化学エッチング法　162
化学研磨　196
化学センサ用プローブ　203

化学的に活性　140
拡散運動　357
拡散長　261
角周波数　23
角度因子　26
加工誤差　212
加工精度　212
カスケードレーザ　549
ガスフロー方式冷却　247
仮想光子　49, 65, 69, 76, 80
仮想光子モデル　48, 49, 66
仮想状態　76
仮想遷移　64
仮想励起ポラリトン　65
可塑化ポリ塩化ビニル膜　204
カットオフ径　159, 161
カットオフ波数　368
荷電担体　437
加熱源　380
ガラスファイバ　349
ガリウムヒ素　530
カルコゲン化物ガラス　279
ガルバノスキャナ　514
環境インピーダンス　122, 130
環境インピーダンス変調　130, 131
環境インピーダンス変調効果　132
環境系　73
干渉　32
慣性駆動　250
慣性駆動方式　236
完全導体　24, 160
完全無収差面　213
観測点　42
カンチレバー　226, 227, 292-294
カンチレバープローブ　280
感度　158
緩和光励起状態　441

擬運動量　79, 82, 446
擬運動量演算子　84
機械的強度　196
機械的振動ノイズ　235
擬角運動量　79

貴金属表面　194
期待値　19, 20
基底準位　271
軌道混成　145
軌道スピン相互作用　78
擬2次元フォトニック結晶　398
擬2次元フォトニック結晶構造　388
擬2次元フォトニックバンド効果　389
逆位相　528
逆格子ベクトル　234
逆バイアス印加　372
ギャップ　442
ギャップモード　100
キャビティー　66
キャビティーQED　69
キャリア拡散　290
キャリアの拡散距離　371
球殻　195
吸収　247
吸収境界　563
吸収境界条件　561
吸収線の不均一広がり　445
吸収端エネルギー　454
吸収断面積　97
球晶　425
球と半無限連続体の間に働く力　143
球ハンケル関数　43, 95
球ベッセル関数　44, 95
球面調和関数　95
共役運動量　57, 63
共役高分子　435
共役点　211
境界条件　24, 29
境界面に発生する力　505
境界面の誘電率変化　194
境界要素法　558, 566
強磁性　437
強磁性金属相　441
凝集構造　422
共焦点レーザ顕微鏡　341
共振器　4
共振器型導波路ポラリトン

532
共振器モード 387
共振器量子電気力学 46, 80, 446
共振器量子電気力学効果 501
鏡像の電気双極子 17
強度 153
強度広がりの線幅 107
共鳴効果 43, 71, 274
共鳴的にトンネル 149
共鳴トンネル 549
共鳴トンネルダイオード 550
共鳴飽和パラメータ 107
共鳴励起 193, 194
共有結合 146
共有結合力 144
局在性 15
局在プラズモン 194
局所応答 37, 75
局所的光学応答 71
局所的対称性 78
局所的フォトルミネッセンススペクトル 411
局所電子状態密度 232
局所電磁場 15
局所分極 16
極低温原子 445
巨視的電磁場 15
巨視的マックスウェル方程式 15
巨大磁気抵抗 437
距離一定モード 218
距離制御の干渉 220
記録密度 6
金コロイド微粒子 512
禁制遷移の許容 521
近赤外-可視部 442
近赤外光 268
近赤外レーザ 381
近接場原子分光 443
近接場顕微分光 187
近接場光 3, 8, 15, 101, 104, 193, 388, 397, 539
——の増強効果 194
——の量子論 79
近接場光学/原子間力顕微鏡

332
近接場光学顕微鏡 10, 157, 199, 228, 277, 296, 347, 350, 381, 389, 394, 397, 409, 411, 417, 439, 509
近接場光学顕微鏡像 19, 396
近接場光露光 461
近接場磁気光学顕微鏡 438, 439
近接場システム 18
近接場条件 38, 152
近接場相互作用 557
近接場透過像 394, 396
近接場2光子励起蛍光法 191
近接場光強度 198
近接場光記録 216, 492
近接場光システム 48, 62
近接場光相互作用 49, 54, 62
近接場光測定 43
近接場光電流測定 367
近接場光プローブ 523
近接場光ポテンシャル 66, 68
近接場分光 443
近接場ラマン分光 199
近接場ラマン分光法 187
近接場領域 41
金属化プローブ先端 199
金属クラッド光導波路 159
金属コートファイバプローブ 296
金属散乱体 217
金属的 232
金属導波路 537
金属薄膜 197
金属微小開口プローブ 367
金属プローブ 183, 187, 191, 280, 285
金粒子 509

空間分解能 15, 165, 233, 383
空軌道 149
空軌道間 147
空準位 149
屈折 343
屈折反射型SIM 213
屈折率 158

久保公式 125
クライオスタット 248
クライン-ゴルドン方程式 49
クラウンエーテル 204
グリーン関数 16, 40
——のアンギュラスペクトル表現 43
グリーンダイアディック 38, 46
クレッチマン配置 90
グレーティング 93
グレーティング構造 532
クーロンエネルギー 526
クーロン階段 129
クーロンギャップ 120, 128, 129, 131, 134
クーロンゲージ 56
クーロン振動 135
クーロンステアケース 129, 130
クーロンダイヤモンド 132, 133, 135
クーロンブロッケード 119, 120, 122, 123, 125, 128, 134, 526

蛍光 247, 417, 420
蛍光イメージング 329
蛍光顕微鏡 341
蛍光色素 429
蛍光スペクトル 473
蛍光標識 400
蛍光分光 443
蛍光励起像 397
計算誤差 563
計算精度 563
繋紐モデル 517
ゲージ不変性 54
ゲージ変換 54
結合エネルギー 457
結合軌道 146
結晶形態 423
ゲル 434
減極電場 35
減光断面積 97
原子間引力 147, 149

索　引　　　　　　　　　575

——のモデル計算　149
原子間力　13, 136
原子間力顕微鏡　13, 140, 226,
　　315, 332, 351, 409, 458, 514
原子・共鳴線の均一スペクトル
　　445
原子操作　13, 237
原子堆積　501
原子トランポリン　449
原子のトラップ　502
原子波光学　449
原子反射鏡　449
原子ファネル　502
原子分解能　183
原子偏向　67, 501
原子ミラー　499
原子誘導路　499
検出器モード　82
検出光強度　198
減衰長　224
顕微蛍光計測　214
顕微ラマン分析　435

高インピーダンス極限　129,
　　132, 133
光化学　429
光化学気相堆積　453
光化学的機構　465
光化学的ファブリケーション
　　471
光化学反応　469, 471
交換斥力　139
高感度なセンシング　194, 199
高空間分解能化　384
高屈折率媒質　367
高効率プローブアレイ　484
交互吸着法　433
交差共鳴　449
光子散乱レート　107
光子数演算子　84
光子のバンド構造　387
光子の分散関係　62
構成方程式　37
拘束条件下での量子力学　132
剛体斥力　139
光電子倍増管　352

光電導性　432
光電流　369
光熱的ファブリケーション
　　471
勾配力　108, 508, 509
高分子結晶　422
高密度記録再生　477
固液界面　240
黒体放射　282
固浸鏡　213
固浸レンズ　209, 279, 477, 481
古典論　15, 19, 21
コヒーレンス　66, 69, 105
コヒーレント　527
コヒーレントアンチストークス
　　ラマン散乱　266
コヒーレント分光　366
コラーゲンゲル　269
コールドフィンガー方式冷却
　　247
コンタクトマスク方式　458
コンタクトモード　459
コントラスト　43, 155, 215

●——サ行

サイクリックコンタクトモード
　　334
再結合発光　289
再生速度　477
サイドバンド　78
細胞　354
細胞骨格　517
差周波　281
サーモクロミック材料　472
サルモネラ菌　328
散逸力　108
酸化物　437, 440
III-V族半導体　437, 440
3次元光波　538
3次元フォトニック結晶　389
3重結合　278
3準位原子の光シフト　113
3準位ドレス原子　111
3準位ドレス状態　112
参照電極　103

3段テーパプローブ　176, 179,
　　302
サンプルホールド　236
散乱　150, 247
散乱角度分布　31, 33
散乱型プローブ　180, 181, 183
散乱係数　29, 30
散乱光　9, 152
散乱体　153
散乱断面積　97, 276
散乱電磁場　28-30, 32
散乱ポテンシャル　38, 46
散乱力　446, 508

シアニン色素　536
ジアリールエテン　417, 418
紫外顕微鏡　267
紫外光　430
磁化過程　441
時間相関単一光子計数装置
　　431
時間分解測定　433
時間分解発光分光　262
磁気円2色性　440
磁気光学　437, 441
磁気光学効果　439, 440
磁気光学トラップ　502, 503
色素レーザ　197
磁気的相互作用　441
磁気的秩序　441
磁気伝導特性　437, 441
磁気半導体　437
磁気モーメント　441
シーク時間　478
自己形成　363
自己組織化成長　390
仕事関数　117, 233, 239
自己無撞着場　16, 35, 38, 46
自己無撞着法　16
シシュフォス冷却　113, 502
指数関数的　234
システム感受率　47, 74
磁性体　437
自然界における力　136
自然幅　106, 445
自然放出　46, 106

自然放出確率 85
自然放出寿命 446
実効開口数 209, 212, 213, 216
実効的仕事関数 149
実効ばね定数 517
実時間 350
質点と半無限連続体に働く力 143
磁場ポテンシャル 567
しみ込み深さ 41, 183
しみ出し光 90
しみ出しの厚み 333
指紋領域 279
射影演算子 14, 50, 53
射影演算子法 48, 49, 50
斜入射透過スペクトル 390, 393
周期構造 93
集光エバネッセント場照明光学系 187
集光効率 160, 162-164, 214
集光モード 11, 150, 251, 252, 261, 296, 332, 349, 394, 397
終状態モード密度 80, 446
集積型プローブ 315
集束イオンビーム 385
集団運動 59
充電エネルギー 125
自由電子 87
自由電子レーザ 281
周波数 8
周波数離調 108
重力 136
主軸方位像 259
シュレディンガー方程式 15, 48, 54, 55, 104
シュワルツ-ホーラ効果 77
潤滑剤 479
純粋石英コア 261
準静的 38
準静的の状態での電源電流 381
準静的描像 71
純石英ファイバ 430
準保存則 71, 78
準粒子 530
衝撃イオン化 287, 290

昇降演算子 79
消光リング 425
蒸着膜厚 196
焦点面 4
照明集光モード 251, 261, 274, 296
照明モード 11, 150, 251, 252, 260, 296, 332, 349, 394, 397, 430
消滅演算子 110
除振 242
ショットキーバリア 239
シリカガラス 151
シリコン 371
シリサイド 239
磁流密度 37
磁流モデル 38
試料 10
試料-プローブ有効相互作用 64
真空蒸着法 409
真空排気ポンプ 245
神経細胞 340
神経成長円錐 345
信号強度 154
人工格子超薄膜 438
進行波が及ぼす力 108
新磁性半導体 442
振動準位 271
振動電気双極子モーメント 528
振動分光 267
振動分光法 271
侵入長 371

水晶振動子 249
——によるせん断応力の電気的測定 223
水素終端 238
垂直偏波 24, 27, 28
垂直偏波ベクトル 25, 28
スイッチング 520, 521
水平偏波 24, 27, 28
水平偏波ベクトル 25, 28
水平方向差分型検出法 321
水平力顕微鏡 424

水溶液 350
数値計算ソフト 557
スカラ回折理論 368
スカラポテンシャル 54
スーパレンズ 461, 492
スピン 44
スピン状態 363
スピン制御 443
スピン選択分光 443
スライダ方式 478
スリット型プローブ 208, 283
スリット型プローブアレイ 208
スリムプローブ 414
スループット 279

正規化されたトンネルコンダクタンス 233
生細胞 350, 352
静止原子に作用する力 107
生成演算子 110
生成消滅演算子 79, 83
生体機能 328
静電近似 100
精度 559
制動放射 76
生物試料 327
赤外顕微鏡 267
赤外顕微分光法 279
赤外分光法 279
赤外励起蛍光体 321
斥力 139
絶縁体 437
絶縁体相 441
接合材料 197
接着分子 347
ゼーマン分裂 363
ゼーマン変調 503
遷移確率 80, 446
遷移行列 148
遷移行列要素 80, 85
遷移金属イオン 437, 440
遷移金属酸化物 442
繊維構造 427
遷移電荷密度 116
遷移電流密度 116

索引　　577

前期解離　454
前期核形成法　455
漸近形　30, 33
線形応答　46
線形応答関数　126
線形応答理論　19
線形な媒質　22
選択化学エッチング　304
選択則　78
選択反射　447
せん断応力　218, 221
　——によるフィードバック制御　197
せん断応力検出法　249
せん断応力像　467
全反射　11, 89, 343
　——の臨界角　89, 211
全反射型近接場光学顕微鏡　350
全反射型蛍光顕微鏡　344, 350
全反射減衰法　89
全反射条件　197, 275
全反射照明　184
線幅　365
占有電子状態　231

増強剤　199
双極子間相互作用　152
双極子法　558
双極子力　108, 446, 499, 502
双極子力ポテンシャル　108
相互作用距離　73
相互作用時間　443
走査　9
走査型近接場光学顕微鏡　350
走査型近接場光学顕微鏡用プローブ　386
走査型トンネル顕微鏡　13, 66, 159, 228, 286, 332, 409
走査型トンネル分光法　228, 229
走査型プローブ顕微鏡　13, 242, 244, 310, 332, 409
走査型ホール素子顕微鏡　440
走査型マイクロホール素子顕微鏡　439, 440

走査速度　219
層状ペロブスカイト型半導体　535
相変化記録材料　493
相変化媒体　478
側方拡散係数　357
疎視化　73
　——のスケール　73
粗動機構　235
ソリッドイマージョンレンズ　209
素励起　43, 86
素励起モード　48

●——タ行

第1次ボルン近似　68
第1種ハンケル関数　25
第3高調波　266
対称トンネル接合　128, 129
対称モード　94
退色　402
堆積　453
堆積速度　455
ダイソン方程式　47
ダイナミックフォースモード　459
第2高調波　266
第2量子化　79, 83
対物レンズ型TIRFMシステム　353
ダイマ　237
ダイヤモンド構造　147
楕円振動プローブ　254
楕円率　440
高さ一定モード　218
多光子過程　266, 550
多光子吸収　472
多光子励起レーザ顕微鏡　266
多重極展開　36
多重極ハミルトニアン　54, 56
　量子化された——　59
多重極(表現)形式　59
多重極ベクトル場　44
多重極放射　42
多重散乱　82, 153, 276, 557

多重多極子法　558, 567
多重量子井戸　290
多層記録光メモリー　266
タッピング方式カンチレバー変位検出計　227
単一蛍光分子計測　260
単一原子操作　66
単一光子時間相関測定　262
単一光子時間相関法　404
単一電子素子　119
単一電子トンネリング　119, 131
単一分子観察　400
単一分子検出　401
単一モード光ファイバ　379
単一有機分子　526
単位電気双極子　17
単位ベクトル　25
ダングリングボンド　144
単結晶　417, 423
炭酸ガスレーザ　282
探針　228
探針誘起プラズモン　115
弾性散乱　527
弾道機構　466
弾道電子　239
弾道電子放射顕微鏡　239
タンパク質　328
断面SIM像　383

チェレンコフ放射　76
遅延効果　17
チタン：サファイアレーザ　271
中空ファイバ　499, 500
中空プローブ　468
超解像集光　216
長距離伝搬モード　95
超高真空　245
超短パルスレーザ　267
超半球形SIL　211
超微細構造　500
超分子化学　203
直接解離　456
直接遷移型半導体　290

索引

通電した配線部 384

低インピーダンス極限 123, 128, 132, 133
ディコヒーレンス 69
定在波が及ぼす力 109
低次元光波 538
低次元光波伝送路 539
定常過程 23
定電流モード 229
ディラックのβ関数 58
てこのたわみ 142
テザー効果 357
デバイモデル 565
テーパー化ファイバ 299
テラヘルツ3端子素子 552
テラヘルツ帯 549
テルソフ—ルーマン理論 230
充電エネルギー 120
点応答関数 212
電界イオン顕微鏡 235
電界誘起強磁性 441
電荷疎密波 553
電荷ミスフィットパラメータ 125
電気感受率 16, 18-21
電気形ヘルツベクトル 24
電気双極子 17, 18, 19, 21, 32, 42, 264, 565
電気双極子間相互作用 404, 456
電気双極子遷移 64
電気双極子相互作用 105
電気双極子放射 85
電気双極子モーメント 9, 56, 105, 137, 152, 273, 404
電気的ノイズ 235
点光源用プローブ 201
電子雲 141
電磁気力 137, 139
電子顕微鏡 5, 327
電子状態 145
電子状態密度 229
電子スピン偏極 79
電子—正孔対 101, 102, 287, 290
電子線露光 460

電磁相互作用 71
電子の干渉 527
電子の散乱効果 195
電子の閉込め効果 194
電子波 5
電磁場環境 125
電磁場環境効果 121-124, 126, 130-132, 134
電磁場環境モード 132
電子波干渉 117
電磁場計算 557
電磁場(光)の多重散乱 19
電磁場の存在する空間 524
電磁場のベクトル性 43
電磁場のヘリシティ表現 43
電子・光複合機能素子 530
電子ビート波 553
電子ビーム 382
転送速度 420
伝送損失 454
伝達効率 161
伝達物質の放出 347
点電荷の近似 144
電場 152
電場増強効果 192, 406
電場配向 432
電場ポテンシャル 567
伝搬関数 16-18, 74
伝搬光 9, 367
——への変換 195
伝搬損失 379
伝搬モード 388, 389
電流注入発光 264, 373
電力流 30, 32

同位体分離 501
透過型電子顕微鏡 385
透過係数 45
透過効率 163
等価電気双極子 85
等極性結晶 144
等電子状態密度面 234
導電性プローブ 286
導電体 511
導電透明プローブ 288
導波モード 151, 375

等方な媒質 22
透明誘電体微粒子配列結晶 398
倒立顕微鏡 351
突起型シリコンプローブ 305
突起型シリコンプローブアレイ 482
突起型プローブ 177
ドップラシフト 445
ドップラフリースペクトル 445, 448
ドップラフリー分光 449
ドナー 404
ドーパント濃度 372
ドーピング 442
ドブロイ波長 5, 445
トライポッド 229
トラックピッチ 480
トラッピングのばね定数 507
トリプレットモード 45, 80
ドルーデモデル 87
ドレス原子 110
ドレス準位 111
ドレス状態 110
トンネル効果 286
トンネルコンダクタンス 232, 239
  正規化された—— 233
トンネル接合 78, 230
トンネル接合距離 231
トンネル遷移確率 231, 233
トンネル抵抗 119, 127
トンネル電子 526
トンネル電子系 76
トンネル伝導率 149
トンネル電流 13, 125, 127, 134, 159, 229-231, 286, 526
トンネル2重接合 526

●――ナ行

内核電子 144
内部モード 388, 389
ナノインデンテーション機構 467
ナノオプトード 331

索　引

ナノサージェリー　269
ナノテクノロジー　13
ナノ光スイッチ　521,523
ナノ光デバイス　547
ナノ光伝送路　547
ナノ秒レーザ　471
ナノ・メゾスコピックスケール
　　薄膜構造　437
ナノメートル加工　196
ナノメートル寸法　286
ナノ領域　48

2光子過程　456
2光子吸収　266,405
2光子励起　432
2光子励起レーザ走査型顕微鏡
　266
2次元光波　538
2次元面内伝搬モード　390
2重結合　278
2準位系　104
　——の昇降演算子　110
2段階光イオン　500
2段階光イオン化スペクトル
　501
2段階レーザイオン化　448
2段テーパ構造　160
入射場　564
II-VI族磁気半導体　440

熱エネルギー　246
熱源　382
熱弾道機構　467
熱的機構　465
熱モード記録　477

●——ハ行

背景光　155
媒質方程式　22
配線電流経路　380
配線の欠陥　380
ハイゼンベルグの運動方程式
　107
ハイブリッドシステム　225
ハイブリッドモード　543

バイポテンショスタット　240
波数　23
波長　12
波長範囲　275
バックグラウンド光　274
パッケージ型光メモリー　478
発光　247
発光型プローブ　200
発光強度像　116
発光寿命計測　366
発光スペクトル　247,289,523
発光線幅　365
発光像　290
発光ダイオード　313
発光励起スペクトル　262
発散角　4
パッシブ除振　244
バーディーンの式　230
波動方程式　16,23
ばね定数　459
ハマーカー定数　143
ハミルトニアン　84
波面　8
バリアの高さ　149
バルクマイクロマシニング
　308,309
パワー—ジーノ—ウリー変換
　57
半球形SIL　210,213
反結合軌道　146
半古典論　15,19,21
反射　247,343
反射型近接場光学顕微鏡　254
反射型モード　252
反射係数　45
反射分光　443,447
半値半幅　154
反跳効果　443
半導体　437
半導体超微粒子材料　398
半導体的　232
半導体バルク試料　372
半導体プローブ　101,102
半導体プローブアレイ　487
半導体レーザ　359,484
バンド間再結合発光　287,290

バンドギャップ　287,290
バンド構造　386
反応性イオンエッチング　308,
　309,393
反分極係数　99
反分極電場　99
反ヘルムホルツコイル　503
半放物面型SIM　213
ピエゾアクチュエータ　152
ピエゾスキャナー　352
ピエゾステージ　330,513
ピエゾ素子　229
ピエゾティルティングミラー
　513
光　15
　——によるせん断応力の測定
　222
　——の侵入距離　371
　——の透過効率　160
　——の横波性　56
光CVD　453
光アシストデバイス　549
光アシスト電子過程　78
光アシストトンネル　549
光イオン化　472
光エレクトロニクス　3
光荷電担体　441
光カンチレバー　463
光帰還　224
光帰還法　218
光起電力　291
光機能　520,521
光機能素子　73
光キャリア誘起強磁性　441,
　442
光キャリア誘起磁性　437
光吸収　417
光記録　215,431
光記録媒体　477
光近接場　15,16
光近接場応答　19,21
光近接場システム　15,16,18
光近接場相互作用　521,522
光近接場ポテンシャル　68
光散乱型スーパーレンズ　493

索　引

光磁気ディスク　216
光-磁気-伝導複合物性　442
光磁気媒体　479
光シフト　108, 111
光重合法　202
光収支　276
光集積回路　3, 457
光シュタルク効果　521
光スイッチ　521
光スイッチングアレイ　6
光双安定　521
光造形　266, 270
光退色　267, 401
光通信システムの高速化　520
光通信システムの大容量化　520
光ディスク　216, 484
　──の超解像法　493
光てこ方式カンチレバー変位検出計　227
光デバイス　520
光導波路　158
光ナノ素子　70
光パラメトリック現象　281
光ピンセット　78, 506, 510, 511
光ファイバ　151, 196, 275
光ファイバプローブ　279, 388, 488
光浮上　506
光ブロッホ方程式　106
光ポンピング　79
光密度　276
光メモリー　6
光モード間の結合　387
光誘起強磁性　442
光励起　437, 441
光励起キャリア　214
非局所応答　37, 75
非局所光学応答　71
非局所的電気感受率　21
ピコ秒レーザ　441
微細加工　7
微小開口　181
微小開口型カンチレバー　281
微小開口型ファイバプローブ　181

微小球2次元配列結晶　389
微小球プローブ　182
微小共振器レーザ　4
微小電界効果型トランジスタ　441
微小ホール素子　439, 440
微小領域磁気光学　442
ヒステリシス　442
非線形効果　196
非線形光学効果　456
非線形光学特性　461
非線形な媒質　22
非線形分光　448
非占有電子状態　231
非対称トンネル接合　128, 129
非対称モード　94
非弾性散乱　527
ビデオレート　350
非伝搬性　15
微分干渉顕微鏡像　347
非放射再結合　365
非放射的モード　89
肥満細胞　338
ビーム径　382
表面粗さ　93
表面緩和現象　140
表面局所場理論　198
表面近傍のナノメートル領域　194
表面再構成　140
表面増強効果　274
表面増強赤外吸収　285
表面電荷　99
表面波　9, 540
表面光起電力　102, 104
表面プラズモン　86, 193, 402, 464, 493
表面プラズモン発光　289
表面プラズモンポラリトン　86, 182, 193, 487, 539
表面ポラリトン　86
表面マイクロマシニング　308, 309
表面モード　98
微粒子　194

ファイバプローブ　151, 162, 501
　──の円錐部　151
ファノモード　541
ファラデー回転　437, 440
ファラデー回転角　441
ファラデー電流　240
ファラデーの法則　560
不安定な表面原子　141
ファンデルワールス結晶　138
ファンデルワールス力　138
フィードバック　236
フィードバック安定化　508
フィルタ特性　43
フェムト秒　267
フェムト秒レーザ　471
フェリマグネティック相転移　441
フェルミの黄金律　80, 85, 446
フェンス効果　357
フェンスモデル　517
フォースカーブ　142
フォトカンチレバー　316
フォトクロミック材料　417, 473
フォトダイオード　103
フォトニクス　3
フォトニック結晶　380, 386
フォトニックバンド　386
フォトニックバンドギャップ　387
フォトニックバンド共鳴ディップ　390
フォトニックバンド効果　394, 398
フォトニックバンド構造　386
フォトマスク　457
フォトマスク検査　468
フォトマスク修正　468
フォトリソグラフィー　214, 313
フォトルミネッセンス　373
フォトレジスト　458, 473
フォトレジスト加工法　461
フォトレジスト露光法　462
フォトンカウンティング　288,

330
フォトントンネリング　367
フォトンの運動量　504
フォトンモード記録　477
フォノン　59, 271, 364
複屈折　425, 428
複屈折位相差像　259
複屈折近接場光学顕微鏡　256
複合物性開拓　440
輻射失活　469
浮上高　215, 216
フッ化物ガラス　279
物質のモデル化　565
物質励起　15
　──の衣を着た光子　49, 54, 65, 69
不透明膜　151
　──の不透明度　157
負の群速度　544
部分系　73
負誘電体　540
ブラウン運動　507, 512
プラズマ振動　115
プラズマ振動数　87
プラズモン　8, 60, 521
プラズモン共鳴型プローブ　195
プラズモンセンサ　199
プラズモン閉込め金属導波路　552
プラズモンポラリトン　86
フーリエ光学　557
フーリエ変換赤外分光装置　282, 283
プリズム　101, 294, 332
フレネルの関数　45, 81
フレネルの反射係数　92
フレーリッヒモード　98
フレンケル励起子　60
プローブ　10, 35, 73, 101, 150, 228, 230, 239, 349
　──の電子顕微鏡写真　196
プローブ顕微鏡　327
プローブ走査方式　458
プローブ対プローブ法　172, 176

分解能　5, 9, 154
分極電荷　35
分極波　74
分極ポテンシャル　37
分極率　18, 19, 21, 153, 508, 565
分散関係　34, 60, 64, 76, 386, 524
分散曲線　393
分散法則　60
分子間距離　433
分子振動　279
分子の向き　264
分子配向　434
分子モータ　328
分布差　106

ペアポテンシャル　140
平均場　36
並進対称性　82
平坦誘電体境界　45
平凸型SIM　213
平面埋込み構造　521
平面型プローブアレイ　207
平面波　4
平面波展開　28
並列記録再生　478
ベクトル円筒関数　26
ベクトル球面調和関数　44
ベクトルベッセル関数　25
ベクトルポテンシャル　19, 37, 44, 54
ベッセル関数　25
ヘテロダイン干渉型近接場光学顕微鏡　379
ペリナフトチオインジゴ　420
ヘルツベクトル　37
ヘルムホルツ方程式　23, 40, 49, 95, 558, 567
ペロブスカイト系材料　535
変位検出計　227
変形ベッセル関数　26
偏光　42, 83, 264, 290, 439
偏光回転角　479
偏光勾配冷却　502, 503
偏光性　434
偏光測定用近接場光学顕微鏡

439
偏光ベクトル　42
変調　520
変調分光法　366
ベントタイプ光ファイバプローブ　351
ベントタイププローブ　440
べん毛　328
ポインティングベクトル　526
方向性結合器型素子　534
放射圧　504, 508
放射条件　24, 27
放射の制御　84
放射場のアンギュラスペクトル展開　81
放射場の制御　80
防振　242
飽和強度　107
飽和パラメータ　106
飽和分光　448
保護膜　479
ポテンシャル　513
ポピュレーション　105
ホモジニアス波　40, 81
ポラリトン　8, 60, 72, 74, 86, 530
ポーラロン　60
ポリアクリルアミドゲル　203
ポリエチレン　423
ポリジアセチレン　278
ポリヒドロキシプチレート　427
ホール効果　440
ホール素子　440
ボルツマン分布　513
ホール抵抗　441
ホール濃度増加　442
ホールバーニング　448
ポルフィリン誘導体　536
ボルン近似　68
ポンプ-プローブ分光　448

●──マ行

マイクロSQUID　441

マイクロチャネルプレート型イメージインテンシファイア 353
マイクロピペットプラー 297
マイクロピペット法 203
マイクロマシニング 308, 316
マイクロレンズアレイ 268
マウス繊維芽細胞株 354
膜骨格 357, 517
膜タンパク質 354, 357
マーク長 216
膜電位信号 269
マグネティックポーラロン 441
マグノン 60
マクロな機能 73
マクロな系 62
マクロな相互作用 140
マクロな副系 63, 64, 65, 69
マクロな量子力学的変数 131
マクロな量子力学変数 123
摩擦転写法 257
摩擦力顕微鏡 410
マスク修正装置 468
マスク層 492, 493
マスターモールド 461
マックスウェル方程式 15, 21, 48, 54, 95, 558, 559
マッハ-ツェンダー型素子 533
松原-グリーン関数 126
マルチ計測顕微鏡 349
マルチチャネルプレート 527
マルチプローブ 463
マルテーゼクロス 426

ミクロな系 62
ミクロな副系 63-65, 69
未結合手 146
未結合ボンド 239
ミー散乱 389
密度行列 105
——の運動方程式 106
密度行列演算子 19, 20, 105
密閉型光メモリー 477
ミニマル結合ハミルトニアン 54

ミー粒子 511
ミー理論 97

無極性分子 137
無収差 211
無輻射失活 469

メカノレセプタ 270
メゾスコピック系 73
メゾスコピック領域 75
メニスカスエッチング 298
面発光型量子井戸レーザ 361

モード 29, 30, 32
モード間干渉 171, 177
モード変換 367

●──ヤ行

ヤブロンスキーダイヤグラム 469
有機EL素子 409
有機EL分子 289
有機金属気体 453
有機結晶 432
誘起双極子 137
誘起電気双極子 18
有機非線形光学結晶 278
有機フォトクロミック材料 479
誘起分極 15, 16
有機分子 526
有機分子磁性体 442
有限差分時間領域法 558, 559
有限差分法 558
有限要素法 558
有効演算子 50-52
有効質量近似 64
有効相互作用 16, 51, 54, 62, 63
有効相互作用演算子 52, 54
誘電関数 87
誘電体 511
誘電体球形微粒子 387
誘電体導波路 537
誘電率 199

誘導ラマン散乱光 266
湯川ポテンシャル 16, 49, 62, 64, 65, 67
油浸顕微鏡 211

溶融延伸 296
容量結合型単一電子トランジスタ 122, 131
横成分 57
横波光子 56, 57
4重極磁場 503
4電極電位制御型電気化学STM 240
4分割フォトダイオード 507, 515

●──ラ行

落射型蛍光顕微鏡 347
ラスタ走査 518
ラテックス配列結晶 393
ラドン変換 284
ラビ角周波数 105
ラビ分裂量 533
ラプラス方程式 98
ラマン活性 273
ラマン散乱 261
ラマン散乱分光 407
ラマンスペクトル 277
ラマン分光 271
ラメラ 427
ランジュバン方程式 507

力学効果 79, 445
リーク経路 380
理想表面 140
リソグラフィー 7
リップマン-シュウィンガー方程式 38
裏面からの可観測化 381
リュウヴィル方程式 20
粒子に発生する力 505
量子井戸 359, 531
量子井戸間遷移型カスケードレーザ 549
量子井戸導波路 532

量子化された多重極ハミルトニ
　アン　59
量子カスケードレーザ　281,
　282, 552
量子化電荷　124, 132
量子サイズ効果　398, 523
量子細線　359, 535
量子振動準位　502
量子抵抗　121
量子デバイス　359
量子電気力学　79
量子ドット　247, 262, 359
量子箱　359
量子力学的電磁気力　139
緑色蛍光タンパク質　343, 350
臨界角　81

ルミネッセンス　287, 289

励起エネルギー　524
励起エネルギー移動　432, 522
励起子　60, 437, 457, 530
　――の飽和吸収　521
励起子発光　457
励起子描像　60
励起子ポラリトン　60, 62-64,
　521, 530
励起状態　469
励起モード　49
冷却　247
冷却原子ビーム　502
冷却CCDカメラ　352
レイリー散乱　273
レイリー粒子　511
レヴィテーション　506
レーザ　3
レーザイオン化分光　448
レーザトラッピング　506
レーザトラップ　182, 186
レーザビーム　380, 382, 385

レーザ変調とロックインアンプ
　の組合せ　382
レーザ誘起近接場蛍光分光
　448
レーザリペア法　457
レーザ冷却　78, 449
レーザ冷却技術　66
レナード–ジョーンズポテンシ
　ャル　139, 226
連続電荷　124, 132

ロックイン検出　185
ローレンツモデル　565
ローレンツ–ローレンス効果
　21

●――ワ行

ワーニエ励起子　60

資料編

―掲載会社索引―

(五十音順)

株式会社オハラ……………………………………………………………1
キヤノン販売株式会社…………………………………………………2～3
株式会社清原光学…………………………………………………………4
株式会社ＣＲＣソリューションズ………………………………………5
芝浦メカトロニクス株式会社……………………………………………6
日本分光株式会社…………………………………………………………7
ピアーオプティックス株式会社…………………………………………8
株式会社日立ハイテクノロジーズ………………………………………9
株式会社放電精密加工研究所……………………………………………10
山田光学工業株式会社……………………………………………………11

オハラは環境にやさしい素材と技術で未来を創造します

オハラの歴史は、ガラスとともにその時代のニーズに対応し、未来を見つめた開発マインドにあります。新しい時代のために、常にグローバルな視野に立ち、人類の幸福と科学技術の発展を願い、オハラは、地球にやさしい企業として、この重要な役割を認識し、明日をみつめ、光の世界にチャレンジしています。

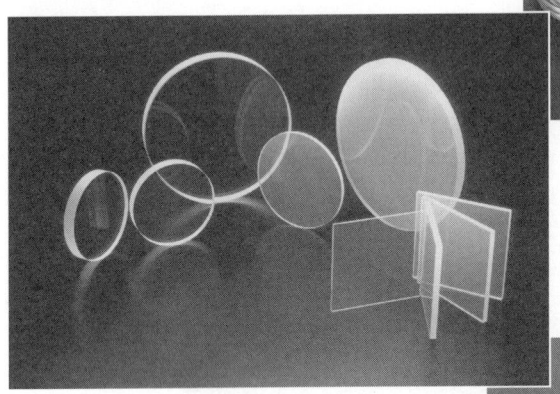

非球面精密ガラスモールドレンズ

DWDM用ガラスセラミックスサブストレート

ハードディスク用ガラスセラミックスサブストレート

■ 営業品目
- ●光学ガラス／環境対策光学ガラス
- ●ｉ線用高均質性光学ガラス
- ●高透過・低光弾性光学ガラス
- ●低Ｔｇ光学ガラス
- ●非球面精密ガラスモールドレンズ
- ●ＤＷＤＭ用ガラスセラミックスサブストレート
- ●極低膨張ガラスセラミックス（クリアセラムＺ）
- ●フライングハイトテスター用ガラスディスク
- ●ＰＬＣ用ガラスセラミックスサブストレート
- ●負膨張性ガラスセラミックス
- ●ハードディスク用ガラスセラミックスサブストレート（ＴＳ－１０）
- ●その他特殊ガラス
- ●ガラス・セラミックス関係の計測サービス

OHARA

株式会社 オハラ

〒229-1186　神奈川県相模原市小山１－15－30
TEL：042(772)2101(代表)　　FAX：042(774)1071
URL：http://www.ohara-inc.co.jp/

0.1nmの垂直分解能を達成。Zygo表面構造解析顕微鏡
NewView-5000シリーズ

- ●新設計高剛性コラム採用により再現性を向上。(0.1%以下)
- ●光源ノイズに強いデータ収集(FDA)方式を採用。
- ●高汎用性データ解析ソフトMetroProを標準装備。
- ●測定要求に合わせた3グレード6タイプを用意。

NewView5000シリーズ 仕様

垂直分解能	0.1nm
垂直測定範囲	1nm～150μm (NewView5022、5032) 1nm～100μm (NewView5010) (拡張スキャンオプションで最大5mm)
最大測定領域	14.0mm～10.6mm (1倍対物+0.5倍ズーム使用時) モーターステージとStitching機能併用によりさらに領域拡大
段差測定再現性	0.1%以下 (1σ) (NewView5032) 0.5%以下 (1σ) (NewView5022) 1.5%以下 (1σ) (NewView5010)
段差測定正確性	0.75%未満 (NewView5022、5032) 3.0%未満 (NewView5010)
アプリケーション	各種磁気ヘッド、メディア／半導体用基板、液晶用基板／ 各種光学部品(ファイバ ー、レンズ、金型)／各種フィルム／各種加工表面

キヤノン販売株式会社　ZYGO営業部 ZYGO販売課／技術課　TEL 03(3740)3334　FAX 03(3740)3367　〒108-0075 東京都港区港南2-12-23 明産高浜ビル9F
ZYGO営業部 大阪ZYGO販売課　TEL 06(4795)9077　FAX 06(4795)9070　〒530-8260 大阪市北区梅田3-3-10 梅田ダイビル
ホームページ：canon.jp/zygo

Zygo 新型干渉計シリーズ

様々な先進技術を結集した新型干渉計シリーズの登場です。
世界中のお客様からの要望に答え新機能、新方式を満載。
21th Optical Technology With Zygo NEW Interferometers!!

- ●波長自体を変調させて位相測定と同等の効果を発揮
- ●受光素子をCCDから高密度デジタルカメラ（776×576）を採用
- ●リング光源を採用し内部干渉縞を低減
- ●多重干渉縞をフーリエ解析分離しホモジュニティ解析も容易

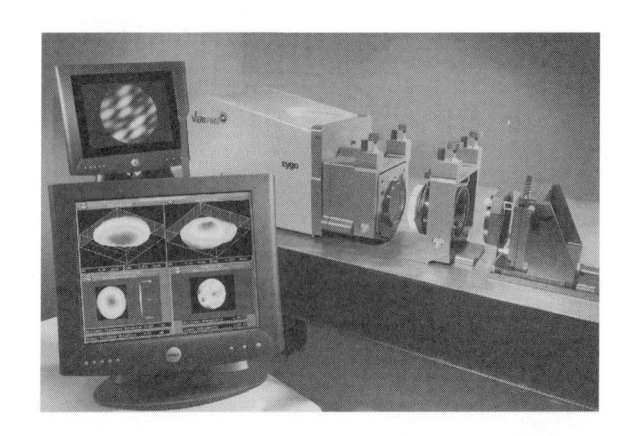

Zygo干渉計最新ラインアップ　※ 4"/6" 共に

機種名	光源	データ取得方式	受光部	主な用途
GPI-XP/HR (Wavelength shifting)	波長可変レーザー 点光源	波長シフト	CCD 320×240, 640×480	原器のPZT駆動が困難な場合に有利（大口径24"以上）
GPI-HS	He-Neレーザー 点光源	PZTシフト	デジタルカメラ 776×576	比較的変位量の大きい試料に有利（フリンジ230本迄追従可能）
VeriFire AT™	He-Neレーザー リング光源/点光源切替式	PZTシフト	デジタルカメラ 776×576	内部干渉縞を低減させた事により高精度な平面/球面評価が可能

※VeriFire MST™………波長可変レーザーとフーリエ解析法を併用して多重干渉縞を分離解析できます。
　　　　　　　　　　　ホモジュニティ測定を容易にし、平行平面硝子の表裏面の測定が可能です。（開発中）

キヤノン販売株式会社　ZYGO営業部 ZYGO販売課／技術課　TEL 03(3740)3334　FAX 03(3740)3367　〒108-0075 東京都港区港南2-12-23 明産高浜ビル9F
　　　　　　　　　　ZYGO営業部 大阪ZYGO販売課　TEL 06(4795)9077　FAX 06(4795)9070　〒530-8260 大阪市北区梅田3-3-10 梅田ダイビル
　　　　　　　　　　ホームページ：canon.jp/zygo

KIYOHARA OPTICS Inc.

干渉縞解析 IntelliWave™

Engineering Synthesis Design, Inc.

お手持ちの干渉計に即接続可能!!

* フィゾー干渉計
  FUJINON-601 / OLYMPUS KIF-201
  ZYGO PTI / ZYGO MarkⅡ 等
* トワイマングリーン干渉計 等
  自作干渉計など

Intelligent

各種干渉計の
UPグレードに!

低価格・高機能・簡単操作

- 干渉縞から測定面のRMS値・P-V値
  を迅速かつ正確に測定し画面に表示
- 製造ライン向けオートメーション機能
- 光学部品の検査に最適 QC機能ですばやく判定

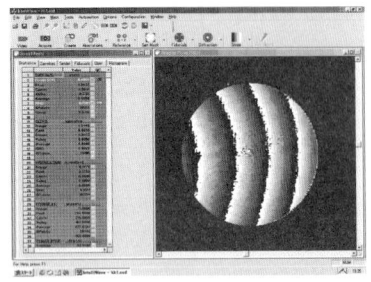

IntelliWaveは、お客様のニーズに合わせて3種類
・スタティック干渉縞解析のLE-1
・フェーズシフト干渉縞解析のLE-2
・LE-1とLE-2の両機能を合わせた柔軟な
　カスタマイズ機能のPE
ご要望により当社においてデモ致します。
　(要予約　事前にご連絡下さい)
＊白色干渉計等各種干渉計の製作もいたします。

SBSI™ Small Beam Shearing Interferometer

小径ビームのコリメート調整に便利
レーザービームの診断に最適です。

測定可能ビーム径は0.5mm～8mmφです。
SBSIは小さいビームのためのシア干渉計で、レーザー光学系や半導体レーザー等のフォーカス、コマ、アスティグマ、球面収差をすばやく調整、解析ができます。

* ファイバー光学系の軸調整及びコリメーション。
* 半導体レーザーを使用した、MO、DVD、CD等の
  光学記憶媒体の光学系調整。

SBSIの大きな特徴は構造及び取扱いが非常にシンプルなことです。工場や生産ライン等での光学機器の調整また検査装置として最適です。

SBSIはシアリング干渉計で左記のような干渉縞が観察できます。平行光の調整では縞を基準線に平行になるように調整します。下はビームに収差があるときの干渉縞です。

株式会社　清原光学

http://www.koptic.co.jp/opt　E-mail sales@koptic.co.jp

本　社　〒160-0022　東京都新宿区新宿6-23-2
　　　　TEL 03-3352-1919　Fax 03-3352-3348
早稲田工場　〒162-0806　東京都新宿区榎町76
　　　　TEL 03-3260-7261　Fax 03-3260-7375

EMFlex —— 波動光学解析用 有限要素法ソフトウェア

EMFlexは，1000万超要素数の大規模モデルを取り扱うことができ，ミクロな世界の波動現象をターゲットとした電磁場解析有限要素法解析コードです．EMFlexは，光の伝播を直接マクスウェル方程式を解くことで扱います．半導体製造における光リソグラフや，光の伝播，回折，散乱のシミュレーションに最適です．

[応用分野]
ミクロフォトニクス
ナノフォトニクス
波長程度もしくはそれより小さい孤立物体による光散乱や回折
透明多層膜中の孤立物体による散乱や回折
光リソグラフ
周期構造による回折

[特　長]
1. 有限要素法時間陽解法ミクロ光工学解析ソフト
2. 5000万要素問題を解いた実績
3. 並列処理対応
4. 内部（解析境界面に接触しない材料）は透明物質も吸収物質も可
5. 金属をDrude物質としての扱い可能
6. 平面波の透明多層膜へのななめ入射
7. スカラーフーリエ像計算
8. 擬周期境界条件（Bloch-Floquetの境界条件）と周期境界条件
9. 微分型吸収境界条件，PML吸収層
10. 遠方解計算
11. 後処理用GUI（開発中 2003年にリリース予定）
12. Windows NT/2000/XP, Solaris, HP-UX に対応

[参考コード]
MAGNA/TDM： 電磁波解析ソフトウエア
　　　　　　（CRC社製）
PZFlex： 圧電波動解析（機械－圧電－音響の複合問題を解くソフトウェア）
　　　　（Weidlinger社製）

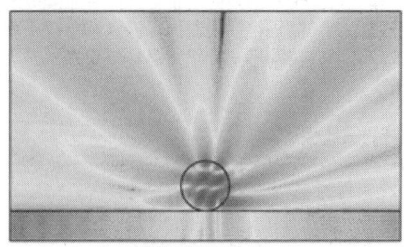

■散乱場プロット

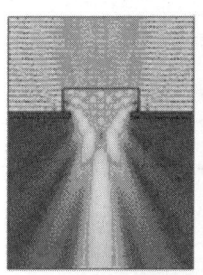

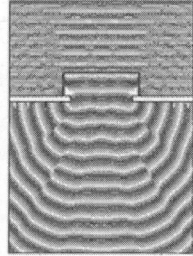

■位相マスクの場のパターン

■1個だけ「歯」があるときの導波路内の散乱

販売元：(株)CRCソリューションズ　工学システム事業部　産業科学部
〒136-8581　東京都江東区南砂2-7-5　電話 (03) 5634-5778
URL: http://www.engineering-eye.com　　E-mail magna@crc.co.jp

実験用小型スパッタ装置　CFS-4ES

[特　長]
1. 安価な研究開発用のスパッタのニーズに応える：仕様の絞り込みと標準化
2. 材料費の最小化：3inカソードの開発
3. 多彩な材料への対応：RFスパッタ×3カソード
4. 多彩な基板への対応：φ200，広範囲の均一性（φ170±5%）
5. 膜応力，密着性への対応：逆スパッタ，加熱（冷却）
6. ダストへの対応：サイドスパッタ方式

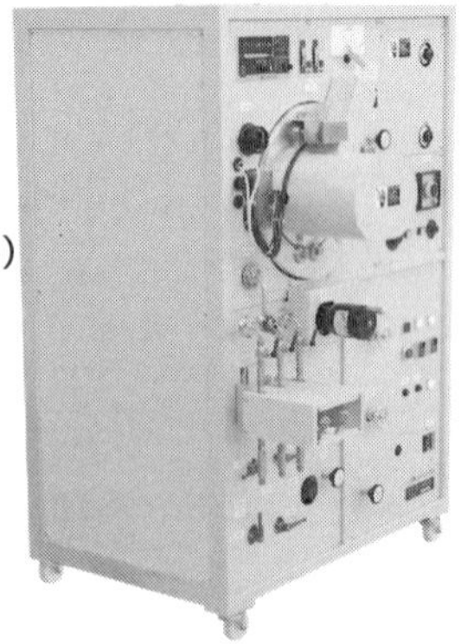

[装置仕様]

	CFS-4ES-231	CFS-4ES-232
スパッタ方式	マグネトロンスパッタ	サイドスパッタ
スパッタ源	φ3" P-GUN75　3式	
基板ホルダ	φ200 加熱逆スパッタ	φ200水冷逆スパッタ
スパッタ電源	RF 13.56MHz 500W 手動整合器	
到達圧力	7×10^{-5} Pa	
排気時間	7×10^{-3} Paまで5分	
操作方法	手動　スパッタにはタイマー付属	
スパッタ室	φ350×L260 SUS-304	
排気系	油拡散ポンプ(オプション：クライオポンプ)	
電源容量	φ3 200V 4KVA	
冷却水量	3L/min	
外形寸法	W950×D860×H1390	

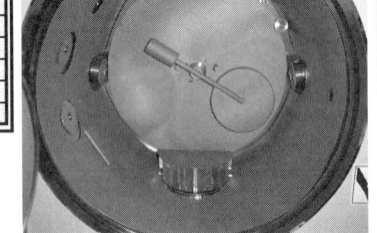

CFS-4ES-231内部

[主な用途]
1. 近接場光次世代高密度記録用薄膜の研究
2. 光触媒用酸化チタンアナターゼ構造薄膜の研究
3. 光通信用磁性薄膜の研究
4. 光センサー用各種薄膜の研究
5. 温度センサー用各種薄膜の研究
6. 表示デバイス用薄膜の研究
7. 圧電素子（SAW，デバイス）用電極の作成
8. 化合物半導体用各種薄膜の研究
9. 光学フィルタ用薄膜の研究

[膜圧分布]

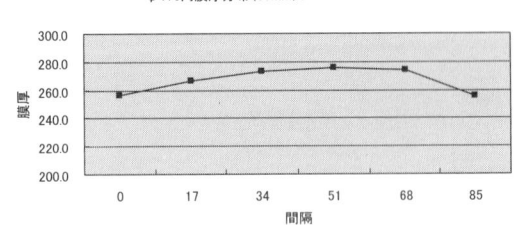

φ170内膜厚分布(85mm)SiO2±3.9%

芝浦メカトロニクス株式会社
Shibaura Mechatronics Corporation

本社：　〒247-8610　神奈川県横浜市栄区笠間2-5-1
TEL：　045-897-2421　FAX：　045-897-2470
URL：　http://www.shibaura.co.jp　　E-mail：　s-koho@shibaura.co.jp

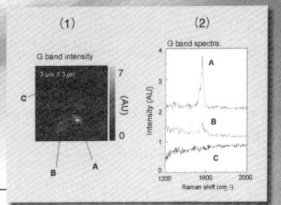

FTIR、赤外分光分析用
各種クリスタル

弊社ではFTIR、赤外分光分析用のクリスタル窓板、ATRプリズム、集光レンズなどを低価格かつ即納に近いスピーディーさで対応しています。

IR石英半円筒プリズム

CaF2窓板

Siliconプリズム

写真：KBr結晶
KBrが結晶化したものであるが、粒状のため水を含みにくく、良好な拡散反射スペクトルが得られる。

◇ ＫＢｒ結晶の価格の一例 ◇
KBr（2〜6mm立方体形状）100g ¥14,000.-

クリスタル窓板	CaF$_2$　BaF$_2$　MgF$_2$　KBr　NaCl　KRS-5　ZnSe　Ge　Si　etc
ＡＴＲプリズム	Ge　ZnSe　KRS-5　Si　etc
半円筒プリズム	Ge　ZnSe　KRS-5　Si　サファイア　高屈折ガラス(LaSF15)　etc
半球プリズム	Ge　ZnSe　Si　サファイア　高屈折プリズム　etc
集光レンズ	CaF$_2$　BaF$_2$　etc

●製品にご興味、ご関心がありましたら弊社のホームページを閲覧頂くか、お気軽にE-Mail、FAX、TELでお問い合わせ下さい。

ピアーオプティックス株式会社

〒374-0012　群馬県館林市羽附旭町525—1
TEL　0276-72-7371　　Fax　0276-72-7372
E-Mail　　pier-optics@muj.biglobe.ne.jp
ホームページ　　http://www.pier-optics.com

# 分光分析のスタンダード

日立分光光度計

U-4100形　分光光度計

U-4100形分光光度計は、積分球を標準装備している他、豊富な測定付属装置を準備しており、多様化するニーズに柔軟に対応します。

システム構成
1. 固体試料測定システム
   様々なニーズへの対応を考えて作られた
   標準システムです。
   ①波長範囲：240-2600nm
   ②検知器：Φ60 積分球
2. 大形試料測定システム
   大形試料室により大きなサンプル
   （最大 430×430mm）の非破壊測定が可能です。
   ①波長範囲：240-2600nm
   ②検知器：Φ60 積分球
3. 紫外域試料測定システム
   175nmまで、高感度積分球による
   精度の高い測定が可能です。
   ①波長範囲：175-2600nm
   ②検知器：Φ60 高感度積分球

U-4100形　分光光度計（固体試料測定システム）

U-7000形　真空紫外分光光度計

U-7000形真空紫外分光光度計は、実績ある日立分光技術により作られた真空紫外域の分光光度計です。

特徴
1. 完全対称ダブルビーム光学系による
   高精度測定が可能です。
2. 高速高精度の波長スキャンが
   高スループット測定を可能にします。
3. 再現性宵測定が信頼性高い分析結果を
   提供します。
4. N_2 パージ測定に標準対応しています。

仕様
1. 波長範囲：130-380nm
2. ベースライン平坦度：±0.005Abs 以下
   　　　　　　　　　　（130-185nm）
3. ノイズレベル：±0.001Abs 以下
   　　　　　　　　（157nm）

U-7000形　真空紫外分光光度計

株式会社 日立ハイテクノロジーズ

〒105-8717 東京都港区西新橋一丁目24番14号　電話 ダイヤルイン(03)3504-7211

<VISION>
お客様のニーズをカタチに！

HSK

放電加工関連
放電加工を主体とした受託加工
（ガスタービン・航空エンジン部品・金型部品・ほか）

金型関連
各種金型の製造
（アルミ押出用・セラミックス押出用・プラスチック射出成形用・ほか）

表面加工関連
金属表面処理の受託
（特殊耐熱・耐食コーティング・特殊プラズマ溶射・精密溶射）

機械装置関連
メカトロニクス製品の開発と製作（複合プレス加工機・電気加工機・ほか専用機周辺機器）

【各事業部・部】押出金型 ・放電加工 ・セラミックス ・原動機 ・航空トリボ ・開発 ・本社（管理）

＊＊ 新技術のご紹介 ＊＊

◆ ナノテクノロジー技術
ナノフォトニクス分野の研究ツールとして、近接場光学顕微鏡用ファイバープローブの製作とご提供。
<開発事業部
　ナノグループ>

new

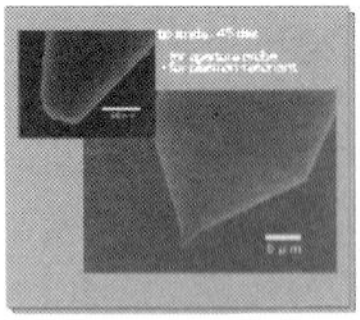

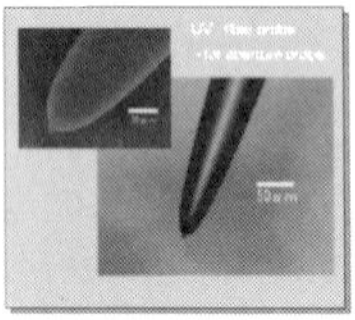

◆ 新塗料技術
地球環境にやさしいクロムフリー塗料の開発と商品のご提供。
<事業開発
　塗料グループ>
　（新坂下）

クロムフリー塗料したボルトのサンプル

直動式デジタルサーボプレス
ZEN Former

new

◆ プレス複合加工技術
デジタルサーボプレス「Divo」を中核に据え、切削加工・異形状積層加工・樹脂成型加工などの機能ユニットとの組合せによる3次元形状の部品加工技術をご提案。これによりコスト削減効果・高精度化・変種変量への対応など多くのメリットがもたらされます。
<開発事業部 メカトログループ>

複合加工システム 外観

HODEN SEIMITSU KAKO KENKYUSYO OC.,LTD.
BUSINESS DEVELOPMENT DEPT.
NANO-TECHNOLOGY GROUP
647 Kawawa-Cho, Tsuzuki-ku, Yokohama, Kanagawa, JAPAN
tel:+81-45-937-6601/fax:+81-45-937-6605

株式会社 放電精密加工研究所
開発事業部　ナノグループ
〒224-0057 神奈川県横浜市都筑区川和町647
tel:045-937-6601/fax:045-937-6605

http://www.hsk.co.jp/　　http://www02.so-net.ne.jp/~hskmecha/nano/probe_00.htm

軸 外 反 射 鏡

楕円面

双曲面

楕円面

放物面

楕円面

放物面

双曲面

放物面

フィルター

ハーフミラー

球面

― 製造品目 ―

楕円面鏡、放物面鏡、平面鏡、金属鏡、
球面・非球面レンズ、スキャンミラー、レーザーコリメーター、
キセノン・メタハラ・ハロゲン・水銀各種光源装置
レーザースキャニング装置、アークハーネス

山田光学工業株式会社

〒350-1151 埼玉県川越市大字今福2773
TEL.049-243-4111　FAX.049-242-1526
E-mail：eigyo@yamada-opt.co.jp

MEMO

MEMO

MEMO

MEMO

ナノ光工学ハンドブック

2002年11月25日　初版第1刷

編者　大　津　元　一
　　　河　田　　　聡
　　　堀　　　裕　和
発行者　朝　倉　邦　造
発行所　株式会社　朝　倉　書　店
　　　　東京都新宿区新小川町 6-29
　　　　郵便番号　162-8707
　　　　電　話　03 (3260) 0141
　　　　FAX　03 (3260) 0180
　　　　http://www.asakura.co.jp

定価は外函に表示

〈検印省略〉

© 2002〈無断複写・転載を禁ず〉

ISBN 4-254-21033-7　C3050

平河工業社・渡辺製本

Printed in Japan

辻内順平・黒田和男・大木裕史・河田　聡・小島　忠・武田光夫・南　節雄・谷田貝豊彦他編

最新光学技術ハンドブック

21032-9　C3050　　　B5判 944頁 本体42000円

基礎理論から応用技術まで最新の情報を網羅し，光学技術全般を解説する「現場で役立つ」ハンドブックの定本。〔内容〕［光学技術史］［基礎］幾何光学／物理光学［量子光学］光学材料／光学素子／光源と測光／結像光学／光学設計／非結像用光学系／フーリエ光学／ホログラフィー／スペックル／薄膜の光学／光学測定／近接場光学／補償光学／散乱媒質／生理光学／色彩工学［光学機器］結像光学機器／光計測機器／情報光学機器／医用機器／分光機器／レーザー加工機／他

東工大 大津元一・東大 荒川泰彦・東大 五神　真・日立製作所 橋詰富博・東大 平川一彦編

量子工学ハンドブック

21031-0　C3050　　　A5判 996頁 本体32000円

ミクロの世界を支配する量子論は，科学から工学へと急発展している。本書は具体的な工学応用へ結び付く知識と情報を盛り込んだ，研究者・開発担当者必携のハンドブック。〔内容〕〈基礎〉量子現象／光と電磁波／光の場と物質／非線形光学／超伝導他〈材料〉半導体／超伝導／磁性／有機／表面〈デバイス・システム〉量子電子／半導体レーザ／非線形光／ソリトン／磁性／超伝導他〈計測・評価技術〉単一電子現象／SQUID／ホール効果／アトムオプティクス／他〈量子工学の将来〉

日本光学測定機工業会編

実用光キーワード事典

20094-3　C3550　　　A5判 276頁 本体7500円

重要なキーワードとしての用語や項目をあげ，素早く必要項目に関する知識が得られるとともに，順に読みすすめば光のすべてが理解できる構成。〔内容〕光の技術史／光の特性／光の伝播／反射・屈折・透過／分散／散乱／光線／結像特性／ミラー・プリズム，レンズ／光学機器／波動性／干渉／干渉計／回折／偏光／フーリエ光学／光情報処理／光源／レーザ／光ディテクタ／光エレメント，デバイス／光応用計測／光応用検査・分析技術／光応用加工技術／光応用情報技術／医用光技術

田幸敏治・辻内順平・南　茂夫編

光測定ハンドブック

21025-6　C3050　　　A5判 840頁 本体29000円

昭和56年に刊行した「光学的測定ハンドブック」の全面改訂版。基礎理論，基礎技術および機器，光学量測定，物理量・物質量・力学量の光測定など，あらゆる分野で使われている光測定技術の全てを最新のデータで解説した実用的マニュアル。〔内容〕光測定の基礎（基礎光学，光学素子，電子回路およびデータ処理）／基礎的光学技術および機器（幾何光学的技術，波動光学的技術，特殊技術，分光器）／光学量の測定／物理量・物質量の光測定／力学量の測定／光測定応用の展望

五十嵐伊勢美・江刺正喜・藤田博之編

マイクロオプトメカトロニクスハンドブック

21028-0　C3050　　　A5判 520頁 本体18000円

本書はマイクロオプティクス・マイクロメカニクス・マイクロエレクトロニクスの技術融合を一冊に盛り込んだハンドブックである。第一線の技術者に実際に役立つよう配慮したほか，つとめて最新の理論の紹介や応用にもふれ，研究者の参考用にも適する。〔内容〕マイクロ光学の基礎／マイクロ力学の基礎／マイクロマシニング／マイクロオプティカルセンサ／マイクロメカニカルセンサ／マイクロアクチュエータ／マイクロオプティクス／マイクロオプトメカトロニクス技術とその応用

塩谷繁雄・豊沢　豊・国府田隆夫・柊元　宏編

光物性ハンドブック

20028-5 C3050　　A5判 712頁 本体30000円

先端技術の重要な柱の一つである光技術の根幹を占める光物性について、68名の第一線研究者が最新のデータ、研究成果をもとに詳細に解説したわが国最初のハンドブック。〔内容〕基礎編(基本事項，格子振動，エネルギーバンド，励起子，局在中心，他)／物性編(物質の存在様式と光物性，主要な物質の光物性，興味ある事象)／応用編(発光材料，光電材料，写真感光材料)／測定技術編(時間分解分光，変調分光，光検波磁気共鳴，他)／付録(主要な物質の物性定数表，他)

大阪電通大 南　茂夫・前東大 合志陽一編

分光技術ハンドブック

21020-5 C3050　　A5判 672頁 本体23000円

"高度技術時代を切り拓くキーテクノロジーとしての分光技術"を目標とし，分光法を物理と化学の両面からアプローチ。手法・技術に重点を置いた実用指向のハンドブック。〔内容〕分光法の基本事項／分光測定基礎技術／光学素子と利用技術／分光測定用光検出器／分光機器／分光測定のためのファインメカニズム，写真技術，エレクトロニクス／微量成分分析／照明・色彩／固体材料評価／プラズマ診断／レーザーリモートセンシング／オプトエレクトロニクス／バイオサイエンス

応用物理学会日本光学会編

微小光学ハンドブック

21024-8 C3050　　A5判 852頁 本体38000円

微小光学の学問的基礎から応用技術までを体系的に詳述。〔内容〕総論／基礎編／材料・プロセス編(リソグラフィー技術，半導体，ガラス，光磁気材料，他)／デバイス編(集光用，接続用，分岐・合流／分波・合波用コンポーネント，光スイッチ，光集積回路，光変調器，実装技術，発光デバイス，光増幅デバイス，偏光制御デバイス，光走査デバイス，他)／システム編(光通信，光電子機器，ディスプレイ，光センサー，X線光学機器，画像伝送光学機器，光コンピューター，他)

矢島達夫・霜田光一・稲場文男・難波　進編

新版　レーザーハンドブック

20041-2 C3050　　A5判 816頁 本体28000円

光エレクトロニクス技術や光通信の発展とともにレーザーは基礎から応用までの広範囲の科学・技術に大きな影響を及ぼしている。本書は標準的なハンドブックとして好評を博した旧版をまったく新たに書き直したレーザーに関する総合解説書。〔内容〕レーザー科学と量子エレクトロニクス／レーザーの基礎／非線形光学／装置／測定と制御／レーザー分光／レーザー化学／光エレクトロニクス技術／レーザー計測／光通信／光情報処理／材料プロセス技術／医学・生命科学への応用／他

早大 逢坂哲彌・東工大 山﨑陽太郎・東工大 石原　宏編

記録・メモリ材料ハンドブック

20098-6 C3050　　A5判 432頁 本体16000円

磁性体，ハードディスク，フィルタ，光ファイバ，半導体などは，コンピュータ，高機能TV，CTなど現代社会を形成する情報関連産業の機能材料として広範に使用されている。本書はこれらの基礎技術と展望を解説し集大成。〔内容〕1.磁気記録材料(薄膜プロセス，媒体，ヘッド，これからの磁気記録材料)／2.光記録材料(光磁気ディスク，相変化型光ディスク，追記型光ディスク，これからの光記録)／3.半導体メモリ材料(DRAM，フラッシュメモリ，FeRAM，MRAM，今後の新展開)

東工大 大津元一著 **現代光科学 I** ―光の物理的基礎― 21026-4 C3050　A5判 228頁 本体4800円	現在，レーザを始め多くの分野で"光"の量子的ふるまいが工学的に応用されている。本書は，光学と量子光学・光エレクトロニクスのギャップを埋めることを目的に執筆。また光学を通して現代科学の基礎となる一般的原理を学べるよう工夫した
東工大 大津元一著 **現代光科学 II** ―光と量子― 21027-2 C3050　A5判 200頁 本体4500円	〔内容〕I巻：光の基本的性質／反射と屈折／干渉／回折／光学と力学との対応／付録：ベクトル解析・フーリエ変換。II巻：レーザ共振器／光導波路／結晶光学／非線形光学序論／結合波理論／光の量子論／付録：量子力学の基礎。演習問題・解答
東工大 大津元一著 **光科学への招待** 21030-2 C3050　A5判 180頁 本体3200円	虹，太陽，テレビ，液晶，…我々の日常は光に囲まれている。様々なエピソードから説き起こし，光の科学へと導く。〔内容〕光科学の第一歩／光線の示す振舞い／基本的な性質／反射と屈折のもたらす現象／光の波／物質の中の光／さらに考える
東工大 大津元一著 先端科学技術シリーズ B1 **コヒーレント光量子工学** 20801-4 C3350　A5判 192頁 本体2900円	フォトニクス(光子工学)の時代にむけて，キーデバイスであるレーザを制御し，高品質の光を発生する技術と原理・応用・将来を解説。〔内容〕レーザ発振の原理／レーザの構造と特性／レーザの雑音／レーザの周波数雑音の抑圧／応用／将来
前阪大 櫛田孝司著 **光物性物理学** 13051-1 C3042　A5判 224頁 本体4800円	光を利用した様々な技術の進歩の中でその基礎的分野を簡明に解説。〔内容〕光の古典論と量子論／光と物質との相互作用の古典論／光と物質との相互作用の量子論／核の運動と電子との相互作用／各種物質と光スペクトル／興味ある幾つかの現象
応用物理学会日本光学会編 **微小光学の物理的基礎** 21021-3 C3050　A5判 232頁 本体5600円	微小光学の物理的基礎を詳述。〔内容〕光導波路の基礎／極座標表示等価屈折率法／光ビーム，光線追跡技術，近軸理論と3次収差論／磁気光学効果／音響光学効果を用いるデバイス／酸化物超伝導体を用いる光検出素子／電子線ホログラフィ
立命大 左貝潤一・NTT 杉村 陽著 **光エレクトロニクス** 21023-X C3050　A5判 288頁 本体6300円	光エレクトロニクスの基礎を，最新の発展も含めわかりやすくコンパクトに解説。実用性・理論展開・考え方のプロセスを重視。〔内容〕光の基本概念／導波光学／光結合／光ファイバ／レーザ／光制御／検出／光情報処理／非線形光学／量子光学
農工大 佐藤勝昭著 現代人の物理1 **光と磁気**（改訂版） 13628-5 C3342　A5判 256頁 本体4300円	日本応用磁気学会「出版賞」受賞の好著の全面改訂版。〔内容〕光と磁気／磁気光学効果とは何か／光と磁気の現象論／光と磁気の電子論／磁気光学効果の測定方法と解析／磁気光学スペクトルと電子構造／光磁気デバイス／新しい展開／付録
筑波大 谷田貝豊彦著 現代人の物理5 **光とフーリエ変換** 13625-0 C3342　A5判 180頁 本体3700円	物理学の工学への応用に必要な概念の一つであるフーリエ変換を，適切な図を用いてわかりやすく解説。〔内容〕光と波動／干渉と回折／フーリエ変換とコンボリューション／線形システム／フーリエ光学／光コンピューティング／干渉と分光
鳥取大 小林洋志著 現代人の物理7 **発光の物理** 13627-7 C3342　A5判 216頁 本体4500円	光エレクトロニクスの分野に欠くことのできない発光デバイスの理解のために，その基礎としての発光現象と発光材料の物理から説き明かす入門書。〔内容〕序論／発光現象の物理／発光材料の物理／発光デバイスの物理／あとがき／付録

上記価格（税別）は2002年10月現在